KB209382

# 호라이즌

HORIZON

배리 로페즈 지음
정지인 옮김

# 호라이즌
HORIZON

북하우스

**일러두기**

1. 이 책은 다음 책을 저본으로 삼았다. Barry Lopez, *Horizon*(New York, NY: Alfred A. Knopf, 2019).
2. 본문 중의 주석은 옮긴이 주이며, 미주는 저자 주다.
3. 원서에서 이탤릭체로 강조한 부분은 고딕체로 표기했다.
4. 단행본은『 』로, 시·단편·논문은「 」로, 정기간행물·예술 작품은 〈 〉로 구분했다.
5. 외국 인명과 지명의 표기는 국립국어원 외래어표기법을 따랐다.
6. 본문에 나오는 스페인어 표현은 { }로 묶어 구분했다.
7. 본문 중 인용문에서 [ ]로 표시한 구절은 저자가 첨언한 것이며, 그 밖의 [ ]로 표시한 명사는 외래어 고유명사의 뜻을 풀이한 것이다. (예: 파울웨더[악천후])
8. 이 책에서는 흔히 '만灣'으로 번역되는 '걸프gulf' '베이bay' '사운드sound'를 구분하기 위해 '걸프'만 '만'으로 옮기고, (걸프보다 규모가 작고 깊숙이 들어가 있지 않은) '베이'와 (해수면이 해안선 안쪽 내륙으로 깊숙이 들어가 형성된 지형으로 주로 육지와 섬 사이, 하천과 바다 사이에 위치한) '사운드'는 음차했다.

데브라에게

그리고 피터 맷슨과 로빈 데서에게

수년에 걸친 도움에 깊이 감사하며

“여행한다는 것은 무엇보다 자신의 살갗을 바꾸는 일이다.”

앙투안 드 생텍쥐페리, 『남방 우편기』 중에서

## 차례

# 작가의 말

『호라이즌』은 내가 남극과 일흔여 개 나라를 여행하고 탐사하며 보낸 오랜 세월을 자전적으로 돌아보는 책이다. 여행에 필요한 자금 중 일부는 스스로 마련했고, 일부는 보조금을 신청하거나 장려금을 받아서 댔다. 여러 잡지의 취재 요청을 받고서 한 여행들도 있었고, 그냥 함께 가자는 초대를 받아서 간 적도 있다. 그 세세한 사정과 오랜 세월에 걸쳐 나를 지원해준 분들에 대한 감사의 표현은 「감사의 말」에 담았다.

이 책에 나오는 여행들은 대부분 사오십 대 시절 이야기이지만 갈라파고스 제도와 호주, 남극에는 내 삶의 여러 시기에 걸쳐 여러 번 다녀왔다. 이 수많은 여행의 경험을 가장 덜 복잡하게 서술하는 방법은 서로 다른 여행의 시기들을 하나하나 설명하려 하지 않고 그냥 하나의 이야기로 엮어 풀어내는 것이라고 생각한다. 그렇기는 하나, 파울웨더곶에 겨울 폭풍을 만나러 갔을 때는 마흔아홉이었으며, 스크랠링섬의 고고학 캠프로 날아갔을 때는 사십 대 초반으로 북미의 극북 지역에 관한 책인 『북극을 꿈꾸다』를 막 출간한 시점이었다는 것, 그리고 남극횡단산맥의 그레이브스누나탁스에 다녀왔을 때는 쉰넷이었다는 것을 알아두면 도움이 될 것 같다.

『호라이즌』은 자전적 성격을 의도하고 쓴 글이므로, 그 모든 곳의 체류에는 기다란 학습곡선이 내재해 있다는 점을 강조해두는 게 좋겠다. 하지만 내가 무엇을 배웠는지, 또는 언제 그것을 배웠는지(혹은 배웠던 것을 언제 다시 지워버렸는지)는 명확히 밝히지 않았다. 내게 어떤 변화가 어떻게 일어났는지를 나도 항상 분명히 인지하는 것은 아니기 때문이다. 스크랠링섬의 고고학 유적지를 찾아갔던 젊은 남자는 책의 끝부분에서 포트패민으로 가는 길에서 낯선 남자를 만난 이와 같은 사람이지만, 둘은 서로 다른 사람이기도 하다.

# 프롤로그

아이와 나는 철제 난간 위로 몸을 기울인 채 바닷속을 뚫어지게 들여다보고 있다. 햇빛이 밝게 내리쬐고는 있지만 우리 머리 위 지붕이 만든 그늘 덕에 물속 깊은 곳까지 뚜렷하게 볼 수 있다. 우리는 그렇게 거기서 몸을 떨며 칠십이 년 전에 침몰한 전함의 상부구조 잔해를 관찰하고 있다.

내 손자는 아홉 살이다. 지금 나는 생의 예순여덟 번째 해를 보내는 중이다.

손자와 나, 그리고 아내가 나란히 서 있는 이 추모 테라스는 1941년 12월 7일 아침, 일본군 급강하폭격기들에 의해 정박지에서 격침된 185미터 길이의 펜실베이니아급 전함 USS 애리조나호의 잔해 위에 세워져 있다. 전함이 침몰하기까지는 몇 분밖에 걸리지 않았다. 바다에 가라앉은 거대한 선체는 이후 줄곧 하나의 공동묘지가 되어, 그날 아침 USS 애리조나호 선상에서 바로 사망했거나 바닷속에서 익사한 1177명의 수병과 해병의 유해를 품고 있다. 나는 아이에게 우리 인간들은 때때로 이렇게 거대한 규모로 서로를 해하는 짓을 한다고 설명해준다. 아이는 2001년 9월 11일에 일어난 일은 알고 있지만 드레스덴 폭격이나 서부전선에 대해서는 아직 들어본 적이 없을 테고, 앤티텀 전투와 히로시마 폭격도 들어보지 못했을 것이다. 오늘은 다른 지옥불의 날들에 관해서는 말해주지 않을 생각이다. 그러기에 아이는 너무 어리다. 아이에게 이런 사실들을 그렇게까지 정확히 알려주는 것은 무분별한 일, 아니 사실상 잔인한 일일 것이다.

그날 아침, 시간이 좀 더 지나서 우리 셋은 스노클을 끼고 바닷속 산호초를 탐사하다가 열대어 떼가 우리 앞에서 갑자기 속력을 올리거나 대열을 돌돌 감았다 풀었다 하는 모습을 바라본다. 산들바람에 나부끼는 다채로운 색색의 깃발 같다. 그 후에는 우리가 묵고 있는 호텔 풀장 옆에서 점심을 먹는다. 아이는 파란 풀장의 반짝이는 물속에서 지칠 줄도 모르고 헤엄을 치고, 이윽고 아이의 할머니가 아이를 해변으로 데려간다. 아이는 달려가 태평양에 풍덩 뛰어든다.

수영은 아무리 해도 계속하고 싶은 모양이다.

나는 연거푸 밀려오는 파도에 정면으로 몸을 던지는 아이를 몇 분쯤 바라본다. 파도에 무릎까지 담그고 선 아이의 할머니는 한순간도 눈을 떼지 않고 아이를 지켜본다. 이윽고 나는 차가운 레모네이드 한 잔을 챙겨 풀장 옆 의자에 앉아 읽던 책을 다시 펼쳐 든다. 미국 작가 존 스타인벡의 전기다. 이따금 눈을 들어 바다의 표면에서 흔들리는 햇빛을 바라보거나, 호텔의 옥외 레스토랑 테이블에서 음식 부스러기를 주워 먹다가 달아나는 참새 떼의 움직임을 좇는다. 그리고 풀장 옆 긴 의자에 누워 더없이 여유롭게 일광욕을 하거나 한가로이 주변을 거니는 호텔 숙박객들의 모습도 호기심과 애정이 뒤섞인 눈길로 한참을 바라본다. 온화한 공기와 인자한 햇빛이 여기 있는, 나와 다른 모든 존재를 온 마음으로 품게 한다. 숨을 들이쉴 때면 향수 같은 진한 향기가 느껴진다. 근처 울타리에서 피어난 열대의 꽃향기일 것이다. 부겐빌레아일까?

손자의 넘치는 활력도 내가 느끼는 이 평온함을 더욱 견고하게 해준다.

이곳의 숙박객은 대부분 아시아인이다. 특히 일본인과 중국인 특유의 얼굴이 눈에 띈다. 비싼 옷을 입고 풀장 옆 레스토랑 안을 유유히 거닐거나, 풀장 직원에게 수건을 가져다달라고 조심스레 신호를 보내거나 탁탁 소리를 내며 〈호놀룰루 스타 애드버타이저〉 같은 신문을 똑바로 세워 드는 그들의 태도를 보면 모두 내가 호사로움이라고 생각하는 상태에 익숙한 사람들 같다.

다시 스타인벡의 전기로 돌아온다. 내가 읽고 있는 부분에서 저자는 스타인벡이 언젠가 캘리포니아주 퍼시픽그로브에 있는 자기 집에서 열었던 모임에 관해 이야기하고 있는데, 그 자리에는 신화사학자 조지프 캠벨도 있었다. 전날 밤에 스타인벡과 작곡가 존 케이지, 캠벨, 스타인벡의 첫 아내 캐럴, 그리고 또 다른 몇 사람이 그 집에서 만찬을 즐긴 참이었다. 지금 캠벨은 파티오로 나와서 집주인에게 자신이 캐럴을 사랑하게 되었다는 사실을 알린다. 캠벨은 스타인벡이 캐럴을 함부로 대한다고 비난하면서, 그런 태도를 바꾸지 않는다면 캐럴에게 자기와 결혼해서 함께 뉴욕으로 가자고 할 작정이라고 말한다.

나는 불현듯 책에서 눈을 든다. 1956년 여름 캠프에서 스타인벡의 두 아들 톰과 존과 함께 지냈던 일이 떠올라서다. 내게는 잊히지 않는 만남이었다. 당시 열한 살이었던 나는 그때 그들의 아버지도 만났다. 『붉은 망아지』를 쓴 사람이 내 눈앞에 건장한 실체로 서 있다는 데 경이로움을 느꼈다.(당시 그의 세 번째 아내 일레인도 소개받았다. 일레인은 냉담한 사람이었다. 거만하기도 했고.)

읽다 만 부분으로 다시 돌아간다. 스타인벡과 존 케이지, 조지프 캠벨이라는 이 예기치 못한 삼인방의 이야기가 어떻게 이어지는지 어서 읽고 싶다.

몇 페이지를 더 읽는 동안 서쪽으로 기우는 태양이 내 오른쪽 뺨을 뜨겁게 태우는 느낌이 든다. 빽빽이 대열을 지은 또 한 무리의 참새 떼가 내 머리 위로 갑자기 날아가고, 별안간 그날 아침 진주만에서 내가 아주 몹쓸 짓을 한 것이 아닌가 하는 의구심이 솟는다. 애리조나호를 보러 가기 전, 나는 손자를 데리고 2차 세계대전 당시의 미군 잠수함 내부를 거닐며 그 구조와 전망탑에 있는 잠망경과 전방 어뢰발사관에 관해 설명해주었다. 아이는 미끈한 어뢰에 조심스럽게 손을 대더니 한참을 천천히 어루만졌고, 작은 두 손으로 탄두를 감싸 잡기도 했다.

바로 그때 잘생긴 일본 여자 한 명이 풀장 가장자리를 따라 성큼성큼 걸어오더니 우아하게 아치를 그리며 물속으로 다이빙한다. 즉흥적인 행동이다. 여자의 몸 주위로 얇은 물의 장막이 플라멩코 댄서의 너울거리는 치맛자락처럼 치솟아 오른다. 풀장의 물이 투명한 보석들처럼 흩어진다.

이 순간의 아름다움 속에서 갑자기 내 안에 이런 의문이 떠오른다—우리에게는 어떤 일이 일어날까?

나는 읽고 있던 페이지에 손가락을 끼운 채 일어서서, 바다포도들*이 모여 자라는 곳 너머 부서지는 파도 사이에서 손자의 모습을 찾는다. 아이가 비탈처럼 솟아오른 파도 속에서 잔뜩 흥분한 채 나를 향해 손을 흔들며 미소 짓고 있다. 여기예요, 할아버지!

지금, 이 호전적인 파벌의 시대, 일상적인 폭력의 시대에 우리 모두에게는 어떤 일이 일어날까?

절묘한 다이빙을 보여준 그 여자에게 감사를 전하고 싶다. 그 동작의 자유분방함과 우아함에 대해서.

내 주변 의자나 선베드에 기대앉아 있는 낯선 사람 한 명 한 명 모두가 아무 곤란 없는 인생을 살도록 빌어주고 싶다. 여기 있는 모든 사람이 앞으로 일어날 일에서 살아남기를 바란다.

---

* 씹으면 톡 터지는 작은 구슬 주머니들이 포도송이처럼 매달린 해조류.

들어가며

# 배를 찾아서

1

## 머매러넥

하와이의 풀장에서 책을 읽던 그 할아버지의 인생 궤적을 풀어내겠노라 공언하는 이야기라면 그날로부터 육십오 년 전, 롱아일랜드사운드의 머매러넥 항구에서 시작하는 게 좋을 것 같다. 이 항구에는 육지 사이로 쑥 들어와 안전하게 보호받는 해역이 펼쳐져 있고, 이날은 크레인섬 방향에서 서풍이 불어오는데도 수면은 잔잔함을 잃지 않았다. 아직 수영할 줄 모르는 남자아이 하나가 소금기 가득한 바닷물을 헤치며 계속 더 멀리 나아가고 있고, 아이의 어머니는 양치기 같은 눈으로 아이를 지켜보고 있다. 삼십 대 중반인 어두운색 머리칼의 어머니는 아이와 채 15미터도 안 되는 거리에서 두 다리를 접은 채 앉아 있고, 배는 둘째 아이를 임신한 터라 동그랗게 불러 있다. 울 담요를 깔고 앉아 꽃병에 담긴 들꽃 모양 무늬를 수놓는 중이다. 때는 1948년이다. 어머니는 뉴욕주 웨스트체스터 카운티 해안 오리엔타포인트에서 큰 백참나무 아래 앉아 친구와 얘기를 나누고 있다.[1]

바닷물이 턱에 닿자 아이가 멈춰 선다. 이제 어머니는 아이에게서 눈을 떼지 않는다. 아이는 더 멀리 가고 싶고, 해협의 머나먼 가장자리에 있는 작은 섬 터키록도 헤엄쳐서 지나고 싶고, 아니 그보다 더 멀리 스카치캡스섬 너머까지도 가고 싶다. 그 너머에는 수평선이 있다. 텅 빈 페이지 하나가.

아이는 해변 쪽으로 몸을 돌리고, 작은 어깨 위로 물결을 흩트리며 게처럼 옆으로 허둥지둥 걸어 물에서 빠져나온다.

몇 달 뒤 아이의 유일한 형제가 태어나고, 뉴잉글랜드의 겨울이 다가올 즈음 아이는 가족과 함께 캘리포니아 남부에 있는 한 계곡의 넓은 관개 농지로 이사한다. 오렌지와 호두 과수원, 자주개자리가 흐드러진 들판. 복숭아 과수원. 관개시설을 갖춘 샌퍼낸도밸리다. 흡사 지중해 해안의 평원 같은 이 땅은 남쪽은 샌타모니카산맥으로, 북쪽은 정상이 눈으로 덮인 샌게이브리얼산맥으로 경계가 지어진다. 이제 아이에게는 이전과 다른 인생이 펼쳐진다. 다른 지리. 낯선 기후. 다른 여러 인종의 사람들.

이곳에 도착한 지 일이 년쯤 지난 어느 날, 아버지가 가족 곁을 떠난다. 그는 자신의 첫 아내에게 돌아가 둘 사이에서 낳은 아들과 함께 플로리다에서 살고, 아이와 어머니와 아이의 동생은 셋이서 그와는 다른 삶을 살기 시작한다. 아이의 어머니는 노스리지에 있는 중학교에서 가정 과목을 가르치고, 밤에는 칼라바사스 근처에 있는 피어스주니어칼리지에서 양재洋裁를 가르친다. 수업이 없는 날 저녁에는 집에서 주문을 받아 고급 맞춤 여성복을 짓는다. 아버지는 플로리다에서 편지를 보내온다. 돈을 보내주겠다고 약속하지만 실제로 보낸 적은 한 번도 없다. 어쨌거나 그들 세 모자에게는 필요한 건 다 있는 것 같다. 아이는 상황이 궁금하면서도 조심스럽다. 교외의 시골뜨기인 아이는 이웃의 남자아이들, 그리고 엔시노에 있는 가톨릭계 초등학교인 '아워레이디오브그레이스'의 급우들과 친구가 된다. 그리고 어머니의 제자 몇 명, 리시다에 있는 자기네 집 북쪽과 서쪽에 자리한 채소 농장에서 일하는 멕시코인 농장 노동자들의 아들들과도 알고 지낸다.

아이는 자전거 타는 법을 배운다. 자전거를 타고 계속 달리고 달려 샌퍼낸도밸리의 북쪽에 멀찍이 자리한 그래나다힐스까지, 서쪽으로는 채츠워스까지 간다.

어머니는 두 아들을 데리고 모하비사막 서쪽까지, 모하비사막 동쪽과 그랜드캐니언까지, 남쪽으로는 샌디에이고 동물원까지, 그리고 국경을 건너 멕시코까지 갔다.

어느 날 오후 두 아이는 말리부 바로 동쪽에서 태평양을 마주하고 있는 토팡가 해변에 서 있다. 아이는 어머니가 주의를 준 대로 매번 다시 빠져나가는 파도에 휩쓸리지 않도록 발을 용케 옮겨가며 연거푸 밀려오는 높은 파도들이 차례로 해안을 때리며 부서지는 모습을 바라본다. 거품을 일으키는 저 거센 파도가 다른 어딘가에서 이 해변으로 온 것임을 아이는 이해한다. 이 해변에서 온화한 공기는 아이를 따사롭게 감싸고, 해안으로 불어오는 산들바람은 아이의 흰 피부를 태울 듯이 내리쬐는 햇볕을 누그러뜨리며, 햇빛은 아이의 발아래 모래 속 석영 조각들에 부딪히며 부서진다.

순한 바람이 보호하듯 감싸주고 빛이 어루만져주는 이 느낌 역시 아이에게는 새로운 감각이다. 여러 해 뒤, 머나먼 장소를 홀로 걸을 때 그는 이 감각을 기억해내고 그리워하게 된다.

이날 토팡가 해변에는 어머니의 친구이며 아이가 언젠가는 자기 아버지가 되면 좋겠다고 생각하는 남자도 같이 왔다. 그는 아이에게 저 바다 건너 머나먼 곳, 이 파도들을 일으킨 폭풍보다도 더 먼 곳에 중국이라는 아주아주 오래된 나라가 있다고 말해준다. 아이에게는 중국에 대한 이미지가 없다. 카키색 바지를 입은 이 남자는 키가 크고 손가락과 다리가 길며 말씨도 부드러워서, 아이가 느끼기에 홍학처럼 조심스럽고 우아한 동작으로 움직이는 것 같다. 아이는 이 남자가 아는 게 참 많다고 생각한다. 그는 샌타바버라 식물원에서 일하는데, 어떤 날은 일하러 갈 때 아이도 데려간다. 그의 이름은 다라다. 다라는 식물들의 차이점을 하나하나 설명해주고, 온실 안에서 아이와 함께 화분에 화초를 심는다. 그는 작은 씨앗에서 어떻게 자카란다처럼 꽃 피는 큰 나무가 자라나는지도 설명해준다.

지금 아이가 제일 좋아하는 나무는 자기가 사는 리시다의 캘버트 스트리트 양옆에 늘어서서 자라는 유칼립투스 속의 키가 큰 리버레드검과 블루검이다. 위엄 있게 높이 솟은 모습도 좋고, 손을 대면 매끄럽게 벗겨지는 수피도, 검넛이라 불리는 그 나무의 삭과도 좋다. 아이는 어디를 가나 항상 단추처럼 생긴 검넛 몇 개를 주머니에 넣고 다닌다. 이 나무들이 반항적으로 높이 뻗는 것이 좋고, 한데 모여 하늘을 긁어대는 것도, 바람이 그 나뭇잎들 사이를 지나며 쉿쉿 소리를 내는 것도 다 좋다. 이 나무들의 그늘에 숨어 있으면 안전한 느낌이 든다. 다라는 아이에게 로스앤젤레스에서는 그 나무를 '스카이라인나무'라 부른다고 말해준다. 마음에 드는 이름이다. 다라는 이 나무들이 원래 호주에서 왔지만, 적합한 환경만 만나면 세계 각지 어디서든 잘 자란다고 말한다. 그건 그 식물원에서 자라고 있는 플루메리아나무와 부겐빌레아덩굴도 마찬가지란다. 유칼립투스와 그 두 식물은 과거 식민지 시절 아열대의 여러 나라로 들어가서 지금은 그 지역 어디서나 볼 수 있다고 한다.

아이는 호주의 모습을 머릿속에 그려볼 순 없지만, 어떤 나무들은 처음 살던 나라에서 다른 장소로 실려 와서도 행복하게 자랄 수 있다는 생각에 사로잡힌다.

밤에 침대에 누워 자기가 원하는 미래를 상상할 때—이건 아이가 자기 꿈의 막연한 영역을 탐사할 때 쓰는 전략이다—아이는 그 식물원의 모습을 머릿속에 떠올리고 다라를, 다라가 얼마나 부드러운 손길로 식물을 다루었는지를 생각한다. 하지만 이즈음 아이는 그렇게 위안을 주지만은 않는 것들, 더욱 위협적인 것들에 관해서도 알게 된다. 자기 집 옆 차고에서 독거미인 검은과부거미를 발견하고, 암컷의 배에서 희미하게 빛나는 빨간 모래시계 무늬를 조심스레 살펴본다. 아이는 또 어느 아침 친구 세어와 함께 악어도마뱀을 잡으러 샌타모니카산을 돌아다니다 방울뱀 때문에 기겁한 적도 있다. 이 일에 관해 이야기할 때 어른들이 자기 말을 유심히 듣는 게 참 좋다.

아이와 세어가 집적거리자 뱀은 날랜 동작으로 그들을 위협했다. 아이는 자기와 세어가 그 뱀이 죽을 때까지 막대기로 때렸다는 이야기는 하지 않는다.

어느 주말 주마 해변에서 아이는 높은 파도에 실려 허우적대던, 상처 입은 작은부레관해파리에 쏘인다. 구급차가 와서 토하며 떨고 있는 아이를 병원으로 실어간다.

아이는 높이 솟은 검나무가 만들어주는 피난처를 신뢰하고 작은부레관해파리의 힘을 궁금해한다. 지금 아이의 마음속에서 이 둘은 한데 얽혀 있다.

아이는 뱀을 죽인 일과 그 일에 관해 말하지 않은 것이 부끄럽다.

대부분의 토요일에는 어머니와 동생과 함께 어머니의 암녹색 포드쿠페를 타고 샌퍼낸도밸리에서 로스앤젤레스의 청과 시장인 서드앤드페어팩스로 간다. 아이는 과일에서 나는 광택과 묵직한 느낌을 좋아한다. 비스듬히 쌓아둔 상자 속 그린게이지자두와 금귤, 승도복숭아를 만져보려면 자기 머리보다 더 높이 손을 뻗어야 한다. 아이는 또 손으로 벨기에엔다이브의 무게를 가늠해보는 것을 좋아하고, 축축이 적셔놓은 당근 잎다발에 이마를 대보는 것, 양손으로 겨울멜론을 쥐어보는 것도 좋아한다. 이것들은 아이의 첫 반려생물이라고 할 수 있다.

어머니에게는 폴브룩 근처에 아보카도 과수원을 소유하고 있는 친구가 있다. 그 친구의 남편은 아메리칸 항공의 DC-6 여객기 조종사로 매주 호놀룰루로, 그리고 도쿄로 비행한다. 하지만 로스앤젤레스에서 호놀룰루로 가고, 그런 다음 또 도쿄로 가는 일이 실제로 어떻게 진행되는지 궁금해서 물어봐도 그는 아이의 질문에 잘 대답해주지 않는다. 아이는 자기도 언젠가는 이 부부가 운영하는 것과 비슷한 과수원을 가질 거라고 생각해본 적이 있다. 아보카도를 기르고, 매킨토시사과처럼 깨물면 아삭하게 부서지는 단단한 동양 배를 키울 수도 있을 것이다. 그런 인생이 매력적으로 느껴진다. 직접 키운 과일과 금어초, 카네이션, 붓꽃 같은 절화를 들통에 담아 트럭에 싣고 청과 시장으로 가야지. 꽃과 과실수를 수분시켜줄 벌을 기르고, 거기서 나온 꿀을 신선한 계란, 아스파라거스, 석류와 함께 어머니가 퇴근길에 매일 들르는 청과 가판대 같은 곳에서 팔아야지.

거의 매일 밤 아이는 자기가 정해둔 목적지의 확실성에서 위안을 얻으며 잠이 든다. 일년생 작물을 기를 밭을 갈고 난 다음, 남은 흙덩어리들은 트랙터를 타고 써레를 끌며 부술 것이다. 정원의 각종 장미에 물을 주는 스프링클러를 정확히 어떻게 설정할지도 결정할 것이다. 추운 겨울밤에는 과수원이 얼지 않도록 화로에 불도 붙여야겠지.

청과 농장에 대해 더 많이 상상할수록 자기 인생에 들어온 어

떤 낯선 남자, 다라와는 다른 남자에 대해 아이가 느끼는 불안이 줄어든다.[2]

어느 겨울날, 아이는 어머니를 따라 카노가파크에 있는 우체국에 간다. 어머니가 줄을 서서 차례를 기다리는 동안 아이는 동쪽 벽에 그려진 약 4×2미터 크기의 벽화 〈팔로미노 조랑말〉을 자세히 들여다본다. 아이는 이 벽화에 매혹된다. 수년 뒤 그 벽화를 그린 메이너드 딕슨이라는 화가의 다른 작품들을 더 발견한 뒤로 아이는 그 벽화를 엉뚱하게 기억하게 된다. 광대뼈가 높이 솟아 있고 피부는 적갈색과 황토색인 아메리카 선주민들의 옆얼굴을 그린 그림이라고 잘못 생각한 것이다. 하지만 팔로미노 말 일곱 마리의 뒤를 따라 황금빛 초원 위를 달리는 1840년대 캘리포니아 카우보이를 그린 이 벽화에 인디언은 없다. 딕슨의 〈대지를 아는 사람〉이라는 더 유명한 그림의 기억과 우체국에서 본 그림의 기억이 뒤섞인 것이고, 이 잘못 기억한 이미지는 기온이 32도에 달했던 어느 여름 깊은 밤 동부 모하비에 있는 니들스 기차역 플랫폼에서 딱 한 번 인디언들을 보았던 유년기의 기억과도 뒤섞였다. 그때 아이는 여덟 살이었다. 아이와 동생은 로스앤젤레스에서 어머니의 친구 한 명과 함께 그랜드캐니언행 야간열차에 올랐다. 콜로라도강 서쪽 기슭에 자리한 캘리포니아의 이 작은 마을에서, 아이는 평생 가장 늦게까지 깨어 있던 시간이라 할 수 있는 자정 너머에 니들스 기차역 플랫폼에 내려섰다. 주변에는 모하비족 사람들이 여남은 명 보였는데, 어쩌면 그들은 기차에 오르거나 내릴 가족을 기다리는, 그랜드캐니언에서 온 하바수파이족이었을지도 모른다. 그들은 더운 날씨에도 머리 위로 숄을 두르거나, 담요로 만든 덧옷에 달린 두건까지 쓰고서 바깥을 살폈다. 아이는 그들이 거의 들리지 않게 속삭이듯 말하는 소리의 의미를 해독할 수 없었다.

아이는 이 장면의 엄격하고 금욕적인 느낌을 결코 잊지 못한다. 그 사람들의 이질적인 느낌도.

그날 우체국에서 기수의 자세와 그가 탄 말의 재빠른 발놀림, 근육질의 팔로미노 말들의 원기 왕성함을 마음 깊이 흡수한 뒤, 아이는 어머니에게 언젠가 자기도 화가가 되겠다고 말한다.

그 순간 아이가 정말로 되고 싶은 것은 어쩌면 말을 타고 돌진하는 카우보이였을지도 모르겠다.

그러다 갑자기 아이의 어머니가 뉴욕에 사는 사업가와 재혼한다. 그렇게 캘리포니아 시절은 끝이 나고 아이는 새 가족과 함께 맨해튼으로 이사한다. 아이가 여태 살던 곳보다 더 시끄럽고 더 높고 더 빠른 곳이다. 겨울 하늘의 색도 다르다. 날씨도 더 춥고, 아이가 처음에 캘리포니아버즘나무로 착각했던 단풍버즘나무의 가을 잎은 희미한 노란 빛으로 바랜다. 새아버지가 레스토랑에서 저쪽 테이블에 앉아 식사하는 사람들을 가리키며 '인디언'이라고 했을 때, 그건 여기 미 대륙이 아니라 다른 대륙에서 온 사람들을 뜻하는 말임을 알게 된다.

뉴욕에서 보낸 첫 여름, 부모는 아이를 동생과 함께 롱아일랜드 이스트햄프턴 근처 사우스포크에 있는 세인트 레지스 캠프에 보낸다. 거기서 존이라는 아이를 만났는데, 아이는 존도 캘리포니아 출신이라고 생각한다. 둘은 다른 열한 살 아이 네 명과 함께 같은 오두막을 쓴다. 아이는 존의 아버지가 센트럴밸리를 배경으로 캘리포니아에 관한 책을 몇 권 썼다는 걸 알게 된다. 아이의 머릿속에서 센트럴밸리는 샌퍼낸도밸리와 아주 비슷한 곳이다. 사실 아이는 그 책들 가운데 『롱 밸리』라는 단편집을 이미 읽었다. 캘리포니아 출신의 그 작가는 어버이날에 자기 아이들을 만나러 캐빈 크루저*를 타고 왔다. 그는 다른 아이들의 부모들과 마주치지 않으려고 해안에서 조금 떨어진 곳에 닻을 내린다. 그리고 연한 녹색의 소형 보트를 타고 노를 저어 해안에 와 두 아들을 데려간다. 그 아이들은 캐빈 크루저에서 부모와 함께 오후를 보낸다. 아이는 자기 부모가 떠난 뒤 해변에 앉아 그 배를 바라본다.

아이는 기다린다.

머매러넥 항구에서 물속을 허우적거리며 걷다가 캘리포니아 남부로 이사했고, 한때는 아보카도를 키우고 싶다고도 화가가 되고 싶다고도 생각했으며, 지금은 맨해튼 머레이힐에 있는 브라운스톤 주택에 살고 있는 아이. 가을이면 아이는 이스트 83번가에 있는 사립 예수회 학교에 7학년으로 들어갈 참이고, 자기 집 모퉁이를 돌면 바로 나오는 이스트 38번가의 아워세이

---

* 생활이 가능한 객실이 갖춰진 모터보트.

비어[구세주] 성당에서 복사가 되어 미사를 올리기 시작할 것이다.

아이가 그곳에 자신을 맞추기까지는 어느 정도 시간이 걸릴 것이다.

7월 어느 날 오후, 아이는 세인트 레지스 캠프에서 그 하얀 배를 바라보며 기다리고 있다. 창에는 커튼이 드리워 있고 선교에도 선미에도 인기척이 없는 그 배가 아이에게는 아무 소리도 나지 않는 것처럼 느껴진다. 작가의 아들 존은 자기 부모가 근처의 새그하버라는 오래된 고래잡이 마을 근방에 있는 자기 집에서부터 모터 보트를 타고 왔다고 알려준다. 아이는 새그하버라는 이름을 기억해둔다. 그 마을의 이미지가 고래의 거대함과 조용함에 대해, 고래 도살의 잔혹함과 폭력성에 대해 점점 자라나던 아이의 인식을 닻처럼 고정한다.

수년 뒤 아이는, 한 시간 내내 바라보았음에도 좀처럼 분명히 보이지 않던 스타인벡 보트의 세부적 특징이 하나도 기억나지 않는다는 사실에 답답함을 느낀다. 선미의 대빗*에 삐딱하게 걸려 있던 연녹색 작은 보트만이 기억에 또렷이 남아 있다. 이날 오후 캐빈 크루저는 아이 쪽으로 측면을 보인 채 천천히 상승하는 수면에 떠 있다. 움직임이라곤 없다. 아이는 존과 함께 캘리포니아에서 보낸 날들을 계속 함께 추억하고 싶은데. 바로 그때, 그 배까지 헤엄쳐 가서 존의 아버지에게 자기가 『붉은 망아

* 보트나 닻 등을 끌어올리거나 내리는 데 쓰는 크레인과 유사한 구조물.

지』를 읽었고, 아주 좋은 작품이라 생각한다고 말하고 싶은 충동이 솟구친다. 아이는 그 배에서 함께 대화를 나누는 그 가족의 일원이었으면 싶다.

큰 두상에 점점 머리가 벗어지고 있던 소설가가 갑자기 선미에 나타나더니, 두 아들을 해변으로 데려다주려고 작은 보트를 물 위로 내린다. 해안으로 다가오는 작은 배와 거기 탄 사람들은 늦은 오후의 안개를 투과하며 분산된 빛 속에서 마치 망령처럼 보인다. 아이는 아직 스틱스강이나 카론은 들어본 적이 없지만, 수년 뒤 이 순간을 회상할 때 기억에 떠오르는 건 바로 그런 이미지들이다.

그날 저녁 숙소에서 아이는 존에게, 그의 아버지가 캘리포니아에서 나라의 반대쪽 끝에 있는 이곳 뉴욕시 이스트 72번가로 옮겨온 후 어떻게 지내왔느냐고 묻는다. 자신도 이미 그런 변화의 과정을 거친 아이는, 친구가 보고 느꼈을 뭔가를 들을 수 있으리라는 희망에 귀를 쫑긋 세운다. 자기도 그 소설가가 보인 것과 같은 변화를 성공적으로 이뤄내고 싶지만, 무언지 분명치 않은 커다란 걸림돌이 느껴진다. 자신의 기대 속에 어쩐지 실망의 가능성이 들어 있는 것 같다.

아이는 캠프 친구 존이 캘리포니아에서 자라지 않았다는 사실을 아직 모르고 있다.

이후 수년 동안, 잠들기 전 침묵 속에서 아이는 때로 아무 특징도 기억나지 않는 그 캐빈 크루저와 그 너머 수평선을 흐릿하게 지우던 오후의 옅은 안개를 떠올린다. 캘리포니아의 해변들,

로스앤젤레스 서쪽에 있는 샌타모니카만의 주마 해변과 포인트둠을 생각하고, 어머니가 결혼하지 않기로 한 남자, 아이에게 중국에 관해, 자카란다와 유칼립투스에 관해 얘기해주었던 그 남자도 생각한다. 아이는 언젠가 자기가 중국에서 봐야 할 뭔가가 있다고 믿는다. 아니면 일본에서. 아니면 머나먼 다른 어디선가. 반복적으로 떠오르는 이 느낌은 아이에게 이제 익숙해진 동경을 일으킨다. 한때 그 동경은 자기 손에 놓인 묵직한 아보카도를 볼 때나, 캘버트 스트리트에서 유칼립투스가 바람을 받아 부스럭대는 소리를 들을 때 일어났다. 지금의 동경은 단지 멀리 떠나고자 하는 욕망에서 일어날 때가 더 많다. 스카이라인이 무엇을 막아서고 있는지 알아내고 싶은 욕망.

머매러넥 항구의 그 남자아이는 나이며, 하와이에서 손자와 대참사에 관해 이야기하는 할아버지도 나다. 나는 한동안 그 두 시간 사이의 세월에 관해 생각하며 보냈다. 내가 의미 없는 죽음을 목도했고 어린아이 때 배웠던 모든 계율이 깨어지는 것을 목격했으며 숨 막히게 아름다운 것들을 보았던 그 세월 동안 어떤 변화가 일어났는지 알고 싶어서였다.

내가 앞에서 이야기한 몇몇 장면—머매러넥 항구, 주마 해변, 니들스 기차역 플랫폼—은 이후 나머지 세상을 보기 위해 거듭거듭 떠났던 사람의 더 큰 이야기를 시작하기 위한 하나의 맛보기일 뿐이다. 그러니까 그저 스케치 같은 것일 뿐인데, 그래도 내게는 상당히 그럴듯한 스케치라고 느껴진다. 물론 그 누구의 인생도 이렇게 기억의 구슬들을 꿰어놓은 것처럼 깔끔하고 명료하게, 의미를 쉽게 파악할 수 있는 방식으로 전개되지는 않는다. 하지만 긴 인생이란 불완전하게 기억된 결심들이 연거푸 쏟아져 내리는 일종의 폭포로 이해할 수도 있다. 초기에 품었던 결심 중 어떤 것들은 희미하게 지워진다. 잃어버린 기억과 배신, 믿음의 상실이라는 피할 수 없는 우회로를 거치고도 이어지는 결심들도 있다. 또 어떤 결심들은 세월이 흘러도 약간만 변형된 채 계속 유지된다. 예상치 못한 트라우마와 상처를 만나면 차는 언제든 도로 밖으로 탈선할 수 있고, 그러면 그 사람은 영원히 목적지를 상실할 수도 있다. 하지만 이를테면 불타오르듯 뜨거운 얼굴에 사랑하는 사람의 손길이 닿는 것과 같은 의도치 않은 순간에 솟아나는 가늠할 수 없는 숭고함이 계속하겠다는 결심을 되살릴 수도 있으며, 최소한 일시적으로라도 자기 회의와 후회가 주는 삶의 무게를 줄여줄 수도 있다. 혹은 휘청거릴 정도로 어마어마한 아름다움 앞에 선 한순간이 한때 그 사람이 품었던, 큰 의미를 지닌 삶을 살겠다던, 자신의 기대에 부합하는 삶을 살겠다던 결심에 다시금 불을 당길 수도 있다.

평생 이런저런 결심에 이끌려 다닌 나의 인생은 이따금 느끼는 황홀과 이따금 느끼는 슬픔으로 이루어진 삶이었다는 점에서 다른 많은 사람의 인생과 그리 다르지 않겠지만, 그래도 굳이 다른 점을 찾는다면 머나먼 장소들로 여행을 떠나야 한다는 강렬한 욕망, 그리고 그 갈망에 부응하여 그토록 큰 결단력으로 행동한 것이 나에게, 그리고 내 가까운 사람들에게 부여한 의미를 들 수 있을 것이다.

나는 거의 의도치 않게 세계를 여행하는 사람이 되었다. 진정한 의미의 방랑자는 아니었지만 말이다.[3]

뉴욕에서 보낸 청소년기가 지나고 오랜 세월이 흐른 뒤 이 자서전 집필에 착수하면서, 나는 머매러넥에 있는 오리엔타 아파트 관리자에게 편지를 보냈다. 나의 출발지에 관해 뭔가를 좀 더 알고 싶었고, 그 건물이 아직 그대로 있을 것이며 관리하는 사람이 있을 거라는 어떤 확신이 있었다. 나는 세 살배기 시절에 내가 엘리베이터에서 나와 어떤 통로를 걸어 2층에 있는 우리 아파트로 갔는지를 설명했다. 이 정보만 가지고도 관리자는 우리가 살던 아파트 호수를 알 수 있을까? 관리자는 곧바로 답장을 써서 편지와 함께 그 아파트 건물 부지를 그린 그림 몇 점과 사진 몇 장을 보내왔다. 그는 그중 한 그림의 작은 정원에 표시를 해두었는데, 내가 그에게 나의 어머니가 장미와 튤립, 아이리스를 가꾸었다고 설명한 곳이었다.

우리가 살던 아파트의 호수는 2C호였다고 그는 말했다.

## 2

# 찾아가기/보기

1956년에 서쪽 끝에서 다시 동쪽 끝에 있는 뉴욕으로 이사하고, 이어 어퍼이스트사이드의 사립고등학교를 졸업한 후에는 중서부에 있는 대학으로 떠났다. 한때 청과 농장을 운영하고 싶었던 아이는 대신 항공공학을 전공하기로 마음먹었다. 그 일에 관해서는 아는 게 거의 없었는데도 말이다. 하지만 캘리포니아 남부에서 내가 자랐던 지역은 2차 세계대전 종전 직후였던 당시 항공기 디자인과 조립 및 시험비행의 중심지로 급성장하던 곳이었다. 사람들이 그런 일을 하며 살아간다는 것은 어린 시절 나에게는 숨 쉬는 것처럼 자연스러운 일로 여겨졌으며, 어머니의 첫 남편인 시드니 반 셰크가 그 일의 특성을 내게 생생히 보여주었다. 내가 그를 처음 만난 건 두 사람이 이혼하고 여러 해가 지난 뒤 캘리포니아에서였다.[4]

시드니는 체코 이민자였다. 내가 알기로 어머니와는 1934년에 앨라배마에서 결혼했는데, 두 사람은 얼마 지나지 않아 이혼했고 그 후 시드니는 캘리포니아 남부로 이사했다. 1950년대에 그는 우리 집과 겨우 몇 킬로미터 떨어진 곳, 말리부 해변이 내려다보이는 샌타모니카산에서 재혼한 아내 그레이스와 살고 있었다. 어머니가 몇 가지 직업을 병행하며 우리를 부양하던, 경제적으로 힘들었던 그 시기에 시드니는 컬버시티에 있는 휴스 항공에서 항공 엔지니어로 일하고 있었다. 당시 그는 몇 년 동안 하워드 휴스의 '스프루스 구스'* 같은 비행기들을 만들었고, 이제는 초창기 위성 몇몇을 설계하고 있었다. 시드니와 그레이스는 여러 면으로 우리를 친구로 대하며 도와주었다. 내 생각에 그는 어머니에게 돈도 주었던 것 같고, 나를 종종 자기 집 작업실로 불러 의자에 조용히 앉혀놓고는 늘 작업 중인 것처럼 보이는 모형 항공기의 금속과 목재 부품을 다듬는 모습을 구경하게 해주었다.

나는 시드니의 강렬한 집중력과 자신감 있게 공구를 다루는 모습에 끌렸고, 그가 너무나 쉽게 다루는 '비행기'라는 물건의 비현실성에 매혹되었다. 게다가 그는 속력이 아주 빠른 영국제 스포츠카 오스틴힐리 컨버터블을 몰았다. 이 차는 이인승이었다. 나를 태우고 지붕을 열어둔 채 아주 빠른 속도로 퍼시픽 코스트 하이웨이를 달리던 날, 시드니는 커브를 돌 때마다 완벽한 조작으로 변속했다가 다시금 속도를 높였고, 그럴 때면 기어 박스에서는 부드러운 딸각 소리가 나고 보닛은 살짝 위로 들렸다. 마치 돌진하는 한 마리 짐승 같았달까. 세찬 바람에 머리카락을 휘날리며, 더블클러치로 변속하는 그의 민첩한 발동작을 바라

* 휴스 H-4 허큘리스. 휴스 항공사에서 제작한 초대형 수송기 겸 비행정. 1947년에 처음이자 마지막으로 비행했다. 하워드 휴스가 정부의 재원을 비행기 만드는 데 낭비하고 있다고 비난하던 비판자들이 '말쑥한 거위'라는 뜻의 '스프루스 구스'라는 별명을 붙였다.

보던 나는, 그가 자기 세상의 본능적 경험 속으로 나를 초대하고 있다는 느낌을 받았다.

다라처럼 시드니도 내가 원하는 아버지 상이었다. 그는 1920년대에 파리의 에콜데보자르에서 회화 학위를 받았고, 후에 매사추세츠 공과대학교에서 항공공학으로 석사 학위를 받았다. 어머니와 이혼하고 그레이스와 함께 캘리포니아로 가기 전, 시드니는 앨라배마주 버밍햄에 군용기 부문을 두고 있던 벡텔-매콘-파슨스라는 건설 회사에서 일했다. 거기서 그는 B-24 리버레이터와 B-29 슈퍼포트리스라는 두 폭격기의 날개 디자인을 개선하고, P-38 라이트닝 전투기의 무기 시스템을 디자인했다.(전설적인 조종사이자 작가인 앙투안 드 생텍쥐페리가 1944년 지중해 상공에서 실종되던 당시 몰았던 전투기가 바로 이 P-38이다. 이 사실을 나는 한참 후에, 특히 『남방 우편기』와 『야간비행』을 통해 생텍쥐페리라는 인물에게 반하고 난 뒤에야 알게 되었다.)

1차 세계대전 때 시드니는 프랑스군으로 참전해 초창기 전투기인 스패드 S.VII을 조종했다. 1919년에는 프랑스 알프스 상공에서 (어머니 말에 따르면 '붉은 남작' 폰 리히트호펜*에 의해) 격추되었다. 이 추락으로 시드니는 경추가 유합되고 다른

* 1차 세계대전 당시 독일의 가장 뛰어난 전투기 조종사로 독일인에게는 영웅이고 적국에게는 두려운 존재였던 만프레트 폰 리히트호펜 남작을 말한다. 1918년 4월에 격추당해 스물다섯의 나이에 사망했다. 그러니 저자 어머니의 말은 사실이 아닐 확률이 높다.

여러 부상을 입었는데도 계속 단좌 전투기를 몰았고, 그러다 1920년대에 노스캐롤라이나에서 다시 추락했는데, 이 사고에서도 멀쩡히 살아남았다. 미국 시민권을 얻고 공학 학위 과정을 마치고 벡텔-매콘에서 일자리를 확보한 뒤로는, 오번대학교에서 미술을 가르치며 자신의 두 번째 열정을 더 열심히 쏟았다. 1933년에 근처 몬테발로대학교 3학년생이던 어머니는 거기서 시드니를 만났고 곧 그와 함께 그림 공부를 시작했다. 두 사람은 어머니가 졸업하고 얼마 후 결혼했다. 이듬해 시드니는 공공사업진흥국*의 의뢰를 받아 미국 남부에서 가장 규모가 큰 WPA 벽화를 디자인했다. 육체노동의 존엄을 옹호하고 무자비한 기업의 착취를 경고하는 이 벽화는 버밍햄의 우들론고등학교 강당의 프로시니엄아치를 이루는 다리와 넓은 상인방†에 그려졌다.[5]

내가 항공 엔지니어가 될 소명을 타고났다고 믿으며 대학에

---

* 약칭 WPA Works Progress Administration. 루스벨트 대통령 재임 시기인 1935년에 뉴딜 정책의 일환으로 설립되었다가 1943년에 폐쇄된 기관으로, 이 기간 동안 약 850만 명의 실직자에게 공공 기관 건물 및 도로 건설 등의 공공 프로젝트 일자리를 마련해주었다. 목표는 실직으로 고통받는 모든 가정에 생계유지 수단을 제공하는 것이었다. 특히 유명한 WPA 프로젝트인 '연방 프로젝트 넘버 원'에서는 음악가, 미술가, 작가, 배우, 감독 등을 고용했다.

† 프로시니엄아치는 객석에서 볼 때 무대 양쪽 가장자리와 위쪽 가로대를 액자의 틀처럼 구획하는 테두리이고, 상인방은 기둥과 기둥 사이 위쪽을 가로지르는 나무를 말한다.

들어간 데는 아마도 코즈모폴리턴 예술가이자 엔지니어였던 시드니 반 셰크를 모방하려는 무의식이 작용했을 것이다. 항공기 비행과 그 모험(메리 S. 러벨이 쓴 베릴 마컴*에 관한 책 『아침이 올 때까지 계속』, 마컴 본인이 쓴 『이 밤과 서쪽으로』, 신문에서 읽은 어밀리아 에어하트†의 생애, 알래스카의 부시 파일럿‡에 관해 잡지에서 읽은 이야기들)에 대해 내가 품었던 열망 역시 분명 나를 그 방향으로 이끌었을 것이다. 그러나 1학년 중반 공학에 대한 오해에서 깨어나면서 나는 인문학 커리큘럼—문학, 철학, 인류학, 역사, 연극—으로 옮겨갔고, 금세 거기서 더 편안함을 느꼈다.

되돌아보면 대학 1학년생이던 그 시절, 무슨 분야가 됐든 예술 활동에 몰두하겠다는 나의 결심이 얼마나 결연했는지 새삼 느껴진다. 나는 풋내기 배우로서 연출자의 복잡한 동선 연출에 반응하며 예술에 몰입하고 싶은 욕망을 느꼈다.(연극 수업에서는 배우가 특정한 패턴으로 움직임으로써 연극의 감정적 토대를 시각적으로 보여줄 수 있다는 점을 배우며 경이를 느꼈다.) 초기에 소설을 쓰려고 할 때도, 그리고 내가 살던 부근의 인디애나

---

* 잉글랜드 태생의 비행사, 모험가, 작가. 1936년에 대서양을 서쪽으로 단독 비행하는 데 성공했다.

† 미국 태생의 비행사. 1928년에 여성 비행사 최초로 대서양을 단독 비행해 건넜고, 적도 주변 항로로 세계 일주 비행에 도전했다. 1937년에 세계 일주를 떠났다가 태평양을 횡단하던 중 실종되었다.

‡ 기후와 지형, 시설 미비 등으로 대형 항공기나 기타 교통수단이 접근하기 어려운 지역으로 사람과 물건을 수송하거나 구조하는 노련한 조종사.

주 북부와 미시건주 남부의 시골 풍경을 담으며 사진 작업을 할 때도 그와 같은 패턴의 중요성을 느꼈다. 나는 마이너 화이트와 해리 캘러핸, 에드워드 웨스턴, 윈 불록의 흑백 사진들을 꼼꼼히 뜯어보며 그 완결성과 깔끔한 구성에 머리를 얻어맞은 것처럼 강렬한 인상을 받았다. 나도 그들처럼 작업하고 싶었고, 워커 에번스와 도러시아 랭 같은 사진가들처럼 작품에 연민을 담고도 싶었지만, 그들이 한 것처럼 인간의 고통을 드러내기 위해 다른 사람들의 생활에 침입한다는 것은 상상할 수도 없었다.

물론 오십 년이 지난 지금은 내가 항공 엔지니어가 되지 않기로 한 당시의 결정에 몇 가지 다른 요인도 작용했다는 걸 알고 있다. 내가 아홉 살 때 우리 가족의 한 지인이 내게 텀블러비둘기* 여덟 마리를 주었다. 나는 화살처럼 날아가 하늘을 가로지르며 바퀴처럼 뱅글뱅글 도는 이 새들의 움직임에, 마치 양력이 사라진 것처럼 일부러 공중에서 수십 미터에 걸쳐 떨어지며 공중제비를 돌고 또 도는 모습에, 마치 사냥꾼의 총에 맞은 것처럼 곤두박질치다가 바닥에 닿기 직전 솟구쳐 오르는 모습에 매료되어 몇 시간씩 넋을 빼고 이 새들과 시간을 보냈다. 날아가던 이 비둘기들이 작은 기압 변화에 맞닥뜨려 휘청이는 걸 보면서 투명한 기단을 눈으로 관찰했던 순간도 기억한다. 나는 믿을 수 없을 정도로 대단한 이 새들을 바라보며 희열을 느꼈다.

같은 시기에 모형 비행기도 수십 대 조립했다. 그리고 그 비

---

* 하늘을 나는 도중에 공중제비를 도는(텀블링) 습성이 있는 비둘기.

행기들을 내 침실 천장에 바느질실로 매달아두었다. 대부분 P-38과 B-24 같은 전투기와 폭격기였지만, PBY 카탈리나, 마틴 PBM 마리너, 마틴 M-130 같은 '비행정'도 있었다. 만이나 석호에 착수함으로써 활주로가 건설되지 않은 곳까지 세상 어디든 갈 수 있는 커다란 비행기들 말이다. 밤에 자다가 깨어 천장을 올려다보면 이 비행기들이 마치 별자리처럼 내 위에 자리 잡고 있었다. 내가 아는 어떤 별들의 배치 못지않게 매혹적이었다.

어떤 밤에는 그 비행기들 중 하나에, 어떤 병기도 폭탄도 없는 비행기의 조종석에 앉아 있는 나를 상상했다. 상상 속의 나는 달빛이 비치는 샌퍼낸도밸리 위를 날아 산지를 넘어 내륙으로 향하며, 휘트니산 봉우리에 부딪히지 않게 조심하며 남쪽으로 날아 멕시코로 넘어갔다. 지구 표면에서 겨우 몇백 미터 떨어진 상공을 베릴 마컴처럼 밤새 날았다. 카리브해 서부를 건너고 멕시코만을 넘어서 집으로 돌아오는 길에는 동쪽에서 떠오르는 태양의 첫 빛줄기를 보았다. 햇빛이 시에라네바다산맥을 비추고 샌퍼낸도밸리의 유칼립투스들을 밝히기 한 시간 전이었다.

내가 탐닉했던 비행의 아름다움은 대학교 1학년 때 알루미늄의 인장력에 대한 수업과 풍동* 시험을 분석하는 수학, 항공공

* 터널 형태의 장치. 내부에 물체를 고정한 다음 그 주위로 공기의 흐름을 일으켜, 기류가 항공기, 자동차, 건물 등에 미치는 작용이나 영향을 실험하는 데 쓴다.

학의 경험주의와 충돌했다. 열대의 푸른 캘리포니아 하늘과 겹겹의 구름을 향해 텀블러비둘기들을 날려보낼 때마다, 혹은 유칼립투스에 앉아 있던 그 새들 사오십 마리가 나로서는 알 수 없는 어떤 신호에 촉발되어 별안간 박차고 날아오르는 모습을 볼 때마다 내 안에서 부풀어 오르던 심장의 빠른 박동은 화학에서도 물리학에서도 찾을 수 없었다. 별들이 보석처럼 박힌 밤하늘 아래 사하라 서부의 모래언덕들 위를 스치듯 날아가던 생텍쥐페리의 저돌적인 정신은 미적분학 강의 어디에서도 찾을 수 없었다. 어느 물리학 세미나에서도 이카로스의 도전적이고 무모한 허세에 담긴 의미는 다루지 않았다.

열일곱 살의 나는 세상과 직접 맞닿는 경험을 갈망했다. 하지만 내 충동 대부분은 형태도 목표도 없는 순전히 은유적인 충동이었다. 나는 미성숙한 수많은 남자아이가 그렇듯 모종의 지위를 성취하려는 필사적인 마음에 허둥대기만 할 뿐, 그 갈망을 명확히 구현하지는 못했고 자의식만 가득했으며 방어적이었다.

그 몇 년 동안 나는 주기적으로 대학을 떠나, 캠퍼스 밖에 불법으로 주차해두었던 나의 첫 차 1951년식 뷰익로드마스터를 몰고 다니며 중서부 지역 북부와 남부의 풍경을 탐험했다. 미시건주 북부나 미시시피강 서쪽에 있는 아이오와주에 무엇이 있는지 보기 위해 차를 몰고 수백 킬로미터를 달렸다. 나는 여행이 내 안의 뭔가를 달래준다는 걸 알았다. 1962년 고등학교 졸업 후에는 남자 동급생 열다섯 명과 선생님 두 명과 함께 소형 피아트 버스를 타고 두 달 동안 서부 유럽을 돌아다녔다. 포르투갈에서 동쪽으로 달려 스페인과 프랑스를 지나고 알프마리팀주를 거쳐 이탈리아로 들어가 남쪽으로 로마까지 갔고, 그런 다음 다시 북쪽으로 방향을 돌려 스위스, 리히텐슈타인, 오스트리아, 서독을 거쳐 다시 프랑스 로렌에 도착했고 거기서 파리로 갔다. 칼레에서 도버 해협을 건너 도버에 도착한 뒤에는 기차를 타고 런던으로 갔다. 아일랜드에서 보낸 마지막 날, 나는 마드리드의 프라도 미술관부터 이탈리아의 황량한 브렌네로 고개까지, 십자가들과 다윗의 별들이 펼쳐진 아르투아와 피카르디의 묘지들부터 아일랜드 클래어주의 근엄한 모허 절벽까지 이른 이 여정이 절대 끝나지 않기를 바라며 홀로 섀넌강에서 얼마간 펀트*를 탔다.

이 여행이 준 자극은—지리, 예술, 음식, 상인들과 나눈 대화—나를 들뜨게 했다. 나는 이 자극이 어떻게든 내가 이 세계에서 살아가는 방식의 틀이 되기를 원했다.

이십 대 초반이 되었을 때 나는 이미 한 해 여름은 와이오밍주에서 말과 부대끼다가 또 다른 해에는 몬태나주 헬레나의 하계 간이 극장에서 보내는 식으로 살고 있었다. 하와이와 알래스

* 바닥이 평평하고 선수가 사각형인 작은 배. 한쪽 끝에 선 사람이 막대로 강바닥을 밀어서 움직인다. 주로 좁고 얕은 강에서 사용한다.

카를 제외한 마흔여덟 개 주 가운데 한두 곳을 제외하고 미국 전역을 차를 몰고 돌아다니기도 했다. 유럽에도, 잉글랜드에도 다시 갔으며, 내 의붓아버지의 조상들 땅인 스페인의 아스투리아스에도 갔고, 첫 단편소설들도 발표했다. 그런데도 무엇을 해야 할지는 여전히 오리무중이었다. 결혼하기 전에는 수도 생활이 내 인생의 목적지일지도 모른다는 생각에 켄터키주에 있는 트라피스트회 수도원을 찾아가기도 했다. 하지만 그건 내 인생의 목적지가 아니었다.(토머스 머튼 수도사가 당시 그곳에 살고 있었다. 그의 자서전과 다른 책들이 고등학교와 대학교에 다니는 동안 나에게 영감을 불어넣었다.) 1968년, 이제 결혼도 했고 석사 학위도 받은 나는 가르치는 일을 하는 게 좋겠다고 생각하며 또 하나의 석사 과정으로 문예 창작을 공부하기 위해 오리건주로 옮겨갔다. 이 석사 과정에는 금세 환멸을 느꼈지만, 오리건대학교에서 몇 학기를 더 학생으로 머물며 민속학과 저널리즘과 아메리카 선주민 문화를 공부했다. 하지만 그 무렵 나에게 대학의 삶은 대체로 가정적 안락함을, 그리고 평범하게 일하며 사는 세계에 대한 의도치 않은 무관심을 의미하게 되었다. 강의실의 삶이 참을 수 없을 정도로 은둔적으로 느껴지기 시작했고, 그곳의 광범위하고 학식 있는 대화에서 줄곧 받았던 강렬한 자극에도 불구하고 대학은 계속 머물기에는 안전하지 않은 장소라는 생각이 들었다.

그 후로 더 많이 여행하기 시작했고, 구체적으로 말하면 미국 서부 전체를 거의 쉬지 않고 여행했다. 아직 남아 있던, 연극계에서 일하고 싶다는 포부는 접었고, 풍경 사진가로 약간의 성공을 거둔 뒤로는 카메라도 내려놓았다. 풍경과 나눈 대화에서 중요한 배움을 얻을 수 있다고 생각했던 나는 풍경들을 보고 그에 관한 글을 쓰고 싶었으며 또 야생동물들의 대단히 독특한 존재감에 관해서도 써보고 싶었다.

1970년대 초에는 집을(이 무렵의 집은 오리건주 서부 캐스케이드산맥 서쪽 비탈에서 급류가 흐르는 강가에 자리한 2층 주택으로, 나는 지금도 이 집에 살고 있다) 떠나 호주 노던 준주의 선주민들과 함께 여행하고, 케냐에서 캄바족 사람들과 함께 사람 화석을 찾아다니기도 했다. 또 베네수엘라의 오리노코강을 거슬러 올라갔고, 남극의 퀸모드산맥을 넘었으며, 양쯔강을 따라 충칭에서 우한까지 여행했다. 아프가니스탄에서 문화적 극단주의자들의 손에 파괴되기 전 1500년 동안 그곳의 수호령으로 여겨지던 거대한 부부 석불 한 쌍이 서 있던 바미안 계곡 암벽도 탐험했고, 일본 북부와 중동, 남태평양도 여행했다.

처음에는 내가 저널리스트로서 여행하고 있다고, 더 특권 있는 세계에서 바깥으로 나가 여행하고 있다고 생각했다. 적어도 당시 내가 이해한 바로는, 작가로서 내게 미학적 의무뿐 아니라 윤리적 의무도 있다고 확신했다. 그 의무란 세계를 집중하여 경험하고 그런 다음 내가 본 것을 할 수 있는 한 최선을 다해 언어로 옮기는 것이었다. 나는 다른 사람들이 나보다 더 잘 볼 수도 있음을 알았지만, 그 사람들이 내가 하던 방식으로, 그러니까 습관적으로 떠나는 식으로 여행할 수 없다는 것도 알았다. 그리고 내가 묘사하려 애쓴 바를 독자가 어떻게 해석하든, 그들의 결론이 나의 결론과 일치하지 않을 수 있다는 것도 이미 알고 있었다. 그때 나는 나 자신을 일종의 배달꾼으로, 다른 나라에서 그 땅과 그 거주자들과 어느 정도의 경험을 나눈 뒤 내가 자란 마을의 울타리를 벗어난 곳의 삶이 실제로 얼마나 다르고 얼마나 경이롭고 얼마나 이해하기 어려운지에 관해 몇몇 불완전한 토막 소식들을 하나의 이야기 형식으로 엮어서 고향으로 가져오는 일종의 심부름꾼으로 여겼다.

지금 돌아보니 이 이상—내가 독자에게 봉사하고 있다는 생각—이 나를 자기기만의 가장자리에서 균형을 잡게 해주었다는 생각이 든다. 어쨌든 그것이 당시 내가 일하던 방식이었다. 삶을 그렇게 진지하게 받아들이는 것이 폭넓은 시야를 놓치게 할 수도 있다는 생각은 들지 않았다. 그때의 나라면 삶을 달리 어떤 식으로 받아들일 수 있느냐고 반문했을 것이다.

언젠가 자신을 그림 그리는 문필가라고 표현했던 사람이 있었는데, 아마도 화가 솔 스타인버그였을 것이다. 1981년에 카메라를 내려놓은 뒤로 나도 한동안 내가 글 쓰는 화가라고 생각했는데, 이 생각에는 분명 우쭐대는 구석이 없지 않았을 것이다. 나는 시각적 이미지에 예민한 사람, 다른 크기의 공간들을 관통하는 움직임에, 그리고 그 안에서 만들어진 배열들에 끌리는 종류의 사람이었고, 초기 사진 작업에서도 그랬던 만큼 글쓰기 작업에서도 이런 것들에 주의를 기울였다. 구성 요소가 어떤 것이든 나는 내가 쓴 글에서 요소들을 병치하고 강조하면서, 각 요소들 사이에 섬세한 균형이 존재하기를 바랐다.

이 궤도를 따라 에세이와 단편소설을 쓰다가, 글을 쓰기 시작한 지 여러 해가 지난 어느 즈음, 세월이 흐르는 동안 작가로서 내게 일어난 변화들이 느껴지기 시작했다. 그러자 예전에 방문했던 몇몇 장소에 다시 가서 지금은 당연히 달라졌을 상황으로부터 얼마나 많은 걸 배울 수 있을지 알아보면 좋을 거라는 생각이 들었다. 예전에 쓴 글에서도 내가 처음 만난 것들을 신중하고 정확하게 전달했다는 믿음이 있었지만 그 장소들을 처음부터 다시 경험해보고 싶었다. 예를 들어 하이악틱*에 또 가거나, 갈라파고스에 다시 가거나, 남극 여행을 또다시 하고 싶었다.(나는 소설을 쓸 때도 특정한 풍경들—내 유년기의 캘리포니아 농업지대, 맨해튼의 거리들, 1970년대에 나의 집이 된 온대 우림, 도쿄의 진보초 지역—을 배경으로 이야기를 구성했지만, 픽션에서는 다시 방문해야 한다는 긴박함이 그리 강하지 않았다.)

나는 그 장소들에 처음 갔을 때는 놓친 게 많았다는 걸 알고 있었다. 두 번째로 간다면 어떤 것을 받아들이든 간에, 전체적인 경험에서 전과는 다른 영향을 받으리라는 믿음이 있었다. 나는 다른 장소들에서 밤을 보낼 것이고, 날씨도 다를 것이며, 그 사이 내가 읽은 책들도 영향을 미칠 것이다. 첫 여행 이후 얻은

* 캐나다에서 북극점에 가까운 지역.

깨달음들과 내가 살면서 한 실패들도 분명 예전의 인식을 바꿔 놓을 터였다.

아무리 여러 차원에서 엄밀히 주의를 기울인다고 해도, 그곳을 아무리 여러 번 여행한다고 해도, 한 사람이 한 장소를 완전히 이해하는 일은 있을 수 없다. 이는 장소 자체가 항상 변화하기 때문이기도 하지만, 모든 장소는 그 깊은 본성상 투명하지 않고 불명료하기 때문이다. 나는 그 무엇에 대해서도 확정적인 글을 쓴다는 생각에 끌렸던 적은 없다. 특히 항상 변화하는 문화지리학의 속성을 고려하면 더욱 그렇다. 그래서 장소들을 다시 방문할 때 나는, 거기서 내 이전 경험을 되짚어보면서 어떻게 하면 처음에 썼던 글에 담긴 것과는 다른, 또 다른 진실을 찾을 수 있을지에 더 관심을 기울였다. 또한 한 장소에 대한 기억이 어떻게 새로운 감정을 촉발하는지, 그리고 그 감정에 담긴 진실이 한때 내가 아주 신중하게 수집했던 사실들을 어떻게 변용하는지에도 흥미를 느꼈다. 인류학자 칼 슈스터는 문화적 인식론, 즉 사람들이 인식하는 방식을 비교하면서 이런 글을 남겼다. "이 세상이 실제로 어떠한지를 아주 어렴풋이라도 아는 사람은 아무도 없다. 확실하게 예측할 수 있는 유일한 점은 누구든 사람들이 가정하는 것과는 이 세상이 무척 다르다는 것이다." 이 글에서 슈스터는 과학자들과 학자들이 현실과 인간의 운명에 관해 때로 오만하게 말하는 것에 이의를 제기한다. 그는 모든 문화가 각자 자신들의 장소와 만날 때 경험하는 정서적이고 영적인 종류의 관계를 옹호했다. 이는 그 문화들이 같은 장소에 대해 보이는 좀 더 경험적이거나 분석적인 반응 못지않게 소중하다. 완전한 이해가 불가능한 것에 대한 이해를 진전시키는 일에서는 두 인식이 똑같이 유효할 것이기 때문이다.

세월이 흐르는 동안, 나는 예전에 보았던 거의 모든 걸 다시 보고 싶은 마음이 들었다.

현장 노트들을 다시 읽으며 이 책의 초고를 쓸 때 내가 의도했던 것은, 1948년에 어린아이였던 내가 부유한 오리엔타 주민들의 요트가 점점이 떠 있던 항구의 얕은 바닷물에 서 있던 순간부터 오리건주 태평양 해안에 제임스 쿡 선장이 북아메리카에서 최초로 상륙한 장소인 파울웨더곶을 열 번째쯤 방문했던 1994년 어느 겨울날까지 그사이에 놓인 긴 여정을 다시 짚어 걸어보는 것이었다. 그날 파울웨더곶 옆구리에 텐트를 치고 늦은 겨울의 폭풍을 기다리고 있던 그 남자가, 유년기의 몇몇 장면을 회상하는 동시에, 해안가로 다가오는 쿡의 레절루션호가 처음에는 수평선의 작은 점으로만 존재하다가 몇 시간 뒤에 세 개의 돛을 절반만 펼친 채 갑판 배수구에서 검은 선체 옆면으로 녹물을 흘리며 전장 범선의 위용을 드러내는 장면을 상상하면서 찾고 싶었던 것은 무엇일까?

1778년 3월, 오래전 어느 아침 오리건코스트산맥의 나무들로 뒤덮인 산은 낮게 드리운 구름 아래 어둡고 음울한 모습으로 버티고 있었다. 바람은 거친 공기의 요동으로 겹겹이 두꺼운 비의 장막을 세차게 후려치고 있었고, 해안에서 몇 킬로미터 떨어진 앞바다에서 바람에 맞서고 있던 쿡의 배는 두 방향에서 닥쳐오는 너울 속에서 아래위로 요동치고 양옆으로 기우뚱거리며 뒤흔들렸다. 폭풍은 며칠에 걸쳐 레절루션호를 못살게 굴며 남서쪽으로 몇 킬로미터나 떠밀어 보냈고, 그 며칠이 지나고서야 선원들은 다시 선수를 돌려 북쪽으로 배를 몰 수 있었다. 그즈음 레절루션호가 해안에서 너무 멀리 밀려나버린 탓에, 이틀 뒤 망루에서 내다보던 사람들은 컬럼비아강 하구를 못 보고 지나쳤다. 유럽인들이 그 강을 발견하기까지는 그로부터 십사 년이 더 흘러야 했다.

떠나고만 싶었던 유년기의 동경과 파울웨더곶 옆구리에서 보낸 성찰의 시간 사이, 나는 얼마나 많이 떠났고 얼마나 멀리까지 여행했을까? 그리고 세상의 그렇게 많은 부분을 보고 난 후, 나는 인간이 초래한 위험, 인간의 승리, 인간의 실패에 관해 무엇을 배웠을까? 나 자신의 실패들과 오류 가능성에 관해서는? 파울웨더곶에서 나는 이런 질문들을 익숙한 동전을 손가락 사이에서 굴리듯 주기적으로 굴리며 곱씹었다.

물론 이런 일에 무슨 독창성 같은 게 있는 건 아니다. 우리는 누구나 자신의 삶을 되돌아보면서 일어난 일들을 이해해보려 노력하고, 거기에 아직 어떤 실마리가 남아 있는지 알아보려 한다. 이 책을 계획하면서 또 하나 내가 품었던 욕망은 우리의 문화적 생물학적 역사에서 삶에 의미가 있다는 믿음을 버리는 쪽이 매력적인 선택이 되어버린 지금, 많은 사람이 수평선에서 어두운 미래의 암시 외에 달리 발견하는 것이 없는 이 시대에, 자기 삶에서 어떤 궤적을, 일관되고 의미 있는 어떤 이야기를 찾아내고자 하는 독자들이 흥미를 느낄 수 있는 서사를 직조해내는 것이었다.

나는 약 십 년에 걸쳐 많은 날을 파울웨더곶—1778년 3월 7일, 그날 쿡이 붙인 이름이다—의 언덕에서 야영하면서, 변화하는 태평양의 분위기를 흡수하며 보냈다. 이 곶의 어깨에 올라서서 바라보면 바다의 거대한 등은 한 번에 다 눈에 담을 수 없는 광활함 자체다. 사랑하는 사람의 볼을 옆에서 바라보는 것으로는 연인의 눈빛을 똑바로 응시할 때 받는 느낌을 완전히 바랄 수 없는 법이다. 언젠가 나는 이렇게 자문했다. 저 변화무쌍한 연극 무대 같은 넓은 바다를 바라보는 그 순간, 내가 또 다른 광활함을, 이를테면 아프리카 나미브사막의 메마른 모래 평원을 상상할 수 있을까? 덜덜 떨며 저 불투명한 해수면을 내려다보는 동시에 눈에 보일 듯 말 듯 식별하기도 어려운 오릭스 여섯 마리가 그 모래 평원 위로 이동하는 모습을 떠올릴 수 있을까? 혹은 똑같은 크기의 그 바다 공간에서 유년기의 기억 하나를, 예컨대 모하비사막에서 광활하게 펼쳐진 크레오소트부시 덤불 속에서 방향감각을 잃은 채 코요테를 찾으며 보낸 어느 오후를 떠올리면서, 내 앞에 있는 진짜 이미지와 기억된 이미지 둘 다를 놓치지 않을 수 있을까? 또는 신선한 바람이 바다의 표면에 깃털 모양 파도를 일으키는 걸 보면서, 동시에 이따금 호텔 방 창문을 통해 말의 한숨처럼 부드럽고 온화한 산들바람이 불어오던, 민다니오섬에서 보낸 어느 밤의 기억을 동시에 떠올리고, 이어서 너무나도 추운 남극의 밤 내 머리 근처의 텐트를 몇 시간 동안 쌩쌩 후려치던 포악한 바람의 기억도 동시에 품을 수 있을까?

백참나무 아래 그늘에 앉아 수를 놓던 어머니가 간간이 눈을 들어 물 위에 반짝이는 햇빛 속에서 찾던, 머매러넥 항구의 그 아이에게는 어떤 변화가 일어났을까?

파울웨더곶을 찾아가기 시작한 1990년대 초에는 내가 제임스 쿡을 존경한다는 점 외에 그곳에 가는 다른 특별한 이유는 없었다. 그곳은 우리 집에서 멀지 않았고, 나는 새와 고기잡이배, 변화하는 날씨를 관찰하는 걸 좋아했다. 해안 절벽이라는 방벽 위로 높이 솟은 파울웨더곶의 언덕 위에서 바라보는 바다 풍경만으로도 한 편의 드라마를 보는 것 같았다. 어떤 때는 잔잔한 바다가 측면에서 비쳐오는 빛을 받아, 수십 제곱킬로미터의 해수면이 마치 얄따란 유리판 하나처럼 보일 때도 있었다. 바다 표면에 반사된 빛이 눈동자를 녹아내리게 할 만큼 너무 강해 아무리 눈을 가늘게 떠봐도 해수면에서 어떤 질감도 알아볼 수 없었기 때문이다. 어떤 여름밤에는 공기가 너무 투명해서 바다의 반대 방향으로, 그러니까 동쪽으로 30킬로미터 떨어진 내륙에 자리한 달빛을 흠뻑 받은 산지의 세세한 부분까지 눈에 들어올 정도였다. 이때 동시에 달 궤도가 그리는 호의 반대쪽인 북쪽 하늘에서는 밝은 별들이 수 놓인, 끝을 알 수 없이 반짝이는 벌판도 볼 수 있었다.

나는 주기적으로 파울웨더곶을 찾아가 대체로 빈둥거리면서 여러 날을 보냈고, 매번 같은 개벌지*에서 야영했는데 갈 때마다 나무들이 새로 자라나고 있었다. 이렇게 보낸 시간이 쌓여 수습 기간이 되었다. 그 개벌지의 어린나무들 틈에 앉아 있다가 이따금 시트카가문비나무의 구과라든가 잠자리의 투명한 날개 같은 작은 뭔가를 두고 스케치를 해보기도 했다. 나는 한 번 더 쳐다볼 가치가 있는 결과물을 연필로 만들어내는 일에는 계속 실패했지만, 이때 그 작은 것들을 그리는 동안에는 대상의 외적인 윤곽뿐 아니라 그 3차원의 전체적인 형상에 관해서도 어떤 통찰을 얻곤 했다. 그 대상이 지닌 유한한 시간성이나 그 부분들의 자기 복제적 패턴을 포착하기도 했고, 또 다른 방식으로 그 대상에 대한 내밀한 깨달음을 얻기도 했다.

손바닥 하나에 다 들어올 만한 크기의 이 무해한 생명의 조각들이 내게는 갑자기 퓨마가 눈앞에 나타난 것만큼이나 생각과 감정을 자극했다. 나는 작은 것들에 손을 뻗어 그 윤곽선들을 만져보고 무게를 가늠해보고 질감을 느껴보았다. 또는 깃털을 빛에 비추며 변화하는 색깔을 관찰할 때처럼 그 작은 것들의 결정을 통해 빛이 굴절되도록 햇빛을 향해 돌려보기도 했고, 작은

* 개벌은 일정 범위의 땅에 있는 나무를 모두 베어버리는 벌목법이다. 주로 숲을 밀어버리고 경작지를 만들거나 다른 종류의 나무를 심기 위해 행한다.

뼛조각의 경우에는 어둠에 잠겨 있던 깊은 속에 햇빛이 비쳐 들도록 들어보기도 했다.

여러 해에 걸쳐 내 안에서 종교를 대체하게 (혹은 어쩌면 강화하게) 된 믿음 체계 속에는, 생명이 없는 어떤 대상에는 그 질감이나 색채만큼 실제적이고 실질적인 영적 차원이 있다는 확신이 있다. 나는 이것이 환상이라고 생각하지 않는다. 돌멩이 하나에서 '의미를 짜낼' 수는 없을지 모르지만, 어떤 기회가 특정한 종류의 우호적인 고요함과 함께 주어질 때 하나의 돌멩이는 제가 지닌 의미의 일부를 스스럼없이 자연스럽게 드러낼 수도 있다.

파울웨더곶에서 나는 나의 정신으로부터 분석하는 마음을 비워내고, 끊임없이 분석하며 핵심을 찾으려는 욕망을 유보한 채 몇 시간씩 보냈는데, 그럴 때면 윌리엄 블레이크가 말한, 모래 한 알 속에 우리를 위한 온 세상이 갖춰져 있다는 불멸의 은유를 수시로 실감했다.

파울웨더곶의 한적한 도로를 따라 오래된 통나무가 쌓여 있는 나의 야영 장소로 차를 몰고 올라갈 때마다, 내가 늘 몰고 다니는 오래된 차에 대한 뜬금없지만 당연한 존경심이 솟았다. 그 좁은 길에서 유난히 가파른 구간을 지날 때면 노반이 파여 침식이 생기지 않도록 사륜구동으로 1단 기어를 넣고 살금살금 기듯이 올라갔다. 나는 겨울의 축축한 눈길과 깊은 진흙탕도, 오래전에 중장비가 파놓은 구멍도 헤쳐나갈 수 있었다. 큰 나무가 도로를 가로지르며 쓰러져 있을 때는, 그 길을 통과하기 위해 나무를 토막내 견인 사슬로 옆으로 끌어다놓아야 했다. 그리고 이런 일을 할 때마다 내가 하고 있는 일이 온당한가 하는 의문이 고개를 들었다. 그냥 이 치유의 땅이 스스로 치유되도록 두어야 하는 게 아닐까? 내 사색에 대한, 나 자신의 의제에 대한 열중이 그보다 더 중요했던 것일까?

찾아가는 일과 보는 일에는 끝이 없었던 것일까?

## 3

## 기억하기

2009년 비 내리는 어느 가을날, 나는 니컬러스 래릭 미술관에 갔다. 뉴욕시 웨스트 107번가 319번지에 있는 5층짜리 브라운스톤 건물이다. 래릭은 세련된 러시아 화가(1874~1947)로, 모스크바 예술 극장의 무대 디자이너였고, 고고학과 종교, 언어 등에 깊고도 광범위한 관심을 가졌던 철학자였으며, 색채를 능숙하게 또는 남들과는 뚜렷이 다른 방식으로 사용하는 화가, 즉 재능 있는 색채 예술가이기도 했다. 마흔여섯 살 때 러시아를 탈출해 미국으로 왔고, 뉴욕시에서 몇 년을 보낸 후 1923년에 히말라야와 인도, 몽골 등지에 체류하며 그림을 그렸다. 그리고

1929년에 약 500점의 그림을 가지고 뉴욕으로 돌아갔다. 니컬러스 래릭은 오랜 세월 함께한 아내 헬레나 래릭과 최종적으로 인도 북부 히마찰프라데시의 히말라야 기슭 쿨루 계곡으로 이주했고, 거기서 미술, 종교, 음악, 과학 등에 대해 공통의 관심사와 각자의 관심사를 추구하며 살았다. 래릭은 그곳에서 일흔아홉의 나이로 세상을 떠났다.

래릭이 그린 히말라야 그림 다수가 래릭 미술관에 걸려 있는데, 내가 그 그림들을 보러 간 이유는 그에 대해 아는 게 별로 없는데도 이상하게 그를 꼭 알아야 한다는 느낌이 들었기 때문이다.(예전에 미국 화가 록웰 켄트에 대해서도 이렇게 느낀 적이 있는데, 나에게는 래릭의 삶과 작품이 바로 그 록웰 켄트를 연상시킨다.) 그 전까지는 책과 잡지 등에서 그의 그림들을 보았는데, 미술관에서 실물 크기로 본다면 그 작품들이 나에게 말을 걸어올 것만 같은 어떤 느낌이 있었다. 그리고 실제로도 그랬다. '기억하라'라는 제목의 86×117센티미터짜리 선명한 템페라화가 그 예감을 확인해주었다.

이 그림은 문득 나를 멈춰 세웠다. 근처에 걸린 다른 그림보다 특별히 더 인상적이었던 것은 아니다. 하지만 이 그림은 어떤 비전처럼 나를 꼼짝 못 하게 사로잡았다. 그림의 왼쪽 끝에는 짙은 갈색 옷 위에 황색 조끼를 입은 남자 한 명이 흰 말에 올라타 있다. 그는 등자에 발을 걸친 채 몸을 쭉 빼서 뒤를 돌아보고, 말은 가만히 기다리고 있다. 그는 여행을 떠나는 길이다. 그림의 오른쪽에는 큰 집이 있는데, 말 탄 사람의 집일 거라고 추측할 수 있다. 집 위로 솟은 가는 기둥에서는 기도 깃발들이 펄럭이고 있고, 집 앞에는 두 여자가 서서 말 탄 사람을 바라보고 있는데, 그중 한 사람은 물동이를 머리에 이고 있다. 둘은 아마 그의 아내와 딸인 것 같다. 그 외 나머지는 모두 공간이다. 말 탄 사람과 두 여자 사이의 헐벗은 땅, 웅장하게 높이 솟은 푸른 장벽 같은 히말라야, 눈이 하얗게 쌓인 들쭉날쭉한 산 정상 아래 수직으로 펼쳐진 배경. 이는 떠남에 관한 그림인 만큼 공간에 관한 그림이기도 하며, 내가 본 모든 그림 가운데 작별이 한 사람의 기억을 어떻게 촉발하는지를 이만큼 통렬하게 이야기하는 작품은 없을 것이다. 말 탄 사람은 몸을 돌려 두 여자와 집을 바라본다. 기다리고 있는 말은 말 탄 이의 목적지를 향해 서 있다. 그림의 가운데 부분은 부정확하게, 거의 추상적으로 표현되었다. 세리그래프로 표현된 겹겹의 산기슭들은 저 머나먼 산 정상에서 끝나는 이 풍경의 심도가 얼마나 엄청나게 깊은지 짐작하게 한다.

래릭이 저런 제목을 붙인 의도는 무얼까? 우리로 하여금 떠나는 여행자가 가장 예리하게 혹은 가장 감정적으로 떠올리게 될 집의 요소들을 기억이 어떻게 붙잡아두는지를 성찰해보라는 것일까, 아니면 말 탄 사람에게 자신이 남겨두고 떠나는 것을 잊지 말라는 경고로 저런 제목을 붙인 것일까. 어느 쪽인지 나는 알지 못한다. 다만 나는 이 그림을 볼 때마다, 떠나는 일의 곤란—떠나고 싶은 너무나 강력한 욕망, 그러나 동시에 어떤 틈이 벌어지고 결속이 단절된다는 느낌, 그리고 그 틈과 단절은 오직 돌아오는 것으로만 복구될 수 있다는 느낌—속으로 순식간에 끌려들어가는 느낌을 받는다.

그 벌어진 틈의 저편에서 어떻게든 떠남을 정당화할 경험을 발견할 수 있을까?

1979년, 알래스카 브룩스산맥의 아낙투북패스라는 곳에서 에스키모인 누나미우트족의 작은 마을을 처음으로 방문했을 때, 나는 자신들의 본거지에서 전통을 따라 살아가는 이들을 보며 여러 생각을 했는데 그중에는 이런 당연한 의문도 있었다. '왜 나는 이 사람들에 관해 아는 게 이렇게도 없을까?' 물질 문화나 사냥 기술이나 그들이 선택한 혹독한 땅에서 살아남게 해줄 생존 기술에 관한 지식이 아니라, 그들이 세계를 이해하는 방식에 관한 지식 말이다. 그들이 수수께끼 같지만 그래도 온전한 주의를 기울일 가치가 있다고 여겼던 대상은 무엇일까? 그리고 그게 무엇이든, 그들은 그걸 그대로 두었을까 아니면 분석적으로 파고들었을까? 올바른 삶을 사는 일에 따르는 난관이나 역설은 나에게나 그들에게나 다 똑같은 것이었을까? 내가 다녔던 번듯한 학교들에서는 왜 그리스 철학자들은 그렇게 읽으라고 하면서 이 사람들도 그리스 철학자들만큼 물리적 세계를 깊이 들여다보았다는 사실은 한 번도 알려주지 않았을까?

그들에게는 생존에 필요한 나름의 태도와 접근법이 분명 있었을 것이다. 그런데 내가 속한 문화는 어쩌면 근대의 시작과 함께 부지불식간에 그들의 태도와 접근법은 모조리 내던져버린 게 아닐까? 아니, 애초에 그에 관해 생각해본 적도 없었던 건 아닐까? 삶의 곤경에 대한 그들의 통찰은 인류의 운명에 관한, 점점 확대되어가는 세계적 논의에서 왜 더 큰 부분을 차지하지 못했을까? 서구 문화에 속한 대부분의 사람들은 왜 그들의 은유를 덜 경험적이고 덜 세련되었다고 여겼을까?

이런 의문에서 나온 나의 불안은 점차 어떤 절박감을 일으켰다. 아낙투북패스에서 처음 며칠을 보낸 뒤로 어디를 여행하든 내게는 늘 이런 궁금증이 따라다녔다. 우리에게 무슨 일이 일어날 것인가? 인간에게 무관심한 자연의 세계가 우리를 덮쳐오는 가운데, 우리가 문화의 경계선을 넘어 서로 대화하는 법을 배우지 못한다면 인류는 어떤 운명을 맞이하게 될까?

이 책을 쓰면서, 그리고 래릭의 그림을 떠올리면서, 나는 다섯 군데의 장소에서 경험한 것들을 이야기하기로 계획했고, 회상에 기댄 이 여행의 출발지는 파울웨더곶이어야 한다고 생각했다. 하지만 작업을 시작한 뒤로 자꾸만 내 주의를 잡아끄는 다른 세 장소가 있었는데, 모두 내게 인류의 운명에 대한 특유의 절박감을 똑같이 안겼던 장소들이다.

나는 래릭의 그림 속 말 탄 사람도 그와 똑같은 절박감을 느꼈을 거라고 생각한다.

1987년 봄, 나는 미국 작가 여럿과 함께 양쯔강을 따라 충칭에서 우한까지 여행했다. 어느 밤 여객선이 웨양에서 멈추자 몇백 명에 달하는 승객 대부분은 여행자들을 위해 열린 야시장에서 음식과 갖가지 물건을 사려고 배에서 내렸다. 강기슭에서 시장까지 가는 길은 수십 걸음을 올라가야 하는, 불이 밝게 밝혀진 커다란 시멘트 계단으로 이어져 있었다. 그런데 불은 밝혀지지 않았지만 같은 시장으로 연결되는 것으로 보이는 또 다른 계단이 보였다. 나는 그 계단을 택했다. 새 계단은 내가 오르기 시작한 이 허물어지고 있는 계단을 대체하려고 만든 게 틀림없어 보였고, 이 계단 아래로는 더러운 물이 구불구불 흐르고 있었다. 조금 올라간 뒤 나는 내가 하수도를 통과하며 올라가고 있음을 깨달았다.

언덕을 절반쯤 올라갔을 때 어떤 건물 벽에 문틀보다 더 큰 구멍이 뚫려 있길래 그 앞에서 걸음을 멈췄다. 구멍 너머에는 큰 초들로 불을 밝힌 방 안에서 예닐곱 명쯤 되는 남자들이 옷을 벗고 잠잘 준비를 하고 있었다. 그중 한 남자가 빨래통 안에서 있고 또 다른 남자는 쇠주전자로 그의 머리 위로 씻을 물을 부어주고 있었다. 담배를 피우거나 옷을 수선하는 이들도 있었다. 후텁지근한 밤이어서 마르고 단단한 근육질인 이 남자들의 몸은 촛불 빛을 받아 번들거렸다. 벽을 따라 3층 침대들이 늘어서 있었고, 몇 명은 이미 잠자리에 누운 상태였다. 부두의 노동자들이로군, 하고 나는 생각했다. 빨래통 안에서 물이 철벅거리는 소리, 하수가 계단을 따라 부드럽게 내려가며 내 신발 옆으로 졸졸 흐르는 소리, 방 안에서 웅얼웅얼 대화하는 소리가 들려왔다. 이는 이전 다른 세기에 시작된, 노동하는 사람들이 하루를 마무리하는 장면이었다. 방 안의 촛불은 멀리까지 퍼지지 않았으므로, 나는 그 남자들이 어두운 바깥 층계참에 서 있는 나를 보지 못하리란 걸 알았다.

나는 계단 꼭대기까지 오른 다음 야시장으로 들어섰다. 여객선 승객들은 순무, 양파, 감자 같은 뿌리채소들을 두고 흥정을 벌였고, 상인들은 도축한 고기가 담긴 플라스틱 들통을 들고 거칠게 인파를 헤치고 지나갔다. 또 다른 사람들은 양쯔강에서 잡은, 살이 짓무른 물고기들을 줄에 꿰어 나르고 있었다. 방금 배를 타고 오면서 보았던, 온갖 종류의 쓰레기가 둥둥 떠다니던 바로 그 양쯔강에서 잡은 물고기였다.(그곳에서 놀랍게도 멸종 위기 종인 양쯔강돌고래 두 마리도 보았다.) 살아 있는 원숭이와 고슴도치를 비롯한 작은 포유동물들이 철망이 쳐진 금속 우리 안에서 밖을 내다보고 있었다. 한 노점에서는 광주리에 죽은 귀뚜라미와 애벌레를 더미로 쌓아두었고, 그 위에 빨랫줄처럼 쳐둔 줄에는 참새 비슷한 새 수십 마리를 발을 묶어 매달아두었다. 이것은 16세기 화가 피터르 아에르천이 그린 중세 정육 시장의 풍경이 단순히 세월을 뛰어넘어 재현되고 있는 것에 그치지 않았다. 그것은 우리가 마지막 남은 생물들까지 다 죽이고 소비하기 시작할 때, 앞으로 우리에게 다가올 미래였다.

2012년 8월에는 캐나다 하이아크틱을 돌아보는 생태 관광 선박에서 가이드이자 강사로 활동했다. 나는 습관대로 매일 아침 다섯 시에 일어나서 커피 한 잔을 들고 새들을 관찰할 수 있는 갑판 위 선교로 올라갔다. 거기서 나와 같은 습관이 있는 부부를 종종 만났는데, 그들은 나보다 훨씬 뛰어난 탐조가였다. 지금 내가 회상하고 있는 그날 아침, 배는 몇 시간 전에 패리 해협을 빠져나와 필사운드*를 향해 남쪽으로 이동하는 중이었다. 우리의 목적지는 북아메리카 대륙 본토의 최북단 해안을 표시하는 좁은 항로인 벨롯 해협이었다. 승객들에게 거기서 북극곰을 볼 수도 있을 거라고 말해둔 터였다. 무슨 이유에선지 나는 그때 눈앞에 펼쳐지던 장면이, 그러니까 동행하는 쇄빙선 없이 배가 필사운드에 들어가는 장면이 정말 얼마나 이례적인 것인지를 아직 제대로 의식하지 못하고 있었다. 북극에 관한 역사적 문헌들을 보면 탐험가들은 필사운드가 심지어 여름에도 쇄빙선의 동행 없이는 한마디로 항해가 불가능한 곳임을 거듭 강조한다. 늘 필사운드는 오랜 세월 쌓인 얼음이 빽빽하게 덮여 있던 곳이었다.

나는 부부 곁으로 다가갔다. 두 사람 다 내게 인사말 한마디 건네지 않았다. 그렇다고 쌍안경으로 하늘을 훑으며 새들을 찾고 있는 것도 아니었다. 그저 필사운드를 멍하니 응시하고 있을 뿐이었다. 우리 앞 작은 선반 위에 놓인 커피 세 잔에서 김이 모락모락 올랐다. 나는 나보다 연상인 이 두 사람이 북극의 역사에 관해 나만큼은 많이 읽었다는 걸 알고 있었고, 그제야 그

* 지리학에서 사운드는 보통 바다와 연결된 작은 수역으로, 해안의 만곡부보다 깊고 피오르보다 넓게 육지와 육지 사이로 들어와 있는 좁은 바다의 수로를 뜻한다.

들을 침묵에 빠뜨린 게 무엇인지 깨달았다. 우리 앞 바다에 부빙이 단 하나도 없었던 것이다. 얼음 조각 하나 없었다. 꽤 많은 고리무늬물범과 턱수염물범이 헤엄을 치고 있었지만, 우리가 물범들을 사냥하고 있을 거라고 확신했던 북극곰은 어디에도 보이지 않았다. 북극곰들이 몸을 싣고 사냥할 토대가 사라진 것이다.

나는 갑판 아래 있는 승객들을 생각했다. 그들은 그린란드 서부에서 출발할 때부터 줄곧, 그린란드의 에스키모들이 경악을 느꼈다고 말한 지구 기후변화의 증거를 보게 될 것 같으냐고 질문했었다.

2007년 여름에 나는 아프가니스탄을 여행하고 있었다. 그때 나는 그전 해에 발리의 우붓에서 열린 콘퍼런스에서 알게 된 한 여성을 만나기 위해 카불에 갔다. 그는 카불에 있는 적신월사* 의 수장으로, 카불에 올 일이 있으면 자기 가족의 집에 와서 머물라고 나를 초대해준 터였다. 그곳에 머물던 때 하루는 그가 카불 변두리에 있는 자기 사무실로 나를 데려갔다. 나는 그곳 보호소에서 지내는 몇몇 사람을 만났는데, 그중 다수가 전쟁 피해자들이었다. 그러다 어느 시점에 그는 나와 비슷한 연배의 한 남자에게 나를 소개해주고는 자기 사무실로 돌아갔다. 이 남자

* 이슬람 국가의 적십자사. 이슬람권에서는 십자군과 기독교를 연상시키는 적십자기 대신 붉은 초승달 모양의 적신월기를 사용한다.

와 나는 적신월 건물이 있는 부지를 함께 거닐며, 그곳 사람들이 처한 곤경과 그가 하는 일에 관해 이야기를 나누었다. 우리는 딱히 정해진 목적지 없이 그냥 거닐었다. 그렇게 걷다가 나의 친구가 기다리고 있을 사무실로 다시 돌아가겠거니 짐작하고 있었다.

얼마 후 그가 큰 건물로 통하는 문을 열었고 우리는 그 안으로 들어갔다. 아마도 이 건물의 복도가 친구의 사무실로 돌아가는 지름길이었던 듯싶다. 장엄한 입구 홀은 높은 채광창에서 들어오는 햇빛으로 환하게 밝혀져 있었고, 아주 조용했다. 우리가 건물에 막 들어설 때 나는 왼쪽으로 난 넓은 복도에 홀로 서 있는 여자를 보았다. 그는 침대 시트로 몸을 감싼 채 벽에 기대서 있었다. 우리를 보자 그는 우리를 향해 뛰어오기 시작했고, 시트는 그의 몸 뒤에서 펄럭이는 돛처럼 나부꼈다. 오십 대 여자인 그는 알몸이었고, 얼굴에는 이해할 수 없다는, 너무 놀라워 믿을 수 없다는 표정이 담겨 있었다. 입은 물 밖으로 나온 물고기처럼 소리 없이 뻐끔뻐끔 움직였다. 갑자기 그가 뛰기를 멈췄다. 그 사람과 나는 꼼짝도 하지 않은 채 서로를 응시했다. 그러다 여자는 몸을 돌려 다시 복도 반대편으로 뛰어갔다.

남자와 나는 계속 걸었다. 그는 여기 사는 사람들은 전쟁 때문에 제정신을 잃은 사람들이며, 대부분 자식과 남편을 잃은 여자들이라고 말했다. 때때로 그들이 어떻게인지 자기 방에서 빠져나올 때가 있다고 했다. 그는 수치스럽고 민망한 것 같았고, 우리가 본 모습에 깊은 슬픔을 느끼는 것 같았다. 그는 내가 그 모습을 보지 않기를 바랐을 것이다.

하지만 나는 보았고, 오늘까지도 그 얼굴이 기억에 남아 있다.

## 4

## 탤리즈먼*

지난 세월 나는 여행을 떠나면 나에게 무언가 의미 있는 기념물들을 집으로 가져오곤 했는데, 그 물건들 하나하나는 모두 어떤 순간 혹은 사건에서 가져온 것이라 당시 곁에서 지켜보는 다른 사람들에게는 아마 무의미하게 보였을 것이다. 이런 기념물 여남은 개가 우리 집에 있는 키가 큰 일본식 서랍장 위에 놓여 있다. 나는 이 물건들을 마치 단편소설을 쓸 때 장면들을 배치하는 것처럼 서로 어우러져 직관적 의미를 지니도록 배열해 두었다. 이렇게 진열된 물건들은 나에게 삶에 관한 어떤 심오한 진실을, 내가 항상 닿을 수 있는 바로 너머에 자리하고 있는 진실을 가리킨다.

시간이 지나면서 서랍장 위에는 카르디타 메가스트로파의 껍

* 신비한 힘이 있는 물건으로 일종의 부적이다.

데기 네 개가 추가되었는데, 이는 조개 모양의 연체동물로 내가 알기로 영어에는 이것을 가리키는 일반명이 없다.(스페인어로는 콘차코라손, 즉 심장조개라고 부른다.) 이 조개는 남태평양 동부의 차가운 연안에서 흔히 볼 수 있으며, 껍데기 표면은 접부채의 구조를 연상시키는 방사형 패턴으로 골이 져 있다. 이 껍데기들은 하나하나 크기가 다르며(서로 나이가 다름을 뜻한다), 중간 정도 명암의 갈색 셰브런 무늬*로 이루어진 디자인을 기본으로 각자의 고유한 버전을 보여준다. 셰브런 무늬의 채도와 간격은 껍데기마다 다른데, 이는 분류학자들이 표현형 변이라고 부르는 현상이다. 카르디타 메가스트로파는 조간대† 해수 환경의 물리적 화학적 변화에 반응하여 끊임없이 진화함으로써 남들이 알아주지 않아도 이 세상에서 잘 살아가고 있다. 각 껍데기의 독특한 특징은 한 종 안에서도 개체의 발현이 얼마나 놀라운 수준으로 예상을 뛰어넘어 광범위하게 일어나는지를 되새겨주는데, 진화생물학자라면 이를 '한 유전자형'의 다양한 '표현형 발현'이라고 표현할 것이다. 얼핏 보면 모두 똑같아 보이는 동물 무리—풀을 뜯는 임팔라 무리, 고등어 떼, 비둘기 떼—안에는 각자 다른 역사와 다른 잠재력을 지닌 수많은 개체가 존재한다. 그렇지 않다고 생각하는 것은 진화를 배척하는 일, 저런

---

* V자를 계속 옆으로 연결한 것처럼 솟았다 내려갔다 하는 무늬가 반복되는 패턴.

† 만조 때 해안선과 간조 때 해안선 사이의 부분. 만조 때는 바닷물에 잠기고 간조 때는 공기 중에 드러난다.

동물 무리를 보는 순간에 대한 자신의 이해를 제한하는 일일 것이다.

1987년 4월 어느 아침, 나는 중국 산시성 시안에 있는 고고학 발굴지에서 나란히 파여 있는 고대의 참호를 쌍안경으로 살펴보고 있었다. 이 발굴지에는 테라코타로 만든 보병 수백 명이 계급 순서대로 엄격하게 배치되어 있고, 그 앞과 뒤로 테라코타 기병의 말들과 전차를 끄는 말들이 배치되어 있었다. 이 인물상들은 모두 1974년에 우물을 파던 사람들이 발견한 것으로 실물 크기보다 약간 크다. 각 인물의 얼굴을 하나하나 들여다보니 똑같은 얼굴은 하나도 없었다. 말들 역시 마찬가지였다. 이렇게 조금씩 다른 모습들은 내게 당시 중국 진나라(기원전 221~206) 진시황의 궁궐 근위대의 경직된 사회 조직 안에서도 관용이 어느 정도 자리 잡고 있었다는 것을 말해주는 것 같았다. 또 아마 그렇게 오래전의 중국인들은 질서를 확립하려는 모든 성공적 시도에는 다양성이 필수적 요소임을 알았으리라는 것도.

서랍장 위 네 개의 카르디타 껍데기들도 내게 이 교훈을 거듭 일깨워준다.

광을 낸 오동나무 서랍장 위 조개껍데기들 옆에는 얇은 판 형태의 녹색편암이 놓여 있다. 화산암의 한 종류로, 중간 부분에서 잘라낸 얇은 바게트 조각 정도의 크기다. 이 암석은 오랜 기간 풍화된 결과 주홍빛 색조를 띠게 되었고, 그 속에 포함된 철성분 때문에 표면에는 줄무늬 같은 검은 얼룩이 나 있다. 나는 이 암석을 어느 날 웨스턴오스트레일리아주에서, 거기에서도 견고한 도로라고는 전혀 없는 반건조한 기후의 고립된 지역 잭힐스의 건곡에서 주웠다. 그날 나는 손으로 그린 지도를 들고서, 얼마 전 지질학자들이 지구상에서 가장 오래되고 온전한 지질학적 물체—결이 거친 퇴적암인 규질암-자갈 역암에 박혀 있던 미세한 지르콘 결정체—를 발견한 장소를 찾고 있었다. 그 결정들의 일부는 지구가 구체로 굳어지고 얼마 지나지 않아 만들어진 것으로 42억 7000만 년이나 된 것이다.

내가 잭힐스 중에서도 그 지점을 찾아간 이유는 그 지르콘 결정을 사람의 손을 타지 않은 상태로 원래의 장소에서 보고 싶었기 때문이다. 그 주변의 풍경은 어떤 이야기를 들려줄까? 나는 그 색깔을 알고 싶었고 근처에는 어떤 종의 풀과 나무가 살고 있는지 알고 싶었다. 그곳의 흙은 내 발의 압력 아래서 어떻게 반응할까? 어떤 새들이 날아다닐까? 그 새들은 어떤 나무에서 날아오르고 어떤 음조의 소리를 낼까? 이런 것들은 애초에 내게 그것들을 찾아보고 싶은 욕망을 부추긴 〈네이처〉와 〈호주 지질 학회 특별 간행물〉에서 읽은 기사들과는 다른 방식으로 그 지르콘 결정체의 성질을 명확히 드러내줄지도 몰랐다. 그 지르콘 결정체를 포함하고 있는 역암 조각을 가져가는 것은 비윤리적인 일이자, 과학 저널들이 그 장소의 위치를 의도적으로 모호하게 남겨둔 뜻에 대한 배반이며, 또한 나에게 그곳으로 가는 지도를 그려준 지질학자에 대한 배신이기도 할 터였다. 그 대신 나는 주변에서 흔하게 굴러다니던, 그 지르콘을 품고 있는 역암 아래 지층을 이루는 흔한 암석인 이 녹색편암 조각을 가져왔다.

42억 7000만 년 된 결정체라는 것은 최초의 공룡 출현보다 40억 년 이상 앞서는 선캄브리아기 초기 시생누대의 것이라는 뜻이다.

녹색편암 옆에는 단추처럼 생긴 유칼립투스 열매 두 개가 놓여 있다. 태즈메이니아주 남동부 포인트푸어에 있는, 일명 '자살 절벽'의 바닥에서 주워 온 것이다. 19세기 초 이곳에는 영국에서 이송된 죄수들을 수감하는 포트아서 교도소가 있었고, 그 중에서도 남자 청소년 죄수들을 별도로 수감하기 위한 건물 몇 동이 건설되었다. 이 숙소 건설은 소년 죄수들을 교도소 내에서 함께 생활하는 성인 남성들의 성적 약탈로부터 보호하기 위해 교도소장이 세운 계획의 일환이었다.

19세기 호주에 있던 다른 이송 교도소들과 마찬가지로 포트아서는 사이코패스들과 정신이상자들을 순하고 불운한 사람들과 무차별적으로 함께 수용했고, 교도관들은 전자가 후자를 괴롭혀도 막으려는 노력을 거의 하지 않았다. 포트아서에 수용된 일부 소년들은 매일 반복되는 성적 학대와 신체적 처벌에서 벗어나려는 절박한 마음에, 밤에 그 자살 절벽으로 가서 서로 손을 잡고 지독히 차가운 카나번베이의 물속으로 뛰어내렸다고 한다.

나는 그날 그 절벽 꼭대기에 서서 유칼립투스 열매 두 개를 마치 두 개의 주사위처럼 손안에서 굴리며, 스스로 통제할 수 없는 상황의 덫에 걸린 채 앞으로도 여러 해 동안 소아 성도착자의 올가미에서 벗어나지 못할 거라는 생각에 내몰려 결국에는 죽음을 불사하는 행동을 감행했을 그 소년들을 생각했다. 그들이 그런 행동을 하도록 내몬 감정은 한때 나도 잘 알았으며 지금도 쉽게 떠올릴 수 있는 감정이다. 하지만 나는 그 소년들만큼 가망 없이, 그들만큼 치명적으로 옥죄어 있지는 않았다.

유칼립투스 열매 옆에는 파도에 씻겨 윤이 나는, 작고 어두운 현무암 돌멩이가 하나 놓여 있다. 나는 이것을 2002년 1월, 쌀쌀하고 안개 자욱한 남반구의 여름 아침에 혼곶에 있는 포켓 해변*에서 거의 똑같이 생긴 수천 개의 돌 중에서 발견했다. 그중 세 개를 가져왔는데, 모두 브라질너트 정도의 크기와 모양이다. 하나는 메인주 해변에 살아 바다와 친밀했던 내 동생에게 보냈고, 다른 하나는 퇴역한 해군 장교로 전통 요법 치료사가 되어 캘리포니아 북부에 살고 있던 이복형에게 갔다.

내 몫으로 간직한 돌은 한눈에 그 전체적인 성질이 드러나지는 않는다. 입자가 고운 암회색 화산암인 안산암의 표면을 검은 외피가 감싸고 있는 형상이다. 안산암이라는 이름은 코르디예라 다윈 산지를 포함하여 남미 대륙의 끝에서 남극해로 들어가

* 바다로 돌출한 두 개의 곶 사이에 자리한 주머니 모양의 작은 해변.

는 안데스산맥에서 유래했다. 철-망간 산화물로 이루어진 검은 외피는 수백만 년 전 그 돌의 표면에 살았던 돌말류와 기타 미생물들이 만들어낸 것이다.

어쩌면 나의 형과 동생은 시간이 흐르면서 그들의 반려 돌멩이를 잃어버렸을지 모르지만, 내가 지닌 이 돌은 나에게 두 형제를, 그리고 내가 책에서 읽었던, 범선을 타고 혼곶 주변을 항해하려다 목숨을 잃은 수천 명의 뱃사람들을 떠올리게 한다.

계피색 녹색편암 다음에는 사우스조지아섬의 그리트비켄이라는, 더 이상 사용되지 않는 네덜란드의 포경 기지에 있는 묘지에서 가져온 7.62mm NATO 탄피 하나가 놓여 있다. 사우스조지아섬은 남극해에 자리한 몇몇 규모가 큰 아남극 섬들 중 하나로, 제임스 쿡이 1772년부터 1775년까지 2차 세계 일주 항해를 하며 잉글랜드 땅으로 선포한 곳이다. 사우스조지아섬은 사우스샌드위치 제도와 함께 예전에는 둘 다 포클랜드 제도(말비나스 제도) 속령이었지만 오늘날은 영국의 해외 영토다. 포클랜드에 대한 대영제국의 영유권 주장은 1592년에 이 섬을 최초로 본 유럽인이 잉글랜드의 항해자 존 데이비스라는, 대부분의 역사가들이 동의하는 견해를 근거로 한다. 여러 시기에 걸쳐 스페인과 프랑스, 칠레, 아르헨티나도 포클랜드 영유권을 주장했다. 앞바다에 포클랜드를 두고 있는 아르헨티나가 1982년에 포클랜드를 점유하며 영유권 주장을 밀어붙이자 영국은 이에 군사력으로 대응하여 이른바 말비나스 전쟁 또는 포클랜드 전쟁이라 불리는 전쟁을 속전속결로 끝내버렸다. 그리고 사우스 조지아섬에 주둔하고 있던 영국의 점령 군대도 본국으로 돌아갔다.

나는 오래전에 버려진 고래 가공 시설과 남극해의 수출입항으로 사용되던 항구의 해변에 있는 어니스트 섀클턴 경의 묘지에서 몇 걸음 떨어진 곳에서 이 황동 탄피를 주웠다. 그날 내 주변에서는 7.62mm 탄피 수십 개가 옅은 햇빛을 받아 희미한 빛을 발하고 있었다. 탐험가들과 포경꾼들의 묘지 전체에 곡식 낟알들처럼 흩어져 있던 탄피들은, 부분적으로 무너지고 총알구멍이 숭숭 뚫린 포경 기지의 시설물들 사이에 난 보도를 따라 흩뿌려져 있는 운모* 조각들처럼 빛났다. 이 탄피들은 나에게 '조국을 위해 목숨을 바친다'라는 정서에 관해, 이렇게 외딴곳에 있는 황량하고 사실상 아무도 점유하지 않는 땅을 식민지화하려는 현대 국가의 집요함에 관해, 인류가 정치적 신념을 강력하게 고수하고 폭력적으로 행사하는 일에 보이는 열성에 관해 도발적인 이야기를 들려주었다.

근처 수역에 살던 대왕고래, 남방참고래, 보리고래 같은 큰 고래 개체군들은 한때 어마어마한 개체 수를 자랑했지만, 20세기 들어서까지 계속된 남획 탓에 아직 그 수를 회복하지 못했다. 이런 상황은 인간의 또 다른 집요한 욕망이 불러온 결과인

---

* 철, 망간, 마그네슘 등으로 이루어진 규산염 광물의 하나로, 얇은 층으로 쪼개지는 구조에 육각의 판 모양이며, 화성암, 변성암 등에서 나온다.

데, 그것은 바로 소유하고자 하는 욕망, 무엇이든 새로운 곳에서 발견한 것을 '더 유용하게 사용'하려는 욕망이다.

이 여행 기념물들은 서랍장 위에 서로 따로 떨어져 놓여 있다. 내가 각 기념물 사이에 넉넉한 공간을 둔 것은 각각이 제 오라를 발산할 공간을 주기 위해서였다. 한 해 한 해 지나며 세월이 흘렀지만, 내가 작업실에 들어가거나 나오면서 그 옆을 지날 때 이 물건들은 나에게 여전히 통렬한 매력을 발휘하고, 침묵으로도 풍부한 이야기를 전해준다. 정신을 차릴 수 없을 정도로 풍부한 생명의 다양성, 태곳적 지구의 돌로 된 살갗, 인간 행동의 치명적 폭력성, 점점 더 무용한 것이 되어가는 현대의 전쟁.

이 물건들에 눈길을 주는 것은 내가 이런 것들을 곧잘 잊어버린다는 걸 잘 알기 때문이다.

나는 집 안에 다른 탤리즈먼들을 두기 위한 작은 공간도 더 마련했다. 이 다른 탤리즈먼들 역시 기도를 위해 밝힌 촛불들처럼 대한다. 여기에는 프랑스령 폴리네시아의 푸앙트베뉘스에서 가져온 화산 분출물 스코리아*와 파도에 휩쓸리던 조개껍데기 조각들이 있다. 푸앙트베뉘스는 타히티의 북쪽 해안에 있는 지

* 화산 폭발로 1600도 고온의 마그마가 지상으로 분출할 때 생성된 것으로, 작은 구멍이 많이 뚫린 자갈 크기의 염기성 화산 분출물이다.

역으로, 1769년에 쿡은 이곳에서 금성의 일면통과* 관측에 성공했다. 이 외에도 표면이 피라미드의 옆면처럼 깔끔하게 잘린, 주먹만 한 크기의 매끈한 휘록암이 하나. 남극 빅토리아랜드 남쪽의 라이트밸리에서 가져온, 바람이 깎아 만든 조약돌 하나.

이 각종 기념물 가운데 특별한 위치를 차지하는 물건이 두 개 있다. 하나는 그게 어디가 되었든 잠자리 옆에 두며, 다른 하나는 글을 쓰는 책상에 놓아둔다. 침대 옆에 있는 것은 모래로 주조한 은제 작살 촉으로, 에스키모 사냥꾼들이 수 세기 동안 물범을 잡고 끌어오는 데 사용한 도구를 복제해서 만든 것이다. 이것은 아내에게 받은 선물이다. 자기 가족에게 먹을 것을 제공한다는 것은, 그 먹을 것이 물범 고기든 자루에 든 곡식이든 아보카도 과육이든, 죽음이 생명을 공급하는 방식에 관한 불편한 질문과 다시 마주하게 되는 일이다. 여기서 행동한다는 것은 자신이 범하는 죄를 직시하는 일, 자신의 일족이 계속 생명을 이어갈 수 있도록 다른 생명을 빼앗기를 선택하는 일이다. 집에서 멀리 떨어진 곳에서 잠자리에 몸을 누일 때, 나는 접은 스카프 위에 이 작은 예술품을 올려 내 가까이에 둔다. 이것을 만든 사람은 지미 나구오구갈리크라는 캐나다 누나부트 준주의 베이커 호숫가에 사는 이누이트족 예술가이자 사냥꾼이다. 이것은 나

* 내행성인 금성이 지구와 태양 사이에 정확하게 위치하여 생기는 천문 현상으로, 지구에서 관측할 때 금성은 마치 태양 원반 위를 지나가는 검은 점처럼 보인다.

에게 인간의 삶에서 상징적인 것이 지닌 중요성, 그리고 부양의 결과와 부양의 의무 둘 다의 중요성을 상기시킨다.

책상에 놓아둔 것은 서구 역사의 어떤 살인적 시기와 내가 희미하게나마 연결되어 있다고 느끼는 지점을 극명하게 상기시키는 물건으로, 스페인 펠리페 4세의 재임기 중인 1630년부터 1641년까지 멕시코시티에서 주조한 조악한 팔 레알짜리 은화인 레알 데 아 오초다. 이것은 스페인의 갈레온선인 누에스트라세뇨라데라푸라이림피아콘셉시온(우리의 순결하고 깨끗한, 잉태하신 성모님)호가 멕시코의 베라크루스에서 출항할 때 싣고 간 어마어마한 금은괴와 금속화폐 화물 속에서 나온 것이다. 그해 여름 이 배는 이후 아마도 아바나 항구에 들른 뒤, 대서양 서부의 터크스케이커스 제도 남쪽 어디선가 허리케인을 만나 돛대가 부러졌다. 선원들은 푸에르토리코의 산후안 항구에 배를 대려고 노력했던 것으로 보이지만, 금괴와 은괴, 수많은 은화 주머니로 짐을 무겁게 실은 이 배는 히스파니올라섬의 이사벨라곶(오늘날에는 도미니카공화국에 속한 지역)에서 북동쪽으로 약 130킬로미터 떨어진 아브로호스 산호초에 부딪혀 좌초했다. 이 난파선은 1687년 수색 중에 발견되고 화물의 일부가 인양되었다. 그러나 당시 누에스트라세뇨라호의 위치는 정확히 확인되지 않았고, 이 배의 행방도 1978년 11월 28일 두 번째 인양 때까지 300년 정도 더 묘연한 상태로 남아 있었다. 내 책상 위의 동전은 바로 이 두 번째 인양 때 나온 것이다.

나에게, 그리고 내 새아버지 가문 사람들에게 이 동전의 배후에 감춰진 이야기에는 불편한 개인적 차원이 담겨 있다.

1521년, 에르난 코르테스*는 테노치티틀란(멕시코시티) 침략을 위해 소치밀코 호수에서 쌍돛대 범선 네 척의 건조를 주문했다. 그 배의 건조업자였던 마린(혹은 마르틴) 로페스는 그 공을 인정받아 1524년에 신성로마제국 황제 카를로스 1세†에게서 쿠바 서부의 피나르델리오라는 지역의 토지를 하사받았다. 당시 로페스 가문 사람들은 그 땅의 소유권을 손에 넣기는 했지만, 대부분의 시간은 스페인 북부에서 예전부터 소유하고 있던 땅에 계속 머물렀다. 그 지역은 바로 이베리아반도의 아스투리아스라는 곳이다.(오늘날까지도 스페인의 정치적 보수주의자들은 아스투리아스 '왕국'이라 칭하는데, 이는 부분적으로 아스투리아스가 엘 시드라는 별명으로 더 널리 알려진 로드리고 디아스 데 비바르 장군의 고향이기 때문이다. 게다가 아스투리아스는 역사적으로 스페인에서 '이방인들', 즉 로마인이나 무어인에게 정복당하지 않은 유일한 지역이기도 하다. 오늘날 아스투리아스는 순혈 스페인의 요새로 여겨진다.)

피나르델리오는 이윽고 쿠바에서 담배 재배업자들이 가장 선호하는 지역이 되었다. 1850년대에 스페인이 담배에 대한 부담

---

* 스페인(당시 에스파냐 왕국 중 하나인 카스티야 왕국) 출신 정복자. 1519년 멕시코에 상륙한 뒤 1521년에 아스테카 왕국을 무너뜨려 멕시코를 스페인 식민지로 만들었고, 이로써 유럽의 식민주의와 선주민 착취의 출발점이 된 인물이다.

† 신성로마제국 황제로서는 카롤루스 5세이고, 스페인 국왕으로서는 카를로스 1세다.

스러운 수출관세를 완화한 뒤, 로페스 가문은 쿠바에서 시가를 생산하는 가장 중요한 서너 가문 중 하나로 떠올랐다. 이후 로페스 가문에서 내 새아버지가 속한 갈래는 담배 이권에서 얻은 돈으로 아스투리아스의 해안 마을 쿠디예로를 내려다보는 위치에 담장이 둘러쳐진 저택을 사들였다. 신세계에서 들여온 부로 건설한 부동산인 이 저택의 이름은 '카사 델 인디오'였다.

새아버지에 따르면 로페스 가문에서 자신이 속한 분파의 남자 구성원들은 역사적으로 이달고hidalgo, 즉 가장 높이 쳐주면 '거의 왕족에 가까운' 사람들로 여겨졌다고 한다. 1900년에 내 새아버지의 아버지인 돈 에우헤니오 로페스 트레예스 이 알비에르네 데 아스투리아스 이 비바르는 알폰소 13세에 의해 스페인의 영국대사관 1등 서기관으로 임명되었다. 새아버지가 미국 햄프셔주 사우샘프턴에서 태어난 지 이 년 후인 1908년, 돈 에우헤니오는 대사직에서 물러나 미국으로 돌아갔다. 그는 1898년 스페인-쿠바 전쟁이(대부분의 미국인은 스페인-미국 전쟁이라 부른다) 시작될 때 미국을 떠나 아스투리아스로 갔었다. 이제 뉴욕으로 돌아온 그는 미국에서 로페즈 가문의 담배 이권을 대표하는 인물이 되었다.

나는 1997년에 미국령 버진아일랜드의 크리스천스테드를 방문했을 때 누에스트라세뇨라호의 오초 레알 은화를 찾으려 했다. 그것이 신대륙에서 일찍이 내 새아버지 가문이 한 일과 연관이 있어서라기보다, 무자비하고 병적인 착취를 명백히 상징하는 물건을, 이를테면 레오폴 2세가 지배한 콩고에서 가져온 고무 뭉치보다 더 작은 것을 글 쓰는 동안 내 주변에 두고 싶었기 때문이다. 그것은 내게 과거와 현재에 인간이 겪고 있는 파국적 고통에 대한 세계적인 무관심을, 내가 살아오는 동안에는 시베리아와 캄보디아에서, 샤 치하의 이란과 찰스 테일러 재임기의 라이베리아에서, 피노체트 치하의 칠레에서 일어난 것들을 포함하여 수많은 학살을 겪어온 인류의 운명에 대한 전 세계의 무관심을 상기시키는 물건이다.[6]

이 은화를 지니고 있으며 토착 선주민에 대한 학대에 적극적으로 반대하는 나 같은 사람에게는 자신은 그러한 학대와 무관하다고, 이를테면 스페인의 콩키스타도르*에 대한 흑색 전설†과도, 대서양 노예무역에 대한 영국의 재정 투자 및 개발에서 시작된 정복과 착취와도 상관없다고 여기고 싶은 유혹이 있다. 내게는 이 모든 일에 직접적인 책임이 없다고 호언하며 빠져나갈 수 있는 확고한 도덕적 기반이 있을지도 모른다. 하지만 내가—그리고 내가 생각하기에 다른 많은 이들도—이런 태도를 취한다면 그것은 이의를 제기해야 한다는 윤리적 책임을 방기하는 일이 될 것이다. 그렇게 하는 것은 1970년대 부에노스아

---

* 16세기에 중남미 대륙을 침입하여 잉카와 아스테카 문명을 파괴하고 선주민을 대량 학살한 정복자들.

† 흑색 전설이란 역사 서술에서 편향적으로 날조하고 과장함으로써 특정 인물이나 국가, 단체 등을 비인간적이고 왜곡되게 그리고 긍정적인 면은 감추는 것을 말한다. 스페인에 대한 흑색 전설은 스페인만 유달리 사악한 국가라는 고정관념을 유포하고자 한 영국을 비롯한 유럽 국가들의 정치적 프로파간다였다.

이레스의 5월 광장에서 실종자 어머니들이 울부짖는 소리가 자기 내면에서 계속 울리는데도 다른 것들로 관심을 돌리는 일일 것이다.

때로 이런 윤리적 도전에 부딪칠 때 나는 유창하게 반박할 수 있기를 바라며 무슨 말을 할 수도 있다. 그리고 인정하기 부끄럽지만 또 어떤 때는 옆방으로 슬그머니 들어가 문을 닫아버린다. 누가 이런 걸 바꿀 수 있겠는가? 나는 내게 힘주어 말한다. 그 끔찍한 일들—인종 청소, 산업적 약탈, 정치적 부패, 인종차별자들의 무법적 제재, 법의 테두리 밖에서 행해지는 처형—은 일단 밝혀지면 비난을 받지만, 그래 봐야 언제나 다시 일어난다고. 옷은 바꿔 입었을지 몰라도 병적인 냉담함의 표정은 그대로라고. 우리는 그런 일을 명령한 자들을 규탄하고 그 정책을 수행한 자들을 비난하며 그들을 비인간적이라 말한다. 하지만 그건 전적으로 인간다운 행동이다.

우리가 그 어둠이다. 우리가 빛이기도 하듯이.

거의 오십 년이 넘도록 마치 시편의 페이지들처럼 우리 집 거의 모든 방 어딘가에 자리하고 있는 기념물 중 마지막으로 하나만 더 이야기하고 싶다. 이 물건은 아직도 내 마음을 불편하게 한다. 글을 쓸 때는 독자들이 내가 어떤 불의를 묘사했는지 알아볼 거라 믿고 써야 한다는 점을 상기시켜주는 물건이기 때문이다. 내가 항상 문장들을 세세히 풀어서 설명해줄 필요는 없다고.

역사가들은 크리스토퍼 콜럼버스가 미 대륙에서 처음으로 상륙한 곳이 플라나케이(또는 프렌치케이)에서 북쪽으로 65킬로미터 정도 떨어진 애클린섬의 북동쪽에 위치한 바하마 제도의 섬 중 하나인 사마나(또는 애트우드)케이라는 데 대체로 동의한다. 하지만 20세기의 대부분 동안에는 일반적으로 사마나케이에서 북북서 방향으로 130킬로미터쯤 떨어진 산살바도르가 콜럼버스의 첫 도착지였다고 여겼다.(영국이 이 섬에 붙인 와틀링섬이라는 이름은 1926년에, 콜럼버스가 1492년 10월 12일에 처음 지었던 산살바도르로 다시 바뀌었다. 콜럼버스에 따르면 바하마 제도의 선주민인 루카얀족은 이곳을 '과나하니'라 불렀다고 한다.)

1989년 봄, 당시 마흔네 살이던 나는 토니 비즐리라는 친구와 산살바도르로 여행을 갔다. 나는 그 섬의 산호초들이 있는 바닷속으로 다이빙하고 싶었고, 페르난데스베이 아래쪽에 서 있다는 콜럼버스 기념비도 보고 싶었다. 몹시 더웠던 어느 여름 오후, 산살바도르의 해변을 따라 걷던 토니와 나는 준비도 없이 페르난데스베이에 다다랐음을 알게 되었다. 스노클링 장비를 챙겨오지 않았던 것이다. 나는 충동적으로 옷을 벗고 알몸으로 물속에 뛰어들었다.(시에스타 시간이라 텅 빈 해변에 우리 둘뿐이어서 보는 눈은 하나도 없었다.) 나는 그 기념비가 있을 것이라 예상되는 장소를 향해 맹렬히, 숨이 턱 끝까지 차서 익사할 것 같은 위험이 느껴질 때까지 헤엄을 쳤다. 그 해변에 당도하자 갑자기 내 온 감각에 분노가 흘러넘쳤다. 내 새아버지의 조상들, 그리고 피사로, 곤살로 데 산도발, 디에고 벨라스케스, 안드레스 데 타피아 같은 다른 이달고들, 2세대 콩키스타도르들의 행동에 대한 풀리지 않는 분노, 식민지 대학살과 착취의 결과로 기록에도 남지 않고 사라진 수많은 문명을 둘러싼 분노, 지난 수 세기에 걸쳐 세계에서 새로 발견된 거의 모든 곳에서 일어난 온갖 종류의 제국주의적 침략에 대한 분통, 스스로 신에게 권한을 부여받았다는 의식을 품고서 모든 정치적 제국의 외딴 지역들로 위력으로 밀고 들어가 그 사회의 구조를 바꿔놓고 영적인 관습들을 폐지하며 자신들의 목적에 맞게 경제구조를 바꿔놓은 자들의 방종한 행태에 대한 분노였다. 바로 그 시점 나에게 그 분노는 나이지리아에서 석유를 채굴하는 정유 회사 쉘, 웨스턴오스트레일리아주에서 광산을 개발하는 업체 리오 틴토, 티베트 고원의 불교문화를 군화로 짓밟는 중국에 대한 분노였다. 나는 상파울루 같은 곳에서 본, 하루하루 근근이 살아가는 사람들의 가난과 막막함 때문에, 고향을 떠나 전 세계 이곳저곳의 난민 수용소에서 살아가는 사람들과 앙골라, 스리랑카, 인도네시아의 전쟁 지역에서 죽어가는 사람들 때문에 분노했다. 일본인들은 히바쿠샤(피폭자)라는 단어를 히로시마와 나가사키의 원폭 투하 때 육체적으로는 살아남았지만 이후 온전한 정신을 잃어버린 사람들을 가리키는 데 쓴다. 이 사람들은 '폭발로부터 영향을 받은 사람들'이며, 자신들에게 일어난 일을 도무지 납득할 수 없고 방향감각을 상실했으며 거대한 슬픔으로 굳어버린 사람들이다. 지금 이런 사람들은 사우스다코타주 파인리지의 라코타 인디언 보호구역부터 에리트레아와 남수단의 자국 실향민 수용소까지 도처에 존재한다. 이들은 간신히 존재할 수 있을 뿐 회복은 불가능한 사람들이다. 회복하기에는 너무 깊은 손상을 입었기 때문이다.

그날 오후 산살바도르에서 분노에 사로잡힌 그 순간, 내게는 테노치티틀란에서, 미국 서부에서, 사라예보에서 벌어진 그 모든 끔찍한 대학살이 똑같은 광기를 품은, 도저히 뿌리 뽑히지 않을 것 같은 욕망, 바로 이방인들을 제거하고 그들이 지니고 있던 모든 것을 제 소유로 만들려는 욕망의 소산으로 여겨졌다.

나는 탈진할 때까지 오랫동안 헤엄을 치며 분노를 불태웠다. 물을 박차고 나가는 동안, 저 아래서 콜럼버스의 기념비가 맑은 열대 바닷물이라는 렌즈를 거치며 일그러진 채 서 있는 모습이 희미하게 보였다. 목소리는 없지만 결연하게 서 있었다.

다시 해변을 향해 헤엄을 쳤고 마침내 발가락이 바닥에 닿았을 때 일어섰다. 해변에서 지켜보고 있던 토니의 얼굴에는 머뭇거리는 듯한, 의아해하는 표정이 담겨 있었다. 얕은 물속에 서서 숨을 고르는 동안 시간이 얼마간 흘렀다. 나는 해변을 향해 물을 헤치고 걸어가며 연결되지 않는 문장들을 큰 소리로 토해내기 시작했다. 익히 알려진 정의의 원칙들을 말하고, 슬픔과 후회를 토로하고, 내 앞에 있는 모든 살아 있는 것들—나무와 구름, 해변에 씻겨온 부서진 조개껍데기—에게 용서를 구했다. 물에서 완전히 빠져나온 뒤에는 해변에 무릎을 꿇고 손바닥을 바닥에 대고 몸을 앞으로 숙였다. 혹독한 열기에 마비될 듯한 몸으로, 모래에 반사된 눈부신 햇살에 눈을 찡그린 채, 이렇게 폭발한 나의 분노에 스스로 놀란 마음을 추슬렀다.

이때 내 바로 앞, 몇 센티미터 떨어진 곳에 분필처럼 희고 모양과 크기가 정확히 사람의 혀와 같은 사암 조각 하나가 놓여 있었다.

나는 그것을 집어들었다.

토니와 나는 걸어서 코크번타운의 에어컨이 설치된 호텔 방으로 돌아갔다. 토니는 내가 토했던 열변에 관해 아무 말도 하지 않았다. 나 역시 너무 민망해 그 말들을 떠올릴 엄두가 나지 않았다. 나는 침대에 누워 내가 느꼈던 격분이 정말로 역사 때문에 불타오른 것인지, 아니면 나 자신의 무력함을 다시금 자각하게 된 결과였는지 생각했다.

지금까지 내가 묘사한 기념물들은 모두 한데 모여, 내가 수많은 역설과 비일관성으로 가득한 혼란한 세계와 나의 연결을 유지하기 위해 사용하는 일종의 전략이 된다. 나아가 그것들은 나에게 무엇보다 중요하고 근본적인 사안을, 요컨대 사랑할 수 있는 인간의 역량을 보존하는 일의 중요성을 잊지 않도록 이끌어준다. 또한 이 물건들은 내가 만나는 세상을, 때때로 내가 그 안에서 안전하다고 느낄 수 있는 방식으로 조직하게 해주는 나의 무의식적 가정들과 이를 위해 스스로 부과한 과제들을 상기시키는 것이기도 하다. 나는 매일같이 인간의 삶에 대한 화학적, 정치적, 생물학적, 경제적 위협에 관한 글을 읽는다. 이런 문제는 상당 부분, 인간의 문화적 세계와 인간 이외 존재들의 세계 사이에 확실한 경계를 그으려는 일부 사람들의 고집 때문에, 혹은 그 세계를 침략하거나 능률화하거나, 그저 물질을 보관하는 창고나 단순한 풍경으로 일축해버리려는 시도 때문에 발생한다고 생각한다.

인간 세계의 운명을 인간 이외 존재들의 세계와 분리하려 애쓰며 나아가던 우리는 바로 그 위협들 앞에서 별안간 멈춰 서게 되고, 비로소 생물학적 현실을 직시하게 된다. 바로 자연은 우리 없이도 잘 지내리라는 현실을. 우리가 던져야 할 질문은 이제 인간의 안락과 이득을 위해 자연 세계를 어떻게 활용할 것인지가 아니라, 우리가 서로 어떻게 협력해야 언젠가 자연 세계 안에서 우리가 지배하는 자리가 아니라 우리에게 적합한 자리를 확보할 수 있을 것인가다.

나는 우리의 문화적 운명에 관해, 그리고 우리 모두를 기다리는 생물학적 운명에 관해 우리가 마침내 서로 유의미한 대화를 나눌 수 있으려면 어떤 대격변이, 혹은 더 낫게는 어떤 상상의 행위가 필요할지 종종 생각한다.

남은 시간이 짧아져감에 따라 우리 자신의 근원 설화가 아닌 다른 근원 설화들에 주의 깊게 귀 기울이는 일이 긴급한 과제가 되고 있다. 오랜 시간에 걸쳐 내가 다른 문화들, 특히 나 자신이 속한 것과 근본적으로 다른 문화들을 만났을 때, 그 각각의 문화는 나에게 '이국적'이거나 '원시적'으로 다가온 것이 아니라, 심오한 동시에 이해하기 어려운 것으로 여겨졌다. 오늘날에도 여전히 많은 문화가 특유의 지혜로움으로 남달리 부각되는데, 이때 그 지혜는 현대적 기술과는 무관하지만 인간의 허점을, 그리고 사람들이 오만이라는 해묵은 미로로 들어갈 때 혹은 욕구의 만족을 맹목적으로 추구할 때 왕왕 제 발로 빠져드는 함정을 예리하게 의식한 데서 나온 지혜다.

어떤 문화에 속한 이든 지혜로운 사람들이라 해도 자신의 세계관을 형성한 형이상학적 가정을 철두철미하게 이해한다는 건 거의 불가능한 일이다. 또한 다른 민족들을 이끄는 설화들이 펼쳐질 때 꼼꼼히 귀 기울이는 일도, 또는 그 이야기들 속에서 축자적 의미와 비유적 의미를, 사실과 은유를 제대로 분별하는 것도 쉽지 않다. 그렇지만 어느 문화 안에서 살고 있든 우리만 옳다고 고집한다면, 따라서 우리가 보통 잘 이해하지도 못하고 그래서 그에 관해 논의할 마음도 없는 다른 사람들의 이야기는 어느 것도 들을 필요가 없다는 생각을 고수한다면, 그것은 우리 스스로 위험 속으로 뛰어드는 일이다. 인간의 다양성을 계속 두려워한다면, 우리가 가장 두려워하는 일, 바로 우리 스스로 자신의 치명적 숙적이 될 가능성만 더욱 커질 뿐이다.

우리 자신을 더 잘 알고자 하는 욕망, 특히 우리 두려움의 근원과 본질을 이해하려는 욕망이 지금 우리 앞으로 다가오고 있다. 어둑한 살육의 현장—숨 쉴 수 없는 공기, 인간의 디아스포라, 여섯 번째 대멸종, 제어할 수 없는 정치적 폭도—위로 밝아오는 기이한 새벽에 떠도는 유령처럼.

트라피스트회 수도사 토머스 머튼은 『사막의 지혜』에서 콩키스타도르들의 도덕적 둔감함에 관해 생각하며 이렇게 썼다. "원시적 세계를 정복할 때 그들은 대포의 힘을 빌려 자신들의 혼란과 소외를 그 세계에 억지로 떠넘겼을 뿐이다." 우리 유산 속의 이러한 식민화 충동이 아직도 우리에게 남아 있다면, 우리는 계속 그 충동을 따라야 하는 것일까? 계속해서 폭군들, 과두정치 지배자들, 소시오패스 나르시시스트들을 따라야 하는 것인가? 프랑스 시인이자 외교관, 노벨상 수상자인 알렉시스 레제는 서사시 『아나바즈』에서, 이 어수선한 세상은 어디에서 그 진정한 수호자들을, 공동체의 안녕을 보호하는 일에 철저히 헌신하여 "심지어 자신의 결혼식 날 밤에도 적이 다가오지 않는지 강을 감시할 것"이라 믿고 의지할 수 있는 전사들을 찾을 수 있겠느냐고 묻는다.

오늘날 경제성장을 지지하는 시끄럽고 거슬리는 소리를 뚫고 나오는 그런 수호자들의 목소리를 어디서 들을 수 있을까?

팔레스타인계 미국인 시인 나오미 시하브 나이가 「친절」이라는 시에서 이야기한바, 현실 세계가 우리에게 안기는 잔인함과 불의를 개선하는 데 필요한 친절을 배우려면,

> 당신은 흰 판초를 입은 인디언이
> 길가에 쓰러져 죽어 있는 곳을 여행해야 한다.
> 그 사람이 당신일 수도 있었음을,
> 그 사람이 또한 나름의 계획들을 품고서

밤새도록 여행하던 사람일 수도 있었음을 알아야 한다.

오늘날 우리가 어느 나라의 의회와 입법부에서 저만큼 겸허한 숙의를 발견할 수 있을까? 어느 의회가 윤리적 무책임성에 대한 질문을 성공적으로 논의 석상에 올릴 수 있을까? 서구의 어느 국가가 아이들의 운명에 대한 무관심에서 벗어나 아이들의 정신적, 영적, 신체적 건강을 해결하겠다는 결단을 내릴 수 있을까? 이런 질문들은 이제 시대에 뒤처진 질문들로, 이제는 우리 상황과 무관한 질문들로 여겨지고 있는 걸까?

물론 하루도 빠짐없이 자신이 세워둔 좋은 행동에 대한 기준에 완벽히 부합하며 살아갈 수는 없다. 우리는 언제나 산만함과 무관심을 탈출구 삼아, 직면하기 너무 힘들거나 참혹한 딜레마에서 벗어날 수 있다. 그래도 내가 경험한바, 세상 모든 모퉁이에는 아직도 그러한 낙담과 패배를 뚫고 계속 밀고 나아가며, 자신의 상처를 동여매고 다른 사람들의 필요를 보살피는 많은 사람이 있다. 이를테면 방글라데시의 '결코 패배를 받아들이지 않는 여자들'이라는 뜻의 아파라지타스*처럼 말이다. 오늘날 대부분의 사람은 「묵시록」의 네 기사†가 지평선에 자리한 모습을

---

* 방글라데시 여성의 정치적 역량 강화를 위해 시작된 프로젝트로, 9000명 이상의 여성이 참여했다.

† 「요한묵시록」에 나오는 등장하는 네 명의 기사로, 각각 인류의 4대 환란인 정복, 전쟁, 기근, 죽음을 상징한다.

상상할 수 있고, 그들이 각자 어느 기사인지 구별할 수도 있으며 그 특징을 설명할 수도 있다. 누구든 이러한 무시무시한 지평선을 마주한다면 고개를 돌려버리는 쪽을 선택할 수도, 대신 아름다움에 탐닉하기로 마음먹거나 전자 기기에 주의를 빼앗긴 채 세상과 담을 쌓고 지내는 쪽을 선택할 수도, 자아의 요새 안에서 꼼짝하지 않고 고립되는 것을 선택할 수도 있다. 하지만 그와 달리 자신과 그 혼란스러운 세상 사이의 간극 속으로 들어가기를 선택해 거기서 그 광활함과 복잡함과 그 세상이 지닌 가능성들에 압도되어 휘청거릴 수도 있으며, 죽음의 필연성을 받아들이면서도 여전히 잔인함의 강도를 줄이고 삶의 모든 측면에 정의가 닿는 범위를 넓히기 위해 노력할 수도 있다.

여러 해 전부터 현대인들에게는 이런 종류의 영웅적 노력—본질적으로 이방인들과 협력하는 법을 배우려는 노력—이 요구되고 있었다. 나는 경제 강대국들이 구리와 철, 보크사이트, 기타 광석들의 마지막 남은 대규모 매장지를 찾아 세상의 가장 외딴 지역들로 허둥지둥 몰려가는 것을 보면서, 또는 한때는 믿음직했던 원양어업의 실패에 관해 혹은 마실 수 있는 마지막 수자원을 확보하기 위한 기업들의 냉소적 술책에 관해 읽으면서, 이 재난을 이해하기 위해서는 이 상황을 우리와 다르게 바라보는 방식들에 전례 없이 마음을 여는 것이 오늘날 인류의 마지막 구명 뗏목이 아닐까 생각했다. 그러니까 결국 우리의 성배는 이방인들과의 협력이 아닐까 하고.

나는 아무 의심 없던 그 순진한 남자아이를, 세상을 알고 싶고 자기 눈으로 볼 수 있는 곳보다 더 멀리 헤엄쳐 나가고 싶은 욕망에 다른 아무 생각도 할 수 없었던 그 아이를 되돌아본다. 그 아이가 바로 그렇게, 자기가 무엇을 찾아야 하는지도 모르는 채 언제나 무언가를 찾으려 하며 인생을 살아가게 되리라는 걸 나는 안다. 그렇게 끊임없이 의미를 찾는 것이 대부분의 사람들이 따르는 소명이라는 것을 아이가 이해하기까지는 여러 해가 지나야 할 것이다. 혼돈을 마주할 때 때로 우리는 자신이 열심히 찾고 있는 것이 일관성이라고, 우리가 살면서 한 모든 경험의 조각들을 의미 있는 전체로 짜 맞춰주고 계속 나아가야 할 방향을 일러줄 방법이라고 주장한다. 그런 일관성을 찾는다면 우리를 따라다니는 불안 중 일부에서나마 벗어날 거라 기대하면서.

오랫동안 나는 우리 대부분이 찾고 있는 것이, 창피해하지도 않고 비판이나 보복을 두려워하지도 않으면서 사랑할 수 있는 우리의 역량을 표현할 기회라고 생각했다. 이는 또한 사랑받을 기회를 포용하는 것이기도 하며, 사람들을 하나로 결속하는 관계이자 사람들과 그들이 선택한 장소를—날 것 그대로의 지구와 건설된 지구 모두를 포함해—한데 모아 어떤 강요나 감상성도 없이 하나의 합의를 이끌어내는 호혜적 관계를 찾아내고 키워갈 기회를 포용하는 것이기도 하다. 세상일이 잘못될 수 있고 실제로도 잘못되고 있는 것은 사랑에 반복해서 실패하고 있다는 증거일 뿐이라고 누군가 말한다면, 그 어리숙한 아이조차 그 말에 동의했을 거라고 나는 믿는다. 아이는 나이가 들어가면서 사람들이 겪는 정신적 고통 대부분이 사랑하지 못하거나 사랑받지 못해 생기는 것이라는 믿음을 더 강하게 갖게 된다. 사람들이 각자 떨쳐내려 기도하거나 소망하거나 노력하는 외로움의 무거운 짐은 사랑하지 못한 결과다. 사랑의 실패는 사람들이 각자 털어내려고 기도하거나 희망하거나 노력하는 인간의 무거운 외로움을 보여줄 뿐이다.

찾아가서 보기를, 그런 다음 이야기 하나를 가지고 집으로 돌아오기를 원했던 아이는 혼자서는 어떤 이야기도 그리 멀리까지 이끌어갈 수 없다는 것을 알게 되었다. 하지만 다른 사람들은, 그러니까 자신과 달리 명징한 정신을 지니고 있어서 현재 모든 사람을 위태롭게 하는 일들을 알아볼 수 있는 사람들은 그렇게 할 수 있을지도 모른다고 생각했다.

# 파울웨더곶

북아메리카 서부

북태평양 동부 연안

오리건주 해안

북위 44°47′00″ 서경 124°02′38″

가벼운 겨울비가 바다에서는 약한 맥박으로 떨어지고, 조수로 평평하게 다져진 해변에서는 상쾌한 바람을 받으며 산 쪽으로 밀려 올라간다. 여자 비다. 소용돌이치는 열은 안개. 북쪽에서는 좀 더 세찬 비, 나바호 사람들이 남자 비라고 부르는 비가 거세게 떨어지며 이쪽으로, 알래스카만 기준 남쪽으로 몰려오고 있다.

나는 먼저 만조선부터 찾기 시작한다.

이 폭풍의 존재는 어젯밤에 인지했다. 알류샨 열도가 그리는 호 아래쪽에서 형성되기 시작한 폭풍이 바람에 떠밀려 사선을 그리며 떨어지는 진눈깨비와 15미터 높이의 파도를 알래스카만 쪽으로 몰아오고 있을 때였다. 그로부터 몇 시간 전, 트롤선들은 그물을 끌어올리고 갑판 개구부를 고정했다. 폭풍이 남쪽으로 계속 이동하던 오늘 아침, 나는 몇 가지 물건을 트럭에 싣고 우리 집 서쪽의 산지를 가로질러 해안을 향해 240킬로미터를 달려왔다. 나는 그 폭풍 속에 있고 싶었고, 그 폭풍이 파울웨더곶을 때리는 것을 느끼고, 폭풍의 주먹이 내 등을 때리는 것을 느끼고, 물고기와 나무의 냄새가 배어 있는 이온화된 공기를 들이마시고 싶었다.

지금 나는 해변에 밀려온 해초 잎들이 뱀처럼 구불구불하게 엉겨 붙으며 만든 선 위에 서 있다. 이 해초선에는 부서진 맛조개 껍데기 조각, 햇볕에 바래고 소금이 딱딱하게 말라붙은 플라스틱 조각, 갈매기 깃털, 빈 물병, 다시마의 공기주머니, 해안에 사는 게들의 속이 빈 갑각이 걸려 있다. 언젠가는 이 해초선에 일본 어망에서 나온 공 모양 유리 어구魚具가 걸려 있는 것도 보고 싶지만, 그날이 오늘은 아닌 것 같다.

얼굴에 이슬처럼 달라붙는 축축한 공기 때문에 몸을 숙인 채 해안을 따라 100미터쯤 더 걸어갔다. 거기서 야구모자 하나를 주웠다. 모자에는 캘리코 엔터프라이시스라고 새겨져 있었다. 어렸을 때 어머니는 내게 영국인들이 예전에 인도에서 수입했던 밋밋하고 튼튼한 면직물인 캘리코[옥양목]를 알아보는 법을 가르쳐주셨다. 그 전까지 나는 캘리코라는 단어가 말이나 고양이의 털 무늬 색깔을 가리키는 데만 쓰이는 줄 알았다.

어머니가 당신이 쓰던 여러 직물에 관해 나에게 알려주시던 게 기억난다. 소모사와 샴브레이, 복잡한 자카드 짜임의 다마스크와 양단까지. 어머니는 바티스트의 섬세하고 실크 같은 감촉, 오건디의 빳빳함, 리넨의 시원함 등 직물들의 '촉감'에 대해서도 이야기했다. 나중에 나는 이런 촉감들을 자연 어디에서나 발견했다. 뒤늦게 기억해내기는 했지만, 이는 내 교육에 기울인 어머니의 관심이 나에게 남겨준 선물이었다.

나는 아무 생각 없이 그 모자를 100미터쯤 더 들고 다니다가, 봄의 조류가 쓸어가기 전에 누군가 발견하도록 해초선에 다시 내려놓는다. 눈이 없는 인형 머리, 가마우지의 날개 끝 쪽 긴 깃털 등 다른 물건도 대여섯 가지 집어 들어 살펴보지만 아무것도 가져가지는 않는다. 이렇게 한 시간 정도 어슬렁어슬렁 거닐던 나는 버려진 잡동사니들이 들려주는 흥미로운 이야기를 뒤로하고 북쪽에서 불어오는 축축한 바람을 등지며 방향을 돌린다. 왔던 길을 되짚어 한 번 더 걸은 뒤, 주먹 쥔 손을 주머니에 밀어 넣고 경사가 낮은 해변 비탈을 올라 내 암회색 트럭이 홀로 서 있는 포장된 주차장으로 걸어간다.

오리건 코스트 하이웨이를 타고 남쪽으로 몇 킬로미터를 더 간 다음 좌회전하여 동쪽의 산지로 들어가 개울 하나와 평행으로 이어지는 자갈길을 따라 달린다. 1.5킬로미터쯤 간 뒤에는 튼튼한 목재 다리를 타고 개울을 건너 좁고 미로 같은 목재 운반 도로로 들어간다. 내가 들어선 길은 그늘 짙은 가문비나무 숲을 통과하고 나무를 다 베어내 파헤쳐진 지대를 가로질러 산허리를 따라 위로 이어진다.

마지막으로 접어든 길은 가파른 경사지를 따라 올라가다가 평평한 땅으로 이어지는데, 이곳은 예전에 벌목 작업을 하던 언덕 아래 땅 일부로, 내륙으로 800미터쯤 들어가고 해발 200미터 정도 높이에 자리하고 있다. 내 아래쪽 경사지에는 키가 1.5미터에서 2미터 정도인 어린 미송들이 자라고 있다. 나는 트럭을 바람막이 삼아 그 옆에 텐트를 치고 트럭의 테일게이트를 열고 거기서 저녁 식사를 준비한다. 축축한 바람이 불었다 멈췄다 하지만, 아직 진짜 비가 만들어질 조짐은 없다. 더 험악한 날씨가 닥쳐오려면 아직 몇 시간 더 남아 있고, 지금 그 험악한 날씨는 워싱턴주 올림픽반도 근처 어딘가에 선단先端을 걸치고 있을 것이다.

이곳으로 들어오는 길에 울퉁불퉁한 바위 지대 위 벌목 잔해들 틈에서 흰색의 뭔가가 눈길을 끌었다. 트럭의 엔진을 끄고 그리로 걸어가보았다. 트럭으로 길을 막고 차 문은 활짝 열어둔 채였다. 나는 벌목으로 베어져나간 나무들의 좁은 틈 사이를 지나고, 움푹 파인 땅에서 하늘을 노려보고 있는, 수피가 다 벗겨진 그루터기들 옆을 지나갔다. 내가 멈춰 선 앞에는 흰색 브래지어가 있었다. 이런 곳에서 보게 될 거라고 생각하기는 어려운 물건이었다. 누군가 나무 그루터기의 넓은 면을 감싸는 식으로 브래지어 끈을 당긴 다음 압정으로 고정해놓았다. 양쪽 컵에는 오렌지색 동심원이 그려져 있고 각각 대여섯 발의 총알구멍이 나 있었다. 나는 브래지어를 풀어내 잡초가 무성한 덤불 속 깊이 밀어 넣고는 다시 트럭으로 발걸음을 옮겼다. 아니지. 나는 돌아와 다시 브래지어를 집어들고 운전석 아래에 밀어 넣었다. 뉴포트에 가면 쓰레기통에 넣을 생각이었다.

궁금했다. 그런 물건에, 인간 정신의 악의적 성향을 보여주는 소리 없는 증거에 신경이 쏠리는 것은 좋은 일인가? 그 증거를 감추는 건 소용없는 일, 어쩌면 혹시 심지어 잘못된 일일까? 여성 혐오에도 그냥 있을 자리를 허용해주어야 하는 것인가? 다른 사람들이 그런 것을 보지 못하게 막으면 모방자가 더 줄어들 거라고 생각하는 것은 구제불능일 정도로 순진한 생각일까? 나는 칼리만탄이나 사라왁*의 시골 벌목지에서도 이런 퇴보의 신호를 볼 수 있을지도 궁금했다. 그렇지는 않을 거라고 생각한다.

이 사건은 계속 내 마음을 괴롭혔다. 지나칠 정도로.

나는 전에도 이곳에서 야영한 적이 있다. 여기서는 흰 포말을 일으키는 바다부터 멀리 북동쪽과 남동쪽까지, 그리고 코스트 산맥의 어두운 언덕과 오래된 산들까지 막힘없이 볼 수 있다.

바다를 바라보며 저녁을 준비한다. 이제 바다가 들썩거리기 시작한다. 언젠가 시인 존 키츠는 "저 멀리 바람을 받아 달리는 바다"라고 썼다.

이날로부터 몇 년 뒤 나는 타지키스탄 산지의 노인들에게 소련 붕괴 후 십칠 년이 지난 그 시점에 마을의 실업률이 80퍼센트라는 이야기를 듣게 된다. 2004년 크리스마스 다음 날 단 몇

---

* 칼리만탄은 보르네오섬에서 인도네시아에 속하는 남쪽 지역이고, 사라왁은 보르네오섬에서 말레이시아에 속하는 서북해안 지역이다.

분 사이에 인도네시아인 17만 5000명의 목숨을 앗아간 쓰나미가 발생한 후에는 수마트라 북부의 아체 지역을 찾아간다. 인간에게 벌어진 참상을, 우리가 서로에게 행하는 살인적인 행동을 이해해보려는 마음에 어느 날에는 산타페 외곽 뉴멕시코 주립 교도소의 버려진 독방동을 가이드 한 사람을 따라 둘러본다. 1980년 2월 2일과 3일, 수감자들이 폭동을 일으켜 마흔 명 가까이 처형했고, 그중에는 토치와 망치를 사용한 자들도 많았다.(어떤 이들은 불에 타 모습을 알아볼 수 없게 되어 이름 없이 죽었다.) 2014년 봄에는, 돈을 주면 나를 북쪽으로 데려가 500년 넘게 도둑들이 매복 장소로 사용했던 말라카 해협을 보여주겠다고 했던 남자를 찾아 싱가포르 서부 해안을 돌아다닌다. 내가 영웅으로 여기는 인물 중 한 사람인 영국 항해가이자 탐험가 존 데이비스는 1605년에 그곳에서 일본 해적들의 손에 목숨을 잃었다. 내가 바랐던 것은 그 물을 보는 것, 그가 죽은 장소에 몸소 가보는 것이었다. 이는 일종의 통찰과도 같은 감각을 추구하는 일이다. 하지만 종종 그것은 세상 돌아가는 현실을 목격하는 일에 지나지 않을 때가 많다.

저녁 어스름이 다가올 즈음, 이미 저녁 식사까지 마친 나는 길고 검은 대열을 이루어 바다 표면을 스치듯 날아 서식지로 돌아가는 브랜트가마우지와 쇠가마우지 떼의 모습을 쌍안경으로 좇는다. 비슷한 가마우지 두 종을 더 잘 구별해보려고 시야가 흔들리지 않도록 트럭 후드에 몸을 기대고 팔꿈치로 받친 채로.

해 질 녘 내리기 시작한 비가 광대뼈 위에 구슬처럼 맺히고 손등에 싸늘한 냉기로 내려앉지만 아직은 안개비 정도에 지나지 않는다. 내가 두 손을 꼼짝하지 않고 들고 있어도 손톱에 내려앉은 빗물 방울들은 휘몰아치는 바람 앞에 후들후들 떨고 있다.

지금 저 앞 하늘에 보이는 단계별 명암은 어디선가 누군가 목록으로 만들어둔 것이 틀림없다. 비둘기 깃털의 회색과 석판의 회색, 진주의 회색, 한 부분에서는 새로 생긴 멍의 암갈색, 또 다른 부분에서는 계란 껍데기의 흰색. 기상학의 분류 용어로 말하면 지금 저 하늘에는 난층운과 적란운이 쌓여 있다. 층층의 구름들이 모든 방향으로 서로 어깨와 어깨를 맞대고 겹쳐 있다.

이 2월의 폭풍은 공식 명칭이 붙을 정도로 난폭하지는 않다. 그러나 세부적으로 살펴보면 지구 초기 바다인 페름기의 판탈라사해*의 현대적 자식인 아주 오래된 이 해역—옛날 옛적엔 동쪽 바다라 불리며 흘러가는 구름 아래서 굽이치고 펼쳐지던 이 태평양, 헤설 헤리츠†가 검은 바다라 부른 곳, 파올로 포를라니‡가 톤자만이라 부른 곳—에서 남동쪽으로 무겁고 느릿하게 내려오는, 다른 모든 늦겨울 북태평양 폭풍과는 뭔가 다르다.

---

* 페름기는 고생대의 마지막 시기로 기원전 2억 9900만 년에서 기원전 2억 5000만 년까지 해당하며, 당시 지구는 판게아라는 단일 대륙과 판게아를 둘러싼 초대양인 판탈라사해로 이루어져 있었다.

† 17세기 초에 활동했던 네덜란드의 지도 제작자이자 조각가. 네덜란드 전성기에 지도 제작에 지대한 공헌을 했으며, 네덜란드 동인도 회사의 공식 지도 제작자로 활동했다.

‡ 16세기 탐험과 발견의 시대에 활동한 이탈리아의 지도 제작자.

대기의 이 거대한 요동으로 오리건주 해안 도시들은 항구에 붉은 깃발을 올렸다. 이상한 말이지만 나는 이 폭풍우가 지나고 나면 내가 어느 정도 슬픔을 느끼리라는 것을, 때로 비행기나 카페에서 만난 누군가와 짧지만 강렬했던 만남이 끝날 때 느끼는 그런 상실감을 느끼리라는 걸 알고 있다. 나는 이 폭풍의 부재를 느낄 것이다. 폭풍은 모든 생명에 무관심하지만 그래도 폭풍의 본성은 강렬함이기 때문이다. 폭풍의 힘은 어떤 기계로도 제어할 수 없다. 시간의 흐름에 따른 폭풍의 변화는 나침반 방위에 맞춰 등압선으로 표시할 수 있지만, 가장 정확한 숫자들로도 폭풍을 붙잡아두거나 속박할 수는 없다.

폭풍은 완전히 자유롭다. 오직 자기 생각만 따르는 자유로움.

파울웨더곶이라 불리는 것은 태평양으로 약 3킬로미터 정도 길게 뻗어나가며 부드럽게 솟아 있는, 약간 구부러진 모양의 해안 능선이다.

제임스 쿡이 3차 세계 일주 항해 당시 처음으로 북아메리카 서해안에 도착했을 때 상륙한 곳이 바로 여기였다. 쿡의 배가 육지와 약 50킬로미터 정도 떨어진 해상에 있을 때, 배의 망루에 올라가 있던 파수꾼들의 눈에 두 능선이 들어왔다. 파울웨더곶과 조금 더 남쪽의 퍼페투아곶이었다. 이튿날 아주 일찍부터 북쪽에서 불어오던 늦겨울 폭풍우가 더욱 강해졌다. 쿡은 폭풍우가 HMS 레절루션호와 동행 선박인 HMS 디스커버리호를 강타하고 있을 때도, 불어오는 바람을 측면으로 받도록 배를 옆으로 돌린 채 (유럽인들에게는) 아직 알려지지 않았던 이 해안에 가까이 다가가려 애썼다. 3월 9일에는 두 차례 몇 해리씩 안으로 다가갈 수 있었고, 그 과정에서 시스택*과 산호초에 위험할 정도로 가까이 다가가기도 했지만, 다시 바다 쪽으로 밀려나갔다. 쿡이 일지에 기록한 바에 따르면 꼬박 나흘 동안 "아무 소득 없이 파도에 뒤흔들린" 뒤, 3월 13일에는 거기서 벗어나기 위해 "배가 안전하게 지탱할 수 있는 것보다 더 많은 돛을 올리고" 그 자리를 떠났다.

쿡은 이렇게 전술상 남서쪽으로 후퇴해 있는 동안 성 페르페투아의 영명축일에 처음 보았다 하여 둘 중 한 곳에 퍼페투아곶이라는 이름을 붙였다. 파울웨더[악천 후]곶은 쿡이 그곳에서 만난 험한 날씨 때문에 붙인 이름이다.

제임스 쿡이라는 비범한 인물—계몽주의 시대가 끝나가던 과도기의 결연한 탐험가, 오늘날의 우리라면 탐험의 복잡한 '플랫폼'이라고 부를 법한 횡범장 바크선†의 명인—은 오랫동안 나의 상상력을 사로잡았다. 쿡은 하나의 이념으로서 탐구라는 정신적 추구와 전문적인 뱃사람에게 없어서는 안 될 기술을 둘

---

* 암석이 파도의 침식으로 육지와 분리되어 기둥 모양을 이룬 지형. 해식기둥이라고도 한다.

† 횡범장이란 돛대에 용골과 수직인 활대를 세우고 그 활대에서 돛을 늘어뜨리는 범장을 말하며(가로돛이나 사각돛이라고도 한다), 바크선은 돛대가 셋 이상이면서 앞돛대에는 가로돛을, 뒷돛대에는 세로돛을 단 범선을 말한다.

다 구현한 인물이었다. 애초에 내가 오리건주 해안의 이 지역을 처음 찾아왔던 것도, 18세기에 상업적으로 이용할 북서항로*를 찾으려 한 그의 노력—파울웨더곶 상륙은 그 노력의 초기 행적에 해당한다—때문이었다. 오늘날의 모습은 200년도 더 전에 쿡이 보았던 광경에 비하면 그림자 정도에 지나지 않겠지만, 그래도 나는 이곳의 물리적 지형과 동식물, 개울을 몸소 알아보고 싶었다. 당시에 살던 늑대와 회색곰은 이제 여기 없다. 이곳 선주민이었던 알시족도 없고 그들의 문화와 전통은 이 언덕들 위에서 희미하게 지워지다가 거의 완전히 제거되었다. 오늘날 파울웨더곶의 334미터 정상에는 휴대전화 신호탑이 서 있다. 이국적인 풀들과 더불어 스코틀랜드금작화, 러시아엉겅퀴, 히말라야블랙베리 같은 다양한 침입종 식물이 들어왔다. 이 숲의 토양에는 예전에 산업적 벌목 이후 원래의 숲 대신에 인위적으로 심은 나무들의 건강을 위해 쓴 제초제 등 여러 독성 물질의 잔류물이 잔뜩 배어 있다. 쿡의 배가 앞바다에서 파도에 들썩이고 있던 때 이곳에는 적오리나무, 블랙북미사시나무, 골든칭커핀밤나무, 태평양주목, 태평양은빛전나무, 로지폴소나무, 큰잎단풍나무, 마드론, 자이언트측백나무 등의 자생종 나무들과 더불어 이 온대우림의 혈류 속을 흐르던 미량원소들이 훨씬 더 풍부했다. 재조림된 이 땅은 오늘날 수많은 소유주가 마치 크레이지 퀼트 조각처럼 땅을 쪼개어 소유권을 주장하고 있는데, 그중 다

---

* 대서양에서 북아메리카 북쪽 해안을 따라 태평양에 이르는 항로.

수는 한때 그 누구의 소유도 아니었던 이 땅을 되팔아서 이윤을 챙기겠다는 희망을 품고 있다.

현재 파울웨더곶은 이상할 정도로 텅 비어 있고 황량하다. 하지만 나는 이제 불평하지 않는다. 이게 오늘날 우리가 처한 지점이다. 그렇다면 여기가 우리가 탐험을 이어갈 출발지이기도 할 것이다. 쿡을 탐험으로 내몰았던 생각과는 다른 생각을 갖고 서겠지만.

수십 년 동안 나는 쿡의 전기들과 그의 성취에 관한 수정주의적 견해들에 끌렸다. 쿡은 18세기 후반에 세 차례의 대대적인 정찰 항해를 떠났고, 세 번 다 세계를 일주했다. 이미 경력 초기에 뉴펀들랜드 해안을 놀랍도록 정확하게 측량했으며, 남극 대륙을 에워싼 바다를 일주하는 결정적 항해를 통해 당시에는 지구의 마지막 대륙이라고 여겨진 남극 대륙의 존재를 확실시했다.(오늘날 일부 지리학자들은 뉴질랜드가 물에 가라앉은 여덟 번째 대륙인 질란디아의 높이 솟은 부분이라고 생각한다.) 쿡은 지구에 이미 설정된 위도 평행선들 위에 경선을 새로이 배치하여 한 번 발견한 장소는 다음에 쉽게 다시 찾을 수 있도록 했다. 나아가 나는 마지막 항해 당시의 쿡이 조지프 콘래드의 『암흑의 핵심』에 나오는, 식민지 시절 콩고의 분지 정글에서 혼란에 빠져버린 커츠라는 인물과 그리 다르지 않은 근대 식민지 시기의 광기 어린 정신 유형을 미리 보여주었다고까지 생각했다. 하지만 쿡이라는 인물은 쉽게 풀리는 수수께끼가 아니었다. 쿡의 일지를 읽어보니 그가 유럽 제국주의 세력의 광범위한 확장이 불러온 결과에 대해, 그러니까 유럽인들이 (오늘날 아시아 지역 터키에 해당하는) 아나톨리아에서 실크로드를 향해 동쪽으로 출발하고 이후 포르투갈의 항해 왕자 엔히크가 범선들을 내보내기 시작해 이윽고 바스쿠 다 가마가 희망봉을 돌아가는 항로를 발견하면서 시작된 물질적 부의 추구가 가져온 결과에 대해 당혹하며 마음의 갈등을 겪었음을 알 수 있었다.

과거에는 흔히 쿡을 계몽주의의 전형으로, 진보와 정확한 지도 제작, 고상한 미덕, 끈질긴 목표 추구, 그리고 실용적인 개선의 대표자로 내세우는 주장이 많았고, 이런 일을 가장 잘해낸 이가 뉴질랜드의 전기 작가 J. C. 비글홀이다. 그러나 근래에는 몇몇 전기 작가들이 쿡을 비판하는 주장을 펼쳤다. 그들은 쿡을 "무분별하고 비합리적이며 난폭한" 사람으로, 구세계의 제국주의적 탐험가들(콜럼버스, 부갱빌, 코르테스)의 원형이자 정복에 혈안이 된 사람으로, 그리고 경직된 준거틀에 갇힌 편협한 사람으로 묘사했다. 이런 수정주의적 견해 중 비교적 잘 알려진 것은 가나나트 오베예세케레가 쓴 『쿡 선장의 신격화: 태평양에서 유럽 신화 만들기』다. 오베예세케레는 쿡의 "알고자" 하는 결의, 지구의 알려지지 않은 마지막 지역까지 수학적 울타리에 집어넣겠다는 결의에서 최악의 피해를 입은 태평양의 여러 문화가 처한 운명에 대해 대부분의 쿡 전기 작가들보다 훨씬 더 동정적인 입장에 서 있는 인물이다. 쿡이 불청객으로서 행한 여러 방문이 불러온 여파를 검토하는 최근의 글들은 비서구권 사람들이 치러야 했던 희생을 적나라하고 솔직하게 묘사하고 평가했다. 그중 가장 오싹한 것은 데이비드 스태너드가 쓴 『참사 이전: 서구와의 접촉 직전 하와이 사람들』이다. 스태너드는 쿡의 무리가 하와이 제도에 들인 천연두, 성병, 결핵, 인플루엔자 바이러스 등 여러 질병의 영향에 주로 초점을 맞추었다.

오늘날 군사 용어로 쓰이는 부수적 피해라는 말은 의도치 않게 죄 없는 사람들에게 가해진 해를 가리킬 때 흔히 사용된다. 16, 17, 18세기의 '탐험'과 그 후 이어진 공격적인 경제적 착취, 이후 유럽의 식민지들에서 정치적 영향력과 통제를 두고 벌어진 세계적인 다툼의 결과로도 죄 없는 사람들이 피해를 입었다. 오늘날 권력을 쥔 사람들은 일반적으로 그런 피해들을 다시 살펴보고 싶어하지 않으며, 평범한 사람들 역시 대체로 독재국가와 경찰국가뿐 아니라 유사 민주국가에서도 여전히 그러한 책략을 옹호하는 현대의 폭군들에 맞설 용기가 없다.

이론의 여지 없이 쿡은 그 시대의 위대한 해양 지도 제작자였고, 18세기 당시 지구상에서 마지막 남은 미답의 거대한 지리적 공간이었던 태평양을 끈덕지게 탐사한 탐험가였다. 그러나 동시에 내 마음속에서 그는 자신이 한 일이 가져온 결과에 대해 조용히 그러나 깊이 갈등한 사람이기도 했다. 그에 관한 책을 읽은 다른 많은 사람이 그랬던 것처럼 나 역시 비글홀의 『제임스 쿡 선장의 생애』 같은 위인전과는 한 걸음 거리를 두었고, 오베예세케레가 쓴 것처럼 필요한 내용을 바로잡아주는 책들에 반가움을 느꼈지만, 그래도 여전히 그를 악당으로 몰아가고 싶은 마음은 없다. 역사가들은 어느 특정 역사적 사건에 대한 자신의 해석을 내세우지만, 나는 쿡을 의도치 않게 협력자가 된 사람이라고 보는 것이 언제나 적절하다고 생각해왔다.

때에 따라 쿡이 퉁명스럽거나 무신경하거나 옹졸하거나 난폭하거나 포악하거나 급한 성미를 부리는 지나치게 엄격한 관리자일 때도 있었지만, 이타적이고 도덕적이며 관대한 사람일 때도 있었다. 우리 시대에 생각해볼 가치가 있는 것은 그가 우리에게 물려준 것, 바로 지구의 대양과 해안을 알고자 하는 그의 간절한 열망이 맺은 열매다. 그 전까지 유럽인이 한 번도 가본 적 없었던 호주의 동해안과 남극 대륙 외에도 그는 우리에게 하와이 제도와(스페인 갈레온선의 선원들이 제일 먼저 보았을 수도 있지만) 뉴칼레도니아, 쿡 제도를 찾아주었다. 또한 이후 오랜 세월 회장을 지내며 왕립 학회의 아이콘과도 같은 인물이 된 조지프 뱅크스 경이 경험적 교육을 받을 수 있었던 것도 쿡의 공이었다. 게다가 그의 탐험으로 북서항로로 들어가는 서쪽 길은 없다는 사실도 공식적으로 확인되었다. 나는 사람들이 쿡 덕분에 최초로 지구의 공간적 질서를 3차원으로 인식할 수 있게 되었다고 생각한다. 이는 그 이전에 세상 누구도 알려준 적 없는 감각이었다. 근대 세계가 정치 지리를 강제적으로 재배치하기 전, 그에 훨씬 앞서 일어난 일임을 고려하면 실로 엄청난 업적이다.

쿡 이후로 우리는 전체 지구를, 한 번에 그 전체를 머릿속에 그려볼 수 있게 되었는데, 이전 수 세기 동안 서구의 탐험이 진행되는 동안에도 우리에게는 이런 열린 공간에 대한 감각이 없었다. 쿡 이후로는 옛 지도 제작자들이 스스로 무지를 드러내던 "여기 용들이 있다" 같은 문구는 세계지도에서 사라졌다. 그와 동시대를 살았으며, 세상에 알려진 모든 생물에게 속명과 종명으로 된 이명식 학명을 붙이고, 그런 다음 각 속을 과, 목, 강의 체계 속에 배치함으로써 생물학 분야에 혁명을 가져왔던 스웨덴의 카롤루스 린나이우스처럼, 쿡 역시 우리에게 한때는 지리학적 추측에 지나지 않았던 것을 실질적으로 조직할 체계를 마련해주었다.

린나이우스가 생물을 과학적으로 묘사하는 범주를 확립한 뒤로 인류는 호모 사피엔스로 특정되었다. 북극에 사는, 우리와는 아주 거리가 먼 포유류 친척인 일각돌고래는 이제 유니콘의 한 종류가 아니라 모노돈 모노세로스가 됐다. 태평양 연안 북서부에 사는 섬세한 사슴머리난초인 칼립소 불보사는 유령난초라 불리는 세팔란테라 아우스티네라는 친척과 더는 혼동되지 않았다. 그리고 아프리카의 들개 뤼카온 픽투스는 카니스 루푸스로 분류되는 늑대와 가까운 친척이 아니라 먼 친척임이 밝혀졌다.

일단 육지의 지리학적 질서가 확립되자 아직 남아 있던 지리학적 공백 모두에 관해 더 자세히 탐험하고 설명하고 추측하기 위한 계획도 더욱 자신감을 갖고 세울 수 있었다. 쿡 이후로 우리는 지도상에 마지막으로 남아 있는 빈 지점들이 어디인지 더 잘 파악할 수 있게 되었다.

쿡은 "우리는 어디로 가고 있는가?"라는 끊임없이 반복되는 비유적 질문 앞에서 참조할 만한 경험적 준거를 마련해주었다.

이상하게도 쿡에 관한 학문적 대중적 해설 대부분에서는 분명 쿡과 동행자들이 스스로 보고한 것보다 훨씬 많았을, 그가 방문한 수많은 장소에 대한 언급은 쏙 빠져 있다. 추측건대 그것은 실제의 물리적 장소가 마치 배우들 뒤의 풍경처럼, 그러니까 의미 있는 개념들이 펼쳐지며 줄거리가 계속 이어질 때 그 배경이 되어주는 풍경처럼 그리 중요하지 않다고 생각했기 때문일 것이다. 하지만 조국을 떠나 이방인의 마음가짐으로 머나먼 땅을 찾아온 방문자의 태도를 형성하는 것은 물리적 장소라고 나는 믿는다. 방문한 장소의 성격은 일지의 어조에 영향을 주며, 그 장소에 관해 어떤 사실을 기록으로 남길지 선택할 때도 영향을 준다. 한마디로 어떤 장소를 방문한 역사가는 고향에 머물면서 누군가가 과거에 방문한 장소에 관해 쓴 글을 읽고 만족하는 역사가와는 다른 역사를 쓴다. 나는 역사가도 아니고 쿡의 전기 작가도 아니지만, 오랫동안 무의식적으로 쿡이 상륙했던 장소들을 찾아가보려고 노력하는 습관이 생겼다. 그렇게 해야 실제로 그곳에서 일어난 일이나 그 일이 어떤 식으로 일어났을지에 대한 근거 없는 추측을 막을 수 있을 것 같았다.

어떤 날씨 어느 계절이든 그가 보았던 것을 내 눈으로 직접 보고 그 장소에 머무르며 시간을 보낼 수 있다면 더 많은 걸 알게 될 거라고 확신했다. 지구상의 장소는 어디든 다 오랜 역사를 품고 있다. 어떤 과거의 흔적은 지금은 가려져 보이지 않는 것 같아도 찾으려고만 하면 언제나 찾아볼 수 있다. 파울웨더 곶에서 마주하는 것들, 내 앞에 펼쳐진 변화무쌍한 바다의 광대함, 허공에서 희미하게 울리는 바다사자 우짖는 소리, 내 뒤에 자리한, 거의 뚫고 들어갈 수 없을 듯이 빽빽한 (아직 살아남은) 시트카가문비나무의 작은 숲, 이끼로 뒤덮인 개울가 바위, 해변 바로 앞바다에서 멸치 떼 위로 원을 그리며 날고 있는 갈매기 떼, 늦겨울 폭풍우로 연타를 날리는 바람과 부서지는 파도. 이 모든 게 아직 여기 남아 있다.

어느 온화한 여름 오후, 쿡이 호주 동해안에서 처음으로 상륙한 곳인 시드니 남동부 가장자리의 보타니베이에서, 나는 내가 쿡에게 갖게 된 연민의 감정에 대해 곰곰이 생각했다. 보타니베이의 잔잔한 수면에 반사된 오후 햇살의 화사한 난동이, 저 멀리 건조한 유칼립투스 잎들이 바람에 흔들리는 타닥타닥 소리가, 쾌청한 하늘에 뜬 콜리플라워 머리 같은 뭉게구름이 나를 그런 생각에 빠뜨렸다. 이것들이 한데 모여 나에게 타락 이전의 장면을 구성해주었다. 이 모든 것에서 나는 폭력의 부재를, 악의적 의도의 부재를 느꼈다.

1770년에 쿡이 발을 디딘 보타니베이의 남동쪽 해안에 있는 공원을 거닐며, 나는 쿡에게 연민을 느끼는 내 마음을 파헤쳤다. 물론 그가 식민지 탐험이라는 어마어마한 착취의 토대를 놓은 것은 사실이지만, 이는 그의 의도가 아니었고 그 전에 이미 수 세기 동안 프랑스와 스페인, 영국, 네덜란드, 포르투갈의 야만적 행태가 있었다. 쿡은 콩고에서 1000만 명의 목숨을 앗아간 벨기에 왕 레오폴 2세가 아니었고, 하르툼 근처 옴두르만 전투에서 호전적이고 고압적으로 승리를 거둔 키치너 경도 아니었다. 그렇지만 쿡은 하와이 선주민들이 불경스럽다고 여긴 어떤 위반 행위를 저지른 탓에 (1779년 2월 14일 하와이섬 케알라케쿠아베이에서 선주민들에 의해) 살해되었다. 찾아가볼 묘지도 남아 있지 않은데, 이는 하와이인들이 곧장 그의 시체를 가져가 토막내버렸기 때문이다. 그중 쿡의 부하들이 되찾아올 수 있었던 얼마 안 되는 부분들도 그가 죽고 얼마 지나지 않아 바다에 수장되었다. 이후 아마도 이러한 '순교' 때문인지, 쿡의 업적은 그가 전혀 가담하기 원치 않았을 계획을 열성적으로 추진하던 식민지 개척자들과 선교사들에게 칭송받았다.

그날 나는 보타니베이에서 시드니 담수화 시설 근처 솔랜더곶 주변을 서성이며 보냈다. 나는 그저 또 한 명의 관광객이었고, 무엇보다 쿡이 개인적으로 무엇을 추구했고 사적으로는 어떤 욕구를 품고 있었을지 이해할 만한 심리학 지식도 없는 아마추어지만, 그래도 그가 자신의 인생을 통해 남기고 싶어한 의미가 무엇일지 궁금했다. 결국 보타니베이에서는 내 앞에 어떤 명확한 답도 나타나지 않았지만, 나는 그가 거의 매일 항해하며 다다른 신세계를, 그가 그토록 좋아했던 바다에서 보낸 시간의 비할 수 없는 중요성을 상상하려 애썼다. 당시 사십 대 후반이었던 나는 더 이상 그런 인물을 힐난할 정도로 분노를 끌어올릴 수 없었다. 그는 헌신적인 삶을 살았지만, 다른 많은 사람이 그랬듯 의도치 않게 다른 사람들에게 고통을 초래했다. 하지만 나는 세월이 흐르면서 그가 자기 안에서 점점 커져가는 분노를 느꼈을 거라고 믿는다.

나는 그날 오후 보타니베이의 온화한 날씨를 만끽했다. 무리 지어 흰 뭉게구름 앞을 가로지르던 분홍앵무들이 파란 하늘로 날아가니 갑자기 검게 보였다. 이런 분위기 속에서 나는 정신의 관대함을 경험했다. 이는 내 안에서 늘 발견할 수 있는 것은 아니었다. 그것은 세상에 대한 복잡할 것 없는 사랑의 감정이었다.

타히티에서 맞이한 또 한 번의 '쿡 경험' 당시, 나는 파페에테에서 차 한 대를 빌려 동쪽으로 몇 킬로미터를 달려 푸앙트베뉘스에 갔고, 마타바이베이 해변에서 윗옷을 벗고 일광욕하는 사람들 사이를 걸었다. 쿡의 첫 번째 항해 당시 조지 3세를 섬기던 소규모 과학자 파견단이 HMS 엔데버호에 함께 승선하여 항해하다가 1768년 6월 3일 바로 이곳에서 태양의 표면 위를 지나가는 금성을 관찰했다.(이는 태양 및 다른 행성들과 지구의 거리를 알아내려는 전 유럽적 노력에서 영국이 기여한 부분이었다.)

푸앙트베뉘스를 방문한 날과 보타니베이에서 보낸 오후보다 더 오래전, 나는 미국 해양 대기청 연구선을 타고 알래스카의 북서해안을 따라 쿡의 항로를 수백 킬로미터 항해했고, 이윽고 축치해에서 베링 해협을 거쳐 베링해로 들어갔다. 그로부터 이십 년 후에는 또 다른 배를 타고 남극해의 드레이크 해협에서 폭풍우를 만났다. 12미터의 파도와 괴성을 질러대는 바람 속에서 선체가 앞뒤 양옆으로 흔들리고 뱅글뱅글 돌기까지 했는데, 이는 쿡이 두 번째 항해 당시 바로 똑같은 자리에서 목격했던 바다의 상태와 비슷했다. 또 한 번은 케알라케쿠아만의 절벽 아래 해변에 서서 마음속으로 쿡에게 바치는 추모의 송사를 써보려 했다. 무미건조하게 경의를 표하지도 않고 오만하게 기교를 부리지도 않으면서, 그가 보여준 결연함의 모범에 감사를 표현할 수 있는 말을 고르려 애썼다.

집착으로 보일 수도 있겠지만, 이 모든 일을 하면서 나는 쿡과 같은 시대를 살고 있다는 느낌을 받고 싶었고, 그가 느꼈던 것과 같은 감정을 느끼고 싶었다.

내가 이해한 바로 쿡의 일지는 그가 다른 문명에 접근할 때 그리고 영국 이외의 지리를 탐사할 때 객관적인 태도를 지키려고 무던히 노력했음에도 사적으로는 항상 경이를 느끼는 사람이었음을 보여준다. 나는 자신이 항해한 바다들의 냉담함과 교훈을 묘사하는 그의 글을 읽으며 감탄한다. 그의 여행은 일부 역사가들이 보고 싶어하는 것과 달리 성배를 찾아 떠난 파르치팔의 여행 같은 것이 아니었으며, 그저 호기심 많고 합리적인 자수성가형 영국인의 냉정하고 규율 잡힌 여행도 아니었다. 나는 메리웨더 루이스*가 그랬던 것처럼 쿡 역시 너무나 부서지기 쉽고 빈약한 것들을 탐험했기 때문에 결코 그것들을 명시적으로 다룬 글은 쓰지 않았을 거라고 생각한다. 그런 글을 쓰는 일이 그에게는 너무 버겁게 느껴졌을 것이고, 그 경험 자체를 묘사하는 일은 너무나 보잘것없고 막연하게 여겨졌을 테니 말이다. 여기서 우리는 자신의 여행이 미친 더 깊은 영향들과 자신의 침입 행위가 낳은 결과들에 대한 그의 생각을 엿볼 수 있다.

세 번째 항해가 끝을 향해 갈 무렵(쿡이 사망할 경우 동행 선박의 선장인 찰스 클러크가 이 항해를 마무리하기로 되어 있었다), 쿡은 흐트러진 모습을 보이기 시작했다. 결정을 내리는 것도 그답지 않게 경솔했다. 1778년 6월, 알래스카 남쪽의 알려지지 않은 연안 해역에서는 매우 조심스럽게 항해해야 하는데도 이상할 정도로 부주의했다. 게다가 3차 항해를 완전히 접어버린다는 생각에도 기이하게 끌리는 것 같았다. 쿡의 일지를 읽어보니, 생의 마지막 몇 달 동안 그의 내면에서는 고대 지리학의 마지막 상징물을 무너뜨리고 자신의 문화와는 오싹할 정도로 다른 문화들을 탐험한다고 자처하며 다니는 동안 실제로 자기가 어떤 일을 저질러왔는지에 대해 깨달음이 무르익고 있었다. 내 생각에 이즈음 쿡은 자신의 명성이 만들어낸 추진력에서

---

* 미국 토머스 제퍼슨 대통령 재임 때 활약했던 육군이자 탐험가. 미국이 프랑스로부터 루이지애나 땅을 매입한 후, 제퍼슨 대통령의 의뢰로 윌리엄 클라크와 함께 1804년 5월부터 1806년 9월까지 새 영토에 대한 탐험을 이끌었다. 이 탐험 동안 서부 지역의 지도를 만들고 횡단 경로를 파악하며 동식물의 생태와 천연자원을 탐사하고 해당 지역 선주민과의 무역 관계를 맺는 등 유럽 열강에게 그 지역에 대한 권리가 미국에 있음을 확실히 했다.

도, 그 명성에 따라오리라 각오했던 책임에서도 자유로워질 수 없었던 것 같다. 또한 그가 스트라본과 프톨레마이오스와 에라토스테네스로부터 전해 내려온 세계 지리에 대대적인 수정을 가하고는 있었지만, 그가 매일을 함께 보내던 이들은 그런 관념적인 것에 별 의미를 두지 않는 선원들이었다는 점도 중요하게 고려해야 한다. 고국에서는 유명인으로 떠받들리고, 바다에서는 두려움을 자아내며, 자기 아내와 자식들에게는 낯선 존재였던 그는 세 차례의 항해를 거치며 그 누구도 알 수 없는 사람이 되어갔다.

1차 항해 때 쿡의 엔데버호에 정원 외에 추가로 승선한 조지프 뱅크스는 귀족이었다. 그는 항해 중에도 자신이 속한 사회계층의 특권을 당연시했고, 런던 사회에서 누리던 높은 지위에 대한 존경을 배에서도 당연히 받으리라 기대했다. 뱅크스는 광범위하고도 진심 어린 호기심을 지닌 인물이기는 했지만, 오랫동안 역사가들은 그를 모든 사람에 대해 우월감을 느끼는 인물의 전형으로 여겼다. 1차 항해에 대한 뱅크스의 일지와 쿡의 일지를 나란히 놓고 읽어보니, 둘의 확연히 다른 기질을 알 수 있었다. 항해나 바다의 특징에 대한 무관심과 더불어 뱅크스가 받은 정규교육, 그리고 그의 귀족 신분과 사교적인 성격은 두 사람을 완전히 갈라놓았다. 그리고 여행이 끝났을 때는 그 경험에서 어디에 가치를 두어야 할지에 관한 두 사람의 결론도 물론 서로 달랐다.

쿡과 뱅크스의 일지를 비교해보면 각자가 품고 있던 자민족중심주의의 성격이 분명히 드러나고, 인종과 사회적 신분이라는 사안에 대한 두 사람의 평가가 얼마나 달랐는지도 뚜렷이 보인다. 서구의 논리와 서구 철학이 딛고 있는 형이상학적 가정들에 대한 무의식적 존경은 공히 나타났지만, 자신들이 이동한 물리적 세계를 바라보는 둘의 방식은 두드러지게 대조적이다. 뱅크스는 주로 방문한 섬들의 문화와 육지 지리에 관심이 쏠려 있었고, 상륙한 장소들 사이의 바다에 대해서는 이해하는 게 별로 없었다. 쿡은 뱅크스 못지않게 각 섬의 요소들—식물학, 인류학, 지형학—에 호기심이 있었지만, 바다에 대한 관심도 그만큼 깊었다. 쿡에게는 한 섬과 다음 섬 사이에 '공백' 같은 건 존재하지 않았다. 그는 텅 비어 보이는 그 공간도 실제로 정의할 수 있다고 생각했다. 어느 정도 정확한 경로로 바다를 항해할 수 있었지만, 동시에 그는 자기가 지나간 바다에 표시가 남지 않는다는 사실을, 그리고 어쩌면 언제까지나 그런 상태로 남으리라는 사실을 잘 알았다. 유일한 경계선은 눈으로 볼 수 있는 것과 마음으로 상상만 할 수 있는 것을 가르는 수평선, 바로 바다와 하늘이 만나는 경계선이었다.

나는 쿡이, 세계를 측정하고 기록하고 경계를 정하는 일을 하도록 자신을 떠민 계몽주의 원칙을 뒷받침하는 가정들을 완전히 믿지는 않았을 거라고 생각한다. 그는 등급별로 사회계급을, 어쩌면 심지어 해상의 계급까지 나누는 권위를 완전히는 인정하지 않았다. 날 것의 공간에 격자를 그리고 등고선을 표시하며 지도를 만드는 일로 인생을 보냈지만, 지도로 만들 수 없는 것이 무엇인지도 이해했고, 기지의 세계와 미지의 세계를 나누는 선의 중요성도 이해했다. 두 음표 사이 침묵 속에서 어떤 일이 일어났는지를 이해한 것이다. 나는 또한 그가 그 침묵 속에서 일어나는 일이 필수 불가결하다는 것도 알고 있었을 거라 믿는다.

파울웨더곶에 갈 때면 나는 항상 쌍안경을 챙겨 간다. 이따금 반사 굴절 망원경을 가져갈 때도 있다. 어려서부터 나는 아주 먼 곳을 볼 수 있다는 사실에 매혹되었고, 몇 개의 볼록 유리와 오목 유리 표면이 멀리 있는 풍경을 선명하고 또렷한 이미지로 바꿔놓는 것에 열광했다.

집에서 파울웨더곶까지 갔을 때, 때때로 비나 눈이 오는 날씨 속에서 텐트를 쳐야 할 때도 있었고, 그럴 때는 그 경험이 주는 가르침을 얻었다. 건조하고 온화한 날씨가 이어질 때는 곶을 둘러싼 언덕에서 하이킹하기가 더 수월하다. 물론 그럴 때는 대기만 청명하다면 더 멀리 내다볼 수도 있다. 별이 총총한 밤이면 망원경으로 분화구 하나하나를 훑으며 달의 표면을 자세히 살펴보았다. 달밤에는 푸르스름한 달빛 아래 저 멀리 어두운 파도를 꼬리에 달고 지나가는 배들의 모습도 보였다. 낮에는 해변 가까이서 이동하는 귀신고래 떼와, 검둥오리사촌과 바다검둥오리사촌의 이동 경로를 눈으로 좇았다. 쌍안경으로 보면 내가 있는 지점에서 북쪽으로 펼쳐진 회복 중인 개벌지의 비탈을 자세하게 살펴볼 수 있었고, 그러면 거의 한결같이 선명한 녹색이던 덩어리가 더 높거나 낮은 다양한 채도의 녹색으로 낱낱이 구분되어, 이를테면 홍화까치밥나무의 잎인지 그레이트헤지네틀 또는 새먼베리의 잎인지도 식별할 수 있었다.

쌍안경과 망원경은 내 주위와 위의 공간에 터널을 만들어 흐릿한 것을 더 뚜렷하게, 일반적인 것을 더 구체적으로 만들어주었다.

내가 있는 공간도 확대해주었고, 내가 그 공간에 느끼는 친밀감도 더욱 키워주었다.

내가 주로 야영하는 개벌지는 회복에 들어간 지 십 년쯤 된 상태였다. 베어낸 나무들은 다 운반해 가져갔고, 떨어진 가지, 그루터기, 썩어가던 통나무 들은 불도저로 한데 모아 불에 태웠다. 벌목으로 파헤쳐진 땅에는 상업적 가치가 있는 미송 한 종만을 심어두었는데, 그 아래서 시트카가문비나무와 적오리나무, 해안소나무(로지폴소나무라고도 한다) 등이 저절로 자라기 시작하면서 나름의 숲이 다시 형성되는 중이었다. 지표식물로는 레드엘더베리, 에버그린허클베리, 살랄이 눈에 띄었고, 땅이 축축한 부분에서는 칼고사리와 줄고사리와 사초가 자라고 있었다. 여름에는 노랑제비꽃과 야생딸기, 분홍바늘꽃, 산떡쑥, 서양톱풀과 뿔민들레가 풍경을 환하게 밝혀주었고, 오리건포도와 토종 유럽호랑가시나무의 작은 열매들도 가세했다.

이런 토종 식물의 이름들을 알고 있다는 것, 그리고 그것들을 우단담배풀이나 유럽마람풀 같은 이른바 침입종과 구별할 줄 안다는 것은 든든한 일이나, 이건 그 장소의 특징을 파악하기 위함이지 필수적인 일은 아니다. 토착 식물과 외래 식물을 구분하려는 충동은 어떤 사람들에게는 외국 혐오적 소일거리가 된 것 같다. 이곳에서 야영하는 동안 나는 개벌지에 대한 나의 오랜 반감이 사실 그리 정당하지 않다는 생각을 자주 했다. 미적인 면에서 갓 벌목한 개벌지는 개의 몸에 난 옴 자국처럼 눈에 거슬리는 것이 사실이다. 게다가 그런 개벌지에서 보이는 무차별적이고 탐욕스러운 채취의 증거, 이를테면 거대한 나무들이 마치 전쟁이라도 치른 것처럼 뿌리 뽑혀 있는 모습과 산업적 벌목이 휩쓸고 지나간 곳에 타고 남은 재와 곤죽이 된 토양은 보는 사람을 몹시 씁쓸하게 한다. 두 세기하고도 몇십 년 전 이곳 연안을 순항하면서 파수꾼과 소리 높여 말을 주고받던 쿡의 모습을 상상해보면 그때 그가 콩키스타도르들의 탐욕과 비슷한 탐욕이 훗날 언젠가 이곳에서 다시 살아날 것이라고 짐작이나 했을지 궁금해진다.

어떤 관점으로 보든, 우리가 더욱더 개발해 이익을 뽑아내겠다고 껍질을 벗기고, 채굴하고, 산업적으로 경작하고, 굴착하고, 오염시키고, 빨아내고, 끊임없이 조작하는 지구, 목 졸린 지구가 지금 우리의 집이다. 우리는 그 상처를 알고 있다. 심지어 그 상처들을 받아들이게 되었다. 그리고 우리는, 우리 중 다수는 묻는다. 다음 단계는 무엇일까, 하고.

레바논에서 보낸 어느 일요일 오후, 나는 알슈프 개잎갈나무

보호구역에 있는 바루크숲에서 아직 보호받으며 남아 있던 개잎갈나무 무리 중 한 그루의 둥치에 이마를 기대고 쉬었다. 이 나무들은 베이루트 남동부 산지에 있는 그 전설적인 레바논개잎갈나무*다. 나는 레바논에서 이 종이 거의 완전히 사라져버린 사태에 비탄을 느낄 거라 예상했지만 그런 감정은 들지 않았다. 느껴지는 건 그저 남아 있는 이 소수의 나무들에 대한 존경뿐이었다. 내 옆에 서 있던 나무의 수피는 수만 명이 각자 자신의 후회와 애정과 인내가 뒤섞인 손길로 어루만져 반들반들하게 광택이 났다.

이것이 지금 우리에게 있는 남아 있는 레바논개잎갈나무다. 우리가 한때 고대 문헌을 읽으며 상상했던 그 레바논개잎갈나무가 아니라.

오늘날 파울웨더곶 산허리에 벌목 후 남아 있는 토착 식물 종들을 열거하는 것은 구문론도 없이 어휘들만 주워섬기는 일이나 다름없다. 이곳 식물의 역사를 쓰려면 역사 기록자는 그 식물들 틈에서 수십 년을 살아야 할 터인데, 지금 그런 일을 하려고 시간을 낼 사람은 거의 없을 것이다.

게다가 그렇게 조직화된 이름들의 목록을 확보하는 것이 과연 가치 있는 일인지도 의심스러워졌다.

---

* 레바논개잎갈나무는 성서에서 몇 차례 언급된다. 모세는 히브리 사제들에게 이 나무의 수피를 써서 나병을 치료하라고 명령했고, 솔로몬 왕은 예루살렘 신전을 짓는 데 이 목재를 사용했다.

2월의 그날, 폭풍우가 오고 있다는 소식을 들었을 때 나는 차를 몰고 태평양의 그 가장자리로 가서 폭풍우가 거세질 경우를 대비해 트럭 옆 바람을 피할 수 있는 쪽에 텐트를 단단히 고정했고, 저녁을 먹은 뒤 잠을 잤다. 새벽 첫 빛이 비칠 때는 폭풍이 다가오는 징조인 듯 요동치는 엷은 안개 속에서 김이 모락모락 오르는 커피 컵을 들고 서서, 다시 쿡에 관해, 그리고 그때까지 내가 대양 위로 높이 솟은 이 언덕에서 보았던 모든 것에 관해 생각했다.

남쪽으로 10킬로미터 지점에 있는 야퀴나헤드 등대의 항해등이 처음으로 경고등을 깜빡거렸다. 북쪽으로 5킬로미터 지점, 염도가 낮아진 디포베이 앞바다에서는 고기잡이배들이 휘청거리고 있었는데, 그곳의 수면은 곧 더 위험해질 터였다. 어떤 관점에서 보면 나처럼 밤새 폭풍우를 기다리는 일, 그러니까 엷은 안개가 뭉쳐져 비가 되기를 기다리고, 갑자기 거세진 바람을 받아 파도의 골이 더 깊어지기를 기다리고, 어제처럼 몇 시간이 지나도 별일 없어 보이는 바다의 표면을 읽으려 애쓰는 일은 누군가에게는 따분함을 자초하는 행동으로 보일지 모른다. 여기서 나도 때로는 머리가 멍해지는 걸 느꼈다. 심지어 따뜻한 산들바람이 땅 위에 생기를 불어넣고, 이곳에 둥지를 튼 수천 마리의 바다오리, 이중볏가마우지, 쇠가마우지, 아메리카바다쇠오리, 흰수염바다오리가 물속으로 다이빙하고 먹이를 낚아채 솟아오르는 화창한 봄날에도 그랬다. 집중할 수 없는 그런 날에는 트럭의 앞좌석으로 들어가 책을 읽거나 선잠을 잤다. 하지만 겉보기엔 아무 일도 없어 보이는 풍경에 이상하게 신경이 쓰여 곧 다시 나갈 수밖에 없었다.

내 경험상 이렇게 해변에 있을 때든 바다 한가운데 있을 때든, 바닷물을 꼼꼼히 살펴보는—이따금 보이는 새나 수면 위로 올라오는 고래를 관찰하고, 수면에서 노니는 빛의 움직임을 바라보는—시간은 다른 어디서도 쉽게 느낄 수 없는 또 다른 종류의 시간, 광활하고 균질적인 공간의 부피를 가득 채우는 시간을 인식하게 한다. 그런 날에는 아무 생각 없어 보이는 이런 집중적 관찰이 오히려 일상적 경험의 단조로움에서 벗어나게 해준다.

때로 바다의 가장자리에서 한없이 바다를 지켜보고 있을 때면 현대의 삶에서 정나미를 떼게 하는 윤리적 부패를 이해할 다른 어떤 방식이 존재할지도 모른다는 느낌도 들었다. 예컨대 통치 기구가 그 내부에 깊이 뿌리박힌 비리를 관대히 넘기는 경향, 사법 외적 살인을 국가의 합법적 도구로 포용하는 것, 특권의식이 잔뜩 밴 권력 쥔 자들의 태도, 다른 사람들에게 광신적인 천국을 받아들이라고 강요하는 종교적 광신도들의 충동 따위의 현상을 말이다. 이처럼 만연한 윤리적 위반들은 절망감을 부추기며 일종의 사회적 엔트로피를 만들어내는데, 이런 일이 광범위하게 발생한다는 사실은 그것이 고치기 아주 어려운 문제임을 보여준다.

이 상황들을 바라보는 그 다른 방식이란 것이 무엇인지는 나도 분명히 말할 수 없다. 햇빛을 받는 대양이라는 거대한 돔 같은 공간이, 거의 아무런 물체도 내보이지 않아 흘러가는 시간에 대한 또 다른 감각을 제공하는 이 공간이, 어떻게 흔해 빠진 인간의 결함을 덜 영구적이고 덜 위협적인 것으로 보이게 할 수 있는 관점을 제공할 수 있다는 것인지 말이다. 하지만 이 광경을 보고 있을 때면 나는 늘 우리에게 무언가 묘책이 남아 있을 거라고 느낀다. 우리를 가로막는 것은 단지 상상력의 실패일 뿐이라고.

나는 서구 예술의 역사를 공간의 양감量感과 시간의 연장延長, 빛과 소리의 진동을 이용해 행한 다양한 실험의 역사로 볼 수 있다고 생각한다. 예술의 근본적 강점은 예술이 글자 그대로의 의미를 의도하지 않는다는 점이다. 예술은 은유를 제시할 뿐 해석은 보는 이나 듣는 이의 몫으로 남겨둔다. 관람객이나 청자에게 가장 깊은 만족감을 주는 일은 예술에 자신을 내맡기는 것, 그 의미를 캐내려 시도하지 않는 것이다. 서구 문화에서 예술의 권위, 세상을 밝히는 예술의 특별한 힘은 과학혁명으로 인해 부분적으로 그 빛이 퇴색했다. 그 후로 일상의 삶에서 예술이 차지하는 위치는 갈수록 더 장식적인 것이 되었고, 그 영향력은 과학의 확실성에 밀려 쇠퇴했으며, 예술이 지녔던 권위는 공손하게 알은척해주는 정도의 대접밖에 못 받게 되었다. 예술을 자연의 세계와 분리해온 역사가 예술을 이성의 세계와 분리해온 역사보다 더 오래되기는 했지만, 후자 역시 인간이 자신의 운명과 씨름하는 방식에 막대한 영향을 끼쳤다. 예술은 즐거움을 주는 일을 열망하지 않는다. 예술이 갈망하는 것은 대화다. 또한 예술은 열역학 제2법칙, 즉 엔트로피 법칙에 관해 클라우지우스가 했던 말처럼 운명이 정해진 삶에 관한 것이다.

내가 기다리던 폭풍우가 마침내 해안가로 다가올 때 그것은 자신만의 음악과 더불어 난타당하는 하늘의 변화무쌍한 색감과 구름의 춤을 안무하는 바람을 데리고 올 것이다. 총알 같은 빗방울들로 육지와 바다를 따닥따닥 때릴 것이며, 태양을 희미하게 만들 것이다. 그 폭풍우 앞에서 나오는 반응이 분석이 아니라 경외라면, 정말이지 그 외에는 아무것도 필요치 않다.

어느 날 파울웨더곶에서 쌍안경을 들고 트럭 위에 의자를 놓고 앉아 있을 때, 그동안 살면서 태평양을 정말 충분히 경험하지 못했다는 사실을 깨달았다. 항상 변화하는 해수면과 수많은 바다오리와 바다에 비친 하늘, 사납게 부서지는 파도, 마른땅의 침입을 처리하는 방식을 보면 태평양은 파악할 수 있는 대상, 심지어 설명할 수 있는 대상인 것만 같다. 수면 아래 존재하는 보이지 않는 부분들—화산, 협곡, 심해 평원—은 지도에 표시되기는 했지만 여전히 상당 부분 불분명한 상태로 남아 있다. 많은 이들에 따르면 원시 지구의 바닷속 거대한 분화구에서 어떤 물질이 튕겨져나가 지구의 유일한 위성인 달이 생겼다고 한다.

나의 소망은 언젠가는 그 바닷속 황야로 내려가 그 광활한 어둠에 스포트라이트를 비춰보는 것이다.

1960년 1월 23일, 현지 시각으로 오후 한 시가 조금 지난 시각 마리아나 해구의 바닥, 후에 비티아즈 해연이라 명명될 태평양 서부 한 지점의 상아색 실트* 위에 어떤 물체가 부드럽게 내려앉는다. 휘발유를 채운 밸러스트 탱크 아래쪽에 단금 합금강으로 만든 구형 선실이 소 유방 모양으로 달려 있고, 그 선실 내부의 작은 스테인리스스틸 상자 안에는 두 남자가 앉아 있었다. 그곳은 수심 11킬로미터 지점이고, 관찰용 구체의 벽에 가해지는 압력은 1제곱인치 당 8톤이었다. 텐징 노르가이라는 셰르파 산악인과 뉴질랜드 산악인 에드먼드 힐러리가 에베레스트산 정상(8850미터)에 등정한 지 칠 년이 채 안 지난 시점이던 그 순간, 미국 해군 대위이자 잠수함 승조원인 돈 월시와 스위스 해양학자이자 공학자인 자크 피카르는 지구에서 수직으로 가장 깊은 지점에 도달한 참이었다. 오늘날 에베레스트산은—네팔어로는 '하늘의 이마'라는 뜻의 '사가르마타'다—사람들이 모여들어 북적거리는 곳으로 이따금 그들의 목숨을 앗아가기도 하는 관광지가 되었다. 월시와 피카르가 함께 이십 분을 보낸, 퇴적물이 쌓인 해저의 땅은 스틱스강처럼 인류가 탐험할 수 있는 가장 끝 귀퉁이였고, 그날 그들의 경험은 아직도 대양 가장 깊은 곳에서 펼쳐진 환영 같은 장면으로 남아 있다.

현재 돈 월시는 오리건주 태평양 연안에 자리한 머틀포인트에 살고 있다. 젠체하는 구석이라곤 찾아볼 수 없는 이 소탈한 남자는 해양학과 탐험에 폭넓은 경험이 있는 퇴역 해군 대령으로, 자조적인 농담을 곧잘 하는 매력적이고 신뢰가 가는 인물이

---

* 입자가 모래보다 작고 점토보다 큰 토양 퇴적물.

다. 내가 그의 집을 찾아갔을 때, 월시는 바티스카프[심해 탐사정] 트리에스테호를 타고 피카르가 "지구의 지하실"이라 불렀던 곳으로 잠수했던 일을 내게 상세히 이야기해주었다. 그가 나를 위해 그 순간을 묘사하려 애쓰는 모습을 보니 그 경험이 그에게 얼마나 깊은 영향을 주었는지 알 것 같았다. 수십 년이 지났는데도 그에게 그 일은 여전히 말로 표현하기 벅찬 일인 듯했다. 그는 햇빛도 없고 날씨도 없는 지구의 한 영역을 통과해 내려가서 부드럽고 평평한 바닥에 도착했다. 수심이 거의 11킬로미터에 달하는, 영겁처럼 오랜 세월에 걸쳐 죽은 수십억 생물의 잔해가 바다 눈이라 불리는 흰 뼛가루로 내려와 쌓인 바닥이었다. 월시와 피카르는 이전 그 누구보다도 더 태평양 "속에" 있었다. 그들은 태평양의 다른 표면, 더 낮은 쪽 표면에 도달한 것이다.

심해 해저로 내려가는 동안 트리에스테호는 태평양에서 우리 인간이 아직도 잘 이해하지 못하는 소리 터널 중 하나를 통과했을 가능성도 있다.(트리에스테에는 이를 감지할 장비가 장착되어 있지 않았다.) 소리 터널이란 예컨대 해저화산이 분출하는 소리가 강도가 줄지도 않고 비교적 확산되지도 않은 채로 수천 킬로미터에 걸쳐 매우 빠른 속도로 이동하는 통로다. 당시 미국 해군은 이러한 전송 터널의 성질에 관심이 컸고, 소리 터널의 특징적인 조성—특정 염도, 온도, 압력—은 비티아즈 해연 바닥으로 내려가는 동안 월시가 머릿속에서 곰곰이 숙고하던 이 대양의 미개척지에 관한 여러 가지 중 하나였다. 당시에 지구의 이 영역이 얼마나 낯선 (혹은 익숙한) 것으로 밝혀질지 제대로 아는 사람은 아무도 없었다.

1960년 그날, 만약 월시가 탐조등이 비추는 밝은 고깔 부분 너머의 어둠 속을 들여다볼 수 있었다면, 그는 탁하고 어두운 스카프 모양의 흐름이 괌 근처 대륙붕으로부터 뱀처럼 구불구불 흘러나와 그 아래 해저 평원을 가로지르는 모습을 보았을 것이다. 이 흐름은, 예컨대 여기가 훔볼트 해류와 남적도 해류가 만나는 곳이라거나 저기가 멕시코 만류와 래브라도 해류가 만나는 곳이라는 식으로, 만나는 지점이 깔끔하게 표시된 평면 지도상의 표층 해류가 흔히 우리에게 전달하는 질서 개념이 거짓임을 드러내는, 깊은 아표층 해류의 복잡성을 보여주는 증거다. 넓은 지역을 담은 지도가 대개 그렇듯이, 아무리 단순 명료하고 아름답게 표현되었더라도 축척이 클수록 그 지도에 담긴 정보는 그만큼 신뢰성이 떨어지는 것이다.

월시는 심해로 들어간 그 역사적인 일에 관해 놀랍도록 세세하게 묘사했다. 그날 입은 카키색 해군 제복, 그날 신은 갈색 옥스퍼드화, 자기가 가지고 갔던 작은 미국 국기. 좁고 난방이 되지 않는 구체 선실 안은 싸늘했고, 내려가는 네 시간 삼십팔 분과 올라가는 세 시간 이십칠 분 동안 긴 침묵이 이어졌는데, 부분적으로 이는 과묵한 피카르가 거의 말을 하지 않았기 때문이다. 월시가 가장 자주 떠올린 소리는 자신들이 탄 구형 선실이 압력과 온도의 변화에 적응하느라 내던 삐걱거리고 웅웅거리는 소리였다. 섭씨 3.3도인 그 밑바닥 물속에서 그들은 30센티미터 정도 길이의 신발 밑창처럼 생긴 물고기(카스카놉셋타 루구브리스) 한 마리가 오랫동안 생명이 존재하지 않을 거라 여겨졌던 그곳을 물결치듯 헤엄쳐 지나가는 모습을 보았다. 이 물고기는 바티스카프에 단 하나 있던, 지름 10센티미터에 두께 13센티미터의 작은 창을 통해 내다보는 월시의 시야를 천천히 벗어났다.

언젠가 피카르는 태평양 해저를 "도저히 이해할 수 없는 광활한 공백"이라고 묘사했다. 피카르와 월시가 해저에 다녀온 이후로 과학자들은 판구조론을 받아들였고, 심해의 열수 분출공과 그 부근의 황을 기반으로 한 생물들(신진대사를 태양복사가 아니라 유황에 의존하는 생물)의 생태계를 알게 됐으며, 새로운 심해 생물 수백 종을 발견했고, 지구의 심해 해류 상당 부분을 조사해 지도를 만들었다. 피카르가 언급한 공백은 상당 부분 채워졌지만, 인간이 이해하기에는 너무나도 극단적인 광활함으로부터 그가 받은 본질적 인상은 오해로 인한 것도 아니요, 시간이 지났다고 그 의미가 없어지는 것도 아니다. 무한히 텅 빈 공백을 바라본다는 이 개념은 오늘날 우주론에서도 되풀이해 등장하는 생각이며, 피카르의 시절에는 프랑스 실존주의에서도 자주 등장했던 개념이다. 쿡도 언젠가 가볍게만 탐사한 남태평양 지역을 뒤로하고 마르키스 제도 북쪽을 향해할 때 태평양 표면에서 바로 이와 똑같은 '영원성'을 마주했다. 하지만 쿡을 멈칫하게 했던 것은 태평양의 크기만이 아니었다. 그것은 이 대양을 자신이 익숙하게 다룰 수 있는 도구들로 측정할 수 없을 거라는 직관적 깨달음 때문이기도 했다. 자기가 아는 어떤 수학으로도 태평양을 이해 가능한 대상으로 만들 수 없었다. 그 앞에 지구본이 있었다고 하더라도, 그 지구본이 겨우 구슬 하나만 한 크기였다고 하더라도, 태평양 전체를 한눈에 보기는 불가능하다는 걸 그는 알았다. 태평양 전체를 보려면 그 구를 회전시켜야 했다.

월시가 자신이 이룬 경탄스러운 탐험의 위업에서 한 가지 아쉬워한 점은, 트리에스테호의 모든 계측기를 모니터링하고, 살가움이라고는 없이 데이터 도표에만 몰두하는 피카르와 그의 거대한 스위스 국기에 간간이 주의를 빼앗기기만 했을 뿐, 경이를, 그 순간의 확장된 감각을 음미할 여지가 충분하지 않았다는 것이다. 월시는 〈라이프〉에 글을 하나 실었고(피카르는 〈내셔널 지오그래픽〉에 실었다) 해군에 의무적인 보고서를 제출했지만, 자신이 느낀 폭넓은 경탄을 만족스럽게 표현할 방법은 찾지 못했다. 그는 처음 만난 낯선 나에게 바다의 무한한 깊이에 대한 자신의 상상이 실체화되던 순간을 설명하려고 애썼다. 잠수함 선장이었던 그도 바다에서 수심 120미터가 넘는 곳의 특징에 대해서는 적극적으로 생각해본 적이 없었다고 했다. 지구의 가장 깊은 경사면을 따라 내려간 곳에 존재하는 유일무이하고 독특한 우주가 갑자기 자신이 있는 곳이 어딘지, 또 자기가 누구인지에 대한 인식을 장악해버리기 전까지는 말이다. 이 탐험가는 북위 11도 18분 30초, 동경 142도 15분 30초 지점, 그랜드캐니언 깊이의 거의 여섯 배에 달하는 태평양 서부의 가장 밑바닥에서 그 이전에는 어떤 사람도 경험할 수 없었던 장면을 보기 위해 목을 쭉 빼고 자그마한 창을 내다보았다.

월시에게는 태평양의 바닥을 제일 처음으로 본 존재가 무인 탐사 장비가 아니라 인간이라는 점이 중요했다. "기계를 놀라게 할 수는 없어요." 그가 내게 말했다. 그리고 그는 미지를 음미할 수 있고 놀랄 수 있는 능력이야말로 언제나 인간 탐험가가 기계와 구별되는 점이라고 믿는다. 놀람의 순간은 세상이 한때 당신이 상상했던 것과는 다르다는 점을 강력히 일깨워준다. "탐험한다는 건 가설 없이 여행하는 겁니다."

월시가 트럭이 있는 곳까지 나를 바래다주는 동안, 태평양을 그렇게 묘사해준 그에게 얼마나 깊은 고마움을 느끼는지 표현하기 위해 나는 그에게 혹시 바다소금쟁이를 아느냐고 물었다. 월시는 걸음을 멈추더니 소리쳤다. "할로바테스!"

잘 알려지지 않은 이 작은 야생동물에 대한 나의 열광을 그것을 잘 아는 누군가와 나눌 수 있어서 나는 무척 기뻤다.

할로바테스 속에 속하는 바다소금쟁이의 삶은 끝없는 탐험의 삶이다. 수생곤충인 이들은 연안에서 멀리 떨어진 대양의 끊임없이 움직이는 해수면을 경쾌하게 스치듯 지나가고 성큼성큼 질주하며 스케이트 타듯 미끄러지면서, 자신들의 존재를 영속시키기 위해 우리로서는 아직 모르는 방법으로 먹이와 짝을 찾아낸다. 그들은 강타하는 폭풍우와 무서운 강풍과 혼돈의 바다를 이겨내고 살아남는다. 그들에게 죽음이 바닷새나 물고기, 거북이의 형태로 당도하지 않는다면, 생의 종말이 다가왔을 때 그들은 깎인 손톱이 떨어지듯 부드럽게 그 아래 바다의 심연으로 홀로 가라앉는다. 홀로 살아가는 삶, 그리고 그중 일부에게는 육지는 한 번도 본 적 없는 삶.

파울웨더곶에서 청명한 여름밤을 보낼 때면 나는 이따금 반사 굴절 망원경을 설치하고 머리 위 밤하늘의 세계를 탐험했다. 밤하늘을 제대로 항해하는 기술이 없는 나에게 그것은 단지 내 위를 덮고 있는 우주라는 거대한 우산을 감각하는 방식에 지나지 않는다. 내가 가장 자주 찾아보는 것은 북극성 같은 잘 알려진 별들이나, 어린 시절부터 알고 있던 큰곰자리의 큰 국자 모양, 아니면 오리온자리의 말머리성운 같은 신기한 천체들이다. 또 어떤 때는 페르세우스자리 같은 복잡한 별자리에서 특정 별 하나를 찾는 것이 그리 어렵게 느껴지지 않았고, 이럴 때는 그보다 전혀 몰랐던 마차부자리와 목동자리, 거문고자리 같은 별자리들로 관심이 옮겨갔다. 이 별자리를 이루는 별들은 어떻게 선과 점이 되어 각각 마차와 목동과 악기를 연상시키는 식으로 연결된 것일까? 그리고 무엇보다, 처음에 이 개념들을 생각해낸 건 누구일까?

어느 밤 나는 데네브*와 알비레오† 사이의 별들에서, 제우스가 레다를 유혹하려고 변신했다던 백조의 형상을 찾아보려 했

* 백조자리의 가장 밝은 알파성으로 백조의 꼬리 부분에 위치하고 있다.
† 백조자리에서 세 번째로 밝은 별이며 백조의 머리 부분에 위치하고 있다. 자세히 보면 서로를 중심으로 공전하는 두 개의 쌍성이다.

다. 내가 처음에 이 별들을 알게 된 것은 남반구에서 보이는 남십자성에 상응하는 북십자성으로서였다. 이 별자리에서 가장 밝은 별인 데네브는 십자가의 꼭대기 부분을 표시한다. 캐나다 북부의 이누이트족은 데네브를 어느 별자리에도 묶이지 않은 밝은 별, 홀로 인도하는 별로 여기며 날레르카트라 부른다. 그들은 거기서 라틴 십자가를 보지 않고 백조도 보지 않는다. 그들의 '별자리'로는 예컨대 카리부[북미산 순록]를 형상화한 툭투르주이트(우리 큰곰자리의 일부다) 같은 것이 있다. 그리고 북극곰을 쫓는 사냥꾼들을 형상화한 별자리인 우들레크준이 있는데, 여기에서 곰은 나누크중(우리의 베텔게우스)이고, 사냥꾼들은 오리온의 허리띠이며, 사냥꾼들의 썰매는 카무티크중(오리온의 검)이다. 이누이트족의 별자리는 대부분 단일 대상에 대한 도해가 아니라 극적인 장면의 묘사다.

망원경으로 별들이 펼쳐진 하늘의 벌판을 훑어볼 때는—바빌로니아 천문학자들은 반짝거리며 펼쳐져 있는 은하수를 '천상의 무리'라고 불렀다—우리가 보고 있는 것이 평평한 평면, 즉 2차원의 도해가 아니라는 사실을 의식하기가 쉽지 않다. 그것은 3차원을 지닌 부피가 있는 공간이다. 물론 이 사실은 하늘을 읽으려 애쓰는 사람에게 모든 걸 더 복잡하게 할 뿐이다. 우리가 별자리라 부르는, 선으로 그어 만든 도형들은 지구에서 바깥을 내다보는 사람에게만 존재한다. 저 우주 밖에 있는 무언가에서 꼭대기가 어디고 바닥이 어디인지, 혹은 천구 안에서 어디가 오른쪽이고 왼쪽인지 묻는다면, 별자리들을 정확히 묘사하는 문제는 더욱 혼란스러워지기만 한다.

그러니까 데네브에 대해서는 어느 쪽이 정확하고 신뢰할 만한 관점인 걸까?

우리 같은 몇몇 문화에서 별자리는 제우스의 욕구들을 기념한다. 또 다른 문화들에서 별자리는 카리부 사냥의 중요성을 담고 있다. 어떤 문화에서나 각각의 별과 그 별들이 배열된 구성은 그 문화의 토대가 되는 길잡이 서사에서 중요한 요소로 작용하는 것 같다. 쿡이 명확하고 확실하게 지정해둔 위도와 경도처럼, 천체의 서사도 삶의 평범한 우여곡절들에 좀 더 쉽게 대처하게 해준다. 참조할 만한 게 없다면 삶의 경로도 혼란스러워 보일 테니. 별자리들은 그렇게 우리에게 위로와 확신을 준다.

환한 대낮이면 때로 나는 (필터를 끼운) 망원경으로 태양의 표면을 꼼꼼히 살펴보면서 태양 플레어*를 찾으려 하고, 태양이 어마어마하게 쏟아붓는 빛을 산란시키는 파란 지구 대기를 배경으로, 날름거리는 혀처럼 태양의 코로나 속으로 뿜어져나가는 그 화염의 규모를 상상해보려 애쓴다. 때로는 달 표면 지도를 옆에 두고 달의 지형을 차근차근 살피면서, 달의 지형인 폭

* 태양 대기에서 발생하는 수소폭탄 수천만 개에 해당하는 격렬한 폭발로, 태양의 채층과 상층 대기인 코로나 사이의 대기층에서 발생한다. 에너지가 광구에서 급격히 분출하면서 수 초에서 수 시간에 걸쳐 섬광을 발하다가 소멸한다.

풍의 대양과 쥐라산맥, 꿈의 호수를 3차원의 모습으로 그려보려 했다. 일단 망원경 렌즈를 통해 또렷이 잡히자 달 표면은 생생하고 카리스마 넘치는 존재감으로 다가왔다. 만약 사람이 과거의 시간 속을 들여다보면서, 이를테면 비바람에 거칠어진 마르코 폴로의 얼굴이나 혼자 상념에 빠져 있는 네페르티티*를, 혹은 에르난 코르테스를 대면한 목테수마†의 모습을 이만큼 상세히 볼 수 있다면, 내게 그런 일은 노란 달을 들여다보던 그 밤들과 아주 비슷할 것만 같다.

언젠가 나는 서남극‡의 빙상 위를 걷다가, 지구의 단 하나뿐인 위성과 직접적이고 원초적으로 연결된 느낌을 받은 적이 있다. 존 스컷이라는 친구와 함께 파울웨더곶에서 남쪽으로 1만 2900킬로미터 넘게 떨어진 남극의 빅토리아랜드 남쪽을 여행하고 있었는데, 그때 존이 내게 지구 표면에 떨어진 달 조각의 정체가 최초로 밝혀진 곳을 보여주겠다고 했다. 1982년 1월 18일에 존과 또 한 명의 과학자 이언 휟런스가 남극점에서 1500킬

---

* 이집트 제18왕조의 파라오 아크나톤의 왕비로 이름은 '아름다운 이가 왔다'라는 의미이다. 1914년에 석회석 채색 흉상이 발견되면서 네페르티티의 화려한 미모가 세상에 알려졌다.

† 1502년부터 1520년까지 아스테카 왕국을 통치한 목테수마 2세. 나와틀어로는 '모테쿠소마 쇼코요친'이라고 한다. 아스테카 왕국은 목테수마 2세의 재위기에 에르난 코르테스가 이끄는 스페인 정복자들에게 침략을 받아 멸망했다.

‡ 남극 중 서반구에 속한 부분이자, 남극횡단산지를 기준으로 태평양 쪽에 속하는 지역으로 소남극이라고도 하며(남극횡단산지의 인도양 쪽에 위치하는 동남극은 대남극이라고 한다) 서남극 빙상으로 덮여 있다.

로미터쯤 떨어진 앨런힐스 중서부 빙원 표면에서 골프공만 한 운석을 발견했다. 존과 휠런스가 부분부분 황갈색과 녹색이 섞인 용융각(이 운석이 지구 대기권을 통과할 때 타서 녹았다가 식은 부분)으로 덮인 그 작은 우주 돌멩이를 채집해 오고 나서 십칠 년이 지난 뒤, 나는 존과 함께 고랑 진 파란 얼음의 빙원 표면을 걷게 된 것이다. 그 운석 자체는 한참 전부터 거기 없었다.(아폴로 임무에서 가져온 달 암석들과 함께 휴스턴에 있는 존슨 스페이스 센터에 보관되어 있다.) 앨런힐스라는 남극횡단산맥 끄트머리 지역 서쪽에 자리한 척박하고 황량한 중서부 빙원에서 한때 그 달의 조각을 품고 있었던 얼음은 이후 제 궤도를 따라 로스해 쪽으로 더 멀리 가버렸지만, 그럼에도 나는 거기서 그 우주 돌멩이의 도플갱어를, 그 돌멩이의 유령을 느꼈다.

지질학자이자 산악인인 존은 그날 자기와 휠런스가 발견한 운석이 달의 조각이라는 걸 처음에는 알지 못했다. 그 전까지는 달 표면에서 암석 조각이 그 동반 행성의 표면에 착륙할 만큼 충분히 강력한 힘으로 발사될 수 있다고는 아무도 상상하지 않았다. 이후 과학자들은 남극의 얼음 위에서 달(과 화성)에서 온 운석을 더 많이 찾아냈다.

맑은 봄날이 될 어느 아주 이른 아침, 나는 파울웨더곶에 망원경을 설치하고 오른쪽에서부터 왼쪽으로 집중적으로 수평선을 관찰했다. 나를 중심으로 북쪽 해안에 있는 디포만 너머의 한 지점에서 시작하여, 남쪽의 야퀴나헤드곶 너머에 있는 지점까지 약 160도의 시야를 꼼꼼히 훑었다.(대개의 경우 그렇듯이 나는 그저 내 참조의 틀을 확장하려 했을 뿐이다.) 나는 대양의 어두운 가장자리가 하늘과 맞닿아 흔들리고 있는 곳에서 손짓해 부르는 듯한 수평선을, 그 호의 각들을 이루는 각각의 분에 하나하나 집중해 관찰하는 일이 몇 시간 정도면 다 끝날 거라고 예상했다. 그 선을 넘어가면 배들은 사라지고, 선의 안쪽으로 오면 배들은 물에서 솟아오른다. 수평선은 지도 제작자의 문턱이었고, 미지의 가장자리였다. 하이데거는 수평선을 "무언가가 그 본질적 전개를 시작하는 장소"라고 표현했다.

서쪽 수평선은 다섯 시가 조금 지나 첫 동이 틀 때 모습을 드러내기 시작했다. 머리 위 하늘에서는 짙은 푸른빛이 절반쯤 남은 밤하늘의 어둠을 서쪽 물속으로 밀어 넣고 있었고, 그 뒤를 따라 별들도 증발하는 것처럼 점점 희미해지고 있었다. 서쪽 수평선은 나를 기준으로 북쪽과 남쪽 양쪽으로 더 넓어지기 시작했고, 위로 점점 번져가는 파스텔 색조는 아직은 일종의 준비 단계지만 곧 서쪽 수평선 전체의 윤곽을 뚜렷하게 그릴 터였다.

내가 이 단순하고 선언적인 선을 낱낱이 살펴보는 데는 몇 시간이 아니라 아침부터 해 질 녘까지 걸렸다.

애초에 내가 『허블: 시간과 공간의 시각적 재현』이라는 책을 주문한 것은 광학 망원경이라는 이 기초적 도구가 지닌 놀라운 힘, 멀리 있어 닿을 수 없는 것을 읽을 수 있는 이미지로 해상하는 바로 그 능력 때문이었을 것이다. 한번은 그 책을 가지고 파울웨더곶에 가서, 쌀쌀하고 바람 부는 날 온실처럼 아늑한 트럭 앞좌석에 편안하게 앉아 그 책에 실린 사진들을 꼼꼼히 살펴보았다. 성운과 은하의 경이로운 이미지들은 마음을 사로잡았다. 이런 이미지들을 보고 있으면 우리 인간이 한 종으로서 직면하고 있는 가장 심각한 문제들—사막화, 어업의 붕괴, 야만성, 가난, 종의 멸종—도 어떻게든 대처할 만하게 작아질 수도 있겠다고 생각한 기억이 난다. 시간을 초월한 이 우주의 이미지들을 주의 깊게 들여다보면 우울에 빠진 영혼의 짐도 덜 수 있을 것 같았다. 그 이미지들은 내 안에서 불가능성이 가능성으로 대체되는 것 같은 감각을 일으켰는데, 이 느낌은 아부그라이브의 고문당한 수감자들을 그린 페르난도 보테로의 그림들을 보기 전, 혹은 삶이 무너진 가족들, 가뭄과 기근과 전쟁 피해자들의 모습을 담은 세바스티앙 살가두의 사진들을 보기 전에 내가 느꼈던 절망만큼이나 강렬했다. 보테로와 살가두가 몸소 목격한 것을 표현한 작품들은 당시 나의 기운을 북돋아주었다. 하지만 『허블』은 페이지를 넘길수록 그 초월적 인식이 주는 감각이 서서히 흐려졌고, 나는 기묘하게 불안해졌다.

초창기 허블 망원경 사진에 담긴 이미지들이 대부분의 미국인에게 곧장 친숙하게 느껴졌던 것은, 그 이미지들이 알베르트 비어슈타트 등의 허드슨강 화파*의 풍경화를 모방한 것이기 때문이었다. 그 화가들은 낭만적인 표현으로 미국의 찬란한 풍경을 예찬했다. 자신들의 커다란 캔버스에 위협적이라고 여겼던 북미의 황야가 사실 위협적이기보다는 아름답다고 느껴지도록 색채와 구성을 사용한 것이다. 이 그림들 속 풍경에서 사람은 확실히 미미한 관찰자, 한낱 침입자에 지나지 않는다. 하지만 바탕에 깔린 주제는 그 장소들을 차지하는 것이 인류의 숙명이라는 것이었고, 당시 많은 사람은 숙명이란 신이 정한 방향이라고 여겼다.

그러니 이 그림들은 미지의 장소에 관한 초상이 아니라 상업적인 풍경화였던 셈이다.

허블 이미지들과 관련하여 기이한 점 하나는 실제로 그 이미지들이 우리가 흔히 이해하는 의미의 사진으로서는 존재하지 않는다는 점이다. 『허블: 시간과 공간의 시각적 재현』의 저자들은 이 사진들이 "우주에 대한 해석이 곁들여진 모습이며, [그것들을 만드는 과정에서] 천문학자들과 이미지 가공 전문가들이 우주를 더 이해하기 쉽고 매력적으로 만들기 위해 어느 정도의 예술적 기교를 적용했다"라고 썼다. 다시 말해서 허블 "사진"은 "과학적 데이터에 근거한 인상들"이며, 그것을 만든 사람들의 "과학과 미학, 커뮤니케이션의 균형을 맞추고자 하는" 욕망을 반영한다.

만약 미가공 데이터—허블 망원경이 가시광선 스펙트럼 안

---

* 19세기 중반, 낭만주의 미학에서 영향을 받은 한 무리의 풍경화가들을 가리킨다. 초기에 주로 허드슨 리버 밸리와 주변 지역을 묘사하는 그림을 그려서 붙은 명칭이다.

과 밖에서 수집한 이진 정보의 흐름—를, 주류 관객이 즉각적으로 편안해하고 안심할 수 있는 회화적 아름다움을 선호하는 "이미지 가공 전문가"가 아니라 시각 예술가에게 주고서 프레임과 색채는 그대로 두고 "균형만 맞추게" 했다면 어떤 이미지가 나왔을지 궁금하다.

하지만 그 책이 오해를 유도했다는 생각 때문에 책을 덮고 싶은 마음이 든 건 아니었다. 그 이미지들에서는 별들 사이 우주 공간을 아름다워 보이게 하려 한 누군가의 노력이 엿보였고, 또한 알려지지 않은 것에 대한 어떤 경외감도 보였는데, 이런 노력과 경외의 태도는 많은 영역에서 아름다움을, 그리고 인간이 만들었거나 인간을 위해 만든 것을 제외한 모든 것에 대한 경외심을 미심쩍게 여기는 세상에서는 존경할 만한 자질이다. 만약 우리가 눈으로 볼 수 있는 것을 넘어서 적외선과 자외선 너머 영역의 에너지를 시각화할 수 있고, 그리하여 영국 천문학자 윌리엄 허셸이 언젠가 "빛나는 액체"*라고 불렀던 것으로부터 우리에게로 오는 전파와 감마선을 볼 수 있다면, 우리는 이 조작된 이미지들을 오히려 더 매혹적으로 느끼고 더 존경스러워할지도 모른다.

낭만주의는 서구 문화에 영감 가득한 문학과 예술을 선사했고, 그중 많은 부분이 우리의 상상력 속에 지워지지 않도록 강렬히 새겨져 있다. 그러나 지금 우리는 그런 종류의 영감보다는

---

* 성운을 일컫는다.

신뢰할 수 있는 것이 주는 권위, 진실한 것에서 나오는 영감을 더 갈망하는 것 같다. 또한 나는 우리가 전통적인 아름다움과는 다른 종류의 아름다움을 원한다고 생각한다.

허블 이미지의 가공을 정당하다고 여기는 사람들은 과학의 권위와 예술의 권위를 혼동하고서, 예술의 권위를 빌려 과학의 권위를 높이려 한 것 같다. 순전히 설명의 목적에만 사용되는 은유는 훈계에 지나지 않는다. 그리고 예술을 실용주의적으로, 즉 목적을 위한 수단으로만 대하는 것은 물질주의 이데올로기에 매력적인 껍데기를 입히는 일일 뿐이다.

앞에서 나는 사람이 물질적 부를 추구할 때 어둠이 얼마나 쉽게 그 사람의 노력을 타락시킬 수 있는지 상기하기 위해 내 책상에 팔 레알짜리 스페인 은화를 놓아두었다고 말했다. 내 생각에 여행하면서 얻게 되는 냉엄한 교훈 중 하나는, 그 은화가 상징하는 종류의 착취와 근본적 불의를 향한 인간의 충동이, 예컨대 노골적인 도둑질, 연줄이 좋거나 돈 많은 범죄자에게는 죄를 묻지 않는 행태, 제품 홍보에서 나타나는 거짓 선전을 묵인해주는 경향 등이 거의 모든 선진국에서 두드러진다는 현실을 인정할 수밖에 없다는 점이다. 이런 현실을 보면 미국 문화도 예외가 아니어서, 무법성과 부도덕으로 자주 입에 오르내리는 다른 문화권들에서 예상되는 수준 못지않게, 미국의 정치계와 경제계에서 수시로 목격되는 전반적 은폐와 발뺌도 뿌리 뽑기 어렵다는 생각이 든다. 우리가 속한 세계에서 그렇듯, 급증하는 인구를 부양하려 노력하는 와중에 필수적인 물자가 부족해지기 시작한 세계에서 떠오르는 유일한 질문은, 그러한 부정 행위들이 과연 언젠가는 혹독한 비난을 받게 되고 그리하여 더 이상 방관적 무관심과 냉소의 대상이 아니라 사회적 변화를 이끌어낼 동기가 될 수 있을까 하는 것이다. 물론 모든 공적인 일이 공정하게 처리되고 난민촌은 결코 생기지 않는 세계는 없을 것이다. 하지만 정부와 기업이 곧잘 지지하는 이기적 남용이 도를 넘는 위험을 초래한다면, 그런 남용을 더 이상 쉽게 묵인하지 않는 세계를 만드는 일도 가능할 거라고 나는 생각한다.

여기 파울웨더곶에서, 활발한 어업의 현장인 이 태평양 앞바다를 오가는 어선들과 짐을 가득 실은 화물선들과 컨테이너선들의 추이를 눈으로 쫓으며 한 번에 며칠씩 바다를 바라보고 있노라면, 난파된 누에스트라세뇨라호의 잔해에서 건져 올린 팔레알짜리 동전의 기억이 이따금 머릿속에 떠오른다. 이 동전은 인류 역사에 얼마나 다양한 문화가 밀도 높게 존재했는지, 그리고 그중 얼마나 많은 문화가 그 풍부함이 제대로 기록되기도 전에 대부분 흔적도 없이 지워졌는지, 누가누가 원시적이며 누가 진짜 야만인인지를 두고 왈가왈부하는 짓이 인간의 문화적 삶의 복잡성에 대한 더욱 자세한 탐구를 얼마나 방해하는지 알려준다. 이 동전은 또한 내게, 오늘날 우리가 다른 문화에 속한, 심지어 우리 문화에 속한 비뚤어지고 무법적인 자들을 단순히 한마디로 사악한 존재라고 단정하기를 거부하는 것이, 콩키스타도르들과 세계사의 또 다른 악한들, 징기스칸들과 피사로*들, 트루히요†들의 꽁무니를 따라간 무분별하고 탐욕스러운 무리를 비난하고 싶은 충동을 제어하는 방법임을 되새겨준다. 그런 충동에 저항하지 않는다면, 결국 우리도 인류 역사의 모든 시대에 부상했던 근시안적이고 편협하고 호전적인 자들과 똑같이 무지한 교조주의자들의 황폐한 세상으로 들어가는 위험에 빠질 것이다.

적들의 문화가 얼마나 무자비하고 착취적인지, 그 사회 최상부에 자리한 자들이 얼마나 부에 집착하고 사회정의에 무관심한지를 지적하며 그 문화를 비난하는 것이 유용하던 때도 있었다. 그러나 어느 오후 파울웨더곶에서 커피를 홀짝거리며 폭풍우를 기다리는 동안 가늠할 수 없이 광대한 태평양을 굽어보고 있자니 이제 그런 시대는 지나갔다는 생각이 들었다. 오늘날에는 자신의 삶과 후손들의 삶에 가해지는 똑같은 위협에 국적을 불문하고 누구나 공감할 수 있다. 그리고 선출된 정부든 권력을 찬탈하고 들어선 정부든 정부가 자신들을 돕기에는 너무 비겁하거나 너무 타락했거나 너무 저열하다는 것도 많은 이들이 알고 있다.

이런 시민들 가운데는 지금 여기에 필요한 것이 기적 같은 과학기술도 철인왕의 등장도 아니라는 걸 아는 이들이 있다. 필요

---

* 16세기 신대륙 정복 활동에 참여해 잉카제국을 멸망시키고 막대한 부와 명예를 얻은 스페인의 콩키스타도르.

† 1930년부터 1961년 암살당할 때까지 도미니카공화국의 독재자로 군림한 인물로, 이 시기는 20세기 최악의 폭정 시대 중 하나로 알려져 있다.

한 것은 그와는 완전히 다른 무엇, 넌지시 암시되기는 했지만 아직 현대의 호모로서는 실현하지 못한 어떤 현실을 감지할 능력이다. 그리고 사람은 대부분 자기보다 두 세대나 세 세대 이후는 잘 상상하지 못하므로, 그들은 지금 당장 누가 앞에 나서서 이 명백한 위협을, 이 명백한 골칫거리를 직면하고 해결할 것인지 궁금해한다.

그들은 이렇게 묻고 있다. 모두를 대표해서 행동할 사람, 필요한 일들을 처리하려고 노력할 사람, 그리고 이 문제들을 해결하는 동안 감독받을 필요가 없는 사람이 우리 중에 있을까?

쿡이 파울웨더곶을 처음 발견했을 때, 북아메리카 북서해안의 이 지역은 알시 인디언과 틸라무크 인디언의 삶의 터전이었다. 곶의 바로 북쪽에 살고 있던 실레츠 사람들은 틸라무크족에 속하며, 곶의 남쪽인 현재의 야퀴나베이과 알시강 사이에 살고 있던 야퀴나 사람들은 알시족에 속한다. 고고학적 증거에 따르면 두 부족 모두 컬럼비아강을 따라 더 내륙 쪽에 살고 있던 부족들과 "전통을 공유하고" 있었고, 그래서 문화인류학자들은 이들을 이른바 컬럼비아강 하류 부족군에 스스럼없이 포함시키는데, 이 중 유로-아메리카 역사에서 가장 잘 알려진 이들은 치누크족이다.

실레츠족과 야퀴나족의 조상들이 정확히 언제부터 오리건 안에서도 이 지역에 정착해 살았는지는 어림짐작만 할 수 있을 뿐이다. 하지만 아마도 약 3000년 전부터는 두 문화 모두 이곳에서 하구의 갑각류와 해양 포유류, 검은꼬리사슴, 물고기, 바닷새들의 알을 식량 삼아 번성하고 있었을 것이다. 틸라무크족과 알시족 사람들이 처음으로 유럽인들의 존재를 인지한 것이 언제인지도 알려져 있지 않다. 16세기에 마닐라에서 아카풀코로 이어지는 해로를 지나던 스페인의 갈레온선들이 폭풍우 때문에 경로에서 벗어나 더 북쪽으로 떠밀려 갔다가 선주민들에게 목격되었거나 혹은 침몰한 경우 그들에게 구조되었을 수도 있다. 1542년에 주앙 호드리게스 카브릴류와 바르톨로메 페렐로*가 이 근처의 앞바다를 지나갔을지도 모른다. 가능성이 희박한 일이기는 하지만 일부 역사학자들은 프랜시스 드레이크 경†이 1579년에 오리건 연안에 왔을 거라고 주장하기도 한다. 세바스티안 비스카이노와 마르틴 드 아길라르‡가 1602년이나 1603년에 이만큼 북쪽까지 밀고 올라왔을 수도 있다. 하지만 이는 모

---

* 주앙 호드리게스 카브릴류는 포르투갈의 탐험가로, 1542년부터 1543년까지 북아메리카 서부 해안을 탐사하면서 캘리포니아주의 해안을 항해했으며, 샌타카탈리나섬 등을 발견했다. 바르톨로메 페렐로(또는 페레르)는 도선사로서 카브릴류의 탐험에 함께했다. 이들은 미 대륙 서해안을 탐험한 최초의 유럽인들이다.

† 영국의 군인, 탐험가이자 전설적 해적. 해적 때문에 골치를 앓던 스페인 사람들은 그를 '드라코' 혹은 '엘 드라케'라 불렀다. 영국인 최초로 세계 일주 항해에 성공했으며, 1579년 태평양 칠레 연안에서 스페인의 카카푸에고호를 약탈했고, 이 공을 인정받아 1581년 엘리자베스 1세로부터 기사 작위를 받았다. 이후 1588년에 영불 해협에서 벌어진 해전에서 스페인 무적함대를 물리치는 데도 큰 공을 세우면서 국민적 영웅이 되었다.

‡ 17세기 초 북아메리카 서부 해안을 탐험한 스페인의 탐험가이자 항해가들로, 지금의 캘리포니아 해안선과 태평양 연안 북서부를 탐험하고 지도를 작성했다.

두 추측에 지나지 않는다. 이 주장들은 애초에 영국과 스페인이 이곳에서 발견하고 차지할 수 있는 모든 가치에 대한 자신들의 권리를 주장하기 위해 제시한 것일 뿐이다. 쿡 이전에는 해양 국가들이 이곳 해안의 지리에 별 관심을 두지 않았다. 식민지를 건설하는 나라들의 주된—때로는 유일한—관심사는 무역에서 유리한 입지를 확보하고, 주로 사적인 상업 활동을 통해 물질적 부의 원천에 대한 통제권을 차지하는 것이었다.

야퀴나족과 실레츠족, 그리고 다른 연안 부족들의 전통은 상업적 착취와 문화적 예속에 의해 서서히 그리고 완전히 해체되었다. 이들만의 독특한 인식론과 존재론이 사라짐으로써 인류가 잃어버린 것에 대해 한탄하는 사람들도 일부 있지만, '문명' 국가들의 대다수 사람들은 그 상실을 인간의 풍부한 집단적 지식에 발생한 아주 작고 하찮은 손실로 치부한다. 하지만 어떤 앎의 방식이 완전히 사라지는 것은 그 크기를 가늠조차 할 수 없는 비극이다.

한 종족이 우리가 '현실 세계'라고 부르는 근본적 수수께끼를 어떻게 이해하는지는 그들이 사용하는 언어의 어휘와 글의 짜임, 비유에서 가장 뚜렷하고 간명하게 드러난다. 언어학자 K. 데이비드 해리슨은 인간이 사용하는 각각의 언어에서 치찰음과 흡착음, 마찰음, 성조, 방출음은 "개념적 가능성들의 고유성"을 구성한다고 썼다. 어떤 언어들은 매우 장소 특정적이어서 그 언어들이 생겨난 풍경과 떼어놓으면 의미가 통하도록 말하기가 불가능하다는 뜻이다. 해리슨은 언어란 단순히 단어와 문법만이 아니라, 다른 언어에서는 인식되지 않은 생태 환경과 잠재력을 드러내는 것임을 강조한다. 또한 각각의 언어가 또 하나의 역사, 또 하나의 신화, 또 한 무리의 기술들, 또 하나의 지리학을 품고 있음을 힘주어 말한다. 『마지막 언어 사용자들: 멸종 위기에 처한 언어들을 구하기 위하여』에서 그는 이렇게 썼다. "우리가 살고 있는 지구를 진정으로 이해하고 돌보기 위해서는 전 세계의 모든 언어에 부호화되어 있는 인간 지식 전체가 필요할 것이다."

어떤 언어든 인간의 언어가 사라졌다는 것은, 인류가 이제껏 처한 것 중 가장 어려운 곤경에서 생존할 또 하나의 전략이 버려졌음을 뜻한다. 여행하는 동안 케냐에서 키캄바어로 말하는 캄바족과, 호주 노던 준주에서 자신들의 고유한 언어를 쓰는 피찬차차라족, 홋카이도에서 자신들의 언어로 말하는 아이누족, 아프가니스탄에서 파시토어로 말하는 사람들과 다리어로 말하는 사람들을 알게 되면서, 나는 언어학자들과 인류학자들이 수십 년 동안 일반인들에게 강조해왔던 통찰이 얼마나 중요한 것인지 깨달을 수 있었다. 요컨대 한 문화의 영적, 물리적, 심리적 안녕에 가해지는 위협의 심각성을 평가하는 방식이 사회마다 서로 상당히 다르다는 것이다. 여기서 핵심은 무엇이 되었든 가장 효과적인 방법을 써서, 한 종족을 마비시키는 절망감이 엄습하는 것을 미연에 방지하는 일이다.

이 세상에서 내가 여행할 수 있었던, 전쟁으로 피폐해지거나 생태 환경이 훼손되거나 악정이 펼쳐지는 모든 곳에서, 내가 탐색할 가치가 있다고 생각한 것은 그 가느다란 희망이었다. 경제, 기후, 건강, 환경의 비상사태들이 눈앞에서 펼쳐지고 있는 현재, 우리가 서로를 돕는 것이 실제로 가능하든 아니든 말이다. 지금은 서글프게도 우리의 문화가 다른 문화에 제공할 수 있는 것을 이야기할 때 관광업 증가나 상업적 무역의 혜택 같은 흔한 이야기를 하고 나면 더 이어서 할 수 있는 말이 별로 없다.

쿡은 삼림이 무성한 이곳 산지와 눈으로 덮인 해안가에서 엿새를 보내는 동안 모닥불 연기를 뚜렷이 보았다고 일지에 써놓았다. 그 사람들이 누구인지는 궁금해하지 않았다. 어쨌든 그는 그들의 통찰과 그들의 약리학, 하천 생태계에 대한 그들의 지식이며 경로 탐색 기술이 자신이 지닌 그것들과 상대가 되리라고 생각하지는 않았을 것이다.

그 사람들과 그들의 지혜는 그에게 작은 호기심 이상을 불러일으키지 못했다.

내가 파울웨더곶에서 야영하는 곳은 '원시 상태의 풍경'이 펼쳐진 장소가 아니다. 예컨대 오리건 해안을 따라 남북으로 뻗어 있는 산지에서는 수천 년에 걸쳐 자연적으로 산불이 났었다. 내가 처음 이곳을 방문했을 때 비탈에서 뚜렷이 보이던 개벌지들은 대부분 최근에 만들어진 것이었다. 약 6만 평에 달하는 이 땅을 걸으며 죽은 나무 그루터기들, 흩어진 잔가지들을 쌓아놓고 태운 자리에 팬 구덩이들을 볼 때 내가 가장 자주 느끼는 감정은 분노가 아니라 비탄이었다. 한때 무성한 숲이던 이 땅이 입은 손상은 어떤 자연적 산불이 일으킨 것보다 더 크다. 완전히 파헤쳐진 토양은 온대 우림 지역의 특징인 겨울 폭우로 인한 침식에 취약하다. 산불이 남겨둔 미네랄과 영양분은 시장성 있는 통나무들에 담겨 실려 나가고, 벌목꾼들과 그들이 가져온 중장비들은 의도치 않게 외래 식물들의 씨앗을 들여오고, 이 씨앗들은 파헤쳐진 땅의 이점을 활용해 재빨리 그곳에 뿌리를 내린다. 이 '잡초 종들'은 일단 뿌리를 내리면 토착종들을 몰아내면서 원래의 생태계를 와해한다.

벌목 산업의 비용 효율을 위해 한 장소의 나무를 모조리 벌목하는 개벌은 아직 충분히 오래 행해지지 않았기 때문에 그 방법이 정확히 어떤 결과를 불러올지는 전문가들도 확실히 모른다. 목재업계는 나무를 모조리 베어낸 땅은 자신들이 다 복원한다고, 즉 새로 나무를 심는다고 곧잘 말한다. 하지만 복원은 적합한 단어가 아니다. 대개의 경우 빈 땅에 새로 심는 나무는 오직 미송 한 종뿐이므로 그 땅은 이제 경작된다고 말하는 것이 더 정확하다. 그들이 원래 이 숲에서 자라던 다른 모든 나무보다 미송을 선호하는 이유는 그 모든 나무 가운데 미송의 상업적 가치가 가장 크기 때문이다. 현대의 목재 생산은 목질 섬유를 시장에 내놓고 판매하는 산업 분야에서 다른 어느 목재보다 이 나무가 가장 좋은 수익을 거둬들이게끔 간소화되었다. 생물지리학자들은 수년 동안 산업적 규모로 자연 생태계를 교란하는 일—탄층을 노출시키기 위한 산꼭대기 표층 제거, 개벌, 대규모 기업 농업, 역사적으로 거대한 연어 서식지였던 강에 댐을 건설하는 일—은 너무나 짧은 기간에 새로운 생태계를 형성하므로, 그렇게 급격한 변화가 장기적으로 어떤 결과를 불러올지는 속단할 수 없다고 주장해왔다. 이와 유사하게 영국의 식민지 개척자들이 인도에 당도했을 때나 알렉산드로스 대왕이 이집트에 들어갔을 때, 또는 아랍의 과학과 철학이 이베리아반도에 들어갔을 때도 문화는 급속히 변화했다. 그리고 이런 변화는 당연히 원래의 순수성에 높은 가치를 부여하는 강력한 보수적 주장들을 불러왔고, 여기에는 거대한 정치적, 사회적, 경제적 결과가 따랐다.

이렇게 대대적인 생물학적 문화적 교란이 일어나고 나면, 과연 누가 문화적 순수성의 상태는 말할 것도 없고 생태적 순수성의 최초 상태라고 추측되는 것의 의미를 평가하거나 하물며 설명이라도 할 수 있겠는가?

나는 파울웨더곶에서 나를 둘러싼 이차림 또는 삼차림 식물 군락들의 특징을 쉽게 설명할 수 없다. 그래서 쿡이 망원경으로 이 비탈들을 처음 보았던 그때 이후 이곳에서 일어난 일에 대해 한 산업을 (혹은 한 문화를) 일방적으로 비난하기가 어렵다. 그런데 이차림에서 보이는 '외래' 식물들과 생물들의 의미를 생각하는 것에 더해, 우리에게 던져진 또 하나의 도전이 떠올랐다. 이는 다윈의 자연선택에 의한 진화론이 우리에게 제기한 도전으로, 인간이 전혀 손대지 않은 생태계도 속도는 제각기 다르더라도 어쨌든 항상 변화하는 상태로 존재한다는 더 심란한 개념이다. 오늘날의 이른바 자연 풍경이라는 것은 어제의 자연 풍경이 아니다. 헤라클레이토스는 영구성이라는 것은 환상이라고 주장함으로써, 영원한 것이 없다는 믿음이 헬레니즘 시대 그리스 같은 '안정된' 사회의 토대 자체를 위협한다고 생각했던 철학자들의 심기를 거슬렀다. 다윈과 앨프리드 러셀 월리스 역시 생물은 시간이 지남에 따라 변화한다는 생각을 펼쳐 만만치 않은 저항에 부딪혔다. 다윈과 동시대인인 지질학자 찰스 라이엘은 땅 자체도 항상 변화하는 중이라고 믿는다는 이유로 조롱을 받았다. 이에 그는 그렇지 않다면 산꼭대기 퇴적암 속에 박혀 있는 조개껍데기들을 달리 어떻게 설명할 수 있느냐고 반문했다.

코페르니쿠스가 지구는 우주의 중심이 아니라고 주장했을 때, 그리고 다윈과 월리스가 인간은 우주 최상의 피조물이 아니라고 선언했을 때, 이어서 융과 프로이트가 합리적인 정신이 호모 사피엔스의 전부가 아니라는 것을 밝혀냈을 때, 신학은 그에 적응하거나 최소한 반응이라도 해야 했다. 오늘날 여러 선진국에서 인간이 처한 실제 환경이 삼차림 단종 재배 '숲'과 오일샌드 석유, 목축으로 거덜 난 초원, 한때 물고기가 번성했던 바다에 스모그처럼 떠다니는 미세 플라스틱 구름이라면, 인류의 문화는 상실에 대한 감상성과 생존의 긴급성을 구별할 필요가 있다. 국민국가의 경쟁적 정치보다는 더 의의 있는 정치를 확립하고, 영리가 아니라 보존에 기초한 경제를 세워야 한다.

어쨌든 파울웨더곶의 깎아지른 듯한 비탈에 앉아 주머니 속 은화 한 닢을 만지작거리며 폭풍우가 불어오기를 기다리고 있는 나에게는 그렇게 여겨진다.

파울웨더곶의 개울을 따라 걷다보면 푹 꺼져 있던 습하고 친숙한 땅에서 빠져나와 군데군데 자리한 원시림을 지나 자연적으로 탁 트인 높은 곳으로 올라가게 된다. 거기서는 내륙 쪽으로 더 멀리까지, 그리고 반대 방향으로는 하늘 가장자리까지 뻗어 있는 침묵의 바다를 볼 수 있다. 뚜렷한 명암으로 울퉁불퉁한 산세가 드러나는 산 표면에는 흉터가 새겨져 있다. 벌목 장비를 옮기는 차량이나 소방차량, 송전선 및 이동통신 기지국을 관리하는 차량이 사용하는 도로와 길의 그물망이 실처럼 산 표면에 박혀 있는 것이다. 바다에서는 바람을 받아 윤이 나는 바닷물이 파도에 의해 들어 올려지고 해류에 계속 밀리면서 트롤어선들을, 그리고 더 먼 밖으로는 거대한 화물선들을 실어나른다. 저 광활한 표면은 내가 지켜보는 동안 일어난 일의 역사를 하나도 새겨두지 않는다. 바람이 센 날 파도 위 흰 포말은 다시 흩어지고, 배가 지나간 자국도 사라지며, 바닷새가 스치며 날아오른 자국도 지워져 거기 있었던 것의 어떤 기록도 남지 않는다. 내 머리 위로 활공하는 수리갈매기 한 마리는 바람 가는 대로 몸을 맡기면서 미끄러지듯 하늘에 보이지 않는 선을 그리고, 이 선은 구름 한 점 없이 가벼운 진청색 하늘과 짙은 암녹색 바다를 비스듬한 선으로 연결한다.

힘차게 움직이는 빈 서판인 대양과, 그 대양을 이끄는 묵직한 하늘.

내가 부분부분 남아 있는 원시림 속에서 개울을 따라, 또 와피티사슴들이 지나며 만들어놓은 길을 따라 거닐 때, 또는 바다 쪽에서 뭔가 이상한 것이 보여 쌍안경으로 바라볼 때, 내륙과 바다에서 본 이런 광경들은 나에게 두 가지 생각을 불러일으켰고, 이 생각들은 수십 년 동안 자연에 대한 나의 인식을 형성했다. 그중 한 가지 생각은, 다양성은 단순히 생명의 한 특징이 아니라는 것이다. 예컨대 내 앞에 있는 새먼베리나무의 줄기는 그 옆에 있는 줄고사리 줄기와 다르게 뻗어 있고, 저기 바다에서는 해양 포유류인 점박이물범이 제 먹이인 카나리볼락을 쫓고 있다. 다양성은 생명을 위한 필수 조건이다. 다양성은 전반적으로 생명에 활력과 지속 가능성을 부여하는 생물학적 긴장을 조성한다. 영속성을 보장하는 것은 바로 다양성이다. 반면 다양성을 잃어버리면 모든 생명은 멸종의 위험에 놓인다.

또 다른 생각은, 생태계의 변화에—변화 역시 다양성처럼 생명을 영속시키는 토대의 일부다—성공적으로 적응하기 위한 전략을 아는 것은 오랫동안 인류의 모든 공동체에서 지혜를 전수하는 이들의 핵심적 책무였다는 것이다. 그들의 특별한 수완은 인간의 생존을 위한 다양한 기술들을 기억해내는 능력이었고 지금도 그렇다. 그들이 품고 있는 잠재적 생존 시나리오들은 모든 사회 각각의 가장 중요한 정보의 보고다. 한 종족에게 닥치는 변화는 바다소금쟁이들에게 변화무쌍한 해수면이 그런 것처럼 급격하게 다가올 수도 있고, 원시림에 서 있는 나무들처럼 마치 변함없는 영원성인 양 가장하고 아주 천천히 다가올 수도 있지만, 지혜를 전수하는 이들의 책임은 과거를 돌아보고 그것과 한 줄기를 이루는 선상에 미래를 위치시킴으로써 유의미한 변화의 초기 징후를 알아채는 것이다.

변화의 필연성을 인정한다는 것이 다가오는 모든 변화를 수동적으로 받아들인다는 것은 아니다. 선진 산업국가의 정부들은 경제성장을 사람의 건강을 보호하는 일과 같은 급에 놓고, 소유욕과 소비욕을 병적인 수준에 가깝도록 부추기며, 산업계가 영리를 창출하기 위해 풍경을 잔인하게 짓밟는 것을 허용함으로써 유독한 환경오염의 일차적 원인이 된 변화들을 지지해왔고, 많은 곳에서 그런 환경은 우리의 유산이 되었다. '경제'라 불리는 저 압도적 괴물에게 인류가 저항할 방법은 그 괴물을 움직이는 본질적 연료인, 생명에 대한 무관심을 떨쳐내는 것이다. 개벌은 건강한 경제가 아닌 생명에 대한 무관심의 외적 신호다. 그리고 벌목이 끝난 뒤 새로 들어와 일부 토착종을 대체하며 '잡초 종'이라고 멸시당하는 종들 역시 더 하찮은 생명이 아니라, 멸종 위협에 대항하는 생명의 근본적 저항을 보여주는 신호일 뿐이다.

어느 개벌지에서 가던 걸음을 멈추고 지는 해를 향해 서쪽으로 돌아선 순간, 구름—분홍과 연어색, 갈색을 띤 주황색, 황톳빛 노란 색조를 띤 구름, 또 어떤 저녁에는 용의 피처럼 붉은빛을 띠기도 하는 구름—에 의해 빚어져 하늘에서 수직으로 쏟아지며 수평선 전체에 넓게 퍼지던 빛줄기들을 보았을 때, 나는 이 광경을 그날 저녁만의 특별한 일몰의 이미지—바로 그 순간의 맑고 깨끗하던 공기와 평소보다 더 많은 색깔로 물든 바다—로 흘려보내지 않으려 했고, 오히려 그 불타오르는 듯한 광경을 어떤 대화재의 장면으로 기억하려 했다. 그리고 우리가 여섯 번째 대멸종을 초래하며 바꿔놓고 있는 이 행성에서 인간의 생명을 유망하게 이어가기를 바라는 것은 한낱 망상이 아닐지 생각해보려 노력했다. 만약 영원불변의 가치에 대한 믿음이 더 이상 우리 발목을 잡지 않는다면, 또는 이미 왔다가 사라져버린 세계로 다시 돌아가겠다는 희망이 더 이상 우리 생각을 사로잡지 않는다면, 그럴 때 우리는 생존을 위해 어떤 계획을 세우게 될까?

어린 시절 내가 조립한 모형 비행기는 대부분 전쟁에서 쓰는 비행기, 그러니까 전투기와 폭격기였다. 당시 미국은 광범위하게 말해 전쟁의 관점에서, 세상을 바로잡는 데 필요한 끝없는 투쟁의 관점에서 생명을 생각하도록 남자아이들을 부추겼다. 하지만 내 삶에서 가장 오랫동안 남아 있었던 모형 비행기이자, 나와 가장 잘 맞는다고 느꼈던 비행기는 1930년대의 여객기인 엔진 네 개짜리 비행정 마틴 M-130이었다. 오늘날 나의 집필실에는 M-130 차이나클리퍼의 72분의 1 스케일 나무 모형이 있다. 날개폭은 약 50센티미터이고, 팬 아메리칸 월드 항공의 도장이 칠해져 있다. 어렸을 때 나에게 이 비행기는 머나먼 세상으로 여행할 가능성을 상징했다. 이런 유형의 대형 수륙양용 비행기로 당시에는 보잉 314 클리퍼와 시코스키 S-42라는 자매 비행기가 있었는데, 모두 해안 지역—홍콩, 리우데자네이루, 시드니, 싱가포르, 케이프타운—에 어느 정도의 차분하고 개방된 수면만 있으면 착륙할 수 있는 비행기들이었다. 1950년대 중반 캘리포니아에서 살던 소년에게 이 도시들은 이국적인 장소의 전형이었고, 내 상상 속에서는 모두 항상 온화한 날씨와 끝없는 햇빛에 감싸인 곳이었다. 마틴 M-130은 지금은 세상 사람들에게 거의 다 잊혔지만 처음 등장했을 때는 비상한 관심을 끌었다. 1935년 11월 22일, 샌프란시스코베이에서 이륙해 세계 최초로 환태평양 비행을 떠나는 차이나클리퍼를 보려고 캘리포니아주 앨러미다에 15만 명의 인파가 모여들었다. 그러나 이 비행기들이 구현했던 모험의 약속—19세기 그랜드 투어의 대공황기 버전—은 오래가지 못했다. 마틴 M-130의 운행은 곧 2차 세계대전 때문에 제약을 받았다. 하와이클리퍼가 1938년 7월 29일에 마닐라 동쪽 태평양 상공에서 일본 전투기들에 의해 격추되었다고 믿는 사람들도 있다. 미 해군이 대여했던 필리핀클리퍼는 1943년 1월 21일 캘리포니아의 어느 산허리에 추락했다. 그리고 전시에 마이애미에 주둔하고 있던 차이나클리퍼는 1945년 1월 8일, 트리니다드의 포트오브스페인에서 착수를 시도하다가 잘못된 거리와 각도, 속도로 인해 추락하면서 기체가 두 동강 난 채 침몰했다. 제작된 M-130은 이 세 대가 다였다.

짧았던 생애와 처참한 결말에도 불구하고, 나에게 이 하늘을 나는 '쾌속정'들은 확장하는 (그리고 물론 축소되는) 세계의 강력한 상징물이었다. 이 비행정들은 모험의 삶을 추구할 가능성에 힘을 불어넣어줌과 동시에 그러한 추구에 따라붙는 위험들을 상징했다. 나는 열일곱 살 때 잉글랜드 그리니치에서 건선거*에 세워져 있던 티 클리퍼† 커티사크호에 들어가 경비원들이 허락하는 한 최대한 많이 배 안에서 걸어보고 여기저기 올라가보았다. 커티사크호는 같은 종류의 클리퍼 가운데 최후로 남은 배였고, 나는 그 배의 돛대 받침줄‡과 걸이에 고정된 닻, 비너클 나침반의 유리 돔, 밧줄걸이 막대 등을 직접 느껴보고 싶은 마음이 간절했다. 돛대 상부의 가로장까지 기어올라가보고 싶었고, 거기서 아래를 내려다보고 또 저 멀리 내다보고 싶었다.

나의 미숙한 마음속에서 M-130은 출항의 상징, 이미 알고 있는 세계를 떠나는 일에 내재한 잠재력과 밝은 전망의 상징이 되었다.

쿡의 레절루션호는 석탄선을 개조한, 돛대 세 개에 길이 약 33미터의 선박으로, 상급 선원을 포함하여 선원 110명이 승선

---

* 해안에 배가 출입할 수 있도록 땅을 파서 만든 구조물. 선박이 들어올 때는 물을 채우고 선박이 들어온 뒤에는 물을 뺄 수 있다. 선박의 건조, 유지 보수, 수리 등에 필수적으로 사용된다.

† 클리퍼는 19세기에 쓰이던 쾌속 범선으로, 폭에 비해 선체가 길고 적하 능력에 제한이 있었다. 주로 대서양 항로에서 영국과 동방 식민지 사이의 교역에 사용되었으며, 티 클리퍼는 중국에서 영국으로 차를 빠르게 실어 나르는 용도로 사용되던 클리퍼를 말한다.

‡ 범선에서 돛대와 선체의 측면을 묶어 고정하는 밧줄. 바람을 받을 때 돛대를 지지해 안정성을 확보하는 역할을 한다.

할 수 있는 아담한 크기의 선박이었다. 흘수*가 얕아 해안 가까이에서 항해할 수 있었고, 선수가 뭉툭하고 배에 실은 무기가 비교적 많지 않았던 덕에 갑판 아래에 저장할 공간이 충분해(물과 나무, 신선한 식량을 제외하면) 보급을 다시 받지 않고도 먼 거리를 항해할 수 있었다. 주돛대와 앞돛대에는 가로돛을 달았고, 작은 뒷돛대에는 상부에 가로돛을 달고 그 아래 활대에는 세로돛을 달아 바크선의 형식을 갖추었다. 레절루션호는 지브돛, 트라이돛, 후장종범† 등 다양한 돛을 세 돛대 사이에 세로로, 그리고 선수 사장‡과 앞돛대 사이에, 또 돛대에 가로로 고정한 활대에 달았고, 어쩌면 메인돛 위에 로열돛을 달았을 수도 있다. 게다가 때로는 순풍을 최대한 잘 활용하기 위해 앞돛대와 주돛대의 메인돛 위에 톱갤런트돛을 달 때도 있었고, 그 위에는 문레이커§를 달았을 수도 있다.

한때 정밀한 의미를 담고 활발히 사용되던 뱃사람들의 은어, 예컨대 지금은 의미를 명료히 알 수 없는 스프리트돛, 드라이

---

* 배가 물에 떠 있을 때 물에 잠긴 부분의 깊이.

† 지브돛은 선수사장과 앞돛대 사이에 추가한 세로돛(=삼각돛=종범)으로 로프로만 지지하며, 트라이돛은 주로 폭풍이나 강풍 시에 돛대 뒤에 보조적으로 설치하는 작은 세로돛이고, 후장종범은 뒷돛대에 다는 세로돛, 로열돛은 더 많은 바람을 받기 위해 때로 메인돛 위에 추가하는 큰 가로돛이다.

‡ 앞돛대의 밧줄을 묶도록 배의 앞부분으로 돌출시킨 장대.

§ 톱갤런트돛은 속도를 높이기 위해 앞돛대와 주돛대의 메인돛과 로열돛 사이에 추가하는 가로돛이며, 문레이커는 속도를 더 높이기 위해 로열돛보다 위에 다는 최상부 특설 가로돛이다.

버, 보닛, 스피나커* 등의 돛천을 가리키는 용어들은 오늘날 우리 대부분 사라진 단어다. 텐더선과 스누선†의 구별이나, 동삭에 끼우는 도그 심블의 용도, 돌핀 스트라이커‡의 위치 등은 이제 지시 대상이 없는 소리일 뿐이다. 쿡의 시대에 선원들은 어둠 속에서도 지브돛과 스터딩돛§을 구별할 줄 알아야 했고, 어떤 날씨, 어떤 시간에도 각 돛을 재빨리 올릴 줄 아는 능력을 당연히 갖추어야 했다. 이 모든 걸 효과적으로 해내는 건 정말 멋진 능력이다.

포틀랜드에 있는 오리건 역사 사회 박물관에서는 정밀하게 만든 HMS 레절루션호의 나무 모형을 이따금 전시한다. 나는 몇 차례 그곳을 찾아가 한 번에 몇 시간씩 의자에 앉아 그 모형

---

* 스프리트돛은 돛의 위가 아닌 중간에서 대각선 위로 뻗은 활대를 설치하여 지지하는 세로돛이다. 활대에 고정되는 위쪽의 한 꼭짓점이 사선으로 더 올라가 있는 형태, 즉 돛대보다 활대가 더 높이 올라간 형태이며, 이 때문에 낮은 돛대로도 넓은 돛 면적을 확보할 수 있다. 드라이버는 후장 종범의 다른 말이며, 보닛은 기본 세로돛 아래에 돛의 면적을 늘리기 위해 추가로 꿰매 붙인 돛을 말하고, 스피나커는 주로 요트에 다는 큰 삼각형 돛이다.

† 텐더선은 선체가 너무 커서 항구에 입항할 수 없는 대형 선박에서 항구까지 승객을 태워 갈 때 쓰는 작은 보조 선박이다. 스누선은 17세기와 18세기에 주로 사용되던 선박의 형태로, 가로돛을 단 돛대가 두 개이며 주돛대 뒤에 세로돛을 단 작은 보조돛대(스누돛대)가 달려 있었다.

‡ 동삭은 풍향에 따라 조절하기 위해 고정해두지 않은 밧줄이고, 도그 심블은 동삭 밧줄 매듭에 내구성을 높이고 마찰을 줄이기 위해 끼워 쓰는 작은 고리 형태의 장비다. 돌핀 스트라이커는 선수 사장에서 아래쪽 사선으로 연장해 뻗어 있는 원통형 막대로, 돛이 무거운 상황이나 파도가 거친 상황에서 선수사장을 보강하는 용도로 쓰인다.

§ 가로돛 양옆에 추가로 매다는 보조돛.

을 꼼꼼히 뜯어보았다. 무엇보다 이 모형을 통해서는, 선미에 있는 선장실의 아홉 칸으로 나뉜 격자창 열한 개를—그중 창 아홉 개는 선미 쪽을 향하고 있고, 선장실 양옆에 돌출된 부분에 있는 두 개의 창은 앞을 향하고 있었다—통해 쿡이 25도만 제외하고 수평선 전체를 다 볼 수 있었다는 점을 알 수 있었다. 말horse이라고도 불리는 디딤 밧줄이 돛대 장대에서 아래로 늘어진 모양, 그리고 돛대 받침줄의 줄사다리 디딤줄이 아래로 늘어진 모양은, 돛대를 고정하는 정삭*의 버팀줄과 당김줄의 팽팽한 직선과는 뚜렷이 대조된다. 그리고 이중 타륜을 잡고 있는 조타수의 전면 시야는 (배 중간부 해치 위에 뒤를 향한 채 보관해두는) 욜선† 때문에, 그리고 선수 사장 아래 뱃머리 돌출부에 고정해둔 정삭 때문에 부분적으로 가려진다.

이 모형의 깔끔하게 다듬어진 외형을 보는 사람은 이 배가 바다에서 어떤 일을 당하든 그 타격을 다 이겨낼 거라는 인상을 받는다. 모든 만약의 사태에 만반의 준비가 갖춰진 배처럼 보이니까. 그러나 쿡의 경력에서 정점을 기록한 3차 항해 중에는 실제로 엔데버호의 돛대가 여러 번 부러졌고 마른썩음병이 번져 골조 목재를 망쳐놓았으며, 선체에는 구멍이 뚫렸고, 폭풍우는 동삭을 끊고 돛을 갈기갈기 찢어놓았다. 하지만 선원들은 파도

---

* 동삭과 달리 돛대 등의 구조물을 지지하는 역할을 하는 밧줄로, 한번 고정하면 움직이지 않는다.

† 두 개의 돛대에 세로돛을 다는 소형 범선.

에 휩쓸려 배 밖으로 떨어지는 일이나 장대를 보관해둔 갑판 위에 떨어져 죽는 일 등 자신들이 직면한 위협에 오싹할 정도로 무관심한 채로 계속 항해했다. 범선의 선원으로 일하는 것이 쉴 새 없이 고되며 피로하고 위험한 일이라는 것은 분명 널리 알려져 있었지만, 선원들이 글을 몰라 남긴 기록이 너무 적었던 탓에 오늘날 그만큼 잘 알려지지 않은 사실이 있으니, 그것은 그 위험한 일에 따르는 위안과 보상이 거의 없었다는 점이다. 전기 작가들에 따르면 대부분 선원은 기질상 반항적이었고 동지애가 강하고 호전적이며 강인하고 동정심이 없었다. 민간인 선원을 고용한 다른 해군 지휘관들과 마찬가지로, 쿡은 선원들에게 어떤 확신을, 즉 탐험가로서 그들이 복종과 근면으로써 성취하게 될 일은 그들이 당할 부상과 그가 내릴 처벌, 그들이 먹을 끔찍한 음식 모두를 감수하고서라도 추구할 가치가 있다는 확신을 심어주어야 했을 것이다. 내가 찾아서 읽어볼 수 있는 것은 상급 선원들이 자신의 장광설과 회유의 말에서 문제가 될 만한 부분은 다 걸러내고 기록한 일지뿐인데, 나는 차라리 상급 선원이 선원들에게 탐험 활동에 이바지하라며 욕설을 섞어가며 다그치던 말을 빼지도 더하지도 말고 그대로 들어볼 수 있으면 좋겠다고 생각한다. 그렇게 걸러낸 일지에서는 미지의 세계를 발견하고 그 지도를 만드는 일이 평범한 뱃사람들에게 과연 무슨 의미라도 있었을지, 있었다면 그건 과연 어떤 의미였을지, 그런 말이나 생각은 거의 찾아볼 수 없으니 말이다.

언젠가 파울웨더곶에 가져갔던 또 다른 책으로—이날은 폭풍우에 쫓겨 곶에서 나와 근처 도시의 모텔 방에서 읽었다—두 권으로 된 『증기선 시대의 해상 재해 사전, 1824~1962』가 있다. 18세기 범선에 관한 것으로는 이와 비슷한 기록을 찾을 수 없었지만, 그래도 이 책을 보면 쿡의 배에 탔던 선원들이 어떤 일을 맞닥뜨렸을지 대략이나마 알 수 있겠다는 느낌이 들었다. 책은 그 시기에 바다에서 사라져버린 많은 배의 운명에 관해 간략하면서도 솔직하게 보고하거나, 배 자체가 침몰하지는 않았지만 큰 인명 손실이 있었던 사고들에 관해 묘사했다. 수영할 줄 아는 사람이 드물었던 시대였고, 폭풍우가 몰아칠 때 배 밖으로 떨어진 선원이 수천 명에 달했다. 조리실에서 사고로 불이 나면 배 전체로 화재가 번졌고, 예상하지 못한 곳에서 암초에 부딪혀 선체에 구멍이 나기도 했으며, 태풍에 돛대가 부러지거나, 흉포한 파도에 집어삼켜지거나, 물이 새다가 결국 침몰하기도 했다. 적도무풍대에서는 배들이 오도 가도 못 하는 사이 식수와 식량이 바닥나는 일도 있었는데, 그럴 때 죽은 사람들은 배 밖으로 던져졌고, 산 사람들은 밧줄 조각을 먹으며 빗물이 양동이를 채워주기만을 바랐다.

해상 재난을 집대성한 이 책은 영국의 유명한 선박 보험회사인 로이드의 의뢰로 출판되었다. 그래서 이 책에 수록된 광범위한 목록에는 로이드의 재정적 이권이 걸려 있지 않은 작은 배나 보트, 또는 주요 피해자가 유럽인이 아닌 사고에 관한 내용은 포함되지 않았다. 그래도 만약 누군가 바다에서 사람들이 실질적으로 어떤 생명의 위협에 맞닥뜨리는지를 알아보고자 한다면 이 가혹한 안내서를 출발점으로 삼을 수 있을 것이다. 쿡의 선원들이 죽음의 위협에도 명성의 유혹에도 그렇게 무관심했던 것은, 바다가 자신들의 목숨의 가치에 그만큼 무관심하다고 느꼈기 때문일 것이다.

등록된 선박이 모든 승선자와 함께 침몰하면 로이드의 런던 사무실에 있는 누군가가 하얀 깃펜으로 그 사람들의 이름을 일지에 기록했다. 이 펜은 혹고니의 날개 끝 긴 깃털로 만든 것인데, 그 혹고니 중 일부는 도싯 해안에 있는 애보츠버리 백조 사육장에서 바로 이 용도를 위해 기른 것들이었다.

이는 언제인지 기억도 할 수 없을 만큼 오래전부터 로이드에서 이어온 관행이었다.

박물관에서 HMS 레절루션호 앞에 몇 시간씩 앉아 있을 때, 항해의 위험성에 관해서는 거의 생각하지 않았다. 나는 그 배의 결코 굴하지 않는 성질에 관해 생각했고, 우리 시대에는 이에 맞먹는 것을 어디서 찾을 수 있을지 생각했다. 우리가 자연 세계로부터 그리고 우리가 그리 완벽하게 설계하지 못한 인간 세계로부터 무수한 위협에 시달릴 때, 그 위협을 헤치고 우리를 성공적으로 실어 날라줄 배는 과연 어디에 있을까?

파울웨더곶의 가파른 해안 절벽에서 부서지는 흰 파도를 내려다보거나 좀 더 북쪽의 평평한 해변에서 바다 바로 앞에 모여 있는 슴새들을 바라보다가, 어째서 세상의 수많은 해안 가운데 어떤 해안은 따로 구별되어 관심을 받고 어떤 해안은 익명의 상태로 남아 있을까 하는 궁금증이 생겼다. 특별히 치우친 데가 없으며 지역 지리보다는 국제무역에 더 초점을 맞추는 역사적 상상력을 지닌 사람이라면 옛 아나톨리아의 투르크 해안에 관해, 식민지 시대의 황금 해안, 노예 해안, 상아 해안, 곡식 해안에 관해, 아드리아해 동쪽의 달마티아 해안, 북아프리카의 바르바리 해안, 나미비아의 스켈레톤 해안(남대서양 상업 어장에서 떠내려온 고래와 물개 뼈 잔해가 많아서 붙은 이름), 니카라과의 모스키토 해안(미스키토족에서 딴 이름)에 관해 읽어본 기억이 있을 것이다. 우리 귀에 익숙하게 들리기는 하지만, 그래도 이는 대부분 무역상들이 상상해내 갖다 붙인 이름들이다. 태즈메이니아주 호바트에 갔을 때 나는 태즈메이니아 해안 전체를 매우 상세히 묘사한 4.5미터의 긴 그림을 보았다. 해안을 따라 높아지거나 낮아지는 해변의 지형을 길게 묘사한 것으로, 한 선주민 여자가 배를 타고 태즈메이니아섬을 한 바퀴 빙 돌며 그린 그림이었다. 한마디로 그 장소의 초상화였다. 선주민 화가는 그림에 어떤 제목도 붙이지 않았지만, 바다 쪽을 향하고 있는 태즈메이니아의 물성을 심층적이고 생생하게 재현했다.

오리건주 해안에는 내가 들으면 어딘지 바로 알 만한 지명이 붙은 구역들이 많지만, 지역의 역사에는 지역민들이 계속 사용해 살아남은 몇몇 이름이 남아 있을 수도 있다. 해안에 이름을 남긴 일들을 포함해 이곳 해안에서 일어난 과거의 사건들 가운데, 여기서 먼 곳에서 자란 나 같은 사람에게 가장 놀라웠던 이야기는 2차 세계대전 초기에 이곳 연안에서 미국 상선들이 일본 잠수함의 어뢰 공격을 받은 사건, 그리고 수백 척의 배가 컬럼비아강 모래톱을 건너려다 난파하여 강 하구에서 침몰한 사건이었다. 1693년에 마닐라에서 아카풀코로 가던 스페인 갈레온선(아마도 산토크리스토데부르고스호)의 이야기도 있는데, 이 배는 오늘날의 해안 도시 맨자니타 근처에서 침몰했으며 그 배가 싣고 가던 밀랍과 도자기 화물이 오늘날까지도 계속 해변에 떠밀려 온다. 1979년 6월에는 파울웨더곶에서 남쪽으로 약 100킬로미터 지점 떨어진 시슬로강 하구의 오리건주 플로렌스 근처에서, 당시로는 세계에서 세 번째로 큰 규모로 향유고래 떼가 해변에 밀려와 바다로 돌아가지 못한 일이 있었다. 그들을 살리려 애쓴 일부 사람들의 노력에도 불구하고 그중 마흔한 마리가 해변에서 죽었다.

하지만 이 지역 해안에서 벌어진 사건 중 내가 가장 자주 떠올리는 것은 한 무리의 일본 어부들에 관한 이야기로, 때로 역사가들은 이들을 "마지못해 쇼군의 대사가 된 이들"이라고 부른다.

도쿠가와 막부 시대(1603~1867)에 일본은 국경을 외부에 단단히 걸어 잠그고 있었다. 오직 나가사키에서, 오직 네덜란드인들만을 상대로 이루어지던 소수의 통제된 무역이 해외 교역의 전부였다. 쇼군 치하의 일본인들은 자기네 해역을 넘어 여행할 수 없었고, 대양으로 나가는 선박을 건조하는 일조차 금지되었다. 작은 연안용 배들은 때로 폭풍우를 만나 돛대가 부러졌고, 그러면 그 배에 타고 있던 어부들과 상인들은 키나 돛도 없이 쿠로시오 해류, 즉 '검은 해류' 또는 일본 해류를 타고 바다 위를 표류하는 일도 있었다. 이 난파선들은 그렇게 동쪽으로 떠밀리며 태평양을 가로지르다가 대부분 결국에는 침몰하거나, 북태평양 해류를 타고 계속 더 동쪽으로 가서 북미 해안, 대개는 밴쿠버섬이나 워싱턴 해안까지 갔다. 이런 난파선의 선원 대다수는 이미 죽어 있는 경우가 많았지만, 간혹 쌀 같은 식량을 싣고 있던 배의 선원들은 표류하는 동안 물고기를 잡고 빗물을 받아먹은 덕에 살아남은 채로 도착하기도 했다. 그러나 이 생존자들은 동정적인 외국의 지원을 받았다고 해도 일본으로 돌아가도록 허락을 받는 일은 극히 드물었다.

그 대신 그들은 미국이나 그들에게 안식처를 제공한 다른 유럽 국가들에서 "마지못해 쇼군의 대사"가 되었다.

1834년 1월, 이렇게 표류한 배들 중 하나인 호준마루가 워싱턴주 올림픽반도에 떠밀려 왔다. 열네 달에 걸친 여정 동안 열네 명의 선원 중 세 명만 살아남았다. 거기서 320킬로미터 떨어진 컬럼비아 강가의 포트 밴쿠버에 살고 있던 래널드 맥도널드라는 아홉 살 소년은 그 세 사람의 운명에 집착에 가까운 관심을 갖게 되었다. 그 집착은 계속 그를 떠나지 않았고 이윽고 스물네 살이 된 1848년에 래널드는 영리한 책략을 써서, 허먼 멜빌이 『모비 딕』에서 "이중 빗장을 지른 나라"라고 표현했던 일본으로 들어갈 수 있었다.

제임스 쿡이 계몽주의의 절정기를 대표한다면, 맥도널드는 서구 사회의 주변부를 대표한다고 할 수 있다. 래널드는 훌륭한 일을 하고 세계 여행가로서 깊은 통찰도 얻었지만, '혼혈'에 노동계급 출신이라는 점 때문에 그 모든 성취가 살아생전 세상 사람들에게 무시당하거나 묵살당했다. 1853년에 함대 사령관 매슈 페리가 일본을 개항시키려는 의도로 에도에 도착했을 때, 그는 천황의 고문들이 영어를 할 줄 안다는 사실에 깜짝 놀랐다. 그들은 페리 일행이 오기 사 년 전, 뱃사람이자 이야기꾼, 잡역부인 래널드 맥도널드에게 영어로 말하는 법을 배운 터였다.

맥도널드는 1824년 2월 3일에 컬럼비아강 하구에서 코알렉소아라는 치누크족 여자의 아들로 태어났다. 코알렉소아는 당시 가장 유명한 치누크 추장인 콘콤리의 딸이었다. 래널드의 백인 아버지인 아치볼드 맥도널드는(그는 자기 성을 MacDonald가 아니라 McDonald로 표기했다) 스코틀랜드 출신으로 허드슨베이 컴퍼니*의 애스토리아 주재 교역소인 포트조지의 교역 담당원이었다. 래널드의 어머니는 아들이 태어나고 얼마 지나지 않아 사망했다. 이후 여러 해에 걸쳐 아치볼드는 오늘날의 워싱턴과 브리티시컬럼비아에 있는 여러 HBC 교역소에서 일했고, 그중에는 포트조지에서 컬럼비아강을 따라 130킬로미터 올라간 지점에 위치한 포트밴쿠버도 있었다. 래널드는 초기 유년기의 상당 부분을 강 하구 지역에 사는 치누크족 친척들과 함

* 약칭 HBC. 1670년 북미와의 모피 교역을 위해 설립된 잉글랜드 기업으로, 현재는 캐나다 최대의 소매업 기업이자 북미 대륙에서 현존하는 가장 오래된 기업이다.

께 보냈고, 이따금 아버지의 주재지에서 함께 지내기도 했다. 거기서 그는 HBC에 소속되어 떠돌아다니며 모피를 구하기 위해 덫을 놓는 사람들과 알고 지냈는데, 그중 다수는 태평양에서 온 폴리네시아 선주민들과 캐나다에서 모피를 실어가는 프랑스인 뱃사공들이었다.

재혼한 아치볼드는 자기가 보기에 좀 더 문명화되고 학교까지 있는 포트밴쿠버 같은 환경에서 아들과 함께 살게 되자 흡족해했다. 그는 아들에게 자라서 자기처럼 HBC에서 관리자로 일하거나, 아니면 오타와나 몬트리올 같은 도시에 있는 기업에서 일하기를 바란다는 뜻을 분명히 밝혔다. 래널드가 포트밴쿠버에서 초등학교를 마치자, 아치볼드는 아들을 매니토바주 위니펙에 있는 HBC 기숙학교로 보냈다. 래널드는 열네 살 때 온타리오주 세인트토머스에 있는 한 은행에 수습사원으로 취직했고, 거기서 아버지의 사업상 지인의 감독을 받으며 일했다.

그의 삶에 관해 기록한 사람들에 따르면, 초년에 래널드는 '혼혈'이라는 태생 때문에 자신의 야망이 누누이 좌절되는 것을 느꼈다고 한다. 그의 자서전을 보면 자라는 동안 문화적 충성심을 두고 갈등했던 모습이 분명히 드러난다. 자기가 태어난 치누크 공동체에 어느 정도 소속감을 느꼈지만, 그가 태어난 때는 치누크의 사회조직과 문화적 가치관이 급속히 변화하던 시기였다. 또한 그는 교육받은 백인 아버지의 상업적 문화에도, 그리고 어느 정도는 물질적 부와 가정적 편안함, 사업가의 권위에 대한 아버지의 야망에도 공감했다. 위니펙에 있을 때는 어떤 백인 소녀를 사랑하게 되었는데, 그때 사람들은 '혼혈'인 그는 백인에게 구애할 자격이 없다며 거칠게 내쳤다. 그는 후에 온타리오에서도 비슷한 평가와 불신을 받았다. 매일 은행의 자기 자리에 앉아서 길게 적혀 있는 숫자들을 바라보며 래널드는 지역의 사회적 관습이 자신을 구속복처럼 옥죄는 느낌을 받았다. 은행을 그만두고 자기에게 더 편안하고 벌이도 좋은 직업을 갖고 싶었지만 이직을 할 만큼 돈을 모으려면 오랜 시간이 걸릴 거라는 전망에 따분함과 우울감이 찾아왔다. 얼마 안 가 그는 수습 생활을 그만두고 동부에 있는 롱아일랜드로 여행을 갔고, 그곳 포경선에서 일자리를 얻었다. 포경선 선원들은 서아프리카와 아시아의 해양 국가 출신, 아메리카 선주민, 스칸디나비아인, 카리브해 출신 등 아주 다양한 배경의 사람들이었다.

어린 시절에 래널드는 치누크족 친척들에게 워싱턴주 오제트 근처 해변에 떠밀려 온 호준마루의 생존자 세 명을 포함하여 쇄국 시대에 북미 해안에 표류해 온 일본인들인 효류샤(표류자)에 관한 이야기를 들었다. 친척들은 효류샤가 모두 인디언처럼 생겼다고 말했다.

세월이 흐르는 동안—본인의 기록에서도, 전기 작가들의 조사에서도 어쩌다 그리되었는지는 분명히 드러나지 않지만—맥도널드는 호준마루 생존자들과 다른 효류샤들에게 복잡다단한 동일시의 감정을 느끼게 되었다. 유럽 문화와는 담을 쌓고 사는 서태평양 머나먼 나라의 토착민들에게 느끼는 동일시의 감정에 사회적 배제와 인종차별을 겪으며 쌓인 원한이 더해지고, 여기에 자신이 평범한 선원으로 일하는 것이 아버지를 깊이 실망시켰을 거라는 불안감까지 더해지면서, 래널드는 어떤 식으로든 남들과 다르게 두각을 나타내야 한다는 압박을 느꼈다. 사회가 자신에게 씌운 '혼혈'과 메스티소라는 범주에서 어떻게든 벗어나야 할 것 같았고, 무엇보다 자기 아버지가 대단하게 여길 만한 일로 그러고 싶었다. 맥도널드는 일본인들이 실제로 아메리칸 인디언들과 혈족 관계에 있으며, 그들도 곧 치누크인들이 공격적인 유럽과 미국의 무역상들 때문에 겪은 것과 똑같은 사회 붕괴를 겪게 될 거라고 믿게 되었다. 치누크인들처럼 일본인들도 무력하게, 그 상황을 방지하지도 통제하지도 못할 거라고 생각했다.(영국은 이미 1차 아편전쟁을 벌여 아편 수입을 꺼리는 중국에 아편과 차를 맞바꾸는 무역을 강요했고, 광둥(광저우), 아모이(샤먼), 푸저우, 닝보, 상하이 항구를 손에 넣었다.) 이 무렵 맥도널드는 대서양과 태평양의 여러 항구에서 쌓은 충분한 경험을 바탕으로 국제무역의 발전을 이끄는 막대한 정치적 경제적 힘을 이해할 수 있게 되었고, 그 추진력이 미치는 영향들도 이해하고 있었다. 그는 누군가 일본인들에게 앞으로 무슨 일이 벌어질지 경고해줘야 한다고 생각했다. 최근에 난파하여 일본 해안에 표류한 미국 포경선 선원들이 일본인들에게 거친 대우를 받고 강제 추방을 당했다는 사실도 그는 알고 있었다. 게다가 미국 내에서도 '일본에 대해 무언가 조치해야 한다'는 압박이 커지고 있다는 것도 알았다.

맥도널드는 경고의 메시지를 전하는 역할을 자기가 맡기로 마음먹었다. 그것도 당장.

내가 처음 래널드 맥도널드에 관해 알게 된 것은 1985년에 이스턴워싱턴대학교에서 교편을 잡고 있을 때였다. 스포캔에 있는 이스턴워싱턴 주립 역사학회에 보관되어 있던 그의 편지 몇 통을 우연히 보았다. 그 후 포틀랜드에 있는 오리건 역사학회에서 그의 개인적 서신을 좀 더 읽어보게 되었는데, 간간이 화려하고 꾸밈이 많아지는 문체와 한결같이 예의 바르고 부드러운 어조가 눈에 띄었다. 그의 전기 몇 편도 읽었고 주석이 아주 많이 달린 자서전도 읽었으며, 급기야 캐나다 국경 근처 워싱턴 북동부에 자리한 콜빌 인디언 보호구역에 가서 북쪽의 오래된 공동묘지에 있는 그의 무덤에도 다녀왔다. 다른 일을 하는 과정에서 그의 인생에 중요했던 몇몇 장소에도 다녀올 수 있었는데, 이를테면 하와이 마우이의 포경 마을 라하이나, 컬럼비아강 하구의 애스토리아, 1849년에 일본에서 추방된 후 일했던 호주의 금광, 토착민 아이누족이 상륙한 그를 발견했던 일본 북부의 홋카이도 등이 그런 곳이다.

나에게 맥도널드에 대한 애정이 생긴 것은, 인정받는 사람이 되고 신뢰를 얻기 위해 그가 보인 진지하고 고귀한 분투, 평생에 걸쳐 자신이 누구인지 알아내고자 영혼까지 쥐어짠 노력 때문이었다. 또한 그가 자기기만에 빠질 줄도 안다는 점, 그의 삶에 나타난 재물에 대한 욕망, 명성과 부를 바라는 마음 때문이기도 했다. 나에게 이런 특징은 그를 더욱더 인간적으로 보이게 했을 뿐이다.

가장 훌륭한 맥도널드의 전기 작가인 프레더릭 L. 쇼트는 『쇼군 나라의 아메리카 선주민: 래널드 맥도널드와 일본의 개항』에서, 대중에게는 맥도널드가 인신매매라는 잔인무도한 19세기 일에 가담했다는 식의 인식이 남아 있기는 하지만, 쇼트 본인은 맥도널드가 1840년대에 (당시에는 불법이었던) 서아프리카 노예선 선원으로 중간 항로를 항해한 적이 있을 거라는 확신은 들지 않는다고 썼다. 그렇지만 맥도널드는 쿡의 항해로 더욱 신뢰할 수 있는 지도들이 만들어진 후 가속도가 붙기 시작한 국제 교역 체계의 어두운 측면에서 놀랍도록 다양한 경험을 쌓았다. 그는 북미의 모피 교역 문화 속에서 태어나 태평양 연안 북서부에서 영국과 미국의 무역상들이 대결을 벌이던 19세기 초의 경쟁 구도 안에서 성장했고, 뉴잉글랜드의 항구에서 화물선과 포경선을 타기도 했다. 1850년대에는 개척지 투기업자들이 호주의 사업가들과 정치가들을 등에 업고 호주 선주민에게서 강탈한 빅토리아 땅에서 골드러시에 가담했다. 또한 동남아시아에서 연안 무역선에 승선했을 가능성도 있으며, 영국 동인도회사가 인도에서 광저우로 아편을 실어가고 중국의 차를 런던으로 실어가던 차 무역선에서 일했을 수도 있다.

한 사람은 유명하고 한 사람은 잘 알려지지 않았지만, 쿡과 맥도널드라는 두 역사적 인물은 내 마음속에서 오랫동안 서로 연관된 상태로 남아 있었다. 둘 다 각자의 방식으로 원형적인 인물이었고, 두 사람 다 태평양에서 각자의 개인사에서 중추적 전환점이 될 사건을 맞이했다. 게다가 두 사람 다 어느 정도 수수께끼로 남아 있다. 둘 다 인종과 계급적 특권에 문제를 제기하고 근대 무역의 역사와 도덕성에 의문을 던졌는데, 이는 현대에도 강한 공감을 일으킨다. 이들은 각자 경제적 변화로 들끓던 나라에서 바다로 나가 오랜 시간 대양을 항해하면서, 말로 표현할 수 없는 것을 추구하는 일이 어떤 것인지 정의했다. 나는 이 두 사람이, 그들을 비판하거나 그들에게 훈계를 늘어놓을 만한 사람들에게는 들리지 않을 거리에서 서로 대화를 나누는 모습을 상상한다. 의례적인 인사말과 바다 이야기를 빼면 둘 사이에 대화할 거리가 별로 없을 거라 생각할 수도 있겠지만, 그들은 각자의 야망에 따라 움직인 사람들이었고, 둘 다 기억에 남길 만한 어떤 성취를 이루려 노력하는 가운데 상처 입은 사람들이었다. 둘이 사적인 대화를 나누었다면 그런 사실을 깨달을 수도 있었을 것이다. 가령 대화가 잘 풀리는 어느 오후에 함께 차를 마시며 라나이라는 태평양의 어떤 섬에 관한 이야기를, 비판받거나 반박당하리라는 두려움 없이 자유롭게 나눌 수도 있을 것이다. 곁에서 지켜보는 사람이 있었다면 그는 쿡이 더 마르고 키가 조금 더 크다는 것을, 두상은 작고 코는 크며 나머지는 비율이 부자연스럽다는 것을, 그리고 맥도널드는 어깨가 넓고 잘생겼으며 옹골차고 근육질이라는 것을 알아보았을 것이다. 꿰뚫을 듯한 쿡의 눈은 푸른색이었고, 움푹 들어간 맥도널드의 눈은 회색으로 홍채 가장자리에 적갈색 테가 둘려 있었다.

소작농의 아들로 자란 쿡의 앞길에는 소작 외에 다른 전망이 거의 보이지 않았다. 하지만 그는 무역업에 진출함으로써 스스로 유년기의 친구들에 비해 남다른 존재가 되었다. 얼마 지나지 않아 그는 잉글랜드 북해 연안을 따라 석탄을 실어나르는 석탄선의 선장이 되었다. 그 후 스물여섯 때는 영국 해군에 하사로 입대했는데, 이는 사실상 해상무역의 테두리를 벗어나 바다에서 새롭게 자신을 증명하기 위한 완전한 새 출발이었다.

쿡은 특권 의식을 지니고 자라지는 않았지만, (고작) 토지가 없는 노동계급에 속한다는 이유로 세상이 자기에게 할당한 위치를 받아들이기보다 자기 인생은 스스로 개척하겠다는 뜻을 품었다. 영국 해군에 들어가고 얼마 안 되어 그는 뉴펀들랜드의 연안 해역을 항해하며 지도와 해도를 탁월하게 제작해 일찌감치 두각을 나타냈다. 1차 항해(1768~1771)에 나서며 잉글랜드를 떠날 때는 선장이라는 직위에 발탁되었고, 그는 이에 감사했다. 푸앙트베뉘스에서 탐사를 끝낸 뒤 남태평양에서 그때까지 봉인되어 있던 명령서를 개봉했을 때, 해군 본부가 소문만 무성한 남쪽 대륙의 존재 여부를 그가 확인해주길 원한다는 걸 알게 되었는데, 그때도 비슷한 감정으로 벅차올랐다. 나아가 그들은 쿡이 다른 영국 뱃사람들이 하던 일을 이어서 하기를, 즉 남태평양의 또 다른 섬들에 대한 영국의 소유권도 주장하기를 원했다. 경험이 쌓인 쿡은 2차 항해(1772~1775)를 할 즈음에는 자기에게 기대되는 일이 무엇이며 그 일을 어떻게 달성할 수 있는지 잘 알고 있었다. 그는 배들을 혹사시키고 선원들을 호되게 몰아대며 그 일을 해냈다.

2차 항해를 마쳤을 때 쿡은 자신이 일련의 비범한 성취의 종착점에 당도한 것 같다는 생각에 마음이 편안해졌다. 그는 자기가 속한 계급—출생으로 얻게 된 계급이 아니라 성취를 통해 스스로 옮겨간 무리—의 모든 사람이 되고 싶은 한 가지, 바로 위대한 인물이 되었다. 그의 경우에는 위대한 탐험가가 된 것이다. 그런데 이제 그를 사로잡고 그로 하여금 3차 항해의 지휘를 수락하게 한 것은 또 다른 야망, 어쩌면 전보다는 덜 존경스러운 야망이었다.

1775년 전까지 그는 남극의 문제를 밀쳐두고 있었다. 그는 대서양과 인도양, 태평양에 남쪽 경계선을 마련해주었고, 호주 동해안의 좌표를 지정했다. 경계를 명확히 해야 할 광대한 영역 중 아직 남아 있는 곳은 멕시코와 베링 해협 사이 위도에 들어가는 북태평양뿐이었다. 그리고 만약 그가 그 일을 해낼 만큼 북미 해안에서 충분히 위쪽으로 항해할 수 있다면, 서쪽에서 북서항로로 진입하는 길도 찾아낼 수 있을지 몰랐다.

쿡이 3차 항해의 지휘 요청을 즉각 받아들이기를 주저한 이유는 그런 항해가 요구하는 육체적 고됨을 기억하고 있었고, 또한 자제력과 야망이 없고 식습관이 고약하며, 해변에 상륙할 때마다 걸핏하면 말썽을 일으키는 선원들이 자기를 얼마나 진저리나게 하는지 잘 알았기 때문이었다. 이들은 그가 함께 자랐고 또 그 무리에서 탈출하고 싶어했던 바로 그들과 똑같은 평범한 정신의 소유자들이 아니던가?

그래도 그는 가기로 했다. 그러나 이 항해에 대한 조급증과 함께 선원들에 대한 분노는 커져만 갔고, 어쩌면 충분히 타당한 이유 없이 이 노고에 자기 인생을 던져넣었다는 생각까지 들었을지도 모른다. 그는 자기 아내가 어떤 사람인지 정말 몰랐다. 너무 오래 떨어져 있은 탓에 자기 자식들에 대해서도 거의 몰랐다. 이제 와 더 큰 명성을 얻는다고 해도 그게 무슨 의미가 있을까? 그리고 그것을 위해 또 어떤 대가를 치러야 하는 걸까? 또한 자신이 제국주의의 부상을 보며 느끼는 막연한 거리낌에 대해서는 어떻게 해야 할 것인가? 그 불편한 의혹을 터놓고 이야기할 사람은 아무도 없었다. 그는 해군이 자신의 항해일지를 출판할 때 글을 편집한 방식을 보고, 자신을 영국의 우월함에 대한 자기네 믿음을 뒷받침하는 사람으로 만들어놓았음을 알았다. 그들은 쿡을 제국의 아바타로 만들 셈이었다. 2세기 뒤, 그의 대표적 전기 작가인 비글홀이 자신의 편견들을 쿡에게 투사해, 그가 그런 편견에 깊이 물들어 있던 사람으로 표현한 것처럼 말이다.

쿡은 자신이 전혀 동조하지 않는 목적에 이용될 터였고, 3차 항해를 하는 동안 그도 그 사실을 알고 있었던 것 같다.

3차 항해(1776~1780)가 시작될 때 쿡은 재정적으로 안정되어 있었고 동료들에게 존경을 받고 있었다. 그가 갖지 못했던 것은 자기 삶의 의미에 대한 통제력이었다. 3차 항해—그가 한 사람으로서도 선장으로서도 통제력을 잃게 되고, 분노한 하와이인들의 손에 난자당해 죽게 되는 그 항해—에 대한 지휘권을 수락하기 전에, 쿡은 은퇴하여 자기 인생 이야기를 자기만의 방식으로 쓸 기회가 있을 거라고 생각했을까? 겉으로는 표현의 자유가 있는 것처럼 보여도 여전히 그는 국가의 가치관에 봉사하고 있던 터, 사실은 자기 생각이나 신념을 자유롭게 말할 수 없다는 것이 마음에 걸리지 않았을까? 만약 그가 자기 생각을 말하기로 선택했다면, 스코틀랜드 농부의 아들인 그는 가족과 함께 사회적으로 배척당했을까? 지금 조지프 뱅크스 경과 다른 사람들이, 그러니까 그에 비해 자기 생각을 더 자유롭게 말할 지위에 있는 사람들이 의기양양하게 활보하고 있는 토대를 자신이 깔아주었다는 사실이 그의 심기를 건드리지는 않았을까? 만약 그가 정말 3차 항해 때 서쪽에서 북서항로로 들어가는 진입로를 발견했다면, 그 성취가 그런 우려를 무의미한 것으로 만들었을까? 그리고 마지막으로, 쿡은 자신의 항해가 지닌 더욱 심층적인 의미에 대한 그의 원숙한 통찰에 관심 있게 귀 기울일 사람이 있기나 할지 염려하지 않았을까? 아니면 혹시 남태평양의 식인종 이야기와 폴리네시아 여자들과의 성적 모험담만을 바라는 대중의 욕구에 너무 진절머리가 나서 자신의 영혼을 탐사해볼 의지는 끌어내지도 못했을까?

야망의 문제와 역사에서 자신이 차지하는 의미의 문제는 어쩌면 쿡보다는 맥도널드에게 더욱 고통스러웠을 것이다. 그는 자신의 사회적 위치가 정확히 어떤 것인지 확신하지 못한 채, 개인적으로 성공을 거둘 뚜렷한 경로는 하나도 보이지 않는 상태로 성장했다. 여러 다른 시기와 여러 다른 상황에서 그는 자신을 선주민들의 세계와 상당히 동떨어진 존재로 생각하려 애썼고, 스스로 교육받고 교양 있는 사람이 됨으로써 자기 아버지는 변경에만 머물러 있던 세계를 수월하게 여행하면서 자신의 사회적 낙인이라 여겼던 것을 지워버렸다고 생각하려 애썼다. 또 어떤 때는, 예컨대 일본에서 보낸 시기에는 치누크 혈통과 강하게 동일시했다.

맥도널드는 아버지를 중요한 인물로 여겼지만, 자신이 메스티소이기 때문에 특히 캐나다 동부에서는 HBC의 교역망을 벗어나면 아버지와의 관계도 자신에게 어떤 확실한 사회적 지위도 보장해주지 못한다는 것을 알았다. 외할아버지인 콘콤리가 사회적 계층이 분명히 나뉘고 노예제가 존재하던 치누크 사회에서 왕족의 일원이었다는 사실도 그에게 의미는 있었겠지만 실질적인 도움은 되지 않았다. 이미 치누크 사회는 붕괴하고 있었고, HBC가 전통적인 교역망을 재편성하면서 지역 교역에 대한 치누크족의 통제권을 빼앗아갔기 때문이다. 맥도널드의 외할아버지는 태평양 연안 북서부 역사의 과도기적 인물이었다. 그보다 오십 년 전이었다면 콘콤리의 손자는 치누크인들 및 다른 컬럼비아강 저지대 부족들에게서 존경을 받았을 것이고, 물질적 부도 물려받았을 것이다. 하지만 1830년대와 1840년대에 그의 가계는 그에게 아무런 혜택도 주지 못했다.

맥도널드의 아버지는 그를 총애하는 조카처럼 대했다. 아치볼드와 재혼하여 자녀 열세 명을 낳은 새어머니 제인 클라인은 래널드를 아들처럼 대했는데, 클라인 본인도 스위스인 뱃사공과 크리족 어머니 사이에서 태어난 것으로 짐작된다. 클라인은 맥도널드에게 크리족 사람들과 캐나다 중남부 사람들의 혼혈인 메티스족 사람들 외에 어떤 인맥도 마련해주지 못했다. 한마디로 맥도널드는 북미 사회에 진입할 수 있는 확실하거나 유망한 기회를 전혀 찾을 수 없었다. 결국 그는 끝까지 결혼도 하지 않고 자식도 낳지 않았다. 어느 인디언 보호구역에서 기묘한 괴짜 취급을 받으며 고립된 채 무명으로 세상을 떠났으며, 명예로운 장소에 묻히지도 않았다. 그는 자기가 생각하는 인생의 의미에 부합하는 어떤 플롯도 갖추지 못했다.

생각해보면 맥도널드에게는 뭔가 어색한 구석이 있었다. 그의 편지에서 보이는 교육받은 사람 같은 언어 구사, 교양 있는 행동거지, 그리고 대중에게 자신을 내보이는 방식까지 모두 다 꾸며진 것처럼 보이며, 이를 보면 그는 자기가 정말 누구인지 끝내 알아내지 못한 것 같다. 그의 말년에 콜빌 인디언 보호구역을 방문한 사람들은 그를 잘 봐주어야 많은 곳을 여행한 이야기꾼 정도로만 여길 뿐 진지하게 관심을 기울일 만한 사람으로는 보지 않았다. 맥도널드는 사람들이 자신을 짐짓 생각해주는 척하면서 사실은 깔보고 있다는 느낌을 받았는데, 1891년 7월 18일 〈하퍼스 위클리〉에 실린 편협한 글 하나가 그 느낌을 확신으로 바꿔놓았다. 명예 승진한 멋쟁이 조지 암스트롱 커스터 장군의 아내인 엘리자베스 커스터가 쓴 글이었다. 이 사람은 자기가 방문했을 때 맥도널드가 보여준 예의를 조롱했고, 그의 인생 경험을 오락거리로 취급했다. 나중에 맥도널드의 첫 전기 작가가 되어 그를 "북서부 역사에서 가장 기이하고 가장 낭만적이며 눈길을 끄는 인물"이라고 묘사한 캘리포니아 여성 에바 에머리 다이에게 1892년에 보낸 편지에서 맥도널드는 상처 입은 마음을 드러내며 "커스터 장군 부인처럼 나를 가혹하게" 대하지 말아달라고 간청했다.

내가 그 두 사람이 만날 곳으로 상상한 태평양의 라나이섬에서 만약 그들이 함께 마주 앉아 있다면—쿡은 좀 더 말수가 적고 맥도널드는 더 떠들썩하게 말할 것이고, 쿡은 더 말쑥하게 차려입고 맥도널드는 웨이터들과 더 편안하게 어울릴 텐데, 아무튼 두 사람 다 스코틀랜드인의 아들이다—나는 쿡이 맥도널드의 무해한 허세를 재미있어하며 이해하는 마음으로 받아들였을 거라고, 맥도널드는 유명인으로서 쿡이 빠진 딜레마를 이해했을 거라고 생각한다. 그들의 전기를 읽고 내가 얻은 결론은, 자신의 진짜 마음을 아무에게도 말하지 못하고 죽었다는 점은 둘이 똑같다는 것이었다. 한 사람은 전통적인 성공의 외관을 갖춘 항해가로 사후에 태평양의 항구 대여섯 군데에 세워진 실물 크기 동상이 그의 명성을 기리고 있고, 다른 사람은 그 누구에게서도 커스터 부인에게 내보일 훈장 하나, 감사장이나 추천장 한 통 받지 못했으며 아직도 그가 널리 알려져 있고 찬사를 듣는 일본을 제외한 모든 곳에서 거의 잊힌 사람이 되었지만 말이다.

1845년 12월, 맥도널드는 롱아일랜드 새그하버에서 미국 포경선 플리머스호에 취직했다. 그의 나이 스물한 살 때였다. 이후 이 년 동안 그는 플리머스호에 실린 보트를 타고 주로 향고래를 사냥했고, 그 과정에서 갈라파고스 제도 플로리아나섬(산타마리아섬)을 포함하여 태평양 중부의 몇몇 항구를 방문했는데, 플로리아나섬에는 선원들이 우편물을 놓아두거나 가져오는 포스트 오피스 베이*가 있었다. 1848년 7월, 일본 연안에서 이 포경선의 선장은 자기가 새그하버에서 맥도널드에게 약속했고 라하이나에서 다시 확인했던 다짐을 지켰다. 맥도널드가 플리머스호의 보트 중 하나에 식량을 싣고 떠나도록 허락해준 것이다.(플리머스호는 향고래의 기름을 담은 통들을 가득 싣고 귀향하는 길이었다.) 그곳은 태평양 동쪽 해역에 있는 야기시리섬 남쪽 어딘가였다. 맥도널드는 거기서부터 북쪽으로 이동해 홋카이도 서해에 있는 리시리섬으로 가서, 그곳에 있는 아이누 사람들에게 자신이 난파선 선원인 척했다.

그곳 토착민인 아이누 사람들은 지역 다이묘들의 부하들에게 가이코쿠진(외국인)과 어울렸다고 고발당할 것이 두려워 맥도널드를 본토 소야 지역에 있는 군사기지 관리들에게 신고했다. 그들은 맥도널드를 데리고 육지와 바다를 거치며 여러 경로

* 포경선은 길게는 한 번에 몇 년씩 바다에 나가 있기 때문에 선원들이 가족과 소식을 나누지 못하는 것이 문제였는데, 이를 해결하기 위해 생겨난 것이 포스트 오피스 베이다. 이 비공식 우체국은 갈라파고스를 방문한 사람들이 자기가 전할 우편물을 놓아두고 가면, 또 다른 사람들이 수신지가 자신의 목적지와 같은 곳인 우편물을 가져가서 집에 돌아가면 직접 전달해주는 방식으로 운영된다. 포스트 오피스 베이는 지금도 이 방식으로 운영되고 있다고 한다.

로 이동하고, 사이사이 가택 연금을 하기도 하면서 석 달 뒤에야 나가사키에 있는 쇼군의 궁정에 데려갔다. 이후 맥도널드는 이곳에서 일곱 달 동안 열네 명의 일본인에게 영어를 가르쳤다. 그건 그가 영국과 미국의 무역상들과 군사들이 반드시 그곳으로 올 것이니 일본인들이 그들을 제대로 상대하려면 꼭 영어를 알아야 한다고 생각했기 때문이다.

맥도널드는 제자들, 그중에서도 자기와 나이도 비슷하고 가장 좋아했던 제자 모리야마 에이노스케에게 좋은 인상을 남겼다. 아니, 만나는 거의 모든 사람이 그에게 좋은 인상을 받았다. 일본인들의 눈에 그는 처신도 발랐고 방문자로서 태도도 온당했다.

1849년 4월 27일, 맥도널드는 진짜로 난파한 미국 포경선 선원들이 일본에서 추방될 때 그들과 함께 나가사키를 떠나 홍콩으로 갔다. 1851년에는 호주 빅토리아주 중남부 밸러랫 근처에 있는 채금지에서 금광을 찾아다녔다. 호주에 도착하기 전에는 어디에 있었으며, 또 1851년 이후부터 1858년 골드러시 시기 캐나다 브리티시컬럼비아주 중동부 카리부 지역에 다시 나타나기 전까지 어디에 있었는지, 그의 행방을 알려주는 믿을 만한 기록은 남아 있지 않다. 카리부에서는 선구 판매상과 말 관리인으로 일했고, 나룻배로 프레이저강을 오가며 벽지로 필요한 물품을 실어날랐다. 이즈음 그가 이룬 특별한 업적에 대해 아는 사람은 아무도 없었고 역사적 기록에서도 사라진 것 같았는데, 그 이유 중에는 맥도널드가 사람들에게 인상을 남기는 걸

꺼린—혹은 그럴 능력이 없었던—탓도 있을 것이다.

170년의 세월이 지난 지금은, 맥도널드가 일본을 여행하며 영어를 가르쳤던 사십삼 주 동안 일본이 바깥세상에 대해 얼마나 단단히 문을 걸어 잠그고 있었는지 판단하기 어렵다. 사실만 늘어놓자면, 외국 배가 나가사키항 외에 다른 항구에 접근하면 해안 포대에서 즉각 대포를 쏘았다. 난파선의 생존자들을 발견하면 신속히 한데 모아서 나가사키로 보내 귀향하는 네덜란드 무역선에 태웠다. 그러니 맥도널드가 일본에서 받은 점잖은 대접은 무척 이례적이라 할 수 있는데, 사실 그의 예의 바른 성격과 자신의 임무를 진지하게 수행하는 태도를 떠올려보면 이상한 일도 아니다. 맥도널드는 일본인들에게 곰살궂고 공손한 인상을 주었다. 툭하면 싸우려 들고 시끄럽고 무례하고 상대를 얕잡아 보는 난파한 미국 포경선의 고래잡이 선원들과는 아주 대조적인 사람이었다. 동양인을 닮은 이목구비도 일본인들의 인종적 편견을 누그러뜨렸을 것이고, 일본의 관습과 음식에 잘 적응하는 그의 모습도 일본인들을 놀라게 했을 것이다.

1853년 7월, 함대 사령관 매슈 페리가 허세를 부리며 에도의 천황궁에 성큼성큼 걸어 들어갔을 때, 맥도널드의 예전 제자들이 그의 제안과 요구를 통역했다. 그 자리에 있던 몇몇 사람의 눈에 페리의 가짜 예의, 거절은 받아들이지 않겠다는 오만한 요구, 굳이 숨길 생각도 없어 보이는 군사적 위협은 맥도널드의 품행과 너무나 대조적으로 보였다. 맥도널드는 인종과 문화가 뒤섞인 채 산다는 것이 의미하는 바를 속속들이 알고 있었으며, 경제적, 사회적, 인종적 위계의 불변성을 믿지 않았고, 천성적으로 잘 융화하는 사람이었다.

페리는 이런 상황에서 맥도널드처럼 협상에 임하는 것은 무지하고 나약한 방식이라 생각했을 것이다. 그 자리에 있었던 모리야마는 분명 맥도널드가 경고했던 이야기가 페리라는 인물로 그대로 구현된 것을 목격했을 것이다.

나에게 맥도널드는 기이하게도 미완성인 채로 혹은 궤도에서 이탈한 채로 세상을 떠나버린 사람, 살아가는 내내 단지 부적합한 신체적 외양, 부적합한 일을 한 이력, 부적합한 생각을 가졌다는 이유로 자기 앞에서 수많은 문이 덮어놓고 닫히는 걸 본 사람을 대표한다.

맥도널드를 생각할 때면 인종이나 종교적 신념을 이유로, 정규교육을 받지 못했다는 이유로 또는 국적 때문에 인류의 운명을 논의하는 자리에 결코 초대받을 가능성이 없는, 내가 전 세계에서 만난 수많은 모범적인 사람들이 떠오른다.

내가 기억하는 한 내게는 항상 허리케인에 휩쓸리는 일 또는 육지가 보이지 않는 원양에서 거친 바다를 만나는 일에 대해 깊은 공포가 있었다. 하지만 해변에서 바다를 볼 때는 거의 어떤 날씨에서든 늘 매혹되고 마음이 진정되는 걸 느낀다. 아마도 바다의 가장 큰 매력은 무대의 매력이 그렇듯 그 드넓음인 것 같다. 바다가 하늘과 만나는 그 중단 없는 선과 그 변화무쌍함도.

또 서양자두의 어두운 보라색부터 연한 하늘빛을 거쳐 산화된 구리 표면의 푸른 녹 같은 민트색까지 다양하게 빛나는 그 색채도. 언젠가 나는 메인주 캠던에서 내 친구이자 화가인 앨런 매기와 함께 해변을 걷다가, 어느 상점 진열장에서 완벽하게 만들어진 포경선 모형을 보았다. 당시 나는 맥도널드를 몰랐지만, 그 모형은 그가 승선하여 일했을 법한 유형의 스텝 돛대가 있는 긴 배였다. 나는 그 모형을 샀다. 똬리로 감아놓은 밧줄과 노걸이에 작살까지, 세부 요소들이 거의 현미경을 들여다보며 만든 것처럼 정교하고 아름다워서였다. 그것은 누군가가 애정과 완벽한 지식을 담아 만들어낸 물건이었다. 나는 그걸 내가 일하는 방에, 마틴 M-130 모형 옆에 놓아두고 싶었다.

현재 그 배는 수많은 작은 구멍에 먼지가 끼는 걸 방지하기 위해 유리 상자에 담겨 내 작업실에 놓여 있다. 나에게 그것은 용기의 이미지, 심지어 안전의 이미지다. 그러나 그 모형을 사고 난 후 꽤 오랫동안은 그 배가 포경선 선원들이 맞닥뜨릴 법한 바다에 떠 있는 모습은 상상할 수도 없었을 뿐 아니라, 도저히 안전한 배로는 볼 수 없었다. 이 인식은 어느 날 남극반도와 남아메리카의 끝을 나누는, 험하기로 악명 높은 해상 통로인 드레이크 해협을 지날 때 바뀌었다. 그날 나는 그때까지는 포착할 수 없었던 종류의 아름다움에 관해 배웠다. 나는 130명의 사람들과 함께 커다란 생태 관광선에 타고 있었고, 우리는 전날 포클랜드 제도의 출발 지점인 스탠리항으로부터 남쪽으로 750해리(약 1400킬로미터) 떨어진 사우스조지아섬 해안에 도착하려 애쓰고 있었다. 핸시애틱이라는 이름의 그 배는 보퍼트 풍력 계급 11단계의 폭풍 속에서 풍속 55노트 이상의 바람을 계속 받아내고 있었다. 파고 12미터의 바다는 혼돈 그 자체였고 사이사이 15미터 높이의 파도가 갑판 위를 덮치기도 했다. 해수면에서는 하얀 포말로 덮이지 않은 지점을 거의 찾아볼 수 없었다. 뱃머리는 때때로 벽처럼 솟아오르는 물기둥에 완전히 파묻혔다. 닻줄 구멍마다 물이 용솟음쳐 선교의 창들을 강타했다. 무슨 이유에선지 나는 이때가 내 오래된 공포의 끝을 볼 때라고 판단했다. 나는 극지 탐험가인 윌 스티거라는 믿음직한 친구와 함께 선교 바로 아래, 바람을 그나마 피할 수 있는 갑판 위로 나갔다. 폭풍우에 맞서는 복장을 갖춘 우리는 물과 바람이 휘몰아치는 난리통 속에서 배의 상부구조를 찢어버릴 듯 세차게 불어대는 바람의 괴성을 듣고 있었다.

우리는 재빨리 갑판 승강구로 몸을 피해 두 발을 벌린 채 웅크리고 앉아 죽을힘을 다해 난간을 꽉 붙잡았다. 10미터쯤 떨어진 곳에서 신천옹들이 마치 올림픽 스노보드 선수들처럼 유유히 그 혼란스러운 바람을 타면서 그 와중에 우리와 눈을 맞추는 것을 경탄스럽게 바라보기도 했다. 어느 시점에 나는 뒤쪽으로 고개를 돌렸다가 길이가 120미터인 이 배의 선미가 물에서 솟아오르며 왼쪽으로 9미터쯤 돌아가는 것을 보았다. 여기서 유일하게 가만히 고정되어 있던 것은 파도에 뒤놀며 덜덜 떨리는 선체의 전율을 우리의 허벅다리로 전달하던, 우리 발밑의 강철 갑판뿐이었다.

이 광경 속에 들어오고 얼마쯤 시간이 지났을 때, 나는 내가 공황이나 불안 없이 평소처럼 생각하고 있고 긴장도 풀렸음을 깨달았다. 오랫동안 나에게 공포의 이미지였던 것이 이제는 뭔가 다른 것, 어떤 완벽함의 이미지로 변모해 있었다. 여기에는 지구의 근본적인 야생성이 있었고, 윌리엄 블레이크가 말한 혼돈 속의 신성함에 대한 감각이 있었다. 폭넓은 여행 경험이 있는 한 친구에게 해안에서 멀리 떨어진 바다에서 풍랑을 만나는 일에 대한 나의 두려움을 이야기하자, 친구는 자기도 드레이크 해협에서 내가 겪은 것과 비슷한 폭풍우를 만난 적이 있다며 이렇게 말했다. "나는 그때 신의 얼굴을 보았다네."

그 여행에서 집으로 돌아왔을 때 유리 상자에 든 포경선 모형이 전과는 다르게 보였다. 노는 노걸이에 걸려 있고 돛은 펼쳐져 있다. 배에 사람은 한 명도 보이지 않는다. 이제 나는 이 구조에서 대담함을 감지했고, 악천후에도 전복되는 걸 막아줄 노련한 항해 기술을 상상했다. 그 배를 매력적으로 만드는 핵심 요소인 구조적 견실성을 나는 더 깊이 이해할 수 있게 됐다.

핸시애틱호의 상갑판에 올라 폭풍우를 바라보던 그 시간의 기억 중 가장 미묘한 것은, 조금만 부주의해도 나를 죽음에 몰아넣을 힘에 그렇게 가까이 다가서 있는 동안, 쉰일곱이라는 나이에 내가 아직 스스로 살아갈 수 있는 생명을 지니고 있음에 감사하는 마음, 그리고 누구든 한 사람이 다른 사람에게 가할지 모를 해악에 대해 용서하는 마음이 들었다는 점이다. 부글부글 끓어오르는 파도의 저수지를 응시하고, 너무도 진지하게 폭풍우를 상대하는 신천옹들을 바라보던 그 순간, 나는 내가 다른 사람들에게서 가장 존경하는 부분, 바로 그들의 변함없는 인자함과 침착함에만 초점을 맞출 수 있었다.

태평양에서 쿡이 한 경험과 맥도널드가 한 경험을 돌이켜보고, 내 작업실에 있는 M-130 모형을 바라보고, 쿡의 레절루션호를 이루는 세세한 부분들에 대한 나의 매혹을 생각하다보니 내가 삶에서 얼마나 많은 시간을 이런 수송 수단에 대해 각하며 보냈는지 알 수 있었다. 그래야 할 때가 왔을 때, 우리를 위한 키잡이가 되어주는 건 어떤 유형의 사람일까? 그리고 우리는 이 항해사를 신뢰할 수 있을지 없을지를 어떻게 알 수 있을까?

이튿날에는 폭풍우가 도착하리라 예상하고 있던 그 저녁, 파울웨더곶 텐트 안에 누워, 내가 마치 언젠가는 신이 보낸 편지라도 발견할 것처럼 이곳에 이렇게 주기적으로 찾아오는 이유가 무엇일지 곰곰 생각했다. 나를 잡아끄는 것은 이 장소에서 역사, 생물학, 지리학, 조용함, 그리고 공간이 적어도 내가 그것들을 이해하는 바로는 한데 아주 잘 어우러져 있다는 점이었다. 나는 언젠가 이곳에서 하나로 수렴된 무언가가 밝은 빛을 발하며 스스로 모습을 드러낼 거라 기대했던 것 같다. 하지만 매번 깨달음을 얻지 못한 채 텐트를 걷고 집으로 돌아갔고, 그런 다음 대개는 이 나라를 떠나 다른 곳으로, 갈라파고스 제도와 남아프리카, 아프가니스탄, 프라하, 타나미사막으로 갔다. 여러 달 후, 때로는 몇 년 후, 나는 다른 곳에서 어떤 통찰을 얻은 뒤 다시 파울웨더곶을 찾았고, 저녁에 홍차 한 잔을 들고 그 태고의 대양 표면에 펼쳐지는, 트위드의 보풀이나 새틴의 광택 혹은 크레이프의 자잘한 주름 같은 무한한 다양성을 바라보다가, 점점 어두워지는 저녁 대기가 그 위로 내려앉으면 다시 아무것도 정의할 수 없는 상태가 되고는 했다.

나는 파울웨더곶 주변 지역에서 일어난 사건들에, 알시 사람들과 틸라무크 사람들, 치누크 사람들의 역사에 유별난 친밀감을 느꼈다. 건드려진 땅과 건드려지지 않은 땅의 서로 다른 생태 환경. 여름빛과 겨울빛의 차이. 태음력의 조금과 사리.* 어떤 면에서 나는 쿡의 위도와 경도로 이루어진 좌표의 정확성과 질서가, 어떤 날씨와 빛에서도 변함없는 그 확실성이, 하나를 다른 하나와 곧바로 연결하는 그의 방식이, 신뢰할 수 있는 경로를 그릴 수 있는 믿음직한 그 틀이 부러웠다. 하지만 그의 좌표에는 시간의 척도가 빠져 있다. 또한 기하학적 3차원도 결여되어서 항해자들에게 안전하다는 잘못된 혹은 부정확한 인상을 준다.

지금은 더 이상 항성이나 정밀한 시계 또는 믿을 만한 항로에 의지해 항해하는 시대는 아닌 것 같다. 언젠가 나는 곶 근처 오터록 주변에서 사진가 한 명을 만났다. 사리 때의 오리건 해변

* 조금은 매월 음력 8일(상현)과 23일(하현) 무렵, 조수 간만의 차가 가장 작은 때로 소조라고도 한다. 사리는 매월 보름과 그믐 무렵, 조수 간만의 차가 가장 큰 때로 대조라고도 한다.

의 광경을 담아온 사람이었다. 그는 태평양의 수면이 서서히 높아지고 있어서, 한 달에 두 번씩 수면이 가장 낮아질 때 드러나던 바다의 풍경이 자기 살아생전에 사라질 거라고 확신했다. 일부 사람들은 파울웨더곶의 북쪽과 남쪽에서 바다가 사실상 죽어가고 있다고 생각한다. 이곳 수중의 산소량은 산소 없이 가까스로 살 수 있는 생물을 제외한 다른 생물들의 생명을 유지할 수 없을 만큼 부족해진 지 꽤 오래됐다. 그리고 전 세계 대양과 마찬가지로 수중 pH값도 떨어지고 있다. 바닷물의 산성도가 높아질수록 생물에게는 더욱 해로워진다. 해양생태학자들 중에는 오십 년 후면 원양 식용 어류가 대부분 지구에서 사라질 수도 있고 이 현상은 현재 진행되고 있는, 6500만 년 전 백악기 이후로 처음 닥쳐온 세계적 멸종인 여섯 번째 대멸종의 주요한 부분을 차지할 거라고 믿는 이들도 있다.

그러나 어쩌면 이런 상황은 실제로 일어나지 않을 수도 있고, 그 계산이 정확하지 않을지도 모른다.

우리가 위협적인 미래를 성공적으로 항해하는 데 필요한 설명과 경고를 모아놓은 안내서는 어디에 있을까? 무언가를 아는 것과 무언가를 느끼는 것 사이의 간극, 느끼는 능력보다 아는 능력에 더 높은 명예를 부여함으로써 계몽주의가 만들어놓은 그 단절을 우리가 치유할 수 있으려면, 과연 무엇이 인류의 항해를 위한 믿을 만한 해도가, 그 은유적 위도들과 경도들의 좌표가 될 수 있을까? 원대한 비전에 봉사하겠다고 지역적인 것의 진실성과 심오함을 슬쩍 빠트리는 일을 허용하지 않는, 은유적인 새로운 항해 지도에서 항정선과 경선*의 좌표는 어떤 것일까?

위선과 경선이 건네는 말은 머리에 가장 유려하게 전달된다. 이 선들을 완전히 습득하면 자신감이 생기고 똑똑해진 것 같은 느낌이 든다. 이와 유사하게 특정 지역의 동물과 식물 종들 사이의 무수히 많은 연관성을 외우고 있으면 육지를 여행할 때 자신이 유능하다는 느낌을 받을 수 있다. 알시족 사냥꾼은 쿡과는 다른 방식으로 자신이 어디에 있으며 어디로 가고 있는지 알았다. 쿡의 관점은 비유적으로 위에서 아래로 내려다보는 개관, 아주 높은 곳에서 특정한 세부들을 포착하는 관점이었다. 예를 들어 하와이는 그런 세부 중 하나였다. 알시 사람들의 관점은 위를 향했다. 세밀한 구분에서 시작해서 쿡의 지배적 현실이었던 더 큰 영역의 장엄함으로 나아갔다.

사람이 온전한 인식을 갖추려면 두 관점이 다 필요한 것 같다. 지역적 관점이 밝혀내는 극심한 복잡성에 관한 앎(쿡으로서는 이를 확보할 시간도 그럴 의향도 없었다)뿐 아니라, 폭넓은 개관으로 포착되는 무한한 광대함에 관한 앎까지 말이다. 둘 다를 이해할 역량을 갖춘 사람에게는 상상력을 제약하는 공간과 시간의 관습적 배치가 베일 같은 것에 지나지 않게 된다. 더

* 경선은 북극점과 남극점을 최단 거리로 연결하는 지구표면상의 선으로 자오선이라고도 하며, 항정선은 경선과 항상 일정한 각도를 유지하는 지구 표면상의 선이다.

이상 견고한 벽이 아닌 것이다. 우리가 최악의 상황에 직면할 때 불가능할 것 같다는 느낌을 주는 시간과 공간의 낡은 배치는 더 이상 우리의 상상하는 능력을 무너뜨릴 수 없다.

자신이 속한 지역을 깊고 상세하게 인식하는 토착민의 예리함과, 잘 가꿔가기만 한다면 그를 에워싼 세계를 온전하게 유지하게 해주는 수많은 관계들, 여기에 이 모든 각 지역적 세계들이 모여 이뤄내는 전체적 구조에 대한 통찰적 인식이 더해진다면, 인류가 택할 수 있는 더 많은 선택지가 뚜렷이 드러날 것이다.

한 사람이 선주민의 토착적 앎에 뿌리를 내리고 있으면서 동시에 세계에 대한 인식까지 다 갖추는 게 가능한지 의심스럽겠지만, 미래에 관한 국제적 토론장에 나타나는 전통적 세계의 원로들과 거기서 그들이 하는 말에 담긴 세상에 대한 명징한 이해와 지혜를 목격할 때면 그런 사람들이 더 많이 존재하리라는 믿음을 갖게 된다.

래널드 맥도널드는 그런 원로는 아니었다. 내가 그를 미완성의 인물이라 생각하는 이유는, 그가 밟아온 변덕스러운 삶의 경로에 비추어보았을 때 그는 끝내 어떤 삶을 살 것인지 결정하지 못했던 것으로 보이기 때문이다. 오히려 그는 일종의 허세꾼, 연기자가 되었다. 엘리자베스 커스터가 그를 진지하게 보지 않았던 것도 그 때문이다. 그가 보기에 맥도널드는 진짜가 아니었다. 물론 쿡은 그와 반대로 자기 인생을 어떻게 살아가고 싶은지를 대체로 잘 알았고, 자기가 태어날 당시 아직 공백으로 남아 있던 드넓은 지리적 공간들 대부분을 메운 자신의 업적이 인류에게 혜택을 주리라는 것도 잘 알았다. 하지만 쿡에게는 맥도널드와 달리 위험을 감지하는 직관적 감각이 없었고, 자신이 그 형성에 이바지하고 있던 국민국가의 세계가 언젠가 휘청거릴 수 있으며, 그러면 세상의 지도를 처음부터 다시 만들어야 할 거라 본 맥도널드의 인식 또한 갖추지 못했다.

쿡이 개관하는 사람이었다면, 맥도널드는 쿡과 같은 현실 어딘가에 존재했으면서도 자신의 치누크 혈통이 지닌 지역적 지식이 서서히 거의 무가치한 것이 되어가고 있음을 인지한 사람이다. 그 앎은 지워지고 있었다. 자기네 종족을 무너뜨린 문화적 신경가스에 대해 일본인들에게 경고하려 했던 것은 그의 선견지명이었다. 그는 일찌감치 국제 문제에서 두 문화에 두루 걸친 정신이 어떤 쓸모를 갖고 있는지 몸소 보여주었다. 이에 비하면 전통적 관점에서 그의 인생이 실패한 인생이라는 점은 중요하지 않아 보인다.

때때로 울적해지는 저녁, 이를테면 밤의 장막이 내려와 파도 소리만 남기기 전 바다의 마지막 움직임을 보고 있을 때, 나는 간간이 모차르트의 〈레퀴엠 d단조〉나 브람스의 〈독일 레퀴엠〉 같은 작품에 그려진 삶의 여정을, 삶의 현실에 대한 비참한 한탄으로부터 고양된 평화로 옮겨가는 인간의 행로를 떠올린다. 고전음악에 대한 나의 지식은 얄팍하지만, 그래도 사는 동안 너무나 강렬하게 내게 말을 걸어와서 도저히 잊을 수 없게 된 작품들이 있다. 삶의 어둠을 환기하지만, 동시에 그 어둠을 초월함으로써 듣는 사람의 감정을 높이 끌어올리는 음악이 내 마음에 계속 남는 이유는, 내가 만났던 비범한 사람들에게서 경이롭게 여겼던 것이 바로 절망에 맞닥뜨렸을 때 용기를 끌어낼 수 있는 능력이었기 때문이다. 그들은 포기할 이유가 차고 넘쳤지만—가난, 투옥의 위협, 민족 박해, 내전, 독재—그럼에도 흔들리지 않았다. 이 음악의 서정성에 담긴 뭔가가 희망의 감정을, 역경을 극복하는 평범한 사람들의 굴하지 않는 능력에 대한 믿음을 일깨운다.(자신이 속한 문화적 기반이 마침 이 특정한 서구 음악 전통에 대한 감수성을 포함하고 있는 경우라면 말이다. 물론 이는 예컨대 이보족*이나 중국의 이족, 이누이트족 등에게는 해당하지 않을 가능성이 매우 크다.)

브람스의 〈독일 레퀴엠〉은 처음에 서구 사람들이 삶에서 경험하는 고난과 갈망을 묘사하며 죽음의 불가피성에 대해 그들이 느끼는 슬픔을 표현하다가, 죽음을 초월하는 그들의 능력을 찬양한다. 어둠에서 빠져나오는 길은 일곱 곡에 걸쳐 펼쳐진다. 제5곡 〈지금 그대들은 슬픔에 잠겨 있지만〉에서 섬세히 떨리며 가장 높은 음을 부르는 소프라노의 음성은 듣는 이에게 희망의 감정을 불어넣으며, 제7곡을 마무리할 깊은 평화의 악구를 예고한다.

앞에서도 말했듯이 이 음악—〈독일 레퀴엠〉—이 이런 방식

---

* 나이지리아 동남부에 사는 민족으로 아프리카 최대 민족 중 하나.

으로 말을 걸 수 있는 사람들은 인류 중 작은 부분에 지나지 않는다. 하지만 인간의 고통과 슬픔, 죽음을 다루는 이 음들의 배열과 변화하는 박자들은 그걸 듣는 사람들이 절망을 딛고 일어설 수 있게 해준다.

내가 외국에서 경험한 다른 음악들은 내 주변에 있던 이방인들에게는 심오한 치유와 영감을 안겨주는 게 분명해 보였지만, 나로서는 그 작곡가들의 주제와 의도를 아직도 알지 못한다. 또한 우리 모두가 직면하는 어둠을 다루는 작곡가들이—이 부류로는 당장 말러가 떠오른다—오늘날 그들의 시대만큼 인기를 누리지 못하는 이유는 그들의 작품에 서정적 위로가 부족하기 때문이고, 또 다른 부류의 작곡가들이—멘델스존이 여기 속할 것이다—현대에 그리 호소력을 발휘하지 못하는 것은 그들의 음악에 어둠이 충분하지 않기 때문이다.

음악에는 사람이 품었던 기대를 되살리는 대단한 능력이 있다. 바흐의 〈b단조 미사〉와 존 루서 애덤스의 퓰리처상 수상곡 〈바다가 되다〉처럼 서로 아주 다른 음악도 똑같이 이런 능력을 지녔다.

나는 여행을 떠날 때 이런 음악들을 잊지 않고 늘 가져가려고 한다.

내가 파울웨더곶에서 어떤 식으로든 깨달음을 주는 통찰을 얻을 거라는 생각, 내가 불의에 관해, 쉽게 해결되지 않을 것 같은 민족적 종교적 파벌주의에 관해 품고 있는 복잡한 감정들이 그곳에서 한데 모여 내게 어떤 희망의 이유를 찾아주지 않을까 하는 생각은 어떤 날들에는 철저한 무지의 소산으로, 심지어 망상으로 여겨진다. 하지만 나는 고집을 버리지 않는다. 아마도 나는 "[건드려지지 않은] 땅의 치유력"이라는 관념, 그 땅이 헝클어진 마음 또는 산만해진 마음을 차분한 초월의 상태로 데려갈 수 있다는, 사람들이 좋아하는 관념을 믿는 모양이다. 그것은 적절한 상황에서 특별한 장관을 보여주는 장소에 있으면 자기 에고의 감옥에서 풀려나 경이롭고 치유적이며 깨달음을 주는 자기 바깥의 존재, 즉 타자의 본성을 새롭게 인지하는 과정에 접어든다는 생각이다. 하지만 파울웨더곶에서 보내는 날들은 때로는 내가 작업실에서 보내는 날들과 너무 비슷했다. 나는 의식적으로 통찰을, 단편소설의 끝부분에서 작가뿐 아니라 독자도 갑자기 얻게 되는 그런 종류의 통찰을 찾고 있었다. 내가 신뢰했던 것, 그리고 내 작업실에는 존재하지 않았던 것은, 나와 알고 지내는 알래스카 이누피아트의 표현으로 "지구와 위대한 날씨"였다. 지구는 항상 끊임없이 변화하는—봄이면 강에서 얼음이 녹아 깨지고, 툰드라에서는 카리부가 풀을 뜯고, 붉은 여우는 숲들쥐를 잡아먹는—상태인데도 우리는 지구에 대해 불변성의 이미지 또는 환상을 갖는다. 날씨는 대지 위를 지나고 통과한다. 나 자신에게 함몰되지 않은 정신으로 내가 지닌 의문들을 풀어보려 할 때 적합한 행동은, 방이라는 정적인 실내에 머무는 게 아니라 영속적인 지구와 변화하는 날씨의 근원적인 역동을 경험하는 것이다.

그러므로 파울웨더곶 전체는 때로 내게 '더 큰 세상의 맥락' 역할을 해주었다.

어느 밤 무언가 부드러운 소리에 잠에서 깼다. 무슨 소리인지 분명히 알아내려고 열심히 귀를 기울였지만, 잠이 완전히 깬 뒤에도 그 뒤숭숭한 소리가 무엇인지 규정하기가 어려웠다. 그것은 하나의 소리와 하나의 감정 사이에서 일어난 감각이었지만, 분명히 거기 존재하는 감각이었다. 나는 자리에서 일어나 무릎을 꿇은 채 몸을 돌리고 천천히 텐트의 전면 플랩 지퍼를 열었다. 루스벨트와피티사슴 다섯 마리가 있었다. 이들은 풀 뜯기를 멈추고, 마치 자기들을 쳐다보고 있는 존재가 나 말고도 또 있다는 듯 주위를 두리번거리더니 천천히 걸어갔다. 나는 옷을 입고 차가운 공기 속으로 나갔다. 완전히 캄캄하지는 않아서 회복 중인 개벌지를 거쳐 그 사슴들을 따라갈 수 있었다. 나는 청명한 하늘과 별들 아래서 그들이 지나간 자갈길을 더듬거리며 짚어갔다. 불가사의한 정적이 무언가가 임박했음을, 혹은 내가 내 세계와 다른 세계 사이 갈림길에 서 있음을 알려오는 듯했다.

나는 그 조용한 와피티사슴들을, 그때가 '한밤중'이라는 사실을, 길 찾기를 도와줄 빛이 없다는 사실을 생각했다. 15미터쯤 떨어진 곳에 있던 텐트와 그 옆에 세워둔 트럭은 간신히 형체만 분간됐다. 텐트와 트럭은 어렴풋이 한데 뭉쳐져 무슨 우주선처럼 보였고, 나는 거기에 줄로 묶여 있는 것 같았다. 하지만 그 순간 중요한 것은 와피티사슴들이 그냥 거기 나타났다는 사실, 그리고 다시 사라졌다는 사실이었다.

언젠가 의사인 내 친구는 어떤 여행에서 콩고 비룽가 화산의 산악고릴라와 보르네오의 오랑우탄, 인도네시아의 코모도왕도마뱀, 중국의 대왕판다를 모두 "자기네 자연 서식지"에서 살고 있는 모습으로 보았다고 말했다. 내가 이 이야기를 다른 친구에게 들려주자 이 친구는 그 동물들이 무장 경비원들의 보호를 받고 있으며 사람들이 매일 단체로 그들을 보러 간다는 점을 지적했다. "그래, 그 동물들이 야생동물이기는 하겠지." 친구가 말했다. "하지만 자유로운 동물은 아니야."

나는 한 번도 그렇게 구별해본 적이 없었지만 친구의 말이 옳다는 걸 알 수 있었다. 그날 밤의 와피티사슴들은 자유로운 동물이었다. 그들은 사람들에게 즐거움을 선사하리라는 기대를 받지도 않았고, 사람들을 떼로 끌어들일 만큼 충분히 이국적인 동물도 아니었다. 그들의 일정은 자기네 뜻에 따라 정해졌다. 산허리에서 풀을 뜯고, 개천에서 물을 마시고, 자고 싶은 곳에서 잠을 자고, 아무도 없는 곳에 숨어 새끼를 낳고, 개벌지와 도로를 알아서 사용했으며, 심지어 사냥꾼들에게도 알아서 대처했다. 그들은 뭐든 자기가 원하는 것을 자기가 좋을 때 했다.

시인 로빈슨 제퍼스는 종종 자유의 의미를 탐색했는데, 자유라는 말로 그가 의미한 바는 무엇을 "할 자유"가 아니라 무엇으로부터 "벗어날 자유"다. 불필요한 간섭과 감시를 받지 않을 자유는 그가 보기에 한 사람의 도덕적, 심리적, 예술적 발달에 핵심적 요소였다. 그는 자유가 평등보다 더 중요하다고 믿었고, 일부 비평가들은 제퍼스의 이런 신념을 들어 그를 인류 혐오자라 규정했다. 하지만 나는 그가 이런 태도를 고수함으로써 전하고자 한 의미는 평등이 자유에 달려 있다는 것이라고 믿는다. 나아가 그는 사람들이 안정된 인간 사회의 필수 조건인 사회계약을 맺고 유지하기를 바란다면, 완전히 성숙한 사람들, 현대적 표현으로는 '자기 중심성을 초월한' 사람들의 손에 맡길 때만 그 일이 가능하다는 걸 알아야 한다고까지 말하려 했을지 모른다.

나는 내 나라 미국의 불안정성이 부분적으로는 청소년이 갖는 이상—사람은 자기가 원하는 건 무엇이든 자유롭게 해야 한다는 이상—과 어떤 대가를 치르든 자기를 만족시켜야 한다는 집착을 지지한 결과라고 생각하는데, 이런 생각을 소수만 하는 건 아닐 것이다. 절제하지 않는 삶은 결국에는 본인에게도 주변의 사회적 물리적 세계에도 파괴적이다. 연금 생활자의 운명은 전혀 고려하지 않고 남의 연금을 사취해 물질적 부를 축적하는 헤지 펀드 매니저는 여럿의 삶을 망친다. 그는 일종의 자살 폭탄 테러범이다.

근래 이 나라에는 다른 나라 시민들이 미국을 매도하는 것은 그 사람들이 우리의 자유를 못마땅해하기 (혹은 질투하기) 때문이라는 정치적 수사가 횡행한다. 이 순진한 생각이 당혹스러운 것은 미국에서 진정으로 자유롭다고 느끼는 삶을 살 수 있는 사람은 비교적 소수뿐이기 때문이다. 독재국가의 시민들처럼 이 나라 사람들 역시 살아남기 위해서는 강제된 선들을 지키는 법을 배워야 한다. 그리고 자라면서 서서히 이런 종류의 획일적이고 복종을 강요하며 제한된 한계 속의 삶이 실제로 자유를 뜻한다고 믿게 된다. 그들은—그러니까 우리는—다른 식으로 생각할 모험을 하지 못한다.

어떤 사람이 자유를 오해하며 살아가는 것처럼 보인다고 해서 그 사람과 거리를 둘 생각은 없다. 하지만 예컨대 누군가가 자기 노트북 컴퓨터가 정확히 자기가 원하는 일을 하도록 디자인되었다고 말하는 걸 들을 때는 경악을 감출 수 없다. 사실 노트북은 사용자가 그 기계가 원하는 대로 할 때만 잘 작동하도록 디자인된 것이다. 또는 정말 많은 사람이 매일 아침 들어가는 사무실의 칸막이 작업 공간이 (이튿날에도 자기 자리가 거기 있을 거라는 보장이 전혀 없는데도) 진실로 자신과 가족을 위해 자기가 원하는 바가 구현된 곳이라고 말할 때도 그렇다. 또 일방적으로 걸려오는 전화, 경찰의 무작위적 사찰, 공공장소에서 귀를 침범하는 '이지 리스닝' 음악, 검문소의 불필요한 조사, 빅 데이터로 가능해진 정치 및 상업의 마이크로 타기팅 프로그램을 달가운 침입으로 받아들이는 말을 들을 때도.

제퍼스는 미국 문화의 바로 이런 무의식적 구속의 요소를 싫어했고, 그러한 것이 존재한다는 사실을 표현했다는 이유로 예술의 주변부로 밀려났다.

그날 밤 내가 본 와피티사슴들을 미래에 누군가는 분명 드론으로—주인에게 한가한 오락거리를 제공하기 위해 이웃의 자극적인 사생활을 캐내거나 밀렵할 와피티사슴을 찾는 호기심 가득한 기계로—포착하려 기다리고 있을 것이다.

맑은 여름날 오후, 전망이 탁 트인 높은 곳에서 차분한 해수면을 내려다보고, 하늘이라는 거대한 그릇의 파란 테두리와 바닷물의 어둡고 불투명한 평면 사이 경계를 만드는 수평선을 주시하고, 아무 위협도 가하지 않는 그 모든 공간을 들여다보면서, 때로 나는 떠남에 대해, 빈 서판처럼 구조화되지 않은 공간으로 떠나는 여정에 대해 생각하곤 하는데, 그럴 때면 그 이미지에 내재한 탐구의 에너지가 솟아오르는 걸 느낀다. 영웅이 고향을 떠나 수평선 너머의 부—성배로 상징되는 부, 개인적인 물질적 부, 또는 영웅이 외딴곳에 있는 위험한 괴물을 죽일 때 그의 공동체에 돌아가는 부—를 찾아 미지의 땅으로 가는 우화는 수많은 인간 사회에서 설화로 전해진다.

그렇게 분석된 적 없는 공간에 맞닥뜨릴 때 오늘날에는 진짜 부를 어떻게 계산할 수 있을까? 15세기부터 미 대륙을 찾아온 유럽과 러시아의 영웅적 탐험가들에게 물질적 부 외에 다른 부는 안중에도 없었다. 그들은 다른 종류의 앎을 추구하지 않았다. 다른 사람들이 이해할 수 없는 것들을 어떻게 다루는지 알아내는 건 그들의 관심 밖이었다. 게다가 이후에 더 많은 의미가 부여되기는 했지만, 지리상의 발견도 그 탐험가들 대부분에게는 우연히 얻어걸린 결과에 지나지 않았다. 대체로 그들을 움직인 동기는 물질적 부 또는 그 부의 잠재적 원천을 소유하겠다는 욕망이었다. 그리고 많은 이의 마음속에서 물질적 부는 그 탐험의 성공에 필요한 모든 것—절도, 상해, 사기, 대량 학살, 인색한 매점매석—을 정당화하는 근거였다. 바르톨로메 데 라스 카사스* 같은 사람들이 비난하자 그 탐험가들은 그것이 신을 위한 일이었다고 둘러댔고, 프랜시스 드레이크 경은 나포 면허장†을 내밀었다.

그날 밤 내 앞을 지나갔던 와피티사슴들처럼 예전에 자유로웠던 동물들의 삶은 이런 상황 속 어디에서 자기들에게 알맞은 자리를 찾을 수 있을까? 와피티사슴은 드론에 대한 반대를 어떻게 표현할까? 사람들은 여러 형태의 일상적 침범에 어떻게 저항할까? 그리고 누군가 달아나려 한다면 그 목적지는 어디일까?

파울웨더곶에서 내가 야영하는 곳은 컬럼비아강 하구에서 남쪽으로 직선거리로 약 170킬로미터 떨어진 지점이다. 강 하구에 있던 서부 최초의 교역소는 1811년에 존 제이컵 애스터‡가

---

* 16세기에 활동한 스페인 태생의 도미니크 수도회 소속 성직자. 중남미 대륙에 있는 스페인 식민지에서 선교와 선주민 인권 보호에 힘썼다.

† 대항해시대에 정부가 전쟁 중인 국가의 선박을 공격하고 포획할 수 있는 권한을 개인에게 부여한 일종의 허가증.

‡ 독일 태생의 미국 사업가로, 주로 모피 무역을 독점하고 아편을 중국으로 밀수하고 뉴욕시 주변 부동산에 투자하여 재산을 모아 미국 최초의 백만장자가 되었다. 애스토리아라는 미국의 지명은 그의 이름을 따서 지어진 것이다.

세운 퍼시픽 퍼 컴퍼니의 직원들이 건설한 것이다.(애스터의 회사는 루이스와 클라크가 컬럼비아강 하구에 도착하고 육 년 뒤, 로키산맥 서쪽에서는 최초로 미국 요새를 세웠다.) 그들은 태평양 연안을 따라 하구의 북쪽과 남쪽으로 이어지고 강을 따라 동쪽 내륙으로도 이어지던 치누크족의 기존 교역망을 활용했다. 모피 무역은 애스터에게 큰돈을 벌어주었지만, 모피가 풍부한 이 땅을 국유화할 권리와 무역 통제권을 두고 영국과 미국 사이에서 벌어진 정치적 알력 때문에 애스터는 1813년에 애스토리아에서 다져둔 자신의 기반을 노스웨스트 컴퍼니*에 양도할 수밖에 없었다.(나중에 노스웨스트컴퍼니는 허드슨베이 컴퍼니에 합병되었다.) 애스토리아에 있던 그의 정착지는 영국령 포트조지가 되었고, 이후 애스터는 오대호 지역과 미주리강 상류의 모피 무역을 독점하는 데 집중했다.

존 제이컵 애스터는 캐나다스라소니와 울버린, 곰, 산족제비, 비버, 여우, 밍크, 담비, 피셔, 북아메리카수달, 늑대의 모피를 팔아 어마어마한 재산을 축적했다. 1848년 세상을 떠날 때 그는 미국에서 가장 큰 부자였다. 1893년에 그의 손자 둘이 뉴욕시 웨스트 26번가 21번지에 은행을 세우고, 거기서 집안 사업의 일부를 관리했다. 이 건물을 1940년대 말에 마침 나의 새아

---

* 1779년부터 1821년까지 몬트리올을 중심으로 한 모피 무역 회사로, 잉글랜드의 허드슨베이 컴퍼니와 무력 충돌까지 벌일 정도로 심한 경쟁을 하다가, 영국 정부에 의해 강제 합병되었다.

버지가 샀다. 1950년대 말, 뉴욕에서 막 십 대에 접어들고 있던 나는 카네기 집안이나 록펠러 집안에 필적하는 수준이었던 애스터 집안이 얼마나 큰 부를 지녔는지에 대한 생각을 머리에서 지울 수가 없었다. 열세 살 아이다운 생각으로 나는 애스터 집안 사람들이 이 건물 내부 어딘가, 1층 대형 금고의 문을 따는 일에 혈안이 된 도둑들은 눈길을 주지 않을 만한 어딘가에 은화가 가득 담긴 자루나 지폐 다발이 담긴 방수 방충이 되는 상자를 묻어두었을 거라고 확신했다.

새아버지가 돈에 대한 나의 이런 집착을 어떻게 생각했을지는 짐작이 안 된다. 하지만 내 바람을 들어주고 싶었는지 새아버지는 사무실 문을 닫은 어느 토요일 아침에 나와 내가 함께하자고 불러온 친구 한 명을 그 건물 지하 2층으로 데려갔다. 이미 그 전에 나는 지하 2층의 동쪽 벽에서 모르타르가 헐거워진 지점을 발견한 터였다. 거기서 벽돌 몇 개를 빼낸 뒤 손전등을 비추어 그 벽 뒤에 남북 방향으로 난 좁은 공간이 있다는 것도 알아냈다. 이날 친구와 나는 벽돌 몇 개를 더 흔들어 떼어내서 우리가 기어들어 갈 만한 좁은 입구를 만들었다.

그 틈새 공간은 높이가 60센티미터쯤 됐고 너비는 그보다 좀 더 넓었다. 그 터널에서 남쪽 방향으로 6미터쯤 가면 막다른 공간이 나왔고, 그 위는 웨스트 26번가의 보도였다. 북쪽으로는 4.5미터쯤 더 뻗어가다가 위쪽으로 더 넓은 공간이 열렸다. 우리는 자갈과 미세한 먼지가 두껍게 쌓인 바닥 위로 몸을 웅크린 채 꿈틀거리며 앞으로 나아갔고, 그러다 마침내 우리가 있는 곳에서 서쪽과 북쪽으로 뻗은, 천장이 낮은 빈 공간을 발견했다. 이 공간의 면적은 거의 건물이 앉아 있는 전체 면적과 비슷했다. 이곳에는 오래된 거미줄들이 가득했고, 우리 위 지하실 바닥의 들보들을 떠받치는, 십자가 모양으로 쌓은 벽돌들에 의해 공간이 나뉘어 있었다.

우리는 수십 년간 내려앉은 먼지를 발로 헤집고, 내가 가져온 모종삽으로 여기저기 자갈들을 들춰보며 그 비좁은 공간을 빠짐없이 뒤졌다.

결국 아무것도 찾지 못했다. 애스터 씨의 부의 일부를 찾아내고 싶었던 나의 이런 욕망에 불을 지핀 것은 미국에서, 특히 서부 지역에서 전해 내려오는 숱한 보물찾기 이야기, 그리고 콩키스타도르들에 대한 새아버지의 관대한 태도였다. 많은 남자아이들이 그렇듯이 나도 성공적인 인생을 살아가려면 일차적으로 그리고 절대적으로 한 움큼의 지폐가 꼭 필요하다고 믿었다. 이런 시각이 얼마나 처참할 정도로 편협하고 그 생각이 얼마나 불완전한 것인지는 깨닫지 못했다. 그로부터 사십 년 뒤, 애스토리아에서 오리건 연안을 따라 몇 킬로미터 내려온 북태평양의 해변에서 내가 여전히 진짜 부를, 그 '수단'을 구성하는 것이 무엇인지 궁금해할 거라는 생각도 당연히 하지 못했다.

진짜 부라는 것이 무엇인지는 몰라도, 애스터 씨가 죽은 동물의 모피를 팔아 축적한 것과 같은 부는 아니었다.

나와는 전혀 모르는 사이였던 사람들의 목숨이 참혹하게 끊어졌던 곳에서, 심장이 무너지는 느낌으로 그 장소들을 바라보며 서 있던 것을 나는 지금도 기억한다. 열일곱 살 때는 베르됭* 근처에서 흰 십자가들과 다윗의 별들로 뒤덮인 언덕을 보았다. 어른이 되어서는 태즈메이니아의 포트아서에 있는 이송 교도소에서 범죄자들을 수용하던 독방의, 그때는 무너진 돌더미가 되어버린 벽들 사이에 서 있었다. 아우슈비츠 11번 블록의 창 없는 지하 감옥에서는 폐소공포증이 일어날 것처럼 좁다란 복도를 간신히 몸을 통과시키면서 걸었고, 비르케나우의 가스실 안에도 서 있었다. 아이다호주 베어 강가에서는, 따분하고 뜻대로 되는 일이 없어 짜증이 나 있던 캘리포니아 의용군 한 무리가 이틀에 걸쳐 쇼숀족 남자, 여자, 어린아이 300여 명을 강간하고 고문하고 불태우고 총으로 쏘아 죽였던, 피에 젖은 땅을 걸었다. 쇼숀족 남자 두 명이 지역 백인 광부를 구타했다는 소문을 들은 의용군 지휘관이 두 남자가 그 야영지에 있을 거라 짐작해 벌인 일이었다.

1999년 8월의 어느 아침에는 내 의붓딸 스테파니와 앤티텀 크리크로 걸어 들어갔다. 우리는 그날 밤 앤티텀 전장에서 올릴 화해 의식의 세세한 부분을 구상하는 중이었다. 그 의식이 마음을 고양하는 음악과 함께, 환경에 대한 인식과 실천에 관한 고무적인 말들로 이루어진 프로그램에 엄숙한 오프닝이 되어주었

* 1차 세계대전 당시 프랑스와 독일의 최대 격전지 중 하나였던 프랑스의 소도시.

으면 했다. 1862년 9월 17일, 이곳에서 약 열두 시간 동안 2만 3000명이 죽거나 다치거나 실종됐다. 그날은 남북전쟁 당시 어마어마한 사상자를 낸 날, 북미 역사상 가장 유혈이 낭자한 날이었다. 스테파니와 나는 앤티텀크리크가 포토맥강과 만나는 지점에서부터 1.5킬로미터 상류에 위치한, 그 전쟁터를 가로지르는 곳까지 물을 헤치며 걸어갔다. 때로는 허리까지 올라오는 물속을 걸으며 우리는 그 물이, 전쟁사학자들이 그날의 앤티텀크리크를 묘사했던 대로, 피가 흐르는 개천인 것처럼 상상하려 했다.

그날 저녁 우리는 앤티텀크리크와 같은 너비로 루미나리아(흰 종이 자루로 감싼 봉헌용 양초)를 놓아 길을 만들었다. 이 길은 곧 사람들이 와서 앉을 풀밭 언덕에서 시작해 작은 무대 바로 뒤의 한 지점까지 구불구불 이어졌다. 우리는 도착한 사람들에게 기념품 성냥을 나눠주며, 앤티텀크리크를 흉내 내 꾸민 그 길을 지날 때 500여 개의 루미나리아에 각자 몇 개씩 불을 붙여달라고 부탁했다. 사람들이 그렇게 불을 붙이며 지나가는 동안 무대 옆에 홀로 선 한 젊은이가 피들로 〈어메이징 그레이스〉를 연주했다.

사람들이 다른 사람들의 육체를 훼손하는 일, 그리고 그 치명적인 적대 행위 속으로 쉽게 미끼를 물고 끌려 들어가는 일은 언제까지나 끝나지 않을 현상처럼 보인다. 나의 성인기는 이런 종류의 상해와 파괴로 터질 듯하다. 파파 독 뒤발리에와 그의 통통 마쿠트*, 필리핀을 살인으로 뒤덮은 페르디난드 마르코스,

멕시코의 마약 왕 호아킨 구스만과 그의 보안대인 시카리오[암살자], 루마니아의 니콜라에 차우셰스쿠, 차드의 이센 아브레†, 후투족 인테라하므웨‡와 조지프 코니의 신의 저항군§ 같은 약탈적 군사 집단, 장광설을 늘어놓는 중동의 근본주의 성직자들과 그들을 따르는 자살폭탄 테러범들. 학살은 파라과이부터 콩고, 체첸까지 독재자, 군벌, 마약 왕, 광신도, 소시오패스, 일그러진 에고를 지닌 자 들이 수시로 의존하는 수단이다. 1995년 7월, 라트코 믈라디치 휘하의 세르비아계 보스니아인들은 보스니아 북동부 드리나 계곡의 스레브레니차 마을 안팎에서 8000여 명의 보스니아 무슬림들을 살해했고, 이는 2차 세계대전 종전 후 유럽에서 일어난 가장 큰 규모의 집단 학살이었다.

지금 우리는 나이지리아와 에콰도르에서 벌어지는 '석유 전쟁'이라 불리는 사태, 그리고 물과 물고기를 두고 벌어질 '전쟁

---

* 1957년부터 1971년까지 아이티의 대통령을 지낸 독재자 프랑수아 뒤발리에. 의사 출신이라는 이유로 '파파 독'이라는 별명으로 불렸다. 통통 마쿠트는 뒤발리에가 조직한 준군사조직이자 비밀경찰로 테러와 암살을 일삼아 국민들을 공포에 떨게 했다. 통통 마쿠트[자루 아저씨]는 말 안 듣는 아이들을 자루에 담아 잡아가서 아침으로 잡아먹는다는 아이티 전설 속 괴물의 이름이다.

† 쿠데타를 일으킨 뒤 1982년부터 1990년까지 차드 대통령을 지내며 일당 독재를 자행했고, 재임 중 4만 명의 정치범을 고문 및 살해했다.

‡ 르완다 대학살을 자행한 후투족 민병대. '함께 일하는 사람들'이라는 뜻이다.

§ 우간다 북부 및 남수단에서 활동했던 기독교 근본주의 군사 집단이자 테러 집단. 지금은 거의 몰락했으나 살인, 유괴, 납치, 신체 훼손, 성 노예, 소년병 등의 문제를 일으킨 전범, 반인권 범죄 집단이었다.

들'에서 인간이 치르게 될 대가에 관해 이야기한다. 가용 단백질의 원천과 깨끗한 담수의 저장량, 점점 증가하는 목마르고 굶주린 사람들의 수를 집계하는 사람들은 어느 시점엔가는 식량과 물 부족으로 매일 지금보다 수천 명 더 많은 사람이 죽게 되리라는 것을 기정사실로 인정해야 한다고 말한다. 그러지 않으면 자신들이 곧 닥쳐올 거라 예고하는 위협적 상황이 코앞에 왔을 때에야 우리를 그런 결말로 몰고 간 체제들을 해체할 지혜와 상상력과 지성이 우리에게 있는지 없는지 확인하게 될 것이라고.

래널드 맥도널드의 외조부인 치누크 추장 콘콤리의 머리는 1835년에 메러디스 게어드너라는 자의 손에 잘린 뒤 그의 가방에 담겨 오리건을 떠났다. 영국인 의사이자 허드슨베이 컴퍼니의 직원이었던 게어드너는 전날 밤 무덤에서 콘콤리의 시체를 파헤쳐 다음 날 호놀룰루로 출발했다. 당시 어떤 백인들에게는 인디언의 머리를 훔쳐 골상학자에게 넘기는 것이 일종의 스포츠 같은 것이었다. 그날 밤 치누크족 몇 사람이 게어드너를 현장에서 거의 잡을 뻔했으나 아쉽게 놓쳤다. 그자가 머리를 가져가고 한두 시간 후, 치누크 사람들은 파헤쳐진 콘콤리의 묘지 주변에 작은 핏방울들이 점점이 흩뿌려져 있는 것을 발견했다. 그들은 이를 본 즉시 폐결핵을 앓던 게어드너의 소행임을 알았다.(땅을 파느라 용을 쓰며 숨을 쉬다가 튀어나온 피였다.) 하지만 그들은 그가 배에 몸을 싣고 떠나기 전에 그를 붙잡는 데 실패했다.

키가 작고 한쪽 눈알이 없었으며 짙은 피부색에 머리칼은 갈색이었던 콘콤리 추장은 예순다섯의 나이로 사망할 때까지 컬럼비아강 하류 부족 연합의 대변인이었다. 이십 년간 처음에는 애스터가 몰고 온 미국인들을, 이후에는 허드슨베이 컴퍼니의 직원들을 상대하며 부족민들과 백인 무역업자들 사이에서 공평하고 평화로운 교역 체계를 갖추려 노력했다. 그는 소유권이라는 개념에, 그리고 백인 교역 체계의 근간이 이윤의 필수성이라는 점에 어리둥절해했고 결국에는 그 개념들 때문에 패배했다. 그리고 머나먼 곳에 있는 소유주들, 그 지역 경제에 속하지도 않는 사람들에게 그 이윤을 넘겨야 하는 이유를 끝내 이해하지 못했다.

골상학이라는 유사 과학에 흥미가 있던 게어드너는 콘콤리가 추장으로 선택된 이유가 궁금해 콘콤리의 머리를 훔쳤고 훔친 머리를 런던에 있는 의사 친구 존 리처드슨에게 보내 의견을 물었다. 그러나 리처드슨은 이내 다른 프로젝트들에 정신이 팔렸고, 콘콤리의 머리는 한 번도 자세히 검토된 적이 없었던 듯하다.

그 머리는 거의 100년 동안 하슬라에 있는 왕립 해군병원 의학 박물관 선반에 방치되어 있다가, 워싱턴 DC의 스미소니언 협회로 보내졌다. 그 세월 동안 두개골에서 피부와 머리카락은 다 사라졌고, 2차 세계대전 당시 런던 공습 후 청소를 하는 과정에서 윗니들이 사라지고 아랫턱은 어긋나버렸다. 마침내 치누크 사람들은 스미소니언에서 콘콤리의 두개골을 받아오는 데 성공하여 컬럼비아강 하구에 제대로 매장할 수 있었다.

게어드너는 호놀룰루에 도착한 후 얼마 지나지 않아 스물여덟 살로 사망했다. 그는 호놀룰루에 있는 수수하고 깔끔한 교회 묘지에 묻혔고, 눈에 띄는 묘비에는 긴 비문이 새겨져 있다. 비문은 그의 기독교 신앙심과 "활발한 정신", "자연의 작동"에 관한 지식 "추구"를 언급하며 그를 칭송했다. 찬양문은 그가 "한 어머니의 끊임없는 기도의 소중한 대상"이었음을 우리에게 상기시키면서 마무리된다.

그 비문은 그가 아메리칸 인디언들의 머리를 세계적으로 거래하는 일에 관여했다는 사실은 언급하지 않았다.

게어드너가 자신의 신념과 이상에 부합하지 않는 관습들은 도외시한 것, 백인이 아닌 사람들을 상대할 때는 자신의 도덕적 윤리적 규준조차 내던져버린 것은 물론 그 시대를 상징적으로 보여주는 일이다. 하지만 오늘날 그의 행위를 재고해봐야 하는 이유는 단순히 그 행위에 담긴 야만성 때문만은 아니다. 문화적 우월주의, 그리고 역사적으로 특정 인종이, 민족이, 성별이 주장해왔던 우월성은 수천 년 동안 인간의 관계에 독을 뿌려왔다. 자기 행동은 인류의 지식을 발전시키기 위한 의식적 노력이라고 이해했기 때문에 그 행동에 아무 잘못도 없다고 생각한 게어드너의 오만함은 엄청난 무지 혹은 둔감함에서 기인한 것인데, 오늘날 우리는 그 무지와 둔감함 때문에 더 큰 대가를 치르고 있다. 일부 사람들이 앞으로 다가올 것이라고 생각하는 전례 없는 (세계적 무역이 아니라) 세계적 협력의 시대가 만약 실제로 실현된다면, 그 시대는 이러한 예외주의의 무게를 버텨낼 수 없을 것이다.

역사가들이 유럽의 태평양 탐험에 관해, 특히 탐험가와 태평양 토착민의 접촉에 관해 쓴 글을 읽어보면 전반적으로 다른 문화의 관습에 대한 무도하고 오만한 무시가 드러난다. 이런 점을 고려할 때 특히 내가 쿡을 존경스럽게 여기는 점 하나는—다시 말하지만 그에게 결점이 없었다는 말은 아니다—처음에 자기에게 열등하게 보였던 사회들에 대해서도 이해하려고, 심지어 경의를 표하려고 부단히 노력했다는 점이다. 그는 그들을 낯설다고는 생각했지만 무가치하다고 여기지는 않았다.

쿡은 종종 계몽주의의 모든 올바른 면을, 그러니까 지식을 바탕으로 한 사고, 세계에 대한 호기심, 인본주의의 이상에 대한 헌신을 구현한 사람으로 그려진다. 물론 동시에 그는 계몽주의의 어두운 면, 이를테면 통치하는 방식과 경제를 조직하는 방식, 신을 숭배하는 방식, 생각하는 방식에서 옳은 방식은 단 하나뿐이라는 믿음을 대표하기도 한다. 다른 모든 방식은 원시적이고(즉 계몽되지 않았고), 그런 방식을 행하는 사람들은 가차없는 진보의 길 위에서 한참 뒤처진 것이라는 믿음. 전 세계의 비유럽인(그리고 나중에는 비미국인)들은 가엾게 여겨야 하거나(인본주의자의 연민), 도와주어야 (다시 말해 기독교 신앙으로 개종시키고 서구식 학교에서 교육해야) 하거나, 대가

족보다는 핵가족으로 재편성하도록 압력을 가해야 하거나, 영원히 고용되어 수입을 창출하라고 훈계해야 하는 존재들이라는 믿음.

어떤 사람들과 장소에는 다른 신학, 경제, 식생활, 경험적 지식 체계, 사회적 조직 형식이 더 잘 맞는다는 또는 최소한 맞을 수도 있다는 생각은 미개한 생각으로 간주되었다. 수천만 명에 달하는 사람이 오로지 세계에 대한 유럽식 앎의 방식에 저항했다는 이유로 목숨을 잃었다. 유럽 국가들은, 그리고 나중에는 미국도 진보와 개선이라는 관념에 너무 매몰되었고 발전에만 너무 초점을 맞추었으며, '열등한' 사람들에게서 도둑질하는 것은 정당하다는 생각을 너무 고집했고, 테라 눌리우스(선주민들은 자신들에게 법적 권리가 없는 땅에 살고 있으며, 따라서 그 땅에는 법적 주인이 없으니 유럽인들은 보상하지 않고 그 땅을 차지해도 괜찮다) 같은 법적 개념에는 너무 관대했다. 그리고 영리를 추구하고 재편성하고 몰아내고 억압해야 한다는 명령에 너무 전념했으며, 그중 영국은 식민지의 전리품을 두고 다른 제국들과 끝없이 다투는 과정에서, 신대륙에 대한 스페인의 침략을 비난하는 흑색 전설을 만들어내고 영속화하기까지 했다.(영국은 신대륙에서 행한 야만적 행위와 선주민을 가톨릭으로 개종시킨 것을 두고 스페인을 비방했지만, 한편으로 자신들은 역사상 가장 큰 규모의 노예무역 국가가 되었다. 18세기로 접어들어 노예 기반 경제의 중요성이 줄어들자 다시 생각을 바꿔 먹은 영국인들은 이제는 노예해방까지는 아니라도 노예제 폐지의 아바타를 자처하고 나섰다.) 1950년대에 영국은 처음으로 키쿠유족을 울타리 안에 몰아넣고 영국의 지배에 대한 그들의 저항을 압살하기 위해 케냐에 강제수용소를 세웠다. 당시 세계는 영국의 변명을 그대로 받아들여 영국이 마우마우* 테러리즘에 맞서 꼭 필요하며 칭찬받을 만한 싸움을 벌이고 있다고 믿었으며, 선주민의 저항을 억누르려는 그들의 행태를 지지했다. 케냐 저항 세력의 정치 지도자인 조모 케냐타†는 케냐의 황량한 북부 변방의 로키통으로 끌려가 몇 년 동안 감금된 채 지냈다. 또 주로 나이로비 외곽 고지대에 정착한, 도덕적 제약이라고는 모르는 백인 정착민들은 자기들끼리 합심해 무장을 하고 흑인 반란자들을 추적하여 공격했다.

영국은 스페인을 비난하면서 노예무역 국가인 자신들은 무죄로 만들려 했고, 캐럴라인 엘킨스가 『제국주의의 심판』에서 꼼꼼하게 묘사한 것처럼 자신들이 케냐의 독립을 어느 정도까지 방해하려 했는지는 은폐하려 애썼다.

지난 수십 년 동안 여러 다양한 토착민들과 대화를 나누면서 나는 외부인이 누군가의 시체와 (또는) 함께 묻혀 있는 부장품

---

* 1952년부터 1960년까지 영국의 식민 통치에 대항하여 케냐인들이 벌인 무장투쟁.

† 케냐의 반식민주의 활동가이자 정치가. 1963년부터 1964년까지는 총리로서, 1964년부터 사망한 1978년까지는 초대 대통령으로서, 영국 식민지였던 케냐가 독립 공화국으로 변모하는 과정에서 중요한 역할을 했다.

을 강탈해 가는 도굴이 그들에게 무엇보다 예민한 주제임을 알게 되었다. 선주민들이 몇 점의 뼈를 되찾아 망자의 후손에게 넘겨주기 위해 치러야 하는 굴욕적인 법정 소송과 지루하기 짝이 없는 관료적 절차만으로 그런 절도가 바로잡히는 건 아니다. 대부분의 선주민이 간절히 바라는 것은 친족의 시체가 불경스러운 장소에서 완전히 분해되는 일을 막는 것이다. 식민지 주민들이 신성한 묘의 훼손을 막고 조상의 뼈를 자신들의 전통을 지키는 곳으로 되찾아옴으로써 공동체의 조상들을 보호하려 오랫동안 투쟁해온 목적은 자신들의 문화가 어둠에 묻혀 사라지는 것을 막기 위함이다.

전통적 문화들이 식민지 지배자들에게 저항할 때는 상상하기도 어려운 정도의 강인함과 도덕적 권위가 필요하다. 대개 이런 활동가들은 끝까지 기세를 꺾지 않는다. 그들은 자신들의 투쟁에 정말로 무엇이 걸려 있는지를 알고 있다. 그것은 바로 망각이다.

그들은 그 어떤 문화적 예외주의도 믿지 않는다.

오늘날 전통문화와 그 지혜를 지키는 사람들을 보호하는 일은 인류가 행하는 프로젝트들 가운데 가장 미미한 노력에 속한다. 전통적 문화에서 살아온 이들 중 다수가 문화의 붕괴를 막으려는 노력, 그 문화가 다른 지배적 문화에 통합되는 데 저항하는 노력을 소용없는 일로 여긴다. 또 어떤 이들은 자신이 아닌 다른 사람이 되려고 노력하느니 차라리 자신인 채로 세상을 떠나는 것이 더 낫다고 믿는데, 이는 오글랄라수족의 지혜를 지키는 이인 블랙엘크의 다음 말을 떠올리게 한다. "때로 나는 우리가 모두 한자리에 모여서 그들이 우리 모두를 죽이게 했더라면 더 낫지 않았을까 생각한다."

나 역시 여행하는 동안, 어느 밤 바미안의 한 레스토랑에서 아프가니스탄식 저녁을 먹다가, 노던 준주의 알피리족 마을에서, 배핀섬의 이누이트 마을에서 무의식적으로 어떤 식으로든 그 도굴꾼들처럼 행동하지 않았을지, 의도하지는 않았지만 무례하게 굴었거나, 원래 내게 없는 권리나 특권이 당연히 내게 있다고 여긴 적은 없었을지 생각해본다. 그런 장소와 상황에 내가 가 있다는 사실만으로도 나는 그 문화를 (한층 더) 붕괴시킬 가능성을 그리로 가져간 셈이다. 내가 그 누구의 목숨도 빼앗지 않았다는 사실, 그 사람들의 순진성을 이용하는 사업을 벌이지 않았다는 사실, 취하게 하는 물질로 그들을 유혹하거나 내 종교의 힘에 관해 그들을 계몽하려 시도하지 않았다는 사실 모두 여기서는 요점이 아닌 것 같다. 이런 상황들에서 일어나는 위반의 성격이 어떤 것인지 항상 분명하지는 않다. 많은 경우 그 위반은, 백인 손님이 자신을 손님으로 보지 않는 것인 듯하다. 그는 자신을 사절로 여긴다. 자기가 그저 좋은 의도를 지닌 방문자일 뿐이라고 생각한다고 해도, 길게 볼 때 그는, 칼날을 가는 방법이든 식료품점을 운영하는 방법이든, 아니면 신성한 존재를 숭배하는 방법이든 가장 좋은 방법은 자기가 알고 있다고 확신하기 쉽다.

수 세기에 걸쳐 미국인과 유럽인은 자신들이 마치 더 우월한 신이 보낸 존재인 듯 굴며 다른 나라에 들어갔다. 스스로 무신론자라 공언하며 사업 거래에만 혈안이 된 사람들도 이제는 이런 태도로 외국에 도착한다. 그런 태도는 그들이 자신의 성공을 '우월한' 문화에 소속된 결과로 본다는 외적인 신호다.

그런 태도가 사람들을 죽인다.

1960년 3월 25일, 예순여섯 명을 태운 40미터 길이의 냉장 화물선 웨스턴트레이더호가 시애틀의 유니언 호수와 퓨짓사운드 사이의 오로라 다리 밑을 통과하며, 갈라파고스 제도의 레크베이를 향해 출항했다. 승선자들은 모두 에콰도르의 갈라파고스 제도에 미국 식민지를 만들기 위한 협동조합인 섬 개발 회사 사람들이었다. 한 무리로서 볼 때 이 식민지 개척자들은 이상주의적이고 열정적인 개인들로 핵가족과 비혼 남성이 섞여 있었고, 이들 다수는 에콰도르가 이미 갈라파고스 제도에 대한 자신들의 계획이 있어서 그들을 달가워할 리 없다는 걸 전혀 모르고 있었다. 이들은 자기들이 그곳에 가서 어업 협동조합을 만들고, 자신들의 (거의 없다시피 한) 농업기술을 적용하여, 자기들 생각에 다 쓰러져가는 마을에서 가난하게 살고 있을 것 같은, 레크베이에 거주하는 얼마 안 되는 에콰도르 사람들의 운명을 전반적으로 개선한다면 에콰도르 당국이 기뻐하리라 믿으며 시애틀을 떠났다. 그들은 섬마을 사람들에게 더 생산적인 삶을 사는 방법을 보여줄 만반의 준비가 되어 있었다.

승선자들은 처음에는 서로 경계했지만 3월 30일부터 4월 2일까지 오리건과 캘리포니아 연안에서 웨스턴트레이더호를 공격한 끔찍한 폭풍우에 시달리는 동안 끈끈한 우정이 생겨났다. 배가 비자를 받기 위해 샌페드로의 로스앤젤레스 항구에 입항했을 때, 해안경비대는 웨스턴트레이더호가 항해에 부적합하니 반드시 대대적인 수리를 받아 재정비하라고 명령했다. 해안경비대는 항해를 재개할 때 그 배에 승선할 수 있는 인원수도 제한했다. 비자 받는 일이 오래 지연되는 상황과 해안경비대가 웨스턴트레이더호를 못 미더워한다는 점이 몇몇 승선자들의 마음을 불편하게 했다. 그들은 이 정도 규모의 프로젝트라면 일이 더 순조롭게 진행되어야 하는 것 아닌가 하며 의아해했다.

웨스턴트레이더호가 마침내 샌페드로의 항구를 빠져나갔을 때, 승선한 식민지 개척자들은 다시 진취적인 기운을 회복한 상태였다. 그들 다수는 다양한 직업의 배경을 지닌 숙련된 노동자였고 모두가 적극적으로 일할 마음이 있는 사람들이었다. 그들은 갈라파고스에 가면 몇 가지 철학적 차이를 해결해야 하리라는 데는 동의했지만, 작업량을 정확히 어떻게 나누고, 농업과 어업에서 얻은 이윤을 어떻게 분배할 것인지, 배와 관련해서 또는 예전에 레크베이에 지어졌지만 지금은 낡아빠진 냉장 시설과 관련하여 결정을 내릴 권한이 누구에게 있는지, 주거 문제를 해결하려면 어떤 일을 해야 할지 이 모든 일에 대해서는 이미 일련의 서면 지침을 통해 결정해둔 뒤였다. 그들이 얻은 이윤 중 어느 만큼을 지역 에콰도르 사람들의 삶을 개선하는 데

쓸 것인지와 같은 기타 사항은 평가를 해본 뒤에 결정할 생각이었다.

그런데 이들의 계획에 차질이 생겼다. 그들이 재활성화하려던 산크리스토발섬의 약 7800만 평에 달하는 커피 농장 소유권에 제한물권이 설정되어 있다는 소식을 (그들이 로스앤젤레스에 있을 때) 들은 것이다. 하지만 그들은 낙담하지 않았다. 더 큰 목적을 달성하는 일에, 그러니까 바닷가재를 잡아 냉동하여 에콰도르 본토로 수출함으로써 식민지 경제를 지속 가능하게 만들 계획에 다시금 집중했을 뿐이다. 레크베이에 있는 냉동고를 제대로 가동하는 데 필요한 장비는 사정상 샌페드로에 두고 올 수밖에 없었지만, 그 장비를 다시 찾아올 수 있을 때까지는 임시방편으로 어떻게든 돌릴 수 있으리라는 자신감이 있었다.

1960년 8월 9일 아침, 웨스턴트레이더호의 선장은 레크베이의 부두가 너무 낡아서 배를 댈 수 없음을 알게 됐다. 그들이 쇠락했을 거라 예상했던 마을은 사실 아주 상태가 좋았고, 소수의 궁핍한 농부들만 살 거라던 그들의 상상과 달리 마을에는 약 1000명의 에콰도르인들이 꽤 행복하게 살고 있었다. 갈라파고스 사람들은 그들을 예의 바르게 환영하기는 했지만, 정부가 자기들에게 도움이 필요하다고 생각한다는 사실에는 어리둥절해했다. 그리고 냉장 기술자는 그들이 넘겨받으리라 예상했던 냉동 공장이 수리가 불가능한 상태라고 알려주었다.

섬 개발 회사의 이상향적 꿈이 완전히 무너지기까지는 나흘 내지 닷새가 걸렸다. 태평양 중부에 유토피아를 건설하여, 자기

네 노동의 열매를 지역 주민들에게 나눠주고 평등주의 원칙에 따라 사는 삶의 모범을 보여주려 한 이 식민지 개척자들의 계획을 방해한 것이 정확히 무엇인지는 분명하지 않다. 그러나 에콰도르 정부의 고질적인 부패, 몇몇 에콰도르 사업가들이 그 원정의 미국인 주최자들과 협상하면서 모든 걸 투명하게 공개하지 않았다는 사실을 우선적으로 꼽을 수 있을 것이다. 하지만 당사자들이 인정할지는 모르지만, 애초에 그 계획 자체가 어리석음의 소산이었을 수도 있다.

이 식민지 개척자들 중 당시 열아홉 살이었던 한 청년은 후에 그 기획이, 예컨대 갈라파고스 식민지와 그들의 잠재적 바닷가재 시장이 될 에콰도르의 다른 지역들 사이의 거리 등 "너무 많은 현실을 무시한 채, 상상력을 사로잡은 미친 공상의 비약을 펼치다가 그 대가를 치른 것"이라고 썼다.

그로부터 오십 년쯤 지난 뒤, 나는 당시의 그 젊은 식민지 개척자를 오리건주 레드먼드에 있는 그의 집에서 만나 오래전 그때 그가 겪은 일에 관해 들었다. 그는 그 경험에서 많은 교훈을 얻었다고 말했다. 갈라파고스 제도에 더 머물면서 이런저런 직업을 전전하다가, 에콰도르 본토로 건너가 한동안 일했다고 한다. 하지만 그가 나에게 가장 상세하게 들려주고 싶었던 교훈은 자신들이 레크베이의 푸에르토바케리소모레노 공동체의 에콰도르인들에게 도움을 줄 것이라던 그 개척자 무리의 믿음에 관한 것이었다. 그들은 자신들이 품은 생각이 가치 있다는 확신, 자신들이 세상에서 고결한 일을 하고 있다는 생각을 너무 깊이 마음에 품고 있었기 때문에, 자기들의 목표 중 하나인 갈라파고스 사람들의 삶을 "상당히 개선하는" 일을 달성하는 것은 그들에게 그저 당연한 기정사실로 여겨졌다고 했다. 갈라파고스 사람들이 이미 잘 살고 있다는 현실, 사실상 자기네보다 더 잘 살고 있던 현실은 그들에게 너무 큰 충격으로 다가갔고, 그렇게 외딴 지역에서 은혜를 베푸는 사람이 되고 싶었던 그들의 꿈은 단 몇 시간 만에 무너졌다. 게다가 그들 중 몇몇은 평생 모은 돈을 그 모험에 투자한 상태였다.

내가 인터뷰한 스탠 베티스는 자신들이 어리석었다는 것, 자신들이 국경 너머 세상에 대한 그들의 순진한 무지를 악용한 신용 사기의 피해자였다는 걸 깨닫고 정신이 아득할 정도로 충격을 받았다고 말했다. "우리는 그 누구의 인생도 개선할 수 없었고, 오히려 난파한 자기 삶의 잔해에 맞닥뜨렸을 뿐이에요."

한 무리의 사람들이 함께 모여 상황이 좋을 때든 나쁠 때든 한결같이 서로 공정하고 다정하게 대하며, 공동체를 만들어 자신들이 있는 장소와 완벽한 조화를 이루면서 살아간다는 이상적 비전은 미래에 대한 서구인들의 사고에 깊이 박혀 있는 소망이다. 역사의 여러 시점에 기독교인들의 '복받은 자들의 섬'이나 프랜시스 베이컨의 『새로운 아틀란티스』, 뱃사람들의 '피들러의 들판'*, 티베트의 낙원 샹그릴라의 이야기를 담은 제임

* 19세기 영국 뱃사람들 사이에 전해지던 민담에 나오는 장소로, 오십 년 이상을 바다에서 보낸 뱃사람들이 사후에 가게 된다는 낙원 같은 내세다.

스 힐턴의 소설 『잃어버린 지평선』 등 인간사의 시련에서 멀리 떨어진 평화로운 안식처, 폭력도 탐욕도 없는 곳, 아무도 욕심을 부리거나 무례를 범하지 않는 낙원을 떠올리게 하는 개념들이 사람들을 강하게 끌어들이며 인기를 누린 이유도 그 소망 때문일 것이다. 그런 장소가 존재한다는 믿음은 해도에 비어 있던 상당 부분을 아직 상상력에 맡길 수 있었던 시대에 해도를 들여다보던 많은 탐험가의 생각을 물들이고 기대를 형성했다. 쿡은 남극해에 사람이 거주할 수 있는 대륙이 존재할지도 모른다는 생각에 마침표를 찍기는 했지만, 그래도 18세기 말 지도에 공백 하나를 남겨두었다. 그는 자신이 남극해를 빙 둘러 항해하는 내내 보았던 빙벽 안쪽에 만약 정말로 대륙이 존재한다면, 그 땅은 너무나 춥고 살기 어려운 장소일 거라고 말했다. 그건 정말 그랬다. 그리고 오십 년 뒤 태디우스 폰 벨링스하우젠이라는 에스토니아의 탐험가가 그 대륙의 해안을 발견하면서 비로소 지구의 마지막 남은 거대한 빈 지점을 채워나가는 일이 시작되었다.

쿡 이후로 우리는 위도와 경도라는 몇 개의 숫자로 지구에서 우리가 있는 위치의 좌표를 신빙성 있게 짚어낼 수 있게 되었다. 정확하고 반박 불가능하다는 느낌을 주는 이 좌표들은 오늘날에는 우리가 들고 다니는 GPS 장치의 화면에서 빛을 발하고 있다. 우리는 이제 우리가 서 있는 땅의 윤곽과 토양의 질감, 거기 자라는 풀과 나무의 색채와 조밀도로, 중력을 따라 흐르는 실개천과 시내와 강의 물줄기로 우리의 위치를 정의하지 않는다. 우리는 쿡이 마련해준 위도와 경도의 좌표 체계를 완전히 받아들였다. 하지만 일상적으로 사용되는 그 좌표는 에스페란토어처럼 인위적인 공용어다.

쿡 이후로는 사람들이 도피처로 상상할 수 있는 장소가 훨씬 줄어들었다. 그래도 (쿡이 의도치 않게 조장한) 남태평양 섬에서 보내는 삶에 대해 사람들이 흔히 품던 착각은 오랫동안, 심지어 오늘날까지도 살아남아 있다. 일상적 삶이 주는 실망과 부담에서 탈출하기 위해 집을 버리고 태평양 열대 지역으로 배를 타고 떠난다는 생각 말이다.(고갱은 거기 가서 그림을 그렸고, 로버트 루이스 스티븐슨은 글을 썼다.) 쿡의 항해는 합리적 사고를 하는 한쪽 사람들과, 전혀 다른 종류의 지리학을 행하는 형이상학적 시인들이나 신비주의자들 사이의 간격을 더욱 넓게 벌려놓았고, 인류에게 불만스러운 현실의 악몽에서 영원히 벗어날 기회를 마련해주리라던 풍경 혹은 상황에 대한 전망은 서구인들의 상상력 속에서 점점 더 희미해지기 시작했다. 쿡 이후로 인류는 그 너머로 가면 인류의 전망이 확실히 개선될 수 있는 경계선 같은 건 존재하지 않음을 받아들일 수밖에 없었지만, 그래도 그 전통은 사람이 달에 가거나 외계 행성을 탐험하는 일로 계속 이어지고 있다.

인류는 탐험이 거의 완전히 끝난 행성에 살고 있고, 해결할 수 없을 것 같은 도덕적 사회적 문제에 직면하고 있지만, 중요한 건 아직 상상력을 완전히 다 시험한 건 아니라는 점이다.

서구 역사에서는 특히 윌리엄 블레이크가 세계의 실제적 차원과 신령스러운 차원 둘 다를 향해 상상력을 더욱 활짝 열어젖힘으로써 인간의 상상력에서 특정한 종류의 어둠, 바로 절망과 증오와 전쟁으로 이끄는 어둠을 제거하기를 원했다. 그는 산업혁명 초기에 점점 더 어두워지고 있던 세계에서도, 인류가 자신들의 상상력이 지닌 무한한 넓이를, 치명적 절망을 뚫고 일어날 수 있는 그 능력을 일깨우기를 원했다.

카뮈는 어디선가 이렇게 썼다. "세상은 아름답고, 구원이란 세상 바깥에 존재하지 않는다."

블레이크와 카뮈는 우리에게 소중히 품고 있던 환상을 옆으로 밀어두라고, 그 대신 두 사람 다 감지했던, 다가오는 문제들에 달려들어 그것을 해결하라고 요구하고 있었던 것이다.

어느 따뜻한 8월 오후, 나는 빛의 굴절에 관한 논문을 읽으며 거기 담긴 복잡한 수학은 살짝 건너뛰면서 그 기적적 현상의 핵심을 파악하려 애쓰고 있었다. 트럭의 보닛 위에 앉아서 차창 앞유리에 등을 기댄 채였다. 왼쪽으로는 침묵하는 대양이 펼쳐져 있었다. 이따금 저 멀리 지나가는 새들을 보기 위해 쌍안경도 옆에 놓아두었다. 하지만 몇 분 동안 나의 주의를 붙들고 있던 것은 북쪽으로 1.5킬로미터쯤 떨어진 지점에 있는 가문비나무 숲을 이루는 어두운 선이었다. 수년간 차를 타고 자주 그 옆을 지나다닌 터라 눈에 익은 숲이었다. 그 숲은 늘 아무것도 뚫고 들어갈 수 없는 곳처럼 보였다. 나무들이 서로 너무 바투 자라서 숲의 내부로는 햇빛이 완전히 차단되는 듯했다. 게다가 죽어 떨어진 가지들이 나무들 사이에 너무 많이 가로놓여 있어서, 그곳으로 들어간 방문자에게 그 숲은 무시무시한 미로일 것 같았다. 벌목한 나무들을 끌고 가느라 생긴 흙길 하나가 제멋대로 펼쳐진 그 숲과 남쪽의 회복 중인 개벌지를 가르고 있었다. 말하자면 그 숲은 홀로 동떨어진 곳이었다.

나는 빛에 관한 논문을 내려놓고 배낭에 몇 가지 물건을 챙겨 넣은 다음 트럭을 잠그고 공터에서 언덕 아래로 내려가기 시작했다. 야영지 아래쪽으로 나 있는 가파른 계곡을 걷는 동안 잠시 그 숲의 모습이 보이지 않다가, 산등성이로 오르자 다시 시야에 들어왔다. 통나무를 나르던 길을 따라가니, 요새의 방책처럼 자를 대고 그린 듯 반듯한 숲의 가장자리에 바로 당도했다.

숲으로 15미터쯤 들어갔을 때, 방금 내가 떠나온 장면을 기억해두기 위해 몸을 돌렸다. 목책처럼 늘어선 나무들 너머 개벌지는 구름 한 점 없이 맑은 하늘의 빛을 받아 아직은 잘 보였다. 이때 나는 동굴 입구처럼 그늘진 장소에서 그곳을 보고 있었다. 야생동물은 맹수의 먹이가 되는 동물뿐 아니라 맹수들도 밝은 빛에 노출되면 위험해질 수 있기 때문에 햇빛이 쏟아지는 탁 트인 땅을 피해 숲 안쪽으로 조금 들어온 이 길로 자주 다닌다. 나는 숲으로 계속 더 깊이 들어가면서도 들어온 위치를 놓칠까 두려워 사이사이 뒤를 돌아보았는데, 그 광경은 갈수록 흐릿해졌다. 그 지점을 놓치면 어떻게 돌아간다지? 어느 방향으로 가게 되려나?

언제부턴가 불안감이 확연히 짙어졌다. 어느덧 감정적 한계점에 도달한 것 같았다. 이제는 햇빛이 비치는 뒤쪽 풍경을 거의 알아볼 수 없게 됐다. 햇빛은 밤하늘의 별이나 물 뺄 때 쓰는 구멍 뚫린 그릇을 통해 보는 태양처럼, 아주 작은 빛줄기로만 보였다. 나를 둘러싼 사방이 어둠이었고, 새어 들어오는 빛이라곤 전혀 없는 어스름 속이었다. 나는 개벌지 방향을 바라보며 나무 아래 앉았다. 세상 그 누구도 모르는 사이 여기 어둠 속에 묻혀버린 느낌이었다. 내 위로는 어둠침침함뿐, 하늘은 한 조각도 보이지 않았다. 어둠은 기체처럼 나를 완전히 감쌌다. 이렇게 아무도 살지 않는 숲속에서는 섬뜩한 영화에서 본 위협과 위험, 폭력의 생생한 이미지들이 떠오르면서 실질적인 공포가 닥쳐오는 일도 흔하다. 만약 그런 공포가 느껴지기 시작한다면 어느 방향으로 가야 할지 아직은 알고 있었다. 나는 그 무서운 이미지들이 내 의식 속에서 구체적 형태를 잡지 않도록, 내가 그 이미지들 때문에 머나먼 햇빛의 희미한 벽 쪽으로 걸음을 돌리는 일이 없도록 애썼다.

마침내 나무에 등을 기댄 채 가만히 앉아 있을 만큼 침착함을 되찾았다. 같은 나무 둥치지만 이번에는 반대쪽으로 가서 더 깊은 어둠 속을 향해, 지구라는 건 분명히 알지만 내 상상 속에서는 팽창하는 우주 가장자리의 어둠 같던, 우주가 빛의 속도로 자신을 내던지고 있는 그 무한한 텅 빈 공간처럼 느껴지던 그곳을 향하고 앉았다.

나는 무슨 소리라도 들어보려고 열심히 귀를 기울였지만 아무 소리도 들리지 않았다. 이 깊은 숲속에 어떤 움직임의 기미도 없었다. 그런데 어느 순간, 아무런 경고도 없이 비통함이 나를 덮쳤다. 갑자기 내 앞 어둠의 벽에 내가 거의 매일 국제 뉴스에서 읽는 끔찍한 고통과 절망이 빽빽이 들어찼다. 아프리카의 뿔 지역[소말리아반도]에서, 남수단에서, 시리아에서, 세상 어느 황량한 구석에서 내리는 검은 눈처럼 스러지는 이름 없는 패배자 수천 명의 운명을 다루는 뉴스들. 이 사람들의 목숨은 그들에 관해 한 번도 들어본 적 없는 이들, 혹은 듣고도 외면해버린 이들의 무관심 때문에 소모품이 되고 말았다. 내 앞의 어둠 속에서 나는 무방비 상태인 사람들, 살해당한 사람들의 광대한 영토를 보았다.

나는 그 숲으로 깊이 들어감으로써 나 자신에게 겁을 주고 싶었던 것 같다. 그러나 오히려 나는 고개를 가슴 깊숙이 떨구고 무력한 연민을, 우리가 더 큰 만족을 정신없이 추구하느라 서로에게 가하는 잔학한 일들의 무게를 느꼈다.

나는 그 지점을, 내가 빛의 부재를 들여다보던 감시탑이자 모든 방향으로 끝없이 뻗어 있는 것만 같던 그 공간을 떠나, 분간되는 대상들의 세계로 한 걸음 한 걸음 다시 들어갔고, 장화 신은 내 발을 숲 바닥의 폭신한 부엽토로 잡아당기는 중력을 다시금 의식했다. 순간순간 점점 더 밝아지는 빛 속으로 무거운 걸음을 옮겼다. 내 뒤의 어둠으로부터 달아나도록 나를 몰았던 것이 무엇이든, 그 어둠이 품고 있었을지 모를 악귀가 무엇이든 그것은 이제 더는 남아 있지 않았다. 우리가 모르는 사람들의 고통에서 고개를 돌려버리는 그 오래된—자기 보호 때문이라고들 둘러대는—비겁함이 내게서 씻겨나간 것 같은 기이한 느낌이 들었다.

탁 트인 땅으로 나왔을 때 나는 내 앞 개벌지에서 명백히 보이는 공연한 살생의 흔적에 대해 어떤 분노도 느낄 수 없었고, 모르는 사람의 생명이 걸린 일에 무관심해지는 영적인 실패에 대해 그 누구도 비난할 수 없었다. 나는 그저 내 목구멍으로 흘러내려가는 물을 느끼기를, 집으로 돌아가기를 원했을 뿐이다. 얼마나 오래 걸리든 상관없었고, 모든 흔적을 지우며 악령을 몰고 오는 밤이 찾아오는 것도 두렵지 않았다.

해 질 무렵 북쪽 하늘에서 폭풍우가 아주 가까이 다가왔음을 알려주는 변화가 보였다. 커피 한 잔을 더 만들고 저녁을 준비했고, 텐트 위에 펼친 방수 플라이를 잡아주는 당김줄이 충분히 팽팽한지 점검했다. 새 몇몇이 무리를 지어 바다에서 돌아오거나 평소보다 더 큰 무리를 지어 피난처로 향해가는 것을 보니 폭풍우가 겨우 몇 시간 거리까지 와 있음을 알 수 있었다. 아니면 단지 내 생각에만 그랬던 것일 수도 있다.

3월 어느 화창한 날, 나는 파울웨더곶의 끄트머리에 해당하는 낭떠러지 가장자리에 앉아 있었다. 쿡이 1778년에 이 곶에 접근하려 할 때 썼던 약도를 무릎 위에 펼친 채였다. 나는 그 지도를 내 앞에 보이는 바다에 포개보려 했다. 이날 오후에는 쿡이 본 그날과 달리 하얗게 부서지는 파도는 없었고, 서쪽에서부터 얕은 롤러 파도가 다섯 겹씩 무리 지어 도착하면서, 어깨에 잘그락거리는 쇠사슬 갑옷이라도 걸친 것마냥 바다의 단단한 금속성 비늘들로 잔물결을 일으키고 있는 게 다였다. 이 약도에 대한 연구서에 따르면, 그날 아침 쿡은 약 15킬로미터 거리까지 해안에 접근했다가 도로 바다 쪽으로 더 물러나 밤을 보냈다. 이후 며칠 동안 험한 날씨 때문에 해안에 다가왔다 다시 물러나기를 반복하던 그는 동행 선박인 HMS 디스커버리호와 함께 남서쪽으로 진로를 돌려 이곳을 떠났다. 상급 선원과 일반 선원 모두 합해 200명 정도의 인원이 지구상에서 마지막으로 발견될 온대 우림을 흘깃 본 다음의 일이었다. 육지에서는 어쩌면 알시족 사냥꾼 몇 명이 그 나흘 동안 아주 가까이, 어쩌면 5킬로미터 안까지 다가왔던 그 배를 면밀히 관찰하고 있었을지도 모른다. 그랬다 해도 그들은 주돛대의 하단 헤드에 맨발로 올라서서 연안 해역에 암초는 없을지 읽어내려 애쓰던 선원 두 사람의 모습은 알아보지 못했을 것이다. 승선한 다른 하급 선원들과 마찬가지로 이 남자들은 무릎 아래를 리본으로 동여맨 짧은 바지(페티코트 트라우저스)에 깃이 없는 셔츠와 빨간 조끼, 그리고 그 위에 더블 단추가 달린 선원용 울 재킷을 입었을 것이다. 목에는 검은 실크 스카프를 두르고, 머리에는 챙이 없고 세 면을 위로 접어 올린 검은 모자를 썼을 것이다. 익사를 막아주는 부적으로 오른발에는 토끼 문신이, 왼발에는 수탉 문신이 새겨져 있었을지도 모른다. 알시 사냥꾼들이 그 두 남자를 발견했다면 가장 눈여겨본 것은 한순간도 쉬지 않고 해안 근처 수역을 꼼꼼히 살피는 그들의 집중력이었을 것이다.

인디언들에게 이런 정도 크기의 '카누'가 아주 이해할 수 없는 물건은 아니었을 것이다. 다만 노가 없다는 점과 갑판 주변에 거미줄처럼 어지럽게 펼쳐져 있는 밧줄들—아딧줄, 버팀줄, 배돛귀줄, 활대줄, 택줄, 네이브줄, 리치줄, 마룻줄, 범각삭—이 유별나게 보였을 것이다. 그리고 온전히 바람을 받아내고 있던 열 장 가량의 돛천이 달린 높은 돛대들도. 이중 타륜 앞의 남자 한 명이 항해의 방향을 혼자 통제하고 있는 듯 보인다는 점도. 그리고 선미의 목재 고물보 위 선장실의 투명한 유리창들도.

아니면 쿡이 1770년 4월 호주 동쪽 해안으로 다가갈 때 해변을 따라 걷고 있던 호주 선주민들이 그랬듯, 알시 사람들도 잠시 바다 쪽을 쳐다봤다가 자기들이 하고 있던 일의 속도와 중요성으로 마음을 돌리고 그 배에 더는 신경을 쓰지 않았을 수도 있다.

쿡이 파울웨더곶에 상륙하고 이십칠 년이 지난 뒤, 메리웨더 루이스와 윌리엄 클라크가 컬럼비아강 하구에 도착했다. 그로부터 십구 년 뒤에는 그 하구 남쪽 강변에서 래널드 맥도널드가 태어났다.

폭풍우가 저녁 늦게 당도하더니 꿀벌만 한 빗방울들로 텐트를 두들긴다. 거센 바람은 밤새 그리고 이튿날 오후까지 나무의 수관들을 붙잡고 흔들어대며 장대 같은 빗물을 퍼붓는다. 트럭의 금속 차체에 부딪혀 부서지는 빗소리가 내 귀로 들어온다. 둘째 날 오후, 폭풍우는 점점 잦아들고 세찬 돌풍이 불면서 마치 진공처럼 느껴지는 공간 속에서 안개가 소용돌이친다. 어째서인지 안개의 이런 움직임이 내 귓속을 아프게 한다. 가지색 구름 뒤로 해가 저물자 어둠이 공터를 뒤덮으며 트럭과 트럭 옆에 옹송그린 채 바람을 피하고 있던 텐트를 집어삼킨다. 별은 하나도 보이지 않는다. 나는 또 하루 눅눅한 밤을 보낸다. 아침에는 줄에 빨래집게로 몇 가지 빨래를 널고, 그것들은 희부연 빛 속에서 마르기 시작한다. 어쩌면 진짜 다 마를지도 모른다. 그날이 끝나기 전에 나는 실레츠 계곡 한 줄기를 따라 내려갔다가 거기서 활기를 띠고 흐르는 개천을 보고 돌아올 것이다. 심하게 벌목당한 이 풍경이 빗물에 흠뻑 젖어 어슴푸레 빛을 발하고 이제 정적에 차분함까지 더해진 모습을 보니, 나는 이 개벌지의 명백한 황폐함과는 모순되게도, 그리고 비록 공상에 지나지 않더라도, 이곳에서 최초의 창조와 비슷한 뭔가를 상상할 수 있을 것 같다. 아니면 나는 어쩌면 지금 알려지지도 않았고 계획되지도 않은 또 다른 창조의 청사진을 보고 있는 것일지도 모른다.

여기 내 주변 가득한 야생성, 내가 야영한 공터, 그리고 그 너머 건드려지지 않은 채 늘어서 있는, 그 안에서는 한낮의 가장 강한 빛조차 어둑어둑하게만 보이는 오래된 시트카가문비나무 숲은 나에게 도착점이 아니다. 그곳이 나의 출발점이다.

# 스크랠링섬

캐나다

누나부트 준주

엘즈미어섬 동해안

알렉산드라피오르 입구

북위 78°54′02″ 서경 75°36′39″

나는 현재 마흔두 살이고, 지난 육 년간은 캐나다 하이악틱에 한 번도 와보지 못했다. 나는 이곳이, 특히 여름의 이곳 모습이 그리웠다. 물론 이 땅은 나 같은 사람 하나 없다고 아쉬워하지 않는다. 나는 그 선들과 색채, 광활함에 감명받아 이따금 이곳을 찾는 방문자일 뿐이다. 이곳은 누구나 매일같이 헤쳐 나가야 하는 일상적 삶의 괴로움, 감정적 얽힘과 협소한 공간이 나를 힘들게 할 때, 다시 살아나기 위해, 내 옷을 빨기 위해 찾아오는 곳이다. 이 조용한 풍경과 지금 이 순간 내 허벅지 밑에 깔린 툰드라는 자기 땅을 무단으로 점유하는 나에게 아무 관심도 없지만, 그런데도 어쩐지 나는 여기서 용기를 얻는다. 이 풍경은 탐사하는 나의 손에, 관찰하는 나의 눈에, 특별히 정해둔 대상도 없이 어슬렁거리며 뭔가를 찾는 나의 탐색에 반응한다. 아니 적어도, 내가 존중을 표하는 태도와 경탄할 줄 아는 능력을 보인다면 반응해줄 것이다. 어쨌든 그런 믿음이 나를 이곳으로 이끌었다. 물리적인 이 땅—이 단어는 아주 넓은 범위의 의미를 포괄한다—이 기후뿐 아니라 땅 자체가 간직한 기억을 통해 느끼고 반응해준다는 믿음, 또한 겉으로 명백히 보이는 것과 미묘하게 감춰진 것들 안에서 많은 것을 내어주리라는 믿음이다.

내가 하이악틱에 다시 온 것은 이전 몇 차례 여행에서 내가 파악할 수 있었던 것 외에 또 다른 것들을 배우고, 잊었던 것을 다시 떠올리고, 내가 완전히 이해할 수 없을 만큼 아주 깊이 깔려 있는 패턴들을 다시 경험하기 위해서다.

7월 하순인 이날 아침, 나는 에바 피지스가 쓴 클로드 모네에 대한 공감 어린 소설『빛』을 읽다가 주변 풍경을 살펴보려 눈을 든다. 정통파 지리학자들에 따르면 나는 지금 지구의 육지 가운데 가장 바깥쪽 가장자리 중 하나에서, 알렉산드라피오르 입구에 자리한 그지없이 메마른 섬의 측면 기슭에 앉아 책을 읽고 있는 셈이다. 알렉산드라피오르는 북아메리카 대륙 본토 북동쪽에 있는 퀸엘리자베스 제도 최북단에 자리한 엘즈미어섬 북동쪽 해안에서 가장 큰 내포* 중 하나인 뷰캐넌베이의 남쪽 끝에 있다. 북극점에서 660해리(약 1200킬로미터) 떨어진, 스크랠링이라 불리는 이 섬에서는 동쪽 지평선에 암벽처럼 솟아 있는 그린란드 서부의 빙벽을 볼 수 있다.

* 바다나 호수가 육지 안쪽으로 휘어 들어간 부분.

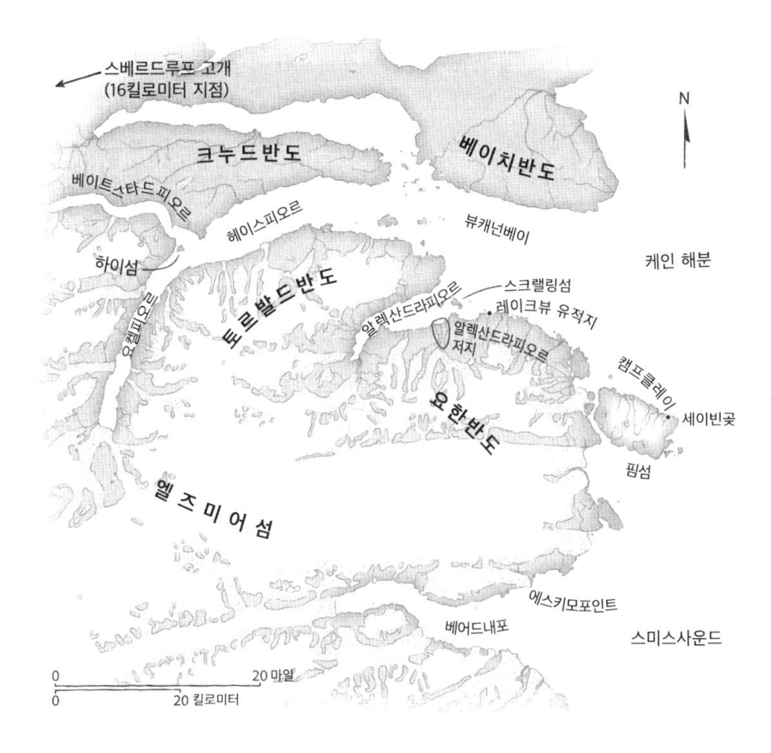


요한반도 지역

현재 스크랠링섬에는 아무도 살지 않는다. 800년 전에는 오늘날 툴레족이라 알려진 고古에스키모 사람들이 계절에 따라 이곳에 거주하기도 했다. 그들이 이 섬을 뭐라고 불렀는지는 아무도 모른다.

나는 지금 바다가 바라다보이는 바위 언덕에서 완만히 경사진 바위 틈새에 들어와 머리가 발보다 높이 오도록 몸을 기대고 있다. 여기서 불다 멈췄다 다시 부는 산들바람을 피해 피지스의

『빛』을 읽거나 툴레 사람들에 관한 생각을 글로 쓰는 중이다. 내가 스크랠링에 온 것은 그들이 버려둔 집과 화로를 보기 위해서다. 내가 들어와 있는 이 오목한 틈새는 한동안 일하기 좋은 아늑한 방처럼 느껴진다. 여기서부터 모든 방향으로 황량한 극지 사막이 펼쳐진다. 근처 뷰캐넌베이에는 거대한 총빙*이 떠 있다. 그 너머 더 동쪽으로는 스미스사운드의 바닷물이 거의 얼어 있다. 이 작은 굴 안에 있으니 『빛』에서 풀어나가는 모네의 수련 시리즈에 대한 작가의 궁금증에 대해서도, 그리고 내가 강한 흥미를 느끼고 있는 툴레족의 정확히 알려지지 않은 삶에 대해서도 집중이 잘 된다.

그렇게 이십 분 정도 읽고 쓰다가 육지 쪽의 움직임과 생생한 색채로 관심이 옮겨간다. 맞은편 높은 주황색 절벽들을 비추는 찬란한 빛과 잽싸게 날아가는 바다꿩 무리를 한동안 바라보다가 다시 책으로 돌아온다. 화강암 바위가 내 등 위쪽을 받쳐주고, 툰드라 식물—주로 북극버들과 일종의 들장미인 담자리꽃나무—로 된 쿠션은 얼어붙은 땅 위에서 허벅지 뒤쪽을 받쳐준다. 이날 아침 여기서 한참 시간을 보내고 난 뒤에야 내 옆 북극버들 덤불 속에서 햇빛을 받아 무언가가 빛을 발하고 있다는 걸 알아차렸다. 나는 그 반짝임을 가만히 응시하다가 손가락을 꼼지락거려 그 자리를 더듬어 보았다. 돌을 부수어 석기를 만들

---

* 바다 위에 떠다니던 얼음들이 모여서 커다란 덩어리를 형성한 후 육지에 붙지 않고 계속 떠다니는 것.

때 생기는 돌 파편이다.

사람의 흔적.

언젠가 아득한 옛날 다른 누군가가, 지베르니에서의 빛의 작용과 오래전에 사라진 사람들의 이동에 관한 학문적 사색에 몰두하고 있는 나와는 다른 종류의 일을 앞에 두고 바로 이 자리에 기대 있었던 모양이다.

이 회색 규질암 격지*가 내는 희미한 빛은, 정적 속에서 근처에 서 있던 모르는 어떤 사람이 갑자기 목을 가다듬는 소리를 낼 때처럼 갑자기 내 생각의 틀을 바꿔놓는다. 나는 책을 옆에 내려놓고 어디 있는지 찾을 필요도 없는 곳에 둔 쌍안경으로 손을 뻗는다. 어느새 나는 뭔가를 찾기 시작한다. 저 밖에는 뭐가 있을까? 내 발 너머, 내가 누워 있는 틈새 바로 너머에는 스크랠링섬과 그 맞은편 요한반도의 해변 사이 통로를 흐르는 어두운 바닷물이 펼쳐져 있다. 이 해변은 알렉산드라피오르 저지라는, 말하자면 온기의 오아시스 같은 지역에서 북쪽 경계선을 형성한다. 몇 제곱킬로미터나 되는 공원처럼 넓게 탁 트인 이 땅은 가장자리 두 면이 돌비알† 경사면과 높은 절벽으로 둘러싸여 있다. 북극 식물과 작은 생물의 안식처라 할 수 있는 이곳의 가장 먼 끝부분은 주둥이 두 개가 불룩 튀어나온 모양의 빙하

* 석기를 만들 때 몸돌(석핵)에서 떼어낸 돌 조각.

† 경사면 아래로 떨어진 다양한 크기의 암석 조각이 퇴적되어 이뤄진 부채꼴 모양의 지형.

하나와 맞닿아 있다.

한 해 중 이 시기에는 나와 요한반도 사이의 물에 얼음이 거의 없다. 나는 쌍안경으로 그 어두운 물을 천천히 둘러보면서, 해수면 바로 아래 흰돌고래가 유영하고 있을까 싶어 유령처럼 흰 형체를 찾아 수면을 꼼꼼히 살핀다. 물고기를 사냥하는 고리무늬물범이 잠시 숨을 쉬러 올라왔다가 다시 사냥터로 사라지는 찰나에 보일, 수면의 햇빛이 흐트러지는 파문도 찾아본다. 또 물결치는 그 물의 평원 전체를 맨눈으로 하나하나 뜯어보다가 뭐라도 특이한 게 보이면 재빨리 쌍안경을 갖다댄다. 이 섬에 서식하는 바다오리들인 참솜깃오리와 오색솜털오리도 찾아본다. 이 바다오리들은 종종 물을 박차고 올라 긴 일렬종대로 날아간다. 또 내가 한 시간 전 다른 세 사람과 함께 머물고 있는 야영지로부터 이곳으로 오던 도중에 울음소리를 들었던 바다코끼리도 찾는다. 나는 나를 보호해주는 이 바위 틈새에 모습을 숨긴 채 이 세상을 관찰하고 있다. 그림자처럼 내 곁에 머물러 있는, 석기를 만들었던 그 옛사람도 분명 그랬을 것이다. 다만 나는 이 동물들의 행동과 생태와 외양, 그리고 야생 생물과 갑자기 접촉하게 될 때 덮쳐오는 감각에만 관심이 있지만, 그는 그 외에도 그들 중 몇몇을 죽이고 먹고 이 세상에서 살아가기 위해 각 부위를 사용하는 데도 관심이 있었을 것이다. 그가 그러지 않았다면, 여기 앉아 석기를 만드는 동안 물속에서 존재를 드러내는 동물들의 신호에 주의를 곤두세우지 않았다면, 자기 눈에 들어오는 모든 것으로부터 모든 의미를 낱낱이 추려내지 않았다면, 그의 자식들은 굶어야 했을 것이고, 솜털오리의 알도, 고리무늬물범 옆구리의 짙은 색 고기도 맛보지 못했을 것이다. 모든 생명의 목을 조르는 이곳의 겨울에 대비해 보험 들 듯 저장해둔 바다코끼리와 턱수염물범의 허리 고기와 등 고기도 확보하지 못했을 것이다. 또 반쯤 무너진 겨울 집 내부에 불을 밝히고 꽁꽁 언 저장 식량을 녹일 때 쓸 흰돌고래의 지방도 얻지 못했을 것이다.

지금은 다르다. 그 사람은 사라졌다. 그의 문화는 부서져 당신의 발치에 떨어져 있는 마니차*다. 과거에 그 손잡이에 새겨져 있었던 것을 지금 누가 해석할 수 있겠는가? 어쩌면 그와 함께한 사람들은 이 섬에서 마지막으로 도싯 문화†를 영위한 사람들일 수도 있다. 그 사람들은 지금으로부터 800년 전, 서쪽에서 온 툴레 사람들이 이곳에 도착한 뒤로는 살아남지 못할 운명이었다.

나는 내 곁에서 그를 느낄 수 있다. 그가 큰 돌에서 격지를 떼어낼 때 나던 파열음이 들리는 것 같고, 하던 일을 멈추고 여름의 바닷물을 살펴보고 머리 위 공중을 응시하며 푸르른 땅을 관찰하는 그의 모습이 보이는 것 같다. 이 땅에서 그는 사냥하는

---

* 주로 티베트 불교에서 많이 사용하는 불교 법구 중 하나로, 금속이나 나무로 된 이 원통 안에 불경을 넣고 진언이나 기도를 하며 돌린다. 이렇게 하면 불경을 한 번 읽은 것과 같은 공덕이 쌓인다고 여긴다.

† 기원전 500년경부터 서기 1000년에서 1500년 정도까지 캐나다 북동부 및 그린란드 북부에서 융성한 고에스키모 문화. 누나부트 준주 도싯곶에서 처음으로 흔적이 발견되어 도싯 문화라는 이름이 붙었다.

북극늑대거미와 고지바위취를 먹고 있는 북극파란나비를 보았을 수도 있고, 어렸을 때는 먹이를 찾아 축축한 초원을 훑는 주홍도요 떼를 쫓아다녔을지도 모른다. 아니 어쩌면 이곳에 아늑하게 기대어 있었던 사람은 후기 도싯 사람이 아니라, 바다코끼리 가죽으로 만든 배, 짐을 끄는 개들과 작은 썰매 등 생존에 더 적합한 도구를 갖추고 이 근처에 당도한 툴레 사람일지도 모른다. 여기에 이 격지를 남겨둔 사람이 누구일지, 혹은 그가 만든 석기는 무엇일지, 또는 도싯 사람이든 툴레 사람이든 이 자리를 골라 들어와 작업을 하거나 들키지 않고 숨어서 동물의 움직임을 관찰했을지, 좀 더 그럴듯하게 추측해보려면 이번에 이곳에서 나와 함께 머물고 있는 사람들에게 물어봐야 할 것이다. 그들은 여기 스크랠링에서 찾아낸 인공물과 건축물, 인간 삶의 유물 들에 대해 끊임없이 고찰한다. 수백 년 전 이곳에서 여름이 가고 겨울이 오면 사람들은 도저히 극복하지 못할 것 같은 난관에 봉착했을 것이다. 도싯 사람들에게도 툴레 사람들에게도 생존을 위해 갖출 수 있었던 것은 동물의 가죽과 식물 섬유, 동물의 뼈, 힘줄, 바다코끼리의 엄니, 동물의 지방, 뭔가를 지을 수 있는 돌들, 이따금 찾을 수 있는 유목流木 정도가 다였다. 나와 함께 이곳에 와 있는 고고학자들은 이런 것들의 여러 용도를 알고, 그것들을 만들어낸 이들의 독창성을 잘 이해하고 있으며, 그 모든 것은 죽어 사라지지 않고 잘 살아가겠다는 인간의 단호한 의지를 보여주는 증거라고 여긴다.

우리가 여기서 발견한, 가죽으로 만든 의복 쪼가리들, 뼈로 만든 도구와 석기, 부러진 작살 촉과 돌 램프에서는 도싯 사람이든 툴레 사람이든 이곳에서 살아남기 위해 서로 어떻게 협력했는지, 양육 방식은 어떠했는지, 이 땅이 지닌 영적인 성격과 제의적 삶, 자신들이 이어가는 서사에 대해 그들이 어떤 심리적 태도를 지녔었는지 보여줄 확실한 증거는 찾아볼 수 없다. 한때 이 사람들이 엄청난 곤경을 이겨낼 수 있었던 비결이 궁금하지만, 그걸 밝혀줄 증거는 이곳에 남아 발견될 날을 기다리고 있지 않았다. 파괴된 것도 아니고, 도둑맞은 것도, 잃어버린 것도 아니다. 그냥 증발한 것이다. 그들을 이해하고 싶어하는 우리에게는 그 의문들을 밝혀줄 증거가 없다.

엘즈미어섬에 도착한 건 일주일 전이다. 알렉산드라피오르에서 남서쪽으로 약 640킬로미터 떨어진 콘월리스섬의 이누이트 마을인 레절루트에서 비행기를 타고 왔다.(당시 레절루트에는 남쪽으로 1600킬로미터 떨어진 노스웨스트 준주 주도인 옐로나이프와 레절루트를 오가는 항공편이 주 2회 있었고, 나도 옐로나이프에서 레절루트로 갔다.) 나를 여기까지 데려다준 전세 비행기 트윈오터기는 지금은 사용되지 않는 캐나다 왕립 기마경찰 지부 건물 옆 저지에 착륙했다. 그날 비행의 유일한 승객이었던 나는 비행용 휘발유와 헬기 연료가 든 강철 드럼통, 신선한 채소 상자, 삽과 얼음 끌 묶음, 우편물 꾸러미, 예비 부품들과 비좁은 기내 공간을 나눠 썼다. 트윈오터기는 하루에 여러 군데의 오지 캠프에 다양한 물건을 보급하는 임무를 수행 중이었다.

트윈오터기를 전세 낸 이들은 매년 여름 연구를 수행할 과학자들을 캐나다 하이악틱에 파견하는 캐나다의 극지 대륙붕 프로그램이었다. 알렉산드라피오르는 그날 아침 첫 착륙지였다. 나는 캘거리대학교의 고고학자 페테르 슐레더만으로부터 요한반도와 스크랠링섬에서 보내는 현장 연구 시즌의 마지막 단계를 자신과 두 동료와 함께하자는 초대를 받고 온 터였다.

알렉산드라피오르의 활주로는 "삐끗하면 죽는" 활주로라 불리는데 이는 좀 과장된 말이긴 해도 실제로 길이가 극도로 짧고 중간쯤에서는 둔덕 하나를 넘어야 한다. 일단 비행기가 바닥에 내려앉으면 활주로의 더 먼 쪽 절반은 시야에서 사라진다. 나는 이보다 더 위험한 장소들에서도 착륙해봤지만, 어디든 착륙이 어려운 장소에 무사히 착륙했을 때, 특히 적재 중량 한도를 꽉 채워 짐을 싣고 인화성 연료 여섯 통을 실은 비행기가 무사히 착륙했을 때는 어마어마한 안도감을 느낀다.

비행기는 맑은 하늘 아래 차분한 공기 속에서 착륙했다. 옆바람이 불거나 안개가 꼈거나 진눈깨비가 내리는 위험한 날씨였다면 조종사는 이곳에 들르지 않고 다음 착륙지로 바로 갔을 것이고, 그랬다면 나는 그날 레절루트로 다시 돌아가 며칠 뒤에 있을 다음 알렉산드라피오르행 비행 편을 얻어 탈 기회를 노려야 했을 것이다.

캐나다 정부는 1953년 8월 8일 알렉산드라피오르에 캐나다 왕립 기마경찰RCMP 지부를 열었다. 1926년에 뷰캐넌베이의 피오르 건너 근처 베이치반도에 세웠던 지부를 대체하기 위한 것이었다. 당시 순찰할 일이 거의 없던 지구의 외딴 구석 땅이었지만, 몇몇 나라가 광물에 대한 권리를 차지하려고 퀸엘리자베스 제도의 이 구역에 대해 "기존 권리" 같은 모호한 말을 계속 들먹이고 있었다. 캐나다는 자국 국경선에 위치한 이곳에 공식적인 상설 주재 기관을 세움으로써 그 나라들에 모종의 메시지를 보내고자 했다. 1953년 이후 알렉산드라피오르에서 근무하던 캐나다 기마경찰은 스미스사운드 근처의 그린란드 에스키모들—이누구이트*—에게도 한 해의 대부분 기간에, 서부 그린란드와 엘즈미어섬을 가르는 65킬로미터의 해빙을 건너 사냥하러 올 수 없다고 통보했다. 그건 그들이 캐나다라는 나라가 생기기 훨씬 오래전부터 해왔던 일이었는데도 말이다.

알렉산드라피오르에서 근무하던 경찰들은 1962년에 엘즈미어섬 남쪽 해안의 이누이트 마을인 그리즈피오르에 새로 세운 RCMP 지부로 재배치되었다. 내가 알렉산드라피오르에 도착한 날, 아직 잘 관리되고 있던 RCMP 건물은 일라이 본스타인이라는 미술가와 한스 도마슈라는 사진가가 쓰고 있었다.(극지 대륙붕 프로그램은 오래된 RCMP 건물을 인수해 때때로 그곳

* 그린란드에 거주하는 이누이트의 한 부류로, 과거에는 북극 하일랜더나 극지 에스키모라고도 불렸다. 이누이트 중에서 가장 북쪽에 거주하는 무리이며, 현재 그린란드 인구 중 1퍼센트를 차지한다.

을 찾아와 숙식하는 예술가들과 작가들에게 작업실로 내어주고 있다.) 일라이와 한스도 나와서 자신들의 캠프와 슐레더만 캠프에 보내온 화물을 내리는 걸 도와주었다. 우리 셋은 트윈오터기가 활주로를 질주하다 이륙하여 옆으로 기체를 기울이면서 북쪽으로 날아가는 동안 손을 흔들어 작별 인사를 건넸다.

일라이와 한스는 내가 갓 출간된 피지스의 책을 가져온 걸 알고 기뻐했고, 나는 마침내 레절루트의 소란스러움에서 벗어났다는 데 큰 안도감을 느꼈다. 그곳에서는 디젤발전기가 밤새 쿵쿵 소리를 내며 돌아갔고, 트럭과 중장비는 비포장도로에서 먼지구름을 피워 올렸으며, 공기는 연소한 연료 냄새로 몹시 탁했다. 그 시계와 일정 관리의 세계는 '정시에' 극지 대륙붕 프로그램의 식당에 가야 식사를 할 수 있고 그렇지 않으면 식사를 못하는 곳, 사람들이 일기예보, 장비 요청, 물류 지원, 수정된 비행 일정을 알기 위해 찾아가야 하는 사무실들이 정해진 시간에 정확히 문을 열고 닫는 곳, 여름에는 절대 태양이 지지 않고 인구의 절반이 이상한 시간대에 일하며, 날씨는 자체의 일정만을 따르는 세계다.

일라이는 나와 함께 마실 차를 준비했고 한스는 자러 갔다. 한스는 비행기가 도착하기 전 '밤'에 몇 시간 동안 바깥에 나가 뷰캐넌베이의 빙산들을 촬영하고 돌아온 참이었다. 나는 휴게실 한구석에 더플백과 배낭을 두고 일라이와 이야기를 좀 나눈 다음, 산책하러 나가기로 마음을 정했다. 방문객은 북극곰으로부터 보호하기 위해 절대 혼자 다니지 말고 항상 총을 가지고 다니라고 경고하는 RCMP의 지시 사항이 벽에 붙어 있었지만 나는 그 경고를 무시했다. 하지만 먹을 것과 물, 서바이벌 기어, 무전기, 구급용품 등은 챙겼으니 완전히 무책임하게 행동한 것은 아니었다. 일라이는 자신들보다 동쪽으로 몇 킬로미터 떨어진 곳에서 야영하고 있던 페테르에게 무선으로 연락해 내가 이곳에 와 있으며, 며칠 뒤 페테르가 스크랠링섬으로 야영지를 옮기면 그와 합류할 준비가 되어 있다고 알렸다고 했다. RCMP

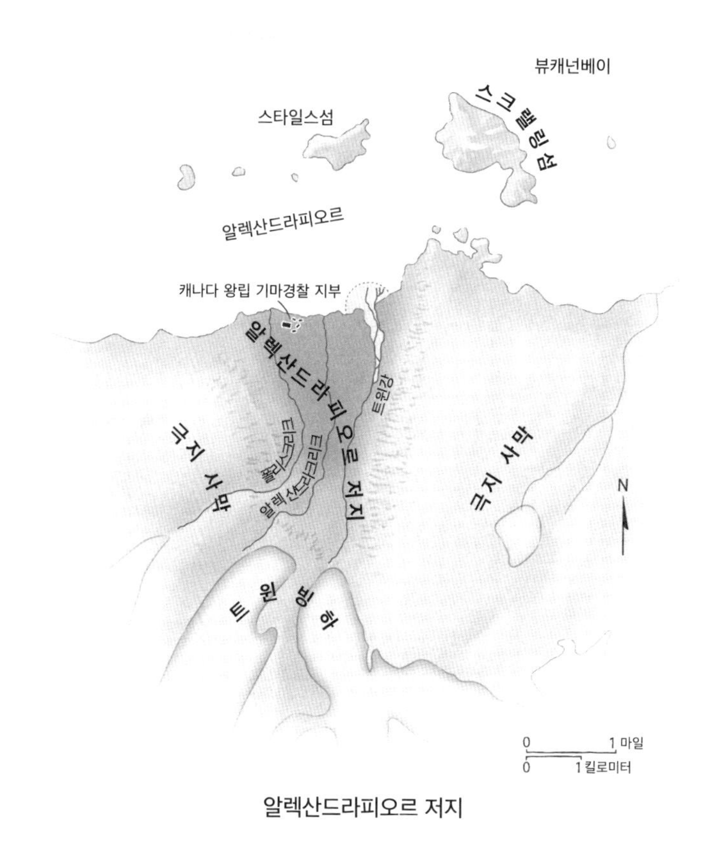


알렉산드라피오르 저지

지부는 흰색에 빨간 테두리를 두른 부속 건물 너댓 채를 양옆에 거느린 1층짜리 본부 건물로 알렉산드라피오르의 만조선에서 3, 4미터쯤 올라온 오래된 해변에 서 있다.

동쪽으로는 탁 트인 평원에서 갑자기 황토색 절벽들이 솟아 약 650미터 높이의 메사*를 형성하고 있고, 남쪽으로는 트윈 빙하의 두 돌출부가 피오르 저지의 경사가 완만한 계곡으로 향해 있다. 서쪽으로는 동쪽의 메사만큼 가파르지는 않은 회색 편마암과 화강암의 수직 절벽이 솟아 극지 사막의 건조한 풍경과 만난다. 알렉산드라피오르는 북쪽에 자리하고 있고, 스크랠링섬은 북서쪽 해안에서 약 3킬로미터 떨어진 지점에 있다. 스크랠링섬 옆으로는 더 작은 스타일스섬이 있는데, 이 지역에서는 기자의 유명한 스핑크스 석상과 닮았다는 이유로 스핑크스라 불린다. 스핑크스는 인간의 머리를 한 사자다. 유럽인들이 이 이집트 유적에 스핑크스라는 이름을 붙인 것은 그리스 신화에서 테베에 살았고 꾀로 오이디푸스에게 지고 말았던 날개 달린 괴물 스핑크스와 모습이 닮았기 때문이었다. 스타일스섬을 이렇게 부르는 것은 기이해 보이는데, 이는 개에게 파티 고깔을 씌우는 것처럼 미지의 것을 축소하고 정복하려는 누군가의 노력일 것이다.

RCMP 앞 자갈 깔린 해안에서 나는 알렉산드라피오르 저지라는 생물학적 오아시스를 요람처럼 감싸고 있는 거대한 분지

---

* 탁자처럼 위는 평평하고 가장자리는 가파른 사면이나 절벽으로 된 지형.

쪽으로 등을 향한 채 얼음이 점점이 떠 있는 바닷물 건너 수십 제곱킬로미터 넓이의 높고 황량한 땅을 마주하고 있다. 그 땅은 내 바로 왼쪽으로 보이는 메사처럼 생긴 토르발드반도다. 그리고 내 오른쪽으로는 토르발드반도 너머 더 멀고 더 큰 베이치반도가 모습을 드러낸다. 불투명한 물의 방패 뒤에 자리한 거대한 텅 빈 땅의 드넓음이 느껴지고, 거길 넘어가면 내가 사라져버릴 수도 있을 듯한 문턱의 존재가 감지된다.

이제 내륙 쪽으로 돌아선다. 여기서 나는 남쪽으로 U자 모양을 이룬 성스러운 땅인 알렉산드라피오르 저지로 걸어가는 작은 형체로 보일 것이다. 내가 등반하기로 한 트윈 빙하의 동쪽 돌출부 기슭에 도착하기 위해 알렉산드라크리크의 간이 다리를 건넌 다음 트윈강 서쪽 기슭에 도착할 때까지 계속 걷는다. 걷고 있는 거의 모든 순간에 계곡 전체가 시야에 들어온다. 여기서 나는 흡사 천장이 사라진 대성당 바닥에 앉은 한 마리 참새 같다.

공기는 데워져 온기가 느껴지고 활기 띤 식물에서 생명과 부패와 꽃가루의 냄새가 난다. 주위를 둘러싼 절벽들의 적막함과 그 너머 넓은 극지 사막의 황량함을 감안하면, 얼굴을 부드럽게 스쳐가는 이 향긋한 공기는 관능적일 정도로 자극적이다. 몸을 굽혀 자주범의귀의 작은 꽃들을 자세히 들여다보고, 줄기는 새끼손가락보다 가늘지만 1000년은 살아온 듯한 담자리꽃나무의 옹이 가득한 수피를 만지자 그 감각이 내 몸 전체로 퍼져나간다. 주변을 맴도는 북극뒤영벌(이누크티투트어로는 이굽타크)의 붕붕거리는 소리, 확 끼쳐 왔다 금세 사라지는 수액 냄새, 꽃을 습격하는 곤충들. 이런 건 예상치 못한 감각들이 아닌데도 그 강렬함은 일이 분마다 한 번씩 내 걸음을 멈춰 세운다.

나는 사이사이 걸음을 멈추고 이곳에서 살아낸 생명의 증거를, 북극토끼의 흰 갈비뼈와 만져보면 아직 온기가 다 가시지 않은 죽은 목걸이레밍을 살펴본다. 겉으로 보이는 상처도 없고 귀나 코, 입술에 검은 피가 굳어 있지도 않다. 늙어서 죽은 것이다. 사초 풀밭 가장자리 축축한 땅이 히스 초원으로 넘어가는 부분의 부드러운 흙에 방금 찍힌 붉은가슴도요와 베어드도요의 긴 발톱 자국이 남아 있다. 이 새들은 지금 내 앞 10미터 정도 거리에서 사냥을 하고 있고, 내가 가까이 다가가도 계속 그만큼의 거리를 유지한다.

트윈강에 도착해보니 종아리까지 덮는 내 고무장화로 건너기에는 물이 너무 깊다. 일라이에게 수심이 어느 정돈지 물어봤어야 했는데. 나는 장화와 양말, 바지를 배낭에 밀어 넣고 녹아서 콸콸 흐르는 물속으로 걸어 들어간다. 맞은편 강기슭까지 바닥의 돌들로 울퉁불퉁한 10미터 안팎 거리의 강을 넘어지지 않고 건널 수 있기만 바랄 뿐이다. 맞은편에 도착해 얼어붙을 듯 차가운 물에서 나왔을 때, 나는 상처 입은 동물마냥 몸을 웅크리고 울부짖는 소리를 내지른다. 몸뚱이가 분노를 토해내는 것이다. 그러고는 다시 옷을 입는다.

빙하의 차가운 입술에서 녹은 물이 흘러나오며 내는 보글보글 소리, 얼음 속 작은 주머니들이 터지며 안에 품고 있던 고대의 공기를 방출하며 내는 쉿소리를 더 크게 들어보려고 트윈 빙하의 발치에 쪼그리고 앉는다. 이렇게 가까이서 머리를 옆으로 기울이고 있으니 빙하가 토해내는 차가운 숨이 내 광대뼈에 끼쳐 온다. 계곡의 짙은 정적이 잠시 이 거대한 물체가 녹아내리며 내는 소리와 조화를 이루며 공존한다.

빙하의 혀에 해당하는 경사면을 딛고 몇십 미터 정도 올라간 뒤, 나는 겨우 몇 센티미터 깊이로 작은 폭포를 이루며 흐르는 물줄기를 넘는다. 눈이 시려 계속 쳐다볼 수 없을 만큼 지극히 강렬한 흰색 얼음 위로 터키석색의 물이 흐른다. 12센티미터에서 15센티미터 정도 너비의 이 작은 실개천은 얼음을 파고들어 가며 만든 물길을 따라 너무 빠른 속도로 흘러내려, 리본 같은 물줄기가 마치 뫼비우스의 띠처럼 꼬이고 되감기는 것처럼 보일 정도다. 녹은 물의 실개천을 따라 계속 올라가다보니 그 물줄기는 미로 같은 더 작은 물줄기들로 나뉘어 있다. 실개천에 물을 대는 원류들이다. 앞으로 한 달여만 지나면 여기 이 모든 것은 다시 조용해질 것이다. 그리고 그 정적은 이 빙하에서 하얀 저지 전체로 퍼져나가 피오르의 점점 두꺼워지는 해빙들 위로 뻗어나가겠지.

북쪽으로 어슬렁어슬렁 다시 돌아가는 길에는 강줄기를 따라 걷는다. 한 가지 환경(중습성 툰드라 지방)이 다른 환경(흐르는 강)과 만나는 곳에는 생물학자들이 생태 전이대라 부르는 것이 있다. 특정 동물 종의 진화적 변화 같은 몇몇 생물학적 사건들은 두 가지 환경이 중첩되는 이런 지역에서 더 두드러지게 나타날 가능성이 크다. 저지를 절반쯤 가로질렀을 때 나는 북동쪽으로 방향을 꺾어 절벽 바닥에 무너져내려 쌓인 돌 더미를 향한다. 고무장화는 눈에 띄는 큰 바위 위에 놓아두고, 가벼운 부츠로 갈아 신고 간다. 이 바위는 더 추웠던 시대에 내 뒤에 있는 저 빙하가 남겨놓은 특이한 유물이다. 돌아오는 길에 챙겨가야 한다는 것만 잊지 않으면 저 장화를 못 보고 지나치기는 어려울 것이다.

절벽 꼭대기로 올라가는 것은 예상한 것보다 시간이 덜 걸렸다. 돌들이 쌓여 생긴 경사지를 오르고 바위 파편 무더기를 가로지른 다음, 200미터 정도를 무난히 기어오르니 탁자 모양의 정상에 도착했다. 힘겨운 등반이 되리라 예상했건만, 그건 방금 지나온 저 아래 외경스러운 풍경이 탐험의 열정에 힘을 불어넣어주리라는 계산은 하지 못했던 때문인 듯하다.

빙하에서 저지를 가로질러 절벽 기슭까지 가는 동안 무언가 눈길을 끌면 거의 항상 멈춰 서서 살펴보았다. 사향소나 작은 피어리카리부의 존재를 알려주는 단서라면 뭐라도 찾고 싶어 쌍안경으로 주위 평원을 훑어보려는 충동이 자주 일었다. 그런 걸 발견할 가능성은 거의 없었지만, 찾아보려고도 하지 않는 건 너무 소홀한 마음 같았다. 다시 걸음을 옮기기 시작한 뒤로는 나도 모르게 간간이 두 팔을 내던지듯 위로 뻗었다. 극지 사막 한가운데서 이토록 강렬한 생기를 품고 있고 이토록 우아한 세상을 볼 수 있다는 불가사의에 대한 경이가 그렇게 터져 나오는 것 같았다. 내가 보고 느끼는 것들로부터, 창조의 모든 가닥으로부터 생겨난 감정은 이곳에 있는 모든 것을 향한 다정한 마음, 이곳의 생명을 향해 무방비로 열린 마음으로 정점에 달했다.

나에게 이 저지대는 아름다운 곳이었다.

알렉산드라 저지로 여행을 떠나기 여러 해 전, 나는 대학원 시절에 사사한 바레 톨큰 교수에게 '뷰티웨이'라는 나바호 인디언의 의식과 호조라는 그들의 개념에 관해 질문했다. 매우 복잡한 개념인 호조는 대략 '아름다움'으로 번역되지만, 이 단어는 세상에 널리 퍼져 있는 조화의 상태도 가리키고, '건강함'이라고 표현할 만한 전반적인 상태도 가리킨다. 1950년대에 한동안 유타주 블랜딩 근처의 나바호 인디언 보호구역에서 살았고 아직 가족들이 거기 살고 있었던 바레 교수는 내게 『나바호 블레싱웨이의 노래하는 사람: 프랭크 미첼 자서전, 1881~1967』이라는 책을 알려주고, 본인의 친구로 나바호어를 유창하게 구사하는 인류학자인 게리 위더스푼도 소개해주었다. 불완전하게나마 내가 이해하는 바로 뷰티웨이 의식은 노래하는 사람이라 불리는 주술사가 며칠에 걸쳐 "환자"의 집(대개 나바호의 전통적인 주택 형태인 호건)에서 환자의 가족이 함께 있는 가운데 행한다. 환자는 주술사가 "노래를 불러주는 대상"이며, "나빠진" 상태 혹은 어떤 식으로든 영적으로 불완전한 상태에 처한 사람으로 여겨진다. 나바호 사람들은 이런 나빠진 상태나 세상과 불완전하게 통합된 상태를 시간이 지나면서 모든 사람에게 생겨나는 정상적인 상태로 본다.(나바호 세계관의 복잡한 체계에서 볼 때, 조화로운 상태가 점진적이고 필연적으로 줄어드는 것은 열역학 제2법칙에서 클라우지우스가 정의한 엔트로피에 빗대어 생각하면 이해하기 쉽다.)

한 사람을 "아름다움"의 상태로 되돌려놓으려면 노래하는 사람이 자연 세계에서 (나바호 사람들에게) 정합성 또는 조화를 의미하는 상태를 환자 안에 되살려내는 일을 "우주에 요구"해야 한다. 뷰티웨이 의식은 그런 조화로운 상태를 기리며, 이러한 조화 상태는 노래하는 사람이, 그리고 마지막에는 환자가 그 안에 앉게 되는 일련의 모래 그림들을 통해 표현된다.

노래하는 사람의 의도는 대략 노래를 듣는 환자를 다시 "아름답게" 만드는 것이다. 뷰티웨이 의식으로 구현되는 나바호 철학의 중심 신조는 "Są̨' ah naagháí, bik'eh hózhǫ́"라는 말로 표현되는 재생 과정에 대한 믿음이다. 나바호어는 영어로 번역하기 어렵기로 악명이 높지만, 위더스푼의 해석에 따르면 그 말은 의식을 통해 아름다움을 복원하고, "그 결과 주변 모든 상태가 축복을 받거나 아름답게 된다"라는 의미다. 그로부터 수년 뒤 위더스푼은 이전 번역을 더 다듬어 "생명의 주기를 무한히 반복하는 것, 그리고 그 반복을 통해 모든 곳에 아름다움과 조화, 건강이 존재하게 되는 것"이라고 말해주었다.

'아름다움'이 세계에 영속적으로 존재하는 높은 수준의 정합성을 가리킨다는 관념, 그리고 우리가 전혀 통제하지 못하는 세계에 우리 자신을 다시 통합함으로써 우리 안에 아름다움을 되살릴 수 있다는 관념을 의식의 형태로 표현한 것이 바로 뷰티웨이 의식이고, 이를 알게 된 뒤로 나는 쭉 그 관념에 마음이 끌렸다.

알렉산드라 저지를 걷는 동안 그곳 특유의 색채, 선, 비례, 소리, 냄새, 질감의 조합을, 그러니까 이 땅의 '아름다움'을 잘 인지하도록 나의 감각이 아주 예민해지는 걸 느꼈다. 그 아름다움이 내게 미치는 영향을 의식했고, 그 풍경에 무방비로 열린 상태가 나의 내면에 건강하다는 느낌을 증폭시켰다는 것, 그리고 내 생각 외부에 존재하며 내 이해를 넘어서는 세상과 내가 조화를 이루고 있음을 알아챘다.

절벽 정상에서 나는 바닥에 엎드려서 그린란드의 조수 빙하*를 배경으로 케인 해분에서 동쪽으로 떠가는 회색과 흰색의 빙산들을 쌍안경으로 바라보았다. 손가락의 미세한 떨림(절벽을 오르느라 힘을 썼더니 피가 온몸을 세차게 돌며 초래한 현상이었다) 때문에 쌍안경을 바위에 받친 채였다. 빙산의 옆면에 반사된 빛줄기들이 65킬로미터도 넘는 먼 거리를 평행으로 뻗어나가며 빙산의 윤곽을 더욱 뚜렷하게 만드는 광경도 빙산 못지않게 경이로웠다. 내가 방금 건너온 약 13제곱킬로미터의 저지대보다 더 큰 빙산도 많이 보였다.

절벽 정상에서 안전하게 내려갈 길을 찾기 전에, 먼저 아무것

---

* 빙하의 일부가 떨어져 나와 바다에 떠다니는 빙산.

도 시야를 가로막지 않는 상태에서 스크랠링섬을 보기 위해 이 탁상지의 북쪽 가장자리로 걸어갔다. 섬은 내가 있는 위치에서 300미터쯤 아래, 3킬로미터쯤 떨어진 어두운 물색의 바다에서 선명한 윤곽선을 그리며 갈색과 회녹색, 황갈색이 뭉쳐진 쪼글쪼글한 덩어리 같은 모습으로 내 눈에 들어왔다. 이때 처음으로 이 섬이 실은 두 개의 땅덩이가 좁은 지협으로 연결된 육계사주라는 걸 알아보았다.

나는 이미 내 머릿속에 담겨 있던 그 섬의 지도를 활용해 클린치능선, 고스트, 에이비크, 올드스쿼 등 내가 이미 이름을 알고 있는 고고학 유적지들을 찾아 섬 표면을 훑었다. 툴레와 도싯의 이 오래된 야영지들은 대부분 섬의 해안선 근처에 자리하고 있다. 몇몇은 뚜렷이 보일 정도로 실질적인 흔적이 충분히 남아 있었다. 예컨대 내 바로 앞쪽으로는 스크랠링섬의 두 땅덩이 중 더 작은 쪽의 남서쪽에 고래 갈비뼈로 뗏장 지붕을 지지해둔, 지금은 모두 허물어진 툴레의 겨울 반지하 집 스물세 채가 모여 있었다. 약 4000년 전의 몇몇 인디펜던스 I* 야영지부터 시작해서 전기 도싯, 초기 도싯, 말기 도싯으로 나뉘는 '북극권 소형 도구 문화'에 속한 사람들이 살았던 거주지들을 거쳐, 마지막으로 약 800년 전의 툴레 유적지까지 이 섬의 유적지들

* 약 4000년 전 알래스카와 캐나다 북부 등 북극 및 아북극 지역에 존재했던 수렵 채집인들의 거주지. '인디펜던스 I'이라는 이름은 알래스카 북부 해안의 인디펜던스곶에서 처음으로 식별된 유적지라고 하여 붙여졌다.

을 다 모으면 하이악틱 지역의 전체 인류사가 구성된다. 이곳에는 몇백 년 전으로 거슬러 올라가는 근대의 이누이트 야영지 유적도 일부 남아 있다.

슐레더만과 동료들은 4000년 세월 가운데 한 번에 몇백 년씩 약 2만 평 규모의 이 섬에 아무도 살지 않은 시기들이 있었고, 가장 최근의 사례를 들면 초기 도싯과 후기 도싯이라는 두 고에스키모 문화 사이 기간에 해당하는 기원전 500년경부터 서기 700년경까지가 그런 시기라고 생각한다. 사람들이 이곳에서 사라진 것이 기후변화 때문이었는지 아니면 단순히 이동 경로가 달라져 더 이상 이 지역으로 오지 않았기 때문인지는 아무도 모른다. 어느 쪽으로 보든 우리는 약 4000년에 걸쳐 많아야 몇천 명 정도인 극도로 작은 규모의 인간 집단이 겪은 실패(와 간헐적 번성)의 과정을 직면하게 된다. 이들은 육지를 따라 남서쪽으로 2400킬로미터 떨어진 땅, 언젠가 알래스카라고 불리게 될 땅에서 이곳으로 건너온 개척자들이었다.

툴레 사람들은 이동의 열망을 지닌 사람들, 극단적 환경에 맞닥뜨렸을 때 한결같이 좋은 결정을 내릴 능력이 있었던 사람들, 여기저기서 (이를테면 부족한 식량 같은) 약간의 불운으로 대가족 중 누군가를 잃기도 했지만 그래도 전반적으로는 지략이 뛰어나고 지칠 줄 모르는 사람들이었을 것이다. 또한 분명 한 종류 이상의 어둠 속에서 살았던 사람들, 어둠을 마땅한 정도로는 존중했지만 과도하게 존중을 표하지는 않았던 사람들이었다고 생각한다. 나는 스크랠링섬을 방문하기 여러 해 전부터, 그리고 방문 후에는 더욱더 그들의 가치를 잘 이해하게 되었다. 그 집단의 원로들은 무엇을 두려워해야 하는지 알았을 뿐 아니라 두렵게 보이는 것들 가운데 무시해도 안전한 것이 무엇인지도 잘 알았던 사람들이었다.

내가 아는 이들 중 지구상 어딘가에서 사라진 문명의 물질문화를 발굴하고 탐구해온 이들이라면 누구나 자신의 탐구 대상인 그 문화의 사람들과 대화를 나누고 싶다는 갈망을 가지고 있다. 이를테면 프랑스 남동부 아르데슈 계곡 쇼베 동굴에 벽화를 그린 사람들, 뉴멕시코주 블랙워터드로의 클로비스 사냥꾼들과 우르의 샘족, 혹은 툴레 사람들과 말이다. 만약 내가 툴레 사람들과 이야기를 나눌 수 있다면 나는 그들이 아름답다고 여겼던 것이 무엇인지, 그들이 지속적인 믿음을 주었던 것이 정확히 무엇인지 알고자 했을 것이다.

아래로 내려가기 위해 절벽 가장자리로 물러나기 전, 나는 백송고리(흰매)를 찾아 내 위로 300미터 정도 높은 곳을 눈으로 훑었고, 이제는 북서쪽 하늘에 뜬 태양의 빛을 측면으로 받고 있는 저지대도 훑었다. 또 쌍안경으로 초지와 염습지*를, 히스 초원과 담수 연못을 따로 떼어 살펴보았다. 여기 사는 동물은 대부분 너무 작아서 따로 집어내기가 어려운데 새들—흰멧새와 북방사막딱새의 작은 무리, 흰갈매기와 흰죽지바다비

* 바닷물이 드나들어 염분 변화가 큰 습지.

둘기 떼, 큰까마귀 한 마리, 긴꼬리도둑갈매기와 북극도둑갈매기 몇 마리―만은 그렇지 않다. 그리고 이 툰드라의 시각적 구성에서 나는 미묘하게 밝은 색채의 패턴을 알아보고, 개천들과 그 본류인 강들이 그리는 반짝이는 선들을, 연못들의 어슴푸레한 빛을 알아볼 수 있었다. 이곳의 그지없이 투명한 공기뿐 아니라, 이 세계가 지닌 야외 특유의 투명함뿐 아니라, 물, 잎, 암석, 축축한 땅 등 여러 표면에 반사되는 빛도 감탄스러웠다. 녹주석 같은 연한 청록, 터키석의 푸른색, 연보랏빛 회색처럼 뭉뚱그려진 색채의 무리는 그 속에 뚜렷이 구별되는 여러 색을 품고 있지만, 쌍안경으로는 그 색깔 중 어느 하나도 구분해서 볼 수 없었다. 노랑이 분명 거기 있다는 걸 아는데도 노란색을 따로 찾을 수 없었다. 그 색깔 중 몇몇은 얼음이 녹은 연못 가장자리에서 자라는 식물들 속에 옅은 채도로 존재했고, 연못의 물은 그 색깔들을 받았다가 다시 그 식물들에게 반사해 보냈으며, 연못 바닥의 색깔들도 투명한 물을 통해 다시 잎의 아랫면에 비쳤다.

모네를 필두로 하는 프랑스 인상파는 반사되고 보강되는 빛에 관한 이 모든 사실을 알고 있었고, 그들의 작품은 많은 사람이 빛의 그런 성질에 관해, 투사되거나 스치는 빛의 세계와 색소에 관해, 빛과 색소가 만나는 곳에 존재하는 것과 부재하는 것에 관해 생각하는 계기를 마련해주었다. 그리고 아마 의도한 것은 아니었겠지만 그들은 우리에게 더 잘 보는 법도 가르쳐주었다. 나는 그날 오후 내가 보았던 미묘한 색채들을 툴레 사람들도 알아보았으리라는 생각을 떨칠 수가 없다. 그들도 나처럼 트윈강을 헤치며 걸을 때 반짝이는 수면을 알아보았을 것이고, 그 강물에 생명을 부여하는 것은 단지 그 강물의 움직임만이 아니라 강 표면에 비친 바람에 나부끼는 식물과 그 위를 날아가는 새들이기도 하다는 것을 알았을 것이다.

RCMP 지부 건물로 돌아와보니 일라이와 한스는 일라이가 편집하는 〈더 스트럭처리스트〉라는 캐나다 저널의 다음 호 내용에 관해 의논하고 있었다. 다음 호의 주제는 투명성과 반사였고 두 사람 다 피지스의 소설을 열렬히 읽고 싶어했던 것도 그 때문이었다. 그들은 여러 사람에게 회화와 사진뿐 아니라 음악, 건축, 시에서 나타나는 반사와 투명성에 관한 글을 의뢰했다. 한스가 찍은 빙산 사진들도 실을 예정이었다. 그들의 열정에 나까지 흐뭇해졌다. 이 주제를 통해 그들이 탐색하고자 한 것은 예술이라는 자신들의 업이 아니라, 이 세계에서 의미를 찾는 일, 그리고 예술의 창작과 목적이라는 복잡한 문제였다.

그들이 이야기를 나누는 동안 나는 저녁을 준비하기 시작했다. 그러면서 그 저널에 이 모든 것에 관한, 특히 빛의 부재와 어둠에 관한 도싯 사람들과 툴레 사람들의 생각을 추측해보는 글도 실을 자리가 있을까 생각했다. 한스와 일라이처럼 나도 우리를 에워싼 빛의 행동에 너무 깊이 매혹되어 있었던 탓에, 빛과는 떼려야 뗄 수 없는 쌍둥이인 한겨울 밤에는 나중에야 생각이 미쳤던 것이다. 땅 위에서 생명을 키우는 표토의 몇 센티미터 아래에 영구 동토층이 숨어 있듯이, 휘페르보레아*처럼 들뜨게 하는 북극의 여름 오후에는 겨울밤의 어둠이 눈에 보이지 않으니까.

그러니까 고에스키모인들에게 질문할 거리가 또 하나 생긴 셈이다. 어둠이 빛을 몰아내고 남은 거라곤 상상력과, 물범 기름을 채운 돌 램프에서 불을 밝히고 있는 기름에 전 작은 이끼 뭉치, 북극여우가 움직일 수 없을 만큼은 무겁지만 북극곰이 밀어뜨리지 못할 만큼 크지는 않은 바위들로 막아 저장해둔 고기밖에 없을 때 그 사람들은 여기서 무엇을 했을까?

그 어둠도 좋았을까?

이튿날 아침 나는 일찌감치 알렉산드라 저지의 서쪽을 탐험하러 길을 나섰다. 저지를 가로지르는 폴리스크리크가 또 다른 빙하에서 녹은 물을 알렉산드라피오르까지 나르고, 풀이 자라는 넓은 염습지들이 군데군데 자리 잡고 있는 곳이었다. 이번에는 해안 가장자리에서 출발했다. 내가 서 있는 곳에서 해안선을 따라 동쪽으로 가다보면 예전에 내가 잉글필드라는 그린란드 해안 지역을 보기 위해 올라갔던 절벽이 있다. 서쪽으로 해안선을 따라가면 알렉산드라피오르로 더 깊이 들어가면서 요한반도

* '북풍 너머'를 뜻하는 그리스어. 고대 그리스 사람들이 극북에 있는데도 태양신 아폴론의 은총을 받아 항상 햇빛이 비치는 따뜻하고 살기 좋은 곳이라고 상상한 가상의 대륙이다.

의 북쪽 가장자리를 따라 걷게 된다.

내가 처음 집을 떠나 먼 곳으로 여행하기 시작했을 때는 땅에서 발견한 물건 중 내가 원하는 무엇이든 집어서 가져오는 편이었다. 조개껍데기, 깃털, 물에 쓸려 윤이 나는 유리구슬, 작은 포유동물의 햇빛에 바랜 두개골 등 나를 포함해 대부분의 사람들이 무해한 물건이라고 여길 만한 것들이었다. 나를 초대하거나 안내해준 사람들이 주는 것도 모두 기꺼이 받아왔다. 그런데 그렇게 가져온 이 물건들은 세월이 지나면서 나를 무겁게 내리눌렀다. 내가 도둑처럼 느껴지기 시작했는데, 누구로부터 훔쳤다는 건지는 나도 알 수 없었다. 나의 것이 아닌 장소를 의도적으로 어지럽혔다는 것, 그 침입에 얽힌 옳고 그름이 내 이마를 톡톡 두드려대기 시작한 것이다.

한번은 고고학자 두 사람과 함께 그랜드캐니언 노스림을 여행할 때 헬기를 타지 않고는 가기 어려운 장소에서 선대 푸에블로인*의 유적지를 우연히 발견했는데, 그곳에 살던 사람들이 떠난 뒤 대략 6세기 동안 아무도 건드리지 않은 채 남아 있던 곳이었다. 거기 놓여 있던 경탄스러운 장식의 작은 도기 항아리 하나쯤 배낭에 집어넣는 것은 그리 어려운 일이 아니었을 것이다. 거기에는 그런 게 수십 개나 굴러다니고 있었다. 나는 깊이

* 콜로라도, 유타, 애리조나, 뉴멕시코를 포함하는 미국 남서부의 포코너스 지역에 서기 200년부터 1300년까지 거주했던 고대 아메리카 선주민들. 나바호어로 '오래된 적'이라는 뜻의 '아나사지'라는 명칭으로도 불린다.

고민했다. 집어 가고 싶은 충동을 따르지 않은 것은 오래전에 세상을 떠난, 그것을 만든 사람들에 대한 존중이었고, 함께 간 고고학자들의 직업적 소명에 대한 존중이었다. 또한 그 동행자들이 나에게 갖는 신뢰는 말할 것도 없고 나 자신에 대한 존중이기도 했다.

우리가 그 유적지를 조사하고 그곳의 유물 목록을 다 만든 다음 날 아침, 나는 두 고고학자 중 한 사람에게 내가 아무것도 가져가지 않았다는 것을 알아줬으면 한다고 말했다.

"예, 눈치챘습니다." 그가 말했다.

이 세상에 사람들이 거의 찾아가지 않는 장소에서 가져갈 것과 남겨둘 것을 가르는 분명한 선은 없다. 나는 사유재산과 침해, 소유권 같은 개념에 매우 예민한 문화에 속해 있어서인지 그런 스스럼없는 행동을 아무렇지 않게 여기지 못한다. 알렉산드라 저지를 탐사한 이 둘째 날에는 작은 고래의 유골 위를 걸었다. 그 뼈는 청록색 이끼 담요 밑에 거의 묻혀 있다시피 했다. 내 발걸음을 그리로 끌어당긴 것도 더 어두운 녹색의 사초 풀밭 사이에서 도드라진 이끼의 선명한 녹색이었다. 그 이끼 밭에는 누구의 손도 타지 않은 왼쪽 앞지느러미 뼈가 있었는데, 포유류의 앞 발목 아래 있는 것과 같은 수근골과 지골이 마치 사람의 손처럼 벌어져 있었다. 고래의 유골이 서서히 분해되는 과정은—이 고래는 바다에서 죽어서 여기까지 떠밀려 온 것일까? 아니면 수 세기 전, 한때 해변이었던 이곳에서 식량으로 도살된 것일까?—지구에서 가장 느리게 진행되는 의식 중 하나인 것 같다. 나의 책임은 단지 관찰하고 그냥 가던 길을 가는 것이지, 만약 흰돌고래가 아닌 일각돌고래 수컷이라면 거기 있을지도 모를 엄니를 찾겠다고 근처 땅을 살피는 것이 아니다. 그래서 나는 가던 길을 계속 갔다. 위치를 표시해두지도 않았고, 지금까지는 그에 관해 한 번도 이야기하지 않았다.

그날 오후 늦게 돌아와 차를 마시며 나는 일라이와 한스에게 도싯 문화에 관해 무엇을 알고 있는지 물었다. 도싯 문화는 나무와 상아에 사람의 얼굴을 새기는 전통으로 널리 알려져 있으며, 많은 사람이 그 조각된 얼굴들은 두려움을 반영하거나 공포를 불러일으키려는 의도로 제작되었다고 생각한다. 도싯 문화의 조각에 대해 잘 알고 있는 일라이는 자신과 한스가 알렉산드라피오르에 오기로 선택한 것은 이곳 반도들의 해안선을 따라 고에스키모 유적지가 여럿 산재해 있다는 사실 때문이기도 하다고 말했다. 또한 RCMP 건물을 숙소로 정한 것은 온통 야외인 곳에 자리한 드문 실내 공간이라 안락하고 안전해서이기도 하지만, 위치가 바다와 아주 가까워 한스가 작업하기 용이해서이기도 했다. 한스는 거기서 좌초한 빙산의 투명함, 교회 예배에서 쓰는 리넨 같은 하얀색부터 상아와 설화 석고의 하얀색까지 다양한 명도의 흰색을 가지고 작업할 수 있었다.

일라이는 페테르 슐레더만이 바이킹의 유물—배에 쓰인 대갈못, 모직물 조각, 쇠칼날, 목수의 대패—을 아주 많이 발견해 유명해진 장소라 자기도 스크랠링에 대해 들어본 적이 있다고 했다. 하지만 고대 스칸디나비아인들이 서부 그린란드 남해안의 벽지에서 스크랠링까지 건너간 것인지, 아니면 그 물건들이 이렇게 먼 북쪽 땅에서 단순히 거래되기만 했는지, 그래서 그 거래의 결과로 12세기 툴레 사람들의 손에 들어간 것인지는 자기도 모른다고 했다.

나는 나 역시 그런 의문을 갖고 있었다고, 우리 둘의 궁금증을 해소하기 위해 페테르에게 물어보겠다고 했다.

1970년대에 스크랠링에서 고대 스칸디나비아의 인공 유물이 발견되면서 캐나다 하이악틱 지역에 대한 합당한 소유권과 통제권을 두고 열띤 국제적 논쟁이 촉발됐다. 오늘날에는 지구온난화 문제로 이 지역의 소유권에 대한 논쟁에 긴장감이 더욱 높아졌다. 해마다 해빙이 점점 더 광범위하게 녹고 있는 상황은, 잠재적으로 풍부한 자원을 보유하고 있을 유전과 가스전에 더 쉽게 접근할 수 있게 하기 때문이다. 스칸디나비아인들은 툴레 사람들이 북미 북서부에서 그린란드와 캐나다 하이악틱으로 이동해 온 것과 거의 비슷한 시기에 고대 스칸디나비아인들 역시 이곳에 있었으니 이 지역에 대한 우선적 권리가 에스키모인들에게 있다는 주장은 근거가 불확실하다며 이의를 제기하고, 이에 캐나다의 이누이트족 및 그린란드의 이누구이트족은 심기가 매우 불편해졌다. 게다가 이후 유럽인들의 식민화 문제도 있지 않은가. 중동의 여러 땅에 대한 팔레스타인의 주장들이나 카슈미르 혹은 남중국해의 스프래틀리 제도에 대한 상충하는 주장들처럼, 소유권에 관한 문제는 많은 사람에게, 심지어 그런 논쟁의 당사자가 아닌 사람들에게조차 불안과 분노를 촉발한다.

한 민족이 경작할 땅과 깨끗한 물 또는 물질적 부를 찾아서, 혹은 정치적 세력을 키우기 위해서나 박해를 피하려고 다른 곳으로 이주할 때마다, 선주민이나 이민자를 배척하는 사람들은 앞장 서서 그들을 비난하고 막아선다.

해빙이 녹고 있는 가운데 벌어지는, 서로 상충하는 이 권리 주장들은 여전히 해결되지 않은 채 남아 있다.

그날 저녁 캐나다 군용 헬기 한 대가 트윈오터기가 내려놓고 간 드럼통의 연료를 급유받으러 우리 캠프로 날아왔다. 민간인 지도 제작자 한 명도 탑승하고 있었는데, 그는 캐나다 하이악틱의 섬들을 모두 아우르는 1:5만 축척 지도를 만들기 위해 마지막 몇 차례의 항공 조사를 수행하는 중이었다. 나는 이틀 뒤 RCMP 지부에서 페테르와 그의 두 현장 동료를 만날 계획이었는데, 조종사들은 내가 짐을 빨리 챙길 수만 있다면 해안을 따라 6.5킬로미터 동쪽에 자리한 페테르의 야영지까지 데려다주겠다고 했다. 나는 좋다고, 고맙다고 말했고, 몇 분 뒤에는 그 커다란 치누크 헬기에 올랐다. 나의 즉흥적인 계획 변경이, 이틀 뒤 레이크뷰 야영지에서 철수하여 (훨씬 작은 PCSP 헬기에 의지해) 스크랠링섬으로 옮겨가기로 한 페테르의 이 계절 마지막 이동 계획에 방해가 되지 않기만 바랄 뿐이었다.

페테르는 나를 따뜻이 환영해주었다. 별 장비도 없는 나 같은 사람 한 명쯤 는다고 (돈이 많이 드는) 헬기 이동 횟수를 늘릴 필요는 없을 터였다.(만약 추가 수송이 필요하다면, 여기까지 오는 동안 치누크의 열린 화물칸에 앉아 봐둔 경로를 따라

RCMP 기지까지 걸어서 돌아가면 될 일이었다.)

요한반도의 레이크뷰 유적지는 주로 북극권 소형 도구 문화의 특징을 보여주는 유적지 약 서른 곳과 툴레 문화의 특징을 보여주는 물건들(텐트 고리, 돌 난로와 돌 저장고, 쓰레기 더미)이 있는 몇몇 장소로 이루어져 있다. 내가 도착한 날 저녁 페테르와 캐런 매컬러, 에릭 댐캬는 어떤 거주지 유적에서 몇 가지 유물을 채집하고 있었다. 그중에는 약 5센티미터 길이의 온전한 세석 날(이 고에스키모 전통은 바로 이런 유형의 작은 도구들 때문에 북극권 소형 도구 문화라는 이름이 붙었다) 몇 개와 발사용 촉 몇 개, 그리고 한쪽에만 날이 있는 칼날이 있었는데, 모두 회색 규질암으로 만든 것이었다. 중요한 것은 그들이 이 집의 화로에서 검게 탄 북극버드나무 조각들을 발견했다는 점이다. 이 숯 조각들은 나중에 방사성 탄소 연대 측정을 통해 현재로부터 약 3940년 전, 그러니까 대략 기원전 2000년경의 것으로 드러났고 이로써 이 은신처는 하이악틱에 인간이 거주하기 시작한 가장 초창기의 것으로, 대부분의 고고학자들이 인디펜던스 I이라 일컫는 몇백 년 동안의 기간에 속하는 것으로 밝혀졌다.(이 집터는 얼핏 보면 눈에 잘 띄지 않는, 가로 약 3.5미터 세로 약 4.5미터의 타원형으로 자갈들이 둘러싸고 있고, 이 타원의 중심에 놓인 기반암 위에 불을 피우던 둥근 화로의 흔적이 남아 있다. 별로 주의를 기울이지 않고 지나가는 사람이라면 이 미미한 증거를 완전히 놓치고 지나갔을 공산이 크고, 그저 자갈들이 모여 있고 돌 몇 개가 아무렇게나 놓여 있는 정도로만 보았을 것이다.)

저녁을 먹으며 페테르는 그해 여름에 캐런, 에릭과 함께 검토한, 해변을 따라 좀 더 올라간 곳에 있는 또 다른 북극권 소형 도구 문화 유적지를 언급했다. 나는 설거지를 끝낸 뒤 그곳을 보러 갔다. 이곳의 흩어진 돌들은 그 배열만 봐도 집터였음을 더 쉽게 알아볼 수 있었고, 그 집은 두 개의 돌출된 바위 사이 좁은 틈새에 자리 잡고 있었다. 작은 돌판들을 가장자리에 세운 사각 모양의 아궁이 흔적과, 여기 살던 인디펜던스 I 사람들이 잠자기 좋도록 자갈과 모래로 바닥을 평평하게 고른 부분들도 눈에 띄었다.

이후 몇 주 동안 나는 이런 '구조물들'과 그 내용물들을 명확하게 파악하기 어렵다는 사실을 알게 됐다. 이런 지역은 지나가는 사람이 극히 드물기는 하지만, 그런 소수의 사람들이 있었다면 그들이 지나가며 이전에 그곳을 차지하고 있던 사람들이 지었거나 남겨둔 것을 건드렸을 수 있다. 이 소수의 사람들과 더불어 결빙으로 인해 땅이 솟아오르는 일, 땅굴을 파고들어가는 동물들과 풍화작용이 더해지면, 한때 사람들이 먹고 자며 살았던 장소의 흔적은 어느 정도 재배열될 수 있다. 예를 들어 툴레 사람들은 북극권 소형 도구 문화의 유적지에 있던 돌들을 사용해 자신들의 구조물을 지었다. 시간이 지나면서 해수면이 높아지거나 낮아지는 현상, 그리고 한때 무겁게 내리누르던 빙하가 사라진 뒤 지각 평형을 맞추기 위해 지각이 반등하는 현상도 과거에 그 집들이 해수면보다 얼마나 높은 위치에 있었는지 정확히 알기 어렵게 만든다.

페테르는 그 유적지가 여름 야영지였다고, 너무 노출되어 있어서 겨울 야영지로는 부적합하다고 했다. 나는 이 유적지에서 남쪽으로 부드럽게 솟은 언덕을 향해 걸어갔다. 한밤중 낮은 고도의 햇빛을 받아 눈에 더 잘 띄는 밝은 녹색 선이, 고고학자들의 야영지 근처에 흐르는 작은 개울의 상류를 표시하고 있었다. 여태 알렉산드라 저지의 비옥한 모습과 무성한 생명의 질감에 취해 있던 나는, 알렉산드라 저지를 에워싸고 있고 이 요한반도에서 너무나 넓게 펼쳐져 있는 극지 사막의 대조적 황량함은 짐짓 무시한 채 곧바로 그 개울의 기슭으로 향했다. 그 얕은 물의 양쪽 가장자리에 매트처럼 깔린 선명한 초록 이끼가 어찌나 두껍고 튼튼한지 나는 장화와 양말을 벗고 맨발로 이끼를 밟으며 야영지까지 돌아갔다.

유럽이나 아프리카에서 버려진 고대 집터를 만났을 때는 비극적 감정을 느낀 기억이 없다. 그곳에 살았던 사람들은 시간상으로 너무 먼 과거의 사람들이었고, 그 장소에서 그들이 처했던 주된 환경이 어떠했을지는 너무 막연해서 떠올리기가 어려웠다. 하지만 이 북극권 소형 도구 문화 유적 앞에서는 종종 어떤 서글픈 감정에 압도됐다. 바람의 힘에 조금이라도 대항해보려고 능숙하게 배열한 몇 개의 돌, 연필보다 가느다란 버드나무 가지가 타고 남은 흔적이 있는 아궁이 터. 그토록 빈약한 생활상을 감지할 때마다 나는 오래전 사라진 그 이름 없는 사람들에게 깊이 감정이입하게 된다.

그날 개울가를 걸을 때 무슨 이유에선지 캘리포니아에서 일곱 살인가 여덟 살 때 알았던 어떤 여자아이의 기억이 떠올랐다. 그 아이는 소아마비 때문에 자유롭게 움직일 수 없었고, 그래서 부모는 아이를 보호하기 위해 울타리를 쳐 자기 집 마당 밖으로는 나가지 못하게 했다. 그 아이는 자기가 가고 싶은 방향으로 갈 때마다 경련하듯 비틀거렸고, 한 대상에 몇 초 이상 시선을 고정하지 못했다. 이웃 아이들은 대문으로 막아놓은 그 집 진입로 앞에서 경련하며 빙빙 도는 동작을 하면서 그 아이를 놀려댔다. 무슨 이유에선지 그 애와 나는 친구가 되었다. 우리는 주로 그 집 뒷마당에 있는 포치 가장자리에 나란히 앉아 있었다. 때로는 내가 그 애에게 보여줄 뭔가를 가지고 가기도 했다. 그 아이의 말은 거의 알아들을 수가 없었다.

어느 오후 그 아이 로라는 어떻게 해선지 진입로 끝에 있는 그 문을 열었다. 로라는 우리 집을 향해 도로 가장자리를 따라 걷기 시작했다. 그 길에는 인도가 없었고, 양쪽 가장자리에는 서양협죽도 덤불과 후추나무, 유칼립투스가 빼곡하게 자라고 있었다. 로라는 갑자기 균형을 잃었는지 다가오는 차 앞에서 방향을 틀었다. 그 충돌로 로라는 목숨을 잃었다.

나는 도무지 달랠 길 없는 슬픔에 빠졌다. 내가 아는 사람이 죽은 것은 그때가 처음이었다. 어떤 문 하나가 닫혔다. 아니 어쩌면 열린 것인지도 몰랐다.

일상적 삶의 잔인하고 무자비한 성격을 보여주는 이런 어린 시절의 기억은 때때로 엉뚱한 상황에서 예고도 없이 닥쳐온다. 그 시원한 여름 저녁 맨발로 개울가를 걷던 때처럼. 그때 내가 떠올린 것은 어린 날의 순수함이었을 것이다.

도싯이나 툴레 여자들도 여름날 자기 아이들과 맨발로 이곳을 걸었을지 궁금해졌다.

레이크뷰 야영지에 도착하고 이틀 뒤, 헬기 한 대가 얼음 위를 건너 우리 넷과 장비들을 스크랠링섬으로 실어 날라주었다.

페테르는 십 년 넘게 거의 매년 여름을 보낸 야영지에 짐을 풀었다. 마른 지협을 따라 리틀스크랠링과 빅스크랠링을 나누는 작은 만의 가장자리였다. 잘생긴 덴마크인으로 자기 일에 깊이 집중하는 페테르는 하이악틱 지역에서 처음으로 고대 스칸디나비아 유물들을 발견한 것으로 잘 알려진 인물이다. 페테르는 곧 극북 지역의 과학 연구를 다루는 대표적 저널 〈악틱〉의 편집장이 될 캐런과 함께 주방으로 쓸 텐트를 치기 시작했다. 고고학과 대학원생인 젊은 덴마크인 에릭과 나는 버너와 접이식 테이블, 다른 장비들을 텐트 안으로 옮겼다. 그런 다음 세 사람은 주방 텐트 가까이에 각자의 텐트를 쳤다. 나는 페테르의 동의를 얻어 동쪽으로 몇백 미터 떨어진 곳에, 이미 발굴이 끝난 툴레 겨울 집터들이 많이 모여 있는 넓은 고지대로 침낭과 다른 장비들을 가지고 갔다. 지금은 지붕이 없어져 하늘 아래 그대로 노출된, 툴레의 사교와 의식을 위한 반지하 구조물 '카리기' 옆에 내 작은 암청색 텐트를 쳤다. 세 동료는 지난 시즌에 자신들이 유물들을 찾아 그 카리기 바닥을 철저히 조사했으니 이제는 내가 그 둥그런 구조물에 들어가도 괜찮으며, 가장자리

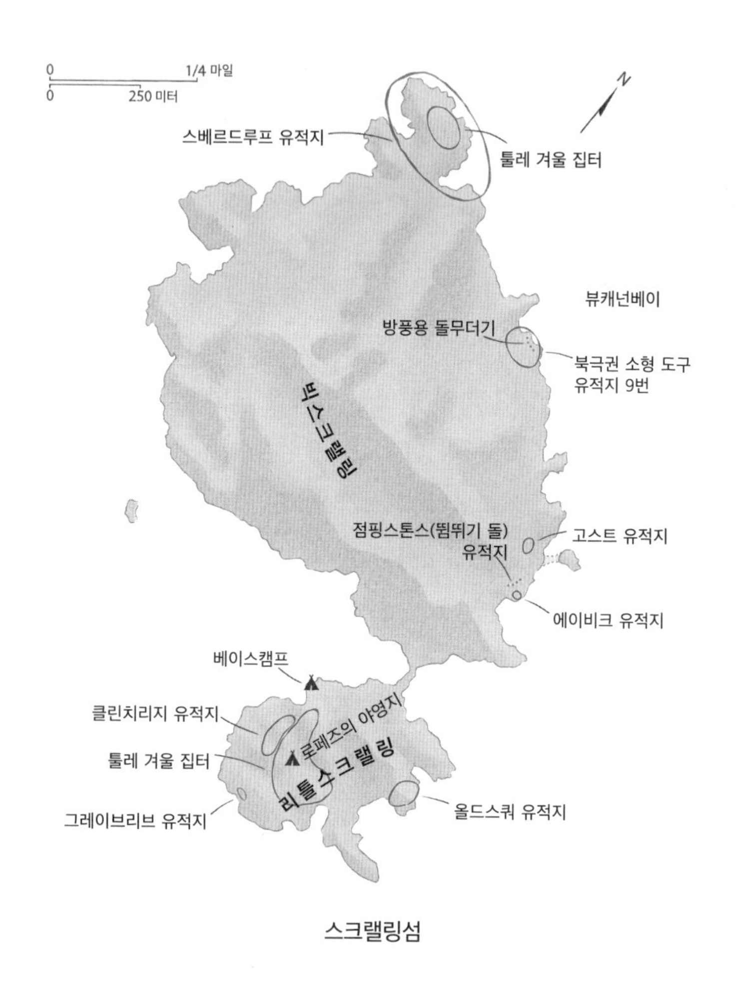


스크랠링섬

에 해당하는 낮은 벽에 붙여놓은 돌의자에도 앉아도 된다고 이야기해주었다. 내 청색 텐트와 방수 플라이는 그 옆에 있는 (지붕이 없어지기 전의) 카리기처럼 바람과 비, 짙은 안개(그리고 몇 주 뒤 어느 날에는 눈까지)를 막아주는 보호막이었다. 텐트의 벽들은 모기도 막아주었고, 밤 햇빛의 강도도 줄여 더 쉽게 잠들 수 있게 해주었다.

이런 현장 연구팀에 합류하라는 초청에는, 당신이 그 작업에 참여하리라는, 적합한 의복과 장비를 갖추고 오리라는, 동료들이 진행 중인 연구와 관련하여 그들과 다른 사람들이 쓴 글들을 미리 읽어 잘 알고 있어야 한다는 암묵적 이해가 깔려 있다. 나는 고고학 분야 사람들의 경험과 관점을 이해하기 위해서는 그들과 함께 일해봐야 한다고 느꼈다. 그들이 일할 때의 느낌, 냄새, 소리를 알고, 그 기억들을 나의 물리적 몸에 담아갈 필요가 있었다. 스크랠링에 갔을 무렵 나는 이미 현장 연구팀과 함께한 경험이 충분히 많았고, 그래서 현장 연구자들은 내가 그들의 사생활을 침해하거나 약점이며 실패를 폭로하는 일에 전혀 관심이 없다는 걸 잘 알고 있었다. 내게는 언제나 더 큰 주제가—이 경우에는 북극 고고학이—더 흥미로웠다. 이는 사람들이 이따금 서로에게 또는 나에게 분노를 터뜨리거나 성미를 부리는 일에 맞닥뜨려도 잘 넘어가야 한다는 뜻이기도 했다. 날씨와 예기치 못한 사고, 단조로움, 가까이 붙은 숙소 등 스트레스 유발 요소가 많은 외딴 장소에서 일하는 현장 연구팀에게 그런 일은 그리 드물지 않게 일어난다.

나는 내가 그런 일을 캐내려 여기 온 게 아님을 사람들이 알았으면 했다.

스크랠링에서는 도움이 되고 싶을 뿐 그들의 일을 방해하고 싶지는 않다는 뜻을 확실히 알리는 게 최선이라 생각하여, 처음부터 나서서 설거지를 전담했다. 이는 그들과 떨어진 곳에 내 텐트를 친 이유 중 하나이기도 하다. 대부분의 현장 연구팀과 일할 때 긴장을 예상하고 대비하는 일은 그리 큰 문제가 아니었다. 이들은 유쾌한 유머 감각으로 자주 서로를 놀려대는 농담을 던지고, 모두가 열심히 일하며, 전반적으로 모두 평등하다는 의식이 있다. 외딴 장소의 풍경이 보여주는 무심함과 장엄한 권위 자체가 쩨쩨해지거나 쓸데없이 독재적으로 구는 평범한 인간의 성향을 뿌리부터 허무는 경우도 많다.

하지만 이 현장 연구팀의 분위기에는 때로 눈에 띄게 팽팽한 긴장감이 감돌았다. 시즌 중간에는 연구팀이 이미 함께 작업하는 리듬을 형성한 뒤라서 팀에 녹아드는 것이 더 어렵다. 그즈음이면 내가 오기 전 그들끼리만 함께한 역사가 꽤 많이 쌓여 있는데, 스크랠링에서도 딱 그런 상황이었다. 게다가 직전에 캐나다의 한 텔레비전 방송 제작진이 세 사람을 방문했다가 오만함과 무신경함으로 나쁜 인상을 남긴 터였다. 여기에 더해 이 지역에서는 처음 있는 일로, 얼마 후에 관광단이 도착할 거라는 소문까지 있었다. 그들은 트윈오터기를 전세 내 알렉산더피오르로 들어갔다가, 본토에서 스크랠링섬으로 건너오기 위해 고무보트도 가져왔다고 한다. 내가 짐작하기에 페테르는 자신의 작업이, 특히 고대 스칸디나비아 유물을 발견한 일이 대중의 관심을 끌면서, 그의 정신에 자양분이 되어준 게 분명한 이 외딴 땅이 부유한 관광객들과 끈덕지게 따라다니며 온갖 요구를 해대는 방송 제작자들까지 찾아오는 여행지가 돼버렸다는 사실에 착잡한 심경인 것 같았다. 약간 내향적인 성향의 페테르는 나를 항상 관대하고 점잖게 대해주었다. 그는 내가 쓴 책들을 알고 있었고 굳이 그에 대한 존중까지 표현해주었지만, 북극에 관한 나의 글들이 그의 프라이버시를 어느 정도 침해한 것 또한 사실이었다. 이것이 내가 텐트를 떨어진 곳에 세운 또 하나의 이유였다. 그는 아무에게도 방해받지 않는 여유를 좋아하는 것 같았고, 그래서 나는 매일 그에게 자유롭게 사색할 물리적 시간적 공간을 보장해주고 싶었다. 누가 따라다니며 자기에게 시시콜콜 따지거나 자기를 일거수일투족 관찰할 거라는 불안감을 안겨주고 싶지는 않았다. 텐트가 떨어져 있는 건 물론 나에게도 좋았다. 그것은 내가 고고학자도 고고학 팬도 아니며 글을 쓰는 사람이라는 사실, 그리고 계속 그렇게 남아야 한다는 사실을 부드럽게 강조하는 한 방법이었다.

페테르는 대부분의 날에 내가 그들 곁에서 함께 일하게 해주었다. 내가 한 일은 수천 년 동안 자라며 엉키고 뭉쳐져 북극권 소형 도구 문화의 특징을 덮어버린 식물들을 부분부분 조심스럽게 걷어내는 작업이었다. 대개는 주머니칼과 핀셋을 사용해 뿌리의 가닥들을 분리하고 내가 찾아낸 물건들—엄니와 규질암 조각, 해양 포유류의 지방구, 무언가를 새긴 가죽 조각, 온전한 것이든 부서진 것이든 뷰린*이나 다른 소형 도구들—을 캐냈다. 나는 각각의 물건을 발견된 위치에 맞게 격자 모양의 차

---

* 나무나 뼈에 무언가를 새기는 데 사용하던 얇고 뾰족한 날이 있는 석기.

트에 기록했는데, 이 차트는 땅에 말뚝을 박고 빨간 노끈을 쳐서 만든 격자를 종이 위에 그대로 재현한 것이었다. 어떤 날에는 페테르가 내게 스크랠링섬을 그냥 돌아다니면서 다른 북극권 소형 도구 유적지들과 툴레 유적지들을 살펴보라고 권하기도 했다. 그는 내게 각각의 유적지에서 살펴보아야 할 것이 무엇인지, 놓치면 안 되는 것이 무엇인지도 말해주었다.

스크랠링섬의 북서해안에는 둘째로 규모가 큰 툴레의 겨울 집터 무리가 있다. 그곳에 있는 열아홉 군데 집터와 내가 야영하던 곳의 스물세 군데 집터 무리의 차이점은 전자의 경우, 무너진 뗏장 지붕을 걷어내고 꼼꼼히 검토를 마친 집이 몇 채밖에 안 된다는 점이다. 나머지는 전혀 손대지 않은 상태로 남아 있었다.

피터의 반가운 제안을 덥석 받아들인 나는 캐런이 그려준 약도를 가지고 스크랠링 여기저기를 누비고 다니기 시작했다. 캐런과 페테르가 특별히 언급한 몇몇 유적지에서는 멈춰서 그림을 그렸다. 이렇게 손으로 작업하다보니 이 집터들의 내부가 배열된 방식에 관해, 그 구조물이 향하고 있는 방향에 관해 여러 가지 의문이 떠올랐다. 바위 틈새에서 에바 피지스의 소설을 읽으며 보낸 날 오후도 그랬듯이, 이렇게 여유롭게 한 유적지에 오래도록 주의를 기울일 때면 어떤 통찰이 찾아왔다. 스크랠링에서 보낸 몇 주 사이 나는 빅스크랠링섬에 있는 200미터 높이의 고지에 세 번인가 네 번 올라갔다가, 툴레의 겨울 집 마을에서도 사람의 손을 훨씬 덜 탄 스베르드루프 유적지로 내려갔다.

대부분의 집터 내부에 아직 남아 있던 문화의 파편들—목각품, 의복, 작살촉, 가죽으로 만든 밧줄 다발, 식량—은 무너진 지붕 밑에 깔려 있었던 덕에 풍화와 여기저기 뒤지고 다니는 동물로부터 보호받으며 수 세기 동안 언 상태로 남아 있었다.

이곳의 카리기를 포함하여 지붕을 들어낸 소수의 집터는 고고학의 관심 대상이 될 만한 것은 모두 다 치워버려 오싹할 정도로 깔끔하고 메마른 구덩이로만 보였다. 그렇게 발굴이 끝난 장소임에도 이 거주지는 전반적으로 한 번도 건드려진 적 없는 곳 같은 인상을 주었다. 이곳에 도착했을 때의 느낌은 흡사 빽빽한 숲을 헤치고 나와보니 가까운 언덕들에 둘러싸인 공터에서 잠들어 있는 한 무리의 사람을 발견한 듯한 느낌이었다. 이곳에 찾아올 때마다 나는 근처 해안에 몰려 있는 하얀 총빙들을 배경으로 잠들어 있는 집들을 응시했다. 쇠홍방울새, 흰멧새, 긴발톱멧새가 풍경을 가로지르며 훨훨 날아다니다 뗏장 지붕에 내려앉아 날카로운 소리로 우는 모습도 지켜보았다. 이들은 북극의 생명을 구성하는, 모두 다 인간보다 더 오래된 각각의 계보를 이어가고 있는 자손들이다.

이렇게 외딴 장소에서 한동안 야영할 때면 늘 다시금 고립의 감각을 의식하게 된다. 논리적으로도 내가 함께하는 연구팀 외에 모든 사람이 머나먼 곳에 있음을 알 수 있다.(한스와 일라이는 내가 떠나고 얼마 지나지 않아 RCMP 지부를 떠났다. 그들의 현장 시즌도 막을 내린 것이다.) 우리가 일상적 삶과 연관 짓는 거의 모든 것—자동차나 낙엽 청소용 송풍기 같은 기계의 소음, 인공조명의 파리한 빛, 전자 알람 신호음, 눈에 보이고 코로 느껴지는 쓰레기의 존재, 줄 서서 기다리는 일의 따분함, 좁은 작업 공간에 갇혀 있는 일—이 멀리 떨어져 있다. 아침 식사와 저녁 식사 사이에 들은 유일한 소리가 해변에서 조수가 빠져나가면서 바닥에 좌초한 해빙이 갈라지며 내는 날카로운, 권총 소리 같은 파열음과 새소리뿐인 날들도 있다. 그리고 곤충들의 구슬픈 울음. 바다코끼리의 콧바람과 거친 헛기침. 내 파카 모자에 토독, 후두둑 떨어지는 빗소리. 때로는 정적이 이곳의 대기를 너무나 가득 채우고 있어서 정적마저 들을 수 있다는, 정적에도 음색과 높낮이가 있다는 생각이 드는 날도 있다. 동료들이 일하고 있는 유적지에 다가갈 때면 쇠 모종삽이 자갈에 부딪혀 찰캉거리는 소리, 웅얼웅얼하는 그들의 목소리, 분류용 체에 쏟아진 모래 섞인 흙이 플라스틱 통에 떨어지는 투두둑 소리가 들린다.

선주민의 침묵이라는 거대한 대야에 떨어지는 작은 조약돌들 같은 이 소리들은 한 세기 안에 또 다른 세기가 깃들어 있는 방식을, 이 장소에 존재하는 시간의 종적縱的 성질을 음미하게 해 준다.

어릴 때 서른아홉 점의 그림 연작을 자세히 들여다봤던 기억이 난다. 케이스 부커라는 네덜란드 교육자가 쓴 『우주적 관점』이라는 책에 실린 그림들이었다. 첫째 그림에서는 열 살쯤 된 여자아이가 무늬가 있는 긴치마와 어두운색 스웨터를 입고 야외의 접이식 정원 의자에 앉아 있다. 우리는 이 소녀를 위에서 살짝 비스듬한 각도로 내려보고 있다. 아이는 크고 흰 고양이를 무릎에 안고 있는데 어딘가 정신이 팔려 있는 듯하다. 다음 그림에서는 1:10에서 1:100으로 축척이 증가해 있다. 우리는 아이가 앉은 자리 옆에 차 두 대가 주차되어 있고, 수염고래가 오른쪽 옆구리를 바닥에 대고 누워 있는 모습을 본다. 축척이 1:1000인 셋째 그림에서는 아이가 위의 것들과 함께 앉아 있는 곳이 한 학교의 마당이라는 것이 드러난다. 이후 이어지는 스물세 장의 그림은 우리를 소녀와 고양이 위로 점점 더 높이 데려가서 결국 축척이 1:1026에 이르는데, 이때 아이를 조망하는 관점은 은하계를 넘어서는 큰 관점이어서 아이는 거의 공상의 영역에 자리하고 있는 것 같다. 서른아홉 점의 그림 중 스물일곱 번째 그림은 우리를 다시 1:10 축척의 소녀와 고양이에게로 데려온다. 여기서부터는 반대 방향의 여정이 시작된다. 처음에는 1:1 축척으로 우리는 아이의 오른손 엄지와 검지 사이 그물망 같은 피부에 앉아 있는 모기 한 마리를 본다. $1:10^{-13}$ 축척인 서른아홉 번째 그림에서는 아이의 피부에 있는 소금 결정 안에 들어 있는 나트륨 원자 안에 들어와 있다.

이 단순한 비율 조정이 자주 떠올랐다. 그 그림들은 인간에게 비율이 맞춰진 세계와는 몇 단계 다른 세계들에 어마어마한 깊이와 넓이가 있음을 알려주었다. 이를테면 말벌이 느끼는 알렉산드라 저지의 넓이나, 머리 위로 날아가는 모스크바발 시애틀행 비행기에서 내려다보는 스크랠링섬의 모습은 여기 아궁이

상자에 둥지를 튼 오색솜털오리를 바라보는 나의 시각과는 다를 것이다. 하지만 부커의 그림이 단순히 축척이나 관점에 관한 생각만 부추기는 것은 아니다. 적어도 나에게는 내 우주와 툴레 사람들의 우주 사이의 차이에 관한 생각도 자극했다. 나의 움벨트*와 그들의 움벨트, 또는 나의 움벨트와 말벌의 움벨트.

부커가 그 그림에 곁들인 텍스트는 장벽과 한계에 관해 깊이 논하는 글이었고, 그 글은 나를 또 다른 결론으로 이끌었다. 이미 알려진 세계에서 하나의 경계선이었던 것—예컨대 알래스카에서부터 동쪽으로 이동하여 살아가기 만만치 않은 세상으로 그 누구보다 더 깊이 들어간 툴레 사람들에게 지리적 경계선이었던 것—이 이제는 손짓해 부르는 지평선이 되고, 더 멀리 자리한 목적지로 이끄는 가장자리가 되는데, 그러면 그 전까지 전혀 몰랐던 한 세계가 그 사람의 새로운 우주에서 절대 빼놓을 수 없는 부분으로 자리 잡는다. 기억과 상상력이 작동하기 시작하는 것이다. 미지의 미래가 현재를, 또 기억된 과거를 불러내고, 그 확장의 순간에 상상된 미래는 이룰 수 있는 미래로 보인다.

2008년 가을에 잉글랜드 예술가 리처드 롱은 브르타뉴 카르나크에서 제네바 외곽의 유럽 입자물리학 연구소까지 970킬로미터 거리를 걸어서 갔다. 카르나크는 유럽 신석기의 마지막 몇

* 환경, 주변 세계라는 뜻의 독일어. 생물학에서는 각 생물이 자기가 처한 환경을 그 종 특유의 방식과 관점으로 인식하는 것을 일컫는다.

세기 동안 세워진 돌 유적이 수천 개나 있는 유적지인데, 그 돌은 대부분 선돌이라 불리는 똑바로 서 있는 높은 돌이다. '거석에서 아원자까지'라는 제목이 붙은 롱의 걷기는 부커가 우리에게 보여준 것과 유사한 여정을 따라간다. 지난 육십 년 동안 회화와 조각 같은 많은 예술이 작업실 밖으로 옮겨갔던 것처럼, 롱의 걷기는 히로시마와 나가사키와 널리 확산된 핵무기 배치 이후 제기된 질문들, 주로 인간의 생존 가능성에 관한 질문들이 촉발한 인간의 실존에 대한 한 관점을 제시한다. 점점 고갈되어 가는 지구의 천연자원, 디아스포라 난민의 절박한 상황, 대개는 해결에 다가서지도 못한 기후변화 문제는 더 많은 현대 예술을 작업실에서 더 멀리 밖으로 이끌어냈다. 인류의 생존에 대한 위협들이 축적되면서, 그리 멀지도 않은 과거엔 거의 선명하게 보였던 우리의 앞길에 이제 종말론적 장벽이 버티고 있음을 깨닫게 된다. 지금 우리가 물어야 할 것은 그 장벽 뒤에 무엇이 있는가다. 아니 더 중요한 질문은, 그 장벽 너머에서 무엇이 우리를 부르고 있는가다. 무엇이 우리를 미래로 떠밀고 있는지 우리는 이미 알고 있다.

현대 예술 가운데 예술 자체나 예술가를 중심에 두지 않은 어떤 예술들은, 매일 접하는 암울한 뉴스의 압박으로부터, 피할 수 없는 환경 재앙으로 우리를 몰아가는 피상적 결정들로부터 어쩌면 우리를 자유롭게 해줄 수도 있을 관점들을 제공한다. 모든 위대한 예술은 우리를 우리 자신으로부터 끄집어내주는 경향이 있다. 그런 예술은 예술가의 상상력과 기예를 통해 우리를 둘러싼 환경을 재발견하고 거기에 다시 생명을 불어넣게 해주며, 환경에 숨어 있는 작은 틈새들을, 우리의 상상력이 들어갈 수 있는 잠재적인 지점들을 드러내준다.

툴레 사람들은 페테르와 캐런과 에릭 못지않게 여기서 나와 항상 함께하는 동반자들이다. 몇 달 전 〈네이처〉에서 읽은 여섯 번째 대멸종에 관한 글이나 〈미국 의학 협회 저널〉에 실린 서방 선진국의 암 발병 증가에 관한 보고서가 떠오를 때, 나는 아무리 힘든 환경에 맞닥뜨려도 뛰어난 지략으로 살아남았던 불굴의 툴레 사람들을 생각한다.

1987년 남반구의 가을에 나는 몇 사람과 함께 나미비아를 여행했다. 우리는 사막에서, 그리고 우리가 지나가던 곳 여기저기서 잠을 잤다. 우리는 남하하여 남아프리카공화국의 칼라하리 겜스복 국립공원(현 칼라가디 트랜스 프런티어 공원)으로 갔다. 어느 아침 나는 거기서 죽은 나무 꼭대기에 앉아 있는 엷은 울음참매 한 마리를 발견했다. 이 맹금류는 파충류와 작은 포유류뿐 아니라 다른 새들도 사냥한다. 비슷한 유형의 모든 포식자 조류가 그렇듯 이 참매의 사냥은 깊이 감각에 성공 여부가 달려 있다. 내가 다가가는 동안 새는 계속 내게 등을 보이고 있었다. 나는 이 새가 자기 앞에 광활하게 펼쳐진 사바나를 맹렬히 응시하며 급습하여 낚아챌 먹잇감을 찾고 있다고 상상했다. 내가 점점 가까이 다가가자 새는 머리를 돌려 나를 내려다보았다. 새의 오른쪽 눈알은 뽑혀나가고 없었고, 눈구멍 가장자리 깃털에는 피가 엉겨 붙어 있었다.

참매는 나를 무시하고 다시 머리를 돌려 사바나를 살폈다.

포기하고 싶은 마음이 들 때면 나는 그 새를 생각한다. 세상에는 그렇게 심한 상처를 입고도 여전히 사냥하고 있는 새들이 얼마나 많을까?

남극에서 몇 킬로미터 떨어진 곳에서 소규모 현장 연구팀과 함께 일할 때(우리는 어느 눈구덩이 속에서 기후변화에 관한 자료 샘플을 수집하고 있었다), 1957년에 미국이 세운 연구 시설이자 행성 관측 기지인 아문센 스콧 남극점 기지에서 과학 프로젝트를 견학한 적이 있다. 그 프로젝트는 고에너지 우주선*의 원천을 찾기 위한 것이자, 우주에서 암흑 물질과 암흑 에너지를 찾기 위한 지속적인 탐구의 일환이었다. 천체물리학자들은 직접 감지하기 어려운 암흑 물질과 암흑 에너지가 우주 질량의 95퍼센트 정도를 차지한다는 가설을 세웠고, 그 둘의 존재는 남극점에 있는 남극 뮤온 및 중성미자 감지 간섭계(이하 남극 간섭계)가 수집한 데이터로부터 추론할 수 있다고 믿는다. 또한 우리은하와 다른 은하들이 암흑 에너지에 휩싸여 있다고 믿는다. 그렇다면 우리가 보는 은하들은 빛이 밝혀지지 않은 광대한 대양에 둥둥 떠 있는 작은 물고기들과 비슷할 것이다.

남극 간섭계는 남극점 만년설 속 1500미터에서 2000미터 깊

---

* 우주에서 빛의 속도로 지구에 쏟아지는, 높은 에너지를 지닌 각종 입자와 방사선.

이로 지구 중심을 향해 묻혀 있는 광전관들의 거대한 격자로 이루어져 있다. 이 광전관들은 중성미자의 형태로 지구의 반대쪽 끝(북극점)으로 들어온 고에너지의 아원자 입자인 뮤온의 존재를 감지한다. 뮤온은 다른 방사능과 빛은 전혀 없는 실험 환경에서 체렌코프 광자라는 감지 가능한 입자를 발산한다. 뮤온의 존재를 확인해주는 이 증거는 얼음 위 창이 없는 방 안에 있는 컴퓨터들에 기록된다.

나는 남극 간섭계 실험을 추동하는 지적 갈구가, 이곳에서 펼쳐지는 실험물리학자들과 이론물리학자들의 협력이 정말 마음에 들었다. 특히 내가 그 갈구와 협력을 남극점이라는 아주 외딴 곳에서, 그것도 우연히 목격했기 때문에 더욱 그랬을 것이다.

그 시간에 인류는 또 다른 무엇을 알고자 애쓰고 있었을까? 다른 어디선가 또 다른 과학자들은 수분을 매개하는 곤충을 포함해 날아다니는 곤충 개체군의 60퍼센트 이상이 멸종한다면 호모 사피엔스의 생물학적 운명에 어떤 영향이 미칠지 이해하기 위해 전력을 기울이고 있지 않았을까?

툴레의 이야기꾼이자 '지혜가 저절로 드러나는 분위기를 조성하는' 사람인 이수마타크라면 사냥할 수 없는 새, 사냥하러 나갈 수 없는 새들에 관해 어떤 말을 했을까? 보이지 않는 물질이 지닌 결정적인 중요성에 관해서는? 아직 겨울이 당도하지도 않았는데 하얗게 변한 털을 하고 숲 바닥에 쌓인 갈색 나뭇잎들 위에 앉아 있는 눈덧신토끼*의 당황스러움에 대해서는?(툴레 사람들에게 이수마타크는 몇몇 가족들을 이끌고 언제 어디로 가야 할지를 잘 판단하여 살기 힘든 환경을 헤쳐나가는 야영지 지도자를 뜻하는 말이기도 하고, 또 일종의 우화 작가로도 여겨진다.)

더 알고자 하는 욕망, 감지하고 측정하는 더 정교한 시스템을 만들고자 하는 욕망은 단순히 알고 싶은 욕망이 아니라 미지의 것에 대비하려는 욕망이다. 그러므로 그것은 끝이 없는 추구다. 툴레 유적지에 왔을 때 한쪽 눈으로밖에 볼 수 없는 그 엷은울음참매와 남극 간섭계의 관측 기록이 다시 떠올랐다. 왜냐하면 규모는 다르지만 여기서도 툴레 문화가 후기 도싯 문화를 몰아내거나 흡수하는 동안, 아니 어쩌면 두 문화가 한 번도 만나지 못하는 동안에도 일어난 변화의 흔적들을 볼 수 있었기 때문이다. 그건 인간의 본성과 역사를 포함하는 더 큰 범주로서 자연이 결코 정지해 있지 않음을 너무도 명백히 드러내주는 환경에서 마주한, 우주가 끊임없이 변화하고 있다는 증거였다. 그것은 끝이 없는 설계이며, 그 제목은 적응과 변화이고, 그 명령은 '적응하라, 그러지 않으면 죽을 것이니'다.

현대의 사회적 영장류로서 우리에게 주어진 명령은 그와는

* 눈덧신토끼는 포식자로부터 자신을 보호하기 위해 눈 쌓인 겨울에는 털이 흰색으로 변하고, 봄부터 가을까지는 흙이나 바위와 비슷한 갈색으로 변한다.

다른 것일지도 모른다. 서로 협력하라, 그러지 않으면 죽을 것이니.

여기 툰드라에서처럼 세상이 몇 시간씩 고요한 상태를 유지할 때면, 내게는 인류가 스스로 어떤 식의 미래를 만들어갈까 하는 불안한 질문이 벼락처럼 그리고 집요하게 떠오른다. 어느 날 후기 도싯 집터에서 페테르와 함께 일하고 있을 때 그가 말했다. "아주 짧은 기간만 사용한 곳일지도 모르겠습니다." 우리가 무릎을 꿇고 작은 모종삽으로 돌을 하나하나 뒤집고 있던 그 장소에 대해 한 말이었다. 여기 인류의 생존과 발명과 적응성이라는 퍼즐 조각을 몇 개라도 캐내보겠다고 애쓰는 두 남자가 있었다. 그 순간 나는 인간의 생존에 관한 질문을 페테르에게 던지지 않았다. 방문자가 특정한 주장을 내세우는 것이 늘 좋은 일은 아니기 때문이다. 하지만 내게는 우리가 하고 있던 일이, 우리보다 오래전에 사라진 툴레와 도싯 사람들의 특성과 운명을 알아내려는 과제가 특별히 긴급한 일로 느껴졌다.

그날 밤 저녁 식사를 끝내고 설거지를 마친 나는, 주방 텐트 밖에서 모두 함께 파카를 입고 웅크려 앉아 그날의 마지막 차를 마실 때, 페테르에게 우리가 스크랠링에서 찾고 있는 게 무엇이라고 생각하는지 물었다. 여기서 얻을 보상은 고고학의 학문적 성과일까, 아니면 우리가 아직 이야기한 적 없는 무엇일까?

툰드라의 언덕에 아늑하게 기대어 있다 돌 파편을 발견한 그날, 모네에 관한 이야기를 읽으며 바다코끼리의 소리를 듣고 있을 때, 나는 몇 주 전 벌들이 붕붕거리는 소리를 들으며 몇 시간 동안 그 저지를 가로질러 걷던 날이 떠올랐다. 그날 느꼈던 환희는 내가 어렸을 때도 잘 알고 있던 종류의 기쁨이었다. 심지어 방문과 큰 창문이 활짝 열려 있을 때도 나는 방을 벗어나 밖으로 나갈 기회만 생기면 그런 환희의 감정을 느꼈다. 언젠가 나는 어린 시절에 느낀, 떠나고자 하는 이 충동을 상황의 성격에 따라 몇 가지 다른 방식으로 이해하게 되긴 했지만, 어린 날 내가 무엇보다 원했던 것은 그저 집의 벽들 밖으로 나가는 것이다. 피지스의 책을 잠시 옆에 내려두고 나는 저지를 거닐던 날의 기억에 잠겼다. 그 기억은 소리굽쇠를 때렸을 때처럼 내게 떨림을 일으켰다.

기억을 더듬는 동안 내 손가락 끝은 또다시 북극버들 덤불의 가지 사이를 훑었고, 그러다 규질암 조각들을 더 발견했다. 돌 파편들을 자세히 살펴보고 있을 때, 이런 것들을 자세히 살펴보고 그에 관한 글을 썼던 고고학자 중에서 석기 도구를 만들 수 있는 사람은 거의 없을 거라는 생각이 들었다. 주로 실내에서 생활하는 문화에 속한 우리는, 여름날 짧은 기간 지구의 외딴 땅을 느닷없이 찾아와 조상들이 한때 길을 찾고 살아갈 방식을 찾아냈던 장소들을 살펴보기는 하지만 그들이 지녔던 기본적 기술은 하나도 갖추지 못했다. 우리는 무엇을 놓치고 있는 것일까? 돌로 고기를 잘라본 적도 없고, 일주일 내내 부드러운 가죽 옷만으로 버텨본 적도 없는 우리가 그 조상들이 돌들을 배열한 방식의 의도를 어떻게 직관적으로 파악할 수 있겠는가? 페테르도 이따금 이런 생각을 수사적으로 표현했다. 실내에 사는 사람들, 도구가 되어줄 것이라고는 지성밖에 없으며, 몸이 아는 것과 발이 균형에 관해 배운 것을 탐구하거나 활용할 마음도 없는 사람들, 한 종류의 지형은 쉽게 건넜지만 다른 지형을 만나면 곤란을 겪는 사람들이 어떻게 야외에서 사는 사람들을 이해할 수 있겠느냐고.

우리 넷은 모두 북극권 소형 도구 문화라는 퍼즐 앞에 쪼그리고 앉아 열심히 알고자 노력하는 사람들이었지만, 우리의 맹렬한 집중력을 툴레나 도싯 문화에 대한 내밀한 앎이라고 말할 수는 없다. 우리는 여기저기서 주워 모은 철 조각들을 망치로 두드리며 거기서 형체를 알아볼 만한 뭔가가 나오기를 기다리는 대장장이와 비슷하다.

우리는 끊임없이 추측한다.

나는 페테르에게 그 얽은울음참매 이야기를 해볼까 하고 생각한다. 페테르는 아마도 그 새의 끈덕짐을, 이곳 스크랠링에서도 너무나 분명히 보이는 단호한 생명의 증거를 마음에 들어 할 것이다. 남극 간섭계 실험 같은 연구 주제에 대한 나의 열성과 과학에 대한 높은 존경을 그에게 전달할 만큼 내가 그 연구를 충분히 잘 이해한 건지는 모르겠다. 고고학은 사실 과학이 아닌 인문학에 속한다. 우리의 야영지에서 물을 건너가 북극 오아시스를 거닐었던 경험의 환희도 그에게 얘기해볼 수 있을 테지만, 그런 나의 감상이 그에게는 뜬구름 잡는 소리처럼 들릴지도 모른다.

페테르의 전반적인 신중함, 자기가 알 수 있는 것과 알 수 없는 것을 분명히 구분하는 조심스러움은 그의 곁에서 일하는 걸 즐겁게 해주는 요소다. 그러나 페테르는 자신이 발견한 것에 대해 어느 정도의 통제력을 갖길 원하고, 학자들 다수가 그렇듯 때로는 자신이 발견한 것 자체보다 그에 대한 정의를 자신의 것으로 삼기 원하는 탐구가이기도 하다. 그는 마음이 열린 사람이지만 자신이 생명을 부여한 주제에 관해서는 당연히 자기만의 분명한 생각이 있었으며, 항상 툭 터놓고 말을 꺼내는 사람은 아니다. 하지만 우리는 둘 다 호기심이 아주 강하다. 우리는 편안히 이야기를 나눈다. 내 생각에 이는 우리 둘 다 이기려고 기를 쓰는 사람들이 아니며, 어쨌든 우리가 다루는 것이 뭐라고 단정적으로 말하기에는 너무 정의하기 어렵고 너무 추측으로 가득한 주제이기 때문인 것 같다.

그날 오후 언덕 틈새에서 피지스의 책을 다 읽은 다음, 몇 가지 소지품을 배낭에 집어넣고 해안선으로 이어지는 언덕을 따라 긴 길을 걸어 내려가며 사이사이 몇 군데 유적지에서 걸음을 멈추기도 했다가 마침내 야영지 본부로 돌아갔다. 내가 지나쳐 간 유적지들은 대부분 약 2500년 전의 초기 도싯 유적지들이다. 하지만 페테르는 그중 일부는 과도기 유적지일지도 모른다고 생각했다. 이 말은 일부 고고학자들은 인디펜던스 II라 부르고 또 일부는 과도기라고 부르는, 도싯 이전 시기의 후기도 아니고 초기 도싯도 아니며 둘 사이 어딘가에 속하지만 둘과는 명확히 구별되는 또 다른 전통에 속한 사람들이 지은 것이라는 뜻이다.(이 인디펜던스 II 전통에는 당시 사카크라 불리던 동시대 그린란드의 문화에서 영향을 받은 흔적들이 남아 있다.) 내가 사이사이 걸음을 멈추고 살펴보았던(이런 행동은 내 존재를 눈치 못 챈 어떤 동물을 몰래 지켜보는 것과 비슷한 느낌이 들었다) 유적지들이 두루뭉술한 무리를 이룬 한 구역에는 몇몇 과도기 유적지와 초기 도싯과 툴레 유적지들이 모두 포함되어 있었다. 이 구역 전체는, 언젠가 누군가 이곳의 툴레 봉분에다 끌어다놓은, 아마도 바다코끼리의 것인 듯한 똑바로 서 있는 풍화된 갈비뼈를 기려 그레이브리브 유적지라고 불린다.

어느 아침 헬기 한 대가 야영지에 도착했다. 슐레더만의 캠프를 요한반도의 레이크뷰 유적지에서 이곳으로 데려다주었던 바로 그 헬기와 그 조종사였다. 우리 네 사람은 장비를 다 챙기고, 서쪽으로 35킬로미터 거리의 베이트스타피오르와 요켈피오르로 들어가는 입구 사이에 자리한 하아섬으로 출발할 준비를 마친 상태였다. 헬기에 오르고 있을 때 페테르가 내게 다섯 사람을 다 싣고 안전하게 그곳까지 갔다가 돌아올 만큼 연료가 충분하지 않다고 말했다. 그러면서 내가 함께 갈 수 없는 게 안타깝다고 했다. 그건 그가 결정할 문제였지만, 나는 이런 종류의 헬기가 짐을 가득 싣고 평온한 날씨에 낮은 고도로 날 때의 작동 가능한 범위를 알고 있었으므로, 페테르가 분명히 밝히기는 원치 않지만 내가 따라가지 않기를 바라는 다른 이유가 있는 게 아닐까 싶었다.

뒤에 남아 그들이 날아가는 모습을 보니 부아가 났지만, 이내 하루 동안 그들이 없을 테니 목욕하기 좋은 날이라고 생각하며 마음을 돌렸다. 작은 대야에 담수를 데운 다음 그걸 피오르 가장자리로 가져간 뒤 거기서 옷을 벗고 몸을 씻고 차가운 물 속으로 걸어 들어가 헹궈냈다.

깨끗한 옷으로 갈아입고 젖은 빨래를 빨랫줄에 널어 말리고 있는데 헬기가 돌아오는 소리가 들렸다. 조종사는 자기가 보내는 수신호를 내가 또렷이 볼 수 있을 정도까지 가까이 다가왔다. 나는 그가 착륙하면서 한 손짓을 헬기 쪽으로 다가오라는 뜻으로 이해했다. 그는 옆문을 열어 발로 받치고는 페테르가 나를 비행에서 빼놓은 것이 유감이라고, 회전날개의 시끄러운 소음을 뚫고 나올 만큼 큰 소리로 말했다. 그리고 지금 자기가 처리해야 할 일이 있는데 나도 함께 가기를 원하느냐고 했다. 동쪽으로 30킬로미터 정도 떨어진 펌섬 북쪽 해안에 일각돌고래가 떠밀려 온 것을 발견했는데 커다란 엄니가 달려 있어서 그걸 가지러 가고 싶다는 것이었다. 나는 물론 좋다고 말하고 배낭과 생존 장비를 가지러 달려갔다.

우리는 일각돌고래 사체를 기준으로 바람이 부는 방향의 반대편에 착륙했다. 부푼 사체는 고약한 냄새를 풍기고 있어서 북극곰을 확실히 불러올 미끼나 다름없었다. 조종사가 손도끼 하나로 고래의 머리에서 엄니를 쳐내는 동안 소총 한 자루 없이 곁에 서 있자니 마음이 편치 않았다. 엄니는 길이가 2미터나 됐다. 조종사는 엄니를 헬기의 한쪽 활주부에 단단히 잡아맸고, 삼십 분 뒤 우리는 다시 야영지로 돌아왔다. 그는 거기에 나를 떨구고 물을 건너 RCMP 지부로 가서 연료를 다시 가득 채우고 엄니를 내려놓은 뒤, 스베르드루프 고개에 있는 과학 연구 야영지를 향해 서쪽으로 떠났다. 그곳에서 북극토끼를 연구하는 두 여성 연구자에게 보급품을 배달하기 위해서였다. 그들의 야영지는 하아섬에서 서쪽으로 약 50킬로미터 떨어진 곳에 있었다. 돌아오는 길에는 페테르와 나머지 두 사람을 태우고 돌아올 예정이었다.

나는 점심을 준비해둔 뒤 페테르가 내 노트에 그려준 약도를 따라 돌로 된 여우 덫을 찾으러 길을 나섰다. 툴레 사람들은 이 단순한 돌 함정으로 북극곰과 북극여우를 잡았다. 곰이나 여우가 미끼에 연결된 줄을 당기면 돌판이 미끄러져 떨어지면서 동물은 좁은 공간에 갇혀 움직일 수 없게 된다. 툴레 사람들이 이 치명적인 전략으로 곰과 여우를 잡으려 했던 데는 두 가지 이유가 있었다. 우선은 그 동물들에게서 얻을 수 있는 원재료 때문이었고, 또 자신들이 저장해둔 고기를, 특히 여우가 건드리는 것을 막기 위해서였다. 뷰캐넌베이 근처의 베이치-토르발드-요한반도 지역에서는 툴레 사람들이 쓰던 돌 덫과 돌 저장고 두 가지를 다 볼 수 있다. 페테르는 엘즈미어섬 중에서도 이 지역을 "그린란드로 가는 교차로"라고 불렀는데, 동쪽으로 스미스사운드를 건너 그린란드의 북서해안으로 가는 다양한 사람들의 이동이 바로 이 지점에서 시작되었기 때문이다.

페테르가 내게 말해준 덫은 빅스크랠링섬 남쪽 해안에 있었다. 저녁 시간이 될 때까지는 그들이 돌아오지 않을 터였으므로, 나는 페테르가 표시해준 해안선을 따라가는 길 말고 좀 더 우회적인 경로로 그 덫까지 가보기로 마음먹었다. 초기 거주자들이 사방치기 비슷한 놀이를 위해 설치해둔 '폄뛰기 돌'들도 보고 싶었고, 또 다른 야영지에 가서 그 사람들이 돌들을 어떻게 쌓아 바람막이 벽을 만들었는지도 보고 싶었다. 나는 돌을 다루는 툴레 사람들의 영민함에 관해 자주 생각했다. 그들은 동시대 잉카 사람들이 한 것처럼 돌들을 단단히 끼워 맞추는 기술은 없었던 것 같지만, 아주 큰 바위들을 때로는 상당히 먼 거리까지 옮겨가 집의 토대가 되는 벽을 세우거나 곰 덫을 만들 수 있었다. 또 '판석'을 맞춰 바닥을 깔았고, 벤치와 고기 손질용 판, 상자 모양의 돌 아궁이를 만들었으며, 물개나 고래의 기름을 담아 요리, 난방, 조명 용도로 두루 쓰는 튼튼하지만 우아한 동석 램프도 깎아서 만들었다.

스크랠링은 아주 큰 섬은 아니지만 지형의 고저에 변화가 큰 곳이라, 무슨 일이든 일어났을 수도, 혹은 일어나고 있을 수도 있는 좁은 협곡과 갈라진 틈, 높이 솟은 지형이 아주 많다. 그래서 나는 걷기 시작할 때부터 변화의 신호를 잘 포착하려고 신경을 곤두세웠고 정신을 다른 데 팔지 않으려고 의식적으로 노력했다.

그것은 나 자신에게서 빠져나와 그 대지 속으로 들어가려는 노력이었다.

젊은 시절 처음으로 선주민들과 함께 여행하기 시작했을 때, 나는 그들이 나보다 보고 듣는 게 더 많으며, 그냥 그들이 전반적으로 나보다 아는 게 더 많다고 생각했다. 그들은 정말로 나보다 아는 게 더 많았고, 더 많은 걸 보고 들었다. 그렇다면 그들과 함께 여행할 때마다 나는 말로 된 대화가 없다는 점에 주목해, 그들이 어떻게 그럴 수 있는지에 대한 실마리를 얻었어야 마땅했다. 하지만 나는 그러지 못했다. 적어도 한동안은. 비결은 바로 이런 것이었다. 관찰자가 감각으로 지각한 것을 즉각 언어로, 그러니까 우리가 자신의 경험을 정의하려 할 때 사용하는 어휘와 구문의 틀로 옮기지 않고 두면, 처음에는 중요하지 않게 보일 수도 있는 사소한 세부들이 인상의 전경에 생생하게 남아 머물 기회가 많아지고, 그 덕에 인상 속에서 무르익은 세부들이 시간이 흐른 뒤 그 경험에 더욱 깊은 의미를 부여할 수 있게 된다.

예컨대 내가 길동무들과 타이가에서 하이킹을 하다가 카리부 시체를 먹고 있는 회색곰과 마주쳤다면, 나라면 거의 전적으로 그 곰에게만 초점을 맞추려 했을 것이다. 그러나 나의 길동무들이 초점을 맞추는 것은 세계의 한 부분이며, 그 순간 회색곰은 그 세계를 이루는 작은 조각들 중 하나일 뿐이다. 이 경우 곰은 모닥불에, 주변 모든 것에 빛을 비추는 뜨거운 이글거림에 비유할 수 있다. 나의 길동무들은 그 빛이 멀리 번져나간 외곽으로 시선을 돌렸다가 다시 그 불로 시선을 가져오고 다시 멀리 보았다가 다시 돌아온다. 그들은 계속해서 왔다 갔다 하면서 더 작은 것을 더 큰 것 안에 위치시킨다. 대기 속에서 어떤 냄새의 흔적을 감지할 때, 혹은 새의 노랫소리나 엔첼리아파리노사 덤불이 바람에 바스락거리는 소리를 들을 때도, 그들은 사실상 그 곰과 만난 순간을 시간의 앞과 뒤로 확장하고 있다. 나라면 그냥 '곰을 만난 일'이라고 짧게 표현할 그 일에 그들이 적용하는 틀은 나의 틀보다 더 깊고 넓었고, 그 사건에 대해 내가 그은 시간적 경계선은 대체로 곰과 만난 시간보다 조금 더 긴 정도에 그쳤지만, 그들은 우리가 도착하기 전의 시간과 우리가 떠난 뒤의 시간까지도 거기에 포함시켰다. 나에게 그 곰은 명사이자 한 문장의 주어였지만, 그들에게는 하나의 동사였고 또한 곰짓하기bearing라는 동명사였다.

세월이 흐르는 동안 나는 토착민들에게서 야생동물과 만나는 순간에 더 완전히 존재하는 방법에 관해 두 가지 가르침을 흡수했다. 첫째로 나는 전개되는 중인 사건 속으로 들어가고 있음을 이해해야 했다. 그것은 내가 도착하기 전에 시작됐고 내가 떠난 뒤에도 계속 전개될 사건이다. 둘째 가르침은, (우리가 먹이를 먹고 있는 회색곰을 방해하지 않고 그저 그 곰이 하는 일을 보고 들은 다음 조용히 지나갔다고 하자) 그 순간 우리를 둘러싼 물리적 지리만 언급하는 것으로는 그 사건을 완전히 정의할 수 없다는 것이다. 가령 나는 우리가 삼십 분 전에 개천 가장자리 부드러운 땅에서 본 카리부의 발굽 자국을 기억하지 못할 수도 있지만, 나의 길동무들은 그걸 기억한다. 그리고 우리가 그 곰을 보고 얼마 후, 이를테면 8킬로미터쯤 더 걸어간 뒤에,

길동무들은 다른 무언가를—나무껍질의 비늘에 회색곰의 보호털* 몇 가닥이 끼어 있는 것을—알아차리고 그 곰을 보고 있을 때 자신들이 관찰했던 몇 가지 세부 사항들을 그 보호털과 연관 짓는다. 내가 마음속에 '툰드라 회색곰과의 만남'이라고 분류해 넣은 그 일을 그들은 흐르는 강물에 몸을 담그는 일처럼 경험했다. 그들은 그 안에서 헤엄을 치고 잡아당기는 물의 힘을 느끼고 물의 온도와 거꾸로 도는 소용돌이, 지류가 흘러드는 위치에도 주의를 기울인다. 그와 대조적으로 나의 접근법은 그 장면에 있는 대상들, 그러니까 곰과 카리부와 툰드라의 식생을 인지하는 것이 거의 다였다. 그리고 나라면 그 일련의 점들을 하나의 경직된 선으로 연결함으로써 의미를 읽어내려 했을 것이다. 이런 나와 달리 내 친구들은 역동적인 사건 안에 자신들을 집어넣었고, 또한 그 사건에서 즉각적으로 의미를 해석해내야 한다는 필요성을 전혀 느끼지 않았다. 그들의 접근법은 그 사건이 계속 전개되도록 둔 채 모든 것을 알아차리면서, 거기 있는 의미가 무엇이든 알맞은 때에 그 의미가 드러나도록 두는 것이었다.

이런 경험에서 얻은 교훈은, 만약 내가 사건을 더욱 깊이 이해하기 바란다면 주변에서 일어나는 일에 더 자세히 주의를 기울여야 할 뿐 아니라 일어나고 있는 모든 일을 관찰하는 동안

---

* 포유동물 털의 바깥층을 형성하는 털. 길고 거칠며 나머지 속털을 마모와 습기로부터 보호한다.

정의하거나 요약하려는 충동에 저항하고 머리로 분석하는 일을 유예하는 상태를 유지해야 한다는 것이다. 의미를 파악하려는 익숙한 충동에서 벗어나야 한다는 말이다. 나아가 나는 토착민들이 관찰하는 방식의 핵심적 특징도 흡수해야 했다. 그들은 개별적인 대상들보다 자신이 만난 것에 내재한 패턴들에 더 주의를 기울인다. 곰을 보았을 때 그들은 즉시 하나의 패턴을 찾기 시작하고 그 패턴은 그들 앞에 '죽은 동물을 먹고 있는 곰 한 마리'라는 모습으로 드러난다. 그들은 나중에 저절로 조립되어 '곰이 먹이를 먹는 일'보다 더 큰 사건을 이룰 다양한 조각들을 수집하기 시작한다. 우리가 함께 여행할 때 그들이 포착한 각자 따로 놀던 조각들—특정한 물리적 풍경에 스며 있는 소리의 풍경이 지닌 성질, 바람의 존재 또는 부재, 바람이 불어오거나 이동하는 방향, 나무 아래 놓인 얼룩덜룩한 알 껍질, 잎들이 없어진 어떤 관목 종의 줄기, 무언가가 땅에 막 파놓은 구멍—은 하나하나로서는 별 의미를 전하지 못할 수도 있다. 하지만 서서히 하나의 패턴을 형성하도록 두면 그것들이 어떤 깨달음을 안겨줄 수도 있고, 그 땅에 대해 더 잘 알려줄 수도 있다.

나는 오랫동안 내가 온전히 깨어 있는 정신으로 여러 물리적 세계들을 여행하고 있다고 믿었지만, 시간이 지나면서 사실은 그렇지 않았다는 걸 알게 되었다. 그보다는 오히려 내가 있는 장소에 관해 생각하고 있는 경우가 더 많았다. 이를테면 밤에 숲에서 회색여우가 새된 소리로 울부짖거나 커다란 고래가 물 위로 솟아오르는 것 같은 일을 맞닥뜨릴 때 처음에는 경외감에 사로잡히지만, 곧바로 분석으로 넘어가는 것이다. 어떤 때는 나의 사고와 꼬리를 물고 쏟아지는 생각들에 너무 골몰한 나머지, 한 장소에서 아직 내 몸이 수집하고 있는 세부 사항들과는 사실상 단절되어 버릴 때도 있었다. 내 귀는 밤참새의 노래를 듣고 이어서 또 밤참새의 노래를 듣고는 두 번째는 다른 밤참새가 노래한 것임을 알았다. 하지만 정신은 그 음들이 밤참새의 노랫소리라는 것을 식별해낸 데 너무 만족하고 결론을 내리는 일에 너무 정신이 팔려 있어서 귀가 여전히 제공하고 있는 정보를 인식하지 못했다. 소리를 분간하는 신체의 능력을 정신이 전혀 활용하지 않고 있었던 것이다. 이렇게 되면 그 장소에 대한 정신의 앎은 피상적인 상태로 남는다.

나는 거기가 어딘지 미처 인지하기도 전에, 페테르가 가보라고 알려준 스크랠링 북극권 소형 도구 유적지 9번의 방풍벽에 거의 도달했다. 높이가 거의 90센티미터에 너비는 4미터인 그 벽은 근처에 있는 해안과, 북극 고고학자들이 과도기 집터라 부르는 것의 뒷벽 사이에 지어져 있었다. 바람의 세기와 냉기를 차단하기 위한 복잡할 것 없는 구조물이었다. 방풍벽은 마치 화산처럼 잠들어 있지만 단호해 보였다.

스크랠링에서 발견된 인공 유물은 고고학자들이 대부분 가져갔지만, 몇몇 유적지에 초기 거주자들이 남겨둔 존재의 오라는 여전히 그곳에 강렬하게 남아 있다. 나는 그 옛사람들이 이곳에 자리 잡고 살았음을 보여주는, 오래도록 변치 않은 증거인 그들의 도구와 조각품을 다루면서, 그들과 내가 욕구와 운명을 공유하고 있다는 강렬한 느낌도 받았다. 어떤 집터도 무의미하거나 잉여로 보이지 않는다. 각각의 집터는 상자형 아궁이를 이루는 돌 하나하나와 그들이 깔아둔 포석, 이동식 천막을 고정하는 동그란 닻돌들에 달라붙어 있는 뭔가를 남긴 사람들에 관한 이야기를 들려준다. 툴레 겨울 집터의 무너진 지붕을 들어내서 그 내부가 처음으로 지속적인 태양복사에 노출되면, 그 집의 바닥은 거기 살았던 사람들이 언젠가 사냥해 먹었던 동물들—작은 고래, 턱수염물범, 고리무늬물범, 바다코끼리, 기러기, 물고기, 북극토끼—의 냄새를 풍기기 시작한다. 그 바닥에서 동물의 살점을(이를 맛있지는 않아도 먹을 만하다고 여기는 이들도 있다) 집어서 먹는 것도 가능한 일이다. 겨울 집으로 들어가는 입구 터널의 크기와 내부의 넓이는 그 사람들의 덩치를 짐작게 한다. 아궁이 안에서는 '끓이는 돌'—아궁이 불씨 안에서 뜨겁게 달군 뒤 차가운 수프가 든 가죽 주머니에 집어넣어 수프를 데우는 데 쓰는 부드러운 자갈—한 움큼을 발견할 수도 있다.

스크랠링 전체에서 내가 받은 메시지는 다른 모든 전통에서 받은 것과 똑같다. 바로 끈질김과 실용성이다. 이들은 대단히 실용적인 사람들이었다. 하지만 그들의 슬픔을 달래주거나 희망을 불어넣어주던 의식들 또는 그들을 웃게 했던 일상의 에피소드들을 정확하게 상상하기는 훨씬 어렵다. 아니 사실상 불가능하다. 어린아이들의 모습을 그려 보는 것도 쉽지 않다.(다른 곳에서는 연구자들이 '툴레 인형의 집'이라고 부른 구조물이 발견되었다.) 어둠과 뼈를 에는 추위가 몇 달이나 계속되고, 늘 있던 식용 동물들이 이해할 수 없이 갑자기 사라져버리는 일이 벌어질 때, 이런 장소들이 정말 얼마나 살아남기 힘든 곳이었을지는 가늠조차 하기 어렵다.

1850년대 초 어느 즈음, 오케와 키트들라르수아크(킬라크라고도 한다)라는 카리스마 넘치는 두 이누이트 남자가 마흔 명 정도의 이누이트 사람들을 이끌고 배핀섬 북쪽 폰즈베이(현 폰드 내포)에 있는 정착지에서 북쪽으로 이동했다. 그들은 랭커스터사운드 입구에 있는 80킬로미터 거리의 봄 얼음 위를 건너 데번섬 해안에 도착했다. 드라마라면 조금도 부족하지 않은 이 일에 극적인 효과를 더하려는 것인지, 일부 역사학자들은 두 지도자와 그들을 따른 사람들이 폰즈베이에서 벌어진 피로 얼룩진 여러 분쟁을 피해 달아난 것이라고 생각한다. 하지만 이 두 사람은 유럽 포경업자들로부터 그린란드 서북부에 이누구이트(북극 에스키모) 사람들이 살고 있다는 이야기를 전해 들었던 건지도 모른다. 폰즈베이에서 바다코끼리와 일각돌고래 엄니의 교역이 활발히 이뤄지고 있음을 잘 알았던 그들은, 그린란드에 사는 자신들의 문화적 사촌들을 만나 그들이 엄니의 새로운 조달자가 될 수 있을지 알아보고자 했던 건 아닐까. 아니면 자신들의 툴레 조상들처럼 그 이동 자체, 누군가의 비전을 따라가는 그 여정 외에는 아무 계획이 없었을 수도 있다.

이후 사오 년에 걸쳐 키트들라르수아크 무리는 계속 북쪽으로 이동하여 마침내 엘즈미어섬 중앙 해변에 도달했는데, 아마도 요한반도와 가까운 지점이었을 것이다. 그즈음 무리를 이루는 사람의 수는 줄어들어 있었다. 오케는 몇 사람과 함께 배핀섬으로 돌아갔다고 여겨지는데, 배핀섬에서 그들이 돌아왔다는 기록은 전혀 찾아볼 수 없다. 키트들라르수아크는 자기를 따르는 사람들을 이끌고 스미스사운드의 해빙을 가로질렀고, 오늘날의 그린란드 에타 근처에서 이누구이트들을 만났다. 놀랍게도 이 에스키모들에게는 이누이트 사람들이 필수적이라 여기는 세 가지 도구, 그러니까 활과 화살, 카약, 그리고 물고기를 꿰뚫는 동시에 꽉 붙잡도록 만들어진 작살 창(카키바크)이 없었다. 인류학자들은 그린란드 북서부에서 기근이나 감염병이 너무 많은 사람의 목숨을 앗아가 그 물건들을 만들 줄 아는 사람이 거의 남지 않았기 때문에 그 도구들 없이 살아가는 방법을 찾아낼 수밖에 없었을 거라고 추측한다.

키트들라르수아크의 무리는 약 칠 년 동안 그린란드에 머물며 이누구이트들에게 기술과 지식을 전수하고 그들과 결혼도 했다. 그러다가 그들 대부분 혹은 모두가 폰즈베이로 돌아가기로 결심했다. 고향으로 향하는 여정은 재앙이었다. 무리가 스미스사운드를 다시 건너고 얼마 후 키트들라르수아크가 사망했다. 남은 사람들은 두 무리로 나뉘어 각자 다른 곳에서 겨울을 보냈다. 그 장소 가운데 식량이 충분한 곳은 패러데이곶 근처의 매킨슨 내포뿐이었다. 매킨슨 내포에 머물렀던 무리는 이듬해 겨울도 거기서 보냈고 이번에는 다른 무리의 생존자들도 그들과 함께했다. 하지만 그 겨울에 매킨슨 내포 주변의 해양 포유류는 다른 곳으로 이동했고 그 때문에 굶어 죽는 사람들이 나왔다. 미니크와 마크타크라는 두 남자가 쇠약해진 사람들을 죽여 그들을 먹기 시작했다. 아이 둘을 포함한 다섯 사람은 북쪽으로 탈출해 물개 한 마리를 잡을 수 있었고 그것으로 그 겨울을 버텼다. 이듬해 봄 이 다섯 사람은 그린란드로 돌아갔다. 나머지 사람들이 어떻게 되었는지는 전혀 알려지지 않았다.

스크랠링에서 동료들과 내가 조리용 화로와 풍부한 음식, 헬기 이동, 온화한 여름 기온을 누리며, 레절루트에 있는 극지 대륙붕 프로그램과(그들은 우리에게 폭풍우가 다가오고 있다고 경고해주었다) 정기적으로 무선 교신을 주고받으며 지내는 편안한 고립 상태는, 툴레 사람들과 그 조상과 후손은 당연히 피할 수 없었던 하이악틱의 가혹하고 가차 없이 변덕스러운 날씨라는 현실로부터 우리를 보호해준다.

돌판으로 만든 그 여우 덫은 위에서 내려다보면 가로세로 20센티미터 정도의 정사각형에 깊이는 약 50센티미터로, 설치된 후 수백 년 동안 건드려지지 않은 채 남아 있었다. 덫의 한쪽 귀퉁이에서 만나는 두 개의 돌판 사이를 들여다보니 여우 해골이 보였다. 여우의 주둥이는 미끼였던 고리무늬물범 태아의 턱뼈 위에 놓여 있었다. 한때 미끄러지며 닫히는 돌판을 붙잡고 있던 가죽끈은 녹아서 사라졌지만, 이 돌판이 어떻게 미끄러져 덫의 문이 닫히도록 움직였는지는 알 수 있었다.

여우에게는 목숨을 앗아간 장치였고, 나에게는 일종의 제단이었다.

이후 수년에 걸쳐 나는 2004년 쓰나미 이후의 수마트라 반다아체처럼 자연재해로 파괴된 인구밀도가 높은 지역을 거닐거나, 카불의 총탄 구멍 가득한 거리를 차를 타고 지났다. 그럴 때면 영원히 굶주려 있는 냉담한 방문자 죽음이 어떤 곳에서는 다른 곳에서보다 더 두드러진다는 점에 대해 생각해보게 되었다. 죽임을 당하기는 했지만 끝내 쓰이지는 않은 그 여우 해골을 앞에 두고 내가 느낀 것은 슬픔도 비극도 아닌, 다시금 인식하게 된 삶의 피할 수 없는 공포였다. 내가 속한 문화는 기이할 정도로 그러한 삶의 공포에 대해 무지한 것 같다. 1998년에 오리건주의 내가 사는 지역에서 한 소년이 자기 부모를 죽인 후 같은 학교에 다니는 학생 두 명을 총으로 쏘아 죽인 다음 진압된 일이 있었다. 분명 주민들은 "어떻게 여기서 이런 일이 일어날 수 있지?" 하고 의문을 품었을 것이다. 하지만 지난 삼십 년 동안 이런 사건은 미국의 수십 개 지역에서 무작위적이지만 주기적으로 터져 나왔고, 그때마다 뒤이어 불충분하고 불완전한 설명들이 뒤따랐다. 누구는 이런 사건들에서 '사악함'을 보고, 또 누구는 자포자기와 고통을, 그저 인간적인 모습을 본다. 매킨슨 내포에서 아사에 직면했을 때 누군가는 식인을 택했지만, 누군가는 다른 두 어른과 두 아이를 데리고 그 끔찍한 공포에서 빠져나갈 만큼 충분히 민첩하고 노련했다.

오늘날 아프리카나 호주 시골의 전통 마을에서, 바리오*와 파벨라†와 게토에서, 혹은 대도시의 작은 구역들에서 일어나는 사회적 경제적 물리적 붕괴를 목격하면서, 나는 이러한 붕괴의 근본 원인이 '문명'의 부재나 '사악함'의 존재 같은 것과는 무관하며, 거의 전적으로 끊임없는 정치적 억압과 가난, 인종차별, 굴종적 삶과 연관되어 있다고 믿게 되었다. 그런 장소들에서는 사람들이 번영을 보장받는 것은 고사하고, 생존을 확보하는 문제만도 감당할 수 없을 정도로 힘겹다. 이런 상황에서는 완전히 새로운 구상이 필요하고, 어떤 전통 사회에 속한 사람들의 표현을 빌리면 "다시 꿈꾸는 일이 필요하다."

카리기 옆에 텐트를 칠 때, 물론 터무니없는 생각이기는 하지만 나는 툴레의 유령들이 내 꿈속으로 들어와주지 않을까 하는 생각을 했다. 내가 기억하기로 그들은 한 번도 내 꿈에 나타나지 않았다. 내가 꾼 꿈들은 내가 여행하며 머물던 땅의 이동 경로나 내 삶의 소소한 드라마들이 담긴 평범한 이야기, 충성과 배신, 성취와 갈망이라는 익숙한 것들을 축으로 한 작은 비전 같은 것들이었다.

만일 내가 툴레 사람들에게 무언가 물어볼 수 있다면, 나는

---

* 마을을 뜻하는 스페인어. 스페인어권 국가에서는 일반적인 마을을 뜻하지만, 미국에서는 라틴계 사람들이 모여 사는 도심 지역이나 동네를 뜻한다.

† 브라질의 도시 변두리 빈민가나 열악한 환경의 무허가 정착촌.

그들에게 살인이든 아사든 혹은 가을과 함께 찾아오는 끝나지 않을 것 같은 밤이든, 그러한 어둠들에 어떻게 대처했고 그때 그들이 믿었던 것은 무엇인지를 묻고 싶다. 또 나로서는 아무리 이해할 수 없는 것일지라도 그들이 꾸던 꿈의 형태에 대해서도 알고 싶었다. 기나긴 겨울밤, 그들의 꿈은 더 길고 더 정교해졌을까? 여름날의 꿈 같은 것도 있었을까? 어둠은 그들의 스승이었을까, 아니면 그들을 무겁게 짓누르는 존재였을까?

덴마크 귀족 가문 출신으로 예술과 건축에 조예가 깊은 에이일 크누트라는 독립 고고학자가, 1949년 그린란드 북동부 아일러라스무센곶 근처에서 툴레의 우미악이라는 가죽보트의 목재 골조를 발견했다. 이 골조는 북극해의 만 중 하나인 반델해 해안에서 450미터 떨어진 곳에 얇게 덮인 눈 아래 좍 펼쳐져 있었다. 못 몇 개와 참나무 목재 조각 등 일부는 고대 스칸디나비아에서 유래한 것일 가능성이 컸다. 바다코끼리 가죽으로 된 선체는 자연히 분해되거나 여우처럼 헤집고 다니는 동물들에게 시달려 넝마가 되어 있었다. 크누트와 동료들은 널려 있는 골조 가운데서 장작 몇 개와 뼈로 만든 도구 몇 개도 발견했다. 우미악 주변에는 토끼잡이용 올가미와 장난감 썰매 같은 툴레의 문화 유물도 몇 가지 있었다. 크누트는 툴레 사람들이 우미악과 이 모든 걸 남겨두고 그냥 길을 떠난 거라고 추측했다.

현재 고고학자들은 이 툴레 사람들이 1400년대 초, 하이악틱에서 중세 온난기가 끝나가던 즈음, 노를 저어 그린란드 북단 주위를 돌다가 겨울이 시작될 무렵 아일러라스무센곶에 도착하여 상륙했을 거라고 추측한다. 퀼네스라 알려진 그 지점은, 알렉산드라피오르 저지나 데번섬의 트루러브 저지와 유사한 하이악틱 오아시스의 최북단에 위치한 피어리랜드의 동쪽 끝부분이다. 이곳은 북쪽과 동쪽과 남쪽으로는 바다뿐이다. 사람은—적어도 이 툴레 사람들은—거기서 더 갈 수 있는 곳이 없었다.

이는 내게 인류가 행한 극단적인 이동의 기록 중 가장 눈에 띄는 것이었다. 그 우미악의 골조는 길고 긴 여정의 종착점을 표시했다. 여기 버려진 배의 만듦새와 도구들의 특성을 보면 엄청난 기술과 상당한 혁신 능력이 엿보인다. 비축된 장작은 (부를 생존에 필요한 것 이상을 갖고 있다는 의미로 이해한다면) 어느 정도의 부도 증언해준다. 이 사람들은 고래와 사향소 사냥꾼들로, 각자가 충분히 유능한 개인들이었다. 그런데 그러다가 무슨 일인가 벌어졌다. 더 추운 시기가 닥쳐오면서 퇴각로가 얼어버려 다음 여름에는 그 배를 더 이상 사용할 수 없게 됐을지도 모른다. 그리고 그 지역에서 식량이 바닥난 뒤, 혹은 어쩌면 매킨슨 내포에서 그랬던 것처럼 해양 포유류가 그 지역을 떠나버린 뒤, 이 여행자들은 절대적으로 필요한 물품만 짐 나르는 개들에 싣고서 사향소를 찾으려는 희망을 품고 내륙으로 이동했다. 그들은 피어리랜드를 건너 서쪽으로 가야 했고, 그런 다음 그곳과 그린란드의 북서해안 사이에 있는 거친 땅을 헤쳐 가야 했다. 그곳은 그들의 고향 땅이었고, 거기서라면 해양 포유류를 다시 발견해 주린 배를 채울 수 있을지도 몰랐다.

나는 그들이 사향소를 발견하고 친척들이 있는 곳까지 800킬로미터에서 1000킬로미터 거리를 돌아갔을 거라고, 그들을 다시 보게 된 친척들은 충격을 받지는 않더라도 경탄했을 거라고 생각하고 싶다.

1980년에 코펜하겐 외곽 로스킬레에 있는 바이킹 선박 박물관에서 그들의 10미터가 조금 넘는 우미악 복제품이 전시되었다. 언젠가는 그 배를 직접 보고 그들이 어떻게 바다코끼리 가죽을 뱃전에 팽팽하게 당겨 묶었는지, 어떻게 턱수염물범의 가죽끈을 선체의 틀에 고정했는지 직접 느껴보고 싶다. 손으로 만들었으면서도 이렇게 잘 설계된 물건을 짧은 시간 안에 이해할 수는 없지만, 혼자 그 물건과 함께 몇 시간을 보내고 나면 그 물건을 상대로 일종의 대화를 하는 것이 가능해진다. 꼭 그 물건의 '진실'을 알게 되는 건 아니라도, 그 물건을 만들어낸 상상력이 어떤 모습이었는지 정도는 떠올릴 수 있을지 모른다.

퀼네스에서 발견된 우미악은 내 마음속에서 툴레 사람들의 창의력과 상황 대처 능력의 상징으로 자주 떠오른다. 자신들이 처한 물리적 세계를 좀 더 쉽게 다루게 해주는 몇몇 도구와 우미악을 해변에 버려두고 내륙으로 향하려면 얼마나 비범한 생각과 용기와 자신감이 필요했을까. 천막 없이 노숙하고 계속 이동하며, 식량을 의미할 수도 있는 머나먼 곳의 움직임이나 검은 점을 찾으려면. 겨울이 강철판처럼 내려앉고 식량은 구해지지 않아 사는 게 더욱더 고달파졌을 때, 그들의 꿈은 바뀌었을까? 하늘이 맑을 때는 눈에 반사되는 달빛과 별빛 덕에 길을 찾아 이동하는 일이 가능했을 수 있지만, 겨울의 어스름 속에서 식량이 될 동물을 찾는 일에는 어려움이 많았을 것이다. 운누이주크. 이누이트 사람들은 '어둠 속에서 식량을 찾는' 고난을 이렇게 부른다. 내 질문을 받아줬던 인류학자들과 고고학자들은 툴레 사람들이 겨울의 어둠 속에서 오랜 시간 쉬지 않고 잠을 잤을 거라고 추측했다. 이런 긴 잠은 그들에게 광활한 꿈의 풍경을 열어주었을 것이다. 그들에게 그 꿈들은 어려운 시기에 이수마타크나 앙가크쿠크(샤먼)에게 들었던 신화 이야기와 같은 역할을 했을지도 모른다. 우리 현대인은 그러한 서사시적 꿈 풍경에 익숙하지 않다.(세속적 삶을 살아가는 우리는 서구 문화 자체의 토대가 된 신화에도 별 관심을 기울이지 않지만.) 서구의 산업화는 중단 없는 여덟 시간의 수면이라는 새로운 휴식을 처방했고, 그것은 대부분의 일하는 사람에게 꿈의 자연스러운 리듬을 없애버렸다. 지금 우리의 꿈은 '일어나서 움직여야 할 필요'에 의해, 시계가 지배하는 일상의 타이밍에 의해 자주 짤막하게 토막 난다. 셰익스피어가 "두 번째 잠"이라 불렀던 것은 "첫 번째 잠" 이후 얼마간 깨어 있다가 그 후에 다시 찾아오는 잠을 뜻했다. 이 깨어 있는 사이에 함께 잠자는 사람들은 꿈에서 본 것들에 관해 서로 이야기를 나누었다. 그럼으로써 그들은 합리주의의 부상과 더불어 저물어간, 세계를 바라보는 한 방식과 깊은 친밀감을 유지했다.

꿈의 쓸모를 파악하려 할 때 우리가 직면하는 어려움은 합리적 정신에 걸맞은 논리적 진실을 우선시하기 위해 꿈들은 무조건 거부할 것인가 말 것인가 하는 문제가 아니다. 정말로 어려운 것은 상상력과 지성의 대화, 이로운 비전을 만들어낼 수도 있는 대화, 지성만으로는 파악하지 못하고 상상력 혼자서는 이끌어낼 수 없는 대화를 떠올려보는 일이다.

스크랠링에서 밤중에 카리기 옆에 누워, 나는 퀼네스에 우미악을 버려두고 간 툴레의 꿈꾸는 사람들이 자기네 겨울 꿈의 서사 속에서 자신들이 내린 결단의 가닥들을, 다른 종류의 삶을 살겠다는 의지와 수단을 다시 발견했을지 궁금했다.

하지만 잠들기 전 아무 생각이나 막 떠오를 때, 내가 더 자주 생각했던 것은 툴레의 돌로 만든 곰덫이었다.

언젠가 나는 1852년에 프랑스인들이 살뤼 제도에 지은, 지금은 폐허가 된 유형지 유적지를 방문할 기회가 있었다. 살뤼 제도는 프랑스령 기아나의 열대 해안에서 13킬로미터 떨어져 있는 작은 제도다. 거기에 유형지를 세운 일차적 목적은 알프레드 드레퓌스 같은 정치범들을 격리하려는 것이었지만, 그곳은 프랑스가 '바람직하지 못한 자들'—범죄자, 정치적으로 이의를 제기하는 사람들, 정신적으로 손상된 사람들, 가난한 사람들—을 제거하는 일에도 일조했다. 이 사람들은 대부분 앙리 샤리에르의 소설과 이 소설을 바탕으로 한 영화 〈파피용〉으로 악명을 떨친 악마의 섬에 감금되었다.

나는 오랫동안 처벌의 상징이자 (정의뿐 아니라) 불의의 기념물인 감옥에 관심이 끌렸다. 시대에 따라 범죄자라는 범주를 어떻게 정의하든, 감옥은 범죄자들을 수용하는 곳이다. 교도소 건물은 합법적인 사회적 용도로 사용되지만, 은유적으로는 구속적이고 억압적인 사회에서 수시로 경험하는 사회적 속박을 상징하기도 한다. 사생활 침해가 일상적으로 벌어지는 문화나 인권 유린이 흔히 발생하는 문화에서는 사람들이 실제로 감옥에 살지 않아도 감옥에 갇혀 있다는 느낌을 받는다. 그들은 권력을 쥔 냉담한 자들에게 부당한 대우를 받는다고 느끼고, 관료제가 자신들의 평범한 이동과 활동을 제약한다고 생각한다. 또한 보안 카메라와 드론에 의해, 빅 데이터—우리의 사적인 삶에 은밀하게 침입하는 일을 가능하게 하는 세세한 사실들의 창고—를 모으려고 스마트폰과 컴퓨터, 노트북, 기타 전자 기기에서 끊임없이 개인 정보를 캐내는 일에 의해 침해당한다고 느낀다. 나아가 정부와 기업에 윤리적 이의 제기를 하는 자신들의 목소리가 특정 이데올로기 신봉자들에 의해, 그리고 권력에 단단히 뿌리박은 부패한 자들에 의해 거듭 무시당한다고 느낀다.

버려진 식민 시대의 유형지 몇 군데를 둘러보고 현대의 교도소들도 좀 방문해 시간을 보낸 뒤로, 나는 자유로운 사회에 살면서도 감금되어 있다고 표현하는 단순한 은유를 더 명확히 이해하게 되었다. 그리고 감옥 밖 환경에 있으면서도 기본적인 몇몇 자유를 보장받지 못한 채 살아가는 사람들이, 그런데도 자신들이 속박 없이 자유롭게 살고 있다고 믿는 현실에 대해서도 생각했다.

사람들은 계몽된 시대에 감옥이 존재하는 것은 대체로 교화를 통해 사회로 복귀할 수 있는 범죄자들은 갱생시키고, 폭력적인 자들과 사이코패스들을 나머지 사회로부터 격리하며, 심각한 범죄를 저지른 자들을 처벌하기 위한 일이라고 생각하고 싶어할 것이다. 하지만 실상은 항상 그렇지만은 않다. 내 나라 미국을 포함하여 많은 나라의 수감자 중에는 정신병원에서 돌봄을 받으면 더 잘 살아갈 수 있는 사람들도 많고, 전문적인 범죄자들과 약탈적인 범죄 집단에 맞서 자기를 스스로 지켜야 하는 처지에서 처음으로 사소한 범죄를 저지르게 된 이들도 많다. 게다가 정부가 운영하는 교도소에서든 영리 교도소에서든, 대부분의 나라에서 수감자의 교육—상습적 범죄율을 낮추는 단 하나의 가장 효과적인 방법—에 쓰이는 비용은 쥐꼬리만 하거나 전무하다.

그렇다면 교도소는 한 사회에서 해결되지 않은 가장 심각한 문제 몇 가지를 상징한다고 볼 수도 있을 것이다. 요컨대 인종차별, 타인에 대해 필요 이상의 잔인한 행동을 할 수 있는 문화적 풍토, 공적인 영역에서 힘을 지닌 소시오패스들에 대한 이중잣대 같은 문제들 말이다. 교도소 건물을 보고 있으면 내 안에서는 의문이 솟아오른다. 사회가 정말로 제거하기를 원하는 사람들이 누구인지, 그리고 사회 내 다양한 정치 세력과 종교 세력이 합세하여 주로 유력한 옹호자도 유능한 법률 고문도 없는 사람들에게 가혹한 판결을 내리는 방식에 관한 의문이다. 이런 문제들에서 지혜와 공평함이 더 큰 역할을 맡게 된다면 정의의 상태는 전반적으로 현재와는 상당히 달라질 것이다. 교도소는 우리에게 끔찍한 인간적 실패, 사회적 옹졸함, 정치적 전체주의, 고질적 불의가 필연적으로 존재할 수밖에 없음을 상기시킨다. 그뿐 아니라 교도소의 일상이라는 현실에 처하면 원래 아무리 감정이입을 잘하던 사람이라도 그 훌륭한 인간적 본능을 쉽게 잃어버릴 수 있다는 더욱 중요한 사실도 생각해보게 만든다. 교도소가 끔찍한 장소, 폭력적이고 극도로 지루하며 안전하지 않은 장소라면 필요한 일은 당연히 교도소의 개혁이다. 그리고 만약 교도소에 가지 않아야 할 사람이 수감되어 있다면, 필요한 건 사회의 개혁이다.

나에게, 그리고 어쩌면 다른 사람들에게도 교도소는 흔히 말하는 갱도 안의 카나리아와 같다. 자유로운 사회에 사는 우리는 정확히 어떤 이들이 교도소에 있어야 할 사람인지 항상 질문해야 한다. 그리고 수감된 사람이 자신의 구원을 위해 할 수 있는 노력은 어떤 것일지도. 교도소는 심지어 자유로운 사회에서도 자행되는 악의적인 불관용을, 예를 들어 재판관들과 그 외 재량권을 지닌 다른 사람들이 타인에게 감정이입하지 못하는 무능력을 상징하는 것이 아닐까? 더 나은 사회질서를 만들려면 교도소가 인간 본성의 전체 스펙트럼(직업적 범죄자의 교정할 수 없는 행동 또는 감정이입하지 못하는 사이코패스의 특성)에 관해 폭로하는 바를 받아들여야 하고, 수감자들이 사회의 안정을 크게 위협하는 존재라는 순진한 믿음도 버려야 한다. 내가 보기에 난민의 이산과 야생동물의 개체군 감소, 신경증적 소비주의의 원인들을 오로지 자신의 재정적 안녕을 확보하기 위해 부인하거나 무시하는 사람들이 이 세상에 더 큰 위협이다.

악마의 섬에 있는 하얀 회반죽을 칠한 독방동 단층 건물은 지붕 대부분이 무너져내렸고, 감방 자체와 그 감방들을 연결하는 복도는 무성히 자란 열대식물로 뒤덮여 있다. 몇몇 감방으로 들어가는 입구는 야생 무화과나무들로 완전히 봉쇄되었고, 이 나무들의 거대한 밑둥치가 통로들을 막고 있다. 햇빛이 쏟아져 들어오고 밀림이 적극적으로 이 부지에 대한 소유권을 되찾아갔음에도, 한때 이곳을 특징짓던 암울함—엄격하게 통제되는 일상, 간수들의 비열한 모욕 행위, 수감자들의 절망, 수감자와 간수 너 나 할 것 없이 모두가 당연한 것으로 받아들인 병적인 일탈—을 떠올려보는 건 전혀 어렵지 않다. 부당하게 (부분적으로는 그저 유대인이라는 이유로) 유죄판결을 받은 드레퓌스는 결국에는 죄가 없음이 밝혀졌지만, 이곳에 이송된 다른 사람들 중에도 별다른 잘못 없이 단지 권력자에게 분노를 일으키거나 괘씸하게 보였다는 이유로 형벌을 받은 사람들이 많았다. 그들은 주로 신앙이나 사회계급, 정치관과 관련된 문제로 유죄판결을 받았고, 그 판결의 위법성으로 인해 이런 특정 감옥들에 대한 비난이 거세어져 결국 이 감옥들은 19세기가 끝나기 전에 대부분 폐쇄되거나 철거되었다.

하지만 식민지에 감옥을 지은 동기, 즉 범죄자, 게으름뱅이, 정부 비판자를 제거하려는 국가의 충동은 식민주의가 종식된 후로도 사라지지 않았다. 사법적 정의를 지나치게 적극적으로 추구하다보면, 투옥이 정적을 무력화하는 방법이고 감옥은 그들을 입막음하고 사실상 매장할 수 있는 곳이라는 깨달음으로 쉽게 이어졌다.(일부 전체주의 정권에서는 여전히 이 방법을 이용한다.)

처벌을 위한 것이든 갱생하고 용서하기 위한 것이든, 올바른 교정 제도를 어떻게 설계해야 하는지를 두고 벌어지는 논쟁에서 대부분의 사람들이 균형을 잡기란 쉽지 않다. 악마의 섬에서 버려진 감옥 안을 돌아다니고 몇몇 감방에 들어가 한동안 앉아 있기도 하면서 당시 수감자들의 상황을 짐작하게 할 흔적들을 주변에서 찾고 있을 때, 인간이 서로를 대하는 방식에 대한 거대한 슬픔이 차올랐다. 깨어 있는 동안 나의 모든 시간의 질서와 내가 차지할 공간을 엄격히 정할 권위를 나에게 아무 관심도 없는 냉담한 타인들이 쥐고 있다면, 그리고 매일 나의 자기 보호 본능을 부인당하는 상황을 받아들일 수밖에 없다면 그건 얼마나 비참한 일일까.

이 유형지 감옥에 들어온 사람들은 모두 수리점에서 제대로 작동하라고 둥근 머리 망치로 두들겨 맞다가 밤이면 다시 선반에 던져지는 고장 난 기계 같은 취급을 받았다.

나는 툴레의 빈 집터 앞에 앉아 있을 때와 똑같은 방식으로 악마의 섬 텅 빈 감방에 앉아, 우리 시대에 안전함으로 가는 길은 어디에 있을지, 불안으로 점점 더 목소리를 높이는 사람들의 운명은 어떤 것일지 곰곰 생각했다. 지평선 위로 보이는, 점점 가까이 다가오는 명백한 여러 위협을 고려할 때, 우리 앞에 나타날 것이 사회의 무질서와 생태의 재앙이라는 상상할 수 없는 어둠일지 아니면 첫 번째 계몽과는 아주 다른 두 번째 계몽이 펼쳐낼, 상상으로 온전히 구상해낸 풍경일지 궁금했다.

스크랠링에서 하는 작업은 기분 좋은 질서에 따라 진행된다. 매일 아침 우리는 전날 작업했던 유적지로 가서 수집하고 평가하고 추측하는 과제를 이어갔다. 무언가 의미 있는 것—회색 규질암이나 거무스름한 규질 점토암 격지, 쭈그러진 힘줄 가닥—을 찾아 얇게 덮인 흙을 체로 거르고, 우리 근처의 땅 전체를 체계적으로 측정하고 목록화하고 약도를 만들었다. 이 일이 지루하게 느껴진 적은 한 번도 없었다. 머리 위에서는 새들이 소리를 지르며 날아다녔고, 새털구름은 탁월풍*에 실려 서쪽으로 질주했다. 우리는 아주 좁은 범위의 대상에 주의를 집중하고 있어서, 당장 코앞의 작업을 진척시키는 데 필요한 말이나 이따금 떠오른 통찰을 이야기할 때가 아니면 서로 말을 주고받는 일도 드물었다. 캠프에서 멀리 떨어진 곳에서 일할 때는 점심을 싸 가서 먹었고, 식사 후 나는 노트에 그날 기록할 내용을 적거나, 동료들에게 그들이 하고 있는 일에 관해 질문하거나, 그들이 매우 존중하는 태도로(내게는 그렇게 보였다) 해체하고 있던 그 집터에 살았던 사람들에 대해 어떤 인상을 품고 있는지 물었다.

이따금 주머니에 넣어 가고 싶은 뭔가가 보일 때도 있었지만

---

* 한 지역에서 일정 기간 동안 가장 우세하게 나타나는 풍향의 바람.

그런 충동을 행동에 옮긴 적은 한 번도 없다. 페테르는 이 땅 전체에 4000년간의 인류 역사에서 만들어진 유물들이 흩어져 있는데, 사람들이 그중 특별한 볼거리가 될 만한 물건—엄니 조각품, 창끝—을 가져가지 못하게 막을 방도가 딱히 없어서 몹시 우려스럽다고 했다. 그나마 이곳에 오는 게 대단히 힘들다는 사실에 기대를 걸어보고, 그런 어려움을 감수하면서까지 찾아오는 이들이 기본적으로 정직한 사람들이기를 바라는 수밖에 없었다.

내가 가본 여러 고고학 유적지에서 고고학자들이 (자기도 모르게 유적지나 그 내용물을 훼손하게 될지도 모른다는 불안 다음으로) 가장 우려하는 것 역시 도둑질이었다. 도둑들이 오면 잃어버리는 것은 그 물건들만이 아니다. 인류의 거주에 관한 기록의 연속성이 파괴되고, 우리가 누구이며 어디로 향해 가고 있는지에 대한 감각이 손상된다. 도서관 서가에서 고문서를 꺼내 나그네의 모닥불 땔감으로 쓰는 것이나 다름없다.

이렇게 원시 상태를 유지한 외딴곳에서 절도가 일어난다는 건 생각만 해도 심란한 일이다. 하지만 우리는 어디서 왔는가?가 아니라 그것의 가치는 무엇인가?를 묻는 환경에서는 우발적이거나 전문적인 도둑질이 항상 벌어지고 있다는 것을 오늘날 고고학계에서 일하는 사람이라면 누구나 알고 있다.

오늘날 살뤼 제도를 방문하는 사람들은 감옥의 두꺼운 벽과 철문, 철창이 있는 둥근 창과, 바다 바로 건너편 르와얄섬에 자리한, 호화로운 설비를 갖춘 교도소장 사택을 보며 극명한 대조를 느낄 것이다. 교도소장 관저에서는 사방으로 막힘없이 바다 풍경을 볼 수 있다. 여기에는 고운 천으로 된 시트와 식탁보, 옷가지, 은제 커피 세트, 다양한 옷들이 걸려 있는 옷장이 있다. 이 널찍한 집에 설치된 철망 문들은 부드럽게 닫히고, 마호가니 선반에는 기념품과 신기한 물건이 가득하다. 방문객은 이를 보고 안도한다. 죄 없는 사람들은 언제나 불평분자와 악행을 저지른 자들의 책동으로부터 보호받아야 하니 말이다. 하지만 그와는 다른 인상을 받고 떠나는 이들도 있을 것이다. 이를테면 은밀하고 음흉하게 작동하는 사회적 억압의 성격이라든지, 저택에 사는 자들이 이런 구속의 장소들을 끊임없이 만들어냄으로써 권력자들이 선호하는 사회질서를 위협하는 사람들을 건너편 감옥에 안전하게 가둬두는 방식 같은 것 말이다.

이 장소, 그리고 이와 유사한 다른 장소들에서 내 마음을 흔들었던 것은 과거사만이 아니다. 이런 곳에 찾아온 사람들이 피할 수 없는 위험한 질문으로는 이런 것들이 있다. 지금은 누가 그 교도소장의 집을 차지하고 있는가? 당신이 지시받은 대로 행동하는 것을 좋아할 사람은 누구인가? 당신에게 침묵하라고 명령하는 자는 누구인가? 이런 질문은 1만 년도 더 전으로, 오늘날의 시리아 땅인 아부 후레이라에서 사람들이 번성하던 기원전 1만 3500년경까지 거슬러 올라가고, 그보다 1000년 뒤 터키의 카라자다에 살던 사람들의 시대로, 또 그 뒤로 최초의 도시들이 생겨나고 복잡한 사회가 형성되던 시기까지 거슬러 올라간다. 지금이 그때와 다른 점은 당시 사람들이 의존했던 것—목재, 물고기, 담수, 경작지—의 상당수가 훨씬 줄어들었다는 점이다. 도시들은 더 많아지고 더 커졌다. 그리고 사람들은 매일 카페에 앉아, 미래에 진짜 가난한 삶을 살게 되는 것에 대한 두려움을 이야기하고 있다.

나는 서로가 처한 곤경에 대한 감정이입이 우리 시대 모든 사법제도의 출발점이 되어야 한다고 생각한다. 여기서 유의할 점은, 어느 수도원의 부수도원장이 내게 했던 말처럼 "전례* 없는 정의는 야만이며, 정의 없는 전례는 감상성"임을 이해해야 한다는 것이다. 나는 그의 말을 윤리의 틀(성경, 쿠란, 미합중국 헌법 등) 밖에서 정의를 추구하는 일은 자신들의 윤리를 소중히 여기는 사회에서는 용인될 수 없으며, 악이 인간 사회의 조직에서 힘을 발휘하는 한 요소임을 알아차리지 못하는 것은 무지몽매함이라는 뜻으로 이해했다.

언젠가 나는 남아공의 데즈먼드 투투 명예 대주교에게 감옥에 관해, 그리고 그가 아파르트헤이트라는 분열 상황에서 감옥을 어떻게 보았는지에 관해 질문할 기회가 있었다. 내게 그의 대답은 기이하게도 그 부수도원장이 했던 말과 비슷하게 들렸다. 남아프리카에서 살인적인 인종차별 정권이 종식된 후, 재건이라는 어려운 과제를 수행할 때 할 수 있는 선택은 평화를 희

* 예배의 관습적인 형식 절차와 구성 요소.

생시키며 정의를 추구하거나 정의를 희생시키며 평화를 추구하거나 둘 중 하나였다고 그는 말했다. 거기서 중간 타협점을 찾고 유지한다는 것은 보통 어려운 일이 아니었을 것이다. 투투 대주교와 동료들은 그런 타협점을 만들기 위한 답을 진실과 화해 위원회라는 법적 절차에서 찾았다. 진실과 화해 위원회 청문회에서는 피해를 입은 사람들에게 자신이 당한 일을 묘사하도록 요청하고, 그 피해를 초래한 자들에게 자신이 행한 일에 관한 진실을 털어놓도록 요구한다. 양측은 같은 날 같은 법정에서 서로 마주 보고 앉은 채 발언한다. 투투 대주교는 이런 청문회의 결과가 화해였다고 말했다. 피해자에게 자신이 당한 일을 묘사하게 하고 가해자에게 자신이 행한 죄상을 낱낱이 인정하고 그런 짓을 한 이유를 설명하게 함으로써 어느 정도의 정의와 어느 정도의 평화 둘 다를 확보할 수 있었던 것이다. 또 법정에서 피고에게 판결을 내리는 사람들은 자기 내면에서 감정이입의 역량을 찾아내고 또 북돋우려 노력했다.

그리고 최악의 범죄자들만이 감옥으로 보내졌다.

악마의 섬 같은 버려진 유형지의 감옥들은 내 마음속 스승이자, 제국주의의 바탕에 깔린 부도덕함과 제 뜻에 대한 순응을 강요하는 지배자들의 일방적 권력을 보여주는 기념비와 같다. 유형지에 사람을 감금하는 일은 갱생을 위한 것도 사회화나 교육을 위한 것도 아니었다. 그 목적은 매몰차고 냉혹하게 처벌하는 것, 그럼으로써 바라건대 제국의 종이 될 충성스러운 시민을 길러내는 것이었다. 그 체계를 작동시킨 것은 분노와 옹졸함이었고, 그것을 가능케 한 것은 사회의 무관심(그리고 반대하는 소수의 정치적 무력함)이었다.

내 생각에 그런 체계가 완전히 되살아날 위험은 그리 멀지 않은 곳에 항상 도사리고 있다.

페테르 일행은 그날의 발견에 매우 흡족한 상태로 오후 늦게 하아섬에서 돌아왔다. 규모가 아주 큰 툴레 집터 몇 곳을 발견했는데, 후에 그들은 그 집터들을 엘즈미어섬의 "그린란드로 가는 교차로"에 위치한 마지막 주요 툴레 야영지라고 표현했다. 그 밖에도 이 특정 지역의 툴레 사람들이 내륙에서, 어쩌면 스베르드루프 고개와 그 주변까지 들어가 카리부와 사향소를 사냥했음을 말해주는 물건들도 발견했다. 우리 네 사람은 이 증거가 얼마나 이례적인 것인지에 관해 이야기를 나눴다. 툴레 사람들은 보통 '고래 사냥꾼' 또는 '해양 포유류 사냥꾼'으로 묘사된다. 페테르는 이곳의 툴레 사람들이 때로 북극고래가 밀려 오는 해변 근처에 겨울 마을을 짓지 않았을지 궁금해했다. 그랬다면 스무 명 내지 서른 명 정도는 너끈히 긴 겨울을 날 만큼 충분한 단백질 공급원과 건축 자재를 얻을 수 있었을 테니까. 게다가 북극고래의 썩은 고기는 그들이 사냥할 북극곰들도 유인해주었을 것이다.

그날 저녁 나는 텐트에서 건전지로 돌아가는 작은 카세트테이프 플레이어로 클래식 음악을 들었고, 음악 소리는 내 베개를 뚫고 솟아올랐다. 이런 여행을 할 때면 내가 습관적으로 하는 행동이다. 이번에는 다소 뻔한 이유로 핀란드의 작곡가 장 시벨리우스의 음악을 선택했고, 그의 우울한 음악은 돌과 툰드라로 이루어진 이곳의 황량한 풍경과 잘 어울렸다. 바흐의 실내악 몇 곡과 무반주 바이올린 소나타와 파르티타, 그리고 베토벤 교향곡도 몇 곡 가져왔다. 나는 시벨리우스의 〈투오넬라의 백조〉가 자아내는 분위기에 젖어들었고 〈타피올라〉가 환기하는 핀란드의 숲 풍경 속으로 들어선 듯한 느낌에 사로잡혔다. 핀란드 신화에서 죽음의 땅인 투오넬라는 검은 물이 흐르는 강에 둘러싸여 있고, 그 강에서는 하얀 백조가 노래하며 떠다닌다. 바흐의 바이올린 파르티타 2번은 하나의 주제에 대한 여러 변주를 포함하고 있어서, 처음에는 아주 단순하게 보였던 것으로부터 끌어낼 수 있는 의미의 무한한 가능성을 암시한다.

이날 저녁에는 베토벤의 교향곡 5번을 들으며 그날 일어났던 일들, 그러니까 여우 덫 안을 들여다보던 일, 알렉산드라 저지의 잔잔한 수면에 완전하게 비친 저지 절벽의 모습을 보았던 일, 조종사가 챙겨온 일각돌고래 엄니의 중량과 탄탄함을 느껴보았던 일 사이를 둥둥 떠다녔다. 이런 장면들 속에서 내가 느꼈던 감정들을 다시 떠올리면서, 첼로의 현 위로 빠르게 움직이는 활의 모습을 상상했다. 음악은 내가 회상하고 있던 사건들에 강렬함을 더하며 내 예상을 뛰어넘어 그 사건들의 깊은 속내를 열어젖혔다. 그날 일어났던 일에 대한 나의 이해를 음악이 더 예리하게 만들고 있었다.

언젠가 미국 작곡가 존 루서 애덤스와 대화를 나누며, 음악이 특정 풍경에서 떼려야 뗄 수 없는 무언가를 캐내는 방식과 특정 지형이 음악을 더 강렬하게 만드는 방식에 관해 이야기하다가, 우리가 어떤 풍경화에 강렬하게 몰두하게 만드는 그 그림의 특성들이 작곡가들이 좋은 음악을 창조할 때 사용하는 특성과 유사하다는 사실을 깨달았다. 음악에서 순수성이 흐트러지지 않는 명료한 소리를 의미한다면, 그림에서 순수성은 채도의 척도다. 화성과 음색은 그림에서 색조와 맞먹고, 소리의 강도는 시각적 명도에 해당한다. 음악 작품을 이루는 패턴들의 총체를—선율, 화성, 음색, 리듬, 질감을—풍경화가는 순수성과 강렬함, 색조로써 성취한다. 애덤스는 음악과 회화의 이러한 패턴들을 각자의 "생태"라 일컬었다. 애덤스가 20세기에 작곡한 많은 곡에서 특정 장소의 음향적 요소와 패턴을 포함하여 그 풍경에 담긴 미묘한 부분들을 묘사하는 것이 바로 그런 생태다. 풍경화는 그와 똑같은 일을 더욱 명시적으로 하면서, 그 장소의 순간들 혹은 심지어 수년을 사실적으로 또는 추상적으로 해석한다. 한 풍경 안에 하나로 통합되어 존재하는 생물학적, 지질학적, 지리학적 생태들에 비할 만한 통일성을 특정 음악 작품을 이루는 '패턴들의 총체' 안에서도 발견하게 된다는 점이 내게는 특히 경탄스러웠다. 하지만 작곡가도 자기 작품 속에서 그러한 통일성을 구현하는 구체적 요소들을 다 인지하고 있는 건 아닐 수도 있다.

스크랠링에서 보낸 여러 밤에 들었던 음악은 그 땅을 나의 감각에 더 가까이, 더 깊이 끌어와주었다. 나는 그 음악이 예전에 그곳에 살았던 사람들을 불러낸 거라고 생각했다. 음악은 툴레 사냥꾼들과 그 가족들을 불러내 내게 그들의 존재를 알려주었다.

아침에 헬기가 다시 왔고, 우리 넷과 조종사는 요한반도의 북쪽 경계선을 따라 동쪽으로 날아갔다. 가는 길 중간에 내려 툴레의 곰덫 두 개를 살펴보았다. 이 두 덫은 희한하게도 수면에서 1.5미터쯤 위로 튀어나와 있는 평평한 바위 위에 서로 5미터 정도 간격을 두고 자리 잡고 있었다. 돌판들을 세워 짓고 둥근 바위로 그 돌판들을 받쳐 강화한 덫으로, 둘 다 낮은 지붕 아래로 길이 3.5미터 정도 되는 굴이 나 있었다. 굴의 가장 안쪽 끝에 있는 미끼를 잡으려면 곰은 엎드린 자세로 조금씩 몸을 밀어 넣어야만 했을 것이다. 미끼를 잡아당기는 동작에 쐐기가 느슨하게 빠지면서 문 역할을 하는 돌판이 쿵 떨어진다. 엎드린 자세로 몸을 뻗고 있던 곰에게는 지렛대로 삼을 것이 없고, 아무리 힘이 세도 그 힘을 쓸 수 없으니 빠져나올 수 없었을 것이다.

사냥꾼이 도착했을 때 곰이 아직 죽지 않았다면 사냥꾼은 이 덫의 머리 부분에 있는 돌 몇 개를 치운 다음 곰을 창으로 찔러 죽였다. 그 자리를 떠난 뒤 나는 피후카타크, 즉 '걷는 존재'인 그 곰에 관해 생각했다. 오늘날 누나부트에 사는 이누이트 사냥꾼들은 북극곰, 즉 나누크에 대해 "우리와 가장 비슷한 존재"라고 말한다. 북극곰은 사람처럼 꼿꼿이 선다. 그들은 몰래 다가가 물범을 사냥하는데, 이는 엄청난 인내심이 필요한 기술이다. 눈으로 집을 지어 은신처와 출산을 위한 공간으로 삼고, 과거에 이누이트 사람들이 그랬듯이 계절에 따라 이동한다. 북극곰들은 가장 솜씨 좋은 사냥꾼이자 일종의 샤먼인 앙가크쿠크의 가장 강력한 조력자로, 모든 동물 가운데 가장 똑똑한 동물로 여겨진다. 이누이트 사람들에게 북극곰은 복잡한 상징적 존재이자, 바다와 육지의 중재자이자, 인간 세계와 인간 이외 존재들의 세계 사이를 수월히 오고 가는 존재다. 이들은 북극곰들이 마을을 이루어 살고 있고, 그 마을에서는 서로를 인간으로 여긴다고 생각한다. 이누이트는 저승으로 가는 여행에 도움이 된다고 생각해서, 구할 수만 있다면 곰의 몸에서 뽑아낸 물을 죽은 사람에게 준다.

툴레 사냥꾼이 덫에 걸린 곰에게 다가가는 장면, 그러니까 산 사냥꾼이 죽은 사냥꾼과 만나는 장면은 아마도 툴레 세계의 다른 모든 것만큼이나 종말론적으로 복잡한 장면일 것이다.(종말론은 죽음과 운명, 영혼의 마지막 여행을 다루는 신학의 한 갈래다.) 나는 그에 관한 이야기를 듣고 싶었다. 오랜 세월 사용되지 않은 채 한자리에 머문 800년 된 이 덫은 이 극한의 장소에서 생존이란 것이 모든 사냥꾼이 대처해야 하는 딜레마였음을 되새겨준다.

우리는 요한반도 동쪽 끝에 있는 핌섬의 세이빈곶에 착륙했다. 헬기는 두 바위산 등성이 사이 골짜기, 암석과 바위가 아무렇게나 흩어져 있는 곳에 내렸다. 1884년 여름, 레이디프랭클린베이 탐험대(1881~1884)의 생존자들은 이곳에서 구조를 기다렸다. 탐험대장 아돌푸스 그릴리 중위와 함께 구조를 기다리며 이미 한 번의 겨울을 보낸 뒤였다.

침묵 속에서 이 아사자들의 야영지로 다가가는 동안 우리는 이곳이 지난 한 세기 동안 사람 손을 거의 타지 않았음을 알 수 있었다. 여기에 낡은 옷가지가 하나, 저기에 술통을 감쌌던 금속 테두리 대여섯 개와 온기를 얻으려 태웠던 그 술통의 통널들이 널려 있었다. 페테르는 내게 이곳에 올 때마다 그 사람들, 특히 여기에 묻힌 사람들을 추모하고자 제수용 음식을 가지고 온다고 말했다.

페테르가 선물을 가지고 묘지로 가는 동안 나머지 우리는 싸늘한 공기 속에서 각자 따로 서 있다가 허름한 야영 막사 주위를 천천히 걷기 시작했다.

이곳은 캠프클레이라 불린다.

1880년 스위스 베른에서 제2회 국제 극지 회의가 열렸을 때, 미국은 엘즈미어섬 동해안 북단에 연구 기지를 세우는 일을 맡기로 합의했다. 1881년 늦은 여름, 아돌푸스 그릴리가 이끄는 탐험대는 레이디프랭클린베이의 디스커버리항에 상륙했고, 그곳에 겨울 숙소인 포트콩거를 세웠다. 그릴리와 스물두 명의 탐험대 대원, 그리고 토를리프 크리스찬센과 옌스 에드워드라는 두 이누구이트족 개 조련사이자 사냥꾼이자 생존 전문가는 1881년에서 1882년으로 넘어가는 겨울과 이듬해 여름까지 내

내 현장 조사와 연구를 수행했다. 1882년 8월에 오기로 예정되어 있던 구조선이 도착하지 않자 그들은 어쩔 수 없이 또 한 번의 겨울을 버텨내야 했다. 그들은 현장 조사와 연구를 다시 시작하며, 1883년 늦여름에는 구조될 수 있기를 소망했다. 8월 9일, 포트콩거의 보급품이 위험할 정도로 바닥을 드러내고 있는 상황이었고, 구조선이 변덕스러운 총빙에 갇혀 있을 수도 있다고 생각한 그릴리는 대원들에게 캠프를 버리고 떠날 것을 명령했다. 그의 계획은 엘즈미어섬 해안을 따라 남쪽으로 내려가면서, 전해에 그들을 구출하기 위해 파견되었던 배가 남겨두었을지도 모를 식량의 흔적을 찾는 것이었다. 또한 그들은 앞으로 몇 주 안에는 두 번째 구조선이 올 거라 확실히 믿고 있었고, 구조선이 오는 것을 놓치지 않으려 예리한 눈초리로 살폈다.

스물다섯 명의 탐험대는(썰매 끄는 개 스물세 마리는 포트콩거에 두고 갔다) 론치* 한 대와 보트 세 대에 육십 일 치 식량을 싣고 떠났지만, 도중에 식량 비축분은 전혀 발견하지 못했고 구조선은 흔적도 보지 못했다. 9월 중순에 이르자 그릴리는 그해에 구조되리라는 희망을 버렸다. 탐험대는 핌섬에서 남쪽으로 20킬로미터 정도 거리에 있는 요한반도의 에스키모포인트에 상륙하여, 그곳에서 오래된 툴레 겨울 집터를 손봐서 겨울을 날 은신처를 마련할 수 있었다. 탐험대 부대장이 "금덩어리만한 값어치"를 했다고 표현한 이누구이트 사냥꾼들은 270킬로

* 큰 선박에 싣고 다니는 작은 배.

그램 정도 나가는 턱수염물범을 잡았고, 이는 그들이 겨울을 날 수 있는 전망을 상당히 밝혀주었다. 몇 주 뒤, 이누구이트 중 한 명인 옌스 에드워드가 다가오는 날들을 대비해 식량을 더 확보하려고 물범 사냥을 하던 중 익사했다.

그해 가을 그릴리는 탐사대를 조직해 에스키모포인트 여러 곳으로 파견했고 그들 중 하나가 핌섬의 세이빈곶에 소량의 식량이 저장되어 있는 것을 발견했다. 에스키모포인트에서 이미 고생고생하며 겨울 숙소를 만들었는데도 그릴리는 탐험대 전원에게 세이빈곶으로 이동하기를 명령했다. 보트들과 나머지 장비, 보급품을 모두 북쪽 세이빈곶으로 옮기는 것보다는 거기 있는 식량을 에스키모포인트로 가져오는 것이 훨씬 쉬웠을 텐데도 말이다. 대원들은 대놓고 그릴리를 비판했고, 그릴리는 대원들이 자기를 불신하기 시작했음을 눈치챘다. 그렇게 혼돈의 시간이 시작되었다.

세이빈곶에서 대원들은 정사각형 모양의 낮은 돌벽을 쌓고 그 위에 론치를 뒤집어 올려놓았다. 보트의 노들로 서까래를 만들고 돛들은 꿰매어 천장을 만들었다. 그리고 그 위에 뗏장 한 층으로 지붕을 올렸다. 벽의 틈새는 흙덩이와 양말 등의 헝겊 조각들로 막았다.(1882년 가을 세이빈곶에서 그들에게 남은 식량 비축분은 너무 부족해서 모욕으로 느껴질 정도였다. 1882년과 1883년의 구조 시도는 둘 다 허술하게 계획되고 서투르게 실행되었다.) 1883년 9월 마지막 날에 에스키모포인트에 상륙했던 스물다섯 명 중 구조될 때까지 살아남은 사람은 일곱 명뿐이었고, 그중 세 사람만이 완전히 회복했던 것으로 보인다. 죽은 이들 대부분은 아사했다. 한 사람은 자살했고, 또 한 사람은 도둑질과 불신이 창궐하던 야영지에서 음식을 훔치다 처형되었다.

나는 이제는 지붕도 사라지고 빈 깡통과 옷 조각들만 버려져 있는 그들의 은신처에서 몸을 돌려 페테르가 갔다 온 '세머테리리지[묘지 능선]'를 향해 걷기 시작했다. 거기 가면 탐험대가 마지막으로 지폈던 모닥불의 재가 아직 그대로 남아 있는 모습을 보게 되리라는 걸 알았다. 오두막 주변의 맨땅은 100년 전에 평평하게 다져졌다. 그때 벌거숭이가 된 그 땅은 이후 다시는 회복되지 않았다. 지금은 여름이라 상부 영구 동토층이 녹아 질척질척했다.

거친 자갈들로 이루어진 빙퇴석* 능선 위에서 나는 평행으로 나란히 파여 있는 움푹한 구덩이들을 보았다. 첫째 무덤은 지금은 비어 있다.(그곳에 묻혔던 시신 다섯 구는 구조선이 도착하기도 전에 바다에 휩쓸려 가버렸고, 마침내 도착한 구조선 베어호와 테티스호는 살아남은 이들과 무덤에서 다시 파낸 시신들을 싣고 갔다.) 생존자 가운데 동상으로 두 발과 손가락 일곱 개를 잃고 체중은 겨우 35킬로그램이었던 조지프 엘리슨 상병은

---

* 빙하가 골짜기를 깎으면서 운반해온 암석, 자갈, 토사 등이 하류에 퇴적되어 만들어진 지형.

그린란드의 고드하운으로 가는 도중에 사망했다. 또 다른 이누이트 사람 토블리프 크리스찬센의 시신은 고드하운에 상륙하여 그곳 주민들에게 넘겨졌고, 옌스 에드워드의 시신은 끝내 찾지 못했다.

나는 지나치게 낙관적이었던 그릴리 원정대가 겪은 일의 세세한 내용과 몇몇 대원의 실책과 어리석음에 대해 이미 잘 알고 있었다. 또한 처음 두 번의 구조 작전에 성실함과 용기가 없었다는 점, 그리고 그것이 세이빈곶에서 열여덟 명이 목숨을 잃게 된 간접적 원인이라는 것도 알았다. 하지만 그 능선에 서 있던 그때, 내게는 그 누구도 비난할 마음이 생기지 않았다. 느껴지는 건 그저 슬픔뿐이었다. 한편 내가 어떤 존경심도 느끼지 못한다는 사실이 나를 부끄럽게 했다. 이 무렵 나는 그때까지 쌓인 경험을 통해 북극에서는 심지어 낮이 긴 여름에도 작은 무리의 사람들에게 상황이 얼마나 쉽게 나빠질 수 있는지, 죽음이 얼마나 가까이 다가올 수 있는지 잘 알고 있었다. 하지만 캠프 클레이에는 자만심과 의도적인 무지가 있었고, 사자들에 대해 이렇게 말하는 것은 실례일지 모르나 그 점이 내 연민의 본능을 거슬렀다. 그들보다 오십 년 전에 이곳을 탐험한 존 프랭클린 경의 탐험대처럼, 그릴리 탐험대 역시 자신들이 어떤 곳으로 들어가고 있는지를 명확히 알지 못했고, 이런 땅에 작은 식량 저장고들로 '보급선'을 만든다는 게 얼마나 어설픈 생각인지도, 자신들의 생존 기술이 얼마나 허술한지도 잘 몰랐다. 두 이누이트 사람들은 자기 안위를 챙기며 떠나버릴 수도 있었으련만 함께 남아 성실하고 충실하게 탐험대를 도왔다. 그런데도 그릴리는 이 에스키모인들이 자기네 원정의 "목표가 무엇인지 이해하지 못한다"라고 썼다. 대원들도 대부분 그런 환경에서 살아남는 방법에 대한 이누구이트인들의 지식을 얕잡아보았고, 그들에게 질문하고 그들의 전략이나 방법을 채택하는 것은 자기네 위신이 떨어지는 일이라고 느꼈다.

세이빈곶의 비극을 인재라 본다면, 그 비극의 주요 원인 중 하나는 바로 그러한 인종적 우월감이었다.

그 자갈 능선의 움푹 파인 구덩이들을 바라보고, 그 '신이 버린' 땅 전체를 천천히 걷는 동안 내 안에서 서로 다른 마음들이 격돌했다. 나는 단추 하나가 아직 붙어 있는 찢어진 셔츠 조각과 부러진 안경테 하나를 집어 올렸다. 그리고 둘 다 다시 내려놓았다. 붉은 화강암 바위 위로 올라갔다가 캠프 클레이를 양쪽에서 보듬고 있는 두 능선 중 더 큰 능선에 올라갔다. 아래쪽에서 고개를 떨군 채 천천히 걷고 있는 동료들의 모습이 보였다. 어떻게 행동해야 할지, 이 증거를 어떻게 보아야 할지 확신이 서지 않는 모양이었다.

우리는 살면서 이곳에서 일어난 것과 같은 일에 휩쓸린 적이 없다는 사실에 저마다 안도감을 느꼈다.

세이빈곶에 도착하기 열 달 전, 나는 영국 데번에 있는 다트강 갯벌에 서서 극지 탐험가 월리 허버트와 대화를 나눴다. 1969년 4월 6일, 허버트와 세 동료는 개들을 데리고 북극점에 도착했는데, 그들은 아마 그 일을 해낸 최초의 사람들일 것이다. 1909년에 로버트 피어리 제독이 이미 북극점에 도착했다는 주장을 끈질기게 지지하는 이들이 있기는 하지만 말이다. 허버트는 후에 피어리의 "자기 파괴적 명예욕"에 관한 글을 썼고, 『월계관의 올가미』라는 책에서 비교적 온화하고 동정적인 어조로 피어리의 주장 뒤에 숨은 거짓을 폭로했다.

나는 허버트에게 그가 만약 피어리, 로버트 팰컨 스콧, 빌햐울뮈르 스테파운손, 로알 아문센, 그리고 100년 전의 다른 극지 탐험가들과 한방에 있고, 거기에는 기자도 없고, 인간에게 극한의 인내를 요하는 환경에 가보지 않은 사람은 아무도 없다면 서로 어떤 대화를 주고받을 것 같으냐고 물었다.

"다른 사람들은 아무도 없고, 우리만 말입니까?"

"예."

"서로 존경을 표하겠지요. 서로 연민도 느낄 테고, 어쩌면 서로의 건강도 아주 염려할 겁니다. 많은 말은 필요 없을 거예요."

이 탐험가들은 노르웨이의 탐험가이자 노벨 평화상 수상자인 프리드쇼프 난센을 제외하고는 모두, 그중에서 피어리는 특히 더 허영심이 강하고 자기 자랑이 심하다고 비판받은 사람들이다.

내 질문에 답한 뒤 허버트는 다시 강 건너편 돌담이 둘린 무성한 목초지에서 풀을 뜯고 있는 양 떼를 바라보았다. 조수가 빠지는 중이라 우리 주변의 갯벌은 점점 더 넓어지고 있었다. 허버트 뒤쪽의 경사가 가파른 고지대 잡목림 뒤로 커다란 건물

세 채가 보였다. 우리 두 사람 다 존경하는 영국의 탐험가이자 선장인 존 데이비스(1550?~1605)가 한때 살았던 저택이다.

"나는 사실 피어리와 그런 얘기를 한 번 나눈 적이 있어요." 허버트가 불쑥 말을 꺼냈다.

1985년에 그는 피어리와 그의 주장을 오랫동안 지지해온 미국 지리학 협회의 초대를 받아 워싱턴 DC에 간 적이 있다고 했다. 협회는 〈내셔널 지오그래픽〉에 실을, 피어리의 북극점 탐험에 관한 결정적인 글을 허버트가 써주기를 원했다. 미국 지리학 협회가 허버트를 보증하자 피어리의 가족은 그에게, 그때까지 역사가들에게도 보여주기를 거부해왔던, 1909년 봄부터 피어리가 북극점으로 다가가던 때의 일을 기록한 개인 일기를 검토해도 좋다고 허락했다.

허버트는 워싱턴에 있는 협회 본부에서 글을 쓰는 동안 이따금 포토맥강을 건너 버지니아주 알링턴 국립묘지에 있는 피어리의 묘지를 찾아갔다고 말했다. 거기 가서 피어리의 관대 맞은편 벤치에 앉아 있곤 했다. 어느 날은 늘 싸오던 점심을 다 먹은 뒤, 피어리의 기념비에 올라가 관 바로 위에 있는 돌판에 손바닥을 댔다.

"난 이렇게 말했어요. '당신, 왜 거짓말했습니까? 당신은 내가 거기 갔었다는 걸 알고, 당신이 거짓말한 걸 내가 안다는 것도 알아요. 왜 그랬던 겁니까?'"

허버트는 그 순간 돌판 아래에 있는 피어리의 관이 자기 눈에 보였다고 말했다. 관은 위로 솟아오르기 시작했고 그러면서 물을 흘리는 것처럼 보였다. 허버트는 피어리의 얼굴도 알아볼 수 있었다. 피어리는 두 눈을 뜬 채로 허버트를 노려보고 있었지만 말은 하지 않았다. 허버트는 같은 질문을 반복했다. 왜 거짓말을 했습니까? 피어리는 계속 그를 응시했고, 그러다가 관이 다시 가라앉기 시작했다. 관 위로 물이 쏟아졌고 피어리의 얼굴은 일그러졌다. 관이 멈추더니 다시 솟아오르기 시작해 이윽고 허버트는 그 얼굴을 다시 한 번 뚜렷이 볼 수 있었다. 피어리는 무표정한 얼굴로 그를 바라보더니 "너그럽게 구시오"라고 말했다고 한다.

그날 그 이야기를 나누기 전, 허버트는 자기 작업실에서 나에게 피어리의 1909년 일기의 복사본을 보여주었다. 일기를 한 장 한 장 넘기며 가장자리의 희미한 연필 자국을 가리켰고, 그것들을 북극 주변 해빙의 규칙적 이동 패턴을 표시한 지도들과 대비해 보여주었다. 허버트는 그 연필 자국들이 피어리가 북극점에 갔더라면 필요했을 숫자들, 그러니까 움직이는 얼음들 위로 실제로 이동했을 거리와 지리적 위치를 계산한 흔적이라고 말했다. 그런 다음 피어리는 이전 일기들로 돌아가 미리 비워둔 공간에 그 숫자를 적어넣었다. 피어리가 한 일은 자기가 실제로 북극점에 도달했다는 주장을 뒷받침하는 데 필요한 숫자들을 계산한 것이라고 허버트는 설명했다.

허버트는 여기에 걸린 역사적 문제는 피어리가 실제로 북극점에 도착했는지 도착하지 않았는지가 아니라고 말했다. 정말로 중요한 문제는 그가 왜 북극점에 도달했다고 거짓말했는가라고 했다. 다트강 갯벌의 바위에 앉아 묘지에서 피어리와 나눈 대화 이야기를 들려준 것은 그로부터 몇 시간 뒤의 일이었다.

후에 허버트는 나에게 자신의 한정판 그림 인쇄물을 한 점 보내주었는데, 이후로 그 그림은 늘 내 작업실 벽에 걸려 있다. 해빙 위에서 상륙 지점을 향해 달려가는 개 열 마리를 그린 그림이다. 개들은 부챗살 모양으로 뻗은 가슴줄을 매고 단단하게 굳은 눈 위로 썰매를 끌고 있다. 서로 교차하며 엉켜 있는 줄을 보면, 개들이 한참을 쉬지 않고 앞서거니 뒤서거니 하며 몇 킬로미터를 달린 게 분명해 보인다. 또한 원경에 다른 썰매들이 보이지는 않지만, 눈 위에 난 자국을 보면 얼마 전에 다른 썰매 세 대가 같은 길로 지나갔다는 것도 알 수 있다. 그림은 이 마지막 썰매를 모는 사람—허버트—의 시점에서 그려졌고 배경에 보이는 장소는 스발바르 제도 스피츠베르겐의 북쪽 해안으로, 허버트와 동료들이 일 년이 넘는 시간 만에 처음으로 본 육지였다.

열 마리 개 중 두 마리는 어깨 너머로 썰매 모는 사람을 돌아보고 있다. 개들 역시 자기들이 어떤 일을 이뤄냈는지 이해하는 것 같다.

베토벤 교향곡 9번을 듣기로 마음먹은 날 저녁, 갑자기 그 음악을 듣는 방식에 대한 계획을 바꾸었다. 나는 카세트 플레이어와 작은 배낭을 챙겨 텐트를 나서 섬의 지협을 가로질러 스베르드루프 유적지로 향했다.

나에게 많은 클래식 음악은 어딘가에 존재하는 물리적 풍경 혹은 은유적 풍경에 대한 생각을 자극한다. 음악을 들을 때마다 아다지오나 토카타, 푸가 같은 몇몇 기술적 용어의 의미를 되새기기 위해 사이사이 멈춰야 하지만, 베토벤 교향곡의 네 악장을 구별하는 일은 비교적 쉽고 단순 명료하다. 그리고 프리드리히 실러의 시 「환희의 송가」에서 영감을 받아 작곡한, 인류의 형제애에 대한 오마주인 교향곡 9번의 경우, (때로는) 일 년 만에 들을 때도 곡의 구조를 쉽게 기억할 수 있다. 9번에서 내가 가장 자주 떠올리는 순간은 4악장에서 바리톤 음성이 처음으로 들리는 부분이다. 음악만으로 끌어올린 감정이 갑자기 사람의 목소리로 인해 더욱 강렬해진다. 그 순간 오케스트라가 만드는 추상—고른음들—에 글자 그대로 단어들이, 독창자와 합창단이 노래하는 언어가 가세한다. 그 효과가 어찌나 심오한지 실황 공연에서는 집중하여 음악을 듣다가 그 순간 평정을 잃어버리는 이들도 있다. 때로 객석에서 가쁘게 몰아쉬는 숨소리가 들리면 그런 순간임을 알 수 있다.

아주 오래전부터, 베토벤 교향곡 9번이나 말러 교향곡 2번, 바흐의 요한수난곡, 그리고 에스토니아 작곡가 아르보 패르트의 현대음악을 들을 때면 시인 아담 자가예프스키가 "팔다리가 잘린 세계"라 부른 것에 대한 애정의 감정이 내 안에서 솟아오른다. 내가 경험한바, 음악뿐 아니라 언덕을 내리비추는 빛의 질이 달라지는 순간이나 발레리나의 춤 동작 하나도 누군가의 내면에 상처 입은 세상에 대한 따뜻한 애정을 일깨우고 그 상처들이 어떻게든 치유될 수 있으리라는 희망을 불어넣을 수 있다.

내 인생에서 스크랠링섬에 있던 바로 이 시기에 나는 어떤 예술 작품들에는 뿌리 깊은 편견을 무너뜨리고 냉소주의를 허물며 딱딱하게 굳어 냉담해진 심장을 열어젖히는 힘이 있다고 강하게 믿었지만, 그것은 또한 얼마나 부서지기 쉬운 믿음이었던지.

텐트를 나설 때만 해도 내가 곧 얼마나 큰 실수를 범하게 될지 전혀 예상하지 못했다.

나는 빅스크랠링의 능선 산마루를 가로질러 가 그 오래된 툴레 야영지로 내려갔다. 툴레 영령들과 함께—나는 그들이 거기 있다고 느꼈다—베토벤 교향곡 9번을 듣고 싶어서였다. 스크랠링섬에서 지내는 동안 나는 툴레 사람들이 만든 물건들을 보며 그들을 존경하게 되었다. 할머니나 할아버지와 대화를 나누다가 예상 밖의 깊은 깨달음을 얻으며 불현듯 존경심을 느낄 때처럼 말이다. 나는 다른 모든 사람이 그렇듯 툴레 사람들 역시 폭력과 윤리적 실책을 범할 수 있었다는 것도 알고, 그들이 (서구인의 관점에서 볼 때) 야망이 없다거나 우리 문화가 높은 가치를 부여하는 종류의 진보를 추구하지 않았다는 것도 알지만, 그런 것쯤은 옆으로 밀어둘 수 있었다.

내 생각에 지금 우리에게 필요한 것은 한 인간 집단이 지닌 품위와 총명함과 현명함을 배우고 그 앎을 나누는 것이지, 그들의 실수를 들추거나 그들이 우리처럼 세련되지 못했다고 단정하는 한심한 짓이 아니다.

섬을 가로지르는 동안 나는 우리의 노력에 깃든 특징을 가장 잘 보여주는 것은 우리 내면의 어둠이 아니라 빛이라는 생각, 그리고 오늘날 우리는 바로 그 빛을 상기하지 않는 큰 위험에 빠져 있다는 생각을 했다.

'위대한 감정들'과 신성함에 대한 믿음을 담아내고, 아무 거리낌 없이 이타적 관대함을 불러내는 교향곡 9번은 모든 사람이 인류애를 지니고 있다는 믿음을 표현한 작품이다. 나는 스베르드루프 야영지의 카리기 안 그 돌의자들에 자리하고 있는 툴레 영령들과 함께 앉아 그들에게 이 음악을 들려주고 싶었다. 어쩌면 그들의 귀에는 그저 지루하고 귀를 긁는 불협화음으로만 들릴지라도 나는 그들에게 그 음악을 바치고 싶었다. 그것은 극한의 난관에 수없이 직면하고 그 난관을 헤쳐 나갈 방법을 찾아낸 그 사람들을 향한 존경의 몸짓이었다. 나는 그들의 승리가 유럽의 내 조상들이나 마들렌기의 크로마뇽인들이 혹은 오늘날 전쟁으로 얼룩진 아프가니스탄 힌두쿠시산맥의 하곡에서 계속해서 심고 수확하고 가족을 먹여 살리는 농부들이 거둔 성공과 다름없다고 생각한다.

나는 카리기 중앙에 서서 그 돌의자들을 향해 조용히 말했다. 내가 어디서 왔으며 나의 문화가 가치를 두는 것이 무엇인지 이야기하고, 나의 문화가 행한 가치 있는 일 몇 가지를 열거했다. 그저 몇 문장으로만 말했다. 그리고 내가 그들을 존경하며, 그들의 성공을 존경한다고 말하고, 지금 내가 들려줄 이 음악은 우리 문화에 속한 어떤 사람들이 창조한 것이며, 거의 200년 동안 우리 문화 사람들이 가장 위대한 예술 작품 중 하나로 여겨온 것이라고 말했다.

나는 돌바닥에 작은 카세트 플레이어를 바로 세우고 재생 버튼을 눌렀다. 금속성의 얄따란 소리가 차가운 공기 속으로 퍼져나갔다. 그 순간 나는 내 주변의 흙집들이 밤을 보내러 초원으로 찾아든 들소 떼라고 상상했다. 하지만 1악장 초반에서 강력한 주장을 펼치는 화음들을 들을 때부터 이미 내 실수를 감지했다. 내가 하고 있었던 일이 갑자기 너무나 지독하게 무지한 일로 여겨져 그 음악의 훌륭함조차 내 안에서 솟아오르기 시작한 수치심을 억누르지 못했다.

나는 베토벤이 인류의 고투와 승리를 묘사한 1악장이 다 끝날 때까지 가만히 기다렸다. 내가 듣고 있던 것이 리하르트 바그너의 말대로 "우리와 [우리에게 제공되는] 기쁨 사이를 가로막고 선 적대적인 힘의 억압에 대항하여 행복을 얻으려 노력하는 영혼의 가장 위대한 장엄함에서 잉태된 투쟁"이라고 믿고 싶었다. 하지만 그 순간 그런 생각은 아무 의미도 없는 것 같았다. 내가 한 것은 단순히 무지한 행동이 아니었다. 그것은 오만함의 증거였고, 내 안에 그런 오만함이 있음을 깨닫는 순간 수치스러움을 느꼈다.

카세트 플레이어를 끄고 잠시 텅 빈 돌의자들을 마주한 판석 바닥에 서 있었다. 나는 카세트 플레이어를 주머니에 넣었다. 툴레 영령들과 나 사이에 뭐라도 공통 지반을 마련해줄 수 있는 말을 간절히 찾고 싶었지만, 사실 할 수 있는 말이 하나도 없었다. 어쩔 수 없이 그냥 내 침입에 대해 사과하고, 내가 거기 있다고 상상한 청중에게 참고 들어준 아량에 감사를 표하고 그 자리에서 물러났다. 나는 뒷걸음질로 카리기 입구를 지나 바깥세상으로 나왔다.

산등성이를 넘어 돌아오는 동안, 예전에 내가 내 문화의 존경스러운 측면들을—예컨대 우리가 지닌 관대함의 역량, 긴급한 상황에 기꺼이 대처하고자 하는 의지를—식민지 침략의 잔혹한 기세를 경험한 문화에 속한 사람들에게 전하고 싶은 충동에 얼마나 자주 저항했었는지 떠올렸다. 그런 상황에 처한 사람들에게 줄 수 있는 유일하게 올바른 선물은 그들의 말을 듣는 것, 주의를 기울이는 것임을 나는 알고 있었다. 대체로 그런 상황에서 무언가를 말하고 싶은 충동에 굴복하는 것은 그저 자기 탐닉적이거나 이기적이기만 한 일이었다. 내 문화의 목소리는 이미 반복적으로, 시끄럽게 울려 퍼졌다. 그날 밤 나는 차라리 카리기 입구에서 침묵 속에 앉아 시간을 흘려보내는 것이 더 나았을 것이다.

나는 이를 알고 있었다. 하지만 치솟은 열정 속에서 그 사실을 잊고 말았다.

빅스크랠링의 고지 남쪽 비탈을 내려올 때 내 생각은 뒤죽박죽이 되어 있었다. 내가 자신을 배반했다는 것, 그리고 그 배후에는 자부심이 있었다는 것은 쉽게 이해할 수 있었다. 이해할 수 없었던 것은 나를 내리누르던 슬픔, 자책의 감정마저도 밀쳐버릴 정도로 깊은 슬픔이었다. 좋은 의도밖에 없을 때조차 일어날 수 있는 실수가 내 안에서 일어났음을 받아들여야 했기 때문일까? 모든 문화에서 중심적 위치를 차지하는 것은 '아름다움'이며, 가장 중요한 건 삶의 신성한 차원들이고, 그것으로 인간 사회에서 인종과 문화적 차이를 둘러싼 긴장을 완화할 수 있다는 나의 믿음이 유치했던 것일까?

이 끔찍한 순간은 자기 확신의 위기를 촉발했다.

스베르드루프 유적지에서 이런 경험을 하고 몇 년 뒤, 파울웨더곶에서 몇 킬로미터 떨어진 오리건 해안의 한 집에서, 한 친구의 주선으로 아르보 패르트를 만날 수 있었다. 이 에스토니아 작곡가와 그 가족은 여름 동안 그 집을 빌려서 지내고 있었고, 우리 둘의 친구는 패르트와 내가 함께 어떤 프로젝트를 시작할 수 있기를 바랐다. 당시 패르트는 〈아담의 탄식〉이라는 장대한 작품의 마무리에 힘쓰고 있었다. 그는 내게 그 작업을 하면서 내내 끙끙거리며 헤매고 있다고 말했다. 지금 자신에게 그 작업을 이어갈 만큼 "눈물이 충분하지 않기" 때문이라고.

패르트의 음악은 금욕적이고 사색적이다. 그의 작품에서 두드러지는 요소는 인간의 고난과 신의 위로이며, 때로 그가 찾아내는 해답은 장엄하다. 예상대로 우리의 대화는 각자의 개인적 삶과 작업에 나타난 연민과 절망이라는 주제에 가닿았다. 그는 소련에서 성장할 때 겪었던 정치적 억압에 관해, 얼마 전 베를린으로 이주한 뒤로도 여전히 치유되지 않는 정신적 상처에 관해 이야기했다. 우리는 지적인 복잡성을 참지 못하고, 다른 문화들이 서로 섞이는 것에 반대하며, 지식인들에 의해 종종 '아름다움'을 의심받는 선진국이라는 나라들에서 예술가들이 지닌 사회적 책임에 관해서도 이야기를 나눴다.

그러다 나는 〈벤저민 브리튼을 기리는 칸투스〉라는 그의 짧은 곡이 내게 미친 영향을 그에게 설명하려 애썼다. 툴레 유적지에서 있었던 일과 그 뒤를 이은 자기 확신의 붕괴를, 그리고 다시 평정을 찾기가 얼마나 어려웠는지를 이야기했다. 내가 느낀 슬픔의 근원이 무엇인지는 도저히 알 수 없었지만, 그의 〈칸투스〉를 처음으로 들은 그 칠 분 동안 그 일로 촉발된 불안함이 평화로 바뀌었다고 말했다.

아르보의 얼굴에서 어리둥절함이 묻어났다. 그는 아내만큼 영어를 잘하지 못했다. 영어를 훌륭하게 구사하는 그의 아내가 우리를 도와주었다. 우리는 해변과 그 너머 대양이 내려다보이는 발코니에 서 있었다. 노라는 내 셔츠의 앞섶과 남편 조끼의 깃을 붙잡더니 부드럽게 우리를 앞뒤로 흔들기 시작했다. 그리고 "그래요, 맞아요, 맞아" 하고 속삭이며 울기 시작했고, 남편에게는 그가 이해받았다고 말하고, 나에게는 자기 남편이 작곡한 음악은 한 사람을 새로 짜 맞출 수도 있다고 말했다.

우리가 스크랠링에서 종일을 보내는 마지막 날 오후, 나는 다음 날 아침 출발을 지연시키지 않으려고 내 물건을 거의 다 싸두었다. 이제는 침낭을 말고 텐트를 걷고 몇 가지 물건만 더플백에 밀어 넣으면 된다. 날씨는 습하고 옅은 안개가 끼어 있었다. 나는 방수가 되는 방풍 바지를 입고 모직 셔츠와 다운 조끼

위에 방수 아노락을 입었다. 안에 입은 모직 바지는 서너 군데 수선한 것이었다. 신고 있는 양말 한쪽에는 언젠가 말리려고 조리용 레인지에 너무 가까이 놓아두었다가 타서 생긴 구멍이 있고, 조끼 등판에는 썰매 개에게 물려서 생긴 구멍을 꿰맨 자국이 있다. 이렇게 오래 써서 낡은 의복들의 역사는 그것들을 더 편안하게 만들어주며, 수선한 자국은 조심해야 할 것들을 되새겨준다.

나는 남은 식량을 분류해서 싸고 유적지에서 가져온 유물들을 보호할 수 있게 포장하는 일을 도왔다. 페테르와 나는 마지막으로 물통을 채우기 위해 공기를 불어넣는 조디악 보트를 타고 트윈강 하구에 다녀왔다. 나는 일상적 도구들의 형태가 오랜 세월 동안, 예를 들면 도싯 문화의 역사 내내 전혀 변하지 않았거나 아주 조금만 바뀐 이유를 뭐라고 생각하는지 페테르에게 물어보고 싶었다. 스페인 칸타브리아나 프랑스 도르도뉴의 구석기 동굴들에서 발견된 크로마뇽인의 그림 스타일 역시 심지어 수천 년의 차이가 있는데도 별로 달라지지 않았다. 왜 그런 걸까? 하지만 지금은 이런 질문을 할 적당한 시간이 아니다. 보트의 엔진 소리 때문에 서로 목소리를 알아듣기도 어려웠고, 페테르는 둥둥 뜬 총빙들 사이로 물길을 내는 데 집중하고 있었다.

나중에도 페테르에게 이 질문을 할 기회는 없었다. 마지막 날에는 할 일이 너무 많았고, 기억해야 할 세부 사항들이 너무 많았으며, 페테르는 그날이 끝나기 전에 북극권 소형 도구 문화

유적지 중 한 곳에서 마지막으로 힘을 모아 집중적으로 발굴 작업을 하고 싶어했다. 하지만 우리가 물통들을 채우고 있을 때 그와 관련된 또 다른 문화적 의문 하나가 내 마음속에서 모양을 갖추기 시작했다. 우리는 생물학적 진화가 오랜 시간에 걸친 수많은 생물 형태의 발달을 설명해준다는 것을 오래전부터 알고 있었다. 비교적 적은 종류의 신체 구조에 기초한 생물 형태들이 지리적으로 널리 퍼져 있다는 증거는 특히 페름기 말과 백악기에, 그리고 어쩌면 그 이전인 선캄브리아 시대 말에도 있었던 생물 대멸종기에 형성된 화석 기록에서 특히 두드러지게 나타난다. 그러나 과학자들은 어느 단일 종의 심리적 진화에 관한 질문은 최근에야 던지기 시작했는데, 이는 그에 대한 증거가 어디에도 보존되어 있지 않으며, 유의미한 심리적 진화는 일반적으로 사람족 계통 외에서는 일어나지 않는 것으로 여겨지기 때문이다. (해부학적 현생 호모 사피엔스*가 아니라) 행동적 현생 호모 사피엔스에게는 약 1만 2000년 전인 홍적세 말까지 20만 년 이상 거의 아무런 변화도 없었다. 물론 그 무렵 호모 사피엔

---

* 해부학적 현생 호모 사피엔스(초기 현생인류)는 표현형이 오늘날의 인류와 해부학적으로 일치하는 호모 사피엔스를 멸종한 구 인류와 구별해서 지칭하는 용어다. 이 구분은 구석기 유럽처럼 해부학적 현생 호모 사피엔스와 구인류가 공존했던 시기와 장소에 관해 이야기할 때 유용하다. 한편 행동적 현생 호모 사피엔스란 현재의 호모 사피엔스를 다른 해부학적 현생인류, 사람족, 영장류와 구별해주는 행동 및 인지적 특징—추상적 사고, 심층적 계획, (예술, 장식 같은) 상징적 행동, 음악, 무용, 칼날 기술 등—을 지닌 호모 사피엔스를 말한다.

스는 그 어떤 사람족 조상들이나 친척들의 문화보다 훨씬 복잡하고 다양한 문화를 발달시키기는 했지만 말이다. 홍적세가 끝나갈 무렵까지 호모 사피엔스는 다른 모든 동물과 마찬가지로 거의 전적으로 자신이 처한 물리적 환경의 압력에 반응하여 진화했다. 오늘날 호모 사피엔스의 문화 환경은, 특히 정보 처리, 전자 통신, 인공지능 같은 기술적 진화 면에서 그 변화 속도가 너무 빨라져서, 기술적으로 가장 발달한 사회의 경우 과거 세대에 속한 이들 중 일부는 자기보다 겨우 몇 세대 후의 사람들과도 완전히 다른 세상을 살고 있다고 해도 될 정도다. 그들이 정보를 처리하고 평가하는 방식은 서로 너무 다르다.

현재 호모 사피엔스는 물리적 환경의 변화보다는 문화적 환경의 변화에 더 빨리 반응해 진화하고 있을지도 모른다.

너무 단순화하는 걸지도 모르지만 이를 달리 표현하자면, 21세기에 들어선 이후로 인간 정신의 진화와 관련된 질문들이나 인간의 문화적 세계가—예술, 경제, 기술, 정부 형태, 사회조직이—심리의 진화를 어떻게 반영하거나 그에 영향을 주는가 하는 질문이 훨씬 중요하게 부각되면서, 인간의 신체적 진화 역사에 관한 질문은 그 그늘에 가려졌다고 할 수 있다. 물리적 환경 변화는 지구온난화, 산업 독소, 바이러스 질병 등의 선택압으로 비교적 가까운 미래에 호모 사피엔스의 신체적 진화에 상당한 영향을 미칠 것으로 예견되지만, 이에 비해 문화적 환경의 변화가 호모 사피엔스에게 가하는 선택압은 추적하거나 심지어 알아차리는 것조차 훨씬 더 어렵다. 대도시의 문화 환경은 머지 않아 기술적으로 너무 복잡해져서 다수의 노인이나 시골 사람들은 사실상 다루기가 어려워질 수도 있다. 또한 인류의 상당수가 그에 대처할 심리적 자원도 갖추지 못한 채 갑자기 생존에 불리해진 물리적 환경의 도전에 맞닥뜨릴 수도 있는데, 호모 사피엔스에게는 이런 결과를 몰고 올 연쇄반응을 멈출 능력이 없을지도 모른다.

물론 이는 종말론적 관점일 뿐 아니라, 아직 온전히 정의되지 않은 복잡한 위협들에 대한 불완전한 이해를 기반으로 한 관점이다. 게다가 자신들이 처해 있는 것과 다른 환경을 상상하고 건설할 수 있는 인류의 능력을 무시하는 관점이기도 하다. 하지만 스크랠링섬에서 실용적이고 슬기로운 사람들의 공동체가 봉착했던, 제한적 자원만으로 까다로운 환경에서 살아남아야 했던 상황은, '접근' '손실' '권한' '인증' '사적인' 같은 단어가 과거와는 다른 뜻을 갖게 된 전자 통신 및 정보 저장의 세계에서 법률이나 의학 분야의 숙달된 전문가조차 당황하고 있는 심란한 상황을 숙고해보게 한다. 이런 염려에 대해 걱정할 것은 전혀 없으며, 그저 젊은 사람에게 필요한 작업을 맡기기만 하면 된다는 식으로 무시하고 넘기는 반응이 흔한데, 이런 반응은 더 나이 든 사람이 전자 기기를 통한 의사소통의 뉘앙스를 직접 처리할 수 있는 사람이 아닌 경우 앞으로 사라지게 될 지식의 저장고일 수 있다는 점을 인식하지 못한 결과다. 또한 인류 역사에서 지배적 사회가 학살이라는 방법 대신 해당 문화에 속한 연장자들의 반대를 무시하고 어린이들을 집중적으로 개조함으로써 작은 문화를 말살한 붕괴의 과정을 고려하지 못한 것이기도 하다. 새 세대에게 지배 사회의 언어를 말하도록 종용 또는 강요하고, 많은 경우 필수적인 통역가나 협상가의 직위를 그들에게 맡김으로써 효과적으로 그들의 태생 문화를 지워버린 일 말이다.

앞에서 말했듯이 스크랠링섬에서 보낸 몇 주 동안 내 관심을 가장 사로잡은 것은 툴레인과 그 선조들의 생활 방식이었고, 무엇보다도 그들이 역사적으로 인류가 거의 거주한 적 없던 지리적으로 가장 바깥 자리에 살았다는 충격적인 사실, 그리고 추위와 어둠, 서로 멀리 흩어져 있는 식량의 원천에도 불구하고 그들이 이곳에서 효과적으로 쓸 수 있는 재료들과 아이디어들을 발견하거나 발명했다는 사실이었다. 그들이 무엇을 믿었으며, 어떤 심상들이 그들의 꿈을 지배했는지, 그 공동체 원로들의 생각에서 사랑과 아름다움과 관용은 어떤 자리를 차지했는지는 고고학이 밝혀낼 수 없는 질문들이다. 하지만 그들의 후손인 이누이트와 이누구이트와 대화를 나누거나, 내가 속한 문화만큼 툴레의 세계와 철저하게 분리되지는 않은 다른 문화권의 연장자들과 대화를 나눠보면 직관적으로 알 수 있을지도 모른다.

내가 만난 여러 문화의 공식적인 원로들—어떤 것이 통하고 어떤 것이 통하지 않는지에 관한 지혜의 역사를 품고 있는 이들—은 모두 자기네 문화 안에서 자신들만의 은유와 신화에서 벗어나 사고하고 행동할 수 있는 소수였고, 동시에 역사가 자신들에게 강요하는 행동 방식들에도 주의를 기울이는 소수였다.

그들은 자신에게 부과된 세계와 자신이 원하는 삶을 선택할 자유의 차이를 아는 이들이다. 그 어른들을 착잡하게 하는 것은 그들에게 부과된 세계의 유혹적 매력, 그러니까 물질적 평안과 부의 매력, 모든 욕구를 만족시켜주겠다는 광고주의 약속이다. 그들은 이 모든 것이 부패를 초래할 수 있다고 여기며, 거기에 저항은커녕 의문도 제기하지 않고 굴복하는 것은 죽고자 하는 열망이라고 여긴다.

외딴 장소에서 캠프를 철수하기 전 마지막 날은 대개 허둥지둥함의 연속이다. 손봐야 할 일도 너무 많고, 부시 비행기나 헬기를 오래 기다리게 할 수는 없으니 그들이 도착하기 전에 마지막으로 내려야 할 결정도 너무 많다. 나는 페테르가 올드스쿼 유적지에서 우리가 차분히 몇 시간 더 일할 수 있도록 여유 있게 일을 처리해준 것이 아주 기뻤다.(한때 올드스쿼라 불리던 클랑굴라 휘에말리스는 지금은 바다꿩이라 불린다.) 나는 고고학 작업의 질서 정연함이 좋다. 누군가 예전에 살았던 거처의 바닥을 효과적으로 훑는, 그리 따분하지만은 않은 이 기술을 잘 알고 있고, 그래서인지 나는 여기서 마음이 편안해지고 내가 쓸모 있는 사람처럼 느껴진다. 여태 알려지지 않은 뭔가가 드러날 수도 있다는 가능성, 우리 중 하나가 1000년도 넘게 빛을 보지 못했던 무언가를 발굴할 수도 있다는 가능성은 기대감을 불어넣는다. 이를테면 흙이 묻고 바람에 트고 추위로 빨갛게 부은 누군가의 두 손이 동그랗게 받쳐 든, 도싯인들이 만든 작은 북극곰 머리 조각 같은 것.

우리가 마지막 작업을 위해 캠프에서 올드스쿼 유적지로 올라가기 전, 나는 리틀스크랠링의 그레이브리브 유적지에 있는 내가 발견했던 어느 은신처에 다녀온다. 그곳은 석기 만드는 사람의 작업장이었다. 여기서 나는 나중에 각각의 위치를 기억할 수 있도록 이 섬에서 내가 다녀온 장소들의 약도를 완성한다. 그런 뒤 스크랠링 노트에 끼워 넣으려고 캠프 클레이의 오두막 치수를 적어서 접어두었던 작은 종이 한 장을 열심히 찾았지만 실패했다. 그날 그 진흙밭에서 내가 보았던 건 어느 상급 선원의 제복에 붙어 있던 놋쇠 단추였을까?(나중에 페테르가 그렇다고 말해줬다.) 여기서 내가 살펴보았던 몇몇 집터들을 생각하며 2500년 전 아티카에서 그리스인들이 행하던 죽음과 재생의 의식인 엘레우시스 밀교 의식에 관해 읽었던 내용을 떠올려보려 애쓴다. 2500년 전이면, 여기서 초기 도싯인들도 죽음의 불가피성과 다시 찾아올 빛에 대한 희망에 관해 비슷한 의식을 올렸을지 모른다. 그렇게 도싯 밀교가 행해지는 모습을 상상해본다.

나는 툴레인들이 이 황량한 땅과 어둠으로부터 미학적으로 만족스러운 무언가를 창조해냈으며 그들이 옛 일본인들이 세운 결핍 속 아름다움의 원칙인 시부이(수수함), 유겐(그윽함)과 비슷한 원칙에 따라 자신들의 거주지를 매력적으로 여겼을 거라는 생각을 곱씹는다. 어쩌면 그들은 어둠과 추위와 생명의 부재를 안팎으로 뒤집어버리는 방법을 알았을지도 모른다.

나는 이 섬에서 냉담한 관찰자도 아니고 노련한 고고학자도 아니며, 그저 크고 작은 신비의 가장자리에서 메모하고 그림을 그리는 사람일 뿐이다. 스크랠링에 오기 칠 년 전, 나는 배핀섬 북쪽 끝에 있는 애드머럴티 내포의 해빙 위에서 작은 무리의 이누이트 사냥꾼들과 함께 야영했다. 그들은 일각돌고래를 사냥하고 있었다. 일각돌고래들이 돌아다니던 랭캐스터사운드의 물 옆에 얼음 캠프를 세워두고, 애드머럴티 내포의 얼음이 녹아 깨지기를 기다리고 있었다. 나는 이 작은 고래목 동물의 내장을 빼고 해체하는 일에 참여했다. 내 경험상 일반적으로 에스키모인들은 야생동물들이 사냥꾼에게 목숨을 내어주는 이런 상황에서 백인이 옆에서 글을 쓰고 있는 것을 불편해한다. 그럴 때 문제가 생기는 경우가 너무 많았고, 대개 그 문제는 다른 문화에 속한 이들이 사냥꾼들을 야만적이라 비판하고 그들 삶의 방식을 비난하는 식으로 벌어졌다. 이런 이유로 나는 내 텐트 안에서 아무도 보지 않을 때만 글을 썼다. 그런데도 그들은 내 사고방식과 삶의 방식을 직감적으로 알아챘다. 그들은 나를 나아자바아르수크라고 불렀는데, 그들 말로 북극흰갈매기라는 뜻이다. 군락을 이루어 사는 바닷새인 북극흰갈매기는 새하얀 갈매기다. 하지만 이누이트 사냥꾼들이 그 이름을 고른 건 그 깃털 색깔 때문이 아니었다. 북극곰(또는 이누이트 사냥꾼)이 해빙 위에 남겨둔 내장 더미 위로 갈매기들이 몰려들 때, 먹을 만한 내장을 독점하는 건 다른 갈매기들을 힘으로 밀어붙이는 상대적으로 덩치가 큰 갈매기들, 그러니까 작은재갈매기, 큰검은

등갈매기, 흰갈매기 등이다. 더 작은 북극흰갈매기는 난리가 벌어지는 현장 가장자리에 서 있다가 틈이 생길 때 잽싸게 들어와 무언가를 낚아채 간다. 그들 중 한 사람이 나를 나아자바아르수크라고 부르기 시작한 건, 적극적으로 가담하다가 이내 뒤로 물러나 다른 사람들이 하는 일을 관찰하는 내 방식 때문이었다.

내가 올드스퀴 유적지에 도착하고 잠시 후 페테르와 캐런과 에릭도 도착했다. 몇 주 전 그들은 이 주변의 평평한 땅에 노끈으로 가로세로 약 20센티미터의 정사각형 격자망을 설치했다. 각 정사각형에는 숫자가 매겨졌고, 이는 종이 위에 그린 정사각형들의 숫자에 대응했다. 한 정사각형 안에서 발견된 것은 무엇이든 그 쌍이 되는 종이 위 정사각형에 기록했다. 제임스 쿡에게 위도와 경도의 선들이 그랬듯, 내 동료들도 이 정사각형 격자가 유용하다고 여겼다. 이렇게 정밀하게 기록한다는 건 좌표 자체에 일종의 권위가 있음을 인정한다는 뜻이다.

여기서 얻은 배움은 대부분 이 후기 도싯 구조물 같은 집터들을 낱낱이 분해하여 이곳에서 모든 일이 어떻게 이루어졌을지를 그럴듯하게 추측하는 과정을 통해 배운 것이었다. 이런 노력은 칭찬할 만하지만, 발견한 것이면 그 무엇도 가만히 두지 못하는 우리 문화에 대해서는 무슨 말을 해야 할까? 애석하게도 우리는 자신들의 구조물을 짓기 위해 후기 도싯 구조물을 해체했던 툴레 사람들과 어떤 면에서는 비슷하지 않을까?

스크랠링섬에서 보낸 날들 대부분 내가 한 중요한 일은 지식을 수집하는 일과 경험을 쌓는 일 두 가지였다. 여기서 경험은 은유적으로 말해 다른 경험들의 빈 곳을 채워주는 것이고, 그 과정에서 운이 좋다면 새 경험과 옛 경험 모두 더 잘 이해할 수 있게 된다. 나는 여기서 〈리처드 3세〉를 연출했던 감독이 다른 감독이 연출한 같은 〈리처드 3세〉를 보고 있는 것처럼, 밖에서 안을 들여다보기도 했지만, 또한 그 연극에 출연한 배우처럼 무대에서 관객을, 즉 독자의 얼굴을 바라보고 있기도 했다. 내가 여기에 머물렀던 일은 내 경험을 전달할 기회이기도 했지만, 그 경험을 전달받은 독자들에게 우리의 인류 친척들에 관해, 그리고 '우리는 누구이며 어디로 가고 있는가?'라는 영원한 두 질문에 관해 이미 들었던 많은 이야기를 바탕으로 스스로 자신만의 결론을 내려보라고 권할 기회이기도 했다. 우리 조상들의 서사, 그러니까 세련된 사람들이 '원시적인' 사람들을 대체했을 거라는 이야기는 그리 정확한 것이 아니다. 심지어 틀린 이야기일 수도 있다.

세상이 3차원으로 존재하는지 아니면 10차원으로 존재하는지, 사랑과 용서의 충동과 살인과 학대의 충동은 서로 같은 길인지 다른 길인지, 현대 세계가 잠시도 가만있지 못하고 욕망을 따라 들썩이는 것은 몰락의 첫 징후인지 아닌지 아는 사람이 아무도 없다면, 나는 이 말 없는 툴레 사람들이 그에 관해 무슨 말을 할지 정말로 알고 싶다.

스베르드루프 유적지의 카리기(내가 외람되게도 툴레 영령들에게 아름다움에 관해 알려주겠다고 나섰던 그 장소)를 발굴했을 때, 페테르는 어떤 판석 밑에서 나무에 얼굴을 새긴 후기 도싯 문화의 작은 조각상 하나를 발견했다. 페테르와 동료들은 도싯인들이 만든 상아 바늘통이며 기러기와 북극토끼 모양의 상아 조각품을 도싯인들 이후에 이곳에 온 사람들이 카리기 바닥 아래 모두 숨겨두었다는 사실을 알게 됐다. 스베드루프 카리기에서 발견한 목각 얼굴상은 5센티미터 정도 되는 기다란 얼굴이다. 이 얼굴에는 작은 나무 파편들이 박혀 있고, 입은 마치 비명을 지르는 것 같은 모양으로 뚫려 있다. 그 비명이 공포를 유발하려는 것인지 공포의 순간을 표현하려는 것인지는 아무도 모른다. 어쨌든 툴레인들은 자기들보다 앞선 도싯인들이 만든 이 형상들을 손에 쥐고 자세히 살펴본 다음 자기네 의식을 치르는 장소인 카리기에 보관해두었던 모양이다. 자기네 손으로 만져보고 자신들이 의식을 치르는 장소 안에 두고 보려고 보존했던 것 같다.

그날 일을 마무리하고 도구들을 다 정리해서 챙긴 다음 다른 사람들은 베이스캠프로 출발하고 나는 남쪽에 있는 올드스쿼의 단구 가장자리로 걸어갔다. 거기서는 그 아래 바다를 향해 이어지는 또 다른 단구가 내려다보였다. 거기 있는 툴레 돌무덤들과 돌들로 덮어둔 식품 저장고, 발굴이 끝난 겨울 집터, 그리고 북극권 소형 도구 문화 유적지의 특징인 긴 축을 이루는 선들(중앙에 있는 화로 양쪽에 평행으로 늘어서 타원형의 생활 공간을 이분하는 선들)도 알아볼 수 있었다. 나는 거기 서서 콘스탄티

노스 카바피스의 시 「야만인들을 기다리며」의 마지막 부분을 떠올렸다.

… 야만인들이 없다면 우리에게 무슨 일이 일어날까?
그 사람들이 일종의 해결책이었는데.

나는 더 아래 단구로 내려가 배낭을 내려놓고 몸을 숨길 수 있는 구덩이에 앉아 한 시간 동안 쌍안경으로 물을 바라본다. 내 위로 안개가 내려앉고 내 우비는 잔뜩 흐린 하늘을 통과한 부드러운 빛을 받아 희미하게 빛난다. 다시 일어나 책과 펜, 조류 안내서, 건빵, 보온병이 든 작은 회색 배낭을 어깨에 걸친다. 그리고 자갈이 깔린 해변으로 내려가 영장류처럼 쪼그리고 앉아서 갯버들 가지로 바닥을 쑤시며 바닷물에 씻기고 빙하에 깎인 돌들을 뒤적거린다.

나의 암청색 텐트를 지나쳐 걷는다. 안개와 거세지는 동풍에 대비해 입구 지퍼는 단단히 여며두었다. 북동쪽에 있는 연못으로 걸어간다. 바람을 받아 잔물결이 퍼지는 물 위에서 솜털오리 새끼 두 마리가 나를 경계하며 천천히 발을 놀린다.

저 오리들도 곧 나는 법을 배우겠지, 하고 생각한다.

솜털오리들과 잠시 앉아 있다보니 부모 솜털오리들이 땅에 내려앉기가 꺼려지는지 내 머리 위를 빙빙 돌고 있는 게 보인다. 이제 동료들의 텐트를 향해 걷기 시작한다. 텐트들은 사선으로 내리는 흰 눈 때문에 흐릿하게 보인다('스노플레이크 애팔루사'*라는 사랑스러운 이름이 떠오른다.) 그날 오후 동료들과 함께 일했던 장소를 지나간다. 줄 격자는 치워졌고, 후기 도싯 유적지는 다시 처음 발견되었을 때의 익명성 속으로 돌아갔다. 그 첫 번째 유적지를 몇 미터 지나갔다가 다시 돌아선다. 배낭에서 건빵 봉지를 꺼낸다. 그 옛 집터 가장자리에 놓인 평평한 돌 위에 건빵 몇 개를 올린다. 도싯인의 집 현관에 한 이방인이 남겨둔 봉헌물이다.

이튿날 헬기 한 대가 섬의 반대편에 내려앉는다. 헬기는 나와 동료들을 싣고 날아간다.

* 짙은 갈색 바탕에 눈을 맞은 듯한 흰 얼룩이 점점이 나 있는 말 품종.

# 푸에르토아요라

적도 태평양 동부

콜론 제도*

산타크루스섬

남위 00°44′36″ 서경 90°18′32″

* 갈라파고스 제도의 다른 이름.

이곳은 잠을 자기에는 너무 덥고 너무 습하다. 아니면 그저 이곳 풍토에 내가 아직 적응하지 못한 걸까. 밤공기가 들어오도록 방문을 약간 열어둔 채로 맞은편 창은 최대한 활짝 열고 커튼은 옆으로 당겨 묶었다. 커튼을 쳐둔다면 이 작은 방에서 약간의 프라이버시는 보장받겠지만, 이 모든 조치는 바다에서 불어오는 옆바람이 방 안으로 좀 들어와줬으면 하는 합리적 기대에 따른 것이다. 내륙으로 몇 킬로미터 더 들어간 곳에서는 마치 주조 공장의 광재 더미에서 열기가 발산되듯 오래된 용암에서 아직도 공기가 솟아오르고 있으니, 그렇게 생긴 대류가 오늘밤 어두운 바다에서 공기를 끌어와줄 수도 있으련만, 그럴 기미는 전혀 보이지 않는다.

누워 있는 내 몸을 땀이 막처럼 뒤덮고 있다.

하지만 이런 불편함도 내 생각을 그리 크게 어지럽히지는 못한다. 내 머릿속에서는 허리케인이 닥쳐온 듯 난해한 정보들이 휘몰아치고 있고, 충분히 잘 정리되지 않는 이 생각 때문에 마음이 차분히 가라앉질 않는다. 유전적 다양성과 그것이 종 분화에 작용하는 방식은 내가 그다지 잘 아는 주제가 아니다. 그 대신 나에게는 참고할 책들이 있고 전문가들과 나눈 서신이 있는데, 이런 식의 배움에서는 입이 떡 벌어질 정도의 경이로움과 공손한 비평이 각자 한 부분을 차지한다. 생물학적 문제를 풀기 위한 사고의 틀을 확장해보고자 오늘 밤 나는 영국의 천체물리학자 스티븐 호킹이 그 모든 실체를 포함하는 궁극의 실체이자, 138억 년 전 스스로 존재하기 시작한 이래 여전히 팽창하고 있는 우주의 무한성에 관해 쓴 글을 읽고 있었다. 아주 머나먼 우주 저 바깥에서, 누군가 그 답을 다 알아낼 수 있으리라는 기대로 홑배수체 세포들의 결합에서 나타날 수 있는 모든 유전적 다양성을 (만약 그렇게 거대한 칠판이 존재한다면) 낱낱이 적어보고 있을지도 모른다고 상상하면서.

이 좁고 축축한 침대 위에서 호킹을 그토록 사로잡았던 우주의 지형을, 고동치는 수정 점들이 박힌 바닥 모를 검은 공간을 바라보려면, 등을 곧게 세운 다음 고개를 뒤로 젖혀 머리맡 열린 창을 통해 아래위가 뒤집힌 시야로 볼 수밖에 없다. 사실 그곳엔 아래위가 없다. 그리고 언젠가 읽었는데 거기엔 '무無'조차 존재하지 않는다고 한다. 플라스마물리학자들은 우주에서 가장 텅 빈 부분들인 자유공간의 투자율*을 $4\pi \times 10-7 \times N/A^2$으로 정의한다. 우주의 가장자리, 그러니까 진정한 무의 위치에 도달하기 전까지는 우주에도 항상 원자 입자들이 존재하는 것이다.

침대 옆 접이식 의자 위에는 자연선택과 유전적 부동†에 관한 연구 논문들이 쌓여 있다. 그리 먼 옛날도 아닌 과거에 월리스와 다윈과 멘델이 제시한 최초의 스케치들을 더욱 세밀히 다듬은 논문들이다. 정말로 바람이 불어올 경우를 대비해, 프린트한 논문 낱장들 위에는 450그램짜리 책을 올려두었다. 그 논문들과는 전혀 다른 주제를 다룬 『사탄, 에덴에 가다』라는 대중역사서다. 이 책에는 욕정과 자기 파괴가 있고, 누군가는 살인이라 하고 누군가는 가련한 죽음이라 말하는 것도 있다. 이 책의 멜로드라마틱한 배경인 에덴은 적도 태평양 동부에 있는 갈라파고스 제도인데, 그중에서도 오늘 밤 내가 누워 있는 이곳은 산타크루스섬의 푸에르토아요라다.[7] 그리고 내가 이해하기로 사탄은 호킹이나 다윈이 다루었던 그 어떤 개념 못지않게 복잡한 것인데, 그래도 아마 아주 많은 사람의 마음속에서 활발히 활동하고 있을 것이다.

침대에서 좀 더 떨어져 있는 또 하나의 의자에는 더 많은 책과 노란 종이 폴더 몇 개가 쌓여 있고, 그 위에는 한 친구가 보

---

* 매질이 주어진 자기장에 대해 얼마나 자기화하는지 나타내는 값.

† 한 개체군 내에서 우연에 의해 특정 대립 유전자의 발현 빈도가 급격히 증가하거나 감소하는 현상.

낸 편지가 접힌 채 놓여 있다. 그 친구는 1960년에 실제로 에덴을 세우고자 동료들과 함께 이곳에 탐험을 왔으나 계획이 허술했던 탓에 일이 잘못 풀렸던 경험이 있다. 그들은 에덴을 세우려는 목적을 이루지 못했다.

『사탄, 에덴에 가다』는 태평양의 문화사를 기록한 다양한 책 가운데 소소한 축에 속한다. 비슷한 유형의 많은 책들처럼 이 책 역시 태평양에 대한 문화적 환상이 지상의 이상향을 발견하리라는 희망을 품은 (주로 서구인인) 탐험가들에게 어떤 영향을 미쳤는지 보여준다. 역사적으로 대서양에서 그랬던 것과 달리, 태평양에서는 탐험된 적 없는 변경의 바다에 용들이 매복하고 있다는 얘기는 없었다. 여기에는 관능과 안락의 문화가 존재한다는 유혹적인 소문만 무성했고, 이 소문에는 타이티 같은 곳에서 불어온다는 "건강에 좋은 미풍" 이야기로 목가적인 분위기까지 더해졌다.

이날 오후 내 방에는 타이티의 미풍 같은 건 한 점도 불어오지 않았지만, 그래도 읽을거리는 아주 많다. 이 많은 읽을거리 가운데는 지질학적으로 아주 복잡한 이야기들도 담겨 있다. 이를테면 달이, 지금 내 창밖에 있는 마젤란의 "태평한" 바다를 품은 거대한 웅덩이를 남기고 지구를 떠나버린 이야기라든가.

갈라파고스 제도에 처음으로 상륙한 사람들은 폴리네시아의 탐험가들이었을 것이다. 그들의 상륙은 서구의 지도 제작자들이 지구에서 새로 발견된 이 바다에서 갈라파고스 제도를 이루는 크고 작은 섬들의 정확한 위치를 어림짐작하던 때로부터 수백 년도 더 전에 일어난 일이다. 이 섬들은 적도 위 에콰도르 해안에서 965킬로미터 정도 떨어진 곳, 코코스판과 나스카판 사이 활발한 지각 활동이 일어나는 지역 바로 남쪽에 자리하고 있다. 이 제도를 발견한 서구인들은 1535년에 파나마에서 페루로 항해하던 중 바람에 떠밀려 항로를 벗어난 스페인 뱃사람들과 성직자들로, 그 배에는 파나마 주교인 토마스 데 베를랑가 수도사도 타고 있었다. 16세기 후반에 이르자 갈라파고스는 해적들과 해안 약탈자들의 활동 중심지, 상선과 탐험선의 통상적인 급수지이자 보급원이 되어 있었다. 선박들은 난파당해 이 해안들로 떠밀려 올지 모를 선원들을 위해 일종의 보험으로 염소들과 돼지들을 남기고 가곤 했다. 이 제도에 있는 코끼리거북 역시 선원들에게는 중요했다. 배의 선창에 아래위를 뒤집은 채 보관해두면 어떤 거북은 일 년까지 살아 있기도 했는데, 선원들은 거북을 그렇게 두었다 죽여서 신선한 고기로 먹었다.

1835년에 다윈이 영국 해군의 바크선 HMS 비글호를 타고 이곳에 도착한 지 얼마 후(에콰도르가 갈라파고스 제도를 합병한 것은 1832년이다), 이 제도는 미국 포경선들의 인기 있는 중간 기착지가 되었다. 1845년에 뉴욕주 새그하버에서 메스티소 탐험가 래널드 맥도널드를 태우고 출발한 플리머스호도 잠시 이곳에 정박했다. 선원들은 물통을 채우고 장작을 싣고, 산타마리아섬의 우체통에 혹시 자신들에게 남겨진 편지가 없는지 확인하고, 다시 그 우체통에 대서양의 항구들로 가는 선박들이 동쪽으로 실어가줄 편지를 넣어두었다. 1845년에 이곳에서 출항하는 포경선들은 대부분 극동해의 새로운 포경장을 향해 갔다.

허먼 멜빌은 『엔칸타다스 또는 마법에 걸린 섬들』에서 갈라파고스 제도가 선원들의 눈에 지옥 같은 광경으로 보인다고 썼다. 그는 갈라파고스의 산 풍경과 거친 화산암들이 널려 있는 평원, 바싹 마른 해안을 불타버린 유형 식민지에 비유했다. 몇몇 큰 섬의 습한 고지대에는 안개에 휩싸인 숲이 있었고 유순한 새와 해양 생물도 풍부했지만, 멜빌은 이런 것들은 무시해버리고 갈라파고스 제도를 마치 오르페우스의 혼령이 떠도는 곳처럼 묘사했다. 이리하여 그는 19세기 독자들의 마음속에 갈라파고스 제도는 황량하고 살기 힘든 곳이며 찾아가기에는 너무 기이하고 낯선 장소라는 생각을 확고히 심었다.

멜빌은 포경선 동료들이 갈라파고스 제도에 관해 이야기할 때면 종종 거론하는, 이 섬들이 뿜어내는 신비로운 느낌을 강조하기 위해 모호한 스페인어 단어 엔칸타다*를 사용했다.(뱃사람들은 갈라파고스 제도가 섬들 사이로 해류들이 복잡하게 흘러 항해하기 어렵다는 사실을 표현할 때도 "라스 엔칸타다스"라는 단어를 사용했다. 또한 선원들은 경선의經線儀가 널리 사용되면서 바다에서 경도를 정확히 측정할 수 있게 된 후로도 이 제도는 여전히 찾기 어렵다고 말했다.) 일단 서구 과학자들이 이 제도의 육지 생물과 조류, 해양 생물의 복잡성과 토착 동물

* '매력적인' '마법에 걸린' '귀신 들린' 등의 뜻이 있는 스페인어.

들이 보이는 놀라울 정도의 온순함을 이해하고 나자, (영어권 사람들이 쓰는) 엔칸타다는 훨씬 덜 불길한 것을, 음울하기보다는 영감을 주는 매혹적인 장소를 의미하게 되었다.

한때 파악하기 어려웠던 이 태평양의 제도는 오늘날 단순히 섬 생물지리학이나 적응방산(자연선택에 의한 진화라는 다윈과 월리스의 개념을 입증하는 증거의 상당 부분을 찾아낸 현대의 두 학문 분야)의 연구 중심지에 그치지 않는다. 섬의 내부나 사람이 살지 않는 해안가를 방문한 사람이라면 산업화에 물들지 않은 이 제도에서 예상 밖의 고요함을 만나게 되는데, 이러한 경험은 대부분의 관광객에게 희귀하고도 깊은 만족감을 선사한다. 사람들의 눈에 이 태평양 제도는 꿈속 풍경처럼 보일 수 있다. 인간에게는 아무 관심도 없는 동물들이 아주 많이 존재한다는 점 때문이기도 하고, 갈라파고스 사회의 저변에 흐르는 독특한 '길 끝' 정서 때문이기도 하며, 이곳에서 인생의 마지막 의미와 끝에 대한 비전을 찾으려는 사람들 때문이기도 하다. 이곳에서 수십 년간 상업적 생태 관광, 불법적 상업 사냥, 정부의 부패, 창조론의 도그마, 물질적 부를 축적하기 위한 순진한 계획들이 극적으로 충돌해왔다는 사실에도 불구하고 여전히 그렇다.

평범한 방문자가 콜론 제도를 찾아오는 이유는 과학적 깨달음을 얻거나 태평양 섬들의 역사를 알기 위해서가 아니다. 그보다는 강어귀 소금물에 한 다리로 절묘하게 서서 졸고 있는 홍학떼나 창조의 첫날 이후 조금도 변하지 않은 듯한 바다이구아나가 용암 바위 위에서 졸린 듯 무기력하게 버티고 있는 광경 앞에 서 있을 때 너무도 자연스레 느껴지는 순수한 경이를 발견하고픈 바람에서다.

지금 내가 저녁 산들바람이 불어오길 기대하며 누워 있는 이 오두막집 근처 흙길에서, 언젠가 나는 초월적 평화의 상태에 도달하고자 이곳을 찾는 수많은 방문객의 감정에 관해 여기 사는 한 남자와 이야기를 나눈 적이 있다. 이 제도가 현대인들에게 주는 의미에 관해 그는 이렇게 반추했다. {"이 땅은 이곳에 오는 모든 사람의 영혼을 변화시키고 현대의 삶이 주는 고통을 완화하며 마음에 기운을 불어넣을 수 있습니다."}

그날 오후 우리는 이 제도에서 볼 수 있는 삶과 죽음의 이미지들에 관해 주로 영어로 대화를 나누었다. 사람 머리에 내려앉아 둥지를 짓는 데 쓰려고 머리카락 몇 올을 뽑아가는, 고지대에 사는 강렬한 색깔의 주홍딱새. 둥지에 더 부드럽게 내려앉기 위해 역풍을 등지고 거꾸로 날아가는, 게다가 아무리 먼 바다까지 나갔더라도 또 아무리 어두울 때라도 성공적으로 사냥할 수 있게 진화한 제비꼬리갈매기. 옆구리에 상어에게 물어뜯긴 파인애플만 한 살점을 매단 채, 해변 바위 위에 널브러져 있는 상처 입은 물개. 회오리바람을 잘못 판단한 탓에 팔로산토나무 가지에 줄 끊어진 연처럼 매달린 채 마지막으로 눈을 껌벅이며 죽어가는 아직 미성숙한 푸른얼굴얼가니새.

그날 아침 푸른얼굴얼가니새가 둥지를 틀고 사는 헤노베사섬 서식지를 찾아갔을 때, 죽어가는 중이거나 이미 죽은 새는 팔로

산토나무에서 죽어가던 그 새만이 아니었다. 아직 다 자라기도 전에 죽은 푸른얼굴얼가니새가 스물다섯에서 서른 마리는 되어 보였다. 이러한 자연적 살상의 광경을 목격하는 동시에, 이 섬 화산들의 경사면에서 활짝 피어나는 난초의 황홀한 아름다움도 놓치지 않을 기회, 두 이미지를 같은 순간 동시에 볼 수 있다는 그 가능성은 이 마법에 걸린 섬들이 손님인 나에게 주는 또 하나의 선물이었다.

어차피 잠도 오지 않으니 이 밤 시간을 더 잘 활용해야겠다고 생각하며 어둠 속에서 몸을 일으켰다. 그리고 침대 옆에 있는 40와트짜리 백열등 램프를 켰다. 약한 전등 빛이 부채선인장의 투명한 껍질로 만든 엉성한 전등갓에 가려 한층 더 희미해 보였다. 도마뱀붙이 두 마리가 빨간 콘크리트 바닥을 쌩하니 가로질러 맞은편 회반죽 벽을 타고 잽싸게 올라가더니, 내가 반바지와 티셔츠를 입는 동안 팽팽히 당겨진 활시위처럼 긴장한 채 거기 꼼짝도 하지 않고 매달려 있었다. 나는 창문을 닫고 문을 잠그고는 갈라파고스 호텔의 오두막 객실 앞에 있는 펠리컨베이 측면의 화성암 방파제로 향했다.

태평양은 그 단호한 수평선이 보이지 않는 밤에도 여전히 광활하다. 우리 대부분은 태평양 전체를 구분되지 않는 하나의 실체로 인식한다. 이렇게 서구인들이 태평양을 뚜렷한 개성을 지닌 하나의 해역으로 인식하게 만든 사람은 바로 쿡이다. 이는 단지 그가 한때 텅 비어 있던 거대한 바다에서 노퍽섬, 뉴헤브

리디스 제도, 누벨칼레도니아, 사우스샌드위치 제도 같은 섬들을 발견하고, 이전에 다른 선원들도 본 적이 있었을 이스터섬, 사우스조지아, 통가, 하와이 제도, 남마르키즈섬과 북마르키즈섬 등의 위치를 확인한 결과만은 아니었다. 그는 태평양에 연속적인 표면을 부여한 장본인이었다. 이전에 서대양이라 불리던 바다를 이루던 아메리카 대륙의 연안 해역, 폴리네시아 해역, 따로 떨어져 있는 필리핀해라는 천 조각들은 쿡 이후로 모두 더해져 하나의 통짜 원단이 되었다. 또한 쿡은 200년 뒤에야 널리 알려질 폴리네시아인들만의 색다른 인식론을 이미 파악하고 있었다. 그것은 인간이 살고 있는 세상을 바라볼 때 바다에 둘러싸인 땅덩어리들이 아니라 여기저기 흩어져 있는 땅덩어리들을 품고 있는 하나의 거대한 수역을 기준 틀로 삼는 독특한 관점이었다. 쿡은 폴리네시아인들이 육지가 아닌 대양의 거주자들임을 직감으로 알았다.

오대양의 여러 해안이나 배의 선교에 서 있을 때, 나는 대양을 무언가를 기다리는 장소, 정의해줄 어떤 사건이 일어나기를 기다리는 텅 빈 장소가 아니라 의식의 한 유형으로 이해해보고자 애쓰며 몇 시간씩 보내곤 했다. 고생대의 판탈라사해와 중생대의 테티스해, 그리고 다른 몇몇 원시 해역으로부터 진화해온 현대의 대양들은 현재 모두 또 다른 이름을 지닌 무언가를 향해 나아가고 있다. 이러한 대양의 움직임이 따르는 시계는 내가 차고 있는 시계와도 다르고, 하나의 공통 조상으로부터 열세 종의 갈라파고스핀치들이 진화하는 동안 째깍거리고 있던 시계와도 다르며, 지구 맨틀에서 나스카판을 뚫고 주기적으로 분출해 오늘날 우리가 산타크루스섬, 신놈브레섬, 마르체나섬 등으로 부르는 고대의 고지와 칼데라를 만든 어느 분화구, 그 열점에서 솟아오른 갈라파고스 순상화산들의 진화에 적용되던 지질연대와도 다르다.

5월의 이 저녁, 우주를 품고서 생생히 살아 있는 하늘 아래, 바위에 나른하게 부딪히며 이따금 한숨을 토해내는 어두운 대양 옆 방파제에 앉아, 나는 저 물에 더 가까이 가고 싶은 충동, 한 물상으로서의 태평양을 쿡을 비롯해 이 바다를 아주 가까이서 항해했던 사람들이 인지했던 것처럼 한 사람으로서의 태평양으로 끌어올리고 싶은 충동을 느낀다. 나는 그들이 여행한 궤적을, 우리 집에 있는 큰 지도에 내가 거미줄 같은 미로로 그려 둔 그 선들을, 우리 조상들에게 태평양을 어둠 속에서 끄집어내 준 항로들을 떠올린다. 마젤란의 횡단로, 교양 있는 영국 해적 윌리엄 댐피어가 지나간 항로, 아벨 타스만, 비투스 베링, 장프랑수아 드 갈롭 드 라페루즈, 야코프 로헤베인, 알바로 데 멘다냐 데 네이라, 새뮤얼 월리스, 토르 헤위에르달, 찰스 치체스터의 항해, 스페인의 마닐라 갈레온선의 항해, 그리고 19세기 영국의 선구적인 탐사 선박 챌린저호의 경로를. 그리고 20세기 후반, 폴리네시아의 탐험용 이중 선체 카누 호쿨레아호의 항로도. 모두 바다 표면에는 남지 않은 항로를 기록하기 위해 내가 그어둔 선들이다. 바다의 표면에는 도로도 수로도 산등성이도 없어 자국을 남기지 못하니, 없는 그 자취들을 나의 상상력으로 그려볼 수밖에.

태평양의 변덕스러운 표면은 한때 미지의 상징이었고, 셰익스피어는 『겨울 이야기』에서 태평양을 가리켜 "길이 없는 바다"라고 표현했다. 나는 그 미지의 존재 앞에 앉아 수년씩 걸리던 그 항해들을 상상한다. 홀로 세계 일주 항해를 하던 프랜시스 찰스 치체스터 경이 따분하게 느꼈을지 모를 시간은 건너뛰고(그는 단 한 군데 항구에만 입항했다), 그가 힘겹게 혼곶을 돌던 때를 떠올리려 한다. 수심 1.5킬로미터까지 따라 내려가 사냥하는 향고래에게 쫓기는 대왕오징어를, 비티아즈 해연 바닥에 앉아 있는 돈 월시를 상상한다. 북적도 해류를 타고 가는 바다소금쟁이도.

이 밤, 만약 내가 태평양의 지도 위에 북서쪽을 향하는 직선 하나를 그으려 한다면, 그 선은 알류샨 열도에 도달하기까지 9815킬로미터에 걸쳐 갈라파고스를 제외하고는 어떤 해안선도 자르지 않을 것이다. 곧바로 남쪽을 향하는 선 하나를 더 긋는다면, 그 선은 8035킬로미터 떨어진 남극의 애벗 빙붕을 만날 때까지는 어느 해안과도 부딪히지 않을 것이다. 내 왼쪽을 바라보며 머나먼 파나마베이를 상상하고 그런 다음 오른쪽을 보며 필리핀해를 그려본다면 그 거리는 1만 6000킬로미터가 넘을 것이다. 태평양의 크기는 대서양의 두 배인데, 이런 비교는 너무 막연해서 감을 잡는 데는 아무 도움도 안 될 것이다. 만화 식으로 표현해서, 괌 남쪽에 있는 마리아나 해구의 바닥에 에베레스트산을 놓는다면 산 정상은 태평양 수면에서 2킬로미터 정도 아래에 있을 것이다. 태평양의 크기를 제대로 가늠해보려는 시도는 어찌 보면 신을 상상하는 일과 비슷하다.

여기 꽤 오랜 시간 꼼짝하지 않고 앉아 있었더니 동공이 확장되어 펠리컨베이에서 5미터쯤 떨어진 수면 위에서 갈색 펠리컨 세 마리가 졸고 있는 모습도 잘 보인다. 이렇게 명백한 무지를(지금 이 펠리컨들은 우리가 함께하고 있는, 빛이라곤 없는 이 세상에 감춰진 모든 잠재적 위협을 전혀 감지하지 못하고 있다) 맞닥뜨릴 때, 나는 때로 조지프 콘래드의 『어둠의 핵심』에서 커츠가 내뱉은 말, 그리하여 정글의 현실에 내재한 미지의 야만적 본성에 대해 말로의 상상력을 자극한 말을 떠올린다. "섬뜩함! 그 섬뜩함!"

나는 이런 무지를 예민하게 감지한다. 저 새들에게서, 그리고 세이빈곶의 아사 캠프에서 명백히 드러나던 무지. 알렉산드라 저지를 누비던 오후의 서정적 산책과 반다아체에서 불운한 희생자들의 시신이 매장용 구덩이 옆에 산업용 불쏘시개처럼 쌓여 있던 모습.

파나마베이는 해독할 수 없는 저 동쪽 수평선 아래 자리하고 있다. 나는 그곳을 상상할 수 있고, 바스코 누녜스 데 발보아가 1513년 9월 말에 다리엔 지협의 그 역사적인 산 정상에(오늘날까지도 거기가 정확히 어딘지는 밝혀지지 않았지만) 서 있는 모습도 떠올릴 수 있다. 발보아는 길을 안내해준 인디언들과 부하 병사들에게 이 산꼭대기에서 몇십 미터 아래 남아 있으라고 명령했다. 그 역시 콩키스타도르였지만 발보아는 다른 자들만큼 잔혹하거나 허영심이 강하거나 은에 미쳐 있지 않았다. 하지만 나는 그가 그곳에 그의 개 베르간사, 그 무시무시한 페로 데 프레사와 함께 서 있는 모습을 마치 내 눈으로 본 듯이 떠올릴 수 있다. 페로 데 프레사는 콩키스타도르들이 인디언들을 쫓아가 찢어발기도록 훈련한 맹견으로, 스페인의 완력과 용맹을 상징했다. 가슴이 넓고 털은 짧으며 넓은 이마 아래 눈은 작았고, 코는 짧고 주둥이는 넓으며 긴 송곳니가 나 있고, 키는 남자 무릎 정도까지 왔다. 이들은 불 베이팅*이라는 극적인 투우에 사용하던 갯과 동물들을 교배해 번식시킨 개들이다. 끔찍한 유혈과 상해 장면을 연출하던 이 개들은 이후 끝에 갈고리 모양의 촉이 있는 몽둥이를 휘두르는 인간 투우사들로 대체되었다.

그들이 자기네 문화권이 증오하는 대상들 혹은 자신들이 욕망하는 것을 소유한 이들에게 잔인한 페로 데 프레사를 풀어 공격하게 한 역사는, 여행을 그리 많이 하지 않거나 역사책을 그리 많이 읽지 않아도 쉽게 발견할 수 있다. 맹견을 풀어 문명화되지 않은 사람들을 물어뜯게 하면서도 겉으로는 짐짓 문명인 행세를 하던 콩키스타도르들을 생각할 때면, 악랄한 몽골의 정복자 티무르 못지않게 부도덕한, 막 시작되던 포르투갈의 서아프리카 노예무역에 가장 먼저 자금을 댔던 암스테르담의 은행

* 소와 개를 겨루게 하는 유혈 스포츠. 개는 소를 공격하거나 제압할 목적에서 소의 코나 목을 물어뜯었고 이로 인해 소가 죽는 일도 있었다.

가들을 떠올리게 된다. 그리고 네덜란드의 은행가들과 포르투갈인들로부터 영리 목적의 인신 무역업을 넘겨받았던 영국의 은행가들을. 이들은 또 19세기 초 산업자본주의의 부상과 더불어 노예 기반 경제가 무너진 뒤로는 자국의 다른 탐욕적 행동에 대해서는 거리를 두었는데, 이런 사람들에 대해서는 또 어떻게 평가해야 하는 걸까?

노예무역에 대한 도덕적 망각. 프랜시스 드레이크와 웨스트 컨트리*의 뱃사람들이 스페인의 여러 마을에서 저지른 해적 행위와 약탈. 현대 세계에서 이런 일들은 서로 직접적 연관성이 없어 보이거나 이제 더는 의미가 없어 보인다. 실제로 그러한 과거사를 기억하며 분노나 후회나 슬픔을 표현하는 것을 세상물정 모르는 일로 여기는 사람들도 있다. 마치 피사로 같은 콩키스타도르들이나 베르간사 같은 맹견들은 이제는 서구 역사에서 거의 다 사라진 과거의 야만일 뿐이고 인간의 소유욕과 통제욕이 잘못된 방식으로 발현된 예외적 양상일 뿐이라는 듯 여기면서 말이다. 대부분의 사람들은 역사가 데이비드 스태너드가 "세계 역사에서 일어난 최악의 인구학적 재앙"이라 부르는 일, 바로 아메리카 대륙의 선주민 인구를 없애버린 일에 관해서는 귀를 닫고 싶어한다.

겁에 질린 자신의 모습을 비웃어대는 보코 하람† 단원들에게

* 잉글랜드 남서부 지역.
† 서아프리카와 북아프리카에서 이슬람 극단주의를 표방하는 테러 집단.

서 달아나는 나이지리아 북부의 여학생들에게, 남수단에서 잔자위드* 기병들에게 짓밟히는 가난한 기독교인들에게, 알아사드가 도시 광장에 떨어뜨린 드럼통 폭탄으로 산산조각 난 가족들에게, 16세기는 여전히 현재다.

갈라파고스 호텔의 내 방에는 누에스트라세뇨라호에서 건져 온 팔 레알짜리 동전이 다른 몇 가지 물건과 함께 의식용 천 위에 놓여 있다. 이 동전은 16세기에 스페인 사람들이 아메리카 선주민들을 약탈하려는 유혹에 얼마나 쉽게 굴복했는지 잊지 말라고 내게 새삼 경고한다. 그들이 그 유혹에 굴복한 것은 선주민들의 죽음을 대수롭게 여기지 않았고 그 죽음에 아무 책임을 지지 않아도 되었기 때문이다. 그 동전을 집어들 때마다 내 안에는 의아함과 두려움이 차오른다. 이 동전은 나와 더 가까운 시대인 몇 세기 후의 인물로, 라켄의 호젓한 시골 궁전에 틀어박힌 채 부하들을 움직여 1000만 명의 아프리카인들을 죽을 때까지 부려먹거나 살해하거나 또 다른 방식으로 제거하며 콩고 분지에서 돈이 될 만한 모든 것을 약탈하고 피를 뽑아갔던 벨기에의 레오폴 2세의 정신을 대변한다. 또 1961년 벨기에 정보국 및 미국 CIA와 공조하여, 콩고에서 최초로 민주적으로 선출된 총리 파트리스 루뭄바를 암살한 군부 폭력배 조제프데지레 모부투도 떠올리게 한다. 사 년 뒤 모부투는 미국의 지원을 받아

* 수단의 다르푸르 분쟁에 개입해 대량 학살, 강간, 지역사회 해체 등 광범위한 인권 침해를 자행한 악명 높은 민병대.

콩고에서 군사 쿠데타를 일으키고, 콩고의 국호를 자이르로 개명해 삼십 년 동안 독재자로 군림하며, 사담 후세인만큼이나 인간의 고통과 비참함에 개의치 않는 냉혹한 정책들을 시행했고, 모부투 세세 세코라는 새 이름으로 약 40억 달러의 사적 재산을 축적했다.

우리는 모부투나 바티스타 같은 자들에 대해서 잘못된 기억을 갖기 쉽다. 아니, 만약 서구식 진보와 그 쌍둥이인 이윤을 추구하는 것이 목표라면, 과거를 깊이 돌아보는 것이 아니라 이 개탄스럽고도 상궤를 벗어난 악행에 대해 대충 아쉬움을 표하고 넘어가려는 의도라면, 그들을 분명히 기억하는 것이 아예 불가능할 수도 있다. 하지만 멕시코의 은 25그램으로 만든 이 동전이 내게 전하는 메시지는, 우리가 과거는 다 지나왔으며 야만을 벗어날 방법을 찾았다고 믿는 건 위험한 생각이라는 것이다. 사실 오늘날의 야만은 에놀라게이기*를 타고 티니안섬으로 돌아가는 폭격기 조종사만큼이나 사람들이 겪는 고통과는 멀리 떨어진 채, 프랑크푸르트나 상하이나 델리의 어느 회사 회의실에 점잖은 말투와 말쑥한 옷차림을 하고 앉아 있지 않을까? 아니면 야만이란 단어는 세계 무역 센터로 비행기를 몰고 간 이들에게만 사용해야 하는 것인가?

역사는 우리에게 거대한 제국에는 거대한 야만이 함께하며

* 히로시마 원자폭탄 투하에 사용된 폭격기.

그 둘은 서로 떼려야 뗄 수 없다고, 그러니 야만을 벗어나려면 제국을 해체해야 한다고 말했다. 그렇다면 우리는 문명이란 것이 과연 사람들에게 그들이 아직 갖고 있지 않은 무엇을 가져다주느냐는 질문을 하지 않을 수 없다. 또한 문명은 문명을 거부하는 사람들에게 왜 그토록 가혹하냐는 질문도.

그 불공평함과 그에 대한 기억이 내 생각을 어지럽힌다. 나는 불공평함이 피할 수 없다는 점은 받아들이지만, 우리가 그것에 허용하는 표현의 범위는 받아들일 수 없다.

내가 일어나자 펠리컨들이 깜짝 놀란다. 그리고 천천히 발을 저어 저만치 가버린다. 아직 바람은 한 점도 불지 않지만 이제 좀 시원해졌다. 이렇게 늦은 밤 푸에르토아요라 도심은 어떨지 궁금해 펠리컨베이의 수원을 가로지르는 작은 다리를 건너 도심 방향으로 정처 없이 걷는다. 떠돌이 개 두 마리가 가던 길을 멈추고 지나가는 나를 쳐다본다. 집개도 들개도 아닌 이 개들은 이 도시의 쓰레기를 뒤지고 다니는 동물이다. 푸에르토아요라의 테두리 안에서 살아가지만 특정 가구에 속하지는 않는다. 또 시골로 나가는 모험을 감행하지도 않는다. 시골에서 작은 무리를 지어 이구아나나 야생화된 돼지를 사냥하며 살아가는 야생화된 개들을 두려워하기 때문이다. 이 야생화된 개들은 인간이 먹을거리를 나눠줘도 자기들이 사냥하던 먹잇감을 팽개치지 않는다.

나는 도심 쪽으로 이동하며 문을 닫은 집들과 상점들을 지나간다. 여기엔 아무 움직임도 없는 것 같다. 나는 유령처럼 거리 거리를 지난다. 널어둔 빨래들이 습한 공기 속에서 축 늘어져 있고, 바닥에는 아이들이 가지고 놀던 장난감이 무기력하게 널브러져 있다. 이윽고 델핀 호텔의 사설 부두 끝에서 물로 돌아가는 길을 발견한다. 여기서 아카데미베이 너머를 바라보니 갈라파고스 호텔의 모습은 보이지만 그 뒤에 내가 머물고 있는 오두막의 모습은 알아볼 수 없다. 조금 전까지 켜져 있던 호텔의 얼마 안 되는 불들도 이제 다 꺼졌다. 호텔의 발전기는 자정에 꺼진다.

늦게 떠오른 초승달이 아카데미베이에 정박해 있는 서른 척 정도의 세일링 요트와 모터 요트, 몇 대의 스포츠용 선박과 상업용 어선의 윤곽을 비춘다. 언젠가 데니스 풀스턴*을 롱아일랜드에 있는 그의 집에서 인터뷰한 적이 있다. 그는 이십 대였던 1930년대에 배를 타고 갈라파고스 제도(와 태평양 이곳저곳)에 갔고, 나중에 자신의 모험에 관해 이야기한 책 『푸른 물 방랑자』를 썼다. 나와 이야기를 나눌 때 팔십 대였던 그는 자신의 경험을 내가 알아들을 수 있는 언어로 옮기려고 무척 애를 썼다. 그건 마치 다른 세상에서 나에게 닿으려는 노력 같았다. GPS가 없고, 어둠과 짙은 안개 무리를 뚫어줄 선내 레이더도 없는 세상. 그를 안내하는 건 자기나침반과 지도, 바람과 바다에 대한

* 환경 운동가, 모험가, 디자이너. 미국에서 DDT 살충제 사용 금지를 이끌어내는 데 핵심 역할을 했다.

감각, 바람이 불어오는 쪽 수평선의 모습뿐이었다. 내가 이해하기로, 그의 요지는 자기가 알았던 갈라파고스는 더 이상 존재하지 않는다는 것이었다.

1960년대에 한 무리의 인류학자들은 폴리네시아인들이 하와이 제도, 마르키즈 제도, 소시에테 제도 등 남태평양의 여러 제도에 도달한 것은 우연이라는 학설에 이의를 제기했다. 지금 나는 가장 짧은 버전으로 이 이야기를 해보려 한다. 그 학자들은 폴리네시아 항해가들이 섬들이 더 밀집해 있는 미크로네시아의 고향을 떠날 때 자신들이 무슨 일을 하고 있는지 정확히 알고 있었음을 증명하는 일에 착수했다. 그들이 해류와 파도와 바람의 패턴에 대한 정교한 지식을 활용하고, 검은제비갈매기와 흰제비갈매기 같은 새들이 이른 아침이나 늦은 오후에 날아가는 방향을 눈여겨보고, 별들이 뜨고 지는 위치를 활용해 항로를 정하고 유지하면서 남쪽으로는 뉴질랜드까지, 동쪽으로는 라파누이(이스터섬)까지, 북쪽으로는 하와이까지 가는 바닷길을 찾아냈다는 것이 그 인류학자들의 판단이었다.

이 학자들이 자신들의 생각을 입증하고 연구를 계속하기 위해서는, 폴리네시아 사람들이 실제로 어떤 항해 기술을 어떻게 적용했는지, 그리고 그들의 항해용 카누가—학자들은 이 배가 이중 선체의 쌍동선 스타일이었을 거라 생각했다—실제로 어떻게 생겼는지를 꼭 알아야 했다. 배의 길이와 폭, 흘수, 선체 구조, 노의 디자인, 돛을 장착한 방식까지 말이다.

이 프로젝트에 참여한 인류학자들과 해양역사학자들과 기타 분야의 연구자들은 결국 하와이 선주민들의 존경을 얻게 됐고, 그에 따라 선주민들도 연구에 참여했다. 이들은 이중 선체에 돛대가 둘인 배를 실제로 항해에 사용할 수 있으려면 대략적인 크기와 삭구 및 돛의 형태, 항해 플랫폼과 기타 세세한 부분들이 어떠해야 하는지 의견을 모았다. 그러다가 캐롤라인 제도의 사타왈섬에서 전통적인 미크로네시아의 항해 기술을 여전히 잘 알고 있다는 한 남자를 찾아냈다. 한 무리의 하와이 선주민들이 그 캐롤라인 섬사람 마우 피아일루그의 수습생이 되어, 파도의 패턴, 구름의 색과 모양, 해류, 수심 변화, 우세풍, 근처 강에서 흘러나와 해수면에 형성된 렌즈 형태의 담수 덩어리를 읽어내는 방법을 배우기 시작했다. 하지만 이런 변수들은 역사적으로 폴리네시아 사람들이 의존했던 역동적 항해 시스템의 일부일 뿐이었다. 또 다른 부분은 태양년 내내 별들을 읽어내는 능력, 시간, 나날, 계절이 지나는 동안 변화하는 별들의 위치를 관측하는 능력이었다. 별들의 움직임을 익히고 기억해내는 데 필요한 훈련은 항해자에게 '별 나침반'을, 요컨대 항로를 설정하고 유지하는 기준이 되는 정신적 모델을 제공했다. 폴리네시아식 항해는, 육분의와 종이 해도, 자기나침반, 선박의 항해 안내 지침서를 가장 믿고 의지했던 서구의 항해 시스템과는 근본적으로 달랐다. 서구의 시스템은 바다에 빠트려 잃어버릴 수도 있는 도구들과 훼손될 수 있는 종이에 의존했으며, 배가 멈춰 있을 때 가장 정확하게 작동하는 시스템이었다. 폴리네시아 시스템은 바다에 빠질 일도 잃어버릴 일도 없는 곳인 머릿속에 담겨 있었으며, 그 시간의 틀은 역동적이었고, 항해 중인 선박에서 사용할 수 있도록 구축된 것이었다.

그들은 수집한 모든 정보를 바탕으로 폴리네시아의 전통적인 19미터짜리 이중 선체 선박인 호쿨레아호를 건조하고 1975년 3월 8일에 마우이 해변에서 진수했다. 피아일루그와 그에게 훈련받은 젊은 하와이인 선원들은 호쿨레아호를 타고 오직 전통적 항해 기법만을 사용해 길을 잃지 않고 정확히 타히티까지 4025킬로미터를 항해했다.[8]

호쿨레아호가 첫 항해를 하고 일 년쯤 지났을 때, 요시히코 시노토라는 고고학자가 프랑스령 폴리네시아의 후아힌섬 염생 습지에 보존되어 있던 800년 된 항해용 카누의 몇몇 부분을 발견했다. 그 배는 쓰나미에 의해 해안으로 떠밀려와 부서진 것으로 보였다. 시노토가 그 잔해—예컨대 5.5미터 길이의 조타용 긴 노—를 검토한 결과, 하와이의 설계팀이 호쿨레아호를 원래의 원형 디자인과 거의 일치하도록 탁월하게 만들어냈다는 사실이 확인되었다.

삼십 년 뒤, 내가 시노토와 함께 그 배의 잔해가 발견된 습지에 갔을 때, 우리는 다른 몇 사람과 함께하는 저녁 식사에 초대받았다. 거기서 우리는 호쿨레아호의 항해사 중 한 사람과 당시 그 배에 탔던 선원 몇 명을 소개받았다. 선원들은 항해사가 항해 능력을 증명해 보이고 난 뒤 십시일반으로 돈을 모아 타히티에서 문신을 새기게 했다. 그들은 쿡섬 주민으로 아직 비교적 젊은 그 항해사를 설득해 우리에게 그 문신을 보여주게 했다. 얌전한 항해사는 내키지 않는 듯했지만 결국에는 티셔츠를 벗어 우리에게 등을 보여주었다. 목덜미부터 꼬리뼈까지 그의 등 전체에 남반구의 주요 별들이 익숙한 배열을 따라 잉크로 새겨져 있었다. 그 별자리와 포개지며 선명하게 채색된 바다이구아나가 그의 척추 위로 비스듬하게 지나가고 있었다. 이구아나의 꼬리 끝은 항해사의 꼬리뼈 지점에 있고, 머리는 항해사의 목덜미 아래에서 고개를 뒤로 돌리며 바라보는 사람의 눈을 응시한다.

그날 저녁, 다시 티셔츠로 문신을 가린 젊은 항해사는 호쿨레아호로 항해할 수 있다는 것이 어떤 의미였는지 우리에게 설명했다. 인류학자들의 끈질긴 요청에 그를 포함한 폴리네시아 사람 몇몇이 서구의 전통적 항해 도구 없이 위협적이고 텅 빈 황야 같은 바다를 항해하는 옛 방법을 다시 찾아내는 일에 나섰다고 했다. 이때는 전 세계의 지배적인 문화들이 정교한 과학과 기술, 거대한 물질적 부를 보유하고 있음에도 어쩐지 길을 잃는 것 같다는 우려가 들기 시작하던 즈음이었다고 그는 말했다. 전통적 사회의 사람들 눈에 그 지배적 문화들은 노가 없는 배에 갇힌 채 겉으로만 평온해 보이는 대양 위를 아주 빠른 속도로 항해하고 있는 것처럼 보였다.

"한때는 우리 폴리네시아 사람들도 한 종족으로서 길을 잃었다고 느끼던 때가 있었어요. 이제는 우리에게도 다른 사람들에게 뭔가 줄 것이 생겼습니다. 사람이란 그럴 때 자신감을 회복할 수 있는 법이죠."

내 방으로 돌아왔을 때는 꽤 늦은 시간이었다. 존 C. 비글홀이 경애하는 마음으로 쓴, 내가 이미 2, 300페이지쯤 읽은 제임스 쿡 선장의 전기와 윌리엄 비비의 『갈라파고스: 세상의 끝』에 관해 내가 써둔 메모가 방에서 나를 기다리고 있었다. 세 번째로 갈라파고스 제도를 찾은 지금 그 메모를 다시 검토해보고 싶었다. 비비가 1924년에 펴낸 그 책으로 많은 사람의 관심이 이 태평양의 변경으로 쏠렸고, 일부 독자들은 아무 속박 없는 이 섬들이 마침내 자신들의 안식처가 될 낙원이라고 믿고 이곳에 올 방법을 찾았다.

나는 갈라파고스 투어에 함께할 열네 명의 여행객보다 일주일 먼저 이곳에 도착했다. 여행객 대부분은 내가 모르는 사람들이다. 혼자 먼저 온 것은 이곳에서 낮에는 유유히 거닐고 저녁에는 책을 읽으며 얼마간 시간을 보내고 싶었기 때문이다. 하지만 이날 밤에는 독서를 좀 미뤄둬야 할 것 같았다. 나를 방에서 내몬 열기와 습도도 어느 정도 누그러졌고, 금세 잠들 수 있을 만큼 충분히 피곤한 상태였기 때문이다. 전기가 아직 공급된다면 천장에 달린 전구의 눈부신 빛 때문에 도마뱀붙이들이 허둥거리며 달아났겠지만, 전기는 차단된 상태였고 도마뱀붙이들은 내 손전등 빛에는 놀라지 않았다. 침대 옆 창문을 열고 방문은 닫히지 않게 의자로 받쳐둔 다음 떠돌이 개들이 들어오지 못하게 문간에 밧줄을 얽어놓고는 옆으로 몸을 누이고 순식간에 잠들었다.

아침마다 이곳을 탐사하는 일이 규칙적 일과가 되었다. 나는 갈라파고스를 자유롭게 어슬렁거릴 수 있다는 것이 얼마나 큰 행운인지 매일 생각한다. 누구나 여기에 올 수 있는 건 아니니까. 작은 것들에 주의를 기울여, 나는 내게 말한다. 분명히 네 질문의 답이 아닌 것들도 자세히 살펴보라고. 오늘 네가 본 무언가에 관해 나중에 글로 읽을 기회가 있을 거라는 섣부른 가정은 하지 마.

늦게 잠들었더라도 나는 보통 첫 햇살이 비칠 때면 일어난다. 적도의 첫 햇살은 예고도 없이 닥쳐온다. 정말로 단 몇 분 사이에 한밤에서 한낮으로 바뀐다. 호텔의 발전기는 여섯 시에 작동하기 시작하고, 여섯 시 반에는 아침상이 차려져 있다. 아침 식사 후에는 보통 푸에르토아요라 시내를 걸어 다니며 그날그날 할 일을 하는 사람들을 구경한다. 시장에서 식료품(고지대 농장에서 실어온 과일과 채소) 짐을 내리는 사람들, 아이를 학교에 바래다주는 사람들, 말 안 듣는 내연기관에 대고 고함을 질러대는 누군가.

어느 아침에는 조선소에 들러 용골이 썩어버린 어선의 수선 작업이 어떻게 진행되고 있는지 살펴본다. 도서관을 이용하기 위해 찰스 다윈 연구소까지 걸어갈 때도 있다. 가족과 수십 년째 푸에르토아요라에 살고 있는 칼 앵거마이어와 만나기로 약속한 날 아침에는 노 젓는 작은 배를 빌려 아카데미베이를 건너간다. 그는 갈라파고스의 역사에 관해 내가 책에서 읽어본 적 없는 몇 가지 세세한 사실을 이야기해준다. 예를 들어 1930년대에 산타마리아섬에서 있었던 스캔들의 자세한 내막도 말해주고, 다윈에 관해 전해지는 이야기도 들려준다. 하지만 나는 다윈에 관한 이 이야기가 사실이 아니란 걸 확실히 알고 있다. 갈라파고스에 사는 한 가정의 가장인 앵거마이어 씨는 내가 남미나 아시아의 마을에서 만나 이야기를 나눠본 다른 사람들과 비슷하다. 그들은 그저 기억해야 할 중요한 사항을 잊지 않으려 애쓴다. 이는 자기가 속한 집단이 캐리커처처럼 단순화된 특징으로만 그려지거나 잊히는 것을 막기 위해 전 세계의 작은 공동체들이 기울이고 있는 노력이다.

또 어떤 아침에는 공항에 가는 지인의 차를 얻어 탄다. 예전에 여행 왔을 때 만나 첫눈에 호감을 느꼈던 스티븐 디바인을 만나러 그가 사는 고지대로 가는 길이다. 그때는 고지대에 있는 그의 넓은 농장을 다 걸어보지 못했는데, 이번에는 그럴 수 있게 됐다. 푸에르토아요라에서 공항까지 북쪽으로 이어진 좁은 도로를 타면 산타크루스섬의 북쪽 해안에 다다르는데, 이 해안에는 산타크루스섬과 발트라섬 사이의 좁은 해협이 천연 운하처럼 자리하고 있으며, 발트라섬에 있는 공항 활주로도 이 해안을 따라 뻗어 있다. 도로는 처음에 고지대의 농지로 올라갔다가 벨라비스타와 산타로사라는 작은 마을들을 거쳐 다시 내려오며 아아 용암*과 파호이호이 용암†으로 이루어진 거대하고 검은 용암 평원을 지난다. 이 용암 평원에서는 씨앗이나 포자가 떨어져도 싹이 거의 트지 않는다.

지인은 스티브의 농장 문 앞에 나를 내려주었다. 며칠 전 푸에르토아요라에서 우연히 스티브와 마주쳤는데, 그때 그가 자기 농장 주변의 스칼레시아숲을 산책하러 오라며 나를 초대했다. 스티브는 갈라파고스 제도의 생물학과 생태학에 조예가 매우 깊으며, 자신을 둘러싼 지역 전체에 헌신하는 태도가 아주 매력적인 사람이다. 나는 갈라파고스에 관한 거라면 대중적인 책이든 과학 문헌이든 가리지 않고 읽으면서 이곳의 기본적 지리학과 자연사를 익혀가던 참이었는데, 스티브와 대화를 나누면서 흐릿하던 개념이 명료해지고 놀라운 연결점들을 깨달을 수 있어 좋았다. 이런 깨달음은 현지에서 살아보아야만, 진정한 수습생으로 지내봐야만 얻을 수 있는 종류의 통찰이었다. 건기에는 잎을 떨구어 수분을 보존하는 팔로산토나무를 스티브는 "여간해서는 죽지 않는" 나무라고 부른다. 산타크루스섬 동쪽 앞바다에 있는 남플라사와 북플라사라는 작은 두 섬에 가면 제비꼬리갈매기들이 역풍을 등지고 날아 제 둥지가 있는 육지에 우아하게 내려앉는 걸 볼 수 있다고 알려준 것도 스티브였다.

스티브는 갈라파고스 제도 안에서 이글거리고 있는 원한에 관해서도 똑 부러지게 표현할 뿐 아니라 그에 관한 통찰도 보여

---

* 점성이 높아 쉽게 흐르지 않는 용암류가 덩어리지고 부서지며 흐르다가 굳어진 것으로, 표면이 거칠고 요철이 심하다.

† 점성이 낮은 용암류가 부드럽게 흐르면서 굳어, 표면이 매끄럽고 둥그스름하며 잔물결 모양이나 새끼줄 모양의 무늬가 생긴 용암이다.

준다. 이 원한은 주로 갈라파고스 국립공원(갈라파고스는 육지의 97퍼센트와 연안 지역 대부분이 국립공원 관할이다) 직원들과 공원의 경계선 때문에 자신들이 소외당한다고 느끼는 한 무리의 주민들 사이의 갈등에서 비롯됐다. 주민들은 국립공원 안에서도 사냥과 어업 활동을 할 수 있기를 원한다. 내가 스티브와 이야기를 나누던 당시 그 원한의 감정은 이사벨라섬의 푸에르토비야밀에서 특히 강했다. 그곳 주민들이 국립공원 경계선 안에 일부러 산불을 지르고, 근해에서 불법 상업 어업을 시작했던 것이다. 스티브는 양쪽 입장을 다 이해할 수 있었지만, 마을 사람들이 폭력적인 방식으로 불만을 표현하는 건 존중할 수 없었다. 과거에 주민들이 국립공원 안으로 들어가 사람들이 키우다 버려 야생화된 가축들을 사냥하거나 커다란 마타사르노나무를 목재용으로 베어갔을 때나, 어획 한계선을 무시하고 수확 철이 아닌 바닷가재와 해삼, 기타 해양 생물을 채취했을 때는, 마을 회의에서 고함과 욕설이 오가다 몸싸움으로까지 번지는 일이 잦았다. 한번은 마을 사람들이 갈라파고스의 과학 연구와 갈라파고스를 보호하려는 강력한 세계적 관심의 상징인 찰스다윈연구소로 처들어가 유리창을 박살 내고 수년간의 과학적 기록을 파괴했다. 국립공원에서 살고 있는 거북들을 일부러 죽이는 일도 있었다.(코끼리거북은 갈라파고스 국립공원의 상징과도 같은 동물이라 국립공원의 로고에도 등장한다.)

이러한 반목의 뿌리에는 계층 간의 앙심이 있다. 상대적으로 수가 적고 교육을 잘 받았으며 생태를 보존해야 한다는 생각을 품은 국립공원의 관리인들은 어민들과 자급자족 농민들로 이루어진, 훨씬 규모가 큰 노동 계층과 정면으로 충돌하는 상황에 봉착했다. 이들은 주로 에콰도르 사람들로 이 제도로 옮겨오기 전까지는 갈라파고스의 생태를 보존하려는 세계적인 움직임에 관해 거의 몰랐던 이들이다. 그들에게 생태 보존이라는 이상은 좀처럼 이해되지 않는 낯선 개념이다. 1960년에 웨스턴트레이더호를 타고 산크리스토발섬에 도착한 미국의 개척자들처럼, 이 에콰도르 사람들도 갈라파고스에 도착했을 당시 담수와 경작할 수 있는 토지가 매우 적고 행정 서비스는 최소한으로만 갖춰진 이 제도에 대해 아주 비현실적인 생각을 품고 있었다. 밀가루와 식용유, 종이류 등 기본 생필품은 몹시 비싸고 공급량도 제한되어 있었으며, 의료를 지탱하는 기반 시설은 원시적이었고, 돈벌이가 되는 직업도 극히 드물었다. 거기에 더해 이곳의 경제와 사회의 복잡한 사정에 무지한 부유한 관광객이 매주 수천 명씩 찾아왔다. 대다수 주민은 방문객들의 돈은 열렬히 탐하면서도 그들을 성가신 존재로만 여겼다.

푸에르토아요라의 거의 모든 공개 회의장에서는 실업과 계급 특권, 분쟁 대상인 공원 경계선 관할권, 이 문제들을 피해가거나 해결하려는 계획 등에 관한 논의가 벌어진다. 근본적으로 섬 주민들의 의견은 갈라파고스를 생물학적으로 보존하는 일을 얼마나 중요하게 여기는가에 따라 갈린다. 이런 의견 차는 실업률이 높은 지역사회에서 보존이 과연 얼마나 중요한 문제인가에 대한 생각 차이로 더 벌어지고, 갈라파고스의 경제성장과 개발의 필요성에 관한 생각 차이로 상황은 한층 더 복잡해진다. 나아가 일부 에콰도르인들은 국립공원 보호를 위해 투자하는 국제 생태 보호 단체들에도 깊은 반감을 품고 있다.

수년간 공원 관리자들은 섬 방문객 수를 제한해야 한다고 주장해왔지만, 그 노력은 허사였다.(대부분의 방문객은 투어 선박에서 숙박하고 식사도 거기서 한다. 때때로 섬에 상륙해 짧은 시간 머물기도 하지만, 제한된 수의 몇몇 장소만 방문할 수 있으며 거기서도 정해진 코스를 벗어나 다른 곳을 배회하거나 동물들을 성가시게 하거나 기념품을 가져가거나 쓰레기를 버리지 못하게 가이드들이 제지한다.) 내가 갈라파고스에 처음 왔던 1986년에는 에콰도르 정부가 정한 연간 방문자 수 상한선이 1만 8000명에서 2만 5000명으로 막 조정된 때였는데, 그해의 실제 방문자 수는 3만 2000명이었다.[9]

애초에 에콰도르 국민들을 갈라파고스로 불러들인 동기 중 하나는 에콰도르 본토에 널리 퍼져 있는, '에콰도르의 변경'으로 가면 누구나 '관광'으로 큰돈을 벌 수 있다는 믿음이었다. 하지만 이곳에서 주로 큰돈을 버는 이들은 갈라파고스의 투어 보트 운영권을 누구에게 내줄지 결정하는, 수도 키토에 있는 정치가들과 사업 파트너들이다.

갈라파고스 사회의 현상을 더욱 깊이 파고들수록, 경제적 기회와 정치적 부정이 '발전'을 추동하는 곳이면 어디나 그렇듯이, 여기서도 평범한 삶을 오염시키는 도둑질과 불공정을 더 많이 발견하게 된다. 나는 잘못된 정보에 속아 부실한 꿈을 품은 채 정부가 지원하는 비행기를 타고 본토에서 이곳으로 건너온 에콰도르 사람들과, 낮은 급여를 받으면서도 부족한 자금으로 불법적 사냥과 어업, 목재 절도를 통제하며 자신들이 보기에 국립공원이 감당할 수준을 넘어선 수많은 방문객이 이 제도에 미치는 영향을 줄이기 위해 헌신적으로 노력하는 과학자들과 생태보호 활동가들 양쪽 모두에게 짠한 연민을 느낀다. 그리고 생태보호 문제에 대한 양측 의견에 다 공감하는 한편 갈라파고스를 경제적 착취로부터 지켜내는 일에서 자신이 느끼는 경이로운 감정을 방문하는 사람들에게도 일깨우려 노력하는 스티브 같은 이민자들에게는 깊은 애정을 느낀다. 갈라파고스를 방문하는 이들 중에는 자기 나라의 경제나 정치 분야에서 상당한 힘을 발휘하는 이들도 있는데, 스티브 같은 사람들은 그런 힘 있는 사람들이 갈라파고스 제도를 위해 그 힘을 좀 써주기를 바란다.

지난번 갈라파고스 방문 때, 아침에 스티브의 집 포치에서 그와 커피를 마시며 대화를 나누고 있는데 스티브의 친구가 한 명 찾아왔다. 스티브가 친구와 지역 소식을 나누는 동안 나는 스티브와 대화할 때 떠오른 생각을 노트에 적기 시작했다. 하지만 이내 나의 주의는 노트에서 바다 표면에 퍼지고 있던 검은 부분으로 옮겨갔다. 그것은 넓게 퍼진 백열광 한가운데서 점점 형태를 갖춰가고 있었다. 스티브의 집에서부터 아래로 비탈진 숲의 임관 너머 몇 킬로미터 떨어진 거리에, 훨씬 더 아래쪽에 있는 바다가 눈에 들어왔다. 석고처럼 하얗고 세로로 긴 거대한 구름

덩어리가 태양 앞을 미끄러져 가면서, 은빛을 발하던 바다의 표면을 어둡게 만들고 있었다. 내 시선은 푸에트로아요라가 있는 산타크루스섬의 남해안 저지대와 근처의 높이 솟은 나무들의 꼭대기를, 그리고 마지막으로 스티브의 농장과 접한 넓게 트인 목초지를 큰 원을 그리며 훑었다. 내 옆에 있는 연못에서는 흰뺨고방오리 한 쌍이 먹이를 먹고 있었다. 그러다 가벼운 바람을 맞아 둥글게 밀리는 왕거미 거미줄의 반짝임에서 시선이 멈췄다. 이때 햇빛이 어찌나 강하고 햇빛이 통과하는 공기는 또 어찌나 맑던지 제법 떨어진 거리에서도 노랑과 까만색의 별거미 몸에 난 작디작은 가시돌기들까지 완벽하게 알아볼 수 있었다.

이윽고 스티브의 친구가 돌아간다. 우리는 침묵 속에 앉아 있다. 남쪽 수평선 위에서 위협적인 폭풍우의 조짐이 보이기는 하지만 이 날씨는 우리를 평안하고 행복하게 한다. 커피도 훌륭하다. 우리 둘 중 누구도 이 편안한 상태를 굳이 말로 표현하려 애쓰지 않는다.

나는 점심 시간에 맞춰 호텔에 돌아가고 싶었고, 그래서 작별 인사를 하고 차를 얻어 탈 수 있기를 바라며 내리막길을 따라 걷기 시작했다. 만원인 공항버스가 망가진 완충기를 달고 술 취한 사람처럼 흔들흔들하며 다가오는 모습이 시야에 들어왔다. 이미 지붕 위의 짐칸까지 사람들로 가득 찼다. 나는 뒤쪽 범퍼에 달린 사다리 가로대에서 빈자리를 찾아냈다. 마을에 도착했을 때는 온몸이 먼지 범벅이 됐다. 게다가 더위와 습도 때문에 먼지가 피부에 떡처럼 뭉쳐 달라붙어 있다. 나는 호텔 운영자인 잭 넬슨에게 잠깐 샤워를 해도 괜찮겠느냐고 물었다. 담수는 귀했고, 나는 이미 이날 한 번 샤워를 한 터였기 때문이다. 그는 물론 괜찮다며, 전날 밤 스티브의 농장에서 배달온 신선한 채소가 들어간 점심을 따로 챙겨두겠다고 말했다.

푸에르토아요라 사람들은 대체로 한 다리만 건너도 아는 사이라(시내 도서관은 잭의 누이 크리스티 갈라르도가 운영했다), 나는 이곳 사람들 틈에서 마음 편히 자리 잡은 것 같은 느낌이 들었다. 하지만 그 때문에 더 조심스럽기도 했다.

방으로 돌아오는 길에 나는 마당에 있는 만사니요나무와 멀찍이 거리를 두고 지나왔다. 그 나무의 우유 같은 수액은 옻나무 수액에 닿았을 때처럼 피부에 물집과 가려움증을 일으키기 때문이다. 이곳에 도착한 날, 나는 내 방인 5호실이 길 건너 묘지와 마주 보고 있음을 알아차렸다. 화산토는 파내기가 아주 어렵기 때문에 그곳에 있는 무덤은 대부분 장식이 거의 없는 석관들이었다. 회반죽을 칠한 콘크리트 관들이 딱딱한 바닥에 직각으로 줄을 맞춰 놓여 있었다. 네모난 벽돌 기둥 위에 올려진 관들도 있었다.

묘지는 언제나 신중하라는 경고다.

1986년 처음 갈라파고스에 왔을 때 나는 새들과 동물들의 다양함과 광범위함에, 스노클을 끼고 잠수한 나를 압도하던 연안의 생명들, 기적 같은 그 모든 생명에 너무나 놀라 어리벙벙해진 나머지, 처음에는 이곳에 삶과 죽음이 얼마나 철두철미 긴밀하게 뒤섞여 있는지를 알아보지 못했다. 해안을 끼고 자라는 맹그로브숲을 헤치며 노를 젓거나, 고지대의 무성한 초목을 헤치고 나아갈 때는 살아 있는 존재들을 예리하게 의식하게 된다. 작은 새들은 스칼레시아숲 아래쪽에서 짹짹거리고 끊임없이 휙휙 날아다닌다. 관광객들은 안전하게 보호된 석호에서 투명한 물밑으로 천천히 물결치듯 움직이는 얼룩매가오리 떼 위를 떠다닌다. 해안가에서는 꼬까도요와 세가락도요들이 먹이를 찾아 해변을 훑고, 검은목장다리물떼새와 검은머리물떼새, 노란이마해오라기, 갈라파고스붉은게 들은 수면 위를 후다닥 스치며 뛰어다닌다. 식물이 거의 자라지 않는 저지대 석회 덩어리 평원에서 펼쳐지는 생명의 태피스트리에서는 죽음이 차지하는 부분이 훨씬 두드러진다. 내가 길 위에서 만난 현지인에게 그날 말했던 것처럼, 생명의 끈질긴 동행자인 죽음과 나의 첫 만남이 이루어진 곳은 무너진 화산의 가장자리 잔해이자 크기가 산타크루스섬의 50분의 1도 안 되는 헤노베사섬이었다.

우리가 헤노베사섬에 도착했을 때는 구름이 잔뜩 끼어 있었다. 모터 요트는 다윈만에 닻을 내리고, 우리 작은 무리는 프린스 필립 계단이라는 둘레길을 따라 헤노베사섬의 평평한 정상인 용암 평원에 오른다. 붉은발얼가니새, 푸른얼굴얼가니새, 큰군함조, 쐐기꼬리바다제비 등 새 수천 마리가 새 배설물로 뒤덮인 민둥 바위들 틈에 둥지를 틀고 산다. 바다에서 강한 바람이 새들의 지저귐을 가르며 섬 쪽으로 불어온다. 이 음산한 평원에는 햇빛에 바랜 팔로산토나무의 가지, 쇠부엉이 배설물, 갈라파고스매들이 살점을 다 발라 먹고 남은 큰 새들의 해골이 여기저기 널려 있고, 공기 중에는 수백 군데 둥지에서 어른 새들이 새끼들에게 먹이려고 게워낸 생선 냄새가 짙게 배어 있다.

옛날 뱃사람들이 생각했던 대로, 음산한 지옥의 도깨비 같은 인상의 재색 바다이구아나들은 서로 몸을 휘감아 덩어리처럼 엉킨 채 마치 가고일처럼 꼼짝도 하지 않고 저 히스테리컬한 풍경 너머로 시선을 던지고 있다. 흉내지빠귀들은 새끼 얼가니새들을 낚아채 가더니, 콩처럼 작은 자갈들이 깔린 자갈밭에 태연히 앉아 있는 부모 얼가니새들과 겨우 1, 2미터 떨어진 거리에서 새끼들을 죽여 잡아먹는다. 쇠부엉이들은 용암 틈새에서 나와 쐐기꼬리바다제비 새끼들을 잔인하게 공격한다. 갑작스레 바뀐 바람의 세기와 방향에 놀란 큰군함조들은 갯능쟁이 덤불에 저희가 지어놓은 허리 높이 둥지들 주변 땅 위를 바람에 떠밀려 재주넘듯 굴러간다.

바람에 휩쓸려 간 새들의 해골은 나뭇가지 위에 불길한 징조처럼 걸려 있다. 생선을 너무 많이 먹어 멍해진 푸른얼굴얼가니새 새끼들은 아직 똑바로 설 수 있는 근육이 발달하지 않은 탓에 나무 밑 바위 위에 아무렇게나 널브러져 있다. 얼가니새의 둥지 안에서는 더 큰 새끼가 더 작은 새끼를 죽인다.

이 모든 풍경 위로 막 바다에서 먹이 사냥을 마치고 돌아오는 어른 새들은, 계속 바뀌는 바람을 곡예하듯 유유히 타고 넘는 능란한 기술을 선보인다. 바다이구아나들은 방금 새들이 사냥을 마치고 온 먹이가 풍부한 물속으로, 바다로 들어가는 도마뱀처럼 몸을 툭툭 던진다. 끈질긴 선인장과 노란코르디아와 란타나 덤불은 거친 용암 부스러기 틈새에 기반을 잡고 무성히 자라고 있다. 이곳의 광범위한 죽음은 생명을 더욱 빛나게 하고, 살아 있는 생물들의 원기 왕성함은 죽음의 횡포를 축소한다.

여기 있으니 모테트motet라는 음악 용어가 떠오른다. 새들의 소리로 이루어진 두꺼운 구름이 눈에 보이는 모든 것 위에 드리워 있고, 그건 누군가에게는 귀를 긁어대는 소리다. 불협화음. 모테트는 "어떤 텍스트를 기반으로 한 다성음악 양식의 성악곡"이다.

배부른 새끼 새들의 생명력 넘치는 삐악삐악 소리와 삶이 끝나가는 새들의 꺽꺽 소리가 공존하는 이곳 헤노베사섬에서 그 텍스트는 무엇일까?

호텔 식사를 건너뛰고 푸에르토아요라의 카페에서 저녁을 먹는 날도 있다. 아직 가보지 못한 크리스토발섬의 푸에르토바케리소모레노나 이사벨라섬의 산토토마스 같은 다른 지역에서 온 사람을 만날 수 있지 않을까 하는 희망을 품고서. 나의 어설픈 수준의 스페인어를 연습하고, 쿠바 스페인어나 아르헨티나 스페인어와 다르게 들리는 에콰도르 스페인어를 마음껏 시도해볼 기회이기도 하다. 어느 밤에는 국립공원 가이드 한 사람을 만나 함께 랑고스티노(작은 새우)를 먹었다. 이튿날 아침 그는 내게 작은 무리의 자원봉사자들을 보트에 태워 멸종 위기 종인 바다거북이 주기적으로 알을 낳는, 섬의 남쪽 토르투가베이의 해변으로 갈 거라고 말한다. 그들은 바다거북 암컷이 해변으로 오거나 알을 묻는 모습을 볼 수도 있을 것인데, 그의 주된 의도는 사람들에게 생태와 바다거북 보호에 관한 교훈을 전한 뒤, 지나가는 배들이 버린 쓰레기들이 밀려와 형성된 해초선을 그들과 함께 치우는 것이다.

나도 함께 가겠다면 환영이란다.

그날 아침 우리는 거북은 한 마리도 보지 못하지만 얼마 전 암컷이 알을 낳고 모래로 덮어둔 구덩이를 여럿 발견한다. 가이드에 따르면 구덩이 하나에 알 수백 개가 들어 있다고 한다. 부화한 새끼 거북은 밤에 나올 것이다. 높은 만조선 아래쪽으로 드러난 해변을 살아서 건너는 데는 어두운 게 유리하기 때문이다. 여전히 다른 포식자들과 맞닥뜨리기는 하겠지만 그래도 일단 물속에 들어가면 흉내지빠귀, 갈라파고스매, 달랑게로부터는 안전할 것이다.

우리는 오전이 절반쯤 지났을 때, 연한 노란색 쓰레기봉투 몇십 자루를 들고 아주 뿌듯한 마음으로 보트를 타고 해변을 떠난다.

그날 밤 나는 육로 트레일을 따라 그 해변에 다시 가보기로 한다. 부화한 바다거북 새끼들이 구덩이에서 나오는 모습이 보고 싶어서다. 거기까지 가는 3킬로미터가 넘는 길은 울퉁불퉁한 바윗길이고 옆에는 빽빽한 덤불이 어깨 높이로 자라고 있다. 공기는 후텁지근하지만, 보름달에 가까워가는 상현달의 달빛 덕분에 길을 쉽게 분간할 수 있다. 손전등을 켤 필요도 없다.(깊지 않은 어둠 속에서 손전등을 켜면 가시 범위만 더 좁아질 뿐이다.)

해변에 발을 들이는 순간 이미 물가에서 움직임이 감지된다. 흉내지빠귀들이다. 내가 도착하기 몇 분 전에 한 무리의 새끼 거북이 알을 까고 나와 해변을 가로질러 물까지 가려고 했던 모양이다. 규모는 더 작았겠지만, 탁 트인 초원에서 잰걸음으로 달려가는 초식성 안킬로사우루스 무리를 티라노사우루스가 공격하는 것과 비슷한 상황이 벌어졌을지도 모른다. 지금 해변에는 새끼 거북이 한 마리도 없다. 잠시 후 흉내지빠귀들도 사라졌다. 나는 만조선 위에서 새끼들이 나온 구덩이를 발견하고 그 옆 모래밭에 앉는다. 양옆으로 시야가 탁 트인 곳이다. 한 시간이 흘러간다. 빛과 색이 없으니 해변은 더욱 고요하다.

다른 여러 장소에서 동물들을 바라보며 어두운 밤을 보냈던 기억들 사이를 이리저리 떠다니고 있을 때, 내 엉덩이 옆으로 모래보다 진하고 내 손바닥 반만 한 크기의 동그란 것이 지나가는 모습이 보인다. 나는 재빨리 일어나 손전등을 비추며 근처 해변을 꼼꼼히 훑는다. 한 마리뿐인 것 같다. 지나가며 만들어 놓은 선을 보니 물을 향해 단호하게 치고 나가는 중이다. 나는 그 옆을 따라 걷는다. 주변에 떠서 노리는 새는 한 마리도 없지만, 이내 우리를 향해 잽싸게 다가오는 달랑게 한 마리가 보이고 또 한 마리가 보인다. 내가 발로 막아서지만 녀석들은 이 어린 거북 못지않게 결연해서 계속 돌격하며 내 뒤를 맴돈다. 나는 새끼 거북을 물까지 들어다 놓을까 생각해보지만, 금세 그건 선을 넘는 일이란 느낌이 든다. 지나친 개입이다. 이런 건 과연 어떻게 판단해야 하는 걸까? 나는 이 접전의 현장에 계속 머물며 거북이 안전하게 흰 파도 속으로 들어갈 때까지 거북을 보호한다.

토르투가베이에 와서 보려고 했던 것을 보고 나선지 갑자기 몹시 피곤한 느낌이 몰려와 푸에르토아요라로 돌아가려 발걸음을 돌린다. 안 그래도 힘든 하루를 보냈는데, 여기까지 한참을 걸어왔다 가느라 더 힘든 날이 되었다. 때때로 구름이 달을 가리면 너무 어두워져서 내가 안전하게 발을 딛고 있는지, 발가락으로 앞길을 조심조심 확인해야 한다. 손전등을 켜고 싶지는 않다. 어느 시점에 커다란 동물이 내 옆을 번개처럼 지나간다. 개 한 마리다. 내 옆을 지날 때 녀석의 헐떡거리는 소리가 들린다. 발톱이 바위를 톡톡 때리던 소리가 저 앞에서 갑자기 멈춘다. 녀석이 나를 돌아보고 있다. 뒤에서도 뭔가가 다가오는 느낌이 든다. 등에 소름이 돋는 걸 느끼며 나는 뒤쪽으로 손전등을 비춘다. 번득이는 눈은 없다. 텅 빈 길뿐. 나는 주변 어둠이 더 짙어지도록 손전등을 끄고 계속 걷는다. 앞에서 달리는 개의 소리는 더 이상 들리지 않는다. 가버린 게 확실하다.

머릿속에서 야생화된 개들의 형상이 몰려들기 시작한다. 덤불이 휙 쓸리는 소리가 들린다. 분명 내 뒤에서 난 소리다. 그러다 다시 발톱이 타닥거리는 소리. 이제는 손전등을 계속 켜둔 채 어깨 너머로 돌아보고 앞의 불빛 속을 쳐다보며 잰걸음으로 걷기 시작한다. 어서 저 앞 도로에 도착하고 싶다. 별이 가득한 하늘을 배경으로 첫 집의 윤곽이 보이자 내가 생각보다 마을에 훨씬 가까이 왔음을 깨닫고 걷는 속도를 줄인다. 얼룩무늬 개 네 마리가 반응할 새도 없이 나를 앞질러 왼쪽으로 쌩하니 달려 간다. 개들은 10미터 앞에서 방향을 틀어 빽빽한 덤불 속으로 들어간다. 나는 다시 아무 소리도 안 들릴 때까지 꼼짝하지 않고 가만히 서 있다.

그렇게 거의 뛰듯이 걸으며 나는 무슨 생각을 하고 있었을까? 내가 거기 있다고 상상했던 것들을 속도로 따돌릴 수 있을 거라고?

녀석들은 나를 가지고 장난을 친 것이다.

마을 입구에 잠들어 있는 떠돌이 개 두 마리는 내가 옆을 지나갈 때도 땅바닥에서 머리를 들지 않는다. 방으로 돌아와 고리버들 의자에 앉은 나는, 알을 깨고 나온 새끼 거북이 맞닥뜨리는 세상과 방금 내가 다시 알게 된 상처 입기 쉬운 세상을 별개의 것으로 보려고 애쓴다.

그 개들을 만나고 며칠 뒤, 나는 갈라파고스 호텔에서 당시 갈라파고스의 야생화된 개들을 연구하던 생물학자 브루스 바넷과 함께 점심을 먹는다. 갈라파고스 제도에서 사람의 손길에서 벗어나 야생으로 돌아간 개들의 종류는 테리어, 스패니얼, 독일 셰퍼드, 불도그, 리트리버, 그레이트데인 등 다양하다. 이들은 모두 동일한 유전형, 즉 카니스 파밀리아리스의 다양한 표현형들이다. 야생에서는 이런 표현형들이 대부분 사라진다. 다른 말로 하면 갯과의 표현형 발현 범위가 줄어든다는 뜻이다. 갈라파고스 제도의 어디에서 어떻게 살고 있는가에 따라 같은 지역에 사는 야생화된 개들은 몇 세대만 지나도 서로 닮은 외양을 띤다. 용암이 굳어 식물이 별로 자라지 않는 지역, 예를 들어 이사벨라섬의 이사벨베이 같은 곳에서는 야생화된 개들이 주로 바다이구아나를 사냥하는데, 바넷은 이 개들이 서로 조상이 다른데도 외양은 같다는 사실을 알아차렸다. 이 개들은 바닥이 뜨겁고 햇볕이 따가운 용암 평원의 환경에 적응하여 다리가 길고 귀는 박쥐 귀 같으며 털이 짧고 배에는 털이 없는 모습을 띠게 되었다.

바넷의 연구는 흥미로웠다. 그 연구에는 갈라파고스핀치의 계통학 연구에서 보이는 것과 같은 특징이 전혀 없었다. 바넷은 엄밀히 말해서 이곳에 속하지 않는 한 동물의 형태학과 사회적 행동에 초점을 맞추었고, 그의 연구는 달아나는 개들을 놓쳤거나 그 개들을 버린 사람들의 일상적 삶과 관련된 연구였다.

바넷은 야생화된 개 연구뿐 아니라 더욱 논쟁적인 사안에도 관여했다. 바로 야생화된 염소, 돼지, 소, 토끼, 고양이, 당나귀 개체군들의 살처분 문제로, 이는 각각 그 동물들이 살던 모든 섬에 생태학적으로 큰 영향을 미치는 문제였다.(야생화된 개, 돼지, 염소, 고양이는 1835년 다윈이 왔을 때도 개체 수가 비교적 적기는 했지만 이미 이곳에 자리 잡고 살고 있었다. 외래 식물들도 선원들의 신발이나 옷에 묻어 뜻하지 않게 갈라파고스에 상륙한 씨앗들로부터 자라나 이미 자리 잡고 있었다. 또한 그 무렵에는 항해하는 선박들이 식량으로 쓰려고 갈라파고스에서 잡아간 거북이 1만 마리가 넘었을 것이다. 그 뒤로는 과학자들도 수집을 위해 더 많은 거북을 계속 데려갔다.(나는 1994년에 샌프란시스코 소재 캘리포니아 과학 아카데미 박물관의 선반에서 다른 갈라파고스 거북들의 등딱지와 함께, 페르난디나섬에서 살아 있는 채로 발견된 유일한 코끼리거북의 텅 빈 등딱지를 보았다. 1905년과 1906년 사이에 가져온 것이었다. 주위에 깔끔하게 배치된 다른 등딱지들과 마찬가지로 페르난디나섬 거북의 등딱지 역시 모든 페이지가 뜯겨나가고 표지만 남은 책 같았다.)

다윈을 비롯한 여러 과학자가 처음에 기술했던 이곳 동식물 생태계의 전반적 윤곽을 보존하려는 노력으로 여러 해에 걸쳐 다수의 살처분 캠페인이 진행되었는데, 그중에는 대규모 군사작전을 방불케 하는 것도 있었다. 예를 들어, 헬기를 탄 뉴질랜드 사냥꾼들과 지상의 명사수들이 유다 염소*를 미끼로 삼아 공중과 지상에서 합동 작전을 펼쳐, 일 년 만에 단 하나의 섬에서만 거의 10만 마리의 염소를 제거했다.

갈라파고스의 '본래' 생태계를 유지하려는 노력은 어떤 의미에서는 칭찬할 만하지만—꽤 큰 외래 동식물 개체군들은 손을 쓰지 않고 둘 경우, 수천 년 동안 함께 진화해온 종들로만 이루

* 사냥이나 포획할 목적으로 다른 염소들을 유인하도록 훈련하고 위치 추적 장치를 달아둔 염소.

어진 생태계를 근본적으로 교란시킬 수 있으니—'토착' 종과 '외래' 종을 구분하려는 시도에는 문제의 소지가 있다. 핀치와 거북 등 갈라파고스를 상징하는 생물들의 조상 역시 다른 곳에서 '이주해온' 생물들인데, 시궁쥐와 돼지 등 나중에 뱃사람들을 따라 들어온 생물들만 '침입자' 취급을 받고 있다는 관점도 있다. 그러나 오늘날 이곳에 속하는 생물과 몰살해야 하는 생물을 구분하는 건 정치적으로도 생물학적으로도 쉽지 않은 일이다.

갈라파고스의 열성적 생태 보호 활동가들을 가장 화나게 하는 것은, 야자나무와 모기, 염소들이 이곳의 식생에 일으킨 황폐화, 섬의 해변에 밀려온 죽은 상어들, 상업적 사냥꾼들이 아시아 시장에 공급하기 위해 잘라낸 상어 지느러미 등 인간이 이곳에 남긴 흔적들이다. 활동가들은 가능한 한 모든 야생화된 동물 개체군들이 제거된 상황을 원한다. 더 이상 돼지들이 바다거북의 알을 파헤쳐 꺼내 먹지도 않고, 고양이들이 하와이슴새의 둥지굴을 약탈하는 일도 없으며, 더 이상 토착 포유동물들—예컨대 쌀쥐속의 다섯 종—이 배를 타고 해안으로 들어온 곰쥐에게 목숨을 잃는 일도 없도록.

사람들이 갈라파고스를 버리고 떠나야 한다고 주장할 사람은 (아마) 아무도 없을 것이고, 야생화된 돼지들과 염소들을 그대로 수용하기를 원하는 사람도 (아마) 없을 것이다. 그리고 그 사이 중간 지대는 그 누구도 찾을 수 없을 것 같다. 무엇이 여기에 속하고 무엇이 속하지 않는지에 관한 논의—예컨대 선호되는 식물은 무엇이며 뿌리를 뽑아야 할 식물은 무엇인가?—에서는 오랜 세월 인간 사회에서 이민자 문제를 논할 때 등장했던 것과 같은 종류의 대립된 의견들이 음험하게 움직이고 있다. 때때로 갈라파고스를 두고 격앙되는 논의에서는 인종차별적 언사, 이민 배척주의의 편견, 경제적 사리사욕의 메아리가 분명히 들린다.

갈라파고스 호텔에서 보낸 한 주가 거의 끝나가고 있다. 이후 열흘 동안 비글 3호를 타고 함께 여행할 사람들이 내일 발트라섬에 도착할 예정이다. 나는 공항에서 그들을 만나 우리가 탈 모터 요트에 오를 것이다. 가방을 싸고 다이빙 장비를 챙기고 노트에 뭔가를 적고 있을 때—바넷이 자기가 쓴 학술 논문 몇 편의 사본을 내게 주었다—독특한 노크 소리가 들린다. 호텔 운영자 잭이다. 나를 만나고 싶어하는 남자 둘이 로비에서 기다리고 있다는 말을 전하러 왔다. 이 지역 주민들인데 자기들이 함께한 여러 차례의 태국 여행에 관한 이야기를 내가 써줄 수 있을지 알고 싶어한다고 했다.

호텔 로비에서 그들을 만난다. 그들이 나를 만나고 싶어하는 이유가 어딘지 미심쩍지만 나에게 여러 호의를 베풀어준 잭에게 보답하고 싶다. 우리는 악수를 나누고 레스토랑으로 가서 자리에 앉는다. 오전이 반쯤 지난 시간, 레스토랑에는 아무도 없다. 잭이 우리에게 커피를 내오고—잭이 대접한 것이다—두 남자는 제안할 내용을 이야기하기 시작한다.

나보다 스무 살 정도 많고 과체중에 무례하기까지 한 이 미국 출신 남자들은 관광지로서 태국을 열렬히 좋아한다. 나는 곧바로 그 일의 적임자가 아니라고 말하고, 예의상 방콕에 관해 몇 마디 질문을 한다. 수상 시장과 왓프라깨우 사원에는 가보았는가? 치앙마이에는? 곧바로 이런 것이 그들의 관심사가 아니라는 게 분명해진다. 그들의 관심은 섹스에, 특히 십 대 여자아이들과의 섹스에 있었다.

나는 테이블에서 몸을 뒤로 빼고 그들의 청을 들어줄 수 없다고 정중히 말하고 악수는 하지 않고 자리를 뜬다. 주방에서 점심을 준비하며 토마토를 썰고 있던 잭이 레스토랑에서 나가는 나를 쳐다본다. 점잖게 구느라 그저 어깨만 으쓱해 보였지만, 사실 나는 그에게 가서 따지고 싶은 기분이다.

현실 세계의 어두운 구석은 언제 어디서나 가까이에 도사리고 있다.

내 방으로 돌아와 화를 삭이며 세상은 내가 본 게 다가 아닐 거라고 생각을 돌리려 애쓰지만, 다시 분노를 일으키는 이야기가 기억났다.

민족음악학자인 한 친구는 서아프리카의 타악기 합주 연구를 위한 지원금을 받았다. 어느 마을에서 한 주를 보낸 뒤, 이제 질문을 해도 될 만큼 자기가 머물던 집의 가족과 편한 사이가 됐다고 느낀 친구는 흉터를 만드는 의식에 관해 물었다. 그는 특히 팔과 등에 초승달 모양의 흉터가 무작위로 나 있는 한 남자의 이야기가 궁금했다. 그 가족의 얘기로는 그 남자가 어떤 소녀를 성희롱했고 그래서 마을의 모든 남자가 그를 깨물어서 생긴 상처라고 했다.

갈라파고스의 작은 두 플라사섬 근처 고든락스의 얕은 물속에 들어가 색이 화려한 열대어들의 거대한 무리와 처음으로 정면에서 마주쳤을 때, 나는 흥분해서 너무 힘차게 탄성을 내지르다가 스노클이 빠져 질식할 뻔했다. 내게 이토록 격한 감격을 안겨준 물고기는 파란눈자리돔이었는데, 이 물고기 수십 마리가 더스키사전트메이저 떼며 면도칼쥐돔 떼와 함께 맑은 물속을 누비고 있었다. 파란눈자리돔은 어두운 몸에 입술과 꼬리는 노랗고 눈에 밝은 파란색 테가 둘려 있으며, 12, 13센티미터 정도 길이에 몸통은 납작하다. 나를 소리치게 한 건 선명한 색깔만은 아니었다. 물론 햇살이 내리비치는 바닷물 속에서는 비늘을 뒤덮고 있는 글리세린 같은 점액질 때문에 색깔이 더 강렬하게 보이기는 한다. 나를 압도한 것은 마치 한몸처럼 일제히 몸을 돌리며 내게서 멀어지는 그 물고기들의 엄청난 수 자체였고, 거기 더해 내가 그 물고기들을 본 그 순간, 바로 그 지점이 이 세상에서 그들이 존재할 가장 완벽한 장소 같다는 느낌이었다.

이 여행에서 잠수를 계속하다보니 점점 스노클 사용에 익숙해졌고, 그럴수록 더 깊은 물속에 들어가 더 오래 머물 수 있게 되면서 이후 잠수할 때마다 놀래기, 비늘돔, 깃대돔, 나비고기, 자리돔, 쥐치, 동갈치, 통구멍, 학공치 등 물고기들의 경이로움에서 눈을 돌릴 수가 없었다. 배 위로 돌아오면 고드프리 멀린의

『갈라파고스 어류 도감』과 로저 페리의 『갈라파고스: 핵심 환경』 중 어류를 다룬 장, 가이드들이 준 다이빙 안내문들과 그림들을 뚫어지게 들여다보았다. 툴툴이, 잠꾸러기, 태평양돌돔, 거북복, 방아쇠고기, 뿔닭복, 반짝이얼게돔, 광대양놀래기, 무지개쏨뱅이, 양머리자리돔 등 물고기들의 일반명도 아주 매력적이다.

내가 더 깊은 물속에 내려가 더 오래 버틸 수 있는 장비와 기술을 갖춘 스쿠버다이버가 되어 갈라파고스를 다시 찾은 것은, 갈라파고스의 물고기들을 처음 만난 그때로부터 몇 년이 지난 뒤였다. 이는 내가 백기흉상어와 갈라파고스상어를 더 잘 살펴볼 수 있고 산호초 생태계를 더 여유롭게 관찰할 수 있게 되었다는 뜻이었다. 이 여행에서 함께한 일행 여섯 명은 어느 날 귀상어들이 만드는 움직이는 '벽'을 보고 싶어하며 로카레돈다[둥근 바위]라는 작은 해산海山 옆에서 다이빙했다. 귀상어들의 벽은 이사벨라섬 북쪽 연안에서 드물지 않게 볼 수 있는 광경이다. 내가 팡가라는 작은 배에서 스쿠버 장비를 착용하고 뒤로 구르듯 물속으로 뛰어든 다음 자세를 잡았을 때, 나보다 15미터쯤 아래에서 로카레돈다의 세로 벽 앞을 천천히 지나가는 홍상귀상어 몇 마리가 보였다. 바다의 바닥은 보이지 않았다. 우리가 더 내려가자 귀상어들은 어두운 곳으로 옮겨갔다. 우리 일행이 수심 25미터 정도까지 내려가 멈췄을 때 귀상어들이 우리보다 10미터쯤 위에 모여 있는 게 보였다. 예순에서 일흔 마리쯤 되는 무리였고, 어떤 상어는 길이가 3.5미터나 되는 것 같았다. 그들은 하늘에서 비쳐드는 역광을 받으며 마치 격자처럼 열린 대형을 유지한 채 침울한 듯이 움직였다.

프랑스어권에서는 스쿠버다이버를 묘사할 때 '무게가 없는 사람'이라고 표현하는데 이는 물속에서 무게가 없는 것처럼 보이는 물고기들의 매력을 표현한 '무게가 없는 물고기'라는 어구에 빗댄 것이다. 무게가 없는 듯한 이 성질 덕에 우리는 로카레돈다의 암벽을 따라 몇 센티미터씩 천천히 올라가며, 지나가는 상어들이 만드는 그림자 속 바위의 작은 돌출부에서 자기네 삶을 꾸려가고 있는 작은 동식물들을 관찰할 수 있다. 각자 둥둥 뜬 채로 자유롭게 움직일 수 있는 우리는 그 암벽을 따라 '거꾸로 뒤집힌 채'로도 수영할 수 있고, 우리 위 저 바다 표면의 아랫면도 살펴보며 갑자기 닥쳐오는 바람이 해수면을 때려 작은 파도들이 생겨나고 사그라지는 것도 볼 수 있다. 이보다 더 얕은 곳에서라면 자기 밑의 바닥도 볼 수 있고 그 모래밭에 비치는, 하늘 위로 지나가는 구름의 움직임도 볼 수 있다. 이렇게 동시에 왼쪽 오른쪽으로, 앞뒤로, 위아래로 움직이다보면 중력의 제약에서 벗어나 줄에 매인 우주비행사가 누릴 법한 관점을 가질 수 있다. 이카로스가 원했던 게 바로 이런 것이다. 이런 관점을 확보하면, 새들과 물고기들이 전혀 힘들이지 않고 움직이는 3차원이 잠시나마 우리의 것이 된다. 그러면 그들의 삶이 지닌 본성이 우리 앞에 완전히 열린다. 귀상어들은 도시의 공원 연못에서 떼 지어 다니는 백조들처럼 우리 곁을 지나간다. 시야에서 다시 사라졌나 싶을 때, 무리는 다시 비스듬히 기울어진 벽 같은 모양으로 우리 앞에 나타난다. 수직으로 서로 바싹 붙어 구축한 것 같은 대형인데, 새들이라면 비행에 필요한 양력을 확보하기 어려우니 이런 대형은 쉽게 만들 수 없을 것이다.

귀상어들의 기울어진 벽은 이내 종이를 바른 미닫이문처럼 벌어지며 저 멀리 흩어진다.

내 생각이 틀렸을 수도 있지만, 귀상어들은 우리의 존재를 알아차리지 못한 것처럼 보였다. 이때는 여러 해 전이어서 아직 갈라파고스 어부들이 오직 지느러미의 상업적 가치 때문에 엄청난 수의 상어들을 잡아대기 전이었다. 로카레돈다 주위에서 풍부하게 솟아나던 영양분은 그 지역에 전갱이, 농어, 참바리 같은 중간 크기 물고기들을 키워냈고 다시 이 물고기들은 (한때) 수많았던 귀상어들을 먹여 살렸다.

그날 보트로 다시 올라와 수건으로 물기를 닦고 있을 때, 누군가 800미터쯤 떨어진 지점에서 큰돌고래 떼를 발견했다. 우리 열다섯 명은 불과 며칠 전에 해안 근처 바다에서 마스크와 오리발과 스노클을 끼고 큰돌고래들과 신나게 뛰어놀았다.(우리는 그렇게 생각했다.) 그때 이 큰돌고래들은 우리 주변에서 물 위로 솟구쳐 올랐다가 다시 멀리 달아났다가 이내 빠른 속력으로 되돌아왔다. 돌고래들의 움직임에 맞춰 함께 어울리다보니 우리는 금세 지쳤다. 돌고래들은 가까이 다가왔지만 우리가 자기들을 만질 수 있을 만한 거리 안으로는 절대 다가오지 않았다. 큰돌고래들이 이번에 다시 보였을 때 또 한번 함께 놀려고 물로 뛰어들고 싶어한 사람은 두어 명밖에 없었다.

나는 다른 두 사람과 보트 조종사와 함께 우리 요트에서 팡가라는 작은 보트로 옮겨 탔다.

이 돌고래 무리는 며칠 전 돌고래들에 비해 우리에게 별 관심을 보이지 않았지만, 그래도 우리는 보트로 돌고래들 가까이에 접근해 물속으로 들어갔다. 어쩌면 돌고래들이 우리에게 다가와줄지도 모를 일이었다. 수심은 아주 깊었다. 바다를 항해하는 선원들이 그 코발트 색조 때문에 '푸른 물'이라고 부르는 그런 곳이었다. 내 아래로 나타난 것은 돌고래들이 아니라 내가 볼 거라고는 전혀 예상하지 못했던 것이었다. 10미터 아래에서 약 15미터쯤 되어 보이는 짙은 청회색의 암컷 보리고래가 새끼 한 마리를 돌보고 있었다. 이런 순간을 맞닥뜨리면 마음이 평정을 회복한 뒤로도 심장은 오래도록 평소의 리듬을 되찾지 못한다. 빛과 그림자, 물속 형태들을 이루는 선들이 서로 맞아 들어가면서 하나의 일관된 이미지가 완성되는 순간.

나는 스노클로 천천히 숨을 쉬며 움직이지 않고 둥둥 뜬 채로 그 존재들을 바라보았다. 그들이 움직이며 일으킨 물결에 그들의 모습이 흐릿해질 때까지. 보트에서 나와는 반대쪽으로 내려갔던 두 사람도 이 고래들을 보았으면 싶었다. 하지만 그들은 보지 못했다고 했다. 물에 들어가 처음 아래로 시선을 던졌을 때 그들이 본 것은 어린 향고래였다.

다시 보트로 돌아가, 우리가 물속에서 있었던 일을 상세히 이야기하자 바다에 들어가지 않겠다고 했던 사람들은 후회로 괴로워했다. 그런 이야기를 듣고서 어떻게 괴로워하지 않겠는가?

이틀 후 비글 3호는 이사벨라섬 서해안의 작은 만인 바이아 이사벨을 가로질러 남서쪽으로 이동했다. 저녁 식사 후 나는 구름이 무겁게 드리운 밤 풍경을 보려고 선수로 갔다. 전면의 푼타크리스토발의 서쪽 돌출부는 불투명한 검은색이어서 바다의 불투명한 검정과 분간이 되지 않았지만, 어두운 회색 하늘 배경과는 분명히 구별됐다. 가벼운 바람이 선수를 스쳐갔다.

남서쪽의 활짝 열린 태평양을 바라보고 있는데 검은 암흑 속에서 뭔가가 보였다. 나는 그게 무엇인지 즉각 알아차렸다. 우현 선수를 향해 흰색과 터키석색이 섞인 직선이 다가오고 있었고 내가 바라보는 동안 우현 선수 쪽으로 점점 더 길어졌다. 배에 가까이 다가올수록 선은 더 넓어졌고 그러다 갑자기 선수 앞에서 J자를 그리며 구부러졌다. 보트 바로 앞에 생기는 압력파를 타고 있는 돌고래 한 마리였다. 이 돌고래는 여섯 마리 중 제일 앞서 온 녀석이었고, 몇 분 만에 나머지 다섯 마리도 우리 뒤에서, 앞에서, 항구 쪽에서 각자 연한 터키석색 선을 그리며 차례로 도착했다. 이 선들은 물속 돌고래들의 움직임에서 자극을 받은 플랑크톤들이 내는 생물발광이었다. 배의 압력파를 평행으로 타고 있는 돌고래 여섯 마리는 각각 뚜렷이 구별되는 유령 같은 윤곽으로 물에 타원형의 빛을 밝혔다. 나는 돌고래들이 파열음으로 내는 숨소리도 들을 수 있었고 비릿한 숨 냄새도 맡을 수 있었다.

가장 강렬히 빛나는 부분은 눈부신 크림색으로, 돌고래의 머리 주변과 방향을 틀 때 살짝 뻗치는 가슴지느러미의 앞쪽 가장

자리를 둘러싼 부분이었다. 측면 쪽의 빛은 덜 강렬하긴 하지만 등지느러미와 꼬리 뒤로 5미터에서 6미터까지는 사그라지지 않았다.(이 돌고래들의 길이는 2미터에서 2.5미터 정도였다.) 돌고래들은 수면 위로 도약하고, 빠른 속도로 앞으로 헤엄치고, 서로 아래로 위로 엇갈리며 뛰어오르고, 보트에서 멀어지며 끊임없이 대형을 바꾸었다. 다급히 돌고래들을 피하는 물고기들도 생물발광의 불꽃을 추가했다. 나는 처음의 여섯 마리가 아직 우리와 함께하고 있는 것인지, 몇몇은 가버리고 다른 돌고래들이 온 것인지 알 수 없었다. 끽끽 가냘프게 울어대는 소리가 공기를 가득 채웠다. 시계를 보니 돌고래들은 한 시간 반 동안이나 선수 앞에서 우리와 함께 헤엄쳤다.

마지막 돌고래까지 떠났을 때 바다는 다시 암흑이 되었는데, 몇 분 뒤 보트 15미터 앞에 갑자기 또 생물발광 덩어리가 생겨났다. 나는 비글 3호와 그 덩어리가 분명 부딪칠 거라고 예상하고, 몰려오는 현기증을 밀어내려고 강철 난간을 꽉 붙잡았다. 하지만 우리는 그 빛무리를 비켜갔고, 공포의 순간도 잦아들었다. 그러고서 다시 푼타크리스토발 쪽을 바라봤는데, 그사이 돌고래들과 한참을 달렸음에도 여전히 조금도 더 가까워진 것 같지 않았다.

아무것도 보이지 않는데도 나는 계속 뭐든 보이기를 기다리며 선수에 서 있었다. 마침내 밤의 사냥꾼들인 제비꼬리갈매기 떼가 해오라기처럼 날개를 천천히 움직이며 서쪽으로 날아가는 게 보였다. 제비꼬리갈매기는 호쿨레아호의 항해사들이 날이 밝기 직전에 찾는 새들이다. 그때가 이 새들이 자기네 둥지가 있는 육지로 날아가는 때이기 때문이다.

선수를 떠나 선실로 내려가다가 문득, 아까 본 거대한 생물발광 덩어리는 수면으로 올라오다가 우리 배가 지나가기를 기다리느라 갑자기 움직임을 멈춘 고래 때문에 생겼을지도 모른다는 생각이 떠올랐다.

갈라파고스 투어는 며칠짜리도 있고 몇 주 동안 이어지는 것도 있다. 어쨌든 모든 상업용 사설 보트 투어는 국립공원 당국이 정한 여정을 따라야 한다. 이는 한 투어 그룹이 다른 그룹과 동시에 같은 장소에 나타나지 않도록 하기 위함이다.(승객들은 육지에 상륙할 때도 국립공원이 승인한 약 예순 곳의 상륙 지점에서만 내릴 수 있다. 방문자들이 갈라파고스의 다양한 모습을 가능한 한 많이 볼 수 있도록, 보트는 대부분의 승객들이 잠을 자는 야간에 이동한다. 이렇다 보니 방문객들이 잠에서 깨면 대개 보트는 이미 어떤 장소에 정박해 있고, 거기서 아침 식사를 한 뒤 다시 출항한다.)

일 년 중 이 시기는 비글 3호를 타고 바다에서 보내는 밤이 대체로 따뜻하기 때문에, 아래 선실의 침대를 두고 갑판 위에 나와 잠을 자는 사람들도 있다. 맑은 밤에는 갑판에서 별들이 유난히 촘촘한 은하수를 볼 수 있다. 지금 내가 회상하는 어느 아침, 우리는 여정에 따라 라비다섬에 정박해 있다. 엔진이 꺼진 지 한참 지났고, 갈라파고스비둘기 몇 마리가 배 난간에 앉아 자고 있다. 해안에는 어떤 움직임도, 어떤 가스 불빛이나 전깃불도 보이지 않는다. 이곳의 정적은 거대한 로톤다* 내부의 공기처럼 저만의 독립적인 존재감을 품고 있다. 이윽고 도마에 부딪히는 칼날 소리가 정적을 깬다. 요리사가 아침으로 칸탈로프멜론을 준비하는 소리다.

우리가 라비다섬에 온 것은 소금 석호에서 사는 대홍학 군집을 보러 가기 위해서다. 대홍학은 얕은 물속에서 특정 갑각류를 먹고 사는데, 이 갑각류들이 그들의 깃털을 분홍색으로 물들인다. 산란기의 암컷은 근처 소금 평원에 작은 진흙 더미를 쌓고 거기에 하얀색 알을 하나 낳는다. 갈라파고스의 새들 중 무척 경계심이 많은 편에 속하는 대홍학은 일찌감치 보트의 엔진 소리를 듣고는 우리가 짧은 트레일을 걸어 도착하기도 전에 이미 석호의 반대편 기슭으로 옮겨가 있다. 이곳의 공간적 배치와 단순한 색상 조합—터키석색의 넓은 석호, 짙푸른 고기압의 하늘, 저 멀리 맹그로브들이 만든 초록색 벽 앞에 길게 늘어선 대홍학들의 분홍색 선—에 담긴 뭔가가 거기 서 있던 우리 여남은 명을 침묵에 빠뜨린다. 우리는 아기가 잠들어 있는 침실에서 발끝으로 걷는 부모처럼 움직인다. 간간이 불어오는 산들바람이 부드럽게 귓가에 불어넣는 소리 외에, 이곳에서 들리는 건 기러기 울음과 비슷한 대홍학들의 울음소리뿐이다. 뭉뚱그려 보면 대홍학들은 분홍색으로 보이는데, 쌍안경으로 보니 각각

* 상부가 돔 형태로 된 원형 건물.

의 깃털 색이 연어색, 주홍색, 진홍색, 산호색으로 구별됐다.

바람은 홍학들이 있는 곳에서 우리 쪽으로 불어왔고, 그래서 홍학 깃털들—가슴깃털과 목깃털, 덮깃털, 어깨깃털—이 이따금 부는 산들바람에 실려 어린아이가 그린 카누 그림처럼 양쪽 끝이 올라간 곡선을 그리며 물을 건너 날아왔다. 먹이를 먹을 때 홍학들이 보이는 위엄 있는 망설임과 석호 가장자리 물 위에 쌓인 깃털 수백 개의 파르르 떨리는 움직임이 우리가 도착했을 때는 없었던 어떤 틈새를 벌려놓는다. 상처받기 쉬운 연약한 마음, 그리고 새들에 대한, 또 함께 여행하는 사람들에 대한 우정 어린 마음이다.

우리는 많은 것이 절로 표현되는 그 침묵을 그대로 안고 보트로 돌아간다.

산살바도르섬[지금의 산티아고섬] 주변에서 보내는 어느 오후의 마지막 시간, 우리는 물개들과 함께 수영하고, 오래된 염전이 있는 곳까지 걸어서 올라갔다 왔다. 그러고는 이제 헤노베사섬으로 가던 중이었는데, 그때 카보코완 근처 버커니어코브[작은 만]의 물에서 뭔가 범상치 않은 것이 눈에 들어왔다. 해가 지고 있었고, 마지막 햇빛이 낮게 깔리며 900미터쯤 떨어진 곳 수면 위에서 철썩이는 물방울에 반사되고 있었다. 처음에 나는 그것이 펠리컨처럼 해안 근처에서 먹이를 먹고 물속으로 곧장 다이빙하는 습성이 있는 푸른얼굴얼가니새가 물에 첨벙 뛰어드는 것이라고 생각했다. 하지만 물이 튀며 번지는 패턴에 전혀 변함이 없었다. 그렇다면 얼가니새는 아니란 말인데, 알고 보니 그건 그물에 걸려 물속에서 몸부림치고 있는 동물, 바로 갈라파고스바다사자들이었다.

우리 가이드 오를란도 팔코가 그 일에 나서기를 꺼리는 선장을 설득해 항로를 변경하게 했다. 오를란도는 갈라파고스 어부들이 바다사자 시체를 상어잡이 미끼로 쓰기 시작했다는 사실, 그해에 아시아의 어류 가공선들이 푸에르토비야밀 같은 마을들을 찾아와 상어 지느러미를 사겠다고 제안하며 어부들에게 그물을 제공했다는 사실을 알고 있었다. 어류 가공선들이 갈라파고스의 마을에 상륙하는 것, 바다사자를 그물로 잡는 것, 상어를 죽이고 그 지느러미를 파는 것까지 전부 다 불법이었지만, 국립공원은 그 일을 막을 자금도 인력도 없었다.

가까이 다가가 보니 열다섯 마리 정도의 바다사자가 그물에 엉켜 익사하는 중이었다. 그물 때문에 몸이 한데 엉킨 이 바다사자들은 숨을 쉬려고 버둥거리며 수면으로 올라가다가도 다들 공기를 마시려 몸부림치는 통에 이내 다시 밑으로 끌려 내려가기 일쑤였다. 한 선원이 우리가 탈 작은 보트를 내려주었다. 오를란도와 나는 보트의 한쪽에서 잠수용 칼로 그물을 끊어 녀석들을 풀어주기 시작했다. 다른 세 사람이 반대쪽에서 보트의 균형을 잡으며 우리가 볼 수 있도록 손전등을 비춰줬다. 그중 더욱 필사적인 바다사자들은 보트 위로 기어오르려고 했다. 보트를 조정하던 사람은 바다사자들이 우리를 물거나 보트를 전복시키지 못하게 노로 막아냈다. 바다사자들을 모두 풀어주기까지 사십 분 정도가 걸렸다. 어둠 속에서 본 것이라 확실치는 않지만 그래도 우리가 보기에 열다섯 마리 중 한 마리만 빼고 모두가 헤엄쳐서 그곳을 벗어났다.

그 난리 속에서 오를란도와 나는 손과 팔에 상처를 입었고, 비글 3호에 다시 오르고 보니 우리 정강이에는 뱃전에 부딪혀 시퍼런 멍이 들어 있었다. 기이하지만 바다사자들은 어느 순간부터 우리가 무슨 일을 하려 하는지 이해한 것 같았다. 내가 한 바다사자의 머리에 걸린 초록색 그물의 마지막 몇 올을 자르려 할 때 녀석은 나에게 저항하며 물려던 행동을 문득 멈췄다. 그러고는 물속에서 차분히 안정을 찾았다.

이 년 뒤 다시 갈라파고스를 찾았을 때, 나는 약 열 군데의 해변에서 마치 유목처럼 떠밀려온, 지느러미가 없는 상어 시체 서른에서 마흔 구를 보았다. 당시 어부들은 지느러미만 자른 다음 그냥 죽도록 상어를 배 밖으로 내던졌다.

우리가 이곳저곳에 상륙하며 갈라파고스 제도를 순항하는 동안, 전체적으로 볼 때 다른 어디서도 볼 수 없는 이곳만의 환경을 알려주는 색상 패턴과 모양과 형태가 눈에 들어오기 시작했다. 알래스카의 북동 해안에는—이누피아트족의 이누피아크어로—나알라기아그비크, 즉 '들으러 가는 곳'이라 불리는 장소가 있다. 이누피아트 샤먼이 동물들의 목소리와 자기 조상들의 목소리처럼 다른 사람들에게는 들리지 않는 목소리를 들으러 주기적으로 찾는 곳이다. 샤먼은 이 목소리들을 모아 자기네 종족을 이끌 때 건네줄 이야기, 그들의 삶에 방향을 제시하고 그들을 해악으로부터 지켜주는 이야기를 엮어낸다.

당시 알래스카에 살고 있던 작곡가 존 루서 애덤스는 이러한 샤먼의 행위와 거기 담긴 거대한 은유에서 영감을 받아 페어뱅크스에 있는 알래스카대학교 북부 박물관의 한 방에 〈들으러 가는 곳〉이라는 설치물을 만들었다. 이 방에서는 여러 스피커에서 엄밀하게 조절된 전자음이 계속 흘러나오는데, 이 소리는 지구의 역동 자체가 만들어낸 것이다. 알래스카 전역의 지진학, 지구자기, 기상학 연구소에서 나온 데이터가 페어뱅크스에 있는 컴퓨터로 입력되면, 이 컴퓨터는 애덤스의 알고리듬을 사용하여 정교하게 짜인 완전히 새로운 음들을 창조한다. 이 설치 예술의 관람자 겸 청취자는 다섯 개의 유리 패널 앞에 놓인 벤치에 앉아서 작품을 감상한다. 유리 패널들은 연도, 날씨, 하루 중 시간대에 따라 색깔이 변화한다. 이렇게 변화하는 색상 패턴은 실제 풍경 속에서 그 풍경을 온전히 의식하고 있는 것 같은 감각을 강화하며, 지구의 끊임없는 미세한 움직임과 북극광 같은 현상들이 소리로 된 유일무이한 풍경의 패턴으로 번역되어 그 감각을 더욱 풍성하게 한다.

존과 나는 여러 해 동안 음악과 언어와 자연 세계의 본성에 관해, 그리고 그것들을 결합하는 다양한 방식이 어떻게 글자 그대로도, 비유적으로도 우리가 어디에 있는지 말해줄 수 있는지에 관해 생각들을 나누었다. 존에게서 받은 자극으로 나도 어디를 가든 그곳의 환경에서 나오는 소리에 주의를 기울이려 노력했고, 그와 마찬가지로 각각의 장소에는 시간의 흐름에 따라 그 곳의 계절, 온도, 습도, 바람의 세기, 하루 중 시간대와 함께 변화하는 독특한 소리의 패턴과 배열이 있다고 믿는다. 나는 오랫동안 화가, 안무가, 작곡가 등 패턴을 만드는 재능이 있는 예술가들과 세상에서 인간이 통제할 수 없는 영역들에 대한 반응을 표현하는 예술가들의 작업에 매력을 느껴왔다. 그들은 각자 소리, 색조, 움직임, 시간의 흐름에 따른 변화 가운데 자신이 사용할 수 있는 요소를 골라내 거기 집중했다. 이 요소들이 성공적으로 조합되어 이음새가 느껴지지 않을 만큼 잘 이어지고 통합된 작품이 만들어지면 우리는 그것을—입자물리학자들이 특이점을, 고대 그리스 철학자들이 테오소포스, 즉 신성한 지혜를 아름답다고 말할 때와 같은 의미에서—아름답다고 느낀다.

내가 여행자로서 어떤 풍경을 성실히 바라보기만 한다면, 때로 나는 그 풍경에 내재한 시각적 패턴을, 움직임들이 맞아 들어가는 선들과 색채들로 이루어진 일종의 지형학을 분별해낼 수 있다. 이를테면 어두운 대양 위 얼룩덜룩 줄무늬가 나 있는 절벽 표면을 가로지르며 아래로 활공하는 새 한 마리, 혹은 지나가는 폭풍우가 그늘을 드리운 민둥산 언덕 같은 것이다. 그 패턴 속에서 소리, 색채, 움직임 등의 개별 요소들은 모두 서로에게 특정한 성격을 부여한다. 이제 그 요소들이 원래 무엇이었든 다시 단일한 개별 요소들로 분리하기가 불가능해 보이는 때가 온다. 그것들은 서로 너무 잘 맞물려 있어서, 누군가 그 현상을 비판 없이 그저 감상하는 것이 아니라 정확히 무슨 일이 벌어지고 있는 건지 분석하려 든다면 그 장면으로부터 자신을 멀찍이 떼어놓는 결과밖에 얻지 못할 것이다.

만족스러운 패턴을 만들어내기 위한 어림짐작에 관해 예술가들과 나눴던 대화를 떠올리면 눈앞에 펼쳐진 것을 더 잘 보게 되고, 때로는 그것을 예술보다는 본질로, 예컨대 한 장소의 본질로 바라보게 된다. 갈라파고스에서 내가 보았던 그런 패턴은—보트를 타고 어느 섬 앞바다를 지나가다 본 광경 가운데서 무작위로 골라보자면—흰 잔가지가 많지만 잎은 하나도 없던 팔로산토나무들이 만드는 수평의 선, 그리고 이 선과 평행을 이루며 그 아래 펼쳐진 흰 해변이 무광의 용암이 만든 검은 선에 의해 보일 듯 말 듯 구분되고, 다시 그 아래 어두운 바다에서는 눈부신 흰색으로 부서지는 파도가 그보다는 더 어두운 흰색 해변으로 가 부딪치는 가운데, 이 모든 것 위로 뒤에 자리한 경사지에서는 점묘화로 그린 듯한 스칼레시아숲이 펼쳐져 있고, 어두운 바다가 이러한 육지와 하늘을 희미하게 반사하고 있는 모습이다.

이 광경이 어떤 의미를 지녀야 하는 건 아니었다. 그저 어느 3월 오후 한가운데서 적도의 그 장소가 지니고 있던 존재감이었을 뿐이다.

비글 3호를 타고 다니는 여행이 끝나갈 무렵의 어느 날, 우리 무리는 이사벨라섬 동해안에서 등산로 하나가 시작되는 기슭에 상륙했다. 알세도화산의 가장자리까지 이어지는 이 등산로는 1킬로미터 정도 올라야 하는 길이었다. 알세도는 내가 몇 가지 이유로 꼭 올라가보고 싶은 화산이었다. 갈라파고스에서 사람 손을 타지 않은 자연 상태의 코끼리거북들이 가장 큰 군집을 이루며 살고 있는 곳이 바로 알세도화산의 분화구 안이었고, 온종일이 걸려 그 산 가장자리까지 올라가는 동안에는 해안 식물 군락부터 스칼레시아숲이 있는 건조한 점이지대를 거쳐, 습지 군락과 분화구 주위의 팜파스[초원]까지, 갈라파고스 제도 전체의 모든 식생대를 다 통과하게 된다. 게다가 그 등반은 육체적으로 꽤 힘이 드는 데다 습지에서 하룻밤 야영을 해야 하기 때문에 거기까지 갈 엄두를 내는 방문객이 별로 없다. 그래서 갈라파고스 제도 전체에서 방문이 허용되는 곳 가운데 방문객이 유독 적으며, 다윈이 봤던 시절과 같은 갈라파고스의 모습을 아직도 유지하고 있는 곳이다.

코끼리거북이 갈라파고스 제도의 가장 상징적인 동물이라면, 순상화산은 가장 상징적인 지형이다. 녹은 용암이 지구 맨틀의 한 열점에서 나스카판을 뚫고 주기적으로 분출해 해저에 퍼져 흐르다가 식고, 그 과정에서 사방으로 부드러운 경사지를 형성하며 방패 모양을 이룬다. 다음에 또 용암이 분출하고 흐를 때마다 그 방패에 녹은 바위의 층이 하나씩 더해지면서 더 높아지고 넓어지다가 결국 해수면을 뚫고 올라간다. 용암의 분출과 흐름은 계속되지만, 이 시점부터는 수중 화산이었던 것이 화산섬이 된다. 위치가 고정된 그 열점은 나스카판이 동쪽으로 이동함에 따라 나스카판의 다른 부분을 뚫고 올라와 다른 섬을 만들어내고, 이렇게 만들어진 섬들이 결국에는 제도를 형성한다.(갈라파고스에서 가장 오래된 섬인 남플라사섬은 산타크루스섬 동쪽에 있고, 젊은 섬에 속하는 페르난디나섬은 서쪽 끝에 있다. 오늘날 그 열점은 페르난디나섬과 이사벨라섬 사이에, 페르난디나섬에 있는 활화산인 라쿰브레산과 가까운 곳에 자리하고 있다.)

갈라파고스에 있던 활화산이 이사벨라섬의 몇몇 화산들처럼 일단 사화산이 되면, 용암이 분출하던 화구가 천천히 무너지기 시작해 마른 분화구를 형성한다.(태곳적부터 무너지기 시작한 헤노베사섬의 분화구는 완전히 주저앉아서 오늘날에는 바닷물 속에 잠겨 있다.) 갈라파고스 제도에서 특별한 장관을 이루는 분화구는 세로아술산을 비롯해 이사벨라섬에 있는 활화산들의 분화구다. 물론 라쿰브레산의 분화구도 포함시킬 수 있는데, 다만 이 분화구는 나무고사리와 파인애플과와 우산이끼문 식물들 대신 이글거리는 용암으로 가득 차 있다.

전에 푸에르토비야밀을 방문했을 때 가이드는 해발 1.5킬로미터의 시에라네그라화산 가장자리까지 우리를 데려가려고 화물 트럭 운전사를 고용했다. 거기서 우리는 동쪽으로 산타크루스섬이, 북서쪽으로 페르난디나섬이 자리한 장관을 볼 수 있었다. 트럭이 비야밀을 떠나 1단 기어로 급경사길을 힘겹게 올라가는 동안 우리 열 명의 여행자는 트럭 짐칸에서 나무로 된 난간에 몸을 기대고 있었다. 그런데 갑자기 엔진이 멈췄다. 운전사가 재빨리 브레이크를 밟았다. 그러고는 자기 차에는 시동모터가 없기 때문에 흙길을 뒤로 굴러 내려가다가 클러치를 떼서 시동을 걸어야 한다고 설명했고, 실제로 그렇게 했다. 잠시 후

트럭이 굽이를 돌 때 엔진이 또 멈췄다. 트럭이 굽이 길에서 다시 뒤로 굴러가기 시작했을 때, 무슨 이유에선지 운전사는 클러치를 조작하지 못했고, 브레이크도 말을 듣지 않는다는 걸 알 수 있었다. 몇 사람이 트럭에서 뛰어내리려고 했지만 이미 너무 늦은 일이었다. 트럭에 속력이 붙기 시작하며 차체가 좌우로 흔들리고 있었다. 트럭은 마치 뒤집힐 것처럼 두어 번 한쪽으로 기울어지며 굴러가다가, 길가 도랑에 처박히며 멈춰 섰다.

우리는 남은 길을 걸어서 가기로 했다.

그날 오후 시에라네그라에서 내려다본 광경은 마치 공연을 위해 꾸며놓은 작품처럼 감동적이었다. 2500제곱킬로미터를 망라하는 그 광경에는 지나가는 보트가 만드는 후류 한 가닥조차 보이지 않아 그 광활한 공간이 마치 무한한 것 같은 환상을 일으켰다. 분화구 가장자리의 풀잎에 맺힌 이슬방울에서 시작해 남쪽 80킬로미터 지점에 있는 산타마리아 해변의 거세게 부서지는 파도까지 모두 한 장면에 다 담겼다.

푸에르토비야밀로 돌아가는 길에, 언제나 사람을 잘 믿는 우리는 최신형 히노 덤프트럭 짐칸에 타라는 제안도 받아들였다. 선명한 노란색 트럭이었다. 우리는 올라올 때 탔던, 아직 도랑에 박혀 위태롭게 기울어져 있는 낡은 다이하쓰 화물 트럭 옆을 지나갔다. 주머니에 손을 찔러넣고 서 있는 운전사가 안쓰러워 마음이 쓰렸다. 수리비로 돈이 많이 들어갈 테고, 그 과정에서 도움을 받기도 어려워 보였다.

나는 전에도 이런 상황에 처한 적이 있다. 위기일발의 상황을 간신히 모면하고 좋은 이야깃거리를 얻었지만 목숨을 앗아 갈 수도 있었을 사고에 대한 기억은 몇 시간 동안이나 마음속에 불안하게 남았다. 그 운전사는 자기 트럭이 아슬아슬한 상태라는 말은 하지 않고서 가이드가 제시하는 요금을 받아들였다. 클러치가, 그리고 이어서 브레이크가 고장 났을 때 차가 뒤집히지 않은 것은 순전히 운이 좋았던 덕이다. 우리는 도움을 구할 수 있는 비야밀에서 몇 킬로미터나 떨어져 있었고, 의사의 의학적 도움을 받을 수 있는 산타크루스에서는 더더욱 멀었다. 그것도 우리 배에 있는 무선 통신기로 산타크루스에 있는 누군가와 연락이 닿을 경우나 가능한 일이었다. 하지만 여기에는 생계를 유지하려 애쓰는 한 중년 남자가 있었다.

우리 가이드가 돈을 돌려달라고 했다는 걸 그는 가족에게 어떻게 말할까?

알세도 분화구에서 우리는 자기들 방식으로 자유롭게 살아가는 코끼리거북들을 만나게 될 터였다. 만약 거기 충분히 오래 머문다면 그들이 살아가는 어떤 모습들, 이를테면 먹고, 쉬고, 짝짓기하고, 잠자고, 그 코끼리 같은 다리로 결연하게 이동하고, 착생식물들이 잔뜩 붙은 스칼레시아나무들 아래 물웅덩이에서 뒹굴고, 수심 어린 얼굴로 먼 곳을 바라보며, 우리로서는 상상도 할 수 없는 일들을 골똘히 생각하는 모습을 볼 수도 있을 것이다. 가장 나이 많은 코끼리거북의 등딱지에 지의류들이 들러붙어 있고 매들과 주홍딱새들이 거기 앉아 관측소로 활용하는 모습도.

우리는 분화구 안에서 꼬박 하루를 보냈다. 안개가 자욱했고 날은 쌀쌀했다. 모자가 없는 사람들은 머리카락에 물방울이 구슬처럼 맺혀 물방울 헬멧을 쓴 것 같았다. 구슬픈 분위기 때문인지 내 안에서 지느러미를 잃은 상어, 비야밀의 가난, 내가 목격했던 전쟁 지역들에 관한 암울한 생각이 피어올랐다. 코끼리거북들은 우리가 거기 와 있는 상황에 대한 반응을 느린 동작으로 보여주는 것 같았다. 그들은 이를테면 우리가 어서 돌아가기를 기다리는 주름투성이 파수꾼들이었다. 코끼리거북의 삶은 철저하게 국지적인 삶이다.

분화구 바닥에는 화산 분출구들이 우묵우묵 파여 있고 그 안에는 밝은 노란색 황 침전물이 굳어 있었다.(우리는 여기서 야생화된 당나귀 한 마리를 만났는데, 한때 배에 실어 본토로 보내기 위해 유황 바구니들을 해안으로 나르던 당나귀 무리 가운데 뒤처져 남게 된 녀석이었다. 그 일은 산살바도르의 소금 광산 일이 그랬듯, 과거 갈라파고스에서 수출 경제를 발전시키기 위해 기울인 또 하나의 노력이었다. 이 당나귀는 살집이 좋고 기민하며 경계심이 있어서, 비야밀의 흙길에서 앙상한 흉터투성이 다리를 절뚝이거나 꼼짝도 못 한 채 비참하게 서 있던 말들과는 무척 대조적이었다.)

아침에 캠프를 철수할 때, 나는 큼직한 화산재 한 덩어리를 내 배낭에 묶었다. 예전에 갈라파고스의 몇몇 생물이 화산재에 붙어서 이 제도의 강한 해류와 바람에 실려 제도 전체로 퍼져

나갔을 수도 있다는 내용의 글을 읽은 적이 있다. 바위가 소금물에 뜨는 모습을 상상하기 어려웠던 나는 이 호기심 때문에 국립공원의 모든 것은 손대지 말고 원 상태로 두어야 한다는 규칙을 깨고 말았다. 화산재는 둘레가 90센티미터 정도에 무게는 450그램 정도밖에 안 됐다. 나는 분화구 아래쪽에 있던 그 화산재를 물가까지 가지고 가서 물에 던졌다. 덩어리는 처음에는 충격으로 물속에 가라앉았지만 금세 수면 위로 떠오르더니 절반 정도는 바닷물 위로 솟은 채 둥둥 떠 있었다.

비야밀. 이 마을은 내 마음속에 낚싯바늘처럼 박혀 있었다. 해외를 여행할 때 곧잘 하는 실수는, 한 장소에서 좋은 점 또는 나쁜 점만 보고, 좋은 것과 나쁜 것이 얼마나 복잡하게 얽혀 있는지를 놓쳐버리는 것이다. 갈라파고스의 전형적인 선을 대표하는 것이 뇌물을 받지 않는 이상주의자 공원 관리인들이라면, 전형적인 악을 대표하는 것은 이사벨라섬에 일부러 산불을 지르고 지느러미를 얻으려 상어를 죽이고, 그곳에 살려고 하는 공원 관리인과 그 가족을 산타크루스로 돌려보내려고 괴롭히고 위협하는 비야밀 주민들일 것이다.

우리 일행이 시에라네그라에서 돌아온 날, 가이드는 트럭 사고가 난 데다 자신이 운전사에게 요금을 돌려받아야 하는 상황이니 우리가 비야밀에서 친절하게 행동하고 상점에서 음료수와 장신구 같은 것을 좀 사주는 게 좋겠다고 말했다. 그런 시간 정도는 낼 여유가 있다고 했다. 나는 곧바로 다른 계획이 떠올랐다. 그 마을 서쪽에 있는 폐허가 된 유형지로 안내해줄 사람을 찾을 수 있을지 알고 싶었다.

미국 시인 로빈슨 제퍼스가 쓴 「악몽에 대한 사과」라는 시에는 주기적으로 내 머리에 떠오르는 심상 몇 개가 담겨 있다. 제퍼스는 그 시에서 아름다움과 폭력의 대조에 관해 썼다. 그 둘을 다 받아들이지 않고서는 세상을 이해할 수 없다고 그는 말한다. 미덕만 추구하느라 부도덕함이 인간의 조건과 역사를 얼마나 강력히 정의해왔는지를 잊는 것은 좋지 않다는 것이다. 우루과이 작가 에두아르도 갈레아노는 「말에 대한 옹호」라는 에세이에서 작가를 "기억의 하인"이라고 표현했는데, 이 기억에는 작가 자신의 기억뿐 아니라, 그의 민족이 자신들에게 벌어진 일에 대해 갖고 있는 기억까지 포함된다. 갈레아노가 강변하는 것은 요컨대 거짓을 말하는 작가는 더 이상 작가가 아니며, 안일함에 저항하는 것, 지배계급이 잊히기를 바라는 일들을 기억하는 것이 작가의 의무라는 것이다. 나는 갈레아노가 남아프리카공화국의 리안 말란*이나 중국의 베이다오† 같은 작가들을 염두에 두었을 것이라 생각한다.

나는 아파르트헤이트가 종식되기 몇 년 전 남아프리카공화국

---

* 남아프리카공화국 출신의 아프리카너 작가, 저널리스트, 음악가. 아파르트헤이트를 실시한 주축 가문 출신으로 어려서부터 그 문제에 대한 죄책감과 마음의 갈등을 안고 살았고, 회고록 『내 반역자의 심장』(1990)이라는 책으로 남아공의 인종 및 사회 문제를 비판적으로 다루었다.
† 1989년 톈안먼항쟁 때 수감되었다가 이후 외국에서 망명 생활을 하며 작품 활동을 이어간 중국의 저항 시인이자 망명 시인.

델마스에서 열린 어느 재판을 방청한 적이 있다. 델마스는 행정수도 프레토리아에서 남동쪽으로 65킬로미터쯤 떨어진 곳이다. 연방정부가 델마스를 재판지로 선택한 것은 요하네스버그나 프레토리아에 근거지를 둔 외국 기자들이 참석하기 어렵게 하기 위해서였다. 열아홉 명의 흑인이 선동 혐의로 재판을 받고 있었다. 그들의 혐의는 모두 왜곡되고 날조된 것이었지만, 법정은 열아홉 명 모두에게 유죄판결을 내리고 사형을 선고했다.(몇 년 후 아파르트헤이트 정권이 무너진 뒤, 이들은 항소를 통해 유죄판결을 뒤집고 모두 자유의 몸이 되었다.) 요하네스버그에 살던 한 친구가 내게, 나미비아 오지로 긴 여행을 떠나기 전에 그 재판에 참석해보라고 권했다. 그러면 인권과 진실에 대한 그 인종차별적 정부의 무관심이 사이코패스 수준이라는 걸 여실히 느낄 수 있을 거라면서.

1987년 3월에 그 재판을 방청한 이후로 나는 다시는 이전과 같은 사고방식으로 오지에 들어가지 않았다. 그 열아홉 명의 얼굴과 연방 법정의 편협함이 만들어낸 광경을 늘 마음에 품고 다녔다.(또한 나 자신의 도덕적 망각에 관해서도, 타국의 여러 장소에서 벌어지는 부당함에 눈감게 하는 내 안의 무관심에 관해서도 더 자주 의심을 품었다.)

제국들이 변방에 세웠던 유형 식민지들의 폐허를 찾는 건 어렵지 않다. 영국은 자신들에게 탐탁지 않은 자들을 처음에는 북아메리카로 보냈고, 미국 독립전쟁 이후로는 호주로 보낼 수밖에 없었다. 이 시기를 이송의 시대라고 한다. 프랑스인들은 악마의 섬과 뉴칼레도니아를 유형 식민지로 활용했고, 스페인 사람들은 티에라델푸에고의 우슈아이아로 죄수들을 보냈으며, 포르투갈은 마데이라에 식민지 감옥을 지어 사용하기 시작했다. 내가 품은 의문은 누군가 받은 유죄판결이 정당한가 부당한가, 혹은 한 국가가 제거하려 하는 것은 어떤 사람인가 하는 점뿐 아니라, 살라자르 치하에서 포르투갈이 그랬고, 노리에가 치하에서 파나마가 그랬으며, 수하르토 치하의 인도네시아가 그랬듯이 어떻게 국가가 그렇게 한 인간의 삶을 냉혹하게 말살해버릴 수 있는가 하는 점이다.

제퍼스라면 인간이 실제로 행하는 잔인함을 실질적으로 제거할 수 있다고 믿는 건 어리석지만, 그 잔인함의 정도와 범위는 줄일 수 있다고 주장할 것 같다. 또한 갈레아노라면 민주주의 체제가 제대로 작동하려면 이런 장소들의 끔찍함을 절대 잊지 말아야 할 뿐 아니라, 이런 이야기들을 억누르려 하는 모든 시도를 폭로하고 공개적으로 논의해야 한다고 주장할 것이다.

만약 당신이 나가사키를 돌아다녀보지 않았다면, 북베트남의 폐허가 된 전쟁 포로수용소 유적을 보지 않았다면, 아이다호주 베어 강가의 쇼숀족 학살지를 걸어보지 않았다면, 이런 일들은 모두 지나간 역사일 뿐이며 집단 처형장과 유형 식민지의 시대, 아메리카 선주민의 야영지를 습격하던 시대는 이제 끝났다고, 이런 장소들은 이제 상징적인 의미만을 지닌다고 믿기 쉬울 것이다. 그런 믿음은 마치 정부가 강력한 의지만 있다면 멕시코의 마약 카르텔들을 무릎 꿇릴 수 있다고 주장하는 것과 같다.

가이드는 비야밀 외곽의 감옥 유적에 가겠다는 내 생각에 반대했다. "거기서는 아무것도 배울 게 없을 겁니다." 그가 말했다. "웃자란 풀로 전부 뒤덮여버렸거든요."

뉴욕 동물학 협회 소속 생물학자이자 탐험가인 윌리엄 비비는 1924년에 『갈라파고스: 세상의 끝』을 출판하여 많은 독자의 마음속에 낙원의 비전을 일깨워놓았다. 그의 낭만적인 글을 읽은 사람들은 갈라파고스에 갈 수만 있다면 누구나 열대의 여유를 누리며 자족적인 삶을 살아갈 수 있을 거라고 생각했다. 한동안 부정기 증기선을 타고 갈라파고스로 여행 가는 계획을 세우는 것이 유행했다. 개인용 요트를 소유한 일부 미국인들은 갈라파고스 제도에서 과학 탐사를 하기에 적합하도록 자기 배를 수리했고, 그 수를 정확히 알 수 없는 유럽인들은 부르주아의 인습에서 해방된 삶을 살면서 소규모 수출 사업을 할 수 있을 거라는 희망을 품고 갈라파고스 제도를 향해 출발했다. 이런 모험들은 대부분 물거품으로 끝났지만, 그중 일부는 갈라파고스에 비극과 미스터리, 비애감을 풍기는 이야기들을 무거운 짐처럼 남겨놓았다. 오늘날 갈라파고스에 왔다가 그 불운한 사건들에 얽힌 가십이나 추측성 이야기를 듣지 않고 떠나는 사람은 거의 없다. 그중 가장 잘 알려진 이야기는 그 진부한 내용에 비해 터무니없이 유명해진 감이 있지만, 수십 년이 지난 지금까지도 1930년대에 산타마리아섬에서 '실제로 무슨 일이 있었던 것인지' 알고 싶어하는 방문객들의 관심을 사로잡는다.

전인적 의료를 행하던 의사이자 남성의 우월성에 대한 니체의 생각을 열렬히 지지하던 독일인 프리드리히 리터는 1929년에 도레 슈트라우흐라는 독일인과 함께 산타마리아섬에 도착했다. 이 여자는 다발성경화증을 앓고 있었고 리터와는 처음에 그의 환자로 만난 사이였다. 그들은 산타마리아섬에서 자신들만의 목가적인 안식처를 건설하는 일에 열중했다. 둘 다 베를린에서 불행한 결혼 생활을 청산하고 온 데다, 그들이 선택한 새로운 고향의 이국적 성격과 그들 관계의 보헤미안적 특성이 더해지면서 두 사람은 유럽 대중 잡지들의 자극적 소재로 수없이 다뤄졌다.

1932년 늦은 여름에는 하인츠와 마르그레트 비트머라는 쾰른 출신의 더 현실적인 독일인 부부가 산타마리아섬에 도착했고, 그들 역시 프리드리히와 도레와 멀지 않은 곳에 집을 짓고 정착해 살기 시작했다. 그리고 두어 달 뒤에 네 사람이 더 도착했다. 연인 관계인 한 여자와 두 남자, 그리고 그들이 허드렛일을 시키려고 고용한 에콰도르 남자 한 명이었다. 이 무리를 이끄는 건 두 연인을 강력하게 사로잡고 있던, 화려하고 어수선한 자칭 '남작 부인'이었다. 도레와 프리드리히는 비트머 부부와 서로 정중하지만 냉담한 관계를 유지했다. 그러나 두 커플은 '엘로이제 폰 바그너 보스케 남작 부인'과 그의 두 연인인 루돌프 로렌츠와 로베르트 필립손을 못마땅해한다는 점에서는 한마음이었다. 후에 이 작은 공동체의 특징으로 널리 알려진 좀도둑질과 음모의 상당 부분은 이 남작 부인 탓일 거라고 추측된다.

그리고 도레 스트라우흐와 루돌프 로렌츠가 각자의 연인과 관계가 틀어졌을 때 그들은 비트머의 농장에서 연민과 위안을 구하기 시작했다.

어느 날 남작 부인이 비트머 부부에게 자기와 로베르트는 산타마리아섬을 떠난다고 알렸다. 그들은 곧 타히티를 향해 출항했다. 그들이 떠나는 걸 실제로 본 사람은 아무도 없지만, 아무튼 이후 그들에게서는 아무 연락도 없었다. 동시에 루돌프는 에콰도르 해안의 과야킬로 떠나는 보트에 오를 채비를 했다. 몇 달 뒤, 루돌프와 그 보트의 선장은 북쪽으로 150킬로미터 정도 떨어진 마르체나섬 해변에서 죽은 채 발견됐다. 프리드리히는 도레가 자기한테 독을 먹였다고 주장하며 산타마리아섬에서 죽었다. 도레는 독일로 돌아갔고, 비트머 부부는 계속 그곳에 남았다.

2000년에 마르그레트 비트머가 사망할 때까지 방문객들은 산타마리아섬 블랙비치에 있는 비트머의 집에서 그와 어울리며 시간을 보낼 수 있었고 비트머가 만든 오렌지 '와인'도 마실 수 있었다. 비트머는 『플로레아나섬』이라는 책을 써서 자신의 관점으로 1930년대의 그 사건을 풀어냈는데, 방문객들이 그 책을 가져오면 책에 서명도 해주었다. 키가 작고 다부진 체격의 이 여자는 기이하게 오만한 분위기를 풍겼다. 비트머 부인은 다윈의 유명한 진화론의 성지와도 같은 이 갈라파고스 제도를 보려고 수천 킬로미터 거리를 찾아온 사람들이 사실은 남작 부인에 관해 자기와 이야기 나누는 것을 더 원한다고 믿었고, 그만큼 항상 자기만의 어긋난 감각으로 인생을 바라보는 것 같았다.

내가 비트머 부인을 두 번째로 만난 뒤(나는 갈라파고스에 처음 왔을 때도 그를 만났다) 비글 3호를 탄 우리는 블랙비치를 떠나 이 해변을 빙 둘러 북쪽으로 가서 바이아델코레오에 정박했다. 이곳에 있는 그 유명한 포스트 오피스 베이의 우체통은 여러 번 새로 정비되었고, 아직도 관광객들은 그 우체통을 사용하고 있다.(이제는 비트머 부인이 직접 소인을 찍은 엽서를 가질 수는 없지만.) 에콰도르 우편 체계에 부합하는 정확한 요금을 지불하고 오늘 바이아델코레오를 떠난 우편물은, 다소 두서없기는 하지만 가장 신뢰할 수 있는 방식으로 결국에는 목적지에 도착할 것이다.

다채롭게 장식된 이 우체통은 해변에서 뒤로 물러난 흙바닥 공터에 자리 잡고 있는데, 손으로 쓴 각종 표지판("샌프란시스코까지 3452마일")이 잔뜩 붙어 있어 관광객이 좋아할 만한 모조품다운 매력을 풍긴다. 하지만 거기서 편지나 카드를 부치는 일은 아주 재미있기에 거의 모든 사람이 한 번씩은 다 해본다. 가이드는 그 우체통이 과거에는 집에서 아주 멀리 떠나 있던 포경선 선원들을 비롯한 여러 사람에게 요긴하게 쓰였다는 이야기를 들려주는데 이는 가슴 아픈 역사다. 그는 19세기에 이런 종류의 통신수단이 아주 드물었다는 것, 그리고 편지가 난파로 인해 소실될 수도 있어서 큰 불안과 진심을 품고 쓴 질문에("나와 결혼해주겠소?") 몇 년 동안이나 답을 듣지 못할 수도 있었다고 말했다. 이 모든 일에 담긴 희망에 찬 마음, 집에서 그렇게 멀리 떨어져 있는 자신을 알리고 자신의 말을 전하며 사람들에게 기억되고 싶다는 욕망은 우리 모두에게 19세기 포경 산업의 방대함을, 거기 속한 종사자들의 정서적 삶을 짐작하게 해준다.

우리는 바이아델코레오에서 아카데미베이까지 긴 거리를 가야 한다. 승객 한 사람이 거기까지 가는 동안 어느 정도의 구간은 자신이 키를 잡게 해달라고 선장을 설득했다. 바다는 비교적 잔잔하고 날씨도 좋으며 거기까지 가는 길에는 위험 요소도 없다. 선장은 점잖게 키를 넘긴다. 그걸 본 나는 선장에게 나와 이야기를 나눌 시간이 있느냐고 묻는다. 물론이라고 그는 대답한다. 우리는 선미 쪽 갑판의 차양 아래 앉는다. 조리사가 우리에게 진한 에콰도르 커피를 가져다주고, 나는 에우헤니오 모레노 선장에게 위치 찾기와 항해에 관해 질문한다. 그는 자신이 어디로 가고 있는지를 어떻게 아는 걸까?

선장은 자기 얘기를 잘 안 하는 사람이다. 예절 바른 몇 마디를 건네는 것 외에 승객들과 어울리는 일은 거의 없다. 하지만 말하는 걸 싫어하는 사람은 아니다. 이전 여행에서 그를 알게 되었던 나는 그가 필요할 때는 아주 솔직하고 적극적으로 말하며 유머 감각도 좋은 사람이라는 걸 알고 있다. 한번은 함께 팡가라는 작은 보트를 타고 작은 두 섬 사이를 빠른 속도로 건너고 있을 때, 선수 위로 날치 떼가 튀어 올랐다. 한 마리만 빼고 모두 잘 비켜났는데 그 한 마리가 내 가슴에 세게 부딪치며, 가로장에 앉아 있던 나를 뒤로 넘어뜨렸다. 선장은 너무 심하게 웃느라 보트 조종도 제대로 못 할 지경이었다. 나도 함께 웃었다. 우리의 유쾌한 사이를 보여주는 반응이었다.

모레노 선장은 자기나침반의 중요성은 언급하지 않았다.(조타를 맡긴 신사에게 앞으로 삼십 분 동안은 자기 나침반 기준 18도 방향으로 계속 나아가라고 말하긴 했지만.) 그 대신 전에 우리가 나눴던 호쿨레아호에 관한 대화를 이어갔다. 선장은 호쿨레아호 항해사들의 항해 방법에 관심이 많았다. 본토 사람이라면 그런 전통적이고 비서구적인 기법은 덮어놓고 미심쩍게 여길 테지만, 자기 같은 섬사람에게는 그 기법이 아주 이치에 맞아 보인다고 했다. 갈라파고스에서 오랜 세월을 보내고 나니 바다가 사나워질 때는 어디로 가야 하며 거기까지 어떻게 갈 것인지 감이 잡힌다고 했다. 이런 정보는 해도에 나와 있지 않았다. 음파탐지기 결과나 기상 팩스로 결정되는 것도 아니다. 나는 폴리네시아 항해사들 가운데는 카누 바닥에 누워서 물이 선체를 어떻게 때리는지를 느껴봄으로써 자신들이 해류의 어느 지점에 있는지 감지할 수 있는 사람도 있었다고 말해주었다. 그리고 한때 미크로네시아에서는 앞을 못 보는 사람이 항해사로 일한 일도 있다고. 그는 그 말을 조금도 의심하지 않았다.

마지막 남은 커피를 마시며 내 뒤쪽 배의 후류가 만드는 선으로 시선을 던지던 선장은 좀 더 뚜렷이 보려고 선미의 대빗에 걸려 있는 팡가의 용골 아래에서 고개를 숙였다. 그는 재빨리 눈썹을 치켜올리더니 나중에 보자고 말했다. 내가 후류를 보려고 몸을 돌리니 그 선이 뱀 같은 모양을 그리고 있었다. 키를 잡은 사람이 선장이 말한 항로를 정확히 유지하려고 계속 과도하게 방향을 바로잡고 있었던 모양이다.

나는 선장이 선교로 간 뒤 혼자 테이블에 앉아 내 방향감각을 시험했다. 지금 나는 어디에 있는 걸까? 찬란한 날씨 속에서 태평양을 지나는 배 위 그늘에 편안히 앉아 기분 좋은 산들바람을 맞으며 간혹 지나가는 바닷새들을 바라보고 있다. 곧 점심이 준비될 것이다. 아삭한 샐러드, 신선한 과일, 싱싱한 생선. 나중에는 재미있게 읽고 있던 가브리엘 가르시아 마르케스의 소설을 계속 읽을 것이다. 또 바로 이때 비글 3호 주위를 맴돌고 있는 빨간깃열대조의 생물학과 생태학에 관해 가이드와 이야기도 나눌 것이다.

내겐 더 바랄 게 없는 것 같다.

그런데 이 순간의 여기는 어디였을까? 여기의 연결점, 예컨대 우체통이 있는 포스트 오피스 베이 같은 한 장소, 화자와 청자를 연결하는 정확한 지점, 여기부터 어딘가의 거기까지 사이를 가로지르는 거리. 이런 것들이 특정하는 여기의 위치는 어디였을까? 이제 내가 그 여기를 말해보려 한다. 지금 나는 비글 3호의 선미 갑판 의자에 앉아 있고, 이제 선장이 다시 키를 잡았으며, 저 멀리 청회색 하늘을 가로지르며 활공하는 갈라파고스신천옹 세 마리, 그 움직이는 하얀 점 세 개가 에스파뇰라섬의 서식지를 향해 남쪽으로 가고 있다.

이 순간 내 북서쪽으로는 하와이 제도가 자리하고 있다. 남서쪽에는 뉴질랜드가 있고, 남동쪽에는 페루 너머로 볼리비아가,

북동쪽에는 파나마가 있다. 나침반의 네 점이 여기 비글 3호에서 모인다. 미국은 1893년에 하와이의 군주제를 폐지하고, 하와이 땅을 새롭게 분배받기 원했던 미국인 사탕수수와 파인애플 재배자들을 옹호하며 군사적으로 하와이 제도를 장악했다. 하와이에는 이 일을 둘러싸고 아직도 풀리지 않은 문제가 남아 있다. 하와이 선주민인 카나카마올리 사람들은 계속해서 자신들의 이야기를 세상에 알리고 있다. 『배신당한 친절: 미국 식민주의에 대한 하와이 선주민의 저항』에서 저자 노에노에 실바는 아프리카의 역사가 응구기 와 티옹오의 말을 인용하여 오늘날 하와이 선주민 문제의 핵심을 이야기한다. "제국주의가 [···] 휘두르는 가장 거대한 무기는 [···] 문화 폭탄이다. 문화 폭탄은 한 민족이 자신들의 이름과 언어, 환경, 투쟁의 유산, 화합, 역량에 대해, 그리고 최종적으로는 자기 자신에 대해 품고 있는 믿음을 말살한다."

볼리비아 남부, 포토시 외곽에는 세로리코라는 산이 있다. 잉카의 통치자 우아이나 카팍은 백성들에게서 그 산이 무시무시한 고함을 지르며 가까이 오지 말라고 경고했다는 이야기를 들은 뒤, 그 산의 이름을 '거대한 천둥소리'라는 뜻의 포토이시라고 지었다.

토착민인 케추아족 광부들은 수 세기에 걸쳐 그들의 지배자들을 위해 세로리코산에서 헤아릴 수 없이 많은 은을 채굴했다. 지금 그들이 채굴하는 것은 대부분 주석이다. 갱도 붕괴로, 폭발 사고와 제련 사고로, 직업병인 규폐증으로 800만 명에 달하는 케추아족 노동자들이 목숨을 빼앗겼다. 과거에 케추아족은 그 산이 신성한 산이며, 케추아 사람들에게 생명을 주는 인격화된 에너지의 집이라고 믿었다고 한다. 스페인 사람들이 그들에게 노예 광부로서 생계를 이어가게 강요한 뒤로, 케추아 사람들의 상상 속 그 산의 성격도 변하기 시작했다. 오늘날 그 산은 과거와는 상당히 다른 존재인 악마 베엘제붑으로 여겨진다.

해마다 돌아오는 케추아 축제일인 '엘 디아 데 로스 콤파드레스'에 광부들은 엘 티오[아저씨]라는 이름의 케추아 신에게 경배를 드리러 광산 깊은 곳으로 내려간다. 그들은 한때 이곳에 살며 생명을 주던 자비로운 힘이 이제 이 산을 엘 티오에게 맡기고 떠나버렸다면서, 종이 죽으로 뾰족 귀에 빨간 뿔, 거대한 성기가 있고 콩키스타도르들처럼 염소 수염이 난 실물 크기 인형을 만들어 망나니 같은 엘 티오를 형상화한다.

미국의 인류학자 준 내시는 생명을 주는 신성한 에너지가 이렇게 왜곡된 상황에 대해 어느 케추아 사람이 한 말을 인용한다. 그들은 그 힘을 종이 죽 인형으로 강등시키고, 그 인형에 세르펜티나라는 색종이 리본 장식을 붙이고 입에는 코카 잎을 쑤셔 넣고 주위에는 술과 담배를 선물로 늘어놓는다. 그 광부는 내시에게 오늘날 "우리는 그 산을 먹고, 그 산은 우리를 먹는다"라고 말했다.

한때 뉴질랜드 크라이스트처치에 있는 캔터베리 박물관에서는 아메리카 선주민 다섯 명의 두개골을 전시하고 있었다. 나이 많은 라코타족 여자 한 명과 아라파호족 남자 한 명, 살리시족 세 명의 두개골이었다. 이 두개골들은 1875년에 오스니얼 찰스 마시라는 미국인 고생물학자가 칠 달러를 받고 이 박물관에 판 것으로 알려졌다. 당시에는 대학살이 일어난 현장에서 아메리카 선주민들의 두개골을 기념품으로 모아 가는 일이 흔했다. 오늘날 아메리카 선주민 본국 송환 위원회는 도둑맞은 조상들의 머리가 어디에 있는지 찾아내 고향으로 가져와 매장하는 일을 추진하고 있다. 몇 해 전 세상을 떠난 위요트족 화가이자 조상 제작자, 판화가, 조각가로 오리건주 주민이었던 릭 바토가 1994년에 마오리 예술가들의 초대를 받아 크라이스트처치에 갔을 때, 초대한 사람들은 그에게 캔터베리 박물관에 있는 두개골에 대해 아느냐고 물었다. 바토는 몰랐던 일이었다. 마오리 사람들은 그 상황이 몹시 불편한데 박물관에 어떻게 접근해야 할지 모르겠다고 말했다. 바토 역시 방법을 몰랐지만, 그는 박물관 직원에게 거기서 간이 의식을 치를 수 있게 해달라고, 또한 오리건주 오마틸라에 있는 본국 송환 위원회에 연락하는 것을 허락해달라고 청했다.

의식을 치르던 날 박물관 큐레이터는 다섯 개의 두개골을 탁자 위에 올려놓고 멀찌감치 서 있었다.(박물관 문이 열리기 몇 시간 전이었다.) 마오리 여자들이 노래를 부르며 바토를 방 안으로 불러들였다. 바토는 근처 공원에서 모아온 개잎갈나무 가지들과 담배와 물을 가지고 맨발로 들어섰다. 그는 울고 있었다. 후에 그는 그때 눈물이 흐른 건 (그가 베트남의 병원에서 일할 때 보았던 것과 같은) 인간의 비극에 대한 인식 때문이기도 했고, 그 순간에 들었던 자신이 무가치하다는 느낌 때문이기도 했으며, 본국 송환이 가능할 것이라는 생각에서 오는 안도감 때문이기도 했다고 회상했다. 그는 개잎갈나무 가지에 불을 붙이고 그 연기로 방 안을 정화했다. 두개골들을 물로 씻고 각 두개골 앞에 담배를 하나씩 바쳤다. 그는 두개골을 하나씩 들어올려 감싸안은 채 울면서 손으로 그들의 이마를 쓰다듬었다. 그러면서 어떤 말들을 했는데 무슨 말을 했는지는 기억나지 않는다고 했다. 마지막으로 두개골들을 모두 다시 테이블에 올려놓은 뒤 그들에게 무엇이 필요한지 자기한테 말해달라고 요청했다. 그는 자기가 그들을 고향으로 데려가기 위해 왔다고 말했다.

나중에 나와 이야기를 나눌 때 바토는 그들이 했던 말을 들려달라는 내 부탁을 정중히 거절했다.

의식이 끝난 뒤 그는 개잎갈나무 가지들을 모아왔던 공원의 에이번강으로 걸어가 기도를 올리며 의식에서 쓰고 남은 것들을 흐르는 강물에 띄워 보냈다.

해군 생활 초기에 당시 대위였던 로버트 피어리는, 인생에서 성공하기 위해서는 어떤 중요한 프로젝트나 사업을 찾아내 거기 참여해야 하고, 그런 다음 사람들이 그 프로젝트나 일을 거론할 때 반드시 자기 이름을 가장 먼저 언급하도록 만들어야 한다는 생각을 갖게 되었다. 프랑스와 미국이 군사적 상업적 이익을 위해 파나마 운하 건설을 계획하기 시작했을 때, 피어리는 미국 해군 대표의 후보자 명단에 자기 이름을 올렸다. 그는 결국 선발되기는 했지만, 알고 보니 기업가, 정치가, 군 장교 등 또 다른 대표들이 너무 많았다. 피어리는 자신이 선구적인 지도력으로 그 프로젝트를 이끌어가는 자리에까지 오를 수 없다고 판단했다. 내려야 할 결정이 너무 많았고, 그는 그 결정들을 통제할 수 없을 터였다.

피어리는 그 직위에서 물러나 북극 정복으로 목표를 바꿨다.

로봇이 자동차를 만들고 우주 탐사선이 태양계를 둘러싸고 있는 오르트 구름 속으로 들어간 오늘날에도, 파나마 운하를 통과하다보면 그 공사의 어마어마한 규모와 태평양으로 가는 지름길을 건설하겠다는 기획의 기저에 깔린 과감함에 압도되어 말문이 막힌다. 이 프로젝트에 대한 피어리의 본능적 판단은 옳았다. 오늘날에도 사람들은 이 운하를 볼 때 여전히 여기에 기적적인 뭔가가 있다고 느낀다. 하지만 사람의 이름은 단 하나도 기억하지 못한다.

언젠가 나는 남극의 웨들해로 가는 쇄빙 연구선을 타고 카리브해 쪽에서 시작해 파나마 운하를 통과한 적이 있다. 우리가 북쪽 입구의 가툰 수문으로 들어갈 때, 쇄빙선 너새니얼 B. 파머호의 케이즌* 선장 러셀 부지가는 남극으로 가는 몇 명의 과학자를 포함하여 항해에 필요하지 않은 인원은 모두 선교에서 나가라고 명령했다.(이는 파머호의 첫 항해였다. 이 배는 몇 주

* 1700년대 캐나다 아카디아에서 추방되어 이후 미국 루이지애나주 남부에 정착한 프랑스 식민지 개척자들의 후손들을 가리킨다.

후 웨들해에 들어가면서, 1915년에 섀클턴의 인듀어런스호가 들어간 이후 처음으로 겨울에 그 바다에 진입한 배가 되었다.) 내가 다른 사람들과 함께 선교에서 나가려는데, 선장이 내게는 그냥 남아 있으라고 했다.(이날로부터 이 주쯤 전에, 멕시코만에서 해상 시운전을 하던 중 긴급한 문제가 생겼을 때 내가 해결하겠다고 나선 적이 있었다. 그러려면 바다에 잠수해 파머호의 작동하지 않는 선수 추진기를 점검해야 했다. 그 배의 승조원인 전문 다이버는 마침 그날 승선하지 않았고, 점검 기한을 맞추기 위해 승조원들이 모두 과로하고 있던 때에 해야 할 일이 정확히 뭔지도 모르면서 무턱대고 돕겠다고 나선 것이[나는 공인 자격증이 있는 다이버였다] 선장에게 좋은 인상을 남긴 모양이었다.) 베트남전 참전병인 부지가는 내게, 파나마 운하를 통과할 때 승조원 외에 모두 선교에서 나가라고 했던 이유는 그 운하를 건설할 때 너무 많은 노동자가 죽었기 때문이라고 말했다. 지금 그들은 우리가 지나는 물 밑에 아무 표지도 없이 묻혀 있다고 했다. 운하를 건너는 동안 선교에는 일하는 사람만 있어야 한다는 것이 그의 생각이었다. 그는 우리에게 태평양에 도착할 때까지 몇 시간 동안 완전한 침묵을 지켜달라고 부탁했다.

모레노 선장이 다시 키를 잡은 지금, 내 뒤쪽으로 보이는 비글 3호의 후류는 활주로처럼 곧은 직선을 그리고 있다.

그리고 나의 여기는, 다시금 여기다. 적도의 햇빛과 부드러운 공기를 흠뻑 받으며 산타크루스 운하의 고요한 물 위를 달리고 있다. 당당한 군함조 두 마리가 크고 느린 날갯짓으로 서쪽으로 이동하고 있으며, 비글 3호는 싱싱한 바칼라오(참바리)와 랑고스티노로 저녁 식사를 하러 푸에르토아요라로 향해 가고 있다. 하와이를 사랑하는 선주민 노아 에멧 알룰리와 나눈 대화, 크리스천스테드에서 레알 은화를 샀던 일, 전통적 부족민들의 보편적 슬픔을 달래러 와달라는 마오리족의 초대에 응한 일에 관해 릭 바토가 내게 들려주었던 이야기, 그리고 이름도 남기지 못할 일에 헌신했던 평범한 노동자들의 노력을 인정하고 경의를 표하기 위해 러셀이 제안했던 묵념까지, 기억이 불러낸 이 모든 에피소드는 지금 이 평온한 현재에, 세상이 좀 더 무해해 보이고 용서할 기회와 받아들일 기회가 심장에 흘러넘치는 듯한 여기 이 순간에도 고스란히 존재한다.

괴로운 일을 상기하는 것이 반드시 과거에 일어났던 일을 음울하게 곱씹는 것만을 의미하지는 않는다. 그런 회상에는 폭넓은 시야가 제공하는 안도감도 함께 따라온다.

다윈의 진화론에서는 아주 단순한 사실이 핵심을 차지한다. 그건 바로 살아 있는 모든 존재에게는 부모가 있다는 점이다.[10] 각 부모의 종자 세포들에는 일련의 유전자들이 들어 있으며, 이 유전자들은 다음 세대로 넘어가도 전반적으로 변함이 없지만, 어떤 부모가 조합되는가에 따라 자식에게 다양한 가능성을 부여한다. 이 사건의 성격, 그러니까 두 꾸러미의 정보를 조합하여 실제로 어떤 결과가 나올지 따져보는 일을 과학자들은

'추측통계학적'이라고 말한다. 즉 통계학적으로 접근할 수는 있지만 예측은 할 수 없는 결과, 다시 말해 무작위적 결과라는 뜻이다.

오늘날 유전학자들은 정교한 관찰 도구들을 사용하여 특정 유전체—예컨대 인간 유전체—에 담긴 전체 유전물질을 식별해낼 수 있고, 새 세대 일원의 개체발생에서 어떤 유전자가 어떤 형질에 영향을 주는지를 어느 정도 확신을 갖고 말할 수 있다. 바꿔 말해서 그들은 어느 유전자가 아기의 눈 색깔에 영향을 주는지 그 아기의 눈은 어떤 색이 될 가능성이 큰지 말할 수 있다. 하지만 부모의 눈 색깔을 알고 있더라도 그들은 아기가 실제로 어떤 모습이 될 것인지, 그리고 훨씬 더 복잡한 질문인 아기가 어떻게 행동하게 될 것인지는 예측할 수 없다. 그 사건의 첫 부분(새로운 사람의 생성, 개체발생 또는 성장의 시작)에 관해서는 어느 정도 정확하게 말할 수 있지만, 둘째 부분(그 사람이 어떤 사람이 될지)에 관해서는 말할 수 없다. 실제로 어떤 일이 일어날지는 아무도 모른다.

시간이 지나면서 한 종의 유전체에 일어나는 변화, 그리고 이 유전자 변이가 비교적 빠른 속도로 한 종 구성원들의 익숙한(그리고 비슷한) 외양에 변화를 주는 현상에 대해 그 특징을 규정하기란 쉽지 않다. 한 동물에게 환경 변화(기후 변화, 대격변적 지질학적 사건, 고질적 환경오염, 환경을 공유하는 다른 종에 일어난 변화)가 가하는 선택압 때문에 발생한 유전적 변화의 속도 및 방향에 무작위적 유전자 변이까지 더해지면서, 인류를 포함해 특정 종이 어디로 향해 가는지 추측하려 노력하는 진화생물학자, 고인류학자, 기타 과학자들 앞에는 예측할 수 없고 변화무쌍한 풍경이 펼쳐진다.

우리는 특정 종의 한 세대가 앞 세대의 뒤를 잇는 과정에서 대개는 서서히, 때로는 급격하게 종의 변화가 생긴다는 것을 알고 있다.(종은 영구적인 실체라기보다 시간의 흐름과 함께 발달해가는 선 위의 한 점이라고 할 수 있다.) 유전자 변이와 종이 처한 환경은 어떤 식으로든 상호작용하면서, 유전자의 뉴클레오타이드에 무작위적으로 발생한 변화를 강화하는 방향으로 작용하는데, 이는 일반적으로 그 종의 생존 적합성을 영속화하기 위한 일임을 우리는 알고 있다. 하지만 특정 종에 속한 한 개체의 운명과 그 종 자체의 운명 사이에는 큰 차이가 있다. 그러니 좋지 않은 환경에서도 자신의 아이에게 큰 희망을 품고 있는 부모가 동시에 인류의 운명에는 절망하는 부모일 수도 있다.

산업혁명으로 인간의 환경에 일어난 급격한 변화들이 우리를 그토록 불안하게 하는 이유는, 그 변화들로 우리가 좋은 미래를 맞이할 거라는 예상을 할 수 없기 때문은 아니다. 어차피 우리가 그런 예상을 할 수 있었던 적은 한 번도 없었다. 그보다는 오히려 호모 사피엔스가 처한 물리적 환경의 대대적 변화들이 과학자들이 보기에 전례 없는 속도로 일어나고 있기 때문인 듯하다. 앞으로 수십 년 동안 개인들이 이런 변화에 각자 얼마나 잘 대처하든, 우리 종의 미래는 우리와 친척 관계인 다른 사람족들에게 그랬듯 우리에게도 여전히 불확실한 문제다. 중요하게 짚고 넘어갈 점은 사람족 가운데 지금까지 우리와 함께 살아남아 있는 속이 하나도 없다는 사실이다.

우리 시대의 또 하나의 특징은, 특정 종교 집단의 종말론에 몰두하려는 충동도, 모든 종교 집단의 종말론에 대한 맹렬한 비판도 둘 다 동일한 확신에서 나온다는 점이다. 그것은 바로 우리가 어디로 향해 가는지 아무도 모른다는 확신이다. 우리가 아는 건 시간이 지남에 따라 우리가 변하리라는 것, 그리고 비교적 안정적인 종으로서 우리가 보낸 긴 역사(해부학적 현생인류의 경우 약 20만 년)조차 이런 변화들이 (인류세에는 특히) 천천히 일어나리라고 보장해주지는 않는다는 것뿐이다.

현대인이 하나의 종으로서 자신들이 시간의 흐름에 따라 변화한다고 생각하게 만든 공, 그리고 자신들의 계통발생학적 조상들을—오스트랄로피테신*과 사람속의 다른 몇몇 종부터, 어쩌면 하이델베르크인(호모 하이델베르겐시스)까지—자신들과 다른 동시에 유사한 존재들로 생각하게 만든 공 대부분은 다윈에게 돌아간다. 나는 청년 시절『비글호 항해기』를 읽으면서 다윈이 생물학적 진화를 이해하는 방식을 형성한 두 가지 요소에서 깊은 인상을 받았다. 하나는 그가 수년간 비글호를 타고 다니면서 경험한 것들의 영향이었다. 그는 이 두 개의 돛을 단 바

* 400만 년 전부터 200만 년 전 사이에 살았던 유인원들로, 오스트랄로피테쿠스와 파란트로푸스 두 속으로 구성되며, 인간과 유인원 사이 진화적 연결 고리로서 중요한 위치를 차지한다.

크선*을 타고 날씨가 차분할 때든 재난을 몰고 올 것처럼 험악할 때든 바다에서 계속 시간을 보내는 동안, 슈롭셔에서 자라던 어린 시절에는 짐작도 못 해봤을 정도로 어마어마한 지구의 크기 자체를 체감했을 것이다. 다윈이 바다에서 보낸 하루하루는, 경계를 지어주는 것이라고는 오직 끊임없이 이어진 수평선뿐인 광활한 물과 하늘, 그 무한한 공간의 한가운데 서서 보낸 또 하루를 의미했다. 대서양의 적도무풍대에서 멈춰 있을 때든, 사선으로 불어오는 바람을 받아 바다 위를 질주할 때든, 바다에서 보낸 모든 시간에 그가 바라본 바다의 광활함과 바다 위를 뒤집어놓은 그릇처럼 덮은 광막한 하늘의 범위는, 대륙들 사이의 광대함 속에서는 티끌 하나에 지나지 않는 HMS 비글호에 탄 탑승객으로서 다윈이 익히 알고 있던 세상과 극명한 대조를 이루었다. 나는 다윈이 미지의 대양과 익숙한 배 사이에서 날이면 날마다 느꼈던 이 대조가, 바로 그 무렵 그의 상상 속에서 무르익기 시작한 진화에 관한 생각을 그처럼 광활하게 전개하도록 그를 부추겼으리라고 느꼈다.

나는 비글호를 에워싼 바다의 공간적 넓이가, 다윈이 변화에 관한 자신의 생각을 완전히 새로운 방향으로 이끌고 가도록 거부할 수 없는 힘을 행사했을 거라고 믿는다. 비글호는 다윈에게 기지既知의 문화적 세계에서 오는 편안함과 안심을 의미했다.

* 바크선은 보통 돛대가 셋 이상인 범선을 말한다. HMS 비글호는 원래 앞돛대와 주돛대 두 개의 돛만 있었는데 작은 뒷돛대를 추가해 개조했다.

비글호의 리치선, 마룻줄, 배돛귀줄, 범각삭 각각은 모두 정교한(복잡한 것은 아닌) 체계 안에서 특수한 각자의 기능을 갖고 있었다. 하지만 그는 복잡성 쪽으로 기울었다. 다윈이 1831년 12월 데번포트에서 비글호에 승선할 때 가지고 갔던 책들은 모두 그가 어느 정도 익숙해진 주제를 다룬 책들이었다. 선장인 로버트 피츠로이는 열렬한 기독교 근본주의자인 데다 독재적이고 변덕스러우며 경험을 대단히 중시하는 사람이었으므로, 식탁에서 그와 나눈 대화는 짐작건대 인습적이고 계급을 중시하는 보수적인 성격을 띠었을 것이다. 나는 그들이 매일 함께 식사할 때마다 피츠로이의 선장실 열린 문을 통해 스치듯 보이는 수수께끼 같고 변화무쌍한 바다를 내다보던 다윈의 시선이 많은 걸 말해준다고 생각할 수밖에 없다.

다윈이 비글호 항해 경험을 바탕으로 쓴 첫 번째 글이 북아프리카에서 하마탄 무역풍을 타고 서쪽으로 날아온 모래 먼지의—어느 날 아침 그는 이 모래 먼지가 비글호의 주갑판을 덮고 있는 걸 목격했다—성격에 관한 글이라는 점도 많은 것을 시사한다. 그는 그 먼바다에서, 세계가 변함없이 영속할 수는 없다는 반박할 수 없는 증거를 찾아낸 것이다.

나는 생물학적 진화에 관한 다윈의 초기 사상을 형성한 두 번째 중요한 요소가 세 권으로 된 찰스 라이엘의 『지질학의 원리』라고 생각한다. 라이엘 사상의 핵심인, 지구는 사람들이 일반적으로 생각하는 것보다 훨씬 더 오래되었다는 생각에 담긴 의미들은 다윈의 머릿속에서 일종의 열병을 일으켰다.(다윈은 이 책의 1권을 비글호가 출항할 때 피츠로이에게서 선물로 받았다. 2권과 3권은 후에 각각 몬테비데오와 포클랜드 제도의 포트 스탠리에서 구했다.) 1830년대에 지질학자들은 대략 두 진영으로 나뉘었다. 동일과정설 진영은 지구가 오랜 시간에 걸쳐 점진적인 변화만을 거쳐왔다고 주장했고, 격변설 진영은 지구의 표면에서 명백히 보이는 변화들은 갑작스럽게 일어난 것들이라고 주장했다. 양쪽 모두 자신들의 관점을 가장 강력히 뒷받침하는 물리적 특징들만을 강조하는 경향이 있었다. 동일과정론자들은 호수 바닥에 점진적으로 퇴적물이 쌓여 사암이나 셰일 같은 퇴적암이 형성된다는 점을 지적했고, 격변론자들은 화산 폭발과 암석층의 부정합을 제시했다. 동일과정론자인 라이엘은 이 두 입장을 모두 재고할 수 있는 시간 틀을 도입했다. 라이엘이 (대부분) 보수적 기독교인이던 동료들 앞에 제시한 것은 지질학적 과정들이 작동해온, 그들로서는 가늠도 할 수 없을 만큼 어마어마한 길이의 시간이었다. 어셔 대주교가 제시한 6000년*으로는 그 세월을 포괄할 엄두도 못 낼 것이다.

라이엘이 다윈에게 준 것은 생물학적 진화의 고찰을 위한 맥락 중 두 번째 부분이었다. 거의 매일 광대한 공간에 둘러싸여 있던 다윈은 거기에 더해 라이엘이 제시한 엄청난 시간의 길이

* 15세기 아일랜드의 대주교 제임스 어셔는 『구약성서 연대기』에서, 성경에 언급된 족보와 사건을 바탕으로 계산했을 때 천지창조의 정확한 날짜가 기원전 4004년 10월 23일이라고 주장했다.

를 접하면서, 생물학적 진화라는 것이 장대한 세월에 걸쳐 아주 기나긴 길이 샛길들을 뻗으며 펼쳐지는 과정임을 깨달았다. 또한 이 진화라는 현상은 자기가 타고 있던, 꽤 대단하기는 하지만 그래 봐야 부차적인 영국의 기계보다 역사적으로 더욱 심오하고 무한히 더 복잡한 것임을 알 수 있었다.

다윈은 또한 진화에 관해 막 자리 잡아가던 생각을 다듬어줄 또 하나의 자극도 감지했을 것이다. 그 자극은 1835년 피츠로이가 바다 깊이를 측량하는 삼십오 일 동안 갈라파고스 제도를 거닐며 보내던 때에 찾아왔다. 이 제도는 여행자 다윈에게 다양한 식물 종, 퇴적암층, 담수 저수지 등 관심을 기울일 구체적 현실과 흔들리지 않는 지반도 제공했지만, 무엇보다 중요한 건 각 섬들이 각자 해안선으로 둘러싸여 있다는 점이었다. 제도 안에서는 거의 항상 근처에서 비슷한 섬들을 볼 수 있고, 그 섬들 사이에는 항상 움직이며 실증적 측량으로는 쉽게 성격을 규정할 수 없는 해수면이 자리하고 있었다. 섬과 섬 사이에서 어디라도 가려고 하면 뭔가 도움이, 그러니까 배가 필요했다. 다윈은 특정 새들과 해양 포유류—예컨대 바다사자나 물개—가 실제로 그 섬들 사이를 쉽게 오고 간다는 사실도 분명 눈치챘을 것이다. 후에 핀치들이 각자 서식하는 섬에 따라 서로 다르다는 걸 처음으로 깨달았을 때, 다윈은 이 모든 생물학을 하나로 묶어주는 그것을 어떻게 설명할 수 있을지 다시 한번 생각했을 것이다. 다시 말해, 생물학적 제도諸島—각자 특징적인 생명-생태계로 이루어진 개별적 생물군계를 가지고 있지만 또한 이 모든 생물군계가 서로 미묘하게 연결돼 있어 분명히 다르면서도 동시에 비슷한 것(섬)들—의 본성이 무엇일지 고민했을 것이다. 틀림없이 그는 이곳 갈라파고스 제도의 생물학과 지질학의 관계에서, 바로 이 소우주에서 아주 새로운 무언가의 희미한 윤곽을 보았을 것이다.

다윈은 『종의 기원』을 출판하여 서구의 과학과 문화에 막대한 동요를 일으켰다. 신학자들은 다윈의 사상에서 정통 교리와 사회질서에 가장 심각한 위협이 되는 것은 인류에 관한 생각이라고 보았다. 그들이 보기에 이 슈롭셔의 신사는 생물학적 변화가 미리 정해진 어떠한 경로도 따르지 않으며, 그 변화에는 당시의 생물학적 생존 적합성 외에 어떤 목적도 없다고 주장하고 있었다. 게다가 그 변화에는 최종 목적지도 없다는 것이다. 한마디로 그는 하나의 종으로서 호모 사피엔스가 어떤 특정 방향으로도 나아가고 있지 않을 뿐 아니라(즉, 호모 사피엔스는 시간이 흐름에 따라 변화하기는 하지만 '향상'되고 있는 건 아니다), 인류에게는 '완벽'이라는 종점도 없다고 말한 것이다. 심지어 지구상의 종들 가운데 호모 사피엔스가 가장 높은 자리를 차지하는 위계적 배치 같은 것은 존재하지 않는다고 은근히 주장하고 있지 않은가. 통찰력이 뛰어난 다윈 전기 작가인 재닛 브라운에 따르면 다윈이 자신의 사상 가운데 가장 두려워했던 부분은 당대의 근본주의 신학자들에게 가한 위협이 아니라, 결국 사람과 동물 사이에 별 차이가 없다는 말, 다시 말해서 인간은

'영혼'을 가지고 있으므로 동물과 구별된다는 생각은 성립하지 않는다는 주장이었다.

사람들이 다윈의 주장에 세상이 무너질 것 같은 충격을 받았던 이유는 그 주장이 궁극적으로 인간의 삶에는 아무 의미도 없다는 말로 들렸기 때문이다. 오늘날에도 다윈의 적응과 변화 개념에 1870년대의 영국 못지않게 강고하게 저항하는 곳들이 남아 있다.(진화론에 대한 가장 독특한 저항지 중 하나는 공교롭게도, 근본주의 기독교도들이 공식 가이드 자격을 성공적으로 얻어낸 갈라파고스다. 그들은 갈라파고스를 방문하는 사람들에게 진화의 대안적 개념들을 제시하고, 인간이라는 생물이 '특별하게 창조'되었음을 강조하고 싶어한다.) 다윈은 자기 사상에 대한 논의를 생물학 영역으로만 제한하려 노력했지만, 물론 그 노력은 성공하지 못했다. 무신론자, 불가지론자, 정치혁명가, 실존주의자, 그리고 결국에는 사회진화론자까지, 이들은 모두 다윈의 통찰을 탈취하여 아마 다윈 본인은 결코 나아가려 하지 않았을 온갖 방향으로 끌고 갔다. 다윈은 숙고하는 사람이었지 혼란을 일으키는 사람이 아니었고, 선동가이기보다는 철학자였다. 사실 그는 다른 학문 분야—입자물리학—에서는 그로부터 사십 년이 지나서야 전면에 등장할 유형의 사고방식을 예고한 전령과도 같았다. 그에 앞서 코페르니쿠스가 그랬고, 후에 프로이트와 융이 그랬듯, 다윈은 우리가 세계 속 우리 자신의 존재를 생각하는 방식을 근본적으로 바꾸어놓았다.

다윈이 글을 쓰던 시절, 자연 세계를 설명하려 애쓰던 과학자들은 화학과 물리학이라는 두 분야에 연구를 집중했다. 생물학은 주로 서술적인 과학으로서 화학과 물리학의 이복자매 정도로 여겨졌고, 그것도 머릿속에 새들의 지저귐이나 장미의 개화보다 더 심각한 생각은 들어 있지 않은 신사 박물학자들이 주로 담당하는 과학으로 여겨졌다. 다윈의 연구는 자연 세계의 본성을 탐구하는 하나의 경로로서 생물학을 물리학 및 화학과 동등한 위치로 올려놓았다. 그의 계통학 연구와 진화에 관한 이론 정립은 생물학을 예측 불가능성과 불확정성의 영역으로 데려갔는데, 이는 사실 물리학이 데모크리토스 시절 이후 늘 목표로 삼아 왔으나 상대성이론과 양자역학이 생겨나면서야 마침내 달성한 일이었다. 다윈은 양자 이론의 특징적인 불확정성이 자연계 전체에도 존재한다는 하이젠베르크의 유명한 통찰을 일찌감치 예고한 셈이다. 그는 지도 없이 도덕적 진보를 이루는 것이 불가능하다고 말한 것이 아니다. 그가 한 말은 애초에 그런 지도를 만드는 것이 불가능하다는 얘기였다.

다윈도 과학자였으니 성향상 법칙의 불변성에—물리학과 화학에는 뉴턴의 제1운동법칙이라든가 기체의 행동에 관한 보일의 법칙 같은 것들이 있지 않은가—끌렸지만, 결국 생물학에 불변의 법칙은 없다고 생각할 이유만 제시하고 말았다. 그 대신 생물학에는 진화나 단성생식이나 체세포분열 같은 현상들이 있었다. 때로 사람들은 만약 다윈이 멘델의 유전'법칙'을 활용할 수 있었다면 생물의 진화에 관해 다른 방식의 글을 쓸 수도 있지 않았을까 궁금해한다. 이에 대한 답은, 만약 멘델의 연구가 다윈의 연구보다 먼저 알려졌다면 다윈이 그렇게 큰 영향을 미치지는 못했으리라는 것이다. 유전에 관해 멘델이 알아낸 것은 본인의 바람과는 달리 예측 가능성과는 무관했다. 오히려 그것은 확률에 관한 문제였고, 그 유전적 변화의 확률은 수학의 도움으로 더 잘 이해될 터였다.

열일곱 살 때 고등학교 반 친구들과 단체로 유럽 여행을 하던 중, 어느 오후에 머리가 빙빙 도는 것 같은 느낌으로 피렌체의 우피치 미술관에서 나오던 일이 기억난다. 청소년기의 내 열띤 상상력에 미술관의 예술 작품들이 엄청난 인상을 남겼기 때문이었다. 흥분을 가라앉히려고 계속 걷던 나는 어느덧 베키오 다리에 이르러 아르노강을 내려다보고 서 있었다. 가방에는 책이 한 권 들어 있었는데, 지난 몇 주 동안 이 책을 읽으려 무던히 노력했지만 성공하지 못한 터였다. 내 머리로는 도저히 이해할 수 없었다. 『동물의 정향: 무정위 운동, 주성, 나침반 반응』이라는 책이었다. 저자들은 고트프리트 프랭켈이라는 곤충학자와 스리랑카에서 온 동물학자 도널드 건이었다. 그들의 주제는 동물들, 그중에서도 주로 곤충들이 자신이 살아가는 환경 속에서 방향을 잡는 방식이었다. 그들의 필요(먹이를 먹고 생식할 수 있을 만큼 오래 살아남는 것)와 환경의 질을 감안하고, 시간상의 특정한 순간(온도와 습도, 계절, 태양의 각도)을 감안할 때, 곤충들은 물리적 세계에서 어떻게 방향을 잡는 것일까? 동물들이 실용적 필요를 충족하기 위해 또는 그저 만족을 얻기 위해 가변적인 환경에 매일 스스로 적응하는 방식을 살펴봄으로써 동물들을 이해할 수 있다니 너무나도 흥미로웠다.

나는 베키오 다리 위의 두 상점 사이 통로에 서서 저자들이 사용하는 각종 전문용어의 의미를 파악하려 애쓰다가, 비로 불어난 아르노강의 흙탕물 표면에 주의를 빼앗겨 책을 덮었다.(물론 이 책을 읽다가 덮은 게 이때가 마지막은 아니다.) 그리고 그 순간 남미 어느 정글에서 자율적으로 방향을 잡는 곤충들이 진화하고 있는 이 세상에서, 보티첼리의 〈비너스의 탄생〉은 어디에 맞아 들어갈지 궁금해졌다. 그 그림은 나를 프랭켈과 건이 데려다놓은 것만큼이나 깊은 경이에 빠뜨렸다.

어느 늦은 오후, 비글 3호에 함께 탄 우리 가이드 오를란도 팔코는 우리가 수영할 수 있도록 산살바도르섬 동쪽 앞바다의 바르톨로메라는 작은 섬에 데려다주겠다고 했다. 열대어들은 별로 많이 볼 수 없을 거라고 했지만, 그래도 나는 오리발과 마스크를 챙겨 갔다. 바닥은 대부분 몇몇 모래 지대를 에워싼 오래된 용암류들로만 이루어져 있었고 산호는 전혀 없었다. 물이 너무 맑아서 팡가 보트 아래 5미터 정도 떨어진 바닥에서 파호이호이 용암이 흘러가며 만들어낸 밧줄 같은 결이 그대로 다 보였다. 다른 사람들이 모두 배 밖으로 뛰어내리자, 오를란도는 나를 섬에서 좀 더 멀리 떨어지고 수심이 더 깊은 곳으로 데려가더니 거기서 뛰어내리라는 신호를 보냈다.

나는 물속으로 뛰어들어 아래에 보이는 어두운 바닥에 닿으려고 세차게 발차기했다. 그런데 물속 장면에 초점이 잡히고 보니 그 바닥은 바르톨로메 해안에서부터 이어진 용암류가 아니었다. 그것은 주황눈숭어들의 거대한 무리였다. 내가 하강하던 움직임을 멈출 수 있게 될 때까지 이 물고기 떼는 나를 피해 갈라지면서 속이 빈 원통 형태로 내 주위를 에워쌌다. 내가 계속 아래로 내려가자 내 밑에 있던 물고기 무리도 갈라지면서 10미터 정도 아래 흰 모래 바닥이 보이도록 시야를 열어주었다. 위쪽의 물고기들을 올려다보려고 몸을 돌리자, 물고기 떼가 아래위로 30미터 이상 길게 대형을 늘인 것이 보였다. 이 물고기 떼의 가장 아래쪽 층은 바닥과 겨우 1.5미터 정도 떨어져 있었다. 숭어들은 갑자기 방향을 바꾸고 우르르 몰려다니면서도 움직임을 하나같이 딱딱 맞췄다.

수천 마리가 내 위에서 마치 적란운처럼 한 덩어리로 움직였다.

올라가야 할 시간이 되어서 나는 스프링보드 다이버처럼 두 손을 머리 위로 모으고 발차기를 하여 숭어 떼 사이로 솟아올랐다. 아래를 내려다보니 흰 바닥이 마치 눈을 깜빡거리는 것처럼 보였고, 나는 올라가는 속도를 늦췄다. 이제 내가 어디로 손을 뻗든 물고기들은 우아하게 그 옆으로 비켜났다. 내가 다리를 가슴 앞으로 당겨 끌어안자 물고기들은 내게 더 가까이 다가왔고 잠시 동안 나는 그렇게 물고기들에게 완전히 둘러싸여 있었다. 숭어 떼의 마지막 층이 내 위에서 갈라지자 3미터 정도 거리의 물 너머에 팡가의 하얀 바닥이 보였다.

주황눈숭어들과 함께한 그 일 분 삼십 초의 기억은 내 정신뿐 아니라 몸에도 새겨졌다. 나에게 이곳은 기적적인 것의 가장자리였다. 세상의 모든 귀퉁이에는 예상하지 못한, 하나로 통합된, 이름 없는 눈부신 삶이 존재한다.

열흘간의 유람 마지막 날에 비글 3호는 푸에르토아요라에 입항했다. 우리는 농어와 쌀과 콩으로 만든 요리에 신선한 채소 샐러드로 저녁을 먹었다. 저녁 공기가 선선해지고 있었다. 우리는 서로 밤 인사를 나누고 각자 갈라파고스 호텔의 자기 방으로 향했다. 나는 5호 오두막으로 가 내 장비들을 정리하고 샤워를 하고 짐을 싸기 시작했다. 아침에는 모두 버스를 타고 육로를 지나 발트라까지 이동해 비행기를 타고 키토로 갈 것이다.

나는 떠날 준비가 되지 않았다. 소지품들을 쑤석거리며 무엇을 어디에 두어야 할지 마음을 잡지 못했다. 나의 생각은 동시에 여러 방향으로 내달리며, 이곳에서 다윈이 겪은, 그에게 촉매가 되어준 일들과 오늘날 갈라파고스에서 벌어지는 환경 악화, 그리고 호모 사피엔스에게 닥칠 미래의 가능성을 연결해서 생각해보려 애쓰고 있었다. 호주의 철학자 발 플럼우드는 어디선가 현재 인류의 과제는 "인간 이외 존재들을 윤리의 영역에 재배치하고 인간을 생태의 영역에 재배치하는 것"이라고 썼다. 호모 사피엔스가 오로지 정치적이거나 경제적인 관점만이 아니라 생태학적 관점을 취하고, 물리적 환경이 인간 유전체에 선택압을 가한다는 사실을 인지하면 단순 명료한 하나의 판단에 이르게 된다. 바로 환경을 보살피는 일이 자신을 보살피는 일이라는 깨달음이다. 환경을 함부로 대하는 일은 인간은 자신들의 물리적 환경에 계속 무관심해도 문제없다는 믿음, 자연선택이 자신들에게는 적용되지 않는다는 믿음을 지지하는 것이다. 내 생각에 이런 인류의 생물학적 미래는 자연선택이 아니라 유전공학에, 크리스퍼[유전자 가위]로 편집된 아기들의 유전체에 있는 것 같다. 맞춤 제작되는 아이들 말이다.

샤워를 하고 욕실 조명을 끈 후 욕실의 작은 창으로 내다보니 태평양 평원에 서 있는 밤의 울타리들이 보인다. 쿡과 다윈은 각자가 항해할 때 사용한 격자들에 대해 서로에게 뭐라고 말할까? 그들은 제도라는 단어를 어떻게 정의했을까? 그리고 만약 다윈이 기독교 근본주의자인 피츠로이가 아니라 쿡과 함께 항해했다면, 그는 우리에게 어떤 것을 제시했을까? 그리고 그들이 호쿨레아호의 선원들에게서 태평양의 섬사람들은 항로를 정할 때 '길 찾기의 명수인 새들'에게 의지한다는 말을 들었다면 뭐라고 했을까?

갈라파고스에 오면서 나는 미국 국방 지도 제작국 해도 센터가 열다섯 차례의 수정된 내용을 반영하여 1978년에 내놓은 90×137센티미터짜리 항해도를 가져왔다. 이 지도는 (부분적으로 1835년에 피츠로이가 측량한 갈라파고스의 수심을 바탕으로 만든) 〈영국 해군 지도 1375〉를 바탕으로 한 것으로 '아르치피엘라고 데 콜론'이라는 제목이 붙어 있고, 1:60만 축척으로 만들어졌다. 즉, 이 지도상의 약 2.5센티미터는 약 17.5킬로미터와 같다. 섬들은 여러 농담의 회색으로 표시되었고, 일련의 동심원 선들이 각 섬의 지형을 보여준다. 섬들 사이의 바다와 제도 전체를 둘러싼 대양은 흰색이며 위선과 경선이 표시되어 있다. 자기나침반이 가리키는 방향을 기준으로 운항하기 위해 그린 가느다란 녹색과 밤색의 격자 선도 다른 선들 위에 겹쳐 있다. 바다의 어떤 부분들에는 점처럼 작은 숫자들로 수심을 표시하고 작은 화살표로 해류의 방향도 표시해두었다. 화살표 위에 적힌 숫자는 그 해류의 평균속도를 나타낸다.

이 세 번째 갈라파고스 여행은 기억 속에 단단히 붙잡아두고 싶다. 나는 이 해도를 이번 여행에서 있었던 사건들을 시각적으로 떠올리고 그 일들이 일어난 순서를 기억하기 위한 틀로 활용했다. 나는 우리가 각 상륙지에서 한 일들을 하나하나 되새겼다. 뭍에 오를 수 없는 바위섬인 로카레돈다 앞바다에서 잠수했던 일, 이사벨라 해협 위로 솟은 알세도화산의 동쪽 능선을 올라갔던 노정, 인광에 휩싸인 돌고래들을 보며 바이아이사벨을 건넜던 일. 이는 나에게 회상하고 인상을 새겨두는 연습이었다.

방 안을 돌아다니며 옷가지를 개키고 메모한 종이들을 종이 폴더에 집어넣고, 쌍안경 렌즈에서 바닷바람의 잔류물들을 닦아내는 사이사이, 나는 지도를 펼쳐놓은 침대 위로 올라가, 방금 막 떠오른 또 다른 일과 장소를 내 기억에서 그 지도 위로 옮겨 붙들어 맸다. 바이아델코레오가 내가 머릿속에서 그렸던 것과 달리 마르그레트 비트머가 살던 블랙비치의 남쪽이 아니라 북동쪽에 있다는 사실이 약간 당황스러웠다. 그리고 다윈섬과 울프섬이 내가 생각했던 것보다 갈라파고스 제도의 주요 섬들에서 북쪽으로 훨씬 더 멀리 떨어져 있다는 점도.

떠날 준비를 모두 마친 뒤 나는 그 지도를 돌돌 말아 보호용 케이스에 밀어 넣었다. 그 큰 지도를 집어들 때 침대 옆에 있는 램프 앞을 지나치게 되었는데, 그 순간 갑자기 밑에서 불을 밝힌 것 같은 상태로 갈라파고스 제도를 바라보게 되었다. 그 희미한 전구는 말하자면 나스카판 아래 있으면서 라쿰브레화산과 세로아술화산으로 용암을 분출하는 화산 열점일 터였다.

나는 선인장 껍질로 만든 전등갓을 벗겨 그 열점을 더 강렬하게 만들었다. 그러자 갑자기 상황이 거꾸로 보이기 시작했다. 전구는 태양이 되었고 나는 해저 바닥에서 태양을 올려다보고 있었다. 옹기종기 모여 있는 화산 정상에서 섬들을 조망하는 것이 아니라, 그 섬들이 이를테면 화산재 덩어리처럼 바다 표면에 떠 있는 물체인 양 아래에서 위를 올려다보는 것이었다. 이 환상을 더 그럴듯하게 만들기 위해 나는 지도를 빙 돌려서 아래와 위를 뒤집었다. 지금 이 장소의 '아래위가 뒤집힌' 모습은 어떤 걸까? 그리고 바다의 표면을 통해 내게 희미하게 보이는 저것, 섬들에 역광을 비추지만 세세한 부분은 하나도 드러내주지 않는 저것이 햇빛이라면, 서쪽이 나의 왼쪽이 아닌 오른쪽에 있는 것이 맞는 것일까? 만약 내가 지도의 끝과 끝을 돌려 서쪽을 다시 내 왼쪽으로 오게 한다면, 제도의 '제일 아래'는 명백히 '제일 위'가 된다.

갈라파고스 제도를 관통하는 항해를 시작할 때 항해사 입장에서는 어떻게 방향을 잡는 것이 올바른 방법일까? 여기서 좌현과 우현, 동쪽과 서쪽 같은 전통적인 방법 외에 뱃사람이 배를 조종할 때 의지할 다른 대안이 있을까? 호쿨레아호의 항해사라면 여기서 어떤 방법을 제안할까?

내가 보고 있던 항해도의 한 귀퉁이에는 자주색으로 이런 글이 적혀 있다. "경고: 분별 있는 뱃사람이라면 하나의 항해 보조물에만 의지하지 않는다."

쿡처럼 다윈도 기존의 지도를 가지고 갈라파고스를 항해하지 않았다. 그는 지도를 만들고 있었다.

# 자칼 캠프

동부 적도 아프리카*

투르카나 호수 서부 고지

투르크웰강 유역

북위 3°06′08″ 동경 35°53′18″

* 아프리카 대륙 동부에서 적도 근처에 자리한 지역. 케냐, 우간다, 탄자니아, 르완다, 브룬디 등의 나라가 포함된다.

캄바족 남자 다섯 명과 나, 우리는 롱휠베이스 랜드로버 두 대에 나눠 타고 북쪽의 로콰캉골레에서 비포장도로를 달려 내려왔다. 두 대 중 한 대는 운전석 뒤에 화물칸을 장착해 다용도 트럭으로 개조한 차로, 녹색 방수포 아래 캠핑 장비가 잔뜩 실려 있다. 다른 사람들은 모두 오십 대로 나보다 나이가 많다. 그들은 이곳 로드와르에서 우리를 기다리고 있던 투르카나족 청년과 차례로 악수한다. 키가 크고 신을 신지 않은 청년은 회색 반바지와, 암청색 바탕에 작고 노란 삼각형이 늘어선 세로줄무늬 반팔 셔츠를 입고 있다. 이마와 볼, 턱에는 작은 흉터들이 깔끔한 이랑 무늬를 이루고 있다.

우리 일행 중 오냥고와 응주베는 투르카나 청년과 함께 다용도 트럭의 방수포를 걷고, 물을 채우려고 170리터짜리 플라스틱 물통을 마을 우물까지 굴려 간다. 그들 사이에 스와힐리어로 예의 바른 대화가 오가고, 캄바족 남자들은 펌프질을 시작하기 전 투르카나족 남자에게 수질이 어떤지 묻는다. 이 캄바족의 지도자인 카모야는 나머지 두 사람과 함께 울퉁불퉁하며 잘 이어지지도 않은 길을 따라 여기저기 흩어져 있는 작은 상점들에 들른다. 나도 그들을 따라간다. 카모야는 손전등에 넣을 배터리와 기장, 흑백필름 한 롤, 담배를 찾고 있다. 나는 어느 가게의 거울 앞에 멈춰 서서 얼굴을 들여다본다. 얼굴을 덮은 떡이 된 먼지 사이로 땀줄기가 개울처럼 흐른다. 땀은 광대뼈의 돌출부 위에서 번들거리고 목덜미에서 작은 웅덩이를 이루며 쇄골 사이 얕게 파인 부분을 채우고 있다.

마을은 오후의 열기 속에서 서서히 끓어오른다. 나는 챙이 넓은 모자를 바로잡는다. 어디를 돌아보든 누군가가 나를 쳐다보고 있다.

카모야가 10킬로그램짜리 기장 한 자루를 사자 가게 주인이 우리 넷에게 어디서 왔느냐고 묻는다. 왐부아와 버나드 응게네오는 대답 없이 산 물건을 들고 슬렁슬렁 밖으로 나간다. 나는 미적거리며 약품 진열대에서 아스피린을 찾는 척하고 있지만 사실 카모야의 대답에 귀를 기울이고 있다.

카모야는 자신들은 케냐 남부에서 온 캄바족인데, 저 북쪽의 나리오코토메라는 곳에서 어느 백인 남자의 일을 돕고 있다고 말한다. 거기가 어딘지 아십니까? 로콰캉골레에서 북쪽으로 80킬로미터쯤 떨어진 곳인데요. 아, 알죠, 알죠. 리처드 리키가 아주 오래전에 살았던 어린아이의 해골을 발견한 유명한 곳이잖아요, 남자가 말한다. 사실 '나리오코토메 소년'이라고 알려진 그 153만 살 된 호모 에르가스테르 해골을 발견한 장본인이 바로 그 앞에 서 있지만, 카모야는 그 사실을 밝히지는 않는다.

그런데 당신들 여기서는 뭘 하는 겁니까? 남자가 방금 두 사람이 나간 문 쪽을 머리로 가리키며 묻는다. 카모야는 우리가 투르크웰강 남쪽 로드와르 동부에서 몇 주 동안 야영을 할 거라고 말한다. 암석들을 살펴보며 얼마나 오래된 것인지 알아볼 것이라고. 카모야가 말한 땅이 투르카나족의 소, 낙타, 양, 당나귀 등 가축들이 풀을 죄다 먹어 치워 관목들만 주로 자라는 곳임을 남자는 알고 있다. 남자의 표정을 보니 카모야가 일부러 중요한 뭔가를 빼놓고 말하지 않았다고 생각하는 것 같다.

카모야는 담배를 피우지 않지만 가게 주인을 다독이기 위해 담배를 한 갑 사고 고맙다고 인사한 뒤 가게를 나선다.

나는 아무것도 사지 않고 따라 나온다.

다른 사람들이 저 앞 주유소에 있는 광경이 눈에 들어온다. 카모야의 오랜 친구 응주베 무티와는 다용도 트럭의 운전석에서 기다리고 있다. 오냥고 아부제와 투르카나 청년 크리스토퍼는 차량의 디젤 탱크를 채우고 있다. 물통은 다 채워서 트럭의 짐칸에 굴려 올렸고, 앞으로 만나게 될 먼지구름에 대비해 짐들 위로 방수포를 덮어두었으며, 지금은 타이어의 압력을 점검하고 있다.

다른 차에서 운전대를 잡고 투르크웰강을 가로지르는 짧은 콘크리트 다리를 건너고 있는 카모야에게 나는 가게에서 그가 가게 주인과 스와힐리어로 나눴던 대화에 관해 묻는다. 다른 사람들과 함께 그냥 나가지 않고 왜 남아서 꼬치꼬치 캐묻는 남자의 말에 대답을 해주었느냐고. 게다가 가게 주인은 뭔가 의심하는 것처럼 보이던데. 카모야는 앞의 질문에 대해서는 "사람들이 우리를 모르는 곳에서는 무례하게 굴지 않는 게 좋아요"라고 대답한다. 둘째 질문에 대해서는 아무래도 상관없다는 듯 왼손을 허공으로 던져 보인다.

우리는 강을 건넌 뒤 로키차 마을로 이어지는 비포장도로를 따라 남쪽으로 약간 달리다가 금방 좌회전하여 다른 길로 들어선다. 55킬로미터 정도 거리에 있는 투르카나 호수 서안을 향해 동쪽으로 달리는 중이다. 이 도로는 호숫가에 도달하기 전에 남쪽으로 꺾어지고 그 후로는 나초루과이사막 서쪽을 통과한다. 영국 점령기에 비공식적으로 비춰해라고 불렸던 투르카나 호수는 한때 루돌프 호수라고도 불렸다. 폭이 비교적 좁으며 약 250킬로미터 길이의 우묵한 바닥을 채우고 있는 이 호수는 대지구대의 동아프리카 부분에 속한다. 이 호수로부터 물이 빠져나가는 하천은 없다.

두 대의 차는 꾸준히 동쪽으로 달린다. 응주베는 최악의 흙먼지 파도를 피하기 위해 뒤에서 우리 차와 충분한 거리를 유지한다. 이 먼지 덩어리는 도로 위의 정체된 공기 속에서 거의 움직임 없이 떠 있다. 로드와르 동쪽으로 몇 킬로미터쯤 달렸을 때, 우리는 아무 길 표시도 없는 곳에서 좌회전하고 속도를 줄인 다음 사륜구동으로 울퉁불퉁한 경사지를 가로지르며 북쪽으로 달린다. 우리는 와디*의 부드러운 실트를 달래가며 달리고, 무성한 관목 지대를 힘겹게 밀고 나가고, 물에 휩쓸려 둥글게 닳은 돌들이 깔린 딱딱한 땅을 지나, 마침내 갤러리 숲†의 나무들로 이루어진 벽 앞에서 멈춰 선다. 케리오강의 서쪽 기슭을 표시하며 늘어선 오래된 아카시아나무들이다. 열흘 뒤 물통이 다 비었을 때, 우리는 갈증을 해소하고 몸을 씻고 설거지를 하고 옷가지를—캄바 사람들에게는 옷이 별로 없었지만—빨기 위해 이 마른 강바닥을 파게 될 터였다.[11]

카모야는 캠프 설치를 감독한다. 조리 텐트는 여기, 취침용 방수포는 저기, 작업 테이블은 나무들 아래 저 지점, 장작은 여기. 빨랫줄은 두 나무 사이에 맬 것이다. 나는 쓸모 있는 일손이 되려고 애쓴다. 익숙한 순서에 따라 신속하고 효율적으로 움직이는 그들은 내 노력을 정중히 받아준다. 왐부아는 구멍 난 타이어를 손보러 가고, 오냥고와 버나드는 한참 떨어진 곳에 임시 화장실을 파러 간다.

야영지가 갖춰진 뒤, 크리스토퍼가 조리 텐트에서 레모네이드가 담긴 유리잔들을 가져오고, 우리 여섯 명은 키 큰 아카시아나무 그늘 아래 접이식 의자를 놓고 모여 앉는다. 카모야가

---

* 평소에는 말라 있고 우기에만 물이 흐르는 건조기후 지역의 강이나 계곡.
† 강이나 습지를 끼고 양쪽에서 복도 같은 모양으로 형성된 숲으로, 주변의 나무가 없는 부분과 대조적인 모습을 띤다.

영어로, 또 때로는 스와힐리어나 캄바어로 우리 주변의 땅에 대해 설명한다. 모든 사람에게 방향감각을 잡아주려는 것이다. 북쪽에는 투르크웰강이 있고, 바로 남쪽에는 나페데트 언덕이, 서쪽으로는 로이마 언덕이 있다. 응회암, 기와가 포개지듯 일정한 패턴으로 쌓인 자갈들, 이류* 모래 함몰지, 겉으로 그대로 드러난 자갈밭 사이사이 식물이 조금씩 자라고 있는 땅이 캠프를 둘러싸고 있다. 우리는 매일같이 이 풍경을 꼼꼼하게 조사하며 사람과科의 하악지, 초기 인류의 복사뼈, 다리이음뼈의 한 조각 등 호모 사피엔스의 조상들의 화석 증거를 찾을 것이다. 예컨대 오스트랄로피테신이나 인류 진화의 초기 가계도에 '혹시나 속할지도 모를' 사람과의 아르디피테쿠스 라미두스처럼 인류 조상의 흔적이 될 만한 것이 뭐라도 우리 주변의 암석과 땅에서 나올지도 모르니 말이다. 이들은 아카시아나무 밑에 앉아 있는 우리 모두의 아주아주 오래된 조상일 뿐 아니라, 트로이의 헬레나, 7세기 중국 시인 두보, 테노치티틀란의 건설자들, 비옥한 초승달 지대의 샤니다르 동굴에 묻혀 있던 네안데르탈인들은 말할 것도 없고, 지금 서쪽에서 우리 캠프를 향해 빠른 걸음으로 성큼성큼 걸어오고 있는 투르카나 남자 세 명의 조상이기도 하다. 빠른 걸음 때문에 갖가지 색으로 염색한 그들의 망토가 뜨거운 공기 속에서 날개처럼 나부낀다. 그중 한 사람은 투르카나

* 물, 진흙, 암석 조각들이 혼합되어 경사면을 따라 빠르게 이동하는 흐름. 폭우나 화산 활동 등 토양을 불안정하게 만드는 요인에 의해 발생한다.

족의 싸움용 방망이인 빔부를 쥐고 있다.

의자에 앉아 레모네이드를 마시기 전에 나는 크리스토퍼가 장작을 모아 다발로 묶는 일을 거들었다. 카모야의 말이 끝나고 내가 주변 아카시아나무에 앉아 있는 새들을 조류 도감 속 그림들과 비교하며 스프링 노트에 메모하고 있을 때 투르카나족 남자들이 우리 쪽으로 다가왔다. 나는 우리 여섯 명 중 제일 늦게 그들의 존재를 알아차렸다. 왐부아가 날카롭게 턱을 치켜들어 카모야에게 신호를 보내고, 무엇이 왐부아의 주의를 끌었는지 보려고 카모야가 의자에서 몸을 돌렸을 때였다.

나는 노트를 내려놓고 걱정스럽게 다른 이들을 둘러본다.

세 투르카나 남자는 키티스라 불리는 의자 겸 머리 받침대를 왼손에 들고 왔고, 그중 둘은 오른손에 짧은 지팡이인 므콰주를 쥐고 있다. 그들은 캠프의 경계선을 넘어 들어온 다음 우리와 짧은 거리를 두고 아카시아나무 근처에 재빨리 자리를 잡고 앉는다.

분위기로 봐서는 뭔가 모욕을 당해서 분해하고 있는 것 같다.

빨간색과 암청색의 굵은 세로줄 사이에 가는 노란색 줄이 그어진 얇은 모직 망토를 두른, 셋 중 가장 키 큰 남자가 나무 그늘에서 감자 껍질을 벗기고 있던 크리스토퍼에게 말을 건다. 그는 자기 말을 강조하려고 빔부로 자꾸만 땅바닥을 찔러댄다. 그의 머리카락은 빈틈없이 손질되어 있다. 뒷머리는 뒤통수에서 모아 쪽을 지고, 이마 위 머리는 매듭 지어 올렸으며, 머리통 전체에 가는 이랑 모양이 생기도록 머리를 모두 땋아 붙이고 그 전체에 붉은색과 회색 진흙을 꼼꼼히 발라 굳혔다. 뒷머리 쪽에는 타조 깃털도 하나 세로로 찔러 넣었다. 그가 손을 움직일 때마다 손목에 낀 쇠팔찌들이 건조한 공기 속에서 맑게 찰랑거리는 소리를 냈다. 귓불에서는 얇은 금속 고리들이 흔들리고 들썩거린다.

남자가 계속 투르카나어로 크리스토퍼에게 비난을 퍼붓는 동안 카모야가 다가간다. 그는 자기 의자를 들어 투르카나 남자들 쪽으로 3미터 더 가까이 옮겨놓은 다음 거기 앉아서 기다린다. 그러다 같은 일을 몇 차례 반복하며 결국 그들 바로 앞에 마주 앉더니, 크리스토퍼에게 손짓해 조리 텐트로 물러나라는 신호를 보낸다. 카모야는 스와힐리어로 조용하고 정중하게 말하기 시작한다. 상대 남자는 이제 스와힐리어로 다시 비난을 늘어놓는다. 카모야는 그의 말을 끊지 않는다. 응주베가 그가 하는 말을 내게 통역해준다. 그 남자들은 모욕당했다고 느낀다. 누구도 여기서 야영해도 된다는 허락을 구하지 않았기 때문이란다. 하지만 그의 분노와 의심은 그보다 더 깊은 곳에 있다. 이 남자들은 우리가 돈이 되는 보석이나 정족*을 찾으러 왔다고 믿고 있다. 카모야는 아니라고, 우리는 오래된 뼈들을 찾을 뿐이며, 이는 케냐 정부의 지원을 받고 하는 일이라고 말한다. 물론 카모야는 그 남자들의 허락이 필요하지 않다는 뜻을 넌지시 내비치

* 퇴적암이나 화성암 내부에 빈 공간이 형성되고, 그 공간의 내벽에 결정이 자라 생성된 둥근 암석.

지만, 그들의 이의도 존중하며 받아주고 있다. 투르카나 사람들에게는 조상 대대로 내려오는 땅의 소유권에 관한 전통적 원칙이 있다고 설명하는 남자의 말을 카모야는 참을성 있게 듣고 있다. 그리고 마침내 남자는 그런 말로도 카모야의 마음을 바꾸지 못한다는 것을 알아차린다.

그와 그의 조상들이 이 논쟁에서 100년도 넘게 계속 패배해 왔다는 것을 느낄 수 있다.

투르카나족 다른 두 남자는 그보다 더 젊고, 이 일에 감정적으로 그리 깊은 의미를 두지 않는 것 같다. 둘 중 한 사람은 쇠와 가죽으로 된 팔찌와 고리 모양 쇠 귀걸이를 하고, 손목에 칼이 든 칼집을 차고 있다. 그의 망토는 주황색이고 작고 노란 바늘땀으로 장식되어 있다. 아랫입술에는 나무로 된 마개 같은 것이 끼워져 있다. 그 역시 머리카락을 전통적인 방식으로 땋아올리고 진흙을 발라 납작하게 고정했다. 그는 대화가 진행되는 동안 때때로 카모야가 하는 말이 얼토당토않다는 듯 고개를 돌리며 비웃는다. 셋째 남자는 자주색과 갈색으로 페이즐리 무늬 비슷하게 염색한 면 홑이불을 망토로 두르고 있다. 다른 두 사람처럼 이 남자도 가죽 샌들을 신고 있고 얼굴에는 의식을 치르며 일부러 상처를 낸 흉터가 있지만, 그들과 달리 머리카락은 바싹 깎았으며 머리는 벗어지는 중이다.

카모야의 정중한 태도와 흔들리지 않는 침착함, 어떻게 처신해야 하는지 잘 아는 감각이 결국 상황을 효과적으로 진정시켰다. 하지만 바로잡을 수 있는 부당함은 아니다. 그저 일시적으로 누그러뜨릴 수 있을 뿐. 나는 다양한 장소에서 이런 식으로 법적 소유주와 전통적 소유주가 충돌하는 상황을 목격했다. 호주 노던 준주의 왈피리 선주민 마을에서, 아프가니스탄 북부 고르반드 강가의 농촌에서, 하이악틱 이누이트들의 배핀섬 팡니르퉁 마을에서. 한 공동체가 이를테면 땅에 고여 있거나 흐르는 물, 나무와 동물, 날씨와 길과 바위 등 특정 범위의 땅을 구성하는 요소에 인간도 포함된다고 여긴다면, 그 공동체에게 그 땅은 자기가 거기 속한다고 느끼는 사람들까지 포함하여 그 누구도 팔 수도 소유할 수도 없는 것이다. 내 생각에 그 투르카나 남자가 캄바 남자에게 한 말은 이런 것이다. "왜 당신은 나의 집에 들어올 때 노크를 하지 않았는가? 왜 내 집에 들어오기 전에 당신이 원하는 게 무엇이라고 설명하지 않았는가?" 그리고 카모야가 한 말은(그도 편한 마음으로 말한 건 아니지만), 그에게 허락을 구할 필요는 없다는 것이었다. 그것은 과거의 방식이며, 이제는 일이 그런 식으로 돌아가지 않는다.

과거 식민지였던 모든 곳에서 계속돼온 이런 어색하고 괴로운 만남들이 결국 도달하는 지점은 누구의 권위가 가장 효과적으로 집행되는가다. 나이 많은 투르카나 남자는 자신이 받아들일 수밖에 없다는 걸 알고 있다. 의미 없고 자멸적인 군사혁명 외에 그가 선택할 대안은 없다. 하지만 침묵을 지킴으로써 자신의 존엄을 훼손하거나 자존심을 잃고 싶지도 않다. 그는 수천 년 동안 그의 조상들에게 그랬던 것처럼, 매일 그의 꿈속으로, 그리고 깨어 있는 시간 속으로 자기를 찾아오는 형이상학적 세계와의 연결을 끊고 싶지 않다. 그래서 그는 찾아와 불만을 말하고 젊은이들에게 그런 일을 어떻게 하는지 가르친다. 그들이 귀 기울이고 흡수하고 계속 이어가기를 바라면서. 그리고 그는 씁쓸한 마음을 안고 돌아갔다. 식민지가 된 다른 모든 곳에서 그 이전의 다른 많은 사람이 그랬던 것처럼.

나는 카모야에게 투르카나 남자와 대화를 나누는 동안 속으로 무슨 생각을 하고 있었느냐고 묻는다. 그는 케냐 국립 박물관의 비호 아래 일하고 있으므로 자신에게 그렇게 말할 권위가 있음을 인지하고 있다고 말한다. 백인이 한 명 있다는 사실도 자신의 권위에 무게를 더 실어주었다고도 한다. 그리고 눈에 보이는 물질적 부—랜드로버 차량, 캠프 주변에 펼쳐놓은 장비들, 투르카나족 고용인의 존재—역시 그 무게를 보탰다고. 하지만 이 모든 일의 배후에 자리한 윤리에 관해, 식민화가 시골 지역을 새로운 방식으로 왜곡하는 일에 관해 그가 정말로 무슨 생각을 했는지 나는 결코 알 수 없다. 그 투르카나 남자를 그렇게 보내버린 것이 그에게도 그리 마음 편한 일은 아니었을 거라 짐작할 뿐이다.

어쨌든 이 상황에서 내가 정말로 캐물어야 할 유일한 윤리는 나 자신의 윤리다. 내가 허락을 구하지 않았던, 노크를 하지 않았던 이유는 무엇이었을까?

투르카나족 대표단이 떠난 뒤 오냥고와 응게네오는 아카시아 나무 갤러리 숲에서 낮잠을 잘 만한 그늘을 찾아냈다. 하루 중 가장 더운 시간이 찾아왔기 때문이다. 왐부아는 다시 바퀴 내부 튜브를 때우러 가고, 카모야와 응주베는 검은색과 흰색 석고를 채워 넣은 병뚜껑으로 체커 게임을 시작한다. 크리스토퍼는 조리 텐트 문 앞에 서서 구이용 팬을 말리며 멀리 관목지로 사라져가는 투르카나 남자들을 바라보고 있다. 그는 조리 텐트 앞에 있는 칫솔나무 가지들을 정성 들여 다듬어 관목의 짧고 단단한 가지들만 남겨둔 다음 거기에 컵과 조리 도구를 걸어두었다.

나는 조류 도감과 노트로 돌아간다. 카모야가 주변 풍경에 관해 이야기해 줄 때 나는 이 사람들 대부분이 전에도 여기 와본 적이 있음을 알아차렸다. 우리가 앞으로 하게 될 일은 카모야가 몇 년 전 이 후기 마이오세 퇴적지에서 시작한 조사를 이어가는 것이다.(카모야가 말하는 동안 나는 노트 주머니에 넣어둔 코팅한 참고용 카드를 들여다보고서야 제3기에서 마이오세가 플라이오세의 앞 시기임을 기억해낼 수 있었다.*)

카모야가 해준 설명을 떠올리며 기억난 세부 사항들을 노트에 적다가, 이따금 새소리가 들려오면 그 새를 찾으려 아카시아 나무들을 눈으로 훑는다. 익숙하지 않은 울음소리와 노랫소리여서 조류 도감이 없으면 무슨 새인지 알 수 없다.(나는 어디를

---

* 지질시대 구분 중 제3기는 다시 고진기(팔레오기)와 신진기(네오기)로 나뉘는데 마이오세는 신진기의 제1기(2300만 년 전부터 533만 년까지), 플라이오세는 신진기의 제2기(533만 년 전부터 258만 년 전까지)다.

여행하든 항상 그 지역의 조류를 소개하는 도감을 산다. 이렇게 조류 도감은 여행에서 항상 가지고 다니는 물건이 되고, 그 지역의 생명에 관한 참고서가 되는데, 도감 속 문장에는 다수의 여행 안내서와 달리 명백히 선전의 의도를 지닌 글과 정치적 논평이 없어서 더 좋다.) 이때는 윌리엄스와 알로트의 『동아프리카의 새들』의 도움을 받아 그 나무에 앉아 있던, 부리가 가늘고 목의 깃털이 길며 몸 전체가 검은 케이프까마귀를 알아볼 수 있었고, 부리가 두껍고 엉덩이가 붉으며 씨앗을 먹는 흰머리버팔로베짜기새, 가슴은 연분홍색이고 눈에 붉은 테가 둘렀으며 익숙한 비둘기의 구구구 우는 소리를 내는 우는목깃비둘기, 적갈색 가슴에 가는 흰색 줄무늬가 있으며 날개는 햇빛의 각도에 따라 금속성 푸른색 또는 녹색을 띠는 작고 통통한 아프리카찌르레기를 모두 식별할 수 있었다. 동아프리카에는 몇 가지 속으로 나뉘는 서른네 종의 찌르레기가 있고, 서른 종의 비둘기, 그리고 회색머리군생베짜기새, 이상한베짜기새, 작은베짜기새, 소말리노란등베짜기새, 북부가면베짜기새 등 마흔아홉 종의 베짜기새가 있다.

케이프까마귀는 동아프리카 유일의 떼까마귀이며, 아프리카 전체에서 발견되는 딱 두 종의 떼까마귀 중 하나다.

한동안 마흔아홉 종의 베짜기새를 구별하는 차이점들을 상세히 기술한 글에 골몰해 있었는데 어느새 집중력이 바닥나고 말았다. 나는 고개를 들어 저 멀리 가고 있는 투르카나 사람들을, 마치 어떤 폭발의 마지막 파편 같은 그 모습을 내 안에 흡수될 때까지 바라보았다.

나리오코토메에서 리처드 리키, 영국 고인류학자 앨런 워커, 카모야와 그 동료들과 합류하기 위해 나이로비에서 로콰캉골레로 날아오기 전, 나는 묵고 있던 뉴스탠리 호텔에서 혼자 점심을 먹었다. 그때 나는 웨이터에게 어디 출신이냐고 물었다. 그는 로드와르 사람이라고 했다. 나도 곧 그리로 간다고, 추천해 줄 만한 일이 없느냐고 물었다. 그는 없다고 대답했다. 그러더니 대도시의 좋은 호텔에서 일하는 열의 넘치는 웨이터답게, 그리고 어쩌면 나를 좀 순진하게 보았던 건지 이렇게 덧붙였다. "거기 사람들 좀 미개하긴 하지만 아주 괜찮은 사람들이랍니다."

이제 그 말이 무슨 뜻인지 좀 더 잘 이해할 수 있었다. 바로 이 투르카나에서 고립된 채 정보가 부족한 상태로 살던 점잖은 사람들은 이런저런 종류의 침입자들—선교사들, 투기적 사업을 노리는 자들, 석유를 노리는 지질학자들—의 뻔뻔스러움 앞에서 여전히 당황스러워하고 있지만, 효과적으로 저항하기에는 충분히 강하거나 영악하지 못한 탓에 맞닥뜨리는 결과를 그대로 받아들이는 수밖에 없다. 오늘날 케냐 북부처럼 예전에 식민 지배를 당했던 나라들에서 살고 있는 많은 사람에게 그들이 입은 손실은 부당하고 잔인하게 보인다. 이것이 지금까지 서구 문명이 자원을 확보하고 자신들이 원하는 삶의 공간을 창출하는 방식이었다. 그게 도덕적으로 변명할 수 있는 일인지, 어떤 수단을 쓸 것인지는 개의치 않았다.

이 불의를 철학적으로 어떻게 변명하거나 합리화하든, 저기 가고 있는 투르카나 사람들의 인식에는 또 하나의 상처만, 자신들의 무력감을 자각하는 씁쓸함만 남았다. 그리고 우리가 이곳에서 인간의 기원을 찾는 것은 신에게 허락받은 고귀한 일이라는 생각도, 우리보다 더 북쪽에서 매장된 석유를 찾느라 지축을 흔들고 사막을 쿵쾅쿵쾅 파헤치는 트럭들의 경제적 동기와 전혀 다를 바 없는, 그저 문명화된 세계가 내미는 또 하나의 으뜸패일 뿐이다.

저녁이 다가오면서—북위 3도 지점에서는 꾸물거리는 어스름 없이 신속하게 밤이 온다—아카시아나무에서 자고 있던 비둘기 떼가 구슬픈 합창을 시작하자, 나는 식민지의 부당함이라는 오래된 문제에서 벗어나 마음의 평정을 회복한다. 비둘기 소리가 좌절감을 무디게 해주고 혼란스러운 마음을 보듬어주자, 그렇게 나는 또다시 내가 열정과 존경을 품은 일이자 이곳에 온 목적인 인간의 기원을 탐구하는 학생이 된다. 무엇보다 나를 침울한 마음에서 꺼내주는 것은 격분한 투르카나 남자의 난폭함을 잠재우면서도 자신의 결정적 권위 앞에 복종할 것을 요구하지는 않았던 카모야의 모습이다.

나는 조류 도감을 덮고 그 모습을 마음에 담은 채 저녁을 맞이한다.

나미비아, 보츠와나, 남아프리카공화국, 잠비아, 짐바브웨 등

아프리카 대륙의 남서부를 돌았던 첫 아프리카 여행은 내가 아프리카의 원형적 이미지라고 생각한 것을 매일같이 보여주었다. 어느 아침, 독립 전에는 남로디지아의 구 솔즈베리 현 하라레*에서 아침을 먹으려고 호텔 문지기가 추천해준 빵집을 찾다가 길을 잃었다. 결국 빵집을 찾기는 했지만, 일하러 가는 사람들의 무리에 휩쓸려 하라레의 이 길 저 길을 헤매 다닌 뒤였다. 밝은 색깔의 옷을 입은 그들은 하나같이 얼굴 가득 미소를 띠고 있었고 예의가 발랐으며 아무 속셈도 없어 보였다. 삶에 열정적인 사람들이 생동감 넘치는 강처럼 흘렀고, 그 속에서 나는 환영받았다. 잠비아에서는 보름달이 뜬 어느 밤, 자베지 강가에서 빅토리아 폭포를 마주 바라보는 땅 위를 홀로 걸어갔다. 플립플롭 슬리퍼에 반바지만 입은 채였다. 떨어지는 폭포의 거대한 물줄기에서 연기처럼 피어오르던 미세한 물방울들에 그만 흠뻑 젖고 말았다. 숙소로 돌아가려고 보름달을 뒤로하고 돌아섰을 때, 평생 그날 딱 한 번 본 달 무지개가 밤공기 속 내 앞에 둥실 떠올라 있었다.

그 첫 여행에서 보았던, 내 눈으로 직접 볼 수 있다는 것 자체가 너무나 큰 특권처럼 느껴졌던 아프리카의 다양한 동물들에 대해서는 어디서부터 말을 꺼내야 할지 모르겠다. 나는 절멸 위

* 남로디지아는 1923년부터 1980년까지 지금의 짐바브웨에 해당하는 지역에 있었던 영국의 보호령으로, 솔즈베리는 당시 수도의 이름이다. 1980년 짐바브웨라는 이름으로 독립했고, 1982년 수도의 이름을 하라레로 바꾸었다.

급 종 포유류인 검은코뿔소 두 마리와 함께 한 시간을 보냈다. 놀랍도록 덩치가 큰 이들은 좀 덜 위급한 사촌인 남부흰코뿔소에 비해 더 신중했다. 랜드로버의 지붕에 앉아 그들을 바라보며 함께한 시간은 존경하는 할머니가 피안으로 건너가기 전 함께하는 마지막 시간 같은 느낌이었다. 나의 손주들은 동물원 외 다른 곳에서 검은코뿔소를 볼 기회가 없을 것이다. 보츠와나 서부 칼라하리사막에서는 덩치가 크고 긴 창처럼 생긴 뿔이 나 있으며 경계심이 지나치게 많은 오릭스들의 작은 무리를 종종 만났다. 물도 초목도 없는 넓은 땅을 가로지르면서도 마치 공기 중에서 수분과 먹이를 얻은 것만 같은 오릭스들이 내게는 아주 강건하고 유능하며 위엄 있게 보인다. 나미비아 북부 에토샤 염호 근처에서는 점박이하이에나가 죽인 버첼얼룩말 시체 남은 것을 케이프독수리, 흰머리독수리, 이집트독수리, 주름얼굴독수리, 흰등독수리 등 다섯 종의 독수리가 함께 먹고 있는 장면을 가림막 뒤에 숨어서 지켜보았다.

첫 아프리카 여행 중 다양한 장소에서 수십 종의 야생동물을 보았기 때문인지 내 마음속에 그때의 여행지들은 에덴 같은 곳이라는 인상이 강하게 남아 있다. 거기서 야생동물 고기에 대한 지역 시장의 수요 및 중국 전통 의학 약재들에 대한 해외 시장 수요를 떠받치기 위해 야생동물 생태계가 광범위하게 파괴되고 있다는 걸 알고 있었음에도, 아파르트헤이트 시기 델마스에서 재판을 참관했음에도, 그리고 당시 불법적으로 나미비아를 침략해 점령하고 수천 가구를 희생시킨 남아공 군대에 맞서 남서아프리카 인민 기구*의 게릴라들이 싸웠던 나미비아와 앙골라의 접경지대에서 그 파괴된 마을들을 보았음에도 그랬다.

코끼리, 아프리카들개, 스프링복, 아프리카큰느시, 혹멧돼지, 임팔라, 사자, 타조, 기린 등 여러 동물을 만났던 경험은 내게 항상 두 가지 감정을 일으킨다. 그것은 바로 경이와 감사다. 폐장 시간도 없고, 울타리도, 농경지도, 인간이 건설한 어떤 구조물도 없는 풍경에서 내 눈으로 직접 그런 존재들을 볼 수 있다는 것이 너무나도 큰 행운으로 느껴졌다. 생물학적으로도 은유적으로도 끝을 알 수 없을 만큼 풍성한 만남이었다. 이 첫 아프리카 여행의 경험은 내가 델마스의 법정에서 목격한 일에 대한 해독제를 제공해주지도 않았고, 나미비아의 카프리비스트립에서 본 굶주림으로 고통받는 아이들의 얼굴에 대한 기억을 흐릿하게 만들지도 않았다. 다만 그 경험들은 인류의 운명에 대한 절망이 덮쳐오지 못하게 막아주었다. 자신들의 영역에서 자유롭게 사는 동물들과 남아공 법정에서 유죄판결을 받은 남자들. 내게 그 동물들은 그 남자들의 권위를, 남자들은 동물들의 권위를 더욱 강렬하게 느끼게 해주었다.

거의 모든 면에서 우리의 모든 것이 시작된 곳인 아프리카로 다시 오게 되어 이루 말할 수 없이 기뻤다.

---

* 1960년에 창설된 나미비아의 독립운동 기구이자 정당. 1990년 나미비아가 남아프리카공화국에서 독립한 후 집권당 자리를 유지하고 있다.

인간 진화의 족보에서 사람상과 가운데 인간이 유래한 계보는 정확히 어디인가 하는, 인간 기원에 관한 학문적 대중적 논쟁은 여전히 진행 중이다. 젊은 시절 이 논쟁이 나의 상상력을 어찌나 강력하게 사로잡았던지, 나는 열아홉 살 때 대담하게도 유명한 고인류학자 루이스 리키에게 편지를 보내 내가 탄자니아(당시에는 탕가니카였다) 올두바이 협곡 캠프에서 일해도 되겠느냐고 물었다. 순진하고 오만하게도 나는 그가 인간의 기원에 관해 더 깊이 알아내려는 자신과 아내 메리의 노력에 나를 끼워주기를 바랐던 것이다. 리키 부부는 1960년대 초에 올두바이에서 찾아낸 일련의 놀라운 발견들—호모 하빌리스와 호모 에렉투스, 강건형 오스트랄로피테신*의 화석 뼈들—로 인류의 기원에 관한 탐구를 보통 사람들의 거실로 끌어다놓았다.(내가 루이스에게 편지를 쓰고 있을 때 카모야와 응주베는 올두바이에서 리키 부부와 함께 일하고 있었다.)

그 시기에 루이스와 나는 내가 동아프리카로 갈 수 있는 상황을 만들지 못했다. 그러나 오랜 시간이 지난 뒤 여전히 인류의 기원에 관심이 많던 나는 역시 유명한 고인류학자가 된 루이스의 아들 리처드에게 편지를 보냈다. 특히 케냐 북부 투르카나 호수 주변에서 리처드가 한 작업 때문이었다. 나는 나리오코

* 플리오세에 등장한 오스트랄로피테신은 강건형과 연약형 등 두 개의 속으로 나뉜다.

토메와 쿠비포라 유적지로 그를 찾아가도 되겠느냐고 물었다. 리처드는 물론 좋다며 부디 와달라는 답장을 보내왔다. 게다가 케냐 국립 박물관에서 사람족 두개골 컬렉션을 보여줄 테니 먼저 나이로비에서 만나고 그런 다음 함께 나리오코토메로 가자고 했다. 나는 가능하다면 카모야 키베우 및 그의 동료들과 함께 사람과 화석을 찾는 현장에서 얼마간 시간을 보내고 싶었다. 그 말에 리처드는 카모야 일행이 얼마 전부터 일하고 있던 로드와르 동쪽의 나키라이 캠프로 갈 수 있게 주선해주었다.(나키라이는 우리가 야영하기로 한 케리오 강가의 아카시아나무숲이 있는 곳을 가리키는 투르카나어 지명이었다. 카모야는 나키라이가 '자칼들의 장소'라는 뜻이라고 내게 가르쳐주었다.)

나키라이가 (또 나리오코토메와 투르카나호 동쪽의 쿠비포라가) 내 흥미를 끌었던 것은 그곳에 가보면 인간의 기원을 추적하는 일이 실제로 어떤 모습과 느낌으로 행해지는지를 더욱 분명히 알 수 있으리라는 확신이 들었기 때문이다. 대체로 인류의 기원에 관한 학문적 논의는 얼마 안 되는 (그리고 다소 의심스러운) 화석 증거에 근거해 호모 사피엔스가 어떻게 존재하게 되었는지를 추측하는 식으로 진행된다. 이에 관한 진지한 논쟁들은 지루하고 현학적이고 형식적인 대결로 치닫는 일이 너무 잦은 것 같았다. 카모야 같은 사람들 곁에서, 우리보다 수만 세대 앞선 조상들의 유골을 찾는 일을 직접 해볼 기회, 많은 양의 증거가 실제로 나온 실질적 장소를 경험해볼 기회는 내가 오랫동안 〈사이언스〉와 〈네이처〉의 책장에서 배워왔던 내용보다 훨씬 풍성한 것을 알려줄 것 같았다.

1984년 봄, 병석에 있던 새아버지를 만나러 뉴욕을 방문했을 때, 가장 유명한 사람족 화석 다수를 전시 중인 미국 자연사 박물관에 갔었다.(일부 화석 소유주들은 대체할 수 없는 화석들이 분실되거나 손상될까봐 복제품을 대신 보내기도 했다.) 전시회의 제목은 '조상들: 인류의 400만 년'이었다. 오스트랄로피테신 조상들부터 이를테면 라인 계곡의 괴너스도르프 같은 크로마뇽인들의 거처에 있는 화덕까지, 인류가 거쳐갔을지 모를 다양한 경로를 뒷받침하는 물리적 증거들은 나에게 깊디깊은 인상을 남겼다. 전시회를 보고 나온 나는, 500만 년 내지 600만 년 전에 살았던 원시인류부터 현재 해 질 녘 맨해튼 거리에서 내 눈앞을 바삐 걸어가는, 문화적으로 세련된 이 형태의 인류까지 인류 계보의 어마어마한 길이에 대한 인식이 한껏 확장된 상태로 맨해튼 거리를 한참 걸어 다녔다. 내가 거리를 걷는 사람들을 마지막으로 살아남은 사람족의 일원들로 보았던 건 이때가 처음이었다. 아직 그 전시회의 마법에서 풀려나지 않은 상태였기 때문일 것이다.[12]

나는 센트럴파크를 통과해 어퍼이스트사이드로 간 다음, 도심을 향해 걷다가 미드타운 남쪽 가장자리에 있는 부유한 이들이 사는 아파트 건물들을 지나고, 내가 십 대 시절을 보낸 머리힐을 지났다. 마지막에는 소호의 휴스턴 스트리트 남쪽까지 갔는데, 당시 이 구역은 예술가와 갤러리가 많이 모여 번성한 지역으로 유명했다.

걷는 동안 나는 거리에서 눈여겨본 개인들과 박물관에서 본 개인들—사후 수백만 년 뒤에 두개골 화석으로 전시되었을 뿐 이들도 원래는 당연히 개별적인 개인들이었다—사이의 간극이 어떤 것인지 그려보려 했다. 만약 이 시대가 아닌 다른 시간의 관점에서 우리 조상들을 볼 수 있다면 우리에게 그들은 어떻게 보일까? 220만 년 전 오늘날의 탄자니아 대지구대에서 식사를 하려고 가젤의 넓적다리살을 도려내는 호모 하빌리스 아버지 옆에 서 있는 것이 가능하다면 어떨까? 오늘날의 중국 허베이성에서 60만 년 전 젊은 호모 에렉투스 여자가 언니 옆에서 견과 껍데기를 쪼개고 있는 모습을 볼 수 있다면? 4만 1000년 전 여름, 오늘날의 스페인 북서부 칸타브리아 언덕에서 호모 사피엔스 소녀가 호모 네안데르탈렌시스 소년에게 다가가는 모습을 나무에 기대어 바라볼 수 있다면? '문명 시대'가 밝아오던 1만 1000년 전, 언젠가 요르단이 될 나투프 정착지에서 엄마가 눈을 굴리며 지켜보고 있는 가운데 아이가 뼈로 만든 바늘에 어설프게 실을 꿰려 애쓰고 있는 모습을 볼 수 있다면? 소호의 한 레스토랑 노천 테이블에 앉아 옆 테이블에서 한 여자가 방금 구겐하임 미술관에 그림 한 점을 판 남편을 축하하며 샤블리 와인으로 함께 축배를 드는 모습을 지켜보고 있는, 당신 인생의 지금 이 순간뿐 아니라 다른 순간들에도 가 있을 수 있다면? 당신이 자신의 관점을, 당신의 윤리와 정치의 토대가 되는 당신만의 관점을 스스로 선택할 수 있다고 했을 때, 그 관점의 시점이 오만한 바로 지금의 지금이 아니라면?

내가 어려서 세상에 가보고 싶은 곳이 아주 많았을 때, 어머니는 내게 1948년에 나온 『해먼드 세계지도』를 주셨다. 나는 몇몇 페이지에 투사지를 대고 언젠가 내가 가고 싶은 여정을 색연필로 그어나갔다. 양쯔강에서 충칭을 지나 상하이까지 가는 여정. 호주 그레이트빅토리아사막 횡단. 파나마에서 다리엔 지협을 거쳐 티에라델푸에고까지 가는 여정. 수십 년 뒤, 나는 책장에서 이 오래된 지도책을 꺼냈다. 거기 실린 지도 중 많은 것이 시대에 뒤처져 있었다. 프랑스령 서아프리카와 벨기에령 콩고는 사라졌고, 유고슬라비아는 해체되었으며, 실론은 스리랑카가, 시암은 태국이, 엘리스 제도는 투발루가 되었다. 페이지를 넘기는 동안 그 사이에서 투사지 몇 장이 떨어졌다. 까맣게 잊고 있던 것들이었다. 주워서 들여다보니 이후 사십 년이 지나는 동안 내가 꿈꾸던 그 여행 중 여러 여행을 실제로 했다는 걸 알 수 있었다. 책장 앞에 서 있던 그 순간 갑자기 익숙한 경이와 감사의 감정이 밀려왔다. 그건 내가 여행가로서 오랫동안 알고 있었던 감정이지만, 이때 느낀 건 여행은 하고 싶지만 그 방법은 몰랐던 여덟 살 아이의 몽상에 대한 경이와 감사였다.

어렸을 때 나는 지도에 마음을 홀딱 빼앗겼다. 지도는 멋진 여행을 통해서야 가능해지는 광범위한 현실과 그 여정을 이루는 장소들의 특수성을 2차원 공간 위에서 한데 통합해낸다. 지도를 들여다본다는 건 여정이 그릴 궤적과 그 여정을 구성할 순간들을 동시에 상상하는 일이다. 살짝 비약하자면 나에게 이 과정은 모네가 지베르니에서 그린 인상주의 회화의 바탕에 자리한 기발함과 비슷하게 느껴진다. 그 그림들에서 색채는 마치 스케치한 것처럼 초점이 잡히지 않고 흐릿하게 표현되었지만, 동시에 전체 그림은 서로 다른 수많은 색채가 점점이 모여 완성된 것이다. 사람이 자기가 한 어떤 여행을 전반적으로 회상할 때 떠오르는 기억 역시, 그 인상주의 그림들처럼 다채로운 기억들이 한데 모여 뭉뚱그려진 대략적 스케치 같은 성격을 띤다. 모네와 동시대를 살았던 카미유 피사로는 파리 거리의 파노라마가 우리 눈앞에서 지도처럼 펼쳐지도록 그림을 그렸고, 그래서 우리는 피사로의 그림에서 그 지역 전체의 모습과 그 풍경을 이루는 개별적 요소들을 동시에 감상할 수 있다.

내 생각에 여행은 일종의 지도 제작이 될 수도 있을 것 같다. 젊은 시절 내가 다윈을 읽었던 것은 생물들이 (미리 정해진 방향 없이 시간의 흐름에 따라) 변화하는 방식에 관한 그의 생각을 읽기 위해서이기도 했지만, 그에 못지않게 그가 『비글호 항해기』에서 묘사한 장대한 여정을 읽기 위해서이기도 했다. 후에 내가 제임스 쿡에 관해 읽었던 것은, 목적에 따라 신중하게 여행하려는 그의 절도 있는 노력에 매력과 존경을 느꼈기 때문이고, 또한 여행으로 그가 세상을 배워가는 방식이 좋아서이기도 했다. 래널드 맥도널드의 전기와 자서전을 읽은 것은 자신의 정체성을 찾고자 하는 노력이 그를 쿡이나 아벨 타스만이나 매슈 플린더스 같은 탐험가들과는 다른 유형의 여행자로 만들었기 때문이다.

기술 혁신이 세상 상당 부분의 문화를 동질화시켰음에도 불구하고, 호기심 많고 주의 깊은 떠돌이 여행자에게 여행은 세상 어디에도 완전히 똑같은 장소는 없다는 것을 여실히 깨닫게 해준다. 여행은 과거부터 이어진 상식을 수정하고 선입관을 떨쳐버리도록 자극한다. 또한 우리의 정신이 맥락을 고려하도록 유도하고, 인류에 관한 절대적 진실의 독재에서 정신을 해방한다. 모든 사람이 똑같은 길을 원하지 않는다는 것도 이해하게 해준다. 사람은 똑같은 길보다는 자신만의 길을 가고 싶어한다.

다윈이 가르쳐준 것은 판다나 환도상어처럼 호모 사피엔스도 정해진 목적지가 없는 하나의 동물이며, 다른 모든 동물과 마찬가지로 현재의 형태로만 알려져 있을 뿐이라는 것, 그리고 현재 보이는 형태는 예컨대 실러캔스*처럼 아주 오랜 기간 안정적으로 형태를 유지해온 경우라 해도 언제나 과도기적 형태일 뿐이라는 것이다. 현생인류는 약 25만 년 전 호모 하이델베르겐시스부터 우리 뒤에 줄지어 나타날, 아직은 인류세의 에테르 속에 보이지 않는 존재로 남아 있는 우리 후손까지 쭉 이어져 있는 연속체의 한 부분이다.

우리가 아는 한 다른 어떤 생명체도 호모 사피엔스만큼 정체성과 운명에 주의를 집중하지 않는다. 세계 속에서 특별한 의미

---

* 약 4억 년 전 데본기부터 존재했으며, 한때 멸종된 것으로 여겨졌으나 1938년에 남아프리카 해안에서 다시 발견된 어류. 현대까지 살아 있는 몇 안 되는 원시 생물 중 하나여서 '살아 있는 화석'이라 불린다.

를 갖고자 하는 이 욕망이, 사람들이 조상들의 뼈를 그렇게 열심히 찾는 이유 중 하나라고 나는 생각한다. 과거에 그들이 존재했고 어떤 식으로든 우리와 연관되어 있다는 단순한 사실은, 오늘날 자신이 간신히 끈에 매달린 채 점점 빨라지는 문화적 변화의 거센 바람에 시달리는 풍선 같다고 느끼는 한 종의 동물들에게 안정감을 준다. 급속히 변화하는 세상에 순탄히 적응하지 못하는 사람이 많은데, 특히 심리적인 면에서 더 그렇다. 조상들은 우리에게 역사적 의미는 전해주지만 미래를 안내해주지는 못한다. 그리고 우리에게 해당하는 것은 다른 모든 동물에게도 해당한다. 과거에 아무리 대단한 역사를 지나왔더라도, 우리는 비유적 의미에서 매일 진화의 어둠 속에서 나아가고 있다. 그리고 우리는 필연적으로 생물학적인 존재이므로 그 무엇도 우리를 멸종으로부터 보호해줄 수는 없다.

나는 인간의 기원에 관해 가능한 한 모든 선입견을 걷어낸 상태로 나키라이에 도착했다. 적어도 그게 내가 바란 상태였다.(그곳에서 하게 될 경험에는 그 자체의 논리가 있을 거라고, 나는 그저 주의를 기울이고 기꺼이 참여할 준비만 하고 있으면 된다고 믿었다.) 지난 수년간 다양한 상황에서 현장 연구자들과 함께 야영하며 지내는 동안, 적어도 초기에는 의심보다는 궁금해하는 마음가짐을 유지하는 것이 도움이 된다는 걸 깨달은 터였다. 세계는 근본적인 수준에서 신비로운 대상이며, 우리는 자신이 바라는 어떤 깊이로든 자유롭게 세계에 관여할 수 있고,

세계의 신비를 (대개는 제한적으로) 이해해보려 애쓰는 진지한 지성—파이중간자, 검은코뿔소에게 필요한 영양, 툴레 사람의 심리—에 자유롭게 귀 기울일 수 있다고 생각한다. 그리고 우리는 세계 속에서 인간이 차지하는 자리를 이해하려는 노력이라면 그 누구의 노력에든 열광할 자유가 있다. 막대한 스트레스에 시달리는 이 시대에는, 듣는 이에게 공황이나 공포를 불어넣거나 억압하기 일쑤인 권위적 전문가들의 과도하게 자신감 넘치는 선언들보다는, 혼돈스러운 문화적 힘들에 따라오는 역설과 모순에 직면해서도 균형과 조화를 추구하는 것이 더 가치 있는 일 같다.

마치 길을 잃어버린 사람처럼 자신감의 가면을 쓰고도 그 무엇에 대해서도 어떤 확신도 없는 사람으로 살지 않으려면, 자기가 어디에서 온 존재인지 아는 게 좋다.

뼈 화석에 담긴 의미를 읽어내는 묘수가 있다면, 그것은 아무도 본 적 없는 것을 포착하려면 반드시 자신의 선입견을 버리고 관점을 바꾸고 정통적 신념을 포기할 줄 알아야 한다는 것이다. 내가 보기에 이런 능력은 (장황하게 반복하지 않고 간단히 말하자면) 제임스 쿡이 지닌 천재성의 한 부분이었다. 다른 사람들은 바람이 이끄는 대로 항해하는 것으로 만족했던 곳에서 쿡은 항로를 개척하고자 했다. 그리고 이는 다윈을 남다른 사람으로 만든 점 중 하나이기도 했다. 그가 등진 정통적 신념이 어디 한둘이었던가.

진화생물학자들 사이에서 새롭게 떠오르고 있는 호모 사피엔스에 대한 관점 하나는, 그들이 위기에 처한 환경에도 아랑곳없이 특정한 정통적 신념을 고수하느라 스스로 함정을 팠다는 생각이다. 예를 들어, 문화는 진보한다는 신념 또는 사회적 동물이 개인의 물질적 부를 추구하는 일은 정당하다는 신념이 그들을 함정으로 몰아넣었다는 것이다. 어쨌든 그 관점에 따르면 그렇다. 그 함정을 내파하고 해체하려면 인류는 오랫동안 신념으로 품어왔던 것과는 근본적으로 다른 셈법을 사용해 항해하는 법을 배워야 한다.

이 함정에 대처할 유망한 첫걸음은 전 세계 다양한 전통에서 내려오는 지혜를 한데 모으는 것일지도 모른다. 생존을 위한 그들의 철학은 다윈이 모든 생물학적 현상에 내재해 있다고 암시했던 바로 그 미래에 대한 불확실성의 소산이다. 그러한 오래된 지혜를 이어가는 사람들은 어느 세기 어떤 격변에도 잘 대응하여 살아갈 수 있을 것이다. 그들은 인류의 가장 급박한 문제를 해결하는 방법이 기술혁신뿐이라고는 생각하지 않는다. 그들의 해결책은 인간이 가장 큰 가치를 두는 것을 심층적으로 변화시키는 데 있다.

나리오코토메에서 차를 타고 로드와르 마을을 거쳐 나키라이에 도착해 캠프를 설치하고, 화가 나서 찾아온 투르카나 사람들을 상대하고 나니 거의 하루가 끝나가고 있었다. 크리스토퍼가 지은 저녁으로 식사를 하고 난 뒤 나는 카모야에게 잠시 시간을 내줄 수 있느냐고 물었다. 우리는 전주에 나리오코토메에서 안면을 튼 사이지만, 그곳은 다른 사람이 운영하는 캠프였다. 이곳은 카모야의 캠프다. 나는 여기서 어떻게 해야 일이 가장 순조롭게 진행될 수 있을지 알고 싶었다. 나를 대하는 카모야의 태도는 형제 같기도 삼촌 같기도 했고, 나는 그런 그에게서 많은 걸 배울 수 있을 것 같았다. 어떤 의미에서 나는 내가 있는 곳이 정말로 어디인지 몰랐고, 게다가 우리는 곧 나로서는 개념적으로 아무런 토대가 없어서 안개처럼 막연한 시간—주로 플라이오세 초기—속으로 뛰어들 참이었다.

우리가 할 작업 자체도 추상적 인식과 경험적 능숙함이 결합된 복잡한 일이었다. 며칠 뒤 왐부아는 후기 마이오세에 속하는 사람과의 치아를 발견하게 된다. 대다수 사람들은 어두운 청회색에 약간 광택이 나는 이 치아를 광택이 있는 보통 석영과 전혀 구별하지 못할 것이다. 마이오세 후기의 사람과 화석 기록에는 100만 년 정도의 공백이 있었기 때문에 이는 아주 극적이고도 중요한 발견이었다. 한 동물이 죽고, 시체를 먹는 동물들이 그 동물의 뼈를 여기저기 흩어놓으며, 그 뼈 중 일부가 어느 강으로 흘러들어 결국 여러 층의 퇴적물 아래 묻히게 되는 일, 그리고 수천 년에 걸쳐 그 퇴적물 속 무기질이 서서히 뼈 속 유기물 분자들을 대체하며 화석을 만드는 일—이 시점의 나에게는 여전히 이해하기가 어려운 일이었다. 한 영장류가 심장마비로 또는 포식자의 손에 죽은 지 600만 년쯤 지났을 때, 카키색 반바지에 청회색 반팔 셔츠를 입은 한 남자가 막대기 하나를 들고 그 위로 몸을 굽힌다. 이 남자는 옆에 있는 평범한 자갈 조각들을 막대기로 밀어서 치우고 그 동물의 작은 아래 어금니 하나를 빛 아래 온전히 드러낸다.

왐부아는 어디를 어떻게 봐야 하는지 알고, 보통은 자기가 본 것의 중요성을 즉각 인지하는 사람이었다.

매일 아침 우리는 여섯 시 반경에 랜드로버를 타고 나갔고 크리스토퍼는 뒤에 남아 캠프 일을 돌봤다. 우리는 매일 아무 경계선도 없이 넓게 탁 트인 땅에서 그날 분의 새로운 영역을 걸어 다니며 조사했다. 대개는 여섯 사람이 5미터씩 간격을 두고 나란히 줄을 맞춰 훑었다. 말라버린 물길과 그 옆에서 침식하고 있는 기슭을 만나면 모두 함께 그 기슭에 집중했다. 이런 곳에서 화석이 자주 발견되기 때문이다. 때때로 우리 주변에서 전혀 당황하지 않고 침착하게 움직이며 풀을 뜯는 그레비얼룩말들의 이동 경로처럼 우리도 이 땅의 형세에 맞추어 움직였다. 나는 다른 다섯 명의 움직임에 속도를 맞추어 나에게 할당된 땅을 수색하면서도 주기적으로 눈을 들어 동료들이 움직이는 방향과 속도를 확인했다. 주로는 카모야의 오른쪽 어디선가 작업했다. 우리는 침묵 속에서 걸었고, 질문이 생기거나 흥미로워 보이는 뭔가를 발견할 때도 카모야의 집중을 깨지 않으려고 신경 썼다. 하지만 뭔가 유망해 보이는 것이 나타나면 그에게 알렸다.

나는 작은 배낭에 노트와 물병, 작은 줄자, 주머니칼, 나침반, 쌍안경, 구급 키트, 선크림, 그리고 여분의 선글라스를 넣어서 다녔다. 다른 이들은 내가 쓰는 것과 같은 막대기 외에는 아무 것도 가지고 가지 않았다. 칫솔나무 가지의 껍질을 벗겨 만든 막대기였다. 약 50센티미터 정도 되는 곧바른 막대기인데, 거기서 뻗어나간 곁가지를 짧은 돌출부만 남기고 깎아서 그 부분을 손바닥으로 감싸 손잡이처럼 쓴다. 막대기는 끝부분으로 갈수록 좁아지는 형태지만 너무 뾰족하지 않도록 뭉툭하게 깎았다. 오냥고가 내게 그 막대기 만드는 방법을 알려주었는데 초심자의 행운인지 아주 좋은 막대기가 만들어졌다. 왐부아가 그리 곧지 않은 자기 막대기와 내 것을 바꾸자고 했다. 나는 언젠가 이 호의가 되돌아올 거라 믿으며 그의 제안을 받아들였다.

그들은 각자 자기만의 효율적인 수색 비법이 있었다. 오냥고는 얕은 물에서 물고기에게 다가가는 왜가리 같은 신중함으로, 마치 망설이는 것처럼 천천히 움직였다. 그는 우리 캠프에서 나를 빼고 유일하게 자주 책을 읽는 사람이다. 응게네오는 막대기로 바닥을 훑으면서도 산만하게 이리저리 시선을 던지고 조급하게 움직인다. 그는 아침에 크리스토퍼 다음으로 제일 먼저 일어나며, 휘파람을 불며 수색할 때가 많다. 머리가 크고 다부진 체격의 카모야는 암소들 무리 속 수소처럼 확신을 갖고 차분하게 움직이는데, 그가 낀 이중 초점 안경의 브리지는 콧날 아래쪽으로 한참 흘러내려와 있기 일쑤다. 그는 자기 바로 앞의 땅에 온 신경을 집중하는 일과 주기적으로 눈을 들어 주변을 살펴보는 일을 번갈아 한다. 왐부아도 오냥고처럼 천천히 움직이는데, 사이사이 잠시 한 곳에 멈춰서 뒷짐을 진 채 그 땅을 꼼꼼히 들여다보고는 다음 부분을 넘어간다. 그러다 간간이 마치 돌을 깨우기라도 하려는 듯 막대기로 세게 찔러보곤 한다. 골격과 덩치가 작고 이마가 긴 응주베는 그 누구보다 넓은 땅을 담당한다. 그의 시선은 아주 빠른 속도로 한 지점에서 다른 지점으로 옮겨간다.

우리가 함께한 기간 동안 이들은 모두 각자 하나씩 중요한 발견을 했는데, 이런 결과는 화석을 찾는 방법 가운데 특별히 더 우월한 방법은 없다는 것, 혹은 어떤 방법으로든 잘 찾아낼 수 있다는 것을 말해준다. 땅을 조사할 때 이들에게 없어서는 안 될 요소는 중요한 것이 무엇인지 알아보는 능력, 그리고 중요한 의미를 띤 것과 단순히 흥미로운 것의 차이를 신속히 구별하는 능력이다. 카모야 곁에서 작업한 처음 며칠 동안, 나는 어떤 모양을 눈여겨보아야 하는지, 어떻게 해야 금속과 불순물을 구별할 수 있는지 파악하려고 애썼지만 쉽지 않았다. 하지만 나는 전에도 이런 일을 한 적이 있었다. 남극에서 비슷하게 보이는 돌들 틈에서 운석을 찾으려 했고, 미국 남서부에서는 선대 푸에블로인 유적지의 모래흙 속에서 곡식 낟알들을 찾으려 했었다. 이런 일에는 며칠간의 맹렬한 집중력이 필요했고 그러고 나면 나도 다른 사람들이 찾고 있는 게 무엇인지 알아볼 수 있었다.

어느 장소에서 우리가 무엇을 발견했는가에 따라 다음 날 그곳에 다시 갈지 다른 구역으로 옮겨갈지가 정해진다. 우리가 특정 장소에서 얼마나 많은 시간을 보내는지는 그 땅이 품고 있는 지질시대가 언제인지, 그리고 그 화석층에 묻혀 있는 것의 양이 얼마나 많은지에 따라 결정된다. 이들이 일하는 걸 보면서 무척 놀랐던 점 하나는, 그들 대부분이 중요한 무언가를 발견한 위치를 정확히 기억한다는 점이었다. 어느 날 내가 무언가를 발견했는데, 그즈음 나는 그것이 하마의 두개골 일부임을 알아볼 수 있었다. 나는 우리가 그 근처에서 사람과 화석을 발견하지 못한다면, 그 누구도 이 하마를 발굴하는 데 필요한 자금을 끌어올 수 없으리라는 것을 알았다. 와서 보라고 카모야를 불렀을 때 놀랍게도 그는 그저 건성으로 보고 넘겼다. 하지만 그로부터 사나흘 뒤, 우리가 다시 그 근처에서 작업하고 있을 때 카모야는 몇백 미터 떨어져 있던 그 하마 화석 앞으로 곧장 걸어갔다. 내가 발견한 하마 뼈 화석은 사이사이 덤불이 있는 평평한 땅에 있어서 바로 앞에 가서 보기 전까지는 눈에 잘 띄지 않았다. 내 눈에는 전혀 분간이 안 돼 보이는 이 땅에서 그가 어떤 표시를 보고 그렇게 쉽게 찾아냈는지 나로서는 도통 알 수 없었다.

카모야는 그 하마를 더 자세히 살펴보고 싶었다고 말했다.

또 다른 어느 날 우리는 오후의 태양이 쏟아붓는 뜨거운 열기에 1200평에서 2400평쯤 되는 검은 자갈땅에서 달아나듯 빠져나왔다. 누가 위치를 물어봤다면 나는 우리가 차를 세워둔 곳에서 몇 킬로미터는 떨어져 있다고 대답했을 것이다. 내게 그곳은 대양의 표면처럼 어디를 봐도 똑같아 보이는 메마른 땅이었다. 그때 응주베가 우리를 어느 언덕으로 이끌었다. 정상에 오르자 그 언덕 바로 밑에 캔버스 가방이 사이드미러에 걸려 있는 우리 차량vehicle이—그들은 항상 '차car'라고 불렀다—보였다. 가방에는 시원한 물이 담겨 있었다.

일단 화석을 알아보는 데 좀 능숙해지자 나는 좀 더 편안한 마음으로 동행할 수 있게 됐고, 그러자 카모야는 각 장소에서 우리 주변의 상황을 좀 더 상세히 알려주기 시작했다. 이를테면 400만 년 전에는 여기가 늪이었다거나 사바나였다거나 하는 식으로 그곳의 지질학적 역사를 설명해주었다. 얼마 안 가 나는 육식동물의 이빨과 악어 두개골, 거북의 복갑, 소의 하악골, 물고기 뼈를 식별할 수 있게 됐고, 가는 끈 모양의 작은 돌이 작은 설치류의 등뼈가 원형 그대로 남은 것이라는 사실도 알게 되었다. 어느 날 카모야가 어금니 하나를 가지고 내 쪽으로 왔다. "사람족." 그렇게 말하기는 했지만 말투에 너무 열의가 없어서 나는 어리둥절했다. "한 200년쯤 됐으려나." 그가 말을 이었다. 카모야는 자기가 조사하던 지점으로 돌아가 그 어금니를 원래 있던 곳에 떨어뜨렸다. 한번은 내가 큰 물고기에서 나온 뼈 하나를 가지고 그에게 갔다. 방사형 버팀목 모양의 가벼운 판 구조의 뼈였고, 포유류의 견갑골과 비슷해 보였다. 그에게 가기 전 나는 땅에 막대기를 꽂아 발견 지점을 표시해두었다. 이 뼈는 광물화되는 과정에서 그 속의 산화철 때문에 생긴 작고 빛나는 점들로 뒤덮여 있었고, 이 점들은 보는 각도에 따라 히아신스 같은 남보라색, 연한 자주색, 남색, 라일락의 연보라색, 가지의 짙은 보라색 등으로 달라졌다.

카모야는 주의 깊게 살펴보더니 그 뼈를 내 셔츠 주머니에 슬며시 집어넣었다. "이 주변엔 물고기 뼈가 많다네."

또 한번은 카모야가 내게 기린 이빨을 보여주려고 가져왔다. 내가 손가락으로 그 이빨을 돌려보며 구별의 기준이 되는 특징들을 익히려 애쓰고 있을 때, 카모야가 턱을 살짝 돌리며 먼 곳의 뭔가를 가리켰다. 나는 곁눈질로 무엇인지 알아보려 했다. 투르카나 남자아이 둘이 눈에 띄지 않으려 애쓰며 500미터쯤 거리를 두고 우리를 따라오고 있었다.

우리는 매일 오후 한 시쯤 나키라이로, 그러니까 자칼 캠프로 돌아가 크리스토퍼가 우리를 위해 준비해둔 점심을 먹었다. 크리스토퍼가 어두울 때 일어나 아침을 준비하면 우리는 해가 뜨자마자 재빨리 아침을 먹었다. 따뜻해진 공기에 밤잠에서 깨어난 파리 수백 마리가 수분을 찾아 음식으로 꼬여들기 전에 먹기 위해서였다. 크리스토퍼는 조리 텐트 안에서 잠을 잤고, 나머지 우리는 커다란 녹색 방수포로 지붕을 만들고 그 아래 땅바닥에 얇은 매트리스를 깔고 나란히 누워서 잤다. 크리스토퍼는 캠프에서 한 번도 신을 신지 않았고 다른 사람들도 평소에는 맨발로 다녔지만 일하러 갈 때는 샌들을 신었다. 나는 신고 있던 플립플롭을 더 탄탄한 신으로 갈아 신고 선크림을 바르고 나서야 캠프를 나섰다. 어느 날 아침에는 왐부아가 마치 시계를 보는 것처럼 아무것도 안 찬 자기 손목을 쳐다보면서 화난 표정을 지었다. 내가 그들에게는 당연히 필요 없는 선크림을 바르느라 모든 사람의 시간을 지체하고 있었을 때였다. 우리는 다 같이 웃음을 터뜨렸다.

점심 식사 후 하루 중 가장 더운 몇 시간 동안, 우리 여섯은 뿔뿔이 흩어져서 대부분 낮잠을 잤다. 나는 노트에 그날의 일을 기록하거나, 치누아 아체베의 『모든 것이 산산이 부서지다』나 토머스 패커넘의 『아프리카 쟁탈전』을 읽었다. 카모야는 이따금 나이로비의 박물관에 있는 누군가와 무선 통화를 하거나 응주베나 오냥고와 체커 게임을 했다. 근육질에 가슴이 넓고 콧수염을 얇게 길렀으며, 눈을 가늘게 뜨고 빠른 속도로 열정적으로 말하는 왐부아는 때로 자기 이부자리에 똑바로 누워 담배를 피웠다. 담배를 피우는 사람은 왐부아와 응주베, 응게네오뿐이다. 새벽이면 왐부와는 이부자리에서 일어나기도 전에 조용히 담배 한 대를 태운다.

거의 매일 늦은 오후면 투르카나인 가족들이 자신들이 살고 있고 가축들을 방목하는 건조한 땅에서부터 걸어서 우리 캠프로 다가온다. 그러고는 주변부에 쭈그리고 앉아 우리가 일하는 모습을 유심히 살펴본다. 우리가 다가가면 투르카나어로 자기들의 병에 대해 불평하거나 로드와르로 갈 교통수단이 필요하다고 호소하기 시작한다. 마을에 있는 누군가가 뻐끔살무사(투르카나어로는 아키푼)에게 물려서 살펴봐야 한다고. 또 말라리아에 걸린 것 같은 아기를 응주베에게 내미는데, 마치 그가 마법이라도 부릴 수 있다고 생각하는 듯하다. 그들은 또 신발과 셔츠와 바지도 요구한다. 스무 명에서 서른 명쯤 되는 사람들이 우리가 자러 갈 때까지 어둠 속에서 말없이 우리를 계속 주시한다.

카모야는 우리 앞에서 호기심과 각종 욕망을 끊임없이 표현하는 투르카나인들을 항상 부드럽게 대하지만, 그들을 상대하는 태도는 단호하다. 어느 저녁 그는 내게 자기가 연민과 관대해지고 싶은 충동을 어떻게 다스리는지 설명한다. 사실 우리 캠프에는 무엇이든 여분이 거의 없다. 우리에게는 약 2킬로그램씩 소분된 기장이 몇 자루 있는데, 때때로 카모야는 이 기장을 도축할 염소 한 마리와 교환한다. 그가 흥정에 어찌나 능한지 협상하는 상대편은 어이없어하거나 격분하거나 분통을 터뜨리거나 당혹스러워한다.

어느 밤에는 젊은 여자 한 명이 자기 이마를 문지르는데, 하는 품새가 꼭 두통이 있다는 뜻인 것 같다. 전통 의상을 입고 높이가 8센티미터에서 10센티미터쯤 되는 목에 꼭 끼는 구슬 목걸이를 하고 팔에도 황동 팔찌를 몇 개 차고 있다. 여자는 다른 여자 몇 사람과 함께 통나무 위에 앉아 있다. 카모야에게 물어보니 내 아스피린을 좀 나눠줘도 괜찮다고 한다. 나는 통역을 위해 크리스토퍼를 대동하고 간다. 그 여자는 자기가 정말 두통이 있다고 한다. 그래서 내가 아스피린 두 알을 건네주었더니, 그 옆에 앉아 있던 더 나이 많은 여자가 크리스토퍼에게 뭐라고 한다. 크리스토퍼는 내게 이렇게 전한다. "'우리는 그게 없는 게 더 낫다'라고 하시네요." 그 사람이 말하고자 한 바는, 나 같은 사람은 자기 같은 사람들을 뭔가가 "없는" 사람으로 보는 경향이 있지만, 실제로 그들은 그런 것이 없는 게 더 낫다고 여길 때도 있다는 뜻이라고 나는 이해했다. 내가 자선이라고 생각한 행위가 그 사람에게는 자기 삶의 원칙을 훼손할 수도 있는 것을 거부할 기회였다.

누군가의 아버지가 빼끔살무사에 물렸다는 말을 들은 이튿날 아침은 마침 카모야가 우리의 보급품을 보충하러 로드와르로 가기로 정해둔 날이다. 먼저 우리는 랜드로버 두 대를 몰고 거의 죽어간다는 노인이 있는 투르카나인들의 마을로 간다. 우리가 그 남자의 아위 나폴론(그 마을에서 중요한 지위를 차지하는 남자가 거주하는, 가시나무덤불 울타리로 에워싼 집)으로 다가가고 있는데, 당장 병원에 가야 한다던 그 남자가 가장 좋은 옷을 차려입고 므콰주 지팡이를 쥐고 밖에 나와 앉아 우리를 기다리고 있는 것이 보인다.

"여기 죽음의 문턱에 있는 사람은 아무도 없구먼." 카모야가 차를 대며 말한다.

남자는 단지 한 번도 가본 적 없는 로드와르에 가보고 싶었을 뿐이다. 차량 두 대가 금세 여자들과 남자들, 아이들로 가득 찬다. 몇 명은 뒷문에 장착된 예비 타이어를 붙들고 지붕 위로 기어올라가, 지붕 위 짐 선반에 또 하나의 예비 타이어와 함께 고정해둔 여분의 연료통 위에 걸터앉았다.

로드와르에 도착하기까지는 한참이 걸린다. 도착하자 카모야는 모든 사람에게 언제 어디에 모여서 돌아갈 것인지 설명한다. 모두가 뿔뿔이 흩어진다. 정해진 시간에 모두 약속 장소에 돌아온 건 아니지만, 다른 사람들이 그들의 자리를 대신 채운다. 나키라이로 돌아가는 길에 우리는 몇 사람은 내려주고 또 다른 사람들을 태운다. 뻐끔살무사에게 물리지 않았던 그 남자도 그중 한 명이다. 그는 로드와르가 너무 역겨워서 거기 도착하자마자 금세 집으로 걸어가기 시작했다고 한다. 우리 차를 얻어 탄 이들 중 몇 명은 자동차에 타본 게 처음이다. 그들은 미끄러지듯 열리는 옆유리와 문손잡이가 작동하는 방식을 신기해한다.

멀리 얕은 언덕에서 사람들이 염소들과 함께 서서 지나가는 우리를 빤히 쳐다본다. 차 안 중간 좌석에 앉은 사람들이 있는 힘껏 소리쳐 그들을 부른다. 염소 떼는 파도처럼 갈라지며 바닥이 울퉁불퉁한 오르막을 올라간다.

때때로 잠이 오지 않는 밤이면 나는 쌍안경을 꺼내 저 하늘 위 별자리들의 황야를, 밤이 앞으로 나아가는 동안 우리 위를 지나는 은하수의 은빛 길을 바라본다. 어떨 때는 지구가 내 밑에서 회전하는 것이 느껴지는 것만 같아서 내가 있는 어둠의 반대편, 프랑스령 폴리네시아에 햇빛이 힘차게 쏟아지는 모습을 상상한다. 어렸을 적 나는 우리 태양 곁을 맴도는 행성들 외에 다른 행성은 하나도 몰랐다. 이제 우리는 우리 은하계 안에만도 수많은 행성이 있다는 것을 안다. 우리가 볼 수 없는 것을 볼 수 있게 해주는 전파망원경들이 그 행성들의 모습을 잡아냈다. 내가 코페르니쿠스의 우주에 관해 배우던 시절, 사람들은 모든 생명이 광자—지구로 오는 태양복사—에 생존을 의존한다고 생각했다. 오늘날 우리는 해저 열수 분출공 주변에서 사는 관벌레나 다른 생명체들은 당분을 만드는 일에 햇빛을 필요로 하지 않는다는 걸 안다. 이들에게는 황만 있으면 된다. 내가 대학원에 다닐 때, 사람들은 지구상의 거의 모든 생명이 지구의 표면 위를 돌아다니거나 지구의 물속에서 헤엄친다고 생각했다. 오늘날 우리는 지구에 사는 생물의 총량 가운데 지하에 사는 생물이 훨씬 큰 부분을 차지한다는 걸 알고 있다. 내가 수영을 배우던 시절, 사람들은 지구의 대륙들은 고정되어 있다고 생각했다. 현재의 어린이들은 남아메리카와 아프리카가 1억 2000만 년 전에 갈라졌고, 5000만 년 전에 인도가 아시아로 헤집고 들어가며 히말라야산맥을 만들었다고 배운다.

바로 위에 있는 별들을 눈에 담으려면 내 머리 위에서 복잡하게 교차하는 가느다란 아카시아 가지들과 거기 달려 수분을 모으는 작은 잎들의 미세한 그물망 너머에 초점을 맞춰야 한다. 나는 대마젤란은하에 있는 초신성 1987A를 찾아 방향을 잡은 다음, 내가 막 알아가는 중인 남반구의 별자리 중에서 비교적 덜 복잡한 별자리들을 찾는다. 이를테면 천구 남극에 가까이 있는 작은 별자리인 남쪽삼각형자리, 그리고 축을 길게 늘이면 거의 정확히 천구 남극점을 가리키는 남십자성 또는 남십자자리를.(북반구에서는 삼중성계인 북극성이 천구 북극에서 1도 어긋난 지점의 밤하늘에서 반짝거리고 있지만, 남반구 하늘에서는 이와 유사하게 고정된 표지 역할을 해줄 별이 없다.)

나는 21만 광년 떨어진 소마젤란은하의 위치도 쉽게 찾았다. 두 '은하' 모두 맨눈으로 분명히 알아볼 수 있다. 이 둘은 은하의 일부처럼 보이지만 사실 각자 독립적인 은하다. 두 마젤란은하는 더 깊은 우주 공간 가운데 우리와 좀 더 가까운 지역들로 들어가는 입구 역할을 한다. 천문학자들은 두 은하를 우리은하와 함께 우리 국부은하군에 포함시킨다. 우리 국부은하군은 다수의 왜소은하를 포함한 약 쉰네 개의 은하가 함께 납작한 타원체를 구성한 것이며, 여기 속한 은하들은 다른 국부은하군들의 은하들과 뚜렷이 구분된다. 우리 국부은하군의 타원체에서는 안드로메다은하가 한쪽 끝에 위치하고 거기서 250만 광년 떨어진 또 다른 끝에 우리은하가 자리하고 있다. 우리 국부은하군은 우리와 비교적 가까운 곳에 위치한 쉰 개 가량의 국부은하군들 가운데 하나다. 천문학자들은 이 국부은하군들이 모두 모여 하나의 초은하단을 구성하는 것으로 정리한다. 한 초은하단에 속하는 국부은하군들은 각자 수십 개에서 수천 개의 은하를 포함하고 있다고 여겨진다. 지구에서 관측이 가능한 범위의 우주에 존재하는 초은하단만 수백만 개에 이른다.

이 계산은 우리 능력으로 파악할 수 있는 의미의 범위를 벗어난다.

상상하기 훨씬 쉬운 곳으로, 그러니까 약 1000억 개의 별만을 포함한 우리은하계로 돌아와서 다시 남십자자리(라틴어로는 Crux)에 초점을 맞추면, 십자가의 네 끝에 있는 별들을 구별할 수 있다. 우리와 가장 가까운 것은 90광년밖에 떨어지지 않은 남십자자리 감마(가크룩스)이며, 가장 먼 것은 남십자자리 베타(미모사)로 약 353광년 떨어져 있다. 남반구 별자리 중 비교적 작은 별자리인 남십자자리는 석탄자루성운이라 불리는 암흑성운의 대부분을 그 틀 속에 품고 있다. 그리고 석탄자루성운은 100개 정도의 밝고 젊은 별들이 느슨하게 무리 지은 총칭 보석상자성단과도 가깝게 보인다. 다른 모든 별자리가 그렇듯 남십자자리도 2차원의 정체성을 지닌 3차원의 대상이다.

만약 내가 오늘 밤 내 머리 밑의 단단히 다져진 흙을 파고들어가 플라이오세 사람족의 두개골을 발견한다면, 나는 그 사람이 저 별들을 어떻게 받아들였는지 알 수 있을까? 남아 있는 이 돌처럼 단단하고 움푹한 땅과 머나먼 친척의 머리 일부만 갖고서 내가 저 별들이 그 사람의 내면에 어떤 것을 불러일으켰을지 알아낼 수 있을까? 아무것도 불러일으키지 않았다고 생각하는 게 맞을 것이다. 인류 역사에서 그 시기는 별들을 보고 어떤 생각을 하기엔 너무 초창기라고들 하니까.

때로 밤에 약한 산들바람이 불어와 아카시아 가지들을 부드럽게 흔들 때, 거의 들리지 않을 정도의 그 살랑거림은 별들의 콧노래처럼 들리고, 저 하늘 별들의 반짝임은 현악기에서 활의 움직임에 따라나오는 배음들인 것만 같다. 그런 밤이면 나는 저 복잡하게 뒤얽힌 크고 작은 가지들이 분기된 모양을 보며 아직 완전히 밝혀지지 않은 인류 진화의 패턴을 끼워 맞춰보기도 한다. 이를테면 나무의 둥치는 동물계를 나타낸다. 큰 가지들이 여러 문으로 나뉘는 지점에서 나는 척추가 있는 동물인 척삭동물문을 나타내는 가지를 따라가고, 여기서 다시 포유동물인 포유강을 나타내는 가지로 넘어간다. 그 가지에서는 5500년에서

6500만 년 전부터 시작된 영장류를 나타내는 또 다른 가지가 분기한다. 여기 에오세의 원원류와 올리고세의 진원류 틈에서, 그리고 시바피테쿠스, 프로콘술, 구세계원숭이 같은 사람과들 틈에서 책을 읽는 영장류로 이어지는 길을 하나 찾을 수 있을지도 모른다. 초기 올리고세 때 살았던, 혹시 우리 조상일지도 모를, 약 3000만 년 전인 아이겁토피테쿠스의 길을 따라가봐도 괜찮을 것이다. 마이오세 중반인 1500만 년 전의 케뉘아피테쿠스도 우리의 조상일 가능성이 있다. 그러나 거기서부터 사람속으로 이어지는 길은 분명하지 않다. 정말이지 불가사의하다.

사헬란트로푸스 차덴시스, 오로린 투게넨시스, 아르디피테쿠스 카답바 등 사람과인지 아닌지 확실하지 않은 몇 종류가 후기 마이오세 퇴적층에서 발견된다. 연약형(호리호리하고 유연하다는 뜻) 오스트랄로피테신은 초기 플라이오세에 존재했는데, 그중 오스트랄로피테쿠스 아파렌시스가 우리의 직계 조상일 수도 있다. 이즈음 고릴라와 침팬지의 조상은 각자 자신들의 길을 잘 가고 있었다. 고릴라는 약 1100만 년 전에, 침팬지는 약 770만 년 전에 인간의 계보와 갈라졌다. 이즈음부터는 사람족의 한 종이 또 다른 종으로 진화하고, 그런 다음 그 종이 다시 또 다른 종으로 진화하는 식으로 연속적인 하나의 선으로 이어졌던 것으로 생각하고 싶을지도 모른다. 하지만 이런 식의 사고에는 근본적인 결함이 있다. 이 상상 속 나무의 가지들에서 호모 사피엔스와 다른 모든 동물의 실제 진화는 어질어질할 정도로 복잡하다.

여기서 개념상의 문제가 어떤 것인지는 시각적으로 쉽게 표현할 수 있다. 우리는 대부분 교과서에서 본, 연속적인 계보의 깔끔한 선으로 진화를 표현하는 가지 모양 도해에 익숙하다. 그런 도해에서 선들은 다음과 같이 나뉘고 다시 나뉜다.

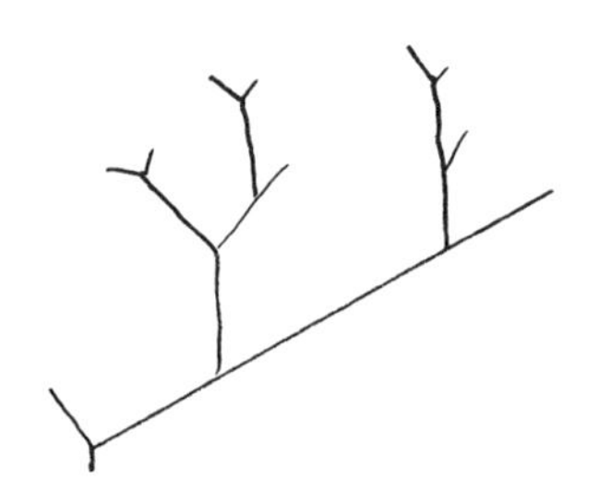

이 도해의 곤란한 점은 실제 진화가 이런 방식으로 진행되지 않는다는 것이다. 오히려 진화의 진행은 다음과 같은 식에 더 가깝다.

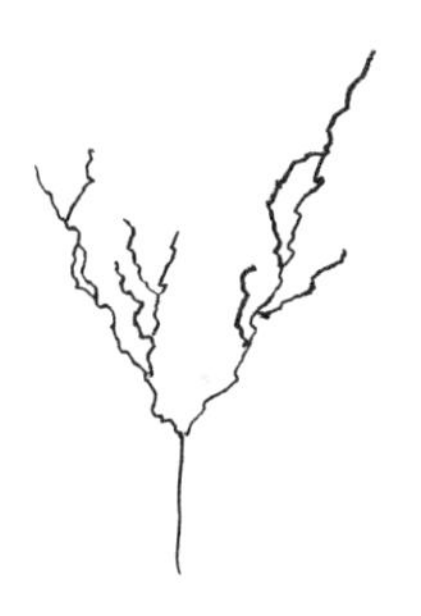

더 이상 이어지지 않고 끝나버린 지점들과 유전적 변이들이 아주 많고, 서로 섞이는 일도 일어난다. 어떤 계보들은 아주 오

랜 세월 동안 좁은 평행선을 그리며 이어지다 종말에 이르거나 눈에 띄게 다른 가지 쪽으로 뻗어가기도 한다. 문제를 더 복잡하게 하는 건 동물계의 진화는 사실 아래의 그림과 더 비슷하다는 점이다.

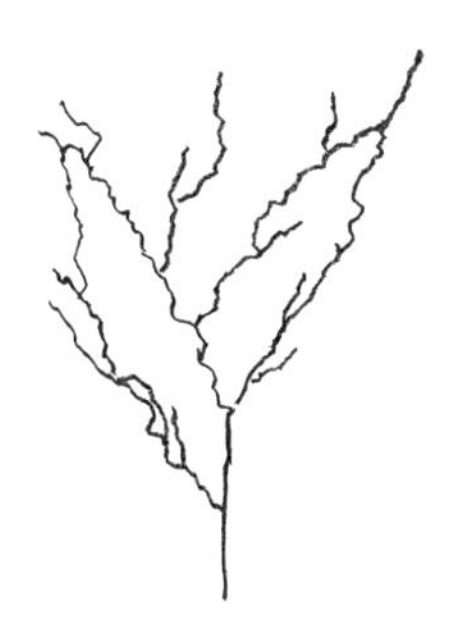

이를테면 45만 년 전에 계보가 나뉜 호모 사피엔스와 호모 네안데르탈렌시스가 그로부터 40만 년 뒤 유럽 또는 서아시아에서 서로 번식하여 '잡종' 인간 코호트를 낳았는데, 이들은 곧 멸종하였으나 비아프리카계의 거의 모든 사람에게 작은 비율의 네안데르탈인 유전자를 남겨놓은 일을 예로 들 수 있다.

간략하게 말해서, 각각의 인류가 정확히 어디서 유래했는지는 판단하기 어렵다. 우리는 모두 비교적 규모가 작고 고립된 인간 개체군들에서 유래한 것으로 보이며, 그 개체군들 다수는 어느 시점엔가 서로 섞여 번식했을 수 있고, 또 그중 일부는 뚜렷이 구별되는 외형을 만들어주는 유전자들을 보유했을 수 있다. 어떤 관점에서 볼 때 우리는 모두 상당히 비슷하게 보이기는 하지만, 몬트리올이나 싱가포르 또는 이스탄불의 거리를 걷다보면 호모 사피엔스라는 종이 얼마나 다양한지 알 수 있다. 고인류학자들은 양과 염소의 관계보다, 호모 사피엔스 분류군에 속하는 사람 개개인과 판 트로글로뒤테스 분류군에 속하는 침팬지의 관계가 더 가깝다는 사실을 곧잘 지적한다.(사람과 침팬지는 유전자의 98퍼센트 이상을 공유한다.)

밤의 산들바람을 받아 동그라미 그리듯 흔들리는 저 멀리 우듬지들을 바라보며, 나는 자연이 보여주는 것보다 더 많은 생명의 질서를 보고 싶어 바람이 잦아들기를 바랐다. 마구 얽혀 있는 저 가지들 속에서 호모 사피엔스로 이어지는 단 하나의 연속적인 선을 알아볼 수 있도록 저 나뭇가지들이 꼼짝도 하지 않고 가만히 멈춰 있으면 싶었다. 하지만 비유적으로 말해서 바람은 결코 잦아들지 않았다. 설령 바람이 멈췄다 하더라도 다른 가지에 가려진 가지 하나를 쉬이 놓쳤을 수도 있고, 같은 가지에서 뻗어나온 것처럼 보이는 작은 가지 둘이 실은 각자 별개의 가지에서 뻗어나온 것임을 알아보지 못했을 수도 있다. 또한 한 가지가 다른 가지 속으로 파고들어가며 자라는 연리지 또는 자연적 접목 현상도—이는 호모 사피엔스의 역사에서도 일어난 일이다—파악하지 못했을 것이다.[13]

인간 진화의 경로가 혹 가망 없는 혼란상으로 보일지도 모르지만 사실 그렇지는 않다. 문제는 첫째, 나무는 오해를 유도하는 은유라는 것, 둘째, 사람족 계보에서 우리 이전 존재들에 관해 확실히 판단하기에는 현존하는 인간 화석이 너무 적다는 점이다. 이런 개념적 문제와 경험적 문제는 매우 현실적이기는 하지만 그래도 이 문제들은 잠시 옆으로 밀어두고, 우리가 가까운 조상들에 관해서는 실제로 꽤 잘 알고 있다고 말해도 무리는 없다.

대부분의 고인류학자는 마이오세 중기인 1100만 년 전 하나의 영장류로부터 두 개의 발달 계통으로 나뉘었다는 데 전반적으로 동의한다. 둘 다 오늘날에도 여전히 존재하며, 이들 중 한 계통은 오늘날 고릴라로 대표된다. 또 다른 계통은 마이오세 후기 어느 즈음 한 영장류로 대표되기 시작했는데, 결국 이들의 유전적 계통은 두 가지 별개의 표현형 계통으로 갈라졌다. 그중 한 계통은 침팬지의 영장류 조상으로 오늘날의 침팬지와 보노보로 이어졌다. 또 한 계통은 사람족을 낳았는데, 그중 일부가 인간의 조상이다. 이 사람족 조상들은 다른 종으로 진화하거나 멸종하며 개별적 종들로서는 사라졌다. 그중 일부 종은 수만 년 동안 인간의 조상인 다른 사람족 종들과 나란히 살다가 종국에는 생태 격변의 선택압에 굴복하고 말았다.(예컨대 때로 '아프리칸 호모 에렉투스'라고도 불리는 호모 에르가스테르와 호모 하빌리스, 강건형 오스트랄로피테신인 파란트로푸스 보이세이는 아프리카의 일부 지역에서 수만 년을 함께 살았던 것으로 여겨진다.)

영장류 중 호모 사피엔스의 조상임이 명백한 첫 집단은 연약형 오스트랄로피테신이다. 오스트랄로피테쿠스 아파렌시스, 오스트랄로피테쿠스 아프리카누스, 오스트랄로피테쿠스 세디바가 여기 속한다. 이들은 플라이오세 초기인 400만 년에서 500만 년 전의 화석 기록에서 나타나기 시작하며, 몇몇은 플라이오세 후기까지 살아남았다. 그중 한 종, 아마도 A. 아파렌시스는 호모 하빌리스의 조상일 가능성이 있고, 호모 하빌리스는 호모 에렉투스의 조상이라 짐작해볼 수도 있다. 혹은 호모 에렉투스는 아직 발견되지 않은 계통의 후손일 수도 있다.

어떻게 존재하게 되었든 호모 하빌리스는 약 260만 년 전부터 석기를 만들어 썼다. 호모 에렉투스는 약 189만 년 전에 나타났는데, 처음에는 아프리카에서 호모 에르가스테르로, 이후에는 동아시아에서 호모 에렉투스로 나타났다.(호모 에르가스테르의 후손인 호모 하이델베르겐시스는 호모 네안데르탈렌시스와 호모 사피엔스 둘 다의 조상일 가능성이 있다.) 호모 에렉투스는 동아시아에서 약 10만 년 전까지 살아남았을 수 있는데, 호모 플로레시엔시스가 그 후손 중 일부일 가능성도 있다. 호모 플로레시엔시스는 동남아시아에서 약 5만 4000년 전까지 살아남았다.

고인류학자들이 호모 사피엔스의 초창기 직계 조상일 거라고 상당히 강력하게 추측하고 있는 호모 에르가스테르는, 오늘날 호모 사피엔스를 다른 모든 사람족 종들과 최종적이고 근본적으로 구별하는 한 가지 특성, 바로 문화를 고려할 때 종종 출발점이 된다.(오스트랄로피테신보다 현저히 늘어난 뇌 크기와 이족 보행은 인류의 가까운 친척들 사이에서 이미 오래전부터 자리 잡고 있었다.) 20만 년 전 무렵에는 해부학적 현생인류가 아프리카에서 사냥하고 채집하며 사회적 삶을 살고 있었다. 호모 하이델베르겐시스 중 아프리카에서 살던 이들과는 다른 집단에서 유래했을 가능성도 있는 호모 네안데르탈렌시스 역시 서아시아와 유럽에서 그렇게 살고 있었다.

이쯤에서 짚고 넘어가야 하는 중요한 사실은 이런 사람족 종들이 화석 기록에 나타나는 시기가 극적인 기후변화와 밀접하게 연관된다는 점이다. 그러한 생태 변화—예를 들어 특정 지역에서 광범위한 숲의 생존이나 초지의 확산에 유리한 가용 수분 양에 생긴 변화—는 어떤 사람족 종에게는 다른 사람족 종보다 더 유리했을 수 있다. 혹은 이런 생태 변화가 새 기후 조건에 더 적합한 새로운 사람족 종의 진화를 앞당겼을 수도 있다. 5만 5000년 전 행동적 혹은 인지적 현생인류가 도래했을 때부터 인간 진화에서 문화는 결국 환경만큼이나 중요한 역할을 하기 시작했다. 이런 의미에서 호모 사피엔스는 플라이스토세 후기에 자연선택에 의한 진화 과정에서 감수분열 못지않게 강력한 힘을 스스로 갖춤으로써 다른 모든 동물 가운데서 예외적인 존재가 되었다.[14]

생명이 펼쳐지는 지구라는 거대한 무대에서 하나의 종으로서 인류가 차지하는 중요성을 과장하는 사람들이 있는데, 이는 오만을 보여주는 신호다. 좀 더 생물학적 지식을 바탕으로 한 관점, 또는 깨우친 관점이지만 분명 현실적이기도 한 관점은, 인간은 자신을 잠재적으로 전능한 존재로 보기보다는 결함 있는 존재로 볼 때 더 잘 살 수 있으며, 다른 모든 동물과 다름없이 인간 역시 미래를 보장받지 못하는 하나의 동물이라는 관점이다. 어떤 사람들은 우리가 가장 중요한 존재가 아니라는 이 관점이 결국에는 더 나은 정치로, 세계적으로 더 공정한 사회적 경제적 체제의 발달로 이어질 수 있다고 주장한다. 그래도 호모 사피엔스가, 다시 말해 문화적으로 진보한 인간이 예외적인 존재인 것은 사실이다. 하지만 더욱 도발적인 질문은 그 예외적인 성질이 그들을 어디로 데려갈 것인가다.

다른 모든 생물과 마찬가지로, 생물학적 인간은 삼림 파괴와 해양 산성화 같은 자연적 선택압과 인류가 초래한 선택압 둘 다에 반응하며 진화하고 있다. 그중 해양 산성화는 가까운 미래에 인류의 단백질 공급에 극적인 영향을 미칠 것이다. 기후변화로 인한 선택압 같은 또 다른 선택압들은 예컨대 기술혁신 같은, 그에 대해 인류가 보이는 반응들을 무의미하게 만들 정도로 강력하다. 나아가 산업혁명이 시작된 이래로 문화에 의해 생성되어 현재 인류 진화에 영향을 미치고 있는 선택압들은 너무 심각한 지경에 이르러 이미 다른 생물 수백 종을 멸종시켰고 생명의 여섯 번째 대멸종을 촉발했다. 인간이 만든 이 힘들은 오래전부터 익히 알고 있던 자연의 힘과 함께 작동하면서 현재 지구 모든 생명의 진화에 영향을 미치고 있다.

여기서 인류가 두려워해야 할 상황은, 호모 사피엔스가 스스로 지구를 지배하는 종이라 자처해왔음에도 그들이 지구 거의 모든 생태계를 지배한 결과가 자신들까지 잠재적 피해자로 만들고 있다는 점이다. 만약 호모 사피엔스가 멸종하더라도 그 일은 단순히 계속되는 진화의 한 양상이며, 생명이 맞이할 생물학적 미래로 여겨질 것이다. 다만 그 생명에 인류는 더 이상 포함되지 않을 뿐.

오늘날 유전체학으로 측정한 결과 호모 사피엔스의 해부학적 진화 속도가 빨라지기 시작했다는 사실도 짚고 넘어가는 것이 좋겠다. 진화학자들 가운데는 이 상황을 새로운 종분화의 전조로 보는 이들도 있다.

다소 추측이 포함되긴 했지만 대략적으로 인류 기원에 관한 밑그림을 제시했으니, 이제 내가 나키라이에서 카모야 일행과 지내던 시기에 그들이 찾으려 주의를 기울이던 것이 무엇인지 좀 더 유의미한 방식으로 설명할 수 있겠다. 그들은 구체적으로 마이오세 후기/플라이오세 초기의 광범위한 사람과의 화석을 찾고 있었지만, 예를 들면 발달기의 연약형과 강건형 오스트랄로피테신 화석도 찾을 수 있기를 바랐다.(다만 이렇게 오래된 퇴적지에서는 어떤 종이든 사람속 화석을 찾을 가능성은 별로 없다.)

사람과 화석을 해석하는 작업에는 제약이 많은 편이다. 비교적 적은 양의 화석들을 검토하고 또다시 검토하는 일이 그 연구의 거의 전부를 차지한다. 이 화석 증거에 대한 해석은 대부분 해부학적 구조와 계통발생에 관한, 오래전부터 확립된 단순 명료한 질문들에 답하는 식으로 행해진다. 새로운 화석 하나하나는 우리가 기존에 알고 있던 사항을 확장하거나 정교화하는데, 물론 그 물리적 증거 자체에는 엄청난 권위가 있다. 하지만 오늘날 인간의 진화에 관해 경이로운 통찰을 얻을 기회가 훨씬 더 커 보이는 분야는 최근 신경과학의 발전을 등에 업고 새롭게 등장한 진화심리학이다. 이 분야는 또한 추론과 공식적 이론화와 실험 연구를 통해, 인간 진화생물학이 과거 사람족의 진화를 믿지 않는 다수를 상대로 벌여야 했던 논쟁보다 더 광범위하며 더 정보에 기반한 공적 논의를 펼칠 수 있는 장을 열었다.

이제 인간의 역사에 대한 해석에서 오스트랄로피테쿠스 세디바나 오스트랄로피테쿠스 아파렌시스가 인간의 직계 조상이냐 아니냐보다 더욱 도발적인 질문은, 아프리카의 뿔 지역에 자리한 오늘날의 지부티 근방에서 약 5만 5000년 전에 살았던, 비교적 작은 무리의 호모 사피엔스 집단에게 무슨 일이 일어났는가다. 그때 거기서 인간 뇌의 구조에 아주 작지만 유난히 적응에 유리한 변화가 일어났으며, 이 시기에 갑자기 놀랍도록 복잡한 문화가 나타난 것은 그 변화 때문일 거라고 생각하는 과학자들이 많다. 12만 년 전 호모 사피엔스가 호모 에렉투스의 도구보다 훨씬 더 정교한 석기 도구를 만들면서 시작된 중기 구석기는 이 시기 이곳에서 끝나고, 이어서 후기 구석기가 시작됐다. 이제 인류의 기원을 추적하려면 해부학적 변화 대신 점점 더 풍부하고 다양해지는 지역 문화의 발달을 기준으로 호모 사피엔스를 분류해야 한다.

오늘날 에티오피아의 다나킬사막이라 불리는 곳을 집으로 삼고 살았을 가능성이 있는 이 독특한 집단은 명백히 다른 종류의 사람들이었다. 현재 우리는 이들을 당시 살았던 다른 모든 사람과 구분하기 위해 행동적 현생인류 혹은 인지적 현생인류라 부른다. 그들은 곧 근처 홍해의 남단과 아덴만을 연결하는 바브엘만데브 해협을 건너 사우디아라비아반도로 들어갔다. 거기서 북쪽과 동쪽으로 이동하여 서아시아와 유럽의 호모 네안데르탈렌시스를 대체하고, 남아시아의 호모 에렉투스 후손들을 대체했으며, 이어서 당시 순다(인도네시아의 이어져 있던 땅덩어리)와 사훌(오스트레일리아와 뉴기니섬)을 가르고 있던 초기 티모르해와 아라푸라해를 건너가 오스트레일리아에서 살았다.

이후 수천 년에 걸쳐 그들은 미크로네시아에서 살고, 이어서 폴리네시아에서 살았으며, 항해용 카누를 타고 태평양을 건너 멀리 남아메리카의 서해안까지 도달했다. 덩치 큰 포유동물을 사냥하고, 적합한 의복을 만들어 입고, 옮겨 다니며 다시 세울 수 있는 이동식 거처를 만드는 극도로 효율적인 기술을 개발한 뒤로는 북쪽으로 이동해 시베리아까지 갔고, 결국에는 베링 육교*를 건너 미 대륙을 거쳐 카리브해의 섬들로, 남쪽으로는 멀리 티에라델푸에고까지 내려갔다. 사람들이 지구의 거의 모든

* 오늘날의 북극해와 베링해의 일부 구간에 걸쳐 있던 육지. 플라이스토세 후반 빙하기에 해수면이 낮아지면서 드러났다. 전체 역사에서 보면 시기에 따라 해수면의 상승과 하락으로 수차례 땅이 드러났던 것으로 보인다.

종류의 환경으로 이동하고 적응하며 자기들이 살던 곳에서 문화를 일군 경로와 속도는 아프리카에 머물던 사람속이 보인 속도를 고려하면 너무 빨라 정신이 아득해질 정도다.

약 5만 5000년 전까지 사람속은 다 파악할 수 없을 만큼 복잡하고 거대한 생명의 태피스트리에서 단 한 올의 실이었다. 포식자이자 죽은 동물을 먹는 존재인 동시에 맹수, 특히 덩치 큰 고양잇과 동물들의 먹이가 되었던 이 종은 대단히 사회적인 영장류였고, 그 자식은 첫 이삼 년의 발달기 동안은 엄청난 양의 주의를 요하며 부모의 오랜 돌봄을 받아야 했다. 그는 자신이 살던 범위 안에서 결코 지배적인 동물이 아니었다. 비교적 작고 고립된 집단으로 살았을 거라 여겨지는 이들은 어디에 살았든 다른 동물들과 먹을 것을 두고 경쟁해야 했고 물이 부족할 때는 물을 두고도 경쟁해야 했다. 그들은 지구 냉각화와 온난화가 이어지는 긴 기간 동안 다른 동물들과 마찬가지로 적응하고 견뎌냈다.

호모 사피엔스가 약 20만 년 전에 확실히 남다른 존재들이 된 시점부터 행동적 현생인류가 출현할 때까지 그들의 발달을 무심히 지켜본 관찰자라면, 불을 피우고 불을 옮기며 불을 사용해 음식을 조리하는 것 등 호모의 불 사용에 감탄했을지도 모른다. 이 관찰자는 호모의 석기와 뼈로 만든 도구를 보며, 그가 동물의 가죽이나 나무 같은 다른 재료를 사용하는 방식에 경탄했을 수도 있다. 하지만 어떤 관찰자에게 그들은 아프리카에서 그들 주변에 살던 다른 몇몇 동물들보다 딱히 더 대단하게 보이지는 않았을 것이다. 호모에게는 많은 새들의 호화롭고 장식적인 깃털 같은 화려한 꾸밈새가 없었다. 그는 코뿔소만큼 위협적이지 않았고, 맘바독사처럼 위험하지도 않았으며, 기린처럼 색다르지도 않았고, 긴꼬리원숭이처럼 민첩하지도 않았다. 그가 남다르게 보이는 점이 있었다면 그건 주로 물건을 만든다는 점, 그리고 이족 보행을 하는 사람과 가운데 유일하게 살아남은 종이라는 점이었을 것이다. 그는 침팬지에 비해 손을 훨씬 더 능숙하게 사용했고, 아프리카들개만큼이나 끈질기게 달려서 사냥했을 것이다. 그리고 그가 한 장소에서 다른 장소로 가지고 다니는 것들도 눈에 띄었을 것이다. 여기에는 불과 자식, 도구와 사냥 장비도 포함되었을 것이고, 어쩌면 물을 담는 용기도 있었을 것이다. 그는 관찰자의 눈길을 끌 수는 있었겠지만, 주의를 사로잡지는 않았을 것이다.

그럼에도 거기엔 뭔가가 있었다.

점점이 흩어져 있던 호모 사피엔스의 작은 군집들은 아프리카 사바나의 야생 생물 세계라는 넓고 흥미로운 풍경에서 당연히 그리 중요하지 않게 보였을 테지만, 생각이 깊은 관찰자라면 10만 년 전 해부학적 현생인류를 보면서 호모가 사회질서의 패턴에 기울이는 주의, 호기심 강한 성격, 다른 어떤 동물에게도 없는 것 같으나 이들에게는 어렴풋이 보이는, 후에 지성이라 불릴 어떤 특성, 그리고 예컨대 섬유, 흐르는 시간, 소리를 조합해 복잡한 패턴을 만들어내는 능력에서 (훗날 직물, 달력, 언어, 전략적 행동, 예술이라 불릴 것들을 만들어낼) 어떤 잠재력을 알아보았을 것이다. 그런 것들을 알아보았다면 그 관찰자는 으스스한 전율을 느꼈으리라. 오늘날 우리가 침팬지의 눈에서 한순간 인간처럼 보이는 무언가를, "나도 알아"라고 말하는 듯한 눈빛을 발견할 때처럼.

카모야 일행과 함께 나키라이 근처 반건조 기후의 땅을 돌아다니며 사람과 조상들의 흔적을 찾던 동안, 때때로 나는 내가 부지불식간에 일종의 틈새 위에 자리 잡았다는, 어떤 중간 지점에서 밖을 내다보고 있다는 생각이 들었다. 그 틈새는 카모야와 나와 다른 사람들이 진화해온 출발점과, 반대 방향으로 돌면 보이는 우리가 도달한 지점 사이에 자리하고 있었다. 나는 그 회전축이 되는 지점, 내 마음속에서 이전과 이후를 그토록 강력하게 가르는 기점이, 5만 5000년 전 에티오피아 아파르 지역에 살았던 이름 없는 사람들의 집단에 있다고 본다. 그럴 의도가 있었던 건 아니겠지만 그들은 스스로 아프리카 야생 생물의 은하계에서 분리되어 나와 뭔가 다른 존재가 되었다. 아직 문명의 창시자는 아니었지만 더 이상 진정한 의미의 야생동물도 아니었다. 이들은 의도성이라는 희미한 빛을 발하기 시작한 최초의 존재들이었다.

나는 갈수록 좁아지는 통로 저편 멀리서 오스트랄로피테신에 속하는 몇 종을 희미하게 가리고 있는 안개를 돌아본다. 그러다, 마치 오랫동안 왼쪽만 바라보고 있다가 마침내 오른쪽으로 고개를 돌린 것처럼, 흩어지는 반딧불이 무리 같은 무언가가 불현듯 눈에 들어온다. 이들은 처음에는 몇 안 되지만 이내 큰 무리를 이루고, 잠시 후 어떤 폭발적인 물결이 일어나는 게 보인다. 이 물결은 그것을 일으킨 존재, 바로 현생인류의 손에서 문화가 되고 이어 점점 더 고도로 발달한 문화가 된다. 사람들은 오스트레일리아 북부에 상륙하고, 무스티에 문화를 영위하던 네안데르탈인들은 금세 성숙한 마들렌 문화 속 사람들에게 자리를 내어주고, 아나톨리아 동부에서는 나투프 문화 최초의 도시들을 건설한다. 히타이트인, 페니키아인, 중국의 전설적인 하나라 황제들, 이집트 파라오들의 계보와 아스테카 왕국이 모두 꽃을 피운다. 파리의 살롱들은 학구적인 철학적 탐구를 후원하고, 세계대전은 다섯 대륙에서 수백만 명의 목숨을 앗아가며, 케이프타운에서 최초의 심장이식 수술이 성공적으로 끝나고, 다른 모든 발명, 수정, 개선, 지배가 계속 이어지다가 케냐의 나카이시에켄사막에서 반바지를 입고 걷고 있는, 고도로 진화한 공간적 시간적 환경에서 살아가고 생각하며 의미와 궁극적 의미를 숙고하는 여섯 명의 중년 남자에게 다다른다.

이 사막에서 우리는 너무 작고, 인간의 성격 범위는 너무나도 넓으며, 아직 뚜렷이 구별되는 여러 인간 문화의 파노라마에 남아 있는 지성의 범위는 너무나 광범위하다. 그리하여 명료하게 사고하는 능력이나 명백하지 않은 것을 상상하는 능력, 현실인 것과 현실 아닌 것을 구별하는 능력은 다양한 형이상학의 체계에 따라 사람마다 뛰어나기도 하고 뒤처지기도 한다. 그러니…… 이렇게나 광범위한 모든 가능성을 호모 사피엔스라는 하나의 이름 아래 다 모은다는 것은 부조리에 가깝다.

매일 사막을 걸으며 오스트랄로피테신이나 초기 사람속을 상상할 때 나는 아무런 가책도 느끼지 않는다. 그들에 대해서는 어떤 윤리나 도덕적 감정도 개입되지 않는 것 같다. 그들이 무엇이었든 나와는 아무 상관도 없다. 나에게 그들은 사물과 다름없다. 하지만 그 무리가 5만 5000년 전 아파르 지역을 떠난 뒤로는 그들을 사물처럼 생각할 수 없다. 오히려 그들은 친척들, 선구자들, 나와 운명을 공유하는 사람들에 더 가깝다.

오스트랄로피테신이 미래의 우리를 향해 보낸 메시지에는 아무런 불길한 기미도, 숨겨진 어떤 위협도 없다. 그러나 뇌 구조에 약간의 변화가 일어난 이후 역사시대로 접어든 인류의 1800세대에게서 우리가 받은 메시지, 아무리 해도 충분한 존경을 표하기가 어려울 문화적 성취와 인류의 총명함에 관한 그 이야기에는 경고도 함께 담겨 있는 듯하다.

일부 신경과학자들은 인간 뇌처럼 복잡한 뇌에서 생겨날 수 있는 정신의 다양성을 우리가 더 온전하게 인식하고 이해하도록 돕기 위해, 투렛증후군, 파킨슨병, 긴장병, 조울증 같은 신경학적 장애들을 심리적 장애가 아닌 '심리적 상태'라고 표현한다. 이런 상태들의 공통점은 시간이 흐르는 속도를 특이하게 인식한다는 점이다. 이런 상태들에 '시달리는' 사람들은 어떤 사건이 전개되는 데 걸리는 시간을 호모 사피엔스가 일반적으로 인지하는 것보다 더 길거나 짧게 인지한다. 이 사실이 암시하는 바는, 어떤 유형의 정신은 다른 정신에 비해, 예컨대 정보 기술이 만든 환경처럼 현대사회의 환경에서 급속히 확장하고 변화하는 부분들을 더 효과적으로 처리할 수 있게끔 더 잘 적응되었을 수 있다는 것이다. 이런 환경에서 번창하는 정신이 있는가 하면 무너져버리는 정신도 있다.(정보 기술이 창출한 환경은 급속히 변화하는 인간 사회 조직의 역동에 상당한 영향을 줌으로써 우리가 서로 관계 맺는 방식에도 영향을 미친다고 보는 사람들도 있다. 이는 다시 관대함이나 공격성 등 인간의 특정한 감정 및 충동의 표출 방식을 형성하는 데도 일조한다.)

시간적 기준만 사람에 따라 다른 것이 아니라, 광장공포증처럼 공간적 차원과 관련된 '장애들'도 존재한다. 이런 종류의 '장애'를 갖고 있으면 생존 가능한 미래를 구상할 기회가 제약될 거라 생각할 수도 있지만, 혹 어쩌면 그런 기회가 더 열릴 거라 생각해볼 수도 있다. 인류에게 더 우호적인 미래—시간의 압박이나 공간의 제약으로 희망이 아닌 절망을 초래하는 횡포를 일시적으로라도 제거할 수 있는 미래—를 불러올 대안적 시간 및 공간의 틀을 상상할 수 있는 능력이, 호모 사피엔스가 디스토피아가 아닌 다른 미래를 구상하는 일에서 결정적인 부분인 것 같다.

오늘날에는 인류의 미래를 추측할 때 자연선택의 역할을 더 폭넓게 고려할 수밖에 없다. 현재 호모 사피엔스는 전 지구적 기후의 교란과 (여러 생태의 틈새에서 수천 종의 다른 생물들을 몰아내고 그 자리를 차지하고 있는 어느 대형 육상 포유동물에게는) 전례 없는 인구 증가라는 물리적 환경 속에서 진화하고 있을 뿐 아니라, 점점 더 널리 확산되는 문화적 환경에 반응해 진화하고 있기도 하다. 그렇다면 의문 하나가 퍼뜩 떠오른다. 인간이 건설한 환경과 문화적 환경은, 예컨대 조울증과 광장공포증 같은 시간적, 공간적 '장애'에, 그리고 하나같이 감정이입의 결여를 특징으로 하는 자폐장애, 자기애적 성격장애, 사이코패스 같은 정신적 상태에, 그리고 이타성과 공격성 같은 인간의 특징적 행동이 계속 존재하는 현실에 어느 정도의 선택압을 가할까?

인간 심리의 맥락에서 진화를 생각하다보면 불안한 생각들로 쉽게 이어질 수 있다. 진화심리학의 관점에서 보면, 인류 중 상당수가 자기네 종이 창조한 문화적 환경에 수월하게 대처할 능력이 없다고 보는 것도 무리는 아니다.(다수의 심리학자와 정신의학자는 이 점이 전체 인구 가운데 약물 치료가 필요한 불안장애를 앓는 사람의 수가 급속히 증가하는 원인이라고 생각한다.) 나아가 지금은 진화생물학자들조차 호모 사피엔스가 화학적으로 유해한 환경을 만드는 데 능동적이든 수동적이든 원인을 제공하고, 일부 사람들은 잘 이해하지 못하는 정보교환 시스템을 계속 고안함으로써 역사적으로 전례가 없을 뿐 아니라 비교적 짧은 시간 안에 호모 사피엔스의 진화에 강력한 영향을 미칠 수 있는 선택압을 스스로 초래하고 있음을 강조한다.

100년 뒤 인류가 어떤 상황에 처해 있을 것인가 하는 질문은 이제 지구온난화와 에볼라 같은 바이러스들로 인한 생태계 교란, 합성 화학물질 노출로 인한 유전자 변이의 문제만은 아니다. 단기적으로는 전체 인구 중 문화적 환경의 변화에 성공적으로, 그것도 약물의 도움 없이 대처할 수 있는 사람들의 비율이 얼마나 되는가가 더 결정적인 역할을 할 수 있다.

완전한 현생인류가 탄생하기까지의 과정에서 일어난 급속한 유전자 변화가 어떤 결과를 낳았을지 알아보고자 한다면, 약 5만 년 전 중동에서 대략 1000년 동안 함께 살았던 호모 사피엔스와 호모 네안데르탈렌시스의 관계를 참고해볼 수 있다. 좀 극단적으로 보일 수는 있지만 전혀 근거 없는 이야기는 아니다. 약 5, 6만 년 전 바브엘만데브에서 북쪽과 동쪽으로 이주한 소규모의 호모 사피엔스 후손들은 한마디로 호모 네안데르탈렌시스들을 압도해버렸다. 네안데르탈인들은 호모 사피엔스와 짝짓기가 잘 되었고 어쩌면 그들에게서 뭔가를 배우기도 했겠지만(그리하여 중기 구석기 말 유럽에 샤텔페롱 문화라고 알려진 뚜렷이 구별되는 고고학적 지층을 남겨두어 더욱 마음을 아프게 한다) 돌보지 않은 모닥불처럼 가물거리다가 어느덧 멸종에 이르고 말았다.

50만 년 전, 호모 사피엔스와 호모 네안데르탈렌시스는 행동적 현생 호모 사피엔스로 이어지는 진화의 경로에서 서로 갈라지기 시작한 후로도 수만 년 동안 상당히 비슷한 모습을 유지했을 수 있다. 그들이 유럽에서, 그리고 근동과 중동에서 다시 마주쳤을 때, 그들을 서로 다른 존재로 구별해준 것은 겉모습보다는 각자의 문화에서 나타나는 근본적으로 다른 수준의 복잡성이었다. 다시 말해서 그들의 종 분화는 형태적 차이보다는 심리적 차이의 문제였다. 그들은 유럽 내에서 가깝기는 하지만 서로 분리된 영토를 차지하며 한동안(얼마나 오래인지는 아무도 확실히 모른다) 공존했고, 그러다 결국 네안데르탈인들은 아마도 지브롤터곶 근처에 마지막 야영지를 세웠다가 그 후로는 사라졌다.

오늘날 저 멀리 수평선 위에서 깜빡이며 호모 사피엔스의 종 분화를 암시하는 조짐과, 과거에 일어난 호모 사피엔스의 생존 및 호모 네안데르탈렌시스의 소멸이라는 사건의 차이는, 미래에 일어날 사람속의 분화에서는 지리가 과거만큼 큰 역할을 하지 않으리라는 점이다. 호모 사피엔스들 사이에서 점점 더 차이가 벌어지는 두 집단—기술을 대단히 능숙하게 다루는 한 집단과 기술 영역에 대한 심리적 대처 능력이 현저히 떨어지는 또 한 집단—은 과거에 종 분화의 요건이었던 지리적 분리가 아니라 전자 공간에 의한 분리의 결과, 서로 더 이상 효과적으로 의사소통할 수 없게 됨으로써 각자 뚜렷이 구분되는 개체군들이 될지도 모른다. 그들 사이의 심리적 공간은 틈을 메울 수 없을 만큼 급속히 넓어져, 두 집단 모두 어느 쪽도 우월한 위치를 점하지는 않지만 깊이 갈라진 틈 양쪽에 서로 격리될 수도 있다.

물론 이런 시나리오가 실현되지 않을 수도 있다. 바이러스로 인한 팬데믹, 핵전쟁, 국가 기반 시설의 붕괴, 경제적 파탄, 독성 물질 노출의 결과로 일어난 유전자 변이 등 이 가운데 무엇이든 사람속을 다른 방향으로 이끌어갈 수 있다. 여기서는 그 어떤 결정적인 말도 할 수 없지만, 단 이 말만은 할 수 있다. 가까운 미래에 극적인 변화가 기다리고 있을 수 있으며, 만약 인간종이 정의, 고통 감소, 초월적 삶에 대한 포부를 이루려 한다면, 또 그들이 명백히 두려워하고 있는 기계의 지배를 막고자 한다면, 지금까지 본 적 없는 수준의 상상력을 발휘해야 한다는 것이다.

오래전 아프리카 북동부에서 우리에게 일어난 일이 무엇이든, 행동적 현생인류가 호모 사피엔스의 다른 개체군들 및 네안데르탈인들과 극명히 구별되는 점은 사회적 복잡성을 포함하여 다양한 형태의 복잡성을 인지하고 다룰 수 있는 능력이었음을 이해하는 것이 중요하다. 사람속은 광범위한 사회적 관계를 형성하고 유지하며, 먹이고 양육하는 전략에서 명백히 훨씬 더 강력하고 효과적인 친족 체계를 구축했고, 그럼으로써 충분한 수의 자손이 확실하게 생존하도록 보장했다는 점에서 이전의 다른 사람족들을 훨씬 능가했다. 그리고 이를 가능하게 한 것이 바로 사람속에서 일어난 전두엽의 확대였다는 것은 널리 인정되는 관점이다.

요컨대 행동적 현생인류는 해부학적 현생인류보다, 또는 그들이 만났을 수도 있는 사람속의 다른 어떤 종보다 더 숙련되고 더 유능하며 더 잘 조직되었을 것이다.

행동적 현생인류의—앞으로는 그냥 호모 사피엔스라고 칭할 것이다—또 하나 중요한 점은 계속해서 진화했다는 사실이다. 그들이 광범위한 기후 환경으로 흩어지면서, 인간 유전체에서는 다양한 범위의 표현형들이 생겨났다. 다시 말해서 호모 사피엔스에게 주어진 유전물질은, 변이의 여지가 엄청나게 크지는 않지만 그래도 그들의 다양한 신체 형태를 낳은 토대였다. 기후, 음식, 물리적 환경은 선택압을 가하며, 그 결과 일부 집단은 피부색이 더 연해졌고, 또 어떤 집단은 키가 더 커지거나, 머리카락이 더 굵어지거나, 특정 질병에 더 강한 저항력이 생기거나, 마른 귀지보다는 더 축축한 귀지가 생겼고, 높은 고도에서 사는 데 더 잘 적응했다. 유전적 증거를 보면—유전학자들은 인간 유전체에서 약 13퍼센트를 차지하는 2465개의 인간 유전자가 사람속의 최근 진화 과정에서 활발히 갖춰진 것이라고 말한다—인간종은 여러 곳으로 퍼져나가 예컨대 북아메리카의 북극, 칼라하리사막, 아마존 우림, 미크로네시아의 섬들 같은 대단히 이질적인 서식지들에서 살기 시작하면서 신속하고 광범위하게 적응했음을 알 수 있다.

현생인류의 기원을 이해하기 위한 두 핵심인 언어의 발달과 의식儀式의 등장에 대해 연구자들이 살펴볼 수 있는 구체적 증거는 거의 남아 있지 않지만, 대체로 둘 다 지난 5만 년에 걸쳐, 아마도 점진적으로 발달했을 것이라 여겨진다. 그리고 두 요소 모두 호모 사피엔스의 사회적 삶이 점점 더 복잡해졌음을 말해준다. 오늘날에도 여전히 사람들이 한데 모인 곳에서는 신중한

(진지하고 사려 깊고 정중한) 언어 사용과 의식 참여가 강력한 사회적 응집력을 이끌어낼 수 있는 분위기를 조성한다. 나아가 의식은 외로움에 대한 해독제 역할도 한다.

세계사는 무하마드, 당대 체제의 반대자였던 예수 그리스도, 잔 다르크, 마하트마 간디, 알베르트 슈바이처, 도러시 데이, 호세 마르티, 마틴 루서 킹 주니어, 왕가리 마타이 등 영감을 주고 카리스마를 발산하는 개인들로 가득하지만, 사회 변화를 연구하는 역사가들은 의미 있는 사회 변화, 다시 말해 사람들이 살아가는 환경을 개선하는 종류의 변화는 많은 사람의 노력을 통해 이루어진다는 점을 자주 강조한다. 카리스마 있는 인물은 변화의 자극을 일으키고 그 변화에 대한 역사적 대표자가 되기는 하지만, 아무래도 인간은 사회적 동물이다. 인간은 지속적인 사회적 상호작용을 통해 서로를 보살핀다. 난세에 영웅이 등장한다는 인기 있는 개념은 불후의 문학적 장치이기는 하나, 어려운 곤경에 처한 집단이라면 영웅이 나서서 말할 때를 기다리기보다 대화와 의식이라는 예의 바르고 정중한 사회 변화의 수단을 활용하는 것이 더 현명하다. 내가 이를 강조하는 이유는, 지혜는 공동체의 구조를 이루는 한 부분이며 특정 개인들(어른들)의 말과 행위가 그 지혜를 가장 잘 대변한다고 믿는 사회와, 특정한 개인들만이 지혜를 갖추고 있다고 믿는 사회의 차이를 충격적으로 인식한 경험이 여러 차례 있었기 때문이다. 이 차이는 집단이 영웅적으로 행동하기를 선택하느냐와 행동해줄 영웅을 기다리느냐의 차이일 것이다.

나는 사람들이 서로의 말을 들으려 노력하는 것은 인간이 지닌 모든 역량 가운데 특히 놀라운 능력이라고 생각한다. 그런데도 예컨대 인간 문화에서 예술의 기원 같은 주제는 수없이 논의되지만 다른 사람의 말에 귀 기울이는 능력에 대해 논의하는 건 거의 들어본 적이 없다. 이런 이야기를 꺼낸 이유는, 효과적인 사회적 그물망을 만들고 관리하는 인간의 유난히 놀라운 속성이 종의 건강에 대한 위협으로부터 개인들을 보호하는 데 필수적이라면, 서로의 말에 신중히 귀 기울이는 일이 결정적으로 중요해지기 때문이다.

우리의 기원을 돌아볼 때 우리가 곧잘 빠지는 두 가지 오해가 있다. 하나는 호모 사피엔스가 (환경 변화에 반응해 단순히 변화만 한 것이 아니라) 완벽을 향해 진화해왔다는 오해이며, 또 하나는 현생인류가 한 시대에서 다음 시대로 넘어오는 동안 잃은 것은 그게 무엇이든 없어진 게 잘된 일이라는 오해다. 종이 시간의 흐름에 따라 '향상'된다는 생각은 진화 이론에서 전혀 근거 없는 개념이다. 그리고 호모 사피엔스가 현대로 오는 과정에서 '잃은' 것은, 예컨대 일상에서 기꺼이 다른 사람들과 긴밀히 협력하려는 의지 같은 것은 호모 사피엔스가 충분히 되찾을 수 있는 것이다. 호모 사피엔스에게는 다른 동물과 달리 역사적 상상력과 혁신의 요령이 있기 때문이다.

거대하고 효율적인 사회 그물망을 유지하는 핵심은 다른 사람이 무슨 생각을 하는지 이해하는 능력, 그리고 또 하나 중요한, 다른 누군가의 생각이 무엇이든 같은 상황에서 자신이 하는 생각과는 다를 수 있음을 이해하는 능력이다. 아이는 네 살쯤이 되어서야 다른 사람들이 자기와 같은 세상을 보면서도 다르게 바라볼 수 있음을 이해한다. 진화심리학자들은 점진적으로 더 복잡해지는 인간의 의식 단계를 설명하기 위해 이를 의도성 2단계에 도달한 것이라고 표현한다. 의도성의 단계들은 '마음 이론'이라 불리는 틀 안에서 계층적으로 배열되어 있으며, 여기서 의도성 1단계는 현실에 대한 자기 자신의 인지만을 의식하고 나머지 모든 사람도 같은 방식으로 세상을 본다고 믿는 것이다.

의도성 3단계의 의식은 집단 대화 상황에서 어느 한 사람의 생각을 또 다른 사람이 어떻게 해석하는지 파악하는 능력이다. 진화심리학자들은 대부분의 성인이 의도성 3단계에 도달할 수 있다고 생각한다. 어떤 사람들은 의도성 5단계의 의식도 가능하며, 6단계나 7단계에 이르는 소수도 있을 수 있다.

의도성의 단계는 다음과 같이 이해할 수 있다.

1단계: 나는 X에 관해 이렇게 생각해. 모두 다 그렇지 않아?

2단계: 나는 X에 관해 이렇게 생각하지만, 너는 X에 관해 좀 다르게 생각한다는 걸 알아.

3단계: 나는 X에 관해 이렇게 생각해. 하지만 네가 X를 나와 다르게 본다는 걸 알고, 제인은 우리 둘의 생각과 또 다르게 생각한다는 것도 알아. 그리고 내가 방금 너에게 한 말을 제인은 다르게 해석한다는 걸 네가 알아차리지 못했다는 것도 알고 있어. 내가 너에게 말할 때 제인은 너와 다른 뜻으로 들었거든.

4단계: 나는 X에 관해 이렇게 생각해. 난 너와 제인 둘 다 각자 X에 관해 다르게 생각한다는 걸 알고, 내가 방금 너와 제인이 서로 다르게 들었다고 한 말에 대해 제인이 하고 있는 생각을 네가 이해하지 못한다는 것도 알아. 만약 리처드가 여기 있었다면 그는 지금 이 테이블에서 너와 내가 나누는 대화를 두고 제인이 실제로 무슨 생각을 하는지 네가 잘못 이해했다는 나의 평가를 받아들이지 않으리라는 것도 알지.

사회적 상황에서 높은 단계의 의도성을 바탕으로 사고하고 행동하는 능력은 높은 단계의 협력을 이루는 데 결정적이다. 다른 사람들이 한 상황을 어떻게 인식하는지 이해하는 능력은 일종의 감정이입에 해당한다. 이 능력을 발휘하면 어떤 문제를 마주한 집단 안에서 긴장을 완화할 수 있다. 물론 그 집단 안에서 다른 사람들을 조종할 수도 있다. 의도성의 단계가 높을수록 감정이입과 연민과 협력의 역량이 더 클 수도 있지만, 정반대일 수도 있기 때문이다.

규모가 작은 사회적 상황에서 우리는, 어떤 사람의 입장에 진심으로 감정이입할 수 있는 다른 사람의 능력이 아니라 그렇게 하지 못하는 사람들의 모습에 더 주목한다. 그들은 자신의 관점을 잃을 거라는 두려움 때문에 다른 관점을 받아들이지 못하거나, 단순히 감정이입할 수 있는 역량이 부족하다. 자폐인이나 사이코패스는 그중 대단히 똑똑한 사람들도 있을 수 있지만 전반적으로 감정이입하거나, 의도성의 높은 단계로 나아가거나, 다른 사람의 필요, 두려움, 희망에 주의를 기울이는 능력이 모자란다. 그들은 자신이 원하는 대로 세상이 돌아가지 않을 때 금세 참을성의 바닥을 드러낸다.

인류의 기원 탐구에서 감정이입과 높은 단계의 의도성, 사회적 협력에 관한 이런 생각들이 갖는 의미는 우리 시대의 극단적으로 강력한 두 힘이 수렴하는 한 지점에서 찾을 수 있다. 둘 중 한 힘은 생태적 성격의 것으로, 사실상 거의 모든 자연의 통제력을 뛰어넘으면서 인구 규모를 점점 키워가는 인간의 능력이다. 현재 에너지와 식량, 경제적 이윤을 차지하기 위해 지구 생태계를 무차별적으로 착취하는 인간의 행동을 막아설 수 있는 것은 파국적인 바이러스의 돌발적 출현이나 광범위한 핵전쟁뿐이다.(불행히도 에너지, 식량, 이윤 확보에서 계속 성공만 하다보면 그에 따르는 심리적 보상도 줄어들 공산이 크고, 인류는 기계의 삶과 다르지 않은 삶에 가까이 다가가게 될 것이다.)

또 하나 강력한 힘은 인간 뇌에 대한 최근의 생화학적, 형태학적, 조직학적 연구의 관점에서 볼 때, 인간이 만든 세계에서 일어나는 변화의 속도가 점점 빨라지고 있다는 점이다. 지난 5만 5000년 동안 호모 사피엔스는 사회적 문화적으로 비교적 빠르게 발달해왔지만 오늘날 인공 환경의 변화 속도는 그에 비해서도 너무 급격히 빨라져서 한 세대가 다음 세대에게 살아가는 법을 가르친다는 관념조차 시대에 뒤떨어진 것으로 보이기 시작했을 정도다. 또한 진화심리학자들은 그렇게 빠른 변화에 적응할 능력이 모든 사람에게 있을지 의문을 제기한다. 만약 인간 사회가 계속해서 그렇게 높은 수준의 효율성을 추구하거나 사회적 통제를 강화하려 한다면, 어떤 사람들은 주변화될 수밖에 없을 것이다. 우리는 '보조를 맞추지' 못하는 특정 사람들의 무능함에 관해, 편협하거나 비관용적으로 보이거나 차별주의자나 외국인 혐오자로 비춰질까 두려워 공개적으로 말하기를 꺼린다. 주변화되거나 박해당하는 집단을 옹호하는 발언을 하지 못하는 것은 인류의 최근 역사에서 한결같이 보이는 특징이다. 이런 비겁한 행위는 인류가 정말로 감당할 수 없을 정도의 에너지와 담수, 식량 부족에 직면하기 전에 해결을 봐야만 하는 문제다.

만약 자연적 요인과 인공적 요인 둘 다에 의한 환경 문제가 호모 사피엔스의 미래를 위협한다면, 만약 인간이 만든 환경의 복잡함에 대처하는 능력이 떨어지는 사람이 많아진다면, 그리고 협력의 필요성이 커 보인다면, 우리는 어떻게 국수주의의 목소리를, 또는 이윤 추구를 지지하는 목소리를, 또는 종교적 광신, 인종적 우월, 문화적 예외주의의 목소리를 잦아들게 할 수 있을까? 만약 통치 체제가 사람의 건강보다 경제적 생존력을 우선시하고, 모든 경우에 공동체에 대한 의무보다 개인의 권리를 우선시한다면, 우리는 어떤 미래를 잃어버리게 될까?

현생인류의 운명에 관한 이 긴 추측은 어느 한 국가나 민족이나 통치 방식에만 국한되지 않는 문제를 단순화하여 개관한 것인데, 어쩌면 다소 순진하게 보일 수도 있겠다. 현재 모든 민족, 모든 문화, 모든 국가가 똑같이 문제 있는 미래를 직면하고 있다. 인간의 운명을 재고하기 위해서는, 그리고 그 과정에서 물질적 부에 관한 섣부른 꿈과, 이미 너무 많은 국가가 정책 방향의 기준으로 삼고 있는 더 큰 경제력과 군사력에 대한 열망을 뛰어넘기 위해서는 호모 사피엔스를 제약하고 있는 생물학적 현실에 대한 재평가가 필요하다. 그러려면 '생태적 현실에서 인간이 차지하는 위치를 재설정'해야 한다. 또한 인류가 자랑하는 기술의 상당 부분이 무익하다는 점과, 인류를 떠받치기 위해 생태계가 치르는 생물학적 비용의 문제를 인지하고 풀어야 한다. 우리가 만든 세상이 우리 후손들에게 나쁜 세상은 아닐지, 이 세상의 지평선에 모습을 드러낸 묵시록 기사들의 정확한 실체는 무엇인지, 그리고 우리를 보호하기 위해서는 어떤 조치를 취해야 할지 판단하려면 아주 비범한 종류의 담론이 필요하다. 이 담론은 전 세계적 규모의 대화여야 하며, 여기서는 정부들과 어떤 일에든 경제적 이권으로 얽혀 있는 이들에게는 말하지 말고 들을 것을 요구해야 한다. 이 대화에서는 아무 두려움 없이 솔직해야 하고, 정확한 정보를 근거로 삼아야 하며, 용감하고 정중해야 한다. 그리고 이제는 시대에 뒤처지고 위험해 보이는 관념들—예컨대 국민국가가 무엇보다 우선한다는 관념, 거대 자본주의는 불가피하다는 생각, 한 가지 종교적 관점의 일방적 권위, 모든 신비를 하나의 의미로, 하나의 성문화로, 하나의 운명으로 몰아넣으려는 충동—이 대화를 이끌게 두어서는 안 된다.

내가 어려운 문제에 시달리는 전 세계 여러 지역을 다니며 그 지역에서—미국의 인디언 보호구역에서, 2004년 12월 26일 쓰나미 이후 수마트라 북부 반다아체에서, (중국이 댄 자금으로) 끊임없이 철광석을 캐내며 들떠 있던 웨스턴오스트레일리아주에서—조언을 구했을 때, 거기서 내가 본 것은 재난에 대처하는 동일한 패턴이었다. 그건 바로 서로 존중하는 지역적 협력이었다. 이를 통해 내가 알게 된 것은, 어려운 상황에 처한 많은 사람의 머릿속에는 중앙의 권위로부터, 특히 그 문제에서 영향을 받지 않은 채 살고 있는 이들로부터 도움을 받아야 한다는 생각, 특정 유형의 경제 발전을 지켜내야 한다는 생각은 별로 없다는 것이었다. 이런 상황에서 일관되게 목격한 것은, 그 문화가 지닌 유능함의 관념을 구현한 개인들이 권위를 갖는 위치로 들어서는 모습이었다. 그 사람들은 각자의 문화에서 침착함을 뿜어내는 샘물이었다. 그들은 패배하거나 후퇴하여 사라지지 않았다. 그들이 정의나 공경 같은 추상적인 것들에 헌신할 때는 다른 누구의 인준도 필요치 않았다. 전통적 마을에서 '어른'이라 불리는 이들은 어떻게 해야 일이 해결되는지 아는 사람, 혼란에서 의미를 이끌어낼 줄 아는 사람, 회복의 방향을 좋은 쪽으로 이끌어갈 줄 아는 사람이다. 일부 인류학자들은 인류의 생명을 확실히 지속시키는 일에서는 이 어른들의 존재가 기술 발전이나 물질적 편의 못지않게 중요하다고 믿는다.

내가 이런 말을 할 만큼 여행을 충분히 많이 한 것도, 책을 충분히 많이 읽은 것도, 충분히 많은 사람과 이야기를 나눠본 것도 아니지만, 인류학자들의 저 생각은 무서울 정도로 정확한 판단이라 느껴진다. 모든 선진국 또는 지나치게 발달한 나라들에서 현대 삶의 일반적 경향에 대한 전반적 불평의 핵심에는, 그 나라의 정치와 경제를 좌우하는 이들이 자신의 잇속만 챙기며 정의와 존중에 대해 했던 약속에는 불성실하다는 생각이 자리하고 있다. 언젠가 나는 책상에 앉아, 여러 다양한 문화의 공동체에서 만났던 어른들에게서 관찰한 특성들을 써 내려갔다. 그들끼리는 대부분 서로 전혀 모르는 사람들이었다. 그 어른들은 생명을 더 진지하게 받아들인다. 그들은 주변 모든 생명에 대해 온화한 감정을 품고 있으며, 감정이입의 그릇이 남달리 큼지막하다. 그들은 다른 성인들보다 훨씬 더 다가가기 쉬우며, 아이와 대화를 나누면서도 아이를 낮추어 보거나 아기 취급하지 않고 오히려 아이가 느끼는 경이의 감각을 인정하고 북돋운다. 마지막으로 어른들은 마치 사라지는 것처럼 기꺼이 평범한 삶 속으로 스며든다. 그들은 청중도 인정도 구하지 않는다. 그들은 자신이 누구인지 알며 주변 사람들도 그들이 누구인지 안다. 그들은 자기가 누구인지 말할 필요를 느끼지 않는다.

이 목록에 하나 더 덧붙이고 싶다. 어른들은 말하는 사람일 때보다 듣는 사람일 때가 더 많다. 그리고 그들은 나라는 단어를 한 번도 쓰지 않고도 오랫동안 이야기할 수 있다.

인류 문화 가운데 가장 고도로 발달한 문화에서 살고 있는 내게는 자주 이런 궁금증이 떠오른다. 현대 문화는 이 사람들을 어떻게 대했는가? 존경할 영웅을 찾겠다고 두리번거리면서 우리는 옆에 있는 이들을 그냥 넘어뜨리고 지나간 건 아닐까? 그들의 겸손함을, 자신을 내세우지 않는 겸양을, 대단해 보이는 물질적 부나 전통적인 성공의 신호가 보이지 않는다는 점을 미심쩍게 본 건 아닐까? 혹은 그들이 우리가 듣기 싫어하는 이야기를 할까봐, 우리가 하고 싶지 않은 일들을 제안할까봐 저어했던 건 아닐까?

나키라이에서 오른쪽의 응게네오와 왼쪽의 카모야 사이에 누워 자다가 때때로 어둠 속에서 잠이 깨면 이불을 걷고 슬며시 빠져나와 달빛 아래서 산책을 했다. 나를 어둠 속으로 내몬 것은 주로 내가 처했던 어떤 순간의 강렬함에 대한 기억이었다. 쌍안경으로 보석상자성단을 바라보며 저 별들은 행성들을 가질 만큼 충분히 오래된 것일지 아닐지 궁금해하던 순간일 수도 있다. 혹은 어떤 화석을 보며 그것이 한때 살아서 살이 붙어 있었을 때는 어떤 모습이었을지 상상해보려던 때였을지도. 먼 데까지 걸어갈 생각은 없었고 뱀이 있을지도 몰라서 손전등으로 계속 바닥을 이리저리 비추며 걸었다. 내가 사용하던 가이드북은 이 지역에서 레드스피팅코브라(투르카나어로는 에문 로키몰), 검은맘바(에문 로키푸라트), 북동아프리카카펫바이퍼가 밤 사냥을 다닐 수 있다고 경고했다.

밤이든 낮이든 독사를 맞닥뜨릴 수도 있다는 두려움은 한시도 내 머리를 떠난 적이 없었다. 나키라이에 도착하기 며칠 전, 나는 카모야와 왐부아, 응주베와 함께 나리오코토메의 리처드 리키 캠프 남쪽의 와디에서 화석을 찾고 있었다. 우리는 컷뱅크*의 벽면을 꼼꼼하게 수색하고 있었다. 그 와디의 너비는 약 6미터였고, 강둑 높이는 약 1미터였다. 우리보다 3미터쯤 앞서 가고 있던 응주베와 왐부아가 갑자기 있는 힘껏 굽이를 돌아 카모야와 내 쪽으로 달려오며 스와힐리어로 "이쿠우와!"라고 소리쳤다. 카모야는 "맘바래요!"라며 나를 자기 쪽으로 확 잡아당겼고, 우리는 모두 컷뱅크 위쪽으로 튀어 올라갔다. 나는 여전히 카모야의 손에 왼쪽 이두근을 붙잡힌 채 고개를 돌려 맘바가 지나가는 모습을 지켜보았다. 길이는 약 2.5미터에 몸은 전체가 올리브빛 회색을 띠고 있는 녀석은 맞은편 컷뱅크에서 자란 잔가지 덤불의 중간층으로 재빨리 파고들어갔다. 아프리카의 독사에 관한 어떤 가이드북은 대체로 절제된 표현을 썼지만 검은 맘바에 대해서는 "믿을 수 없을 정도로 신속하고 맹렬하게" 공격하며 사람의 가슴팍을 공격할 정도의 높이까지 머리를 쳐드는 경우도 많다고 했다.

몇 년 전, 보츠와나 북부의 보로강 상류에 갔을 때 가이드가 지독한 더위 때문에 우리 소규모 여행자 무리에게 오후 낮잠을 권한 적이 있다. 그 시간에 나는 무리에서 떨어져 나와서 아카

* 강이나 하천의 흐름이 굽이도는 만곡부 바깥쪽에 만든 가파른 강둑이나 절벽.

시아나무들 주변을 돌아다니며 흥미로운 게 뭐 없을까 하고 찾아다녔다. 내가 무릎을 꿇고 땅돼지 굴 입구를 들여다보고 있을 때 가이드가 달려오며 내게 비켜나라는 듯 손을 마구 흔들며 소리쳤다. "비키세요! 비켜요!" 이렇게 더울 때는 맘바가 시원한 공기를 쫓아 땅돼지 굴에 찾아든다는 것이었다.

그래서 나는 이날도 조심스레 걸음을 옮긴다. 밤에는 대체로 동료들에게서 10미터 이상 떨어진 곳으로는 가지 않는다. 그저 동료들의 숨소리 외에 나키라이의 밤이 내는 소리도 듣고 싶고 귀뚜라미 소리와 아카시아나무 가지들이 서로 스치며 내는 들릴락 말락 하는 소리도 듣고 싶을 뿐이다. 갑자기 자기네 둥지에서 뱀이나 줄무늬족제비 같은 포식자를 발견할 때 새들이 내지르는 경고의 울음소리에도 귀를 기울인다.

아카시아나무 밑에서 자고 있는 동료들을 바라본다. 나는 그들과 대체로 잘 지내지만, 응게네오는 예외다. 그는 다른 이들과 함께 일하고 있을 때 외에는 자주 기분이 안 좋아 보이거나 심지어 뭔가 못마땅해 보인다. 늘 퉁명스러운 표정을 짓고 있는 왐부아와도 그렇다. 그는 크리스토퍼를 제외한 우리 여섯 명 중에서 가장 속내를 드러내지 않는 사람이다.

나는 이전의 다른 경험들을 통해 이런 '오지' 캠프 생활의 리듬을 알고 있다. 이런 캠프에서는 몇 명 안 되는 사람들이 합심해 어떤 개념이나 이론을 뒷받침할 경험 증거를 찾는 사이 하루가 슬며시 다음 날로 넘어간다. 흡혈파리에게 피를 빨리거나 햇볕에 그을리는 일, 낯선 음식(어느 날 나키라이에서는 삶은 염소 내장을 아침으로 먹었다), 좋지 못한 위생 상태, 자잘한 상처나 노트 분실 같은 일이 불러오는 약간의 짜증은 매일 찾아 헤매고 때때로 발견하는 대상들을 추적하는 강렬한 즐거움에 가려 희미해진다. 우리가 찾는 대상들의 성격, 그리고 그것들을 완전히 이해하는 일이 불가능하다는 사실은 도취감마저 느끼게 한다. 우리는 그것들이 품고 있는 신비를 단순 명료한 언어나 한정적 언어로 축소하고 싶지 않다. 그랬다가는 말로 표현할 수 없는 본질을 스르륵 놓쳐버릴 것 같기 때문이다.

고생대 후기인 3억 년 전, 아프리카는 지구에 단 하나 있던 초대륙 판게아의 중심에 있었고, 판게아는 지구의 초대양 판탈라사해에 둘러싸여 있었다. 당시 '아프리카'는 세 개의 다른 땅들을 포함하고 있었는데, 이 땅들은 후에 아프리카에서 분리되어 마다가스카르와 아라비아반도, 그리고 오늘날 요르단에서부터 북쪽으로 보스포루스—흑해와 지중해를 연결하고 아나톨리아와 동트라키아(튀르키예 땅 중 유럽에 걸쳐 있는 부분)를 분리하는 해협—까지 뻗은 땅이 되었다. 약 1억 6000년 전, 판게아는 쪼개져 북반구에서는 초대륙 로라시아가 되고 남반구에서는 곤드와나 대륙이 되었다. 오늘날 초등학생도 익히 알고 있는 시나리오대로, 곤드와나 대륙은 곧 해체되어 남아메리카는 서쪽으로, 오스트레일리아와 남극은 남쪽으로 멀리 이동하고, 인도 아대륙과 이란은 북쪽으로 흘러갔다. 9000만 년 전 즈음에야 마침내 아프리카는 따로 분리되었는데, 남아메리카와는 대서양으로 분리되고, 유럽과는 테티스 해로海路로 혹은 파라테티스해(원시 지중해)로 분리되었으며, 인도와는 테티스해로, 마다가스카르와는 모잠비크 해협으로 분리되었다.

몇백만 년 전, 동아프리카에서는 대지구대*가 계속 벌어지면서 이후 인류 기원 연구의 주요 거점이 되는 지형이 형성됐다. 아프리카 지구대의 가장 서쪽 부분은 대략 남북 방향으로 뻗어 있으면서 그중 북쪽의 앨버트(또는 모투부) 호수와 남쪽의 니아사(또는 말라위) 호수 사이에 열을 지어 자리한 일련의 호수들을 포함한다. 이 서쪽 부분과 함께 대지구대의 아프리카 쪽 절반을 형성하는 또 다른 아프리카 지구대의 주요 부분은 북동 방향과 남서 방향으로 뻗어 있다. 여기에도 일련의 호수들이 포함되는데 그중 가장 큰 것이 투르카나 호수다. 대지구대의 다른 주요 부분은 시리아 서부에서 시작된다. 이 부분은 사해와 아카바만을 포함하며, 홍해를 품고 있는 해구가 된다. 홍해의 남쪽 끝에서부터는 일련의 용암 흐름이 아프리카 대륙 위에 현재 아파르 함몰지라 불리는 지역을 형성했다. 아파르 함몰지에는 다나킬사막과 지부티, 에리트레아, 에티오피아 그리고 (국제적으로 승인되지는 않은) 소말릴란드공화국 같은 현대 국가들이 포함된다. 또한 이 지역은 바브엘만데브 해협이 있는 지역이기도

* Great Rift Valley는 글자 그대로 옮기면 대열곡裂谷이지만 우리나라에서는 주로 대지구대라는 용어로 불린다. 지구地溝란 침식이 아닌 단층 활동으로 생성된 좁고 긴 계곡 형태의 지형을 뜻한다.

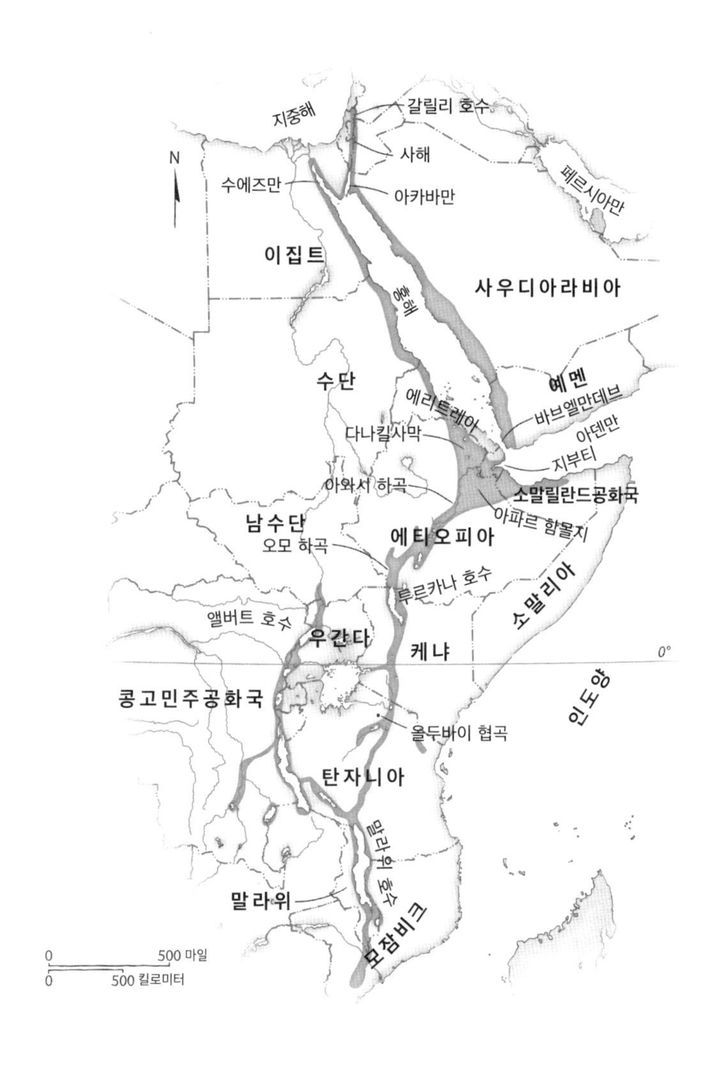
지중해
갈릴리 호수
사해
수에즈만
아카바만
페르시아만
N
이집트
사우디아라비아
홍해
수단
예멘
에리트레아
바브엘만데브
다나킬사막
아덴만
지부티
아와시 하곡
소말릴란드공화국
남수단
아파르 함몰지
에티오피아
오모 하곡
투르카나 호수
소말리아
앨버트 호수
우간다
케냐
0°
콩고민주공화국
인도양
올두바이 협곡
탄자니아
말라위 호수
말라위
모잠비크
0 500 마일
0 500 킬로미터

대지구대 지도

한데, 앞에서도 말했듯이 대부분의 고인류학자들은 현생인류가 아프리카 대륙을 떠날 때 이 해협을 건넜을 거라고 본다. 이 해협은 비탄의 해협이나 눈물의 해협 또는 슬픔의 해협으로 번역된다.

300만 년 전, 오스트랄로피테신은 아프리카 동부와 서부에 걸쳐 살고 있었고, 대지구대의 남쪽 지역 발굴지들에서 그들과 그 후손들 일부의 뼈 화석이 지금까지 가장 많이 발견되었다. 이 사람족 화석 발굴지 중 최초로 폭넓은 관심을 받은 곳은 탄자니아에 있는 올두바이 협곡으로, 루이스 리키와 메리 리키 부부가 강건형 오스트랄로피테신, 지금은 파란트로푸스 보이세이라 불리는 '진잔트로푸스'를 발견한 곳이다. 이후 아들 리처드와 그 아내 미브 리키는 거기서 훨씬 더 북쪽에 있는 투르카나 호수 양쪽에서 사람족 화석 발굴지를 열었다. 이 계곡에서 북쪽으로 더 올라가면 미국의 고인류학자 도널드 조핸슨과 팀 화이트가 아파르 함몰지에 있는 아와시 하곡에 연 발굴지들이 있는데, 그중 한 곳은 연약형 오스트랄로피테신인 오스트랄로피테쿠스 아파렌시스(대중적으로는 루시라고 알려졌다)의 화석뼈가 발견된 하다르이며, 파란트로푸스 보이세이와 파란트로푸스 아이티오피쿠스의 뼈가 출토된 오모 하곡 하류의 발굴지들도 거기 포함된다.

근래에 고인류학자들은 사람족 화석의 연대 측정에 더욱 상세하고 정확한 틀을 갖추기 위해, 아프리카 지구대 북쪽에서 진행하는 발굴 작업에 지질학자들을 참여시키려 무척 애써왔다.

일단 한 지층이 식별되고 연대가 확정되자, 연구자들은 거기서 오스트랄로피테신 화석과 사람속의 사람족 화석을 모두 발견할 수 있으리라는 희망을 품고서 명확하게 정의된 여러 플라이오세 및 플라이스토세의 퇴적층들에 초점을 맞출 수 있게 되었다.

카모야 일행이 지금 이 발굴지에서 사람족 계통의 화석을 찾을 거라고 자신할 수 있는 것은, 바로 아프리카 대지구대에 대한 이러한 지질학 연구 덕분이다. 이 수색 작업은 지구상의 다른 어디에서도 성공적으로 수행할 수 없는 연구다. 오스트레일리아나 시베리아 혹은 북아메리카에서는 비슷한 연대의 지층을 추적해도 아무것도 나오지 않을 것이다. 그 시대 그 장소들에는 사람족이 살지 않았다. 전문적 추적자의 본능으로 땅을 샅샅이 훑는 한 무리의 사람들과 과학자들이 이 일에 성공할 수 있는 땅은 지리학적으로 바로 이 지역뿐이다.

이 땅에서 외형이 어떤 곳을 찾는 것이 가장 좋은지, 그 땅의 표면을 시각적으로 어떻게 훑어보고 탐사해야 하는지 우리 모두 (물론 다른 사람들은 나보다 더) 잘 알았다. 우리는 수색 중인 퇴적층의 연대를 알았고, 그래서 우리가 어떤 것을 발견할 가능성이 있는지도 예상하고 있었다. 오랜 세월에 걸쳐 물의 흐름에 깎이고 분급* 되면서 형성된 태고의 호수와 강 퇴적지인 이 지층들에서, 우리는 800만 년에서 1000만 년 전으로 거슬러

* 흙이나 암석이 물, 바람, 빙하 등에 실려 이동하는 과정에서 입자의 무게나 밀도에 따라 저절로 분류되는 현상.

올라가 아직 그중 95퍼센트는 발견되지 않은 사람과 진화의 결정적 퍼즐 조각을 하나나 두 개쯤은 발견할 수 있기를 바랐다.

각자 화석을 찾는 작업은 하루 중에도 집중적이고 정밀한 조사의 순간과 집중력 저하로 산만해진 순간들 사이를 주기적으로 오간다. 만약 카모야한테 와서 따졌던 그 투르카나 남자들 중 한 명이나 그들이 대신 보낸 어린 감시자가 우리를 미행하고 있었다면, 우리가 사람과의 대퇴골 하나를 놓쳐버리는 것을 알아보았을 수도 있다. 그랬더라도 그는 투르카나 사람이므로 그 뼈를 그냥 그대로 두고 아무에게도 말하지 않았을 것이다. 투르카나 사람들에게 그건 중요한 일이 아니기 때문이다. 그 감시자는 우리가 집어 들었다가 다시 바닥에 내려놓지 않은 것에 집중할 것이다. 우리 중 한 명이 걸음을 멈추고 몸을 굽혀 뭔가를 집어 드는 장소를 눈여겨볼 것이고, 우리의 주의를 사로잡은 것이 무엇인지 알아내려고 애쓸 것이다.

후에 나는, 이때 내가 만약 카모야 일행 대신 다섯 명의 투르카나인 역사가와 함께 여행하면서 그들이 이 땅을 걸을 때 무엇을 신뢰할 만한 틀로 삼는지를 이해하려 노력했다면, 그날들이 어떻게 흘러갔을지 궁금해졌다.

카모야를 볼 때마다 그의 정밀한 조사가 빚어내는 특유한 리듬에서 깊은 인상을 받았다. 그는 고개를 들어 자기 앞에서 지평선까지 펼쳐진 건조한 평원 위를 눈으로 훑은 다음 다시 자기 발치의 땅으로 시선을 내렸다. 경계심을 유지하고 스스로 더 제대로 된 정보를 갖추기 위해 그는 주기적으로 공간적 참조점을 조정했다. 그렇다고 해서 그가 다른 사람들보다 화석을 더 많이 발견하는 건 아니었다. 그러기에 화석 수색은 너무 많은 우연이 작용하는 일이다. 하지만 그건 카모야가 우리가 노력하고 있던 일을 포괄적으로 이해하기 위한 감각을 지속적으로 갈고닦고 있다는 의미이기는 했다. 우리가 하려는 일은 저마다 각자의 방식으로 품고 있는 큰 질문들, 이를테면 '우리는 누구인가?' '우리는 어디에서 왔는가?' '우리는 어디로 가고 있는가?' 등의 질문을 풀기 위한 공간적 시간적 얼개를 만드는 일이었다.

철학자들도 표현을 바꿔가면서 계속 이런 질문들을 던지며, 어떻게 답해야 할지 숙고한다. 그건 나머지 우리도 마찬가지다. 오늘날 그 질문들이 우리를 얼마나 거세게 압박하는지 알아차리거나, 그 질문들을 던지는 방식을 수정하고 싶은 마음이 드는 건 비단 철학자들만은 아니다. 나는 수년간 카모야 같은 사람들을 따라다니며 오스트레일리아 타나미사막의 모래 가득한 강을 거슬러 오르고, 베링해 북부의 얼음판 위를 가로질렀다. 나는 이 사람들에게서 배우려고 노력했다. 그들에게는 자신들이 지나가는 무한한 공간의 형태에 대한 정확하고 예민한 감각이 있다. 그들은 자신을 담고 있는 시간의 틀이 마치 크기가 다른 사발들이 차례로 조금 더 큰 사발 속에 들어 있는 것처럼 층층이 포개진 성격을 지니고 있음을, 그러니까 하루 중의 특정 시간이 음력 또는 양력에서 특정한 날 속에 담겨 있고, 다시 이 모든 것이 한 문화적 시대 안에 자리하고 있음을 의식하고 있다. 내가 그들과 동행하는 걸 유독 좋아하는 이유는 그들이 나와는 달리 어느 순간이든 우리가 있는 곳이 어딘지 정확히 알기 때문이다. 그래선지 그들 중 가장 뛰어난 이들은 거의 초자연적인 느낌이 들 정도로 늘 태연자약하다. 다면적이고 광활한 미지의 장소에서도 그들은 자신의 위치를 확실히 안다.

이날은 기온이 평소보다 몇 도 더 높을 거라는 예보가 있었고, 돌바닥에서 강렬한 열이 발산되는 지역을 탐사하기로 예정되어 있었다. 카모야가 내게 그날 아침은 캠프에서 시간을 보내라고 제안했다. 그 제안을 할 때 카모야는 어쩐지 무안해하는 표정이었고, 내 느낌엔 내가 그런 눈치를 챘다는 걸 그도 아는 것 같았다. 실제로 그날 그에게는 처리해야 할 매우 민감한 일이 있었는데, 내가 그 작업에 끼지 않기를 원했던 건 사실 리처드였다. 물러나 있으라는 말을 들으니 기분이 썩 좋지는 않았지만, 그래도 이해할 수 있었다.

이로부터 몇 년 전, 카모야는 근처 칼로디르라는 곳의 말라 있던 강바닥에서 마이오세 유인원의 두개골을 발견했다. 후에 이 퇴적지에서 리처드와 미브 리키는 마이오세 유인원에 속하는 몇 가지 속을 더 발견했다. 잠재적으로 대단히 중요해 보이는 이 퇴적지에 화석이 풍부하다는 사실이 점점 더 분명해지면서, 카모야는 칼로디르 발굴지의 경계선을 개선하는 임무를 맡았다. 리처드가 관대하게 주선해 내가 참여하게 된 이번 현지 조사에는 그 지역에서 하는 몇몇 작업이 포함되어 있었고, 리처드는 만약 내가 그곳에 간다면 그 발굴지의 풍부한 화석에 관한 이야기가 내가 의도하지 않더라도 무심코 새어나갈 수도 있다고 생각해 불안했을 것이다.

고인류학 분야, 특히 사람속의 기원에 관한 이러저러한 학설에 이해관계가 걸려 있는 사람들 사이에는 남다른 수준의 의심과 질투가 오고 간다는 특징이 있다. 고인류학에 몸담은 사람들은 경계심과 소유욕이 강한 경우가 많으며, 발표되지 않은 데이터와 아직 과학 문헌에서 완전히 설명된 적 없는 화석을 둘러싸고는 특히 더 그렇다. 이들은 자신들이 공식적인 입장을 발표하기도 전에 추측만 무성해지는 건 원치 않는다.

보통 사람들은 이렇게 자신의 이해득실을 챙기는 태도를 보면 흉보고 싶어질지도 (또는 간혹 이런 태도에 따르는 오만함에 놀랄지도) 모르지만, 이들이 경계하는 데는 타당한 이유가 있다. 사람과의 화석을 발견한 사람들은 다른 분야의 학자들이 보통 얻는 것보다 훨씬 큰 악명과 명성을 얻는다. 또한 큰 비용이 들며 세밀하고 복잡한 관리가 필요할 뿐 아니라 노동 집약적인 그 일의 성공 여부는 보조금을 확보하는 일에 달려 있다. 그리고 보조금은 인간의 기원을 찾는 일같이 널리 이목을 끄는 주제에 주어지기도 하지만 좋은 기술을 가지고 있거나 성공을 거둬 뉴스감이 될 만한 사람들에게 가는 경우가 아주 많다. 요컨대 고인류학자에게 연구를 계속하기 위한 보조금 확보는 경쟁이 매우 치열한 시장에서 성공적으로 사업체를 운영하는 일과 그리 다르지 않다.

그날 카모야는 리처드가 알려지기를 원치 않는 발굴지에서 하루를 보내야 했다. 나는 뒤에 남게 되어 차라리 잘됐다 싶었다. 내가 아무렇지 않다는 투로 그날은 (전날처럼 맹렬히 내리쬘 한낮의 햇볕 속으로) 나가지 않겠다고 하자 카모야는 고마워했다.

캠프에 남은 나는 크리스토퍼와 함께 장작을 모으고, 노트에 글을 쓰고, 땀의 소금기로 뻣뻣해진 옷 몇 벌을 빨았다. 오전이 절반쯤 지났을 때 크리스토퍼가 홍차 한 잔을 잔 받침에 받쳐서 가져다주었다. 그는 카모야와 나에게만 이렇게 차를 내온다.(다른 남자들한테는 그냥 찻잔에만 담아준다.)

크리스토퍼가 점심 준비를 시작하려면 아직 시간이 좀 남아 있었다. 나는 그에게 흉터에 대해 말해주겠느냐고 물었다. 크리스토퍼는 열여덟 살이고, 매일 우리 중 가장 먼저 일어나고 마지막으로 잠자리에 든다. 투르카나어와 스와힐리어, 영어를 유창하게 구사하며, 위로 옆으로 수시로 실룩이는 두툼한 윗입술, 작은 귀, 긴 두개골이 독특한 얼굴형을 완성한다. 자기 일이 허용하는 범위 안에서는 다른 사람들에게 말도 술술 잘 건다. 캠프를 단정하고 깔끔하게 유지하기 위해 열심히 일하지만, 행동거지에 생색을 내는 기미는 전혀 없다.

크리스토퍼의 얼굴에는 양쪽 눈구멍 바깥쪽 가장자리, 관자놀이 앞에 세로로 길이 2센티미터쯤 되는 흉터 세 개가 평행하게 나 있다. 비슷한 모양과 개수의 흉터들이 턱과 양쪽 광대뼈 볼록한 부분에는 가로로 나 있으며, 미간 위 이마에는 길이가 다른 흉터의 두 배인 여섯 번째 흉터 무리가 있다. 크리스토퍼가 좀 더 어렸을 때 통과의례 중 얼굴에 새긴 이 흉터들에는 어떤 기품이 배어 있다. 그의 몸에 있는 다른 평범한 흉터들과 비교하면 특히 그런데, 이 흉터들은 왼쪽 무릎 바깥쪽에 수술로 생긴 무시무시한 흉터를 제외하면 모두 사소한 것들이다.

장작을 모으러 캠프를 벗어날 때 크리스토퍼는 플라스틱과 고무로 만든 싸구려 샌들을 신었다. 캠프에서는 맨발로 다니기 때문에 심하게 갈라지고 못이 박인 그의 발바닥을 볼 수 있다. 팔뚝과 정강이, 무릎, 손등에 난 흉터는 몸을 쓰며 사는 생활의 흔적이었다. 그 흉터들은 크리스토퍼의 몸의 역사를 보여주었고, 어쩐지 그의 몸을 좀 더 진실하고 권위 있게 만드는 것 같았다.

얼굴에 그런 흉터를 만든 의식에 관해 상세히 말해줄 수 있느냐고 묻자 크리스토퍼는 그럴 수 없다고 했다. 투르카나 사람이 아닌 이와 그런 일에 관해 이야기하는 것은 부적절하다며. 그 대신 수술한 무릎 부상에 관해서 말해주었다. 크리스토퍼는 그보다 미국에 관해 뭐든 알고 싶어했다. 미국에 살면 어때요? 영화배우들 봤어요? 누구나 다 차가 있어요? 제가 미국으로 가려고 하면 그건 얼마나 어려운 일일까요?

미국에서 온 사람이 평생 로드와르 같은 곳에서만 산 사람과 미국의 삶에 관해 이야기하는 것은 오해를 일으킬 소지가 있으니 그런 말을 하는 건 부적절하다고 말할 수도 있었을 것이다. 하지만 그러는 대신 나는 오리건주에 있는 우리 집에 관해, 키 큰 나무들이 무성한 집 주변 숲에 관해, 비와 연어와 아메리카 흑곰에 관해, 장을 보려고 오래 차를 몰고 가는 일에 관해 이야기했다. 나는 크리스토퍼에게 로드와르에서 자랄 때 이야기를 더 해달라고 했다. 그는 잠시 이야기하더니 점심을 준비해야 한다고 양해를 구하며 조리 텐트로 갔다.

크리스토퍼가 가고 난 뒤 나는 가만히 앉아서, 이 지역에서는 어딜 가나 들리는 것 같은 붉은부리코뿔새의 우짖는 소리와, 아카시아나무들 사이에서 몇 그루 자라는 보라수스종려나무 꼭대기에 앉아 먹이를 먹는 소말리아참새의 짹짹거림에 유심히 귀를 기울였다. 새소리는 무해한 방식으로 이 땅을 3차원으로 열어주면서, 내가 한 시간 동안 크리스토퍼와 함께한, 인간에게 길든 작은 공간보다 더 넓은 외연의 풍경을 펼쳐주었다.

내가 나리오코토메에 머물고 있던 어느 오후, 리처드는 우리 몇 명을 자신의 작은 비행기에 태우고 호수를 건너 쿠비포라로 데려갔다. 그가 몇 가지 대단한 발견을 한 지역으로 거기에는 수년 전 그가 세운 연구 캠프가 있었다. 이제 그 캠프는 영구적인 건물들이 들어선 고고학 연구 단지가 되어 있었다. 리처드는 그곳이 언젠가 케냐의 시빌로이 국립공원 중 이 지역이 포함된 부분을 보러 오는 사람들을 위한 일종의 리조트로 개발되기를 바랐다. 시빌로이는 악어 보호구역이 포함된 약 2600제곱미터에 달하는 자연 보호구역으로 이곳을 방문하는 사람은 인상적인 야생동물들을 볼 수 있다. 치타, 그물무늬기린, 그레비얼룩말, 황금자칼, 표범, 가젤 몇 종, 그리고 토피라고 불리는 덩치 큰 사사비영양까지. 시빌로이 국립공원은 아프리카 기준에서도 개발이 덜 된 외딴 지역이며 물의 거의 없다. 주기적으로 소말리아 도적 떼의 은신처 역할도 한다. 쿠비포라에서 대학 수업을 듣는 사람들을 제외하면 내가 갔던 시기에 그곳을 찾는 사람은 거의 없었다.

그곳에 도착하자 리처드는 거기서 생활하며 자기를 깍듯이 받들어 모시는 여남은 명의 대학원생들을 피해 슬며시 빠져나가고 싶다는 뜻을 내비쳤다. 그는 내게 쇼트휠베이스 랜드로버를 타고 잠시 북쪽으로 다녀오자고 했다. 그러면 그와 함께 그 땅을 걸으며 이야기를 나눌 기회가 생길 터였다. 당시 미국에서 순회 강연을 하고 막 돌아온 리처드의 마음속에 가장 큰 자리를 차지하고 있던 생각 하나는, 미국에서 진화론을 반박하거나 부인하려는 시도가 어느 정도까지 수용되고 있는가였다. 차를 몰며 내게 그 이야기를 들려주는 동안 그가 느끼는 황당함도 점점 더 커지는 것 같았다. 큰 대학들 몇 곳에서 수많은 청중을 앞에 두고 강연했는데, 질의응답 시간에 진행자가 필요 이상으로 나서서 창조론자들이 의견을 내도록 유도했다는 것이다. 이런 이야기를 하다가 너무 흥분한 나머지 한번은 우리가 달리고 있던 비포장도로 옆 둔덕 위로 차를 몰 뻔하기도 했다.

나는 당시 보스턴대학교 인류학과 조교수였던 미샤 랜도의 저술에 관해 그가 어떻게 생각하는지 묻고 싶었지만, 그 질문을 이어가지는 않았다. 그 이름을 듣자마자 운전대를 잡고 있던 리처드의 손가락 관절이 하얗게 변했기 때문이다. 그 대신 그의 감정을 덜 자극할 호모 에르가스테르와 아시아에서의 호모 에렉투스 진화에 관해 질문했다.

미샤 랜도는 예일대학교 대학원 재학 시절에, 고인류학자들이 인간의 기원에 관해 이야기할 때 흔히 쓰는 방식을 주제로 박사 논문을 썼다. 논문에서 그는 고인류학자들이 "화석이나 이론적 원리가 아니라 기저에 깔린 공통의 서사 구조를 특징으로 하는" 글을 쓴다고 주장했다. 이렇게 이야기를 사용해서 하는 그들의 설명이 그럴듯하게 들리는 이유는 화석들 자체가 아니라 이 "심층적 서사 구조" 때문이라는 것이 랜도의 생각이었다. 이런 경향은 전문 학술지에 발표된 논문과 고인류학의 배경지식이 없는 독자들을 위한 대중서 양쪽에서 다 나타난다고 그는 말했다.

랜도는 인간의 기원에 관한 고인류학의 그럴듯한 서사를 뒷받침할 증거의 양이 비교적 부족하다는 점을 강조하면서, "고인류학의 가장 두드러진 특징"은 모호성이라고 주장했다. 나아가 "인간 진화 이야기의 형식은 사실을 있는 그대로 표현하는 것처럼 이야기하는 전통적 서사의 한 모형, 바로 영웅담의 형식을 따른다"라고 단언했다.

그날 크리스토퍼와 함께 캠프에 남아 있을 때, 나는 몇 해 전 〈아메리칸 사이언티스트〉에 실렸던 「서사로 보는 인간 진화」라는 랜도의 논문을 다시 읽었다. 논문은 부분적으로는 서사의 작동 방식에 관한 두 가지 학문적 접근법(구조주의와 해석학)을 설명하려는 학술적 시도다. 랜도는 자신의 주장이 리처드 리키나 도널드 조핸슨 같은 당대 고인류학자들을 겨냥한 것이라는 비난을 피하기 위해선지 신중하게 그들에 대해서는 간접적으로만 언급한다.(리키와 조핸슨의 자기 중심적 행동은 전문가들의 세계에서 이미 입에 오르내리고 있었다.) 그보다 랜도는 다윈과 헨리 페어필드 오스본, 그래프턴 엘리엇 스미스, 토머스 헨리 헉슬리 등 호모 사피엔스의 발달에 관해 썼던 더 이전 과학 저술가들에 대한 비판에 집중한다. 하지만 랜도의 중심 논제는 과학 저술, 특히 인간의 기원에 관한 과학 저술이 그 학자들이 생각하는 것보다 객관성이 한참 떨어진다는 것, 그리고 사실은 문화의 영향 아래 쓰인 글이라는 것이다. 게다가 랜도는 과학자들이 인간의 기원에 관한 글을 쓸 때 정해진—호모 사피엔스의 생물 형태는 생물학적 삶의 완성형이라는—결말을 염두에 두고 쓴다고 주장한다. 이 저술가들은 인류의 모든 조상을 현생인류의 등장을 위한 "과도기적" 존재로 간주하며, 그들을 진화적 교착 상태이자 실패자로 취급한다고 랜도는 말한다. 당시로서는 진화적으로 완전했고 생태학적으로 절묘하게 성공적이었던 이전 사람과들에게 그들은 어떤 존경도 표하지 않는다고. 그들을 단순히 호모 사피엔스로 오기 위한 징검다리에 지나지 않는 존재로 보며, 그들이 지녔던 원시인류의 속성들에는 어떤 고유한 가치도 없다고 여긴다고.

고인류학자들도 나머지 우리와 마찬가지로 그저 인간일 뿐이며, 전문가라고 해서 그럴싸한 이야기를 꾸며내도 괜찮은 건 아니라는 랜도의 주장은 어쩌면 너무 집요한 것인지도 모른다. 물론 그들이 들려주는 이야기가 영웅 서사라는 건 맞는 말이고, 그 이야기가 비교적 적은 증거를 기반으로 구축된 것도 사실이다. 하지만 따지고 보면 과학자들도 엄밀하고 정확히 일하려고 노력은 하지만 그저 직업적으로 호기심이 많은 사람들일 뿐이며, 다른 모든 직업군과 마찬가지로 문외한들이 자신들의 이야기를 비판할 때는 예민해지는 사람들이다.

크리스토퍼와 함께 나키라이에 앉아서, 수분을 찾아 내 얼굴에 달라붙는 파리를 쫓으며 랜도의 논문을 다시 읽던 나는, 1960년대 초 올두바이 협곡 캠프에서 그들을 돕는 일을 하고 싶어 처음으로 루이스 리키에게 연락했던 몇 주 동안 느꼈던 짜릿한 전율을 회상했다. 미샤 랜도의 글을 처음 읽었을 때도 그와 비슷한 들뜬 기분을 느꼈다. 랜도의 주제는 『신의 가면』과 『천의 얼굴을 가진 영웅』의 저자인 조지프 캠벨 같은 사람들이 평생 붙잡고 있던 주제이기도 했다. 그들은 이렇게 묻는다. 인간은 인간 삶의 의미에 관한 생각을 어떻게 언어로 표현하는가? 또한 자신이 생각하는 인간 삶의 의미를 예술과 종교를 통해 (랜도의 경우엔 과학을 통해) 어떻게 전달하는가? 사람들이 사용하는 방법 가운데 하나는 모든 문화에 공통으로 나타나는 특정 이야기들을 활용하는 것이다. 이를테면 일정 기간 시련과 고난을 이겨낸 뒤 결국에는 항상 승리로 끝나는 문화적 영웅의 모험담 같은 것 말이다.

영웅이 프로메테우스든 가우타마 싯다르타든 슈퍼맨이든, 누구나 이런 이야기의 다양한 버전을 익히 알고 있다. 듣는 우리도 이러한 문화적 영웅담과 유사한 이야기를 들을 때 더 편안해한다. 또한 랜도의 말대로 이럴 때 우리는 그 이야기를 기꺼이 사실로 믿을 준비가 되어 있다. 하지만 만약 중국과 인도와 지중해의 문화적 영웅들의 시대 이후로 인간 세계가 너무 철저히 변화하여 이제 우리가 더 이상 그런 이야기를 편하게 여기지 않게 되었다면 어떨까? 우리에겐 그저 그 이야기에 대한 향수 어린 애정만 남아 있는 거라면? 많은 나라에서 먹여 살려야 하는 인구가 기하급수적으로 증가하고, 치명적인 가난 옆에서 부패한 부가 나란히 쌓여가는 시대에 문화적 영웅은 더 이상 의미가 없을지도 모른다. 이제는 고난의 규모가 영웅의 능력을 넘어섰기 때문이다. 자급자족하는 공동체가 영웅과 영웅의 위험한 여정을 대체하고 있다면? 현재 우리가 안전이라고 여기는 것을 추구하는 과정의 끝에 와 있는 거라면? 중국 하나라에서, 페리클레스의 그리스에서, 19세기 북아메리카에서 평화와 지혜를 추구해온 수천 년 세월의 끝에 다다른 거라면?

이제 가장 중요한 것의 지평선은 우리 내면에서 찾아야 하는 거라면? 우리를 지탱하기 위해 이제는 전혀 다른 종류의 이야기가 필요하다면? 아이네이아스나 알렉산드로스 대왕의 여정이 아니라, 융의 여정 혹은 토머스 머튼의 여정, 아니면 심지어 아웅 산 수 치의 여정이 필요한 거라면?

하루는 메리 리키가 점심 때 나이로비에 있는 무타이가 컨트리클럽에 나를 데려갔다. 두 세계대전 사이에 무타이가 컨트리클럽은 영국 식민지 주민들과 부유한 건달들로 이루어진 방탕한 무리의 사교 본거지 역할을 했는데, 이 무리는 대부분 그들이 '행복한 계곡'이라 불렀던 나이로비 북부 케냐 고지대에 살고 있었다. 이 클럽은 아프리카 흑인들에 대해 생색내는 태도와 인종차별적 관점을 포함하여 영국 점령기의 오만하고 완고한 모든 것을 대표하게 되었다. 거기서 점심을 먹은 날, 내게 그 클럽은 현재가 아닌 다른 시대의 가정들을 망토처럼 뒤집어쓰고 있는 곳으로, 정치적 독립을 달성하고 유지하는 방법을 찾으려 노력하는 아프리카 흑인들의 무능함과 부패를 구경하며 재미있어하는 사람들이 모여 있는 곳으로 보였다.

내가 메리 리키를 존경하게 된 데는 몇 가지 이유가 있다. 그는 고인류학이 극소수의 여성만을 받아들였던 시대에 고인류학자로 성공했으며, 거의 알려지지 않은 연구자였던 시절 아프리카의 암면 미술을 선구적으로 연구했다. 게다가 이 모든 일을, 자기 중심적이며 명사 대접 받는 일에 익숙하고 자기를 우러러보는 여자들과의 관계에서 그리 신중하지도 않았던 남편 루이스의 그늘에서 일하며 이뤄냈다. 메리는 인간의 결함에 대한 냉철한 관찰자였고 인간의 미덕을 덥석 신뢰하지 않는 사람이었다.

나는 자기 관심을 끄는 일에 관해 이야기할 때 메리가 보이는 진솔함과 열정이 마음에 들었다. 웨이터가 오자 메리는 내 음식까지 자기 마음대로 주문했다. 나중에 우리는 커피를 들고 베란다로 나갔고, 거기서 메리는 시가 한 대를 맛있게 피웠다. 그런 다음 자기 특유의 방식으로 대화를 이끌어갔는데, 고압적인 오만함의 기미는 전혀 없었다. 우리는 주로 선사시대의 예술, 메리가 탄자니아에서 했던 선사시대 예술 연구, 스페인 북부 알타미라에 있는 동굴벽화, 그리고 나도 본 적이 있는, 서부 나미비아의 작은 석굴에 그려진 유명한 암벽화 〈화이트 레이디〉에 관해 이야기했다. 메리는 그 무엇도 단언하지 않았고, 자기 해석의 타당성을 주장하려 들지도 않았다. 자신 있고 해박한 지식인다운 느긋함으로 감탄하고 사색하는 것에 만족하는 것 같았다.

그러다 메리는 느닷없는 말로 나를 놀라게 했다. "그래, 내 아들이 무례하게 굴던가요? 당신의 의견에 경멸하는 기색을 보이진 않았어요?"

메리는 그 질문을 한 게 아주 즐거운 모양이었고, 내가 자기를 웃길 만한 대답을 해주길 고대하는 것 같았다. 나는 아니라고, 리처드는 나를 환대해주었고, 예의 바르고 사려 깊게 대해주었다고 말했다. 자신의 관점에 대한 확신이 있고, 내가 보기엔 언쟁하는 것도 좋아하는 것 같다고. 그런데 내가 나리오코토메에 와보고 싶어하고 카모야 일행과 함께 나키라이에 가고 싶어하는 이유를 조금 수상하게 여기는 것 같다고도 말했다. 그리고 그 모든 걸 다 이해한다는 말도 덧붙였다.(리처드를 만나러 가기 전 그에게 보낸 편지에서 나는, 당시 리처드의 가장 막강한 경쟁자였던 도널드 조핸슨과 즐겁게 대화를 나눈 적이 있다는 이야기까지 한 터였다.) 하지만 나는 리처드가 경계심은 좀 있더라도 상당히 점잖은 사람이라고 생각했다.

메리는 푸른 안개 같은 시가 연기 뒤에서 알 수 없다는 표정으로 나를 빤히 쳐다봤다. 마치 내가 세상 돌아가는 방식을 제대로 이해하지 못한다는 듯이.

카모야 일행은 한 시쯤 캠프로 돌아왔다. 흥미로운 걸 좀 찾았느냐고 물었더니 카모야는 그러지는 못했지만 좋은 날이었다고 말했다. “그러니까,” 내가 말했다. “투르카나피테쿠스 친구들이 한 명도 안 나타난 모양이죠?” 짧고 환한 웃음이 카모야의 얼굴을 밝혔다. 때때로 나는 카모야 안에는 웃음이 가득 차 있어서 그의 마음 상태를 조금만 흔들어놓아도 웃음이 터져 나올 것 같다고 느꼈다. 나는 한 백인 남자가 케냐의 흑인들이 백인의 지도 없이도 중요한 일을 해낼 수 있다고 믿는 다른 백인 남자를 나무라는 동안, 옆에서 차분하고 무관심한 듯한 태도로 앉아 있는 카모야를 지켜본 적이 있다. 나중에 흑인 동료들에게 이 이야기를 들려줄 때 카모야는 말하는 사이사이 돌발적으로 웃음을 터뜨렸다. 그 백인 남자의 생각이 너무 어처구니가 없어서 터져 나오는 웃음이었다.

점심을 먹고 나서 카모야와 응주베가 체커 게임을 하고 우리 모두 낮잠을 자고 난 뒤, 크리스토퍼가 카모야와 나에게 오후의 차를 가져다주었다. 그때 카모야는 내게 자신의 젊은 시절 이야기를 들려주었다. 그는 지금의 케냐보다 훨씬 더 혹독한 식민 지배를 받던 케냐에서 자랐다. 당시 그는 유제품 판매점에서 일하며 한 달에 1파운드를 벌었다. 하루는 그가 우유를 좀 먹다가 들켰다. 고용주는 그에게 세 가지 선택지를 제시했다. 돈을 안 받고 석 달 동안 일하거나, 몽둥이로 등을 스물다섯 대 맞거나, 감옥에서 여섯 달을 보내는 것이었다. 카모야는 셋 다 거부했고 바로 그 밤 빠져나와 케냐 중부에 있는 고향으로 돌아갔다. 그가 스물세 살 때 일이다. 그리고 몇 달 뒤, 탄자니아의 올두바이 협곡에서 사람과 화석을 찾고 있던 리키 부부가 일할 사람을 구한다는 이야기를 듣고 지원하기로 마음먹었다. 메리가 파란트로푸스 보이세이의 두개골 일부를 발견하여 리키 부부가 세계적으로 유명해지고 인류의 조상을 찾는 일에 많은 이목이 쏠리면서 그들이 미국 지리학 협회로부터 발굴 작업을 계속할 자금을 확보한 때였다. 올두바이에 도착한 카모야와 일곱 명의 다른 와캄바 남자들은 땅을 파기 시작했는데, 처음에 그들은 그 땅이 묘지라고 생각했다. 카모야는 올두바이에 물이 몹시 부족했던 것, 하지만 음식은 잘 나왔던 것, 그리고 일단 자기가 요령을 터득하자 이를 본 메리가 자신을 가르치려고 옆에서 나란히 일하라고 했던 일을 기억했다. 하지만 여전히 그 프로젝트의 성격에 관해서는 확신하지 못했다고 했다. "학교 다닐 때 그 누구도 이런 일에 관해 이야기하는 걸 들어본 적은 없었으니까요." 그는 올두바이를 찾아오는 백인들의 상대적인 부와 사회 지위를, 그리고 그 사람들이 리키 부부의 일에 얼마나 깊은 인상을 받는지를 눈여겨보았다. 마침내 그는 자기가 돕고 있는 일이 무슨 일이든, 자기한테 좋은 직업이 될 거라고 판단했다.

1964년에 카모야는 (내게 이 이야기를 할 때 그는 나가 아니라 우리라는 대명사를 썼다) 나트론 호수에서 오스트랄로피테신의 하악골을 발견했다. 그건 카모야가 해낸 여러 주요한 발견 중 최초의 발견이었다. 1985년에 카모야는 여러 중요한 발견을 한 공으로 미국 지리학 협회로부터 존 올리버 라 고스 메달을 받았는데, 그는 이때까지 사람과 화석을 가장 많이 발견한 사람이었다.

카모야는 내게 올두바이에서 일원으로 선발된 것이 기뻤고, 처음에는 미심쩍어했어도 계속 그 일을 해왔던 것이 기쁘다고 말했다. 고인류학이 그에게 아주 좋은 인생을 선사했다고.

지는 해가 마지막으로 던지는 비스듬한 빛줄기가 아카시아나무 나뭇잎들 속에 숨어 있던 새 한 마리를 비췄다. 짙은울음참매였다. 사냥꾼 새다. 카모야는 눈썹을 올리고 고개를 살짝 젖히며 그 새 쪽을 가리켰다. 나는 그에게 보츠와나와 남아프리카공화국 접경지대의 칼라하리 겜스복 국립공원(현 칼라가디 트랜스 프런티어 공원)에서 본 엷은울음참매 이야기를 들려주었다. 비유적으로 말해서 낯선 땅을 훑어볼 때 인간의 눈이 정보 픽셀 하나를 수집할 수 있다면, 이 맹금류들은 열 개의 픽셀을 수집한다. 나는 카모야에게 나도 저 정도의 정밀한 시력을 경험해보고 싶다고 말했다.

카모야는 칼라하리겜스복 주변의 캠프들은 어땠는지 궁금해했다. 거기서는 개코원숭이 무리에 대항해 캠프의 안전을 확보해야 하고 점박이하이에나들에도 대처해야 하므로 여기서 우리가 하는 것처럼 야외에서 방수포 아래 잠잘 수 없다는 것이 다른 점이라고 말해주었다. 잠은 텐트 안에서, 그것도 반드시 플랩 지퍼를 다 잠그고 자야 하며, 그러지 않으면 하이에나들이 틈새로 머리를 들이밀고 사람을 문다고. 그리고 어떤 밤에는 코끼리 배 속에서 나는 꾸르륵꾸르륵 쿨렁쿨렁 소리가 들리는데, 그만큼 코끼리들이 텐트와 가까이 서 있다는 뜻이라고. 하지만 가까이 오기까지 코끼리의 발소리는 들리지 않았다고. 아침이면 때로 텐트에서 겨우 30센티미터 떨어진 지점에 나 있는 코끼리 발자국을 보기도 했다고.

"투르카나 사람들이 우리가 하는 일을 이해할 거라고 생각해 본 적 있으세요?" 내가 카모야에게 물었다. 그는 아니라는 듯 고개를 저었다. 나는 때로 우리가 투르카나의 우주 안을 돌아다니며 그들은 아무 관심도 없는 씨앗들을 주워 모으는 새들 같다는 생각이 든다고 말했다. 또 어떤 때는 우리가 하이에나 떼처럼 여겨질 때도 있다고. 내가 보츠와나 북부 캠프에 있을 때 그 캠프로 들어와 우리의 필수품 몇 가지를 가져간 하이에나 떼처럼. 총이 없으면 하이에나들을 상대할 방법은 전혀 없다. 잃기 싫은 것은 안전한 장소에 두고, 하이에나들과 마주칠 일을 피하는 것뿐.

나는 카모야에게, 전에 갔던 캠프에서 가까이 다가온 부족민들이 부랑자 취급을 받는 모습을 보았으며 이런 일은 도시에서도 일어난다고 말했다. 그리고 때로 내가 소속된 집단의 사람들이 보이는 태도 때문에 창피할 때가 있다고. 외딴 캠프로 찾아오는 부족민들이 간혹 음흉한 의도를 품고 있다는 걸 알기는 하지만 그래도 그런 태도는 창피하다고. 부족민들은 물건을 훔칠 기회를 엿보고, 자신들의 구걸 행위에 우리가 불편해하는 걸 보면서 즐거워하는 것 같았다. 이럴 때는 어떻게 해야 할지 판단하기가 어렵다. 우리는 인종차별을 비난하며 무지와 두려움이 인종차별을 추동한다고 말하지만, 어떤 사람들에게는 인종차별이 생존의 도구이기도 하다. 나는 내가 가본 세상 모든 곳에서 사람들이 사회계층이나 경제적 계층을 기준으로 누군가를 인종차별 못지않게 악랄하고 부당하게 차별하는 모습을 보았는데, 이런 식으로 사람을 묵살하는 일은 인종차별만큼 널리 비난받지는 않는다고 카모야에게 말했다.

나는 카모야에게 그가 투르카나 사람들을 상대할 때 보인 감정이입의 태도와 수완을 존경한다고 말했다. 대학살이나 이윤을 위해 사람을 착취하는 짓처럼 인종차별 역시 감정이입의 실패, 자신의 관점으로밖에 상상하지 못하는 것, 모순과 더불어 사는 법을 배우기보다 모순을 제거해버리려는 노력인지도 모른다.

나는 아주 많은 곳에서 부족민들 또는 전통 사회의 사람들 사이에서 목격했던 평등을 확보하기 위한 심리적 분투를 떠올렸지만, 그러한 내 생각의 틀을 카모야에게 끼워 맞추려 하지는 않았다. 내가 가본 모든 곳에서 나는 선주민들이 백인들의 세상으로 들어갈 수 있는 깔쭉깔쭉한 구멍으로 자신을 밀어 넣으려 애쓰는 모습을 보았다. 어떤 사람들에게 문화를 바꾸는 것은 생존하고 먹고 일하고 가족을 꾸리기 위해 꼭 필요한 변화였다.

우리가 나누던 이야기 가운데 무엇이 카모야에게 복잡 미묘한 감정을 느끼게 한 것일까. 혹시 인종차별에 대한 그의 감정에는 오해받을 가능성이 너무 무겁게 들어차 있어서, 어떤 단어를 써서 응수할지 고민하는 노력 자체를 그만둔 것일까. 그래서 나처럼, 비스듬히 비쳐 드는 햇빛이 밝힌 우리를 둘러싼 세상을, 순식간에 적도의 밤이 닥쳐오기 전 자주색 빛이 비치는 마지막 환한 순간을 그저 바라보고만 있었던 걸까. 우리가 캠핑 의자에서 일어서는 순간, 아비시니아파랑새 두 마리가 우리 머리에서 50센티미터 정도 위를 쏜살같이 지나갔다. 이 강단 있는 새들은 머리가 크고 갈고리처럼 구부러진 부리도 만만치 않으며, 머리와 가슴의 깃털은 화사한 하늘색이고 등은 밤색, 날개 끝은 짙은 파란색이다. 양쪽 꼬리의 가장 바깥쪽 깃털은 두 개의 긴 리본처럼 뻗어 있다. 이 긴 꼬리깃털은 마치 서예 붓처럼, 공중에서 이 새가 날아가는 유려한 선을 그려낸다.

우리가 자리를 물릴 즈음 밤공기는 차분해져 있고 대기에는 어떤 긴장도 없다. 나중에는 투르크웰강에서 남쪽으로 잔잔한 바람이 불어올 터였다. 자정이 지나자 남쪽 머나먼 어디선가 생겨난 저기압 지점이 투르카나 호수 서쪽 평원으로부터 공기를 끌어당기기 시작한다. 산들바람이 더 큰 바람으로 바뀌면서 강에 있던 모기들을 불러들인다. 바람은 모기들을 남쪽 사막 위로 데려왔지만, 사막엔 모기들이 매력을 느낄 만한 곳이 거의 없다. 모기들은 동물들이 수시로 물을 마시러 가는 강의 환경을 더 좋아한다. 새벽 세 시쯤 모기들은 바람의 흐름에서 벗어나 우리에게 내려앉는다. 우리는 깜짝 놀라 신속히 일어나 다급히 곤충 기피제를 뿌린다.

희미한 달빛 아래 팬티만 입은 여섯 남자, 스프레이에서 나는 칙칙 소리, 살갗을 찰싹찰싹 때리는 손길, 흐릿하게 새어 나오는 욕설. 화학물질에 젖은 몸으로 우리는 다시 이부자리로 돌아간다. 몸 어디든 손만 닿으면 그 자리에서 가려움과 신경질이 시작된다. 항상 뭐든 측정하는 버릇이 있는 내가 아침에 세어보니 물린 자리가 예순 군데가 넘는다.

나이로비에서 올라온 후로는 모기를 만난 게 몇 번 안 됐지만, 나는 주기적으로 클로로퀸이라는 항말라리아약을 복용하고 있었다. 어떤 약도 말라리아를 예방하지는 못하지만, 증상을 완화하는 약은 몇 가지 있다. 내 머릿속 한구석에서는 이런 생각이 펼쳐졌다. 모기를 숙주로 삼는 이 말라리아원충이라는 원생동물들은 세대교체가 워낙 빠르니 결국에는 그 약에 취약한 원충들은 제거되고 저항성이 생긴 표현형들만 남을 것이다. 그리고 그 기생충들은 (내 경우에는 클로로퀸에) 저항성이 생긴 개체군들을 계속 길러낼 것이다. 그렇다면 다른 약이 필요할 터였다. 내가 여행을 떠나기 전에 만난 의사는 투르카나 호수 근방에서는 클로로퀸만으로도 안전할 거라고 말했다. 그곳에서 클로로퀸 저항성 균주는 전혀 없는 것으로 알려져 있다고. 그래도 모기들 때문에 이렇게 놀라고 보니 좀 겁이 났다.

아침에 우리는 모두 몸을 긁으며 머리를 흔들어댔다.

우리는 평소와 같은 시간에 함께 캠프를 떠난다. 이날은 내가 이 사람들과 함께하는 마지막 날이다. 이틀 뒤 로콰캉골레에서 나이로비로 갈 예정이던 내 비행 편이 취소됐다. 카모야는 내게 이날 저녁 로드와르로 올라간 다음, 이튿날 아침에 작은 영업용 밴인 마타투를 타면 키탈레까지 데려다줄 거라고 말했다. 그리고 키탈레에 가면 남쪽의 나이로비로 가는 버스를 탈 수 있다고 했다. 그는 무선전화로 투르크웰로지에 내가 묵을 방 하나를 예약해주었다. 우리는 차를 마신 뒤 오냥고와 응주베와 함께 차를 타고 로드와르로 올라갈 예정이다.

전날에 응주베는 자신과 카모야가 유망하다고 생각한 부분의 땅을 혼자서 살펴보러 갔는데, 이날 아침 우리가 갈 곳이 바로 거기다. 우리는 제일 먼저 여러 가지 자갈이 섞여 있는 낮은 언덕부터 훑는다. 거기서 우리는 땅 위로 드러나 있는 커다란 거북의 복갑 일부를 발견하고, 나는 자갈 퇴적지의 자잘한 파편들 틈에서 마노 구슬처럼 빛을 발하고 있던 악어 이빨 몇 개를 찾아낸다. 생선 뼈는 정말 어디에나 있는 것 같다. 응주베가 발견한 이 땅에 화석이 얼마나 풍부하게 묻혀 있는지 넋이 나갈 정도다. 내 주변 약 10제곱미터의 땅에서 어디로 눈을 돌려도 곧바로 어떤 동물의 화석이 눈에 들어온다.

남극 대륙과 여러 대양의 깊은 해저를 제외하고 지구 표면 대부분은 예리한 감식안의 전문가들이 거의 다 검토했다. 하지만 그렇게 검토해서 발견된 자세한 사항들은 기억할 가치는 없는 것과 더 알아볼 가치가 있는 것에 대해 각각의 문화가 지닌 서로 다른 가치관에 따라 서로 다르게 정리된다. 케냐 북부의 삼부루 사람들이나 알래스카의 브룩스산맥에 사는 누나미우트 에스키모, 카자스탄의 카바리 유목민, 아마존강 상류의 아푸리나인, 알제리의 베두인 사람들, 오스트레일리아 중부 깁슨사막의 핀투피 사람들이 자기네 장소에 관해 알고 있는 것, 그리고 그들이 이방인들을 위해 기억해내고 열거하고 설명해줄 수 있는 것은 오랜 세월 내밀한 접촉을 통해 얻은 광범위한 앎이다. 과학에 기반을 둔 관찰자들이 한 장소를 연구하기 위해 찾아올 때는 거기서 또 다른 층위의 앎이 작동하기 시작한다. 투르카나 사람들은 여기 내 발치에서 모습을 드러내는 악어 이빨에 관해 분명 알고 있을 테지만 그들은 그걸 그냥 내버려둔다. 이날 아침, 가치 있는 것 또는 가져가서 다른 사람들에게 보여줘야 하는 것에 관해 서로 다른 생각을 지닌 사람들이 한데 모여 마이오세의 어느 이름 없는 악어를, 그리고 한때 그 악어와 함께 헤엄치던 거북들과 물고기들을 뚫어져라 쳐다보고 있다.

이런 상황에 처할 때면 나는 늘 두 가지 중요한 질문을 던지려 노력한다. 이 과학자 그룹에서 누구라도 이 일에 관해 지역 사람들에게 이야기한 적이 있는가? 그리고 최근 이곳에서 일어난 훼손, 인간이 초래한 훼손의 수준은 어느 정도인가? 이 지점에서 이미 누군가 가져간 것은 무엇이며, 최근 인류가 살면서 여기에 더해놓은 것은 무엇인가? 이날 아침, 우리 주변 땅은 전부 가축 떼가 풀을 너무 많이 뜯어 먹어 마치 벌이라도 받은 듯 황폐하게 보이지만, 그 외에는 그리 심하게 훼손되지 않았다. 아프리카에서 야생 생물이 완전히 사라진 또 한 장소를 생각하지만 않는다면 말이다. 여기에는 폐허가 된 돌무더기도 없고 농업의 흔적도 없다. 그렇지만 우리가 지나간 거의 모든 곳에서 우리는 유전 탐사 차량의 바퀴자국을 발견했다. 그런 중장비들은 얇은 포유류 두개골 화석들을 부숴버린다. 바람은 이따금 이런저런 종이 조각이나 비닐봉지를 실어오고 이것들은 덤불에 걸려 있다가 결국에는 햇빛 아래서 분해된다. 나는 얼룩말이나 잔존하는 가젤과 영양이 지나간 흔적을 구별하는 방법을 배우려는 노력은 거의 하지 않는다. 우리가 그들이 다니는 길을 지나가거나 그들의 배설물을 보게 되는 건 그리 흔한 일이 아니라는 걸 알기 때문이다. 하지만 낙타와 당나귀, 양, 염소의 흔적은 몇 분마다 발견한다.

우리는 악어 발굴지에서 사십오 분을 머물면서 이곳에서 화석이 된 동물들의 조각을 집어 들고 아무 말 없이 손안에서 뒤집고 또 뒤집어보며, 몇몇은 서로 끼워 맞춰본다.

우리 여섯은 악어 발굴지로부터 부챗살처럼 흩어져 이따금 서로 신호를 주고받지만, 그 이빨만큼 인상적인 것은 하나도 찾지 못한다. 우리는 우연히 이곳을 거닐게 된 사람들처럼 마이오세의 다양한 생물 뼈들 사이를, 여기 어디에나 물이 가득했던 또 다른 시절의 증거들 사이를 돌아다닌다.

이토록 우리의 흥미를 자극하는 태고 생물들뿐 아니라 더 많은 것에 관심이 있는 역사가라면, 그리고 금전적 여유가 없거나 생활의 의무에서 벗어나지 못해 여기 올 수 없는 사람들을 위해 이 장소의 포괄적인 인상을 전해주기를 바라는 사람이라면, 여기서 우리 여섯 사람이 제시할 수 있는 것보다 더 많은 것을 원할 것이다. 이를테면 식물을 아는 사람을, 실트와 자갈 속에서 식물의 씨앗을 골라낼 수 있고, 수분 매개체를 알아볼 수 있으며, 말라서 쪼그라진 아카시아 씨앗 꼬투리를, 하얗게 바랜 딱정벌레 껍질을, 야자열매 겉껍질을, 사막꿩의 가장 작은 깃털을 알아볼 수 있고, 그것이 한때 무엇을 의미했으며 지금은 무엇을 의미하는지를 말해줄 수 있는 사람을 원할 것이다. 나는 과학적 목표도 없고 과학의 기술적 어휘도 전혀 구사할 줄 모르며, 존재의 철학을 논하는 일에서 논리실증주의자들만큼 형식에 얽매이지 않고, 부적합한 옷을 입었거나 피부색이 부적합하거나 직업적 야심이 없지만 그 장소에 관해서는 아주 잘 아는 사람들에게 과학적 탐사에 참여할 기회가 열리는 일이 아주 드물다는 사실에 늘 조금은 놀라곤 한다.

우리는 자갈밭 위를 훑으며 다시 빙 돌아 차를 세워둔 곳에 점점 가까이 다가간다. 거기 조금 못 미치는 거리에서 나는 카모야에게 도와달라는 신호를 보낸다. 내 막대기 끝이 화석 하나를 가리키고 있다.

"분석*이구먼." 그가 말한다. "악어 거네."

만약 알갱이 하나하나를 뜯어본다면 그 악어가 이걸 남기기

* 화석화된 동물의 변.

몇 시간 전에 무엇을 먹었는지 알아낼 수 있을까?

차에서 우리는 시원한 물을 마시고, C-130* 여러 대가 서쪽의 로이마힐스를 너머 북쪽으로 둔중하게 날아가는 모습을 지켜본다. 흑인과 아랍인, 기독교인과 무슬림이 목숨을 걸고 오래된 방식으로 싸우고 있는 남수단으로 보급품을 수송하는 중이다.

크리스토퍼가 빵 한 덩이를 구워놓았다. 캠프로 다가가는 동안 바람에 실려온 냄새로 알 수 있었다. 염소 고기 스튜와 쌀밥, 그리고 진한 홍차. 이 캠프에서 받은 환대와 호의가 그리울 것이다.(언젠가 바로 이 사람들 중 몇 명과 함께 현장 조사를 한 적 있는 친구에게 캠프에서 지킬 에티켓에 관해 물었을 때, 친구는 내게 절대 음식을 더 달라는 말을 하지 말라고 했다. 그러면 요리사가 먹을 음식이 없어진다고.)

응게네오와 오냥고는 체커 게임을 하고 있다. 항상 오냥고가 이긴다. 곧 응게네오는 또다시 열받아서 근처 마을에 있는 젊은 투르카나 여자들을 만나러 갈 것이고, 어쩌면 거기서는 좀 더 일이 잘 풀릴지도 모른다. 카모야와 응주베는 어딘가 가고 없는데, 아마도 아카시아나무 아래서 자고 있을 것이다. 왐부아는 어떤 남자들이 하루의 일을 끝낸 뒤 아무것도 타지 않은 독한 술을 한 잔 음미하는 것처럼 바닥에 등을 대고 누워 천천히 담

---

* 미국 록히드사에서 제작한 터보프롭 수송기.

배를 음미하고 있다.

내 짐을 싸는 데는 시간이 얼마 걸리지 않는다. 나는 매일 걸어 다니며 작업할 때마다 하루에 작은 돌 한 두 개를 집어왔다. 이 돌 조각들이 서로 긁히지 않도록 휴지로 감싼 다음 손수건에 싸서 묶었다. 이 돌들은 내게 화석 뼈 대신이다.

내게는 집에서 가져온 작은 사슴 가죽 주머니가 있는데, 여기에는 고향에서 가져온 돌 몇 개, 겨울굴뚝새와 쇠부리딱다구리, 스웨인슨개똥지빠귀 등 그곳 새들의 덮깃 몇 개, 아메리카흑곰 발톱 하나, 작은 포유동물 뼈 몇 개, 그리고 씨앗들을 넣어두었다. 이것들은 내가 여러 책임을 안고 있는, 실재하는 장소에서 온 사람이라는 사실을 상기시켜준다. 짐을 싸고 있는 지금은 이 주머니를 별로 의식하지 않고 있지만, 며칠 뒤 나이로비에서 집으로 돌아갈 비행기에 오르기 전, 공항 보안 요원 셋이 이 주머니를 가지고 나를 조롱할 때가 오면 뚜렷이 의식하게 될 것이다.

나이로비에서 하라레로 가는 그 항공편의 좌석은 모두 이코노미석이지만, 나와 몇 사람은 출구와 더 가까운 자리에 앉으려고 돈을 좀 더 지불했다. 우리는 게이트 옆 별도의 라운지에서 기다리고 있었는데, 거기서는 다른 승객들이 몸수색과 짐 수색을 받는 모습이 보였다. 이런 반복적 검색의 단조로움은 국경 지대나 보안 게이트에서 일하는 담당자들에게 당연히 영향을 미치고, 따분함은 그중 몇몇에게 기분 전환의 욕망을 불어넣는다. 이 상황이 나에게는 그렇게 느껴졌다. 일종의 비즈니스석에 타는 우리 다섯 명은 몸수색도 짐 가방 조사도 받지 않고 그냥 게이트를 통과하라는 안내를 받았다. 보안 요원들이 게이트를 떠날 채비를 하는 걸 보니 근무 시간이 끝난 것 같았다. 그중 몇 명은 뒤에 남아 이야기를 나누고 있었다. 그중 한 명이 다시 와보라며 나를 불러세웠다. 그가 내 가방을 가져갔고 다른 한 명은 내 몸을 툭툭 두드리며 수색하기 시작했다. 그 순간 나는 라운지에 앉아 노트에 글을 쓰는 실수를 범했다는 걸 깨달았다. 개발도상국을 여행할 때는 보안대 근처에서 노트를 꺼내 뭘 적는 일은 하지 않는 편이 좋다.

리처드에게 투르카나 호수 서쪽 땅의 상세한 지형도를 어디서 구할 수 있느냐고 물었을 때 그는 케냐에서 그런 지도를 갖고 여행하는 건 똑똑한 일이 아니라고 말했다. 수색을 당하던 그 순간 나는 내게 평범한 케냐 지도만 있고 그런 상세한 지도가 없다는 게 다행스러웠다. 지금 내 노트를 뒤적이고 있는 두 남자가 내가 거기 약도들을 그렸다는 이유로 노트를 압수하지는 않기를 바랐다. 그들이 다시 가방을 싸기 시작했을 때 나는 안도했지만, 동시에 건성으로 내 몸의 한 군데를 계속 툭툭 치고 있는 또 한 남자 때문에 짜증이 났다. 이자는 내 짜증스러운 눈빛을 보더니, 여기서 통제권을 쥔 건 '므중가'가, 그러니까 백인이 아니라 자기라는 걸 알리려는 듯 얼굴에 조롱기를 머금었다. 이제 나와는 볼일이 끝났다고 생각하는 것 같던 이 남자가 이번에는 사슴 가죽 주머니를 발견했다. 그가 그걸 집어들었다. 이게 뭐요? 고향에서 가져온 물건들이오. 내가 말했다. 돌 몇 개. 깃털 조금.

순간 그가 그걸 탐탁지 않아 한다는 걸 알 수 있었다. "원시적이군." 그가 말했다. 나는 남자에게 어디 출신이냐고 물었다. 직장을 구하려고 나이로비에 온 거 아니에요? 이따금 고향 생각을 하지 않나요? 남자의 얼굴에서 분노가 피어올랐다. 그는 내 얼굴 앞에 대고 주머니를 흔들어댔다. "이건 원시적이야!" 그가 같은 말을 반복했다. "당신 성경은 어딨어?"

말로 이 상황에서 벗어나는 건 쉽지 않아 보였다. 일주일에 딱 두 번 운행하는 이 비행 편을 놓치기 전에 그의 힐난이 끝나기를 바랐다. 남자는 아직도 숲속에 사는 사람들이란 지독히 낙후된 자들이라고 분이 풀릴 때까지 설교하고 진정한 기독교도의 삶에 관해 훈계했다.

이제 이건 하나의 게임이 되어 있었다.

"가보시죠, 선생님." 다른 남자 하나가 두 팔을 활짝 벌린 채 놀리듯이 예의를 갖춘 척 말했다. "가십시오. 이제 탑승해도 좋습니다."

나는 내 주머니를 가져간 남자에게 걸어가 돌려달라고 했다. 그러자 남자는 주머니를 다른 남자에게 휙 던졌다. 나는 그에게로 갔다. 그는 그걸 다시 아까 그 남자에게 던졌다. 보안팀 책임자로 보이는 남자는 백인과 하는 이 게임이 지겨워진 것 같았고 이제 그만 퇴근하고 싶은 눈치였다. 마침내 그들은 주머니를 돌려줬다. 나는 너무 흥분한 상태여서 비행기가 이륙할 때까지 기내 반입 가방에 노트들이 잘 들어 있는지 확인해볼 생각조차 하지 못했다. 노트들은 거기 옷과 책 몇 권과 함께 뒤죽박죽으로 쑤셔 넣어져 있었다. 카모야의 캠프를 상세히 그린 그림과 로드와르에서 나키라이로 가는 길의 스케치가 담긴 노트를 그들이 가져갔다면, 그들은 그걸 어떻게 생각했을까? 플라이오세와 투르카나 사람들의 헤어스타일, 아비시니아파랑새에 관해 쓴 글을 그들이 읽었다면? 노트의 낱장을 넘기며 그들은 내가 어떤 내용을 빠뜨렸다고 생각했을까? 더 조사해보라고 누군가에게 노트를 보냈을까?

승무원이 시원한 음료를 가지고 내 좌석 옆에 와 섰을 때야 비로소 내가 아직도 이를 악물고 있음을 깨달았다.

제임스 쿡은 이 세상에서 본 사람이 거의 없는 것들에 관해 노트에 기록했다. 그의 일지에 담긴 내용은 공식 기록으로 출판된 태평양 대탐사 내용과는 다르다. 해군성은 출판사에 넘기기 전에 쿡의 일지를 검열했는데, 이는 그 내용이 영국의 사회 및 종교적 관습에 부합하는지 확인하려는 것이기도 했고, 해군성이 하원에서 받던 좋은 평을 해치지 않고 계속 이어가기 위함이기도 했다. 해군의 항해 중 일어난 모든 언쟁에 관한 묘사는 권위 있는 자리에 있는 그 누구도 당혹스럽게 만들지 않도록 기술해야 했다. 해군성은 출판할 일지가 영국인들 중 정보에 밝은 사람들이면 세상에 관해 이미 알고 있거나 추측하고 있는 바를 그저 더 상세히 설명하고 거기에 장식을 더하는 정도가 이상적이라고 여겼다. 상급 선원들은 선장에게 자신의 일지를 제출해야 했고, 승조원들은 항해에 관한 그 어떤 이야기도 출판하는 것이 금지되었다.

쿡의 항해처럼 해군의 이름으로 행해진 항해에 대해서는 공식 출판 기록과는 별도로, 글을 쓸 줄은 알지만 압수당할 것이 두려워 일지를 작성하지 않은 승조원, 그리고 일지를 쓰기는 했지만 출판은 하지 않은 승조원들은 어떤 생각을 했을지도 고려해봐야 한다. 미국 독립전쟁과 프랑스혁명이 일어난 18세기 후반에 영국 선원들은 정치적, 경제적, 사회적 대변동에 깊이 휩쓸려 있었다. 그들은 영국 해군 징병제의 부당함, 해군 함선에서 벌어지는 가혹한 체벌, 해군 장교의 윤리적 위반을 목격한 사람들이었고, 해군성은 이런 이야기는 그 무엇도 공개되지 않기를 원했다.

또한 영국 선원 가운데 글을 쓸 수 있는 사람이라도, 자신이 목격한 것에 관해 식견을 담아 글을 쓸 정도로 교육을 잘 받았거나 언어 구사력이며 예리한 통찰력을 갖춘 사람은 별로 없었다는 점도 고려해야 한다. 석유 시대 이전에 포경선을 탔고, 아편전쟁 직후에 남중국해에서 상선을 탔던 래널드 맥도널드처럼, 이 선원들 역시 자신들의 목소리가 세상에 들리는 것을 극구 가로막는 이들에 대해 자신들이 왜 경멸감을 느끼는지 명료히 표현할 수 없었다. 바다를 항해하며 세계를 경험한 결과, 다른 문화들을 통제하며 그들의 지리와 경제구조를 마음대로 바꾸려 하는 영국이나 미국의 시도가 과연 현명한 처사인지 회의를 품게 된 소수의 사람들만이 분별력 있는 원고를 남겼다. 게

다가 맥도널드처럼 어떻게든 큰 저항의 몸짓을 보인 사람은 더 더욱 소수다. 맥도널드는 일본의 쇼군에게 일본의 무사들도 전통도 앞으로 닥쳐올 세력과는 상대가 되지 않으리란 걸 이해시키고 싶었다. 영국의 아편상들이 전혀 그럴 뜻이 없었던 천상의 제국 중국을 개방시켜 차 무역을 강요했던 것처럼, 미국인들도 "이중 빗장을 채운 왕국" 일본에 효과적이고 성공적으로 침입하리라는 것을.

조모 케냐타가 식민지의 영향에서 벗어나려 투쟁한 것은 자기 조국 케냐의 사회적 경제적 변화의 방향과 속도를 케냐 국민이 스스로 결정할 수 있게 하기 위함이었다. 그런데 내가 조모 케냐타 국제공항 게이트에서 마주친 것은 케냐타의 투쟁의 목적이었던 그 국민들이 보여준, 식민 시대의 적개심 및 식민주의가 이식한 새로운 체제로 전향한 자들의 광신의 흔적이었다. 식민지가 되기 전 케냐 사람들—삼부루인, 마사이인, 스와힐리인, 키쿠유인—이 이 불완전한 세상에 무엇을 제공할 수 있었든, 그것은 식민지 지배자들과 그 전향자들에게 짓밟히고 말았다.

늦은 오후에 나키라이 캠프는 바싹 마른 꿈 같은 모습이 된다. 어떤 움직임도, 색깔도, 소리도 없다. 아카시아나무 가지에서 쉬고 있는 새들은—대부분 파랑새와 베짜기새다—거기서 입을 벌리고 헐떡거리며 앉아 있다.

나는 카모야가 몰던 랜드로버 뒷좌석에 내 가방들을 가져다 놓고 숄더백은 나무 그늘의 내 야영 의자 옆에 내려놓는다. 곧 다른 사람들도 낮잠에서 깰 것이고, 크리스토퍼가 차를 가져올 것이다. 이 남자들과 함께 의미 있는 무언가를 찾는 결연한 작업에 매일 참여하던 일이 그리워질 것이다. 나는 여기 이들에게서 내가 추구해오던 무언가의 윤곽선을 보았다. 협력하려는 노력, 발견하기가 거의 불가능한 무언가를 찾는 일에 대한 깊은 목적의식, 정중한 배려의 강조, 그리고 무조건 옳다고 여겨지는 어떤 지성의 성채에 대해, 또 어떤 부족이나 국가, 종교에 대해 그 누구도 집요한 충성을 보이지 않는다는 것.

내일 아침 여기서 작별 인사를 하고, 다시는 만나지 못할 이 사람들을 두고 버스에 오르는 건 쉽지 않을 것이다. 이들은 머나먼 어딘가에서 온 므중가를, 이 므제니(외국인)를 친절하게 맞아주었다.

언젠가 일본인 세 명과 함께 홋카이도 북부를 여행한 적이 있다. 우리는 홋카이도의 선주민인 아이누족으로 목각을 하는 노인의 집에 초대받아, 아이누어와 일본어를 할 수 있지만 영어는 모르는 통역자와 함께 그 집에 들어갔다. 나의 동행들은 아이누 노인에게 불곰과(당시 잔존 개체군 1100마리 정도가 홋카이도 북부를 돌아다니고 있었고, 오늘날에는 그 수가 더 많아졌다) 아이누의 전통적인 긴 활 등 여러 주제에 관해 질문할 게 많았다. 나도 묻고 싶은 게 있었지만, 내 질문은 먼저 내 동행 중 영어를 조금 할 수 있는 유일한 한 사람이 일본어로 통역해야 했고, 그런 다음 아이누 통역자가 아이누어로 노인에게 질문해야 했다. 계속 이렇게 해달라고 요구하기도 염치가 없어서 나는 그 사람들에게 자기들이 하고 있는 말을 가능하면 그림으로 그려 달라고 부탁했다. 이렇게 그들이 그려준 그림을 보고, 무릎 위에 올려놓은 로마자로 표기한 일영사전을 참고해가며 대화의 일부를 따라갈 수 있었다.

아이누 노인은 바닥에 짚방석을 깔고 두 다리를 앞으로 쭉 뻗은 채 앉아 있었다. 나이를 짐작하기가 어려웠지만 아마 육십대 중반인 것 같았고, 머리와 수염은 하얗게 세어 있었다. 그는 자기가 받은 질문 하나하나에 대해 신중하게 생각하는 것 같았다. 하지만 그가 때때로 웃음을 터뜨리는 대목에서, 나는 그가 자기 민족을 오랫동안 식민 지배한 숙적인 일본인들에 대해 폄하하는 말을 할 때 통쾌해한다는 것을 알 수 있었다. 나와 동행한 일본인들도 그와 함께 웃으며 일본인들에 대한 그의 평가에 어느 정도 동의한다는 뜻을 표함으로써, 그의 생각이 일본인들에 대한 객관적인 평가와 그리 동떨어지지 않았음을 확인해주었다.

우리가 그의 집에 머문 약 한 시간 동안 노인은 목각 두 개를 만들었다. 그가 원재료로 사용한 것은 두께가 약 2센티미터에 길이가 30센티미터 정도 되는 껍질을 벗긴 버드나무 막대기였다. 그는 이 막대기를 작은 칼로 대패질하듯이 깎아서 각 막대기의 각기 다른 지점들에 가늘게 깎인 부분들이 돌돌 말리며 두꺼운 다발을 형성하게 했다. 그들은 내게 그것이 집과 관련된 신을 기리는 제물(아이누어로는 이나오, 일본어로는 고헤이라고 했다)이라고 설명했다. 엄밀히 말해서 그것들 자체가 '집의 신'은 아니었다.(나는 몇 시간이 지난 뒤에야 문득 여기에서 놀라운 문화적 융합 현상이 일어난 것임을 깨달았다. 이나오와 고헤이 조각품들은 각각 신토*와 아이누라는 뚜렷이 다른 별개의 두 문화에서 나왔지만 겉모습은 거의 똑같아 보였던 것이다.)

나는 그 노인의 집에 가볼 수 있었던 것이 기뻤지만, 그 집을 나서려 할 때 내가 그 대화에서 놓친 많은 걸 생각하며 약간 서운한 마음이 들었다.

일본인 동행들과 아이누 통역자는 나보다 먼저 나갔고, 나는 우리가 앉아 있던 마루에서 내려서며 신발을 신으려고 발을 뻗고 있었다. 바로 그때 어깨를 가볍게 두드리는 손길을 느끼고 돌아보니 아이누 노인이 조각품 두 개를 한 손에 하나씩 들고 있었다. 그는 살짝 고개를 숙이고는 그것들을 내게 건넸다. 그러면서 동시에 우리가 지금 자기 집 문간에 서 있는 다른 사람들에게 어서 가야 한다는 신호를 보냈다. 거기서 그는 통역자에게 무언가 말했고, 그는 다시 영어를 조금 할 줄 아는 일본인 동행에게 말했다. 이 사람은 내게 내가 오른손에 들고 있는 것이 화로의 신을 기리는 것이라며, 내가 집에 돌아가면 그걸 거실에 있는 장작 태우는 난로 옆에 두어야 한다고 했다. 다른 하나는 집의 수호신을 기리는 것이었다. 그것은 우리 집 제일 위층의 천장에서 가장 높은 곳에 두어야 한다고 했다.

---

* 일본 신화, 가미, 자연 신앙과 애니미즘, 조상 숭배가 혼합된 일본의 민족 종교.

우리는 모두 집주인과 통역자에게 고개 숙여 인사하고 어색하게 손을 맞부딪쳤다. 그러고 나서 친구들과도 헤어졌다.

차를 마신 뒤 크리스토퍼와 응게네오, 왐부아에게 작별 인사를 하고 랜드로버에 올라탔다. 카모야는 천천히 차를 빼면서 약간 남서쪽으로 방향을 잡았다. 서쪽으로 좀 더 떨어진 지점에서 로드와르로 가는 도로로 접어들려는 생각이었다. 카모야는 오른쪽의 땅을 쳐다보았고, 응주베는 조수석에서 왼쪽 땅을 쳐다보았다.* 오냥고는 카모야 뒤에서 오른쪽 차창 밖을 내다보았고, 나는 반대편에서 응주베를 보조했다. 우리는 이렇게 기회가 생길 때마다 흘려보내지 않는다.

이 사람들이 나에게 준 모든 것, 나에게 관대하게 내준 그들의 시간에 보답하기 위해서라도 나는 우리가 로드와르에 도착하기 전에 중요한 뭔가를 발견하고 싶었다.

우리를 태운 차는 빽빽한 덤불을 에두르고 와디로 내려갔다가 다시 올라오며 들쑥날쑥한 평원을 천천히 힘겹게 가로지른다. 알알이 흩어지는 모래밭을 지날 때는 잠시 마찰력을 잃은 랜드로버가 앞으로 나아가지 못하고 내려앉는 듯하지만, 카모야가 기어를 낮추자 이내 다시 앞으로 나간다. 두 시간쯤 지나 우리는 주도로를 타고 투르크웰강을 건너고, 카모야는 마을의

---

* 케냐는 운전석이 오른쪽에 있는 나라다.

구불구불하고 울퉁불퉁한 비포장도로를 따라 달려 투르크웰로지 앞 나무 문 앞에 차를 세운다.

강가는 몹시 덥고 습하다. 나는 헤어지기 전에 모두 시원한 음료를 한 잔씩 하자고 제안한다. 우리는 얼음을 넣은 음료를 들고 호텔 테라스에 있는 작은 테이블에 앉아 함께 지내는 동안 있었던 이런저런 에피소드에 관해 이야기하지만, 대화 중에 긴 침묵이 이어지는 시간이 더 많다. 캄바 남자들이 유리잔에 맺힌 물방울을 손가락으로 훑는다. 나는 이런 장소에서는 배워야 하는 것만큼이나 배운 걸 다시 잊어야 하는 것도 많다며 운을 뗀다. 카모야가 머리를 들더니 나를 똑바로 쳐다보며 고개를 끄덕인다. 응주베는 뭔가를 발견할 거라고 기대한 곳에서는 아무것도 찾지 못하고, 그러다 전혀 기대하지 않던 곳에서 뭔가를 발견하게 되는 게 참 이상하다고 말한다.

근처 한 테이블에서 남자 몇 명이 휴대용 라디오에서 나오는 음악을 듣고 있다. 넬슨 만델라에 관한 노래로, 후렴부에서 그의 이름이 몇 번 반복된다. 이때는 만델라가 로벤섬의 감옥에서 석방되기 직전의 시기다. 노래가 흐르는 동안 우리 넷은 슬쩍슬쩍 그쪽으로 눈길을 던지며 씁쓸한 미소를 짓는다. 전에는 우리가 함께 있을 때 대두된 적 없는 주제지만, 세 사람의 몸짓에서 생각의 흐름이 보인다. 언젠가는 모든 보타들과 인종차별자인 포르트레커르들이 사라질 것이다. 그다음에는 무가베들과 이디 아민들, 사범비들이 올 것이며 그 뒤로는 희망하건대 만델라들이 올 것이다.* 이 문제를 다 풀려면 몇 세대가 걸릴 것이다.

음료를 다 마신 그들은 마지막 남은 얼음을 빙빙 돌리더니 하나씩 입에 넣고 이로 깨물어 먹는다. 그러고는 나와 악수를 나눈다. 우리는 가볍게, 좀 멋쩍어하며 포옹한다. 나는 한 사람 한 사람에게 개별적으로 감사의 말을, 어쩌면 너무 많은 단어를 써서 말한다. 그들은 차를 타고 가서 물통을 채우고 기장과 담배와 배터리를 좀 살 것이고, 그런 다음 다시 다리를 건너 동쪽으로 꺾어 나키라이로 가는 길에 오를 것이다.

---

* 피터르 빌럼 보타는 남아프리카공화국의 총리와 대통령을 지낸 정치가로, 아파르트헤이트를 끝까지 고수한 독재자다.
포르트레커르는 네덜란드어로 개척자 또는 초기 정착자라는 뜻으로, 1830년대에서 1940년대에 남아프리카 지역에 정착한 네덜란드인, 독일인, 프랑스인을 일컫는다. 남아공 내 유색인들을 차별하고 박해한 아파르트헤이트를 주도한 세력이다.
로버트 무가베는 무장 독립운동을 주도하여 영국의 식민 지배를 받던 짐바브웨를 독립으로 이끌었지만, 해방 후 총리(1980~1987)와 대통령(1987~2017)을 지내며 잔혹한 독재자로 전락한 인물이다. 2017년에 군사 쿠데타로 권좌에서 축출되었다.
이디 아민은 우간다에서 군사 쿠데타로 정권을 잡아 1971년부터 1979년까지 대통령을 지내며 학정을 펼친 독재자로, 1979년에 탄자니아 군대와 연합한 반대 세력에 의해 축출된 뒤 사우디아라비아로 탈출해 살았다. 아프리카의 독재자들 가운데서도 상상을 초월하는 잔인함과 극악무도함으로 '검은 히틀러'라 불리는 인물이다.
조나스 사빔비는 포르투갈의 지배를 받던 앙골라에서 무장투쟁을 하던 독립운동가였으나 1975년 독립 이후에는 군벌 독재자가 되어 정치권력을 차지하기 위해 내전을 벌이며 잔학한 인권유린을 자행했다. 사빔비가 이끄는 '앙골라완전독립민족연합'과 정권을 차지한 '앙골라 해방을 위한 대중 운동' 사이에 벌어진 내전은 양측 모두의 잔인함과 인권유린으로 삼십 년 가까이 앙골라를 황폐화시켰다. 앙골라내전은 사빔비가 정부군과의 교전 중 사살된 2002년에야 끝이 났다.

나는 투르크웰로지의 열린 문간에 서서 그들이 시야에서 사라질 때까지 바라본다.

나는 마음을 정하지 못하고—이제 뭘 하지?—문 앞의 골목만큼 좁은 비포장도로에서 이리저리 두리번거리다가 호텔로 들어가 직원에게 이튿날 키탈레로 떠나는 마타투에 관해 묻는다. 그는 예, 아침 다섯 시 반에 올 겁니다, 하고 말한다. 외진 지역에서는 직전에 운행 일정이 바뀌는 일도 잦으므로, 나는 그에게 그 "아침 다섯 시 반"이 얼마나 믿을 만한 시간인지 묻는다. "아, 아주 믿을 만합니다, 선생님. 바로 여기 호텔 앞에서 떠나죠." 나는 저녁 먹기 좋은 장소가 어디냐고 묻는다. 그는 카모야가 추천한 바로 그 레스토랑의 이름을 알려준다. 그 가게가 몇 시에 문을 닫는지 물으며, 나는 내가 다시 손목시계의 세계, 백인 관광객과 신분증과 낯선 화폐의 세계로 돌아왔음을 깨닫는다. 지금까지 생활해온 리듬을 잃고 싶지 않지만, 그 리듬은 급속도로 무너지고 있다.

방문 열쇠는 있으나 마나다. 걸쇠는 어차피 잠기지 않는다. 옆 벽에 뚫어놓은 구멍이 이 방의 유일한 창 구실을 하는데, 창틀도 유리도 없다. 철제 침대 틀과 얼룩진 매트리스 위에는 모기장을 거는 고리가 있다. 천장에 매달린 이 방의 유일한 소켓에는 전구가 없다. 모기향에 불을 붙이고 금속 받침에 올려 매트리스 가운데에 놓아두고, 모기장을 매트리스 사방 가장자리에 잘 끼워 넣은 다음 방을 나간다. 작은 배낭에 지갑과 함께 여권과 비행기 표, 여행증명서, 노트들, 쌍안경을 넣었다. 자물쇠를 채운 더플백은 침대 밑에 밀어 넣고 호텔을 나선다.

테라스 마당에서 나가는데, 아주 깨끗한 연녹색 메르세데스-벤츠의 적재함이 있는 캡오버* 육로 트럭이 호텔을 둘러싼 가슴 높이의 담과 평행으로 주차되어 있다. 연한 황갈색 캔버스 덮개와 측면 벽들이 적재함을 에워싸고 있는데, 내부는 비어 있다. 부적절한 행동이라는 생각도 못한 채 나는 그 트럭을 더 자세히 살펴보기 시작한다. 거대한 전면과 후면의 차동장치, 무시무시한 전면 범퍼 뒤에 장착된 드럼 윈치와 후면의 캡스턴 윈치를—둘 다 지름 1센티미터 굵기의 항공기용 케이블에 감겨 있다—살펴본다. 40갤런짜리 안장형 탱크가 두 개 있고, 전지형 스페어타이어가 하나는 운전실 지붕 위에, 다른 하나는 적재함 밑 측면 레일에 장착되어 있으며, 라디에이터 앞에 장착된 튼튼한 그릴가드 위에 램프들이 달려 있다.

나는 보고 있는 사람이 없는지 주위를 둘러본 다음, 발판을 밟고 올라서 운전실을 들여다본다. 기어 변속을 위한 손잡이 두 개와 계기판에 붙은 일련의 다이얼들이 보인다. 트럭 주위를 빙 돌면서 차주의 신원이나 전화번호를 알려줄 만한 것이 붙어 있지 않은지 살펴본다. 그런 건 전혀 보이지 않는다.

전천후의 성능을 갖춘 기계다. 하지만 나는 기어 변속과 클러치판의 크기, 강을 건널 때의 도하 깊이까지, 이 차의 운전자에게 물어보고 싶은 게 몇 가지 있다. 그리고 그의 목적지가 정확

* 운전실(캐빈)이 엔진 위에 올려져 있는 형태.

히 어디인지도 알고 싶다.

운전자는 도저히 찾을 수 없다. 호텔 직원이 계속 나를 지켜보고 있는데, 트럭을 살펴보는 내가 무례하다고 생각하는 것 같다. 그는 운전자가 어디에 있는지 전혀 모른다고 말하더니 홀연히 자기 자리로 돌아가버린다. 저녁을 먹고 돌아오니 트럭은 사라지고 없다.

칸막이가 아예 없고 콘크리트 바닥은 경사져 있는 샤워실에서 태양열에 데워진 옥상 탱크 물로 샤워를 한다. 기울어진 바닥은 중앙에 있는 배수구를 향해 내려간다.(이 샤워실은 개방형 화장실 역할까지 하고 있다.)

나는 아침 여섯 시 정각에 만원인, 아니 정원 초과인 마타투를 호텔 앞이 아닌 마을의 다른 장소에서 발견한다. 마타투는 거기서 예정보다 한 시간 사십 분 늦게 키탈레로 출발한다. 키탈레의 버스 주차장에서 대기하고 있는 서른 대 정도의 버스들 가운데서 나는 나쿠루로 가는 버스를 발견한다. 그리고 나쿠루에서는 나이로비로 가는 버스를 발견한다.

뉴스탠리 호텔에 도착하니 리처드가 보낸 쪽지가 기다리고 있다. 이튿날 아침 국립박물관에서 자기와 앨런 워커와 만나서 오스트랄로피테신 두개골을 보러가겠느냐는 것이다. 피로감의 저변에서 뭔가 이상한, 독감 같은 기운이 느껴지기 시작한다. 내 방에 와서 리처드의 집으로 전화를 걸려다가, 먼저 샤워를 하고 잠을 자는 게 좋겠다고, 리처드에게는 나중에, 내일 아침

쯤에 전화하는 게 낫겠다고 생각한다. 샤워를 하는데 진땀이 나기 시작하고, 이어서 오한이 온다. 관절도 뻣뻣해졌다. 나는 호텔 상주 의사에게 전화를 건다. 의사는 말라리아라고 한다. 기력이 쇠약해지기는 하지만 목숨이 위험한 건 아니란다. 나을 때까지 견디려 애써보라고, 자기가 때때로 확인하러 들르겠다고 한다.

나는 3층에 있는 내 방에서 땀을 흘리며 잠을 좀 자다가 오한이 들어 모포로 몸을 감싸고 이 병이 지나가기를 기다린다. 깨어 있을 때는 룸서비스로 나온 차와 병에 든 물을 마시고 짭짤한 크래커를 먹는다. 먹고 토하지 않는 건 그것뿐이다. 산만한 상태로 책 두 권을 읽는다. 『제러드 맨리 홉킨스: 사제이자 시인』과 『로빈슨 제퍼스 시선집』이다. 나는 십 대 초기에 홉킨스(1844~1889)에게 끌렸고, 대학 시절에는 미국 시인 제퍼스(1887~1962)를 발견했는데, 처음에는 제퍼스가 인간 혐오자라고 생각했다. 이번에 이 책들을 읽으면서는 제퍼스의 시구에서 뭔가 다른 것을, 더 용감하고 더 복잡한 뭔가를 느낀다. 이에 비해 에식스의 부유한 집안에서 자란 예수회 사제 홉킨스는 너무 신하고만 가깝고 인간과는 충분히 함께하지 않는다는 생각이 든다. 그리고 자연계의 형이상학적 의미에 민감하며 인간의 결함에 비판적인 은둔자 제퍼스는 인간 혐오자라기보다 현실주의자에 더 가까워 보인다.

네 개의 긴 연으로 된 「나쁜 꿈들에 대한 변명」이라는 제퍼스의 긴 시는 이때 읽은 뒤로 수년 동안 계속 기억에 남아 나를 따라다니게 된다. 이 시에서 제퍼스는 캘리포니아 북부 연안 빅서 근처의 한 절벽 정상에서 바라본 장면을 묘사한다. 시인은 한 아들과 그의 어머니를, 아들이 나무에 가시철사로 말의 머리를 매어놓고 말을 때리는 장면을 보고 있다. 아들은 말이 자기 어머니의 말을 듣지 않았다는 이유로 피가 날 정도로 말을 채찍질한다. 두 사람 너머 고요한 태평양에서는 화려한 색채의 둑 위로 해가 지고 있다. 수평선은 넋이 나갈 정도로 아름다운 파노라마다. 이 시의 좀 더 뒷부분에서 제퍼스는 이렇게 썼다.

> 밤바람에 실려 가 고요한 바다에 떠 있는
> 잃어버린 꽃의 꽃잎, 인류의 아름다움
> 그 아름다움의 영을 집어삼키는 게 무엇인지 잊지 말기를

이틀 동안 나는 기어서 화장실에 가고 다시 타일 바닥 위를 기어 침대로 돌아온다. 그러고 나니 마침내 박물관에 전화를 걸 수 있는 상태가 된다. 리처드는 나리오코토메로 돌아갔지만, 앨런 워커가 기꺼이 내게 박물관 보관실에 있는 그 두개골들을 보여주겠다고 한다.

이튿날 아침 워커를 만나기 위해 호텔을 나설 때 나는 천천히 움직인다. 비에 젖은 모이가의 보도는 햇빛을 받아 반짝거리고, 밤새 내린 비로 신선해진 공기는 피부에 시원하게 와닿는다. 차들로 복잡한 아침, 거리 양옆에 늘어선 붉은플루메리아나무와 불꽃나무의 가지들 여기저기에 앉아 있는 케냐참새 떼를 바라

본다. 짹짹거리는 소리의 파도는 또 다른 종류의 반짝임 같다.

박물관에 도착하니 워커가 긴 테이블 위에 어두운색 벨벳 러너를 깔고 그 위에 사람족 두개골들을 늘어놓았다. 강건형 오스트랄로피테신 두개골 두 개와 연약형 오스트랄로피테신의 것 하나다. 워커는 이 두개골들을 마치 유리 공예 작품 다루듯 매우 조심스레 다룬다. 그 태도에는 존중과 부드러움이 담겨 있다.(리처드와 함께 캠프에 있을 때 워커는 잘 나서지 않았고, 둘 중 말하는 걸 별로 내켜 하지 않는 쪽이었던 것으로 기억한다. 그는 자신이 이전에 고려해본 적 없는 가능성들에 대해 더 많이 열려 있는 사람 같았다.)

워커는 우리가 흡사 화석이 놓인 테이블이 아니라 유물이 놓인 제단 앞에 서 있는 것처럼 긴 침묵의 순간을 보낸 뒤, 하나 있는 연약형 두개골의 이마에 한쪽 손가락 끝을 갖다 댄다. 화석 뼈에 닿는 그의 손길은 낙타털로 만든 솔이 닿는 것만큼 섬세하다. 방금 그는 사람족의 긴 경로에 관해 이야기한 참이다. 일부 학자들이 초보적 발화를 사용한 최초의 인간 종이라고 추측하는 호모 에르가스테르 이전의 수백만 년을 거슬러 올라가며 되짚고, 다시 호모 사피엔스에 대한 이야기로 돌아왔다. 워커는 우리 앞에 놓인 오스트랄로피테신들은 알지 못했을, 인간의 언어 생성에 관해 추측하고 있다. 19세기에는 네 가지 성조가 있는 중국의 만다린어, 파리 14구 특유의 프랑스어, 동사가 풍부하고 명사는 적은 나바호어 등 전 세계 사람들이 사용하던 언어가 7000가지였다. 워커는 혀를 받치는 설골에 일어난 작은 변화와 사람족 목구멍의 발달을 들어 발성의 근원을 설명한다. 사람족은 이 변화를 활용하여 먼저 특정 의미를 지닌 말소리를 만들어냈을 것이고, 그 후에—한 언어학자의 표현대로 "음소화되고, 구문론적이며, 무한히 개방적이고 형성적인"—완전한 구어로 발달시켰을 것이다.

언어와 복잡한 사고가 생겨나기 이전, 사람족은 기관氣管으로 공기를 밀어올림으로써 의미를 담고 있고 상대도 그 의미를 이해할 수 있는 경고의 외침 소리와 짝을 부르는 소리를 냈다. 그러다 다른 뭔가가 등장했다. 단어로는 전할 수 없지만 가락으로는 전할 수 있는 의미가 담긴 무언가였다. 그것은 감정과 생각을 에워싸고 한데 엮인 음들, 새의 노래에서 들리는 떨림이며 진동과 비슷한 소리들의 이어짐이었다. 이로써 사람족은 새로운 방식으로 각자 서로를 개인으로 인지하게 되었고, 사람족 사이에서 가능한 협력의 정도는 엄청난 수준으로 도약했다.

자몽보다 그리 크다고 할 수 없는 오스트랄로피테신의 두개골, 장차 더 커진 호모의 전두엽이 자리할 이 둥근 뼈의 앞부분에 손가락 끝을 댄 채 워커는 말한다. "배리, 나도 이걸 증명할 수는 없지만, 나는 우리가 말을 하기 전에 노래했을 거라고 믿어요."

# 포트아서에서 보타니베이까지

오스트레일리아 남동부

남극해 북쪽 해안

태즈메이니아주

---

남태평양 서쪽 해안

뉴사우스웨일스주

남위 43°09′16″ 동경 147°52′02″에서 남위 34°00′11″ 동경 151°13′32″까지

내 두 손은 바지 주머니에 헐겁게 걸쳐 있다. 과거에 교도소였던 너른 땅을 가늘게 뜬 눈으로 바라보면서, 햇살이 얼굴로 가득 쏟아지도록 고개를 돌리고 비스듬히 기울인다. 추도사를 듣고는 있지만 귀는 기울이고 있지 않은 사람의 얼굴이 이렇겠지. 마음은 다른 어딘가에 가 있는 것이다. 나도, 호바트에서 온 시인으로 최근에 알게 된 나의 동행도 우리 앞에서 펼쳐지고 있는 크리켓 경기에는 별로 주의를 기울이지 않는다. 소풍 나온 사람들이 감자 샐러드와 닭튀김을 담은 종이 접시를 들고 돌아다니다가 갑자기 의기투합해 잔디밭에서 시작한 경기다. 공을 쫓아 달려가는 소년의 머리 위로 날아가는 흰 공과 따닥 소리를 내며 위킷을 무너뜨리는 또 다른 공을 바라보던 관중은 건성건성 환호를 올리는데, 그중에는 경기장을 등지고 앉은 이들도 있다. 그들은 닭 뼈에서 가슴살과 다리 살을 발라 먹고, 잘 부서지지 않는 연골의 옹이를 세게 깨물어 으깬다. 앉아 있는 사람들은 음료수가 담긴 컵이 넘어지지 않도록 초록 잔디 덤불 사이에 끼워놓았다. 또 어떤 사람들은 입안 가득 음식을 넣은 채 동작을 멈추고, 우리처럼 불에 타 지붕이 없어진 저 맞은편 3층짜리 건물의 황량한 북쪽 벽을 바라본다. 그들은 우리와 함께 그 건물의 소리 없는 전면을 꼼꼼히 살펴보고 있다. 어쩌면 창살 뒤에 서 있는 화난 얼굴을, 어느 감방의 뒤틀린 철골 뒤에서 원한에 차서 노려보는 누군가를 상상하고 있을지도 모른다. 그 창들 대부분을 오래전 누군가 커다란 망치로 내리쳤다. 분노가 차올라, 여기서 벌어졌던 일들을 허물어 파편으로 만들어버리겠다는 단호한 시도였다. 다른 사람들, 마지막에 승리한 자들은 교도소의 잔해와 주변 부지, 목사관과 묘지, 스코피언록의 감시탑, 간수들의 예전 막사를(현재는 프랜시스 랭포드 티 룸이라는 카페가 되었다) 보존하는 일에서 상업적 잠재력을 알아보았다.

나와 동행한 시인이 폐허가 된 교도소 교회가 있는 동쪽을 가리킨다. 그리고 내게 몇 가지 역사적 사실을 알려준다. 1835년 12월, 교회가 될 건물의 기초공사를 하던 중 한 죄수가 다른 죄수를 곡괭이로 살해했다고 한다. 그리고 일요일 아침에 기독교도 수감자 1000명을 수용할 수 있는 저 교회 건물을 설계한 사람도 헨리 레잉이라는 죄수였다. 그러나 교회 건물이 다 지어졌을 때, 영국국교회는 그 예배의 집을 자신들만 독점적으로 사용하겠다고 주장했다. 이에 가톨릭 수감자들은 난폭하게 항의했고, 해결책을 찾을 때까지 질서를 되찾고 유지하기 위해 간수들을 추가로 더 데려와야 했다. 해결책을 찾도록 임명된 위원회가 내린 결정은 모든 기독교 교파가 다 함께 예배를 본다는 것이었다.

첫 합동 예배 도중에 나가버린 로마가톨릭교의 수감자들은 각각 채찍 서른여섯 대의 태형에 처해졌다.

교회는 이후 1884년 2월에 화재로 파괴되었다.

나는 호바트에서 시인을 만났을 때 그에게 나를 포트아서로 데려가달라고 부탁했다. 영국이 18세기와 19세기에 자신들의 제국에 건설한 서른 군데가 넘는 유형 식민지 가운데 가장 잘 보존된 곳 중 하나인, 이야기로만 듣던 이 이송 교도소를 직접 보기 위해서였다. 이 '죄수 하치장'은 영국 시민들 가운데 영국 왕실이 고국에서 살기에는 '바람직하지 않다'고 판단한 이들을 수용하기 위한 곳이었다. 추방하여 템스강에 정박해둔 퇴역 선박의 잔해—'헐크'라 불리던 감옥선—에 가둬두던 인구가 18세기 중반에 이르자 더 이상 감당할 수 없을 만큼 불어났다. 그래서 그때부터는 그 사람들을 포트아서로 보냈는데, 그중 한 명이 이 호바트 시인의 고조할아버지인 존 프림리였다. 이곳에 왔을 당시 그는 열다섯 살이었다.

시인과 나는 둘 다 포트아서를 범죄자, 정신 질환자, 정치적 반대자, 빈민, 그러니까 국가의 권위에 또는 시민에게 질서를 강요하는 국가의 권한에 위협이 되는 사람이면 누구나 추방할 수 있었던 제국의 절대 권력을 보여주는 기념비로 여긴다.

유난히 따뜻한 이 가을날 오후, 수백 명의 방문객은 옛 교도소 여기저기에서 즐거운 시간을 보내는 것 같고, 교도소 건물 사이를 서성거리고 풀밭 위에서 빈둥거리는 데 아무 스스럼도 없어 보인다. 한 무리의 중국인 여행자들이 막 투어 버스에서 내렸다. 가이드는 그들을 제일 먼저 깔끔하게 꾸며놓은 정원들로 데려간다. 한때 교도소의 정신병원이 있던 건물에 자리한 포트아서 선물 가게에서는 쇼핑객들이 자잘한 장신구와 엽서 같은 기념품을 고르고 있다. 근처 태형장에서는 젊은 여자 두 명이 색이 바래고 희미한 광택까지 나는 형틀 앞에서 꼼짝도 하지 않고 서 있다. 마침내 거기서 걸음을 옮기는 그들의 모습이 조금은 안도한 것처럼 보인다.

포트아서 역사 유적지 관리청은 과거 이곳에 수용된 죄수들의 역사를 대중에게 알리기 적당하고 현대인의 감성을 거스르지 않는 선에서 가위질하고 단순화했다. 크리켓 경기장에서 소풍을 즐기는 이들 가운데 다수가, 어쩌면 대부분이 포트아서에서 벌어졌던 일을 잔인하고 부당하며 미개한 일이라고 생각할 것이다. 그리고 분명 일부는 예전 이곳에 수용되었던 죄수 대부분이 잘못된 판단에 따라 실행된 사회공학적 실험의 불운한 희생자라고 여길 것이다. 포트아서가 운영되던 시절 이곳에서 어떤 무도한 행위가 자행되었든, 오늘날 이곳을 방문하는 이들 대부분은 국민을 향한 이러한 극단적인 폭력이 더 이상 공개적으로는 용인되지 않는다고 생각할 것이다. 이는 프놈펜 외곽의 킬링필드 쯔응아익을 방문하는 사람들도 마찬가지일 것이다. 문명에 아무리 결함이 있다고 한들, 문명은 이런 일을 허용하지 않을 만큼은 진보했다고.

포트아서 역사 유적지는 방문자들에게 그 사악한 일은 머나먼 과거의 시간 속에 격리되어 있다고 가르치고 안심시키기 위해 구상되었다. 이곳은 방문자들에게 경고하려고 세워진 것도 아니고, 세상에 비인간적 범죄나 징벌적 정부가 존재한다는 걸 알리기 위한 것도, 자신들의 행위에 반대하는 사람들을 '왕관에 대한 모욕'으로 간주하는—이곳에서 처벌받은 아일랜드 리본주의자들*과 청년아일랜드당의 당원들†의 경우가 그랬다—현대의 정부들을 상기시키기 위한 것도 아니다.

여기서는 아무도 포트아서를 다마스쿠스에 있는 바샤르 알아사드‡의 지하 감옥이나 미국이 '테러리스트'들을 보내는 국외의 장소들과 연관 짓지 않는다. 포트아서를 방문하는 사람들은 이 모든 어둠의 한복판과 주변부를 느긋하게 거닐기 위해 온 것이다. 그들 대부분은 이곳의 복잡성이나 역설을 억지로 직면하지

---

* 리본주의는 19세기 아일랜드의 가난한 소작농들과 농업 노동자들이 비참한 환경을 개선하기 위해 결성한 가톨릭교도의 결사로, 지주가 소작농을 바꾸거나 쫓아내는 것을 막기 위해 소작농의 권리를 주장했다.

† 19세기 중반 아일랜드의 독립과 국가 정체성을 확립하기 위한 정치, 문화, 사회 운동을 주도한 정치단체. 청년아일랜드당원으로 체포된 이는 모두 포트아서로 유배되었다.

‡ 시리아의 제6대 대통령이자 독재자. 제5대 대통령이었던 부친 하페드 알아사드로부터 대통령직을 세습받았다.

않아도 된다는 점을 다행스러워하지 않을까? 어쨌든 그들 다수는 여기 휴일을 즐기러 온 사람들이니 말이다.

시인과 나는 크리켓 경기장 근처에 서 있는데, 우리 둘 다 어딘지 어울리지 않는 곳에 온 것처럼 보인다. 우리는 서로 아무 말도 하지 않고 있지만, 각자 이 장소에 관해 할 말이 많다. 채찍질이 행해지던 태형장과 거기 사람을 묶어두던 형틀 근처에 무성히 자라는 풀에 관해, 널찍한 베란다부터 정성스레 손질된 바닥까지 완벽하게 복원된 교도소장 사저의 위압적인 모습에 관해. 메이슨코브에서 불어왔다 멈췄다 하는 부드러운 바닷바람을 받은 거대한 유칼립투스의 마른 잎들이 바스락거리며 교도소장 사저에 그늘을 드리우고, 사이사이 들려오는 바람 소리가 크리켓 경기를 하는 사람들의 함성과 구경하는 이들의 환호소리를 조금은 줄여준다.

나와 동행 중인 피트 헤이는 태즈메이니아 주정부로부터 포트아서에 관한 장시를 써달라는 청탁을 받았다. 여기서 행해진 형벌 실험의 세세한 내용에 관해, 갱도에서 일어난 폭행 사건들, 심각했던 성폭력, 연쇄 강간의 피해자가 된 청소년들의 절망, 은밀한 절도, 다른 사람을 희생시켜서라도 교도소 수감자들 가운데 자신의 입지를 높이려고 기회를 노리던 이들의 약삭빠름에 관해.

시인은 관대한 사람이다. 그는 조사한 내용이 담긴 여러 노트와 폴더, 시를 쓰기 위한 자료 등 자기가 발견한 내용을 내게 선

뜻 내어준다. 이 시인은 자기 것에 집착하지 않는 예술가다. 그는 자기가 알아낸 지식을 감추지 않고, 열성적으로 나누고 싶어한다. 나는 만나자마자 그가 좋아졌다. 오리건에 있는 집에서 그와 통화할 때 내가 포트아서 교도소에 관심을 표하자, 그는 자기가 먼저 나서서 호바트에서 나를 태워 그 유적지로 데려다주고 안내까지 해주겠다고 했다.

우리는 사람들이 소풍을 즐기는 곳에서 남동쪽으로 천천히 걸음을 옮기며 중심 부지를 벗어난다. 시인은 내게 보여줄 것이 있다고 한다. 관광객들은 들어갈 수 없지만 그는 들어갈 수 있는 곳이다. 그는 조사할 필요가 있고, 이 장소의 역사를 복잡하게 만드는 요인들을 있는 그대로 들여다보는 것이 그가 할 일이기 때문이다.

우리는 3월의 온화한 날씨와 변화하는 경관을 즐기며 지선 도로를 따라 느릿느릿 걷는다. 마치 곁에 너른 바다가 있어 어떤 대화든 자유로이 나눌 수 있는 아바나의 말레콘 해변 도로나 이스탄불의 마르마라 해변을 거니는 것처럼. 나는 시인에게 호주 작가 중 가장 존경하거나 좋아하는 작가가 누구인지 묻고, 그 역시 내게 같은 질문을 한다. 우리 둘 다 예리한 비평을 바라서 묻는 건 아니다. 그저 처음 만나 트게 된 안면이 우정으로 발전할 수 있도록 공통 지반을 더듬어 찾는 중이다.

이윽고 잠겨 있는 대문 앞에 당도했고, 시인에게는 열쇠가 있다. 문으로 들어가 유칼립투스들 사이를 지나가니 버려진 땅이 나타난다. 시인이 말하길 예전에는 여기에 건물 몇 채가 있었다고 하는데, 그 부지 바로 근처에 30미터 정도 아래 바다로 뚝 떨어지는 낭떠러지가 있다고 한다. 카나번베이로 돌출된 이 땅덩이에서 서쪽을 바라보면 카나번 시내 쪽과 메이슨코브의 교도소 부지가 보인다. 동쪽으로는 포트아서 앞바다와 태즈먼해의 일부인 메인곤베이의 가장 북쪽 기슭이 보인다. 여기서 보면, 남쪽 수평선 너머 2600킬로미터 떨어진 남극의 조지 5세 해안과 이곳 사이에는 오직 탁 트인 대양밖에 없다.

시인이 내게 들려주고 싶었던 이야기를 시작한다. 이곳은 태즈먼해에서 불어오는 폭풍으로부터 교도소 건물들을 보호하는 짧은 반도의 끝 지점인 포인트푸어라고 한다. 여덟 살 정도 되는 어린 남자아이들이 왕권에 또는 부유한 계급에 해로운 존재라는 판결을 받고 이송선에 실려와 복역한 곳이 바로 여기다. 이곳에 있던 건물들은 다른 건물들과 떨어져 있었으므로 주 교도소 건물에 수용된 소아 성도착자들로부터는 어느 정도 보호받을 수 있었다. 시인은 성적 약탈과 성적 방종으로 인해 포트아서의 전반적 분위기가 얼마나 끔찍했는지 묘사한다. 나는 땅바닥을 응시한다. 바닥에는 유칼립투스의 좁다란 잎들, 낙엽과 벗겨진 나무껍질과 떨어진 씨방이 카펫처럼 덮여 있다. 나는 물 건너 동쪽으로 몇 킬로미터 떨어진 반도의 산등성이를 바라본다. 그것이 정말 혐오스러운 역사라는 시인의 말에 뻣뻣해진 목으로 고개를 끄덕이면서.

시인이 세세한 내용을 생생하게 묘사하는 것은 그 이야기를 하는 게 좋아서가 아니다. 이제부터 할 이야기의 맥락을 알려주려는 것이다. 바로 이 낭떠러지에서 그 아이들 가운데 몇 명이 함께 손을 잡고 뛰어내려 죽음을 맞이했다는 이야기다. 낮에는 교도소 본관의 미로 같은 건물 안에서 쫓기다 벽장과 창고에 갇혀 섹스에 굶주린 사이코패스들에게 힘으로 제압당하며 강간당하고, 밤에는 기도와 참회와 육체노동을 강요하는 숙소 간수들에게 구타당하다 결국 죽음을 택한 이들이었다. 그들은 밤에 숙소에서 빠져나와 아래 바닷물을 가린 어둠 속으로 뛰어들었다. 분명 낮에도 뛰어내린 아이들이 있었을 거라고 시인은 말한다. 어쩌면 오늘 같은 날씨, 따뜻한 공기와 부드러운 바람, 햇빛에 반짝이는 물이 고통에서 벗어나게 해줄 구원으로 느껴졌을 3월 오후의 일이었을지도 모른다고. 손에 손을 맞잡고 낭떠러지 끝으로 달려가며, 스스로 생을 끝내고 싶은 유혹에 저항하라던 저 지옥 굴 간수의 조언을 무시하고 아이들은 허공으로 몸을 날렸다.

나는 손짓으로 시인의 말을 멈추고, 홀로 낭떠러지 끝으로 걸어가 한동안 거기 서서 아래 물을 바라보며 내 어린 시절 그리운 추억의 나무인 유칼립투스에 스치는 바람 소리를 듣는다. 시인이 노트에 뭔가를 적어넣으며 기다리고 있는 곳으로 다시 돌아가는 길에, 나는 검은 유칼립투스 씨방 두 개를 주워 주머니에 넣는다.

우리는 그 반도에서 벗어나 교도소 본관 부지로 돌아간다. 그 소년들이 손을 맞잡은 이유를 이해한다는 말을 나는 시인에게 하지 않는다. 만약 시인이 내게 그들의 자살은 정당화될 수 없다는 생각을 내비쳤다면, 나는 목소리 높여 반박했을 것이다. 하지만 그는 인간이 다른 인간에게 얼마나 큰 모욕과 고통을 가할 수 있는지도, 일부 사람들이 속절없이 견뎌낼 수밖에 없는 고통의 깊이도 잘 아는 것 같다. 포트아서에 관해 조사하면서 마주한 해악의 형태 가운데 그가 기억해낸 것이 어떤 것들인지는 몰라도, 그는 내게 그중 최소한의 뼈대만을 이야기했고, 그 정도 말한 것만으로도 자신의 도덕적 원칙을 훼손한 게 아닌지 우려하는 것 같다. 그의 몸짓이 말해주는 비탄과 연민을 보면서, 나는 그에게 크나큰 애정과 그 품격에 대한 존경을 느낀다.

우리는 해안을 끼고 이어진 길을 따라 서쪽으로 걸어가며, 교도소장의 사저를 지나고 최초 수감자들의 막사 유적지도 지나 태형장에 도착한다. 여기서 피트는 규칙을 어긴 모든 수감자가 겪었던 일의 절차를 설명해준다. 삼각형 형틀 앞에서 수감자의 두 팔을 머리 위로 올려 형틀의 꼭대기에 두 손을 묶고, 그런 다음 두 발을 벌려 아래쪽 틀 양쪽에 각각 묶었다. 전형적인 태형은 매듭을 지어 꼰 줄 아홉 개가 달린 채찍으로 때리는 것이었다. 맨 등을 이 채찍으로 후려치면 목부터 허리까지 타격이 가해진다. 이것으로 일반적인 형량인 스무 대에서 마흔 대의 채찍질을 당하고 나면 맞은 사람은 의식을 잃고 등의 살점은 짓물러 젤리 덩어리처럼 된다.

나는 원래 건물들이 있던 정확한 위치를 알아보려고 피트에게 교도소의 배치가 담긴 지도를 어디서 구할 수 있는지 묻는다. 지금은 관광지가 된 이곳에 1877년 폐쇄 이후 어떤 변화가 있었는지 알고 싶어서다. 그는 나중에 여기서 나가는 길에 지도를 구할 수 있다면서, 그보다 지금은 이 교도소 단지를 둘러보며 독방동 몇 군데를 살펴보아야 하고, 유달리 악명 높았던 수감자 몇 명의 초상화를 포함하여 몇 가지 전시물을 보는 게 더 중요하다고 말한다. 우리가 오래된 감옥 건물로 들어가기 직전, 피트는 크리켓 경기장 너머 반대쪽 끝에 있는 브로드애로 카페를 가리킨다. 나중에 그 카페에서 지도도 사고 점심도 먹을 거라면서. 카페 옆에 햇빛을 받고 있는 그의 빨간색 토요타 코로나가 보인다. 그 바로 뒤에는 루프 랙에 서프보드를 묶어놓은 노란색 볼보 244가 서 있다.

피트는 과거에 이곳에서 어떤 일이 벌어졌는지 제대로 감을 잡으려면, 교도소 건물 안에 들어가봐야 하고 그런 다음 '모델 감옥'* 안을 걸어보고 그다음에는 옛 병원 건물에 있는 교도소 박물관에도 가봐야 한다고 생각한다. 머릿속에 이 순서를 담아둔 채로 나는 가장 위험한 수감자들을 가둬두던 감방들이 있는, 부분적으로 복원된 3층짜리 감방 건물로 들어간다. 이 감방들은 수감자들에게 열린 공간을 허용하지 않았고, 교도소의 정해

* 19세기 중반 포트아서의 모델 감옥은 격리와 규율, 재활의 요소를 결합하여 구상된 새로운 수감 시스템. 격리 감금이 재활에 도움이 된다는 잘못된 생각을 바탕으로, 모든 수감자를 독방 감금하고, 말하는 것과 눈 마주치는 것 등 수감자 간의 소통을 전면 금지하는 등 엄격한 규율을 적용했다. 이러한 가혹한 환경과 독방 감금은 수감자들의 정신 건강에 심각한 악영향을 미쳐 이후 큰 비판을 받았다.

진 일과를 따르도록 강요했다. 이 감방에 들어갔다가 다시 나오는 과정은, 익사자의 시체는 다 수습되고 없는 침몰 선박의 객실들 안으로 헤엄쳐 들어갔다 나오는 것 같은 느낌이 든다.

하지만 이 감방 건물에서 무엇보다 나를 얼어붙게 만든 것은 통렬한 고행의 신호들이 아니라 복도 한 곳에 걸려 있던 예전 수감자들의 확대된 사진이었다. 정신이상자의 반항적인 얼굴, 소아 성도착자의 기만적 응시, 살인자의 멍한 눈빛.

이 이미지들이 내 안에서 불러일으킨 것은 연민도 비난도 아닌, 오직 경악스러움이다. 나는 이곳 교도소 생활의 중요한 세부 사항을 알아내고 싶었지만, 아직 하루가 채 반도 지나지 않았는데 이미 너무 많은 걸 봤다는 생각이 든다.

1786년 잉글랜드의 남녀 시민들이 어떤 훌륭함을 갖추고 있었든, 그 훌륭함은 의회에 제출된 이 이송 교도소 계획을 규탄하고 이 실험을 애초에 시작하지 못하게 반대할 만큼 충분히 강력한 것은 못 되었던 모양이다.

우리는 모델 감옥과 박물관에 갔다가, 브로드애로 카페에 가서 점심을 먹고 지도를 찾는다. 이 카페의 모습 하나하나가 앞으로 몇 주, 몇 년에 걸쳐 내 머릿속에 얼마나 생생하게 남아 있게 될지 이때 나는 전혀 예상하지 못한다.

친구 마크 트레디닉과 나는 몰타 출신의 애나마리아 웰던을 따라 오스트레일리아 서해안의 퍼스에서부터 올드 코스트 로드를 타고 남쪽으로 160킬로미터를 이동하는 중이다. 우리의 목적지는 얄고럽 국립공원 호수들 중에서 국립공원 한가운데 자리한 클리프턴 호수다. 우리는 사구들이 가득한 만두라시 남쪽의 물결 지는 풍경을, 따로 떨어져 고립되어 있는 말리나무 숲과 석회암 노두*를 통과한다. 이 부근 땅은 한때 빈자레브 눙가르[호주 선주민] 사람들에게 속해 있었다.(또는 그들이 그 땅에 속해 있었다.) 그들 중 일부는 아직 이곳에서 역사 기록자로서 활발히 활동하며, 자기 고향 땅의 역사와 자연에 관한 이야기를 조리 있게 들려주고 있다. 그들은 우리가 친족이나 가까운 동료 혹은 속내를 털어놓는 절친에 관해 말하듯이 이 땅에 관해 말하며, 그들이 언급하는 시간의 범위는 그 사람들을 포함할 뿐 아니라 이곳의 지리와도 떼려야 뗄 수 없다.

애나마리아는 예전부터 열성적인 추종자다운 존경심과 호기심을 품고서, 눙가르 문화를 수호해온 빈자레브 사람들의 말에 귀 기울여왔다. 지중해 출신인 자신이 갖고 있던 관념 틀을 이 땅에 적용해보기도 했고, 그러는 한편 이 장소에 대해 배우는 도제로서 이십 년 정도를 보내며 자신의 것과는 다른 인식론을, 호주 선주민의 앎의 방식을 이해하려 애써왔다. 애나마리아는 어떤 전통, 어느 곳에서든 사람들이 한 장소와 결합되는 복잡한 방식, 그리고 어느 방면에서 오는 것이든 이 결합을 위협한다고 여겨지는 것들을 중심축 삼아 생각을 펼친다. 한때 애나마

* 암석이나 지층이 흙이나 식물 등으로 덮여 있지 않고 지표에 그대로 드러나 있는 곳.

리아는 몰타를 사랑했다. 내 생각에는 다른 모든 것을 배제하고 몰타만을 사랑했던 것 같다. 그러나 지금 그는 장소에 대한 빈자레브식 사랑을 배우는 학생이다. 애나마리아는 우아하고 발걸음이 가벼우며, 깊은 물처럼 웅숭깊고, 자기 바깥에 존재하는 무언가에 전념하는 사람이다. 적어도 내게는 그렇게 보인다.

애나마리아와 마크가 '빈자레브 눙가르'를 마치 '이탈리아인'이라는 단어처럼 수월하게 발음하는 것이 내게는 아주 경이롭다. 또한 그들이 북동쪽의 앙가무디 문화부터 마크와 내가 가려는 곳인 대륙 남서부 마거릿리버 지역의 와르단디 문화까지, 북단의 킴벌리에 있는 위맘불 문화부터 남단인 태즈메이니아의 체라노티파나문화까지, 또 다른 지역 문화 전통들에 관해 언급할 때 마치 그 전통들이 호주 전역의 표면적 차원 밑에서 하나로 이어져 있는 제2의 문화인 것처럼, 호주라는 국가의 전통에 대한 대안적 전통인 것처럼 말하는 것도 경탄스러웠다.

고속도로 주도로에서 빠져나와 지선을 따라 달리니 죽어가는 튜아트나무(유칼립투스 곰포세팔라) 숲을 지나게 된다. 우리는 스웜프페이퍼바크와 페퍼민트윌로 덤불 사이를 지나 이윽고 차를 세워둘 지점에 도착한다. 애나마리아를 따라 숲속 길을—여기에는 아프리카에서 익숙해진 아카시아나무들이 몇 그루 자라고 있다—걷다보니 어느새 클리프턴 호수가 나타난다. 우리는 물가를 따라 사초가 자라는 평지 위에 설치된 목재 탐방로 다리를 걸어 호수에 다가간다.

여름의 태양이 우리 바로 위에 떠 있다. 열기가 무시무시하지만, 애나마리아에게 이끌려온 우리 눈앞에 느닷없이 펼쳐진 이 곳의 광경이 너무도 강렬해서 당혹스러울 정도로 혹독한 더위조차 별것 아닌 듯 느껴진다. 이 호수는 고귀한 존재 같은 기운을 자아낸다. 북미의 숲 개간지에서 잠을 자던 사람이 갑자기 맞닥뜨리게 된 울버린처럼, 이 호수도 한순간도 눈을 뗄 수 없는 존재감을 지니고 있다. 기억을 더듬어봐도 다른 어디서도 이토록 영묘한 느낌의 물은 본 적이 없었던 것 같다. 준엄하지만 온화하고, 거울처럼 고요하며, 호수 위 공기 중에 피어 있는 옅은 안개를 비추는 수면은 화가들이 '프렌치 그레이'라고 표현할 만한 색채를 띠고 있다.

내리꽂히는 열기와 온몸으로 느껴지는 고요함 속에서 너비는 채 1.5킬로미터도 안 되고 길이는 아주 긴 이 호수의 압도적인 광경이 나를 무장해제시킨다. 호수 가장자리에 남북으로 뻗어 있는 긴 모래 둔덕에서 녹색과 회갈색이 섞인 덤불들이 자란다. 식물이 썩고 있는 냄새도 희미하게 난다. 우리 셋 다 한참 동안 아무 말이 없다. 흑고니들은 줄을 지어 물 위를 지나 북쪽으로 향하고, 나는 좀 더 높은 곳에서 이 고요한 정적을 깨뜨리는 소리를 알아차린다. 바로 우리 뒤쪽 나무들 속에서 나는 요정굴뚝새들의 소리다. 호숫가를 따라 남쪽으로 물가를 들쭉날쭉하게 덮고 있는 흐릿한 회갈색 풀숲 사이에서는 붉은머리뒷부리장다리물떼새들도 나타난다. 그 뒤로는 두건물떼새 작은 무리가 종종걸음으로 뛰어다닌다. 옅은 안개를 통과한 하늘의 색채가 생기를 불어넣고, 주위에서 떼 지어 다니는 새들과 뜨거운 공기 속에서 진동하는 새들의 노래는 우리가 서 있는 공간을 둥글게 감싼다. 지구를 닮은 색채들이 이 풍광 전체에 테두리를 만들어 주는 가운데, 나는 애나마리아가 우리를 데려와 보여주고자 했던 이 호수를 거의 온전한 하나의 전체로 포착한다.

초신성의 파편들이 뭉쳐지며 지금 우리가 살고 있는 이 돌덩어리 행성을 만들기 시작한 지 10억 년쯤 지났을 때, 아직 정체가 밝혀지지 않은 남세균 한 종이 우리 같은 생명체들이 존재할 가능성에 불씨를 당겼다. 남세균은 앞으로 생겨날 생물들에게 독성으로 작용할 수도 있었을 원시 대기에 산소를 공급했다. 일부 학자들은 이 남세균들이 습한 환경에서 자신들이 살 석질의 서식지를 손수 만들었다고 보는 것이 그럴듯한 추측이라고 생각한다. 스트로마톨라이트라고 하는, 지금은 버려진 이 서식지 암석들은 얕은 물에서 산호초가 형성되는 것과 같은 방식으로 자라는데, 이것은 트롬볼라이트라는 구조물과도 연관이 있다.* 이 두 구조물은 선캄브리아시대를 특징짓는 기준이 된다. 애나마리아가 특히 우리에게 보여주고 싶어했던 것이 바로 이 클리프턴 호수의 물가에서 남세균들이 아직도 열심히 짓고 있는 현대의 트롬볼라이트들이었다.

---

* 남세균은 끈끈한 점액질을 내뿜어 암석 표면에 붙어 사는데, 물속을 떠다니던 모래나 진흙 입자가 이 점액에 달라붙어 퇴적되면서 둥근 돔 형태로 성장한 암석이 스트로마톨라이트와 트롬볼라이트다. 스트로마톨라이트는 퇴적되면서 층 구조를 형성한 것이고, 트롬볼라이트는 층 구조 없이 덩어리들이 무작위적인 패턴으로 퇴적된 것이다.

클리프턴 호수 자체가 준 놀라움이 너무 압도적이어서 한동안 나는 트롬볼라이트의 존재는 알아차리지도 못했다. 이 호수의 '살아 있는 돌'들이 만든 이 작고 희끄무레한 둔덕들은 4000살 정도 된 것으로 여겨진다. 물속의 트롬볼라이트들은 우리 주변에서부터 저 멀리까지 흩어져 있으며, 마치 물에서 또는 수면 바로 밑에서 점점이 피어난 흰 버섯들처럼 보인다. 각 트롬볼라이트의 둘레는 일 년에 1밀리미터 정도씩 커진다. 이것을 만드는 남세균은 광합성을 하는데, 광합성 과정에서 생성된 탄산칼슘 풍부한 분비물이 트롬볼라이트를 구축한다. 트롬볼라이트의 표면에는 소용돌이 모양과 갈라진 틈들이 새겨져 있는데, 이 패턴은 애나마리아가 각 트롬볼라이트들의 차이점을 짚어낼 수 있을 정도로 뚜렷이 구별됐다. 하지만 멋모르는 내 눈에는 다 똑같아 보였다. 계절에 따라, 우기와 건기에 따라 호수의 수면은 높아지거나 낮아지므로 트롬볼라이트 암초가 잘 보일 때도 있고 그렇지 않을 때도 있다. 하지만 호수의 물이 맑다 보니 트롬볼라이트가 물에 완전히 잠겨 있을 때도 관찰자와 가까운 위치에 있는 것들은 잘 보인다. 호숫가 가까운 물속에 흰 베개들이 줄지어 잠겨 있는 것 같은 모습이다.

이곳 담수 트롬볼라이트들은 남반구에서 가장 큰 무리를 이루는데, 호주 정부는 이를 '절멸 위급' 단계로 지정했다. 자연의 힘과 인간이 초래한(주로 부동산 개발과 지구 기후 교란으로 인한) 결과가 복잡하게 얽혀 이들의 미래 생존을 위협하고 있기 때문이다.

애나마리아는 보름달 달빛을 받으면 이 호수와 트롬볼라이트들이 어떻게 보이는지 말해준다. 그리고 오랜 시간에 걸쳐 이곳을 다니면서 따오기와 흰얼굴왜가리를, 줄무늬장다리물떼새와 개구리입쏙독새를 만났던 일도 이야기한다. 한때는 뉴질랜드솔부엉이와 짧은부리검은유황앵무를 비롯해 이제는 여기 없는 몇몇 다른 새들도 이곳에 살았었다고 한다.

빈자레브 사람들은 트롬볼라이트를 워가알 누루크라 부르는데, 이는 "창조의 여신 뱀이 몽환시*에 낳은 알"이라는 뜻이다. 그들의 신화에서 중요한 조언자 역할을 맡고 있는 이 뱀은 빈자레브 사람들이 생각하는 고향 땅의 지리와 떼놓고는 상상하기가 어렵다. 그들은 이 여신 뱀이 자신들에게 살아 있지 않은 세계와 살아 있는 세계 사이의 문지방을 알려주는 스승이라고 말한다.

클리프턴 호수를 떠나며 나는 애나마리아에게 얄고럽 지방을 "번역하고 소개해줘서" 고맙다고 말한다. 그처럼 존중 가득한 마음으로 안내해주는 사람과 호주 전역을 다 둘러볼 수 있다면 얼마나 좋을까.

마크와 나는 마거릿리버 지역, 특히 인도양 해안의 얄링업 부

---

* 호주 선주민 신화에서 신성한 존재들이 자연 환경과 생물뿐 아니라 인간 사회의 규범까지 포함하여 온 세상을 창조한 시간을 가리킨다. 이는 과거에 끝난 사건이라기보다 선주민의 예술, 의식, 전통 등 문화 전반에 녹아들어 현재까지 이어지는 영적 차원으로 여겨진다.

근에서 이틀을 더 보낸 뒤, 몇 사람을 더 만나러 퍼스로 돌아간다. 그들은 풍경화가 한 명과 사진가 한 명, 또 한 명의 미국 작가, 그리고 육로로 북쪽 필버라까지 우리 일행을 데려다줄 안내자 두 사람이다. 필버라는 웨스턴오스트레일리아주에서 북서쪽 귀퉁이에 자리한 지역이다. 여기서 우리는 철광석이 얼마나 어마어마한 규모와 강도로 채굴되는지, 이러한 채굴이 정당하다고 (그리고 합법적이라고) 강하게 주장하는 상업적 광산업이 시골 마을을 어떻게 위협하는지 알게 되며, 이 지역 백인들이 광산업의 급속한 성장을 필연으로 여긴다는 것도 알게 된다.

당혹감과 혼란에 빠진 가난한 필버라 선주민들—와자리인, 바니지마인, 버럽 반도에 남아 있는 자부라라인, 그리고 카리야라인—은 자신들이 느닷없이 고향 땅에서 쫓겨난 일을 설명할 때 "자원 채굴이 우리를 덮쳤다"라고 말한다. 광산 회사 경영자들 가운데 좀 더 사태에 밝고 동정적인 사람들은, 필버라의 선주민들에게 가해지는 부당함과 무자비함이 때로는 한탄스럽지만 그래도 세상—특히 중국—은 더 많은 철강을 원한다고 말할 것이다. 그리고 자신의 집과 가정은 발리나 퍼스에 꾸려둔 채 이 지역을 들락날락하는 (백인) 노동자들, 그러니까 실제로 철광석을 채굴하고 실어나가는 일을 하는 사람들은 지역 주민들이 입는 부수적 피해에 대해서는 그냥 어깨만 으쓱하고 넘길 것이다. 그들은 우리에게 그럴 수밖에 없는 근거를 댄다. 그건 바로 그들이 받는 엄청난 임금이다. "꽤 짭짤하거든요."

차를 타고 퍼스로 올라가는 동안 나는 필버라에서 우리가 목격할 일에 대비할 겸, 마크에게 지리에 관한 생각을 들려달라고 청했다. 그는 지리가 인간 정신에 강력한 영향을 미치는데도 그런 점이 잘 알려지지 않았다고 생각한다. 마크에 따르면, 지리는 인간의 특정한 행동과 행위, 사회제도에 틀을 부여하고 또 촉진하는데, 이러한 지리의 영향력은 시간이 흐르면서 그 장소에 결부된 사람들의 사회윤리를 형성한다는 점에서 도덕적 지리라는 용어를 써도 될 정도로 강력하다. 나는 우리가 필버라에 도착하면 적어도 우리 둘 사이에서는 분명 이 주제가 떠오를 것임을 알았기에, 땅을 기반으로 한 도덕성과 광산업의 무자비한 힘에 관한 이야기의 물꼬를 미리 터놓고 싶었다.

내가 클리프턴 호수를 처음 본 순간 꿈속으로 걸어 들어간 것 같은 느낌이었다고 말하자, 애나마리아는 언젠가 톰 카먼트라는 호주 화가가 자신이 나무를 그리는 것은 "나무들 주변의 빛에 담긴 정서적인 내용에" 관심이 있기 때문이라고 했다는 말을 들려주었다. 나는 그 말에 깔린 지적인 면에 강하게 끌렸다. 그러나 아마도 어떤 사업가들은 카먼트의 이런 생각을 어리석다고, 심지어 사회를 어지럽힌다고 여길 것이다.

마크와 나는 퍼스 공항에서 다른 일행을 만났다. 둘 다 퍼스 교외에 살던 사진가 폴 패린과 화가 래리 미첼, 미국 작가로 대지예술 전문가인 빌 폭스, 그리고 우리를 안내해줄 맥스 웹스터와 캐럴린 카르노프스키였다. 맥스와 캐럴린은 필버라에서 예술가들의 창조적 작업을 지원하는 작은 비영리단체 폼FORM의 직원들이다. FORM은 대규모 광산업이 이 지역에 불러온 사회적 변화들 때문에 발생한 사회적 긴장을 완화할 효과적인 방법 중 하나가 창조적 표현을 권장하는 것이라는 믿음을 갖고, 선주민과 비선주민을 가리지 않고 지역 사람들을 위한 사진, 회화, 글쓰기 워크숍을 지원한다. 또한 로버른에서 갤러리를 운영하며, 산업화가 이곳에 일으킨 사회적 파괴의 패턴에서 벗어날 방법을 찾으려 애쓰는 여러 공동체와 적극적으로 협력한다. 필버라에서 다른 삶의 방식을 찾으려는 FORM의 노력에 진심으로 동참하는 협력자가 있는데, 세계 최대의 광산 기업 중 하나이자 필버라의 산업 기반 시설의 주요 투자자인 BHP 빌리턴 철광석이다.

퍼스에서 탄 비행기는 우리를 광산 마을 패러버두로 데려다주었다. 여기서 사륜구동 차량 두 대를 렌트해 북쪽으로 달려, 카리지니 국립공원 바로 서쪽에 자리한 광산 마을 톰프라이스로 갔다. 여름이 끝을 향해가는 2월 말이지만, 이곳 기온은 매일 섭씨 38도가 넘었고, 가면서 알게 된 건데 습도는 북쪽으로 갈수록 계속 더 높아질 거라고 한다. 우리의 최종 목적지는 인도양과 면하고 있는 댐피어와 포트헤들랜드의 철광석 항구들이다.

원래 나는 혼자서 차를 몰고 호주의 북쪽 해안까지 올라갈 계획이었다. 퍼스에서 북쪽으로 수백 킬로미터 떨어진 머치슨 전파 천문대의 스퀘어 킬로미터 어레이를 보러 가고 싶었기 때문이다. 천체물리학자들은 전통적으로 선주민들이 살았던 그 너른 땅에 심우주 탐사기들을 배치하는 일을 두고 그 지역의 와자리 사람들에게서 동의를 얻어냈다. 이 기술의 목적은 우주의 암흑 물질과 암흑 에너지를 찾아내는 것이고, 부분적으로는 은하를 생성하는 우주 진화의 역학도 더 잘 이해하는 것이다. 이 프로젝트에 참여한 웨스턴오스트레일리아대학교의 물리학 교수와는 이야기를 나눠보았으므로, 이번에는 와자리 야맛지 사람들을 찾아가 그들이 자신들의 땅에 세우도록 허락한 그 장비들의 중요성과 의미에 대해 어떻게 생각하는지 들어보고 싶었다.

안타깝게도 스퀘어 킬로미터 어레이는 설치가 지연되고 있었다. 이 시점에는 내가 퍼스에서 다른 일행들과 합류하기 전에 이 천체물리학 프로젝트에 관해 더 알아볼 수 있을 만큼 일이 충분히 진척되지 않은 상태였다. 그래서 머치슨에는 내년에 다시 오기로 마음을 바꿔 먹었다. 그때쯤이면 전파 안테나들이 잔뜩 포진해 있는 대지를 땅 주인인 선주민들과 함께 걸으며 그들이 암흑 물질 연구를 어떻게 생각하는지 들을 수 있겠지. 그들은 어떤 은유와 이미지로 이 과학자들의 탐구를 이해할까? 그리고 저 백인들이 여기서 뭐 하려고 저런 "워커바웃"*을 하고 있다고 생각했을까?

내가 보고 싶었던 또 한 장소는 패러버두와 퍼스의 중간쯤 잭힐스에 있는, 지명도 없는 외딴 건곡이었다. 당시 그 건곡은

---

* 10세에서 16세 사이의 남자아이가 반년 정도 황야로 나가 혼자 생활하며 어른으로 성장하게끔 만드는 호주 선주민들의 통과의례.

지금까지 알려진바 지구의 가장 오래된 파편을 품고 있었다. 연대 측정 결과 지구가 형성되고 2억 5000만 년쯤 지난 42억 7000년 전의 것으로 밝혀진 작은 지르콘 결정들이었다. 1980년대 중반 이 결정의 존재가 과학 저널들에 발표된 직후에 나는 그곳으로 여행할 계획을 세웠으며, 결국 그 계획은 이루어졌다. 처음 그곳을 방문하고 이십 년쯤 지난 지금은 그곳의 지형이 어떻게 변했을지, 지금쯤은 그리로 들어가는 도로가 건설되었을지, 혹은 그곳에 있던 양 목장 관리자가 호기심 많은 이들의 접근을 차단하기 위해 잠금 문을 설치했을지 궁금했다.

하지만 일단 퍼스에 도착하고 나서는 이 계획 역시 다음으로 미루고 일행들과 함께 패러버두에 가보는 여정을 선택했는데, 이 결정 덕에 나는 애나마리아와 마크와 함께 클리프턴 호수에서 오후를 보낼 수 있었고, 나중에는 마크와 마거릿리버 지역에서 시간을 보낼 수 있었다. 호주의 작가이자 시인인 마크는 퍼스와는 반대쪽 해안에 있는 뉴사우스웨일스주에 살고 있었다.

우리 일행 일곱 명은 해가 뜨기 전에 일어나 톰프라이스에서 출발해 비포장도로를 달렸고, 이 도로는 우리를 카리지니의 심장부로 데려다주었다. 마치 세상이 창조되었던 당시의 습기를 여전히 축축이 머금고 있는 듯한 풍광이었다. 폴은 예전에도 사진 촬영을 하며 이곳 전체를 훑어보았던 적이 있었고, 래리 역시 상당히 많은 부분을 이미 보았다고 했다. 우리는 사막의 깊은 협곡으로 내려갔다가 다시 산을 타듯 빠져나왔다. 좁게 갈라진 틈새인 이 협곡은 우리가 있는 지점에서 북쪽과 서쪽으로 해머즐리산맥의 만만치 않은 고도까지 올라가는 물결 모양 구릉지 사이에 자리하고 있다. 해머즐리산맥은 하얀 수피의 검나무와 황금색 스피니펙스 덤불이 점점이 박혀 있어 화사한 진홍색 방패처럼 보인다. 맑고 투명한 공기를 뚫고 새소리가 들렸고, 하얀 리틀코렐라와 분홍앵무 떼는 우리 머리 위로 너무 가까이 날아가서 그 새들의 날개 속 인대가 삐걱거리는 소리까지 들릴 정도였다.

우리는 잔잔한 연못의 시원한 물속에서 직선으로 내리꽂히는 햇빛은 피하고 20억 년 된 암벽에 부딪혀 반사된 밝은 빛은 즐기면서 수영했고, 몇몇 협곡 바닥을 따라 천천히 흐르는 강물 속에서도 수영했다. 그 오래된 암벽들은 서양자두의 보라부터 헬리오트로프의 보라, 히아신스의 보라와 건포도의 보라까지 모든 색조의 보라색을 품고 있었는데, 시간이 지나며 반사되는 햇빛의 각도가 직각에 가까워질수록 빛이 더 강렬해지면서 각 보라의 색감도 달라졌다.

어느 협곡에 내려가서는 한동안 레드리버검과 위핑페이퍼바크 몇 그루가 뿌리를 내린 좁은 띠 모양의 모래톱에 머물러 있었다. 협곡 양쪽으로 솟은 암벽은 청동빛이 도는 보라색에 간간이 불에 타 검게 변한 부분도 있는 거대한 암석판들로 이루어져 있었고, 보석도마뱀붙이들이 이 암벽을 수직으로 오르내리며 뛰어다녔다. 시원한 모래톱에 누워 바라보니, 협곡 위로 얇은 띠처럼 보이는 푸른 하늘을 가로지르며 금화조 스무 마리 정도가 날아갔다. 부리가 크고 꼬리에는 줄무늬가 있는 밝은 색깔의 참새목인 이 새들은 고등어 떼만큼이나 재빨리 움직인다. 그 기운찬 울음소리가 우리가 누워 있던 협곡 바닥에 도달하기도 전에 금화조들은 시야에서 사라지고 없었다.

우리가 차로 달려온 주홍색 비포장도로 양쪽으로는 언덕이 많은 목초지 평원이 광활하게 펼쳐져 있었는데, 군데군데 우리 중 가장 키가 큰 사람보다 더 높은 흰개미 집들이 솟아 있었다. 붉은캥거루들과 왈라루들은 우리가 탄 트럭들이 갑자기 멈춰서자 잔뜩 경계하며 후다닥 달아났고, 그러면서 해머즐리산맥의 바닥에서부터 솟아오른 가파른 암벽으로 우리의 시선을 이끌었다. 이 지역의 전통적인 주인은 바니지마, 인하왕카, 쿠라마 사람들이다. 그들이 이곳에 자리 잡고 살기 시작한 시기는 3만 년도 더 전으로 거슬러 올라간다. 외부인에게 이 지역은 원시적으로 보일지 모르나, 사실 이곳 지형이 지금의 형태를 갖춘 것은 이 사람들이 택한 수렵과 채집 전략, 그리고 의도적으로 불을 놓는 '불 막대' 경작 덕분이었다.*

맥스와 캐럴린이 우리 다섯 명에게 카리지니를 보여주고자 했던 이유는 우리가 앞으로 여행하게 될 지역에 대한 인식의 기

* 불 막대 경작이란 호주 선주민들이 토지를 관리하는 데 사용한 전통적 방법으로, 막대 끝에 붙인 불로 필요한 부분에 적절히 불을 놓아 숲을 태우는 통제된 소각법이다. 선주민들은 이 방법을 통해 사냥을 용이하게 하고, 더 파괴적인 대규모 산불을 예방하며, 특정 초본 식물들의 성장을 촉진하고, 대지를 효과적으로 관리할 수 있었다. 말하자면 생태계와 인간의 필요 사이에서 균형을 유지하며 수천 년 동안 호주의 풍경을 형성한, 지속 가능한 토지 관리 기술이다.

준선을 설정해주기 위해서였다. 그 지역과 비교하면 카리지니는 사람의 손길이 전혀 닿지 않은 곳으로 보인다. 우리는 카리지니를 떠나 톰프라이스 철도 종착지인 댐피어를 향해 북쪽으로 달렸다. 톰프라이스 철도는 해머즐리산맥에서 댐피어와 포트헤들랜드의 심수항들로 철광석을 실어나르는 철도와 평행으로 달린다. 우리가 카리지니 국립공원을 벗어날 즈음(마란두라는 노천 광산의 네 면 중 세 면이 카리지니와 경계를 맞대고 있다), 분명 사람이 살지 않는 곳으로 보이는 그 땅에서 인간이 건설한 기반 시설의 신호들이 즉각 눈에 들어왔다. 독점적 소유권을 선언하는 울타리, 수도관과 송전탑, 송유관, 통신 기지국 등 물과 전기, 연료, 정보가 흐르는 여러 현대적 도관들이었다. 이런 것들 사이로 2차선 아스팔트 고속도로부터 지도에 한 대의 차량으로 지나가기에는 너무 위험하다는 경고문이 표시된 길들까지, 개량된 길들과 원시적인 길들이 뒤섞여 미로를 그리고 있었다.(그런 위험한 지대를 지날 때는, 돌발적 홍수로 토사가 유실된 곳이나 모래가 흘러내리는 곳을 만날 경우 또는 차축이 파손될 경우에 서로 도우며 대처할 수 있도록 두 대 이상의 차량이 함께 가는 것이 좋다.) 지도에는 출입 제한 지역에 가까이 가지 말라는 경고도 나와 있는데, 이를테면 위트눔 같은 버려진 광산에서는 아직도 공기 중에 떠돌고 있는 석면 섬유를 흡입할 가능성이 크기 때문이다.

우리가 북쪽으로 달리고 있을 때 뒤에서 철광석을 싣고 달려오던 열차가 우리를 추월해 달려갔다. 길이가 어찌나 긴지 지구의 곡선 표면에 길게 늘어선 열차의 앞뒤 끝을 동시에 보는 것이 불가능했다. 이 길을 지나간 열차 중 가장 긴 것은 1993년에 지나간 것이라 기록되어 있는데, 철광석을 실은 화물차 682량을 디젤전기기관차 여덟 대가 앞에서 끌고 뒤에서 밀며 갔다고 한다. 전체 길이가 거의 7킬로미터였고 11만 톤의 철광석을 싣고 있었다. 필버라에서는 이런 열차가 스물네 시간마다 열한 번 정도의 주기로 댐피어 항구와 포트헤들랜드 항구에 도착한다. 이 열차들은 대부분 분쇄된 철광석 약 160톤을 실은 화물차 300량 이상으로 이루어진다. 어두운 황갈색을 띤 철광석 가루 더미는 화물차 안에서 깔끔한 사다리꼴 형태로 다져진 채 꼼짝없이 실려 마치 한 줄기로 이어진 산들처럼 서로의 꽁무니를 따라간다.

톰프라이스 철도 옆 도로를 따라 달리던 우리는 어느 지점에선가 말라 있는 넓은 물줄기를 건넜는데, 그 범람원 양옆에는 경계를 짓듯이 검나무들이 갤러리 숲을 이루고 있었다. 그 순간 우리 오른쪽으로 철광석 열차 한 대가 지나갔다. 그때 왼쪽에서는 선주민 여덟 명이 그 마른 강바닥에 가만히 서서 열차를 뚫어지게 바라보고 있었다. 올이 드러날 정도로 낡은 옷을 입고 소지품을 싼 헝겊 보따리를 들고 있는 이들은 대가족의 일원들인 것 같았다. 스트레스가 심한 시기에는 자신이 태어난 물리적 땅에 직접적으로 친밀하게 닿아 있다는 사실을 심리적 닻처럼 의지하는 사람들, 그리고 그 땅과 떼려야 뗄 수 없는 이야기들에서 삶의 안내를 받는 사람들에게 요란하게 지나가는 열차의 모습은 트라우마를 후벼파는 자극일 것이다. 열차의 존재 자체가 자기 조상들의 땅에 대한 소유권을 빼앗기고 접근권을 부인당한 자신들의 경험을 상징했다. 이것은 호주에서, 미 대륙에서, 티베트 고원에서, 그리고 또 다른 여러 곳에서 아주 오래 이어져온 이야기다. 그런데 지금 이들의 눈앞에서 바로 그 고향 땅 자체가 화물열차에 실려 다른 어딘가로 빼돌려지고 있는 것이다. 기독교인이나 무슬림 또는 유대인에게 빗댄다면, 이는 미 항공 우주국이 달에 숙소를 짓겠다고 예루살렘과 그 도시가 서 있던 땅을 암석 분쇄기로 갈고, 무덤과 사원과 교회와 기도의 벽을 허물어 그것을 이루던 자갈들을 다른 곳으로 운반해가는 것과 같은 상황이다.

톰프라이스 철도를 따라 달리는 동안 우리는 수시로 먼지 폭풍에 휩싸였다. 그 때문에 비포장도로의 왼쪽 가장자리 시야를 확보하기 위해 속도를 늦춰야 했다. 미세한 가루 먼지가 덩어리를 이루며 굴러가서 '황소 먼지'라 불리는 이 먼지 폭풍은 나로서는 호주의 건조한 아웃백 외 다른 어디서도 본 적 없는 종류의 차량이 일으키는 것으로, 이 차가 지나간 뒤로도 먼지 폭풍은 한참이나 꼬리를 남기며 이어진다. 그것은 바로 트레일러 여러 대를 길게 연결해 끌고 가는 전통적인 장거리 견인 화물차 로드 트레인이다. 우리 옆을 지나간 로드 트레인들은 대부분 엔진 윤활유와 연료가 담긴 강철 드럼통, 생활에 필요한 물자, 파이프, 기계류 등의 광산 장비들과 유틸리티 트랙터, 소형 픽업트럭, 소형 불도저 같은 차량들을 운반하고 있었다. 이것저것

섞인 짐들을 평판 트레일러에 싣고 사슬로 묶어 고정해 싣고 가는 것이다. 견인차 한 대 뒤에 이런 트레일러를 네 대까지 연결할 수 있으며, 각 트레일러는 여섯 개의 축 위에서 달리는데 각각의 축은 양쪽에 각 세 개씩 여섯 개의 타이어가 지지한다. 때로는 150개가 넘는 타이어가 먼지구름을 토해내며 도로를 뒤덮는다. 대부분 한 쌍의 크롬 배기 파이프를 장착한 이 견인차들은 차량 조명을 줄 장식처럼 달았고, 전면은 '루 바'라는 크롬강으로 된 그릴 가드로 보호한다. 이는 큰 동물이 차량 정면에 부딪힐 때 그 충격으로 라디에이터가 훼손되거나 차량의 속도가 떨어지는 걸 방지하기 위해 설치한 것이다. 앞창 색유리를 통해서는 깨끗하게 면도한 운전자의 얼굴은 보이지 않았지만, 앞으로 약간 기울인 단호한 자세와 거울 같은 선글라스에 반사된 섬광, 흰색 민소매 티셔츠는 볼 수 있었다.

어느 오후 우리는 점심을 먹으려고 그늘을 드리우는 나무들이 있고 밀스트림이라는 맑고 시원한 유수가 있는 오아시스 같은 곳에 멈춰 섰다. 이곳은 한때 농가의 주 건물이었으며 지금은 밀스트림 치체스터 국립공원의 일부다. 여기서 시작되는 수도관은 100킬로미터 북쪽에 자리한, 오늘날 광산업의 화물 집산지인 댐피어까지 물을 공급한다. 그 전에 댐피어는 (진주가 사라질 때까지) 진주 채취의 중심지였고, 그 전에는 (고래가 사라질 때까지) 포경 마을이었다.

댐피어로 들어가 천천히 그곳 거리를 따라 우리가 묵을 모텔로 이동하는 동안, 그간 가보았던 천연자원—물고기, 나무, 석탄, 희토류, 석유, 다이아몬드 등―을 뽑아내 경제 발전을 이끌어가는 다른 도시들에서도 익히 보였던 특징들이 눈에 들어왔다. 훼손된 풍경 위에 서 있는 고립된 종착역. 누군가 심기만 하고 물은 챙겨주지 않아 시들고 있는 묘목 몇 그루. 특정 건물에 딸린 건 아닌 듯한 잡초밭에 버려진 채 녹슬고 있는 수백만 달러어치의 기계들. 공기 중에는 탄화수소 가스가 섞여 있어 역한 냄새를 풍기고, 숨을 쉬면 머리가 아프다. 곧 무너질 것 같은 집들이 깔끔한 조립식 창고들과 맞닿아 있다. 모텔 주차장에는 담배꽁초와 찌그러진 맥주 캔, 패스트푸드 포장지, 깨진 유리 조각, 옷가지들이 버려져 있고, 땅바닥은 쏟아진 식용유와 엔진에서 뚝뚝 떨어진 엔진오일로 번들번들하다.

모텔에 딸린 바는 담배 연기가 자욱하고 음악 소리가 격렬하게 쿵쿵거리며 귀를 때린다. 몸매를 한껏 드러내며 착 달라붙는 옷을 입은 여자들이 테이블들 사이를 보란 듯이 걸어가고, 그러면 테이블에 무리 지어 앉아 있는 남자들은 마치 자신들이 탄 구명 뗏목 옆으로 상어 한 마리가 지나가고 있는 것마냥 조용해진다. 우리 일곱 명은 맥주를 들고 바깥의 그늘진 파티오로, 에어컨이 없고 후텁지근한 밤의 열기와 습기 속으로 나온다. 더 안전하고, 덜 북적거리며, 덜 긴장된 공용 공간으로.

나는 바 안에 있는 남자들에게 경멸보다는 이상한 애정을 느낀다. 여기 있는 사람들은 다, 자기가 처한 이 환경이 덫처럼 느껴진다고 (다른 사람에게는 들리지 않게) 말할 것만 같다. 집에서는 사랑이 식어버렸고, 갚아야 할 대출이 있으며, 아빠인 자신이야 어쩔 수 없이 이 따분하고 고된 반복 노동에 묶여 있지만 아이들만은 그러지 않도록 자녀의 대학 학비를 저축해둬야 한다. 그는 매일 일하고, 일이 끝나면 그 일이 자기 내면에 가득 채워놓은 분노와 권태를 묻어버릴 마취제를 찾는다.

이들을 고용한 채굴 업계가—정부 규제에서 자유로운 기업들, 막대한 이익률을 집요하게 추구하는 그들의 정책, 이 모든 일을 맹렬히 돌리는 홍콩, 뉴욕, 프랑크푸르트의 주식시장이—수많은 노동자들에게 둘러친 폭력과 절망의 음산한 장막 속으로 더 깊이 들어가볼수록, 여기서 펼쳐지는 세기말적 도덕극에서 누가 진짜 악당인지 판단하기란 더욱 어려워진다.

술에 취했든 멀쩡한 정신이든, 차분하든 그렇지 않든, 분노에 차 있든 정신없이 들떠 있든, 스스로 의식하든 못 하든, 진실은 아무도 이 대혼란의 소용돌이를 멈추는 위험을 진정으로 감수하길 원치 않으며, 우리 모두 그 소용돌이 속에서 살고 있다는 것이다. 내가 댐피어의 바에서 잠시 함께 앉아 이야기를 나눠본 남자들 몇 명은 자신들이 그 철광석 광산에서 이 주 일하고 이 주 쉬며 일 년에 25만 달러를 번다고 말했다. 자신은 죽음을 멀리 따돌릴 것이라고, 길가에서 죽은 사람들은 그저 운이 없었을 뿐 자신이 신경 쓸 문제는 아니라고 생각한다. 그들은 자기가 일에서 얻는 것에 흡족해하고 있다고, 자신들과 같은 입장이 되는 걸 원치 않는 사람이라면 단지 아둔해서 그런 것일 뿐이라 확신한다. 화장실에 갈 때 그들은 카우보이 영화에서 배웠을 법한 거들먹거리는 걸음걸이로 걷는다. 바 의자에 앉아 있을 때도 그들에게는 똑같은 거들먹거림이 보인다. 그들을 보니 호르헤 루이스 보르헤스의 「끝」이라는 단편소설에서 도보 경주를 벌이는 두 남자가 떠오른다. 나란히 붙어서 맹렬히 경주하는 이 남자들은 둘 다 같은 순간에 머리가 날아간다. 쓰러지기 전까지 누구의 몸이 더 멀리까지 가는가에 판돈이 걸린 경주였다.

우리의 안내를 맡은 FORM 직원들은 댐피어에서 맞이한 첫 아침에 우리를 버럽반도로 데려갔다. 이곳에는 거대한 담수화 공장이 있고, 바로 옆에는 인도양 바닥에 깔린 천연가스 파이프라인의 종착지인 석유화학 공장이 있다. (담수화 공장에서 나온 소금을 암모니아와 결합하여 염소가스를 만드는) 이 석유화학 공장과 연계된 질산염 공장도 건설될 계획이며, 이 공장에서 만들어질 폭약은 버럽반도에서 더 많은 땅을 깨끗이 정리하는 데 쓰일 것이고, 이어 그 땅에는 공장과 산업 기반 시설이 추가로 건설될 것이다. 철광석 광산이 앞으로 최소한 사십 년 동안은 자금을 계속 대줄 것으로 예상되므로 이는 경제적으로 수지가 맞는 산업 개발 계획이다.(우리가 댐피어에 도착한 다음 날, 지역 신문에는 최근 필버라 인근 남쪽에서 10억 톤 정도의 철광석 매장지가 새로 발견되었다는 기사가 실렸다.)

FORM 직원들은 우리에게 별다른 의도를 품고 있지 않다. 그들의 유일한 관심은 우리가 작가와 예술가로서 필버라에서 받은 인상을 우리의 사진과 글과 그림으로 표현하면 그 결과물을, 필버라와 필버라 사람들의 운명에 관한 더 나은 대화를 이

끌어내고자 하는 자신들의 기본 목표를 추진하는 데 활용하는 것뿐이다. 그들은 댐피어의 어느 바에서 술 취한 선주민과 술 취한 트럭 운전사가 중요한 게 무엇이며 잃어버린 것과 얻은 것이 무엇인지를 두고 벌이는 주먹다짐 같은 것보다는 더 깊은 깨달음을 줄 수 있는 뭔가를, BHP 빌리턴 철광석의 중간 경영진을 상대로 핏대를 세우는 것보다는 더 나은 대화를 원한다.

누구든 버럽반도의 선주민과 그들의 문화에 일어난 일을 목격하고도 마치 그런 문화적 폭파가 전혀 일어난 적 없다는 듯 그냥 고개를 돌려버린다는 건 정말 이해하기 어려운 일이다. 내 나라 미국을 포함해, 겉으로 번지르르하게 꾸민 역사의 표면 아래 깔려 있는 노예제나 대학살 같은 주제가 나오기만 해도 무슨 명예훼손이라도 당한 듯이 구는 나라가 너무 많다. 여러 학자의 주장에 따르면 버럽반도는 한때 암면 미술이 지구상에서 가장 다양하게 분포하는 지리적 중심지였다. 동물들, 함께하는 사람들, 영적인 드라마, 역사적 사건 등에 대한 수많은 묘사가 한때 이곳의 바위에 존재했다. 이곳은 암면 조각과 암벽화의 오르세 미술관이었다.

그날 아침 댐피어에서 FORM 직원들은 우리를 그 거대한 야외 갤러리 가운데 아직 일부 남아 있는 곳으로 안내했다. 마크와 나는 지금은 멸종한 주머니늑대라는 유대류 동물을 그린, 4000년에서 5000년 된 암벽화와 또 하나의 멸종동물로 꼬리가 납작한 캥거루의 암벽화를 더 자세히 보기 위해 절벽 아래 둥글고 큰 바위들이 쌓여 있는 경사지를 올라갔다. 우리 주변 사방에 수십 개의 또 다른 고대 암벽화들이 있었다. 형상의 다양성과 묘사의 밀집성 면에서 세계 어느 곳도 이 지역에는 대적할 수 없을 것 같다.

개발업자들은 질산염 공장 부지를 개간하기 위해 수백 개의 암면 미술 작품을 불도저로 치우기 시작했다. 그들은 이 반도의 다른 곳에도 선주민 미술이 아직 많이 남아 있다는 말로 변명했을지도 모른다. 이 땅의 전통적 소유주인 자부라라 사람들은 그 불도저들을 멈출 수 없다는 사실을 알게 됐을 때, 최소한 그 암벽화들을 부숴 건물 토대를 만드는 자재로 사용하는 짓은 하지 말라고 요구했다. 그 대신 그 바위들을 일종의 '묘지'로 옮겨두고 주위에 철조망 울타리를 세워, 그렇게라도 그 예술품을 돌볼 수 있게 해달라고. 그들은 그 바람은 들어주었다.

인도양으로 튀어나와 있는 이 반도, 최초의 백인 정착민들이 자부라라 사람들이 마시는 샘물에 계속해서 비소를 풀었던 곳, 그렇게 해도 충분히 죽이지 못하자 그냥 그 사람들을 총으로 쏘기 시작했던 곳에서, 개발업자들은 2만 5000년의 가치를 지닌 암면 예술 작품들을 허물어 다른 건축 폐기물처럼 한곳에 쌓아두고 그 주위에 철조망 울타리를 둘렀다. 마치 무슨 검역소처럼. 그 뒤죽박죽된 바위 더미를 어떻게든 분류하고 정리하는 일은 자부라라 사람들에게 맡겨졌다. 라스코와 쇼베의 동굴에서 벽화를 벗겨내 도랑에 처박아버린 것이나 진배없는 일이었다.

자부라라 사람들은 그 일을 했다. 어떤 조각들은 중장비 없이 옮기기에는 너무 컸지만, 그들로서는 중장비를 구할 수 없었다.

원래도 자부라라 여자들이 보지 말아야 할 그림들과 자부라라 남자들이 보지 말아야 할 그림들은 바닥에 엎어놓았다. 건설 노동자들이 '원주민 포르노'라며 조롱하고 비아냥거렸던, 사랑을 나누는 이미지들은 보이지 않도록 힘겹게 뒤집어놓았다. 차마 질산염 공장을 강제로 바라보게 둘 수 없는 존재들이 담긴 그림들은 다른 쪽을 바라보도록 돌려놓았다.

지역 가이드 두 사람이 우리 일행을 안내했는데, 한 명은 선주민이고 한 명은 백인이었다. 둘 사이에서는 수시로 불꽃이 튀었다. 예를 들어 백인이 어떤 상형문자의 의미를 해석하기 시작하면, 이에 심기가 몹시 불편해진 선주민은 "그건 해석할 수 없는 것이오!"라고 거의 고함을 지르듯 말했다. 그날 오후 내내 두 사람 사이에 흐르는 긴장에서, 우리는 오랜 세월 계속된 '학문적 방법'과 신비에 대한 공경이 충돌하는 모습을 보았다. 선주민 남자는 신비와 불확실성에 여지를 주지 않으면 진정으로 지적인 대화는 있을 수 없다고 느꼈다.

폴은 암면 예술 묘지를 높은 곳에서 촬영하기 위해 근처 언덕으로 올라가고 싶어했고, 나 역시 같은 시야를 확보하고 싶어 폴과 동행했다. "살모사 조심하세요." 가이드 한 명이 우리에게 주의를 주며 이곳처럼 바위가 헐겁게 쌓여 있고 풀이 무성한 곳은 아칸토피스 안타르크티쿠스, 즉 데스애더라는 독사가 좋아하는 서식지라고 일러주었다.

비참하게 뒤죽박죽 쌓여 있는 암면 미술품들을 둘러싼 철조망 울타리는 몇 군데가 아래로 처져 있었는데, 그 지역 백인 아이들이 '더러운' 원주민 미술을 보려고 울타리를 넘어간 지점이 라고 했다. 그날 아침 우리가 올라갔던 암벽의 벽화들 사이에 제 이름과 날짜를 써놓은 게 그 아이들인지도 모르겠다.

이튿날, 우리는 로버른을 가로질러 동쪽으로 달려가 FORM이 운영하는 센터의 선주민 예술가들을 만났다. 호주 선주민 미술의 잘 알려진 특징인, 작은 동그라미로 그리는 특유의 스타일로 작업했지만, 그와 달리 현대적 스타일을 실험하는 이들도 있었다. 어떤 그림들은 대단히 훌륭했고, 우리가 며칠 동안 여행하며 본 풍경들을 묘사했다는 게 분명히 보여서 눈을 뗄 수 없을 만큼 매력적이었다. 몇몇 작품은 철도와 산업 기반 시설, 영구 정착지들이 풍광을 바꿔놓기 전 이곳에 존재했던 장소에 대한 예술가의 기억에서 나온 작품으로 보였다.

우리는 로버른에서 포트헤들랜드로 향했다. 수출하는 자재의 톤수를 기준으로 본다면 포트헤들랜드는 호주에서 규모가 가장 큰 항구다. 북서해안 고속도로를 타고 그곳으로 가는 길에 마크는 그 항구를 바라보며 "모르도르*군"이라고 조용히 읊조렸다.

정말로 그곳은 톨킨의 그 지옥 같은 숲과 어딘지 비슷해 보였다. 철광석 화물차를 뒤집어 컨베이어 벨트의 한쪽 끝에 쏟아

* J.R.R. 톨킨의 『반지의 제왕』에서 사악한 사우론이 지배하는 어둠의 땅으로 악과 산업화를 상징한다. 톨킨이 잉글랜드 중부의 탄광 및 철강 공장 중심지이자 대기오염이 극심했던 블랙컨트리에서 지냈던 경험과 1차 세계대전 당시 서부전선에서 싸운 경험을 바탕으로 창조한 장소다.

뿜는 기계에서 거대한 주황색 먼지구름이 피어올라 도시 상공에 둥둥 떠 있었다. 컨베이어 벨트의 다른 쪽 끝에서도 철광석을 벌크선*에 싣는 과정에서 다시 먼지가 솟아올랐다. 그 도시로 들어갈 때 우리 오른쪽에는 담수화 공장에서 나온 흰 소금이 거대한 더미로 쌓여 있었다. 포트헤들랜드로 들어가는 도로 양옆 땅은 각자 자기 임무를 수행하는 데만 열중한 운전자들이 성급히 돌진하듯 차량을 몰아대는 통에 벌거숭이와 상처투성이가 되어 있었고, 그중 많은 차량이 또 하나의 먼지층을 공중으로 피워 올렸다. 내 호텔 방에는 수돗물이 중금속으로 오염되어 있으니 마시면 안 되며, 같은 이유에서 샤워는 일주일에 한 번만 짧게 하라고 경고하는 안내문이 붙어 있었다.

내게는 마크가 모르도르의 이미지—톨킨이 전 세계 산업화의 필연적 종착점으로 생각했던 이미지—를 언급한 것이 좀 과장되게 느껴졌지만, 그래도 톨킨이 그려낸 산업 발달에 내재한 야만적 폭력성, 그리고 유치한 탐욕을 품고 권력 자체를 위한 권력을 탐하는 사이코패스 사우론의 폭압적 지배가 이곳 풍경의 특징과도 잘 들어맞는다는 점은 인정할 수밖에 없었다. 모르도르는 영국 문학 전체를 통틀어 가장 비인간화된 풍경 중 하나로 꼽힌다. 일단 포트헤들랜드의 커튼—잘 가꾼 잔디밭, 괜찮은 레스토랑, 우리가 묵은 편안한 모텔—을 들추고 그 뒤로 들

* 컨테이너선과 달리 포장되지 않은 화물을 화물창에 바로 싣고 대량으로 운송하는 화물선.

어가보니, 이 도시는 많은 이들이 우려하고 두려워하는 미래처럼 보일 뿐만 아니라, 전 세계에서 마을들을 황폐하게 만들어온 무자비한 욕망과 단기적 이득의 결합을 대표하는 것으로도 보였다.

지구에서 온갖 것을 뜯어내고, 최소한의 반대조차 한심하기 짝이 없는 몽매함이라는 듯 콧방귀를 뀌고, 시장 점유를 위한 싸움에서 남들을 해충 취급하며, 윤리의 나침반도 없이 항해하는 이러한 착취 시스템은 그 유혹적인 힘으로 수천 군데의 착취당한 땅에서 살아가는 사람들을 부인과 낙심과 외로움의 덫에 가둔다. 당신이 자부라라 사람들의 상실감을 마음으로 이해한다면, 현대의 개인들에게는 이윤을 추구하는 삶만이 유일하게 합리적인 소명이라는 악몽 같은 망상의 저류에 휘말린 사람들도 모두 측은히 여겨야 한다.

함께한 여행의 마지막 저녁에 FORM 안내자들은 우리가 항만장과 함께 포트헤들랜드 항구를 둘러보도록 주선해주었다. (매일 매시간이 노동시간인 이곳에서 주택 건설 속도가 노동자들의 급증하는 수요를 따라가지 못한다는 건 우리도 익히 들어 알고 있었다.) 항만장이 다른 방문자들에게는 출입이 허가되지 않는 항구의 여러 구역을 우리에게 보여줄 예정이라고 했다.(내항의 수중 울타리는 상어와 독이 있는 바다뱀들로부터 노동자들을 보호한다. 숨이 막힐 정도로 더운 날이면 사람들이 더위를 식히려 물속에 뛰어들기 때문이다.)

웨스턴오스트레일리아주의 '붉은 황금'인 철광석은 이 주—

그리고 이 나라—에 가장 높은 수익을 가져다주는 수출품이다. 필바라의 철광석 매장지는 1952년에 발견됐다. BHP 빌리턴과 또 하나의 거대 광업 기업인 리오 틴토는 2009년에만 이 항구에서 3억 3000만 톤의 철광석을 실어 내갔으며, 그 목적지는 대부분 중국이었다. 능률을 올리는 자동화 기계와 소프트웨어 프로그램이 사람의 노동력을 대체했다.(항구를 둘러보는 두 시간 동안 내가 본 사람은 배의 선루 그림자 속에서 담배를 피우며 우리를 쳐다보고 있던 갑판원 한 명뿐이었다.)

여기 도착하는 철광석은 포트헤들랜드 남쪽의 광산들에서 온다. 각 적재 차량의 화물은 컨베이어 벨트를 타고 수 킬로미터를 이동해 부두에 도착한다. 거기서 갠트리 기중기가 분당 140톤의 속도로 철광석을 선박의 화물창으로 보낸다. 선박 한 대당 20만 톤 이상이 약 스물네 시간에 걸쳐 선적된다. 우리가 차를 타고 항구를 돌아다니는 동안 여섯 척이 선적 중이었고 다섯 척은 외항에 정박한 채 차례를 기다리고 있다. 빈 철광석 화물선의 평균 흘수는 7.5미터이고, 만재 시 평균 흘수는 16.5미터다. 우리가 항구를 도는 동안 선적 중인 배들은 홍콩에서 온 KWK 이그젬플러호, 일본의 미네랄시코쿠호, 한국의 실버벨호, 노르웨이의 스파리오호, 그리고 파나마에 등록되어 있지만 다른 많은 배들처럼 역시 아시아로 가는 옹가호였다. 마릴룰라호의 선루 전면 벽에는 높이가 2.5미터는 되는 크기의 글씨로 "환경을 보호하라"라고 새겨져 있다.

필버라 투어는 나를 좀 더 겸손하게 만들었다. 많은 사람이 그렇듯이 나도 세상에서 일어나는 경제적 사회적 변화의 규모에 뒤처지지 않기를, 만물이 변화하는 속도를 잘 인지하고 있기를 바란다. 하지만 변화는 우리가 파악할 수 있는 정도의 규모와 속도를 넘어서는 일이 많다. 우리가 시간 여유를 갖고 충분히 대비한 후에야 수평선 위로 떠오르기를 바랐던 일 가운데 너무 많은 것이 이미 우리 삶의 일부가 되었고, 무슨 일이 벌어졌는지 우리가 알아차리기도 전에 이미 우리 삶에 똬리를 틀어버렸다.

항구 투어를 마치고 방으로 돌아온 나는 다른 여러 객실과 함께 쓰는 공용 베란다에 나가 앉아서 버럽반도 쪽 바다 위에서 마지막 태양 빛이 색을 잃어가는 모습을 바라보았다. 암면 예술의 미학에 대한 나의 이해는 보잘것없지만, 나에게 그 바위에 새겨진 예술은 자신이 살고 있는 세계를 이해하려는 인류의 유구한 노력을 생생한 실체로 보여주었다. 내가 본 암각화와 그림문자 대부분은 나에게 세계의 본질에 관한 경이의 감각을 일깨웠고, 동시에 좀 더 미묘하게는 인간이란 자신의 운명을 통제할 수 없는 존재라는 이해, 어떤 근본적인 방식에서 인간에게는 그럴 힘이 없다는 이해를 안겨주었다. 어쩌면 바로 이런 이해로부터 막강한 영향력을 지닌 신들이 존재하며 그 신들에게 호소할 수 있다는 관념이 생겨났을 것이고, 또한 정반대로 사람은 자신의 운명을 통제할 수 있다는, 그리고 어떤 경우에는 타인의 운명도 통제할 수 있다는 관념도 생겨났을 것이다.

많은 사람이 암면 미술은 기법이 어설프며 바탕이 되는 관념들이 투박하다는 점에서 '원시적'이라고 생각한다. 여기서 한 걸음만 더 나아가면, 자신의 힘은 제한적이고 운명은 자신이 통제할 수 없다는 감정은 '원시인'의 두려움일 뿐, 정교한 기술이 그 두려움을 시대에 뒤떨어진 것으로 만들어버렸다고 믿게 된다. 하지만 전 세계의 사람들 대다수가 자신의 운명을 자신이 통제할 수 없다는 걸 매일같이, 때로는 몹시 참혹하게 깨닫는다. 평범한 사람들 대부분의 운명을 결정하는 것은 주로 기업을 운영하는, 상대적으로 소수인 사람들이 설계한 사회적 경제적 변화들이다.

내 경험에 따르면, 권력을 쥔 사람들은 그중 가장 점잖은 사람조차 결국 자신이 가장 잘 안다고, 자신의 경험과 교육, 직관, 본능이 자신에게 권위를 부여한다고 믿는다. 자이푸르와 상파울루의 빈민가, 미들랜드 주변 텍사스 유전의 황폐한 풍경, 탄소로 가득한 베이징의 공기, 늦여름 해빙이 사라진 북극해를 기억하는 나는, 아마도 그들이 제일 잘 안다는 건 틀린 생각일 거라고 반박할 수밖에 없다.

필버라에 가기 수년 전 언젠가, 가이드를 따라 구석기의 갤러리라 할 수 있는 북부 스페인의 알타미라 동굴에 가볼 기회가 있었다. 나는 이 갤러리를 홀로 차지한 채 마들렌기 크로마뇽인들의 상상력과 함께 반나절을 머물렀다. 그들의 작품과 함께 긴 시간을 보내고 나왔을 때, 나는 이 사람들의 인간성—용기와 사랑, 혁신, 경탄할 줄 아는 역량, 1만 4000천 년 전 칸타브리아

해안에서 서로를 부양했던 그들의 능력—을 분명하게 의식할 수 있었고, 깊은 경외감에 시간 감각마저 잃을 정도였다. 동굴 입구에서 조금 떨어진 절벽 가장자리에 서서 시골이라 할 수 있는 산티야나델마르 마을의 2층짜리 스투코 주택의 뜰과 가축우리를 내려다보았다. 동굴 안에 그림을 그린 예술가들의 삶과 여기 작은 땅뙈기—줄지어 자라는 옥수수, 닭들이 돌아다니는 마당, 염소, 지주를 타고 자라는 포도나무, 과실수—를 차지하고 살고 있는 이 사람들의 삶 사이에 시간 차이가 전혀 존재하지 않는 것 같았다. 나는 두 무리의 사람들 모두 똑같은 것을 원했을 거라는 생각, 서로에 대한 의리와 공평한 관계를, 세계의 신비함에 대해 열린 마음을, 때때로 빠르게 뛰는 심장을, 사랑을 주고받을 수 있는 능력을 원했을 거라는 생각을 하며 흐뭇해했다.

그날 저녁 베란다에서 버럽반도의 파괴된 갤러리들을 바라보다가 떠올린 알타미라에 대한 이런 생각들은 다시 꼬리를 물고 내 새아버지의 가족에 관한 생각으로 나를 이끌었다. 그 가문에서 조상 대대로 내려온 집은 알타미라에서 해안을 따라 서쪽으로 200킬로미터 떨어진 쿠디예로라는 마을의 언덕 위에 자리하고 있었다. 높은 담장 뒤에 격식을 갖춘 예배당과 넓은 나무 정자와 정원, 육중한 대문이 있는 그들의 저택 카사델인디오에서 늘 내가 느낀 건 과도한 부와 냉담함이었다. 그 사람들과 그 가족들에게 우월감을 느끼지는 않았다. 그들의 신은 그들이 아메리카 대륙에서 인디오들을 살해하는 걸 허락했고, 그들의 부는 자기들과 같은 믿음을 지닌 이들의 부러움을 샀지만, 나는 다른 길, 덜 폭력적이고 덜 냉담한 길을 원했다. 수십 년이 흐르는 사이 나는 현재 우리 다수가 공유하는 길, 그러니까 자기실현과 자기 확장의 길이 결국에는 착취의 끝에 도달해 우리를 좌초시킬 것이라고, 그리고 거기서 우리 대부분은 빈손으로 서 있게 되리라고 생각하게 되었다. 그리고 우리가 부당한 착취를 통해 얻어낸 것 가운데, 마들렌기의 그 알타미라 사람들이 이미 갖고 있지 않았던 것이 과연 무엇이란 말인가?

우리가 로버른의 선주민 센터를 방문했을 때, 나는 로린 샘슨이라는 서른일곱 살의 여성 선주민 예술가를 만났는데, 로린은 그 센터에서 가장 실력이 뛰어난 화가 같았다. 듣기로 로린은 살면서 일찌감치 적잖은 개인적 고난을 겪었지만, 이제는 다른 데, 그러니까 FORM의 도움으로 세운 자신의 목표들에 집중하고 있다고 했다. 로린은 내게 필버라의 상황에 반응할 더 나은 방식을 찾아내도록 사람들의 상상력을 열어젖히는 데 자신의 창조적 에너지를 쓰고 싶다고 말했다. 더 이상의 절망이나 분노는 원치 않았고, 이곳 사람들에게 덫에 걸려 있다는 느낌을 부추기고 싶지도 않았다. 로린은 미술을 바라보기의 한 방식이자 세계 속에 존재하는 한 방식으로 가르쳤다. 그는 로버른 아트센터에서, 그리고 남성 재소자 중 90퍼센트에서 95퍼센트가 선주민인 로버른 지역 교도소에서 강사로 활동하고 있었다.

로린은 자신의 풍경화 여덟 점 내지 열 점과 짝을 이루는 선언문을 작성해두었는데 그중 몇 편은 아트 센터의 벽에 붙어 있었다. 철자가 틀린 단어들과 문어보다는 구어로 쓰인 로린 특유의 문장 구성, 특이한 방식으로 구두점을 찍은 문장들로 된 그 글들은 작품에 대한 설명이라기보다 그림들을 이어가는 작품의 일부였다. 빌 폭스와 나는 로린과 네댓 명의 다른 선주민 여성이 작품 활동을 하고 있던 작업실에 딸린 방에 앉아서 로린이 쓴 선언문 대여섯 편을 서로 넘겨주고 넘겨받으며 읽었다.

한 선언문에서 로린은 이렇게 썼다.

> 나는 매일 나의 몽환시에 땅들이 나한테서 멀어지며 둥둥 떠가는 걸 본다. 나는 멈추우라 울부짖고[,] 당신들은 내 사람들의 심장을 뺏아가고 있다. 이 땅은 우리가 가진 것[,] 당신들과 내가 서로 문화에 관해 배우어야 할 앎의 땅이다. 우리의 아이들이 와서 저희의 아이들에게 위대한 지식의 땅들에 관해 가르칠 것이다. 지금 내 눈에 보이는 것이 나를 아프개 한다[.] 우리한테는 딛고 설 단단한 땅이 하나도 없고, 우리 사람들이 달러를 받고 한 일에 대한 수치심 땜에[,] 내 눈에서 흘러내리는 눈물뿐이다. 이 땅을 봐라[.] 이제 기차들이 이 지혜롭고 오래된 땅의 풍요를 데리고 밤낮으로 오간다 […] 둘러봐라[,] 광업이 그 땅에 한 짓이 그 사람들에게 상처 입힐 것이니. [그들은] 오래전 우리 조상이 암벽 미술을 창조한 [그] 지혜의 땅을 파괴하도록 광업에게 호락하지 말[았]어야 했다.

포르투갈의 브라질 지배부터 프랑스의 알제리 지배까지 식민 지배의 뒤에 자리한 사악함은 물질적 부와 경제적 지배의 추구를 비판하는 수많은 현대의 반식민주의 저술을 낳았다. 신세계에서 그러한 비판은 바르톨로메 데 라스 카사스와 함께 시작되어 에두아르도 갈레아노와 줌파 라히리 같은 작가들에게까지 이르렀다고 할 수 있다. 식민주의의 인종 정치와 민족적 국가적 예외주의에 대한 수 세기에 걸친 격한 분노는 식민지 확장의 핵심에 자리한, 인간 생명에 대한 문화적 무지와 냉담함에 대한 유려한 비판을 낳았다. 이러한 착취와 부당한 이윤 추구에 대한 비판은 세계적 관심사로서 그 중요성을 평가절하당하고 있으니, 이는 그 비판의 논리가 권력 쥔 자들을 불편하게 만들기 때문이다.

반식민주의 저술은 식민지 역사의 부당함을 되돌아볼 뿐만 아니라, 오늘날 훨씬 더 중요하다고 할 수 있는 질문에도 주의를 기울인다. 그것은 바로 우리는 무엇을 할 것인가 하는 질문이다. 요컨대 기후가 변화하고 인구가 80억을 향해 치달으며 태평양이 점점 더 산성화되고 캐나다의 오일샌드에서 제트 연료를 뽑아내는 데 점점 더 많은 담수가 투입되는 동안, 우리에게 무슨 일이 일어날 것인가 하는 질문.

사회 및 환경에 가해진 해악의 상당 부분에 대해 '터보차저를 장착한' 자본주의가 극악무도한 원흉으로 수시로 지적되기는 하지만, 하이퍼 자본주의를 제거하는 것이 핵심 질문에 대한 답은 아닌 것 같다. 그 핵심 질문이란, 우리 인간은 왜 서로에게 그토록 참혹한 해를 입히는가다. 달리 표현해보자면, 인구 규모와 오염되지 않은 담수 같은 필수 자원의 부족 같은 요인이 작용하고 있는 현재 상황을 고려할 때, 우리의 불화를 일으키는 근본 원인은 무엇인가?

영어로 쓰인 글이든 영어로 번역된 글이든 세계 여러 곳에서 나온 반식민주의 저술을 읽으면서 내가 느낀 것은, 어떤 길이 더 바람직한 미래로 이어지는가에 대한 서로 다른 의견들은, 공적인 삶과 기업의 삶에서 감정이입을 얼마나 중요하게 보느냐의 차이라는 것이다. 안타깝지만 한쪽에는 발전, 수익성, 소유권, 시장지배, 소비 같은 자본주의의 이상이 자리하고 있다. 다른 쪽에는 경제체제의 이상이 아니라 사회적 조직 체계의 이상이 있다. 현대에 이 이상을 가장 대표적으로 보여준 이들은, 비록 개인적으로 완전무결하지는 않더라도 관용, 아름다움에 대한 존중, 전쟁보다 화해에 대한 선호, 연민을 대표하는 상징적 인물이 된 사람들로, 마틴 루서 킹 주니어 목사, 14대 달라이 라마, 마하트마 간디, 데즈먼드 투투 명예 대주교, 넬슨 만델라, 테레사 수녀, 오스카 로메로 대주교 등이다.

이런 사람들이 계속해서 던진 질문은, 세상에 왜 이토록 많은 고통이 존재하는가였다. 그들은 각자의 방식으로 불관용과 불의, 민족적 국가적 예외주의가 낳은 고통을 어떻게든 해결하려 애썼다. 이런 길을 가는 것은 언제나 힘든 일이다. 사람들 대부분이 그런 이상을 지지하지 않아서가 아니라, 그 이상을 실행하는 일이 극도로 어려운 탓에 냉소적인 시선으로 그 일을 바라보게 되기 때문이다. 수압 파쇄가 사회, 경제, 환경에 초래하는 피해를, 혹은 강대국 지위를 되찾기 위한 러시아의 공격적 시도를 고려할 때, 우리는 경제 또는 정치 측면의 단기적 이익을 추구하느라 사람들이 계속 비참해지도록 방관하는 것이 고질적인 시스템 문제는 아닌지 숙고해봐야 한다. 어쩌면 인류가 처한 문제의 실제적 원인은 유전적인 것인지도 모르겠다. 한편, 남들의 권리를 빼앗고 그들의 삶에 큰 변화를 일으킬 수 있는 권력자 다수는 이런 문제를 해결하려는 시도들을 계속해서 조롱하고 의심하며 거만하게 묵살한다.

소수의 몇 명이 자기가 원하는 요트를 소유하기 위해 수천 명을 굶어 죽게 하는 것도 애석하기는 하지만 결국에는 다 괜찮은 일인 모양이다. 수천 명이 폐암으로 죽어도 담배 회사가 수익을 올릴 수만 있다면 자신들의 범죄를 증명하는 증거는 감춰도 괜찮은가보다. 중국이 브라마푸트라강 지류에 댐을 지어 방글라데시로 가는 담수의 흐름을 막아도 중국에서 부유한 중산층을 키우는 데 도움이 되면 괜찮은 모양이다.

처음 호주를 여행하기 시작한 1980년대에 나는 인류의 운명이라는 문제를 이해해보려 애쓰고 있었다. 당시 호주가 세계의 특정한 문제에서 중심을 차지하고 있어서 그랬던 것은 아니고, 내 마음을 불편하게 하던 것이 무엇인지 그 전체적 윤곽을 좀 더 분명히 알아보기 시작한 것이 이 시기였을 뿐이다. 지평선 위로는 잔뜩 흥분한 말에 올라탄 묵시록의 기사들이 혼란스레 들썩거리고 있는 모습이 아주 분명히 보이는데, 앎의 다른 방식들을 논의하려는 노력은 왜 그렇게 적었을까? 너무나 많은 사람의 운명을 결정할 논의 석상에는 왜 대부분 잘 차려입고 공식적 교육을 받았으며 경제력이 탄탄하고 연줄이 좋은 백인들만 초대되었을까? 이를테면 사미인과 마푸체인, 오논다가인, 이뉴피아트인, 누에르인, 쿠쿠얄란지인 같은 전통적 선주민의 어른들은 왜 거기 초대하지 않은 걸까? 이들은 지성만큼, 어쩌면 지성보다 더 지혜에 가치를 두는 사람들이며, 전통적으로 자기 개인이 아니라 집단의 운명을 더 걱정하는 사람들이다. 그들이 충분히 세속적이지 않아서였을까? 세상에 너무 알려지지 않았기 때문일까?

한번은 호주 노던 준주의 해안 도시 다윈에 가서 한 무리의 인류학자들이 자기들끼리 논문을 발표하는 것을 들었다. 이 사람들은 탄자니아의 하드자인과 웨스턴그린란드의 이누구이트인 같은, 세계에 마지막으로 남은 소수의 수렵 채집인들의 문화를 연구하고 있었다. 그들은 정기적으로 모여 자신들이 알고 있는 것, (더 겸허하게 말한다면 그들이 안다고 생각하는 것을) 서로 나눴다. 나는 사흘 동안 예순 번의 발표를 들었고, 그곳을 떠날 때는 구체적 사실들을 많이 알게 되었다. 또한 예컨대 가족 구성원을 먹여 살리는 일이라는 복잡한 개념을 모든 사람에게 맞는 단 하나의 문장으로 요약하려는 시도가 얼마나 위험할 수 있는지에 대해 또 한 번 경고를 들었다는 느낌도 들었다.

다윈에서 열린 국제 모임에서 만난 이들 중에는 나중에 친구가 된 호주 인류학자들도 몇 명 있었다. 이후 나는 노던 준주로 다시 가 그들과 함께 여행했다. 그들은 내게 왈피리인, 어렌더인, 핀투피인, 루리차인, 피찬차차라인을, 그리고 세계와 현실에 관해 완전히 일치한다고 볼 수는 없는 그들 각자의 생각을 소개해주었다. 나는 그들과 함께한 경험을 감사히 여기고 깊이 음미했지만, 내 고향 미 대륙에 사는 에스키모인들이나 아메리카 선주민들과 있을 때도 그랬듯이, 그들과 나의 자리를 바꾸고 싶다는 마음은 한 번도 들지 않았다. 내가 정말로 알고 싶었던 것은 내가 보기에 아주 빠른 속도로 파괴의 길을 달려가고 있는, 내가 속한 사람들의 무리에게 유용할 만한 어떤 지혜를 그들에게서 배울 수 있지 않을까 하는 것이었다. 나는 그 누가 되었든, 어떤 특정 종교에도 속하지 않은 신의 언어를 말할 줄 아는 사람을 찾고 있었다.

일 년 뒤에는 또다시 호주로 가서 그레이트배리어리프에서 다이빙을 하고 그곳의 대체로 온화한 파도와 열대어들의 강렬한 색채와 물의 투명함과 산호초의 광활함에 나를 푹 담갔다. 아무리 절박한 절망의 소용돌이가 몰아치더라도, 아무 의도도 제한도 없는 아름다움이 언제나 우리를 에워싸고 있다는 걸 다시금 되새기기 위해서였다. 평소에 거의 생각하지 않는 것들과 가능성들을 상기하고 싶을 때는 이런 아름다움의 영역으로, 알렉산드라피오르 저지와 로카레돈다, 달빛이 내리는 빅토리아 폭포로 들어가기만 하면 됐다. 그러고 나서 너는 다시 클리프턴 호수로 여행할 수 없는 사람들, 하이악틱의 여름 오후 투명한 공기 속에서 경계심이라곤 없는 카리부를 보고 있을 수도 없고, 사람을 차분하게 진정시켜주는 열대 해분의 바닷물 속에서 수천 개의 색색 가지 작은 조명들처럼 깜빡이는 생명들의 전시회를 볼 수도 없는 사람들의 세상으로 돌아간다.

이런 것들을 보고 있을 때 너는 이걸 일부라도 집으로 좀 가져가야 한다고 느낀다. 네가 발견한 것은 너의 것이 아니라 우리의 것이기 때문이다.

호바트의 한 문학 축제에 연사로 초대받았을 때, 축제 기간에 나를 안내해줄 사람이 피터 헤이 씨라는 말을 듣고 나는 그의 시를 찾아 읽기 시작했다. 그의 시구에 담긴 진실성에 존경심을 느꼈고, 그의 태즈메이니아 말투에 매혹되었다. 함께 포트아서에 가면 어떻겠느냐고 물으려 전화했을 때, 나는 그에게 권력을 쥔 자들이 자신과 생각이 다른 사람들을 모욕하고 벌주는 일이 왜 그렇게 많이 일어나는지 이해하려 노력 중이라고 말했다. 어쩌면 내가 원했던 것은 내 나라에서는 너무 묻혀 있는 서구 역사의 한 단면을 내 눈으로 보는 것이었는지도 모르겠다. 그리고 예컨대 계급 차이 같은 것이, 부자와 빈자의 강경한 분리가 어떻게 사람들에게 포트아서 같은 '해결책'이 정당하고 건전하다고 믿게 만드는지도 생각해보고 싶었다. 피트는 내가 포트아서를 어떻게 생각하게 되든 그 장소의 본질을 파악하는 일은 호주인으로서 존재한다는 것의 의미를 이해하는 데 큰 도움이 될 거라고 말했다.

호주인이라는 것이 의미하는 바를 내가 이해할 수 있을 거라고는 기대도 할 수 없었지만, 그가 내게 그 의미를 스스로 생각해볼 자유를 허용해준 것 같아 고마웠다. 18세기에 포트아서로 실려 가는 것은 단순히 추방당하는 일이 아니었다. 그것은 심각한 처벌을 받는 일이었고, 또한 그 처벌을 통해 교정되리라는 기대도 있었다. 영국 의회는 포트아서에서 가치 있고 자족적인 상업적 무역 사업을 창출할 수 있을 거라고, 이 유형 식민지를 운영함으로써 수익을 올릴 수 있을 거라고 믿었다. 그들은 자기네 사회의 '쓰레기들'을 교정하도록 그곳을 운영하자고, 교정의 방법은 공개 태형, 장기 독방 감금, 중노동, 기독교적 삶의 훈계로 하자고 제안했다. 물론 어리석은 생각이었지만, 의회는 그 방법이 효과가 있을 거라고 생각했다. 일이 어떻게 풀리든, 주판알만 잘 굴리고 자세한 내막에 대해 입을 다물기만 한다면 그 실험으로 의회가 손해볼 일은 별로 없었다.

이것은 오래된 이야기다. 이런 일은 다양한 양상으로 여러 곳에서 벌어졌다.

그리하여 어느 4월 아침, 나는 피트 헤이와 함께 그 실험이 몰고 온 여파를 살펴보러 포트아서로 갔다. 우리는 호바트에서 출발하여, 포레스티에 반도와 태즈먼반도를 연결하는 좁은 지협인 이글호크넥으로 갔다. 거기서 그 역사 유적지까지는 20킬로미터 정도밖에 안 됐다.

이글호크넥을 보면 순식간에 거기가 어떤 곳인지 감이 잡힌다. 이 유형 식민지가 운영되던 시절, 포트아서 당국은 이곳에 개들로 감시선을 만들어 북쪽으로 탈출을 시도하는 죄수들을 공격하고 물어뜯게 했다.(포트아서의 기결수 중 감방에 감금된 이들은 절반도 안 됐다. "좋은 태도를 보이고 일을 잘함으로써" 계층 사다리를 올라가라는 부추김을 받은 나머지 사람들은 태즈먼반도를 자유롭게 돌아다니며 벌목과 석탄 채굴, 철도 부설, 건물 건설 일을 할 수 있었고, 노력을 통해 이 유형지의 계층 구조에서 더 특권이 있는 위치로 올라가려고 서로 경쟁했다.) 1837년에 화가 하든 멜빌은 감시선의 개들에 대해 이렇게 썼다. "흰 개, 얼룩 개, 회색 개, 무시무시한 개, 험악한 개, 귀가 잘린 개, 귀가 긴 개, 여윈 개, 험상궂은 개[들이 지협과 그곳 염습지에 세워둔 목재 플랫폼에 쇠사슬로 묶인 채 서 있었다]. 이 개들 가운데 발이 네 개고 검은 송곳니가 있는 개라면 어느 품평회에 나가도 추함과 포악함으로 1등을 차지했을 것이다."

원래부터 성질이 포악했던 이글호크의 개들은 두 마리가 동시에 한 사람을 공격할 수는 있지만 서로 사슬이 꼬이지는 않을 정도의 간격을 두고 배치되었다. 조련사들은 개들이 광포하고 성미가 사나운 상태를 유지하도록 먹이와 물, 애정을 주지 않음으로써 학대했고, 이렇게 대함으로써 말할 것도 없이 개들이 더 미쳐 날뛰도록 부추겼다. 개들이 지쳐서 나가떨어지면 총을 쏘아 죽였다.

포트아서에 갇힌 재소자들은 전반적으로 "무지하고 어리석으며 복수심이 강하고 억세고 퉁명스러우며 교활하고 도벽이 있고 잠시도 가만히 있지 못하며 반항적이고 게으르다"고 여겨졌다. 교도소 운영자들은 재소자 개개인의 성격을 개선하기 위해, "영리하고 똑똑하고 명랑하고 느긋하며 단순하고 깔끔하고 복종적이고 근면하고 충실한" 사람으로 만들기 위해 런던의 펜턴빌 교도소에서 사용하는 시스템을 기반으로 한 재소자 교정 계획을 실시했다. 포트아서의 모델 감옥 재소자는 각자 독방에 격리 감금되었다. 그들에게는 말하는 것, 간수와 눈을 마주치는 것, 무엇이든 귀에 들리는 그 어떤 소리를 내는 것도 허용되지 않았다. 모든 재소자와 간수는 발소리도 나지 않도록 슬리퍼를 신는 것이 필수였다. 예배에는 의무적으로 참석해야 했으며, 각 재소자는 예배당 내 각자 자신의 작은 공간에 배치되었다. 하루에 한 시간 운동하는 것이 허용되기는 했지만, 교도소 마당에서 어떤 재소자도 다른 재소자에게 5미터 이내로 다가갈 수 없도록 그들의 몸을 밧줄로 묶었다. 모든 재소자는 챙이 있는 모자를 써야 했고, 다른 사람의 얼굴을 보는 것을 막기 위해 감방을 나서는 즉시 챙을 내려야 했다. 그들은 익명성, 탈개성화, 침묵이 각 개인의 내면에서 인격 교정으로 나아가는 길을 깨닫고 받아들이려는 욕망에 불을 붙일 거라고, 그 깨달음의 "신성한 불꽃"이 일기 적합한 환경을 제공할 거라고 믿었다.

역사가들은 후에 이 교도소 부지에 정신병원을 짓기로 한 결정이 모델 감옥에 사는 동안 정신이상으로 치달은 재소자들이 너무 많아진 결과라고 믿는다. 포트아서가 공식적으로 더 이상 교도소로 사용되지 않게 된 1877년에, 이곳에 수용된 사람들은 대부분 정신 질환자, 빈민, 가족도 갈 곳도 없는 사람들이었다.

포트아서에서 꼭 답을 찾아야 하는 질문은, (어린이를 강간한 사이코패스에게, 지나치게 주장이 강한 퀘이커 교도에게, 아홉 살 난 좀도둑에게) 왜 하필 추방의 형벌을 내렸는가가 아니라, 그들을 그토록 가혹하게 처벌한 이유가 무엇인가다.

18세기 잉글랜드에서 추방은 대규모로 사용된 사회공학적 도구였다. 왕실이 제일 먼저 추방자들을 보낸 "지옥 같은 지역"은 아메리카 식민지였으며, 미국 독립전쟁으로 이 관행이 끝나기 전까지 이곳으로 보내진 죄수는 5만 명이 넘었다. 이후에는 템스강에 정박해둔 폐선들에 죄수들을 가두었다. 그곳에 더 이상 공간이 남지 않자 죄수 이송 제도를 실시했고, 처음에는 호주의 남동해안으로 죄수들을 보냈다. 1787년에 759명을 실은 첫 이송 함대가 포츠머스에서 출항해 보타니베이 바로 북쪽에 있는 포트잭슨으로 향했다.(1860년대에 이르자 대영제국은 몰타의 코라디노부터 바베이도스의 글렌데어리, 태즈메이니아의 포트아서까지 이런 유형 식민지를 서른다섯 군데나 운영하고 있었다.)

전반적으로 죄수 이송 제도를 적극적으로 추진한 바탕에는 이 유형 식민지들이 자급자족하는 식민지가 되어 국가에도 어느 정도 수익을 제공해주리라는 기대가 있었다. 유형 식민지는 다루기 어려운 죄수들을 실제로 교도소 건물에 격리해두는 기능도 할 터였고, 이 정착지들에서 모델 감옥 같은 교정 실험도 할 수 있을 거라는 기대도 있었지만, 동시에 이 유형 식민지들을 전략적 목적에도 유용하게 쓸 계획이었다. 재소자에게는 대장간 일, 술통 제조, 인쇄, 재봉, 목공, 농사 같은 직업교육을 할 터였다. 우물을 파서 필요한 물을 조달하고, 자기들이 먹을 식량을 재배하고, 태즈먼반도에서 수송 기반 시설을 건설하는 일도 시킬 계획이었다. 특별히 선별된 죄수들은 가족과 함께 이송하고, 또 다른 이들에게는 형기를 마친 다음 거기서 결혼해 아이를 갖고 그 지역에서 하인이나 노동계급의 일을 하도록 지도할 터였다. 또한 죄수들과 별개로 유형 식민지 관리자들로 고용되어 벌목업과 광산업의 기틀을 세우고, 해운 시설을 건설하고, 수출 기반 시설을 마련할, 교육받은 계층의 "품성 좋은" 자발적 이민자들을 돕는 일도 죄수들에게 맡길 생각이었을 것이다. 이렇게 교정된 죄수들과 자발적 이민자들이 함께 유형 식민지를 둘러싼 외딴 지역까지 문명을 확장하고 그 땅들을 경작하고 개선할 터였다.

이런 전략을 호주 같은 '무주지'(법적으로 아무에게도 속하지 않은 땅)에 문명 생활을 정착시킬 기발하고 효율적인 방식이라 여긴 사람들도 많았지만, 모든 죄수가 그 계획 뒤에 숨은 의도를 파악하리라 기대할 수는 없었다. 그들을 계몽하려면 그 비전에 반드시 순응하도록 어느 정도의 규율이 필요했다. 영국은 규율에 필요한 구타와 채찍질, 모욕을 가하는 일이 취향에 잘 맞는 또 한 부류의 시민들을 불러다 그 임무를 맡겼다.

이송 교도소 제도는 오만하고 부도덕하며 어리석었고, 거기서 행해진 부당 행위들은 이송 교도소 내에서 거의 끊이지 않는 반란을 촉발했다. 오늘날 일부 호주인들이, 실제로 다수가 범죄자였음에도 이송 교도소의 유명한 반란자들에게 심정적으로 동조하는 이유는 그들이 잔인한 계급 차별 시스템에 도전하려 한 개인들이었기 때문이다. 그들이 공격한 것은 모든 사람에게 삶의 특정 위치를 자의적으로 배정하고, 각 개인의 미래의 형태까지 명령으로 정해버린 자들의 오만함이었다. 그런 오만한 결정에서 해방되고 싶은 죄수들의 갈망에 불을 붙인 것은 배경과 상황은 달랐어도 미국 독립전쟁과 프랑스혁명을 촉발한 격분과 똑같은 감정이었다.

이송 교도소 제도의 멍에를 거부한 이들 중 가장 주목할 만한—어떤 사람들에게는 영웅적인—사람으로 메리 브라이언트라는 "영리하고 똑똑하며 부지런한" 여성이 있었다. 자신을 복종시키려는 자들의 손아귀에서 가족과 함께 탈출하겠다는 브라이언트의 결의와 저항은 많은 현대 호주인들에게 부당한 세계에서 자신의 길을 스스로 확립하려는 의지를 상징한다.

메리 브라이언트(결혼 전 성은 브로드)는 어떤 나이 많은 여성을 공격하고 지갑을 빼앗은 일로 유죄판결을 받았다. 처음에는 교수형이 선고됐지만 후에 호주 포트잭슨으로 이송되었고 거기서 동료 기결수이자 미래의 남편인 윌리엄 브라이언트를 만났다. 포트잭슨에서 살아가는 모든 사람—재소자, 간수, 영국인 이민자, 다양한 직원과 행정가—의 생활 환경은 처참했다.(조지프 뱅크스 경은 의회에 호주의 남동해안을 이송 교도소 부지로 추천할 때, 과거에 대한 미화된 그리움* 때문인지 그 땅이 물이 풍부하고 경작에 적합한 곳이라는 식으로 말했다.) 그곳에서 브라이언트 부부와 어린 두 자녀 이매뉴얼과 샬럿은 제한적인 배급 식량, 부족한 물, 고된 노동까지 최악의 환경에 시달렸다. 1790년 9월 26일 밤, 브라이언트 가족과는 무관한 기결수 다섯 명이 용케 보트 한 대를 훔쳐 항해에 적합한 채비를 갖추었다. 그들은 그날 밤 바다로 나가려 하던 중 붙잡혀 다른 수감자들이 보는 앞에서 무자비한 처벌을 받았다. 그렇지만 그들의 시도는 브라이언트 부부와 친구 몇 사람의 마음을 움직였다.

교도소 당국은 브라이언트 부부가 탈출을 계획할지도 모른다고 의심했지만, 무슨 이유에선지 아무도 그들을 엄밀히 감시하지는 않았다. 윌 브라이언트는 (1770년에 쿡의 2000마일 조사를 기반으로 한) 해안 지도를 훔치는 데 성공하고 나침반도 구했다. 메리는 식량과 물을 몰래 비축하고, 남편과 함께 뱃사람의 기술과 항해 경험이 있는 죄수 몇 명에게 함께 탈출하자고 설득했다.

1791년 3월, 아직 달도 뜨지 않은 어느 저녁, 그들은 식민지 총독 소유인 커터 범선 한 척을 훔쳤다. 얼마 전 새 돛대와 돛을 달고, 새 노 여섯 개를 설치한 배였다. 역사가 찰스 허버트 커리가 쓴 글에 따르면 "그 배는 1791년 3월 29일 화요일 이른 시간

---

* 조지프 뱅크스 경은 제임스 쿡의 1차 항해에 동승하여 타히티, 뉴질랜드, 호주 등지를 탐험했다.

에 태평양을 가로질렀고" 이내 종적을 감췄다. 브라이언트 부부와 두 아이, 종신수 몇 명을 포함해 다른 기결수 일곱 명이었다. 이들은 폭풍우를 만나고 식량과 물 부족에 시달리며 힘겹게 동쪽 해안을 타고 올라가서, 그레이트배리어리프를 무사히 빠져나가 요크곶을 돈 다음, 잘 알려지지 않은 아라푸라해를 가로질러 1930킬로미터를 지나 육십구 일 후 티모르의 서쪽 끝에 있는 비교적 큰 도시이자 네덜란드의 무역항 역할을 하고 있던 쿠팡에 도착했다. 커리에 따르면 그들의 탈출과 5250킬로미터의 여정은 "조직력과 협동이 낳은 쾌거"였다.

브라이언트 부부가 쿠팡으로 가기로 한 것은, 이 년 전 한 영국인 무리가 포트잭슨을 출발해 쿠팡에 도착하는 항해에 성공했다는 이야기를 듣고 영감을 받았기 때문이다. 영국 해군 함선 바운티호에서 선상 반란이 일어나 함장 윌리엄 블라이 대위와 아직 그를 따르던 열여덟 명의 승조원은 반란자들에 의해 통가섬 부근에서 배에서 내쫓겼다. 불같은 성미의 블라이는 영국에 도착한 뒤 반란자들을 추적하도록 에드워드 에드워즈가 지휘하는 HMS 판도라호를 파견했다. 반란자 중 열여섯 명은 바운티호에서 내려 타히티에 정착했고, 주동자인 플레처 크리스천은 나머지 여덟 명과 함께 계속 항해했다. 판도라호의 승조원들은 타히티에서 열여섯 명 중 열네 명을 붙잡았지만 나머지 두 명은 찾지 못했다. 잉글랜드로 돌아가던 판도라호는 그레이트배리어리프를 건너려 시도하던 중 뾰족한 산호 때문에 선체가 파손됐다. 함장은 대부분 족쇄를 찬 채 화물창에 갇혀 있었던 반란자들을 그냥 빠져 죽게 두라고 명령했지만 판도라호 승조원들은 그 명령을 거역하고 반란자들을 살리려 노력했다. 그러지 않았다면 모두 그대로 죽었을 것이다.(그들의 노력에도 불구하고 그중 네 명은 끝내 익사했다.)

판도라호가 가라앉은 뒤, 장교들과 생존 승조원, 그리고 살아남은 죄수들은 네 척의 구명보트를 나눠 타고 각자 만만치 않은 여정을 거쳐 아라푸라해를 건넜다. 쿠팡에 도착하여 브라이언트 부부를 본 에드워즈는 의심이 생겼다. 그는 당국에 브라이언트네와 그 친구들이 본인들의 주장과 달리 난파선 생존자가 아니라 탈출한 죄수들이라고 보고했다. 바운티호의 반란자들과 함께 그들도 법의 심판을 받게 하고야 말겠다고 작정한 에드워즈는 1791년 10월 5일에 렘방호라는 네덜란드 선박을 임차하여 그들과 반란자들, 판도라호 침몰에서 살아남은 승조원들을 모두 태우고 영국으로 출발했다. 자카르타(당시에는 바타비아)로 가던 도중 태풍을 만난 렘방호는 거의 침몰할 뻔했다. 커리는 호주 죄수들의 용기와 재주가 아니었다면 그 배는 침몰했을 거라고 주장한다. 자카르타의 더위와 습도, 말라리아, 이질, 발진티푸스 등 감염병 가득한 환경은 바운티호 반란자 네 명과 윌 브라이언트, 아직 두 살도 안 된 브라이언트의 어린 아들 이매뉴얼을 포함한 포트잭슨 죄수 네 명의 목숨을 앗아갔다.

에드워즈는 파손된 렘방호를 버리고 남은 사람들을 다른 네 척의 배에 태운 뒤 인도양을 건너 아프리카의 남단인 희망봉을 향해 계속 항해했다. 네 척 중 메리와 딸이 탄 호르센호는 또다시 태풍을 만났고 죄수 중 또 한 명이 바다에 빠졌다. 1792년 3월 18일에 케이프타운에 도착한 메리와 아직 채 여섯 살이 안 된 딸 샬럿과 살아남은 죄수 네 명은 HMS 고르곤호에 옮겨 탔다. 바타비아에서 메리 브라이언트 일행과 함께 항해했던 역사가 왓킨 텐치에 따르면, 고르곤호에 탄 사람들은 조심스러운 태도를 유지하면서도 메리를 대단히 존경했다고 한다. 당시 메리는 스물일곱 살이었다. "나는 [그를] 볼 때 연민이나 경이로움을 느끼지 않은 적이 없었다"라고 텐치는 썼다. "그들은 자유를 위한 영웅적 투쟁에서 성공하지 못했다. 모든 고난을 이겨내고, 모든 난관을 극복한 끝에 말이다." 텐치는 다른 사람들이 그 여섯 명을 스스로 자신의 존엄을 만들어낸 사람들로 보았다고 썼다. 그는 일단 영국에 도착하면 그들을 탈출한 죄수들로 재판하고 포트잭슨으로 돌려보낼 것이 아니라, 자유롭게 풀어주어야 한다고 생각했다.

이송 교도소 탈출에 대한 벌이 종신형이라는 것은 텐치도 알고 있었다. 고르곤호가 케이프타운을 떠나고 얼마 후 샬럿까지 목숨을 잃었고, 메리 브라이언트는 결국 법정에서 자유의 몸이 되었다. 전기 작가 제임스 보즈웰을 비롯한 많은 사람이 브라이언트의 용기를 높이 사고, 이송 교도소 제도의 비인간성과 브라이언트가 견뎌내야 했던 고난을 들어 브라이언트의 석방을 지지했기 때문이다.

포트아서는 많은 호주인이 자국에 대해 갖고 있는 이미지 중에서 매우 두드러진 위치를 차지하며, 메리 브라이언트 같은 저항적 인물은 수많은 호주인에게 호소력을 발휘한다. 내 생각에 이는 호주인들의 상당수가 애초에 유형 식민지로 출발했고 후에는 선주민들의 땅을 폭력적으로 강탈하며 확립된 자국의 기원에 대해 양가적 감정을 느끼기 때문인 것 같다. 일부 호주인들은 포트아서가 국가적 기억에서 어둠에 묻혀 드러나지 않기를 바라며, '범죄자 조상'이라는 말의 의미를 곱씹는 것은 호주 노동자 계층에게만 해당하는 일이라고 믿고 싶어하는 것 같다. 그러나 한편으로는 또 그만큼 많은 사람이 이송 교도소 제도의 진실과 역사적으로 선주민들이 당한 치명적 폭력의 진실을 아는 것이 중요하다고 생각할 것이다. 호주에 있으면 미국 건국의 역사에서 일어난 아메리카 선주민 대학살과 비교하는 이야기를 간간이 듣게 된다. 일반적으로 미국인들은 백인들이 침략하여 북미의 선주민에게 행한 일과 초래한 결과를 인정하기 싫어한다. 또한 초기 몇십 년 동안의 노예제를 기반으로 한 경제나, 새 식민지 확립을 돕도록 영국에서 미국으로 데려간 계약 하인 수천 명의 처우에 대한 논의도 그만큼 불편해한다.

어느 나라든 그 나라의 토대를 밝혀내고 그에 얽힌 문제를 해결하려는 시도는 몹시 괴롭고 힘든 일이다. 그 이야기에서는 늘 독선적 배척, 학살, 폭력, 탐욕이 큰 역할을 한 것으로 드러나고, 수백 혹은 수천 혹은 수백만 사람들의 목숨을 앗아간 행위들에 대한 윤리적 책임 소재를 밝히려는 일은 필연적으로 분열을 초래한다. 하지만 어느 나라든 그런 노력을 하지 않는다면 결국에는 무너지고 만다. 내전, 독선, 부인, 착취를 계속하겠다고 결정하면, 독재자들이 폭정을 펼칠 기회와, 국가에 충실한 시민들이 난민이 될 가능성이 활짝 열린다.

외부인의 귀로는 호주 각 지역의 방언 억양을 구별하기가 어렵다. 그래서인지 호주 사람들(잠시 선주민들은 제외하자)은 인위적으로 모아놓은 집단이 아니라 왠지 자연스럽게 통합되어 있는 사람들처럼 생각하기 쉽다. 그러나 호주 인구 전체를 놓고 보면 이들은 두 가지 의미심장한 극단으로 나뉜다. 한쪽은 본질적으로 영국적인 것을 고집스럽게 선호하고, 다른 한쪽은 독립혁명기 미국인들이 미국 고유의 운명을 찾아내기를 원했던 것처럼 순수한 호주만의 운명을 찾기를 원한다. 전자는 과거에 선주민들에게 했던 처사를 되돌아보아야 할 때 따라오는 혼란을 회피하고 싶어하고, 후자는 그 불의한 일들이 낳은 문제를 해결하기를 원한다. 미국 사람들 사이에서도 흑인과 아메리카 선주민 문제에 관해 비슷한 분열이 뚜렷이 나타난다.(흥미롭게도, 내가 이야기를 나눠본 호주 선주민들, 그리고 아메리카 선주민과 흑인 중 대다수는 그저 과거의 불의를 널리 인정하기만 해도, 그리고 끈질기게 남아 평등을 가로막는 걸림돌들을 제도적으로 제거하기만 해도 만족할 거라고 말했다.)

미국인들은 본국을 상대로 일으킨 반란에 성공하여 식민지로서 강요받는 어떠한 의무도 지지 않겠다고 선언했고, 미국은 모든 걸 한데 녹여내는 '도가니'라는 오래된 믿음을 소중한 것으로 내세웠다. 그러나 이 도가니는 억압받는 존재들을 포용한다고 주장하면서도 여전히 다양성에 대해서는 의심하고 저항했다. 영국의 식민지였던 나라들 가운데 가장 성공한 미국은, 이어서 스스로 무시무시한 식민주의자가 되어 자신들의 정치제도와 경제성장 정책을 다른 나라들에 강요했고, 미국 기업의 세계적 활동을 방해하지 않겠다고 동의만 하면 심지어 군사 쿠데타와 군사정부까지 지원하고 암살도 기꺼이 승인했다. 동시에 미국은 자신들이 반대 의견을 전할 경우 심각한 경제적 긴장이나 혼란을 초래할 수 있다고 판단하면, 아파르트헤이트 같은 제도화된 사회적 불의에도, 수하르토와 이승만 같은 고압적 독재자들에 대해서도 모르는 척 눈감아주었다.

호주도 그렇고 캐나다도 그렇고 아직은 자체의 혁명적 에너지를 어떻게 사용해야 할지 결정하지 못했다. 이제 호주가 취해야 할 행동은, 세상 사람들이 대부분 사악한 일이라 여기는 일들—남의 땅을 강탈하는 짓, 이윤을 위해 인간을 착취하는 짓, 경제적 예속을 영구화하고 문화 또는 인종적 우월감을 퍼트리는 정책을 강요하는 짓—에 정치적으로 맞설 용기를 내는 것이다. 물론 이런 제안을 하는 것은 오만한 일이다. 내가 이 말을 하는 것은, 내게 비슷한 말을 했던 형제 나라의 시민들에게 존경 어린 경의를 표하기 위함이다. 예컨대 케빈 러드 호주 총리가 호주 선주민들에게 유명한 사과의 말을 전했을 때, 나에게 미국에서는 언제 이런 일이 일어나겠느냐고 물었던 사람들에게.

우리가 포트아서를 방문한 날, 피트는 당시 위쪽 주차장이라 불리던 곳에 차를 세워두었다. 거기서 조금 떨어진 곳에 있는 아래 주차장에는 노란색 볼보 244 세단이 서 있었다. 루프랙 위 왼쪽에는 흰색 서프보드가 뒤집힌 채 올려져 있고, 왼쪽 뒷문 유리창에는 어린아이가 붙인 듯한 만화 스티커들이 붙어 있었다.

교도소 부지를 둘러본 뒤 우리는 점심을 먹으러 다시 크리켓 경기장을 가로질러 브로드애로 카페에 들어갔다.(교도소의 장비들과 옷들에는 왕실 소유임을 나타내는 넓은 화살촉 그림이 그려져 있었다.) 거기서 나는 나중에 읽을 만한 것들은 몇 가지 발견했지만—1874년에 출간된 마커스 클라크의 유명한 소설 『형기는 그의 수명이 다할 때까지』도 구할 수 있었다—쓸 만한 지도는 찾지 못했다. 우리는 식사를 마치고 카페를 나왔고, 피트는 아래 주차장 옆에 있는 화장실에 갔다. 육체적으로도 감정적으로도 기진맥진해진 나는 피트를 기다리는 동안 거기 서 있는 차 중 하나에 등을 기댔다. 그러나 거의 즉각적으로 다시 몸을 똑바로 세웠다. 마치 그 차가 나를 튕겨내는 것 같았다. 차가 사람을 밀어낸다는 느낌이 너무 이상하고도 강력해서, 그 차의 세세한 부분들—서프보드, 차창의 작은 스티커들, 태즈메이니아 차량 번호판 CG 2835—을 살펴보면 그런 느낌이 든 이유를 찾을 수 있기라도 한 듯 돌아서서 그 차를 자세히 뜯어보았다. 피트가 다가왔을 때도 나는 여전히 그 차 옆에 서 있었다. 나는 피트에게 무슨 일이 있었는지 이야기했다.

그는 내게 다정한 미소를 보이며 "그러셨군요" 하고 말했고,

우리는 그의 차로 걸어갔다.

몇 주 뒤, 오리건의 집에 있던 나는 그날 온 신문을 가지고 집 앞 진입로를 걸어올라가다가, 전날 호주에서 일어난 학살 기사를 보고 걸음을 멈췄다. 마틴 브라이언트라는 남자가 포트아서에서 총으로 서른다섯 명을 쏘아죽였는데, 그중 열두 명은 브로드애로 카페 안에서 총에 맞았다. 그 외에도 열아홉 명이 치명적 부상을 입었고, 그중 많은 사람의 목숨이 위중한 상태였다. 그는 포트아서 유적지 입구 근처에 있는 한 집에 불을 지르고 달려 나가다가 지역 경찰에 체포되었다. 이어지는 문단들을 재빨리 훑어내리던 내 눈이 그 혼란의 와중에 브라이언트가 "자신의 노란색 볼보 세단을 버리고" 달아나려 했다는 문장에서 멈췄다.

나는 곧바로 피트에게 전화를 걸었다. 그도 그 순간을 기억하고 있었다. 전화를 끊고 나니 몇 분 뒤 태즈메이니아주 경찰에서 전화가 걸려왔다. 나는 신문에서 알게 된 정보가 정확히 어떤 것인지 그들에게 보여주기 위해 내가 읽은 미국 신문의 기사를 복사해 팩스로 보냈고, 그런 다음 전화를 건 여자 경찰관에게 그 차에 관해 내가 기억하는 추가적인 세부 사항들을 말해주었다. 경찰관은 피트와 내가 본 것이 브라이언트의 차가 확실하다고 말했다. 그는 브라이언트가 그날 거기에 간 것은 순식간에 많은 사람을 죽일 가장 효과적인 방법이 무엇일지 판단하기 위해서였을 거라고 추측했다.(그날의 총격은 극도로 치명적이었다. 작은 카페 안에서 AR-15 스타일 반자동 소총으로 첫 총알을 발사한 순간부터 십칠 초 뒤 잠시 총격을 멈춘 순간까지 브라이언트는 열두 명을 죽이고 열 명에게 부상을 입혔다.)

이후 재판 기간에 나는 브라이언트가 포트아서를 범행지로 정하기 전에 다른 두 장소도 고려했다는 것을 알게 되었다. 한 곳은 태즈메이니아주의 론서스턴에서 350킬로미터 너비의 배스 해협을 건너 빅토리아주 멜버른까지 가는 페리선이었다. 도선사를 제외하고 배에 탄 모든 사람을 죽인 다음 도선사가 배를 부두에 대는 순간 그도 죽일 계획이었다. 브라이언트가 고려한 또 다른 장소는 호바트에서 연례로 열리는 작가들과 예술가들의 살라망카 페스티벌 현장이었다. 주말에 많은 군중이 모이는 그 행사는 그해에 내가 초대받았던 바로 그 페스티벌이었다.

내가 브라이언트의 차를 보았던 날의 이야기를 할 때, 피트는 많은 호주인이 과거 포트아서의 재소자들—특히 그들 일부의 조상인 이들—이 사실은 그렇게 나쁜 사람들이 아니었다고 믿고 있다는 점을 상기시켜주었다. 이는 포트아서의 실제 성격을 논할 때 광범위하게 작동하는 부인의 한 유형이라고 했다. 그리고 브라이언트가 포트아서에서 자행한 광란적 행위를 다수의 호주인이 "혐오스러운 얼룩"이라 부르는 호주 죄수들의 역사에 대한 브라이언트의 의견 표명으로 받아들이면 안 된다는 주의도 주었다. 그는 그저 살인을 저지르고 있었을 뿐이라고.

우리는 이 사건이 분노한 혹은 불안정한 사람들이 자신의 괴로움을 표현하는 방식을 보여주는 또 하나의 예일 뿐이라는 데 동의했다. 포트아서에서 이 사건이 일어난 때와 비슷한 시기,

티미카의 한 공항에서는 인도네시아 군인 한 명이 열아홉 명을 죽이고 열세 명에게 부상을 입혔다. 스코틀랜드에서는 과거에 스카우트 지도자였던 토머스 해밀턴이 학교 사택에서 열여섯 명의 어린이와 교사를 쏘아 죽인 다음 총으로 자살했다.[15]

이 학살 후 일곱 달이 지난 뒤, 브라이언트는 "수명이 다할 때까지" 금고형에 처해졌다. 브로드애로 카페는 철거되었고, 교도소 부지는 재정비되었다. 카나번의 지역 공동체는 이후 몇 년에 걸쳐, 포트아서에서 벌어진 브라이언트의 급습에 대한 자신들의 감정을 추슬러야 했다. 나무 둥치 주변에 있던 어린아이 둘을 끝까지 쫓아가 이미 죽은 엄마 옆에서 쏘아 죽인 것처럼, 그가 왜 그렇게 철저하고 무자비하게 살인했는지에 관해 여러 추측이 나돌았다.

한번은 오리건으로 찾아온 호주 친구와 저녁을 먹던 중에도 브라이언트의 이름이 나왔다. 태즈메이니아 출신 여성인 이 친구는 호바트에서 학습 장애 어린이를 가르치는 특별반에서 다른 남자아이 네 명과 함께 브라이언트를 가르쳤었다고 말했다. 다섯 명 모두 난폭하게 행동하는 경향이 있었다고 한다. 친구에 따르면 그중 두 명은 후에 자살했고, 다른 한 명은 브라이언트처럼 살인을 저질렀다. 친구는 브라이언트의 특징을 둔하고 내성적이며 침울했다고 표현했다. 항상 정신이 산만해 보였다고도 했다. 그리고 외로워 보였다고. 친구는 브라이언트가 서프보드를 산 건—그는 서핑을 할 줄 몰랐다—자기를 거부했던 다른 서퍼들 무리에 끼고 싶어서일 거라고 생각했다. 유산을 좀 물려받았을 때는 그 돈으로 몇 차례 캘리포니아로 여행을 갔는데, 순전히 디즈니랜드에 가기 위해서였다. 그것도 혼자서.

브라이언트가 이해력이 떨어지고 사회적 기술이 모자라는 사람이었다는 친구의 회상은, 후에 브라이언트를 한동안 정원사로 고용한 적이 있던 여성 심리학자가 내게 다시금 확인해주었다. 이 심리학자와 남편은 웅얼웅얼 끝없이 계속되는 브라이언트의 혼잣말과, 승차식 잔디 깎이를 타고 잔디밭 위를 아무렇게나 누비는 행동을 더 이상 참을 수 없게 되었다고 했다. 나에게 보낸 편지에서 그 심리학자는 브라이언트를 싫어한 건 아니지만, 자기로서는 그를 도울 방법이 없었다고 말했다.(뉴스 기사들로 판단해보건대 브라이언트의 재판이 진행되던 무렵에 사람들은 그가 아스퍼거증후군을 앓았다고 생각했던 것 같다. 법정이 지정한 정신과 의사도 그 의견에 동의했다.)

브라이언트는 민박 집 안에서 두 사람을 죽이고 나머지 한 사람은 계단 난간에 묶어둔 채 그 집에 불을 질렀다. 옷에 불이 붙은 채 뛰쳐나온 그를 체포한 경찰관들은 그의 옷에 붙은 불을 끄고 치료를 위해 병원으로 옮겼는데, 브라이언트가 부상을 입힌 열여덟 명의 피해자도 그 병원에 이송되어 와 있었다. 브라이언트를 죽이지 않고 살리려 하는 경찰들에게 수많은 살해 협박이 쏟아졌고, 재판이 진행되는 동안 다수의 태즈메이니아 사람들은 충분히 가까이 갈 수만 있다면 자기 손으로 브라이언트를 죽여버릴 거라고 말했다.

브라이언트와 그가 저지른 상해에 대한 알맞은 감정적 반응은 비통함이다. 그는 자기가 저지른 짓의 부도덕성을 인지하지도, 자신의 유죄성을 이해하지도 못하는 게 분명해 보였다.(그는 판결이 내려지는 동안에도 피고석에서 킬킬거렸고, 법정에 있는 사람들과 시시덕거리려 했다.) 그 비극에 휘말린 모든 사람에 대해 깊이 애도하고, 그 트라우마에서 힘겹게 빠져나온 혹은 아직도 빠져나오려 노력 중인 사람들에 대해 존중하는 마음을 갖고, 브라이언트가 일으킨 허리케인의 한가운데서도 폭력적인 방식으로 반응하지 않고 어느 정도라도 도덕적 질서 같은 걸 다시 세우려 노력한 사람들에게 감사하는 것, 이것이 알맞은 감정적 반응이다.

호주는 사형에 해당하는 중죄를 저지른 사람에게 실제로 사형을 집행하지는 않는다. 유죄판결을 받은 이후 내내 거의 독방에서 시간을 보낸 브라이언트는 몇 차례 자살을 시도했다. 만약 자신의 행위 때문에 사형을 당했더라도, 그가 그 이유를 이해했을 가능성은 별로 없어 보인다.

물론 그 4월 오후의 신속하고 냉혹한 폭력의 이미지들을 떨칠 수는 없겠지만, 포트아서를 떠올릴 때 내가 가장 자주 생각하는 건 그곳의 풍경이 무척 아름답다는 사실, 그리고 인간의 노고와 인내는 참사를 겪은 후 재건하려는 인류의 노력에서 가장 명백히 드러난다는 점이다. 2008년 북반구의 가을, 미국에서 편안하게 생활하는 동안, 인간이 처한 진짜 곤경에 대한 감각을 잃어버린 것만 같은 두려움에 나는 레바논의 난민 캠프로, 이어서 당시 구소련 국가 중 가장 가난했던 타지키스탄으로, 그 다음에는 아프가니스탄으로, 마지막으로 2004년 쓰나미 이후 아직도 삶의 터전을 다시 닦으려 애쓰고 있던 수마트라 북부로 찾아갔다.

나는 이 지역 사람들을 인터뷰하고 싶어서, 나를 초대해준 국제 구호 기구 머시코에서 소개한 이들을 만났다. 다들 대단히 침착하고 연민이 가득하며 커다란 인내심을 지닌 사람들이었다. 이들은 매일 이웃들이 인간에게 기본적으로 필요한 것—신체적 안전, 음식과 깨끗한 물, 일자리, 애정—을 갖출 수 있도록 체계적으로 돌보는 일에 집중했다. 사람들은 자연스레 이들을 존경했는데, 그들이 항상 의식이 깨어 있고 가장 신뢰할 수 있는 사람들임을 알았기 때문이다. 또한 이토록 극심한 감정적 신체적 트라우마에서 사람이 과연 살아남을 수 있을지 의심하게 만드는 극한 상황에서조차, 인간에게는 인간 생명의 존엄과 가능성에 대한 거의 모든 위협을 이겨낼 역량이 있다는 깊은 믿음을 내게 되찾아준 것 역시 그 사람들이었다.

그들 중 공식적으로 전통 부족에 속하는 사람은 한 명도 없었고, 몇 명은 아직 삼십 대였지만, 그럼에도 그들은 부족의 어른들이었다. 이들 중에 그 나라의 상업적 기반 시설을 공격적으로 개발하려는 정부의 흠 많은 계획과 공식적으로 연계된 사람이 아무도 없다는 사실은 전혀 놀랍지 않았다. 오히려 일자리를 창출하는 과정에서도 그들은 대기업의 사업이나 정부의 기반 시설과 연계하는 것을 거부하고, 사업을 하려는 개인들에게 비영리 기관으로부터 소규모의 대출을 주선해주는 일에 더욱 노력을 기울였다.

그날 아침 우리 집 진입로에 서서 사이코패스 마틴 브라이언트의 인생에서 예상치 못한 한순간에 관한 기사를 읽을 때, 내가 부족 어른의 조언을 들을 수 있었다면 얼마나 좋았을까. 어떻게 해야 이런 끔찍한 일에 냉소나 부인이나 냉담함 없이 대처할 수 있을까? 또 다른 마틴 브라이언트가, (라스베이거스 루트 91 하베스트 뮤직 페스티벌에서 쉰아홉 명을 죽이고 500명 이상에게 중상을 입힌) 스티븐 패덕이, (올랜도 펄스 나이트클럽에서 마흔아홉 명을 죽이고 쉰 명 이상에게 중상을 입힌) 오마르 마틴이 계속 등장할 거라는 그 불가피성 앞에서 아무것도 할 수 없을 듯한 패배감을 느끼지 않으려면 어떻게 해야 하는 걸까?

이는 어떤 민병대가 로켓으로 집을 파괴하고 불을 지르고 신체를 훼손하고 참수할 때 일어나는 일과는 조금 다르다. 이럴 때 우리는 바닥에서 일어나고, 다친 사람들을 돌보고, 죽은 사람을 땅에 묻고, 파괴의 잔해를 치우고, 다시 시작한다. 이웃들과 서로 위로를 주고받으며 그들이 그들의 참사에서 회복하도록 돕고, 분노와 격분, 고집불통과 오만, 독선에 사로잡힌 이들을 진정시킬 전략을 이웃들과 의논한다. 이게 우리의 전부는 아니라는 믿음을 다독이는 것이다.

어쨌든 이것이 내가 어느 오후 아프가니스탄 북부 두아비 고르반드 마을의 한 회관에서 탈리반에 관해 질문했을 때 그 사람들이 한 말이다. 그들은 탈리반과 모든 종류의 민병대에 대한 자신들의 적대감에 관해, 농사에 관해, 아이들을 돌보는 일의 중요성에 관해 이야기했다. 놀라웠던 점은, 세계 곳곳에서 군사 조직들에 의해 피해를 입은 다른 사람들도 자신들과 똑같이 생각한다는 것을 그들이 전혀 모르는 것처럼 보인다는 사실이었다.

어느 저녁 나는 영국의 학술지 〈네이처〉에서 웨스턴오스트레일리아주 잭힐스에서 작은 지르콘 결정체가 발견되었다는 짧은 논문을 보았다. 이 결정체들은 현재로부터 42억 7000만 년 전의 것으로 추정되었다. 나는 즉각 그 논문의 두 저자에게 편지를 보내, 내가 그 발견지를 방문하는 일이 가능할지 물었다. 그 장소의 선과 색채를 보고 싶었고, 그곳이 주변 땅 사이에 자리 잡고 있는 형세도 알고 싶었으며, 물론 그들이 어떻게 그 결정체를 찾아냈으며 어떤 방법으로 연대 측정값을 확정했는지 등도 배우고 싶었다. 나는 마침 우연히도 몇 주 뒤에 짐바브웨에서 노던 준주로 가는 길에 그들 둘 다 교편을 잡고 있는 커틴대학교가 있는 퍼스에 갈 예정이라는 이야기도 했다. 우리 만날 수 있을까요?

그들에게서는 끝내 답을 듣지 못했다. 몇 년 뒤, 내가 잭힐스를 탐방할 생각으로 다시 퍼스로 갔을 때야 우리는 마침내 다시 연락이 닿았다. 저자 중 한 명은 내 편지에 답하지 않은 이유가 그건 "미국인에게서나 받을 수 있는 아주 미친 요청이었기" 때문이라고 말했다.

일단 그런 생각을 전한 뒤, 그는 나를 돕기 위해 적극적으로 나서주었다. 자신과 다른 과학자들이 작업했던, 도로가 없는 잭힐스 지역의 상세한 지도를 그려주었고, 또 내가 그곳에 도착하면 지형과 지질학적 특징을 알아볼 수 있도록 자신들이 지르콘 결정체를 발견한 곳의 바위층 표본도 보여주었다. 내가 잭힐스의 조사 지역 근처에 있는 양목장 관리인의 집에서 머물 수 있도록 주선해주기도 했다. 게다가 그날 우리가 먹은 점심도 자신이 사겠다고 고집했다.

나는 퍼스에서 미카타라로 날아가, 사륜구동 차량을 렌트해서 표지판도 없는 비포장도로를 따라 서쪽으로 200킬로미터 정도 달려 오후 늦게 양목장 주인의 집에 도착했다. 목장주와 그의 딸은 미트 파이를 구워두었고, 내게 차에 우유를 타서 마시느냐고 물었다. 그들은 나를 더없이 친절히 대해주었다.

그날 저녁 식사를 한 뒤 나는 목장주와 함께 베란다에 앉아서 각자 그날의 마지막 차를 마셨다. 내가 질문을 하자 그는 이 정도 규모(약 200제곱미터)의 양목장을 혼자 운영하면서 자신이 직면하는 몇 가지 문제점을 이야기했다. 양들을 노리는 포식자들뿐 아니라 양목장에서 풀을 뜯는 야생화된 동물들도 통제해야 하고, 또 이 건조한 지역에서 양들이 먹을 충분한 물도 확보해야 했다. 대화는 우리가 각자 선택한 삶에서 스스로 얼마나 운이 좋다고 느끼는지에 관한 이야기로 흘렀고, 우리는 어떤 일을 하며 살아가든 언제나 더 배울 것이 있다는 데 동의했다.

베란다에서 시작되는 돌길은 깔끔하게 다듬은 작은 잔디밭을 가로질러 엉덩이 높이의 철사 울타리까지 이어졌고, 울타리 너머에는 탁 트인 마당이 있었다. 거기에 그의 (차가 아니라) 비행기가 세워져 있고, 그 위로 거대한 검나무 두 그루의 수관이 서로 만나며 아치를 만들고 있었다.

커틴대학교의 지질학자들과 두 번째로 연락을 시도한 이때, 나는 미국에서 시드니로 날아간 다음 인디언 퍼시픽 여객 열차를 타고 퍼스로 갔다. 이 기차는 며칠에 한 번 출발하여, 그레이트디바이딩 산맥의 블루마운틴스를 가로지르고, 이어서 애들레이드로 간 다음 세상에서 가장 긴(476킬로미터) 직선 철로로 널라버 평원을 가로지르기 시작한다. 반건조 기후대에 속하며 나무도 없고 동물도 거의 살지 않는 널라버 평원을 넘어가면 역사적인 금광 도시인 캘굴리와 달링레인지의 언덕들이 나오고, 이어서 기차는 이스트 퍼스 터미널로 퍼스에 들어간다. 해양성 기후대에 속하는 시드니에서 시작한 여행은 거의 나흘에 걸쳐 그레이트디바이딩 산맥 바로 서쪽에 있는 초원 지대를, 그리고 머리강과 달링강이라는 호주에서 가장 긴 세 강 중 두 강의 유역을 지난다. 호주 사람들은 널라버를 일상적으로 '사막'이라고 부르지만, 호주의 진짜 무시무시한 사막들—심슨사막, 그레이트빅토리아사막, 타나미사막, 그레이트샌디사막—은 이 기차의 노선보다 훨씬 북쪽에 있다.

시드니에서 출발하기 전, 나는 내 침대차 객실에서 포터에게 내가 이 여정 중 잠깐이라도 기관차를 타고 갈 수 있을지 물었다. 거기에 가면 열차의 양쪽 풍광뿐 아니라 정면도 볼 수 있을 것이고, 기관사들과 그들의 일에 관해 이야기를 나눌 수도 있을 거라 기대했다. 포터는 자기 생각에는 그럴 수 없을 것 같다고 대답했다. 게다가 기관차를 타고 달린다면 식사도 놓치기 십상이라고 했다.

나는 식사는 걱정하지 않는다고 말했다. 그는 그러면 플랫폼으로 내려가서 기관사들에게 직접 말해보라고 했다. 나는 그렇게 했고, 기관사들은 자기들과 함께 가도 좋다고 했다. 그들은 시드니에서 몇 킬로미터 벗어난 지점에서 물을 보급하기 위해 잠시 멈출 것인데, 그때 내가 스트레칭을 하러 나가는 것처럼 플랫폼으로 내려서 앞으로 걸어와 기관차에 타면 될 거라고 했다. 나는 그 말대로 했다. 간간이 역에 정차해야 하는 덕분에 나는 잠을 자고 때때로 밥을 먹어야 할 때를 제외하고는 호주를 횡단하는 이 여정의 대부분을 기관차 기관실에서 기관사들과 함께 보낼 수 있었다.

첫날 밤 새벽 세 시쯤에 내 객실로 돌아와 보니, 침대 옆 테이블 위에 식지 않도록 알루미늄포일로 정성스레 싼 저녁 식사가 놓여 있었다. 이튿날에는 식당차에서 내게 할당된 자리에 처음으로 앉았더니 같은 식탁에 앉은 사람들이 따뜻하게 맞이해주었다. 나이가 지긋한 두 자매와 그들의 십 대 조카딸이었다. 한 사람이 내게 애들레이드에서 탔느냐고 물었다. 나는 아니라고,

시드니에서 탔다고 했다.

"그러면 배가 엄청 고프겠군요." 부인이 말했다.

나는 정말 그렇다고 했다. 그러자 자매 중 다른 사람은 내가 식사 말고도 놓친 게 많은데, 사실 식당차에서는 철도의 양쪽을 다 볼 수 있기 때문이라고 했다. 나도 그렇게 생각한다고 말했다. 그리고 이제 막 널라버를 가로지르기 시작하던 그때, 우리는 이 여행이 우리에게 멋진 교육 기회가 되어주고 있다는 데도 동의했다.

조카는 호주의 역사에 관한 이야기가 주를 이룬, 자기에게는 전혀 중요하지 않은 내용의 식탁 대화가 참을 수 없을 정도로 따분했는지 몇 번이나 아랫입술을 깨물었다.

어느 날 기관차에서 사우스오스트레일리아주의 미슐랭 지도를 보고 있던 나는 우리가 곧 마랄링가 바로 남쪽을 지나갈 것임을 알게 됐다. 1956년부터 1963년까지 냉전 시기에 영국은 이곳에서 일련의 핵폭탄 실험을 했다.(나는 두 자매가 이 사실을 조카딸에게 말해줄지 궁금했다.) 영국은 마랄링가의 동남동에 위치한 우메라에서도 북서쪽으로 수백 킬로미터 떨어진 그레이트샌디사막을 향해 미사일들을 발사했다. 그들은 그 지역이 버려진 황무지라고 생각했지만, 사실 거기에는 인구가 많지는 않아도 왈마자리 부족과 몇몇 다른 선주민 부족들이 살고 있었다. 호주 당국은 대표자들을 파견해 미사일 발사 전에 표적 영역에 있는 선주민들을 내보냈다. 하지만 땅이 너무 넓었기 때문에 거기 살고 있는 모든 사람에게 다 연락을 취했는지 확신할 수는 없었다.(그들은 탄두 발사 시스템 실험이 지연하기에는 너무 중요한 일이라 여겼다.) 호주 당국은 마랄링가에서 폭파된 탄두들의 낙진에서 영향을 받을 선주민들에게도 연락하려 시도했다. 실험 때문에 옛날부터 살던 땅에서 나가야 했던 선주민들은 실험이 끝난 뒤에도 그 땅으로 돌아가는 것이 허락되지 않았다.(1994년에 호주 정부는 땅을 강탈한 데 대해 관련 부족들에게 보상금을 지불했다.)

어느 날은 널라버를 지나는데 갑자기 기차로 물의 장벽이 쏟아졌다. 너무나 매서운 폭풍우여서 몇 분 동안은 와이퍼도 작동하지 않았다. 폭풍우가 동쪽으로 지나가고 길게 펼쳐진 구름들 사이로 해가 나왔을 때 우리는 남쪽에 쌍무지개가 뜬 것을 보았다. 무지개는 그 사막 위로 몇십 킬로미터나 뻗어 있는 것 같았다. 같은 순간에 우리는 100마리가 넘는 캥거루들이 평원을 가로질러 북서쪽으로 뛰어가다가, 덜컹거리며 지나는 기차와 철로에 가까워지자 서쪽으로 방향을 트는 모습도 보았다. 그 장면이 어찌나 생동감 넘치던지 기관실에 있던 우리 세 사람은 서로를 향해 동감의 표시로 고개를 끄덕여 보였다. 시간을 초월한 세계의 야성성과 서정성이 어떤 것이든, 그때 우리는 바로 그 한가운데 있었다. 이유는 모르겠지만 그때 우리는 서로 악수를 나눠야 한다고 느꼈다.

미카타라에서 내게 사륜구동 차량을 렌트해준 남자들은, 내가 누카와라 양목장까지 타고 가게 될 도로들이 아주 찾기 어려울 것임을 꼭 알려주고 싶어했다. 실제로 그 도로들은 놓치기가 쉬웠다. 나는 그들이 말하는 문제를 익히 알고 있으니 괜찮을 거라고 말했다.

미카타라에서 서쪽으로 1.5킬로미터쯤 벗어나자 사람이 거주하는 지역임을 알려주는 물리적 증거가 거의 완전히 사라졌다. 이내 나를 안내해줄 것은 그 도로와 울타리 선들이 만드는 격자 패턴밖에 없었다. 이 철사 울타리의 어떤 부분은 길이가 몇 킬로미터씩 이어지기도 했고, 사람 손으로 만들 수 있는 것으로는 최대한 팽팽하고 곧게, 잘 갈무리되어 있었다. 대체로 북쪽(나의 오른쪽)에 울타리 선이 보였고, 그 선과 가까이 붙어 달리게 되는 부분도 많았다. 평원을 길들이려는 인간의 욕구가 울타리에 가해진 만큼 집요하게 작용하지는 않았는지, 도로는 땅의 형태에 맞춰 자연스레 구부러져 울타리 선보다는 더 우아한 선을 그렸다.

울타리가 둘린 넓은 땅을 가로지르는 비포장도로를 달릴 때의 주된 문제는, 이 도로의 게이트를 지날 때 명백히 드러난다. 게이트가 열려 있다면 그대로 열어두면 된다. 게이트가 닫혀 있다면 열고 지나간 다음 다시 닫아야 한다. 대체로 아주 긴 울타리 선에서 게이트는 몇 개 안 되기 때문에, 여러 방향에서 오는 차들이 한 게이트에서 모인다. 일단 차가 게이트를 통과하고 나서 보면 차가 지나간 바퀴 자국이 방사상으로 여러 방향으로 뻗어 있다. 위치를 알려주는 지형지물의 도움이 없으면 주도로가 어느 것인지 다시 찾을 수 없다. 이와 유사하게 세계 곳곳의 건조기후 지역에 있는 고립된 마을들에서는 비포장도로를 타고 그 마을로 들어가는 것보다 거기서 나올 때 주도로를 찾는 것이 더 어렵다. 먼 목적지로 가는 마을 주민들이 출발할 때 부채처럼 여러 갈래로 갈라지는 길을 만들어놓기 때문이다.

누카와라를 향해 서쪽으로 이어지는 이 비포장도로를 타고 달릴 때 나는 몇 군데에서 게이트를 지난 뒤 방향을 잘못 잡았다. 400미터쯤 가다보면 방향이 잘못됐다는 걸 분명히 알 수 있었다. 하지만 이런 '실수'들이 내게 낯선 땅에서 '길을 잃었다'거나 '지체될' 거라는 두려움을 일으킨 적은 없었다. 시계들의 세계에서 한참을 멀리 떨어져 나오니 늦을 거라는 걱정에서도 긴박함이 거의 사라졌다. 퍼스에서 나를 초대해준 사람에게 무선전화기로 연락했을 때 그가 이런 점을 짚어주었다. 미카타라에서 차를 타고 오는 건 세 시간 하고도 얼마간 더 걸릴 것이니, 내가 "세 시간 하고 얼마 더 있다가" 도착하면 시간을 지켜 온 것으로 여기겠다는 말이었다.

거기까지 가는 동안 곤란했던 순간이 딱 한 번 있었다. 타고 달리던 좁은 도로가 어느 목축 농가의 장비를 쌓아둔 마당을 가로질러 마치 개인 주택의 진입로 같은 두 건물 사이를 통과할 때였다. 그 사람은 나를 빤히 쳐다보며 차를 세우게 하더니 무슨 볼일이 있는 거냐고 퉁명스레 물었다. 나는 누카와라에 리처드 브라운 씨를 만나러 가는 길이라고 말했다. 나는 분명 이 길을 여러 번 지나갔을 커틴대학교의 밥 피전이 그려준 지도를 그에게 보여주었다. 그는 지도를 흘깃 보더니 성가신 각다귀를 쫓는 것처럼 손을 흔들며 밀쳐냈다.

"'리처드 브라운 씨'한테 누가 자기를 찾아올 때는 나한테 좀 알려주라고 하쇼. 알아듣겠소?"

나는 그가 말하려는 요점이 뭔지 완벽히 알아들었다고 말했다. 그의 요점은 내가 차를 타고 달리는 이 땅이 자신의 소유라는 것, 나아가 내가 자신의 사생활을 침해하고 있다는 것이었다. 많은 목축업자처럼 그 역시 낯선 사람이 나타날 때마다 그 땅에 대한 자신의 법적 권리가 도전받는다고 느끼는 것 같았다. 원래 최초의 거주자들을 위압적으로 몰아내고 손에 넣은 땅이기 때문이었다. 내 생각에 그가 그렇게 화를 잘 내는 것은, 그 땅에 대한 자신의 소유권이 윤리적으로 근거가 희박하다고 생각하는 사람들이 있다는 걸 알기 때문인 것 같았다.

나는 자진해서 그에게 그의 목축장이 아주 잘 관리되는 것처럼 보인다고 말했다. 기계들은 잘 정비되어 있고, 창고들도 수리 상태가 좋다고. 미국에서 내가 사는 지역에서는 진지한 목적의식과 검소함을 보여주는 이런 신호들을 가치 있게 여기며, 우리는 새 이웃이 이사 오면 그런 신호가 보이는지부터 확인한다고.

그는 내게 고맙다고 말했고, 나는 먼지를 일으키지 않도록 천천히 차를 뺐다.

내가 도착했을 때 딕 브라운은 나를 편안한 손님용 방으로 안내했고, 브라운 부녀와 함께 저녁을 먹은 뒤 베란다에서 딕과 가벼운 이야기를 나누다가 방으로 들어갔다. 이튿날 아침 해가 뜬 직후에, 딕은 내가 차로 잭힐스에 가기 전에 그곳을 위에서 전체적으로 내려다보면 도움이 될 것 같다며 자신의 세스나 경비행기에 태워주겠다고 했다. 나는 밥 피전이 준 지도를 참고용으로 무릎 위에 펼쳐두고, 또 낮은 기울기의 햇빛에서 도움을 받아 그 언덕들 사이로 지나갈 수 있는 경로를 골라냈다. 이제 지르콘 결정체가 발견된 건곡으로 가는 길을 찾을 수 있겠다는 자신이 생겼다. 내려다보니 그 건곡 기슭의 땅은 거대한 바위들이 점점이 흩어져 있고 자동차로 가기에는 경사가 너무 가팔랐지만, 근처에 유칼립투스들이 작은 숲을 이룬 지점이 있어서 거기에 햇빛을 피해 차를 세워두고 건곡까지 나머지 길은 걸어가면 될 것 같았다.

양목장의 중심 건물에서 거기까지 가는 데는 차로 한 시간도 안 걸렸다. 차를 세우고 나서 얼마 지나지 않아 나는 밥 피전이 찾아보라고 알려준 암석 기질*을 발견했다. 그리고 확대경의 도움으로 그 기질 안에서 작은 지르콘 결정들을 발견했다. 나는 건곡의 그 자리, 그 기질 옆에 잠시 앉아서 거기서 내가 볼 수 있는 모든 것을 하나의 시간틀 안에 배열해보려고 애썼다. 이제 태양은 높이 떠올라 있었다. 주변 땅은 바람 한 점 없이 광막했다. 그 바위에서 결정체 하나를 파내는 일은, 내가 거기 그대로

* 암석에서 화석이나 결정 등 더 큰 입자들 사이를 채운 미세한 입자들의 덩어리.

있어주길 바라는 어떤 마력적 베일을 들추고 헤집는 일이 될 거라 생각했다. 어차피 그러고 싶은 충동은 생기지도 않았다. 세상의 많은 장소가 이런저런 개발 프로젝트 때문에 원래 거기 살던 사람들, 심지어 몇십 년 전에 살던 주민들도 알아볼 수 없을 정도로 심한 변화를 겪었다. 하지만 정말 나를 저지한 것은 그런 식의 침범을 피하고 싶은 마음이 아니었다. 이번에는 나쁜 습관을, 없어도 아쉽지 않은 물건을 가져가고 싶은 욕망을 피해 가고 싶은 나의 바람이었다. 지난 세월 세상의 외딴 장소들에서 내가 주머니에 넣어왔던 다른 사소한 물건들 다수가 그랬듯, 내게 이 결정체는 필요하지 않았다.

딕 브라운의 집에서 사륜구동 차를 운전해 여기까지 덜컹거리며 온 영향이 내 몸에서 다 빠져나가기까지는 시간이 좀 걸렸다. 이 장소에 대한 내 질문들이 다 증발해버려 할 일이라고는 바위들 옆에 가만히 앉아 있는 것밖에 남지 않을 때까지는 더 오랜 시간이 걸렸다. 이 바위들은 이국적인 동물들 같았다. 그 6월의 아침, 나는 점점이 자라는 나무들과 덤불들이 있는, 세렝게티 비슷한 초원 위로 태양이 동쪽에서 북쪽 하늘로 방향을 바꾸는 모습을 지켜보았다. 태양의 빛줄기가 지평선의 엷은 색채를 가지고 실험을 하고 있는 것 같았다. 나는 이 얕은 건곡에 고여 있는 시간 속으로 가라앉기 시작해, 신생대의 시간을 뚫고 공룡들의 시대인 중생대로 가라앉고, 그보다 더 내려가 페름기로, 그리고 물고기의 시대인 데본기도 뚫고 내려가 최초의 연체동물이 등장한 캄브리아기로, 그런 다음 내가 클리프턴 호수에서 본, 분비물로 집을 지어온 남세균의 친척들의 시대였던 원생대까지 내려갔다. 그리고 마지막으로 생명이 존재하지 않았던 시대, 지구 시간의 지하실인 시생대로 가라앉았다. 내 옆에 있는 이 눈부신 입자들은 바로 그 시대에서 온 것이다. 그들이 보아온 시간은 아주 길다. 나의 시간은 거대한 세쿼이아 나무 같은 그들의 시간에서 머리카락만큼 가는 조각조차 되지 못한다.

이런 몽상 속으로 어디에나 있는 사랑앵무 서른 마리 정도가 갑자기 날아들어왔다. 연두색과 노란색 몸에 파란 꼬리 깃털을 늘어뜨리고 떨리는 목소리로 지저귀는 작은 새들이다. 예리한 각도의 커브길을 돌아가는 경주용 자동차들처럼, 다닥다닥 붙은 대열을 적극적으로 유지하며 재빠른 속도로 지나갔다. 나 때문에 놀란 모양이었다. 나는 이 새들이 마치 한 마리인 듯 일사불란하게 나를 피해 일직선으로 날아가는 모습을 지켜보았다. 그때까지도 내내 났을 게 분명하지만 내가 의식하지 못하고 있던 소리가 그제야 귀에 들어왔다. 호주에서는 거의 어디서나 볼 수 있는, 도가머리*가 있는 앵무새인 왕관앵무의 울음소리. 구슬픈 뀌이이이 하는 소리였다.

이 새소리는 이곳의 정적을 깨고 생기를 불어넣기는 했지만, 완전히 장악하지는 않았다. 나는 쌍안경으로 이 언덕 땅의 지형을 훑어본다. 사람 손이 닿지 않은 땅들에서 보이는 일반적인

---

* 조류의 일부 종에게서 나타나는 머리 위에 깃털 몇 가닥이 길게 자란 것.

모습이지만, 여러 식물과 건조하고 푸석푸석한 토양을 살펴보면 이 지역 토착 동물이 아닌 양들과 기타 반추동물들이 한동안 이곳에서 지냈음을 알 수 있다.

북쪽의 풍광을 더 잘 보려고 건곡 바닥을 떠나 등성이 위로 올라갔다. 거기 올라서자마자 붉은여우 한 마리가 눈에 들어왔다. 여우는 두 개의 큰 바위 사이에서 나오며 나를 올려다보더니 바로 사라졌다. 그리고 더 아래 헐거운 바위들이 쌓여 있는 곳에서 다시 한 번 눈에 띄었고, 그런 다음에는 아주 가버렸다.

저 여우는 양목장의 양들처럼 원래 이 나라에 살던 동물이 아니다. 그들은 식민화와 함께 이곳에 왔다. 여우는 영국의 여우사냥 전통을 여기에 옮겨 심기 위해, 양은 목양 경제의 토대를 놓기 위해 데려온 것이다. 오늘날 호주에는 외부에서 들여왔지만 사람의 손에서 벗어나 다시 야생화된 채 살아가는 다양한 동물이 있다. 돼지, 낙타, 산토끼, 고양이, 개, 말, 몽구스, 몇 종의 사슴, 당나귀, 염소, 인도혹소가 그렇고, 토끼도 아주 유명한 예다. 이들이 풀을 뜯어먹고, 뿌리를 파헤치고, 잎을 따 먹고, 토종 종들을 포식하면서 19세기 호주 자연계의 동식물에는 완전히 근본적인 변화가 일어났고, 그 때문에 이제는 호주 땅 대부분에서 과거 토착 동식물들이 이루던 자연이 어떤 모습이었는지 정확히 말하는 게 불가능해졌다. 참새, 카나리아, 인도구관조, 메추라기, 꿩, 찌르레기 등 밖에서 들여온 새들도 풍경을 변모시키는 데 한 역할을 했다. 그리고 목양과 목축을 허술하게 관리해 수백만 에이커의 땅이 침식과 사막화에 노출되었다. 제임스 쿡이 1770년에 호주 해안을 조사할 때 보았던 모습, 그로부터 삼십 년 후 매슈 플린더스가 호주 대륙을 일주할 때 보았던 모습, 이 대륙의 내부를 탐험한 초기 백인 탐험가들이—어니스트 자일스, 존 맥두얼 스튜어트, 에드워드 에어, 불행한 결과를 맞이한 로버트 버크와 윌리엄 윌스가—보았던 모습을 이제 다시는 볼 수 없다. 물론 이는 만물의 자연적 질서에서 피할 수 없는 일이다.(호모 사피엔스를 자연 질서에서 따로 떼어내지 않는 한은.) 하지만 그 변화는 엄청났다. 아주 재빠르게 일어나, 많은 존재에게 절망적일 정도의 방향 상실감을 초래한 변화였다.

풍경을 '과거의 모습으로' 되돌리기를 원하고, '해충들'을 제거해 풍경을 '개선'하기 원하며, 환경과 함께 진화하지 않은 탓에 환경을 황폐하게 만들 수 있는 특별한 힘을 지닌 식물들과 동물들을 제거하려는 현대의 충동은 생물학적으로도 윤리적으로도 실질적으로도 충족시키기에는 너무 까다로운 욕망이다. 생물학적으로, 어떤 풍경도 고스란히 '복원'하는 것은 불가능하다. 한 장소에 식물들과 동물들을 다시 들여놓는 행위는, 인간이 이런저런 조작으로 한 장소를 '파괴'하기는 했지만 인간의 조작으로 원래로 되돌릴 수 있다는, 대범하지만 잘못된 관념을 품고 있다. 진화의 방향은 뒤집을 수 없으며, 코가 풀린 스웨터를 수선하듯 풍경을 다시 수선할 수는 없다. 복원은 다른 동식물을 제치고 특정 동식물에게 특권을 부여하는 일이므로, 사회공학 프로젝트나 한 국가의 인종 및 민족 차별 정책에서 맞닥뜨리는 것과 똑같은 윤리적 문제를 일으킨다. 마지막으로, 수십 년간의 관개, 화학비료 사용, 과도한 방목으로 거의 생명을 잃은 땅에서 토양의 화학적 성질을 복원하는 일은 사실상 불가능하다.

복원 프로젝트의 핵심 가치는 아마도 심리적인 가치일 것이다. 지구 생태계가 입은 심각한 손상이 더 이상 특별한 관심을 불러일으키지 않는 시대에, 복원 프로젝트들은 다른 모든 보상 행위와 마찬가지로 사람들에게 자기 가치 의식과 높은 존엄성을 채워준다. 생물학적으로도 윤리적으로도 어려운 도전임에도 불구하고 겸허한 개척자의 마음으로 해나가는 것이다. 이 작업이 내게는 풍경보다도 더 큰 무언가를 (부분적으로) 복원할, 인간 행동의 어떤 유형의 시초처럼 보인다. 이 행동은 인간의 생명도 포함하여 모든 생명이 살아갈 터전을 제공해줄 것이고, 그러다보면 언젠가는 산업도 더 이상 확장되지 않고 축소되는 신호를 보이기 시작할 것이다.

나는 모든 복원 노력의 바탕에 깔린 불관용이라는 심란한 문제를 직시하지 않고서는 어떤 식으로든 완전한 방식으로 복원 문제를 고려하기란 불가능하다고 생각한다. 그리고 그 문제를 직시하려면 불안정한 이주 정책이라는 문제에 불편할 정도로 가까이 다가가게 된다. 지역민들이 '침입종들'을 반대하는 이유로 주로 제시하는 것은, 그 종들이 익숙한 종, 가치 있는 종, 상징적인 종들을 순식간에 뿌리 뽑을 수 있으며, 한때 아름답게 여겨졌던 것을 미학적으로 불쾌하게 여겨지는 것으로 손쉽게 바꿔놓을 수 있기 때문이라는 것이다. 과거에 존재하던 삶의 방식이 그것을 대체한 방식보다 본질적으로 더 가치 있다고 느끼는 사람들이 있다. 토착 동식물을 압도하는 외래 동식물에 대한 이런 비판적 태도는 토착 인간 문화가 침입 문화에 대해, 혹은 뿌리 깊은 기존 문화가 '이국적' 문화를 대표하는 것들의 유입에 대해 취하는 태도와 별반 다르지 않다.

진화는 한마디로 표현하자면 끝없는 수정, 이유도 목적도 없는 변화다. 21세기에 인종적 순수성을 보호한다는 관념 혹은 생물학적으로 안정된 환경을, 다시 말해 새로 들어오는 모든 것을 '침입자' 또는 '외래'의 것으로, 축출해야 할 것으로 분류하여 애초에 유입을 허용하지 않는 환경을 유지해야 한다는 관념은 지탱될 수 없다. 명백한 윤리적 문제를 제쳐두더라도, 이런 주장은 시간의 흐름을 부인한다. 풍경이 시간을 초월한다는 말은 비유적 의미만 지닐 뿐 실제로 풍경은 시간을 초월하지 않는다. 그리고 우리가 사는 시대는 전례 없는 문화 교류의 시대, 들어가고 나가는 이주의 시대다. 인종과 문화에 대해 수구적 적의의 태도를 견지한다면 전쟁 외에 다른 미래는 없다. 그리고 모든 풍경은, 천천히 쌓여가는 변화든 무시무시한 속도의 변화든 언제나 다른 풍경으로 변해가는 중이다.

사람들이 자기 고향 풍경에 일어나는 미묘하거나 급격한 변화 때문에 느끼는 불안이, 예컨대 버마비단뱀이 플로리다의 에버글레이즈를 뒤덮는 일이나 쑥쑥 자라는 발사나무 숲이 갈라파고스에 형성되는 일 같은, 그 지역의 물리적 변화에 대한 것인 경우는 일부에 불과하다. 그 불안은 이에 못지않게, 어쩌면 그보다 더, 그런 변화를 흡수하는 데 드는 시간의 길이와 관련이 있다. 짧은 기간에 많은 변화를 직면하면, 같은 기간에 몇 가지 변화만 접하는 것—이런 것이 지난 수백 년 이전까지 인류가 해온 보편적 경험이었다—보다 심리적으로 더 깊은 혼란에 빠진다. 현대의 항공기들이 지역의 바이러스들을 전 세계로 퍼뜨리고 있고, 상업적 운송 선박은 전 세계의 항구에서 평형수 탱크를 비울 때 수천 가지 새로운 종의 생물을 쏟아놓으며, 통신 기술이 겨우 몇십 년 사이에 사람들의 의사소통 방식을 근본적으로 바꾸어놓은 오늘날에는 정체되어 보이는 환경보다 항상 변화하는 환경을 실제로 더 안정적이고 편안하게 느끼는 사람들도 있다. 한때 용인되었던 인종적 우월성 같은 관념들은 이제 시대에 뒤떨어져 보인다. 나아가 세계화는 로스앤젤레스와 런던, 시드니, 리우데자네이루 같은 도시들에서 인종 혼합, 문화 혼합, 이중 국적자와 이민자가 점점 더 표준으로 받아들여지는 환경을 조성해놓았고, 이에 외부인들은 어디서나 늘 진화 중이며 활기찬 국제적 혼합 문화를 직접 접하고 있다.

어떤 결정적인 시점에는 수용과 협력이 폭력과 착취를 대체하기도 하고, 인류의 운명이 야만인들의 손에 들어가기도 한다.

등성이 아래 바위들이 가득한 벌판으로 사라지는 여우를 보면서 나는 호주인들이 왜 이 동물을 적대시하는지 이해할 수 있었다.

미국 법정에서 파우더 뿌린 가발을 쓰는 일이 사라진 것처럼, 호주에서 말 탄 사람들이 사냥개 무리를 대동하고 여우를 사냥하던 일이 사라졌을 때 더 이상 인간들에게 괴롭힘당하지 않게 된 여우들은 너른 영역으로 퍼져나갔다. 이 여우들은 먹이를 두고 경쟁하던 작은 토착 포식 동물들 중 다수를 전멸시켰으며, 이들이 들어간 환경에는 이 여우들의 행동을 제어할 만한 것도, 개체 수 증가를 효과적으로 억제할 만한 것도 거의 없었다. 붉은여우는 오늘날 호주 땅에서 식민지 유입의 상징으로 우뚝 서 있다. 분명 이 여우들은 때때로 양도 낚아채 간다. 하지만 사실 이들도 그냥 여우일 뿐이다. 이 여우들은 자신들이 실려온 세상에서 살아갈 길을 찾으려 애쓰고 있을 뿐이다. 육로 탐험가들이 이용했다가 여기서 쓸모가 없어지자 풀어준 낙타들도 마찬가지다. 농가에서 달아난 고양이들과 개들도 그렇다. 그리고 1880년에 육로 전신선을 설치하던 노동자들에게 신선한 고기를 제공하기 위해 들여온 인도혹소들도 그렇고, 토끼의 확산을 통제하고 호주에 유난히 많은 맹독성 독사들의 개체 수를 줄이기 위해 들여온 몽구스도 마찬가지다.

여러 '이국' 동물들의 야생 개체 또는 야생화 개체가 너무 많아지자 위협을 느낀 호주인들은 박멸 캠페인을 벌였다. 그 가운데 가장 대대적인 캠페인은 굴토끼를 대상으로 한 것이었다.(농업과 목축의 수익성을 해치는 경우에는 캥거루와 딩고 같은 토착 동물들도 박멸 대상이 되었다.) 토끼들은 1차 수인 선단을 타고 온 죄수들과 함께 호주에 도착했다. 이후에는 19

세기 초 몇십 년에 걸쳐 이민자들이 식량 자원이자 상업적 이윤의 원천으로 호주 내 약 서른 군데에 데려왔다. 일부 탈출한 토끼도 있었고, 이사하는 가족들이 버리고 간 토끼도 있었다. 1860년대에 이르자, 야생화된 토끼 개체들이 호주 대륙의 3분의 2에 서식하고 있었다. 1885년부터 1914년까지, 토끼들이 풀을 뜯어먹고 온갖 곳에 토끼굴을 파서 농부들에게 입히는 피해를 줄이기 위해 호주 전역에 토끼 막이용 울타리가 30만 킬로미터 이상 설치되었다. 농부들은 여기서 그치지 않고 토끼 개체군의 확산 속도를 낮추기 위해 폭약, 불 도저, 독가스 등 점점 더 폭력적인 전략을 썼다. 토끼에 이어 집고양이와 몽구스도 널리 확산되자, 치명적인 점액종 바이러스와 칼리시바이러스를 야생 개체군에 퍼뜨리는 방법도 개발되었다.

만약 내가 토끼 박멸 캠페인이 한창이던 1950년대에 환경보호론자였다면, 나는 분명 그 불도저들에 환호했을 것이고 30만 킬로미터의 철망 울타리가 땅에 미칠 영향은 인지하지 못했을 것이다. 내가 농부나 목장주였다면 구할 수 있는 돈을 모조리 젤리그나이트 폭약과 포스핀 가스에 썼을 것이다. 만약 내가 아직 이윤을 위해 토끼를 기르는 소수 중 한 명이었다면, 나는 브리즈번까지 가서 치명적인 바이러스를 생산해 퀸즐랜드의 토끼들에게 퍼트리는 이들에게 큰 소리로 항의했을 것이다. 내가 감상적인 사람이었다면 미개한 계획을 복잡하게 실행하는 일을 불편하게 느끼며 토끼들은 너무 귀여워서 죽일 수 없다고 생각했을지도 모른다. 신학자들, 철학자들, 실용주의자들, 당시의 원형적 환경보호론자들이 목장주들, 농장주들, 정치가들과 한 논의 테이블에 앉았다면 무슨 말을 했을지 누가 알겠는가?

그날 여우가 눈앞에서 사라진 뒤 잭힐스에 앉아 있는데, 자기 유년기의 상징 같았던 야생의 자연 풍경이 콘도미니엄이 빼곡히 들어선 리조트 동네로 바뀌었다는 사실을 알게 됐을 때 누구라도 느낄 법한 쓰라린 향수의 감정이 나를 덮쳤다. 하지만 그 순간 자기 앞에 있는 것이 무엇이든 그것이 주어진 상황이다. 다른 것, 옛 시절의 이른바 자연 그대로의 풍경은 더 이상 볼 수 없으며, 어떻게든 그 현실과 타협해야 한다. 과거에 존재했던 것을 찾으려 하는 것은 현재에 존재하는 것을 받아들이고 살아가는 어려움을 뒤로 미루려는 것이다.

내가 서로 다른 여러 상황에서 들었던, 호주의 인구 구성에 관한 한 가지 이야기는 현대 호주인들의 절반은 이민자 아니면 1세대 호주인이라는 것이었다.(널리 받아들여지는 주장이기는 하지만, 나로서는 그 진위를 확인할 수 없었다.) 전 세계에서 급증하는 인구 가운데 다양성이 증가하는 상황은 말할 것도 없이 여러 국가의 역행적 정치인들을 분노하게 한다. 그들은 자기가 상정한 인종 또는 민족의 순수성이라는 것이 상실되어가는 현실에 격하게 분노를 쏟아내며, 그들 중 다수는 진화론과 지구 기후변화에 대해서도 거세게 반발한다. 이들은 현 상황에 존재하는 필연적 변화의 신호를, 자신들이 책임지고 실행해야 한다고 느끼는, 인류를 완벽하게 만들 계획에 대한 위협으로 해석한다.

만약 우리가 각자 개인적 세계에서 늘 느끼는 불편함이나 짜증에서 벗어날 유일한 방법이 새로 온 이민자를 공격하고, 화해를 비겁함이라 비난하고, 텔아비브에서 아랍인 학생을, 애틀랜타에서 흑인 지식인을, 소말리아에서 백인 구조 활동가를 죽이는 것이라고 생각한다면, 우리는 과연 어떻게 될까? 그렇다면 우리는 피렌체에서는 유칼립투스를, 카라카스에서는 부겐빌레아를, 맨해튼에서는 은행나무를 불태워버릴까? 자부라라 사람들에게 비소를 쓰거나 토끼를 박멸하는 일을 정당화할 근거를 지어내게 될까? 유일한 실수라면 우리와 생각이 다른 것뿐인 사람들을 정복하여 부를 쌓고, 그 부를 분배하는 일에 우리의 신들과 경제학자들을 끌어들일까? 아니면 아주 오랫동안 너무나 명백했던 우리의 불완전함을 인정하고, 그 대신 이미 알려진 것과 아직 발명되지 않은 화해의 형식들을 모색할까?

차를 세워둔 건곡의 유칼립투스 숲까지 땅을 가로질러 가는 동안, 나는 아직도 깊은 시간의 우물 속에 둥둥 떠 있는 느낌이 들었다. 그 우물의 바닥에서는 규산지르코늄이 결정화되면서 40억 년 뒤 한 여행자가 확대경을 들고 몸을 굽혀 들여다보게 될 작은 갈색 알갱이들로 변하고 있었다. 나는 이 시간의 아치 저 머나먼 끝에서 사람족이 등장하는 모습을, 그들 가운데 유일한 생존자인 호모 사피엔스가 자신들의 그림과 음악을 안고, 신비로운 이야기를 들려주며 서 있다가 승리에 대한, 그리고 복수와 잔인성, 전쟁, 획득에 대한 문제 있는 욕구들을 알아가는 모습을 그려보았다.

인간의 어마어마한 실책들과 현실 정치의 결정들, 개인적 과오들로 이루어진 세계에서 고되게 분투하며 살아가는 동안, 우리는 어쩌면 인간이 끝없이 부도덕해지고, 테러리스트가 되고, 권력과 거대한 특권을 좇고, 자신이 옳다고 보는 일이면 무엇이든 신에게 권한을 부여받은 일인 양 당당히 자행하는 존재라는 걸 목격하면서도 눈도 깜짝하지 않을 만큼 단련되었는지도 모른다. 그리고 그런 삶을 살아온 결과 우리는, 세계적으로 깨끗한 물과 각종 광석과 경작지가 부족한 현실을 고려할 때 이 세기가 끝나기 한참 전에 여러 인간 공동체가 어떤 일들을 직면하게 될지 이미 충분히 파악했을 수도 있다. 또한 그런 삶을 살아왔기에 우리는 시민 개개인의 생각을 감시하고 검열하려는 선출된 정부의 시도에 반대해야 하고, 영리 기업에 시민 개개인이 누리는 것과 똑같은 권리를 부여해야 한다는 주장에 반대해야 하며, 살상 무기의 제조와 유통에 맞서야 하고, 미래에 우리 자손들이 오로지 생존하기 위해 어떤 고통스러운 결정들을 직면하게 될지 고려해야 한다.

이제는 정말이지, 우리가 서로 대화할 방법을 배워야 하지 않을까?

그날 오후에도 리처드와 나는 베란다에서 차를 마셨다. 그는 내게 자기 비행기 옆으로 날아가던 분홍앵무 떼를 비롯해 여러 새를 보았던 일, 그 새들에게 부풀어 오르는 애정을 느꼈던 일, 그리고 살아가기 위한 그 새들의 정직한 노력에 관해 이야기했고, 이 건조한 땅이 세찬 비가 내린 후에는 얼마나 다르게 보이는지, 얼마나 상쾌한지도 이야기했다. 그날 아침, 내가 잭힐스로 출발하기 전에 리처드는 내게 .308 엔필드 소총을 가져와 건넸다. 그러면서 내게 총을 가져가서 야생 염소가 보이면 쏘아줄 수 있겠느냐고 물었다. 야생 염소들이 양들과 먹이를 두고 경쟁한다는 것이었다. 나는 거절했고, 그는 이해한다는 듯 고개를 끄덕였다.

리처드는 "누구나 할 수 있는 일은 아니죠"라고 말하고는, 여러 총들이 걸려 있는 거실 벽에 그 소총을 다시 가져다 걸어두었다.

리처드는 참 호감 가는 사람이었고, 세상에서 자신의 길을 찾기 위해 깊이 생각하는 사람이었기 때문에 그와 함께하는 마지막 저녁이 저물어가는 게 아쉬웠다. 일 년 뒤, 리처드는 비행기가 추락해 다리를 절뚝이며 기체에서 빠져나오는 일을 겪고 얼마 후, 오리건에 있는 우리 집을 찾아와주었다. 나는 리처드에게 우리 집과 주변을 보여줄 기회가 생긴 것이 무척 기뻤다.

1988년 다윈에서 열린 수렵 채집인 전문가들의 모임에서 나는 페트로넬라 바아존 모렐이라는 젊은 여성 인류학자를 만났다. 앨리스스프링스에 살던 그는 브루스 채트윈이 『송라인[노랫길]』을 쓰기 위한 조사를 하며 샐먼 루시디와 함께 호주를 여행할 때 채트윈과 알게 되었다. 페트라는 내가 노던 준주에서 일어났던 토지 청구 운동에 관해 배울 수 있도록 그 지역 사람들이 앨리스라고 부르는 앨리스스프링스로 나를 초대해주었다. 토지 청구 운동은 영국 왕가가 소유한 일부 땅을 원래 주인들에게 돌려줄 법적 근거를 확립하기 위한 노력이었다.

나는 초대를 받고 몇 달이 지나서야 다시 앨리스로 가서 페트라의 남편인 짐 웨이퍼와 작가 로빈 데이비드슨을 비롯한 페트라의 동료들을 만날 수 있었다. 인류학에 대한 지식이 있던 로빈은 다른 호주 여자 몇 명과 함께 선주민 정착지에서 가르치는 일을 하고 있었다. 페트라와 로빈처럼 그 여자들 역시 토지 청구 운동에 전문적 도움을 주고 있었다. 로빈은 자신이 선주민 정착지에서 일하는 동안 내가 자기 집에 머물 수 있게 해주었다.

내가 앨리스에 다시 간 첫째 이유는 앨리스스프링스에 있는 노던 준주 보존 위원회 소속 야생생물학자들 및 현장 기술자들과 함께 오지를 여행하기 위해서였다. 그들은 타나미사막 남동부의 선주민 땅에 붉은허리토끼왈라비 개체군을 다시 정착시키기 위해 그 지역 왈피리 사람들과 협력하여 프로젝트를 진행하고 있었다.(이 종류의 왈라비를 가리키는 선주민 언어는 스무 가지가 넘지만 왈피리어로는 말라라고 한다. 토끼만 한 크기의—영어 이름에 산토끼가 들어가는 이유다—작은 유대류인 이 동물은 이 지역에서는 웨스턴토끼왈라비라고도 부르고, 경멸적으로 스피니펙스쥐라고도 부른다. 과학자들에게 이 왈라비는 라고르케스테스 히르수투스다.)

당시 말라는 서식지 전체에서 멸종 위기에 처해 있었다. 이들은 야생화된 토끼들과 서식지를 두고 경쟁했고, 야생화된 여우들과 고양이들에게 잡아먹혔는데, 타나미사막에서는 이 여우와 고양이의 사냥 때문에 아예 멸종한 상태였다. 이 왈라비들을 다시 들여오는 실험 장소로 왈피리 사람들과 과학자들이 선택한 곳은 앨리스스프링스에서 북쪽으로 355킬로미터, 랜더 강가에 있는 왈피리 정착지인 윌로라에서 북쪽으로 65킬로미터 정도 떨어진 반건조 사막 지대이자 화이트티트리가 점점이 자라고 스피니펙스 풀들이 무리를 이룬 사바나였다.

생물학자들은 앨리스에서 가두어 기른 말라 무리를 (대체로 말라버린) 랜더강과 불규칙적으로 뻗어 있는 타나미사막 근처에 약 1제곱킬로미터 면적의 인클로저를 만들어 그 안에 풀어놓았다. 전기 울타리로 토끼들과 포식자들의 접근은 차단했다. 말라들이 일단 이 풍토에 적응하면 시골 지역에 풀어놓을 계획이었다.

우리는 인클로저가 시야에서 벗어나 있는 건천 옆에 캠프를 설치했다. 이때 우리가 말라 인클로저로 온 목적은 근처 덤불들을 차폐물 삼아 멀리서 그 동물들을 관찰하는 것이었고, 우리가 인클로저에 가까이 갈 때는 말라들에게 물이 충분히 공급되고 있는지 확인하기 위해 울타리 선을 따라 물이 똑똑 떨어지게 해둔 물탱크를 점검할 때뿐이었다. 그날 오후 관찰 지점에서 캠프로 걸어 돌아갈 때, 몇 사람이 수영으로 더위를 식히려 건천을 향해 가고 있었다. 나는 나를 초대한 이 사람들이 그곳에서 수영을 해도 괜찮은지 여부를 이미 확인해두었을 거라고 생각했다. 이렇게 눈에 띄게 중요해 보이는 장소는 외부 사람들의 눈에는 아무리 한낱 오지처럼 보이더라도 항상 그 장소와 연관된 튜쿠르파, 즉 몽환시 서사의 줄기를 품고 있다. 그 사실을 모르면 그게 얼마나 비극을 초래하는 행동인지도 모른 채 그런 장소를 '오염시키기' 십상이다. 내가 뭐라고 말하기도 전에 우리 소그룹의 리더가 수영하러 가던 사람들을 불러세웠다.

이 여행을 하기 전 몇 년 동안 나는 현지 선주민들과 밀접한 협력 관계를 구축한 여러 현장 생물학자들과 함께 주로 북극 지역을 여행할 기회가 있었다. 이 생물학자들은 자신들이 연구하는 동물들, 내 경험상으로는 늑대와 곰, 카리부, 해양 포유류들에 관해 더 잘 알기 위해 토착민 사냥꾼들에게 배웠다. 이 과학자들은 서구의 현장 생물학이 전통적으로 토착민들의 현장 관찰을 아예 무시하거나 그냥 폄하해왔지만, 사실 선주민들의 어마어마한 지식의 총체는 서구의 과학이 쌓아온 것 못지않게 정확하고 엄밀하다는 것을 알게 되었다. 아니 그들의 지식은 많은 경우 더욱 깊이 있고 더욱 섬세하다. 내가 동행했던 현장 생물학자들 다수는 두 종류의 연구를 모두 다 고려함으로써 그 동물에 대한 더욱 완전한 이해를 완성했다.(선주민들은 그 동물들을 가까이서 관찰한 시간이 서구 과학자들보다 엄청나게 더 길었으니, 선주민의 지식이 때로는 과학자들이 도달한 잘못된 결론을 바로잡아주거나 그들의 가정에 도전을 제기하는 것에 놀라는 사람은 아무도 없었다.)

랜더 강가 말라 인클로저 현장에 함께 갔던 생물학자들은 이런 종류의 상호 존중하는 협력의 유형을 한 단계 더 발전시켰다. 노던 준주 보존 위원회의 생물학자들은 말라가 모든 서식지에서 야생화된 동물들에게 위협받고 있다는 것을 알게 된 뒤, 타나미사막에서 말라 개체군을 복원하는 일을 도와달라며 왈피리 어른들을 찾아갔다. 왈피리 사람들은 좋은 생각이라고 판단하고, 왈피리 땅에서 말라의 서식지로 삼기 좋은 땅을 찾도록 도왔다. 그런데 과학자들은 왈피리 사람들에게 그들이 전통적으로 살아왔던 땅에 말라들이 다시 살게 하려면 특별한 종류의 도움이 필요하다고 말했다. 이 복원 프로젝트에서 생물학적 부분(즉, 말라들이 앨리스의 사육장에서 야생의 땅으로 성공적으로 옮겨갈 수 있도록 말라를 포획하여 사육하는 일과, 인클로저를 지을 적절한 서식지를 선별하는 일)은 자신들이 제대로 할 수 있지만, 말라들의 영적인 성격, 튜쿠르파에서 말라들이 차지하는 위치에 관해서는 아는 게 없기 때문에 그것만으로는 자신들의 노력이 성공하지 못할 거라고 말했다. 그들은 왈피리 장로들에게 "왈라비들을 노래로 불러내"달라고, 즉 말라들을 이 땅으로 다시 불러들이는 의식을 행하여 복원을 도와달라고 요청했다. 어느 정도 주저한 끝에 왈피리 사람들은 그 요청을 수락했다. 나이 많은 남자들이—아이, 여자, 백인은 한 명도 없었다—타나미사막의 어떤 장소로 가서 "그림을 그리고" 노래를 불러 말라들을 그 땅으로 다시 불러들이겠다고 했다.

여기서 생물학자들이 보여준 인식의 깊이는 그때까지 내가 경험한 범위에서는 전례가 없던 것이었고, 그들의 접근법은 왈피리 장로들의 마음에도 깊숙이 가닿았다. 노던 준주에서 말라 개체군이 사라진 주된 원인은 야생화된 포유류가 말라를 포식하고, 토끼들이 말라의 굴 서식지를 차지하고, 스피니펙스 씨앗과 기타 좋아하는 식량을 두고 말라들과 경쟁을 벌였기 때문이다. 하지만 그 붕괴의 근본 원인은 이보다 더 복잡했다. 호주 선주민들은 수천 년 동안 말라들이 살던 땅에서 불 막대 경작이라는 정교한 토지 관리 기술을 사용해왔다. 그들은 통제된 연소—불이 천천히 움직이며 풀들을 태우는—방식으로 마른 스피니펙스 덤불을 제거하여 새로운 풀의 성장을 촉진했고, 이에 따라 오래된 스피니펙스 풀밭과 새로 자란 부분은 모자이크를 이룰 수 있었다. 이러한 불 막대 경작은 수렵 채집 생활을 하던 그들의 필요에도 잘 맞았고 말라들에게도 유익했다. 말라들은 오래된 스피니펙스가 자라던 땅 밑에 굴을 파고, 새로 난 스피니펙스 풀을 먹고 살았다.

1950년대에 노던 준주에서 긴 가뭄이 이어지자 선주민들이 사막을 떠나 정착지와 선교지에서 거주하기 시작했고, 이와 함께 불 막대 경작이 사막의 생태계에 예전처럼 영향을 주지 않게 되었다. 이 변화가 말라들에게는 불리하게 작용했다. 불 막대 경작이 사라지면서 여우와 야생화된 고양이, 토끼 들이 남아 있던 말라들에게 입히는 피해가 이전에 비해 더 커졌기 때문이다.

왈피리족와 루리차족, 어렌더족, 피찬차차라족, 핀투피족, 그리고 사막의 또 다른 전통 부족들의 몽환시 서사에서 말라는 선주민들의 땅에 생명을 불어넣는 중요한 역할을 한다. 창조 이야기 속 다른 존재들처럼 말라도 여행자이며, 말라의 노랫길은 라벤더 강가 땅에서 홀로 고립된 채 서 있는 바위산 울루루(에어즈록)까지 남북으로 이어지며 말라가 여행하는 부분을 표시한다. 이 노랫길을 따라 말라 개체군들이 붕괴하면서 여러 전통 부족의 영적인 토대도 위협을 받았고, 말라 개체군이 멸종을 향해 가면서 말라 의식들도 위축되기 시작했다. 이러한 영적인 세계와 물질적 세계의 관계에 대한 노던 준주 보존 위원회 생물학자들의 세심한 배려, 그리고 그들이 자신들에게는 이 영역에서 행동할 권위도 능력도 없으며, 왈피리 사람들이 도와주지 않는다면 이 복원 노력도 실패할 것이라고 말한 것은 왈피리 사람들에게는 믿을 수 없을 정도로 놀라운 일이었다.

후에 나는 말라 인클로저에서 말라들을 풀어주기에 앞서 노래로 말라들을 불러내려고 타나미사막으로 갔던 사람들 중 한 명과 대화를 나누었다. 그는 생물학자들이 한 동물에 대해 "그 지역에서 멸종했다"라고 말하는 것이 자기로서는 이해하기 어려운 개념이라고 말했다. 한 동물의 몸이 특정한 지역을 지나가는 사람에게 보이지 않을 수는 있지만, 그래도 그 동물은 여전히 거기 존재하는 거라고 그는 내게 말했다. 어느 특정 장소에서 그 동물의 신체적 형상이 "끝났을" 수는 있지만, 백인들이 말하는 식으로 "사라진" 것은 아니라고 했다. 당신이 그 동물을 볼 수 없다면, 그 동물이 지나간 흔적이나 배설물이나 먹이를 먹은 흔적을 볼 수 없다면, 그건 "그 지역에서 멸종한" 것이 아니냐고 나는 물었다. 그는 아니라고 했다. 그는 쭉 뻗은 왼손을 재빨리 저어 넓은 호를 그렸다. "저기에 다, 어디에나 다 있어요." 그는 자신과 다른 남자들이 말라들을 향해 노래를 부르고 난 뒤, 그 지역에 있던 말라들의 영혼이 인클로저에 있는 말라들의 몸속으로 들어갔다고 말했다.

서구식 앎의 방식에 완전히 얽매여 있는 사람에게는 이 이야기가 어리석게 들릴지 모르지만, 여러 해 동안 서구의 현장 생물학자들과 인터뷰하면서 나는 그들 다수에게도 지역적 멸종 문제가 완전히 명확한 것은 아님을 알게 되었다. 한 지역에서 멸종했다고 선언되었던 동물이 후에 다시 나타나는 일도 너무 많았다. "노래를 불러" 한 동물을 다시 존재하게 한다는 것은 아직 밝혀지지 않은 복원의 생물학적 과정을 나타내는 은유적 표현이며, 이를 시대에 뒤떨어진 소리라 여기는 이들은 세계가 어떻게 돌아가는지 자기가 이미 알고 있다고 혹은 밝혀낼 수 있다고 생각하는 사람들뿐이다.

노던 준주 보존 위원회 현장팀은 앨리스스프링스로 돌아오자 나를 윌로라에 내려주었다. 오랫동안 윌로라 정착지에서 연구 활동을 해온 페트라 덕분에 이곳에 며칠 머물 수 있게 된 터였다. 몇 주 뒤, 페트라는 내가 울루루에 있는 무팃줄루라는 공동체에 가서 피찬차차라 사람들을 만날 수 있도록 주선해주었다. 이 지역에서 한 경험은 우연한 만남에 가까웠고, 왈피리 사람들이나 피찬차차라 사람들의 전통이나 "바라보기의 방식"을 잘 모르는 데다, 두 문화의 물리적 지리도 잘 몰랐던 나는 바로 눈앞에 있는 것에서도 많은 부분을 놓칠 수밖에 없었다. 하지만 이 사막 지역에 사는 두 부족에 관해 연구한 인류학자들의 글을 읽고, 후에 그 인류학자 중 몇 사람과도 이야기를 해보고 두 지역의 선주민들과도 이야기를 나눠본 뒤로는 그들이 자신들이 속한 물리적 세계에 관해 얼마나 상세한 지식을 갖고 있는지 잘 알게 되었다.

나는 몇 차례 피찬차차라족 남자들의 작은 무리와 함께 무팃줄루에서 벗어나 주변 지역으로 가볼 수 있었다. 그들은 두 언어를 구사했고 내 질문을 참을성 있게 받아주었으며, 이 장소가 내가 방문했던 다른 장소들과 얼마나 다른지 이해하려는 나의 노력을 전혀 따분해하거나 불쾌해하지 않는 것 같았다. 어느 날 우리 몇 사람이 울루루에서 북쪽으로 1.5킬로미터 정도 지난 곳에 당도했을 때, 나는 동행자들에게 이곳에서 교차하는 노랫길들에 관해, 이곳에 왔던 몽환시의 창조하는 존재들에 관해 말해줄 수 있느냐고 물었다. 그 존재들은 어느 방향에서 왔고, 어느 방향으로 가고 있는 것이냐고. 나는 특히 말라에 관해 알고 싶었다. 말라가 여기에도 있었는지.

아, 그럼요. 가이드 중 한 명이 대답했다. 말라는 여기 있었지요. 그는 이마를 기울여 울루루 북쪽 면의 바닥에서 작은 동굴처럼 움푹 들어간 한 지점을 가리켰다. 마침 그 시간에는 세로로 길게 뻗은 그림자가 그 위치를 표시하고 있었다. 말라는 저기서 잠을 잤어요, 하고 그들이 말해주었다. 그들은 오랫동안 말라에 관한 이야기를 들려주었다. 우리 네 사람은 모래언덕에서 아주 강한 햇빛 아래 앉아 있었다. 그들은 영어로 말했고, 나는 그들이 하는 말을 분명히 이해하고 싶어서 중간에 질문하고 싶은 마음을 꾹 눌렀다. 그들의 이야기가 끝났을 때는 그 침묵을 깨고 싶지 않았다.

나는 그들이 해준 이야기를 전부는 기억하지 못한다. 이야기 하나가 끝날 때 빠져나와서 노트를 꺼내 그들이 한 말을 적는 것은 무례한 행동이었을 뿐 아니라, 그러면 내가 도둑처럼 보일 것 같았다. 그리고 그들이 이야기하는 중에 질문을 하며 끼어들었다면 그 이야기꾼들이 싫어할 만한 방식으로 이야기가 중단되거나 토막 나거나 끊어졌을 것이고, 그들이 자신들의 감정적이고 지적인 역사의 구체적인 세부 속으로 다시 푹 잠기는 것도 어려워졌을 것이다.

우리는 아무 말 없이 그 모래언덕에 계속 앉아 있었다. 나는 그 세 사람이 이야기할 때 사실은 서로 이야기를 주고받고 있으며, 나는 거기에 없는 것처럼 그저 자기들의 삶, 자기들 공동체의 삶에서 말라가 차지하는 넓은 범위에 대해 서로 상기시키고 있다는 느낌을 받았다.

우리는 계속 울루루의 북쪽 면을 바라보며 앉아 있었다. 그러다 그중 한 남자가 울루루의 다른 측면들을 꼽으며 그것들이 몽환시 서사에서 차지하는 위치가 어디인지, 그 각각이 몽환시 서사 속 다른 존재들의 활동과 서로 어떻게 관련되는지 설명하기 시작했다. 이 설명을 듣다가 어느 즈음에 나는 그들이 나로서는 알아볼 수 없는 특징들을 묘사하고 있다는 걸 깨달았다. 그 바위산의 반대 쪽에 있어서 나는 볼 수 없지만 그들은 쉽게 떠올릴 수 있는 울루루의 부분들에 관해 말하고 있었기 때문이었다. 얼마쯤 시간이 지나자 그들은 처음에 이야기했던 장소, 그러니까 말라들이 잠을 잤다던 그 장소에 대한 회상으로 돌아왔고, 그제야 나는 그들이 울루루를 한 바퀴 빙 돌았다는 걸 이해했다. 그들은 나를 데리고 울루루를 완전히 다 돌아본 것이었다. 내가 그 사실을 이해하는 데 필요한 시점의 변화는 전혀 언급하지 않은 채로 말이다. 그들에게는 이음매 없이 하나로 연결된 것이 나에게는 두 개의 서로 다른 부분으로, 그러니까 내 눈으로 볼 수 있는 것과 볼 수 없는 것으로 나뉘었다.

이 세 남자는 어린 시절부터 울루루를 포함하는 많은 튜쿠르파 이야기를 들어왔다. 어느 순간에든 그들이 볼 수 있는 것과 그들이 과거에 보았음을 기억하는 것이—사실 이는 기억만이 그들에게 줄 수 있는 것이다—하나의 전체를 구성했다. 이렇듯 그들에게는 기억이 감각 중 하나로 기능했을 뿐 아니라, 그날 그들이 나에게 울루루를 묘사한 방식이 분명히 보여주었듯, 그들은 나보다 훨씬 더 3차원인 공간에 살고 있었다. 물리적 세계를 보는 그들의 방식에는 정확한 관점도, 유일하게 올바르다고 여겨지는 관점도 없었다. 울루루의 북쪽에 함께 앉아 나에게 울루루와 몽환시에 관해 이야기하고 있다는 것은 사실 그들의 이야기에서, 즉 울루루가 그들의 세상에 맞아들어가는 방식을 정확히 묘사하는 일에서 부차적인 사항일 뿐이었다. 그들에게는

'앞쪽'도 '뒤쪽'도 없었고, 현상의 '오른쪽'도 '왼쪽'도 없었다. 평생 책과 지도와 그림과 컴퓨터 화면 같은 평평한 표면에서 주로 왼쪽에서 오른쪽으로, 대체로 위에서 아래로 읽어가며 배워온 나와는 달리, 그 바위산에 대한 그들의 인식에는 어떤 제약도 없었다.

이 세 남자와 울루루 주변을 돌아다니는 동안(하루는 울루루의 서쪽 15킬로미터 지점에 있는 카타튜타(올가산)까지 차를 몰고 가기도 했는데, 이 남자들에게 이 바위산은 여성의 정체성을 지닌 산이다) 우리의 대화는 팝 음악, 닛산 패트롤보다 토요타 랜드크루저가 더 나은 점, 울루루에 몰려드는 (그들이 가차없이 밍가[개미]라 부르는) 관광객, 휘발유 증기 흡입, 이 피찬차차라 남자들이 열심히 찾아보고 있는 여러 럭비 리그와 축구 클럽의 운까지 다양한 주제로 뻗어나갔다. 그러나 우리의 대화가 이렇게 다양한 주제를 다루며 활기를 띠는 것은 우리가 차를 타고 이동할 때나 무팃줄루에 있는 누군가의 집에 갔을 때뿐이라는 걸 내가 알아차리기까지는 시간이 좀 걸렸다. 우리가 함께 대지를 걷고 있을 때는 아무도 말을 많이 하지 않았다.

어디를 걷든 우리의 걸음은 항상 그 풍경에 딱 알맞은 것 같았다. 걷는 속도가 급하거나 불안정하게 느껴진 적은 한 번도 없었다. 우리의 움직임은 일정하면서도 그 땅의 지형에 잘 상응하는 느낌이라 마치 물의 움직임 같았다. 걷고 있을 때 누군가 이야기를 시작한다면, 그건 모두 그때 우리가 지나고 있던 장소에 관한 이야기였다. 그런 이야기는 그곳의 두드러지는 특징이 눈에 들어오는 바로 그 순간에 시작되곤 했다. 이야기가 지속되는 시간은 그 지역을 지나는 우리의 걸음에도 딱 맞아서, 이야기의 핵심인 땅의 특징이 우리 시야에서 벗어나는 바로 그 순간에 이야기도 끝이 났다. 한 리듬(흘러가는 하루의 시간) 속에 또 한 리듬(우리가 걷는 속도) 속에 또 한 리듬(이야기의 진행 속도)이 있었다.

나를 안내해준 피찬차차라 사람들에게 한 장소에서 온전히 존재한다는 것은 감각적 인식의 수준을 높이 유지하는 일일 뿐 아니라, 그 장소(또는 신뢰하는 사람에게서 그 장소에 관해 들은 이야기)에 관한 자신의 기억들을 예리하게 인식하는 일이기도 하다는 나의 직관은 또 다른 직관으로, 아니면 적어도 우리가 나눈 대화의 의미에 대한 더 완전한 설명으로 나를 이끌어주었다. 우리 모두 영어로 말했지만—나와 함께한 세 사람 중 두 사람은 영어를 훌륭하게 구사했다—나로서는 내게만 전달되지 않는 뭔가가 있다는 느낌을 떨칠 수 없었다. 그 대화에서 내게 잡히지 않는 무언가 때문에 그들이 말하고 있는 중요한 요점들을 내가 놓치고 있다는 생각이 들었다. 나는 피찬차차라 사람들이 우리를 둘러싼 풍경의 3차원성을 너무나 잘 인지하고 있어서, 그들에게 우리가 지나가던 땅은 한순간도 뭔가의 투사인 적이 없다는 결론에 이르렀다. 그들은 한 번도 한 장소를 밖에서 들여다보지 않았고, 무엇이든 우리가 보던 것의 내부에 통합되어 있었다. 우리가 갔던 장소들에 관해 내가 던진 몇몇 질문은 그들에게는 너무 이상해서 대답하기가 쉽지 않은 질문들이었다. 예를 들어, 내가 무언가를 특정한 관점에서 바라보는 '측면'에 관해 질문하면 그들은 곤혹스러워하는 것 같았다. 이런 질문들은 그림이나 사진의 한 장면처럼, 가장자리에 경계선을 둘러 구획된 장면을 만들어내려고 3차원, 즉 깊이를 납작하게 만드는 내 습관에서 나온 것이었다. 무팃줄루에서 지낸 어느 밤 나는 자지 않고 침대에 가만히 누워서, 때때로 우리의 대화가 2.5차원에서 이루어진 것 같다는 생각을 했다. 그리고 그들의 3차원적 인지의 영역을 깨달은 뒤로 나 역시 그 영역에 머무는 법을 배우고 싶은 열망이 생겼지만, 반대로 그들은 내가 가장 편안하게 느끼는 이 2차원적 관점을 찾거나 유지하는 일에는 별 관심이 없을 거라는 결론에 이르렀다.

그들처럼 보는 것이 어떤 땅을 더 온전하게 볼 수 있는 방식이라는 건 분명했다.

윌로라에서 보낸 어느 오후에는 생각지도 못한 기회가 찾아왔다. 1920년대 말 언젠가(나는 이 이야기를 구체적으로 밝히지 말라는 요청을 받았다), 왈피리 남자들과 여자들의 작은 무리가 타나미사막의 물웅덩이에서 지역 경찰에 의해 살해된 일이 있었다. 이 살인으로 그 물웅덩이는 영적으로 오염되었고, 이후 왈피리 사람들은 그곳에 가지 않았다. 그 지역에는 표층수가 부족하기 때문에 그전까지 그곳은 그들이 중요하게 들르는 장소였다.

윌로라의 장로들은 그 장소를 "정화할" 때가 되었다고 판단했다. 그들은 다시 그 장소로 가서 의식을 통해 그 물웅덩이와 주변 땅을 영적으로 깨끗이 씻어내고 물웅덩이에 축적되었을지 모를 모든 자연적 찌꺼기들을 치워낼 계획이었다.

거기까지 가는 데는 나흘이나 닷새가 걸릴 터였고, 그런 다음 정화 의식을 치를 것이며, 그 후 나흘이나 닷새에 걸쳐 돌아올 예정이었다. 그들은 나도 함께 가기를 원하느냐고 물었다. 나는 그렇다고 대답했다. 그들과 함께 그 땅에 가고, 그들이 그 장소를 정화하는 동안 그 모습을 지켜보고, 그래도 괜찮다면 그 일을 돕고도 싶었다. 그런 경험을 해보기를 정말 열렬히 원했다. 그들이 나를 그 일에 초대해준 것은 내가 윌로라에 머무는 짧은 기간 동안 그들이 나에 대해 갖게 된 인상보다는, 페트라에 대한 그들의 애정 때문이라고 나는 확신했다.(페트라와 내가 그의 왈피리 친구들과 함께 여행할 때, 페트라는 우리가 반드시 남매인 것처럼 행동해야 한다고 설명해주었다. 이는 우리가 실제로 어떤 사이인지의—좋은 친구 사이였다—문제가 아니라, 왈피리의 관습에 존중을 표하는 방식으로 왈피리 사회에 맞춰가야 하는 문제였다. 우리가 바닥에 나란히 누워 자려면 우리는 반드시 남매 사이여야 했다. 비슷한 맥락에서 페트라는 앨리스스프링스로 가기 전에, 윌로라에서 내가 접근하거나 질문해서는 안 되는 몇몇 장소들을 일러주었다. 그건 바로 몽환시의 장소들이었다. 그런 곳들은 나 같은 사람은 접근하면 안 되는 곳이었다. 나는 페트라의 지시를 엄격히 따랐다.)

그 제안에 나는 왈피리 사람들에게서 선물을 받은 느낌이고 영광스러웠지만, 결국 그 물웅덩이까지 함께 가자는 제안은 받아들이지 않기로 했다. 그 마을의 한 지인이 내가 어떻게 이야기해야 그들에게 거절이나 무례함으로 보이지 않으면서 내 뜻을 전할 수 있을지 알려주었다. 그리고 그들은 나를 두고 그곳으로 떠났다. 오늘날까지도 나는 그때 내가 올바른 결정을 내린 것인지 확신이 안 선다. 만약 함께 갔더라면 나는 왈피리족의 활력에 관한, 인간의 수난과 역사적 시각에 관한, 인종차별과 인내에 관한 비범한 이야기를 전할 수 있었을 것이다. 가지 말아야 한다고 판단한 근거는 한마디로 그 장면을 목격하는 일에 대해 내가 느끼는 불편함이었다. 내가 판단하기에 왈피리 사람들은 작가로서 내가 하는 일이 어떤 것인지 완전히 알지 못했다. 그들에게 그 초대는 더없이 중요한 의식을 행하는 동안 사람과 사람으로 함께하자는 제안이었다. 자기들이 알지도 못하는 사람들에게 내가 본 것을 알리라고 나를 초대한 것은 아니었다. 적어도 내가 받은 인상으로는 그랬다. 만약 내가 그 일에 관해 글을 쓴다면, 그건 영적으로 중요한 어떤 일을 지극히 피상적인 수준으로밖에 이해하지 못한 채로 해석해야 하는 거라고 나는 마음속에서 나 자신과 언쟁을 벌였다.

만약 그 결정을 다시 내릴 수 있다면 나는 감사하는 마음으로 그 초대를 받아들이고, 그럼으로써 전통 부족민들에 대한 나의 전반적인 생각에 더 많은 앎을 보탤 것이다. 그리고 내가 본 것을 공개적으로 해석하려는 시도는 결코 하지 않을 것이다. 나는 그곳에 가는 사람들에게 돌아오면 나에게 그 경험을 이야기해달라고 부탁했다. 그 일에 관해 무엇을 말할 것인지는 그들의 결정에 맡기고 싶었다. 내가 가지 않음으로써 중요한 뭔가를 놓치게 될 것 같지는 않았다. 오히려 내가 윌로라에서 그들을 기다리지 않는다면, 그리하여 그들이 한 번은 자신들의 문화에 대한 유일한 보고자이자 유일한 해석자가 되게 하지 않는다면, 그것이 더 중요한 무언가를 놓치는 일일 것 같았다.

나의 성장기에는 루이스 리키와 메리 리키 같은 고인류학자들과 그들이 탄자니아와 케냐에서 한 선구적인 작업이, 호모 사피엔스의 신체적 진화에 대한 대략적인 스케치를 제공했다. 이후 그에 대한 관점은 상당히 정교화되었다. 하지만 근래에는 인류의 역사와 인간 존재의 의미에 관심이 많은 과학자들의 주의가 신체적 진화에서 인지 연구 쪽으로 옮겨왔다. 그들의 초점은 인류 조상들의 외적인 모습이 아니라 내면 정신의 진화에 맞춰졌다. 이러한 연구는 오랫동안 부글부글 끓어왔던 인종적 문화적 우월성에 관한 문제로부터, 감정이입의 발달과 협동할 수 있는 인류의 역량 같은 더욱 긴급한 문제들로 우리를 데려감으로써 인간을 이해할 새로운 상식을 제공한다.

인간 마음의 발달에 관한 연구는 대양처럼 광범위하며 논쟁도 왕왕 벌어지는 분야다. 여기서는 마음의 신경 경로들과 심리적 함의들 사이를 헤매다 길을 잃기도 십상이다. 그리고 이타주의의 유용성 또는 무용성에 관한 논의에서는 정치적 우파에 속하는 사람들 가운데 자비로운 통치와 이타적 행위를 '사회주의'

로 여기는 이들도 물론 있다. 하지만 앞으로 몇십 년 동안 사용 가능한 담수를 공급하는 문제 등 주요한 세계적 문제들을 성공적으로 해결하려면 모든 문화권의 사람들에게 감정이입과 이해심이 필수일 것이다. 그러면 분명 이런 질문이 나올 것이다. 이방인들의 곤경에 대해 미심쩍어하는 문화권들에서 이 정도 규모의 감정이입이 어떻게 가능하겠는가? 혹은 이미 전쟁 때문에, 환경적 스트레스 때문에, 독재자의 횡포 때문에 무너지기 직전인 문화들에서는? 아니면, 자기네 국경선 너머에 사는 사람들의 운명에는 아무 관심도 없고, 그들이 결국 붕괴하더라도 별일 아니라 믿는 문화에서는?

감정이입과 연민은, 국가의 우선순위를 다시 정하거나 국내 경제를 재편성할 때, 예컨대 물질적 이윤 같은 것보다 사람들의 안녕을 더 중시하는 새로운 정치를 확립하려 할 때 필수적인 요소일 것이다.

자칼 캠프를 다룬 앞장에서 한번 이야기했던 인간 마음의 역량에 관한 주제를 지금 다시 꺼낸 이유는, 성격의 심리적 발달에 관한 연구와 인간 정신의 계통발생학적 발달 연구에 따르면, 동일한 사회집단 내에서도 특정 사람들(예컨대 호주의 목양업자들 중에서도 심리적으로 건강하고 정서적으로 성숙한 이들이나, 피찬차차라 선주민들 중에서도 심리적으로 건강하고 정서적으로 성숙한 이들)은 개념들의 넓은 (특정한 윤리적 입장의 유용성 또는 적절성 같은) 스펙트럼에 걸쳐 그 집단 내 다른 사람들에게 감정이입하는 능력이 더 크다고 여겨지기 때문이다.

그렇다면 어떤 집단에서든, 어떤 사람이 말하려 하는 바를 다른 사람들보다 더 잘 이해하는 사람들은 있을 것이다. 이들은 한 사람의 입장이나 논리를 그 집단 내 다른 사람들이 더 명확히 이해하도록 도울 수 있다. 또한 주의 깊게 감정이입하면서 귀 기울일 수 있는 능력과 한 집단 내에서 사회적 긴장을 완화하고 상호 이해를 증진할 수 있는 이 능력은, 듣는 이가 반드시 다른 이들보다 지능이 상대적으로 높거나 복잡한 패턴을 인지하는 능력이 더 뛰어나야 갖출 수 있는 것은 아니다. 오히려 그런 능력 못지않게 혹은 그보다 더 많이 갖춰야 할 것은 정의하기가 더 어려운 무엇인데, 그것은 바로 자기 입지를 잃을까 두려워하는 마음 없이 다른 누군가의 관점으로 세상을 볼 수 있는 능력이다.

내가 보기에, 다른 사람이 말하려는 바를 즉각적으로 요약해서 판단해버리지 않고 그 사람의 관점에 주의 깊게 귀 기울일 수 있는 능력은 우리가 부족의 어른들에게 기대하는 행동과 결이 같다. 그리고 다른 사람의 생각을 이해하는 능력은 안정적인 사회질서의 토대다.

인류의 운명을 정부와 세계적 기업들의 의제를 중심으로 계획하는 논의를 들을 때, 너무나 중요한 결정을 내리는 그 자리에 '가장 훌륭한 정신'을 지닌 사람들이 참석하는 일이 드물다는 사실에 나는 자주 두려움을 느낀다. 마음이 높은 수준의 지향성에서 작동할 때 분별력과 감정이입 능력이 가장 크다는 마음 이론 심리학의 이론이 옳다면, 그리고 지구 기후 혼란, 해양 산성화 등 지구 환경문제는 높은 수준의 세계적 협력 없이는 성공적으로 해결하기 어렵다는 생각을 진지하게 받아들이는 게 현명하다면, 극단적 국수주의자들과 외국인 배척주의자들이 권력과 권위를 쥔 위치에 있는 이 시대에 우리는 어떻게 해야 하는 것일까? 그리고 더 중요한 문제로, 인종과 민족, 젠더, 형식적 교육, 도시적 세련됨, 물질적 부에 관한 편견 때문에, 가장 훌륭한 정신을 지닌 사람들이 논의 석상에 참석하지 못한다면, 어떤 과정을 통해야 그들이 그 자리에 앉게 할 수 있을까?

마음 이론의 가정들은—내가 보기에는 거의 필연적으로—여러 전통 사회에서 그 집단을 위한 결정을 (다른 어른들과 함께) 내릴 어른으로 누군가를 추대하고 폭넓게 지지하는 기준이 그 사람의 나이가 얼마인지 혹은 얼마나 지적인지와는 별로 관계가 없다는 사실을 뒷받침한다. 더 중요한 것은 감정이입하는 능력, 다른 관점들도 존중할 수 있는 능력이다.(이 어른들의 또 하나 공통된 특성은 역사적 상상력이 있다는 점이다. 그들은 과거에 사람들이 어려운 일에 부닺혔을 때 효과가 있었던 방법과 없었던 방법에 관한 기억을 세심히 참고한다.)

서로 깊이 이해하는 사람들, 그들의 유서 깊은 문화의 토대를 형성한 은유들과 사고 패턴들을 가져와 활용할 수 있는 사람들이 성공적으로 대화할 수 있는 미래를 상상하려면 진보와 개선에 대한 서구인들의 몰두는 옆으로 밀쳐두어야 한다.(다윈이 어느 종에게나 생물학적 진화의 과정에서 중요한 건 개선이 아니라 새롭거나 변화하는 환경에 성공적으로 적응하는 것이라고 주장했을 때, 그는 호모 사피엔스의 진화가 서구식 사고의 상당 부분과 근본적으로 상충할 것임을 알리고 있었던 셈이다.) 나아가 처음부터 어느 한 문화의 관점만을 포용하거나, '발전된' 문화와 '원시적' 문화를 차별하거나, 인류의 운명에 대한 한 종교의 시각에만 치우친다면, 그 집단은 효율적으로 운영될 수 없다. 인류의 존속에 전례 없는 위협이 닥친 이 시대에, 화해와 협력으로 가는 길을 찾는 과제를 받아든 어른들은 인간의 성취를 위한 가장 중요한 조직 원리가 진보가 아니라 안정이라는 생각, 즉 균형과 대칭과 규칙성이 변화와 성장과 이탈과 야망보다 더 가치 있다는 생각에 초점을 맞춘다.

자신들의 안녕이 아니라 인류의 신체와 정신의 건강을 가장 우선시하는 일은 오늘날 정부도 기업도 군대도 못 하는 일이며, 이 일은 특정한 통치 형식이나 경제적 조직이나 종교적 확신을 최우선시하는 충성심에서 자유로운 사람들, 그리고 개인의 출세나 문화적 우월성에 큰 무게를 두지 않는 사람들이 함께할 때만 이룰 수 있다. 물론 이는 대부분의 정부와 기업과 군대가 몹시 질색하는 생각일 것이다. 그 일을 이뤄내기 전까지 우리는 1세계의 다수 국가를 움직이는, 흔히 물욕에서 비롯한 승리에 대한 야망, 이기고자 하는 야망에서 벗어날 수 없을 것이다.

자신이 지나가고 있는 물리적 풍경에 진정한 관심이 없다면 전통 사회의 사람들과 함께 여행하는 것은 지루한 일이며, 저녁에 야영지를 꾸려도 그들과는 "지적인 대화를 나눌 수 없다"라는 말을 몇 번 들었다. 내 경험과는 다른 이야기이며, 그런 불평은 몇 가지 중요한 점을 간과한다. 인간과 관련된 것이 그렇지 않은 것보다 더 중요한 이야기 소재인가? 그런 상황에서 모든 사람이 참여할 여지가 없는 대화를 밀고 나가는 것이 옳은 일인가? 당신과 같은 문화에 속한 사람들이 다른 문화의 사람들보다 더 흥미진진한 대화를 나눌 가능성이 크다는 것인가? 전통 사회의 사람들이 여행할 때 대체로 침묵한다는 것은 일반적으로 사실이다. 그 침묵의 이유는 말로 된 언어가 문장 구성 방식과 어휘들을 동원해 한 장소를 이루는 세부들을 단 하나의 의미로 축소하고 다른 해석들은 배제해버리기 때문이다. 하지만 모닥불가에 둘러앉아 나누는 대화는 종종 은유적이고 심지어 우화적이어서, 여러 유형의 정신을 작동시키고 여러 수준의 사유를 가능하게 한다.

또한 어느 문화에나 기억할 가치가 있는 많은 이야기를 할 수 있는데도 아무 말도 하지 않기로 선택하는 사람들이 있는 것도 사실이다. 내 경험상 다른 문화에 속한 사람과 대화를 나눌 때도 언어의 장벽을 우회할 방법은 찾아낼 수 있으며, 나아가 각자의 자아 바깥 세계에 초점을 맞추고, 상대의 관점에 감정이입하고, 그 관점을 인간의 경험이라는 거대한 현실 속에 통합할 수 있다면 높이 고양되는 대화도 나눌 수 있다. 그럴 수 있으려면 대화하는 양쪽이 모두 호기심과 존중하는 마음을 품고 있어야 하며, 우리를 둘러싼 세계가 누구라도 완전히 이해하기에는 너무 가변적이고 다면적이며 너무 많은 잔가지를 뻗고 있다는 것을 알고 있어야 한다. 세계는 원래 인간이 완전히 이해할 수 있는 것이 아니다.

앞에서 나는 전통 사회의 어른들이 모든 사회가 거쳐갈 수밖에 없는 위험한 길을 지날 때 자신이 속한 공동체 사람들을 잘 인도할 수 있는 능력을 지녔다는 이야기를 많이 했다.(그리고 자신의 에고를 지나치게 부풀리거나 세속적 세계의 유혹에 넘어가 자기 본분에 실패하는 어른들도 있다는 이야기는 독자들의 판단에 맡겼다.) 그렇다면 이제는 모든 어른이 자신이 틀릴 수 있다는 것, '살아가는 일에서는 아무것도 장담할 수 없다'는 것, 어떤 위험 상황은 한마디로 피해가기가 불가능하다는 걸 알고 있다는 점을 강조해야겠다. 단, 이들의 중요한 특징 하나는 일단 자신이 선택되었다면 절망이나 두려움 때문에 포기해서는 안 된다는 것도 알고 있다는 점이다. 그렇게 하는 것은 배신일 것이다. 그리고 그들이 어른으로 선택된 것은 사람들이, 매일, 이 사람이 자기들 무리에서 가장 훌륭한 정신이라는 데 동의하기 때문이다. 스스로 나선다고 해서 어른의 역할을 맡을 수 있는 것은 아니며, 책임이 너무 막중하기 때문에 어차피 그 위치에 자발적으로 나서는 사람은 아무도 없다고 들었다.

전 세계에서 전통 사회들이 무너져가면서, 그 사회들이 대표하던, 의심 없이 받아들여지는 어른들의 결정을 통해 전해내려온 지혜의 모범도 사라질 위험에 처해 있다. 서구의 민주적 통치 모델은 모든 사람의 말을 들어야 한다는 개념에 기반을 둔다. 하지만 서구에서 그 개개인의 목소리는 "나를 따르라! 내가 길을 알고 있다!"라고 외치는 카리스마 있는 인물들에게 묻히고 포섭되는 일이 많다. 전통적 사회에 속한 사람들은 다른 사람의 목소리에 진정으로 귀 기울일 수 있는 사람이 누구인지 알기 때문에, 위급한 상황에서 그 사람이 다른 어른들과 함께 대화를 나누며 계획을 세우는 일을 편안하게 받아들이고, 그 어른이 자신들에게 요구하는 대로 하는 것을 자율성을 빼앗기는 일로 느끼지 않는다. 그들은 그 어른이 "나를 따르라"라고 말하는 인물이 아니라는 걸 알고 있다. 그의 지도 원칙은 아무도 낙오하게 남겨두지 않는다는 것이다.

이십 년에 걸쳐 나는 때로는 우연히, 때로는 의도적으로 제임스 쿡과 찰스 다윈이 상륙했던 태평양 연안 지역의 여러 곳을 방문했다. 칠레 해안에서는 다윈이 걸어서 안데스 남부를 횡단했을 때 그 여행의 출발지였던 마을의 거리를 걸으려고 발파라이소에 상륙했다. 쿡과 다윈 모두 했던 혼곶 일주도 했고, 쿡이 살해당한 하와이섬의 케알라케쿠아만의 해변도 걸었다. 타히티에서, 남극해에서, 알래스카 북부 해안에서 쿡이 지나갔던 길을 따라 걸었다. 부에노스아이레스 거리와 포클랜드 제도 해안에서 다윈이 내 곁에서 걷고 있다고, 케이프타운에서 함께 식사하고 있다고, 갈라파고스의 산타마리아섬에서 함께 덤불을 헤치며 산꼭대기까지 올라가고 있다고 상상했다.

이성적인 여행가 혹은 독자는 누구나 충분한 시간을 들이면 쿡과 다윈에 관해 쓴 모든 글로부터 자기만의 결론을 이끌어낼 수 있을 것이고, 케알라케쿠아만 같은 장소를 방문해봄으로써 자신의 관점을 더욱 견고하게 하고 확장할 수 있으리라 믿는다. 내가 쿡을 존경하는 이유는 앞에서 여러 번 이야기했다. 쿡은 마지막 항해에서 비유적으로 말해 길을 잃었고, 늘 곁에 없는 남편이자 아버지였지만, 그는 우리 모두의 내면에 진취성 및 위대한 상상력의 감각을 일깨워놓았다. 그와 함께 식사를 하며 질문할 수만 있다면 나는 무엇이든 다 할 것 같다. 항해가 탐험의 여정이 아니라 상업에 복무하기 위한 여정이 되었을 때, 항해사의 임무가 어떻게 바뀌었다고 생각했는지 그에게 묻고 싶다. 예를 들어 그는 이전과 달라진 게 무엇이라고 보았을까?

그런데 요즘 내가 가장 자주 생각하는 사람은 쿡과 대척점에 있으며, 제대로 기억되지도 알려지지도 않은 인물, 두 문화 안에서 태어났지만 문화에도 진정으로 안착하지 못했던 래널드 맥도널드다. 그는 일본에서 몇 달을 보내고, 동남아시아 바다에서 몇 년을 뱃사람으로 지낸 뒤, 1850년대에 호주에 도착하여 큰돈을 벌기 바라며 밸러랫 주변의 빅토리아 금광에 자리 잡았다. 우리는 이후 그의 행방은 모르지만, 그가 평생에 걸쳐 추구한 것이 무엇인지는 안다. 래널드 맥도널드는 누군가가 되기를 갈망했다. 그가 생애 대부분에 걸쳐 아무것도 아닌 존재로 여겨졌던 것도 그 이유 중 하나일 것이다. 그는 일본에 자신의 흔적을 남기기는 했지만, 역사는 매슈 페리 제독의 자리를 만들어주기 위해 맥도널드를 구석으로 밀어냈다. 그는 내세울 혈통도 친구도 돈도 없었기에 역사 속에 자기 자리를 확보하고 널리 알릴 수 없었다.

만약 그가 밸러랫에서, 아니면 후에 브리티시컬럼비아 남부의 카리부에서 그토록 갈망했던 황금을 찾았다면, 그리고 그 부를 찬사를 얻고 사회적 지위를 얻기 위한 용의주도한 캠페인에 활용할 수 있었다면 우리는 맥도널드를 어떤 사람으로 생각하게 되었을까? 이 메스티소 잡역부가 그러한 자기 홍보의 길을 택하려 했을까? 그는 어느 모로 봐도 박식한 제임스 쿡 같은 사람이 아니었고, 함께 앉아 정찬을 들 교양 있는 사람도 아니었다. 그라면 곧 무너질 듯 허름한 광산 캠프에서 콩 한 접시와 설탕 탄 차를 마셨을 것이다. 하지만 그와 나누는 대화, 그의 의견들은 우리가 세상에 관해 안다고 생각했던 것에 더 넓은 관점을 제공했을 것이다. 우리가 성취한 일들의 목록을 들고 우리의 신들 앞에 서 있는 우리 자신에 관한 우리의 관점에 맥도널드는 다른 색깔을 더해주었을 것이다. 그리고 그의 극적인 모험담 저변에서 드러나는 그의 오래된 꿈들과 그가 견뎌낸 고난들을 보며 우리는 그에게 안쓰러운 마음을 느꼈을지도 모른다.

어른들이라면 이 두 사람을, 두 문화에 속한 메스티소와 계몽주의 영웅의 평생에 걸친 추구를 아무런 필터도 거치지 않고 똑같이 이해했을 것이다.

3월 초, 어느 늦은 여름날 맑은 오후에 나는 시드니에서 도심

공원의 잔디밭을 걸어 뉴사우스웨일스 아트 갤러리로 가고 있었다. 갓 출간된 나의 단편집에 관해 이야기해달라는 초대를 받아 가는 길이었다. 맑은 날씨에 둥둥 뜬 뭉게구름들이 걸어가는 내 머리 위에서 한참을 가만히 머물러 있는 것 같았고, 내 주위를 둘러싼 공기도 그만큼 차분했다. 아주 짤막하게 일었다 잦아들었다 하는 산들바람이 이따금 공원의 검나무 잎을 살랑였다. 이런 섬세한 날씨는 그 순간의 뭔지 모를 막연한 활기 속에서 집중하지 못하고 활기에만 차 있던 그 순간에 내가 느끼던 어떤 감정을 더욱 강화했다. 그것은 앞으로 이 세상에서 다가오는 어떤 일에 직면하게 되더라도 사람들은 잘 살아나가리라는 믿음이었다. 그 일이 어떤 악몽이든, 우리 중 어떤 집단은 우리 자신과 다른 사람들을 위해 그 악몽을 뚫고 나올 방법을 알아낼 것이라는 믿음. 나는 국제적 사업 세계에서 잘 자리 잡은 어떤 사람들과 나눈 대화의 토막들을 떠올렸다. 내가 보기에 그들은 자신들이 믿는다고 내게 말한 것을—성공적인 상업적 전략과 전통적인 성공의 세계를—진심으로 믿는 것 같지는 않았다. 오히려 그와는 아주 다른 것을, 부서진 세계의 어떤 부분들에 대한 애정을, 자기들이 운영하는 사업이 더 이상 주변의 사회와 환경을 추가적으로 파괴하지 않도록 사업을 변화시킬 가능성을 믿는 것처럼 보였다.

나는 페루 시인 세사르 바예호가 겨우 스물네 살 때 발표한 「우리의 빵」이라는 시의 몇 구절을 떠올렸다.

그리고 쌀쌀한 시간,
땅이 흙으로 돌아간 사람 냄새를 풍기는
너무도 슬픈 시간에,
나는 모든 문을 두드리고
누구든 거기 있는 사람에게 용서를 빌고,
그를 위해 신선한 빵을 굽고 싶다
여기, 내 마음의 오븐으로……
(루이스 베라노와 내가 함께 번역했다.)

그날 아침, 내 안에서는 인류를 향한 애정이 부풀어올랐다. 이는 우리 모두 괜찮을 거라는 희망, 우리가 서로를 더 완전히 수용하는 자비를 발견할 거라는 희망, 철학자의 기본 덕목이자 모든 종교를 초월하는 가치인 용기, 정의, 공경, 연민을 더 깊이 받아들이리라는 희망이었다.

낭독회는 시드니항이 내려다보이는 햇살 환한 곳에서 열렸다. 내가 이야기를 하고 낭독을 한 뒤 사람들이 몇 가지 질문을 했고, 그런 다음 내가 몇 사람과 악수를 나누고 몇 권의 책에 사인하는 동안 대부분은 각자 갈 길을 갔다. 마지막까지 남아 자기를 소개한 사람 중에 루크 데이비스라는 이가 있었다. 그는 지역 대학교에서 학위를 마치고 시드니에서 교편을 잡고 있는 시인이었다. 그는 직접 사인한 자신의 두 번째 시집 『절대 사건의 지평선』을 가지고 점심시간에 미술관으로 왔다. 그는 그 시

중 한 편을 나에게 헌정했다고 말했다. 자신의 작업에 대한 치하를 받고자 하거나 자기를 넌지시 내세우려 하는 사람은 아닌 것 같았다. 그는 자기 인생을 편안해하는, 아무 꾸밈 없는 사람이었다. 우리는 잠시 이야기를 주고받고 악수와 작별 인사를 나눴다. 그가 가려고 돌아설 때 나는 내가 그에게 연락할 방법이 있느냐고 물었다. 그는 내게 전화번호를 건넸고, 나는 시드니에 며칠 더 머물 테니 전화를 걸지도 모른다고 말했다.

이튿날 아침 나는 언젠가 노던 준주의 와타르카 국립공원을 함께 여행한 적 있는 호주의 풍경화가 존 월슬리와 함께 시드니 식물원을 오래 거닐었다. 나중에 우리는 그의 회고전이 열리고 있던 뉴사우스웨일스 아트 갤러리에 갔다. 그는 갤러리를 따라 나를 안내하며 유머러스하고 자기 비하적인 말들을 곁들이기도 했지만, 고도로 산업화되고 상품화된 세상에서 예술의 중요성을 생각하는 그의 태도는 매우 진지했다. 나는 그가 캔버스라는 정적인 공간에 시간을 불어넣어, 시간에 의해 생명을 얻지는 않지만 시간의 존재감과 흐름이 모두 뚜렷이 드러나는 이미지들을 창조하는 방식에 탄복했다.

전날 그 갤러리에서 내가 강연했던 장소를 존과 함께 지나가는 순간, 내 안에서 존에 대한 특별한 동지 의식이 솟았다. 우리의 미학은 서로 달랐지만, 예를 들어 시간이 공간에 또 하나의 차원을 부여하는 방식을 어떻게 표현하고 이해할 것인가와 같은 여러 질문에 대한 치열한 문제의식을 공유했다. 존의 인생은 남의 시선에 신경 쓰지 않으면서 그저 예술 자체에만 초점이 맞춰져 있었고, 그는 자신이 품은 개념들 자체가 되어버린 사람이었다.

그날 저녁 나는 루크에게 전화를 걸었다. 나는 쿡이 1770년 4월 28일, 처음으로 호주에 상륙한 곳인 보타니베이에 가보고 싶은데, 그도 같이 가길 원하는지 물었다. 루크는 시드니 동부 바닷가 본다이 해변에 살고 있었는데, 자기가 호텔로 와서 나를 태워 가면 보타니베이에 쉽게 갈 수 있다고 했다.

우리는 차로 공항 옆을 지나고 캡틴쿡 다리로 조지스강을 건넌 다음, 동쪽으로 꺾어 커넬반도의 인스크립션포인트로 가는 도로를 탔다. 그리고 인스크립션포인트에 차를 주차했다. 지난 며칠의 맑은 날씨가 짙푸른 하늘에, 바닥은 평평하고 어깨는 둥그렇고 두꺼운 주름 속에 희미한 그림자를 품고 있는, 거대한—'건장한'이라고 해야 할지도 모르겠다—뭉게구름들을 붙잡아두고 있었다.

쿡이 이곳에 상륙한 때를 기점으로 남태평양 무역 가능성에 대한 유럽인들의 생각에 큰 변화가 생기기 시작했다. 1606년, 네덜란드의 항해가 빌럼 얀스존이 유럽인으로는 처음으로 호주 북동 해안의 요크곶 서쪽에 있는 카펀테리아만을 발견했다. 얀스존의 상륙과, 1619년 프레데리크 더 호우트만의 호주 서해안 탐험, 1627년 프랑수아 티이센과 피터르 나위츠의 남서해안 탐험으로 네덜란드는 아직 어떤 유럽인도 그 동해안과 남해안 대부분을 본 적 없는 '뉴홀랜드'*에 대한 소유권을 확립했다.

1642년에 네덜란드 동인도 회사에 소속된 아벨 얀스존 타스만이 남반구에 대한 네덜란드의 영향력이 미치는 범위를 확장하려는 뜻을 품고 헤임스커르크호와 동행 선박 제이한호를 이끌고 네덜란드령 동인도의 수도 바타비아에서 출발했다. 그는 호주 북서해안과 남서해안의 곶들을 돌고, 태즈먼반도를 발견하고(그는 이 반도가 태즈메이니아섬의 남해안이라는 것을 모른 채 호주 대륙의 남동해안에 있는 곶이라고 생각했다) 그 해안선을 꼼꼼히 훑은 다음, 호주의 동해안은 탐험하지 않고 '새로운 제일란트'[†]를 향해 떠났다. 타스만은 태즈메이니아와 호주를 나누는 배스 해협도, 그레이트배리어리프도 발견하지 못한 채, 1643년에 케이프요크반도와 파푸아뉴기니를 가르는 토레스 해협을 통해 바타비아로 돌아갔다.

비공식적인 의미에서 타스먼은 호주를 일주하여, 호주가 이야기로만 전해지던 남쪽 대륙의 최북단 부분이 아니라는 것을 증명한 최초의 유럽인이다. 하지만 뉴홀랜드에 내해가 있는지 없는지는 아직 분명히 밝혀지지 않았고, 이 의문이 풀린 것은 1798년부터 1803년까지 매슈 플린더스와 조지 배스가 판디먼스랜드(태즈메이니아)를 일주한 후, 플린더스와 니콜라 보댕이 아직 지도에 표시되지 않고 남아 있던 호주의 나머지 해안 전체에 대한 지도를 작성하고 난 뒤였다. 플린더스가 여러 척의 배를 이끌고 행한 조사로 남극해에 그레이트오스트레일리아 만곡

* 17세기 네덜란드 탐험가 아벨 타스만이 1644년 호주에 붙인 이름.
† 뉴질랜드는 네덜란드 남서부에 위치한 제일란트주에서 따온 이름이다.

부 북쪽의 내해로 들어가는 입구가 존재하지 않는다는 사실이 확인되었다. 호주는 두 개가 아닌 하나의 땅덩어리였다.

쿡은 해군 경력 초기에 뉴펀들랜드 해안 지도를 훌륭하게 만들어냄으로써 지도 제작자로서 입지를 굳혔다. 그가 만든 호주 동해안 지도는—쿡을 매우 존경했던 플린더스는 이 지도의 정확성에 감탄했다—영국이 뉴홀랜드 땅과 구분하기 위해 뉴사우스웨일스라고 부르던 호주 동부에 대해 소유권을 주장할 근거가 되었다.

4월 28일 새벽, 보타니베이로 들어가는 입구 너머를 바라보던 쿡은 보타니베이가 입구 양쪽의 높은 돌출부들 너머로 풍파로부터 보호받는 커다란 항만을 이룬다고 생각했다. 그는 그날 오후 보타니베이로 들어가 남쪽 연안에 닻을 내렸다. 그가 본, 해안에서 야영하고 있던 사람들은 유어라 사람들이었을지도 모른다. 누구였든 그들은 모두 그의 배를 거의 무시하고 자기들이 하던 일을 계속했다. 쿡 일행이 해안으로 다가가자 유어라 사람들은 선원들을 상대하도록 창으로 무장한 남자 두 명만 남겨두고 다른 곳으로 가버렸다. 배에서 온 사람들이 쇠못과 색색깔의 구슬들을 던졌고 그들은 그 자잘한 물건들을 무시했다. 누군가 머스킷총을 쏘아도 유어라 남자들은 움찔하지도 않았다. 아마도 그들은 엔데버호 같은 범선이나 이 유럽인 같은 사람들을 본 적도 들어본 적도 없었을 것이다.

배에서 사람들이 뭍으로 내리자—가장 먼저 내린 사람은 쿡의 아내의 사촌인 열여덟 살 아이작 스미스였다—두 유어라 남자는 해변에서 물러나 검나무 숲 가장자리로 후퇴한 다른 사람들 무리에 합류했다. 상륙한 사람들이 나무껍질로 만든 오두막으로 다가가자 오두막 주인들은 더 깊은 숲속으로 들어갔다. 선원들은 한 오두막에서 전사의 방패 뒤에 숨어 있던 아이 몇 명을 발견하고 그들에게 구슬 목걸이들을 주었다. 조지프 뱅크스는 낚시용 창 몇 개를 집어들어 살피고는—그는 선원들에게 그 창들을 엔데버호로 가져가라고 지시했다—촉에 독이 묻어 있을지도 모른다고 의심했고, 쿡에게 유어라 사람들과 충분한 거리를 두고 떨어져 있으라고 경고했다.

엔데버호의 상급 선원들과 일반 선원들은 유어라 사람들을 향해 겁쟁이라고 고함을 질러대면서 담수와 나무를 찾으러 갔고, 다음 한 주 동안 계속 그것을 엔데버호에 실었다. 뱅크스를 비롯해 박물학에 관심이 있는 사람들은 만의 주변과 조지스강 하류 지역을 탐험했다. 이 현지 탐사대는 다양한 식물들을 수집해왔는데, 이 일은 나중에 쿡이 이 지역을 떠나고 오랜 뒤 처음에 자기가 붙인 '매가오리항'이라는 이름을 '보타니(식물학)베이'로 바꾼 계기가 되었다.

쿡 일행의 발을 계획보다 더 오래 보타니베이에 묶어두었던 해풍이 마침내 잦아들자, 쿡은 만 입구의 돌출부 사이로 출항하여 해안을 따라 북쪽으로 올라갔다. 이후 넉 달에 걸쳐 호주 해안선 지도를 거의 다 작성했는데, 그러던 중 그레이트배리어리프에서 엔데버호가 좌초했을 때는 그의 탐험이 하마터면 거기서 비극으로 끝날 뻔했다.

쿡은 보타니베이가 "넓고 안전하며 쓸모가 많다"라고 썼다. 현지 탐사대의 노트에는 이곳 바다에 굴과 조개, 홍합이 풍부하고, 웅장한 크기의 나무들이 있으며(목마황나무일 가능성이 있다), 엄청난 수의 관앵무, 앵무새, 기러기목 새가 존재한다고 묘사되어 있다. 이 박물학자들은 보타니베이의 토양이 농업을 지탱할 가능성은 희박하다고 판단했고, 유어라 사람들이 자신들이 준 선물에 관심을 보이지 않는 것이 의아했다고 말했다.(유어라 사람들은 슬금슬금 해변으로 돌아와 닻을 내린 엔데버호 맞은편에 있는 자신들의 오두막에 자리를 잡았다.) 쿡은 일지에 이렇게 썼다. "보아하니 그들이 원하는 건 우리가 떠나는 것뿐인 듯하다."

엔데버호가 보타니베이에 정박해 있는 동안 오크니 제도 출신에 서른 살 된 일반 선원 포비 서덜랜드가 결핵으로 사망했다. 쿡은 보타니베이 입구의 두 돌출부 중 남쪽 돌출부 안쪽 지점을 서덜랜드포인트라고 이름 지었고, 이후 서덜랜드는 바다에 수장했다.

쿡과 휘하 상급 선원들, 기타 탑승자들은 보타니베이에 대해 전반적으로 좋은 인상을, 심지어 열성적인 관심을 느꼈다. 구 년 뒤 뱅크스는 의회에 죄수들을 실어보낼 장소로 이 지역을 추천했다. 그로부터 팔 년 뒤, 1차 수인선단이 보타니베이를 향해 출발했다. 그러나 선장은 보타니베이에 도착하자 대신에 바로 북쪽에 있는 더 작은 항구로 이후 시드니시가 되는 포트잭슨에 상륙하기로 결정했다.

루크와 나는 서덜랜드포인트로 걸어가, 그곳 주춧돌에 새겨진 글귀를 읽었다. 이 주춧돌이 서 있는 지점에서 쿡은 1770년 5월 6일을 출발 날짜로 정하고, 자기 배의 이름을 어떤 나무의 줄기에 새겼다. 그 주춧돌이 서 있는 공원은—나무는 오래전에 사라졌다—쿡이 그곳을 발견한 230여 년 전의 야생적인 땅과는 달리, 이제 커넬반도 끝에 자리한 아주 초라해 보이는 장소였다.

루크와 나는 풀밭에 다리를 뻗고 앉아 우리가 읽고 있던 책들에 관해 이야기했다. 나는 루크에게 호주와 관련된 소재를 다루는 감각이 인상적으로 느껴진 작가로 누가 있는지 물었다. 나는 데이비드 말루프, 헬렌 가너, 톰 윈튼과 다른 몇 명의 글을 읽어보았으며 말루프의 재능이 대단한 것 같다고 말했다. 루크도 그 말에 동의했다. 나는 루크 본인의 작품에 관해서도 더 질문했다. 그는 막 『캔디』라는 장편소설을 완성한 참이었는데, 나중에 이 소설로 영화가 제작되었고, 루크는 영화의 대본 작업에도 참여했다. 그 소설은 루크가 헤로인 중독과 싸운 일을 픽션으로 만든 작품이었다.

루크는 그 소설의 소재가 된 자신의 망가진 인생에 관해 이야기해주었다. 절도와 사기, 조종과 자기혐오, 자살을 부르는 절망으로 가득한 삶이었다. 그러나 중독 때문에 많이 늦어지기는 했지만 그는 결국 대학을 마쳤다. 나는 『절대 사건의 지평선』을 읽고 그의 시가 아주 좋다고 생각했다. 비범한 상상력으로 빚어진 작품이었다. 문학에 관한—자기 소설의 배경에 관한 루크의 이야기가 가슴 아픈 반전이 되었던—대화 도중에, 루크는 자기가 헤로인 중독에서 전환점을—그는 당시 삼 년째 헤로인을 끊고 지내던 상태였다—맞이한 것은 나의 책 『북극을 꿈꾸다』를 읽고서라고 말했다. 그 책이 자신의 관점을 바꿔주었다고 했다.

그제야 그가 낭독회에 온 이유를 이해할 수 있었다.

나는 몇 년 전 애들레이드에서 열린 예술 페스티벌에서 작가 몇 사람과 나눈 대화에 관해 루크에게 말해주었다. 페스티벌 운영 위원회는 페스티벌이 시작되기 전 며칠 동안 서로 안면을 좀 트고 지내라고 우리 몇 사람을 애들레이드에서 50킬로미터쯤 떨어진 리조트에서 지내게 했다. 어느 날 아침 식사 후 우리 대여섯 명은 작가로서 우리가 하고 있다고 생각하는 일에 관해 이야기를 나누기 시작했다. 그 무리에는 캐나다의 소설가 수전 스완, 인도에서 온 젊은 작가 비크람 찬드라, 남아프리카공화국의 존 쿳시, 미국 작가 애니 프루, 그리고 데이비드 말루프가 있었다. 누군가 우리의 문화적 배경 차이, 젠더와 문학적 취향 차이, 즐겨 작업하는 장르의 차이, 정치적 견해 차이 등 모든 차이를 넘어 모두 다 어떤 식으로든 다루고 있는 주제가 있을까 하는 질문을 던졌다. 그러자 모두가 곧장 똑같은 단어를 말했다. 바로 공동체였다. 공동체는 왜 무너지고 있을까? 공동체를 다시 세울 수 있을까? 가장 작은 공동체인 부부를 응집시키는 것은 무엇일까? 우리가 속한 전통적 공동체들과 단절된 상태를 유지하기로 선택했을 때, 또는 우리가 어떤 사람인지에 전혀 관심이 없는 타인들과 함께하기로 선택했을 때, 우리는 어떻게 계속 살아갈 수 있을까?

루크는 자기도 그 이야기를 이해할 수 있다고, 자신을 포함하여 우리 모두가 다양한 종류의 공동체들이 기능하거나 기능하지 못하는 역동에 관하여 글을 쓰고 있으며, 그 공동체들의 온전성 혹은 공동체 내에서의 화해 가능성이 우리에게 유망한, 아니면 적어도 신빙성 있는 미래를 제공해준다는 것을 알겠다고 말했다.

그 관념이 너무 거창하고, 너무 자화자찬에 가깝게 느껴져 우리는 그 이야기를 더 이어가지는 않았다. 하지만 우리는 그 생각을 믿었다.

우리는 말없이 그 멋진 잔디밭, 빗물로 부드러워진 바닥에 앉아 등에 햇볕을 쬐고 있었다. 청해앵무와 도라지앵무, 큰장수앵무, 관앵무와 분홍앵무가 희랍극 속 코러스처럼 우리 위에서 아름답고 눈부신 색채의 선들을 그리며 앞뒤로 날아다니고, 왁자지껄 재잘거리고 날카로운 소리를 질러댄다. 온 세상이 다 문명화되었다는 소문을 아직 못 들은 것처럼.

간간이 콴타스항공이나 싱가포르항공, KLM이나 에어캐나다 등 각 항공사 특유의 디자인과 색채로 장식된 747 또는 727이나 737 같은 더 작은 보잉 제트기들이 우리 머리 위에서 굉음을 내며 땅 위에서는 거의 느껴지지 않는 북풍을 밀어내며 마지막 접근을 시도하다가, 마치 부두처럼 보타니베이로 1.5킬로미터 정도 돌출된 시드니 공항 활주로로 살며시 내려앉는다.

나는 배낭에서 꺼내 막 사용하려던 과학기술의 작은 조각 하나를 루크에게 보여주었다. 휴대용 GPS의 초기 버전에 해당하는 기기였다. 나는 이 기계가 품고 있는 듯 느껴지는 권위의 기운이 마음에 든다고 말했다.

"지금 우리가 어디에 있는지 이게 딱 말해줘요." 내가 말했다.

"정말입니까? 그렇게 정확한가요?"

"뭐, 아주 정밀하긴 한데, 얼마나 정확한지는 모르겠어요. 지금 우리가 남위 34도 0분 11초와 동경 151도 13분 32초에 있다는군요."

쿡은 이 지점을 남위 34도 16분 동경 151도 21분이라고 말했다. 그러나 그곳은 많은 세월이 흐른 어느 날 오후, 우리가 보타니베이의 남쪽 해안에서 구름과 새들과 비행기들을 바라보며 서로 함께하고 있음을 기뻐하던 여기와 같은 곳이다.

그 장치는 우리가 있는 곳에 관해 그 외에 다른 건 알아낼 능력이 없다. 이를테면 콜리플라워 꽃송이 같은 뭉게구름들이 흘러가는 건 알아차리지 못한다. 새들의 무리가 재빠른 날갯짓으로 우리 위를 날아갈 때 하늘의 저 광활함에 어떤 변화가 생기는지도. 혹시 비가 내렸다면 이 모든 풍경이 어떻게 달라졌을지도. 그 숫자들은 어느 집의 주소처럼 하나의 입구를 가리키고 있었다.

# 그레이브스누나탁스에서 포트패민 도로까지

남극 대륙
남극 고원 북쪽 가장자리
남극횡단산맥 중앙
퀸모드산맥

---

칠레 남부
마젤란 해협 연안
브런즈윅반도

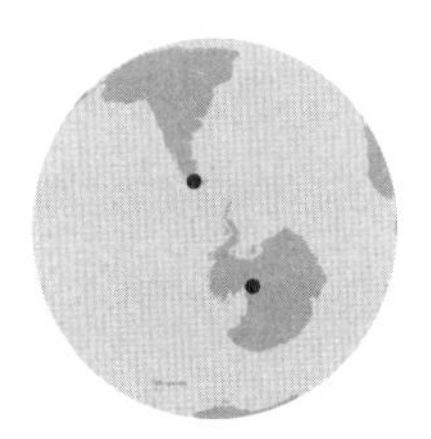

남위 86°43′39″ 서경 142°07′39″에서 남위 53°25′43″ 서경 70°59′22″까지

여기서 방향을 파악하기란 쉽지 않다. 하늘에는 먹구름이 잔뜩 끼어 빛도 맥을 못 춘다. 햇빛이 약해 희미한 그림자조차 제대로 만들지 못하니 거기 있는 게 무엇이든 규모도 거리도 가늠하기가 어렵다. 산 정상처럼 멀리 있는 대상들만은 윤곽이 또렷이 보인다. 공기 자체는 최고 품질의 다이아몬드만큼 투명하기 때문이다. 하지만 산들은 보이는 것처럼 가깝지 않다. 기온은 섭씨 영하 24도 정도, 비교적 잔잔한 바람이 뛰어다니는 한 마리 동물처럼 눈 위를 산만하게 움직인다.

여기서 생활하는 여섯 사람 중 네 명은 지금 둘씩 짝을 지어 각자 자기네 텐트 안 조리용 버너 옆에서 몸을 녹이며 저녁을 준비하고 있다. 이 순간 이 무리에서 다섯째 일원인 나는 텐트들이 모여 있는 곳에서 남쪽으로 100미터쯤 떨어진 곳, 광활하게 펼쳐진 흰 눈밭 한가운데 푸른 얼음덩어리 위에서 꼼짝하지 않고 무릎을 꿇고 있다. 나는 얼음 표면에서 고작 몇 센티미터 아래 갇혀 있는 작은 물체의 정체를 파악하려 애쓰는 중이다. 도자기처럼 하얗고 약간 경사진 이 설경 앞에서 짙은 파란색 파카와 방풍 바지를 입은 내 모습은 분명 눈에 확 들어올 것이다. 햇빛은 미동도 없지만 그래도 나는 그 물체의 형태와 질감을 최대한 잘 볼 수 있도록, 몸을 천천히 좌우로 옮기고 앞으로 살짝 기울였다가 다시 뒤로 물러났다가 한다.

우리 무리의 여섯째 일원은 터키석색 방풍 재킷과 빨간색 무릎 패치를 덧댄 노란색 방풍 바지를 입고, 서쪽으로 조금 떨어진 연료 저장고에서 작업 중이다. 설상차를 옆으로 굴려 눕혀놓고 구동 벨트를 팽팽하게 하는 장치인 보기대차 중 하나를 손보고 있다. 그는 맨손으로 벨트를 잡아당겨 장력을 측정한다. 가벼운 바람이 사이사이 멈출 때면 딸깍거리는 소켓 렌치 소리가 100여 미터 건너 내가 있는 곳까지 실려오지만, 내가 쓴 발라클라바[안면모]와 파카 모자 때문에 귀를 뚫고 들어오지는 못한다.

우리 여섯 명이 야영하고 있는 피라미드 모양의 노란 텐트 세 개는 밑변이 긴 이등변삼각형의 각 꼭짓점을 이루고 있다. 모두 북쪽을 향한 채 남쪽에서 불어오는 우세풍인 (중력에 의한) 활강풍*을 등지고 있다. 텐트들 사이에 넓은 공간을 띄워둔 것은 한 텐트에서 불이 날 경우 다른 텐트로 옮겨붙을 가능성을 줄이기 위한 안전조치인데, 이런 배치는 눈보라가 몰아칠 때 텐트 입구 앞에 눈이 쌓이는 일도 방지한다.

캠프의 구성은 단순 명료하고 내 눈에는 군더더기 없이 우아해 보인다. 밖에 둔 식량과 장비에는 폭풍이 지나간 뒤에도 위치를 쉽게 찾을 수 있도록 깃발을 꽂아두었다. 서쪽으로 50미터쯤 떨어진 눈구덩이 안에 비상 숙소—텐트 하나와 필요한 보급품 일체—도 하나 묻어두었다. 가령 조리용 버너의 불꽃이 텐트 벽에 옮겨붙고 이 불이 강한 바람을 받아 대화재로 번질 경우를 대비한 것이다. 우리 캠프는 안전과 편리함, 동선의 경제성을 고려해 구축되었다.

임시 화장실은 북쪽으로 20미터 떨어진 곳에 눈을 파서 만들었다.

남극점에서 355킬로미터 떨어진 남극횡단산맥의 해발 2.5킬로미터 지점에 설치된, 미국 국립 과학 재단의 오지 저온 캠프 현장 숙소는 이렇게 구성된다. 우리가 자리 잡은 곳은 남극 고원 가장자리인데, 남극 고원은 그린란드의 네 배 크기로 남극 대륙의 광활한 내륙을 이루는 빙원의 일부다. 우리 바로 남쪽에 있는 지역, 그러니까 우리와 남극점 사이의 지역에 대해 미국 지질 조사국이 만든 지형도를 보면 지구 최남단의 노출된 두 기반암인 하우산과 댄젤로 절벽이 그려져 있다. 그 지도의 아래쪽 절반은 텅 빈 흰 공간이다. "편찬 한계선"이라고 표시된 불규칙

---

* 고지대에서 냉각되어 밀도가 매우 높아진 공기가 중력을 받아 경사지를 타고 폭포처럼 빠른 속도로 내려오는 바람.

한 선이 두 노두며 이들과 연결된 크레바스들이 있는 땅을 그보다 남쪽에 자리한 모든 것과 분리하고 있다. 이 텅 빈 공간을 정의하려는 시도는 대양의 지도에 윤곽선을 그리려는 시도와 같을 것이다.

우리 네 남자와 두 여자는 조리용 버너 외에 온기를 얻을 원천이 전혀 없는 상태로 이 주 가까이 이곳에 머물고 있다.

남극의 여름인 1월 중순의 이날, 주변에는 우리 여섯 명을 제외하면 아무도 없다. 아문센 스콧 남극점 기지에 살고 있는 과학자들과 지원팀이 현재 우리와 가장 가까이 있는 사람들이다. 내 시계에 따르면 지금은 밤 열한 시 반이지만, 남극에서는 우리가 처해 있는 상황이나 수면 리듬을 파악하려 할 때 태양을 기준으로 하는 하루의 시간이 도움이 되지 않는다. 몇 분 후면 절대 지지 않는 태양이 마지막까지 남아 있던 구름 덮개까지 거의 다 뚫어버릴 것이다. 태양은 지평선에서 19도 위 지점에서 녹은 동전처럼 하늘에서 불타고 있을 것이고, 햇빛은 세 텐트와 아직 밖에서 일하는 우리 둘의 그림자를 더 진하게 만들 것이다.

이제 나는 내가 발견한, 내 앞 얼음 속에서 박혀 있는 저 작고 검은 돌이 운석이라는, 즉 이 지구의 돌이 아니라는 확신을 얻었다.

우리는 3킬로미터 거리에 있는 그레이브스누나탁스에서 일곱 시간 동안 수색을 하고 막 돌아온 참이다.(누나탁이란 이누이트어로 거대한 빙상 위에 고립된 채 위풍당당하게 서 있는 산

봉우리를 뜻한다.) 이곳에서 하루 일과의 길이와 양상을 결정하는 것은 주로 바람이다. 바람이 10노트 이하로 떨어져 잔잔해지면 더 이상 눈가루가 흩날리지도 않고 칙칙한 땅 안개가 일어나 대기를 흐릿하게 만들지도 않으므로 우리가 캠프를 떠나기에도 안전해지고, 운석을 찾는 장소인 누나탁 주변 빙원과 우리 캠프 사이에서 자신감을 갖고 길을 찾을 수 있다. 우리는 주변의 눈과 얼음으로 된 언덕들에 가려 갑자기 우리 캠프가 보이지 않게 되는 일쯤은 염려하지 않는다. 우리가 감시견처럼 신경을 곤두세우며 살펴보는 것은 바람의 세기에 변화가 생기고 그 변화가 지속되는 상황이다.

바람이 강해지고 그 강도가 유지된다면 그날 우리의 작업은 끝난 것이다.

11월 말부터 1월 중순까지 남반구 여름의 절정기에는 햇빛이 거의 매일 하루 스물네 시간 동안 비치다보니, 우리에게 운석 수색을 재개할 때를 알려주는 것은 밤인지 낮인지가 아니다. 그리고 바람만 우리를 방해할 수 있는 건 아니다. 기온 역시 우리 일에 방해가 될 수 있다. 대체로 더 추울수록 우리가 일하는 시간도 짧아진다.

우리 모두 시계를 서로 똑같이 맞춰두었는데, 이는 서로 맞춰서 조율하는 것이 결정적으로 중요한 이런 상황에서 만약을 위해 준비한 또 하나의 사전 대비책이다. 우리는 북쪽으로 4670킬로미터 떨어진 거리에 있으며, 한 달 전 우리의 집합 장소였던 크라이스트처치의 시간인 뉴질랜드 일광절약시간NZDT을 따른다. 우리는 거기서 비행기를 타고 맥머도 기지로 갔다. 미국의 주요 남극 기지로 우리 캠프에서 북쪽으로 1157킬로미터 떨어져 있는 맥머도 역시 '키위 시간'에 따라 운영된다. 우리는 매일 아침 NZDT 오전 여덟 시 삼십 분에 맥머도와 무선 연락을 취해, 그들에게 우리의 날씨 정보를 전달하고 우리가 아무 이상 없음을 확인시킨다. 만약 우리가 그 시간에 연락을 취하지 않는다면 맥머도에 있는 누군가가 다음 단계는 어떻게 해야 하는지 알아보기 위해 비상조치 매뉴얼을 펼칠 것이다.

우리가 이곳에 도착하기 삼 년 전, 네 명의 과학자가 트윈오터기를 타고 이 근처에 착륙했다. 남극 대륙 중 이 지역에 온 최초의 사람들이었다. 그들은 화물칸에서 설상차 두 대를 내리고 누나탁 기슭의 얼음판 몇 제곱킬로미터를 함께 수색했다. 운석 좌초 표면에 정식 수색팀을 파견해 운석을 채취하고 더 철저한 조사를 해야 할 만큼 운석 수가 충분한지 확인하고 싶었기 때문이다. 본격적인 조사는 비용이 많이 들고 규모도 큰 작전이 될 터였다. 다시 맥머도로 날아간 네 사람은 이 지역에 캠프를 꾸리고 사십 일 동안의 현지 조사 시즌을 보내도 될 만큼 운석이 풍부하다고 판단했다.

그때 계획된 현지 탐사대가 바로 우리다.

우리는 지구에서 가장 춥고 가장 외딴 사막 안 제법 고도가 높은 지대에서, 매일 지구에 점점이 쏟아지는 운석의 잔해들을 찾으며 하루하루를 보낸다. 나를 이곳에 오게 한 것은 바로 이 단순하고 실질적인 임무가 주는 매력과 극단적으로 멀리 떨어진 이 지역의 위치였다. 게다가 터키석색 방풍 재킷을 입은 남자 존 스컷과의 우정도 한몫했다. 우리는 수년 전부터 남극 대륙 현장에서 몇 주를 함께 보낼 프로젝트가 생기기를 고대하고 있던 터였다.

지질학자이자 산악 가이드인 존은 우리 현지 탐사대의 대장이다.

나는 자리에서 일어나—내 인생의 이 시점에는 추위에 기력이 바닥나는 속도가 속 편히 받아들이기 어려울 만큼 빨라져 있었다—세 텐트 중 가장 서쪽에 있는 텐트로 돌아간다. 저녁 산책 중 존과 나의 텐트에서 조금 떨어진 데서 발견한 것이 우리 탐험대의 156번째 운석이라는 확신이 든다. 나중에 존에게 그 운석에 관해 이야기할 것이고, 저녁을 먹은 뒤 필수적인 모든 절차를 준수하며 얼음을 깨트려 그걸 채취할 것이다.

나는 텐트 입구—캔버스로 된 접을 수 있는 터널—옆에 서서 기다리고, 마침내 존이 내 쪽을 본다. 나는 장갑 낀 손으로 입에 음식을 넣는 시늉을 하고 큰 동작으로 내 가슴을 가리킨다. '내가 저녁을 준비할게'라는 뜻이다. 존은 손을 흔들고 경례를 붙이고는 설상차를 계속 손본다.

같은 시간 삼각형의 꼭짓점을 이루는 가운데 텐트에서는 우리 탐사대의 두 여성 대원 낸시와 다이앤이 저녁 식사를 마치고 잠잘 채비를 하고 있다. 동쪽 끝 텐트에서는 폴과 스콧이 피노클 카드 게임을 하고 있다. 지금부터 여덟 시간 후 네 사람은 미국 현장 탐사대 스물두 개 팀이 전하는 기상 보고를 들으러 우리 텐트로 올 것이다. 세 팀을 제외한 나머지 팀 대부분은 남극 대륙 서부 수천 제곱킬로미터의 얼음판 위에 건설된, 난방이 되는 반영구적 캠프에서 생활하고 있다. 우리는 특히 우리와 1600킬로미터 반경 안에 있는 캠프들에서 오는 기상 보고에 주의를 기울일 테지만, 우리 외 오지 저온 캠프에 있는 다른 두 팀의 보고에 가장 깊이 공감할 것이다. 우리처럼 그 소규모 탐사대들도 반영구 캠프에 있는 사람들에 비해 날씨의 영향에 더 많이 노출된 채 생활하고 있다.

우리는 어느 정도 날씨를 예측할 수 있는 능력을 발휘해, 일하는 게 불가능해질 정도의 폭풍이 닥쳐오는 때를 그럭저럭 성공적으로 예측해왔다. 우리가 있는 지역의 기압 변화와 다른 캠프들이 보낸 기상 보고, 그리고 맥머도 기지가 자신들의 기상관측소에서 받아 우리에게 전달하는 정보를 바탕으로 한 예측이었다. 아침에 바람이 세지고 바닥 근처에서 눈보라가 치고 있다면, 그래도 대원들은 바람으로 단단히 다져진 눈에 대나무 줄기를 꽂아 고정하고 거기에 깃발처럼 묶어둔 빨강, 파랑, 초록 천들을 길잡이 삼아 '날씨 예측'을 위해 우리 텐트로 올 것이다.(낸시와 다이앤, 폴은 이런 조건에서 캠핑을 해본 경험이 없었고, 폭풍이 몰아칠 때 임시 화장실을 써야 할 상황에 대해 특히 불안해했다. 임시 화장실은 눈으로 된 세 개의 벽으로 둘러싸여 있고, 그 가장자리는 깃발을 단 기둥들로 표시했다. 하지만 악천후 속에서는 가장 가까운 깃발 하나밖에 안 보일 수도 있다.)

어떤 날엔 존이 없으면 나머지 우리는 어떻게 될지 궁금해진다. 존은 지금 삼십 분 넘게 바깥에서 설상차를 수리하고 있는데, 장갑 낀 손은 들어가지 않을 만큼 좁은 틈새에 손을 넣어야 하는 일이라 맨손으로 그 일을 하고 있다. 무슨 일에서든—4사이클 엔진, 전자 기기, 크레바스 구조 작업을 막론하고—그의 지식은 나의 지식을 훨씬 능가한다. 십일 년 전 맥머도 기지에서 처음 만난 이후로 우리는 '얼음 위에서' 함께 좋은 시간을 보냈다. 내가 과학 현지 탐사대에 동행하기 위해 남극에 올 때마다, 존은 항상 어느 운석 수색팀의 장비를 준비하고 있었다.

우리 텐트 너머의 눈, 얼음, 바위의 세상에 온몸으로 뛰어들고 싶은 마음, 그리고 (거의 항상 침묵 속에서) 함께 일할 기회를 얻는 것은 존과 내가 공유하는 갈망이었다. 우리는 스콧 텐트*의 제한된 공간에서 생활하는 것도 불편해하지 않으며, 음식 준비하는 일도 잘 나눠서 하고, 각자에게 약간의 프라이버시를 보장하기 위한 묵시적 규칙도 잘 지킨다. 나는 우리가 일상의 문제를 해결하는 리듬도 마음에 들고, 눈보라 때문에 텐트 속에 묶여 있는 날 이야기와 회상을 나누는 시간도, 우리의 임무가 우리 여섯에게 던지는 신체적 기술적 도전도, 그리고 완전히 지쳐서 빠져드는 깊은 잠도 마음에 든다. 사람은 이런 일을 할 수 있도록 만

* 20세기 초 로버트 팰컨 스콧이 사용한 텐트의 디자인을 바탕으로 만들어진 극지용 피라미드형 텐트.

들어졌다고 나는 생각한다. 우리는 이런 일을 훌륭하게 해낼 수 있다.

우리는 한동안 날씨 때문에 애를 먹었다. 우리 다섯은 크라이스트 처치에 있다가 12월 4일 존을 만나러 맥머도로 날아갔다. 그날 이후로 맥머도 기지도, 우리가 투입될 퀸모드산맥의 클라인 빙하 위쪽도 눈보라가 너무 심해 비행이 불가능했다. 게다가 과학 연구단 네다섯 팀이 동시에 대기 중이어서 이 사람들을 모두 맥머도에서 현장으로 보내는 일은 만만치 않았다.

우리는 맥머도에서 십구 일을 보낸 뒤에야 남쪽으로 비행기를 타고 이동할 수 있었는데, 체류하는 동안 대부분 바쁜 상태를 유지하려 애썼다. 탐사 준비에 십구 일이나 필요했던 건 아니다. 그건 엿새나 이레 정도면 충분했을 것이다. 우리는 설상차를 손보고 시험 운전을 해야 했고, 우리 대원 중 세 명은 이틀간의 안전 구조 훈련도 받아야 했다. 그리고 식량 상자, 개인 물품, 운석 채취 도구, 캠프 장비, 설상차, 썰매를 화물 수송기에 실을 수 있게 화물 팔레트 약 열 개에 나누어 묶어 준비해두어야 했다. 스키를 장착한 LC-130 허큘리스 수송기 두 대가 우리를 클라인 빙하까지 데려다줄 예정이었다. 일단 그곳에 도착하면 우리는 팔레트들을 내리고, 임시 캠프를 세운 다음 우리의 난센 썰매들*에 보급품을 싣기 시작할 것이고, 그런 다음 설상차 뒤에 썰매들을 매달고 55킬로미터를 횡단하여 그레이브스 누나탁스로 갈 계획이었다.

남극 야영이 처음인 대원들이 조리 버너에 연료를 재충전하는 법, 스콧 텐트를 설치하는 법, 휴대용 무전기를 사용하는 법, 크레바스 필드를 지나가는 법을 배우는 동안, 존과 나는 식량을 신청하고, 현장으로 가져갈 모든 장비에 심한 마모나 결함이 없는지 꼼꼼히 살폈다.

맥머도 기지에서 현장으로 나가려는 과학 탐사대는 종종 이런 일을 겪는다. 그저 기다릴 수밖에 다른 도리가 없다. 모든 비행 일정은 변화무쌍하기로 악명 높은 남극 대륙의 날씨 때문에 한 치 앞을 모른다. 국립 과학 재단의 재정 지원과 실행 관리 지원을 따내고, 고생스럽게 연구 계획을 세우고, 맥머도까지 날아왔지만, 끝내 자신들의 현장 연구 시즌이 취소되었음을 알게 되는 연구팀들도 있었다. 그들은 맥머도 밖으로 나가보지도 못했다. 크라이스트처치로 돌아가는 비행기를 타러 갈 때를 제외하고는 말이다.

나는 이렇게 지연되는 긴 시간을 할 수 있는 한 성실히 보냈다. 읽고 있던 구립운석과 무구립운석에 관한 책을 계속 읽었고, 동료들이 하는 얘기를 더 잘 이해하기 위해 무기화학 교과서를 들여다보며 공부했다. 우리 탐사대의 핵심 연구자인 랠프 하비는 나를 위해 칠판에 판서까지 해가며 몇 번이나 공부를 도

* 19세기 말, 노르웨이의 북극 탐험가 프리드쇼프 난센이 이누이트의 전통 썰매 카무티크를 참고해 눈과 얼음이 많은 지형에서 편리하게 쓸 수 있도록 만든 썰매.

와주었는데, 때로 꽤 심원해지는 그 화학적 성질을 이해하려는 과정에서 내 이해력이 한계에 부딪히기도 했다.(맥머도에서 시간이 너무 오래 지체된 바람에 랠프는 우리와 함께 그레이브스 누나탁스까지 가지 못했다. 그래도 탐사 중반에 랠프 대신 합류하기로 되어 있던 스콧은 처음부터 함께 갈 수 있었다. 계획대로 출발할 수 있었다고 해도 어차피 랠프는 겨우 사흘만 현장에 있다가 떠나야 했을 것이다.)

기다리는 동안 존과 나는 거의 매일 아침 상황을 알아보러 맥머도 기상센터로 갔다. 기상탑이 제공하는 높은 시야각 덕분에 우리는 그날 아침 우리의 화물 팔레트들이 실렸는지 아니면 얼음 활주로 위 같은 자리에 여전히 놓여 있는지 한눈에 볼 수 있었고, 그래서 우리가 할 첫 질문의 답은 이미 알고 들어갔다.(100노트가 넘는 강풍에 망가진 풍속계 열 개 정도가 조각품처럼 나무판에 고정되어 방 안 천장 가까이 걸려 있었다.) 오늘 떠나기로 되어 있던 우리 일정 아직 유효한가요? 하고 우리가 묻는다. 아뇨, 취소됐어요. 내일은 갈 수 있을까요? 이에 대한 답은 대개 "두고 봅시다" 아니면 "그렇지도요"뿐이다. 기상학자들과 비행 계획자들은 발이 묶인 현장 탐사대원들을 동정하지 않는다. 설명을 해주지도, 희망을 불어넣어주지도 않는다. 물론 그러지 않더라도 이미 각종 루머가 떠돌고 있다. 존과 나는 방금 우리가 들은 것보다는 더 나은 소식을 기대하며 그 방에 있는 다른 탐사대 사람들에게 예의 바르게 고개를 끄덕인 다음 기상센터를 나선다.

어느 아침 기상센터에서, 내가 예전에 남극에 왔을 때 함께 일한 적이 있는 비행 계획자가 70킬로미터 떨어진 로스섬 동쪽 끝 크로지어곶 현장 캠프까지 보급품을 수송하는 헬기에 내 자리를 하나 마련해줄 수 있다고 말했다. 우리가 그날 남쪽으로 가지 못한다는 것을 알고 있던 나는 그 말에 즉각 관심이 동했다.

비극으로 끝난 로버트 팰컨 스콧의 1910~1913년 남극 탐험 당시 1911년 겨울에 대원 세 명이 로스섬 서쪽 끝 에번스곶에 있는 스콧의 겨울 기지를—기지는 맥머도에서 해안을 따라 조금 내려가면 있다—떠나 크로지어곶까지 갔다가 돌아왔다. 그들은 몇 주 동안 섭씨 영하 60도에 달하는 엄청난 추위를 견디며 황제펭귄 연구를 위한 임무를 수행했지만, 크로지어곶까지 가서 그들이 수행한 임무는 안타깝게도 끝내 어떤 연구에도 사용되지 않았다.

오래전부터 나는 이 소규모 연구단이 크로지어곶에서 눈보라가 몰아치는 동안 자신들을 보호하기 위해 지었던 바위 은신처 흔적을 보고 싶었고, 실제로 이로부터 몇 년 전에 그 장소를 찾으려 했다가 실패한 적이 있었다. 마침 이날 아침 비행 계획 담당자는 그때 내가 실망했던 일을 기억하고 있다가 나에게 두 번째 기회를 주었고, 나는 그 기회를 붙잡았다.

때로는 맥머도에서도 뜻밖의 우연이 불운을 상쇄해주기도 한다.

12월 23일 아침, 우리의 불운도 끝나고 우리는 드디어 하늘을 날았다. 허큘리스는 우리와 장비를 클라인 빙하의 위쪽(남쪽) 끝에 내려주었다. 우리는 임시 캠프를 세우고 그레이브스까지 횡단하기 위한 채비를 했다. 이튿날 아침, 우리가 출발하고 얼마 후 또 다시 눈보라가 불어오기 시작했다. 우리는 30노트의 바람을 맞으며 각자 설상차 뒤에 짐을 가득 실은 썰매 두세 대를 매달아 끌면서 완만한 언덕을 올라가고 있었는데, 시간이 지날수록 바람이 더 거세져 헤쳐 나가기가 점점 더 어려워졌다. 어느 순간 돌풍이 내 스노 고글 가장자리를 강하게 때렸다. 갑자기 맹렬하고 차가운 공기가 닥쳐오자 절로 눈물이 솟았고, 눈물은 고글의 플라스틱 렌즈 안쪽에 묻으면서 얼어붙더니 내 시야를 완전히 가려버렸다. 렌즈를 닦기 위해 지나고 있던 가파른 경사지에서 멈춰야 했다. 그러는 동안 바람이 내가 끌던 썰매 두 대를 옆쪽에서 때리며 아래쪽으로 끌어내리기 시작했고, 그러자 썰매들이 내 아래쪽에서 그네처럼 마구 움직였다. 몰아치는 눈보라 때문에 앞서가는 다른 사람들의 모습도 보이지 않았다. 내 뒤에는 아무도 없었는데, 무거운 짐을 실은 썰매들은 나를 언덕 아래로 자꾸만 끌어당겼다.

회상할 때는 이렇게 긴장감 넘치는 순간들이 먼저 떠오르지만, 사실 이런 극지의 상황에서 닥쳐오는 긴장된 순간은 어차피 순조롭게 풀릴 거라고는 기대하지 않았던 계획을 실행할 때 충분히 예상되는 곤란에 지나지 않는다. 공황 상태에 빠지지 않으려면 가장 먼저 해결해야 하는 일에 초점을 맞춰야 하고, 다음 일은 그다음에 생각해야 한다. 나는 고글을 깨끗이 닦고 얼굴에 단단히 붙도록 착용한 후, 언덕 위에서 조금씩 이동해 아래쪽에 매달려 있는 썰매들 앞으로 설상차의 위치를 잡고 내 앞에 나 있는 썰매 자국들을 따라갔다. 얼마 지나지 않아 다른 대원들이 모두 다시 시야에 들어왔다.

그들은 설상차를 세우고 나를 기다리고 있었다.

우리는 그날 클라인 빙하가 시작되는 지점에서 남동쪽으로 25킬로미터를 이동하여 500미터의 고도를 확보한 후 그곳에 둘째 임시 캠프를 세우고 이튿날은 날씨가 더 좋기를 바랐다. 우리는 이누크수크라 불리는 빙관*에서 돌출된 작은 바위 근처에 텐트의 위치를 잡았고, 이튿날은 강풍에 발이 묶여 종일 그곳에 머물러 있었다. 바람이 멎자 층층이 덮여 있던 먹구름을 밀어내며 깊이를 알 수 없는 푸른 하늘이 나타났다. 존은 이누크수크 위에서 내려다보며 크레바스 필드를 우회하여 그레이브스누나탁스로 갈 수 있는 경로를 찾아냈다. 직선거리로 25킬로미터(크레바스 필드를 우회하여 설상차로 가려면 실제로 30킬로미터)인 그 길이 이제 우리 눈에도 또렷이 보였다. 그날 오후 늦게 우리는 그레이브스누나탁스에 도착했다.

맑은 날씨와 구름 한 점 없는 하늘은 하루 하고도 반나절 더 유지되었고, 그동안 우리는 몇십 개의 운석을 발견하고 채집했다. 이어서 다시 불어온 눈보라에 우리는 또 텐트에 묶여 있

---

* 산 정상이나 고원을 덮은 돔 형태의 빙하 덩어리.

었는데, 이번에는 엿새나 이어졌다. 원래 우리의 계획은 12월 12일에 그레이브스에 캠프를 세우는 것이었다. 그러니 이 시점에 우리는 현장에서 보낼 시간을 거의 삼 주나 놓친 셈이었다. 결국 예정된 철수 날짜가 되기 전까지 우리가 종일 운석을 수색하며 보낼 수 있었던 날은 여드레밖에 안 됐다. 눈보라를 어떻게 해볼 도리는 없으니, 답답한 마음이 당혹감으로 번진다 해도 그저 바람이 잦아들 때마다 우리에게 주어진 시간을 최대한 활용하여 운석을 찾는 수밖에 없었다.

우리의 그레이브스 캠프는 지리적으로도 고립되어 있지만, 전자적인 면에서도 외부 세계와 단절되어 있다. 우리에게는 위성 전화도 없고 BBC 같은 국제 뉴스 프로그램에 주파수를 맞출 장비도 없다. 태양에너지를 이용해 맥머도 기지와 주고받는 무선통신은 초보적인 수준이고, 극오지 캠프에 있는 이들에 대해 맥머도는 가족의 죽음을 제외하고 개인적인 소식은 전하지 않는다는 정책을 따르고 있다.

나는 이런 종류의 고립이 주는 정신적 공간을 기꺼이 누린다. 여기서는 어떤 침범도 없고, 예상하지 못한 질문을 받거나 선언을 듣는 일도 없다. 한 가지 생각을 끝에 도달했다는 판단이 설 때까지 방해받을 걱정 없이 물고 늘어질 수 있다. 전화도 울리지 않는다. 초인종도, 호출기도, 구내방송도 없다. 노크하는 사람도 없다.

이런 고립은 인간으로서 존재한다는 것에 관해 다른 방식으로 생각해보도록, 길게 이어지는 인류의 시대에 관해 숙고해보도록 부추긴다. 그리고 이 장소의 이상함에 관해서도. 지구상의 거의 모든 것은 화학, 물리학, 생물학을 참고해 이해할 수 있다. 하지만 이곳에서 접하는 현실은 다르다. 남극 대륙 내부는 화학 및 물리학과는 관계가 있지만, 생물학과는 무관하다. 얼음 위로 노출된 바위는 화학적으로 조성되어 있고, 물리학의 영역에 속하는 중력은 그 얼음이 언덕을 내려가 대양에 이르게 한다. 그리고 우리가 있는 만년설 지대에서 눈을 얼음으로 만드는 것은 축적된 눈의 압력이다. 역시 물리학이다. 단 이곳은 생명이 없는 지구다. 하늘을 가로지르며 나는 새 한 마리 없다. 어떤 식물도 자라지 않는다. 동물의 배설물과 발자국도 보이지 않는다. 바람만 세차게 분다. 졸졸 흐르는 물소리도 없다. 극야는 백야와 마찬가지로 몇 달씩 이어진다.

이곳 수만 제곱킬로미터의 땅에 존재하는 유일한 생명은 우리 여섯 명과 남극점에서 일하는 과학자들과 관련 직원들뿐이다.

우리는 멈춰버린 듯한 시간과 거의 구별되지 않는 공간으로 이루어진 비생물의 대양 속에서, 쏟아지는 태고의 빛 아래 야영하고 있다. 우리의 존재는 하루살이의 죽음만큼 사소해 보인다. 그렇지만 여기서 나는 요람처럼 동그랗게 받쳐주는 다른 손 위에 가만히 포갠 손처럼 편안하다. 여기서는 정말 기이하게도 안전한 느낌이 든다.

운석은 매일 지구 표면 전체에 무작위적으로 떨어지며, 다른 데보다 특별히 더 많이 떨어지는 곳은 없다. 대부분은 곧바로 전 세계의 대양과 호수와 강으로 들어가 시야에서 사라진다. 다수는 지구의 평범한 돌들 사이에서 눈길을 끌만큼 충분히 색다르지도 않다. 게다가 대부분 비교적 빠르게 풍화되고 침식되어 작게 조각난다. 하지만 남극 대륙에서는 얼음 환경의 남다른 역학 때문에 유달리 많은 수의 운석이 잘 보존될 뿐 아니라, 얼음 위 좌초 표면이라 불리는 장소에 다수의 운석이 집중적으로 모인다.(우리가 밤하늘에서 흔히 보는, 빛을 내며 "쏜살같이 날아가거나" "떨어지는" 별은 유성이다. 운석은 지구 표면에서 사람이 주워 올릴 수 있는 것으로 유성체의 금속 또는 암석 잔해이며, 유성체는 태양계의 잔해들 가운데 우연히 무작위적으로 지구의 대기권 안으로 들어온 것이다.) 유성체는 대기권 안에서 공기와 마찰하며 유성이 된다. 매일 수억 개의 유성체가 지구 대기권 안으로 들어오는데 그중에는 모래알만 한 것도 많다. 그리고 대부분은 떨어지는 동안 완전히 연소된다.

남극 대륙에 도달한 운석의 대다수는 쌓인 눈 위로 비교적 부드럽게 착지한다. 시간이 흐르며 그 위로 더 많은 눈이 쌓이면서 (그리고 그 밑의 움직이는 빙상 바닥이 남극 대륙의 기저암들과 마찰하거나 지열점을 만나 서서히 녹으면서) 이 운석들은 자신들이 내려앉았던 눈에서 더 깊은 층으로 이동하다가 결국 전이대에 도착한다. 전이대란 운석을 덮은 눈이 점점 무거워지다가 마침내 눈 결정이 얼음 결정으로 재구성될 만큼 충분한 압력을 가하게 되는 지점이다. 이후 운석은 케이크 속 건포도처럼 움직이는 얼음덩어리 속에 박혀 있게 된다. 거대한 빙상은 바다를 향해 내리막으로 흐르다 진로를 가로막는 기반암을 만나게 되는데, 그중 가장 강력하고 눈에 띄는 걸림돌은 바로 남극 대륙의 등뼈인 남극횡단산맥이다. 이 걸림돌을 에둘러 계속 바다로 나아가기 위해 빙상은 가장 저항이 적은 곳으로 천천히 흘러가는 데 그곳이 바로 산들 사이의 고개다. 빙상이 흐르다가 남극의 기저암이 우뚝 솟아 있는 곳에—그레이브스누나탁스를 비롯하여 남극횡단산맥 여러 곳에서 이런 지형을 볼 수 있다—도착하면 수평으로 층을 이룬 두꺼운 빙상이 위쪽으로 구부러지면서 수직으로 흐를 수밖에 없게 된다. 이윽고 이 얼음층들은 속에 수많은 운석을 품은 채로 빙관 표면에 도달하게 되는데, 그러면 이어서 바람이 이 운석들을 공기 중으로 노출한다.

남극 내륙의 우세풍은 사이클론이 아니라 중력에 의해 일어나는 활강풍이다.(사이클론성 바람은 기압 변화에 따라 일어난다.) 활강풍을 머릿속에 그려보는 한 방법은 빙상들 위를 이동하는 거대한 공기의 폭포를 상상하는 것이다. 중력의 끌어당기는 힘은 일정하므로 활강풍에서 공기가 흐르는 방향은 여간해서 달라지지 않는다. 경사진 곳에서 강이 아래로 흐르듯 활강풍도 아래로만 분다. 그러나 이 공기의 강을 추동하는 세기는 압축되어 하강하는 공기의 부피, 얼음 표면의 변화하는 윤곽, 급격한 풍속 증가에 따라 변화한다.

빙상의 깊은 층이 수직으로 흐를 수밖에 없는 모든 지점에서는 그 깊은 층이 표면에 도달하면 활강풍의 연마 작용을 만나게 된다. 남극은 활강풍의 두 가지 작용 때문에 운석학자들의 메카가 되었다. 이 바람은 솟아오른 얼음의 노출된 표면 위에 떨어진 눈 결정들을 부수고 그 잔해를 흩어버려 얼음 표면을 깨끗하게 유지한다. 그리고 고체를 기체로 만드는 승화 작용이 일어나면서 표면의 얼음을 기화시킨다. 중간의 액체 단계는 존재하지 않는다. 시간이 지나면서 빙상이 계속 수직으로 흐르고, 바람이 계속 그 얼음을 침식하는 동안, 얼음 속에 묻혀 있던 운석들이 하나 둘 표면으로 드러난다. 수천 년이 흐르는 동안 이 좌초 표면에 모이는 운석의 수는 아주 많아져서 경우에 따라 수천 개에 이르기도 한다.

과학자들은 일단 이 집중 메커니즘을 이해하자, 남극횡단산맥을 담은 오래된 항공사진들에서 청빙 지대*라 불리게 된 지역들을 체계적으로 찾기 시작했고, 추가 현장 답사를 통해 청빙 지대에 운석들이 가장 밀집해 있다는 사실을 확인했다. 국립 과학 재단에서 받을 수 있는 자금, 그리고 소규모 과학 탐사대를 오륙 주 동안 현장에 파견하는 일과 관련된 실무상 복잡한 사정들에 따라 그중 어느 청빙 지대가 가장 탐사하기 좋은 현장인지 결정된다. 현장 탐사대 대원이 발견한 모든 운석은 남극조약에 따라 모든 조인국에 공동 소속된다. 우리가 찾아내고 있는 것들

* 앞 문단에서 설명한 과정을 거쳐 압착된 노출 얼음층을 말한다. 얼음이 파장이 긴 붉은 빛은 흡수하고 파장이 짧은 푸른 빛은 반사하기 때문에 이런 이름이 붙었다.

을 포함하여 발견된 운석들은 텍사스주 휴스턴에 있는 미 항공우주국의 존슨 스페이스 센터로 보내지고, 그곳에서 자격이 있는 과학자들의 연구 대상이 된다. 남극조약이 구현하는 평등의 정신과 공동 대의를 존중하여, 특정한 운석을 발견한 개인의 이름은 운석 채집 기록에 들어가지 않는다.

그레이브스누나탁스를 답사한 지 삼 년 후, 우리 여섯은 늘 바람이 많이 분다고 알려진 이곳에서, 당시 국립 과학 재단이 후원하는 남극 운석 탐사 이십삼 년 역사에서 눈보라가 가장 심하고 기간도 가장 짧았던 현장 탐사 시즌이 절반이나 지나고서야 마침내 작업에 착수할 준비를 갖췄다.

넓은 범위에서 보면 그레이브스에 있는 우리 캠프는 남극 고원에서부터 이동해오는 빙상의 흐름에서 후방 와류*라 볼 수 있는 부분의 가장자리에 자리하고 있었다. 이 후방 와류를 만드는 것은, 남극횡단산맥을 이루는 주요 덩어리의 외좌층†인 누나탁들이다. 우리를 기준으로 동쪽 저 먼 곳에서 얼음의 흐름이 남극횡단산맥의 일부인 라고스 산지를 중심으로 갈라져 두 개의 개별적 흐름을 형성했는데, 북쪽 흐름은 로비슨 빙하가 되고 남쪽 흐름은 클라인 빙하가 되었다. 두 빙하는 북쪽과 동쪽으로 50킬로미터를 더 이동하여 스콧 빙하로 흘러들며 그 일부

* 유체 흐름의 일부가 교란되어 본류와 반대 방향으로 소용돌이치는 흐름.
† 층상 암석에서 침식에 의해 주층과 분리된 부분.

가 되고, 스콧 빙하는 다시 퀸모드산맥을 거쳐 내려와 로스 빙붕의 일부가 된다. 한 번도 표면에 드러난 적 없는 수많은 운석을 품고 있는 이 얼음(로스 빙붕)은 최종적으로 남극해의 만곡부인 로스해로 흘러들며 갈라진다. 이 갈라진 얼음은 넓이가 250제곱킬로미터가 넘는 평평한 테이블 모양의 빙산 형태로 떨어져 나올 수도 있고, 작은 유빙의 형태로 떨어져 나와 남극 대륙 근처 어딘 가에서 금세 녹아 남극해 해저에 운석들을 떨굴 수도 있다. 소행성대에서, 화성에서, 달에서 온 이 조각들은 거기서 마침내 지구의 상부 맨틀로 들어가게 된다.

일단 운석을 손에 넣어 현미경으로 들여다보면 각각의 운석은 아주 많은 것을 알려준다. 운석의 압도적 다수는 화성과 목성 사이의 소행성대에서 오는데, 이들이 각자 어찌나 뚜렷이 구별되는지, 과학자들은 이를 바탕으로 일종의 소행성대의 지리학을, 우리가 아직 어렴풋하게만 이해하고 있는 태양계의 진화에 관해 더욱 깊이 파고들게 해주는 지질학적 지도를 만들어냈을 정도다. 요컨대 모든 운석 하나하나는 지구 기원의 수수께끼를 푸는 일에 중요한 기여를 한다. 그러므로 이 탐사에서 우리 여섯 명이 찾게 될 운석은 겨우 186개에 그치겠지만—남극 운석 현장 탐사대가 회수한 것 중 가장 적은 수다—날씨 때문에 받은 제약을 감안하면 그래도 우리의 노력은 성공을 거둔 것으로 볼 수 있을 터였다.

그레이브스누나탁스에는 여러 개의 누나탁이 있는데 모두 같

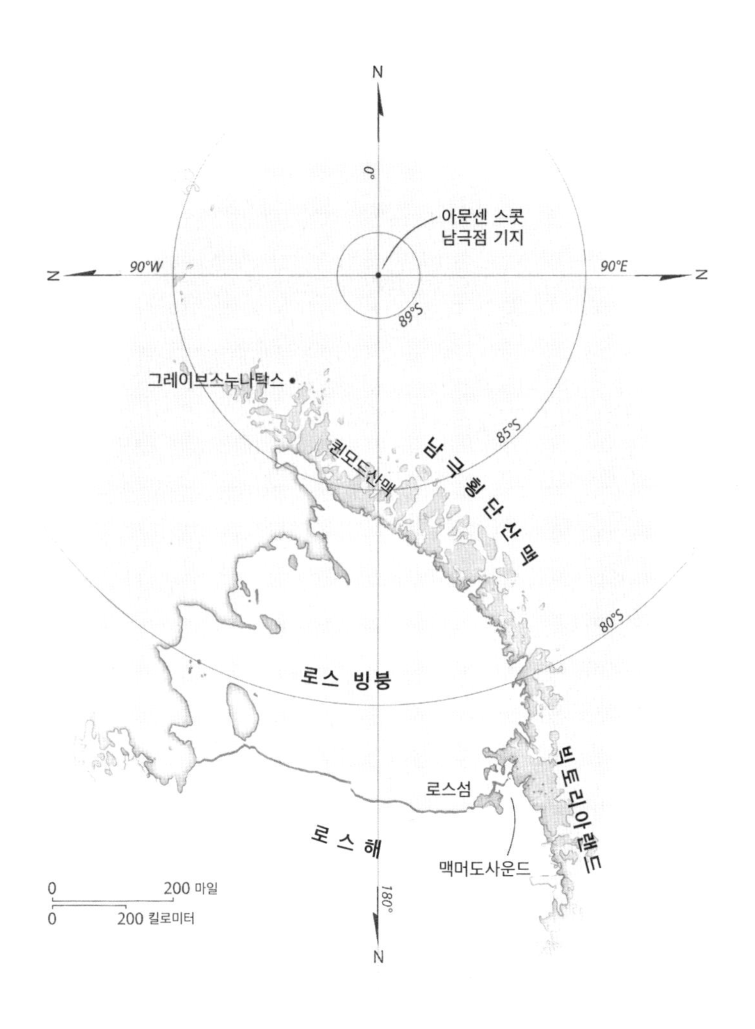
N
0°
아문센 스콧
남극점 기지
90°W
90°E
N
N
89°S
그레이브스누나탁스
85°S
퀸모드산맥
남극횡단산맥
80°S
로스 빙붕
빅토리아랜드
로스섬
로스해
맥머도사운드
0
200 마일
0
200 킬로미터
180°
N

로스 빙붕 지역

은 산의 봉우리들이다. 각 누나탁은 풍화에 노출된 채 서서히 표면이 깎여나가고 바위 파편들은 아래 좌초 표면에 떨어진다. 얼음 위에 좌초된 운석을 효과적으로 찾아내기 위해 우리는 지구의 파편과 외계에서 온 물질을 눈으로 구별하는 법을 배워야 한다. 그래서 여기 온 첫날, 우리는 그 누나탁들 중 하나의 노출된 바위 마루에 올라가서 그 바위의 색깔과 입자 패턴을 살펴보고 기억해둔다. 나중에 우리 여섯이 좌초 표면 위에 나란히 줄지어 서서 운석을 찾을 때, 우리는 얼음 위에 놓여 있는 암석들을 시각적으로 분류하면서 운석이 아닌 것은 모두 머릿속에서 제외할 수 있게 될 것이다. 누구 한 사람이 큰 소리로 외치면 다른 사람들은 멈춰 설 것이다. 그리고 각자 그 순간 자기가 서 있던 위치를 표시해둔 다음 운석이 발견된 곳 주위로 모일 것이다.

우리는 GPS 기기로 운석의 위치를 확정하고, 현장 노트에 그 운석의 전반적 특징—운석의 종류, 크기, 색깔, 형태, 그 밖의 특기할 만한 모든 특징—을 기록한다. 그런 다음 우리 중 한 명이 살균된 집게로 운석을 집어서 살균된 투명 채집 봉투에 넣은 다음 밀봉한다. 캠프에 돌아온 뒤 특정한 몇몇 운석은 이송을 위한 강화 상자에 넣기 전에 다시 한번 검토해보기도 한다. 이후 처음에는 LC-130에 실어 맥머도로 보내고, 그다음에는 존슨 스페이스 센터에 있는 천체 수집 및 관리실로, 최종적으로는 워싱턴 DC의 스미소니언으로 보낸다.

존은 아주 오랫동안 이 일을 해왔던 터라 우리가 발견한 거의 모든 운석의 계통에 관해 능숙하게 추측할 수 있다. 게다가 우리가 찾아 가져온 운석 서너 개가 모두 추락할 때 충격으로 부서진 한 유성체의 조각들이라는 걸 알아볼 때도 많다. 마치 지난 세월 동안 존이 본 모든 운석의 이미지가 그가 기억하는 사람들의 얼굴처럼 존의 기억 속을 떠다니는 것 같다.

존이 눈 터널로 기어들어와 방한복을 벗는다. 조리용 버너를 둘 다 켜놓은 상태여서 텐트 안은 비교적 따뜻하다. 바닥 바로 위는 섭씨 4.4도 정도이고, 텐트의 벽이 텐트 꼭대기와 만나는 곳은 10도가 넘는다.(우리는 축축한 양말, 부츠와 장갑의 털 안감, 손수건, 목도리를 그 위에 널어 말린다.) 우리가 잠을 자려고 버너를 끌 때까지는 이 상태가 유지될 것이다.

설상차의 트랙을 다 고친 존은 이제 말썽을 부리는 라디오를 만지작거린다. 그의 열아홉 번째 탐사 시즌이 중반에 다다른 이 시점, 존은 1976년에 이 탐사를 시작한 선구자 빌 캐시디의 뒤를 이어 남극 운석 탐사 프로젝트와 관련하여 가장 유명한 과학자다.(존과 이언 휠런스가 앨런힐스 근처에서 골프공 크기의 운석을 발견한 것은 존의 두 번째 현장 탐사 시즌 때였고, 그 운석은 지구에서 최초로 발견된 달의 조각인 달 각력암으로 밝혀졌다.)

나는 존에게 그날 저녁 캠프 근처를 거닐다 발견한 운석 이야기를 한다. 내가 저녁을 준비하고 그는 라디오 안테나 선을 재배선하는 동안 우리는 남은 날들의 계획을 세운다. 존은 시작부터 너무 지체되었고, 도착한 뒤로도 텐트에 갇혀 보낸 날이 너무 많아서 이곳 좌초 표면을 다 수색하려면 내년이나 내후년에 남극 운석 탐사대가 다시 와야 할 거라고 한다. 이제 일정이 며칠밖에 안 남았으니 실제로 운석을 회수하는 일보다는 답사하는 데 더 많은 시간을 보내는 게 낫다는 게 존의 생각이다. 내일은 누나탁 남쪽 측면 주변과 가파른 동쪽 면의 움푹 들어간 곳들에서 운석들이 밀집된 곳이 있는지 찾아야겠다고 한다. 비교적 큰 운석들 일부는 채집해 갈 수 있겠지만, 운석들이 있는 곳을 가능한 한 많이 찾아내서 그 지역들의 지도를 그리고 그 지도에 운석의 위치를 그려넣는 일에 더 집중해야 한다는 것이다.

내가 설거지를 하는 동안 존은 다른 대원들의 텐트에 가서, 만약 오늘 밤에 바람이 더 거세지지 않고, 구름 낀 하늘 아래서도 눈 표면에서 크레바스를 뚜렷이 알아볼 정도의 빛만 있다면 몇 시간 뒤에 다시 출발할 거라고 전달한다. 그가 바라는 건 누나탁 서쪽 측면의 가파른 얼음 언덕으로 올라간 다음 남쪽 측면을 따라 동쪽으로 이동하면서 운석들이 모여 있는 곳이 있는지 찾는 것이다. 우리가 아직 가보지 않은 누나탁들 가운데 적어도 한 면만큼은 이렇게 빠르게라도 살펴보고 싶다고. 대원 중 세 사람은 설상차를 타고 경사면을 올라가는 일이 불안하다고 했지만, 존은 그들의 능력에 대해 은근하면서도 든든한 믿음을 표했고, 그들은 그런 존의 판단을 신뢰했다.

나갔다 오는 동안 존은 우리가 쓸 물을 보충하기 위해 우리 텐트가 자리한 빙하에서 얼음을 깨 한 양동이 가득 담아왔다.(날씨 때문에 텐트에 발이 묶여 있을 때도 여전히 우리는 녹여 쓸 얼음을 구하러 텐트 밖으로 나가야 한다. 또한 혹시 사고가 날 경우를 대비해, 조리용 버너의 연료를 채우는 일는 주위에 인화성 물질이 하나도 없는 바깥에 나가서 하고 온다.)

존은 돌아오면서 스콧을 데리고 왔다. 자기는 그때까지 우리가 작업했던 지역의 약도에 자기가 적어온 GPS 좌표들을 옮겨 적는 일에 집중해야 하니 그동안 스콧과 내가 둘이 나가서 내가 조금 전에 발견한 운석을 채집해 오면 어떻겠느냐고 했다.

나는 운석을 수집하며 노트에 데이터를 기록하는 일을 맡을 때마다 내가 적고 있는 숫자들의 정밀함과 명확성을 의식한다. 또한 매일 지평선을 따라 남쪽으로 살짝 기울어진 광륜의 궤적을 그리며 우리 주위를 맴돌고 있는 거대한 핵 용광로로부터 1억 4967만 킬로미터 떨어진 이 행성에서, 모든 생명을 지탱할 조건들이 생겨나기 시작한 45억 년 전 지질학적 발달의 초기 단계에 무슨 일이 일어났는지 이해하기 위한 과학자들의 노력을 생각할 때면, 내가 쓰는 이 상세한 데이터 포인트들이 얼마나 작고도 작은지를 의식한다.

이튿날 저녁 누나탁 남쪽에서 정찰을 마치고 돌아온 뒤, 존과 나는 우리 일의 궁극적 의미가 무엇인지를 두고 대화를 나눈다. 탐사가 막바지로 접어들고 있어 아직 못다 한 과제가 무엇인지 꼼꼼히 점검하고 있는 시기에는 종종 이런 질문이 떠오르곤 하는데 이날도 그랬다. 대부분의 훌륭한 과학자가 그렇듯 존은 최종적 권위라는 것이 합리적 정신에 있다고 전적으로 확신하지는 않으며, 순전한 인과적 추론에도 잠재적 위험이 있음을 알고 있다. 그는 과학이, 특히 실험과학의 많은 부분이 경외와 신비를, 그리고 현실에 경외와 신비로 반응하는 능력을 떨쳐내야 할 대상이라며 무시하는 것을 좋아하지 않는다. 나는 여러 해에 걸쳐 몇 번씩 남극에 와서 여러 현장 탐사대와 작업하는 동안, '데이터 세트'에 대한 과학적 존중이 직접적인 현장 경험에 대한 과학적 존중을 밀어내는 것을 봐왔는데, 이런 흐름이 어디에 이르게 될지 궁금하다고 말했다. 나는 오늘날의 과학이 현장 조사에서는 피할 수 없는 느슨한 결론들과 불확정성에 대해 보이는 성급한 태도, 이론에 대한 선호, 이런저런 이론을 뒷받침하기 위한 수치 데이터의 활용이 우려스러웠다.

우리는 맥머도에서 항상 캠핑 장비들로 복잡하던 옛 과학관 건물의 복도가 살균제를 뿌린 듯 깔끔하고 조명이 환한 크래리 과학 공학 센터의 복도로 바뀌고 있는 변화를 목격했다. 새 건물의 복도에서는 끊임없이 키보드 두드리는 소리, 과제 하나가 완료되었거나 정보 처리가 끝났음을 알리는 전자 알림음이 어수선한 백색소음으로 깔린다. 어떤 이론적 접근에서 나온 수치상의 결과, 거의 이해되지 않은 어떤 사건을 둘러싸고 누군가 신비한 후광을 두른 듯한 숫자에 파고드는 일은 비밀스럽고도 불가사의하다. 그리고 그 일이 처리되는 속도와 그 정보의 엄청난 양은 위협적이다. 그 과정은 지식이 획득되었음을 암시하지만, 사실 여기에는 압도적인 정밀성과 통계적 확률을 뒷받침할 만큼 상당한 양의 숫자들 그 이상의 것은 별로 없다. 막대한 데이터 세트는 어떤 사람들에게는 반박할 수 없는 진실 또는 이전에 확립되어 있던 경계선들을 넘어서는 통찰을 의미하겠지만, 데이터는 몹시도 자기 참조적인 것에 불과할 수도 있다. 대단하기는 하지만 설득력은 없는 것이다.

그 무엇에 관해서든 확신 상태에 도달할 수 있다는 믿음은, 자신들의 데이터에 필연적으로 존재하는 변칙들을 신중해야 한다는 경고로 받아들이지 않고 걸리적거림으로 여기는 사람들을 추동하는 자극제다.

나는 존에게 말했다. "예전에 한 신학 교수님이 종교를 갖는다는 건 확신을 갖는 일이 아니라 불확실성과 함께 살아가는 일이라고 말씀하셨지. 의심을 편안히 받아들이는 것, 그리고 어떤 심원한 신비에 대해 품었던 존중을 계속 유지하는 것이라고."

존이 내 말을 들었는지 알 수 없었다. 그는 침낭 속에 누워 있었고 내게는 쌓아둔 장비들 너머로 그의 다리 아래쪽만 보였다. 이미 잠들었을지도 몰랐다. 길고 힘든 하루였으니까. "우리가 더 깊은 지식을 쌓고 있기는 하지." 존이 대답했다. "그렇다고 우리가 지혜에 조금이라도 더 가까이 다가가고 있다고는 보장할 수 없지만."

그날 밤 우리가 잠들고 나서 한두 시간 뒤, 바람이 내 머리 뒤 텐트의 벽을 강타하며 잠을 깨웠다. 마치 어떤 생명체가 맹렬한 격분의 단계로 옮겨간 것 같았다. 바람이라는 이 생명체의 앙칼진 포효, 비명 같은 울부짖음, 솟았다가 떨어지는 소리의 높이,

그 소리의 데시벨, 이 모든 게 날뛰더니 갑자기 뚝 그치며 침묵에 빠졌다가 다시 치솟아 올랐다. 바람 소리는 흔들리는 은박지에서 반사된 빛이 눈을 때릴 때처럼 내 귓속에서 희미한 빛으로 어른거렸다. 텐트는 탄탄한 기둥들 사이에서 부들부들 떨고 있었고, 세 겹으로 박음질한 텐트의 솔기들이 팽팽히 당겨지며 들끓듯 쉭쉭 거리고 탕탕 파열음을 냈다. 텐트 천에서 나는 타악기를 두드리는 듯한 불규칙한 소리가 밑에 깔리는 배경음이라면, 그 위로 밴시*의 울음 같은 날카로운 소리가 연달아 이어지는데, 그중 질풍을 뚫고 들리는 어떤 음 하나는 몇 초 동안 이어지다가 한 옥타브가 뚝 떨어졌다. 고요한 상태가 돌아오려면 이렇게 몇 시간을 더 보내야 할지도 모른다. 아니면 며칠을 더 보내야 할지도. 그러나 또 이 바람은 몇 분 만에 흩어지고 끝나버릴 수도 있다.

그레이브스누나탁스의 어느 누나탁 정상에 올라가 우리의 방향을 파악하고 그 바위산 마루의 부서진 퇴적암과 변성암 석판들을 조사하던 날, 발을 내디딜 때마다 도자기 깨지는 소리가 났다. 나는 돌들의 크기와 모양을 살펴보고 전반적인 특징을 더 온전히 파악하기 위해 장갑 낀 손으로 돌을 하나하나 손안에서 뒤집어보았다. 다른 어떤 종류의 생명도 존재하지 않는 곳에 있어선지 이 돌들은 나에게 살아 있는 존재처럼 느껴졌다. 상상할

* 울음소리로 가족 중에 죽는 사람이 있을 것임을 예언하는 고대 아일랜드 전설 속 정령.

수 없을 만큼 느린 속도로 살고 있지만, 이 돌들은 몸에 새겨진 선들과 갈라진 틈, 색깔, 함유물, 희미하게 빛나는 결정을 통해 각자가 처음 탄생한 순간부터 인간과 마주하게 된 이 순간까지 자신이 거쳐온 지난 궤적의 증거를 드러내고 있었다. 내가 살펴본 돌들은 모두 동일한 암색 석판에서 떨어진 파편들처럼 보였지만, 그럼에도 각자 색채의 패턴과 독특한 각도의 윤곽 등으로 서로 구별되었다. 이 '특별할 것 없는' 돌들 하나하나를 내려놓는 것이 못내 아쉬웠다. 그렇게 미련을 떨면서 각 돌이 그들에게는 한 '생애'였을 거대한 시간의 흐름 속에서 거쳐온 역사를 생각하며 거기 앉아 있자니, 이 돌들이 갑자기 내가 그때까지 알았던 어떤 생명체보다 더 야성적으로 느껴졌다. 바람처럼 이 돌들도 내게 하나의 풍경을 열어 보여준 셈이다.

또 언제 폭풍이 닥쳐와 클라인 빙하로 돌아가는 여정을 어렵게 또는 불가능하게 할지 알 수 없었고 화물 수송기는 1월 20일에 클라인 빙하에 착륙할 예정이었으므로, 존은 마침 맑은 날씨가 찾아온 18일에 캠프를 철수하기로 결정했다. 우리는 텐트에만 묶여 지내며 운석 탐사를 하지 못한 날이 많았기에 억울한 마음을 접기가 쉽지 않았지만 그래도 존의 판단이 옳다는 걸 알았다. 우리가 할 일은 끝난 것이다. 우리는 썰매에 짐을 꾸리고 구름 한 점 없는 푸른 하늘 아래에서 착륙장을 향해 출발해 차분한 공기가 흐르는 분지를 가로질렀다. 몇 주 전 멈췄다 다시 출발하기를 반복하며 열네 시간 넘게 걸렸던 이 여정이 지금은 겨우 네 시간 반 만에 끝났다. 우리는 클라인 빙하 위에 임시 캠프를 세웠다. 존은 무선 라디오를 켜고 맥머도에 우리가 안전하게 클라인 빙하에 당도했음을 알렸다. 맥머도는 20일에는 허큘리스 한 대만 우리에게 올 거라는 말을 전해왔다. 다른 한 대는 21일에 올 것이므로 우리는 두 그룹으로 나눠서 이곳을 떠나야 했다.

썰매에 싣고 온 짐들을 내리고 수송기에 적재할 수 있도록 우리가 여기 남겨두고 갔던 화물 팔레트들에 다시 싣는 것만으로 오후가 거의 다 지나갔다. 그 일을 마친 우리는 설상차를 타고 라고스 산지 기슭의 계곡으로 향했다. 수백 제곱킬로미터 넓이의 가파른 언덕과 깊은 계곡으로 이루어진 미답의 땅으로 1934년 항공 정찰 때 처음으로 남극 대륙 지도에 표시된 지역이었다.

사실 계곡이라기보다 이 산지에서 가장 두드러진 산등성이 중 하나의 남서쪽 측면에 자리한 권곡*인데, 그리로 들어가려면 빙하의 가파른 얼음 경사지를 내려가야 한다. 눈이 쌓인 부분들을 따라 옆으로 이동하니—드러난 얼음 위보다는 여기가 더 마찰력이 좋았다—내려가면서도 설상차에 대한 통제를 잃지 않을 수 있었다. 나중에 여기서 올라갈 때도 징검다리를 밟듯이 그 눈 쌓인 부분들을 밟고 재빨리 지나갈 것이다. 이 권곡은 너비와 깊이가 거의 비슷한 원형극장 같은 형태이며, 입구 너비는 6.5킬로미터쯤 된다. 바닥은 수천 년에 걸쳐 부서진 바위들이

* 빙하의 침식작용으로 형성된 넓고 오목한 모양의 골짜기.

300미터 위에서 굴러 내려와 바위들의 바다를 이루고 있는 암괴원이다. 이 암괴원의 검은 화강암 파편들이 햇빛에 데워져 꽤 강한 열기를 뿜어내고 있다. 존과 나는 각자 큰 바위들 사이에 누울 수 있는 틈새를 찾아내, 가벼운 바람마저 막아주는 거기서 일광욕을 한다. 기온은 섭씨 영하 15도지만, 이 '햇빛 오븐' 안에서는 12도 정도 더 따뜻한 느낌이다. 이 햇빛 오븐은 우리에게 어떤 문턱이, 그러니까 다른 나라로 가는 길이 되어준다.

우리를 에워싸고 있는 건 깊은 공간의 고요함뿐이다.

낸시가 큰 소리로 묻는다. "존, 여기를 뭐라고 불러요?"

"천국이요."

"아뇨, 아뇨. 그건 당신이 부르는 거고요. 사람들이 뭐라고 부르냐고요?"

존은 답이 없다.

이 암괴원에는 이름이 없고, 저 위 산봉우리들에도, 이 산의 주요 등성이에서 뻗어나가는 지맥인 아레트*에도 이름이 없다. 묘사적인 명명, 누군가의 이름을 딴 명명, 기발하고 뭔가를 기념하며 가치를 부여하는 명명 행위가 아직 여기까지는 도달하지 않았다. 이 장소는 여기 있는 우리의 존재에 너무나 무관심해 보인다. 그래서일까. 내가 응시하고 있는 이 광활한 공간에서는 이 공간을 품어온 시간에 대한 감각이 전혀 느껴지지 않는다. 이는 평생을 통틀어 몇 번 해보지 못한 경험이다. 사실 남극

* 빙하 침식 골짜기 사이의 예리한 능선.

내륙 대부분이 내게는 이렇게 느껴진다. 단지 탐사나 명명이 되지 않은 곳이라기보다 미지의 장소라는 느낌. 아직은 명칭과 좌표, 거리와 경계선의 목록 속에 포섭되지 않은 곳. 이 바위 벌판에서 바람을 피해 바위 틈새에 등을 대고 누워 주위를 에워싼 방벽들을 올려다보고 있자니 안도의 감정이 몰려오고, 이런 상태의 나에게는 존의 대답—천국—이 희열의 감정을 나타내는 상투적인 단어가 아니라 분열이 전혀 존재하지 않음을 나타내는 단어로 들린다.

우리는 그 권곡에서 한 시간쯤 쉰 다음 다시 나와 다른 세계로 들어갔다.

맥머도사운드 서쪽 해안에 자리한 빅토리아랜드 북부의 윌슨피드몬트 빙하가 시작되는 부분에, 맥머도 기지에서 북북서 방향 직선거리로 140킬로미터쯤 떨어진 곳에 '돛들의 베이'라는 움푹 들어간 곳이 있다. 사실 베이라기보다 만곡부에 더 가깝다. 흔히들 이 이름은 이곳에서 반복적으로 일어나는 자연 현상, 그러니까 여기로 떠내려온 빙산들이 해저에 부딪히는 현상에서 유래되었다고 생각한다. 맑은 여름날 멀리서 보면 돛들의 베이는 바람을 받아 빠른 속도로 항해하는 돛단배들이 북적거리는 것처럼 보인다. 그러나 사실 이 이름은 1911년 남극의 봄에 썰매로 이동하던 사람들이 해빙을 건널 때 사용한 기술에서 유래했다. 그들은 사람이 끄는 썰매에 추진력을 더하기 위해 돛대와 돛을 달았다.

그레이브스누나탁스에 오기 팔 년 전, 나는 맥머도사운드의 해빙 밑을 연구하는 저서低棲생태학자들의 팀에 합류했다. 그해 현장 시즌에 우리는 돛들의 베이까지 가게 되었고, 그곳 해저에 내려앉은 빙산들의 기저부 근처로 여러 차례 잠수했다.(저서생태학자들은 바다, 강, 호수, 하천 등 물이 있는 곳의 바닥에 사는 유기체들의 군집을 연구한다.) 국립 과학 재단이 이 프로젝트에 자금을 지원한 이유 중 하나는 맥머도 기지의 작은 자연항인 윈터쿼터스베이가 얼마나 오염되었는지 알아보기 위함이었는데, 이 만에 얼음이 없는 시기는 늦여름의 몇 주 동안에 지나지 않았다.(이 항구의 내포는 크기와 형태와 깊이가 유럽의 대형 축구 경기장과 비슷하며, 1901년부터 1904년까지 남극점에 도달하기 위한 최초의 진지한 시도를 했으며 당시 이 연안에서 겨울을 났던 영국의 탐험대원들이 윈터쿼터스[겨울 숙소]라는 이름을 붙였다.) 맥머도 기지의 역사에서 미국 해군이 그곳을 운영하던 초기에, 그들은 건축 폐기물과 쓰레기, 수 배럴의 독성 폐기물을 윈터쿼터스베이의 해빙에 버렸다. 매년 짧은 여름이 찾아와 바다의 얼음이 녹을 때마다 이 모든 폐기물이 만의 해저에 가라앉았다. 결국 윈터쿼터스베이는 세상에서 가장 오염된 항구라는 오명을 얻었고, 그 바닥은 쓸모를 다한 선적 컨테이너, 폴리염화바이페닐이 새어 나오는 변압기, 부식성 액체가 든 녹슬고 있는 용기, 고장 난 기계류, 버려진 가구와 매트리스 등으로 뒤덮였다.

우리는 그해 현장 시즌의 처음 며칠 동안 그 항구의 해저에서 유기체의 표본들을 수집하고 맥머도의 연구소로 가져가, 윈터쿼터스베이 근처의 오염되지 않은 수역에서 채취한 해저 유기체 표본들과 비교했다. 프로젝트 후반에는 해저가 심각하게 교란되기는 했지만 예컨대 빙산이 해저면에 닿는 일처럼 자연적 사건 또는 인간이 초래하지 않은 사건으로 인해 교란된 장소들을 연구하기 시작했다.

지금 내가 떠올리고 있는 그날, 우리는 헬기를 타고 맥머도사운드를 건너 돛들의 베이에 있는 거대한 빙산 옆에 착륙했다. 깎아지른 듯 수직으로 서 있는 그 빙산의 벽은 얼어붙은 바다와 90도 각도로 맞닿은 채, 환한 빛을 받아 빛나고 있어서 선글라스를 쓰지 않고는 쳐다볼 수도 없었다. 우리는 그 빙산 옆 두께가 2미터가 넘는 해빙에 지름 10센티미터 정도의 구멍을 뚫은 다음, 거기에 우리가 다이빙 홀로 사용할 수 있을 만큼 충분히 큰 구멍을 뚫기 위해 폭발물을 설치했다. 이곳의 물 밑은 맥머도사운드에서 마치 분지처럼 고립되어 있는 윈터쿼터스베이를 제외한 다른 모든 수역에서 보았던 것과 똑같이 투명했다. 해마다 남극의 여름에 플랑크톤이 번성하기 전인 이런 초여름에는 측면 시야가 무려 275미터나 나온다. 이는 만약 글씨가 충분히 크기만 하다면 275미터 떨어진 거리에 있는 광고판의 글씨를 읽을 수 있다는 뜻이고, 여기 바닷속에서 우리가 고개를 돌리면 옆에 있는 그 빙산의 옆면을 좌우 합쳐서 550미터까지 볼 수 있다는 뜻이다.

해빙 표면 위에서 빙산은 꾸밈없는 설화석고 블록처럼 위풍

당당한 존재감을 뽐내지만, 물속에서 보면 전혀 달리 보인다. 수면 아래서 빙산은 악의적이고 어렴풋이 위협적으로도 보여서, 위에서 보이는 순백의 웨딩드레스 같은 겉모습은 기만적인 위장처럼 느껴진다. 빙산 가까이에서, 특히 좌초한 선박처럼 빙산이 바닥을 파고들어간 곳 옆에 생긴 어두운 그늘 속에서 느긋한 마음으로 수영할 수 있는 사람은 아무도 없다.

여기서 우리는 늘 20미터 깊이를 유지하며 대체로 자력으로 움직일 수 있는 해양 생물—불가사리, 가리비, 성게, 유형동물(끈벌레)—의 군집을 조사했고, 그다음에는 일련의 작은 과학 플랫폼들을 촬영하기 시작했다. 해저에 박은 강철 기둥 위에 장착된 이 정사각형 금속 타일들에는 해면동물과 기타 작은 고착성 생물들이 군집을 이루어 살고 있다. 그때로부터 이십 년 전에 설치했던 이 플랫폼들은 대부분 빙산에 의해 파괴되었고, 남아 있는 플랫폼들은 주기적으로 교란되는 이 환경에서 어떤 유형의 고착성 또는 정주성 군집이 나타났다 사라지는지 짐작할 수 있도록 힌트를 주었다.

물은 섭씨 영하 1.9도(담수의 어는점보다 1.9도가 낮고, 해수의 어는점보다 0.1도 낮다)로 너무나 차갑다. 여기 물속에서 한 시간을 보내고 나면 우리는 대부분 몸을 덥히러 수면으로 올라간다. 하지만 이날 나는 그날 치의 할 일이 다 끝났는데도, 물속에 더 남아 있고 싶었다. 해류의 흐름이 전혀 없는 이 물속에서 등을 아래로 하고 수평으로 몸을 뻗고 있던 나는 다이빙 홀 아래 10미터 정도 지점에서 마치 빈둥거리는 한 마리 돌고래처럼 천천히 몸을 돌리기 시작했다. 내 시선이 제일 먼저 닿은 곳은 내 위에 떠 있는 해빙의 아랫면이었다. 거기에는 얼음 표면에 사는 미세 조류들이 거무스름한 군집을 이루고 있었는데, 이 조류들은 이 얼음의 저 먼 가장자리에 도달하면 그곳의 어두운 물과 만났고, 그다음에는 내 아래로 보이는 검은 자갈밭을 만났다. 이 자갈밭은 경사면을 따라 내려가다가 점점 더 빛이 들지 않는 깊은 대양으로 멀리 뻗어나갔다. 나는 그 자갈밭의 움푹 들어간 곳과 물결이 일렁이는 부분들을 훑으며 거대한 붉은 불가사리, 옅은 녹색의 성게, 피크노고니드라 불리는 다리가 길고 크기가 큰 바다거미가 거의 정지해 있다고 착각할 만큼 느리게 움직이는 모습을 보았다. 이 생물들 사이로 굵기가 내 팔뚝만 하고 길이가 1미터 정도인 하얀 끈벌레들이 휘돌아다니고 있었다. 나와 이 저서생물들 사이로 가리비 떼가 천천히 수영하며 지나갔는데, 마치 새 떼가 나는 모습을 느린 동작으로 보는 것 같았다. 이렇게 몸을 한 바퀴 돌리고 나자 솟아 있는 빙산의 벽들이 보였고, 이어서 나는 바로 위쪽으로 시선을 옮겨 지름 2미터의 원 모양에 가까운 다이빙 홀을 채운 고요한 수면의 렌즈를 바라보았다. 그 렌즈를 통해 짙은 파란색 하늘과 어두운색 건식 잠수복을 입고 있는 다른 다이버들의 몸, 해빙에 반사된 햇빛을 받아 빛나는 그들의 얼굴이 보였다.

그들은 쏟아지는 햇볕을 쬐며 빈둥거리고 있다. 아무도 서두르지 않는다. 나는 다시 천천히 360도로 한 바퀴를 돈다. 내일 우리는 돛들의 베이의 다른 어딘가로 가서 비슷한 광경을 살펴볼 것이다. 이날 밤 나는 내가 보았던 것들을 머릿속에서 다시 떠올려볼 것이고, 그것들을 또다시 더 자세히 살펴보고 싶다는 욕망에 휩싸일 것이다.

남극 대륙에서 여행하고 일하는 동안, 나는 지구상에서 선주민의 역사가 없는 유일한 곳, 현대 인류의 역사라고는 실낱같은 줄기 몇 개뿐인 장소에서 지낸다. 곤드와나 대륙의 오래된 한 조각. 텅 빈 곳이 아니라 영감을 주는 곳이다. 여기서는 눈에 들어오는 모든 것이 새롭다. 인간의 역사와 자연의 역사를 가르는, 익숙하지만 무척 오해의 소지가 많은 구분은 여기에 발을 붙일 수 없다.

해빙 밑에서 하는 작업은 초기 탐험가들 그 누구도 짐작하지 못했을 풍요로운 세계로 우리를 데려다준다. 그들에게는 이 공간으로 들어올 과학기술이 없었다. 두께가 2미터나 되는 단단한 얼음이 뒤덮고 있음에도 그 아래 수심 약 20미터까지는 놀랍도록 빛이 잘 든다. 얼음이 반투명하고, 플랑크톤이 번성하는 한여름이 오기 전까지는 수주*에 생명체가 거의 없기 때문이다. 빙산이 휘저어놓지 않은 영역에는 생물들이 놀라울 정도로 풍부하다. 우리는 1제곱미터당 10만에서 15만 개체의 유기체가 존재할 거라고 추정했는데, 이 정도의 생명체 밀도는 온대 우림 바닥과 비슷한 수준이다.

* 수면에서 바닥까지 수직으로 뻗어 있는 물의 기둥 혹은 전체 물.

어느 날 나는 맥머도사운드에 있는 빅레이저백이라는 섬 가장자리에서 동료 두 명과 함께 조수로 인해 벌어진 해빙 틈새로 들어갔다. 해빙이 밀물과 썰물에 따라 움직이며 주기적으로 청소해주는 곳의 저서생물 군집은 어떤지 살펴보기 위해서였다. 이런 환경에서 잠수부들은 일 분에 서너 번씩, 평소보다 더 자주 서로를 점검한다. 이런 수역에는 밀물과 썰물이 있어서 해빙의 커다란 덩어리들이 갑자기 가라앉거나 이동할 수 있다. 혹은 얼어붙을 듯이 낮은 수온에서 한계치까지 버텨오던 장비가 제대로 작동하지 않을 수도 있다. 우리는 맥머도사운드의 얼음 덮개가 로스해의 총빙과 만나는 곳, 범고래들과 포식자 얼룩무늬물범들이 펭귄과 물범을 사냥하러 돌아다니는 해빙 가장자리로부터 몇 킬로미터 떨어져 있다. 물론 이 해양 포유류들은 주기적으로 숨을 쉬러 수면으로 올라가야 하기도 하지만, 그럼에도 이 반영구적인 얼음 덮개 아래 깊은 곳까지도 올 수 있다는 사실을 잊지 말아야 한다.

다이버들이 남극에서 직면하는 더욱 미묘한 위험은 물이 너무 투명해서 거리를 오판할 수 있고, 따라서 다이빙 홀에서 너무 먼 곳까지 가기 십상이라는 것이다. 깨끗한 열대의 물속에서 했던 (그리 도움이 되지 않는) 경험을 기반으로, 300미터 정도 떨어진 듯 여겨지는 곳까지 금세 헤엄쳐서 갈 수 있다. 그러나 알고 보면 그 거리는 900미터나 되고, 갑자기 계획했던 것보다 공기가 있는 곳에서 훨씬 깊이 내려가 있는 상태가 된다. 수면으로 올라갈 수 있는 유일한 장소인 다이빙 홀까지 900미터나 수영을 해서 가야 하는 상황에 봉착하는 것이다.

다이버들이 조수로 인해 발생한 틈새만큼 위험하지 않은 지역에서 함께 수영하고 있을 때는 그만큼 자주 서로를 점검하지는 않는다. 한편 다이버는 자신이 발견한 뭔가를 알리기 위해 동료들의 주의를 끌려 할 때면 다이빙 도구로 자신의 산소 탱크를 두드린다. 빅레이저백섬에서 잠수한 그날, 우리 셋이 거의 어깨를 나란히 붙인 채 수영하고 있을 때 익숙한 소리가 들렸다. 누가 낸 소리지? 우리는 다 자기가 낸 소리가 아니라는 신호를 주고받았다. 우리는 이상하게도 그 소리에 관심을 두지 않고—분명 반경 1600킬로미터 안에는 다른 다이버들이 없었는데도!—계속 수영했다. 그때 그 소리가 또 들렸다. 이번에는 모두 함께 뒤를 보았고, 그 순간 길이 3미터에 300킬로그램쯤 되어 보이는 성체 웨들해물범과 딱 마주쳤다. 그 소리는 바로 이 물범이 낸 것이었다. 물범의 목 근육이 그 꿀렁거리는 소리와 딱 맞춰 움직이는 게 보였다. 우리는 주변에 웨들해물범이 있다는 건 알았지만, 그들이 이렇게 가까이, 이렇게 호기심을 보이며 우리에게 다가오리라고는 예상하지 못했다.(그날 우리는 해빙의 아랫면에서 물범들이 숨을 쉬러 수면으로 올라가는 굴 몇 개를 발견했었다. 해빙에서 돔 형의 그 굴들을 보았을 때 우리는 그게 무엇일지 추측했고, 직접 그 구멍을 통해 수면으로 올라가보기도 했다. 우리는 호흡 조절기를 떼고 거기에 고여 있던, 여러 마리의 물범들이 숨을 토해놓은 약간 비릿한 공기를 들이마셨다.)

몇 주 동안 잠수하며 보낸 그때를 회상할 때 내가 가장 자주 떠올리는 것은, 기술적으로 매우 어려운 그 일에 대해 품었던 염려와, 일단 물 밑에 펼쳐져 있는 거대한 생명의 카펫에서 그 조밀함과 화사한 색채와 다양한 유기체들을 보자마자 그 염려를 몰아내고 밀려든 환희 사이의 크나큰 대조다. 그곳의 물속에 떠있던 일은 황홀경을 안겨주었다. 몇십 미터 상공에서 열기구를 타고 세렝게티 위를 떠다니며 태평한 누와 임팔라, 사자, 기린, 몰래 접근하는 하이에나 무리를 본다면 그와 비슷한 느낌이 들 것 같다.

남극처럼 지구상에서 사람들을 볼 일이 아주 드문 장소들의 특징은, 예상치 못하고 독특한 방식으로, 심지어 그저 대충 살펴보는 사람한테조차 통념과 좀 어긋나는 모습을 보여준다는 것이다. 예를 들어 나는 잠수할 때마다 해빙의 아랫면에 납작하게 달라붙은 저서생물들의 작은 무리를 보았다. 그들은 어떻게 거기까지 올라간 걸까? 거기서 살아남을 수나 있을까? 나중에 설명을 들어보니, 어떤 지점들에서는 약한 바닥 해류가 저서생물이나 암석, 해저 퇴적물이 모여 있는 주변을 소용돌이처럼 빙빙 도는데, 그러다가 갈라진 틈새 같은 곳에서는 완전히 흐름을 멈추기도 한다는 것이다. 이런 곳에서는 바닷물 분자 일부가 얼어버릴 수 있다. 처음에는 작았던 이 얼어버린 담수 원판은 (바닷물은 작은 얼음의 원판으로 결정화되는 과정에서, 바닷물이 섭씨 0도에서 어는 걸 막는 소금을 밀어낸다) 시간이 지날수록 점점 커지면서, 담수 얼음 결정이 점점 자라는 구조적 배열을 형성한다.(담수 결정들은 담수의 비중 때문에 바닷물 속에서 위로 떠오른다.) 점점 커지던 담수 얼음덩어리는 어느덧 바닥의 일부분을 떼어낼 정도로 부력이 충분히 커지는 시점에 이른다. 이렇게 떨어져 나온 저서생물 군집의 덩어리는 계속 위로 떠오르다가 해빙의 아랫면에 닿아 멈춘다.

어느 날 나는 헤엄을 치다가 내 앞 수주에 떠 있던 검은 현무암 자갈과 정면으로 충돌할 뻔했다. 그 돌은 담수 얼음으로 감싸여 있었을 테지만, 어떤 각도로도 그 사실을 내 눈으로 확인할 수는 없었다. 만약 내가 이렇게 엄청나게 차가운 물속에서 어떤 희한한 일들이 벌어질 수 있는지 미리 배우지 않았더라면, 나는 분명 이곳 남극에서는 밀도가 높은 암석도 물에 뜬다고 결론지었을 것이다.

어느 밤에는 맥머도 기지에서 여러 연구실을 돌아다니며 누구든 마주치는 사람들과 그들의 일에 관해 이야기를 나누었는데, 그러다가 관찰대 위에서 건조된 채 혼란스럽게 뒤섞여 있는 저서생물들을 보게 되었다. 핀셋으로 그걸 풀어내고 있던 연구자에게 그게 뭐냐고 물으니, 저서생물 군집 중 일부는 해빙 바닥으로 떠올라 거기 붙어 있기만 하는 게 아니라, 실제로 해빙을 통과해 이동하는 일도 간혹 있다고 설명해주었다.(이 과정은 눈밭에 떨어진 운석이 좌초 표면에 나타나게 될 때까지의 과정과 좀 비슷하다.) 물에 잠긴 해빙 얼음판 바닥에 새로운 얼음이 형성될 때, 이미 해빙의 아랫면에 올라와 붙어 있던 저서생물들이 새로 생긴 얼음층에 갇히게 된다. 한편 해빙 표면 위에서 부는 바람은 해빙의 최상층을 승화시킨다. 따라서 해빙 속에 갇혀 있던 것은 무엇이든 점점 더 표면에 가까이 이동한다. 이 연구자는 몇 주 전 로스 빙붕 표면에서 엉겨 있던 해양 생물들을 채집해 왔다. 로스 빙붕은 어떤 부분에서는 두께가 600미터나 된다. 그러니 이 건조된 생물군집은 표면으로 올라가기까지 수 세기가 걸렸을 수도 있다.

그는 이 유기체들이 해저에서 살던 오래전에는 저서생물 군집이 어떤 모습이었을지 알아내고 싶어한다.

저서생물들이 로스 빙붕 표면에 나타날 때는 바람을 맞아 조각나고 흩어져 있는 상태다. 그러니 이 동식물들이 언제 조각들이 맞춰져 제 모습을 드러낼지는 미지수다. 이걸 알아내는 건 하이악틱 지역의 고에스키모 거주지의 형태를 판단하려는 시도와 비슷하다. 툴레 사람들이 예전에 도싯 사람들의 야영지에 도착해 거기 있던 돌들로 자신들의 집을 지었다면, 이전 도싯 사람들의 거주지가 어떤 모습이었을지 어떻게 분명히 알 수 있겠는가?

누군가 말라(붉은허리토끼왈라비)의 뒷다리를 이루던 뼈 몇 개를 발견하고는 나머지 뼈들을 수색해서 거의 다 찾아낼 수 있었고, 그런 다음 근처 땅에서 발자국 흔적들을 조사하고 그 뼈에 난 이빨 자국과 다른 단서들을 연구하면, 다른 동물들도 연루된 이 사건에서 누가 그 말라를 죽였으며 이후에는 어떤 일이 일어났는지 알아내는 것이 가능하다. 자연 또는 인간이 해체한 것을 재조합하고, 남아 있는 부분들을 가지고 뭔가를 온전하게 다시 맞추어 그것이 어떻게 해체되었는지 수수께끼를 풀어내는 일은 화석환경학이라는 과학 분야가 담당한다.

내 생각에, 해체에 대한 이러한 공식적 조사와 재현을 위한 노력은 고고학과 현장생물학뿐 아니라 오늘날의 예술계에서도 힘을 얻고 있는 흐름이라고 볼 수 있을 것 같다. 그것은 오늘날 인류의 다양한 문화에서 고루 일어나고 있는, 익숙한 유형의 유해한 파편화와 과거에 잘 통합되어 있던 공동체들의 분열을 이해하고야 말겠다는, 훨씬 큰 규모의 단호한 노력의 일부라고 나는 믿는다.

맥머도 기지는 로스섬의 헛포인트반도 한쪽에 자리하고 있다. 뉴질랜드의 남극 기지인 스콧 기지는 그 반대편, 로스 빙붕의 작은 돌출부인 맥머도 빙붕이 맥머도사운드를 덮고 있는 광활한 해빙과 만나는 곳에 자리 잡고 있다. 우리 팀은 맥머도 빙붕에서는 두께가 30미터에 달하는 부분이 겨우 두께 2미터 남짓인 해빙과 접하는 바로 이 지점에서 잠수하기를 바랐다. 상대적으로 얇은 얼음이 빛을 제공해서이기도 하지만, 맥머도 빙붕에서는 얼음 아래쪽에서 남다른 구조를 볼 수 있기 때문이었다. 우리는 측면에서 빛을 받고 있는 빙붕 아래 어둠속으로 더 깊이 들어갈수록 이곳 저서생물 군집들의 구성에 어떤 미묘한 변화가 일어나는지 알아보고 싶었다.

우리는 스콧 기지 앞에 있는, 조수로 인해 깨지고 벌어진 얼음의 틈새로 물속으로 들어갔고, 잠시 후 바다를 마주하고 있는 맥머도 빙붕 얼음벽의 거대한 주름들 사이를 헤엄쳤다. 마치 바다에 가라앉은 대성당 내부를 헤엄쳐 돌아다니며 회랑과 신도석 사이를 미끄러지듯 지나가고, 작은 동굴처럼 옆으로 나 있는 부속 예배당을 엿보고, 둥둥 뜬 채 성가대석 옆을 지나고, 천장의 돔까지 올라가보는 것 같았다. 나는 25미터쯤 위로 시선을 들어 늦은 오후 북서쪽에서 비쳐오는 햇빛을 받은 빙붕 전면의 불규칙하고 기하학적인 모습을 바라보았다. 그건 마치 샤르트르 대성당의 후진에 서서 기둥들의 주두 사이, 복잡한 곡선 표면에 높은 채광창에서 들어온 빛을 받는 교차궁륭을 올려다보는 느낌이 들었다.

남극의 경이로움에는 끝이 없었다.

저녁에 맥머도의 저서생물 연구소에서 생물들을 동정하고 수를 세는 작업을 마무리한 뒤에는, 이따금 존 스컷을 찾곤 했다. 대개 존은 버그필드 센터에서 그해의 남극 운석 탐사를 위한 장비를 손보며 탐사대의 다른 구성원들이 도착하기를 기다리고 있었다. 그가 맡은 임무 중 하나는 사람들이 사용할 설상차를 테스트하는 것이었고, 그래서 존과 나는 종종 밖으로 나가 설상차를 전속력으로 몰며 로스 빙붕을 누볐다.(사실 테스트를 필요 이상으로 많이 했다고 할 수도 있다.) 자정이 넘도록 달렸던 적도 많았다. 그즈음이면 태양은 북동쪽으로 이동해, 맥머도 사운드 저 멀리에 자리한 로열소사이어티산맥의 봉우리들을 정

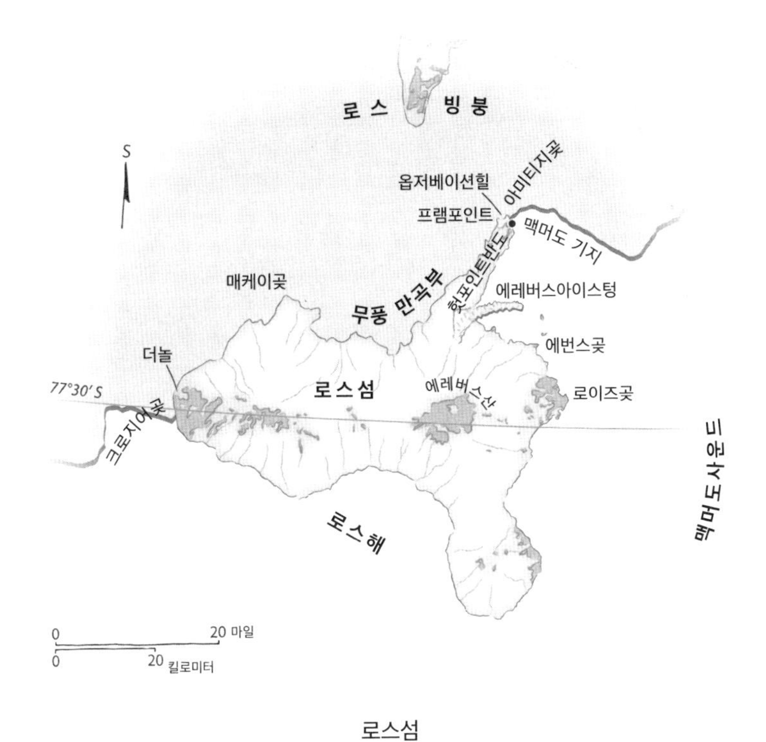


로스섬

면에서 비추고 있었다. 수정처럼 맑은 공기 속에서 그 산들의 질감은 때로 너무나 강렬하게 드러났고, 그럴 때면 우리는 설상차를 세우고 마치 소파에 앉듯 좌석에 기대앉아 그 풍광을 마냥 바라보았다. 햇빛은 봉우리들의 입체적인 윤곽과 색채를 더욱 예리하고 진하게 부각했다. 그러던 어느 밤 존에게 내가 바닷속에 들어갔던 일에 관해 이야기하던 기억이 난다. 이렇게 생생한 색채와 움직임이 있는 물속 세계를 모른 채 사람들은 남극을 지

맥머도드라이밸리

리적으로 황량한 곳으로만 생각하기 쉽다는 얘기였다. 바닷속에서 작업할 때 로켓처럼 옆을 스쳐 가는 황제펭귄과 아델리펭귄 하며 떠오르는 바위들도. 존은 우리가 함께하고 있던 남극의 여름에 앞서, 북반구의 여름에 캐나다 하이악틱의 데번섬에 있는 어느 운석 충돌구에서 작업하던 이야기를 들려주었다. 그 유성체가 어찌나 큰 힘으로 충돌했는지 주변의 땅이 녹아 주조 슬래그처럼 보였고, 그 열은 기반암의 석영 관입암을 색유리 덩어리처럼 바꿔놓았다고 했다.

우리의 이런 이야기는 몇 시간이고 끝날 줄 몰랐다. 풍경이 우리에게 안기는 경이로움에도, 일견 사소해 보이는 것들이 놀라움과 새로운 앎을 불어넣어주는 힘에도 끝은 없었고, 한없이 평범한 사건도 아직 건드려지지 않은 채 아름답게 남아 있는 것들을 다시 경험해보고 싶은 갈망에 불을 붙일 수 있기 때문이었다. 어느 찬란하게 밝은 오후, 태양이 로열소사이어티산맥 뒤로 넘어가고 있을 때, 우리는 버그필드 센터에서 하던 일을 모두 접어두고 앉아서 그 광경을 지켜봤다. 코에틀리츠 빙하가 시작되는 곳, 그 극지방 만년설의 얼음이 기반암의 어깨 위를 흐르며 살짝 더 솟아오른 지점에서, 낮은 각도의 햇빛이 그 빙하의 내부를 관통하고 있었다. 한순간 그 지점에서 빙하의 내부에서부터 밝혀진 빛이 새어 나오는 것처럼 보였다. 태양은 거기서 양피지 전등갓을 뚫고 빛나는 전구처럼 타오르고 있었다.

사십 대와 오십 대 때 나에게 거부할 수 없이 매력적이었던 풍경을 딱 하나만 꼽는다면 그건 바로 남극 대륙이다. 큰 도움이 없이는 가기가 어렵고 비용도 많이 드는 곳이다. 날씨는 또 우리가 거기서 하고 싶은 일이 무엇이든 그 일을 더 어렵게 만들었는데, 남극의 특수한 지리학적 지역들 대부분이 아직 탐사되지 않은 상태이기도 했다.(매년 현장 탐사대가 조금씩 더 많은 곳에 도달하고 있기는 했지만.) 그래도 맥머도 기지의 직원이어서 시간이 자유롭지 않은 사람을 제외하면, 혼자서 혹은 다른 몇 사람과 함께 현장에 가서 한 번도 상상해본 적 없는 일을 하는 것도 비교적 용이했다. 중요한 것은 남극 대륙이 어느 국가에도 소속된 적이 없으며, 아직 사람이 거의 거주하지 않는 곳으로 여겨지는 유일한 대륙이라는 점이다. 여기서는 어떤 일이라도 일어날 수 있다. 이를테면 인류가 협상하고 조인한 가장 건전하고 공정한 국제 조약인 남극조약이 한 예다. 이 조약은 지식을 수집하고 공유하는 일을 토지를 복속시키는(여기서는 애초에 말도 안 되는 생각이지만) 일보다 우선시하며, 군사 행동을 금지하고, 윤리적 조화와 협력을 장려한다.

내가 보기에 여기에 빠진 것은, 이 장소에 인류 역사의 흔적이 너무나 적다는 사실에 대한 더 폭넓은 이해뿐이다. 그레이브스누나탁스에 세운 우리 캠프에서 북서쪽에 자리한 산지를 바라볼 때, 나에게는 어떤 사람도 가보지 않았을 뿐 아니라, 내가 아는 어떤 동물도 서식한 적 없는 땅이 보였다. 우리가 클라인빙하를 떠나 그레이브스누나탁스로 향해 갈 때, 그리고 이누크수크에서 갑자기 닥친 상황 때문에 멈춰 있어야 했을 때, 나는 여름에 스크랠링섬에서 동쪽으로 이동했던 툴레 사람들을 떠올렸다. 바닷속에서 이름도 없고 알려지지도 않은 젤리 같은 빗해파리 한 마리를 2리터 용량의 표본 유리병에 담아 와, 그날 밤 연구실에서 촬영하고 다시 바다에 놓아주었을 때는, 1765년에 자기 아버지와 함께 플로리다의 세인트존스강을 탐험하던 윌리엄 바트람*이 된 기분이었다.

내가 처음 남극에 간 것은 다른 두 저널리스트와 동행한 언론 취재 여행이었다. 우리를 맞이한 사람은 국립 과학 재단의 극지 연구청에서 온 신사로, 서너 차례의 짧은 일정으로 우리를 안내하며 겨우 며칠 만에 남극 대륙의 상징적인 모습 대부분을 보여 주었다. 남극의 역사와 미국이 자금을 대고 있는 남극 과학 연구 상황을 전반적으로 파악하기에는 충분한 시간이었다. 우리는 헬기를 타고 1908년에 어니스트 섀클턴의 남극 탐험대가 겨울을 보낸 로이즈곶으로 갔고, 이어서 로버트 팰컨 스콧의 탐험대 일부가 1911년과 1912년의 겨울을 보낸 에번스곶으로 갔다. 두 곳 모두 맥머도사운드를 마주한 로스섬 서해안에 자리하고 있으며, 맥머도 기지와도 비교적 가깝다. 여러 뉴질랜드 역사학회들의 노력, 방문자가 극히 적다는 사실, 그리고 극단적으로 춥고 건조한 날씨 덕에 두 곳에 있는 숙소들은 모두 거의 원래 상태 그대로 보존되어 있다.(내가 처음 그곳을 방문했을 때 스콧의 2층 침대 옆 고리에는 아직 그의 주머니 시계가 걸려 있었다.) 이런 장소에서는 과거와 직접 맞닿아 있는 것 같은 으스스한 느낌이 든다. 에번스곶에 갔을 때 만약 그래도 될 것 같다는 느낌이 든다면 티투스 오츠 선장의 2층 침대에 올라가 다리

---

* 미국의 식물학자, 조류학자, 자연사학자, 탐험가. 1773년부터 1777년까지 북미의 영국 식민지 남부를 탐험하고 기록한 『바트람 여행기』로 유명하며, 플로리다의 울창한 열대림에 들어간 최초의 박물학자로 여겨진다.

를 뻗고 누워볼 수도 있고, 그의 베개를 끌어다 벨 수도 있으며, 그가 다시는 보지 못하게 된 책에서 그가 읽던 페이지에 꽂아 둔 책갈피를 뺄 수도 있다. 햇빛에 하얗게 바랜 그 튼튼한 건물들에 깃든 영웅적이고도 음울한 분위기는, 스콧의 비극적인 마지막 탐험에서 살아남은 사람들이 돌연 그곳을 떠나고 100년이 지난 지금까지도 여전히, 그 결연했던 사람들의 충직한 삶을 증언하고 있다.

우리는 맥머도 해협의 얼음 가장자리까지도 날아갔는데, 거기서는 호기심 많은 황제펭귄들이 얼음 위를 뒤뚱뒤뚱 걸어 조심스럽게 우리에게 다가왔고, 바다에서는 범고래 떼가 가까이 지나가다가 거기 있는 우리가 궁금했던지 우리가 있는 곳에서 10미터쯤 지나 헤엄을 멈추고 돌아봤다. 그리고 남쪽으로 1350킬로미터를 날아가 아문센 스콧 남극점 기지도 방문했고, 로스섬에서는 불협화음을 내며 시끄럽게 울어대는 아델리펭귄 서식지에서도 시간을 보냈다. 몇 번은 맥머도에서 헬기를 타고 빅토리아랜드에 가서 과학 기지들을 둘러보기도 했다. 이 기지들에서 일하는 지질학자, 빙하학자, 육수학자*, 화학자 등 다양한 분야의 과학자들은 제임스웨이 오두막이라 불리는, 바닥에는 합판이 깔려 있고 난방이 되는 반영구적 주거 시설에서 생활하고 있었다. 제임스웨이 오두막에는 간이침대, 탁자, 의자가

* 육수학은 지구의 물 중 바닷물을 제외하고 강, 호수, 연못, 저수지, 샘, 습지 등 육지의 모든 수역 생태계를 연구하는 과학 분야다.

갖춰져 있고, 때로는 캠프 규모가 충분히 클 경우 요리사를 포함하여 소수의 지원 인력이 배치되기도 했다.

일주일 동안 남극의 역사, 남극에서 진행 중인 과학 연구의 다양성과 중요성, 남극 대륙이라는 땅 자체의 규모와 범위를 접하고 난 우리 세 사람은 경이와 경탄에 빠졌다. 우리는 각자 〈뉴욕 타임스〉 〈애틀랜타 저널 컨스티튜션〉, 그리고 나의 경우에는 〈워싱턴 포스트〉에 싣기로 되어 있던, 우리가 남극에서 본 것에 관한—우리 셋 다 원하기로는 통찰력 있는—글을 쓰러 미국으로 돌아갔다. 남극 대륙을 처음으로 접하는 동안 아주 많은 것들에 흥미와 매력을 느꼈지만, 동시에 나는 이 정도 규모의 일이 일단 제도화되고 나면 그 저변에 생겨나는 몇 가지 어두운 움직임도 관찰했다. 1980년대에 맥머도 기지에서는 폐기물 관리가 큰 문제로 떠올랐고, 국립 과학 재단은 그린피스의 대표단으로부터 그 문제를 해결하라는 압력을 받고 있었다.(그 무렵 그린피스는 국립 과학 재단이 남극조약을 준수하는지 감시하기 위해 맥머도 기지 근처에 자신들의 기지를 세워둔 상태였다.) 1950년대의 딥 프리즈 작전*에서 시작된 전통을 이어 남극의 항공 수송을 일차적으로 책임지고 있던 맥머도의 군사 기반 시설은, 1980년대에 이르자 다수의 과학자들에게 파괴적이고

* 미국 과학자들이 수행하는 남극 연구를 지원하기 위해 1955년부터 미국 해군이 수행해온 일련의 임무. 남극 대륙의 다양한 연구 기지로 인력과 보급품 및 장비를 운송하고, 혹독한 남극 환경에서 연구 활동을 지원하는 데 필요한 기반 시설을 유지하는 일이 포함된다.

실망스러운 존재가 되어 있었다. 군은 남극 대륙에서 과학 연구가 시작될 때부터 그곳 환경이 여성이 지내기에는 너무 험난한 환경이라 주장하며 여성 과학자가 남극에서 연구하는 것을 막으려 부단히 노력했다. 1980년대 말에 이르자, 일요일 비행을 금지하는 조항 같은 군사 의례가 과학 연구에 너무 큰 방해가 되고 있었다. 결국 맥머도에 주둔한 군대는 점진적으로 철수했고 더 효율적인 민간 업체가 그들을 대체했다. 하지만 군대가 남극에 남아 있던 세월 동안 맥머도에서는 세상을 바라보는 오직 두 가지 방식—합리적 분석과 데이터에 초점을 맞춘 과학적 탐구, 명령 체계와 엄격하게 집행되는 규칙에 초점을 맞춘 군사적 질서—만을 고집했다.

남극에서 군사작전이 감소하자 미국 국립 과학 재단은 일차적으로 남극 대륙을 각자의 방식으로 해석하고 싶어하는 작가와 화가, 사진가 들의 작업을 후원하는 남극 예술가 및 작가 프로그램을 출범했다. 국립 과학 재단이 이 프로그램을 실시한 목적은 예술가들과 작가들이 남극에 관해 과학이 단독으로 제공할 수 있는 것보다 더 전체적인 이미지를 일반 대중에게 전달하게 하는 것이었다. 국립 과학 재단 주관 프로그램을 통해 저널리스트 자격으로 처음 남극을 방문한 이후 나는 몇 차례 더 예술가 및 작가 프로그램에 참가 신청을 하고 참가자로 선정되었다. 처음으로 그 기회를 얻은 시기는 마침 내가 저널리스트로서 남극을 방문했던 직후였다. 국립 과학 재단은 나를 맥머도에서 한 주 더 지내도록 초대해주었고, 현장 캠프도 몇 군데 더 가볼 수 있도록 수송을 지원해주었다.

남극 대륙에서 보낸 첫 한 주 동안 내가 가보았던 대여섯 군데의 외딴 기지들 가운데 상상력을 가장 많이 자극받은 곳은 반다라는 뉴질랜드 기지였다. 나는 둘째 주에 그곳을 다시 방문하는 일정을 잡을 수 있었다.

반다에 옹기종기 모여 있는, 지붕이 평평한 단층 연녹색 숙소 대여섯 동은 쌓인 눈도 없이 어두운 색깔을 띠고 있는 평원을 배경으로 눈에 확 들어왔다. 이 숙소는 광활한 분지 공간 속에 자리한 작은 녹색 체크 표시들이자, 북쪽의 올림퍼스산맥과 남쪽의 아스가르드산맥으로 이루어진 높은 벽들 사이에 길고 좁게 자리한 황량한 계곡의 작은 점들이었다. 이 건물들은 남극 고원에서 몰려 내려와 때로는 60노트가 넘는 풍속으로 30킬로미터에 달하는 계곡 전체를 휩쓸어버리는 거센 활강풍에 맞서 네 모퉁이를 사슬로 바닥에 고정해두었다.

얼음과 눈으로 거의 완전히 덮여 있지만, 사실 남극은 사막이다. 강설량은 아주 적다. 그리고 계곡 빙하가 후퇴한 해안 지대의 몇몇 곳에서는 바람에 깎여 지표면이 노출되어 있다.(이 빙하 후퇴 현상은 지구 기후변화로 인한 현대의 빙하 후퇴보다 훨씬 전에 발생했다.) 이렇게 대략 열 군데 땅이 드러난 지대를 건곡이라고 한다. 건곡은 남극 대륙 동부에 사람이 거의 찾지 않는 두 지점인 번저힐스와 베스트폴드힐스에서도 발견되고, 더 유명한 곳인 빅토리아랜드에서는 일련의 계곡들이 맥머도사운드의 서쪽 해안과 직각을 이루며 평행하게 늘어서 있다. 반다 기지는 이 계곡들 중 하나로, 영구히 얼어 있는 수역인 반다 호수 바로 옆 라이트밸리의 한가운데 자리하고 있다.(반다라는 이름은 1958년에 처음 이곳에 도착한 썰매 탐사대의 길잡이 개 이름에서 유래했다.) 라이트밸리 북쪽에도 건곡이 몇 군데 더 있는데, 그중 바워, 밸럼, 매컬비 등 세 건곡은 가능한 한 오랫동안 완전한 자연 상태를 유지하도록 보호하기 위해 인간의 접근을 차단하고 있다.

라이트밸리에는 200만 년 동안 비가 내리지 않았고, 극히 드물게나마 내리는 눈은 내리자마자 바람에 흩어지고 승화된다. 지질학자의 눈으로 보면, 이 계곡 바닥에 아무렇게나 놓여 있는 바위들은 흐르는 물에 실려 종류별로 분류된 적이 한 번도 없는 암석들임을 곧바로 알 수 있을 것이다. 작은 암석들이 큰 바위와 함께 나란히 놓여 있고, 부서진 암석 알갱이들도 한곳에 모여 있지 않다. 암석들이 완전히 무작위적으로 분포해 있는 것이다. 대체로 남극 대륙에서는 생물들이 해안 지역에 한정적으로 분포한다. 내륙의 생명체들은 지의류와 눈 속의 조류藻類, 보호받는 환경에서 사는 미생물들뿐이다. 예컨대 건곡의 일부 암석들에 나 있는 극도로 미세한 틈새 깊은 곳에서는, 건조한 바람을 피할 수 있고 농축된 태양에너지가 녹인 눈에서 수분을 공급받은 덕에 암석 내 음서 생물이라는 미생물들이 깃들어 살고 있다. 한때 생물이 사는 것이 논리적으로 불가능하다고 여겨졌던 곳에서 말이다.

나는 헬기를 타고 반다 기지에 도착했고, 전주에 만났던 사람들과 차례로 악수한 뒤 내가 잘 2층 침대로 안내를 받았다. 주 건물 내부는 깔끔하고 검소하며 아늑했다. 태양 전지판과 풍력 발전기는 조용히 전기를 생산하면서 이곳 연구자들의 상냥한 분위기를 완성해주었다. 나는 취재 여행 때도 이미 이 기지를 꽤 잘 살펴보았고, 이곳에서 일하는 과학자들과도 인터뷰를 한 터였다. 사실 내가 여기서 가장 열렬히 하고 싶었던 일은 오랫동안 걷는 일이었다.

호기심 많은 사람을 대하는 행정적 단순함과 이 장소의 적막함도 나를 반다 기지로 이끈 요소였다. 기지 건물들은 북대서양 바다에 모선도 없이 옹기종기 떠 있는 작은 고기잡이배 몇 척처럼 보인다. 열대 정글의 로코코적인 선들과는 근본적으로 다른, 라이트밸리 자체가 지닌 고전적인 선들도 내 마음을 끌었다. 먼지 한 점 없는 공기의 투명함이 이 계곡의 질박함을 더욱 선명하게 만들고, 머나먼 산들에서 반사된 빛은 그 투명한 공기를 뚫고 우리에게 당도하며 산들의 세부를 고스란히 보여준다. 남극 대륙에서 가장 긴 강인 오닉스강도 바로 이 라이트밸리를 흘러간다.

나는 두 사람과 함께 오닉스강의 줄기를 따라 북서쪽으로 길을 나섰는데, 그들은 내가 의도했던 것보다 더 먼 지점까지 가면서 자신들의 과학적 과제를 해결하는 일에 열중했다. 그들이 할 일을 하는 동안, 나는 올림퍼스산맥 불패스[황소 길] 산마루로 올라가 고립된 매컬비밸리를 살펴볼 계획이었다. 시간이 허락한다면 산등성이를 따라 짧은 거리나마 서쪽으로 가보고 싶었다. 나는 두 동행자와 무선 연락을 할 수 있었지만, 워낙 헐벗은 땅인 데다 공기가 너무 맑아서 언제든 쌍안경만으로도 서로를 볼 수 있었다.

연푸른 하늘에는 구름 하나 보이지 않았고 바람은 가벼웠으며 기온은 섭씨 영하 7도쯤으로 쾌적하게 따뜻했다. 불패스의 정상 근처에서 나는 낮고 가파르지 않은 비탈을 만났다. 모래로 된 그 비탈의 표면에는 더 위쪽 산에서 굴러떨어진 주먹만 한 암석 파편들 때문에 움푹 팬 자국이 있었다. 이 돌들은 대부분 현무암과 유사한 검은색 세립 화성암인 휘록암의 가느다란 광맥에서 나온 것들이었다. 그중 경사지를 따라 더 아래까지 내려가지 않은 돌들이 여기 압축된 모래층에 자리하고 있었다. 시간이 흐르면서, 모래 알갱이와 얼음 조각들을 싣고 불어오는 활강풍이 이 돌들 일부를 마모시키고 그 주변 땅을 침식시켰고, 결국 이 돌들은 마치 보석 세공인의 작업대에 올라 여러 각도로 깎여나간 보석처럼 작은 모래 받침 위에 얹힌 채 여기 남게 된 것이다. 이 돌들은 의도적으로 이런 모양을 낸 작은 모더니즘 조각품 같고, 평평하고 검은 면들이 만나는 모양은 피라미드의 형태를 떠올리게 한다. 이런 돌들을 풍식력*이라고 한다. 바람

* 바람에 실려온 모래에 깎여 특이한 표면 형태를 갖게 된 자갈을 바람에 깎인 자갈이라는 뜻의 풍식력이라 하고, 이중에서도 평평한 면이 세 개인 것을 삼릉석이라고 한다. 저자가 본 돌은 피라미드 형태이니 삼릉석일 것이다.

이 만든 작품이라는 뜻이다.

나는 불패스 정상에서 아래쪽에 있는 동행자들에게 무선 연락을 취해 산마루를 따라 서쪽으로 2, 3킬로미터쯤 더 걸어갈 생각이라고 말했다. 불패스에 이름이 있다고 해서 누군가가 여기에 와본 적이 있다는 뜻은 아니다. 불패스 바로 북쪽에 있는 매컬비밸리는 한 번도 탐사된 적이 없고 계속 폐쇄되어 있으니, 사실상 불패스는 막다른 길이다. 오닉스 강가를 떠난 후로 사람의 발자국 비슷한 것은 전혀 보지 못했는데, 그 생각을 한 순간 내가 올림퍼스산맥의 정상을 따라 제이슨산 쪽으로 걸어간 최초의 사람일지도 모른다는 생각이 들었다. 걸음을 옮기며 나는 이 생각을 계속 붙잡고 있기로 했다. 인류가 남극 내륙을 탐사한 역사가 너무나 옅었기 때문이다. 나는 나를 에워싼 거대한 공간에 대한 의식에, 남극횡단산맥에서는 쉽게 만날 수 있는, 바로 내 눈 앞에 펼쳐진 지구의 오래된 역사의 장면에 도취해 있었다. 얼마간 이런 몽상에 빠져 있던 내게 바닥에 놓여 있는 카메라 케이스가 눈에 들어왔다.

나는 그것을 집어 들었다. 그리고 꼼꼼히 살펴보았다. 검은색 니콘 35mm SLR 카메라 케이스의 위쪽 절반이었다. 나는 머쓱한 마음으로 그걸 내 생존 장비가 들어 있는 배낭에 넣고 계속 걸음을 옮겼다. 독점적 권리를 주장하고 싶은 마음은 개인들이 정체성의 상실과 익명성의 엄습에 점점 더 큰 두려움을 느끼는, 내가 속한 문화에 깊이 뿌리내린 충동이다. 내가 이 능선을 걸어간 최초의 사람일지 모른다는 몽상에 뿌듯해했던 게 부끄러웠다. 그 철없는 몽상은 나를 이곳의 실제로부터 얼마나 멀어지게 했을까?

얼마 후 나는 갔던 길을 되짚어 다시 불패스로 돌아갔다. 그 높이에서 내려다보니 저 아래 라이트밸리 저지를 깔끔하게 양분하는 은색 선 같은 오닉스강에서 반짝거리는 아침 햇살이 한눈에 들어왔다. 건너편으로는 비컨 누층군*이라 불리는, 주로 사암들로 이루어진 퇴적층이 드러난 아스가르드산맥의 한쪽 벽이 보였다. 과학자들은 2억 년도 더 전에 형성된 그 층들 중 하나에서 파충류 리스트로사우루스와 양치류인 디크로이디움의 화석 잔해를 발견했다. 이와 똑같은 생물들이 남아프리카와 호주, 인도, 남아메리카의 비슷한 시대 바위층에서도 발견되었는데, 이는 이 대륙들이 한때는 하나의 대륙이었다가 중생대 초기에 분리되어 점점 더 멀어져갔다는 현대의 학설을 뒷받침하는 증거다.

나는 매컬비밸리를 보지 못한 채 불패스에서 아래 계곡으로 내려갔다. 매컬비밸리를 보려면 북쪽으로 더 멀리 가야 했는데, 보이지 않는 선을 넘어 보호구역 안으로 들어가는 모험은 감행하고 싶지 않았다.

* 관련 있는 층들을 하나로 묶는 단위. 기본적인 암석 층서의 단위는 층이며, 층이 둘 이상 모인 것을 층군, 층군이 둘 이상 모인 것을 누층군이라 한다.

엄밀히 말하면 오닉스강은 빙하가 녹은 물이 흐르는 하천이다. 한때 라이트밸리를 가득 채웠던 빙하가 서쪽의 남극 고원 방향으로 후퇴하면서(라이트밸리 서쪽에 남은 빙하는 라이트 상층 빙하라 불린다) 라이트밸리의 아래쪽 끝(라이트 하층 빙하)에 얼음덩어리 하나를 남겨두었는데 이 얼음이 오닉스 강물의 주요 수원이다. 남반구의 여름이 한창인 1월에 오닉스강은 막힘없이 부드럽게 사인곡선을 그리며 남서쪽 반다 호수를 향해 흘러간다. 내가 이날 아침 하이킹했던 부근은 오닉스강의 가장 하류에 해당하는데 여기서는 강의 너비가 약 10미터에 깊이는 채 30센티미터가 안 된다.(수년 뒤, 그레이브스누나탁스에 갔을 때는 바람이 남극의 내륙에서 유일하게 살아 있는 동물이라고 생각했지만, 이날은 그때와 비슷하게 오닉스강이 다른 무엇도 살지 않는 곳에서 유일하게 살아 있는 존재로서 나의 상상을 사로잡았다. 물론 바람처럼 강도 생물의 영역에는 속하지 않지만 말이다.)

나는 맥머도 기지에서 가져온 물을 수통에서 따라버리고 오닉스 강물을 채웠다.

두 과학자는 아스가르드산맥에서 라이트밸리로 내려오는 빙하의 한쪽 끝에서 떼어낸 얼음덩어리들을 가지고 기지로 돌아오는 길이었고, 나는 도중에 그들을 만나 함께 돌아갔다. 빙하의 얼음은 녹으면서 쉭쉭거리고 따닥따닥 부서지는 소리를 냈고, 그러면서 한 번씩 폭발적으로 수천 년 전의 지구 대기를 뿜어냈다. 이들이 가져온 약간의 빙하 얼음은 다른 과학자들에게 큰 환영을 받을 것이다. 반다 기지에서 아무나 들어갈 수 없는 일명 '왕립 드람부이* 협회'가 방문객을 맞이하는 의식을 치를 때는, 구할 수만 있다면 빙하 얼음이 아주 유용하게 쓰이기 때문이다. 그 의식이란 별것은 아니고 그저 격의 없이 함께 술을 마시는 것인데, 하지만 여기에도 어떤 신랄함이 배어 있었다. 이 뉴질랜드 사람들은 과학자들과 방문객들을 반다로 실어오는 젊은 미군 조종사들의 지나치게 친한 척하는 뻔뻔함과 거들먹거리는 태도를 싫어했다. 조종사들은 근무 중 술을 마실 수 없으므로 왕립 드람부이 협회에 들어갈 수 없었고, 이는 평소에는 친절하기만 한 반다 기지 사람들이 그 조종사들에게 속내를 전하는 한 방법이기도 했다.

한편 조종사들을 포함하여 모든 방문자는 기지 도착 즉시 갓 구운 스콘과 차를 대접받고, '왕립 반다 수영 클럽' 입회를 제안받는다. 그들은 입회 지원자를 반다 호수를 덮고 있는 얼음판으로 안내하고, 거기에 도착하면 지원자에게 거의 모두가 신고 있는 두꺼운 울 양말만—이 양말은 얼음 위에서 마찰력을 제공한다—빼고 옷을 다 벗으라고 요구한다. 이 단계에서 포기하지 않고 도전할 의향이 있는 사람들은 얼음 기둥의 벽을 파서 만든 나선형 계단을 내려가는데, 이 계단은 3.5미터 아래, 극도로 염도가 높은 반다 호수에서 끝난다. 수영 클럽의 회원이 되려면 호수 물속에 머리까지 완전히 잠기도록 몸을 담가야 한다.

* 스카치 위스키를 베이스로 꿀, 허브, 향신료를 혼합한 리큐르.

모두가 다 그 클럽에 들어가려고 하지는 않는다. 대기의 온도는 항상 그 호숫물 온도보다 낮으며, 만약 바람까지 불고 있다면 체감온도는 가뿐히 영하 17도 밑으로 떨어지기 때문이다. 이 시험을 성공적으로 통과한 지원자는 숙소 건물로 돌아와서 재킷에 붙일 패치와 그들의 대담한 도전을 증언하는, 지갑에 들어가는 크기의 공식 인증서를 받는다.

이곳에서 일하는 미군 조종사들에게는 이 수영 클럽에 입회하는 것이 일종의 통과의례였는데, 어느 해에 그중 몇 명이 반다 호수에 들어가기 위해 옷을 벗고 있는 여성들의 모습을 몰래 촬영했다. 뉴질랜드 과학자들이 똑바로 처신하라고 훈계하자 조종사들은 오히려 빈정거리는 반응을 보였다. 왕립 드람부이 협회를 만들겠다는 생각은 그렇게 촉발됐다. 국립 과학 재단에 소속된 여성 직원들의 모습이 담긴 비디오테이프 일부가 맥머도 기지에서 돌아다니자, 비행대대 지휘관은 당장 그런 짓을 그만두라고 명령했다. 공식적인 견책을 당한 뒤 미군 조종사들은 왕립 반다 수영 클럽의 야외 수영장에서 '촬영 금지' 조항을 가장 철저히 지키는 이들이 되었다.

내가 아쉬운 마음으로—불가피하게 검소하고 간소한 숙식 환경에도 거기 있는 동안 나는 최고급 스파에서 호사로운 사흘을 보낸 느낌이었다—반다 기지를 떠나던 날 아침, 나 때문에 인내심의 한계를 시험받은 게 분명해 보이는 한 여성 지질학자가 나를 한쪽으로 데려가더니 내가 돌stone과 암석rock의 차이를 변명의 여지 없이 혼동하고 있음을 알려주었다. 그는 두 용어는 서로 호환해서 쓸 수 없다고 했다. 돌은 인간이 실용적인 용도나 문화적 용도로 사용한 암석이다. 그래서 주춧돌, 포장용 돌, 귀돌, 스톤헨지라는 단어가 쓰이는 것이다. 암석은 인간이 손댄 적 없는 무엇이다. 암석층이 있는 해변이나 고속도로에 낙석falling rock 위험을 경고하는 표지판이 있는 것은 그 때문이다. 나는 암석 정원은 왜 그렇게 불리는 거냐고는 묻지 않았고, 그저 명쾌하게 설명해줘서 고맙다는 말만 했다. 이후 수년 동안, 나 역시 그 둘을 잘 구별하라고 요구함으로써 여러 사람을 성가시게 만들고 있다는 걸 깨닫곤 했다.

반다 기지에 다녀온 다음 주에는 라이트밸리 바로 남쪽의 테일러밸리에 있는 한 캠프에서 며칠을 보냈다. 내가 이 캠프에 방문 요청을 한 이유 하나는 이곳의 과학팀을 여성 책임연구원이 이끌고 있기 때문이었다. 그는 당시 남극 대륙의 오지 현장 연구를 위해 국립 과학 재단의 지원금을 성공적으로 확보할 수 있었던 소수의 연구자 중 한 사람이었다. 다이앤 맥나이트의 연구팀은 대부분 테일러밸리에 있는 얼어붙은 호수들인 프릭셀 호수, 호어 호수, 보니 호수의 흐름과 화학을 연구하는 지구화학자들과 생물지구화학자들로 구성되어 있었다. 테일러밸리에서 녹은 물이 흐르는 하천의 규모는 실개천 정도에 지나지 않았지만, 이곳 하천의 화학 연구는 기후변화가 미치는 전반적이고 광범위한 영향을 이해하는 데 아주 중요하지만 꼭 다량의 물을 분석해야 하는 것은 아니었다.

나는 현장 연구팀에 합류할 때 대개 그렇듯 하급 현장 기술자 역할을 맡아 다이앤의 캠프에서 진행되는 작업을 도왔지만, 저녁에는 자주 여가 시간을 활용해 테일러밸리를 탐험했다. 하루는 혼자 프릭셀 호수 위의 경사지를 오르다가 바싹 말라 미라가 된 물범 한 마리를 발견했다. 어린 게잡이물범이었다. 이 물범의 사체는 맥머도사운드에서 내륙으로 10킬로미터쯤 들어간 곳에서 바람에 마른 채 보존되어 있었다. 당시 그 건곡들에서 이렇게 미라가 된 물범이 마흔 마리 넘게 발견되었는데, 그중 몇몇은 여기보다 내륙으로 훨씬 더 들어간 곳에서 발견되었다. 왜 물범들이 이런 운명을 맞이하는지는 아무도 몰랐다. 제시된 몇 가지 가설 중 내가 보기에 가장 그럴듯한 것은 이누이트 사냥꾼에게도 일어났을 법한 일이었다. 그건 바로 이 계곡 위에 때때로 나타나는 '물 하늘' 때문이라는 설명이다.

해빙 위에서 졸고 있던 물범, 특히 어린 물범이 잠에서 깨어났을 때 자기가 빠져나왔던 얼음 틈새 또는 구멍이 얼어서 닫혀버린 것을 알게 되면, 이 물범은 물 하늘을 찾음으로써 바다 위 얼음 구멍을 찾아가려고 한다. 얼음으로 뒤덮인 곳에서는 구름이 잔뜩 낀 하늘을 올려다 볼 때 구름에서 주위보다 어두운 부분이 보인다면, 그건 그 밑에 눈이나 얼음 표면에 비해 햇빛을 잘 반사하지 못하는 물이 있다는 뜻이다. 그 어두운 부분이 바로 물 하늘이다. 근처에서 다른 얼음 구멍을 찾지 못할 경우, 물범은 그 물 하늘 쪽으로 계속 이동할 것이다. 그러나 맥머도사운드 위의 하늘에는 자연적으로 나타나는 어두운 부분이 또 하나 있으니, 그건 바로 눈이 덮여 있지 않은 건곡들 위의 하늘이다. 만약 물범이 그중 한 건곡의 물 하늘 쪽을 향해 갔다가 다시 돌아가지 못하면, 바다에서 너무 멀어진 상태에서 오도 가도 못하는 신세가 되고 거기서 추위와 굶주림, 탈수로 결국 목숨을 잃게 된다.

이 동결건조된 동물의 팽팽한 껍질에 손을 대보면 강물 속 자갈 표면처럼 매끄러우면서도 단단하다. 미라가 된 물범에게 덤벼드는 청소동물은 남극도둑갈매기라는 희귀한 바닷새뿐이다. 어떤 사체는 바람을 고르지 않게 받은 탓에 지느러미발과 머리가 둘 다 하늘을 향해 말려 올라가 위로 아치를 그리는 반원형으로 말라 있기도 하다. 또 어떤 사체는 바람을 바로 마주한 채 엎드린 자세로 굳어 있는데, 눈구멍은 뚫리고 입은 딱 벌어져 있다. 입술이 뒤로 물러나면서 고도로 효율적으로 진화했지만 이제는 아무 쓸모도 없어진, 장식띠처럼 깔쭉깔쭉한 톱니 모양이 서로 단단히 맞물리는 작은 어금니와 앞어금니가 유난히 도드라져 보인다.

이 동물들과 마주칠 때마다 나는 좀처럼 걸음이 떨어지지 않았다. 마침내 그 곁을 떠났을 때도 자주 걸음을 멈추고 뒤돌아보았다. 그들은 어수룩한 착각 때문에 위로할 수 없이 애처로운 처지가 되었고, 대부분은 홀로 죽어갔다. 어떤 물범들은 눈이 뿌옇게 흐려져 앞도 볼 수 없는 상태로 죽었다.

맥머도 기지에서 일주일 중 가장 조용한 시간인 어느 일요일 이른 아침, 나는 설상차 차고에서 다섯 명의 동료들과 만났다. 우리는 여섯 대의 스키두 설상차에 생존 장비와 비부악 색* 을 단단히 묶은 다음, 해빙을 향해 반쯤 녹아 질척거리는 길 위를 일렬로 천천히 이동했고, 해빙에 도달한 다음에는 해안선을 따라 남쪽으로 갔다. 그리고 헛포인트반도 끝에 있는 아미티지곶을 돌아 맥머도 빙붕의 낮은 얼음벽에 올라갔고, 거기서부터는 로스섬의 동쪽 끝에 있는 크로지어곶까지 가는 이 80킬로미터 여정에서 중간 지점에 해당하는 매케이곶을 향해 동북동 방향으로 나아갔다. 크로지어곶은 남극 대륙에서 가장 규모가 큰 펭귄 서식지 중 한 곳이다.

대기는 화창하고 기온은 섭씨 영상 3도에서 5도 사이로, 남극 해안 지대 기준에서 보면 완벽한 여름 아침이었다. 일기예보에서도 계속 좋은 날씨가 이어질 거라고 했다.

이 여행을 하고 싶다는 충동이 인 것은 (주로 영국인들이 한) 남극 탐험의 이른바 영웅시대가 끝나가던 시절에 앱슬리 체리개러드가 쓴 『세계 최악의 여행』(1922)을 읽고서였다. 1911년 6월 27일, 스콧의 1910~1913년 남극 탐험대에서 아버지 같은 존재였던 에드워드 윌슨과 이 탐험의 부유한 후원자(이자 완전한 자격을 갖춘 일원인) 체리개러드, 그리고 키가 작고 거침없는 영국 중위 헨리 '버디' 바워스가 에번스곶을 떠나 크로지

* 텐트를 치지 않고도 필요한 경우에 야영할 수 있게 해주는 약식 야영 장비. 텐트와 슬리핑 백의 중간 정도로 볼 수 있다.

어곶 펭귄 서식지를 향해 출발했다.(바워스와 윌슨은 그로부터 아홉 달 뒤 남극점에 도달하기 위한 스콧 원정대의 일원으로 떠났다가 목숨을 잃었다.) 크로지어곶은 평지로 120킬로미터만 가면 되는 거리였지만, 때는 한겨울이었고 그들의 의복과 장비는 열악했다. 한 달 넘게 이어진 이 여행 동안 그들은 처음에는 340킬로그램에 달했던 식량과 도구가 실린 썰매 두 대를 몸소 끌면서 강풍급 바람과 무자비한 추위를 견뎠다. 7월 15일, 마침내 목적지에 도착했다. 아래쪽 해빙에 있는 펭귄 서식지 위쪽로 홀로 높이 솟은 더놀이라는 언덕이었다.

세 남자는 크로지어곶에서 더 나은 은신처를 확보하기 위해 이글루 같은 형태로 돌을 쌓아 사방을 막고 그 뒤에 캔버스 돛천으로 지붕을 올렸다. 윌슨에게는 펭귄 알을 채집해야 한다는 집착이—이 여행의 근본적 이유였다—있었다. 7월 20일, 계속되던 폭풍이 멈추자 그들은 가파른 벼랑을 내려가 펭귄 알 여섯 개를 가져올 수 있었는데, 다시 벼랑을 오르던 중 그중 세 개를 깨뜨리고 말았다. 그런 뒤 폭풍이 캔버스 지붕을 찢어발기고 그들의 물건을 흩어놓는 닷새 동안 이들은 돌 오두막 안에 머물러 있었다. 바람에 날아간 물건들 가운데 일부는 어둠 속에서 끝내 다시 찾지 못했다. 7월 25일에 그들은 돌아가는 여정을 시작했다. 돌아갈 때는 올 때보다 폭풍이 부는 날이 적었고, 그들은 8월 1일에 에번스곶에 도착했다.

이 이야기는 남극에 관해 가장 널리 알려진 이야기이자, 경외감과 불신, 약간의 경멸을 곁들여 가장 자주 반복되어 입에 오르내리는 이야기다. 현대의 기준으로 보면 이 무모한 여행은 20세기 초 영국인들의 허세와 과학적 무의미함을(펭귄 알은 에든버러대학교로 보내졌지만, 거기서 수십 년 동안 전혀 검토되지 않은 채 놓여 있었다) 보여준다. 그러나 아무리 어수룩한 판단에 근거한 여행이었다고는 해도, 윌슨과 바워스, 체리개러드는 자신들이 신념을 품은 일을 이뤄내기 위해 극한의 고생도 마다하지 않았다. 이 원정을 더욱더 적극적으로 추동한 것은, 자신들이 배아의 발달과 그것이 계통발생과 진화생물학 분야에서 밝혀줄 무언가에 관한 중요한 과학 연구를 수행하고 있다는 윌슨의 진심 어린 확신이었다. 그것이 현명한 일이었는가에 대해 사람들이 최종적으로 어떤 판단을 내리든, 대단히 영웅적인 여행이었던 것은 사실이다. 그리고 새로운 정보를 얻으려 한 윌슨의 필사적인 노력은 오늘날 남극 대륙의 거대하고도 유일한 수출품—지식—을 생산하는 과정의 원형이기도 하다.

그해 겨울 크로지어곶에서 있었던 일에 대해 느낀 감정과는 별개로, 나는 그저 그곳에서 바다를 향한 로스 빙붕의 거대한 얼음벽 아래 해빙 위에 펼쳐진 거대한 펭귄 서식지를, 겨울의 어둠 속에서 그 세 남자는 결코 온전히 볼 수 없었을 펭귄들의 크레슈*를 보고 싶다는 강렬한 열망이 있었다. 또한 그들이

* 어른 펭귄들이 먹이 사냥을 하러 바다에 가 있는 동안 어린 펭귄들은 마치 유아원에 모인 아기들처럼 한데 모여 무리를 지어 서로를 보호하고 온기를 유지하는데 이런 어린 펭귄들의 무리를 크레슈라고 한다. 크레슈는 프랑스어로 탁아소라는 뜻이다.

살아남기 위해 분투하며 머물러 있었던 돌로 쌓은 보루의 잔해에서 그들에게 경의를 표하고 싶다는 바람도 있었다. 맥머도 기지에서 지내던 어느 날, 한여름에 경험 많은 몇 사람이 모여 설상차를 타고 가면 "세계 최악의 여행"의 경로를 되짚을 수 있을 것이고, 그것도 삼십오 일이 아니라 스물네 시간도 안 걸려서 해낼 수 있을 거라는 생각이 들었다.

분명 누군가는 그 여행이 너무 위험하다고 말할 거라고 예상한 나는, 맥머도 기지의 국립 과학 재단 감독관이 그 여행을 승인해줄 가능성을 높이기 위해 수색과 구조 경험이 있고 충분한 자격을 갖춘 친구들과 지인들을 모으고, 거기다 맥머도의 설상차 일등 정비사도 일행에 포함시켰다. 그리고 토요일 오후, 국립 과학 재단 감독관의 사무실이 닫히기 몇 분 전에(나는 그와 직원들이 문을 닫자마자 맥머도의 술집 중 한 곳에서 모이기로 되어 있다는 것도 알고 있었다) 그의 사무실에 가서 계획을 이야기했다. 그리고 함께 갈 사람들의 이름과 각자의 자격을 적은 명단, 우리가 수행하고자 하는 몇 가지 작업을 설명하는 필수 서류, 거기에 각자의 상사들이 그들이 거기 가도 좋다고 허락하고 서명한 서류까지 모두 그에게 제출했다. 또 나는 우리 일행 모두가 6번 특별 보호구역(크로지어곶)에 들어가는 일에 관한 지침을 다 읽었고, 그걸 다 읽었음을 확인하는 서류에도 다 서명했다고 말했다. 그곳에 갔다가 돌아오는 경로에 대해서는 몇 주 전 뉴질랜드의 한 그룹이 그곳을 다녀오면서 깃발로 길 표시를 해두었는데, 아직 그 깃발들이 그대로 남아 있는 것을 내가 확인했다고 했다.

감독관은 내가 제출한 서류를 보고 신중하게 고개를 끄덕이더니 마침내 좋다고 말했다. 혹시라도 감독관이 번복할지도 모르니, 이튿날 아침 우리는 그가 다시 생각할 새도 없이 일찌감치 길을 나섰다.

해빙 위에서 아미티지곶을 돌고, 맥머도 빙붕의 전면으로 올라가서 헛포인트반도의 프램포인트를 돈 뒤로 우리는 거의 날아다녔다. 프램포인트와 매케이곶 사이의 45킬로미터는 로스 빙붕의 무풍 만곡부를 가로지르며 지나갔다. 로스섬의 남쪽에 있는 이 만곡부에서는 신기하게도 남극의 바람이 거의 불지 않는다. 우리 여섯 명은 3미터쯤 거리를 두고, 뒤로는 눈가루를 수탉 꼬리처럼 휘날리며 옆으로 나란히 달렸다. 매케이곶을 지나자 빙붕이 무너지기 시작하면서 움푹 팬 도랑 같은 지형이나 크레바스 필드가 나타났다. 얼음에 균열이 있어 가장 위험한 지역인 만큼 우리는 설상차를 살살 달래가며 조심스럽게 앞으로 나아갔다. 매케이곶에서 30킬로미터를 지난 뒤에는 왼쪽으로 돌아 눈 덮인 경사지를 올라갔고, 미리 정해두었던 6번 특별 보호구역 경계선 밖 한 지점에 설상차를 세웠다. 그리고 무거운 방한복 일부를 벗고 생존 장비 배낭을 등에 지고, 더놀 너머에 있는 전망 좋은 언덕을 향해 북쪽으로 걸어 올라가기 시작했다.

거기 도착한 순간 눈에 들어온 광경은 우리 모두에게 똑같은 두 가지 반응을 불러일으킨 듯했다. 그리로 다가가는 동안 우리 중 말을 한 사람은 아무도 없었고, 그곳을 본 순간 모두 딱 멈춰

서서 한참 동안 완전한 침묵 속에서 미동도 없이 그대로 서 있었다. 그러다 이윽고 각자 서로 떨어진 채 눈 위에 자리를 잡고 앉았다. 우리 아래쪽에 있는 거대한 원형극장 같은 해빙 위에는 엄청난 야생의 장관이 펼쳐져 있었다. 누구나 언젠가는 한번 볼 수 있기를 꿈꾼, 무슨 환상을 만난 것처럼 믿을 수 없는 마음으로 멍하니 응시할 것만 같은 광경. 그러다 마법이 풀리고 나면 평범한 현실로 스르륵 바뀔 그런 광경.

그러나 마법은 결코 풀리지 않았다.

우리가 있는 위치에서 동쪽으로는 25미터쯤 높이에 로스 빙붕의 얼어붙은 높은 빙벽이 시야를 가로지르고 있다. 빙붕에서 얼마 전에 떨어져 나온 빙산들은 근처의 해빙에서 마치 좌초된 건물들처럼 얼어붙은 채 서 있다. 왼쪽으로는 포스트오피스힐의 어깨가 보이고, 오른쪽으로는 더놀의 북쪽 벽이 보인다. 아래로는 한결같이 직선으로 떨어지는 햇빛을 받아 찬란하게 빛나는 얼음이 있다. 얼어붙은 바다는 온통 회색과 흰색 천지다. 안개와 연기의 회색, 그리고 석고의 흰색. 햇빛을 받은 해빙으로 이루어진 이 '할렐루야 평원'에는 어두운 재색 덩어리들과 가느다란 선들, 그리고 어두운 부분들 속에 가볍게 찍어 바른 듯한 밝은 갈색 점들이 섞여 있다. 쌍안경으로 보니 조그만 갈색점들은 보송보송한 어린 황제펭귄들이고, 재색 덩어리와 선들은 어른 황제펭귄들이다. 어른 펭귄의 뒷덜미에 있는 오렌지색 얼룩과 가슴 위쪽의 노란빛이 쌍안경의 유리를 통해 더욱 선명하게 눈에 들어온다.

수를 세려는 시도는 정말이지 소용없는 짓이다. 수백 마리가 빙산들 사이 해빙 위에 서 있다. 우리를 압도했던 정적은 그저 우리가 멈춘 숨이었을 뿐이다. 이곳의 대기는 펭귄들의 목소리로, 콧소리 외침의 깍깍거림과 웅웅거림으로 가득하다. 어쩌면 이 울음은 우리가 온 것에 대한 경계 신호인지도 모른다. 한 시간 넘게 우리는 움직이지 않고 있다. 이윽고 펭귄들도 조용해진다.

우리가 그들과 함께 보낸 그 한 시간은 아무 해설도 없는 친밀함, 측정되는 시간으로는 쌓을 수 없는 경험이었다. 우리가 아무 말 없이 느꼈던—나중에 서로 이야기 나눈—감정들에는 뭐라 설명할 수 없는 상냥하고 다정한 마음, 높이 솟아오르는 희열의 순간들이 있었다. 다른 어떤 장소보다 죽음이 가까이 도사리고 있는 듯한 남극에서는 누구나 이 펭귄들처럼 명백히 살아 있는 존재들에게 강렬히 끌릴 수밖에 없다. 이 자유로운 동물들에게 느끼는 친밀감, 그들과 공통의 운명을 함께한다는 느낌은 다른 어느 곳보다 이곳에서 더 깊이, 그리고 훨씬 더 빨리 다가오는 것 같았다.

내가 앉은 위치에서는 우리를 가로막고 있는 빙붕의 얼음 표면에서 녹색과 옥색 빛깔들을 볼 수 있는데, 그중 일부는 색깔의 환영이다. 태양의 각도가 바뀌면 그 파스텔색들은 얼음에서 빠져나가 사라진다.

그렇게 한 시간이나 앉아 있었더니 몸이 차가워졌다. 나는 마침내 자리에서 일어선다. 쌍안경으로 펭귄 서식지를 천천히 훑으며 펭귄 한 마리 한 마리를 살펴보고 그들이 서로 사회적 상호작용을 주고받는 모습을 한동안 지켜본다. 야생에서 동물을 보고 있을 때는, 그들이 실제로 하고 있는 일이 무엇인지, 혹은 당신이 보고 있는 행동이 무엇이든 그들이 그 행동을 하기 시작한 게 언제인지, 혹은 그들이 언제 다른 뭔가를 하기 시작했는지 알기란 불가능하다. 한 사람이 몇 분 또는 몇 시간 동안 집중해서 동물들을 관찰해도, 그들의 삶에 대한 유효한 틀은 포착되지 않는다.

도착한 후로 모두 한마디도 하지 않았지만, 아직 앉아 있는 소수와 이제 서 있는 몇 사람에게 어렴풋이 끝이라는 느낌이 다가오고, 그렇게 우리는 슬슬 자리를 뜨기 시작한다. 이곳을 떠나는 것은, 너무나 아름다워서 가슴속에 견딜 수 없는 어떤 감정을 채워넣은 음악이 아직 다 끝나기도 전에 연주회장을 떠나는 것 같은 느낌이었다.

설상차를 세워둔 곳에 도착한 우리는 뜨거운 수프와 커피를 담아온 보온병을 꺼내 아침 식사 후 첫 식사를 하고, 그런 다음 윌슨 일행의 돌 은신처를 찾으러 나선다. 더놀의 남쪽과 서쪽에서 두 시간 동안 수색을 했는데도 우리는 그곳을 찾지 못했다. 우리는 가져온 크로지어곶의 상세한 지도를 몇 번이고 다시 살펴보지만 결국 실패하고 말았다. 지도가 잘못된 것인지 우리가 서툴렀던 것인지 둘 중 하나다. 우리는 포기한다.

돌아가는 길은 더 추울 것이다. 우리는 설상차를 타고 눈 덮인 경사지를 내려가고, 산등성이들의 미로와 단단히 다져진 얼음 속 균열들을 헤쳐 나간다. 이 부분을 무사히 통과하는 데는 계획보다 더 오랜 시간이 걸린다. 어쨌든 몇 시간 후 우리는 무풍 만곡부 가장자리의 매케이곶에 도착한다. 그리고 출발한 지 열네 시간 만인 밤 여덟 시에 우리는 맥머도로 돌아왔다.

수년 뒤, 맥머도 기지에서 클라인 빙하로 갈 수 있도록 날씨가 걷히기를 기다리는 동안, 크로지어곶에 있는 조류학자 캠프로 가는 헬기에 함께 타고 가지 않겠느냐는 제안을 받았다. 조종사는 캠프에 보급품을 내려준 뒤, 윌슨의 돌 은신처에서 약 30미터 떨어진 곳에 나를 내려주었다. 십 년 전 우리가 훑었던 곳은 그 돌 은신처에서 30미터 반경 안이었던 것 같았다. 우리가 어떻게 그걸 못 보고 지나칠 수 있었는지 아직도 도무지 이해가 안 된다.

조종사는 내게 그날 밤은 더 이상 임무가 없으니 내가 원하는 만큼 개인 시간을 보내도 좋다고 말했다. 윌슨과 바워스, 체리개러드가 그 돌 은신처를 쌓고 나서 팔십칠 년이 흐르는 동안, 아래쪽 몇 층의 돌들을 제외하고는 거의 다 무너졌는데, 마지막 남은 돌들은 약간의 식물들이 허술하게나마 아직도 붙잡아두고 있었다. 의복 조각들—양말 한 짝, 모직 니트 조각—이 옆에 굴러다니고 있었다. 갈기갈기 찢어진 돛천도. 성냥이 담겨 있던 작은 종이 서랍도.

나는 이 돌 은신처 주위를 천천히 두 번 맴돌았는데, 마치 전쟁터에 버려진 누군가의 시체 주위를 도는 것 같았다.

아주 높은 평가를 받은 연구서『지상의 마지막 땅』에서 롤런드 헌트포드는 1911년에서 1912년으로 넘어가는 몇 달 동안 남극점에 도달하고자 했던 로알 아문센과 로버트 팰컨 스콧의 시도를 비교했다. 그는 스콧의 실책은 무자비하게 난도질하고 아문센에게는 엄청난 찬사를 보내면서, 스콧은 범죄 수준으로 태만한 아마추어로 묘사하고 아문센은 아무도 상대가 되지 않을 만큼 뛰어난 전문가로 그렸다. 언젠가 영국의 한 역사가는 내게 헌트포드의 책을 정말 제대로 이해하려면, 계급 간의 시기와 질시가 스콧에 대한 헌트포드의 신랄한 공격과 어떤 관련이 있는지 온전히 알아야 한다고 말했다. 그런 점을 감안하더라도, 나는 남극점에 도달하려는 시도에서 한 사람은 성공하고 한 사람은 다른 대원 네 명 전원과 함께 사망한 이유에 대한 헌트포드의 분석에는 일부 동의할 수밖에 없었다. 한마디로 아문센은 이누이트 사람들이 했을 법한 방식으로, 그러니까 개들을 데리고 모피 옷을 입고 이누이트 사람들의 전통적인 겨울 신발을 신고서 로스 빙붕과 남극횡단산맥, 남극 고원을 건넜다. 사실 그는 과학에는 아무 관심이 없었고, 목적은 오직 명성이었다. 남극점에서 돌아오는 길에 아문센은 자기 개들 일부를 다른 개들에게 먹이로 주었다. 한편 스콧은 문화적 우월감을 가지고 여행을 시작했다. 썰매 개를 쓰지 않고 만주산 조랑말들을 데려갔는데 이 조랑말들은 여행 도중에 모두 비참하게 죽었다. 또한 썰매는 사람이 끄는 것이 좋다고 주장했는데, 이는 결국 스콧 자신과 동료들 모두를 치명적으로 탈진시켰다. 당시 그와 같은 영국 사람들 다수가 그랬듯이 그는 이누이트 사람들을 열등한 인종이라고 생각했고, 영국 사람들이 그들에게서 배울 점은 별로 없다고 생각했다. 스콧 역시 명성에 관심이 있었지만, 그래도 그 여행 도중에 선구적 과학 탐구를 하는 일에도 시간을 들였다. 그리고 아문센의 원정과 비교할 때 스콧의 원정은 유달리 가혹한 날씨 때문에 비극적인 좌절을 맞이했다고도 볼 수 있다.

맥머도 기지의 옵저베이션힐이라는 높은 언덕 정상에는 스콧과 그의 남극 탐험대를 기리는 커다란 나무 십자가가 서 있다. 이 언덕에서 바라보면 화이트섬 뒤로 거대한 로스 빙붕을 굽어볼 수 있다. 비극적으로 끝난 남극점 원정의 마지막 대원들인 바워스, 윌슨, 스콧은 여기서 남쪽으로 200킬로미터 떨어진 곳에서 사망했다. 십자가의 가로대에는 앨프리드 테니슨의 시 「율리시스」의 마지막 행이 새겨져 있다. "분투하라, 추구하라, 발견하라, 그리고 굴복하지 말라."

마침내 크로지어곶의 돌 은신처에 가보게 된 시점에 나는 이미 스콧과 그의 대원들이 남극 탐험에서 직면해야 했던 상황 중 일부는 몸소 경험해본 뒤였다. 그중에는 섭씨 영하 35도의 날씨에 해발 3킬로미터의 남극 고원에서 사람의 힘으로 썰매를 끄는 일도 포함된다. 진실을 말하자면 나는 그들이 끝내 견뎌내지 못했던 그 기나긴 경험에는 근처에도 가보지 못했지만, 남극점에 도달하려는 과정에서 그들이 세운 계획상의 실수들과 너무나 허술한 장비를 고려하면, 그들이 캠프 가까운 곳까지 돌아올 수 있었다는 것이 아연할 정도로 놀라운 일이라는 걸 판단할 수 있을 만큼은 남극의 사정을 충분히 알고 있었다.

옵저베이션힐에 올랐을 때 모자를 벗지 않은 적은 한 번도 없다. 지독히도 맹렬한 결의를 지닌 이 사람들, 그들은 너무나 강렬하게, 너무나 명백하게 인간적이었다.

어느 12월 아침, 아문센 스콧 남극점 기지로부터 20킬로미터쯤 떨어진 곳에서 나의 동료 폴 마예프스키와 캐머런 웨이크는 어느 눈 구덩이 바닥에서 일하고 있었다. 나는 그들보다 2.5미터쯤 위에 눈을 깎아 선반처럼 튀어나오게 만든 돌출부에 앉아 있었다. 우리 팀의 또 한 명인 마이크 모리슨은 나보다 2.5미터 높은 눈 구덩이 위 가장자리에서 구덩이 안을 내려다보고 있었다. 우리 텐트들은 바람이 부는 방향으로 300미터쯤 떨어진 곳(조리 버너에서 나온 연기가 우리가 채집하고 있는 눈 표본을 오염시키지 않을 곳)에 세워져 있었다. 흐리고, 가벼운 바람이 불며, 기온은 섭씨 영하 35도인 하루가 시작되고 있었다. 눈 구덩이 아래는 영하 40도 정도로 더 추웠다.(이 시절에 남극점의 평균 기온은 영하 50도 정도였는데, 남극점을 둘러싸고 15미터 높이로 쌓여 있던 만년설의 온도 역시 연중 내내 영하 50도였다.) 내 경험상 온도가 영하 34도 밑으로 내려가면 사람들이 효율적으로 일하는 것이 현저히 어려워지는데, 지금부터는 이 점을 증명해보려 한다.

이 현장 연구팀의 책임 연구원 폴은 우리가 판 눈 구덩이의 벽에서 10밀리미터씩 내려가며 일련의 눈 표본을 채취하고 있었다. 지구 대기의 역사에서 오래전으로 거슬러 올라가는 이 멸균된 눈 표본에서 화학적 기록을 추출하여, 남극 대륙 및 그린란드의 다른 장소들에서 수집한 데이터들, 그중에서도 주로 빙핵*의 데이터들과 비교하기 위한 것이었다. 전달에 나는 폴과 캐머런, 그리고 또 다른 네 사람과 함께 빅토리아랜드 아스가르드산맥의 뉴올 빙하 상층부에서 보냈다. 그 작업은 177미터 길이의 빙핵을 성공적으로 추출하면서 마무리되었고, 그 빙핵은 이제 수송하기 좋게 포장된 채 맥머도의 냉동 창고에서 대기하고 있었다.

우리는 뉴올 빙하 작업 이후 이곳에 왔다. 이날은 오염되지 않은 눈 표본을 공들여 채집하는 넷째 날이자 마지막 날이었다. 폴과 캐머런은 둘 다 방한복 위에 멸균복과 멸균 장갑 및 마스크를 착용하고 있었다. 그들은 각각의 표본을 번호가 표시된 멸균된 병에 담았다. 481번 병에 담긴 표본은 480번 병에 담긴 표본보다 10밀리미터 밑에서 채취한 것이고, 482번 병에 담긴 표본보다 10밀리미터 위에서 채취한 것이다. 마이크는 번호가 적힌 표본병 쉰 개가 든 상자를 나에게 내려주고 나는 그 상자를 캐머런에게 내려주었다. 상자 안의 병들은 세 개의 밀봉된 비닐백에 나뉘어 담겨 있었다. 어느 시점에 나는 병들이 담긴 비

* 빙상과 빙하에서 수직으로 드릴로 뚫어 뽑아낸 원기둥 형태의 얼음 표본. 얼음의 층들은 시간이 흐름에 따라 쌓이며 형성되므로 빙핵은 과거의 기후를 재구성할 수 있는 타임캡슐 역할을 한다.

닐백을 곧바로 캐머런에게 전달하면 그가 눈구덩이 바닥의 지독한 추위 속에서 보내는 시간을 줄여줄 수 있겠다고 생각했다. 그냥 상자를 빼고 전달하면 되는 것이었다.

이 아이디어의 문제점은 단단한 상자에서 비닐백을 꺼낸다면 숫자 순서대로 정리된 병들의 배열이 무너진다는 것이었다. 비닐백에 손을 넣은 캐머런이 473번이 아닌 451번을 꺼낼 수도 있는 것이다. 그러나 유감스럽게도 미처 여기에 생각이 미치기도 전에 나는 눈 돌출부에서 몸을 아래로 굽혀 캐머런을 향해 비닐백을 내밀고 있었다. 그러자 캐머런과 폴은 그 춥고 깊은 구덩이에서 말없이 나를 빤히 쳐다보았다. 이제 그들은 내가 실수를 바로잡는 동안 아무것도 못 하고 기다릴 수밖에 없었다.

나는 구덩이에서 올라와 멸균복을 입고, 세 개의 멸균 비닐백 중 하나를 상자에 넣고 그 안에 담긴 병들을 숫자 순서대로 정리하기 시작했다. 너무나 길게 느껴진 십오 분이 흐른 뒤에야 나는 캐머런에게 상자를 건네줄 수 있었다.

이렇게 큰 실수를 저지른 다음 날, 남극점 기지에서 스노캣(여기서는 설상차를 다들 이렇게 부른다) 두 대가 우리를 데리러 왔다. 물론 우리 장비와 505개의 표본도 싣고 가기 위해서였다. 기지에 도착한 우리는 숙소를 우리가 선택할 수 있다는 걸 알게 됐다. 그날 저녁 맥머도로 돌아가서 사나흘을 거기서 보내다가 크라이스트처치로 가는 비행기를 타고 갈 수도 있고, 남극점 기지에 더 머물다가 나중에 비행기를 타고 맥머도로 갈 수도 있다고 했다.(당시 스키가 장착된 LC-130은 날씨가 허락하는 한 자주 남극점까지 비행했는데, 주로 기지가 일 년 내내 가동하는 데 필요한 연료를 실어나르기 위한 것이었지만, 기본적 물품과 건축 자재, 기계류, 예비 부품, 그리고 과학자들과 방문자들을 수송하기 위한 것이기도 했다. 그 비행기들이 이 수송 업무를 할 수 있는 기간은 일 년에 보통 십 주를 넘지 않았다.)

우리는 남극점에 머무는 쪽을 택했다. 당시 남극점 기지에는 남극의 여름 동안 상주하는 공동체의 규모가 작았으므로, 여기 머무는 것이 소음과 방해 없이 지낼 가능성이 훨씬 컸다. 맥머도는 시끄럽고, 정신없고, 북적거리고, 걸리적거리는 온갖 규칙들이 있고, 우리 일행 모두에게는 너무 사교적인 곳이었다. 게다가 내게 남극점 기지는 내가 별로 아는 게 없는 분야—측지학, 태양 플라즈마, 암흑 물질—의 연구 중심지였다. 제한된 범위 안에 자리한 이 기지의 극단적인 고립, 상대적으로 적은 인구, 이곳에서 수행되는 과학 연구의 성격 때문에 남극점 기지는 깊은 우주 공간을 탐사하는 연구 플랫폼 같은 느낌을 주었다.

어디든 남극 대륙에서 잠을 자게 될 때면, 나는 내 머릿속 어딘가에 항상 남아 있는 것 같은 일들을 골똘히 생각했다. 지구 기후의 교란, 아프리카의 뿔 지역에 있는 난민 캠프에서 무기력하게 무너진 삶 앞에서 어리둥절한 채로 배회하는 아이들, 어떤 사람들은 세계의 '공유지'라고 표현하는, 대양처럼 모든 사람에게 속한 장소들에 대한 기업의 착취 뒤에 자리한 탐욕, 내가 속한 국가를 포함하여 한 국가의 정부가 지닌 거짓됨과 이기심,

후아레스에서 마약 카르텔이 수백 명의 여성을 집단 살해한 다음 마약 카르텔의 조잡한 집단 임시 무덤인 나르코포사에 매장한, 잘 보도되지 않은 끔찍한 사건, 언젠가 내가 웨양의 야시장에서 목격했던, 열악한 우리에 갇힌 동물들과 그 신체 부위들이 담긴 바구니. 이런 생각들이 불러오는 우울감은 때로 내게 공연한 죄책감과 분노를 일으켰고, 어떤 때는 이런 감정이 그날 내가 한 일에 대한 기억까지 오염시키기도 했다.

내가 남극 대륙을 그토록 자주 다시 찾은 것은 그곳이 다른 어디서도 찾을 수 없는 종류의 위안을 주기 때문이란 사실을 나는 놓치지 않았다. 자이푸르에서 머물던 호텔은 머나먼 벽 뒤에 격리되어 실제로 빈곤한 사람들의 삶으로부터 나를 분리하고 있었고, 나는 그 사실을 분명히 자각하고 있었다. 애리조나주의 인적 없는 모하비사막에서는 도로에 차량이 지나갈 때마다 그 차에 곤경에 처한 '불법 체류자들'이 타고 있지는 않을지 궁금해했고, 로페즈라는 내 성 때문에 이민국 사람들이 내 모텔 방문을 두드리며 신분증명서를 요구하지 않을지 매번 걱정했다. 오리건주 캐스케이드산맥 자락에서도 시골에 속하는 우리 집에 머물 때도, 지아디아 기생충에 감염될 걱정 없이 개천 물을 바로 떠서 마실 수 있으려면 그렇게 산속 깊숙이 들어와야 한다는 것을 나는 의식하고 있었다.

남극 대륙에 있을 때는 거의 매일 무언가에서 경이로움을 느꼈다고 말할 수 있다. 빙관에서 소행성의 조각을 집어드는 일, 남극 뮤온 및 중성미자 감지 간섭계 프로젝트의 일부가 진행되고 있는 남극점의 블루 라이트 터널을 관계자의 안내를 받아 지나가본 일, 크로지어곶의 거대한 펭귄 서식지, 미라가 된 물범의 이마에 손을 대어본 일. 이런 일들은 내가 다른 곳에서 목격했거나 알고 있는 끔찍한 일들에 대한 위안이 되어주었다. 나는 그 경험을 존중하고 흡수하고 싶었고, 누구든 그 경험이 필요할 사람에게 나눠주고 싶었다.

두 명의 저널리스트와 함께했던 남극 대륙 첫 방문 때, 나는 지도를 담는 원통을 가지고 갔다. 그 통 안의 내용물에 대해 점점 더 날카롭게 질문하던 국립 과학 재단 안내자에게 나는 플라이 낚싯대가 들어 있다고 말했다. 친구 중에 플라이 낚시꾼이 몇 명 있는데, 이야깃거리가 될 것 같아 남극에서 플라이 낚싯대를 조립해서 몇 번 던져볼 참이라고. 나는 그가 내 말을 안 믿는다는 것을 알았고, 자기한테 농담을 던지는 나에 대해 참을성을 잃었다는 것도 눈치챘다. 남극점에 도착해 비행기에서 내렸을 때 그는 나에게 따지고 들었다. 그 통 안에 든 게 뭡니까? 나는 연이라고 대답했다. 나는 남극점에서 연을 날리고 싶었다. 그는 남극점에서는 연날리기가 허용되지 않는다고, 여기서 연을 날리면 항공기 운항을 방해할 수 있다고 말했다. 나는 우리 주변 수백 킬로미터 반경에서 항공기는 방금 우리가 타고 온 비행기가 유일하며, 지금 그 비행기는 지상에 가만히 멈춰 있다고 말했다. 하지만 연을 날릴 때는 여기서 한참 먼 곳까지 걸어가서 날릴 거라고 그를 안심시켰다. 그는 내가 연을 날리려 한다면 자기가 무선으로 맥머도에 있는 상사에게 연락할 것이며 그러면 나는 질책당할 거라고 말했다. 나는 그래도 괜찮다고 말했다. 그는 무선 연락을 하러 남극점 기지의 측지선 돔으로 들어갔고, 나는 비행기에서 몇백 미터 떨어진 곳으로 걸어가 연을 날렸다. 그때든 이후든, 나를 질책한 사람은 아무도 없었다.

내가 남극점에서 연을 날리고 싶었던 이유는, 남극 대륙에서 행해지는 인간의 모든 활동을 규제하는 남극조약에서 나에게 가장 인상적이었던 측면 중 하나가 평등에 대한 고집이었기 때문이다. 남극조약에 조인하면 당신은 사람들이 여기서 얼음에 관해, 지구에 관해, 우리 태양계와 우리 은하계와 그 너머 우주에 관해 쌓아가고 있는 풍부한 지식을 함께 나눌 수 있다. 남극점 기지 앞에 반원을 그리며 꽂혀 있는 (최초 조인한 열두 개 나라의) 국기들 위로 연을 날리는 것은 이견을 표현하는 엉뚱하고도 사적인 제스처였다. 남극 대륙이 아무에게도 속하지 않은 땅이라면, 여기서 그 어떤 나라의 국기도 날려서는 안 된다. 그리고 만약 남극 대륙을 공동 소유로 유지할 거라면 당시 그랬던 것처럼, 지리학적으로 지구의 남극점 위치를 표시하는, 눈에 꽂아둔 황동 캡을 씌운 기둥 바로 옆에 미국 국기가 홀로 나부끼고 있어서는 안 되었다.

내가 그 안내자에게 남극점에 연을 가져온 이유를 들어보라고 요구했다면 그건 무례한 일이었을 것이다. 그건 때와 장소에 걸맞지 않은 일이다. 그래도 사람들은 대부분 내가 연을 날린 행위가 안전 문제만 강조하는 국립 과학 재단의 꽉 막힌 태도를 꼬집는 기행이라고 생각했다. 우리를 초대한 주최 측 책임자는 그날 남극점 기지에서 점심을 먹다가, 자기는 모든 사람의 안전이 염려되었을 뿐이라는 말로 사과의 뜻을 전했고, 그날 기온이 영하 32도나 되기는 했지만 그래도 연 날리는 모습은 재미있어 보였다고 말했다.

그날 오후 남극점 기지의 몇몇 직원 및 과학자들과 인터뷰를 마치고 보니, 두 저널리스트와 내가 떠나기로 예정된 시간까지 아직 몇 분이 더 남아 있었다. 스카이랩이라 불리는 전망대에 관해 들었던 나는 그곳으로 올라가는 계단을 찾기 시작했다. 계단을 끝까지 올라가니 작은 정사각형 방 안에 낡은 클럽 체어* 두 개가 놓여 있고, 세 방향으로 난 삼중창들을 통해 남극 고원이 훤히 내려다보였다. 창틀은 의자에 앉은 사람의 시야를 가리지 않도록 낮게 설치되어 있었고, 창 앞에 걸어둔 색깔 있는 차양은 눈부신 햇빛을 차단하고 복사 강도를 줄여 방 안의 빛을 부드럽게 만들고 있었다.

나는 문 앞에 못 박힌 듯 서서 지평선까지 막힘없이 뻗어 있는 남극 고원의 광경을 바라보았다. 이 높이에서 보니 마치 선박의 선교에서 바라보는 것 같아서 그 광경은 그대로 또 하나의 태평양이었다. 여기에는 생명이 살았던 흔적도, 앞으로 살게 될 수 있다는 신호도 전혀 없었지만 말이다. 너무나 철저히 텅 빈 공백의 광경이어서 심지어 공간조차 존재하지 않는 것 같았다.

* 일인용 소파처럼 등받이와 팔걸이가 있는 푹신한 일인용 의자.

그곳은 은둔자를 위한 지형이었다. 눈이 닿는 가장 먼 곳까지, 한 번도 이야기된 적 없는 곳, 인간적 척도의 역사는 전혀 존재하지 않는 곳이었다. 아직은 법이 침투하지 않은 땅.

그 작은 방에는 의자가 두 개 있었다. 우리를 안내했던 잭이 그중 한 의자에 앉아 있었다. 그가 내게 고개를 끄덕여 인사했고, 나는 나머지 한 의자에 앉았다. 이 남자는 여기에 앉아 자기가 사랑하는 것을 바라보고 있었다. 나는 한동안 그와 함께 하늘을 바라보고, 바람을 맞아 주름이 잡힌 채 딱딱하게 굳은 눈의 평원을 바라보았다. 하늘의 허리가 하얀 눈 평원과 만나는 곳의 공기는 청금석 같은 푸른빛을 띠처럼 두르고 있었다. 그 위로 연한 푸른 색조가 위로 올라갈수록 짙어졌고 높이 하늘의 어깨 위에는 말꼬리 같은 권운 몇 가닥이 서로 평행하게 걸려 있었다.

"아까 연 일은 미안합니다." 내가 말했다.

"나도 따지고 들었던 거 미안해요." 잭이 말했다.

남극점에는 경도가 없다. 유일한 좌표는 남위 90도다. 여기서는 모든 방향이 북쪽이다. 엄밀히 말하면 실제 지리적 남극점에서 한 걸음만 떨어져도 동쪽과 서쪽이 구분되기 시작하지만, 여기서 그런 좌표는 아무 의미도 없고, 머릿속으로 그리기도 너무 어렵다. 밖에 있을 때 사람들은 서로 방향을 표현할 때 바람을 기준으로 해서 "그 연구 오두막 쪽으로 바람이 불어오는 방향"이라는 식으로 말하거나 얼음의 움직임을 기준으로 해서 "그

제설차량에서 빙하가 흐르는 방향으로 조금 떨어진 곳" 같은 식으로 말한다. 남극점 기지가 서 있는 지점의 얼음은 일 년에 약 10미터씩 바다 쪽으로 이동하고 있다. 매년 1월 1일에 미국 지질 조사국 직원이 3킬로미터 아래 지구 기반암에서 지국 자전축의 남쪽 끝을 표시하는 정확한 지점을 찾아낸 다음, 그 위의 눈에 금속봉을 박아 넣는다. 이후 365일 동안은 그 금속봉이 지리학적 남극점을 표시하는 것으로 간주된다.

실제 남극점(지구의 스물네 가지 시간대가 모두 만나는 지점)에서 몇백 미터 떨어진 곳에 의식용 남극점이 있다. 여기에는 이발소 간판처럼 빨간색, 흰색, 파란색 줄무늬가 있는 짧은 기둥이 농구공 크기의 크롬 구를 떠받치고 있고 그 주위로 반원을 그리며 열두 개 나라의 국기가 꽂혀 있다. 이곳은 단체 사진 배경으로 자주 활용된다. 또 다른 방향의 한 지점에는 일종의 민간 버전 남극점이 표시되어 있다. 정원 장식용 분홍색 홍학 모형, 부동산 판매 푯말, 현재 근무 중인 인명 구조원이 없다고 경고하는 현수막, 조화 다발, 보스턴 교외의 버스 정류장 표지판, 연어salmon 모양으로 잘라낸 합판에 아이다호주 새먼Salmon까지의 거리 9512마일을 나타내는 숫자 9512를 새긴 것까지.

남극점 기지에서 보내는 첫날, 기온은 섭씨 영하 73도까지 내려갔다. 이 정도는 겨울에 흔한 기온이다. 겨울에 기지에 머무는 직원들은 누구나 남극의 사교 클럽 중 가장 들어가기 어렵다는 300클럽 가입에 도전할 수 있다. 지원자는 "섭씨 93도"까지 올려둔(실제로는 54도에 더 가깝다) 기지의 사우나에 들어갔다가, 부츠만 신고 진짜 남극점 표지까지 달려간다. 그리고 표지 기둥을 돌아 다시 기지 안으로 들어온다. 지원자 대부분의 몸에는 몇 군데에, 대개는 성별을 구분하는 부분에 경미한 1도 동상이 생긴다. 300클럽의 입회 의례와 (남극점: 1인치의 가루, 2마일의 바닥*이라고 쓰인) 유머 티셔츠는 어린 시절 우리가 배운 지리학적 감각으로는 쉽게 파악하기 어려운 장소인 남극점 기지의 겨울 생활에서 날 선 모서리를 어느 정도 둥글게 해준다.

예컨대 남극점에서 날리는 눈가루는 실제 하늘에서 내리는 눈이 아니다. 남극점 주변의 빙관 위에 깔려 있는 '다이아몬드 더스트'라 불리는 것으로, 이는 항상 부는 가벼운 바람에 쓸려 다니다 내려앉는 얼음 결정들이다. 그리고 이곳에 온 사람은 여기서 중위도 지역의 그 어디에서 볼 수 있는 것보다 지구의 표면을 더 멀리, 거의 두 배 더 멀리까지 볼 수 있는데, 이는 지구가 극지방이 더 납작해서 완전한 구가 아닌 편구의 형태를 띠기 때문이다. 또한 남극점의 대기는 넓고 평평하게 펼쳐져서 대기층의 밀도가 낮아지므로, 남극점의 유효 기압 고도는 실제 고도인 2.8킬로미터가 아닌 3.5킬로미터 정도가 된다. 맥머도 기지의 해발고도에서 비행기를 타고 남극점에 도착한 이들 중 일부

---

* '가루'는 눈을, '2마일'은 빙원의 평균 얼음 두께를 나타낸다. 실제로 남극점에서는 눈이 거의 내리지 않으며, 남극 뮤온 및 중성미자 감지 간섭계 프로젝트를 남극점에서 수행할 수 있는 것은 그 엄청나게 두꺼운 얼음층 덕분이다.

는 적응할 때까지 며칠 동안 고산병에 시달리기도 한다.(끝까지 적응하지 못해 맥머도로 돌아가야 하는 이들도 있다.) 여기서는 별과 달과 해가 매일 뜨고 지는 게 아니라 365일 주기로 뜨고 진다. 이는 오기도 어렵고 유지에 많은 돈이 들어가는 이곳에서 그렇게 많은 천체 연구가 진행되는 주된 이유다. 머리 위 천체들을 향하도록 맞춰진 몇몇 종류의 망원경들은 몇 달 동안 한 번도 시야에서 사라지지 않는 그 천체들을 계속 추적할 수 있으며, 넓게 퍼진 대기의 상대적 건조함과 낮은 밀도는 그 망원경들이 기록하는 광학 이미지들을 더 낮은 위도에서 만들어진 이미지들보다 더 뚜렷하게 만들어준다.

남극점을 중심으로 장기 프로그램을 진행 중인 약 열 군데의 데이터 수집 기지들이 위성들처럼 자리하고 있다. 이런 기지들이 지구상의 다른 어느 장소에 있다면, 그 유용성은 훨씬 떨어지거나 아예 쓸모가 없을 수도 있다. 예를 들어, 남극 대륙은 지구의 대륙 가운데 지진 활동이 거의 없는 가장 조용한 대륙이기 때문에, 남극점의 눈구덩이들 속에 설치된 지진계는 전 세계에서 발생하는 지진들을, 다른 지진 연구 장소에서는 너무 희미해서 기록되지 않는 지진까지 정확히 감지할 수 있다. 그리고 앞에서도 말했듯이, 남극점 아래의 어마어마한 양의 눈과 얼음은 암흑 물질을 두고 서로 경쟁하는 여러 가설에서 핵심 요소인, 질량이 거의 없는 중성미자 입자를 포획하는 데 이상적인 것으로 입증되었다. 마지막으로, 남극점은 대기의 투명함과 전자기적 고요함 덕에—남극점은 지구상에서 수증기 함량이 가장 낮고 '하늘 소음'이 가장 적다—138억 살 된 팽창하는 우주의 가장자리 위치를 찾는 일과, 지구의 상층 대기와 하층 대기의 화학적 조성과 행동을 연구하는 데도 이상적인 장소다.

이곳에 배치된 태양 지진계, 광학 망원경과 감마선 망원경, 오존홀 기록계 같은 각종 장비는 에드워드 윌슨의 후손들이 수행하고 있는, 기술적으로 더욱 복잡한 작업들을 상징한다. 만약 윌슨이 오늘날 이곳을 방문한다면, 처음에는 자신이 중요시했던 생물학의 질문들과는 너무나도 동떨어진 연구에 어리둥절해할 테지만, 나는 그가 태양 내부 구조 연구가 갖는 의미, 오늘날 대기화학 연구가 갖는 중요성을 금세 이해할 거라고 생각한다. 그리고 다른 과학자들과 함께 식당에 앉아 이야기를 나누다보면, 예컨대 지구 기후변화 연구 등 그들이 하는 일부 연구가 특정 종교에 속하는 사람들이나 그의 시대 지배계급이 차지했던 사회적 폭군 자리를 이어받은 전 세계의 부당 이득자 계층의 신경을 긁는 이유까지도 이해할 수 있을 것이다.

윌슨은 또 과학과 대중문화 사이에 존재하는 긴장도 의아하게 여길 것이다.

다윈과 같은 유형인 윌슨은 컴퓨터 소프트웨어의 다재다능함을 완전히 이해하지 못하거나 소행성대 천체들의 화학적 성질을 밝혀내는 크로마토그래프*의 능력에 감탄하지 않을지도 모른다. 하지만 윌슨 시대의 과학과 우리 시대 과학 사이의 충격

* 혼합물을 분리하는 화학 실험에 사용하는 기구.

적인 차이는 이런 도구의 차이가 아니다. 윌슨을 당황하게 할 것은 과학적 주제들—예컨대 닐스 보어가 양자 이론을 활용해 어떻게 원자의 내부 구조를 재해석했는지—도 아니다. 윌슨은 물질적 세계에 대해 호기심이 강했던 사람이다. 비록 자신은 절박한 사람이 아니었지만, 이 모든 일을 추동하는 힘과 절박함을 그는 이해했을 것이다. 윌슨이 잘 납득하지 못했을 것은, 현대의 정부들과 영리기업들이 특정 과학 연구에 관한 논쟁을 선별적으로 장려하면서 너무나 공격적인 태도를 보인다는 점, 그리고 그 연구들 덕에 가능해지는 과학기술의 발달을 너무나 욕심사납게 추구한다는 점일 것이다. 원자폭탄의 개발이나 유전자 조작 식품의 보급, 또는 화학적 폐기물을 도시 상수도에 버리는 일에 대해 윤리적 기준이 존재하지 않는다는 사실에 그는 경악할 것이고, 이 새로운 기술들 때문에 가능해진 신원 도용과 개인 정보 보호 약화 현상도 우려했을 것이다.

내가 생각하기에 윌슨의 세상과 우리의 세상이 다른 점 가운데 윌슨을 가장 걱정스럽게 했을 차이점은 그가 새로 배우고 적응해야 할 과학의 발전들이 아니라, 인간의 행동과 야심에 일어난 변화들, 그중 무엇보다 장기적 결과를 고려하지 않고서 문제적 기술들을 개발하거나 장려하는—그리고 열렬히 포용하는—일일 것이다. 스콧을 포함해 1910~1913년의 영국 남극 탐험대의 모든 대원이 수시로 그에게 조언을 구했을 만큼 도덕에 관한 올곧은 의식을 지녔던 윌슨은, 21세기의 물질적 이익 추구의 전반적 특징인 무차별적 탐욕을 납득하기가 어려울 것이다.

윌슨은 차분하고 있는 그대로의 자신을 편안해하는 사람이었다. 만약 그가 21세기 초에 남극점 기지에서 사람들과 함께 둘러앉아 그들의 대화를 듣고, 저녁에는 우리처럼 BBC 국제 뉴스를 들을 수 있었다면, 나는 그가 자신이 과학적으로 모르는 게 많다고 느끼기보다는—과학은 금방 따라잡을 수 있었을 것이다—자신의 도덕적 의식이 이 시대에는 케케묵은 것으로 여겨진다고 느꼈을 것 같다.

우리 네 사람이 그날 맥머도로 돌아가지 않고 남극점에 남기로 한 또 하나의 이유는 여기가 생각하기에 더 좋은 곳이라는 점 때문이었다. 난방이 되는 건물—당시에는 겉에서 보호 돔이 한 번 더 감싸고 있었다—안에서는 날씨로부터 보호받으며 생활할 수 있었다. 조리사가 식사를 준비해주었고 다른 누군가는 눈을 녹여 물을 마련해주었다. 아침에 눈을 뜨면 처리해야 할 일이 하나도 없었다. 테이블에 지도 한 장이나 책 한 권을 앞에 두고 몇 시간 동안 아무 방해도 받지 않고 앉아 있을 수 있었고, 위층으로 올라가 스카이랩의 클럽체어에 푹 파묻혀 있어도 좋았다.

남극점에서 보낸 그 며칠 동안 잘 얻어먹고 일을 거들 책임도 없어지니 정말 호강하는 느낌이었다.

하루에 한 번이나 두 번쯤은 돔의 보호를 벗어나 산책을 나갔다. 나는 추위에 적응한 지 한참 되었고, 남극점의 공기는 대체로 차분하므로 바람 때문에 체감온도가 떨어지는 일도 별로 없었다. 이건 남극 내륙의 낮은 온도가 대수롭지 않았다는 말이 아니라 그 추위와 손의 무감각한 느낌, 얼굴에 생긴 가벼운 동상에도 익숙해지게 되었다는 말이다.

폴과 캐머런, 그리고 다른 동료들과 함께 뉴올 빙하에서 보낸 첫날 밤, 나는 잠을 자러 나의 일인용 텐트로 들어갔다. 무릎을 꿇은 자세로, 가장 두꺼운 탐험용 방한 내복과 양말만 빼고 겉옷을 다 벗었다. 그 비좁은 공간에서 몸을 이리저리 뒤틀며 간신히 옷을 벗는 동안, 내게 이런 날을 스물일곱 날이나 지낼 정도의 참을성과 체력이 있을지 의심이 들기 시작했다. 기온은 섭씨 영하 29도였고, 온기를 유지하려고 나도 모르게 몸을 구부리고 덜덜 떨면서 침낭 속으로 기어들어갔다.

추운 날씨 속에서 생활하는 일에 대한 경고는—심지어 이 모든 건 남극의 여름에 있었던 일이다—첫날 이렇게 극심한 추위를 경험한 다음 주에 나를 찾아왔다. 캐머런과 나, 그리고 우리의 또 다른 일행들은 뉴올 빙하의 고르지 않은 흐름을 조사하고 있었다.(이 일은 뉴올 빙하에서 가급적 응력*이 적게 작용한 위치를 찾으려는 이 년짜리 프로젝트의 일부였다. 응력으로 인한 균열을 가장 적게 만들면서 빙핵을 뽑아낼 수 있는 지점이 어디인지 알아내기 위한 작업이었다.)

---

* 물체에 외부의 힘이 가해질 때, 변형을 막기 위해 물체 내부에서 발생하는 저항력.

캐머런과 나는 뉴올 빙하의 아주 높은 지점에서 밖으로 노출되어 있는 기반암 측면에 웅크리고 앉아서, 전해에 빙하의 흐름과 90도 각도를 이루도록 3킬로미터 길이의 직선상에 박아둔 대나무 기둥들의 정확한 위치를 레이저 경위의*로 찾아서 표시하는 일을 하고 있었다. 아래에 있는 동료들은 설상차를 타고 한 대나무 기둥에서 다음 기둥으로 넘어가며 레이저가 정확한 위치를 찾을 수 있도록 반사판을 들어 보이고 있었다. 우리 둘은 한 기둥의 위치를 표시하고 다음 위치를 표시하는 사이사이에 30노트의 바람을 피하기 위해 쳐둔 작은 텐트 안으로 들어갔다. 거기서 우리는 온기를 얻기 위해 서로 몸을 붙이고 모로 누워 무릎을 굽힌 채 끌어안았다. 기온은 섭씨 영하 30도 정도였지만, 강한 바람 때문에 체감 온도는 영하 50도로 떨어졌다. 우리가 밖에서 측량하고 있을 때 한순간이지만 캐머런의 손에서 장갑이 벗겨졌다. 잠시 후 텐트에서 함께 누워 있을 때 캐머런이 말했다. "남극에서는 큰 실수 하나면 그걸로 끝이야."

남극점 기지에서 나가 산책하는 날이면 나는 남극 고원을 가로질러 한참을 걸으며 어디를 바라보든 만나게 되는 풍경의 단순함을 즐겼다. 하늘에서는 종종 햇빛이 다양한 종류의 굴절 현상을 일으켜 눈길을 사로잡는 신기한 광경을 보여주었는데, 이

---

* 망원경이 달려 있고, 수평축이나 수직축을 기준으로 각도를 재는 측량 기기. 경위도를 구할 수 있다는 뜻에서 붙여진 이름이다.

를테면 태양의 양쪽으로 아주 연한 분홍색과 라임색의 밝은 빛 무리가 생기거나—이를 환일이라 한다—태양과 지평선 사이에 증기로 된 듯 유령처럼 흐릿한 빛줄기가 달의 흙을 연상시키는 회색 기둥을 만들었다.

영원히 지고 있는 태양, 눈을 밟으며 걷는 내 부츠에서 나는 뽀드득 소리, 고원의 광활한 정적 위로 들리는 내 숨소리는 주변에 있는 건물들이 어쩐지 내가 투사해낸 실체 없는 환영인 것 같다는 느낌까지 들게 했다. 그것들은 언제라도 내가 눈 깜짝하는 사이에 사라질 수도 있을 것 같았다.

어떤 날은 구름 한 덩어리가 진주나 오팔 같은 무지갯빛에 흠뻑 물들어 있는 광경을 보기도 했다. 마치 전복 껍데기를 안이 보이도록 하늘에 걸어둔 것 같았다.

로버트 팰컨 스콧을 잘 알았던 사람은 거의 없었다. 나는 무엇이 그를 남극점에 도달하는 최초의 사람이 되겠다는 열망으로 내몰았을지 이해해보고 싶은 마음에 사망 당시 그가 쓰고 있던 일기의 유일한 영인본을 보러 어느 봄날 아침 워싱턴 DC에 있는 국립 문서 보관소를 방문했다. 남극의 역사를 다루는 문헌들에서 그 일기 속 문장들을 인용하는 경우가 많지만, 단어들을 아무리 그대로 인용했다고 하더라도 손으로 쓴 글에 연필이나 펜촉만이 남길 수 있는 정보는 전달하지 못한다.

내가 그의 일기에서 특히 보고 싶었던 문장이 둘 있었다. 이미 아문센이 자신을 이기고 삼십사 일 먼저 남극점에 도달했다는 사실을 알고 난 뒤 그가 느낀 괴로움을 표현한 부분과, 후에 윌슨, 바워스와 함께 죽은 채 발견된(남극점 탐험대의 다른 두 대원인 에번스와 오츠는 거기까지 가기 전 도중에 이미 사망했다) 텐트 안에서 쓴 마지막 문장이다. 그들 세 사람은 1톤 식량 보관소까지 겨우 20킬로미터를, 에번스곶까지는 235킬로미터를 남겨두고 있었지만, 스콧은 이미 끝났음을 알고 있었다. 그는 이렇게 썼다. "신이시여 부디 우리 사람들을 보살펴주소서"라고.

남극점에서는 기억에 남는 문장 하나를 썼다. "신이시여! 여긴 정말 끔찍한 곳이고[……]" 이 바로 앞 문장을 쓸 때까지 연필이 종이 위에서 움직인 방식을 보면 그가 마치 그 상황에서 분리된 듯이 초연하게, 일어난 일들만을 그저 묵묵히 기록하고 있었음을 분명히 느낄 수 있다. 하지만 신이시여의 첫 ㅅ을 쓰기 시작할 때는 연필에 세게 힘을 주어 눌러 썼다. 이 문장의 앞과 뒤의 문장들이 담긴 페이지를 전체적으로 살펴보던 나는, (평소에는 자신의 감정을 단단히 억눌러두던 사람이) 갑작스레 강렬한 감정을 분출한 이 문장이 그가 돌이킬 수 없이 "1등상을 놓쳤음"을 별안간 온전히 깨닫게 되는 순간을 표현한다는 느낌이 들었다.

여러 편의 스콧 전기를 읽는 동안 나는 그가 오랫동안 남극점에 도달하는 일을 다가오는 자기 인생의 정점으로 구상하고 있었다고 확신하게 되었다. 그곳에 최초로, 다른 누구보다 먼저 도달한다면 그는 기사 작위를 확보할 터였고, 영국 해군에서 퇴역하고, 세계적 명성과 꽤 많은 돈을 손에 넣을 터였다. 경쟁에서 진다면, 2등으로 끝난다면 남은 평생 특출나지 않은 인물이라는 평판을 무겁게 짊어지고 갈 거라고 생각했다. 스콧은 남극점 정복을 거대한 산에 대한 습격이자 수직으로 올라가는 원정이라고 여겼으며, 그 산의 정상은 자신에게 주어질 상으로 여겼다. 남극점에서 16킬로미터 떨어진 지점의 눈바닥에서 아문센이 꽂아둔 최초의 검은 깃발을 버디 바워스가 발견했을 때, 스콧은 자기가 패했다는 걸 알았다. 그 순간 그의 원정은 끝난 것이나 다름없었다.(그 깃발은 아문센이 자기가 1킬로미터쯤 벗어난 엉뚱한 위치가 아니라 정확히 남위 90도에 도달했다는 것을 의심의 여지 없이 확실히 해두기 위해 측량해 꽂아둔 네 꼭짓점 중 하나였다.) 그러나 스콧이 그 사실을 절절히 실감한 것은 이튿날 아문센이 남겨둔 텐트를(그 안에는 스콧에게 남긴 쪽지도 있었다) 목격했을 때였다. 그가 그 글을 쓴 건 그때였다. "신이시여! 여긴 정말 끔찍한 곳이고, 최초라는 보상도 없이 우리가 여태 해온 고생을 감수하기에는 너무나 가혹한 곳입니다." 길고도 위험했던 남극점이라는 에베레스트 등정을 마침내 이룬 그때, 이제 스콧은 그곳을 있는 그대로, 아무 구분도 한계도 없이 펼쳐진 평평하고 광활한 이름 없는 설원으로 바라보았다. 그는 남극 고원 위 어딘가—어쩌면 아무 데—에 서 있을 뿐이었다. 산은 이제 무너졌다. 기온은 영하 30도였고, 에번스곶에 있는 안락한 겨울 숙소에서는 1300킬로미터나 떨어져 있었으며, 그는 그 숙소를 살아서 다시 볼 수 없을 터였다.

내가 직접 보고 싶었던 또 다른 일기는 1912년 3월 29일에 쓴 것일 수도 있다. 그것이 스콧이 적어둔 마지막 날짜이기 때문이다. 하지만 그가 마지막에 쓴 글은 그보다 이틀 뒤에 쓴 것일 가능성도 있다. "신이시여 부디 우리 사람들을 보살펴주소서"라는 문장 뒤에는 마침표가 없으며, 스콧이 "우리 사람들"이라는 말로 지칭한 이들이 정확히 누구인지를 두고 오랜 논쟁이 있었다. 가장 야박한 해석은 남극점 원정 대원들만을 가리킨다는 것이다. 또 다른 해석은 그가 자신의 아내 캐슬린에게—일기의 앞쪽 한 면에는 그 일기장을 캐슬린에게 전해주라고 부탁하는 문장이 적혀 있다—아직 갓난아기인 아들과, 또한 무심히 흘려버릴 수 없는 자신의 평판을 포함하여 자기네 집안을 돌봐달라고 요청하는 말이라는 것이다. 내가 추측하는 그 말의 의미는 이보다는 덜 편협한, 어쩌면 과도하게 후한 해석인지도 모른다. 그런데 남극 대륙 속으로 들어와 그 풍경을 진지하게 바라본 적 있는 사람이라면 누구나 이곳의 지형이 인간에게 아무 관심도 없다는 걸 깨닫게 된다. 남극은 '적대적으로' 인간의 노력을 좌절시키려 하지 않는다. 이 땅은 스콧과 아문센을 전혀 구별하지 않았다. 아문센도 스콧만큼 성격적 결함이 많았던, 집착적이고 가차 없이 효율만 따지며 감정적으로 냉정한 인물이었다. 남극을 의인화해서 말해보자면, 남극은 누가 어디에 도착했든 또는 무슨 일이 있었든 전혀 신경 쓰지 않았다. '승자'와 '패자'를 구분한 것은 사람들이었고, 그런 구분을 하지 않는 이들이 있었다면 그 역시 사람들이었다. 내 생각에 스콧이 한 말의 의미는, 캐슬린에게 남극 대륙에서 살아남은 사람들을 돌봐달라는 것, 그리고 언젠가 탐험의 여정을 떠나 남극 대륙의 해안에 닿게 될 사람들을 지원해주라는 말인 것 같다.

나는 스콧이 쓰러져 죽어가고 있을 때, 패배의 씁쓸함은 이미 다 타버려 그의 내면에 남아 있지 않았을 거라는 생각이 들었다. 우리는 때로 죽어가는 사람이 마지막으로 한 말 또는 마지막으로 쓴 말이 그 사람의 의식적인 마지막 생각을 나타낸다고 짐작하지만, 나는 실제로 그런 경우가 그리 많지는 않을 거라 생각한다. 마지막 순간에 실제로 그 사람이 하고 있는 생각은 말해지거나 쓰이지 않은 채 사라지고, 실제로 마지막에 일어난 일은 살아 있는 사람들에게는 영원히 알 수 없는 상태로 남는다. 마지막으로 기록된 생각이 그 전까지 일어났던 모든 생각의 심오한 요약일 가능성은 별로 없다. 스콧이 마지막 순간에 생각했던 것은, 우리 세대의 많은 남자들이 베트남에서, 스콧이 처했던 것만큼이나 무시무시한 상황에서 이해하게 된 것과 같았을 거라고 나는 믿는다. 승리를 위한 전략들과 메달을 받는 일은, 사람들이 혹독한 상황에서 서로를 보살피다 배우게 되는 것에 비하면 아무것도 아니다. 베트남에서는 다른 병사를 엄호하는 것보다 더 높은 소명은 없었다. 그리고 십 대 시절의 몽상 같은 생각(스콧은 에번스곶으로 돌아가던 길에 수차례 자신의 꿈이 뭉개졌다는 말을 반복했다), 즉 세계는 정복당하기 위해 존재하며 강한 사람에게 굴복한다는 생각은 망상에 불과하다.

자아의 외부에 존재하는 세계는 자아의 운명에는 아무 관심도 없다.

1992년 북반구의 봄, 나는 95미터 길이의 쇄빙 연구선 너새니얼 B. 파머호(1820년에 남극 대륙을 처음으로 본 사람 중 한 명이자 1821년에 사우스오크니 제도를 함께 발견한 미국인 선장의 이름을 딴 배)를 타고 이 배의 첫 남극해 항해에 동행했다. 우리는 3월에 루이지애나 해안에서 출항하여 파나마 운하를 통과했고 일주일이 조금 지나 칠레의 마젤란 해협에서 푼타아레나스에 입항했다.

연료를 채우고 화물을 싣고 소수의 과학자 일행을 태운 후 드레이크 해협을 건너 웨들해로 들어갔는데, 이로써 우리 배는 1915년 섀클턴의 인듀어런스호가 난파한 이후 남극의 가을에 웨들해에 들어간 첫 선박이 되었다. 우리의 목적지는 웨들해에서 깊이 들어간 곳에 떠 있는 유빙 위에 세워져 있던 미국과 (당시) 소련의 합동 과학 캠프였다.

1991년에서 1992년 사이 남반구의 여름에 소련의 쇄빙선 한 대가 지은 캠프였다. 우리가 맡은 일은 첫 재보급 임무였다. 파머호는 전해에 루이지애나주 딕시델타 운하의 지류에 위치한 조선소에서 건조되어, 해저 퇴적물 코어 채취부터 해양 포유동물의 생활 관찰까지 남극해에서 할 수 있는 거의 모든 종류의 과학 연구를 위한 채비를 갖추고 있었다. 파머호의 넓은 연구실 공간에서는 물의 화학, 해양생태학, 측지학, 식물성 플랑크톤과 크릴의 분포 등 다양한 연구를 할 수 있었고 해저 지도를 제작할 수도 있었다. 이 첫 항해는 시험 항해였고, 배에는 정규 선원들 외에 소수의 과학자와 지원 인력, 그리고 나처럼 곁다리로 낀 몇 사람만 타고 있었다. 과학자들은 모두 웨들해 얼음 기지에 갈 사람들이었다. 그들이 기지에 들어가면 원래 거기서 연구하던 과학자들은 우리와 함께 푼타아레나스로 돌아갈 예정이었다.

웨들해 얼음 기지로 가는 길에 남극해와 웨들해 사이에서 빙붕의 전면을 바라보며 느슨한 총빙 사이를 항해하다가 수십 마리의 고래를 만났는데 주로 밍크고래와 범고래였고 남방참고래도 몇 마리 있었다. 수백 마리의 게잡이물범—대형 포유류 가운데 세계에서 가장 수효가 많은 동물—이 우리 주변의 유빙들 위로 우루루 몰려왔고, 또 다른 남극 물범들로 군집하는 습성이 있는 로스해물범과 웨들해물범의 작은 무리들도 찾아왔다. 펭귄 사냥꾼인 얼룩무늬물범은 볼 때마다 거의 항상 한 마리씩 외따로 있었다.

어느 저녁 나는 잠자리에 들기 전 밤풍경을 보려고 파머호의 선미 갑판으로 나갔다. 널찍하고 탁 트인 갑판은 장비 플랫폼들을 더 쉽고 안전하게 내리고 회수할 수 있도록 수면에 가깝게 설치되어 있었다. 작업 조명들이 갑판 표면과 파머호의 프로펠러가 만드는 후류를 고루 비추고 있었다. 배는 거대한 유빙 가장자리에 틈을 만들며 밀고 들어가 자리 잡고 어두운 밤 동안 선체가 아늑하게 그 위치를 유지할 정도로만 프로펠러를 돌리고 있었는데, 이 프로펠러의 움직임으로 배 뒤에 정상파가 만들어지고 있었다. 잠시 후 나는 황제펭귄 네 마리가 유빙 가장자리에서 프로펠러가 만드는 물결을 응시하고 있는 것을 알아차렸다. 갑자기 그중 한 마리가 물속으로 뛰어들었다. 즉각 나머지 셋도 그 뒤를 따라 들어갔다. 펭귄들이 배를 수상쩍게 여겨 멀리 헤엄쳐 가버린 거라고 생각하고 있는데, 갑자기 그 정상파 속에서 머리 하나가 수면으로 올라왔다. 그리고 다른 세 마리의 머리도 나타났다. 황제펭귄들은 자기들로서는 생전 처음 보았을 배의 프로펠러 후류를 타며 서핑을 즐겼다.

겨울이 다가오고 있었고, 배가 총빙을 헤치며 점점 더 남쪽으로 나아갈수록 햇빛이 비치는 시간은 점점 더 짧아져갔고, 우리가 일할 수 있는 시간도 줄어들었다. 총빙들 사이에서 틈이 벌어진 물길을 찾아내고 배가 가르고 나아갈 만한 얼음의 균열을 찾으려면 하늘에서 비춰주는 햇빛이 있어야 했다. 빛이 없을 때면 우리는 연료를 아끼기 위해 거대한 유빙 가장자리에 붙어서 휴항하며 밤을 보내야 했다. 그런 기나긴 밤들 중 몇몇 날에 나는 선장의 허락을 등에 업고 배에서 내려 산책을 다녔다. 선장이 단 단서는 내가 다른 두어 명과 동행해야 하며, 무전기를 가져가야 하고, 우리 모두 구명조끼를 입어야 한다는 것뿐이었다.

공기는 대개 아주 차가웠고(섭씨 영하 29도에서 30도 정도), 우리는 사람들에게 잘 알려진 지구상의 모든 장소로부터 아주 멀리 떨어진, 혼곶에서도 남동쪽으로 약 1450킬로미터나 떨어진 거리에 우리 배 외에 다른 배는 한 척도 없는, 대략 지중해만 한 크기의 바다에 있었다. 남극해에서 동서로 운항하는 상업용 항로도 우리가 있던 지점에서 한참 북쪽에 자리하고 있었다. 머리 위로 오가는 항공 교통조차 없었다.(당시에는 인공위성도 없었다.) 배에서 내려 얼어붙은 바다 위를 가로질러 걷다보면 눈앞에 낯선 광경이 펼쳐졌다. 맑은 밤이면 티 없이 깨끗한 공기를 뚫고 별들이 빛을 뿜어내며 우리가 얼음 위를 안전하게 거니는 데 필요한 모든 조명을 제공해주었다. 그런 밤에 우리가 차지하고 있던 외딴 공간을 둘러싼 반구체 안에 존재하는 것은 오직 하늘과 배 한 척, 얼음뿐이었다.

선장은 우리의 안전을 위해(분명 우리를 안심시키려는 의도도 있었을 것이다), 우리가 배에서 내릴 때면 배의 외부 조명—갑판등, 항해등, 작업등, 탐조등—을 모두 켜두라고 명령했다. 이런 조명 속에서, 배의 디젤엔진이 공회전하는 소리가 귓가에서 웅웅대는 가운데, 별들이 박동하는 흑청색 천구를 배경으로 윤곽을 드러낸 파머호를 보면, 생명이 살기 어려운 어느 달에 잠시 정박한, 은하계를 누비는 우주선처럼 보였다. 파머호에는 안테나 기둥들과 위성통신용 구형 안테나들이 잔뜩 설치되어 있었다. 갑판 크레인들도 심우주의 수송을 담당하는 우주선 같은 외양을 만들어냈다. 환기구에서 뿜어져 나오는 수증기와 굴뚝에서 깃털처럼 폴폴 피어오르는 희미한 연기마저 거대한 생물이 생명력을 뿜어내는 듯한 분위기를 연출했다. 그리고 그 벽들 뒤, 단열창들 너머 선루 안에서는 전기와 기계와 전자의 무시무시한 마법이 펼쳐지고 있었다.

이렇게 산책할 때 나는 종종 쌍안경을 들어 은하수 바로 너머에 있는 은하들을 가까이 당겨보았다. 머릿속으로 내가 있는 지점에서 그 은하들까지 가는 길을, 그러니까 궁수자리 팔과 오리온자리 팔이라는 우리은하의 두 나선팔 사이, 내가 서 있는 이 핀으로 꾹 찍어놓은 점만 한 행성에서부터 우리은하를 둘러싸고 있는 암흑 물질과 암흑 에너지의 헤일로를 지나, 우리 국부 은하군에 속하는 은하들로 가는 길을 상상하다보니, 이 광경 전체가—얼음, 배, 그 아래의 어두운 바닷물이—어떤 시간의 연속체 속으로, 아무 중단없이 무한히 펼쳐지는 공간 속으로 흘러드는 것 같았고, 이 감각은 내가 손목시계나 그 순간 가지고 있던 휴대용 GPS에서 얻을 수 있던 모든 정보를 무색하게 만들었다.

시계가 나에게 알려줄 수 있는 건 내가 갑판 위 상급 선원에게 말해둔 복귀 시간뿐이었다. 하지만 그 순간 내가 있는 곳은 남극 대륙이 아니었다. 나는 어느 행성의 달을 걷고 있는 중이었다.

선장은 목적지를 35킬로미터쯤 남겨두고 파머호의 운항을 멈추기로 결정했다. 우리가 웨들해 얼음 기지로 가져가고 있던 보급품은 모두 다 해도 헬기 한 대에 다 실릴 만큼 양이 적었고, 95미터짜리 선박이 총빙을 헤치고 그 과학 캠프가 있는 유빙 가장자리까지 가는 것보다는 헬기로 몇 번 왔다 갔다 하는 것이 연료가 훨씬 적게 들 터였기 때문이다. 우리는 충분히 남쪽까지 내려갔고, 태양력상으로도 낮까지 충분히 어둠이 지배할 만한 시기로 접어들어 있었다. 이런 사정도 항해가 가능한 수역을 찾는 데 방해가 됐고, 선장은 이 역시 고려해야 했다.

얼음 기지의 보급 작업을 하던 4월의 그 밤에도 우주 도킹 장면을 보는 것 같은 느낌이 들었다. 벨 206 제트 레인저 헬기가 칠흑 같은 어둠 속에서 나타났다가 다시 완전한 어둠 속으로 사라지며 화물과 사람들을 실어날랐고, 그럴 때마다 매번 터빈의 무시무시한 굉음도 함께 가까워졌다가 멀어졌다. 헬기가 왕복하는 시간이 너무 짧아서 조종사는 중간에 짐을 싣는 동안에도 엔진을 끄지 않았다. 윙윙대는 회전날개와 터빈의 쌩 하는 소음이 그 장면에 긴박함을 불어넣고 있었는데, 조종사는 조바심이 묻어나는 수신호를 계속 보내며 긴장감을 더욱 끌어올렸다. 소리 없는 별들의 높은 캐노피 아래서 배의 할로겐 작업등들이 밤을 저 멀리 밀어내고 있는 동안, 무거운 파카를 입고 몸을 구부리고 있어 누가 누구인지 알 수 없는 선원들이 프로펠러의 움직임으로 요동치는 공기 아래서 잰걸음으로 움직였다. 남자들이 고함을 질러댔고, 마비시킬 듯 차가운 공기 속에서 차가운 강철이 부딪치며 굉음을 냈다. 너무 많은 옷을 껴입고 배 안에서 불안하게 기다리고 있던, 얼음 기지로 갈 다섯 명의 과학자는 자기가 대체 무슨 일에 뛰어든 것인지 혼란스러워하고 있었을 것이다.

우리로서는 영문을 알 수 없었지만, 무슨 일인가로 신경질이 나 있는 것 같던 헬기 조종사는 승객들이 탑승하자마자 고함을 질러대며 안전에 관해 설교하기 시작했다. 이 혼란한 상황에서는 그들보다 자신이 더 권위 있는 위치에 있음을 꼭 강조해야 한다고 믿어서였을까. 아니면 이 사람들은 학자들이니 일상적인 문제에 관해서도 대결하듯이 가르쳐야 한다고 믿었던 걸까. 혹 이 혹독한 날씨나 마치 달에 와 있는 듯한 고립 상태에 대해 이 사람들이 아는 거라곤 오로지 텔레비전에서 본 것뿐이라고 생각한 것일까. 조종사의 기이한 감정 폭발은 노동계급 사람들과 중산층 사람들이 각자 자기 임무의 성격에 관해 서로 조금씩 다른 생각을 갖고 있을 때, 그러면서 제한된 공간을 함께 써야 하는 상황에서 자주 특징적으로 나타나는 긴장을 단적으로 보여주었다. 나는 파머호에서 이미 몇 주 동안 이러한 긴장을 감지해왔다. 몇몇 과학자는 마치 이 배의 주인 같은 분위기를 풍기며 승조원들을 오만하게 대했고, 승조원들은 그런 그들을 참아내야 한다는 사실을 몹시 언짢아했다. 사회계층 간의 긴장이라는 이 주제는 내 경험상 여러 갈등이 생기기 마련인 과학 및 탐사 원정팀에 관한 이야기 중 잘 보도되지 않는 이야기다.

웨들해 얼음 기지가 설립되고 얼마 지나지 않아 소비에트연방이 무너졌다. 그 기지에 있던 소비에트 과학자들은 갑작스레 그냥 러시아 사람들이 되었다. 기지 캠프에 도착해 사람들을 인터뷰하기 시작하면서 나는 그 러시아 과학자들 대부분이 소련의 붕괴에 당황하고 침울해한다는 느낌을 받았다. 이제 그들의 미래는 어떻게 될까? 그들 중 다수는 아직도 자신들의 텐트 위에 소련 깃발을 걸어두고 있었다.

이곳의 과학자들—화학자, 해양학자, 해빙 전문가, 기상학자,

스쿠버다이버 등—이 자금 지원을 받아 웨들해까지 온 까닭은, 지구 기후가 변화하면서 웨들해에 대해 더 많이 알아내는 일이 갑자기 극도로 중요한 일이 되었기 때문이다. 웨들해는 때로 연구자들이 비공식적으로 지구의 "메인 엔진"이라고 부르는 곳이다. 아주 단순하게 말하자면, 웨들해의 심해에서 흘러나와 남대서양의 심해로 흘러가는 차가운 물이 남대서양의 해류를 순환시키는 데 일차적인 역할을 하며, 그 해류의 순환으로 인한 온도 변화는 전 세계의 날씨에 직접적인 영향을 미친다. 화석연료가 연소할 때 발생하는 이산화탄소의 지속적 주입과 염화불화탄소(프레온)와 같은 인공 화학물질의 축적으로 지구 대기의 화학에 더 많은 변화가 일어날수록, 웨들해에서 정말로 무슨 일이 벌어지고 있는지를 이해하는 일은 그만큼 더 중요해졌다.(그 이전에는 과학 연구단이 웨들해에서 겨울을 보낸 적은 한 번도 없었다.)

나는 이곳의 단열된 은신처에서 최소한의 생활 환경을 견디며 지내던 러시아 과학자 몇 명과 차를 마시고, 미국 과학자들과 소소한 대화를 나누면서 그들에 대한 존경 어린 애정이 점점 커져갔다. 그들의 작업은 육체적으로 고된 일이었고, (당시에는) 두 초강대국에서 온 사람들이 서로 상당한 정도의 협조와 예의를 갖추어 행하는 일이었다. 그들 사이의 그런 협조적 분위기는 희망적이었다. 소련이 해체되면서 이제 그들의 프로젝트는 국가를 초월한 차원으로 들어갔다. 그들은 한 국가가 단독으로는 효과적으로 대처할 수 없는 난관을 자신들이 함께 해결하려 노력하고 있음을 알고 있었다.

웨들해 얼음 기지는 내가 가본 과학 기지 중 가장 고립된 곳이었고, 내 눈에 그곳 사람들은 이런 상황에서 일반적으로 예상되는 것보다 외부 세상과 훨씬 더 단절되어 있는 것처럼 보였다. 당시 지구 기후 교란은 아직 논쟁 중이던 사안이어서, 기후 문제를 염려하는 과학자들의 연구는 종교 지도자, 기업가, 정치가 들에게 비판받고 무시당하기 일쑤였다. 이 과학자들은 자신들을 이곳으로 오게 한 상황의 긴급성을, 제대로 된 정보를 못 들은 사람들이 온전히 이해하고 받아들이기까지는 수년이 걸릴 것임을 알고 있었다. 그때 그리고 이후로도 늘 나는 웨들해 얼음 기지의 연구자들을 영웅처럼 여겼다. 어쩌면 그 헬기 조종사가 그렇게 짜증을 내고 그렇게 심하게 신경질을 부렸던 건, 자신은 이 연구의 가치를 미심쩍게 여기는데 이 캠프에서는 자신의 경멸감에 공감할 사람을 아무도 찾을 수 없어서였는지도 모르겠다. 아니면 (단지) 헬기 조종사여서, 자신이 웨들해 얼음 기지에서 받아 마땅하다고 느꼈던 존중을 온전히 받지 못한다고 느꼈기 때문일지도 모른다.

몇몇 정부와 다수의 정치가 및 경제계 리더들이 지구 기후변화를 진지하게 받아들이기를 계속 거부하는 것은 '정치적으로 불편한' 과학은 모조리 비난하고 보는 1세계 몇몇 국가의 일관된 반응 가운데 하나였다. 이런 완고한 부정이 끊임없이 고개를 드는 것은 물론 그 나라들의 낮아지는 공교육 수준을 보여주는 신호다.

어니스트 섀클턴은 로버트 팰컨 스콧보다 더 매력적이고 덜 독재적이며 덜 비밀스러웠던 영국의 남극 탐험가였고, 당시 영국 노동계급에서는 에드워드 7세 시대의 전형적 귀족이었던 스콧보다 섀클턴에게 동질감을 느끼는 사람이 더 많았다. 섀클턴이 남극 사우스셰틀랜드 제도의 엘리펀트섬에서 구명정을 타고 사우스조지아섬 해안까지 약 1350킬로미터를 항해한 그 유명한 여정을 따라가볼 기회가 생겼을 때, 나는 그 일을 제안해준 어느 생태 관광 회사의 초대를 기쁘게 받아들였다. 그들은 내게 자신들의 전세 선박 핸시애틱호를 타고 여행하면서 몇 차례 선상 강연을 해달라고 했다. 나는 당시 스물두 살이던 첫째 의붓딸 어맨다에게 함께 가자고 했다.

1914년 남반구의 여름에 어니스트 섀클턴은 인듀어런스호를 몰고, 오늘날 루이트폴트 해안이라 불리는 곳에서 탐험을 시작하려고 웨들해로 들어갔다. 탐험대 대원들은 코츠랜드에서 남극점까지, 그리고 다시 남극점에서 로스섬까지 감으로써 남극대륙을 횡단하는 최초의 사람들이 되기를 바랐다. 인듀어런스호는 1915년 1월에 루이트폴트 해안을 조금 남겨둔 곳에서 얼음에 갇혔고, 이어서 점점 더 북쪽으로 떠밀려 가다가 결국 더 이상 항해할 수 없을 정도로 심하게 파손되어서 그해 10월 말에 승선자들은 인듀어런스호를 포기할 수밖에 없었다. 그리고 이십오 일 뒤인 11월 21일, 인듀어런스호는 결국 침몰하고 말았다. 그 전에 섀클턴과 대원들은 다섯 달 동안 생존할 만큼의 충분한 식량과 보급품을 총빙 위로 옮겨올 수 있었다. 그들은 그 다섯 달 안에 인듀어런스호의 구명정들을 타고 얼음이 없는 해역으로 갈 수 있기를 바랐다. 얼음이 없는 바다에 도착하면 거기서부터는 노를 저어 엘리펀트섬까지 갈 수 있을 것이라 생각했다. 실제로 그들은 그렇게 했고, 1916년 4월 14일에 엘리펀트섬에 상륙했다.

4월 24일, 섀클턴과 대원 다섯 명은 바다 항해에 적합하게 수선하고 제임스케어드호라고 명명한 6.5미터짜리 구명정 한 척을 타고 출발했다. 나머지 스물두 명은 바위가 많은 해안가 작은 땅덩어리 위 펭귄 서식지에서 야영하며 기다리기로 했다. 여섯 명의 일행은 북쪽과 동쪽으로 1300킬로미터 이상 노를 저어 항해한 후, 사우스조지아섬 남서 해안의 킹하콘베이에 도달했다. 그 시점에 구명정은 거의 못 쓰게 된 상태였고, 일행 중 두 명은 병에 걸린 상태였다. 섀클턴은 사우스조지아섬의 반대쪽 또는 북동쪽에 포경 기지가 몇 군데 있음을 알고 있었다. 아픈 두 사람과 그들을 돌볼 한 사람을 남겨두고, 섀클턴과 나머지 두 사람은 사우스조지아섬의 산마루를 오르기 시작했다. 곳에 따라 높이가 3킬로미터나 되는 산이었다. 이 한 번의 위대한 등산으로 그들은 킹하콘베이에 상륙한 지 열흘 뒤인 1916년 5월 20일에 스트롬니스 항구에 있는 노르웨이의 포경 기지에 도착했다.

인듀어런스호의 전 선장이자 제임스케어드호의 항해사인 프랭크 워슬리가 스트롬니스에서 구한 포경선을 타고 뱃길을 재축해 섬의 반대편에 남겨두고 온 세 대원을 구조해왔다. 이제 섀클턴은 여섯 사람이 다 같이 노르웨이의 포경선을 타고 엘리펀트섬으로 갈 수 있게 준비했다. 하지만 그 배는 총빙 때문에—때는 남반구의 한겨울로 접어들고 있었다—오히려 포클랜드 제도로 물러날 수밖에 없었는데, 그곳에서 섀클턴은 트롤어선을 사용해보라는 제안을 받았다. 그러나 총빙이 또다시 항로를 막아섰고, 그러자 일행은 마젤란 해협에 있는 칠레의 푼타아레나스 항구로 갔다. 그곳에서 섀클턴은 십시일반으로 기금을 조성해준 지역 주민들의 도움으로 모터 스쿠너 에마호를 빌렸고 세 번째로 엘리펀트섬을 향해 출발했다. 에마호가 목적지에서 160킬로미터 정도를 남겨두고 파손되자, 이번에는 칠레 정부가 섀클턴에게 옐초호라는 증기선을 대여해주었다. 일행은 이 배로, 사우스조지아섬에 당도하기를 간절히 바라며 엘리펀트섬을 떠났던 날로부터 129일이 지난 1916년 8월 30일, 마침내 엘리펀트섬 대원들의 야영지에 도착했다.

잘 알려진 대로, 섀클턴은—또한 섀클턴이 엘리펀트섬 해변에 남겨두고 갈 수밖에 없었던 대원들을 이끈 프랭크 와일드도—이 원정에서 단 한 사람도 잃지 않았다. 스무 달 전 인듀어런스호를 타고 웨들해의 총빙에 들어왔던 인원은 한 명도 빠짐없이 옐초호를 타고 고국을 향해 항해했다.

햇시애틱호를 탄 사람들은 섀클턴의 구명정 여정을 반대 방향으로, 그러니까 스트롬니스 항에서 출발하여 엘리펀트섬으로 가면서 되짚어볼 작정이었다. 포클랜드 제도의 포트스탠리에서 사우스조지아섬 북동 해안까지 가는 이 여정의 첫 단계에서, 123미터 길이의 핸시애틱호는 보퍼트 풍력 계급으로 허리케인에서 한 단계 모자라는 11단계의 폭풍을 만났다.

폭풍의 기세가 가장 강력하던 때에 나는 우리 세대의 위대한 극지 탐험가 윌 스티거와 함께 한 시간이 넘도록 갑판에 서 있었다. 선체가 양옆으로 기우뚱기우뚱 흔들리고, 선미는 주기적으로 물 위로 번쩍 들어올려져 회색 하늘을 가리키며 15도쯤 옆으로 돌아가는 동안 선수는 12미터 높이 물의 벽 속에 파묻혔다가 다시 선미가 아래로 떨어지는 과정이 반복되었다. 그동안 우리는 눈앞에서 느린 동작으로 움직이는 바다의 거대한 격랑을 함께 지켜보았다. 배는 계속 헤치고 나아갔다. 바다의 표면에는 잠잠한 지점도 투명한 부분도 전혀 없었다. 폭풍이 끌어올린 물의 장막은 허공에서 우리를 에워싸고 풍선처럼 둥글게 부풀어올랐고, 어떻게 그럴 수 있는 건지 우리와 10미터쯤 떨어진 지점에서 바람을 타고 비틀비틀 날고 있던 신천옹들은, 선루를 감싸고 솟아올랐다 무너지기를 반복하는 폭풍 소리를 뚫고 고음의 울음소리를 내지르고 있었다. 서로 다른 방향으로 치는 파도들이 서로 부딪히며 부서지는 바다에서 50노트의 바람은 파도의 꼭대기들을 잘라내고, 상부 갑판 위 통로들 사이를 가로지르며 한순간도 쉬지 않고 울부짖었다.

섀클턴도 사우스조지아섬으로 건너가는 동안 이런 날씨에 직면했다는 걸 나는 알고 있었다. 이제 나는 섀클턴과 그의 일행이 이뤄낸 업적에 대해 더욱 깊은 이해를 바탕으로 한 존경심을 품게 되었다.

우리가 사우스조지아섬 북동 해안까지 갔을 때도 강풍은 여전했지만, 파고는 낮아져 있었고 이튿날에는 하늘도 맑게 갰다. 우리는 컴벌랜드만 해안의 버려진 포경 기지인 그리트비켄에서 배를 몰고 나가, 아침 내내 서쪽으로 이동하며 답사했고 몇 시간 뒤 스트롬니스 항구에서 닻을 내렸다.

육지에 오른 다음 우리 중 몇 사람은 눈 녹은 물이 흐르는 개천을 따라 걸었다. 1916년 스트롬니스에 도착한 그날 섀클턴과 두 동료도 그 개천을 만났으리라. 우리의 목적지는 그들이 이동하면서 맞닥뜨린 마지막 걸림돌이었던 10미터 높이의 폭포였다. 폭포 위에 선 섀클턴 일행은 자신들의 오른쪽으로 포경 기지를 볼 수 있었지만, 거기에 가려면 계곡 바닥으로 내려가야만 했다. 폭포 주변의 바위 표면은 두꺼운 얼음으로 덮여 있었다. 아래로 내려갈 유일한 방법은 세차게 떨어지는 폭포수를 맞으며 밧줄을 타고 내려가는 것뿐이었다.

폭포 아래 선 어맨다와 나는 우리 주위로 수십 미터에 걸쳐 야생화들이 피어 있는 광경을 보았다. 풍성한 해변가 풀들은 강한 바람을 받으며 말의 갈기처럼 물결치고 있었다. 기온은 섭씨 영상 10도쯤이었을 것이다. 우리는 방풍복과 스웨터를 벗었다. 드레이크 해협을 건너며 폭풍우에 시달려 아직도 상태가 좋지 않은 일부 승객들은 햇볕을 더 한껏 쬐고 얼굴을 스치는 부드러운 공기를 느끼려고 바닷가 풀밭 위에 팔다리를 쭉 펴고 드러누웠다.

나는 어맨다에게 내륙 쪽 땅이 더 잘 보이는 폭포 왼쪽 바위 위로 올라가자고 했다. 거기서 우리는 우리 배가 정박하고 있는 안전한 항구와 이제는 무너지고 녹슨 포경 기지도 볼 수 있었다. 폭포 위로 올라간 뒤 우리는 폭신한 이끼와 들풀 위를 한참 더 걸어가다가 평평한 지대에 도착했다. 거기서는 더 깊은 내륙 쪽으로 섀클턴과 일행들이 조금씩 조심조심 내려가야 했을 위협적인 얼음벽이 뚜렷이 보였다. 그러나 발밑의 폭신한 땅과 강렬한 햇빛, 온화한 공기에 완전히 마음이 풀어진 우리는 이끼 카펫 위에 등을 대고 드러누웠다. 어맨다가 내게 기다란 풀 한 줄기를 건넸다. 처음에는 영문을 알 수 없었는데, 어맨다를 보니 같은 풀 한 줄기를 입에 물고 양치기처럼 태평스럽게 입의 한쪽에서 반대쪽으로 굴리고 있는 게 아닌가. 드레이크 해협에서 거친 폭풍을 뚫고 지나와, 호되고 모진 역사의 현장에서 이런 전원적인 풍경을 만나 앉아 있는 상황을 생각하니, 그 기분이 이해가 되고도 남았다. 나도 그 자리에 등을 대고 누운 채 어맨다처럼 똑같이 입으로 풀을 굴렸다. 별말 없이 그렇게 누워 있는데 아래쪽에서 외쳐 부르는 소리가 들려왔다.

배로 돌아갈 시간이 된 것이다.

우리는 그 자리를 떠나고 싶지 않았다. 접어서 베개처럼 받치고 있던 파카를 집으려 허리를 굽히는데, 내륙 쪽으로 600미터쯤 더 들어간 곳에서 누군가가 보였다. 그는 좀 더 깊이 가보기 위해 얼음 폭포를 오를 길을 찾고 있는 것 같았다.

이미 거의 내륙까지 들어간 윌 스티거였다. 어맨다도 나도, 그에게 이제 갈 시간이라며 소리쳐 부르는 역할은 맡고 싶지 않았다.

어느 오후 나는 다른 승객 몇 사람과 함께 작은 배를 타고 남극반도에서 얼음으로 가득한 작은 만을 돌아보았다. 그때 나는 이전의 남극 대륙 여행들에서 보았던 것들을 회상하는 데 정신이 팔려 있었다. 이곳에서는 우리를 에워싼 풍경이 훌륭한 스승이라는 걸 잘 안다. 우리는 열린 마음과 열심히 배우겠다는 마음으로 그 풍경 속으로 걸어 들어가기만 하면 된다. 스티거는 다른 보트에 타고 있었고, 사진작가 게일런 로웰과 그의 아내 바버라는 또 다른 보트를 타고 얼음들이 느슨하게 모여 있는 총빙 사이를 누비고 있었다. 윌과 게일런과 나는 몇 차례 모여 사적인 대화를 나누다 이 여행이 얼마나 이상하게 느껴지는지에 관해 이야기한 적이 있었다. 우리는 모두 이곳에서 죽음의 위기를 간신히 모면한 경험이 있었고, 다시는 만나고 싶지 않은 남극의 폭풍 속에서 야영했던 경험도 있었다. 게다가 우리는 한순간의 부주의로 인한 단순한 실수로 목숨을 잃은 사람들도 알고 있었다. 그런데 지금 우리는 여기서 편안한 침대와 난방, 오성급 식사를 제공받으며, 이번에 드레이크 해협에서 휘말렸던 그 폭풍처럼 난폭한 폭풍조차 불안해하지 않아도 되는 호화로운 배를 타고 여행하고 있지 않은가. 섀클턴과 그 일행이 간신히 헤쳐 나갔던 일에 대해 대부분의 사람보다 더 내밀하게 알고 있다는 것이 우리에게는 특권처럼 느껴졌다.

내가 운석을 발견하고도 그에 관해 함구했던 것은 남극 대륙에서 내가 경험했던 안전함에 대한 감사, 그리고 이미 내가 받은 것들을 잘 알고 있으며 더 이상의 것은 요구하고 싶지 않은 마음 때문이었던 것 같다. 그 운석은 유빙 조각 속에, 마치 반지 받침대에 자랑스럽게 얹힌 보석처럼 박혀 있었다. 이 얼음덩어리는 어느 빙하나 빙상의 바다 쪽으로 향한 면에서 떨어져 나와 한동안 물 위를 떠다닌 것 같았다. 파도에 깎이고 녹으면서도 아직 남아 있던 그 얼음덩어리는 물속으로 뻗어 있는 부분과 비대칭적으로 위로 솟아 있는 뾰족한 부분까지 꼭 소형 빙산 같은 모양이었다.

그 운석의 거무스름한 색, 축구공만 한 크기, 그리고 말로 묘사하기 어려운 다른 특징들을 보니 구립운석(철질운석이나 석철운석이 아닌 석질운석의 한 유형) 같다는 생각이 들었다. 하지만 누구에게라도 그 운석의 존재를 알리는 일은 망설여졌다. 고무보트 대여섯 척이 갑자기 그 자리로 몰려오고 사람들이 카메라를 꺼내 들고 서로 좋은 위치를 차지하려 경쟁하다보면 사고가 생길지도 모른다는 걱정도 들었다. 사람들에게 그 운석의 존재를 알릴 다른 방법을 찾는 게 좋겠다 싶었다. 운석이 박혀 있는 얼음덩이가 독특한 형태인 데다 우리 선박과 가까운 위치에 있었고, 마침 바다도 차분하고 날씨도 좋으니 나중에 핸시애틱호의 몇 사람과 함께 다시 와서 채집할 수도 있을 것 같았다.

솔직히 말하면 내가 어떻게 하고 싶은 건지 나도 잘 몰랐다.

그 얼음이 남극 대륙의 어디에서 온 것인지는 아무도 알 수 없으니 우리는 그 정보는 확보할 수 없을 터였다. 게다가 엄밀히 따져 볼 때, 그 운석을 채집해 간다면 우리는 남극조약을 위반하게 되는 것이고, 이는 나에게 일을 맡긴 여행사를 곤란에 빠트릴 수도 있었다. 그리고 운석을 무균 상태로 유지하는 일도 쉽지 않고, 소유권 문제도 불거질 터였다. 생각이 줄줄이 꼬리를 물고 이어졌다. 결국 나는 그냥 그대로 두기로 결정했고, 그 운석에 대해서는 스티거와 게일런, 바버라와 내 딸에게만 말했다.

어쩌면 우리는 하늘에서 온 이 돌을 조용히 사우스조지아섬으로 가져가 섀클턴의 무덤 곁에 두었어야 했는지도 모른다. 언젠가 누군가 그걸 가져가버릴 수도 있겠지만, 그렇다 해도 그런 절도 행위가 섀클턴에 대한 우리의 존경을 훼손하지는 않았을 것이다.

어느 저녁 핸시애틱호의 갑판에서 두꺼운 파카를 껴입고 커피를 홀짝거리며, 어맨다에게 수년 전 파머호를 타고 여행했던 이야기를 들려주었다. 그날 밤 나는 어맨다에게 남극 대륙은 거대한 하나의 섬이라고, 우리의 일상적 삶의 세계와는 아주 많은 면에서 분리되어 있는 곳이라고 말했다. 나는 파머호가 마젤란 해협의 서쪽 끝으로 들어가 푼타아레나스 마을에 접근하기 시작했을 때 느낀 기대감을 묘사했다. 푼타아레나스는 우리가 드레이크 해협을 건너 거의 알려진 것이 없던 웨들해의 가장자리 유빙들 속으로 밀고 들어가기 전 마지막으로 들렀던 곳이다. 스코샤해*를 건너던 그때는 높은 파도도 겨우 1.5미터 정도로 우

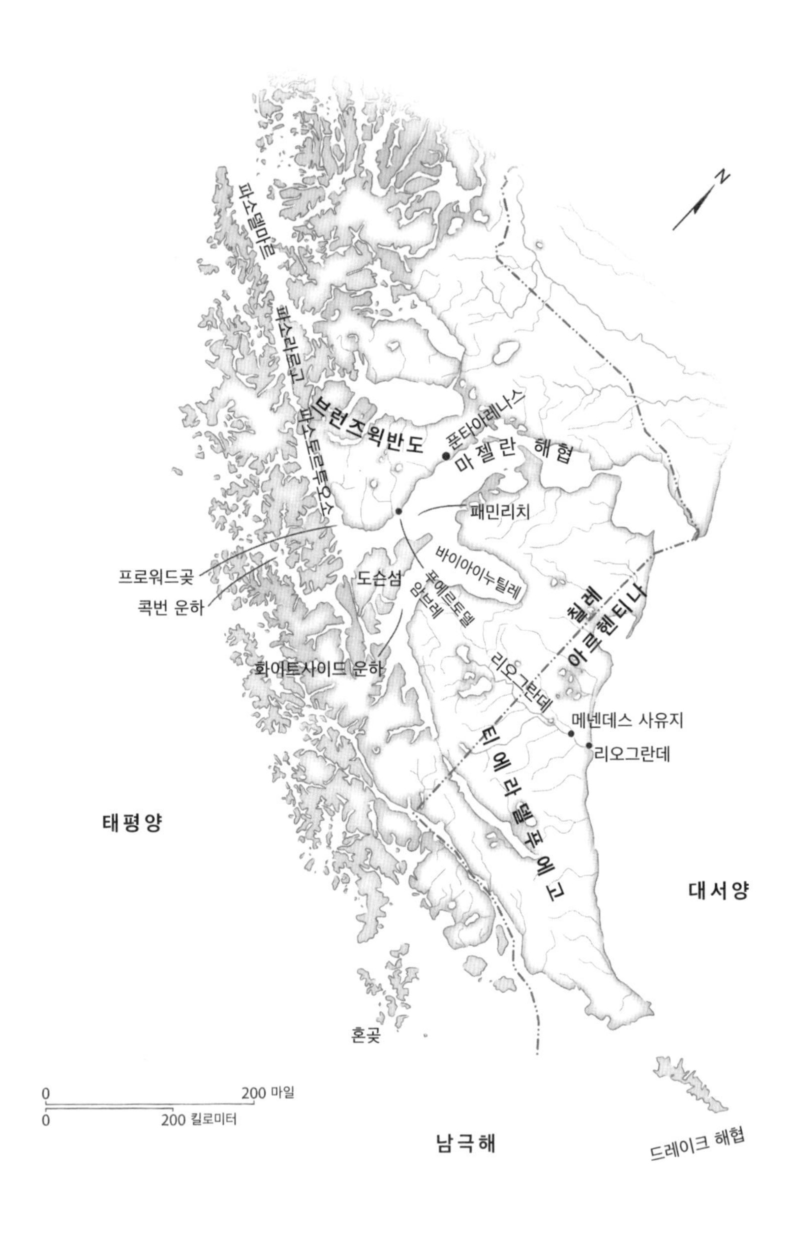


브런즈윅반도와 마젤란 해협

리가 열흘 전 드레이크 해협에서 겪었던 것에 비해 바다가 훨씬 차분했다고 나는 말했다. 간혹은 원하는 날씨를 만나는 때도 있다고.

그러다 나는 우리가 파머호를 타고 웨들해로 출발하기 바로 전날, 포트패민과 푼타아레나스 사이 길에서 한 남자와 마주쳤던 일에 관해서는 어맨다에게 말하지 않기로 했다.

프랑스 작가 장 라스파이는 장편소설 『누가 그 사람들을 기억할 것인가』에서 19세기 중반 칠레 남부 카웨스카 사람들이 겪은 곤경을 극적으로 그려냈다. 이 소설은 유럽인들이 "신세계"라 부른 곳에서 마지막으로 방해받지 않고 살고 있던 사람들의 집과 조국으로 식민지 개척자들이 말 그대로도 비유적으로도 강제로 밀고 들어간 결과, 알 수 없는 세계를 이해할 또 하나의 방법이 소실되었다는 사실을 한탄한다. 소설의 어조는 애조를 띠고 있지만 감상적이지는 않고, 개탄하지만 분노하지는 않는다.

푸에르토몬트에서 시작해 마젤란 해협의 서쪽 입구까지 선박들이 보호받으며 남쪽으로 이동할 항로가 되어주는 칠레의 해협들 또는 '운하들'의 남쪽 끝부분에서 파머호는 파소델마르

---

* 남극해의 북쪽 끝부분에서 남대서양과 경계를 이루는 바다. 티에라델푸에고 제도, 사우스조지아섬, 사우스샌드위치 제도, 사우스오크니 제도와 남극반도로 둘러싸여 있으며, 드레이크 해협이 이 바다의 서쪽 경계선이다.

에 있는 전통 야마나족의 땅으로 들어갔다. 파소델마르는 파소라르고로 이어지고, 파소라르고는 파소토르투오소로 이어진다. 남아메리카 대륙의 등뼈를 이루는 안데스산맥은 바로 이 지점의 산맥 남쪽에서 바다 밑으로 사라지는데, 그러면서 다른 무엇보다 포토시 광산 갱도의 유령들까지 바닷속으로 데리고 들어간다.

라스파이의 소설은 우리가 푼타아레나스로 돌아올 시점까지 육십팔 일의 여정이 될 그 여행에 나서며 내가 파머호에 가지고 탄 스물다섯 권 정도의 책 중 하나였다. 나는 여행할 때 종종 내가 여행하는 장소를 배경으로 한 책들을 읽는데, 이 여행에는 에드거 앨런 포의 『낸터킷의 아서 고든 핌 이야기』와 록웰 켄트의 『항해: 마젤란 해협에서 남쪽으로』, 에스테반 루카스 브리지스의 『지구의 가장 외딴 곳』, 토머스 브리지스의 『야마나어-영어: 티에라델푸에고 화법 사전』을 가져갔다.

마젤란 해협 같은 장소를 방문하는 동안 그 장소에 관한 글(이를테면 안토니오 피가페타*가 마젤란의 유명한 항해에 동행하며 직접 겪고 기록한 글)을 읽는 일의 장점 하나는 책에서 말하지 않았거나 암시만 했거나 상세히 묘사하지 않고 남겨놓은 부분이 실제 그 장소를 보았을 때 갑자기 중요해지거나 더 의미심장해질 수 있다는 점이다.

우리가 마젤란 해협의 동쪽 끝을 통과할 때(이때 우리의 위

---

* 16세기에 마젤란과 함께 항해했던 이탈리아 항해가.

치는 혼곶에서 북서쪽으로 얼마 떨어지지 않은 곳이었다), 나는 16세기의 탐험 선박이 동쪽에서 그 해협으로 접근할 때 악천후를 만나면 파소토르투오소로 들어가는 입구를 놓쳐버리기 십상이었으리라는 말을 단박에 이해할 수 있었다. 이곳에서는 산들이 너무 가파른 경사로 곧장 물속으로 질러 들어가 북서쪽 시야를 사실상 차단하기 때문에 배들은 어쩔 수 없이 남쪽으로 항해해 화이트사이드 운하의 막다른 길로 들어가거나 콕번 운하의 좁은 수역으로 들어가게 된다.

라스파이는 마젤란 해협의 서쪽 끝을 "석기시대의 막다른 골목"이라 불렀다. 다른 저자들은 그 풍경을 "빗물에 흠뻑 젖은 덩어리"와 "툰드라의 무자비한 황량함"이라고 묘사했다. 다윈은 그곳의 "지배적 정신은 생명이 아니라 죽음인 것 같다"라고 썼다. 그렇지만 카웨스카 사람들과 야마나 사람들은 이 땅에서 잘 살아갔고, 미로처럼 복잡한 그 해로들과 강력한 역풍은 이곳을 진지한 뱃사람들을 위한 현대의 메카로 만들었다. 파머호의 선교에서 마젤란 해협의 서쪽 입구를 처음으로 본 날, 나는 더 자세히 살펴보려고 주갑판 위로 나갔다. 미묘한 어두운 색조들과 다양한 숲의 질감들로 감싸인 그 땅의 권위와 대범함은 너무나 강렬해서, 선교의 유리창을 통해 감상하는 것은 택시의 차창으로 파리를 보는 일 같았다.

파머호는 프로워드곶을 감싸며 남아메리카의 남쪽 끄트머리를 돌고, 북동쪽으로 방향을 돌려 패민리치를 지나 푼타아레나스의 정박지로 들어갔다. 러셀 부지가 선장은 그 도시의 콘크리트 부두 서쪽 면에 배를 살며시, 부모가 아이의 얼굴에 손을 대는 것만큼 부드럽게 갖다 댔다.(닷새 뒤 우리가 웨들해를 향해 푼타아레나스를 떠날 때, 부지가가 파머호의 선수와 선미의 추진기만을 사용해 부두에서 살며시 빠져나간 뒤 그 날렵한 선체를 마젤란 해협의 물길에 맞추어 정렬시킨 다음에야 메인 엔진을 켜는 것을 보고, 해빙을 헤치고 해로를 찾기 위해 그 시점에 합류한 아이스 파일럿은 이렇게 말했다. "세상에, 당신은 배와 함께 왈츠를 출 줄 아는군요!")

남아메리카에서 서서히 무너져가는 아메리카 대륙 선주민 사회, 그리고 당시 세상에서 가장 원시적인 사람들로 널리 여겨졌던, 19세기에 이곳에 살았던 사람들을 포함하여 그들의 영적 문화와 경제적 문화가 붕괴하는 광경을 가장 간명하고 생생하게 보여줄 수 있는 곳으로 이 지역보다 더 나은 곳은 찾기 어려울 것이다. 통칭 푸에고 사람들이라 불리는 이들은 카웨스카(또는 알라칼루프) 사람들과 야마나(또는 야간) 사람들, 셀크남(또는 오나) 사람들로 구성된다. 이들 각각의 전통이 붕괴하고 인간으로서 존재한다는 것이 의미하는 바에 대한 이들 각자의 특유한 관념들이 무너져버린 까닭은, 이들 중 어떤 문화도 식민지 개척자들이 '자기네 이익을 위해' 강요한 문화(인간으로서 존재한다는 것이 의미하는 바에 대한 다른 사람들의 생각에 따라 형성된 문화)에 맞설 수 없었기 때문이다. 대격전은 벌어지지 않았다. 게릴라전의 역사도 기록되어 있지 않고, 이 세 부족이 세계 속 자신들의 존재에 대해 어떤 생각을 갖고 있었는지 이해하려는 인류학적 시도도 거의 없었다. 세 부족 모두 결국 불타버린 땅 위에서 바람에 펄럭이는, 또 하나의 찢어발겨진 기도 깃발이 되었다.

라스파이는 『누가 그 사람들을 기억할 것인가』에서 서구 문명에 대한 일반적인 비난을 늘어놓는 대신 더욱 중요한 요점에, 그러니까 더 효율적이고 경제적 성장 가능성이 큰 문화들이 차지할 공간을 마련하기 위해 지역의 지형을 함부로 파괴하는 방식에 초점을 맞춤으로써 익숙한 해체의 이야기에 보편적 맥락을 부여했다. 1832년에서 1833년 사이 남반구의 여름에 비글호를 타고 이 해역을 항해했던 찰스 다윈은 19세기 중반의 어느 아침 런던의 롬바드 스트리트를 활기차게 걸어가는 신사와, 이곳의 늪지와 빽빽한 너도밤나무 숲을 지나가는 야마나나 셀크남 또는 카웨스카 사냥꾼을 나누는 차이는 아주 얇디얇은 막 정도에 지나지 않을 거라고 말했는데, 그것은 옳은 판단이었다. 찰스 다윈의 평등주의적 관점에서 그 두 사람은 당시 사람들의 생각처럼 서로 다른 종이 아니라 형제지간이었다.

우리가 푼타아레나스에 정박해 있던 며칠 동안, 그 도시의 거리와 골목을 거닐 때면 그 선주민들이 종종 떠올랐고 그 모습을 머리에서 떨쳐낼 수가 없었다. 그들의 문화와 함께 예의 바름, 경건함, 용감함, 정의로움이 무엇을 의미하는지에 관한 그들 특유의 생각도 사라졌다. 그들과 함께, 우리가 볼 수 없는 장소들에서 어떤 일들이 일어날 수 있을지에 관한 그들의 생각 또한 사라졌다. 우리의 문화가 계속해서 공격적인 상업과 무분별한 발전의 격랑을 헤치며 나아가고 있는 지금, 사라진 그 생각들은 우리가 참고할 가치가 있는 것이었으리란 생각이 든다.

선장이 부두 옆에 배를 대고 칠레 세관과 출입국 관리소를 통과하자마자 조리사들은 신선한 채소를 구하러 육지로 갔고 배는 연료를 채우기 시작했다. 우리는 이제 파머호에서 임무를 마친 시험 항해 승조원들을 공항에서 배웅하고, 파머호에 선적할 항공 화물을 찾아왔다. 이 화물에는 실수로 루이지애나에 남겨두고 왔던, 적하 목록에 '절대 필수품'이라 적힌 물건들도 포함되어 있었다. 독일인인 아이스 파일럿은 프랑크푸르트에서 날아왔고, 당시 미국 국립 과학 재단의 극지 프로그램 수장인 피터 윌크니스도 그와 함께 왔다. 〈뉴욕 타임스〉의 노련한 저널리스트 월터 설리번도 그들과 동행했다. 웨들해 얼음 기지로 가기 위한 항해 준비를 할 때 우리가 보인 긴박감과 강렬한 집중력에는 꼭 필요한 일을 하고 있다는 생각이 배어 있었다. 항구에서 사소한 볼일을 처리할 때도 우리 모두에게는 어쩐지 다른 세상의 일을 하고 있는 듯한 느낌이 있었다. 그러는 내내 다른 사람들, 그러니까 푼타아레나스 주민들은 자신들의 집에 페인트칠을 하거나 시내버스를 운전하거나 기저귀를 갈거나 사랑을 나누거나 도서관 책상에서 잡지를 읽고 있었다. 하지만 우리는 며칠 후면 남극으로 갈 예정이었다!

우리 눈에만 그렇게 보인 건지 몰라도, 우리는 아래쪽 선창에서 좀 이해가 안 되는 듯한 표정으로 파머호의 선교를 올려다보는 하역 노동자들보다는 페르디난드 마젤란과 그의 콘셉시온호 선원들과 더 비슷하지 않았을까? 혹시 그들의 눈빛은 어리둥절함이 아니라 열렬한 부러움을 품고 있었던 걸까?

나는 웨들해에서 보게 될 것에 대한 기대감과 파머호에 승선하는 특권을 누리는 데 대한 벅찬 감정으로 무척 흥분한 상태였다.

푼타아레나스에 입항하고 나자, 내 앞에는 항해가 시작될 때 내가 자진해서 맡았던 거북한 과제가 기다리고 있었다. 너새니얼 B. 파머호의 선주들은 세계 각지에서 100명 정도의 사람들이 보낸, 반신 주소가 포함된 요청의 편지를 보냈다. 푼타아레나스에 가면 동봉한 가로 7.5센티미터, 세로 10센티미터 크기의 카드에 파머호의 인장을 찍은 다음, 자신들의 주소가 적힌 동봉한 봉투에 넣어 자신들에게 우편으로 보내달라는 요청이었다. 나는 첨부된 편지들에서 영감을 얻을 만한 뭔가를 배우게 될 거라고 기대했지만, 내가 보기에 그 편지들 대부분은 만성적 외로움에서 벗어나고 싶은 간절한 마음을 손 글씨로 표현한 것에 불과했다. 부지가 선장이 루이지애나의 푸호숑 항구에서 그 우편물 꾸러미를 받았을 때 바다에 던져버리고 싶다고 했던 말의 의미를 나는 이제야 이해할 수 있었다. 물론 내가 이런 식으로 판단하는 것은 주제넘은 일이겠지만, 편지 수십 통을 처리하면서 나는 이 희망에 들뜬 발신자들이 자기 인생에서 목적의식을 상실한 사람들이라는 생각, 이 세상에 자기가 존재한다는 사실에 대한 실체적 증거를 원하는 사람들이라는 생각이 들었다.

나는 휴게실 테이블 위에 편지들을 한 통도 뒤섞이지 않도록 잘 정리해서 펼쳐둔 다음, 카드 하나하나에 파머호의 공식 인장을 조심스럽게 찍기 시작했다. 칠레의 우편 요금을 충당하도록 그 요청 편지들에 동봉된 미국 달러화와 국제우편 쿠폰은 미리 따로 챙겨두었다. 모든 봉투에 인장을 찍고 정확한 우표를 붙인 다음 나는 부지가 선장에게 칠십 달러 정도가 남았는데 이 돈은 어떻게 해야 할지 물었다.

"배 밖으로 던져버려요." 선장이 말했다.

육지로 나가 우체국으로 가던 길에 나는 그 돈을 성당의 헌금 상자에 넣기로 마음먹었다. 성당으로 가던 길에 노천 시장을 지나다가 한 칠레인 부부와 그들의 아이가 내 쪽으로 다가오는 모습을 보았다. 그들은 굳세어 보였고 함께 있는 모습이 아주 보기 좋았다. 아내는 서너 살쯤 되어 보이는 여자아이의 손을 잡고 있었고, 남편은 커다란 짐 꾸러미를 등에 짊어지고 오른손으로는 판지로 된 여행 가방을 들고 있었다. 여자는 또 어깨에 커다란 짐 가방을 매고 옆구리에 바싹 붙여 붙잡고 있었다. 새카만 머리카락, 어두운 갈색 피부, 면으로 된 소박한 옷을 보면 그들이 순수 인디오임을 알 수 있었는데, 아마도 이 도시보다 훨씬 작은 외딴 지방의 거주지에서 푼타아레나스에 막 들어온 셀크남 사람들 같았다.

그들의 얼굴에서 보이는 순박한 표정, 신중한 동작에서 묻어나는 경이로운 기대감의 분위기, 그리고 그들이 부부로서 보이는 결속감이 길을 가던 내 걸음을 멈춰 세웠다.

이렇게 말할 수 있다면 좋겠다. 그 순간 내가 또렷한 정신으로 주머니에 있는 칠십 달러를 꺼내 그들에게 건넸다고, 그리고 그 세 사람에게 격식과 존중을 갖춰 마치 사자使者처럼 "성모님께서 당신들에게 드리는 겁니다"라고 말하고 그냥 걸어갔다고. 하지만 나는 그러지 않았다. 나는 그들이 내 곁을 지나가는 모습을 멍하니 바라보고만 있었고, 정신을 차렸을 때는 이미 너무 늦어버렸다.

우편물을 부친 다음 남은 돈은 성당 헌금함에 넣었다. 그건 냉담하게 인심을 베푼 부끄러운 행동이었다. 그런 다음 아직 내가 보지 못한 푼타아레나스의 마을들을 보러 갔다. 마을의 중심지에서 조금 떨어진 곳에서 대중에게 공개된 커다란 집 한 채를 보게 되었다. 주변과 뭔가 어우러지지 않는 그 집이 내게 이상하게도 익숙하게 느껴졌다. 그건 귀족의 저택이었다. 한때 부유한 유럽인들, 유럽 및 유럽의 문화와 유럽적 분위기와 단절되는 것을 두려워했던 사람들이 살았던 집이 아닐까 싶었다. 그 집은 내 새아버지 가문의 저택인 카사델인디오를 떠올리게 했다.

안에 들어가본 나는 그곳이 한때 돈 호세 메넨데스*의 후손

---

* 아르헨티나와 칠레 파타고니아에 기반을 둔 스페인 사업가로, 그가 창업한 사업체들 다수가 오늘날까지도 남아 있다. 21세기에 들어 메넨데스와 그의 동업자였던 브라운 가문이 파타고니아의 셀크남 선주민들의 대학살에 관여한 역사가 드러났다.

들인 브라운-메넨데스 가문의 집이었음을 알게 되었다. 19세기 후반 메넨데스는 티에라델푸에고에서 대서양으로 흘러가는 리오그란데강 양쪽에 하나씩 양 목장 두 곳을 운영했다. 이 두 거대한 에스탄시아*는 푼타아레나스에서 남동쪽 방향 직선거리로 160킬로미터 떨어진 곳, 티에라델푸에고의 아르헨티나 쪽 땅에 자리 잡고 있었다. 나는 (브라운 가문이 이곳에서 메넨데스 가문과 혼인으로 연결되었듯이) 이 돈 호세라는 인물이 아스투리아스의 내 새아버지 가문과 결혼으로 연을 맺은 메넨데스 가문의 일족에 속하는지 궁금해졌다. 새아버지는 종종 내게 본인이 어린 시절에 알았던 "호세 메넨데스"에 대해 큰 존경을 담아 이야기하곤 했다. 하지만 그 집의 안내 책자에서는 그런 정보는 전혀 찾을 수 없었고, 안내원들에게서도 아무것도 알아낼 수 없었다.

가구와 미술품, 설비, 장식까지 모든 게 아름다웠다. 거기 있는 모든 것이 빈틈없이 질서정연하게 정돈되어 있었다.

브라운-메넨데스 하우스에서 나온 나는 점심을 먹으러 이 도시의 대표적인 호텔인 카보데오르노스 호텔로 걸어갔다. 옷을 잘 갖춰 입은 푼타아레나스의 사업가들과 상인들 중 다수가 여기서 점심을 먹는 것 같았다. 이들은 아주 잘 적응해서 유럽인도 셀크남인도 아닌 존재가 된 사람들이었다. 나는 푼타아레나스가 마음에 들었다. 그날 아침 우리 배는 머리 바로 위에서 남

---

* 대지주가 운영하는 대규모 목장.

십자성이 희미해지다 사라지고 해가 떠오를 무렵에 푼타아레나스로 다가갔다. 밝은 파스텔 색채의 집들 수백 채가 해안가에서 언덕 쪽으로 층층이 솟아 있는 광경이 아주 매력적으로 보였다. 그리고 전간기* 건축 양식과 육중한 가구와 설비를 갖춘 카보데오르노스의 로비는 손님을 편안히 해주는 분위기였다. 나는 식사 후 한두 시간 정도 로비의 의자에 앉아 책을 읽었다. 옆을 지나가던 사람 몇 명이 공손히 고개를 끄덕여 인사를 건네주었다.

나는 이곳의 분위기가 아주 맘에 들어서 객실에 관해 질문하기도 했고, 나중에는 앞으로 언젠가 여기서 자리를 잡고 라스파이의 것과 같은 소설을 쓰는 몽상을 하기도 했다.

착한 사마리아인의 이야기를 다시 써보고 싶었다. 그는 우리가 인간적 절제가 사라져가는 마지막 시기를 살고 있다고, 또한 에티오피아 고원의 붉은볼따오기와 축치반도의 넓적부리도요의 마지막 날들을 살고 있다고 생각하는 사람이다. 그는 사방에서 절도와 무관심과 고통을 보지만, 자신이 속한 작은 세계에서는 등을 돌리지 않고 도움을 주며 살기로 결심한다. 그의 인생은 스스로 상상했던 것보다 훨씬 더 고통스러워지고 훨씬 더 망가지며, 결국 그는 익명성 속으로 사라지게 된다. 이 인물에 관해 쓸 때는 카뮈가 『페스트』를 쓴 뒤 했던 말, 우리에게는 지구뿐이며, 지구 외에 다른 안식처는 없다고 했던 말을 지침으로

* 1차 세계대전이 끝나고 2차 세계대전이 시작되기 전 사이의 시기.

삼아야겠다고 생각했다.

점심을 먹으며 나는 이 인물의 노력과 순진함이 불러올 함정들을 구상했다. 어쩌면 카보데오르노스에 방을 하나 잡고, 차라리 배 모는 법을 배우고 날씨가 좋기를 바라며 티에라델푸에고의 앞바다를 돌아다니고, 북쪽 세상에서 일어나는 문제들은 무시하는 게 더 좋을지도 모르겠다. 하지만 이런 발뺌의 이미지에는 내가 자가예프스키가 말한 "팔다리가 잘린 세계"에 대해 여전히 느끼고 있던 끌림이 없었다. 여기 이 레스토랑에 앉아 있는 나는 아직 살아 있었고, 이 세계의 모든 생명을 위한 사절이 되고 싶었다. 그게 아무리 이제는 한물간 생각이라고 해도 말이다.

어느 오후 부지가 선장은 내게 바지와 정장 셔츠를 차려입고 자신과 일등 항해사, 기관장과 함께 어디에 좀 가자고 했다. 그들은 부두에서 우리 배 맞은편에 정박해 있던 이르벤스키프롤리프호의 선장에게서 함께 차를 마시자는 초대를 받은 터였다. 이르벤스키프롤리프호는 러시아의 무르만스크에서 온 어류 가공선이었다. 이 배는 이틀째 항구에 있으면서 연료와 보급품을 채우고 있었고, 병원도 이용하고 있는 듯했다. 녹슬고 군데군데 때운 자국이 있는 선체, 심하게 손상된 갑판 크레인, 페인트가 벗겨지고 있는 선루까지 모든 게 말하고 있는 메시지는 하나였다. '너희를 내보낸 우리는 너희의 운명이 어떻게 될지는 신경 쓰지 않는다. 그냥 생선들만 가져와라'라는 메시지였다.

자리에 앉기 전에 러시아 선장은 잠시 배를 둘러보게 해주었는데, 주로 기관실을 중점적으로 보여주었다. 아마도 우리 기관장이 함께 왔기 때문이었을 것이다. 좁은 통로와 검댕이 잔뜩 묻은 기관실을 밝히고 있는 조명은, 머리 위 갑판 아래 어두운 버팀목에 걸어둔 전선 끝에 매달린 백열등 몇 개가 다였다. 금속 선반들과 드릴 프레스, 용접 테이블이 자리한 그 방은 기관실이라기보다 철공소 같은 느낌이었다. 디지털 정보와 도표들을 보여주는 소형 LED 디스플레이와 컴퓨터 화면의 빛을 볼 거라 예상되는 곳에는 프롤레타리아의 느낌이 물씬 묻어나는 낡아가는 기계들뿐이었는데, 그 기계들은 오랜 세월 사람의 손길을 받아 손잡이와 가장자리 여기저기에 반들반들 윤이 났다. 흘수선 아래 몇몇 지점에서는 선체 판들 사이로 바닷물이 새어 들고 있었다. 망치를 두드리는 것 같은 디젤발전기 소리와 뜨거운 공기가 우리를 한층 더 옥죄는 느낌이 들었고, 깎여나간 금속 부스러기들과 용접하고 남은 녹은 금속 찌꺼기들, 기름으로 번들거리는 바닥에 아무렇게나 널려 있는 도구들을 보니 그들이 항상 고되게 일하며 끊임없이 유지 보수를 하고 있음을 알 수 있었다.

우리는 몇 가지 선물을 가져갔다. 의약품, 폭풍우가 칠 때를 대비한 보호 장비, 고무장화, 의류 몇 가지, 그리고 파머호 조리사가 만든 초콜릿 케이크였다. 그들이 내온 차는 맛이 좋았다. 우리가 차를 마신 유리잔에는 러시아 민담의 장면들을 줄세공으로 묘사한 은색 주석 홀더가 끼워져 있었다. 차를 다 마시자

러시아 상급 선원 한 명이 우리에게 그 유리잔과 장식 홀더를 가져가라는 손짓을 했다. 우리에게 주는 선물이었다. 그들은 작업용 흰 면장갑도 새것으로 우리에게 한 켤레씩 선물했다.

우리가 아직 조타실에 있을 때 선장은 우리를 밖으로 안내하며 우현쪽 선교 옆으로 데려가 그곳의 난간과 바닥이 모두 나무로 되어 있다는 점을 짚어주었다. 폭풍이 몰아칠 때 여기로 나와 목재의 감촉을 느끼면 아주 안심이 된다고 그는 말했다.

우리는 서로 악수하며 따뜻한 작별의 인사를 나눴다. 좁은 통로를 걸어나올 때 부지가 선장은 어깨 너머로 내게 이렇게 말했다. "이 사람들한테는 아무것도 없네요. 정말 아무것도."

부두에서 그는 우리 세 사람을 향해 돌아서며 말했다. "우리 중에 저 배를 타고 항해할 배짱이 있는 사람은 아무도 없어." 그의 말투를 보면 우리가 행운인 줄 알아야 한다는 게 아니라 부끄러워해야 한다는 말로 들렸다.

나는 아직 파머호로 돌아가고 싶지 않아서 시가지 쪽으로 걸어갔다. 그리고 어느 레스토랑에 들어가 커피를 마시며 이르벤스키프롤리프호에 관해 잊지 않도록 내가 본 것과 그 세세한 부분들을 노트에 적었다. 베트남전 참전 군인인 우리 선장은 이르벤스키프롤리프호에서 열린, 서로 존중과 인심을 표현하는 의식에 나를 데려갔다. 내가 보기에 그 일은 그의 개인적 용무였다. 나는 그 배에서 경험한 것을 내가 제대로 이해했는지 완전히 확신할 수 없었다. 선장에게 나를 초대해줘 고맙다는 인사를 다시 전하고, 그에 관해 글로 써도 되는지 허락을 얻어야겠다고 생각했다.

이튿날 푼타아레나스의 한 골목에 있는 책방에서 내가 찾던 책이 헌책으로 나와 있는 것을 발견한다. 로버트 쿠시먼 머피가 쓴 『남아메리카의 바닷새: 미국 자연사 박물관의 브루스터-샌포드 컬렉션을 기반으로, 미국이 탐사한 남극 대륙 일부를 포함하여 남아메리카의 해안과 해양의 조류 종들에 관한 연구』라는 책이다. 두 권으로 된 이 책에는 "프랜시스 L. 자크의 그림과 사진, 지도, 기타 스케치 등의 삽화가" 실려 있다. 1936년에 출간된, 245쪽짜리 책이다. 나는 이 책 두 권과 함께, 남극해의 새들에 관한 좀 더 대중적인 안내서도 한 권 산다.

이 대중적 안내서는 부지가 선장에게 그가 선교에 늘 손이 잘 닿는 곳에 두는 책들 사이에 두도록 줄 것이고, 머피의 『남아메리카의 바닷새』는 배의 서재에 두라고 할 생각이다. 선장이 내게 배의 서재를 꾸리는 걸 도와달라고 했기 때문이다. 그는 머피의 산문을 좋아할 것이다. 대화하는 듯한 문체로, 정보를 잘 전달하면서도 글이 난해하지는 않다. 바닷새에 관해 진지한 호기심을 지닌 사람들에게 상세한 답을 주는 책이다. 우리가 마젤란 해협의 서쪽 끝으로 진입하고 있을 때 선장은 내게 남방큰재갈매기에 관해 물었다. 그때 그 새들이 떼를 지어 우리 주변을 빙빙 돌고 있었다. 그는 남방큰재갈매기가 조개껍데기를 깨트리려고 해빙의 15미터 상공에서 조개를 떨어뜨린다는 이야기를 들었다고 했고, 이번 여행에서 그 광경을 볼 수 있을지 알고 싶어했다. 나는 최대한 잘 대답하려고 애썼다. 짧게 답하자면 볼 수 있다고 말할 수 있겠지만, 장담할 수는 없으며, 우리가 해빙 속으로 들어가 훨씬 남쪽으로 가서도 그 새들을 볼 수 있을지 없을지는 알 수 없다고.

이제 나는 남방큰재갈매기에 관해 열다섯 쪽에 걸쳐 다루고 있는 머피의 책을 그에게 줄 수 있게 됐다.

배에 돌아가니 부지가 선장은 낮잠을 자고 있다. 나는 그에게 남기는 메모와 책들을 선교에 놓아두고, 당직을 서고 있던 이등항해사에게 우리가 드레이크 해협을 지날 때쯤이면 날씨가 어떨 것 같으냐고 묻는다. 우리는 함께 일기예보 팩스를 보러 간다. 그는 현재로서는 파고가 1.5미터밖에 되지 않고 우리 남쪽으로는 기압대가 안정적으로 보이지만, 그 무엇도 확신할 수는 없다고 말한다. 자기로서는 날씨가 좋기를 바라지만, 드레이크 해협의 물살은 거칠기로 악명이 높다고. 서쪽으로부터 돌풍이나 더 고약한 것들도 경고 없이 들이닥친다는 것이다. 거기서 20미터의 파도도 본 적이 있다고 한다.

우리는 이틀 후에 출항할 예정이다.

어느 저녁 기관장과 나는 기관실에서 일하는 다른 몇 사람과 함께 저녁을 먹으러 택시를 타고 시내로 간다. 식사가 끝난 후 기관장은 내게 선원들이 자주 갔던 나이트클럽에 함께 가자고 초대한다. 나는 주저하다가 거절한다. 그 초대는 선원들이 내가 그 배에 함께 있는 것을 진심으로 받아들인다는 신호였기에, 항해의 이 시점에 그들에게 거절의 말을 하고 싶지는 않다. 그들이 외부인에게 나이트클럽에 함께 가자고 권유하는 일이 여간해서는 없다는 걸 나는 안다. 나는 시간이 늦었다고, 그래도 초대해줘서 고맙다고 모두에게 말하고 즐거운 저녁 보내라고 말한다. 내가 배로 가려고 돌아서자 일등 항해사가 다가와 의미심장하게 내 손을 잡더니 악수한다. 정확히 왜 그런 건지는 모르겠지만, 아마도 내 거북한 마음을 덜어주려고 그러는 것 같다. 아니면 그들이 나를 받아들이는 마음이 내 거절에도 흔들리지 않는다는 것을 힘주어 전하고 싶은 건지도 모르겠다.

파머호는 긴 부두의 제일 끝자리에 정박해 있다. 선원 한 명이 출입구 위에서 보초를 서고 있다. 허가받지 않은 사람을 배에 오르지 못하게 하고, 육지에 간 사람들이 모두 근무 교대 시간인 오전 네 시까지 돌아오는지 확인하기 위해서다. 그는 내 이름 옆에 체크 표시를 한다. 그에게 밤 인사를 건네고 돌아서려는데, 어두운 모직 코트에 옷을 잘 차려입은 키 큰 남자 한 명이 뱃전 출입구로 머뭇거리며 걸어온다. 모자는 쓰지 않았고 단추를 채우지 않아 펄럭이는 오버코트 뒤로 첫 단추를 풀어놓은 흰 셔츠와 재색 바지가 보인다.

"세뇨르 로페스?"

나는 내 가슴팍을 가리키며 말한다. "{네, 제가 로페스입니다만, 저는 스페인어를 잘 못합니다. 단어 몇 개밖에 몰라요. 말씀해보세요.} 영어 하실 줄 압니까?"

"예, 할 줄 압니다. 당신은 영어 실력이 늘었군요. 억양이 더 좋아졌어요."

"그런가요. 예, 감사합니다. 아, 그런데 우리가 서로 아는 사이인가요? 죄송합니다. 제가 당신을 알아봐야 하는 게 아닌지. 여기 조명이 별로 안 좋아서요."

"우리가 서로 아냐고요? 뭐, 그렇지요. 몇 년 전 우리는 매주 한 번 정도 점심을 함께 들었으니까요. 대학교에서요."

"실례지만, 사실 푼타아레나스에는 이번에 처음 왔습니다만. 여기 대학교에는 가본 적이 없고요."

남자는 무슨 영문인지 파악하려는 듯 주위를 둘러보았고, 이제는 어리둥절하다기보다 좀 화가 난 것처럼 보였다.

{"당신은 이 미국인 선원 앞에서 나를 바보로 만들고 있군요. 당신이 이렇게 무례하게 구는 이유를 모르겠네요."}

나는 그가 스페인어로 하는 말을 완전히 이해하지는 못했지만 "바보" "무례" "이 미국인 선원"이라는 말들로 자신이 부당한 대접을 받았다고 느끼며 또 선원 앞에서 체면이 구겨졌다고 여긴다는 건 알 수 있었다.

"무척 유감입니다만, 뭔가 혼동이 있었던 것 같군요. 저는 이전에 여기 왔던 적이 한 번도 없습니다. 당신을 못 알아보는 것에 대해서는 죄송합니다. 혹시 우리가 다른 어디선가 전에 만났던 적이 있습니까?"

"당신은 작가 배리 로페스지요?"

"예, 저는 작가가 맞습니다. {저는 작가인 게 맞습니다, 네.}"

"그래요. 당신은 몇 년 전 여기 대학교에 손님으로 왔었어요. 학생들이 당신이 쓴 장편소설들을 읽었고요. 당신은 몇 차례 우리 집에 와서 식사를 했죠."

"아닙니다. 그런 일은 없었습니다. 저를 다른 누군가와 혼동하신 것 같군요. 저는 장편소설은 쓴 적이 없습니다."

"하지만 나는 당신을 알아볼 수 있어요. 당신의 얼굴과 당신의 머리카락까지. 어떻게 당신이 당신이 아닐 수 있단 말입니까? 왜 이런 짓을 하는 겁니까?"

"나는 아무 짓도 하고 있지 않습니다. 이 일이 어떻게 된 건지 이해하려고 노력하고 있을 뿐입니다. 말씀드렸다시피 저는 푼타아레나스에는 처음 왔습니다. 사흘 전에 이 배를 타고 여기 도착했고……"

그가 손을 휘저으며 내 말을 잘랐다. 이제 나는 그에게 거짓말쟁이에 무례한 자, 그를 실망시킨 사람이었다. 그는 갑자기 휙 돌아서더니 알루미늄으로 된 통로를 큰 소리를 내며 성큼성큼 걸어갔다. 바닥에 내려서자 그는 돌아서서 나를 보며 말 안 듣는 아이를 꾸짖듯 매섭게 노려보고는 그 자리를 떴다.

나는 망연자실해서 배의 난간에 서 있다. 이 일을 어떻게 생각해야 하는 걸까. 그가 한 말들은 얼토당토않았다. 책 표지에서 내 얼굴 사진을 보고 망상에 빠져 자기만의 현실 속에서 살고 있는 사람이었을까? 만약 내가 계획대로 몇 년 뒤 푼타아레나스에 와서 카보데오르노스에서 방을 빌려 소설을 쓴다면, 그때 다시 그 사람을 만나게 될까? 그러면 나는 뭐라고 말해야 할까?

몇 년 뒤 나는 보고타에 있는 세르반테스 연구자 친구에게 이 일에 관해 이야기했다. "다시 한 번," 그가 운을 뗐다. "북과 남 두 개의 아메리카가 충돌했군. 로고스와 미토스가 말일세."

1584년 3월, 스페인 탐험가 페드로 사르미엔토 데 감보아가 칠레의 브런즈윅반도에서 프로워드곶과 나중에 푼타아레나스가 된 지역 중간쯤 되는 곳에 마을을 세웠다. 감보아는 그곳을 시우다드델레이돈펠리페(돈 펠리페 왕의 도시)라 불렀다. 그의 목적은 스페인 사람들이 자신들 소유의 바다라고 여겼던 태평양으로, 1578년에 드레이크가 그랬듯 영국인들이 들어가는 것을 막기 위해 마젤란 해협에 군사기지를 건설하는 것이었다.

감보아는 300명 정도의 군인들과 정착민들을 그곳에 남겨두고 겨울이 다가오자 떠나가버렸다. 마을은 난관에 처했다. 삼년 뒤 그곳을 방문한 영국인 항해가 토머스 캐번디시는 굶주림과 혹독한 날씨 때문에 그들이 전원 사망했음을 알게 되었다. 캐번디시는 그곳의 지명을 포트패민, 기아 항구으로 바꾸었다. 오늘날 이 지역 사람들은 이곳을 푸에르토델암브레라 부른다. 기아의 항구, 아사의 항구, 배고픔의 항구라는 뜻이다.

19세기 초에 푸에르토델암브레는 파타고니아 연안 지대를 탐험하는 영국 해군을 위한 기지 역할을 하기 시작했다. 1828년, 탐사용 함선 HMS 비글호가 푸에르토델암브레에 정박해 있는 동안 함장 프린글 스톡스가 스스로 목숨을 끊었다. 어느 정도 시간이 지난 후 비글호의 지휘권은 부함장 로버트 피츠로이에게 맡겨졌다. 피츠로이는 1830년에 훌륭한 해도들을 갖추고 카웨스카 사람 네 명을 데리고 잉글랜드로 배를 몰았다. 피츠로이는 자신이 각각 퓨이지아 배스킷, 제미 버튼, 요크 민스터라는 기독교식 이름을 붙여준 이들의 본명이 요쿠슐루, 오룬델리코, 엘렐라루였다고 노트에 적어두었다. 마지막으로 스무 살이었던 카웨스카인에게는 보트 메모리라는 이름을 붙였는데, 그는 잉글랜드에 간 뒤 천연두로 목숨을 잃었다. 그의 시체는 방부제 용액에 담겨 런던에 있는 영국 왕립 외과대학에 보내졌다.

1831년에 피츠로이는 다시 한 번 비글호의 지휘를 맡아 남아메리카 해안 탐사를 이어가라는 명령을 받았다. 12월 27일에 그는 젊은 박물학자 찰스 다윈을 태우고 플리머스에서 출항했다.

비글호는 남아메리카의 남동 해안을 탐사한 후 1834년 한겨울인 6월 1일에 다시 포트패민에 정박했다. 다윈은 이곳에 대해 이렇게 썼다. "이보다 더 음울한 광경은 한 번도 본 적이 없다. 거무스름한 나무들은 눈에 덮여 얼룩얼룩한데 그조차 부슬부슬 내리는 눈이 시야를 흐려 희미하게만 보인다." 해변으로 가서 빽빽한 덤불숲을 헤쳐 나가느라 용을 쓰고 돌아온 뒤에는 그 주변 지역을 "어떤 말로도 형용할 수 없는, 죽음처럼 황량한 풍경"이라고 묘사했다.

나는 늘 포트패민을 엄청나게 황량한 곳으로, 기념비적 규모로 점령하고 소유하려는 인간의 의지를 보여주는 부정적 기념물로 여겼다. 스페인 사람들의 옛 기지가 있던 곳은 푼타아레나스에서 해안을 따라 겨우 65킬로미터 정도 내려간 곳에 있다. 다윈이 여기 왔었다는 사실도 내가 접한 몇 가지 역사적 서술들과 함께 나를 이곳으로 끌어당긴 한 요소였다. 그러나 포트패민 유적지에서 나의 관심을 가장 크게 자극한 것은 내가 알기로 1950년대에 그곳에 지어진 작은 예배당이었다. 절망에 빠진 사람들이 주기적으로 이 예배당으로 순례를 간다. 나는 그 예배당 벽에 밀라그로가 빽빽하게 붙어 있다는 이야기를 들었다. 스페인어로 기적이라는 뜻의 밀라그로는 생화 장식, 가톨릭 메달, 종교적인 내용이 담긴 카드, 리본, 그리고 성인들, 특히 성모마리아에게 자신들이 천당으로 갈 수 있게 해달라고 간청하는, 손으로 쓴 글들을 한데 모아둔 것이다.

이렇게 벽에, 때로는 심지어 천장에까지 밀라그로들이 가득한 이런 작은 마을 예배당들은 남아메리카 전역에서 발견되며, 그 내부는 수백 개의 봉헌용 양초들이 빛을 밝히고 있다. 나에게 이런 예배당들은 종교를 초월한 장소이며, 근본적인 인간의 욕구, 안심을 얻고 싶은 욕구를 보여주는 곳이다. 잘 살아가는 일에 관해, 우리 노동의 열매를 누리는 일에 관해, 가족과 친구의 친밀함에 관해 우리가 서로 어떤 이야기를 나누든, 이 예배당들은 우리 모두가 아는 인류의 고통, 그 누구라도 차마 그 이야기를 끝까지 다 들어낼 기력이 없을 정도로 많은 생명을 앗아가는 보편적 고통의 경험을 모르는 척 무시해서는 안 된다고 강변한다.

그 예배당들은 뿌리 깊은 신앙 못지않게, 뿌리 깊은 인간의 두려움도 거침없이 말해준다.

그런 장소들을 방문할 때 연민을 느끼지 않는 것은 나에게는 불가능한 일이다. 밀라그로들을 미신의 증거로 여기거나 이 외딴 예배당들을 낙후된 곳으로 묘사하는 것은 나에게는 인간으로서 존재한다는 것이 의미하는 바를 무시하는 일로 보인다. 인간으로 살아간다는 것은 자신의 운명을 결코 온전히 스스로 선택할 수는 없는 세상에서, 두려움을 품고 살아가는 일이라는 것을.

푸에르토델암브레는 현재 칠레 국가 유적지의 일부다. 주변은 소박하며 겨우 몇 에이커의 평지로 이루어져 있으며, 그 예배당과 다른 몇몇 건물이 주차장 근처에 몰려 있다. 기둥과 가로대로 이루어진 울타리를 세워 운전자들이 아무 표시 없는 묘지로 들어가지 못하게 막아두었다. 이 평지에서 가장 두드러지는 것은, 남극 대륙의 파이 조각 모양의 땅 한 부분에 대한 권리가 칠레에 있다고 주장하는 기념비다.(아르헨티나, 영국, 호주, 그리고 그 밖의 세 국가의 남극 영토 주장과 마찬가지로, 칠레의 주장도 세계적으로 인정받지 못하고 있다. 1959년의 남극조약으로 이 국가들의 모든 권리 주장이 정지되었다.) 푸에르토델암브레는 칠레와 페루의 국경에서부터 남쪽으로 약 3950킬로미터 떨어져 있는데, 칠레가 영유권을 주장하는 파이 조각 모양 남극 땅의 꼭짓점에 해당하는 남극점에서 북쪽으로 푸에르토델암브레까지도 거의 그만한 거리가 떨어져 있다. 말하자면 푸에르토델암브레에 있는 기념비는 칠레가 도전적으로 자국의 지리학적 중심점을 표시하기 위해 세워둔 것이다.

나는 어느 아침 차 한 대를 렌트해 푼타아레나스 시가지를 벗어나 푸에르토델암브레로 가는 해안 도로를 달렸다. 비포장도로이기는 했지만 상태는 괜찮았고, 그 길을 지나는 여행자들에게 마젤란 해협의 웅장한 풍경과 해협 남동쪽의 티에라델푸에고섬이 잘 보일 만큼 충분히 높은 해안가 경사지를 끼고 도로가 조성되어 있었다. 본토의 북서쪽 내륙으로는 녹색 언덕들이 서 있는데, 그중에는 벌목되어 목초지로 조성된 곳이 많았고, 사이사이 너도밤나무 무리들이 이 방목지들을 분리하고 있었다. 내가 배에서 나와 길을 나설 때는 날씨가 흐렸지만, 차를 몰고 가는 동안 구름이 걷히기 시작했다. 나는 중간에 여러 번 차를 멈추고 밖으로 나가 쌍안경으로 광활한 마젤란 해협을 바라보았다. 내 바로 맞은편에는 티에라델푸에고 북서해안에 푹 들어간 바이아이누틸레(쓸모없는 베이)가 자리하고 있었다. 그 만의 남쪽으로 도슨섬의 끄트머리도 알아볼 수 있었다.

그 먼 해안들 너머로 남쪽 수평선이 광활하게 펼쳐져 있었다. 시야에 들어오는 티에라델푸에고의 땅들과 그 너머 바다가, 그 수평선에서 지구의 가장자리 너머로 접히며 마치 폭포처럼 떨어지는 것만 같았다. 그보다 더 멀리, 마지막 바다의 저편에는 전에 세 번이나 가보았지만 여전히 나에게는 도저히 닿을 수 없이 느껴지는 곳이 있었다. 앞으로 파머호를 타고 웨들해로 갈 여정이 내게 그곳에 관해 좀 더 알려줄 거라 약속하고 있지만, 저 수평선 너머에 존재하는 것에 관한 깨우침에는 끝이 없을 거라는 생각이 들었다.

나는 열렬히 그곳이 보고 싶었다.

푸에르토델암브레를 향해 남쪽으로 달리는 동안 내 왼쪽 어깨 위로 올라온 햇살이 사뭇 강렬해졌다. 내리쬐는 햇빛 아래서 바람에 연마된 마젤란 해협의 바닷물이 검은 잉크가 담긴 쟁반이 흔들리는 것처럼 희미한 빛을 발했다. 내가 본 새들도 기억에 담아두고 있었다. 주로 슴새와 바다제비 몇 마리였는데, 한 지점에서는 남방카라카라 한 마리가 내 앞쪽 울타리 기둥 위에 앉아 있는 것이 보여 가슴이 설렜다. 다리가 길고 가슴에 검은색과 흰색 줄무늬가 있는 카라카라는 엄밀히 따지면 매지만 겉보기에는 다리가 긴 수리매 같은 모습이며 주로 동물 시체를 먹고 산다. 얼굴은 불그스름하고 정수리 깃털은 검은색이며, 검은 날개 끄트머리에는 흰색이 섞여 있다. 그때까지는 텍사스주 걸프코스트의 마타고다섬에서 딱 한 번 보았을 뿐이다. 이 새는 남아메리카에 더 흔하고 거기서 더 쉽게 볼 수 있다. 하지만 두 장소를 연결하는 하나의 실이 있다고 말할 수도 있다. 나는 그 실의 남쪽 끝이라 할 수 있는 여기 브런즈윅 반도에서 카라카라를 발견한 것이 기뻤다. 그 실의 북쪽 끝은 9200킬로미터 떨어진 텍사스 해안이다. 가늘디가는 실 한 올이 어떤 추상적인 개념 하나를 연결하고 있다.

카라카라를 본다는 것이 사실 그리 엄청난 일은 아니다. 그날 아침 일을 더욱 기억할 만한 특별한 일로 만든 것은 내가 길가 울타리 기둥에 앉아 있는 그 카라카라 옆을 지나가고 잠시 후 5킬로미터쯤 더 가서 같은 울타리의 또 다른 기둥 위에 앉아 있는 두 번째 카라카라를 보았다는 사실이다. 그리고 좀 더 가서 또 한 마리를 보았다. 이렇게 그날 나는 모두 길을 따라 울타리 기둥에 규칙적인 간격을 두고 앉아 있는 일고여덟 마리의 카라카라 곁을 천천히 지나갔다. 그 카라카라들은 모두 똑같이 남쪽을 바라보고 있었다. 당연히 나는 그 이유가 궁금했지만 그런 건 머리를 굴려본다고 해서 알 수 있는 게 아니다. 일반적인 논리로도, 그리고 매의 행동과 생태에 관해 내가 알고 있는 것보다 훨씬 뛰어난 지식으로도 그 이유를 알아낼 수는 없으리란 생각이 들었다. 어쩌면 카웨스카 사람들은 뭔가 알고 있을지도.

차를 몰고 가는 동안 짧은 소나기가 지나갔고, 무거운 빗방울들이 흙길에 떨어지며 동그란 무늬를 만들었다. 푼타아레나스의 이 변두리를 지나가는 다른 차는 한 대도 보이지 않았고, 목초지를 걸어가는 사람도, 농장의 마당에 나와 서 있는 사람도, 길에서 보이는 목장 울타리 안에서 일하고 있는 사람도 한 명도 없었다. 티에라델푸에고 너머로 보이는 수평선 위 하늘이 회색과 검은색으로 부풀어올랐고, 거기에 자수정 같은 색깔과 헤나의 적갈색 염료색, 암갈색, 멍든 눈 같은 색들이 줄무늬를 만들고 있었다. 때때로 뭉게구름 사이로 태양이 드러날 때면 내가 달리는 흙길이 환하게 밝아졌고, 그러면 황갈색과 갈색을 띠던 흙길이 회백색으로 변했다.

그때 누군가가 보였다. 도로 왼편에서 한 남자가 내 쪽을 향해 걸어오고 있었다. 나는 차를 천천히 몰고 있었고 그도 천천히 걷고 있었으므로 그에게 도달하기까지 어느 정도 시간이 걸렸다. 주변에는 농장도 전혀 보이지 않았다. 그러다 갑자기 그 사람 위로 무지개가 떴다. 순간적으로 도로 위에서 증기가 만들어낸 짧고 낮은 색색의 무지개였다. 나는 너무 경이로워 가속페달에서 발을 뗐다.

남자는 한결같은 속도로 걸어오고 있었다. 별 특징 없는 신발은 해져 있었다. 검은 바지와 어두운색 셔츠를 입고 있었지만 모자는 쓰지 않았다. 예순이나 일흔 정도 되어 보였다. 아니, 우리가 있던 장소를 고려하면 그보다 더 젊을지도 몰랐다. 그는 차 앞에서 몇 미터 떨어진 곳에서 걸음을 멈췄지만 나에게 눈길을 주지는 않았다. 그는 마젤란 해협의 바다를 노려보았다. 마치 해협이 살아 있는 존재이며 못된 고집이라도 부리고 있다는 듯이. 자기 뜻을 거스르고 있다는 듯이. 어쩌면 불안정한 날씨에 대해 보이는 반응인지도 몰랐다. 그는 열려 있는 운전석 차창 옆으로 약간의 거리를 두고 지나갔다. 말을 걸어야 할까? 태워주겠다고 말해볼까? 하지만 그는 내 쪽으로는 한 번도 시선을 주지 않았다.

나는 백미러 속에서 점점 작아지는 그의 모습을 지켜보았다. 햇빛이 비칠 뿐 그 외에는 아무도 없는 풍경 속을 단호하게 걷는 사람. 나는 그가 정신적으로 장애가 있는 사람이 아닐까 궁금했다.

그 사람을 떠올릴 때마다 나는 그를 마젤란 해협의 하늘 아래서 작아 보이던 인물로 상상한다. 그리고 내 노트에는 그가 어두운색 셔츠를 입고 있었다고 적혀 있지만 내 머릿속에서는 하얀 셔츠를 입고 있는 모습으로 떠오른다. 적란운이 떠 있던 높은 하늘, 멀리 어둡게 보이는 티에라델푸에고, 크레이프 직물의 잔주름처럼 자잘한 물결이 일던 해수면, 햇빛 아래 온갖 선명한 색깔들이 만드는 그 파노라마 속에 있던 그의 모습이 눈에 선하다. 그의 헝클어진 흰 머리칼과 현실 같지 않았던 무지개가 보이고, 나에게는 그 순간이 하나의 입구였다는 걸, 내가 들어가지 않은 입구였다는 걸 나는 안다. 지금 내게는 그 순간이 하나의 수수께끼 같은 기억으로 남아 있다. 언젠가 갑자기 그 장면을 열어젖혀줄 무언가가 나타날 날을 기다리며 그 기억을 간직하고 있다.

나는 푸에르토델암브레로 가는 길에서 보았던 그 남자가, 어쩌면 정신이 이상해진 사람일 수도 있지만, 결국 우리 대부분과 전혀 다를 게 없는 사람이라고 생각한다. 그는 우리가 늘 의지하며 세상을 헤쳐 나가는 기준으로 삼고 있던 확실성이라는 안전장치가 무너지고, 반박할 수 없는 진실이 변화무쌍한 만화경 속 이미지들처럼 갑자기 우리 앞에서 새롭게 짜 맞춰질 때 모두가 하는 일을 하고 있었을 뿐이다. 우리는 삶의 조건을 형성하는 근본적 측면은 확실성이 아니라 신비임을 감지하고 있으면서도, 합리적인 모든 것에 대한 현실적 믿음으로 무장한 채 우리가 아는 것을 자신만만하게 단언한다. 우리는 우리가 알고 있는 것이 옳다고 선언하며 앞으로 밀고 나아가고, 우리와 같은 믿음을 지닌 사람들이 존재하기를 바라면서 그들을 찾으려 애쓰고, 그러는 한편으로 다른 관점을 가진 사람들과도 평화를 유지하려 노력한다. 그리고 긴장이 높아지는 동안에도, 우리가 깨어 있는 동안에는 푸른 하늘이 이 모든 것 위로 높이 솟아, 우리가 습관적으로 어두운 공허라고 여기는 그 너머 우주 공간을 가려준다. 하늘의 모호한 허리 부분에 펼쳐진 수평선은, 우리가 실재라고 여기는 것—바다, 육지, 얼음—과 추측이라고만 여기는 것이 만나는 곳이다.

쿡은 엔데버호를 타고 바다를 누비며 마오리 사람들에 관한 생각을 기록했고, 메스티소 여행가이자 역사의 각주와도 같은 래널드 맥도널드는 쇼군의 궁정에서 영어 단어들을 신중하게 발음했으며, 젊은 다윈은 이사벨라섬에서 코르디아 루테아 덤불을 헤치고 핀치를 찾아다녔다. 우리가 세상을 보는 방식을 바꿔놓은 이 소수 사람들의 개척에 관한 이야기는 세상에 알려져 있다. 하지만 또 다른 이들의 개척 행위는 여전히 알려지지 않았거나 거의 언급되지 않는다. 우리가 확실히 안다고 주장하는 것은 매일 달라지지만, 지금 사방에서 들리는 경보를 듣지 못하는 사람은 아무도 없다. 우리가 해야 할 질문은 이것이다. 저 바깥에, 저 길 끝 바로 너머에, 언어와 열렬한 믿음 너머에, 누구든 우리가 충성을 바치기로 선택한 신들 너머에 무엇이 존재하는가? 우리는 그 선을 넘어갔던 여행자들이 돌아와 거기서 자신들이 본 것을 우리에게 말해줄 때를 기다리고 있는 것일까? 아니면 지금 우리는 그 다른 땅에서 우리를 부르는 소리를 더 잘 듣기 위해 고개를 그쪽으로 기울이고 있을까? 그 부름은 그 머나먼 장소와 우리 내면 깊이 살고 있는 것을 묶어주는 선율로서, 해마다 힘겹게 밀라그로를 만드는 수고와 오직 기적만을 믿는 마음으로부터 우리를 자유롭게 해줄 찬가로서 우리에게 도착한다.

# 주

## 들어가며

1 여기서 "백참나무"라고 한 것처럼 본문에서 일반명으로 지칭한 식물이나 생물의 정체를 내가 분명히 아는 경우에는 그 일반명과 함께 속명과 종명을 써서 부록에 수록했다. 본문에서 사용한 이름이 동일한 속에 속하는 여러 동물 중 하나를 지칭하지만 내가 그 동물의 정확한 종명을 모르는 경우에는 속을 나타내는 학명을 쓰고 이어서 "spp."(species pluralis 복수의 종들. 같은 속에 속하는 여러 종을 가리킨다)라고 표시했다. 예컨대 바다사자 같은 일반명을 썼지만 속이 무엇인지 확신할 수 없을 때는—"바다사자"는 캘리포니아바다사자Zalophus californianus이거나 큰바다사자Eumetopias jubatus인데, 그 범위가 중첩된다—이명식 학명(속명과 종명 두 가지 이름을 함께 쓰는 학명)을 싣지 않았다. 그리고 본문에서 이미 이명식 학명을 밝힌 동물은 부록의 학명 목록에 다시 수록하지 않았다. 또한 가축이나 야생동물에 대해서는 이명식 학명을 제시하지 않았다.

2 내가 유년기에 겪은 성적 학대와 그 트라우마에 관해 쓴 글「하늘 한 조각」은〈하퍼스〉2013년 1월호에 실렸다.

3 미국인 작가에게 알래스카주는 세계 여행지라고 할 수 없지만, 1976년 3월에 내가 처음 그곳을 방문했을 때 그 광활한 풍경은 더 거대한 세계의 비할 데 없이 속박 없고 자유로운 한 부분으로 여겨졌다. 나는 그 이전인 1962년과 1966년에 유럽에 갔던 여행보다 그때 알래스카에 간 일이 내 나라에서 더 멀리 떠나갔던 일이라고 생각한다. 뒤이은 7년에 걸쳐 계속 알래스카와 캐나다 하이악틱을 모두 널리 여행하면서 책 한 권과 잡지에 실을 기사와 에세이를 썼다. 1960년대의 유럽 여행과 유년기에 캘리포니아와 국경을 맞대고 있는 멕시코 땅에 짧게 다녀온 일을 제외하면, 내게 실질적인 해외 경험(이 말의 일반적인 의미에서는 아니지만)은 전혀 없다고 여겼었는데, 그러다 1984년에 일본으로 여행을 가기로 결정했다. 그렇게

아시아의 시골과 도시 문화에 노출되면서 집중적인 세계여행 시기가 시작되었고, 건강 문제 때문에 여행하는 방식을 조정해야만 했던 2016년까지는 그런 식으로 일하는 속도를 줄인 적이 없었다.

29년간의 결혼 생활이 끝난 1996년 이후로도 나는 1970년부터 첫 아내와 함께 살았던 집에서 계속 살았다. 오리건주 캐스케이드산맥 서쪽 온대강우림 지역에 급류가 흐르는 강가에 자리한 집이다. 첫 아내와 사이에는 아이가 없었다. 이혼한 후 여러 해 동안 나는 이전보다 더 자주 집을 떠나 있었고, 다시 알래스카나 남극으로, 명확한 목적 없이 인도네시아로, 중동으로, 중앙아시아로 여행을 다녔다. 그 시절에 나는 데브라 과트니라는 작가와 가까운 사이가 되었는데, 네 딸이 있는 독신 엄마였던 데브라는 나중에 나의 두 번째 아내가 되었다.

나는 첫 결혼에서 아이가 없었으므로, 그리고 수십 년 동안 프리랜서 작가로서 내 스케줄은 대부분 내가 정했기 때문에, 내 연배의 다른 사람들은 대체로 엄두도 낼 수 없는 방식으로 세계를 여행할 수 있었다. 데브라와 부부가 되면서 동시에 네 의붓딸의 새아버지가 되었을 때, 세상 사람 대부분이 실제로 살아가는 방식—가족 관계에 내재한 모든 복잡함과 책임들, 가족의 삶이 가져오는 기쁨과 깨우침, 사랑의 표현을 포함해 가족으로 살아가는 방식—에 대한 나의 감각과 인간의 삶에 대한 나의 관점이 변화하기 시작했다. 나는 막내딸과 함께 쿠바에 다녀왔고, 첫째 딸을 데리고 남극에 다녀왔으며, 여섯 명이 다 함께 벨리즈로 여행을 다녀왔다. 가족과 함께 여행을 하면서 내가 현대 세계에서 작동하는 사회적 힘들의 복잡성을 이해하는 방식에도 점진적으로 변화가 생겼다. 데브라와 나는 함께 그린란드와 캐나다 하이악틱으로 여행했다. 우리 둘은 멕시코로, 남아메리카로, 유럽으로 함께 여행을 다녔다. 이런 경험을 하면서 심지어 나는 예전에 (가족 없이) 여행했던 세상의 외딴 지역들까지 내가 사랑하는 사람들의 눈을 통해 바라보기 시작했다.

과연 내 안의 무엇이 혼자 여행해야만 경험할 수 있는 종류의 경험(육체적으로 힘든 장소로 찾아가 이야기를 듣는 것이 전부인 여행, 혹은 일정한 스케줄에 따라 먹고 자는 일이 불가능한 고된 상황을 선택하는 것)을 필요로 하는지(데브라라면 '요구하는'이라고 말할 테지만) 모르겠지만, 아무튼 나는 가족과 첫 아내에게 감사해야 한다. 그들의 이해와 지원에서 얻은 혜택이 엄청나기 때문이다.

**4** 어머니는 첫 남편인 시드니 반 셰크와 사이에는 아이가 없었고, 두 번째 남편인 뉴욕 광고 회사 경영자 잭 브레넌과 사이에 낳은 아들이 둘(나와 내 동생 데니스) 있었다. 잭과 내 어머니가(결혼 전 이름은 메리 프랜시스 홀스턴이었다) 애틀랜타에

서 결혼했을 때(내 생각에 1942년이었던 것 같다), 메리 반 셰크는 메리 홀스턴 브레넌이 되었다. 당시 잭은 이미 다른 여자와 결혼한 상태였는데, 어머니와 결혼한 후에도 그 사람과 이혼하지 않았고, 1950년에 어머니와 동생과 나를 캘리포니아에 남겨두고 다시 첫 아내에게 돌아갔다. 1956년에 어머니는 뉴욕에서 출판업에 종사하던 에이드리언 로페즈와 결혼했고, 어머니뿐 아니라 우리 형제도 그의 성을 따랐다. 잭과 첫 아내 앤 사이에는 1938년에 태어난 존 브레넌이라는 아들이 하나 있었다. 그와 나는 내가 태어난 지 53년이 지난 1998년까지 서로 존재를 모르는 채로 살았다. 나의 어머니는 1976년에 돌아가셨다. 어머니와 이혼이 마무리된 이후로 내가 한 번도 만나본 적 없는 잭은 1984년에 사망했다. 에이드리언 로페즈는 2004년에 세상을 떠났다. 내 동생은 2017년에 스스로 목숨을 끊었다.

5 시드니는 1차 세계대전을 겪고, 벡텔-매콘에서 군용기 제작에 참여한 뒤, 평화주의자이자 박애주의자가 되었다. 그가 그린 벽화의 제목은 〈삶의 문제에 접근하는 청년의 투쟁〉이며, "불의한 부를 버리고 평화와 문화, 전 인류의 공정을 위한 겸허한 과제를 달성하려 노력하는 이들에게 영광이 있으라"라는 글귀가 새겨져 있다.
2011년에 내가 그 벽화를 처음으로 보았을 때, 버밍햄의 한 회사가 이 벽화를 복원하고 보존하는 작업을 진행 중이었고, 우드론고등학교 동창회가 이 프로젝트를 위해 28만 1000달러를 모금했다. 복원작업은 2013년에 마무리되었다.

6 미국 작가가 이란의 샤나 폴포트 같은 외국 독재자들을 비난하면서, 그 독재자들이 벌인 파괴 행위에 자기네 나라가 공범으로 연루된 방식을 지적하지 않는 것은 솔직하지 못한 일이다. 미국은 1893년에 릴리우오칼라니 여왕을 폐위시키며 하와이 왕국을 전복시킨 이후로, 푸에르토리코의 루이스 무뇨스 리베라, 니카라과의 호세 산토스 셀라야, 칠레의 살바도르 아옌데, 남베트남의 응오딘지엠, 이란의 모사데그의 합법적 정부들을 무너뜨리는 조치를 단호히 시행했다. 이러한 개입들을 대중에게는 대체로 독재자를 폐위시키거나 민주주의를 전파하려는 노력으로 포장하기는 했지만, 동시에 그것은 중앙아메리카와 남아메리카에서 미국의 사업적 이권을 보호하려는 노력이기도 했다. 이 중 몇몇 사례에서 미국은 모하마드 레자 샤와 아우구스토 피노체트 등 바로 자신들이 세운 독재자들의 잔인한 정권에 대해서는 단호히 비난하지 못했다.
또한 미국이 남아프리카공화국과 사우디아라비아 같은 중요한 경제적 동반자나 우방으로 여겨지는 국가들에서 벌어지는 억압에 대해서는 모르는 척 눈감아주는 방식으로 지지하는 것도 문제가 있다.

그러므로 비인간적인 행태에 대한 나의 비난에는 노예제와 집단 학살을 정당화하고(이를 부끄러워하기는 하지만 공식적으로 반성하지는 않았다), 세계적인 무기 거래를 촉진하며, 사실상 19세기의 식민주의를 이어가는 것과 다름없이 주제넘게 다른 나라의 내정에 경제적으로 간섭해온 미국에 대한 비난도 당연히 포함된다.

**푸에르토아요라**

7 19세기에 다윈이 갈라파고스 제도에 갔을 때, 이 제도를 이루는 각각의 섬들은 보통 영어로 된 이름으로 구별되었다. 시간이 지나면서 스페인어로 된 이름들이 상당수 영어 이름을 대체했지만, 아직도 헤노베사섬이 '타워섬'으로, 에스파뇰라섬이 '후드섬'으로, 산살바도르섬이 '제임스섬'으로 불리는 것을 들을 수 있다. 다음 목록에서는 스페인어 이름을 앞에 두었는데, 이따금 헷갈리는 이름을 바로잡기에 유용한 길잡이가 될 것이다.

| 스페인어 이름 | 영어 이름 |
|---|---|
| 발트라 Baltra | 사우스시모어 South Seymour |
| 바르톨로메 Bartolomé | 바살러뮤 Bartholomew |
| 에스파뇰라 Española | 후드 Hood |
| 페르난디나 Fernandina | 나버러 Narborough |
| 플로레아나 Floreana (산타마리아 Santa Maria) | 찰스 Charles |
| 헤노베사 Genovesa | 타워 Tower |
| 이사벨라 Isabela | 앨버말 Albemarle |
| 마르체나 Marchena | 빈들로 Bindloe |
| 북플라사 Plaza Norte | 노스 플라자 North Plaza |
| 남플라사 Plaza Sur | 플라자 Plaza |
| 라비다 Rábida | 저비스 Jervis |
| 산크리스토발 San Cristóbal | 채트햄 Chatham |
| 산살바도르 San Salvador (산티아고 Santiago) | 제임스 James |
| 산타크루스 Santa Cruz | 인디패티거블 Indefatigable |
| 신놈브레 Sin Nombre | 네임리스 Nameless |
| 토르투가 Tortuga | 브래틀 Brattle |

8 7톤 무게의 이 배는 선폭이 6.5미터에 흘수는 94센티미터다. 주돛대는 높이가 10.5미터로, 같은 높이의 앞돛대와 세로로 나란히 배치되어 있다. 열한 명에서 열세 명 사이의 선원이 면으로 만든 돛을 조절하고, 고물의 긴 노와 주돛대 뒤 우현과 좌현의 조정 블레이드를 조절하며 배를 조정한다. 갑판은 28제곱미터를 덮고 있다. 호쿨레아는 하와이섬 바로 위를 지나는 밝은 별인 아크투루스를 가리키는 하와이말로 '기쁨의 별'이라는 뜻이다.

9 갈라파고스 방문자 수가 계속 증가한다는 사실이—2014년에는 21만 5000명이 왔다—꼭 이 제도에서 하는 전반적 경험이 심하게 느슨해졌음을 의미하지는 않는다. 이는 갈라파고스를 찾아오고 육지 투어를 신청한 사람의 대다수를 받아들이고 수용하는 산타크루스섬에 대해서는 특히 더 잘 맞는 말이다. 지금은 국립공원이 더 엄격하게 관리되며 승인된 방문지의 수도 증가했다. 투어 선박은 공원 관리국이 정해준 여정—방문할 장소, 때, 머무는 시간—을 엄격히 준수해야 한다. 따라서 한 관광단이 다른 관광단과 동시에 같은 장소에서 만나는 일은 거의 없다. 갈라파고스에서 몇십 년 동안 경험을 쌓았으며 누구보다 책임감 있는 한 투어 가이드의 말에 따르면 최근 방문자 수가 증가한 것이 갈라파고스의 야생 생태계에 미치는 영향은 "비교적 미미하다." 이제는 한 해에 갈라파고스를 방문할 수 있는 사람 수에 제한이 없다.

10 생명은 (모든 동식물을 포함하는) 진핵생물과 세균과 고세균 등 세 역으로 나뉜다. 다윈의 이론은 거의 전적으로 진핵생물에게만 적용되며, 첫 20억 년 동안 지구의 생명 대부분을 차지했던 세균과 고세균의 진화에는 잘 적용되지 않는다.

### 자칼 캠프

11 자칼 캠프의 좌표 북위 3°06′08″ 동경 35°53′18″는 근사값이다. 탐사지 보호를 위해 실제 위치를 알 수 없도록 일부러 불분명하게 표기했다.

12 사람족hominin, 사람과hominid, 사람상과hominoid라는 다소 혼란스러운 용어는 모두 인간 및 인간과 유사한 존재들을 묶는 단위이며, 뒤로 갈수록 범위가 더 커진다. 여러분과 나, 그리고 네안데르탈인과 오스트랄로피테신은 사람족이다. 고릴라와 침팬지, 그리고 프로콘술과 드리오피테쿠스 같은 멸종된 부류는 사람과이며, 긴팔원숭이는 사람상과다. 호미노이데아(사람상과)라는 용어는 사람족, 사람과, 사람상과를 모두 포함하는 상과다. 이보다 덜 포괄적인 호미니다이(사람과)는 과이며, 인간과 침팬지와 고릴라를 포함하는 모든 대형 유인원을 일컫는다. 족

tribe인 호미니니(사람족)는 과의 하위 분류로서 이족보행을 하며 침팬지보다는 인간과 더 가까운 유연관계인 영장류의 모든 속을 포함한다. 다시 말해 인간, 멸종한 모든 호모(사람속), 오스트랄로피테신, 그리고 파란트로푸스속 및 아르디피테쿠스속에 속하는 종들을 들 수 있다.

이 용어들의 이해를 더 어렵게 만드는 건 1990년대까지 대부분의 고인류학자들이 현재 '사람족'으로 불리는 종들을 칭할 때 '사람과'라는 용어를 썼다는 점이다.

이 모든 걸 좀 더 쉽게 파악하려면 '사람족'은 우리와 우리의 가까운 친척들이고, '사람과'는 사람족과 우리의 좀 더 먼 친척들을 포함하며, '사람상과'는 이 두 범주를 모두 포함하면서 그보다 더 먼 친척들도 포함한다고 기억하면 된다.

**13** 생명의 나무 은유는 내가 여기서 내비친 것보다 훨씬 더 못 미더운 개념이다. 분자 수준에서 진화를 연구하는 분자계통학의 최근 연구와 수평 유전자 이동—유전물질은 후속 세대들을 통해 수직으로만이 아니라 수평으로도 (때로는 바이러스의 도움을 받아) 이동한다—의 발견으로 이제 생명의 나무는 계속 사용하기에는 너무 많은 오해를 초래하는 은유가 되어가고 있다. 과거에는 세균역에 속하는 하위 집단으로 여겨졌던 고균이 세균역과 진핵생물역과 동등하게, 완전히 독립적인 생명의 한 역을 구성한다는 것을 현재 우리는 알고 있다.(진핵생물역은 식물계, 동물계, 균계 그리고 기타 유핵세포가 있는 생명체들을 총망라한다.)

현재 우리는 메티실린내성황색포도상구균 같은 항생제 내성 세균들이, 때로 "감염성 유전"이라고도 불리는 수평 유전자 이동의 직접적인 결과로 종종 불가해할 정도의 속도로 나타나고 있음을 알고 있고, 의료 전문가는 항생제 내성 세균을 "현대의 재앙"이라 부른다. 데이비드 쿼먼의 『진화를 묻다』라는 책은 이 주에서 다룬 현상들을 탐구하여 진화에 대한 새로운 이해를 빼어나게 펼쳐 보인다.

**14** '행동적 현생 호모 사피엔스'의 등장을 묘사할 때 나는 이들이 어떻게, 그리고 정확히 어디서 생겨났는가에 관한 과학적 관점 중 한 가지 특정 흐름을 선택해 따랐다. 그 밖에도 이 사건이 일어난 타이밍, 행동적 현생 호모 사피엔스로 처음 식별된 당시 인간 개체군의 상대적인 규모, 그리고 추정되는 뇌 변화의 성격에 관한 관점들도 모두 귀중한 통찰을 제공한다. 예를 들어, 호모 사피엔스에게는 '행동적 현생성'을 발휘할 만한 역량이 오랫동안 있었지만 그 역량이 발휘되지 않았을 수도 있고, 또는 그 역량이 명백한 고고학적 증거로 흔적을 남기지 않는 방식으로 사용되었을 수도 있다. 또한 그러한 행동 변화는 인구 밀도와 관련된 것일 수도 있다. 이를테면 특정 집단의 구성원 대다수에게 이타적인 유전적 성향이 존재했다면 이

성향은 행동적 현생성이 진화의 문턱을 넘도록 이끌고, 그런 다음에는 널리 모방되도록 이끌었을 수도 있다.

### 포트아서에서 보타니베이까지

15 2018년 2월 15일 〈가디언〉 기사에 따르면, 내가 이 책을 쓰고 있던 시기와 겹치는 1870일의 기간 동안 미국에서는 1624건의 대량 총기 난사 사건이 일어났다.(영국의 이 신문은 총격자를 제외하고 네 명 이상이 총에 맞은 사건을 대량 총기난사로 정의했다.) 2012년에 애덤 랜자가 코네티컷주 샌디훅 초등학교에서 1학년생 스무 명과 어른 여섯 명을 죽인 이후로, 200건 이상의 학교 총기난사 사건에서 400명 이상이 총에 맞아 죽었다.(《가디언》의 그 기사는 미국이 현재 인구 수보다 총기 수가 더 많다고 추정했다.)

포트아서 총기 난사 사건은 호주 사람들에게 트라우마를 남겼고, 호주는 신속히 마틴 브라이언트가 쓴 AR-15 스타일 반자동 소총의 판매를 금지했다. (AR-15는 올랜도의 펄스나이트클럽, 라스베이거스의 루트 91 하베스트 뮤직 페스티벌, 코네티컷주 뉴타운의 샌디훅초등학교, 플로리다주 파크랜드의 마조리스톤먼더글러스고등학교, 텍사스주 서덜랜드 스프링스의 제일침례교회에서 일어난 사건 등을 포함하여 미국의 대량 총기 난사 사건에서도 자주 사용되었다.) 미국에서는 매년 대량 총기 난사 사건이 너무 많이 발생하여 이제는 이런 종류의 폭력에 익숙해진 미국인들도 많다. 이런 사람들은 포트아서 총기 난사 사건 이후 대부분의 호주인들이 느꼈던 충격에 제대로 공감하기 어려웠을 것이다.

전 세계에서 발생하는 대량 총기 난사 사건의 압도적 다수가 미국에서 일어난다. 호주에서 마틴 브라이언트가 저지른 사건이나, 인도네시아 이리안 자야의 티미카 공항에서 군인이 저지른 것, 노르웨이의 오슬로와 우토위아섬에서 안데르스 브레이비크가 저지른(77명 사망, 200명 이상 부상) 것 같은 사건은 통계적으로 볼 때 예외적인 경우에 속한다. 총기법을 강화하려는 의회의 반복적인 노력은 수시로 실패로 돌아가는데, 이는 주로 막강한 로비 단체인 전미 총기 협회가 총기를 옹호하는 후보들의 선거운동을 대대적으로 후원하며 정치적 압력을 행사하기 때문이다. 반복되는 전 국민 여론조사에 따르면 미국 시민들은 압도적으로 더 엄격한 총기법을 지지한다.

# 참고 문헌

## 종합

Beaglehole, J. C. *The Death of Captain Cook*. Wellington, New Zealand: Alexander Turnbull Library, 1979.

______. *The Life of Captain James Cook*. Stanford: Stanford University Press, 1974.

Camus, Albert. *Lyrical and Critical Essays*, trans. Ellen Conroy Kennedy. New York: Knopf, 1968.

Cook, James. *A Voyage to the Pacific Ocean in the Years 1776, 1777, 1778, 1779, and 1780 . . . Vol. I and II written by Captain J. Cook, vol. III by Captain J. King*, ed. John Douglas. London: John Murray, 1784.

______. *A Voyage Towards the South Pole and Round the World . . . In the Years 1772, 1773, 1774, and 1775*, two volumes. London: John Murray, 1777.

Earhart, Amelia. *Last Flight*. New York: G. P Putnam, 1937.

Flannery, Tim F. *The Future Eaters: An Ecological History of the Australasian Lands and People*. Sydney: Reed Books, 1994.

______. *The Weather Makers: How Man Is Changing the Climate and What It Means for Life on Earth*. New York: Grove Press, 2005.

Hough, Richard. *Captain James Cook: A Biography*. New York: W. W. Norton, 1995.

Kolbert, Elizabeth. *The Sixth Extinction: An Unnatural History*. New York: Henry Holt, 2015.

Lewis, William S., and Naojiro Murakami, eds. *Ranald MacDonald: The*

*Narrative of His Life 1824–1894*. Portland: Oregon Historical Society Press, 1990.

Pickles, Rosie, and Tim Cooke. *Map: Exploring the World*. London: Phaidon Press, 2015.

Roe, Jo Ann. *Ranald MacDonald: Pacific Rim Adventurer*. Pullman: Washington State University Press, 1997.

Schodt, Frederik L. *Native American in the Land of the Shogun: Ranald MacDonald and the Opening of Japan*. Berkeley, CA: Stone Bridge Press, 2003.

Thomas, Nicholas. *Cook: The Extraordinary Voyages of Captain James Cook*, ed. Nicholas Thomas. New York: Walker, 2003.

Withey, Lynne. *Voyages of Discovery: Captain Cook and the Exploration of the Pacific*. Berkeley: University of California Press, 1987.

## 제사

Saint-Exupéry, Antoine de. *Southern Mail*. London: Heinemann, 1971.

## 프롤로그

Parini, Jay. *John Steinbeck: A Biography*. New York: Henry Holt, 1995.

## 들어가며

Budde-Jones, Captain Kathryn. *Coins of the Lost Galleons*. Key West, FL: self-published, 1989.

Decter, Jacqueline. *Nicholas Roerich: The Life & Art of a Russian Master*. South Paris, ME: Park Street Press, 1989.

Hochschild, Adam. *King Leopold's Ghost: A Story of Greed, Terror, and Heroism in Colonial Africa*. Boston: Houghton Mifflin, 1999.

Huashi, Shilan, and Peng Huashi. *Terra-Cotta Warriors and Horses at the Tomb of Qin Shi Huang: The First Emperor of China*. Beijing: Cultural Relics Publishing House, 1983.

Krupnick, Jon E. *Pan American's Pacific Pioneers: A Pictorial History of*

*Pan Am's Pacific First Flights 1935–1946*. Missoula, MT: Pictorial Histories Publishing Company, 1997.

Markham, Beryl. *West with the Night*. Boston: Houghton Mifflin, 1942.

Merton, Thomas. *The Wisdom of the Desert: Sayings from the Desert Fathers of the Fourth Century*. New York: Laughlin, 1960.

Saint-Exupéry, Antoine de. *Night Flight*. New York: New American Library, 1942.

## 파울웨더곶

Akçam, Taner. *A Shameful Act: The Armenian Genocide and the Question of Turkish Responsibility*. New York: Metropolitan Books, 2006.

Banks, Sir Joseph. *The Endeavour Journal of Joseph Banks 1768–1771*, two vols., ed. J. C. Beaglehole, Sydney: Angus & Robertson, 1962.

Bettis, Stan. "Voyage to World's End." *Seattle Times Magazine*, August 25, 1971, 8~11면.

Blainey, Geoffrey. *The Tyranny of Distance: How Distance Shaped Australia's History*. Melbourne: Macmillan, 1968.

Bruckner, Pascal. *The Tears of the White Man: Compassion as Contempt*. New York: Free Press, 1986.

Chapin, Mac, and Bill Threlkeld. *Indigenous Landscapes: A Study in Ethnocartography*. Arlington, VA: Center for the Support of Native Lands, 2001.

Crosby, Alfred W. *Ecological Imperialism: The Biological Expansion of Europe, 900–1900*. Cambridge: Cambridge University Press, 1986.

Davis, Mike. *Late Victorian Holocausts: El Niño Famines and the Making of the Third World*. New York: Verso, 2001.

Devorkin, David H., and Robert W. Smith. *Hubble: Imagining Space and Time*. Washington, DC: National Geographic Society, 2008.

Doczi, György. *The Power of Limits: Proportional Harmonies in Nature, Art, and Architecture*. Boulder, CO: Shambhala, 1981.

Ebony, David. *Botero Abu Ghraib*. New York: Prestel, 2006.

Elliott, T. C., ed. *Captain Cook's Approach to Oregon*. Portland: Oregon Historical Society, 1974.

Faris, Robert E. L., et al. "The Galapagos Expedition: Failure in the Pursuit of a Contemporary Secular Utopia." *The Pacific Sociological Review* 7, no. 1 (Spring 1964): 48~54면.

Fay, Peter Ward. *The Opium War 1840–1842: Barbarians in the Celestial Empire in the Early Part of the 19th Century, and the War by Which They Forced Her Gates Ajar*. Chapel Hill: University of North Carolina Press, 1997.

Fitzpatrick, Kathy Bridges, ed. *Beaches and Dunes Handbook for the Oregon Coast*. Newport: The Oregon Coastal Zone Management Association, 1979.

Gifford, Don. *The Farther Shore: A Natural History of Perception, 1798–1984*. New York: Vintage Books, 1991.

Gourevitch, Philip. *We Wish to Inform You That Tomorrow We Will Be Killed with Our Families: Stories from Rwanda*. New York: Farrar, Straus and Giroux, 1998.

Harms, Robert. *The Diligent: A Voyage to the Worlds of the Slave Trade*. New York: Basic Books, 2002.

Harrison, K. David. *The Last Speakers: The Quest to Save the World's Most Endangered Languages*. Washington, DC: National Geographic, 2010.

Hayes, Derek. *Historical Atlas of the North Pacific Ocean: Maps of Discovery and Scientific Exploration 1500–2000*. Seattle: Sasquatch Books, 2001.

Hocking, Charles. *Dictionary of Disasters at Sea During the Age of Steam: Including Sailing Ships and Ships of War Lost in Action, 1824–1962*, 2 vols. London: Lloyd's Register, 1969.

Kamehameha Schools Hawaiian Studies Institute. *Life in Early Hawai'i: The Ahupua'a*, 3rd ed. Honolulu: Kamehameha Press, 1994.

Lees, James. *The Masting and Rigging of English Ships of War 1625–1860*, 2nd rev. ed. London: Conway Maritime Press, 1984.

Leland, Charles G. *Fusang or the Discovery of America by Chinese Buddhist Priests in the Fifth Century*. Albuquerque, NM: Sun Publishing Company, 1981.

Longridge, C. Nepean. *The Anatomy of Nelson's Ships*. Hemel Hempstead, Hertfordshire, UK: Model and Allied Publications Ltd., 1974.

Martin, Paul, and H. E. Wright Jr. *Pleistocene Extinctions: The Search for a Cause*. New Haven: Yale University Press, 1967.

*Materials for the Study of Social Symbolism in Ancient and Tribal Art: A Record of Tradition and Continuity*. Edited by Edmund Carpenter, assisted by Lorraine Spiess, based on the researches and writings of Carl Schuster. Twelve books arranged in three volumes. New York: Rock Foundation, 1986.

Morris, Roger. *The Devil's Butcher Shop: The New Mexico Prison Uprising*. New York: Franklin Watts, 1983.

Obeyesekere, Gananath. *The Apotheosis of Captain Cook: European Mythmaking in the Pacific*. Princeton, NJ: Princeton University Press, 1992.

O'Brian, Patrick. *Joseph Banks: A Life*. Boston: David R. Godine, 1993.

Parkin, Ray. *H.M. Bark Endeavour: Her Place in Australian History: with an Account of Her Construction, Crew and Equipment and a Narrative of Her Voyage on the East Coast of New Holland in the Year 1770*. Carlton South, Australia: Miegunyah Press, 1997.

Parmenter, Tish, and Robert Bailey. *The Oregon Ocean Book: An Introduction to the Pacific Ocean off Oregon Including Its Physical Setting and Living Marine Resources*. Salem: Oregon Department of Land Conservation and Development, 1985.

Piccard, Jacques. "Man's Deepest Dive." *National Geographic* 118, no. 2. (August 1960) 224~239면.

Piccard, Jacques, and Robert S. Dietz. *Seven Miles Down: The Story of the Bathyscaph Trieste*. New York: G. P. Putnam, 1961.

Plummer, Katherine. *The Shogun's Reluctant Ambassadors: Japanese*

*Sea Drifters in the North Pacific*, 3rd ed. rev. Portland: The Oregon Historical Society, 1991.

Rediker, Marcus. *The Slave Ship: A Human History*. New York: Penguin Books, 2008.

Rehbock, Philip, ed. *At Sea with the Scientifics: The Challenger Letters of Joseph Matkin*. Honolulu: University of Hawaii Press: 1992.

Rodger, N. A. M. *The Wooden World: An Anatomy of the Georgian Navy*. New York: W. W. Norton, 1996.

Romoli, Kathleen. *Balboa of Darién: Discoverer of the Pacific*. New York: Doubleday, 1953.

Salgado, Sebastião. *An Uncertain Grace*. With essays by Eduardo Galeano and Fred Ritchin. New York: Aperture Foundation, 1990.

Stannard, David E. *Before the Horror: The Population of Hawai'i on the Eve of Western Contact*. Honolulu: Social Science Research Institute, University of Hawai'i, 1989.

Suttles, Wayne, ed. *Handbook of North American Indians: Northwest Coast*. Washington, DC: Smithsonian Institution, 1990.

Tarnas, Richard. *The Passion of the Western Mind: Understanding the Ideas That Have Shaped Our World View*. New York: Ballantine Books, 1991.

Vairo, Carlos Pedro. *The Prison of Ushuaia*. Buenos Aires: Zagier & Urruty, 1997.

Walsh, Don, Lt. "Our 7-Mile Dive to Bottom." *Life*, February 15, 1960, 112~120면.

Webber, Burt. *Silent Siege: Japanese Attacks Against North America in World War II*. Fairfield, WA: Ye Galleon Press, 1984.

Yenne, Bill. *Seaplanes of the World: A Timeless Collection from Aviation's Golden Age*. Cobb, CA: O.G. Publishing, 1997.

### 스크랠링섬

Bliss, L. C., ed. *Truelove Lowland, Devon Island, Canada: A High Arctic*

*Ecosystem*. Edmonton: University of Alberta Press, 1977.

Blodgett, Jean, ed. *The Coming and Going of the Shaman: Eskimo Shamanism and Art*. Winnipeg: Winnipeg Art Gallery, 1978.

Boeke, Kees. *Cosmic View: The Universe in 40 Jumps*. London: Faber & Faber, 1957.

Bornstein, Eli, ed. *The Structurist: Transparency & Reflection*, no. 27/28 (1987/88). Saskatoon, Saskatchewan: The University of Saskatchewan, 1988.

Figes, Eva. *Light*. New York: Pantheon Books, 1983.

Gobodo-Madikizela, Pumla. *A Human Being Died That Night: A South African Story of Forgiveness*. Boston: Houghton Mifflin, 2003.

Greely, Adolphus. *Three Years of Arctic Service: An Account of Three Years of the Lady Franklin Bay Expedition, and the Attainment of the Farthest North*. New York: Scribner, 1886.

Grønnow, Bjarne, and Jens Fog Jensen. "The Northernmost Ruins of the World: Eigil Knuth's Archeological Investigations in Pearyland and Adjacent Areas of High Arctic Greenland." *Man and Society*, vol. 29. Copenhagen: Danish Polar Center, 2003.

Guttridge, Leonard. *Ghosts of Cape Sabine: The Harrowing True Story of the Greely Expedition*. New York: G. P. Putnam, 2000.

Herbert, Wally. *The Noose of Laurels: Robert E. Peary and the Race to the North Pole*. New York: Atheneum, 1989.

MacDonald, John. *The Arctic Sky: Inuit Astronomy, Star Lore and Legend*. Toronto: Royal Ontario Museum, 1998.

Mary-Rousselière, Guy. *Qitdlarssuaq: The Story of a Polar Migration*. Winnipeg: Wuerz Publishing Ltd., 1991.

McGhee, Robert. *Ancient People of the Arctic*. Vancouver: University of British Columbia Press, 1996.

______. *Canadian Arctic Prehistory*. Toronto: Van Nostrand Reinhold, 1978.

______. *The Last Imaginary Place: A Human History of the Arctic World*.

New York: Oxford University Press, 2005.

Mitchell, Frank. *Navajo Blessingway Singer: The Autobiography of Frank Mitchell, 1881–1967*. Tucson: University of Arizona Press, 1978.

Nadolny, Sten. *The Discovery of Slowness*. New York: Viking, 1987.

Nettleship, David N., and Pauline A. Smith. *Ecological Sites in Northern Canada*. Ottawa: Canadian Committee for the International Biological Programme, Conservation Terrestrial Panel 9, 1975.

Schledermann, Peter. *Crossroads to Greenland: 3,000 Years of Prehistory in the Eastern High Arctic*. Calgary: Arctic Institute of North America, 1990.

______. *Voices in Stone: A Personal Journey into the Arctic Past*. Calgary: Arctic Institute of North America, 1996.

Svoboda, Joseph, and Bill Freedman, ed. *Ecology of a Polar Oasis: Alexandra Fjord, Ellesmere Island, Canada*. Toronto: Captus University Publications, 1994.

Weigelt, Johannes. *Recent Vertebrate Carcasses and Their Paleobiological Implications*, trans. Judith Schaefer. Chicago: University of Chicago Press, 1989.

White, Randall. *Dark Caves, Bright Visions: Life in Ice Age Europe*. New York: W. W. Norton, 1986.

### 푸에르토아요라

Adams, John Luther. *The Place Where You Go to Listen: In Search of an Ecology of Music*. Middletown, CT: Wesleyan University Press, 2009.

Allen, Jennifer. *Mālama Honua: Hōkūle'a—A Voyage of Hope*. Ventura, CA: Patagonia Books, 2017.

Barnett, Bruce D. "Eradication and Control of Feral and Free-Ranging Dogs in the Galápagos Islands." Proceedings of the Twelfth Vertebrate Pest Conference, University of Nebraska at Lincoln, 1986, http://digitalcommons.unl.edu/vpc12/8.

______. "Phenotypic Variation in Feral Dogs (*Canis familiaris*) of the

Galápagos Islands." Manuscript, 1985.

Beebe, William. *Galápagos: World's End*. New York: G. P. Putnam, 1924.

Browne, Janet. *Charles Darwin: The Power of Place, Volume II of a Biography*. New York: Knopf, 2002.

______. *Charles Darwin: Voyaging, Volume I of a Biography*. New York: Knopf, 1995.

Collis, Maurice. *Cortes and Montezuma*. New York: Harcourt, Brace, 1955.

D'Orso, Michael. *Plundering Paradise: The Hand of Man on the Galápagos Islands*. New York: Perennial, 2003.

Darwin, Charles. *From So Simple a Beginning: The Four Great Books of Charles Darwin*, ed. Edward O. Wilson. New York: W. W. Norton, 2006.

______. *The Voyage of the Beagle*, annotated and with an introduction by Leonard Engel. Garden City, NY: Doubleday, 1962.

Dennett, D. C. *Darwin's Dangerous Idea: Evolution and the Meanings of Life*. New York: Simon & Schuster, 1995.

Díaz del Castillo, Bernal. *The Discovery and Conquest of Mexico 1517–1521*. New York: Farrar, Straus and Giroux, 1956.

Feinberg, Harris. "Adaptive Radiation of Feral Dogs on the Island of Isabela in the Galápagos." Manuscript, 2003.

Finney, Ben. *Voyage of Rediscovery: A Cultural Odyssey through Polynesia*. Berkeley: University of California Press, 1994.

Fraenkel, Gottfried, and Donald Gunn. *The Orientation of Animals: Kineses, Taxes and Compass Reactions*. Oxford: Oxford University Press, 1940.

Grove, Jack Stein, and Robert J. Lavenberg. *The Fishes of the Galápagos Islands*. Stanford, CA: Stanford University Press, 1997.

Harris, Michael. *A Field Guide to the Birds of Galápagos, Revised*. London: Collins, 1982.

Jackson, M. H. *Galápagos: A Natural History Guide*. Calgary: University of Calgary Press, 1985.

Levenson, Jay A. *Circa 1492: Art in the Age of Exploration*. New Haven: Yale University Press, 1991.

Lewis, David. We, *the Navigators: The Ancient Art of Land-Finding in the Pacific*, 2nd ed. Honolulu: University of Hawai'i Press, 1994.

Marx, Richard Lee. *Three Men of the Beagle*. New York: Knopf, 1991.

Melville, Herman. *The Shorter Novels of Herman Melville*. New York: Liveright, 1928.

Merlen, Godfrey. *A Field Guide to the Fishes of Galápagos*. London: Wilmot, 1986.

Nash, June. *We Eat the Mines, and the Mines Eat Us: Dependency and Exploitation in Bolivian Tin Mines*, rev. ed. New York: Columbia University Press, 1993.

Osorio, Jon Kamakawiwo'ole. *Dismembering Lāhui: A History of the Hawaiian Nation to 1887*. Honolulu: University of Hawai'i Press, 2002.

Perry, Roger, ed. *Galapagos: Key Environments*. Oxford: Pergamon, 1984.

Puleston, Dennis. *Blue Water Vagabond: Six Years' Adventure at Sea*. New York: Doubleday, Doran & Co., 1939.

Robinson, William Albert. *Voyage to Galapagos*. New York: Harcourt, Brace, 1936.

Sale, Kirkpatrick. *The Conquest of Paradise: Christopher Columbus and the Columbian Legacy*. New York: Knopf, 1990.

Silva, Noenoe. *Aloha Betrayed: Native Hawaiian Resistance to American Colonialism*. Durham, NC: Duke University Press, 2004.

Sinoto, Yosihiko. *Curve of the Hook: Yosihiko Sinoto, an Archeologist in Polynesia, with Hiroshi Aramata*, ed. and trans. Frank Stewart and Madoka Nagadō. Honolulu: University of Hawai'i Press, 2016.

Slavin, Joseph Richard. *The Galápagos Islands: A History of Their Exploration*, Occasional Papers of the California Academy of Sciences No. XXV. San Francisco: California Academy of Sciences, 1959.

Strauch, Dore, and W. Brockmann. *Satan Came to Eden*. New York: Harper

& Bros., 1936.
Todorov, Tzvetan. *The Conquest of America: The Question of the Other*, trans. Richard Howard. New York: Harper & Row, 1984.
Weiner, Jonathan. *The Beak of the Finch: A Story of Evolution in Our Time*. New York: Knopf, 1994.
Wittmer, Margret. *Floreana*. London: Michael Joseph Ltd., 1961.

### 자칼 캠프

Baron-Cohen, Simon. *Mindblindness: An Essay on Autism and Theory of Mind*. Cambridge, MA: MIT Press, 1995.
Campbell, Joseph. *The Masks of God*, four volumes. New York: Viking Press, 1959–68.
Chauvet, Jean-Marie, et al. *Dawn of Art: The Chauvet Cave, the Oldest Known Paintings in the World*. New York: Harry N. Abrams, 1996.
Clark, Geoffrey A. *The Asturian of Cantabria: Early Holocene Hunter-Gatherers in Northern Spain*. Tucson: University of Arizona Press, 1983.
Doherty, Martin. *Theory of Mind: How Children Understand Others' Thoughts and Feelings*. New York: Psychology Press, 2008.
Eldredge, Niles. *Unfinished Synthesis: Biological Hierarchies and Modern Evolutionary Thought*. New York: Oxford University Press, 1985.
Eldredge, Niles, and Ian Tattersall. *The Myths of Human Evolution*. New York: Columbia University Press, 1982.
Elkins, Caroline. *Imperial Reckoning: The Untold Story of Britain's Gulag in Kenya*. New York: Henry Holt, 2005.
Golding, William. *The Inheritors*. New York: Harcourt, Brace & World, 1955.
Guinea, Miguel Angel García. *Altamira and Other Cantabrian Caves*. Madrid: Silex, 1979.
Hillaby, John. *Journey to the Jade Sea*. London: Constable & Company, 1964.

Huxley, Elspeth. *The Flame Trees of Thika: Memories of an African Childhood*. London: Chatto & Windus, 1959.

______. *Out in the Midday Sun: My Kenya*. London: Chatto & Windus, 1985.

Jeffers, Robinson. *Robinson Jeffers: Selected Poems*. New York: Vintage Books, 1965.

Johanson, Donald Carl, et al. *Ancestors: In Search of Human Origins*. New York: Villard Books, 1994.

Kapuściński, Ryszard. *The Shadow of the Sun*, trans. Klara Glowczewska. New York: Knopf, 2001.

Klein, Richard G. *The Human Career: Human Biological and Cultural Origins*, 2nd ed. Chicago: University of Chicago Press, 1999.

Kurtén, Björn. *Dance of the Tiger: A Novel of the Ice Age*. New York: Pantheon Books, 1980.

Lamb, David. *The Africans*. New York: Random House, 1983.

Landau, Misia. "Human Evolution as Narrative," *American Scientist* 72, no. 3 (May 1984): 262~268면.

______. *Narratives of Human Evolution*, rev. ed. New Haven, CT: Yale University Press, 1993.

Leakey, Mary. *Africa's Vanishing Art: The Rock Paintings of Tanzania*. Garden City, New York: Doubleday, 1983.

Leakey, Richard E. *The Origin of Humankind*. New York: Basic Books, 1994.

Lelyveld, Joseph. *Move Your Shadow: South Africa, Black and White*. New York: Times Books, 1985.

Lovell, Mary S. *Straight on Till Morning: The Biography of Beryl Markham*. New York: W. W. Norton, 2011.

Maclean, Gordon Lindsay. *Roberts' Birds of Southern Africa*, 5th ed. Cape Town: John Voelcker Bird Fund, 1985.

Malan, Rian. *My Traitor's Heart: A South African Exile Returns to Face His Country, His Tribe, and His Conscience*. New York: Atlantic Monthly

Press, 1990.

Merton, Thomas. *Ishi Means Man*. Greensboro, NC: Unicorn Press, 1976.

Miller, Charles. *The Lunatic Express: An Entertainment in Imperialism*. New York: Macmillan, 1971.

Mithen, Steven. *After the Ice: A Global Human History 20,000–5000 bc*. Cambridge, MA: Harvard University Press, 2004.

Monbiot, George. *No Man's Land: An Investigative Journey Through Kenya and Tanzania*. London: Macmillan, 1994.

Morell, Virginia. *Ancestral Passions: The Leakey Family and the Quest for Humankind's Beginnings*. New York: Touchstone, 1996.

Moss, Rose. *Shouting at the Crocodile: Popo Molefe, Patrick Lekota, and the Freeing of South Africa*. Boston: Beacon Press, 1990.

Pakenham, Thomas. *The Scramble for Africa: White Man's Conquest of the Dark Continent 1876–1912*. New York: Random House, 1991.

Pick, John. *Gerard Manley Hopkins: Priest and Poe*t, 2nd ed. New York: Oxford University Press, 1966.

Quammen, David. *The Tangled Tree: A Radical New History of Life*. New York: Simon & Schuster, 2018.

Sarmiento, Esteban E., G. J. Sawyer, Richard Milner, Viktor Deak, and Ian Tattersall. *The Last Human: A Guide to Twenty-Two Species of Extinct Humans*. New Haven: Yale University Press, 2007.

Schlesier, Karl H. *The Leopard Springs of Ussat*. Charleston, SC: Karl H. Schlesier, 2010.

Singer, Sam, and Henry R. Hilgard. *The Biology of People*. San Francisco: W. H. Freeman, 1978.

Spawls, Stephen. *A Field Guide to the Reptiles of East Africa: Kenya, Tanzania, Uganda, Rwanda and Burundi*. San Diego: Academic Press, 2002.

Waal, F. B. M. de. Bonobo, *The Forgotten Ape*. Berkeley: University of California Press, 1997.

______. *Peacemaking Among Primates*. Cambridge, MA: Harvard

University Press, 1989.
Walker, Alan, and Pat Shipman. *The Wisdom of the Bones: In Search of Human Origins*. New York: Knopf, 1996.
Williams, John, and Norman Arlott. *The Collins Field Guide to the Birds of East Africa*. Lexington, MA: Stephen Greene Press, 1980.
Willis, Delta. *The Hominid Gang: Behind the Scenes in the Search for Human Origins*. New York: Penguin Books, 1991.
Zunshine, Lisa. *Why We Read Fiction: Theory of Mind and the Novel*. Columbus: Ohio State University Press, 2006.

**포트아서에서 보타니베이까지**

Alcock, John, with illustrations by Marilyn Hoff Stewart. *The Kookaburras' Song: Exploring Animal Behavior in Australia*. Tucson: University of Arizona Press, 1988.
Blackburn, Julia. *Daisy Bates in the Desert: A Woman's Life Among the Aborigines*. New York: Pantheon, 1994.
Blainey, Geoffrey. *Triumph of the Nomads: A History of Ancient Australia*, rev. South Melbourne: Macmillan Company of Australia, 1983.
Brand, Ian. *Penal Peninsula: Port Arthur and Its Outstations 1827–1898*. Launceston, Tasmania: Regal Publications, no date.
Brock, Peggy, ed. Women *Rites and Sites*. Sydney: Allen & Unwin, 1989.
Buttler, Elisha, ed. *The Pilbara Project: Field Notes and Photographs Collected Over 2010*. Perth, Australia: FORM, 2010.
Carter, Paul. *The Road to Botany Bay: An Exploration of Landscape and History*. New York: Knopf, 1988.
Chatwin, Bruce. *The Songlines*. London: Penguin Books, 1980.
Clark, Betty, and Fred Myers. *Report on the First Contact Group of Pintupi at Kiwirrkura*. Manuscript, 1985.
Clarke, Marcus. *For the Term of His Natural Life*. Rosny Park, Tasmania: Book Agencies of Tasmania, no date.
Coman, Brian. *Tooth and Nail: The Story of the Rabbit in Australia*.

Melbourne: Text Publishing, 1999.
Compston, W. and R. T. Pidgeon. "Jack Hills, Evidence of Very Old Detritan Zircons in Western Australia." *Nature* 321 (June 19, 1986): 766~769면.
Currey, C. H. *The Transportation, Escape and Pardoning of Mary Bryant (née Broad)*. Sydney: Angus & Robertson, 1963.
Davies, Luke. *Absolute Event Horizon*. Sydney: Angus & Robertson, 1994.
______. *Candy*. Crows Nest, Australia: Allen & Unwin, 1996.
Estensen, Miriam. *The Life of Matthew Flinders*. Crows Nest, Australia: Allen & Unwin, 2002.
Frost, Allan. *Botany Bay Mirages: Illusions of Australia's Convict Beginnings*. Melbourne: Melbourne University Press, 1994.
Gee, Dennis, J. L. Baxter, Simon Wilde, and I. R. Williams. "Crustal Development in the Archaean Yilgarn Block, Western Australia." *Special Publication*, Geological Society of Australia 7 (1981): 43~56면.
Gibson, D. F. *A Biological Survey of the Tanami Desert in the Northern Territory*, Technical Report No. 30. Alice Springs, Northern Territory, Australia: Conservation Commission of the Northern Territory, 1986.
Grishin, Sasha. *John Wolseley: Land Marks III*. [The third volume by Grishin on Wolseley's work. The earlier volumes are Land Marks (1999) and *Land Marks II* (2006).] Port Melbourne: Thames & Hudson Australia, 2015.
Groom, Arthur. *I Saw a Strange Land: Journeys in Central Australia*. Sydney: Angus & Robertson, 1950.
Hawley, Janet. *Encounters with Australian Artists*. St. Lucia, Australia: University of Queensland Press, 1993.
Hay, Pete. "Port Arthur: Where Meanings Collide." *Vandiemonian Essays*. North Hobart, Tasmania: Walleah Press, 2002.
Hughes, Robert. *The Fatal Shore: A History of the Transportation of*

*Convicts to Australia 1787–1868*. London: Collins Harvill, 1987.
Kent, Rockwell. *Voyaging: Southward from the Strait of Magellan*. New York: Halcyon Press, 1924.
Latz, Peter. *Bushfires & Bushtucker*. Alice Springs, Australia: IAD Press, 1995.
Layton, Robert. *Uluru: An Aboriginal History of Ayers Rock*. Canberra: The Australian Institute of Aboriginal Studies, 1986.
Lennox, Geoff. *A Visitor's Guide to Port Arthur and the Convict Systems*. Rosetta, Tasmania: Dormasland Publications, 1994.
Lines, William J. *A Long Walk in the Australian Bush*. Sydney: UNSW Press, 1998.
Malouf, David. *The Conversations at Curlow Creek*. Melbourne: Bolinda, 1996.
______. *Remembering Babylon*. New York: Vintage Books, 1994.
Meggitt, Mervyn J. *Desert People: A Study of the Walbiri Aborigines of Central Australia*. Sydney: Angus & Robertson, 1962.
Menneken, Martina, et al. "Hadean Diamonds in Zircon from Jack Hills, Western Australia." *Nature* 448 (August 23, 2007): 917~920면.
Moorehead, Alan. *The Fatal Impact: An Account of the Invasion of the South Pacific 1767–1840*. New York: Harper & Row, 1966.
Moyal, Ann. *A Bright and Savage Land: Scientists in Colonial Australia*. Sydney: Collins, 1986.
Myers, Fred R. "The Politics of Representation: Anthropological Discourse and Australian Aborigines." *American Ethnologist* 13, no. 1 (February 1986): 138~153면.
Nugent, R. *Aboriginal Attitudes to Feral Animals and Land Degradation*. Alice Springs, Australia: Central Land Council, 1988.
Pyne, Stephen J. *Burning Bush: A Fire History of Australia. New York*: Henry Holt, 1991.
Read, Peter and Jay. *Long Time, Olden Time: Aboriginal Accounts of Northern Territory History*. Alice Springs, Australia: Institute for

Aboriginal Development, 1991.

Reynolds, Henry. *Fate of a Free People*. Ringwood, Australia: Penguin Books, 1995.

______. *The Other Side of the Frontier: Aboriginal Resistance to the European Invasion of Australia. Townsville*, Australia: James Cook University of North Queensland, 1981.

Rolls, Eric C. *They All Ran Wild: The Story of Pests on the Land in Australia*. Sydney: Angus & Robertson, 1969.

San Roque, Craig. "On 'Tjukurrpa,' Painting Up, and Building Thought." *Social Analysis: The International Journal of Social and Cultural Practice 50*, no. 2 (Summer 2006): 148~172면.

Scot, Margaret. *Port Arthur: A Story of Strength and Courage*. Sydney: Random House Australia, 1997.

Slater, Peter, Pat Slater, and Raoul Slater. *The Slater Field Guide to Australian Birds*. Willoughby, Australia: Lansdowne-Rigby Publishers, 1986.

Stanner, W. E. H. *White Man Got No Dreaming: Essays 1938–1973*. Canberra: Australian National University Press, 1979.

Stokes, Edward. *Across the Centre: John MacDouall Stuart's Expeditions 1860–62*. St. Leonards, Australia: Allen & Unwin, 1996.

Strehlow, T. G. H. *Journey to Horseshoe Bend*. Sydney: Angus & Robertson, 1969.

Sutton, Peter, ed. Dreamings: *The Art of Aboriginal Australia*. New York: George Braziller, 1988.

Toyne, Phillip, and Daniel Vachon. *Growing Up the Country: The Pitjantjatjara Struggle for Their Land*. Fitzroy, Australia: McPhee, Gribble Publishers, 1984.

Vaarzon-Morel, Petronella, ed. *Warlpiri Women's Voices: Our Lives Our History*. Alice Springs, Australia: IAD Press, 1995.

Vallejo, César. *Los Heraldos Negros*. Buenos Aires: Losada, 1918.

Weldon, Annamaria. *The Lake's Apprentice*. Crawley, Australia: UWA

Publishing, 2014.

## 그레이브스누나탁스에서 포트패민 도로까지

Alberts, Fred, ed. *Geographic Names of the Antarctic*, 2nd ed. Arlington: National Science Foundation, 1995.

Bainbridge, Beryl. *The Birthday Boys*. New York: Carroll & Graf, 1991.

Bridges, Lucas E. *The Uttermost Part of the Earth*. New York: E. P. Dutton, 1949.

Bridges, Thomas. *Yamana-English: A Dictionary of the Speech of Tierra del Fuego*. Buenos Aires: Zagier y Urruty Publicaciones, 1987.

Byrd, Richard E. *Alone*. New York: G. P. Putnam, 1938.

Campbell, David G. *The Crystal Desert: Summers in Antarctica*. Boston: Houghton Mifflin, 1992.

Cassidy, William A. *Meteorites, Ice, and Antarctica*. Cambridge: Cambridge University Press, 2003.

Cherry-Garrard, Apsley. *The Worst Journey in the World*. London: Constable and Co. Ltd., 1922.

Cordes, Fauno. *Winter Survival in the Antarctic as Described by James Fenimore Cooper*. Thesis, San Francisco State University, 1991.

Gurney, Alan. *Below the Convergence: Voyages Toward Antarctica, 1699–1839*. New York: W. W. Norton, 1997.

Huntford, Roland. *The Last Place on Earth*. New York: Atheneum, 1986.

______. *Shackleton*. New York: Fawcett Columbine, 1985.

Huxley, Elspeth. *Scott of the Antarctic*. New York: Atheneum, 1977.

Lansing, Alfred. *Endurance: Shackleton's Incredible Voyage*. New York: McGraw-Hill, 1959.

Mason, Theodore K. *The South Pole Ponies*. New York: Dodd, Mead, 1979.

McSween, Harry Y., Jr. *Meteorites and Their Parent Planets*. Cambridge: Cambridge University Press, 1987.

Murphy, Robert Cushman. *Oceanic Birds of South America: A Study of Species of the Related Coasts and Seas, Including the American*

*Quadrant of Antarctica Based Upon the Brewster-Sanford Collection in the American Museum of Natural History*, Vol. I, Vol. II. New York: Macmillan Company, 1936.

Poe, Edgar Allan. *The Narrative of Arthur Gordon Pym of Nantucket*. New York: Harper & Brothers, 1838.

Preston, Diana. *A First-Rate Tragedy: Robert Falcon Scott and the Race to the South Pole*. Boston: Houghton Mifflin, 1998.

Pyne, Stephen. *The Ice: A Journey to Antarctica*. Iowa City: University of Iowa Press, 1986.

Raspail, Jean. *Who Will Remember the People . . .* San Francisco: Mercury House, 1988.

Smith, Michael. *I Am Just Going Outside: Captain Oates—Antarctic Tragedy*. Staplehurst, UK: Spellmount, 2002.

Solomon, Susan. *The Coldest March: Scott's Fatal Antarctic Expedition*. New Haven: Yale University Press, 2001.

Spufford, Francis. *I May Be Some Time: Ice and the English Imagination*. Boston: Faber & Faber, 1996.

Wilson, Edward. *Diary of the Terra Nova Expedition to the Antarctic, 1910–1912*. London: Blandford Press, 1972.

Worsley, Frank. *Shackleton's Boat Journey*. London: Philip Allan, 1933.

# 학명

## 동물

| | |
|---|---|
| 갈라파고스붉은게<br>Sally lightfoot crab | *Grapsus grapsus* |
| 검은과부거미<br>Black widow spider | *Latrodectus spp.* |
| 검은꼬리사슴<br>Blacktail deer | *Odocoileus hemionus* |
| 검은맘바<br>Black mamba | *Dendroaspis polylepis* |
| 검은코뿔소<br>Black rhino | *Diceros bicornis* |
| 게잡이물범<br>Crabeater seal | *Lobodon carcinophaga* |
| 겜스복/남아프리카오릭스<br>Oryx | *Oryx gazella* |
| 고리무늬물범<br>Ringed seal | *Pusa hispida* |
| 곰쥐/애급쥐<br>Black rat | *Rattus rattus* |
| 관벌레<br>Tube worm | *Riftia pachyptila* |
| 귀신고래<br>Gray whale | *Eschrichtius robustus* |
| 그레비얼룩말<br>Grévy's zebra | *Equus grevyi* |
| 그물무늬기린<br>Reticulated giraffe | *Giraffa camelopardalis reticulata* |

| | |
|---|---|
| 기린<br>Giraffe | *Giraffa camelopardalis* |
| 긴꼬리원숭이<br>Guenon | *Cercopithecus spp.* |
| 낙타<br>Camel | *Camelus spp.* |
| 남방참고래<br>Southern right whale | *Eubalaena australis* |
| 남부흰코뿔소<br>Southern white rhino | *Ceratotherium simum simum* |
| 누<br>Wildebeest | *Connochaetes spp.* |
| 달랑게<br>Ghost crab | *Ocypode gaudichaudii* |
| 대왕고래<br>Blue whale | *Balaenoptera musculus* |
| 대왕판다<br>Giant panda | *Ailuropoda melanoleuca* |
| 땅돼지<br>Aardvark | *Orycteropus afer* |
| 레드스피팅코브라<br>Red spitting cobra | *Naja pallida* |
| 로스해물범<br>Ross seal | *Ommatophoca rossii* |
| 루스벨트 와피티사슴<br>Roosevelt elk | *Cervus elaphus roosevelti* |
| 맛조개<br>Razor clam | *Siliqua spp.* |
| 목걸이레밍<br>Collared lemming | *Dicrostonyx spp.* |
| 밍크고래/북방쇠정어리고래<br>Minke | *Balaenoptera acutorostrata* |
| 바다거북<br>Pacific green turtle | *Chelonia mydas* |
| 바다소금쟁이<br>Ocean strider | *Halobates spp.* |

| | |
|---|---|
| 바다이구아나<br>Marine iguana | *Amblyrhynchus cristatus* |
| 바다코끼리<br>Walrus | *Odobenus rosmarus* |
| 버마비단뱀<br>Burmese python | *Python bivittatus* |
| 버첼얼룩말<br>Burchell's zebra | *Equus quagga burchellii* |
| 범고래<br>Orca | *Orcinus orca* |
| 별거미<br>Star spider | *Gasteracantha cancriformis* |
| 보리고래<br>Sei whale | *Balaenoptera borealis* |
| 보석도마뱀붙이<br>Jeweled gecko | *Naultinus gemmeus* |
| 북극고래<br>Bowhead whale | *Balaena mysticetus* |
| 북극곰<br>Polar bear | *Ursus maritimus* |
| 북극늑대거미<br>Arctic wolf spider | *Pardosa glacialis* |
| 북극뒤영벌<br>Polar bumblebee | *Bombus polaris* |
| 북극여우<br>Arctic fox | *Alopex lagopus* |
| 북극토끼<br>Arctic hare | *Lepus arcticus* |
| 북극파란나비<br>Arctic blue butterfly | *Agriades glandon* |
| 북동아프리카카펫바이퍼<br>Northeast African carpet viper | *Echis pyramidum* |
| 북아메리카수달<br>River otter | *Lontra canadensis* |
| 불곰<br>Brown bear | *Ursus arctos* |

붉은여우
Red fox | *Vulpes vulpes*

붉은캥거루
Red kangaroo | *Macropus rufus*

비버
Beaver | *Castor canadensis*

뻐끔살무사
Puff adder | *Bitis arietans*

사자
Lion | *Panthera leo*

사향소
Muskox | *Ovibos moschatus*

산악고릴라
Mountain gorilla | *Gorilla beringei beringei*

산족제비
Ermine | *Mustela ermine*

숲들쥐
Northern red-backed vole | *Clethrionomys rutilus*

스프링복
Springbok | *Antidorcas marsupialis*

시궁쥐
Norway rat | *Rattus norvegicus*

아메리카담비
Marten | *Martes americana*

아메리카밍크
Mink | *Neovison vison*

아메리카흑곰
Black bear | *Ursus americanus*

양쯔강돌고래
Yangtze river dolphin | *Lipotes vexillifer*

얼룩무늬물범
Leopard seal | *Hydrurga leptonyx*

오랑우탄
Orangutan | *Pongo spp.*

왈라루
Common wallaroo | *Macropus robustus*

| | |
|---|---|
| 울버린<br>Wolverine | *Gulo gulo* |
| 웨들해물범<br>Weddell seal | *Leptonychotes weddellii* |
| 인도혹소<br>Zebu cattle | *Bos taurus indicus* |
| 일각돌고래<br>Narwhal | *Monodon moschatus* |
| 임팔라<br>Impala | *Aepyceros melampus* |
| 작은부레관해파리/고깔해파리<br>Portuguese man-of-war | *Physalia physalis* |
| 점박이물범<br>Harbor seal | *Phoca vitulina* |
| 점박이하이에나<br>Spotted hyena | *Crocuta crocuta* |
| 줄무늬족제비<br>Striped polecat | *Ictonyx striatus* |
| 차크마개코원숭이<br>Chacma baboon | *Papio griseipes* |
| 치타<br>Cheetah | *Acinonyx jubatus* |
| 캐나다스라소니<br>Lynx | *Lynx canadensis* |
| 코모도왕도마뱀<br>Komodo dragon | *Varanus komodoensis* |
| 크로커다일<br>Crocodile | *Crocodylus spp.* |
| 큰돌고래<br>Common bottlenose dolphin | *Tursiops truncatus* |
| 태즈메이니아주머니늑대<br>Thylacine | *Thylacinus cynocephalus* |
| 턱수염 물범<br>Bearded seal | *Erignathus barbatus* |
| 토피, 사사비영양<br>Topi | *Damaliscus lunatus* |

| | |
|---|---|
| 표범<br>Leopard | *Panthera pardus* |
| 퓨마<br>Mountain lion | *Puma concolor* |
| 피셔<br>Fisher | *Martes pennanti* |
| 피어리카리부<br>Peary caribou | *Rangifer tarandus pearyi* |
| 향고래<br>Sperm whale | *Physeter macrocephalus* |
| 혹멧돼지<br>Warthog | *Phacochoerus africanus* |
| 황금자칼<br>Golden jackal | *Canis aureus* |
| 회색곰<br>Grizzly bear | *Ursus arctos* |
| 회색여우<br>Gray fox | *Urocyon cinereo argenteus* |
| 흰돌고래<br>Beluga whale | *Delphinapterus leucas* |

**물고기**

| | |
|---|---|
| 갈라파고스상어<br>Galápagos shark | *Carcharhinus galapagensis* |
| 거북복<br>Boxfish | *Ostracion meleagris*(흰점박이복어) |
| 광대양놀래기<br>Clown razorfish | *Novaculichthys taeniourus* |
| 깃대돔<br>Moorish idol | *Zanclus cornutus* |
| 더스키 사전트 메이저<br>Dusky sergeant major | *Abudefduf troschelii* |
| 면도칼쥐돔<br>Yellowtail surgeonfish | *Prionurus laticlavius* |
| 무지개쏨뱅이<br>Rainbow scorpionfish | *Scorpaenodes xyris* |

반짝이얼게돔/태양얼게돔
Tinsel squirrelfish/Sun squirrelfish — *Sargocentron suborbitale*

백기흉상어
Whitetip reef shark — *Triaenodon obesus*

뿔닭복
Guineafowl puffer — *Arothron meleagris*

실러캔스
Coelacanth — *Latimeria chalumnae*

양머리자리돔
Sheepshead mickey — *Microspathodon bairdi*

얼룩매가오리
Spotted eagle ray — *Aetobatus narinari*

주황눈숭어
Orange-eyed mullet — *Xenomugil thoburni*

참바리
Grouper — *Mycteroperca olfax*

카나리볼락
Canary rockfish — *Sebastes pinniger*

태평양돌돔
Pacific beakfish — *Oplegnathus insignis*

파란눈자리돔/노란꼬리자리돔
Blue-eyed damselfish/yellowtail damselfish — *Stegastes arcifrons*

홍상귀상어
Scalloped hammerhead shark — *Sphyrna lewini*

환도상어
Thresher shark — *Alopias vulpinus*

**새**

갈라파고스매
Galápagos hawk — *Buteo galapagoensis*

갈라파고스비둘기
Galápagos dove — *Zenaida galapagoensis*

갈라파고스신천옹(알바트로스)
Waved albatross — *Phoebastria irrorata*

갈매기
Mew gull — *Larus canus*

갈색펠리컨(갈색사다새)
Brown pelican — *Pelecanus occidentalis*

개구리입쏙독새
Tawny frogmouth — *Podargus strigoides*

검둥오리사촌
White-winged scoter — *Melanitta fusca*

검은머리물떼새
Oystercatcher — *Haematopus spp.*

검은목장다리물떼새
Black-necked stilt — *Himantopus mexicanus*

검은제비갈매기
Black noddy — *Anous minutus*

겨울굴뚝새
Winter wren — *Troglodytes hiemalis*

금화조
Zebra finch — *Taeniopygia guttata*

긴꼬리도둑갈매기
Long-tailed jaeger — *Stercorarius longicaudus*

긴발톱멧새
Lapland longspur — *Calcarius lapponicus*

꼬까도요
Ruddy turnstone — *Arenaria interpres*

남극도둑갈매기
South polar skua — *Catharacta maccormicki*

남방큰재갈매기
Kelp gull — *Larus dominicanus*

넓적부리도요
Spoon-billed sandpiper — *Eurynorhynchus pygmeus*

노란이마해오라기
Yellow-crowned night-heron — *Nyctanassa violacea*

뉴질랜드솔부엉이
Southern boobook owl — *Ninox novaeseelandiae*

대홍학
Greater flamingo — *Phoenicopterus ruber*

도라지앵무
Turquoise parrot — *Neophema pulchella*

두건물떼새
Hooded dotterel — *Thinornis cucullatus*

리틀코렐라
Little corella — *Cacatua pastinator*

바다검둥오리사촌
Surf scoter — *Melanitta perspicillata*

바다꿩
Long-tailed duck — *Clangula hyemalis*

바다오리
Common murre — *Uria aalge*

바하마고방오리
White-cheeked pintail — *Anas bahamensis*

밤참새
Vesper sparrow — *Pooecetes gramineus*

백송고리(흰매)
Gyrfalcon — *Falco rusticolus*

베어드도요
Baird's sandpiper — *Calidris bairdii*

북극도둑갈매기
Parasitic jaeger — *Stercorarius parasiticus*

북극흰갈매기
Ivory gull — *Pagophila eburnea*

북방사막딱새
Northern wheatear — *Oenanthe oenanthe*

북부가면베짜기새
Northern masked weaver — *Ploceus taeniopterus*

분홍앵무
Galah — *Eolophus roseicapilla*

붉은가슴도요
Red knot — *Calidris canutus*

붉은머리뒷부리장다리물떼새
Red-necked avocet — *Recurvirostra novaehollandiae*

붉은발얼가니새
Red-footed booby — *Sula sula*

붉은볼따오기
Northern bald ibis — *Geronticus eremita*

| | |
|---|---|
| 붉은부리코뿔새<br>Red-billed hornbill | *Tockus erythrorhynchus* |
| 브랜트가마우지<br>Brandt's cormorant | *Phalacrocorax penicillatus* |
| 빨간깃열대조<br>Red-billed tropicbird | *Phaethon aethereus* |
| 사랑앵무<br>Budgerigar | *Melopsittacus undulatus* |
| 사막꿩<br>Sandgrouse | *Pterocles spp.* |
| 세가락도요<br>Sanderling | *Calidris alba* |
| 소말리노란등베짜기새<br>Somali yellow-backed weaverbird | *Ploceus dichrocephalus* |
| 소말리아참새<br>Somali sparrow | *Passer castanopterus* |
| 쇠가마우지<br>Pelagic cormorant | *Phalacrocorax pelagicus* |
| 쇠부리딱다구리<br>Northern flicker | *Colaptes auratus* |
| 쇠부엉이<br>Short-eared owl | *Asio flammeus* |
| 쇠홍방울새<br>Hoary redpoll | *Carduelis hornemanni* |
| 수리갈매기<br>Glaucous-winged gull | *Larus glaucescens* |
| 스웨인슨개똥지빠귀<br>Swainson's thrush | *Catharus ustulatus* |
| 슴새<br>Shearwater | *Puffinus spp.* |
| 쐐기꼬리바다제비<br>Wedge-rumped storm petrel | *Oceanodroma tethys* |
| 아델리펭귄<br>Adélie penguin | *Pygoscelis adeliae* |
| 아메리카군함조<br>Magnificent frigatebird | *Fregata magnificens* |

| | |
|---|---|
| 아메리카바다쇠오리<br>Cassin's auklet | *Ptychoramphus aleuticus* |
| 아비시니아파랑새<br>Abyssinian roller | *Coracias abyssinica* |
| 아프리아큰느시<br>Kori bustard | *Ardeotis kori* |
| 아프리카찌르레기<br>Superb starling | *Lamprotornis superbus* |
| 엷은울음참매<br>Pale chanting goshawk | *Melierax canorus* |
| 오색솜털오리(호사북방오리)<br>King eider | *Somateria spectabilis* |
| 왕관앵무<br>Cockatiel | *Nymphicus hollandicus* |
| 요정굴뚝새<br>Fairy wren | *Malurus spp.* |
| 우는목깃비둘기<br>Mourning collared-dove | *Streptopelia decipiens* |
| 이상한베짜기새<br>Strange weaverbird | *Ploceus alienus* |
| 이중볏가마우지<br>Double-crested cormorant | *Phalacrocorax auritus* |
| 이집트독수리<br>Egyptian vulture | *Neophron percnopterus* |
| 인도구관조<br>Indian myna | *Acridotheres tristis* |
| 작은베짜기새<br>Compact weaverbird | *Ploceus superciliosus* |
| 작은재갈매기<br>Thayer's gull | *Larus thayeri* |
| 제비꼬리갈매기<br>Swallow-tailed gull | *Creagrus furcatus* |
| 주름얼굴독수리<br>Lappet-faced vulture | *Torgos tracheliotos* |
| 주홍도요<br>Purple sandpiper | *Calidris maritima* |

주홍띅새
Vermilion flycatcher | *Pyrocephalus rubinus*

줄무늬장다리물떼새
Banded stilt | *Cladorhynchus leucocephalus*

짙은울음참매
Dark chanting goshawk | *Melierax metabates*

짧은부리검은유황앵무
Carnaby's black-cockatoo | *Calyptorhynchus latirostris*

참솜깃오리
Common eider | *Somateria mollissima*

카라카라(남방카라카라)
Caracara | *Caracara plancus*

케냐참새
Kenya sparrow | *Passer rufocinctus*

케이프까마귀
Cape rook/Cape crow | *Corvus capensis*

케이프독수리
Cape vulture | *Gyps coprotheres*

큰검은등갈매기
Great black-backed gull | *Larus marinus*

큰군함조
Great frigatebird | *Fregata minor*

큰까마귀
Common raven | *Corvus corax*

큰장수앵무
King parrot | *Alisterus scapularis*

타조
Ostrich | *Struthio camelus*

텀블러비둘기
Tumbler pigeon | *Columba spp.*

푸른발얼가니새
Blue-footed booby | *Sula nebouxii*

푸른얼굴얼가니새
Masked booby | *Sula dactylatra*

하와이슴새
Hawaiian petrel | *Pterodroma phaeopygia*

혹고니
Mute swan | *Cygnus olor*

황제펭귄
Emperor penguin | *Aptenodytes forsteri*

회색머리군생베짜기새
Gray-headed social weaver | *Pseudonigrita arnaudi*

흉내지빠귀
Mockingbird | *Mimus spp.*

흑고니
Black swan | *Cygnus atratus*

흰갈매기
Glaucous gull | *Larus hyperboreus*

흰등독수리
White-backed vulture | *Gyps africanus*

흰머리독수리
White-headed vulture | *Trigonoceps occipitalis*

흰머리버팔로베짜기새
White-headed buffalo weaver | *Dinemellia dinemilli*

흰멧새
Snow bunting | *Plectrophenax nivalis*

흰수염바다오리
Rhinoceros auklet | *Cerorhinca monocerata*

흰얼굴왜가리
White-faced heron | *Egretta novaehollandiae*

흰제비갈매기
Fairy tern | *Sternula nereis*

흰죽지바다비둘기
Black guillemot | *Cepphus grylle*

## 식물

갈라파고스난초
Orchid [Galápagos] | *Epidendrum spicatum*

고지바위취
Highland saxifrage | *Saxifraga rivularis*

골든칭커핀밤나무
Golden chinquapin | *Castanopsis chrysophylla*

| | |
|---|---|
| 그레이트헤지네틀<br>Great hedge nettle | *Stachys chamissonis var. cooleyae* |
| 너도밤나무<br>Beech | *Fagus spp.* |
| 노란코르디아<br>Muyuyo | *Cordia lutea* |
| 노랑제비꽃<br>Smooth yellow violet | *Viola glabella* |
| 단풍버즘나무<br>London planetree | *Platanus x acerifolia* |
| 담자리꽃나무<br>Mountain avens | *Dryas spp.* |
| 란타나덤불<br>Lantana shrub | *Lantana spp.* |
| 러시아엉겅퀴<br>Russian thistle | *Salsola kali* |
| 레드엘더베리<br>Red elderberry | *Sambucus racemosas* |
| 로지폴소나무<br>Shore pine (Lodgepole pine) | *Pinus contorta* |
| 리버레드검<br>River red gum | *Eucalyptus camaldulensis* |
| 마드론<br>Pacific madrone | *Arbutus menziesii* |
| 마타사르노나무<br>Matazarno trees | *Piscidia carthagenesis* |
| 만사니요나무<br>Manzanillo tree | *Hippomane mancinella* |
| 목마황<br>Casuarina | *Casuarina spp.* |
| 미송<br>Douglas-fir | *Pseudotsuga menziesii* |
| 바다포도<br>Sea grape | *Caulerpa lentillifera* |
| 백참나무<br>White oak | *Quercus spp.* |

보라수스종려나무
Borassus palm | *Borassus aethiopum*

부겐빌레아
Bougainvillea | *Bougainvillea spp.*

북극버드나무
Arctic willow | *Salix arctica*

북극버들
Dwarf willow | *Salix herbacea*

분홍바늘꽃
Fireweed | *Chamerion angustifolium*

불꽃나무
Flame tree | *Brachychiton acerifolius*

붉은플루메리아
Frangipani | *Plumeria rubra*

블랙베리
Blackberry | *Rubus spp.*

블랙북미사시나무
Black cottonwood | *Populus trichocarpa*

블루검
Blue gum | *Eucalyptus saligna*

뿔민들레
Native dandelion | *Taraxacum ceratophorum*

산떡쑥
Pearly everlasting | *Anaphalis margaritacea*

살랄
Salal | *Gaultheria shallon*

새먼베리
Salmonberry | *Rubus spectabilis*

서양톱풀
Yarrow | *Achillea millefolium*

서양협죽도
Oleander bush | *Nerium oleander*

스웜프페이퍼바크
Swamp paperbark | *Melaleuca spp.*

스칼레시아
Scalesia | *Scalesia spp.*

| | |
|---|---|
| 스피니펙스<br>Spinifex | *Triodia pungens* |
| 시트카가문비나무<br>Sitka spruce | *Picea sitchensis* |
| 아카시아<br>Acacia | *Acacia spp.* |
| 야생딸기<br>Wild strawberry | *Fragaria virginiana* |
| 양골담초(애니시다)<br>Scotch broom | *Cytisus scoparius* |
| 에버그린허클베리<br>Evergreen huckleberry | *Vaccinium ovatum* |
| 오동나무<br>Paulownia | *Paulownia spp.* |
| 오리건포도<br>Oregon grape | *Mahonia aquifolium* |
| 우단담배풀<br>Woolly mullein | *Verbascum thapsus* |
| 위핑페이퍼바크<br>Weeping paperbark | *Melaleuca leucadendra* |
| 유럽마람풀<br>European beach grass | *Ammophila arenaria* |
| 유럽호랑가시나무<br>Domestic holly/English holly | *Ilex aquifolium* |
| 은행나무<br>Ginkgo | *Ginkgo biloba* |
| 자이언트측백나무<br>Western red cedar | *Thuja plicata* |
| 자주범의귀<br>Purple saxifrage | *Saxifraga oppositifolia* |
| 자카란다<br>Jacaranda | *Jacaranda spp.* |
| 적오리나무<br>Red alder | *Alnus rubra* |
| 칫솔나무<br>Toothbrush tree | *Salvadora persica* |

| | |
|---|---|
| 캘리포니아버즘나무<br>California sycamore | *Platanus racemosa* |
| 크레오소트부시<br>Creosote bush | *Larrea tridentata* |
| 큰잎단풍나무<br>Bigleaf maple | *Acer macrophyllum* |
| 태평양은빛전나무<br>Pacific silver fir | *Abies amabilis* |
| 태평양주목<br>Pacific yew | *Taxus brevifolia* |
| 튜아트/유칼립투스 곰포세파라<br>Tuart | *Eucalyptus gomphocephala* |
| 페퍼민트윌로<br>Peppermint willow | *Agonis flexuosa* |
| 홍화까치밥나무<br>Red-flowering currant | *Ribes sanguineum* |
| 화이트티트리<br>Melaleuca/tea-tree | *Melaleuca glomerata* |
| 후추나무<br>Pepper tree | *Schinus molle* |
| 히말라야블랙베리<br>Himalayan blackberry | *Rubus armeniacus* |

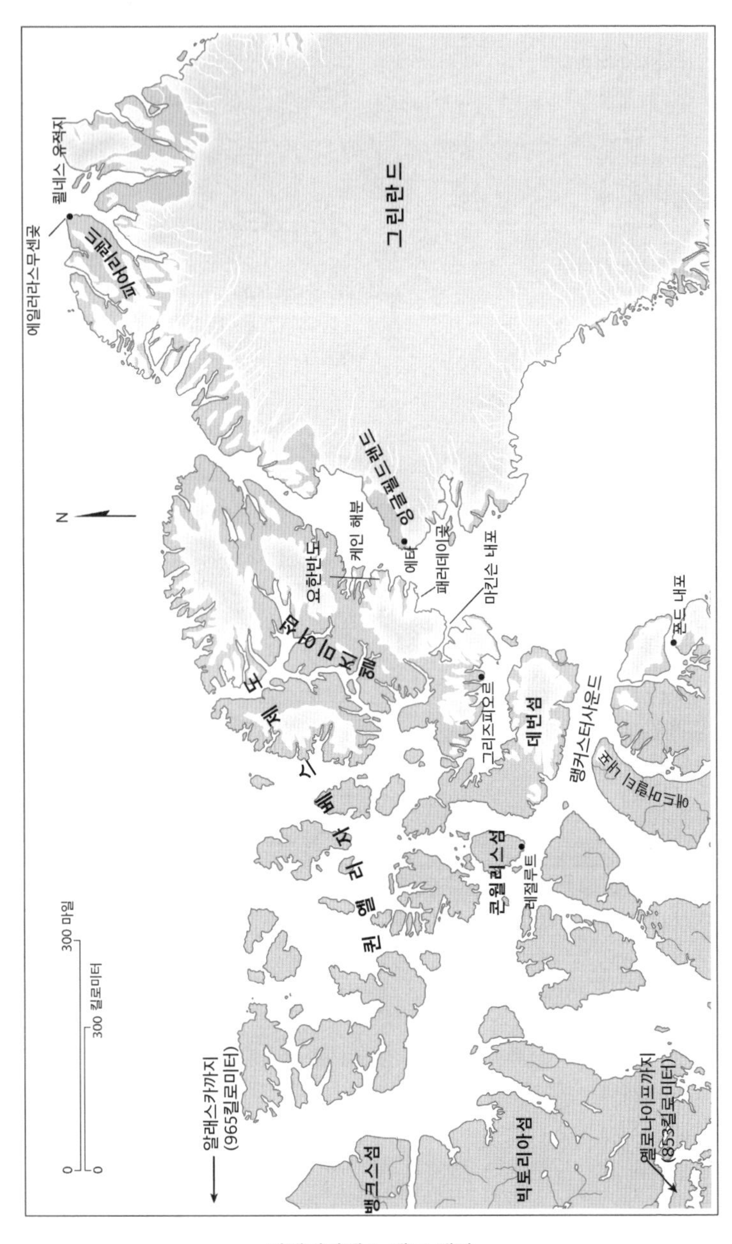
그린란드
에일러라스무센곶
킬네스 유적지
N
잉글필드랜드
케인 해분
요한반도
에타
패리데이곶
마킨슨 내포
그리즈피오르
데번섬
랭커스터사운드
폰드 내포
퀸엘리자베스 제도
콘월리스섬
레절루트
0
300 마일
300 킬로미터
알래스카까지
(965킬로미터)
뱅크스섬
빅토리아섬
옐로나이프까지
(853킬로미터)

퀸엘리자베스 제도 개관

N
다윈섬까지(160킬로미터)
울프섬까지(120킬로미터)
핀타
태 평 양
마르체나
헤노베사
로카레돈다
0°
0°
버커니어코브
산살바도르
카보코완
바르톨로메
페르난디나
다프네섬
이사벨라 해협
시모어섬
라쿰브레화산
라비다
발트라섬
알세도화산
로카스고르돈
북플라사
이사벨만
핀손섬
산타크루스섬
남플라사
스티븐의 농장
ISABELA
산놈브레
푸에르토아요라
산타크루스 해협
산토토마스화산
레크베이
산타크루스 해협
풀타크리스토발
산크리스토발섬
산타페
푸에르토비야밀
세로아술화산
푸에르토바케리소모레노
코레오만
블랙비치
산타마리아섬
0 50 마일
0 50 킬로미터
에스파뇰라섬

갈라파고스 제도

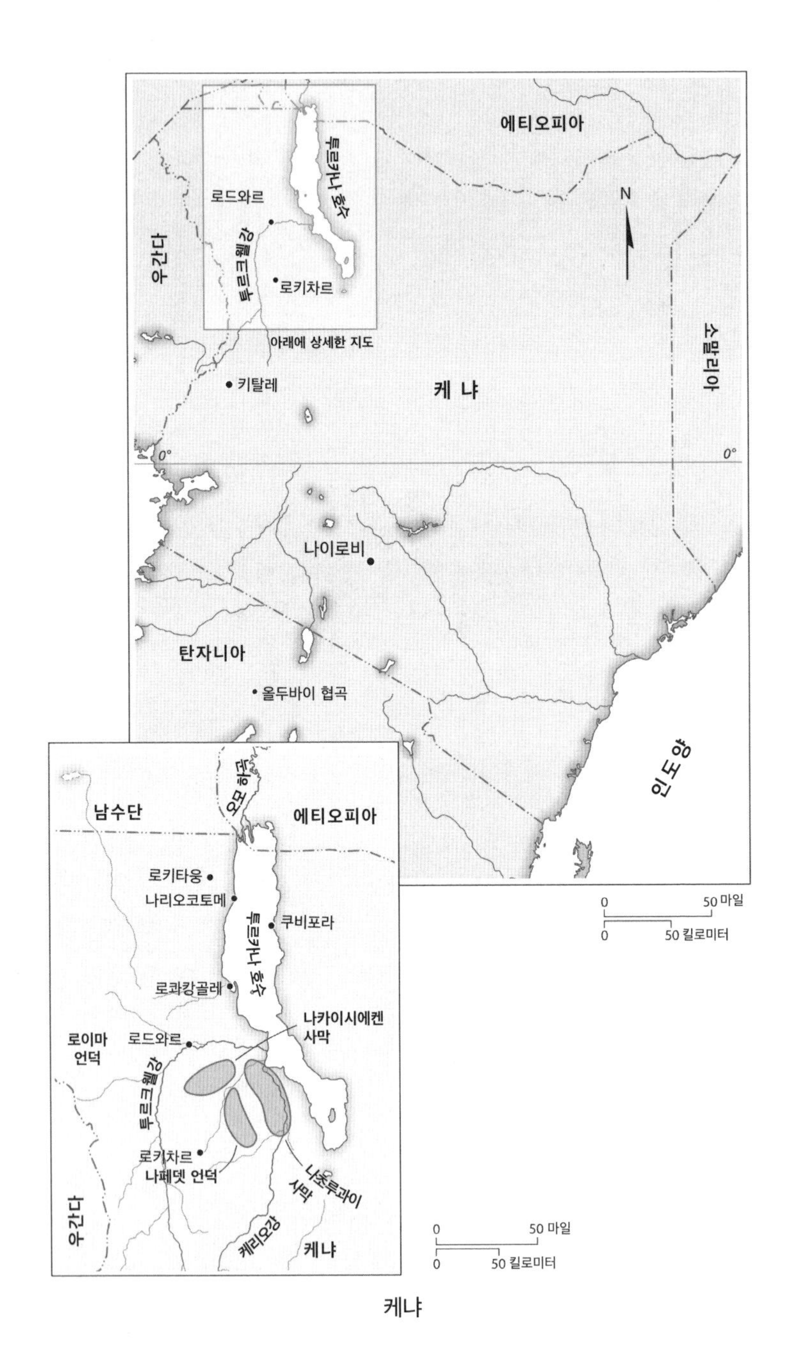
에티오피아
투르카나 호수
로드와르
투르크웰강
로키차르
우간다
아래에 상세한 지도
N
소말리아
키탈레
케 냐
0°
0°
나이로비
탄자니아
올두바이 협곡
인도양
0
50 마일
0
50 킬로미터
남수단
오모 하류
에티오피아
로키타웅
나리오코토메
쿠비포라
로콰캉골레
나카이시에켄
사막
로이마
언덕
로드와르
투르크웰강
로키차르
나페뎃 언덕
나초루과이
사막
우간다
케리오강
케냐
0
50 마일
0
50 킬로미터

케냐

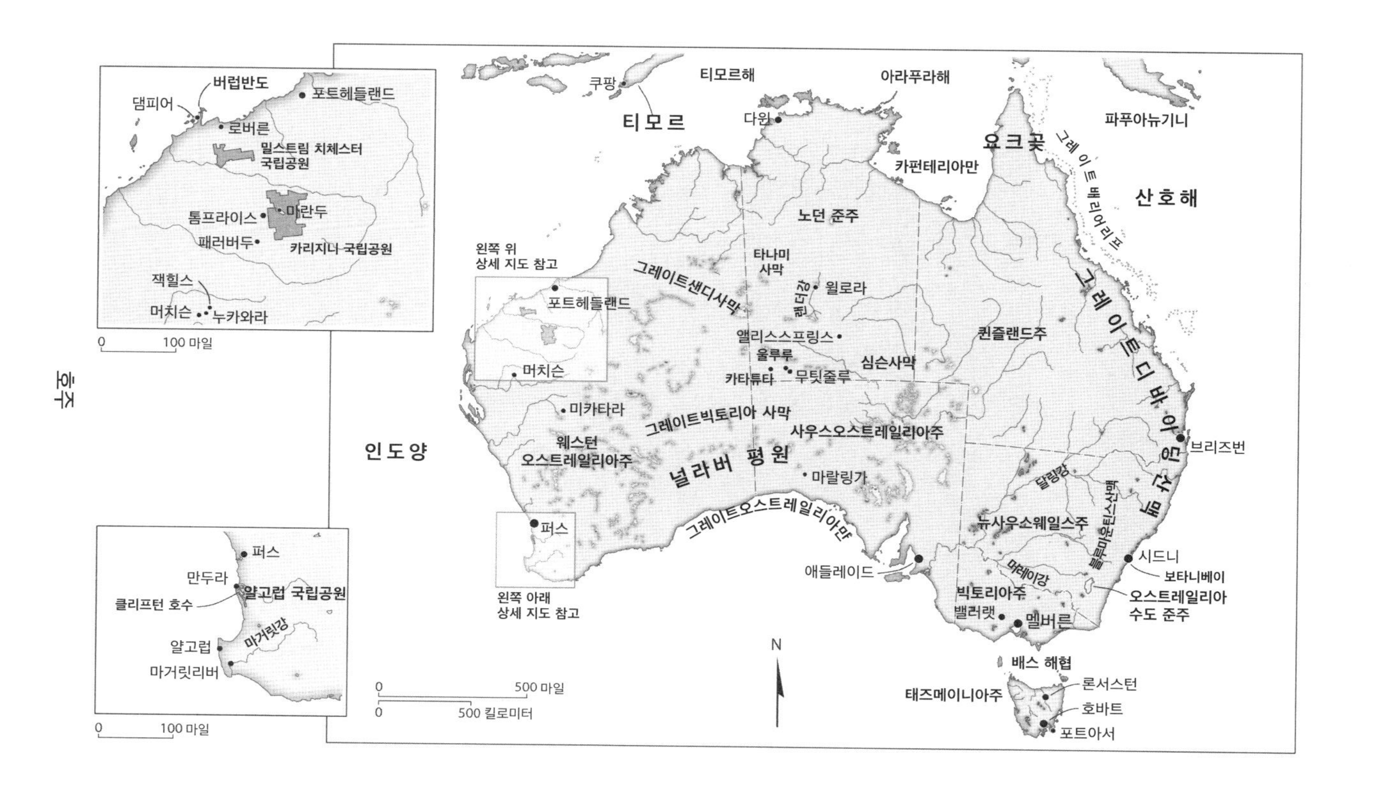

버럽반도
댐피어
포트헤들랜드
로버른
밀스트림 치체스터 국립공원
톰프라이스
마란두
패러버두
카리지니 국립공원
잭힐스
머치슨
누카와라
0 100 마일
퍼스
만두라
얄고럽 국립공원
클리프턴 호수
마거릿강
얄고럽
마거릿리버
0 100 마일
쿠팡
티모르해
아라푸라해
티모르
다윈
파푸아뉴기니
요크곶
그레이트 배리어리프
카펀테리아만
산호해
노던 준주
왼쪽 위 상세 지도 참고
타나미 사막
그레이트샌디사막
윌로라
포트헤들랜드
앨리스스프링스
퀸즐랜드주
울루루
심슨사막
머치슨
카타튜타
무티줄루
그레이트디바이딩 산맥
미카타라
그레이트빅토리아 사막
사우스오스트레일리아주
인도양
웨스턴오스트레일리아주
브리즈번
널라버 평원
마랄링가
달링강
블루마운틴스산맥
뉴사우스웨일스주
퍼스
그레이트오스트레일리아만
시드니
애들레이드
보타니베이
머레이강
왼쪽 아래 상세 지도 참고
빅토리아주
오스트레일리아 수도 준주
밸러랫
멜버른
N
배스 해협
0 500 마일
0 500 킬로미터
론서스턴
태즈메이니아주
호바트
포트아서

호주

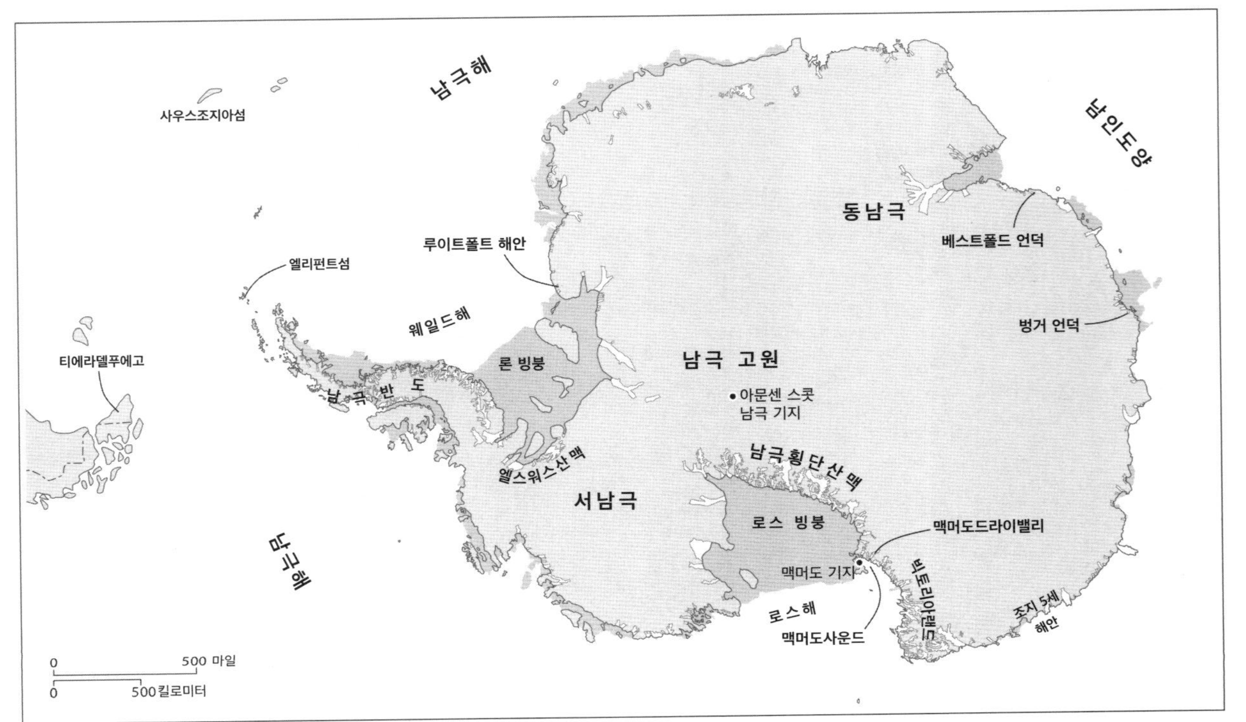
남극해
사우스조지아섬
남인도양
동남극
베스트폴드 언덕
루이트폴트 해안
엘리펀트섬
웨일드해
벙거 언덕
티에라델푸에고
론 빙붕
남극 고원
아문센 스콧
남극 기지
남극 반도
남극횡단산맥
엘스워스산맥
서남극
로스 빙붕
맥머도드라이밸리
남극해
맥머도 기지
빅토리아랜드
로스해
조지 5세
해안
맥머도사운드
0 500 마일
0 500 킬로미터

남극 대륙

## 감사의 말

1986년에 『북극을 꿈꾸다』를 탈고한 후, 느슨하게 연관된 이야기들을 묶어낼 논픽션 프로젝트의 윤곽을 전보다 좀 더 뚜렷이 구상할 수 있게 되었습니다. 하지만 당시 내게는 그런 논픽션을 쓸 만큼 현장 경험이 충분하지 않았기에 그런 글을 완성하기까지는 꽤 긴 시간이 걸리리란 걸 잘 알고 있었지요.

이 책을 쓰기 위한 초기 조사에 필요한 자금은 1987년 '외딴 오지에서의 시간의 형태'라는 제목으로 구겐하임 재단의 지원을 받았으며, 국립 과학 재단의 남극 예술가 및 작가 프로그램에서도 다섯 차례 지원을 받았습니다. 두 단체의 후원에 감사드립니다. 초기 아프리카 여행에서 도움을 준 마운튼 트래블 소벡의 리처드 뱅스와, 스크랠링섬 여행을 후원해준 극지 대륙붕 프로그램과 캐나다 에너지 광산 자원부, 그리고 갈라파고스 제도에서 넓은 마음을 보여준 잉카플로츠의 빌 로버슨, 남극 여행을 지원해준 윌더니스트래블의 레이 로드니, 중동과 중앙아시아 여행을 지원해준 머시코의 닐 케니가이어, 그린란드와 퀸엘리자베스섬의 여행을 지원해준 어드벤처 캐나다의 매슈 스완, 일본에서 환대와 도움을 베풀어준 카스마사 히라이, 트래블 다이내믹스 인터내셔널의 힐러리 맥길리브레이와 아이비 오닐, 호놀룰루에서 따뜻이 맞이해준 피터 셰인들린에게도 감사를 전하고 싶습니다. 또한 뉴햄프셔주 피터버러 소재 맥도웰 콜로니의 버나딘 킬티셔먼 레지던시 펠로십을 제안해준 바비 브리스틀과 셰릴 영, 오리건 중부 서머레이크 플라야 작가 및 예술가 콜로니의 레지던시 펠로십을 제안해준 데브 포드, 그리고 『호라이즌』 집필의 마지막 단계라는 매우 중요한 시기에 도비-파이사노 인터내셔널 레지던시 상을 수여해준 텍사스대학교 오스틴의 마이클 애덤스에게도 감사드립니다. 세 기회 모두 내가 글을 쓸 결정적으로 중요한 공간과 시간을 제공해주었습니다.

처음부터 나의 출판을 담당해온 앨프리드 A. 크노프의 발행인으로, 나에게 아낌 없는 지원을 해준 소니 메타에게 큰 덕을 입었습니다. 크노프에서 나는 엘리자베스 시프턴과 함께 책 작업을 시작했고, 그가 떠난 뒤로는 바비 브리스틀과 함께 아이디어들을 발전시키고 1994년에는 그와 함께 단편소설집 『현장 노트: 협곡굴뚝새의 꾸밈음』을 펴냈습니다. 1997년에 브리스틀이 크노프를 떠나고 난 뒤로는 로빈 데서와 함께 작업하기 시작해 1998년에 에세이집 『이 삶에 관하여: 기억의 문턱을 여행하다』를 냈고 2000년과 2004년에 각각 『카리브해에서의 가벼운 행동』과 『저항』이라는 단편집을 냈습니다. 책을 위한 조사를 하고, 내가 필요하다고 생각했던 관점을 다듬어가고, 마침내 실제로 책을 집필할 때까지 수년간 로빈이 보여준 인내심은 실로 엄청났습니다. 초고에 관한 논의에서 로빈이 보여준 지성과 예리한 편집 능력은 이 편집자가 미국 출판계의 전설로 여겨지는 이유 가운데 그저 한 부분에 지나지 않을 것입니다. 로빈과 함께 작업한 일은 단지 즐거운 경험에 그치지 않고, 나에게 작가와 편집자의 협업이란 어떤 것인지를 정의해준 경험이었습니다.

같은 편집자와 출판인과 오랫동안 함께 작업할 수 있는 것은 흔치 않은 일이며, 이런 기회를 가질 수 있었던 데 대해 소니 메타와 로빈 데서에게 크나큰 고마움을 느낍니다. 또한 거의 사십 년 동안 나의 에이전트가 되어준 피터 맷슨과 함께한 것도 나에게는 큰 행운이었지요. 피터는 내가 작가로서 하고자 하는 일에 대한 깊은 이해로 항상 내 앞에 평탄한 길을 닦아주었고, 지난 세월 내내 완전무결한 에이전트의 역할을 해주었습니다.

이 책은 그 세월 내내 그들이 보여준 깊은 우정과 전문적인 도움을 기려 로빈과 피터에게 헌정하는 바이지만, 그보다 먼저 나의 아내인 작가 데브라 과트니에게 바칩니다. 데브라는 여러 차례 자신의 일까지 밀어두고 내가 일정을 맞출 수 있게 도와주었습니다. 집필의 마지막 단계에서 내 건강이 나빠지기 시작한 뒤로는 특히 더 그랬지요.

데브라와 피터와 로빈의 지원과 조언이 없었다면 이 책은 광범위한 메모의 단계에서 더 나아가지 못했을 것입니다. 그들이 도움을 준 과정은 말로 하기는 쉽지만, 아무리 강조해도 실감나게 전달되기는 어려울 겁니다.

극지 대륙붕 프로그램과 구겐하임 재단, 머시코, 국립 과학 재단에 더해 수전 오코너의 재정적 지원과 변함없는 우정에도 감사를 표하고 싶습니다. 웨스턴오스트레일리아주 폼FORM의 맥스 웹스터, 아프리카의 리처드 리키, 아프가니스탄의 파티마 갈라니와 그의 가족은 모두 여러 면에서 여행에 필요한 실질적인 일들을 잘 처리할 수 있게 큰 도움을 주었습니다. 또 엘즈미어섬에서 도움을 준 페테르 슐레더만과 캐런 매컬로, 에릭 댐캬, 일라이 본스타인, 한스 도마슈에게도 감사합니다. 그리고 로버트 맥기에게도요. 갈라파고스 여행에서 만난 스티브 디바인과 투이 드 로이, 빌 로버슨, 오를란도 팔코, 에우헤니오 모레노, 고故 크리스틴 갈라도, 잭 넬슨, 브루스 바넷, 고 칼 앵거마이어에게도 감사드립니다. 북부 케냐 여행에 대해서는 리처드 리키에게 다시 한번 감사를 전하고, 앨런 워커와 카모야 키메우, 응주베 무티와, 오냥고 아부제, 버나드 응게네오, 왐부아 만가오에게 감사드립니다. 나이로비에서 만났던 고 메리 리키에게도 감사합니다. 호주에서 도움을 준 마크 트레디닉, 페트로넬라 모렐, 피트 헤이, 루크 데이비스, 맥 웹스터, 존 월슬리, 리처드 브라운, 밥 피전, 피터 래츠, 로빈 데이비드슨, 애나마리아 웰든, 프레드 마이어스, 로린 샘슨에게, 그리고 내가 함께 지낼 수 있도록 받아준 무팃줄루의 피찬차차라 사람들과 윌로라의 왈피리 사람들에게도 감사를 전합니다. 필버라에서 함께한 동료들인 폴 패린과 래리 미첼, 빌 폭스, 캐럴린 카르노프스키에게도 감사합니다. 또한 호주까지 가는 항공편을 제공해준 퍼스와 애들레이드, 호바트, 멜버른에서 열린 국제 문학 페스티벌 주최자들에게도 감사를 전하고 싶습니다.

남극에서 신세를 진 가이 거스리지와 고 잭 레니리, 존 스컷, 고 피터 윌크니스, 폴 마예프스키, 베리 라이언스, 캐머런 웨이크, 마크 트위클러, 마이크 모리슨, 브루스 코치, 테드 클라크, 다이앤 맥나이트, 엘 트레이시에게 고마운 마음을 전하고 싶고, 그레이브스누나탁스에서 도움을 준 랠프 하비, 다이앤 디마사, 낸시 샤벗, 폴 브누아, 스콧 샌포드에게도 감사를 전합니다. 너새니얼 B. 파머호에서 우정으로 이끌어준 러셀 부지가 선장에게, 그리고 편안하게 받아들여준 선원들에게, 파머호를 건조한 에디슨 슈에스트사에 나를 소개해준 국립 과학 재단의 스킵 케네디에게도 감사를 전하고 싶습니다. 또한 핸시애틱호에서 함께한 동료들인 고 게일런 로웰과 바버라 로웰, 윌 스티거, 나의 의붓딸 어맨다에게도 감사합니다. 그리고 마지막으로 남극에서 함께 바다에 들어갔던 잠수 동료들로 모두 캘리포니아의 모스 랜딩 마린 랩 소속인 릭 크비테크, 캐시 콘런, 다이앤 카니, 헌터 레니헌, 킨 키스트, 브렌다 코나, 존 올리버에게도 감사드립니다. 그리고 맥머도 기지의 다이빙 지도자인 제프 보재닉에게도 감사합니다.

스페인의 신세계 침략에서 포획 맹견들의 역할을 이해하도록 도와준 존 뷰스터린에게, 하와이에서 하와이의 역사에 대해 알려준 노아 에밋 알룰리 박사에게, 지질학적 표본의 동정을 도와준 그레고리 리탤랙에게, 그리고 마틴 브라이언트에 관한 자료를 제공해준 데지레 피츠기번과 크리스틴 윌슨, 웨스턴트레이더호의 역사를 알려준 스탠 베티스, 퀼네스 유적지의 존재를 알려준 코트 콘리에게도 감사를 전하고 싶습니다. 그리고 여러 시점에 다양한 도움을 준 데니스 코리건, 고 월리 허버트, 데이브 프로스와 텍사스 공과대학교의 내 동료들에게도 감사합니다.

나의 의붓자녀들인 어맨다 우드러프, 스테파니 우드러프, 메리 우드러프, 그리고 몰리 하거는 이 책을 위한 자료조사와 집필 과정 내내 사랑과 열성적인 지원의 원천이었습니다. 나는 이들에게 영원한 빚을 졌습니다.

이 책처럼 오랜 세월을 관통하는 프로젝트를 진행할 때는, 누군가와 나눈 대화가 집필에 큰 변화나 새로운 깨달음으로 영향을 준 각각의 순간들을 정확히 기억해내기가 쉽지 않습니다. 그렇지만 닐 케니 가이어, 돈 월시, 빌 로버슨, 앨런 워커, 존 스캇, 잰 레니리, 그리고 내게 아르보 패르트를 소개해준 오리건주 유진바흐 페스티벌의 전 감독 닐 아처 론에게는 특별히 감사를 표하고 싶습니다. 인터뷰를 통해 내게 도움을 주었던 분들, 여기서 본인의 이름을 보게 될 거라고 예상했던 다른 모든 분들께는 나의 부정확한 기억력을 탓하며 사과의 말씀을 전합니다.

오랫동안 풍경과 문화에 관한 나의 생각들, 그리고 자서전과 회고록의 차이 같은 여러 주제에 관해 함께 고민해왔던 친구들에게도 감사를 표하고 싶습니다. 이 친구들로 제일 먼저 나의 아내 데브라를 꼽을 수 있는데 아내는 작가일 뿐 아니라 회고록 쓰기를 가르치는 사람이기도 하지요. 그리고 다른 작가 친구들인 데이비드 쿼먼과 패티아나 로저스, 존 키블, 고 콩거 '토니' 비즐리, 리베카 솔닛, 제인 허시필드, W. S. 머윈, 존 프리먼, 콜럼 매캔, 고 브라이언 도일, 남아프리카공화국의 줄리아 마틴, 호주의 마크 트레디닉, 오리온 소사이어티의 매리언 길리엄과 칩 블레이크와 다른 회원들도 있습니다. 또한 나에게 일하는 삶과 예술적 노력으로 영감을 준 수많은 예술가들도 있는데, 사진작가인 스튜어트 클리퍼와 수전 미들턴, 데이비드 리트슈바거, 루카스 펠츠먼, 메리 펙, 벤 허프, 프랜스 랜팅, 린다 오코너, 그리고 화가인 앨런 매기와 톰 포트, 고 릭 바토, 도예가 리처드 롤랜드, 조각가 톰 조이스, 북아티스트 찰스 홉슨, 영화감독 토비 매클라우드, 전기 작가 짐 워런, 큐레이터 에밀리 네프, 작곡가 존 루서 애덤스가 여기에 속합니다. 그리고 나의 형 존 브레넌, 귀한 대화로 탁월한 통찰을 나눠준 나의 절친들인 하와이의 프랭크 스튜어트와 알래스카의 리처드 넬슨, 번역가인 게리 위더스푼, 앤턴 프라가, 조 몰, 고 루이스 베라노, B. 모카야 보사이어, 전 아코Arco 대표 빌 웨이드, 트러스트 포 퍼블릭 랜드의 윌 로저스, 나와 긴 세계 일주 비행기 여행을 함께 한 동료인 의학박사 리처드 하비, 그리고 오랫동안 나를 이끌어준 오난다가족의 장로 오렌 라이언스에게도 감사합니다. 또한 자신의 인생으로 모범을 보여준 푸알라니 카나카올레 카나헬레에게도 감사드립니다.

나의 예전 조수였던 조이 라이블리브룩스는 원고를 준비하는 모든 단계에서 특별한 도움을 주었습니다. 나는 조이에게도, 또한 마지막 단계에서 일을 도와준 캔디스 랜도에게도 큰 신세를 졌습니다. 예전 조수들이었던 에마 하디스티, 줄리 폴히머스, 낸시 노비츠키도 모두 초기 단계에서 작업에 많은 도움을 주었고, 이에 대해 그들 모두에게 감사합니다. 원고 전체의 팩트 체크는 줄리와 낸시와 조이와 내가 함께했습니다. 우리가 혹시 놓친 것이 있다면 그것은 모두 나의 책임입니다. 조사를 도와준 이사벨 스털링에게 특별한 감사를 표합니다.

이들 외에도 이탈리아의 다비데 사피엔자, 아르헨티나의 알베르토 망구엘, 독일의 한스 위르겐 발메스, 캐나다의 앤 콜린스에게도 깊은 존경의 인사를 드립니다. 그리고 의학박사 줄리 그래프, 존 스테이시 박사, 간호사 팸 슈미드, 코맨치/치리카와 아파치 치유가 해리 미슬로, 그리고 전통 치유사인 나의 형 존 브레넌까지 모두의 돌봄과 조언에 깊은 감사를 드립니다.

마지막으로 갈라파고스와 남극에 관한, 그리고 토착민들과 함께 여행하는 일에 관한 나의 초기 생각들을 출판해준 〈노스 아메리칸 리뷰〉의 로블리 윌슨, 〈하퍼스〉의 루이스 래펌, 〈오리온〉의 칩 블레이크, 〈그랜타〉의 시그리드 로싱, 〈워싱턴 포스트〉의 조엘 개로에게도 감사를 전합니다.

스티브 프로스트와 마크 트레디닉, 가이 거스리지는 각각 아프리카와 호주, 남극에 관한 장들을 꼼꼼하게 읽어주었습니다.

데이비드 쿼먼도 갈라파고스와 아프리카에 관한 장들을 읽고 도움을 주었지요. 그들이 바로잡아주고 더 나아지게 손봐준 모든 부분에 대해 정말 고맙게 생각합니다. 그러나 이 책에 실수나 부정확한 사실이 남아 있다면 그것은 모두 나의 책임입니다.

옮긴이 정지인

『욕구들』『자연에 이름 붙이기』『경험은 어떻게 유전자에 새겨지는가』『우울할 땐 뇌과학』『마음의 중심이 무너지다』『물고기는 존재하지 않는다』『불행은 어떻게 질병으로 이어지는가』『내 아들은 조현병입니다』 등을 번역했다.


호라이즌

초판 발행 2024년 12월 25일

지은이 배리 로페즈
옮긴이 정지인
펴낸이 김정순
책임편집 허정은
편집 신원제
디자인 이강효
마케팅 이보민 양혜림 손아영

펴낸곳 (주)북하우스 퍼블리셔스
출판등록 1997년 9월 23일 제406-2003-055호
주소 04043 서울시 마포구 양화로 12길 16-9(서교동 북앤빌딩)
전자우편 editor@bookhouse.co.kr
홈페이지 www.bookhouse.co.kr
전화번호 02-3144-3123
팩스 02-3144-3121

ISBN 979-11-6405-296-7 03980